中华医学百科全书

基础医学

生物化学与分子生物学

中国协和医科大学出版社
北京

图书在版编目（CIP）数据

中华医学百科全书·生物化学与分子生物学 / 蒋澄宇主编．—北京：中国协和医科大学出版社，2022.11
ISBN 978-7-5679-1783-5

Ⅰ．①生… Ⅱ．①蒋… Ⅲ．①生物化学②分子生物学 Ⅳ．① Q5 ② Q7

中国版本图书馆 CIP 数据核字（2022）第 013198 号

中华医学百科全书·生物化学与分子生物学

主　　编：蒋澄宇
责任编辑：吴翠姣　胡安霞

出版发行：中国协和医科大学出版社
（北京市东城区东单三条 9 号　邮编 100730　电话 010-6526 0431）
网　　址：www.pumcp.com
经　　销：新华书店总店北京发行所
印　　刷：北京广达印刷有限公司

开　　本：889 × 1230　1/16
印　　张：31
字　　数：900 千字
版　　次：2022 年 11 月第 1 版
印　　次：2022 年 11 月第 1 次印刷
定　　价：385.00 元

ISBN 978-7-5679-1783-5

（凡购本书，如有缺页、倒页、脱页及其他质量问题，由本社发行部调换）

《中华医学百科全书》编纂委员会

刘伏友 刘华平 刘华生 刘志刚 刘克良 刘迎龙 刘建勋
刘胡波 刘树民 刘昭纯 刘俊涛 刘洪涛 刘桂荣 刘献祥
刘嘉瀛 刘德培 闫永平 米玛 米光明 安锐 祁建城
许媛 许腊英 那彦群 阮长耿 阮时宝 孙宁 孙光
孙皎 孙锟 孙少宣 孙长颢 孙立忠 孙则禹 孙秀梅
孙建中 孙建方 孙建宁 孙贵范 孙洪强 孙晓波 孙海晨
孙景工 孙颖浩 孙慕义 纪志刚 严世芸 苏川 苏旭
苏荣扎布 杜元灏 杜文东 杜治政 杜惠兰 李飞 李方
李龙 李东 李宁 李刚 李丽 李波 李剑
李勇 李桦 李鲁 李磊 李燕 李冀 李大魁
李云庆 李太生 李曰庆 李玉珍 李世荣 李立明 李汉忠
李永哲 李志平 李连达 李灿东 李君文 李劲松 李其忠
李若瑜 李泽坚 李宝馨 李建兴 李建初 李建勇 李映兰
李思进 李莹辉 李晓明 李凌江 李继承 李董男 李森恺
李曙光 杨凯 杨恬 杨勇 杨健 杨硕 杨化新
杨文英 杨世民 杨世林 杨伟文 杨克敌 杨甫德 杨国山
杨宝峰 杨炳友 杨晓明 杨跃进 杨腊虎 杨瑞馥 杨慧霞
励建安 连建伟 肖波 肖南 肖永庆 肖培根 肖鲁伟
吴东 吴江 吴明 吴信 吴令英 吴立玲 吴欣娟
吴勉华 吴爱勤 吴群红 吴德沛 邱建华 邱贵兴 邱海波
邱蔚六 何维 何勤 何方方 何志嵩 何绍衡 何春涤
何裕民 余争平 余新忠 狄文 冷希圣 汪海 汪静
汪受传 沈岩 沈岳 沈敏 沈铿 沈卫峰 沈心亮
沈华浩 沈俊良 宋国维 张泓 张学 张亮 张强
张霆 张澍 张大庆 张为远 张玉石 张世民 张永学
张华敏 张宇鹏 张志愿 张丽霞 张伯礼 张宏誉 张劲松
张奉春 张宝仁 张建中 张建宁 张承芬 张琴明 张富强
张新庆 张潍平 张德芹 张燕生 陆华 陆林 陆翔
陆小左 陆付耳 陆伟跃 陆静波 阿不都热依木·卡地尔 陈文
陈杰 陈实 陈洪 陈琪 陈楠 陈薇 陈曦
陈士林 陈大为 陈文祥 陈玉文 陈代杰 陈尧忠 陈红风
陈志南 陈志强 陈规化 陈国良 陈佩仪 陈家旭 陈智轩
陈锦秀 陈誉华 邵蓉 邵荣光 邵瑞琪 武志昂
其仁旺其格 范明 范炳华 茅宁莹 林三仁 林久祥 林子强
林天歆 林江涛 林曙光 杭太俊 郁琦 欧阳靖宇 尚红

果德安　明根巴雅尔　易定华　易著文　罗　力　罗　毅　罗小平
罗长坤　罗颂平　帕尔哈提·克力木　帕塔尔·买合木提·吐尔根
图门巴雅尔　岳伟华　岳建民　金　玉　金　奇　金少鸿　金伯泉
金季玲　金征宇　金银龙　金惠铭　周　兵　周永学　周光炎
周利群　周灿全　周良辅　周纯武　周学东　周宗灿　周定标
周宜开　周建平　周建新　周春燕　周荣斌　周辉霞　周福成
郑一宁　郑志忠　郑金福　郑法雷　郑建全　郑洪新　郑家伟
郎景和　房　敏　孟　群　孟庆跃　孟静岩　赵　平　赵　艳
赵　群　赵子琴　赵中振　赵文海　赵玉沛　赵正言　赵永强
赵志河　赵彤言　赵明杰　赵明辉　赵耐青　赵临襄　赵继宗
赵铱民　赵靖平　郝　模　郝小江　郝传明　郝晓柯　胡　志
胡　明　胡大一　胡文东　胡向军　胡国华　胡昌勤　胡盛寿
胡德瑜　柯　杨　查　干　柏树令　钟翠平　钟赣生
香多·李先加　段　涛　段金廒　段俊国　侯一平　侯金林
侯春林　俞光岩　俞梦孙　俞景茂　饶克勤　施慎逊　姜小鹰
姜玉新　姜廷良　姜国华　姜柏生　姜德友　洪　两　洪　震
洪秀华　洪建国　祝庆余　祝蔯晨　姚永杰　姚克纯　姚祝军
秦　川　秦卫军　袁文俊　袁永贵　都晓伟　晋红中　栗占国
贾　波　贾建平　贾继东　夏术阶　夏照帆　夏慧敏　柴光军
柴家科　钱传云　钱忠直　钱家鸣　钱焕文　倪　健　倪　鑫
徐　军　徐　晨　徐云根　徐永健　徐志云　徐志凯　徐克前
徐金华　徐建国　徐勇勇　徐桂华　凌文华　高　妍　高　晞
高志贤　高志强　高金明　高学敏　高树中　高健生　高思华
高润霖　郭　岩　郭小朝　郭长江　郭巧生　郭宝林　郭海英
唐　强　唐向东　唐朝枢　唐德才　诸欣平　谈　勇　谈献和
陶永华　陶芳标　陶·苏和　陶建生　陶晓华　黄　钢　黄　峻
黄　烽　黄人健　黄叶莉　黄宇光　黄国宁　黄国英　黄跃生
黄璐琦　萧树东　梅　亮　梅长林　曹　佳　曹广文　曹务春
曹建平　曹洪欣　曹济民　曹雪涛　曹德英　龚千锋　龚守良
龚非力　袭著革　常耀明　崔　蒙　崔丽英　庾石山　康　健
康廷国　康宏向　章友康　章锦才　章静波　梁　萍　梁显泉
梁铭会　梁繁荣　谌贻璞　屠鹏飞　隆　云　绳　宇　巢永烈
彭　成　彭　勇　彭明婷　彭晓忠　彭瑞云　彭毅志
斯拉甫·艾白　葛　坚　葛立宏　董方田　蒋力生　蒋建东
蒋建利　蒋澄宇　韩晶岩　韩德民　惠延年　粟晓黎　程天民

程仕萍　程训佳　焦德友　储全根　童培建　曾　苏　曾　渝
曾小峰　曾正陪　曾国华　曾学思　曾益新　谢　宁　谢立信
蒲传强　赖西南　赖新生　詹启敏　詹思延　鲍春德　窦科峰
窦德强　褚淑贞　赫　捷　蔡　威　裴国献　裴晓方　裴晓华
廖品正　谭仁祥　谭先杰　翟所迪　熊大经　熊鸿燕　樊　旭
樊飞跃　樊巧玲　樊代明　樊立华　樊明文　樊瑜波　黎源倩
颜　虹　潘国宗　潘柏申　潘桂娟　薛社普　薛博瑜　魏光辉
魏丽惠　藤光生　B·吉格木德

《中华医学百科全书》学术委员会

顾景范	徐文严	翁心植	栾文明	郭　定	郭子光	郭天文
郭宗儒	唐由之	唐福林	涂永强	黄秉仁	黄洁夫	黄璐琦
曹仁发	曹采方	曹谊林	龚幼龙	龚锦涵	盛志勇	康广盛
章魁华	梁文权	梁德荣	彭小忠	彭名炜	董　怡	程天民
程元荣	程书钧	程伯基	傅民魁	曾长青	曾宪英	温　海
强伯勤	裘雪友	甄永苏	褚新奇	蔡年生	廖万清	樊明文
黎介寿	薛　淼	戴行锷	戴宝珍	戴尅戎		

《中华医学百科全书》工作委员会

基础医学

本卷编委会

编　者（以姓氏笔画为序）

卜友泉　重庆医科大学
马艳妮　中国医学科学院基础医学研究所
王　芳　中国医学科学院基础医学研究所
王卫平　北京大学医学部
王晓月　中国医学科学院基础医学研究所
田余祥　大连医科大学
史　娟　中国医学科学院基础医学研究所
吕　湘　中国医学科学院基础医学研究所
刘昭飞　北京大学医学部
关一夫　中国医科大学
李　刚　北京大学医学部
李恩民　汕头大学医学院
吴聪颖　北京大学医学部
何凤田　陆军军医大学
余　佳　中国医学科学院基础医学研究所
邹霞娟　北京大学医学部
宋　伟　中国医学科学院基础医学研究所
张　勇　中国医学科学院基础医学研究所
张　健　空军军医大学
张　瑞　空军军医大学
张艳丽　中国医学科学院基础医学研究所
陈　等　中国医学科学院基础医学研究所
陈厚早　中国医学科学院基础医学研究所
周春燕　北京大学医学部
赵　晶　空军军医大学
赵文会　北京大学医学部
药立波　空军军医大学
秦鸿雁　空军军医大学
倪菊华　北京大学医学部

黄　波　　中国医学科学院基础医学研究所
常永生　　中国医学科学院基础医学研究所
梁　静　　北京大学医学部
琦祖和　　中国医学科学院基础医学研究所
蒋澄宇　　中国医学科学院基础医学研究所
韩莹莹　　中国医学科学院基础医学研究所
焦炳华　　海军军医大学
雷群英　　复旦大学上海医学院
熊　峰　　中国医学科学院基础医学研究所

前　言

《中华医学百科全书》终于和读者朋友们见面了！

古往今来，凡政通人和、国泰民安之时代，国之重器皆为科技、文化领域的鸿篇巨制。唐代《艺文类聚》、宋代《太平御览》、明代《永乐大典》、清代《古今图书集成》等，无不彰显盛世之辉煌。新中国成立后，国家先后组织编纂了《中国大百科全书》第一版、第二版，成为我国科学文化事业繁荣发达的重要标志。医学的发展，从大医学、大卫生、大健康角度，集自然科学、人文社会科学和艺术之大成，是人类社会文明与进步的集中体现。随着经济社会快速发展，医药卫生领域科技日新月异，知识大幅更新。广大读者对医药卫生领域的知识文化需求日益增长，因此，编纂一部医药卫生领域的专业性百科全书，进一步规范医学基本概念，整理医学核心体系，传播精准医学知识，促进医学发展和人类健康的任务迫在眉睫。在党中央、国务院的亲切关怀以及国家各有关部门的大力支持下，《中华医学百科全书》应运而生。

作为当代中华民族"盛世修典"的重要工程之一，《中华医学百科全书》肩负着全面总结国内外医药卫生领域经典理论、先进知识，回顾展现我国卫生事业取得的辉煌成就，弘扬中华文明传统医药璀璨历史文化的使命。《中华医学百科全书》将成为我国科技文化发展水平的重要标志、医药卫生领域知识技术的最高"检阅"、服务千家万户的国家健康数据库和医药卫生各学科领域走向整合的平台。

肩此重任，《中华医学百科全书》的编纂力求做到两个符合。一是符合社会发展趋势：全面贯彻以人为本的科学发展观指导思想，通过普及医学知识，增强人民群众健康意识，提高人民群众健康水平，促进社会主义和谐社会构建。二是符合医学发展趋势：遵循先进的国际医学理念，以"战略前移、重心下移、模式转变、系统整合"的人口与健康科技发展战略为指导。同时，《中华医学百科全书》的编纂力求做到两个体现：一是体现科学思维模式的深刻变革，即学科交叉渗透/知识系统整合；二是体现继承发展与时俱进的精神，准确把握学科现有基础理论、基本知识、基本技能以及经典理论知识与科学思维精髓，深刻领悟学科当前面临的交叉渗透与整合转化，敏锐洞察学科未来的发展趋势与突破方向。

作为未来权威著作的"基准点"和"金标准"，《中华医学百科全书》编纂过程中，制定了严格的主编、编者遴选原则，聘请了一批在学界有相当威望、具有较高学术造诣和较强组织协调能力的专家教授（包括多位两院院士）担任大类主编和学科卷主编，确保全书的科学性与权威性。另外，还借鉴了已有百科全书的编写经验。鉴于《中华医学百科全书》的编纂过程本身带有科学研究性质，还聘请了若干科研院所的科研管理专家作为特约编审，站在科研管理的高度为全书的顺利编纂保驾护航。除了编者、编审队伍外，还制订了详尽的质量保证计划。编纂委员会和工作委员会秉持质量源于设计的理念，共同制订了一系列配套的质量控制规范性文件，建立了一套切实可行、行之有效、效率最优的编纂质量管理方案和各种情况下的处理原则及预案。

《中华医学百科全书》的编纂实行主编负责制，在统一思想下进行系统规划，保证良好的全程质量策划、质量控制、质量保证。在编写过程中，统筹协调学科内各编委、卷内条目以及学科间编委、卷间条目，努力做到科学布局、合理分工、层次分明、逻辑严谨、详略有方。在内容编排上，务求做到“全准精新”。形式“全”：学科“全”，册内条目“全”，全面展现学科面貌；内涵“全”：知识结构“全”，多方位进行条目阐释；联系整合“全”：多角度编制知识网。数据“准”：基于权威文献，引用准确数据，表述权威观点；把握“准”：审慎洞察知识内涵，准确把握取舍详略。内容“精”：“一语天然万古新，豪华落尽见真淳。”内容丰富而精练，文字简洁而规范；逻辑“精”：“片言可以明百意，坐驰可以役万里。”严密说理，科学分析。知识“新”：以最新的知识积累体现时代气息；见解“新”：体现出学术水平，具有科学性、启发性和先进性。

《中华医学百科全书》之“中华”二字，意在中华之文明、中华之血脉、中华之视角，而不仅限于中华之地域。在文明交织的国际化浪潮下，中华医学汲取人类文明成果，正不断开拓视野，敞开胸怀，海纳百川般融入，润物无声状拓展。《中华医学百科全书》秉承了这样的胸襟怀抱，广泛吸收国内外华裔专家加入，力求以中华文明为纽带，牵系起所有华人专家的力量，展现出现今时代下中华医学文明之全貌。《中华医学百科全书》作为由中国政府主导，参与编纂学者多、分卷学科设置全、未来受益人口广的国家重点出版工程，得到了联合国教科文等组织的高度关注，对于中华医学的全球共享和人类的健康保健，都具有深远意义。

《中华医学百科全书》分基础医学、临床医学、中医药学、公共卫生学、军事与特种医学和药学六大类，共计 144 卷。由中国医学科学院/北京协和医学院牵头，联合军事医学科学院、中国中医科学院和中国疾病预防控制中心，带动全国知名院校、科研单位和医院，有多位院士和海内外数千位优秀专家参加。国内知名的医学和百科编审汇集中国协和医科大学出版社，并培养了一批热爱百科事业的中青年编辑。

回览编纂历程，犹然历历在目。几年来，《中华医学百科全书》编纂团队呕心沥血，孜孜矻矻。组织协调坚定有力，条目撰写字斟句酌，学术审查一丝不苟，手书长卷撼人心魂……在此，谨向全国医学各学科、各领域、各部门的专家、学者的积极参与以及国家各有关部门、医药卫生领域相关单位的大力支持致以崇高的敬意和衷心的感谢！

《中华医学百科全书》的编纂是一项泽被后世的创举，其牵涉医学科学众多学科及学科间交叉，有着一定的复杂性；需要体现在当前医学整合转型的新形式，有着相当的创新性；作为一项国家出版工程，有着毋庸置疑的严肃性。《中华医学百科全书》开创性和挑战性都非常强。由于编纂工作浩繁，难免存在差错与疏漏，敬请广大读者给予批评指正，以便在今后的编纂工作中不断改进和完善。

凡　例

一、《中华医学百科全书》（以下简称《全书》）按基础医学类、临床医学类、中医药学类、公共卫生类、军事与特种医学类、药学类的不同学科分卷出版。一学科辑成一卷或数卷。

二、《全书》基本结构单元为条目，主要供读者查检，亦可系统阅读。条目标题有些是一个词，例如“尿酸”；有些是词组，例如“脂肪酸合成”。

三、由于学科内容有交叉，会在不同卷设有少量同名条目。例如《病理生理学》《心血管病学》都设有“高血压”条目。其释文会根据不同学科的视角不同各有侧重。

四、条目标题上方加注汉语拼音，条目标题后附相应的外文。例如：

shēngwù huàxué
生物化学（biochemistry）

五、本卷条目按学科知识体系顺序排列。为便于读者了解学科概貌，卷首条目分类目录中条目标题按阶梯式排列，例如：

DNA 序列测定 ……………………………………………………………………
　DNA 指纹分析 …………………………………………………………………
　DNA 酶Ⅰ足迹法 ………………………………………………………………
　核酸酶保护分析…………………………………………………………………
　染色体步移………………………………………………………………………
　DNA 微阵列 ……………………………………………………………………
　高通量测序技术…………………………………………………………………
　单分子实时 DNA 测序 …………………………………………………………

六、各学科都有一篇介绍本学科的概观性条目，一般作为本学科卷的首条。介绍学科大类的概观性条目，列在本大类中基础性学科卷的学科概观性条目之前。

七、条目之中设立参见系统，体现相关条目内容的联系。一个条目的内容涉及其他条目，需要其他条目的释文作为补充的，设为“参见”。所参见的本卷条目的标题在本条目释文中出现的，用蓝色楷体字印刷；所参见的本卷条目的标题未在本条目释文中出现的，在括号内用蓝色楷体字印刷该标题，另加“见”字；参见其他卷条目的，注明参见条所属学科卷名，如“参见□□□卷”或“参见□□□卷□□□□”。

八、《全书》医学名词以全国科学技术名词审定委员会审定公布的为标准。同一概念或疾病在不同学科有不同命名的，以主科所定名词为准。字数较多，释文中拟用简称的名词，每个条目中第一次出现时使用全称，并括注简称，例如：甲型病毒性肝炎（简称甲肝）。个别众所周知的名词直接使用简称、缩写，例如：B超。药物名称参照《中华人民共和国药典》2020年版和《国家基本药物目录》2018年版。

九、《全书》量和单位的使用以国家标准GB 3100—1993《国际单位制及其应用》、GB/T 3101—1993《有关量、单位和符号的一般原则》及GB/T 3102系列国家标准为准。援引古籍或外文时维持原有单位不变。必要时括注与法定计量单位的换算。

十、《全书》数字用法以国家标准GB/T 15835—2011《出版物上数字用法》为准。

十一、正文之后设有内容索引和条目标题索引。内容索引供读者按照汉语拼音字母顺序查检条目和条目之中隐含的知识主题。条目标题索引分为条目标题汉字笔画索引和条目外文标题索引，条目标题汉字笔画索引供读者按照汉字笔画顺序查检条目，条目外文标题索引供读者按照外文字母顺序查检条目。

十二、部分学科卷根据需要设有附录，列载本学科有关的重要文献资料。

目 录

shēngwù huàxué

生物化学（biochemistry） 利用现代化学、物理学和生物学等学科的理论和技术，研究生物体内物质的化学组成、结构和功能，以及生命活动过程中各种化学变化过程及其与环境之间相互关系的基础生命科学。

简史 生物化学一词出自德国费利克斯·霍佩-赛勒（Felix Hoppe-seyler），他于1877年提出“Bio-chemie”一词，译成英语为“Biochemistry”，即生物化学。人们很早就认识到生物化学是关于生物体的组成和功能的研究，但直到19世纪才真正发展成为一门独立的学科。而生物化学的发展与18世纪的有机化学、19世纪的营养学、生理学等学科发展密切相关。20世纪50年代，俄国生物化学家提出，生物化学的发展可分为叙述生物化学、动态生物化学和机能生物化学三个阶段。第三个阶段正是分子生物学崛起并迅速发展成为一门独立学科的阶段，故亦称为分子生物学阶段。

叙述生物化学阶段 始于18世纪中叶至20世纪初，是生物化学的初期阶段。这一阶段主要是利用化学手段对生命现象进行研究，发现和分析生物体的主要组成成分，并对其进行分离、纯化、合成、结构测定及理化性质的研究。这一阶段有许多重要的科学发现。18世纪70~80年代，法国化学家安托万-洛朗·德拉瓦锡（Antoine-Laurent de Lavoisier）发现了生物体呼吸作用和生物氧化作用的本质，即氧在呼吸中消耗，二氧化碳被排出，而体内的氧化作用可以产生热，体温就是食物在体内“燃烧”的结果。1828年，德国化学家费里德里希·维勒（Friedrich Wöhler）用人工方法合成了动物体的代谢产物尿素，首次证明有机物可以在生物体外合成。同时，德国化学家尤斯图斯·冯·李比希（Justus von Liebig）提出了物质代谢的概念，于1840年出版了《有机化学在农业和生理学中的应用》（*Organic Chemistry in its Application to Agriculture and Physiology*）一书，成为最早的一部生物化学专著。

自19世纪以来，人们发现了生物体内的许多物质组成成分并进行了详尽的研究。法国化学家米歇尔-欧仁·谢弗勒尔（Michel-Eugène Chevreul）等发现脂质及其作用；德国化学家赫尔曼·埃米尔·费歇尔（Hermann Emil Fischer，1902年获得诺贝尔化学奖）等对糖、核苷、氨基酸等进行了系统的研究，并用化学方法合成了嘌呤、多肽等，同时提出了蛋白质分子结构的多肽学说。1869年瑞士医生费里德里希·米舍（Friedrich Miescher）从白细胞中分离得到核素，后被命名为核酸。1885~1901年，德国生物化学家阿尔布雷希特·科塞尔（Albrecht Kossel，1910年获得诺贝尔生理学或医学奖）分离并且命名了核酸的5种成分：腺嘌呤、胞嘧啶、鸟嘌呤、胸腺嘧啶和尿嘧啶；1896年，他发现了组氨酸、精氨酸和赖氨酸等。20世纪初，荷兰医生克里斯蒂安·艾克曼（Christiaan Eijkman，1929年获得诺贝尔生理学或医学奖）和英国生物化学家弗雷德里克·高兰·霍普金斯（Frederick Gowland Hopkins，1929年获得诺贝尔生理学或医学奖）等发现了维生素对人体的作用，开启了近代维生素的研究。

19世纪60年代，法国生物学家路易·巴斯德（Louis Pasteur）在进行发酵研究时，发现活的酵母菌和细菌中存在“酵素”；随后，德国化学家爱德华·布赫纳（Eduard Buchner，1907年获得诺贝尔化学奖）和汉斯·布赫纳（Hans Buchner，1907年获得诺贝尔化学奖）兄弟发现“酵素”亦存在于压榨的酵母细胞汁液中，由此证明尤斯图斯·冯·李比希早在19世纪20年代提出的关于“微生物具有发酵作用，并非由于微生物本身，而在于微生物细胞中所含的物质”的观点之正确。1877年德国生理学家弗里德里希·威廉·屈内（Friedrich Wilhelm Kühne）引入“酶”的概念，用以描述能够催化生物化学反应的催化物质。1836年，德国生理学家特奥多尔·施万（Theodor Schwann）发现了胃蛋白酶；1876年，屈内发现胰蛋白酶；1926年，美国化学家詹姆斯·巴彻勒·萨姆纳（James Batcheller Sumner，1946年获得诺贝尔化学奖）分离得到脲酶，又称尿素酶，并证明了酶的本质是蛋白质，可以形成结晶。随后，美国生物化学家约翰·霍华德·诺斯洛普（John Robert Northrop，1946年获得诺贝尔化学奖）获得了胃蛋白酶、胰蛋白酶等数种酶的结晶，为体外的酶学研究提供了极大的帮助。1929年德国化学家汉斯·费歇尔（Hans Fischer，1930年获得诺贝尔化学奖）发现血红素和叶绿素。

从上述事件中可以看出，生物化学在其初期阶段，是以了解、分析生物体的化学组成为主。这一阶段的研究发现奠定了生物化学学科的基础。

动态生物化学阶段 从20世纪20年代开始，生物化学进入一个快速发展时期，生物体内物质组成及其变化即代谢途径成为这一阶段的研究主体。人们发现了必需氨基酸、必需脂肪酸、各种维生素和微量元素，还发现了各种激素，甚至合成了一些维生素和激素；进一步了解了人体对蛋白质的需要及需要量等。

在这一阶段，人们对能量代谢有了深入了解。1929年，德国凯撒威廉生物学研究所卡尔·洛曼（Karl Lohmann）以及美国哈佛大学医学院的赛·菲斯克（Cyrus H. Fiske）和耶拉普拉伽达·苏巴洛夫（Yellapragada SubbaRow）发现了腺苷三磷酸，文章分别发表在 *Naturwissenschaften*（*Science of Nature* 的前身）和 *Science* 杂志。1932年，卡尔·洛曼和奥托·弗里茨·迈耶霍夫（Otto Fritz Meyerhof，1922年获得诺贝尔生理学或医学奖）证明ATP水解为AMP并产生热量。1941年，弗里茨·阿尔贝特·李普曼（Fritz Albert Lipmann，1953年获得诺贝尔生理学或医学奖）提出ATP是能量转换的共同形式，并提出了在物质代谢过程中ATP产生和利用的循环学说。1948年，美国生物化学家吉恩·肯尼迪（Eugene P. Kennedy）和艾伯特·莱斯特·莱宁格（Albert Lester Lehninger）证明真核生物的氧化磷酸化反应发生在线粒体，开启了现代能量代谢研究。自此至20世纪50年代，科学家们综合物质代谢、氧化磷酸化偶联机制，阐明了细胞内营养有机物如何转化为ATP的能量代谢途径，奠定了现代生物能学基础。亚历山大·罗伯特斯·托德（Alexander Robertus Todd，1957年获得诺贝尔化学奖）等人通过化学合成的方式获得了ATP的结构，文章发表在1945年 *Nature* 杂志。

早在1904年，德国生物化学家弗朗茨·克诺普（Franz Knoop）就通过动物实验发现了脂肪酸在体内的氧化分解是从其羧基端的β碳原子开始，每氧化一次断裂脱去2个碳原子，烃链的β碳原子被氧化为羧基，此即脂肪酸β-氧化学说。但直到20世纪50年代，人们才逐步阐明脂肪酸氧化的具体步骤。

1930年，德国生物化学家奥托·海因里希·瓦伯格（Otto Heinrich Warberg，1931年获得诺贝尔生理学或医学奖）发现肿瘤细胞产生和利用能量的方式与正常细胞不同，糖类分子在正常细胞的线粒体氧化释放能量，但大多数肿瘤细胞通过糖酵解作用为自身供能。这种现象被称为瓦伯格效应。1932年英国科学家汉斯·阿道夫·克雷布斯（Hans Adolf Krebs，1953年获得诺贝尔生理学或医学奖）和德国生物化学家库尔特·亨泽莱特（Kurt Henseleit）阐明了肝脏尿素合成反应的鸟氨酸循环；1937年克雷布斯又提出了糖、脂和氨基酸代谢的共同通路——三羧酸循环的基本代谢途径。1940年德国科学家古斯塔夫·恩伯登（Gustav Embden）、奥托·弗里茨·迈耶霍夫和俄国生物化学家雅各布·卡罗尔·帕尔纳斯（Jakub Karol Parnas）详细描述了糖酵解代谢途径（恩伯登-迈耶霍夫-帕尔纳斯途径，Embden-Meyerhof-Parnas pathway）。

在这一阶段，一些技术方法在生物化学研究中的应用，如放射性同位素标记、层析、电泳、离心、X射线晶体学、磁共振等，极大地推动了学科发展。同时，生物化学也被运用到临床研究中。中国生物化学家吴宪（Hsien Wu）和美国化学家奥托·福林（Otto Folin）创立了血滤液的制备及血糖测定方法（Folin-Wu method）。吴宪还首次提出蛋白质变性学说，认为蛋白质变性是其空间构象的改变。中国生物化学家刘思职等在免疫化学研究领域首先采用定量分析方法研究抗原抗体反应机制，成为免疫化学的创始人之一。从20世纪30年代开始至50年代，中国生物化学家开辟了营养生物化学研究领域。

机能生物化学阶段（分子生物学阶段） 自20世纪50年代开始，人们不再满足于对孤立的生物分子和代谢反应的了解，而是联系生理功能和机体内外环境研究生物整体的代谢变化，生物化学研究进入以探讨生物分子结构与功能之间关系为主的阶段。与此同时，伴随着（生物）物理学、遗传学、细胞学、生物信息学等学科的发展和渗透，逐渐形成了以研究生物大分子（主要是蛋白质和核酸）的结构与功能、从而阐明生命现象本质为核心的科学，它不仅成为生物化学的主要内容之一，更是发展成为一门独立的学科，即分子生物学，因此，这一阶段也可以被称为分子生物学阶段。

20世纪50年代是蛋白质研究硕果累累的时期。50年代初，美国生物化学家马伦·布什·霍格兰（Mahlon Bush Hoagland）和保罗·查尔斯·扎米尼克（Paul Charles Zamecnik）等在蛋白质合成的研究中发现了转运RNA和氨酰-tRNA合成酶以及它们的作用，阐明了氨基酸参与蛋白质合成的活化机制。1951年，荷兰科学家卡伊·乌尔里克·林诺斯特伦-朗（Kaj Ulrik Linderstrøm-Lang）引入一级结构、二级结构、三级结构和四级结构的概念，用来描述生物大分子结构。基于氨基酸和多肽的结构以及肽键的平面性质，美国生物化学家莱纳斯·鲍林（Linus Pauling，1954年获得诺贝尔化学奖）及其同事利用X射线衍射技术，发现α螺旋和β折叠是蛋白质二级结构的基本类型。1953年，英国生物化学家弗雷德里克·桑格（Frederick Sanger）利用化学方法完成了胰岛素氨基酸序列的测定，获得了1958诺贝尔化学奖；随后，他还建立了测定核酸序列的方法，并与瓦尔特·吉尔伯特（Walter Gilbert）和保罗·伯格（Paul Berg）分享了1980年诺贝尔化学奖。1958年，美国生物化学家威廉·霍华德·斯坦（William Howard Stein）和斯坦福·穆尔（Stanford Moore）发明了氨基酸自动分析仪，并于1960年完成了核糖核酸酶氨基酸序列的测定，他们二人共同获得了1972年诺贝尔化学奖。在此期间，中国科学家于1965年人工合成了具有生物活性的结晶牛胰岛素；1983年，完成了酵母丙氨酰转移核糖核酸的人工全合成。20世纪70年代，英国科学家阿龙·克卢格（Aaron Klug，1982年获得诺贝尔化学奖）等利用X射线衍射和冷冻电镜技术解析了烟草花叶病病毒的结构。2017年，雅克·杜波谢（Jacques Dubochet）、乔基姆·弗兰克（Joachim Frank）和理查德·亨德森（Richard Henderson）因在冷冻电镜技术的发展以及对蛋白质结构研究中做出的原创性贡献，获得诺贝尔化学奖。

关于遗传物质DNA的研究可以看作是这一阶段的标志性研究。早在1865年，遗传学奠基人格雷戈尔·约翰·孟德尔（Gregor Johann Mendel）就提出了“遗传因子”的概念，随后又提出了著名的孟德尔遗传定律。1868年，弗里德里希·米舍（Friedrick Miescher）发现核酸。但是，当时却没有人将遗传因子与核酸联系到一起。直到1944年，美国科学家奥斯瓦尔德·西奥多·埃弗里（Oswald Theodore Avery）以及他的同事科林·芒罗·麦克劳德（Colin Munro MacLeod）和麦克林恩·麦卡蒂（Maclyn McCarty）通过细菌转化实验，证明了DNA就是遗传物质。1953年，美国科学家詹姆斯·杜威·沃森（James Dewey Watson）和英国科学家弗朗西斯·哈里·康普顿·克里克（Francis Harry Compton Crick）在罗莎琳德·埃尔茜·富兰克林（Rosalind Elsie Franklin）和莫里斯·休·弗雷德里克·威尔金斯（Maurice Hugh Frederick Wilkins）等研究的基础上，发表了“核酸的分子结构：脱氧核糖核酸的结构”（*Molecular Structure of Nucleic Acids: A Structure for Deoxyribose Nucleic Acid*）的论文，提出DNA分子的双螺旋结构模型，为此沃森、克里克和威尔金斯获得了1962年诺贝尔生理学或医学奖。1958年，克里克首次提出中心法则，说明生物体内遗传信息流动方向。1960年，法国科学家弗朗索瓦·雅各布（François Jacob）和雅克·卢西恩·莫诺（Jacques Lucien Monod）通过对大肠埃希菌乳糖代谢的研究，阐明了基因通过控制酶的生物合成调节细胞代谢的模式，提出了操纵子学说，他们与安德烈·米歇尔·利沃夫（André Michel Lwoff）分享了1965年诺贝尔生理学或医学奖。同年，悉尼·布伦纳（Sydney Brenner，2002年获得诺贝尔生理学或医学奖）提出信使RNA的概念，并通过一系列实验证实了其存在及在指导合成蛋白质中的作用。1964年，罗伯特·威廉·霍利（Robert William Holley）确立了tRNA的序列和结构；1966年，哈尔·戈宾德·霍拉纳（Har Gobind Khorana）和马歇尔·沃伦·尼伦伯格（Marshall Warren Nirenberg）破译了遗传密码，三人分享了1968年诺贝尔生理学或医学奖。1970年，克里克在*Nature*杂志发表题为“分子生物学中心法则”（*Central Dogma of Molecular Biology*）的文章，明确了DNA-RNA-蛋白质的关系。自此，核酸的研究进入了一个快速发展阶段，成为分子生物学的重要组成部分。

上述三个阶段的划分主要是基于对生物化学发展过程的阐述，实际上这三个阶段彼此联系，并不孤立。通过对生命体物质组成的了解，达到对物质代谢动态平衡的认识，进而明确它们与生理功能的关系，三个阶段既循序渐进又互相促进，不可截然分开。

研究范围 以化学科学特有的理论、技术和方法，综合生物学、物理学、数学、计算机科学等理论和方法，研究生命个体的物质结构、化学组成、化学变化、生物合成及其调节，以及这些物质组成、变化、调节与功能的关系，揭示或阐明生物体的遗传、发育、生长、衰老、疾病乃至死亡全生命过程的本质和规律。生物化学主要研究生物体内各种生物分子的结构和功能、生物分子和能量的代谢过程及其调节，揭示包括生长、繁殖、遗传等各种生命活动的化学本质。生物化学的研究对象主要包括：①作为细胞结构组成成分、在生命活动中具有重要功能的生物大分子，如蛋白质、核酸、糖类和脂类。②参与细胞内化学反应、维持细胞内环境稳态的小分子物质，如水、金属离子、微量元素和一些有机小分子物质等。③在代谢过程中产生、为生命（细胞）活动供能的能量分子。

根据其研究对象和应用领域，生物化学可以分为医学生物化学、农业生物化学、工业生物化学、海洋生物化学等。

化学组成　组成生物体的化学元素与自然界中存在的化学元素相同，但却有着独特的组成比例和方式。生物细胞中常见的化学元素有20余种，其中氧（O）、碳（C）、氢（H）、氮（N）、钙（Ca）和磷（P），占细胞总质量的99%，其次是钾（K）、硫（S）、钠（Na）、氯（Cl）和镁（Mg）约占0.85%；还有十余种含量很少，但在正常生命活动中不可或缺的化学元素，如铁（Fe）、锌（Zn）、硒（Se）、铬（Cr）、碘（I）、铜（Cu）、氟（F）和硅（Si）等，这些元素又被称为微量元素。

这些化学元素在生物体中主要以无机物和有机物两大类形式存在，无机物主要是水和无机盐，有机物主要包括糖类、脂类、蛋白质、核酸和小分子化合物类。除此之外，生物体还有一些气体分子，如氧气（O_2）、二氧化碳（CO_2）、一氧化氮（NO）和一氧化碳（CO）等。就相对分子量的大小而言，多糖、高分子脂质、蛋白质和核酸都属于生物大分子，但在生物化学和分子生物学范畴，生物大分子主要指在生物体内可以由分子量较小的重复单位构建而成的核酸（DNA，RNA）和蛋白质。这些生物分子在生物体内所占总重量的比例因不同生物或同一生物因性别、年龄不同而不同。在成人，水占人体总重量的65%左右，其次是蛋白质（约20%）和脂类（约12%），而无机盐、糖类和核酸都不足5%。这些组成成分都是生物化学研究的对象。

物质代谢及调节　生物体内的化学物质有些直接可来自体外（如水、无机盐、维生素），大多数是通过食物摄取后消化、吸收，在体内重新合成。生物分子在体内可被水解为分子构造比较简单的分子，如蛋白质被水解为氨基酸，核酸被水解为核苷酸，再进一步被水解为核苷和磷酸，核苷又被水解为碱基和戊糖，聚糖可以被水解为单糖等。在分解过程中产生的这些简单分子可在体内用于合成复杂的生物大分子；同时产生能源物质如葡萄糖，经生物氧化作用，释放能量，供生命活动所需，所产生的废物经由各种排泄途径排出体外，回归环境。这些分解与合成反应按一定规律持续不断地进行，即新陈代谢，简称代谢，正是凭借这些反应，生物体与周围环境进行着物质交换。

无论是分解反应还是合成反应，生物体内的化学反应通常由一系列的酶催化完成，这些酶促反应组成了代谢途径。在高等生物体内，代谢途径非常复杂，有些物质不仅参与一种反应途径，不同的反应途径也可以交织在一起，组成更为复杂的代谢网络。在这个网络中，各种物质的代谢途径相互联系、相互制约，维持机体的正常功能。为维持这种有序协调的代谢网络，生物体建立了精细的调节机制。在分子水平，通过调节代谢途径中相关酶和相关蛋白质分子的含量、活性、结构以及分子之间的相互作用，影响代谢反应；在细胞或整体水平，通过神经－体液的统一协调以及细胞信号传递的调节，影响代谢途径甚至代谢网络。

在物质代谢的过程中伴随着能量的转换。通过分解反应释放能量、通过合成反应储存能量，生物体内能量的储存、转移和释放始终与物质代谢联系在一起。在线粒体进行的生物氧化反应是通过物质代谢产生能量的主要化学反应过程，ATP是这一过程中的核心分子。

生物分子的结构与功能　生物分子的结构与其功能密切相关。酶的别构调节是一个经典的范例。某些代谢途径的中间产物、终产物，酶的底物或其他分子能够与酶的别构位点结合，使酶的构象发生改变，从而影响酶的活性。

对生物大分子结构的研究一直是生物化学的重要内容之一。近年来，生物大分子高级结构的形成、相互识别和相互作用，尤其是与功能的关系更是成为当代生物化学研究领域的前沿与热点。尤其是随着生物信息学的发展，利用计算机分子模拟，解析分子结构和功能的关系，将进一步推动生物化学的发展。2013年，马丁·卡普拉斯（Martin Karplus）、迈克尔·莱维特（Michael Levitt）和阿里耶·瓦谢尔（Arieh Warshel）因建立计算机多尺度模型以演绎复杂化学系统获得诺贝尔化学奖。

对生物分子结构的研究是为了更好地认识它们在生命活动中的作用，其最终目的是在分子水平揭示生命活动的本质。这些研究与分子生物学相互关联（见分子生物学）。

遗传与进化　从遗传因子的发现，到基因概念的确立，再到对遗传物质DNA的全面认识，遗传信息传递规律的面纱被逐渐揭开。作为主要的遗传信息载体，DNA的分子结构已被解析，部分生物包括人的全基因组序列测定已经完成。人们不仅能在分子水平上研究遗传，而且还可以通过生物工程手段改变遗传、控制遗传。通过对疾病相关基因的研究，为疾病的预防、诊断和治疗开辟新的途径。通过比较基因组学研究，对生物进化甚至人类起源与迁移提供线索。

研究方法 生物化学早期主要利用化学、物理学、数学并综合了生理学和遗传学的理论和方法研究各种形式的生命现象。随着学科发展，细胞生物学、免疫学、计算机科学以及生物信息学等学科的理论和技术也逐渐融入了生物化学。在生物化学的发展史上，许多重大的发现也得力于技术方法上的突破。如同位素示踪技术在代谢研究和结构分析中的应用，层析以及各种电泳技术在蛋白质和核酸的分离纯化中的应用，X射线晶体学技术在蛋白质和核酸结构测定以及高分辨率二维磁共振技术在生物大分子构象分析中的应用等；尤其是计算机科学和生物信息学的快速发展，更是推动了对生物大分子和复杂生命体系的研究。而生物化学今后的继续发展无疑还要得益于各个学科的深入融合以及技术方法的不断革新。

与邻近学科的关系 生物化学在理论、方法和研究范围上与多个学科有着广泛的联系和交叉，很难有一个清晰的界限来区分其中的一些学科。尤其是生物化学与分子生物学，其研究范围和技术方法几乎是互通的。

遗传学 研究生物的遗传和变异的学科，包括对遗传物质的结构、功能、传递和变异以及遗传规律等方面的研究。现代遗传学奠基人孟德尔提出的遗传因子概念以及特奥多尔·博韦里（Theodor Boveri）和瓦尔特·苏顿（Walter Sutton）提出遗传因子（基因）就在染色体上的染色体遗传学说，为生物化学家对基因的研究奠定了坚实的基础。遗传学关注基因的传递方式、基因及其变异与生物个体表型之间的关系，以及环境因素对基因、遗传的影响等。生物化学则更关注基因的结构、功能、代谢、表达以及调节等。

分子生物学 从分子水平研究生物分子的结构和功能、解析生命现象分子基础的学科。简而言之，分子生物学研究基因及其信息的传递，包括DNA、RNA和蛋白质的结构、功能、相互作用以及生成过程（即复制、转录和翻译等）等。但分子生物学的研究对象并非仅限于此，还包括糖类、脂类和小分子细胞信号分子等。分子生物学不仅研究这些生物分子尤其是生物大分子的特性，更重要的是阐明它们在生命过程中的相互联系和相互作用，它们所构成的信息系统在生命过程中的流动和整合。

化学生物学 是综合利用化学、生物学和物理学的理论和技术，以化学小分子作为工具，解决生物学问题的学科。化学生物学家常通过化学合成获得新的小分子化合物，用于生物学功能研究，如使用小分子抑制剂或激动剂干扰细胞信号转导过程，从而阐明其在某一生理过程的作用。

此外，生物化学与细胞生物学、生理学、免疫学、营养学、物理学、数学等多种学科有着密切的联系，同时也是产生新学科的生长点。生物化学对物质代谢的研究使得生理学“新陈代谢”的学说更加完整，对化学递质和受体的研究使“神经－体液”调节理论更加完善，对基因与基因组的研究促进了遗传学的发展并形成了分子遗传学分支学科，对生物大分子的研究促发了生物物理学的形成等。

生物化学作为一门基础学科，其自身的发展对与其关系密切的其他基础学科产生极大影响，对很多应用学科，尤其是医药卫生、农业、工业和国防等领域具有重要贡献。作为一个具有百余年发展历史的学科，生物化学仍处于一个迅速发展的历史阶段。这无疑得力于各种新技术的开发和不同学科研究策略的应用，同时也说明生物化学这一学科本身具有的生命力。尽管人们对生命的物质基础、生命活动过程已经有了比较深入的了解，但仍有许多不解之谜。而且不同学科的深度融合也将继续成为生物化学学科发展的必然趋势。

（周春燕）

fēnzǐ shēngwùxué

分子生物学（molecular biology）

利用现代化学、物理学等学科的理论、技术和方法从分子水平研究生物分子化学结构、生命现象基本过程、生命活动分子基础及调节，致力于阐明包括核酸和蛋白质等生物大分子的合成、三维结构、分子间相互作用及其调节，以及这些生物大分子在生命活动中的功能，揭示各种生命现象本质的学科。

简史 分子生物学一词由美国科学家沃伦·韦弗（Warren Weaver）在1938年首次提出。最初，分子生物学并不是一个明确的学科概念，只是对运用现代物理学和化学等学科理论、方法和技术对生命现象进行研究的一种命名。

20世纪初孟德尔（Gregor-Johann Mendel）提出了著名的孟德尔遗传定律，量子理论的创始人丹麦物理学家阿格·尼尔斯·玻尔（Aage Niels Bohr，1922年获得诺贝尔物理学奖）和奥地利物理学家埃尔温·薛定谔（Erwin Schroedinger，1933年获得诺贝尔物理学奖）以及越来越多的物理学家和化学家将研究兴趣转移到生物学研究领域，并获得了一系列成果，如同位素示踪技术在代谢研究和结构分析中的应用，层析以及各种电泳技术在蛋白质和核酸的分离纯化中的应用，X射线晶体技术在蛋白质和核酸结构测定以及高分辨率二维磁共振技术在生物大分子构象分析中的应用等。这种多学科技术理论的应用，极大地推动了生物学的发展。沃伦·韦弗认识到一个新的生物学发展阶段即将到来，提出了分子生物学这一术语。随着相关研究的日益深入，分子生物学逐渐成为一门独立的、同时也是具有极大发展前景的学科。

分子生物学的建立和发展在很大程度上归功于生物大分子的结构分析和遗传物质的研究。

生物大分子结构分析 X射线衍射技术和X射线晶体学的应用为生物大分子结构解析做出了巨大贡献。20世纪初，德国物理学家马克思·冯·劳厄（Max von Laue，1914年获得诺贝尔物理学奖）发现了X射线在晶体中的衍射现象，并利用这一技术成功地记录了硫酸铜等晶体的衍射图谱。这一发现极大地推动了X射线学的飞速发展和应用，劳厄也因此获得了1914年诺贝尔物理学奖。

20世纪50年代以后，蛋白质结构研究取得了一系列重要成果。1951年，美国生物化学家莱纳斯·卡尔·鲍林（Linus Carl Pauling，1954年获得诺贝尔化学奖）和他的同事罗伯特·科里（Robert Corey）、赫尔曼·布兰森（Herman Branson）利用X射线衍射技术，发现α螺旋和β折叠是蛋白质二级结构。1953年，英国生物化学家弗雷德里克·桑格（Frederick Sanger，1958年获得诺贝尔化学奖）利用化学方法完成了胰岛素氨基酸的测定。1960年，美国科学家威廉·斯坦因（William H. Stein）和斯坦福·摩尔（Stanford Moore）发明了氨基酸自动分析仪，并于1960年完成了核糖核酸酶氨基酸序列的测定，他们二人共同获得了1972年诺贝尔化学奖。1965年，中国科学家人工合成了具有生物活性的结晶牛胰岛素，率先实现了蛋白质的人工合成；1983年，又完成了酵母丙氨酰转移核糖核酸的人工全合成。20世纪70年代，英国科学家阿龙·克卢格（Aaron Klug，1982年获得诺贝尔化学奖）等利用X射线晶体和冷冻电镜技术解析了烟草花叶病病毒的结构。2017年，瑞士生物物理学家雅克·杜波谢（Jacques Dubochet）、德国生物物理学家阿希姆·弗兰克（Joachim Frank）和英国分子生物学家理查德·亨德森（Richard Henderson）因在冷冻电镜技术的发展以及对蛋白质结构研究中做出的原创性贡献获得诺贝尔化学奖。

核酸结构研究的标志性成果是美国科学家詹姆斯·沃森（James Watson）、英国科学家弗朗西斯·克里克（Francis Crick）、莫里斯·威尔金斯（Maurice H. F. Wilkins）和罗莎琳·富兰克林（Rosalind E. Franklin）关于DNA结构的研究。1953年，在对富兰克林和威尔金斯所获得的DNA结构X射线图像分析基础上，沃森和克里克提出了著名的DNA双螺旋结构模型，前三人为此获得1962年诺贝尔生理学或医学奖。DNA双螺旋结构模型的建立，也成为分子生物学学科发展的重要标志。

基因及其所携带的遗传信息研究 20世纪40年代，美国科学家乔治·比德尔（George W. Beadle，1903—1989）和爱德华·劳里塔特姆（Edward L. Tatum）通过构建单一缺陷的不同链孢霉突变体，对其代谢途径进行分析，证明了单个基因与单个酶之间的直接对应关系；乔舒亚·莱德伯格（Joshua Lederberg）通过对大肠埃希菌营养缺陷型的分析发现了细菌的遗传重组，他们三人共同获得1958年诺贝尔生理学或医学奖；奥斯瓦尔德·西奥多·埃弗里（Oswald Theodore Avery）、科林·麦克劳德（Colin M. MacLeod）和麦克林·麦卡蒂（Maclyn McCarty）通过细菌转化实验，证明了DNA就是遗传物质。1958年，克里克提出中心法则，说明生物体内遗传信息流动方向。1961年，法国科学家弗朗索瓦·雅各布（François Jacob）和雅克·莫诺（Jacques L. Monod）通过对大肠埃希菌乳糖代谢的研究，阐明了基因通过控制酶的生物合成调节细胞代谢的模式，提出了操纵子学说；安德烈·利沃夫（André M. Lwoff）阐明了某些病毒感染细菌的基因调节机制，三人分享了1965年诺贝尔生理学或医学奖。同年，美国科学家悉尼·布伦纳（Sydney Brenner，

2002年获得诺贝尔生理学或医学奖）提出信使RNA的概念，并证实了其在指导合成蛋白质中的作用。1964年，美国科学家罗伯特·霍利（Robert W. Holley）确立了tRNA的序列和结构；1966年，美国科学家科兰纳（Har G. Khorana）和马歇尔·尼伦伯格（Marshall W. Nirenberg）破译了遗传密码，三人分享了1968年诺贝尔生理学或医学奖。1970年，克里克在*Nature*杂志发表题为“分子生物学中心法则”（*Central Dogma of Molecular Biology*）的文章，进一步明确了1958年提出的中心法则中DNA–RNA–蛋白质的关系。1977年，英裔美籍科学家理查德·罗伯茨（Richard John Roberts）和美国科学家菲利普·夏普（Phillip Allen Sharp）分别发现腺病毒基因的编码序列被一些非编码序列隔开，编码序列最终表达为蛋白质（二人分享了1993年诺贝尔生理学或医学奖）。这种现象普遍存在于真核生物基因组，被称为断裂基因，编码序列为外显子，非编码序列为内含子。随后，人们发现了在转录过程中除去内含子的剪接机制。

1956年美国科学家阿瑟·科恩伯格（Arthur Kornberg，1959年获得诺贝尔生理学或医学奖）首次从大肠埃希菌中提取出DNA聚合酶Ⅰ（DNA polymerase Ⅰ，DNA pol Ⅰ），证实其可催化新链DNA的生成。1970年其次子托马斯·科恩伯格（Thomas B. Kornberg）发现了DNA聚合酶Ⅱ和Ⅲ。一系列研究证实，在大肠埃希菌DNA复制中起主导作用的是DNA pol Ⅲ，而不是DNA pol Ⅰ。目前，已发现原核生物DNA聚合酶有Ⅰ～Ⅴ，真核生物DNA聚合酶有α，δ，ε，β，λ，σ，μ，η，ι，κ，Rev1，ζ，γ，θ和ν等10余种。有些酶的作用已经清楚，但有些酶的作用及作用机制仍有待研究。

RNA聚合酶是由美国科学家杰拉德·赫维茨（Jerard Hurwitz）、奥黛丽·史蒂文斯（Audrey Stevens）和查尔斯·洛（Charles Loe）在1960年发现的。在此之前，西班牙裔美国科学家塞韦罗·奥乔亚（Severo Ochoa）因发现在RNA合成中发挥作用的酶与阿瑟·科恩伯格分享了1959年诺贝尔生理学或医学奖，但随后研究证明奥乔亚发现的是多核苷酸磷酸化酶，而非RNA聚合酶。关于RNA聚合酶的研究始终是分子生物学领域的热点。21世纪以来，阿瑟·科恩伯格的长子，美国生物学家罗杰·科恩伯格（Roger D. Kornberg）团队通过对转录过程中RNAP结构的分析，阐明了真核生物转录的分子基础，他并因此获得了2006年诺贝尔化学奖。

分子生物学作为一门新兴学科，其发展极为迅速。20世纪70年代以后，由于DNA连接酶、限制性内切核酸酶、逆转录酶以及各种载体的发现和广泛应用，尤其是80年代初聚合酶链反应技术的建立，使得基因工程技术取得了极大的突破，改造蛋白质结构的蛋白质工程也已经成为现实。1990年，人类基因组研究计划正式启动；1996年，英国胚胎学家伊恩·威尔穆特（Ian Wilmut）和生物学家基思·坎贝尔（Keith Campbell）等人成功获得体细胞克隆羊——多莉（Dolly）；2003年4月，美、中、日、德、法、英6国科学家宣布完成了覆盖人常染色体基因组99%序列的人类基因组图绘制；同年9月，DNA元件百科全书计划正式启动，其目的在于鉴定人类基因组中所有的功能片段。

研究范围 分子生物学研究基因及其信息的传递，包括DNA、RNA和蛋白质的结构、功能、相互作用以及生成过程（即复制、转录和翻译等）等。分子生物学的研究对象还包括生物膜、糖类、脂类和小分子细胞信号分子等。

核酸　核酸的结构与功能密切相关，对核酸结构以及影响核酸空间构象的研究始终是分子生物学领域的重要内容。DNA是遗传信息的载体，是储存、复制和传递遗传信息的主要物质基础，在某些病毒中，RNA也可以作为遗传信息的载体。所有遗传信息的总和是基因组。遗传信息通过复制、转录和翻译过程进行传递和表达。转录和翻译又称基因表达。基因表达是非常复杂的过程，需要协调一致的精细调节。对基因表达调控的了解是认识生命体不可或缺的重要内容。

蛋白质　是生物体内最重要的生物大分子之一，是生命活动的功能执行者。蛋白质是生物体的重要组成成分和生命活动的基本物质基础，也是生物体中含量最丰富的生物大分子物质。蛋白质在体内分布广泛，不同的蛋白质具有不同的生物学功能。解析蛋白质结构、阐明蛋白质如何发挥生物学功能、发现和鉴定新的功能蛋白质等，都是蛋白质研究的重要内容。

糖类　包括单糖、多糖、寡糖和复合糖。由于糖链结构的复杂性，复合糖类具有很大的信息容量，具有重要生物学功能，如细胞识别和细胞结合等。糖类也成为分子生物学的重要研究对象。

研究方法 分子生物学的很

多研究方法与生物化学和生物物理学方法通用。如同位素示踪技术在结构分析中的应用，层析以及各种电泳技术在蛋白质和核酸分离纯化中的应用，X射线晶体学技术在蛋白质和核酸结构测定以及高分辨率二维磁共振技术在生物大分子构象分析中的应用等；尤其是计算机科学和生物信息学的快速发展，更是推动了对生物大分子和复杂生命体系的研究。

在过去的几十年中，分子生物学领域建立了一些特有的技术方法，如分子克隆、聚合酶链反应、凝胶电泳、印迹检测和微阵列等，这些方法极大地推进了该学科研究，同时也在其他学科领域得到广泛应用。

与邻近学科的关系 分子生物学是近几十年发展起来的学科，与生物化学、遗传学、生物物理学等多个学科有着广泛的联系和交叉。

生物化学 以化学科学特有的理论、技术和方法，在分子水平、细胞水平、整体水平等不同层次研究生物学问题。包括生命个体的物质组成、结构、生物合成及其调节，以及它们与功能的关系。

生物物理学 用物理学的方法研究生物现象的科学。生物物理学涉及从分子、细胞到整体等各个不同层次的生物学问题研究，与生物化学、生物力学和系统生物学及生物工程技术、计算机技术、纳米技术等有着密切联系。

遗传学 研究生物的遗传和变异的学科，包括对遗传物质的结构、功能、传递和变异以及遗传规律等方面的研究。遗传学关注基因的传递方式、基因及其变异与生物个体表型之间的关系，以及环境因素对基因、遗传的影响等。分子生物学更关注基因的结构、功能、表达以及调节。

分子生物学的兴起是自然科学发展的必然趋势，而它的兴起也推动生命科学研究进入一个新的阶段。20世纪70年代以后，随着分子克隆技术的建立和发展，以分子生物学作为重要理论基础的生物工程技术在工业、农牧业、国防、食品、制药以及环境等各个不同的领域得到广泛应用，而医学作为生命科学的重要组成部分，更是在疾病的预防、诊断和治疗等各个环节都受到分子生物学的极大影响，基因诊断已经在临床实践工作中得到应用，基因治疗也已显示出应用的前景。

分子生物学作为一门相对年轻的学科，仍处于一个迅速发展的历史阶段。尽管人们对生命的物质基础和生命活动过程已经有了比较深入的了解，但仍有许多不解之谜。多学科的深度融合将成为分子生物学发展的必然趋势。

（周春燕）

dànbáizhì

蛋白质（protein）

生物体中广泛存在的一类以氨基酸为基本结构单位的高分子化合物。细胞的主要成分之一，生命活动的功能执行者。组成蛋白质的元素主要有碳、氢、氧、氮、硫等元素。有些蛋白质还有其他元素，如磷、碘及铁、铜、锌、锰、钴、钼等金属元素。构成蛋白质的常见氨基酸有20种，硒代半胱氨酸存在于从细菌到哺乳动物组织中，在少数细菌和古细菌中还发现了吡咯赖氨酸，这些氨基酸通常为L-α-氨基酸（甘氨酸除外）。少数真核与原核生物中存在D-型氨基酸。蛋白质包括单纯蛋白质与缀合蛋白质。

组成蛋白质的氨基酸以肽键连接，形成肽键的氨基酸基团称为氨基酸残基（residue）。一般将20个以内氨基酸缩合形成的肽称为寡肽（oligopeptide），由更多氨基酸组成的肽称为多肽。多肽链具有方向性，包含氨基末端（N-端）和羧基末端（C-端）。蛋白质的氨基酸排列顺序和空间结构种类繁多，足以完成生命活动所需的生理功能。蛋白质一级结构即其氨基酸排列顺序，主要化学键为肽键，某些蛋白质分子中还含有二硫键。蛋白质二级结构是指其中某段肽链主链骨架原子的空间相对位置，主要包括α螺旋、β折叠与β转角几种类型。蛋白质二级结构以一级结构为基础，一段肽链中氨基酸残基的组成可能决定其二级结构的形式。多个同种二级结构或多种二级结构可以同时存在于一个蛋白质分子中，并且空间上相互接近的两个以及以上的二级结构可以协同完成特定的功能。肽链中全部氨基酸残基的相对空间位置，即所有原子的空间排布，称为蛋白质三级结构。蛋白质三级结构的维持主要依靠次级键，如疏水键、盐键、氢键和范德华（Van der Waals）力等。两个以上具有三级结构的蛋白质亚基结合起来构成一个具有四级结构的蛋白质。蛋白质的二、三、四级结构统称为高级结构或空间构象（conformation），与蛋白质发挥特殊的生理功能有着密切的关系。

各种蛋白质的分子量大小不一，小则5000~6000，大则数百万或上千万道尔顿。蛋白质的水溶液往往具有类似胶体的性质，蛋白质颗粒表面的水化膜和电荷是维持蛋白质胶体溶液稳定的主要因素。蛋白质是由氨基酸组成的，而氨基酸是两性电解质，所以蛋白质也具有两性电解质性质及等电点。用酸、碱或酶水解蛋白质，可以得到小肽或氨基酸。

蛋白质分子种类繁多、结构复杂。不同结构的蛋白质具有不同生物学功能。蛋白质是生物体的结构成分之一，许多蛋白质能作为生物催化剂——酶，维持正常的新陈代谢。此外，蛋白质还参与各种生命活动过程，如呼吸作用、肌肉运动、物质转运、激素调节、免疫功能及遗传信息的表达调控等。蛋白质结构的多样性与功能的广泛性紧密关联。蛋白质的特定结构决定它的特定功能，结构的改变可影响蛋白质的功能。

蛋白质分子中的某个或某些氨基酸残基对其结构和功能起着关键作用，这些氨基酸残基的缺失或替代，可能会影响蛋白质的结构与功能，甚至导致疾病的发生。由基因突变引起的蛋白质分子发生变异所导致的疾病，称为分子病。例如，人血红蛋白 β 亚基第6位氨基酸是酸性氨基酸——谷氨酸，如果它被中性氨基酸缬氨酸替代，可使原来水溶性的血红蛋白相互黏附、聚集成丝，红细胞变为镰刀状而极易破碎，故而产生镰状细胞贫血。蛋白质的一级结构不变，但如果空间构象发生了变化，其功能可受到影响，可能导致疾病。例如，错误折叠的蛋白质会相互聚集，形成抗蛋白水解酶的淀粉样纤维沉淀，进而产生细胞毒性而导致疾病，包括皮质－纹状体－脊髓变性病、阿尔茨海默病、亨廷顿病、牛海绵状脑病等。

组成 氨基酸是蛋白质的基本单位。有些蛋白质完全由氨基酸构成，称为单纯蛋白质，如卵清蛋白、胰岛素等；单纯蛋白质仅含氨基酸，包含的元素主要有碳（50%~55%）、氧（19%~24%）、氮（13%~19%）、氢（6%~7%）和硫（0~4%）。有些蛋白质还含有非氨基酸组分，称为缀合蛋白质，如糖蛋白、脂蛋白、色蛋白等；缀合蛋白质中还含有非蛋白质部分，如有色化合物、寡糖、脂类、磷酸、金属离子等，因此缀合蛋白质还含有其他元素，如铁、铜、锌、锰、钴、钼、磷、碘等。蛋白质是体内的主要含氮物质，不同蛋白质的含氮量较为相似，平均为16%，通常可根据生物样品的含氮量大致推算出蛋白质含量。

分类 蛋白质种类繁多，可根据其形状、结构、理化性质等不同对蛋白质进行归类。根据组成成分，可将蛋白质分成仅含有氨基酸的单纯蛋白质和还含有非氨基酸组分的缀合蛋白质，非氨基酸组分被称为辅基或辅因子，为蛋白质的生物学活性或代谢所必需。根据分子形状，可将蛋白质分为纤维状蛋白质和球状蛋白质。根据蛋白质功能不同，分为酶蛋白、转运蛋白、收缩蛋白、结构蛋白、激素蛋白、免疫球蛋白等。随着对蛋白质结构认识的深入，根据蛋白质结构特点进行分类成为新的趋势，常用的结构分类数据库有蛋白质结构分类数据库（Structural Classification of Proteins，SCOP），CATH 数据库（以蛋白质结构域类型 Class、构架 Architecture、拓扑结构 Topology 和同源性 Homology 为分类基础）和蛋白质家族数据库（Families of Structurally Similar Proteins，FSSP）。

（雷群英）

ānjīsuān

氨基酸（amino acid） 在生物体内以游离形式出现、同时含有氨基和羧基的一类脂肪族有机酸。

结构 根据氨基酸的氨基在碳链上距离末端羧基的位置，分为 α、β、γ 氨基酸等。天然含有一个氨基的氨基酸一般属于 α 氨基酸，共同的分子式为：$R-CHNH_2-COOH$（R 代表侧链）。哺乳动物体内所有 α 氨基酸除甘氨酸外，均具有不对称的 α 碳原子，绝大多数为 L 构型，故称为 L-α-氨基酸。在少数真核与原核生物蛋白质中（例如短杆菌肽含有 D-苯丙氨酸）存在 D-型氨基酸。

组成人体蛋白质的常见氨基酸有 20 种，除甘氨酸外，均属 L-α-氨基酸。发现硒代半胱氨酸（1986 年发现的第 21 种天然氨基酸）和吡咯赖氨酸（2002 年发现的第 22 种天然氨基酸）也参与合成蛋白质。牛磺酸又称 β-氨基乙磺酸，也是一种氨基酸，但不参与蛋白质合成。

除甘氨酸外，α-碳原子均为不对称碳原子，不同的氨基酸侧链结构不同。

分类 22 种氨基酸可根据其侧链的结构和理化性质分成五类：非极性脂肪族氨基酸、极性中性氨基酸、芳香族氨基酸、酸性氨基酸及碱性氨基酸（表 1）。在水溶液中，极性中性氨基酸的溶解度大于非极性脂肪族氨基酸的溶解度；芳香族氨基酸侧链苯基的疏水性较强，在一定条件下酚基和吲哚基可解离；酸性氨基酸的侧链含有羧基；碱性氨基酸包括赖氨酸、精氨酸和组氨酸，其侧链分别含有 ε-氨基、胍基和咪唑基。脯氨酸属于亚氨基酸，N 原子在杂环中移动的自由度受到限制，但其亚氨基仍能与另一羧基形成肽键。2 个半胱氨酸通过脱

表 1 氨基酸分类

结构式	中英文名	缩写	pK_1 α-COOH	pK_2 α-NH_3^+	等电点（pI）
非极性脂肪族氨基酸					
$H-\underset{NH_3^+}{CH}-COO^-$	甘氨酸（Glycine）	Gly（G）	2.34	9.60	5.97
$CH_3-\underset{NH_3^+}{CH}-COO^-$	丙氨酸（Alanine）	Ala（A）	2.34	9.69	6.00
$(H_3C)_2CH-\underset{NH_3^+}{CH}-COO^-$	缬氨酸（Valine）	Val（V）	2.32	9.62	5.96
$(H_3C)_2CH-CH_2-\underset{NH_3^+}{CH}-COO^-$	亮氨酸（Leucine）	Leu（L）	2.36	9.60	5.98
$CH_3-CH_2-\underset{CH_3}{CH}-\underset{NH_3^+}{CH}-COO^-$	异亮氨酸（Isoleucine）	Ile（I）	2.36	9.68	6.02
$\underset{S-CH_3}{CH_2}-CH_2-\underset{NH_3^+}{CH}-COO^-$	甲硫氨酸（Methionine）	Met（M）	2.28	9.21	5.74
$\overset{+}{\underset{H_2}{N}}$ COO^-	脯氨酸（Proline）	Pro（P）	1.99	10.60	6.30
极性中性氨基酸					
$\underset{OH}{CH_2}-\underset{NH_3^+}{CH}-COO^-$	丝氨酸（Serine）	Ser（S）	2.21	9.15	5.68
$\underset{SH}{CH_2}-\underset{NH_3^+}{CH}-COO^-$	半胱氨酸（Cysteine）	Cys（C）	1.96	10.28	5.07
$H_2N-\underset{\underset{O}{\Vert}}{C}-CH_2-\underset{NH_3^+}{CH}-COO^-$	天冬酰胺（Asparagine）	Asn（N）	2.02	8.80	5.41
$H_2N-\underset{\underset{O}{\Vert}}{C}-CH_2-CH_2-\underset{NH_3^+}{CH}-COO^-$	谷氨酰胺（Glutamine）	Gln（Q）	2.17	9.13	5.65
$CH_3-\underset{OH}{CH}-\underset{NH_3^+}{CH}-COO^-$	苏氨酸（Threonine）	Thr（T）	2.11	9.62	5.60
含芳香环的氨基酸					
$C_6H_5-CH_2-\underset{NH_3^+}{CH}-COO^-$	苯丙氨酸（Phenylalanine）	Phe（F）	1.83	9.13	5.48
$HO-C_6H_4-CH_2-\underset{NH_3^+}{CH}-COO^-$	酪氨酸（Tyrosine）	Tyr（Y）	2.20	9.11	5.66
$C_8H_5\underset{H}{N}-CH_2-\underset{NH_3^+}{CH}-COO^-$	色氨酸（Tryptophan）	Trp（W）	2.38	9.32	5.89
酸性氨基酸					
$^-OOC-CH_2-\underset{NH_3^+}{CH}-COO^-$	天冬氨酸（Aspartic acid）	Asp（D）	2.09	9.60	2.98
$^-OOC-CH_2-CH_2-\underset{NH_3^+}{CH}-COO^-$	谷氨酸 (Glutamic acid）	Glu（E）	2.19	9.67	3.22
碱性氨基酸					
$H-\underset{\underset{NH_2}{C=NH_2^+}}{N}-CH_2-CH_2-CH_2-\underset{NH_3^+}{CH}-COO^-$	精氨酸（Arginine）	Arg（R）	2.17	9.04	10.76
$\underset{NH_2^+}{CH_2}-CH_2-CH_2-CH_2-\underset{NH_3^+}{CH}-COO^-$	赖氨酸（Lysine）	Lys（K）	2.18	8.95	9.74
$(HN\;N\text{环})-CH_2-\underset{NH_3^+}{CH}-COO^-$	组氨酸（Histidine）	His（H）	1.82	9.17	7.59

氢后以二硫键相连接，形成胱氨酸，在蛋白质很常见。

理化性质 氨基酸具有下列理化性质。

两性解离性质 氨基酸分子中含有碱性的 α－氨基及酸性的 α－羧基，属于两性电解质。在酸性溶液中，氨基酸与质子（H^+）结合呈阳离子（$-NH_3^+$）；在碱性溶液中，氨基酸与 OH^- 结合，失去 H^+ 生成阴离子（$-COO^-$）。氨基酸的解离方式和解离程度取决于其所处溶液的酸碱度。当处于某一 pH 值的溶液中，其解离成阴离子、阳离子的趋势及程度相等，为兼性离子，净电荷为零。此时溶液的 pH 值定义为氨基酸的等电点（isoelectric point，pI）。

紫外线吸收性质 通常含有共轭双键的氨基酸（酪氨酸、色氨酸和苯丙氨酸）具有紫外吸收性质，最大吸收峰在 280nm 波长左右。由于大多数蛋白质都有酪氨酸、色氨酸和苯丙氨酸，因此测定蛋白质溶液 280nm 的光吸收值可以简便、快速地分析溶液中蛋白质的含量。

茚三酮反应 氨基酸在弱酸性溶液中与茚三酮反应时通常被氧化脱氨、脱羧。茚三酮水合物还原产生还原型茚三酮，进一步与氨及另一茚三酮分子形成蓝紫色化合物。该化合物最大吸收峰在 570nm 波长左右，且吸收峰值的大小与释放出的氨基酸氨量成正比，因此可作为氨基酸定量分析方法。

（雷群英）

ānjīsuān dàixiè

氨基酸代谢（amino acid metabolism） 氨基酸在体内的合成、分解及转化。来源食物的蛋白质、组成机体细胞以及细胞内合成的蛋白质，必须首先经过酶催化分解成氨基酸，氨基酸经过转氨基、氧化脱氨基、联合脱氨基等途径，进一步生成 α－酮酸和氨。氨在不同的动物体内可以氨、尿素及尿酸等多种形式排出体外。某些氨基酸还可以通过特殊代谢途径转变成为卟啉、嘌呤、嘧啶、激素、色素和生物碱等含氮物质。某些氨基酸在体内代谢过程中还可以相互转变。

氨基酸代谢库 经过消化食物蛋白质得到的氨基酸、体内组织蛋白质降解产生的氨基酸和体内合成的非必需氨基酸分散在体内各细胞、组织中参与代谢，称为氨基酸代谢库（metabolic pool）。通常以游离氨基酸总量计算体内所有氨基酸的总和。氨基酸不能自由通过细胞膜，因此在体内的分布不均。血浆占代谢库的 1%~6%，肌组织占 50% 以上。肝和肾分别占 10% 和 4%，因为体积小，其中游离氨基酸的含量很高，进行着旺盛的氨基酸代谢。在不同的生理条件下，随着各组织氨基酸代谢的改变，血浆氨基酸在各组织的转运也会改变。

氨基酸来源 ①外源性氨基酸：来源食物蛋白质，消化吸收进入血液及组织的氨基酸。②内源性氨基酸：组织蛋白质分解产物以及机体自身合成的非必需氨基酸。

氨基酸去路 ①合成成为组织蛋白质及多肽。②脱氨基生成氨和 α－酮酸。③脱羧基生成胺，胺可以进一步脱氨、氧化分解。④转变成嘌呤、嘧啶、肾上腺素、甲状腺素等重要生理活性物质。⑤随尿排出，正常人尿中排出极少氨基酸。

合成代谢 除营养必需氨基酸必须由食物供给以外，其余氨基酸在人体内可通过其他物质合成。非必需氨基酸有一部分在人体内全新合成，另一部分则由其他的氨基酸转变产生。

氨基酸的全新合成 由糖代谢提供相应的碳链结构 α－酮酸，通过转氨基作用生成需要的氨基酸。糖代谢提供的丙酮酸、草酰乙酸及 α－酮戊二酸分别是丙氨酸、天冬氨酸及谷氨酸合成的原料。糖酵解提供的 3－磷酸甘油酸可以作为丝氨酸的前体。3－磷酸甘油酸经脱氢酶催化生成 3－磷酸丙酮酸，然后经转氨酶催化由谷氨酸获得氨基成为 3－磷酸丝氨酸，最后由磷酸酶催化脱磷酸基生成丝氨酸。

氨基酸的转变 在转变过程中，作为前体的氨基酸可以是非必需氨基酸，如脯氨酸及精氨酸均由谷氨酸转变而来；也可以是必需氨基酸，如半胱氨酸及酪氨酸分别由甲硫氨酸和苯丙氨酸转变而来，如果甲硫氨酸和苯丙氨酸供应不足，半胱氨酸和酪氨酸就不能合成。谷氨酰胺和天冬酰胺也是构成蛋白质的成分。谷氨酸在谷氨酰胺合成酶的催化下从游离 NH_3 获得氨基，生成谷氨酰胺；天冬氨酸在天冬酰胺合成酶的催化下由谷氨酰胺提供氨基，生成天冬酰胺。

α－酮酸的代谢 ①生成营养非必需氨基酸，如丙酮酸、草酰乙酸、α－酮戊二酸可以分别转变成丙氨酸、天冬氨酸及谷氨酸。②在体内可转变为丙酮酸、酮体、乙酰 CoA 等，再进一步彻底氧化生成 CO_2 和 H_2O，同时释放能量以供机体生理活动需要。③转变成糖和脂类化合物：大多数氨基酸（甘氨酸、丙氨酸、丝氨酸、缬氨酸、精氨酸、组氨酸、脯氨酸、谷氨酸、谷氨酰胺、天冬氨酸、天冬酰胺、半胱氨酸、甲硫氨酸）脱氨后生成的α-酮酸可以通过糖异生途径生成糖，此类氨基酸称为生糖氨基酸（glucogenic amino acid）；亮氨酸及赖氨酸对应的α-酮酸可被分解生成酮体，称为生酮氨基酸（ketogenic amino acid）；酪氨酸、色氨酸、苏氨酸、苯丙氨酸和异亮氨酸既能转变成糖又能转变成酮体，被称为生糖兼生酮氨基酸（glucogenic and ketogenic amino acid）。

（雷群英）

tuō ānjī zuòyòng

脱氨基作用（deamination）

氨基化合物（如氨基酸）脱去其氨基的生物化学反应过程。是氨基酸分解代谢的最主要反应。体内大多数组织中都可进行氨基酸的脱氨基反应，但在肝肾中最终脱去氨基。氨基酸脱去氨基可以通过多种方式，如氧化脱氨基作用、转氨基作用及联合脱氨基作用等，其中最重要的是联合脱氨基作用。

（赵文会）

zhuǎn ānjī zuòyòng

转氨基作用（transamination）

氨基酸在转氨酶的催化下，其氨基被转移到α-酮酸的酮基上使其生成氨基酸，而原来的氨基酸则转变为对应的α-酮酸的生物化学反应过程。其实质是氨基的转移，也是营养非必需氨基酸在体内的合成途径之一。

转氨基作用由氨基转移酶催化进行。除赖氨酸、脯氨酸和羟脯氨酸三种氨基酸外，其他大多数氨基酸通过转氨基作用脱去氨基。但是在这一反应中并没有发生真正的脱氨基作用，反应的实质是一种氨基酸的分解和另一种氨基酸的合成。如：α-氨基酸+α-酮戊二酸⟷α-酮酸+谷氨酸。而谷氨酸又可经进一步的转氨基作用将其氨基转给草酰乙酸生成天冬氨酸，即：谷氨酸+草酰乙酸⟷α-酮戊二酸+天冬氨酸（图1）；或将其氨基转给丙酮酸生成丙氨酸，即：谷氨酸+丙酮酸⟷α-酮戊二酸+丙氨酸（图2）（见氨基转移酶）。

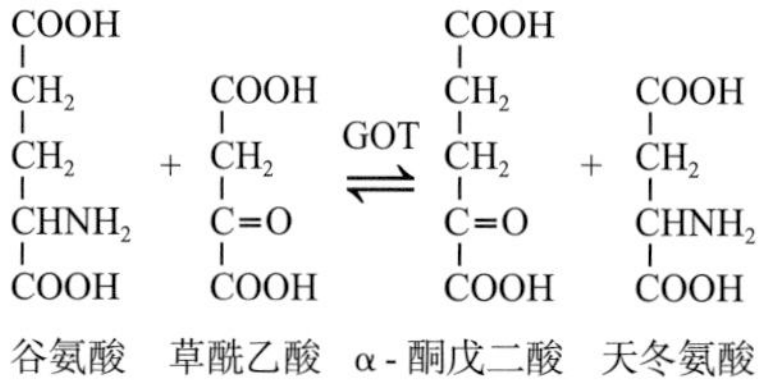

$$\underset{\text{谷氨酸}}{HOOC-CH_2-CH_2-CHNH_2-COOH} + \underset{\text{草酰乙酸}}{HOOC-CH_2-C(=O)-COOH} \overset{GOT}{\rightleftharpoons} \underset{\alpha\text{-酮戊二酸}}{HOOC-CH_2-CH_2-C(=O)-COOH} + \underset{\text{天冬氨酸}}{HOOC-CH_2-CHNH_2-COOH}$$

图1 谷草转氨酶（GOT）催化的转氨基反应

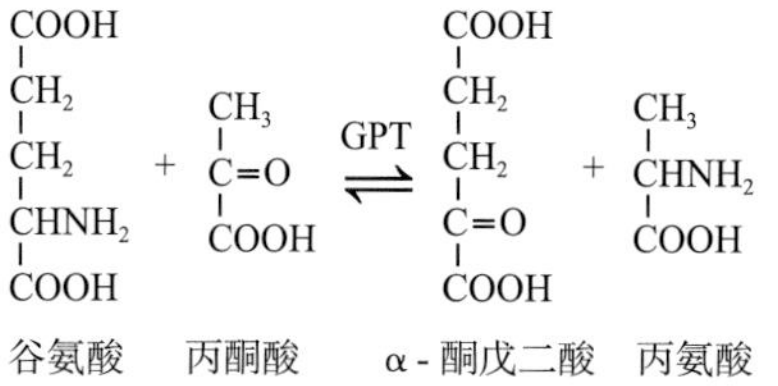

$$\underset{\text{谷氨酸}}{HOOC-CH_2-CH_2-CHNH_2-COOH} + \underset{\text{丙酮酸}}{CH_3-C(=O)-COOH} \overset{GPT}{\rightleftharpoons} \underset{\alpha\text{-酮戊二酸}}{HOOC-CH_2-CH_2-C(=O)-COOH} + \underset{\text{丙氨酸}}{CH_3-CHNH_2-COOH}$$

图2 谷丙转氨酶（GPT）催化的转氨基反应

（赵文会）

ānjī zhuǎnyí méi

氨基转移酶（aminotransferase）

催化氨基酸的α-氨基转移给对应的α-酮酸，从而生成相应的酮酸与氨基酸的一类酶。又称转氨酶（transaminase）。转氨酶催化的反应式如下：

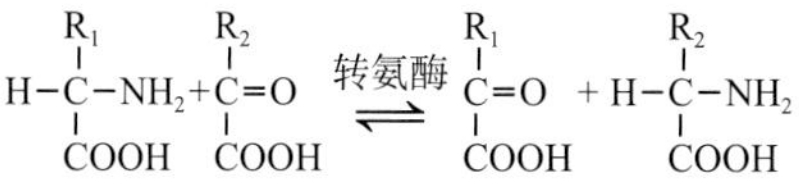

$$H-\underset{COOH}{\overset{R_1}{C}}-NH_2 + \underset{COOH}{\overset{R_2}{C}}=O \overset{\text{转氨酶}}{\rightleftharpoons} \underset{COOH}{\overset{R_1}{C}}=O + H-\underset{COOH}{\overset{R_2}{C}}-NH_2$$

转氨酶广泛分布于几乎所有的组织中，有多种转氨酶。它们具有一定的特异性，即：不同的氨基转移酶催化特定的氨基酸与酮酸之间的氨基转运。最常见也是最重要的两种：谷丙转氨酶（glutamic pyruvic transaminase，GPT），又称丙氨酸转氨酶（alanine transaminase，ALT）；谷草转氨酶（glutamic oxaloacetic transaminase，GOT），又称天冬氨酸转氨酶（aspartate transaminase，AST）。它们在体内的分布如表1所示。

表1 正常成人各组织中GOT及GPT活性

组织	GOT（单位/克湿组织）	GPT（单位/克湿组织）
心	156000	7100
肝	142000	44000
骨骼肌	99000	4800
肾	91000	19000
胰腺	28000	2000
脾	14000	1200
肺	10000	700
血清	20	16

GOT和GPT催化的反应式如下：

健康人体内转氨酶主要存在于细胞内，血清中很少，活性很低。一些疾病会导致细胞破坏或细胞膜通透性增高，大量释放转氨酶到血液中。如心肌梗死患者血清中GOT明显上升，急性肝炎患者血清GPT活性显著升高。因此，临床上对某些疾病的诊断、观察疗效以及判断预后可参考转氨酶活性测定的指标。

所有转氨酶的辅基都是磷酸吡哆醛，它结合在转氨酶活性中心赖氨酸残基的ε-氨基上。反应过程中，磷酸吡哆醛接受氨基转变成磷酸吡哆胺，氨基酸则转变成α-酮酸。磷酸吡哆胺再将氨基转移给另一种α-酮酸而生成相应的氨基酸；磷酸吡哆胺同时又变回磷酸吡哆醛。磷酸吡哆醛与磷酸吡哆胺的相互转变，起着传递氨基的作用，如图1所示。

图 1　磷酸吡哆醛与磷酸吡哆胺的相互转变

图 1　氧化脱氨基作用

转氨酶的催化作用具有专一性，特异的转氨酶只催化对应的氨基酸与 α－酮酸之间的转氨基作用。转氨酶催化的反应是完全可逆的，因此氨基转移作用既是氨基酸的分解途径，也是由 α－酮酸合成非必需氨基酸的主要途径。氨基转移作用只能合成非必需氨基酸。

（赵文会）

yǎnghuà tuō ʼānjī zuòyòng

氧化脱氨基作用（oxidative deamination）　谷氨酸在 *L*－谷氨酸脱氢酶催化下，脱去氨基生成氨排出体外的生物化学反应过程。主要在肝、肾进行。哺乳动物体内只有谷氨酸能进行氧化脱氨基反应。*L*－谷氨酸脱氢酶特点是活性强、特异性高，也是唯一既能利用 NAD^+ 又能利用 $NADP^+$ 接受还原当量的酶。谷氨酸脱氢酶催化的反应可逆，根据机体的状态决定反应方向（图 1）。

另外，肝、肾组织内还存在少量 L－氨基酸氧化酶，其辅基是 FMN 或 FAD。它可以将少数氨基酸氧化成 α－亚氨基酸，再加水而分解成相应 α－酮酸并且释放 NH_4^+ 和 H_2O_2，这也是一种氨基酸氧化脱氨方式。

（赵文会）

zhuǎn'ān tuōānjī zuòyòng

转氨脱氨基作用（transdeamination）　由转氨酶和 *L*－谷氨酸脱氢酶协同，转氨基作用偶联谷氨酸的氧化脱氨基作用，将氨基酸转变为氨及相应的 α－酮酸的生物化学反应过程（图 1）。又称联合脱氨基作用。

转氨脱氨基作用是体内的主要脱氨基方式。虽然全过程可逆；但是逆反应只能合成营养非必需氨基酸，是体内合成非必需氨基酸的主要途径。

转氨脱氨基作用主要在肝、肾等组织中进行。但是由于 *L*－谷氨酸脱氢酶的活性在骨骼肌和心肌中很弱，氨基酸主要通过嘌呤核苷酸循环脱去氨基。

（赵文会）

tuō suōjī zuòyòng

脱羧基作用（decarboxylation）　氨基酸失去羧基生成二氧化碳和胺类化合物的生物化学反应过程。脱羧基作用需要脱羧酶的催化，并通常需要磷酸吡哆醛作为辅酶（图 1）。脱羧酶的专一性很强，不同氨基酸由其特有的脱羧

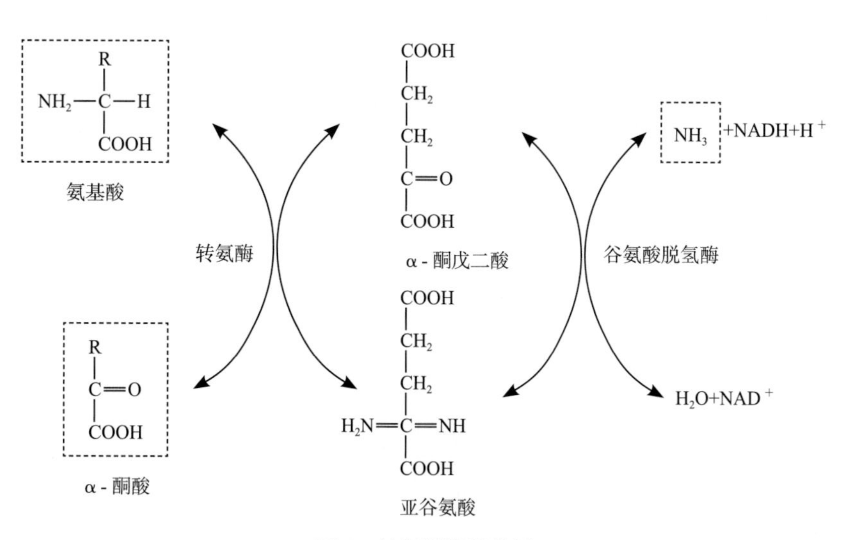

图 1　转氨脱氨基作用

酶进行催化，并生成对应的胺类化合物。胺类化合物可以被体内广泛存在的胺氧化酶氧化，生成氨和对应的醛类。后者可被进一步氧化生成羧酸被代谢，避免胺类物质累积。

$$\underset{\text{氨基酸}}{\text{R-CH}(\text{NH}_2)\text{-COOH}} \xrightarrow[\text{脱羧酶}]{\text{磷酸吡哆醛（PLP）}} \underset{\text{胺类}}{\text{R-CH}_2\text{-NH}_2} + \text{CO}_2$$

图1　氨基酸的脱羧基反应

脱羧基作用并不是氨基酸主要的代谢方式，但通过其产生的胺类化合物具有广泛的生物学功能，包括多种重要的神经递质和激素类物质。例如谷氨酸脱羧生成的γ-氨基丁酸（GABA），3,4-二羟基苯丙氨酸（DOPA）脱羧生成的多巴胺均为重要的中枢神经系统的神经递质。5-羟基色氨酸脱羧生成的5-羟色胺（血清素）在大脑内是一种抑制性的神经递质，在外围组织中具有收缩血管的功能，同时也是褪黑素的前体。组氨酸脱羧生成的组胺是免疫反应的调节分子，与变态反应和炎症反应密切相关。半胱氨酸氧化脱羧生成的牛磺酸是结合胆汁酸的重要组分。天冬氨酸脱羧形成的β-丙氨酸是一种维生素泛酸。此外，部分氨基酸通过脱羧基作用产生的胺类可以作为底物用于生成其他重要的分子。例如*S*-腺苷甲硫氨酸脱羧生成的*S*-腺苷-3-甲硫基丙胺和鸟氨酸脱羧生成的腐胺是生成精胺和亚精胺等多胺类物质的前体。

（熊　峰）

jiǎliú'ānsuān xúnhuán

甲硫氨酸循环（methionine cycle）　在细胞内通过将甲硫氨酸转化为*S*-腺苷甲硫氨酸等中间代谢产物以活化、使用和再生甲硫氨酸的过程。

代谢步骤　在细胞内甲硫氨酸被腺苷三磷酸（ATP）活化后可在多种酶催化下生成一系列中间产物，参与其他重要的代谢反应，最终重新生成甲硫氨酸（图1）。

主要代谢产物　①*S*-腺苷甲硫氨酸：在甲硫氨酸腺苷转移酶（MAT）催化下甲硫氨酸和腺苷三磷酸（ATP）缩合形成*S*-腺苷甲硫氨酸。*S*-腺苷甲硫氨酸是细胞内最主要的甲基供体参与调控了其受体分子的生物学活性，包括核酸、蛋白质、脂类和一些小分子化合物。②*S*-腺苷同型半胱氨酸：在甲基转移酶的催化下，*S*-腺苷甲硫氨酸上活跃的甲基集团被转移至受体分子上，从而生成*S*-腺苷同型半胱氨酸。*S*-腺苷同型半胱氨酸是甲基化反应的抑制剂，因此其与*S*-腺苷甲硫氨酸的比例失衡会导致细胞内甲基化水平改变。③同型半胱氨酸：在*S*-腺苷同型半胱氨酸水解酶的催化下，*S*-腺苷同型半胱氨酸被水解生成腺苷酸和同型半胱氨酸。在肝脏中，同型半胱氨酸还可以进入转硫化通路进一步形成其他含硫氨基酸如半胱氨酸、牛磺酸。半胱氨酸可被用于合成细胞内重要的抗氧化剂谷胱甘肽。④甲硫氨酸：同型半胱氨酸在甲硫氨酸合成酶的催化下，从5-甲基四氢叶酸获得甲基重新形成甲硫氨酸完成整个循环，该反应使用维生素B_{12}作为辅酶，同时产生四氢叶酸。另外，同型半胱氨酸在甜菜碱同型半胱氨酸*S*-甲基转移酶的催化下，从甜菜碱获得甲基重新形成甲硫氨酸完成循环，该反应主要发生于肝脏中。

功能及影响　通过甲硫氨酸循环，甲硫氨酸可用于合成细胞内其他的含硫氨基酸，连接于其硫原子上的甲基可以用于甲基化其他分子，进而改变后者的生物学活性。甲硫氨酸循环的中间产物同型半胱氨酸具有重要的生理功能，同时也是多种其他分子的合成原料。所有细胞都能够代谢甲硫氨酸，肝脏是人体内的甲硫氨酸代谢的主要器官。饮食摄入的甲硫氨酸约有50%在肝脏中被转化成*S*-腺苷甲硫氨酸进入甲硫氨酸循环，循环产生的60%同型

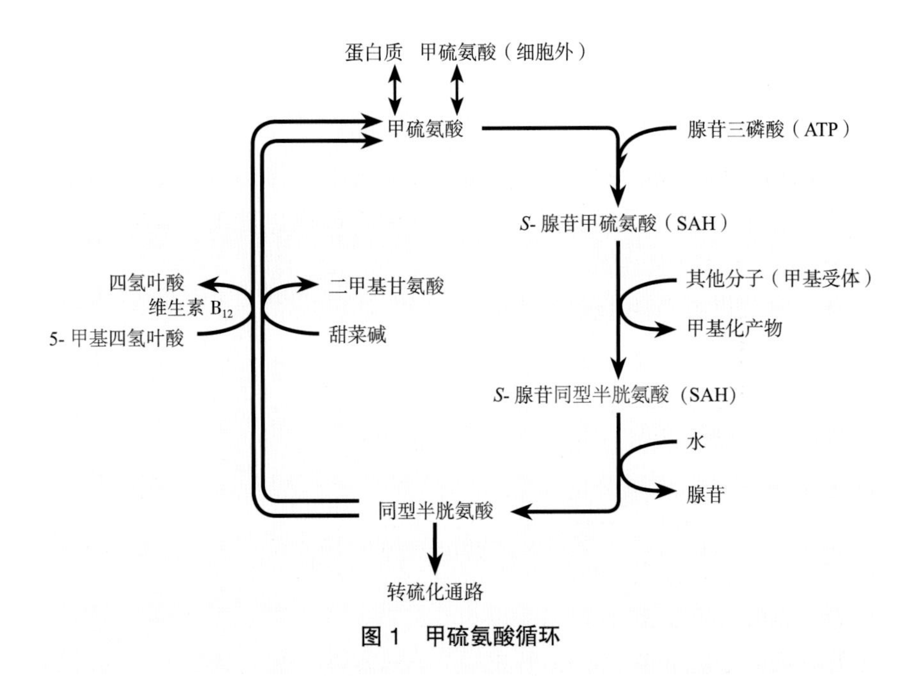

图1　甲硫氨酸循环

半胱氨酸不可逆地进入转硫化通路中，进一步生成其他的含硫氨基酸。低甲硫氨酸饮食会引起体内其他含硫氨基酸水平的下降。过量摄入酒精能够抑制甲硫氨酸合成酶的活性，阻碍甲硫氨酸循环，降低大脑和肝脏中抗氧化剂谷胱甘肽的水平，引起损伤。

甲硫氨酸循环依赖维生素 B_6 和维生素 B_{12} 等辅酶，当甲硫氨酸循环被损害时，会引起其中间产物比例失衡导致疾病。如 *S*- 腺苷甲硫氨酸和 *S*- 腺苷同型半胱氨酸比例失调可能会引起 DNA 低甲基化进而导致基因组不稳定，基因异常表达，增加癌症风险。

（熊　峰）

S-xiàngān jiǎliúānsuān

S- 腺苷甲硫氨酸（*S*-adenosyl methionine, SAM）　由腺苷三磷酸（ATP）和甲硫氨酸缩合而成的辅酶。*S*- 腺苷甲硫氨酸存在于人体内各种组织和体液中，在肝脏细胞含量最为丰富。细胞内的 *S*- 腺苷甲硫氨酸主要来源甲硫氨酸循环。

S- 腺苷甲硫氨酸是人体重要的中间代谢产物，能够参与多种生化反应，主要包括以下方面。①甲基化反应：在甲基转移酶的催化下，*S*- 腺苷甲硫氨酸上带有的活跃甲基被转移至其他分子底物，包括核酸、蛋白质、脂类和一些小分子，引起后者功能和活性的改变。细胞内大约 95% 的 *S*- 腺苷甲硫氨酸作为甲基供体参与了甲基化反应。人体内大约 85% 的甲基化反应发生在肝脏中。*S*- 腺苷甲硫氨酸失去甲基后形成的 *S*- 腺苷同型半胱氨酸被水解后可以通过甲硫氨酸循环重新生成 *S*- 腺苷甲硫氨酸。②聚胺反应：在腺苷甲硫氨酸脱羧酶的催化下，*S*- 腺苷甲硫氨酸脱去羧基形成 *S*- 腺苷甲硫胺，为聚胺反应提供碳骨架，参与多胺产物如亚精胺和精胺的合成。③提供自由基：多达 1000 种蛋白质可以利用 *S*- 腺苷甲硫氨酸形成 5' 脱氧腺苷自由基完成细胞中多种关键的生化反应，包括核酸和脂类的代谢等。

（熊　峰）

tóngxíng bànguāng'ānsuān

同型半胱氨酸（homocysteine, Hcy）　由体内的甲硫氨酸转化而来，在半胱氨酸的支链硫醇基（-SH）之前多一个亚甲基（$-CH_2-$）的氨基酸。

代谢　Hcy 是甲硫氨酸循环的中间代谢物。*S*- 腺苷甲硫氨酸经甲基转移酶催化，生成 *S*- 腺苷同型半胱氨酸，后者脱去腺苷生成 Hcy。机体主要通过甲基化途径和转硫途径代谢 Hcy。

甲基化途径　在大多数组织中，Hcy 由依赖维生素 B_{12} 的甲硫氨酸合酶催化，接受 5- 甲基四氢叶酸提供的甲基，生成甲硫氨酸。在肝脏和肾脏还存在第二条甲基化途径，由甜菜碱同型半胱氨酸甲基转移酶催化，三甲基甘氨酸（又称甜菜碱）作为甲基供体，生成甲硫氨酸。

转硫途径　胱硫醚 -β- 合酶催化 Hcy 与丝氨酸合成胱硫醚，后者再经 γ- 胱硫醚酶催化分解成半胱氨酸和 α- 酮丁酸。转硫反应不可逆，胱硫醚 -β- 合酶、γ- 胱硫醚酶均依赖维生素 B_6。

相关疾病　高水平 Hcy 与多种疾病密切相关。甲基化和转硫代谢途径障碍会导致 Hcy 水平升高。Hcy 可以造成血管内皮细胞损伤，促进血管平滑肌细胞的增生，刺激低密度脂蛋白氧化，增强血小板的凝血功能，促进血栓的形成，从而导致心血管疾病和卒中、静脉栓塞、反复流产、新生儿缺陷、神经管缺陷、老年性痴呆等疾病发生。

（雷群英）

ānjīsuān dàixiè chǎnwù

氨基酸代谢产物（amino acid metabolites）　氨基酸在体内分解、转化过程中产生的氨、胺类及其他小分子代谢物。氨基酸分解生成氨和 α- 酮酸，大多数氨在肝脏经尿素循环合成尿素，并随尿排出体外。氨基酸通过不同的分解方式产生不同的代谢产物。

氨　氨基酸脱氨产生的氨及消化道吸收的氨进入血液，形成血氨。氨在体内是有毒物质。各组织中产生的氨以丙氨酸或谷氨酰胺的形式运往肝脏或肾脏。氨在肝脏合成尿素是氨的主要代谢去路，少部分氨在肾脏形成铵盐，随尿排出体外。

胺类化合物　有些氨基酸可通过脱羧酶催化，脱羧基生成相应的胺类。体内胺类含量不高，但具有重要的生理功能。胺可经体内广泛存在的胺氧化酶催化氧化成相应的醛、NH_3 和 H_2O_2。醛类可以继续氧化成羧酸，羧酸再氧化成 CO_2 和 H_2O 或随尿排出，从而避免胺类的蓄积。

γ- 氨基丁酸　谷氨酸经谷氨酸脱羧酶作用脱羧基生成，是脑内重要的抑制性神经递质，具有调节血压、促进安定等诸多生理功能。

组胺　由组氨酸脱羧酶催化组氨酸脱羧基生成，是一种强烈的血管扩张剂，可引起毛细血管扩张、通透性增加；可使平滑肌收缩，引起支气管痉挛导致哮喘；可促进胃黏膜细胞分泌胃蛋白酶原及胃酸。

5- 羟色胺　色氨酸经色氨酸羟化酶催化生成 5- 羟色氨酸，后者经 5- 羟色氨酸脱羧酶催化生成 5- 羟色胺。5- 羟色胺分布全身，在大脑皮质及神经突触内可作为神经递质，直接影响神经传导；在外周组织中具有强烈的血管收缩作用。

多胺 含有多个氨基的化合物，由体内某些氨基酸脱羧基生成。鸟氨酸经脱羧基作用生成腐胺，腐胺又可转变成精脒和精胺，参与调节细胞增殖分化。多胺可通过稳定细胞结构、与核酸分子结合及促进核酸和蛋白质的生物合成调节细胞生长。目前，临床上患者血液或尿液中多胺的含量可作为肿瘤的辅助诊断指标，用于监测病情变化。

一碳单位 某些氨基酸（主要是丝氨酸、甘氨酸、组氨酸及色氨酸）在分解代谢中产生的含有一个碳原子的基团。

活性硫酸根 即3-磷酸腺苷-5-磷酸硫酸酯，由体内硫酸根经ATP活化生成，化学性质活泼，可提供硫酸根使某些物质生成硫酸酯，在肝脏生物转化中具有重要作用。

苯丙酮酸 苯丙氨酸在苯丙氨酸羟化酶催化下，经羟化作用生成酪氨酸。少量苯丙氨酸可经转氨基作用生成苯丙酮酸。在先天性苯丙氨酸羟化酶缺陷时，苯丙氨酸大量生成苯丙酮酸，并由尿排出，称为苯丙酮酸尿症。

儿茶酚胺 多巴胺、去甲肾上腺素及肾上腺素统称为儿茶酚胺。在肾上腺髓质和神经组织，酪氨酸经酪氨酸羟化酶催化，在二甲基四氢蝶呤参与下，转化为二羟苯丙氨酸，即多巴。多巴脱羧生成多巴胺，之后多巴胺进一步羟化生成去甲肾上腺素，在苯乙醇胺-N甲基转移酶催化下甲基化生成肾上腺素。多巴胺生成减少是帕金森病（Parkinson disease）的重要病因。

黑色素 黑色素细胞中的酪氨酸酶能催化酪氨酸羟化生成多巴，多巴再经氧化、脱羧等反应转变成吲哚醌，最后吲哚醌聚合为黑色素。先天性缺乏酪氨酸酶者，细胞不能合成黑色素，导致白化病。

尿黑酸 酪氨酸、苯丙氨酸等的中间代谢产物尿黑酸，能在尿黑酸氧化酶催化下转变成延胡索酸和乙酰乙酸。先天性尿黑酸氧化酶缺陷会导致患者体内尿黑酸的分解受阻，出现尿黑酸尿症。

牛磺酸 也称为β-氨基乙磺酸，由半胱氨酸通过脱羧作用生成，是结合胆汁酸的组成成分之一。

（雷群英）

ān

氨（ammonia）

由氮和氢组成的分子式为NH_3的化合物。氨是一种在人体内广泛存在的氨基酸代谢产物。

来源 人体内的氨主要来源氨基酸的代谢反应。

脱氨基作用 氨基酸通过脱氨基作用生成氨和α-酮酸。氨基酸的脱氨基作用分为氧化脱氨和联合脱氨两种。在氧化脱氨中，氨基酸在氨基酸氧化酶的催化作用下脱氢生成亚氨基酸，进一步水解产生氨。在联合脱氨反应中，氨基酸在转氨酶的催化作用下与α-酮戊二酸发生转氨基生成对应的α-酮酸和谷氨酸。谷氨酸再通过氧化脱氨生成氨。联合脱氨是氨基酸的主要代谢方式。

脱羧基作用 氨基酸在脱羧酶的催化下生成胺类化合物，后者再被单胺氧化酶或二胺氧化酶催化生成游离的醛和氨。

其他途径 血液中的谷氨酰胺在肝细胞和肾小管上皮细胞中的谷氨酰胺酶的催化下生成谷氨酸和氨。血液中的尿素进入肠腔内后被肠道细菌中的尿素酶分解为二氧化碳和氨。这部分氨能够被重新吸收进入血液。

转运 组织细胞中产生的氨在谷氨酰胺合成酶的催化下与谷氨酸反应生成谷氨酰胺。谷氨酰胺透过细胞膜后被血液运输到肝脏被分解为谷氨酸和氨。肌肉组织中的氨与α-酮戊二酸反应生成谷氨酸后再通过转氨基作用与丙酮酸反应生成丙氨酸。丙氨酸透过细胞膜随血液运输到肝脏后通过联合脱氨的形式生成氨。

清除 氨是毒性物质且具有较好的生物膜通透能力，血中氨浓度过高时会对人体尤其是中枢神经系统造成损伤。人体内的氨在转运到肝脏之后会被迅速地代谢为低毒性的尿素，再通过肾脏排出。氨通过鸟氨酸循环产生尿素，在该循环中氨与瓜氨酸脱水缩合成精氨酸，进一步代谢为尿素。此外氨还是一种中间代谢产物，可以用于合成多种非必需氨基酸。

（熊　峰）

niǎo'ānsuān xúnhuán

鸟氨酸循环（ornithine cycle）

在细胞内通过鸟氨酸、瓜氨酸、精氨酸循环将代谢产物氨（NH_3）和二氧化碳（CO_2）转化成尿素的过程。亦称尿素循环（urea cycle）。哺乳动物体内，鸟苷酸循环最主要发生于肝脏，也可见于肾脏。

代谢步骤 鸟苷酸循环是机体对NH_3的解毒方式之一，大约80%的氮排泄废物以尿素形式存在。生化反应主要包括5个步骤，前2步发生于线粒体，后3步发生于细胞质。①NH_3、CO_2、ATP缩合：此步骤需要氨甲酰磷酸合成酶Ⅰ（carbamoyl phosphate synthetase Ⅰ，CPS-Ⅰ）参与，CPS-Ⅰ催化NH_3和CO_2在肝脏线粒体中合成氨甲酰磷酸。此为耗能反应，需 2 分子 ATP 和 Mg^{2+} 参与，*N*- 乙酰谷氨酸为 CPS-Ⅰ必需的别构激活剂。生成的含高能键的氨甲酰磷酸有很强的反应活性。②瓜氨酸的合成：线粒体中的鸟氨酸氨甲酰基转移酶催化氨甲酰磷酸与鸟氨酸缩合生成瓜氨酸。借助线粒体的特异膜载体，鸟氨酸由胞质转进线粒体，生成的瓜氨酸由线粒体转入胞质。③精氨酸代琥珀酸的合成：由精氨酸代琥珀酸合成酶，催化瓜氨酸与天冬氨酸缩合，为尿素合成提供第 2 个氨基。此反应为耗能反应，需 1 分子 ATP 和 Mg^{2+} 参与，生成产物为精氨琥珀酸。④在精氨琥珀酸裂解酶作用下，精氨琥珀酸裂解生成精氨酸和延胡索酸。⑤精氨酸的水解：肝细胞中的精氨酸酶可催化精氨酸水解生成尿素和鸟氨酸。

步骤 3 精氨琥珀酸的合成中，消耗 1 个 ATP，生成了 1 个 ADP，消耗了 2 个高能磷酸键，因此合成 1 分子尿素需消耗 3 个 ATP，4 个高能磷酸键。在鸟氨酸循环中，精氨琥珀酸合成酶活性相对较小，所以此酶被认为是鸟氨酸循环的限速酶。

功能及影响 肝脏中尿素的合成是除去 NH_3 毒害作用的主要途径，尿素循环的任何一个步骤出问题都有可能导致先天性尿素合成障碍及高血氨。肝功能严重损害时，尿素合成障碍，NH_3 在血中积聚致水平增高。增高的血氨透过血脑屏障引起脑细胞损害和功能障碍，临床上称为肝性脑病或肝昏迷。这可能由于脑主要通过谷氨酸合成谷氨酰胺来代谢 NH_3，此过程需要消耗大量的 α- 酮戊二酸以补充谷氨酸，从而使三羧酸循环因中间产物 α- 酮戊二酸的减少而减弱三羧酸循环的活性，脑组织缺乏 ATP 供能而发生功能障碍。降低血氨有助于肝性脑病的治疗，常用的降低血氨的方法包括：减少氨的来源如限制蛋白质摄入量、口服抗生素药物抑制肠道菌；增加氨的去路如给予谷氨酸以结合氨生成谷氨酰胺等。

（黄 波）

yītàn dānwèi

一碳单位（one carbon unit）

某些氨基酸在分解代谢过程中所产生的含有一个碳原子的基团。主要为甲基（$-CH_3$）、羟甲基（$-CH_2OH$）、亚氨甲酰基（$-CH{=}NH$）、甲烯基（$=CH_2$）、甲酰基（$-CHO$）、甲炔基（$-CH{=}$）等。机体内一碳单位处于酸或醛的不同氧化状态，在相应的氧化还原状态条件下经酶促反应可相互转换，但转化过程不可逆。需要指出的是，二氧化碳（CO_2）虽然只有一个碳原子，但由于是无机物，以游离的形式存在，且不需要四氢叶酸作为载体，因此并不属于一碳单位范畴。

载体 一碳单位具有一个碳原子，在生物体内不能以游离形式存在，其发挥生物学作用需要与相应的辅酶结合。四氢叶酸（tetrahydrofolic acid，FH_4）是一碳单位的主要运载体。氨基酸代谢在生成一碳单位的同时，即可与四氢叶酸结合（N^5、N^{10} 位，其中，N^5 位结合甲基或亚氨甲基，N^5 位或 N^{10} 位结合甲酰基，N^5 位和 N^{10} 位结合甲烯基和甲炔基）并发挥生物学功能。四氢叶酸的合成受阻，会干扰机体内一碳单位的正常代谢，临床治疗中也将这一代谢通路作为治疗靶点，常用的药物，例如抗菌所使用的磺胺类药及抗癌所使用的氨甲蝶呤等就是分别通过干扰细菌及肿瘤细胞的叶酸、四氢叶酸合成，使得一碳单位在生物体内运输受阻，进而影响核酸合成而发挥药理作用。

来源 参与蛋白质合成的丝氨酸和甘氨酸是一碳单位的主要来源，前者在丝氨酸羟甲基转移酶作用下生成甘氨酸，并产生 $N^5, N^{10}-CH{=}FH_4$，后者在甘氨酸合成酶催化下可分解为 CO_2，NH_3 和 $N^5, N^{10}-CH{=}FH_4$；此外，苏氨酸在体内过剩时可经苏氨酸醛缩酶催化转变为甘氨酸，后者进一步分解产生 $N^5, N^{10}-CH{=}FH_4$；组氨酸在生成谷氨酸的过程中由亚胺甲基谷氨酸经谷氨酸转氨甲基酶作用产生 $N^{10}-CH{=}FH_4$。此外，含硫氨基酸——甲硫氨酸（又称蛋氨酸）分子中的甲基也是一碳单位的来源之一，可以为很多化合物合成提供甲基，但是蛋氨酸需首先在 ATP 的参与下转变生成 *S*- 腺苷甲硫氨酸（*S*-adenosyl-methionine，SAM，又称活性蛋氨酸），后者可经甲基转移酶作用下提供给不同甲基受体而生成多种甲基化合物。肾上腺素、胆碱、甜菜碱、肉毒碱、肌酸等甲基均来源 SAM。

功能 一碳单位在机体内发挥重要作用，一方面可经 FH_4 运载作为原料参与嘌呤和嘧啶的合成，在核酸（DNA 和 RNA）的生物合成中有重要作用，如 $N^{10}-CHO-FH_4$ 和 $N^5, N^{10}-CH{=}FH_4$ 分别参与嘌呤碱中 C_2、C_3 原子的生成，后者还可直接提供甲基参与脱氧核苷酸 dUMP 向 dTMP 的转化。另一方面，SAM 作为一碳单位供体可参与体内多种物质合成，如肾上腺素、胆碱和胆酸等。在神经内分泌活动中扮演重要角色。从宏观上来看，一碳单位在细胞代谢通路中扮演着重要的枢纽工作，通过特殊氨基酸贡献出一碳

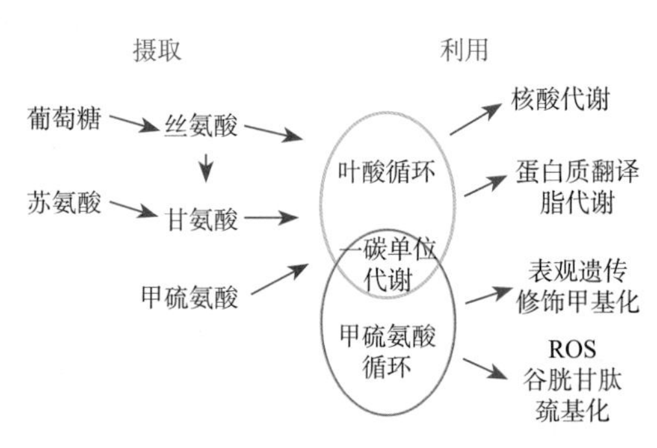

图1 一碳单位代谢是连接机体内营养状态的重要枢纽

注：一碳单位在细胞命运息息相关的各个环节如信号调控、细胞结构物质的合成及对抗细胞自身的凋亡起作用，对细胞的生存具有重要作用。

单位，将氨基酸代谢、核酸代谢及糖代谢等细胞内维持细胞生存的关键通路联系起来，并进一步参与到多种生物学相关的一系列化学反应中，包括细胞内的生物合成，调节氧化还原状态，通过调节核酸和蛋白质水平来调节甲基化，通过调节核苷酸库维护基因组等（图1）。

代谢障碍 一碳单位的主要功能是参与核酸合成，其利用障碍（合成不足或运输受阻）可导致某些疾病发生，常见为巨幼细胞贫血，发病机制为机体由于受到某些因素影响，缺乏维生素 B_{12} 和叶酸，影响四氢叶酸的再生，减少机体中游离的 FH_4 水平，故导致依赖 FH_4 运输的一碳单位代谢受阻，红细胞复制不受影响，但是却无法正常分裂，最终红细胞越来越大却无法形成成熟的红细胞，导致巨幼细胞贫血的发生。

（黄　波）

ānjīsuān dàixiè xiāngguān jíbìng

氨基酸代谢相关疾病（amino acid metabolism disease） 由于氨基酸代谢异常即氨基酸合成和分解紊乱而引起的疾病。也称氨基酸病（aminoacidopathy），或称氨基酸尿症（aminoaciduria）。

由于遗传缺陷造成的代谢紊乱，通常为常染色体隐性遗传病。多由近亲结婚导致，当父母双方的隐性致病基因进行组合时，出生的后代就会表现出这一致病表型，发生代谢紊乱。

从基础上来说，氨基酸是蛋白质的组成部分，在人体中具有许多功能。氨基酸代谢疾病可能是由于氨基酸分解或氨基酸吸收的缺陷造成的。由于这些疾病会在生命的早期引起症状，因此通常会对新生儿进行几种常见氨基酸疾病的筛查。在中国，通常对新生儿几种常见的氨基酸代谢病进行筛查，包括同型半胱氨酸尿、枫糖浆尿病、苯丙酮尿症、酪氨酸血症。随着基因组学和代谢组学的进展，对遗传性氨基酸代谢病的筛查力度也有所增加，但地区之间差异较大。

支链氨基酸由于其化学结构中含有支链而得名，包括亮氨酸、异亮氨酸和缬氨酸，是人体蛋白质的组成部分。如果这些氨基酸代谢发生紊乱，其本体及其有毒副产物就会在血液和尿液中积聚，从而引起某些疾病，具体疾病及表现如下：

异戊酸血症 当亮氨酸代谢发生紊乱时，体内会产生有害水平的异戊酸。主要是由于异戊酰CoA脱氢酶缺乏或失活导致。临床表现为患者由于异戊酸的累积而散发出浓重的汗味，故而异戊酸血症也称出汗脚综合征。

异戊酸血症表现为两种疾病类型，一种出现在刚出生时，另一种出现在出生后的几个月或几年。刚出生时的类型，具体症状为拒食、呕吐和呼吸困难，生化检测表现为代谢性酸中毒、高氨血症、低血糖等，骨髓检测为骨髓增生受限。发病较晚的疾病类型，大多症状与刚出生就发病的类型相似，但程度较轻。该疾病主要通过对血液和尿液进行检测，并以异戊酸水平的升高来确定。

治疗异戊酸血症的方法，主要为水化、补充营养（包括高剂量的糖葡萄糖）和甘氨酸，以帮助排出体内多余的酸。若患者反应不良，可能需要除去少量婴儿的血液，并用等体积的新鲜供体血液代替，同时进行腹膜透析。所有患病的人都需要限制亮氨酸的摄入，并定期检查血中异戊酸肉碱及尿中异戊酸、异戊酸甘氨酸浓度。

枫糖浆尿病 患有枫糖浆尿病的儿童无法代谢亮氨酸、异亮氨酸和缬氨酸。这些氨基酸的副产物积累，引起神经系统的功能障碍，主要表现为癫痫和智力发育障碍。这些副产物还可导致体液和分泌物（如尿液、汗液和耳垢）带有枫糖浆的气味。枫糖浆尿病根据不同的发病程度分为多种形式，其中最严重的，婴幼儿伴有呕吐及嗜睡，同时可表现为癫痫发作和昏迷，往往出生时即可发病，如果不及时治疗可能在几天或几周死亡。剩下的疾病类型则表现较轻，患儿通常并不表现出明显病征，但在感染、手术或其他身体应激状态下，则会诱发疾病，表现为呕吐、共济失调及昏迷。

可通过严格限制饮食，严重

或急症情况下可给予腹膜透析及血液透析进行控制，也可静脉给予水分和营养。当前可治愈该病的方法为肝移植，但限于肝源及治疗费用，开展有限。

甲基丙二酸血症 是一种遗传性疾病，主要表现为人体无法正常加工及合成某些蛋白质和脂质。通常在婴儿早期出现，患儿可能会出现呕吐、脱水、肌张力低下、发育迟缓、过度疲劳、肝大以及体重增加和身体异常发育。并发症可包括饮食障碍、智力发育不良、慢性肾脏疾病和胰腺炎。如不及时干预，可导致死亡。

丙酸血症 丙酰辅酶A羧化酶由于遗传原因失去功能时，会形成大量丙酸对机体造成损害。在大多数患儿中，症状会在出生后的头几天或几周开始出现，主要表现为呕吐和呼吸困难，可伴发癫痫或昏迷等急症。多由空腹、发热或感染等应激因素引发。生长至儿童期的患儿可伴有肾脏疾病、智力低下、神经系统异常和心脏疾病。

可通过对血液和尿液进行检测，以丙酸水平升高来诊断丙酸血症，也可同时检测白细胞或其他组织或细胞中丙酰辅酶A羧化酶的水平来进行辅助诊断。

常规治疗通过静脉给予水分和营养，并限制婴儿的蛋白质消耗。急症或常规治疗效果不佳，可通过腹膜透析及血液透析进行控制。生长至儿童期的患儿需继续控制饮食，同时给予抗生素以抑制肠道中的细菌而减少机体丙酸的产生。

（黄　波）

gāo'ānxuèzhèng

高氨血症（hyperammonemia）

由代谢紊乱所引起，表现为血氨升高的疾病。氨对神经系统与肝脏均有很强的毒性，当患有该疾病时，患者可表现为惊厥、抽搐、昏迷、脑水肿、颅内高压、脑疝或者脑萎缩等症状。

分类 该疾病根据不同的分类方法可分为原发性高氨血症与继发性高氨血症。原发性高氨血症主要是由于遗传及环境因素造成的尿素循环中的酶发生突变所导致的尿素代谢障碍所引起，如鸟氨酸转氨酶缺乏症；继发性高氨血症主要是由于遗传及环境因素造成的尿素循环中的中间产物减少，从而导致尿素循环代谢障碍而引起，如丙酸血症及急性肝衰竭等。

发病分子机制 氨是一种含氮的物质，它是一种蛋白质的分解代谢产物。正常条件下，体内的氨通过人体每天摄入的蛋白质不断分解而在肠道中生成。氨具有一定的毒性，被肠道吸收后，随着血流进入肝脏，在肝细胞线粒体内进行代谢，该过程即为尿素循环，代谢完成后产生尿素，再经肾脏随尿液排出体外。由于各种原因造成肝脏严重损伤或尿素循环酶失活就会引发高氨血症。

氨对神经系统有很强毒性，大脑中的氨主要通过合成谷氨酰胺来去除，谷氨酰胺是由1分子的α-酮戊二酸结合2分子的氨所形成。当血氨浓度明显增高时，谷氨酰胺大量合成，导致大脑中的α-酮戊二酸被大量消耗。作为三羧酸循环的重要中间产物，α-酮戊二酸缺乏会导致三羧酸循环障碍，从而使神经系统能量代谢出现障碍。同时，谷氨酰胺在细胞内累积，使其渗透浓度增高，导致细胞水肿，进一步出现脑水肿，严重时引发抽搐、颅内高压、脑疝，并最终导致死亡。

临床表现 氨对神经系统与肝脏均有很强的毒性，当患有该病时，患者可表现为惊厥、抽搐、昏迷、脑水肿、颅内高压、脑疝或者脑萎缩等症状。

分子诊断 ①酶活性测定：肝活检可用来诊断氨基甲酸酯磷酸合成酶和鸟氨酸氨基甲酰基转移酶的缺乏。瓜氨酸的诊断基于对精氨琥珀酸合成酶的检测而确定，在这种情况下，可以使用肝细胞或皮肤成纤维细胞作为检测样本。对于精氨琥珀酸，可以测定肝细胞、外周血红细胞和皮肤成纤维细胞中精氨琥珀酸裂合酶的活性。当怀疑有精氨酸紊乱时，应测量肝脏、红细胞和白细胞精氨酸酶的活性。②基因分析：可以用分子遗传学方法检测氨甲酰磷酸合成酶及鸟氨酸氨甲酰转移酶的分子位点是否突变。③氨基酸定量分析：检测血和尿中的氨基酸，以判定各种氨基酸的量是否有异常。特别应注意谷氨酸、谷氨酰胺、丙氨酸、瓜氨酸、精氨酸和精氨琥珀酸的尿中定量分析，以区别尿素循环的酶缺陷。

治疗 主要为对症治疗，目的在于加速氨的排放，减少蛋白质的分解，维持体内电解质的平衡。①静脉输入苯甲酸钠和苯乙酸钠：肾脏对氨的清除能力低下，通过静脉输入某些化合物，使体内生成的氨形成易于肾脏排出的物质。苯甲酸钠能与内源性的甘氨酸结合形成马尿酸，苯乙酸钠与谷氨酸结合形成苯乙酰谷氨酸，这两种新生成的代谢产物均有较高的肾脏清除率，可以加速氨的排放。②精氨酸治疗：除因精氨酸酶缺陷所致的高氨血症外，其他类型的高氨血症均可以用精氨酸进行治疗。精氨酸既可以促进氨的排出，同时又补充体内必需的氨基酸。③血液透析或腹膜透析：在静脉输注相应促进氨代谢的物质后，患者血氨水平未见好转，可行血液透析或是腹膜透析。透析数小时后血氨水平可明显下降，一般48小时内可降至正常。

（黄　波）

běnbǐngtóngniàozhèng

苯丙酮尿症

苯丙酮尿症（phenylketonuria，PKU）　常见的以氨基酸代谢异常为特点的常染色体隐性遗传病。98%~99%是由于苯丙氨酸代谢途径中的苯丙氨酸羟化酶（phenylalanine hydroxylase，PAH）基因发生突变，使得苯丙氨酸转化为酪氨酸的反应无法进行，从而导致苯丙氨酸及其酮酸在体内积累，这两种代谢物有较好的生物膜通透性，可随尿液大量排出体外。其他病因则包括苯丙氨酸羟化酶的辅酶四氢生物蝶呤（BH_4）缺乏等相关功能障碍。苯丙氨酸是人体所必需的氨基酸，正常人每日摄入200~500mg才能满足生理需求，在摄入的所有苯丙氨酸中，1/3用于蛋白质合成，剩余2/3则在肝脏中通过苯丙氨酸羟化酶的催化作用，转变为酪氨酸。酪氨酸在体内有重要的功能，参与到甲状腺素、肾上腺素和黑色素等重要代谢物的合成。在苯丙氨酸羟化酶催化苯丙氨酸转化为酪氨酸的反应中，四氢生物蝶呤作为辅酶是保证反应正常进行的重要组成部分。四氢生物蝶呤也是内源生成的，在鸟苷三磷酸环化水解酶（GTP-CH）的催化下经由鸟苷三磷酸（GTP）反应得到。

发病分子机制　由于苯丙氨酸羟化酶基因突变导致苯丙氨酸羟化酶失去活性或该酶的辅助因子四氢生物蝶呤缺乏，最终使得苯丙氨酸不能转变成为酪氨酸，导致其相关代谢物苯丙氨酸及其酮酸在体内蓄积并从尿中大量排出。苯丙酮尿症患者血液中积累高浓度的苯丙氨酸，会对脑和神经系统产生一定的损伤。研究表明，血中高苯丙氨酸浓度虽未影响神经元树突的形态和其生存，却影响了突触的形成，从而造成神经系统的损害。此外，大多研究支持竞争抑制的观点，即浓度过高的苯丙氨酸会竞争性抑制其他大分子量中性氨基酸流经脑部的血脑屏障进入大脑的过程，从而妨碍脑部的正常发育。苯丙酮尿症分为典型PKU和BH_4缺乏型。

临床表现　主要为生长发育迟缓、精神行为异常、皮肤干燥、褐色毛发。

分子诊断　PAH基因定位于染色体12q22－q24.1，长约90kb。编码区包含13个外显子，被12个内含子分隔。mRNA翻译成451个氨基酸的酶单体，单体聚合成有功能的PAH酶。PAH基因的突变多发于编码区，分为致病突变和沉默突变。致病突变往往发生于外显子和转录相关的关键区段，可从根本上影响PAH蛋白的结构和功能及其表达，从而造成疾病的发生。沉默突变表现为不影响PAH结构功能及表达的突变。建立PKU的分子诊断有利于实现PKU的早期诊断和产前诊断。①PCR-限制性片段长度多态性分析：限制性内切酶能够准确识别特定的碱基序列，并进行切割，当基因突变带来的序列改变影响到限制性内切酶的识别时，酶切后生成的DNA片段的长度也随之改变，经高分辨率电泳分离后，通过电泳图谱分析判断点突变发生与否。②PCR-单链构象多态性分析：DNA的电泳迁徙率受到DNA自身结构及碱基组成的影响，碱基的缺失或插入就会造成DNA结构的改变，并且造成对电泳迁徙率的影响。对患者的DNA进行PCR扩增，并在扩增产物变性后行聚丙烯酰胺凝胶电泳，可通过不同的迁移率区分出发生变异及正常的DNA。③PCR-变性梯度凝胶电泳：DNA分子的热稳定性由其相互配对的碱基间的氢键所决定，氢键随着温度的升高而断裂，氢键的断裂导致DNA的解链，可以通过特异性结合DNA的化学荧光染料对DNA的解链状态进行检测。同时，DNA的构成对解链的温度有很大的影响，不同碱基组成的DNA其解链温度相差巨大，检测解链的温度，可以用来反映DNA片段的组成。当DNA出现突变时，其解链温度会发生变化，根据这一特性，可以区分突变。④PCR-寡核苷酸探针斑点杂交：利用PCR技术扩增PKU相关基因的高突变目的区段，然后用人工合成的DNA杂交探针对PCR产物进行杂交实验，逐一筛查目的区段，可以检测出PKU的点突变。

治疗　①低苯丙氨酸饮食：饮食疗法是首要的治疗方法。一旦明确诊断后，需尽早治疗。由于苯丙氨酸是必需氨基酸，当其完全缺乏时，可能对神经系统产生损伤。因此，在婴儿期可用特殊的低苯丙氨酸奶粉喂养，幼儿期可补充低蛋白食物，如淀粉、蔬菜和水果。主要目的是使血液中苯丙氨酸水平保持在0.24~0.6mmol/L。饮食控制必须至少持续到青春期后。②使用BH_4、5-羟色胺和左旋多巴，以上药物适用于因为BH_4缺乏而产生的PKU。

（黄　波）

Pàjīnsēnbìng

帕金森病

帕金森病（Parkinson disease，PD）　主要表现运动和认知障碍，以黑质致密层多巴胺神经元的功能缺失及神经元胞质路易斯小体的参与为特征的慢性、进行性、多系统神经退行性疾病。是世界上第二大神经退行性疾病，发病率仅次于阿尔茨海默病。

病理学改变 帕金森病有着十分明显的脑组织神经病理改变，主要表现为黑质致密层多巴胺神经元的缺失以及神经元胞质路易斯小体的沉积。基底神经节是受损最严重的区域，表现为黑质中的细胞死亡，更特异的是致密部的前腹侧核的细胞死亡，至患者死亡时可影响到脑组织70%的细胞，同时可伴有星形胶质细胞的凋亡和小胶质细胞的激活。

除多巴胺能系统外，帕金森病患者的非多巴胺能系统如胆碱能神经元、去甲肾上腺素能神经元、5-羟色胺能神经元及自主神经系统元的神经也明显受损。

发病分子机制 帕金森病的发病涉及环境和基因双重因素，其详细的分子机制现阶段仍不是很清楚。

影响其发病的因素 ①年龄因素：年龄老化可能参与导致帕金森病的多巴胺能神经元的变性死亡过程，帕金森病患者多在60岁以上表现出症状，研究发现表明随年龄增长，正常成年人脑内黑质多巴胺能神经元会渐进性减少，因此，年龄老化是帕金森病发病的危险因素之一。②遗传因素：虽然总体上认为帕金森病是非遗传疾病，然而15%的患病人群的直系亲属患有此病，因此遗传因素在帕金森病发病机制中的作用越来越受到学者们的重视。研究发现特定基因的突变是帕金森病的决定因素，目前至少有6个致病基因与家族性帕金森病相关，如Parkin基因、DJ-1基因均参与帕金森病的致病。另外，编码α-突触核蛋白（α-synuclein，SNCA）、帕金蛋白（Parkinson，PRKN）、富含亮氨酸重复激酶-2（LRRK2）等蛋白的基因可能与此病相关。还有些帕金森相关基因与代谢细胞废物的溶酶体及其细胞器功能相关联，研究发现有些帕金森病可能是由于溶酶体功能缺陷从而降低神经细胞抵抗α-突触核蛋白的能力所诱发。③环境因素：很多环境因素可能增加罹患帕金森病的风险，接触农药、头部创伤以及居住在农村环境（可致间接接触杀虫剂）也是帕金森病的危险因素。很多农药包括甲基氯吡磷、有机氯杀虫剂、鱼藤酮、百草枯等，这些毒物可能选择性破坏多巴胺神经元从而导致帕金森病；值得注意的是重金属锰、一氧化碳、二硫化碳也可是相关危险因素，可能通过在黑质的聚积而致病，这方面的研究仍在推进当中。

临床表现 发病人群以中老年人多见，平均发病年龄为60岁左右，60岁以上人群中发病率为1%，随着年龄增长，该疾病的发病率也随之升高。该病起病隐袭，进展缓慢。临床表现主要以静止性震颤、肌僵直、动作迟缓及肢体姿势不稳定等运动症状为表现；患者首先是出现一侧肢体的不自主震颤或者活动笨拙，随着疾病进展，对侧肢体也可以被累及。目前认为帕金森病患者也会表现抑郁、便秘和睡眠障碍等非运动症状。

诊断 主要依据临床症状、病史诊断。头部扫描CT、磁共振MRI等是临床上常用的影像检查手段，但是这些检查经常检测不到帕金森病所诱发的脑组织改变。分子诊断技术主要是针对多巴胺神经元功能的检查即通过正电子发射计算机断层显像以及单光子发射计算机断层显像放射性检测多巴胺神经元的功能，使用放射性碘-123以及氟脱氧葡萄糖作为检测信号对脑组织多巴胺神经元的功能进行探查，从而发现多巴胺神经元是否存在病变；检查到黑质基底神经节多巴胺神经元功能下降有助于诊断。

治疗 帕金森的病因可能是多因素的，且还没有一个可以有效终止或阻断其进程的治疗方案，主要的治疗手段在于纠正多巴胺失衡以及神经系统紊乱。

口服药物治疗 ①左旋多巴、多巴胺脱羧酶抑制剂以及儿茶酚-O-甲基转移酶（COMT）抑制剂。②多巴胺激动剂、单胺氧化酶抑制剂司来吉兰。③抗胆碱类药物：苯海索。

持续递送疗法 ①多巴胺受体激动剂：皮下或静脉给药如阿扑吗啡、麦角乙脲。②经皮贴片：罗替戈汀。③十二指肠内部的多巴胺疗法：包括甲基多巴肼、左旋多巴。

手术治疗 丘脑下核脑部深刺激、苍白球部分损伤疗法，如丘脑下切除术、苍白球切除术。

期望对症疗法 包括抗突触核蛋白、多巴胺受体不完全激动剂、腺苷酸A2受体抑制剂、单胺氧化酶抑制剂、抗谷氨酰胺能及钠通道阻滞剂、单胺氧化酶抑制剂、谷氨酰胺释放抑制剂、腺苷酸受体阻断剂、丝裂原激活蛋白激酶抑制剂、$5\text{-}HT_2$受体部分激动剂、增强氧化呼吸链以及抗氧化剂、增强ATP合成剂等。

（黄　波）

báihuàbìng

白化病（albinism） 以皮肤、毛发、眉毛、睫毛及虹膜等部分或全部呈现无色素状态为体征的疾病。

发病分子机制 黑色素是黑素小体合成，黑色素小体位于黑色素细胞中。合成好的黑色素储存于黑素小体中，最终变为黑素颗粒。成熟的黑素颗粒后经微丝和微管运输，使其集中于黑色素细胞的树突中，紧接着再被转运到相邻的角质细胞中，最终被角质细胞内的溶酶体降解，并随着表皮细胞的脱落而排出体外。以上过程可以分为三个阶段：①黑色素的合成及黑素小体的生成；②黑素小体的运输；③黑素小体进入胶质细胞。任何一个步骤的失活最终将会导致白化病的发生。该病系遗传相关疾病，主要是由于酪氨酸代谢相关通路中的基因出现突变或者表达下调而造成。

临床表现 人类主要存在两种白化病类型，眼皮肤白化病（oculocutaneous albinism，OCA），其影响眼睛、皮肤和毛发；眼白化病（ocular albinism，OA），其只影响眼睛。大多数眼皮肤白化病的患者眼睛因为黑色素合成障碍，表现出苍白和白色；眼白化病患者眼睛为亮蓝色，需要基因检测来进行诊断。黑色素有助于保护皮肤防止紫外线的伤害，白化病患者的皮肤中缺乏黑色素，皮肤更容易在紫外线下晒伤。人类的眼睛通常生产足够的色素使虹膜有不同的颜色，如蓝色、绿色、棕色。在一些照片中，白化病患者非常可能呈现“红眼”的效果，因为视网膜的红色透过虹膜是可见的。眼睛色素的缺乏也将导致视觉问题。虹膜半透明性不仅使得进入眼内的光线发生散射，引起患者注视困难，还可使光线大量进入眼睛，导致患者对光线特别敏感，即所谓的“畏光”。白化病患者通常像其他人一样健康，可以正常地生长发育，白化病本身并不会导致死亡，然而因为缺乏色素的保护，白化病患者患黑色素瘤和其他疾病的风险会有一定增加。

分类 包括以下类型。

眼白化病 患者表现为眼色素缺乏，可伴有畏光及视力低下等症状。是X染色体连锁的隐性遗传病，以男性为主，男性患者大多只有眼部表现，也可有虹膜颜色变化。OA1基因定位于X p22.32，基因总长为40kb。主要突变发生于第二外显子，突变造成OA1基因编码的蛋白出现失活。

眼皮肤白化病 患者除了有眼部色素缺乏和低视力、畏光等症状外，皮肤和头发也有明显的色素缺乏。根据不同的致病基因，眼皮肤白化病一共分为4型，即OCA1~OCA4。OCA1、OCA2呈现世界性分布，OCA4在中国、日本和德国均有分布，OCA3大多见于非洲黑人。眼皮肤白化病一般是常染色体隐性遗传的结果，男女概率相等。人酪氨酸酶、P基因、酪氨酸酶相关蛋白-1和膜相关转运蛋白的突变可能导致眼皮肤白化病的发生。①OCA1：酪氨酸酶基因突变，发生在11q14-21，OCA中占40%。②OCA2：P基因在15q11.2-12发生突变，该基因编码位于黑色素细胞中的跨膜蛋白P，OCA2是世界上最常见的类型。③OCA3：酪氨酸酶相关蛋白1（7rYRP1）的基因在9p23处发生突变，也可导致白化病，世界范围内很少见，主要见于黑种人群。因为编码酪氨酸酶相关蛋白酶1的基因位于9pZ3，所以患者皮肤、头发和眼组织的颜色从浅红色变为棕色，并且色素沉着随着年龄的增长而增加。视觉异常不严重，如眼球震颤的症状仅在少数患者中发现。④OCA4：5p13.3处的膜相关转运蛋白基因突变，OCA4患者的临床表现与OCA2相似，但比OCA2轻。但是，大多数患者的色素沉着不会随年龄增长或阳光照射而增加。

白化病相关综合征 患者除具有一定程度的眼皮肤白化病表现外，还有其他异常，如同时具有免疫功能低下的Chediak-Higashi综合征和具有出血素质的Hermansky-Pudlak综合征，这类疾病较为罕见。

（黄　波）

niàohēisuānzhèng

尿黑酸症（alcaptonuria）

苯丙氨酸和酪氨酸代谢障碍的罕见的常染色体隐性遗传疾病。又称黑尿症或黑色尿症。其是一种罕见的疾病，发病率为1/250000，但多见于斯洛伐克和多米尼加共和国。

发病分子机制 人基因组有两个拷贝*HGD*基因编码1,2-双加氧酶，该酶在人体多种器官均可被发现。在患者体内，两个*HGD*的基因拷贝均发生异常，不能实行正常功能，导致1,2-双加氧酶无法行使正常功能。*HGD*突变通常在外显子6、8、10和13发生。正常HGD酶有6个亚基，分为两组，每组一个三聚体，并含有铁原子。不同的突变可能影响酶的结构、功能或溶解度。1,2-双加氧酶参与芳香族氨基酸苯丙氨酸和酪氨酸的代谢。正常情况下，这些氨基酸能够在血液和器官中正常代谢。但在尿黑酸症患者中，1,2-双加氧酶不能正常催化生成酪氨酸的尿黑酸代谢，最终导致尿黑酸在尿液中的大量储积。

尿黑酸也会形成类似于皮肤黑色素聚合物相关物质苯醌乙酸，沉积在胶原蛋白、结缔组织、软骨。这个过程被称为赭色病；沉积的组织被硬化且组织异常脆，正常功能受到影响并且造成组织损伤。

临床表现 患者在幼年及青年阶段，无明显的外在表征，但患者尿液在空气中颜色将会变深或者变黑。在软骨、巩膜和角膜缘也可能出现色素沉积。患者30岁以后出现脊柱和负重关节病变，严重情况会干扰日常活动，并可能影响到工作。在一定年龄后需要采取关节置换术以缓解病情。并且积累尿黑酸会导致软骨损伤（导致骨关节炎）和心脏瓣膜色素沉着，以及肾结石和其他器官结石。

诊断 可以通过尿液检测。取4个月大的婴儿尿液，添加10%氨水和3%硝酸银后，患者尿液变为深色显色。医院也可通过色谱法测定尿黑酸含量来确定患者是否患病。同时，血液中的尿黑酸含量也是诊断的一个重要指标。

症状和治疗反应的严重程度可以通过调查问卷来进行AKU严重度评分指数量化，包括对患者特定症状的分析和评估来量化疾病的严重程度，如眼和皮肤色素沉着、关节疼痛、心脏问题和器官结石等。

治疗 没有明确的数据表明存在有效的治疗能够减轻尿黑酸症的并发症情况并治愈该病。目前主要的治疗都集中在阻断尿黑酸的聚集以抑制尿黑酸症。通常推荐的治疗有服用大剂量的维生素C，或者饮食限制苯丙氨酸和酪氨酸的摄取来缓解症状，但疗效并不明显。

（黄　波）

tài

肽（peptide） 氨基酸的线性聚合物。也称肽链。肽由两个及以上氨基酸中不同氨基酸的α-氨基和α-羧基缩合而成，其形成的共价键称为肽键。一条或多条具有确定氨基酸序列的肽构成了生命体最重要的物质基础之一——蛋白质。肽链是蛋白质的基本骨架，蛋白质的部分水解产物以及生物体内游离存在的某些激素和抗生素也是多肽。

最简单的肽是二肽，其分子中包含一个肽键，由一个氨基酸的α-羧基与另一个氨基酸的α-氨基缩合而成。三肽中含有两个肽键，四肽中含有三个肽键，同理可推其他。

许多低分子量的肽具有生物活性，在人体中发挥重要作用，有的仅三肽，也有寡肽和多肽。这些肽参与人体中重要的生物学过程包括神经传导、代谢调节、细胞生理等。从蛋白质中获取肽的方法有多种，可以通过化学方法水解出来，也可以通过人工方法获得。按照肽的来源不同，可将其分为内源肽、酶解肽以及合成肽。

内源肽 来源动物、植物以及人体，通过直接提取获得的肽。具有预防和治疗相应疾病的作用。临床上应用较多的内源肽有胸腺肽、胎盘肽等。

酶解肽 通过酶解蛋白质获得的肽。最初研究食物蛋白质酶解物是为了满足一些消化能力低下的特殊人群的需求，使蛋白质更容易吸收。但更多研究证明，蛋白质酶解物还具有一定的生理活性，如提高免疫力、降血脂、促进微量元素吸收等。目前已开发出各种酶解肽如乳肽、胶原肽、大豆肽、玉米肽等。

合成肽 为了能够大规模获得内源肽以及开发新的多肽药物，采用化学工程或生物工程技术生产的肽类。在疾病预防和治疗领域，很多由重组DNA技术或化学合成制备的疫苗和肽类药物已取得显著成效。

谷胱甘肽（GSH） 是一种含有巯基和γ-肽键的三肽，由甘氨酸、半胱氨酸、谷氨酸脱水缩合而成。其中，γ-肽键由谷氨酸的γ-羧基和半胱氨酸的氨基缩合而成，而活性基团巯基则使GSH具有还原功能，使其成为人体内最重要的还原剂之一。GSH具有多种的生物学功能，尤其在人体的防御系统中。因为GSH结构中的巯基容易受氧化，所以它能在体内保护许多蛋白质和酶等分子不易被氧化，从而发挥正常的生物学功能。过多自由基会损伤生物膜，破坏生物大分子，加快机体衰老等。作为一种重要的抗氧化剂，GSH可以清除人体新陈代谢产生的自由基。GSH清除体内自由基的反应是在谷胱甘肽过氧化物酶和谷胱甘肽还原酶的作用下持续进行的。如当细胞代谢产生H_2O_2时，在谷胱甘肽过氧化物酶作用下，H_2O_2被GSH还原为H_2O清除，在这一过程中，GSH被氧化为氧化型谷胱甘肽（GSSG），又经过谷胱甘肽还原酶作用还原为GSH。此外，GSH可保护体内蛋白质或酶分子中巯基免遭氧化，有利于酶活性的发挥，并且能恢复已被破坏的酶分子中巯基的活性，使酶重新恢复功能。

多肽类激素 由脑垂体、下丘脑、胰腺、甲状旁腺、胃肠黏膜以及胸腺等分泌的很多激素属于寡肽或多肽，称为多肽类激素。如促甲状腺素释放激素、促肾上腺皮质激素、催产素、升压素等。其中促甲状腺素释放激素由下丘脑分泌，能够促进腺垂体合成和分泌促甲状腺素。在促甲状腺素释放激素中含有一个特殊结构的三肽，其C-末端的脯氨酸残基可以酰化为脯氨酰胺，N-末端的谷氨酸则环化为焦谷氨酸。

（史　娟）

duōtài

多肽（polypeptide）　由两个以上氨基酸分子缩合形成的化合物。包括蛋白质部分中间水解产物，生物体内游离存在的某些激素及抗生素等。

最简单的肽是二肽，即一分子氨基酸的羧基和另一分子氨基酸的氨基脱水缩合形成的肽键组成的化合物，其分子中包含一个肽键。三肽中含有两个肽键，四肽中含有三个肽键，同理可推其他。多肽通常是指分子量低于10000kD，由10~100个氨基酸分子构成的化合物。在不同的文献中多肽的概念不一，有的文献中也把小于10个氨基酸组成的肽称为寡肽（oligopeptide，小分子肽），50个以上氨基酸组成的肽称为蛋白质，而10~50个氨基酸组成的肽则称为多肽。换而言之，蛋白质和肽的概念有时是相互交叉的，即蛋白质有时也被称为多肽。

肽链中的氨基酸称为氨基酸残基，因为脱水缩合形成肽键后已经不再是完整的氨基酸分子。多肽链有两端，具有游离的α-羧基的一端称为羧基末端（carboxyl terminal）或C端，具有游离α-氨基的一端则称为氨基末端（amino terminal）或N端。

（史　娟）

tàijiàn

肽键（peptide bond）　由不同氨基酸中的氨基和羧基脱水缩合形成的共价键。化学式为-CO-NH-。在蛋白质分子内，肽键能够将氨基酸连接成肽链。由于每两个氨基酸分子脱水缩合形成一个肽键，一般肽链中的肽键数比氨基酸残基数少一个。

肽键是蛋白质分子中的主要共价键，性质稳定。在肽键中，C=O键虽然是双键但具有部分单键性质，C-N键虽然是单键但具有部分双键性质。由于这样的特性，肽键具有刚性难以自由旋转，进而导致组成肽键6个原子（C=O、N-H和2个Cα）的空间位置形成的平面相对固定，这个平面称为肽平面。除此之外，有些氨基酸的R基团还能够与肽平面相邻呈反式，最终形成了蛋白质中复杂的空间结构。

（史　娟）

dānchún dànbáizhì

单纯蛋白质（simple protein）　完全由氨基酸构成的蛋白质。

清蛋白（albumin）　又称白蛋白，属于球状蛋白家族，分子量较低，易溶于水，仅在高盐浓度下沉淀，易结晶，在中性溶液中加热凝固。清蛋白广泛存在于动物组织、体液和某些植物的种子中。其重要代表是血清清蛋白，由肝脏产生，是血清中含量最多的蛋白质，对维持血液胶体渗透压、调节血容量具有重要作用。此外，清蛋白还能够转运脂溶性激素、胆盐、非结合胆红素、游离脂肪酸、钙离子以及一些药物等。乳清蛋白、卵清蛋白、麦清蛋白、豆清蛋白及有毒的蓖麻蛋白也属于清蛋白。

球蛋白（globulin）　属于球状蛋白，分子量较清蛋白高，不溶或微溶于水，但加少量盐、酸或碱后可以溶解，可被半饱和中性硫酸铵沉淀。球蛋白广泛存在于动物和植物，通过电泳可以区分α_1、α_2、β_1、β_2和γ球蛋白，或通过超速离心区分为7S球蛋白和19S球蛋白等。球蛋白是血清蛋白主要成分之一，少量球蛋白由肝脏产生，其他的产生于免疫系统。α球蛋白是最轻的球蛋白，分子量为93kD，γ球蛋白是最重的球蛋白，分子量为155kD。γ球蛋白具有免疫活性，因此又称免疫球蛋白（immunoglobulins）。

谷蛋白（glutenin）　一类存在于谷类、小麦、大麦等植物种子中的蛋白质，具有富含谷氨酰胺的结构域，不溶于纯水、中性盐溶液和乙醇，而溶于稀酸或稀碱溶液。少数人对谷蛋白异常敏感，摄入富含谷蛋白食物后会引发乳糜泻。

谷醇溶蛋白（prolamine，prolamin）　一类富含脯氨酸残基的蛋白质，又称醇溶蛋白。存在于谷类、玉米、小麦、大麦等植物种子中。不溶于水和盐溶液，可溶于稀酸、稀碱和醇溶液。包括麦醇溶蛋白、大麦醇溶蛋白和玉米醇溶蛋白等。

组蛋白（histone）　一类富含碱性氨基酸精氨酸和赖氨酸（约占所有氨基酸残基的1/4）的蛋白质。组蛋白是真核生物染色体的基本结构蛋白，分为H1、H2A、H2B、H3和H4五种类型。由于富含带正电荷的碱性氨基酸，组蛋白能够与DNA中带负电荷的磷酸基团相互作用并结合，共同组成DNA-组蛋白复合物——核小体。在核小体中，H2A、H2B、H3和H4以二聚体的形式处于中心，称为核心组蛋白（core histones），H1结合在连接核小体的DNA双链上，故称为连接组蛋白（linker histones）。

精蛋白（protamine）　一类分子量较小、富含精氨酸、结构较为简单的细胞核蛋白，可以溶于水或氨水。精蛋白存在于成熟的精细胞中，与DNA结合在一起，成为染色质。在精子形成过程中，精蛋白在单倍体阶段之后取代组蛋白，对精子头部浓缩和DNA稳定具有关键作用。与组蛋白相比，精蛋白容许精子中的DNA折叠更为紧密，但是在这些DNA开始传递遗传信息之前，紧密折叠的DNA必须先去折叠，形成较松散的结构。

硬蛋白（scleroprotein） 一类结构简单，不溶于水、盐、稀酸或稀碱，不易被消化酶水解的蛋白质。硬蛋白是动物体内结缔组织的重要组分，存在于各种软骨、肌腱、骨基质、肌纤维等组织中，具有保护机体的功能。分为角蛋白、胶原蛋白、弹性蛋白和丝蛋白。

（雷群英）

zhuìhé dànbáizhì

缀合蛋白质（conjugated protein） 单纯蛋白质（仅由氨基酸组成）与非氨基酸组分按一定方式结合而形成的一类蛋白质。又称结合蛋白质。以共价键结合的非蛋白质部分称为辅基（prosthetic group），为蛋白质的生物学活性或代谢所必需。辅基可以是无机化合物，也可以是有机化合物。色素、脂质、磷酸、寡糖甚至分子量较大的核酸，均为常见辅基。绝大部分辅基是通过共价键与多肽部分相连。细胞色素C是含有色素的缀合蛋白质，其铁卟啉环上的乙烯基侧链通过硫醚键与蛋白质部分的半胱氨酸残基相连，铁卟啉中的铁离子是细胞色素C的重要功能位点。免疫球蛋白是一类糖蛋白，作为辅基的数条糖链通过共价键与蛋白质部分连接。根据辅基的化学性质，缀合蛋白质可分为糖蛋白、脂蛋白、磷蛋白、血红素蛋白、黄素蛋白和金属蛋白等。

糖蛋白（glycoprotein） 由寡糖与多肽以共价形式结合形成的蛋白质。蛋白质肽链可在不同部位结合多个糖基。结合的寡糖数目少则一个，多则数百个，故糖蛋白的含糖量可低至2%或高至50%，分子量可以非常大。人体内至少有1/3的蛋白质是糖蛋白，它们存在于各种组织和细胞中，特别在细胞膜上含量丰富。蛋白质的糖基化与肿瘤的发生发展密切相关。一些属于糖蛋白的酶在去糖基化后丧失或降低酶活力。如羟甲基戊二酰辅酶A还原酶去糖基后可降低90%以上的活力，溶酶体β葡萄糖苷酶去糖基后只有免疫原性而没有酶活力。

脂蛋白（lipoprotein） 指与脂类（包括脂肪、磷脂、胆固醇等）结合的蛋白质。一般脂类处于分子内部，蛋白质肽链在外部，能够溶于水，如血清中的各种脂蛋白。脂蛋白中的蛋白质称为载脂蛋白，通常具有双性α螺旋结构：疏水氨基酸残基构成α螺旋的非极性面，通过疏水键与脂蛋白内核疏水性较强的甘油三酯、胆固醇酯相连；极性氨基酸构成α螺旋的极性面，处于脂蛋白的外表面，与血浆中水接触。脂蛋白的内核为甘油三酯及胆固醇酯，表面由载脂蛋白、磷脂以及游离胆固醇单分子层覆盖，以保证非水溶性的脂质可以在血浆中运输。

磷蛋白（phosphoprotein） 结合了磷酸基团、可溶于水的一类蛋白质。蛋白质结合磷酸基团（通常发生在丝氨酸、苏氨酸和酪氨酸残基上）的过程称为蛋白质的磷酸化修饰，广泛存在于真核细胞中，是调节蛋白质活性的一种重要方式。蛋白质分子可能有多个磷酸化位点，这些位点的磷酸化或去磷酸化可以改变蛋白质的结构并影响其活性。催化蛋白质磷酸化的酶称为蛋白质激酶，催化蛋白质去磷酸化的酶称为蛋白磷酸酶，如糖原磷酸化酶和糖原合酶的磷酸化调节在糖原合成过程中起着非常重要的作用。

血红素蛋白（hemoprotein，haemoprotein） 一类与血红素辅基结合的蛋白质。包括血红蛋白、肌红蛋白、细胞色素、过氧化氢酶等。血红素是铁卟啉化合物，由4个吡咯环通过4个甲炔基相连成为环形平面分子，Fe^{2+}居于环中。如肌红蛋白是一个由8段α螺旋结构构成的蛋白质，整条多肽链折叠形成紧密球状分子，极性及带电荷的侧链位于分子表面，而大部分疏水侧链位于分子内部，因此具有良好的水溶性。血红素位于肌红蛋白分子内部的袋形空穴中。血红素的Fe^{2+}有6个配位键，其中4个与吡咯环的N原子配位结合，第5个配位键和肌红蛋白的第93位组氨酸残基结合，氧原子占据了Fe^{2+}的第6个配位键，接近第64位组氨酸，所以血红素可与蛋白质部分稳定结合。

黄素蛋白（flavoprotein） 与黄素核苷酸结合的蛋白质。主要为氧化还原酶，包括琥珀酸脱氢酶、L-氨基酸氧化酶、脂酰CoA脱氢酶、α-磷酸甘油脱氢酶、胆碱脱氢酶等。琥珀酸脱氢酶又称琥珀酸-泛醌还原酶，定位于线粒体内膜，是氧化呼吸链的组成成分，其功能是将电子从琥珀酸传递给泛醌。琥珀酸脱氢酶由4个亚基组成，包含1个黄素嘌呤二核苷酸（FAD）辅基。FAD通过其异咯嗪环传递电子。琥珀酸的脱氢反应使FAD转变为还原型的$FADH_2$，后者再将电子传递给泛醌。

金属蛋白（metalloprotein） 含有一定比例结合金属离子的蛋白质。如运铁蛋白、铜蓝蛋白、钙调蛋白等。血红蛋白富含铁离子，因此也属于金属蛋白。金属离子是最常见的辅因子，约2/3的酶含有金属离子。某些酶的金属离子与酶蛋白质牢固结合，提取过程中不易丢失。这类酶的本质是金属蛋白质，称为金属酶，如含Mg^{2+}的碱性磷酸酶。金属离子作为酶的辅因子的主要作用包括：维持并稳定酶的空间构象；参与酶活性中心的组成，使底物与酶活性中心形成正确的空间排列，利于酶促反应的发生；在酶与底物之间起桥梁作用，将酶与底物连接起来，形成三元复合物；通过自身的氧化还原而在酶分子中传递电子等。

此外，生物还有其他形式的缀合蛋白质，如B族维生素的衍生物作为辅因子与酶蛋白质结合，各种植物素蛋白、钙结合蛋白、激素结合蛋白及感光蛋白，都可以看作缀合蛋白质。

（雷群英）

xiānwéi zhuàng dànbáizhì

纤维状蛋白质（fibrous protein）

一类能够聚集为纤维状或细丝状的蛋白质。多数为结构蛋白质，较难溶于水，作为细胞坚实的支架或连接各细胞、组织和器官。常见的纤维状蛋白质有胶原蛋白、弹性蛋白、角蛋白等。

胶原蛋白（collagen） 又称胶原，是动物结缔组织中最主要的结构蛋白质，在哺乳动物体内含量丰富、分布广泛，占体内总蛋白质的25%~30%，在某些生物体内可达到80%以上。

种类 目前已经发现28种胶原，其中纤维状的包括Ⅰ、Ⅱ、Ⅲ、Ⅴ和Ⅺ型。最常见的胶原为Ⅰ、Ⅱ、Ⅲ、Ⅳ和Ⅴ型，人体中90%以上的胶原为Ⅰ型。

分布 Ⅰ型胶原：皮肤、肌腱、骨骼等；Ⅱ型胶原：软骨；Ⅲ型胶原：婴儿皮肤、心瓣膜、大血管、胃肠道；Ⅳ型胶原：基底膜；Ⅴ型胶原：细胞表面、毛发、胎盘。

结构 原胶原是胶原的基本结构单位，由3条左手α螺旋的多肽链沿中心轴相互缠绕形成一个右手螺旋形空间结构。这3条肽链包含2条典型的α_1链和1条非典型的α_2链，二者的差别在于氨基酸组成略有不同。每条肽链大约有1000个氨基酸残基组成，它不同于一般蛋白质结构中的α螺旋，而是稍有伸展，平均每个氨基酸残基使螺旋上升0.29nm。因此，原胶原蛋白分子一般长300nm左右，直径为0.15nm。原胶原蛋白分子的三股螺旋结构与其肽链氨基酸的组成特点有关。螺旋区段最大特征是近1/3的氨基酸残基是甘氨酸、脯氨酸、赖氨酸及其他蛋白质中少见的羟脯氨酸和羟赖氨酸。这些氨基酸与形成α肽链之间或胶原分子之间的共价交联有关，是胶原纤维结构稳定的化学基础。胶原分子中最常见的模体是glycine-proline-X和glycine-X-hydroxyproline，X代表除甘氨酸、羟脯氨酸和羟赖氨酸之外的氨基酸残基。胶原蛋白缺乏色氨酸，所以在营养上为不完全蛋白质。

弹性蛋白（elastin） 细胞外基质蛋白，富含甘氨酸、脯氨酸、丙氨酸和缬氨酸，主要存在于动物结缔组织的细胞间隙，特别在脉管壁及支气管等处较为丰富，与这些组织的弹性以及抗张能力有关。原弹性蛋白作为弹性蛋白的单体，通过赖氨酸残基交联形成网状结构，构成弹性蛋白。因富含甘氨酸、脯氨酸，弹性蛋白能够形成较宽的β螺旋——疏水侧链位于螺旋内部，亲水性甘氨酸位于外部，赋予其亲水、亲脂性及弹性。

角蛋白（keratin） 一类富含半胱氨酸残基、具有大量二硫键的结构蛋白，存在于皮肤、毛发和指甲等部位，能够保护上皮细胞免受损伤和应激，不溶或微溶于水。对于人类，角蛋白是组成皮肤外层的主要结构蛋白，也是毛发和指甲的关键结构成分，与舌和硬腭等咀嚼相关器官的功能相关。角蛋白单体形成非常稳定的左手超螺旋模体，并装配成束，多肽链之间由较多的二硫键维系，其直径为2nm，成为非常坚韧的中间丝。中间丝是角蛋白的基本单位。角蛋白和中间丝均包含约310个氨基酸残基的结构域，该结构域由3个β转角连接的4个α螺旋组成。

（雷群英）

qiú zhuàng dànbáizhì

球状蛋白质（globular protein）

一类分子形状近似于球形或椭球形、可溶于水的蛋白质。球状蛋白质的多肽链沿多个方向折叠、卷曲，使整个分子呈近似球状，其分子长径与短径之比通常小于10∶1。与纤维状蛋白质相比，球状蛋白质分子结构较复杂。许多具有生理学功能的蛋白质如酶、转运蛋白、蛋白质类激素、代谢调节蛋白、基因表达调节蛋白以及免疫球蛋白等都属于球状蛋白质。

肌红蛋白、血红蛋白、溶菌酶、核糖核酸酶、乳酸脱氢酶等球状蛋白质的空间结构均已得到确定。虽然各种蛋白质都各自有其特殊的折叠方式，但它们在结构上均有共同点：①整个分子结构致密，内部只有能够容纳几个水分子的小空腔或者没有空腔。②几乎所有的亲水侧链都分布在分子表面，因此球状蛋白质易溶于水。③大部分疏水侧链都处于分子内部。

只有少数几种球状蛋白质含有较多的 α 螺旋，如肌红蛋白。大部分球状蛋白质中 α 螺旋的含量较少，如溶菌酶只含有 25% 的 α 螺旋，细胞色素 C 则更少。有些球状蛋白质含有 β 折叠构象，如核糖核酸酶；有些则不含 β 折叠构象，如肌红蛋白等。

球状蛋白质的空间结构是通过二硫键和次级键（如氢键、盐键、疏水作用和范德华力）来维系的。

（雷群英）

dànbáizhì zhédié

蛋白质折叠（protein folding）

蛋白质在细胞环境（特定的酸碱度、温度等）下转变成天然三维结构的过程。20 世纪 60 年代，美国生物化学家安芬森（Anfinsen）证实牛胰 RNase 在不需要其他任何物质帮助下，通过去除变性剂和还原剂，可恢复天然结构，提出了“多肽链的氨基酸序列包含了形成其热力学上稳定的天然构象所必需的全部信息”的“自组装学说”。随着蛋白质折叠研究不断开展，人们对蛋白质折叠理论有了进一步的补充和扩展。许多体外实验证明了安芬桑的自组装热力学假说，确实很多蛋白质在体外可进行可逆的变性和复性，尤其是一些分子量较小的蛋白质，但也不是所有的蛋白质都能可逆的变性和复性。

现有一些新发现重新修正了新生肽段能够自发进行折叠的传统概念。

理论模型 《分子与合成生物学》中指出：“蛋白质折叠的理论模型主要包括以下几种。①框架模型：框架模型假设蛋白质的局部构象依赖局部的氨基酸序列。起初，多肽链折叠迅速形成不稳定的二级结构单元；随后这些二级结构彼此相互靠近接触，从而形成稳定的二级结构框架；最后，二级结构框架相互拼接，肽链逐渐紧缩，形成了蛋白质的三级结构。该模型认为即使是一个小分子蛋白质也可以发生折叠，其间形成的亚结构域是折叠中间体的重要结构。②疏水塌缩模型：在疏水塌缩模型中，疏水作用力在蛋白质折叠过程中起决定性作用。在任何二级结构和三级结构形成之前，首先发生很快的非特异性的疏水塌缩。③扩散 – 碰撞 – 黏合模型：该模型认为蛋白质的折叠起始于伸展肽链上的几个位点，在这几个位点上生成不稳定的二级结构单元或者疏水簇，主要是依靠局部序列（3~4 个残基）的相互作用来维系。它们以非特异性布朗运动的方式扩散、碰撞、相互黏附，从而生成大的结构并增加其稳定性。进一步的碰撞可以形成具有疏水核心和二级结构的类熔球态中间体的球状结构。球形中间体进而可调整为致密的、无活性的类似天然结构的高度有序熔球态结构。最后无活性的高度有序熔球态可以转变为完整的有活力的天然态。④成核 – 凝聚 – 生长模型：根据这种模型，肽链中的某一区域可以形成“折叠晶核”，整个肽链以“折叠晶核”为核心继续折叠形成天然构象。所谓“晶核”实际上是由一些特殊的氨基酸残基形成的类似于天然态相互作用的网络结构，这些残基间并非是通过非特异的疏水作用维系的，而是特异的相互作用使其形成了紧密堆积。晶核的形成是折叠起始阶段限速步骤。”

折叠病 由于基因突变造成蛋白质分子中仅仅一个氨基酸残基的变化就可以引起疾病。蛋白质分子结构或者构象有所变化引起的疾病称为构象病，或称折叠病。由于蛋白质折叠异常而造成分子聚集甚至沉淀或不能正常转运到位所引起的疾病，如阿尔茨海默病、囊性纤维化、家族性高胆固醇血症、家族性淀粉样多神经病变、白内障等。因为分子伴侣在蛋白质折叠中至关重要，分子伴侣本身的突变很明显也会使蛋白质折叠异常而引起折叠病。随着对蛋白质折叠的深入研究，人们发现了更多疾病的真正病因和更针对性的治疗方法，从而设计出了更有效的药物。

（宋　伟）

dànbáizhì gòuxiàng

蛋白质构象（conformation of protein） 在蛋白质分子中由于共价单键的旋转所展现出的原子或基团的不同空间排布。蛋白质构象的改变与共价键的断裂和重新组成无关。《生物化学讲义》中指出：“蛋白质的空间构象涵盖了蛋白质分子中的每一个原子在三维空间的相对位置，它们是蛋白质特有性质和功能的结构基础。蛋白质的二、三、四级结构决定了其空间构象。”蛋白质空间构象的特征主要决定于次级键。蛋白质主要是通过氢键、疏水作用、离子键以及范德华力等次级作用来和二硫键维系其二、三级结构。

蛋白质通常仅有一种或少数

几种构象，其原因是多肽主链中与 Cα 相连接 [$C_{\alpha 1}$-CO、$C_{\alpha 2}$-N] 的键均为典型的单键连接，可以自由旋转，但这两个单键旋转时，还要受到 $C_{\alpha 1}$ 和 $C_{\alpha 2}$ 上的侧链 R1、R2 以及羰基碳原子所连接的氧原子等的空间阻碍影响，实际上也不是完全自由的。蛋白质的构象通常采用圆二色光谱、紫外差光谱和荧光偏振等方法可以测定。X 射线衍射技术和磁共振技术等是研究蛋白质三维空间结构最准确的方法。

《生物化学讲义》中指出："蛋白质在生物体内合成、加工和成熟要经过一个复杂的过程，其中多肽链的正确折叠对其正确构象的形成和功能发挥起着重要作用。若蛋白质的折叠发生错误，尽管不会改变其一级结构，但会改变蛋白质的构象，其功能仍可受到影响，严重时可导致疾病的发生，这种疾病称为蛋白质构象疾病。这类疾病包括皮质－纹状体－脊髓变性病、老年痴呆症、亨丁顿综合征和疯牛病等，主要是蛋白质错折叠后相互聚集在一起，往往形成抗蛋白水解酶的淀粉样纤维沉淀，产生毒性而致病，是蛋白质淀粉样纤维沉淀的病理改变。"

（宋 伟）

gòuxíng

构型（configuration）

有机分子中原子或基团特有的固定的空间排列。若没有发生共价键的断裂和重新形成，这种排列是不会改变的。构型的改变往往能改变其分子的光学活性。

《生命的化学》中指出："分子组成相同而构型不同称为构型异构，包括顺反异构（又称几何异构）和旋光异构（又称光学异构）。如顺－丁烯二酸和反－丁烯二酸可视几何异构的代表，它们经酶催化可以相互转变，但彼此物理、化学性质及生物活性存在很大的差别。"

（宋 伟）

fēnzǐ bànlǚ

分子伴侣（chaperon）

一类在细胞内帮助蛋白质正确折叠和防止聚集等功能的保守蛋白质。

功能 首先，在蛋白质合成过程中，分子伴侣能识别与稳定肽链的部分折叠构象，从而参与新生肽链的折叠与装配。其次，分子伴侣参与蛋白质的跨膜运输过程。此外，分子伴侣可修复热变性蛋白质。

分类 一种为核糖体结合分子伴侣，包括有触发因子和新生链相关复合物；另一种为非核糖体结合分子伴侣，包括热激蛋白、伴侣蛋白等。

热激蛋白属于应激反应蛋白，高温应激能够诱导其合成。大肠埃希菌中参与蛋白质折叠的热激蛋白质有 Hsp70、Hsp40 和 Grp E 等家族，各种生物都具有相应同源蛋白质。在蛋白质翻译后的修饰过程中，热激蛋白可以促使需要折叠的多肽链折叠成具有天然空间构象的蛋白质。《生物化学》中指出："热激蛋白促进蛋白质折叠的基本过程包括 Hsp70 循环等，其具体步骤如图 1 所示：在大肠埃希菌中，Dna J 首先与未折叠或部分折叠的多肽链相结合，从而将多肽导向 Dna K-ATP 复合物，并与 Dna K (Hsp70) 结合。Dna J 可激活 Dna K 的 ATP 酶，使其水解 ATP 生成 ADP，而产生稳定的 Dna J-Dna K-ADP- 多肽复合物。在 Grp E 的作用下，ATP 与复合物中的 ADP 发生交换，致使复合物变得不稳定而迅速解离，从而释放出被完全折叠或完成部分折叠的蛋白质，其中尚未完成折叠的蛋白质即可进入新一轮的 Hsp70 循环，又可进入 Gro EL 循环，最终完成折叠过程。"

《生物化学》中指出："伴侣蛋白为分子伴侣的另一家族，如大肠埃希菌的 Gro EL 和 Gro ES

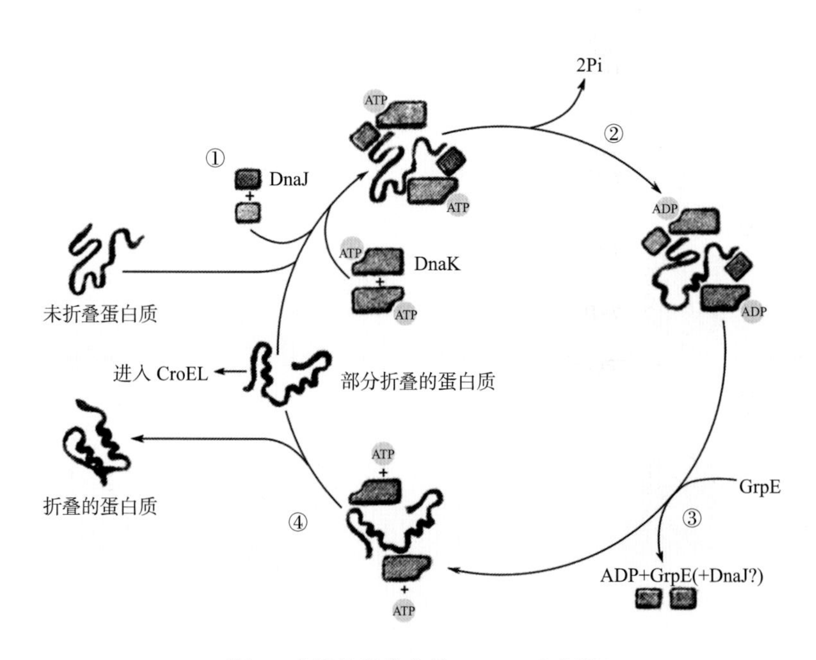

图 1 大肠埃希菌中的 Hsp70 反应循环

（真核细胞中同源物为Hsp60和Hsp10）等家族，其主要作用是为非自发性折叠蛋白质提供能折叠形成天然空间构象的微环境。”大肠埃希菌细胞中有10%~20%的蛋白质折叠需要伴侣蛋白的辅助。Gro EL是由14个相同亚基组成的多聚体，其中每7个亚基围成一圈，上下两圈堆砌成桶状空腔，形成未封闭的复合物，顶部为空腔的出口；Gro ES则是由7个相同的亚基组成的圆顶状蛋白质，它可与Gro EL结合形成Gro EL–Gro ES复合物。当待折叠肽链进入Gro EL的桶状空腔后，Gro ES可作为“盖子”瞬时封住Gro EL的出口，封闭后的桶状空腔为该肽链折叠的提供微环境。图2显示Gro EL–Gro ES循环：①待折叠的肽链进入由Gro ES复合物封闭底部出口的Gro EL复合物的上半部分空腔。②7个ATP分子与Gro EL上半部分的亚基结合（Gro EL下半部分的亚基已结合7个ADP分子）。③随着ATP的水解，14个ADP、7个无机磷酸及Gro ES释放。④7个ATP及Gro ES与Gro EL上半部分的亚基（其空腔内含有待折叠肽链）结合，封闭Gro EL空腔上部出口。⑤ATP水解生成ADP和无机磷酸，ADP仍留在Gro EL复合物上，无机磷酸释放，同时另7个ATP与Gro EL下半部分的亚基（其空腔中无待折叠肽链）结合。⑥肽链在密闭的Gro EL空腔内折叠，此时Gro EL的顶部结构进行大幅度转动和向上移动，导致空腔扩大，使其表面由疏水状态转变为亲水状态，促进肽链的折叠。⑦折叠过程完成后，形成天然空间构象的蛋白质被释放，而尚未完成折叠的蛋白质可再进入下一轮循环。重复以上过程，直到形成天然空间构象。

（宋　伟）

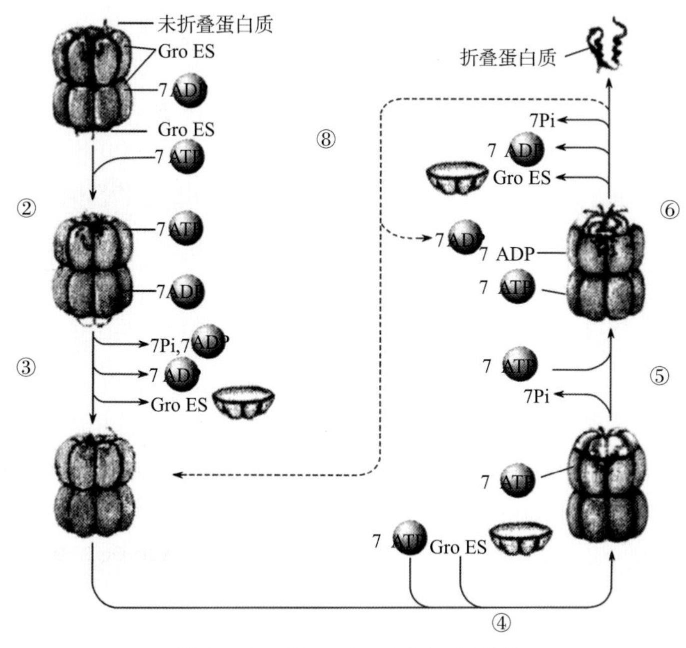

图2　Gro EL — Gro ES 反应循环

dànbáizhì yìjí jiégòu

蛋白质一级结构（primary structure of protein）　蛋白质分子多肽链中氨基酸残基的排列顺序以及二硫键的位置等结构。亦称初级结构或基本结构。

组成　蛋白质一级结构中的主要化学键是肽键，其所有二硫键的位置也属于一级结构范畴。蛋白质一级结构是理解蛋白质结构和作用机制以及与其同源蛋白质生理功能的必要基础。第一个被测定一级结构的蛋白质分子是牛胰岛素，英国化学家桑格（F.Sanger）于1953年首次测定了的胰岛素氨基酸序列，这对于阐明胰岛素的生物合成和发挥生理功能的机制起到至关重要的作用，之后数以万计的不同种系蛋白质氨基酸序列被揭示。胰岛素由胰腺的胰岛细胞合成，刚合成时并无活性，称为胰岛素原，含有86个氨基酸和3对链内二硫键。在胰岛细胞中，胰岛素原在氨基酸残基30和31、65和66之间经蛋白酶水解，产生含35个氨基酸的C–肽和含A，B两链的具有生物活性的胰岛素。体内种类繁多的蛋白质，其一级结构各不相同。但随着对蛋白质结构的不断深入研究，发现蛋白质一级结构并不是决定蛋白质空间构象的唯一要素。目前已知一级结构的蛋白质数量有很多，并且还在迅速增长。国际互联网有若干重要的蛋白质数据库（updated protein databases），如EMBL（European Molecular Biology Laboratory Data Library）、Genbank（Genetic Sequence Databank）和PIR（Protien Identification Resource Sequence Database）等，收集了大量最新的蛋白质一级结构及其他资料，为蛋白质结构与功能研究提供了便利条件。

主要特征　一级结构是空间构象的基础。20世纪60年代美国生物化学家安芬森（Anfinsen）在研究核糖核酸酶时已发现，蛋白质的功能与其三级结构密不可分，而特定三级结构是以氨基酸顺序为基础的。《生物化学讲义》中指出："核糖核酸酶由124个氨基酸残基组成，包含4对二硫键（Cys26和Cys40、Cys40和Cys95、Cys58和Cys110、Cys65和Cys72）。用尿素（盐酸胍）和巯基乙醇分别破坏其次级键和二硫键，从而破坏其二、三级结构，但并不影响肽键，故一级结构仍存在，但该酶活性丧失。"核糖核酸酶中的4对二硫键被巯基乙醇还原成-SH后，若要再形成4对二硫键，从理论上推断有105种不同的配对方式，唯独与天然核糖核酸酶完全相同的配对方式才具有酶活性。当用透析方法除去尿素和巯基乙醇后，松散的多肽因其特定的氨基酸序列，卷曲折叠成天然酶的空间构象，4对二硫键也正确配对，这时酶活性又逐渐恢复至原来水平。这就表明核糖核酸酶虽空间构象遭破坏，但只要未破坏其一级结构（氨基酸序列），仍可能恢复到原来的三级结构，功能依然存在。

一级结构相似的蛋白质，通常其高级结构与功能具有相似性。同源性较高的蛋白质之间，功能也可能相似。必须指出的是，蛋白质同源性是指由同一基因进化而来的一类蛋白质。《生物化学讲义》中指出："目前大量实验数据表明，一级结构相似的多肽或蛋白质，其空间构象和功能通常也相似。例如胰岛素家族成员的分子结构都由A和B两条链组成，且二硫键的配对位置和空间构象也极相似。"一级结构仅是存在个别氨基酸差异，因而它们的生理功能也相同，都是负责调节糖代谢。

氨基酸序列提供重要的生物进化信息。一些广泛存在于生物界不同种系间的蛋白质，可通过比较它们的一级结构，来了解物种进化间的关系。如细胞色素c，物种间越接近，则一级结构越相似，其空间构象和功能也越相似。猕猴与人类的细胞色素c一级结构仅第102位氨基酸残基不同，猕猴为精氨酸，人类为酪氨酸；人类和黑猩猩的细胞色素c一级结构完全相同。从物种进化看，面包酵母与人类相差极远，所以两者细胞色素c一级结构相差达51个氨基酸。灰鲸是哺乳类动物，由陆上动物演化，它与猪、牛及羊细胞色素c只差2个氨基酸。

氨基酸序列的改变可引起相关疾病。《生物化学讲义》中指出："蛋白质分子中起关键作用的氨基酸残基缺失或被替代，都会严重影响空间构象乃至生理功能，甚至导致疾病产生。例如正常人血红蛋白β亚基的第6位氨基酸是谷氨酸，而镰状细胞贫血患者的血红蛋白中，谷氨酸变成了缬氨酸，即酸性氨基酸被中性氨基酸替代，仅仅一个氨基酸的改变，就使原是水溶性的血红蛋白聚集成丝，相互黏着，从而使红细胞变形成为极易破碎的镰刀状，产生贫血。这种因蛋白质分子发生变异引起的疾病，称为分子病，其病因为基因突变所致。"但是并非一级结构中的每个氨基酸的功能都如此重要，如细胞色素c，在其蛋白质分子某些位点即使更换数十个氨基酸残基，其功能依然不变。

（宋　伟）

dànbáizhì 'èrjí jiégòu

蛋白质二级结构（secondary structure of protein）

蛋白质分子中某一段肽链的局部空间结构。

组成　所谓肽链主要由主链骨架原子N（氨基氮），C_{α}（α-碳原子）和CO（羰基碳）依次重复排列组成。蛋白质二级结构的形成是多肽主链骨架原子延一定的轴盘旋或折叠而形成的特定构象，不涉及氨基酸残基侧链。

主要特征　《生物化学讲义》中指出："蛋白质的二级结构主要包括α螺旋、β折叠、α-转角和无规则卷曲等。一个蛋白质分子可能存在多种二级结构或多个同种二级结构，而且在蛋白质分子内空间上相邻的两个及以上的二级结构还可协同完成特定的功能。"1951年，美国化学家莱纳斯·卡尔·鲍林（Linus Carl Pauling）预测了α-螺旋结构。1952年，丹麦蛋白质科学家兰德斯通·朗·卡伊乌·尔里克（Linderstrom-Lang KU）在斯坦福大学的讲座上，首次提出蛋白质二级结构这一概念。蛋白质二级结构主要包括以下四种形式。

α螺旋　1951年，学者根据实验数据提出了两种肽链局部主链原子的空间构象的分子模型，分别为α螺旋和β折叠，蛋白质二级结构主要为这两种形式。在α螺旋构象中，多肽链的主链围绕中心轴做有规律的螺旋式上升，螺旋呈顺时针走向，称为右手螺旋。氨基酸侧链伸向螺旋外侧。《生物化学》中指出："每3.6个氨基酸残基螺旋上升一圈（即旋转360°），螺距为0.54nm。在α螺旋中，每个肽键的N-H与第四个肽键的羰基氧形成氢键，氢键的方向与螺旋长轴基本平行。"肽链中的所有肽键都可以通过形成氢键来稳固α螺旋结构。大多数氨基酸可参与α螺旋结构，但是缬氨酸、谷氨酸、亮氨酸和甲硫氨酸比甘氨酸、脯氨酸、丝氨酸和酪氨酸更常见。在蛋白质表面存在的α螺旋，常具有两性特点，即由3~4个疏水氨基酸残基组成的肽段交替出现，致使α螺旋的一侧为疏水性氨基酸，另一侧为亲水性氨基酸，使之能在极性或非极性环境中存在。这种两性α螺旋可见于血浆脂蛋白、多肽激素和钙调蛋白激酶等蛋白质中。肌红蛋白和血红蛋白分子中有许多α螺旋结构。毛发的角蛋白、肌肉的肌球蛋白以及凝血块中的纤维蛋白，几乎都形成α螺旋，数条的多肽链还可缠绕形成缆索状，增强其机械强度，并具有可伸缩性（弹性）。

π螺旋 学者于1952年提出了π螺旋结构。π螺旋曾经被认为是一种极其罕见的蛋白质二级结构，但2000年以来的研究发现证实π螺旋存在于15%的已知的蛋白质结构中。π螺旋结构较为不稳定，因此往往只存在于蛋白质中重要的结构域内。π螺旋属于右手螺旋结构，每4.1个氨基酸残基螺旋上升一圈（即旋转360°），每一个氨基酸残基对应螺旋中的87°。π螺旋与α螺旋不同，每个肽键的N-H与第5个肽键的羰基氧结合形成氢键。大部分π螺旋是由7个氨基酸残基组成。在天然蛋白质的构象中，π螺旋属于较长α螺旋结构中凸出的部分。π螺旋的形成被认为是在进化过程中蛋白质适应α螺旋中额外插入的单个氨基酸的结果，最终形成了相邻的α螺旋结构中的π螺旋结构。

3_{10}-螺旋 属于蛋白质二级结构中的第四大类，排在α螺旋、β折叠和β转角之后。在全部蛋白质螺旋结构中，3_{10}-螺旋占10%~15%，常出现在α螺旋N段或C段的延伸区域。3_{10}-螺旋属于右手螺旋结构，每3个氨基酸残基螺旋上升一圈（即旋转360°），每一个氨基酸残基对应螺旋中的120°。与α螺旋和π螺旋不同，3_{10}-螺旋的每个肽键的N-H与第三个肽键的羰基氧结合形成氢键。由于α螺旋常在折叠和去折叠状态之间转变，因此3_{10}-螺旋可能作为α螺旋在两种状态转变过程的中间体，发挥促进α螺旋折叠和去折叠的功能。

β折叠 β折叠与α螺旋的形状完全不同，成折纸状。在β折叠结构中，多肽链呈伸展状，《生物化学重点内容》中指出："每个肽单元以$C_α$为旋转点，依次折叠成锯齿状结构，氨基酸残基侧链交替地位于锯齿状结构的上下方。所形成的锯齿状结构往往仅含5~8个氨基酸残基。"但两条以上肽链或一条肽链内的若干肽段的锯齿状结构存在平行排列，两条肽链走向既可相同，又可相反。走向相反时，两条反平行肽链的间距为0.70nm，肽链间的肽键羰基氧和亚氨基氢结合形成氢键，从而稳固β折叠结构。大多数蛋白质既有α螺旋结构又有β折叠结构，但蚕丝蛋白几乎都是β折叠结构。

（宋 伟）

dànbáizhì chāo 'èrjí jiégòu

蛋白质超二级结构（super-secondary structure of protein）

蛋白质分子多肽链内顺序上相互邻近的二级结构往往在空间折叠中相互靠近，产生相互作用，形成规则的二级结构聚集。此概念由德裔美国结构生物学家迈克尔·罗斯曼（M.G. Rossman）于1973年首次提出。超二级结构存在三种基本形式：α螺旋组合（αα）；β折叠组合（βββ）和α螺旋β折叠组合（βαβ），其中最为常见是βαβ组合。它们是蛋白质构象中二级结构与三级结构之间的一个层次，可直接作为三级结构的"模块"或结构域的组成单位。

αα组合形式 α-环-α含有两个α螺旋，并以一个环相连接的具有特殊功能的超二级结构。在已知的蛋白质结构中观察到两种这样的模式，一种是DNA结合模式，另一种是钙结合模式又称EF手，每种都有自己的几何形状和所需的氨基酸残基序列。EF手出现在来自肌肉的副清蛋白、肌钙蛋白以及钙调蛋白等结构中，它们通过结合钙来调节细胞功能的变化。EF手提供了一个支架用于结合和释放钙，这是人们在蛋白质结构中首先认识的功能之一。

ββ组合形式 发夹β或β-环-β模式是两条反平行的β-链，通过一个环相连接构成的超二级结构，在蛋白质结构中频繁出现。β-回折中相邻近的两条β链易形成这种发夹β模式。两条β链之间的环的长度不等，一般为2~5个残基。与α-环-α模式不同的是，发夹β模式无特殊的功能。

βαβ组合形式 发夹模式通常用来连接两条反平行的β-链。如果两条相邻平行β-链的残基顺序是连续的，其连接部分必须处于β-回折的两端。多肽链必须依靠环才能够使这两条链平行，这样的模式称为β-α-β模式。此模式在具有平行β-回折的每一种蛋白质结构中均存在。在这样的结构中，与β-链的羧基端和α螺旋的氨基端相连的环1常含有功能性结合部位或活性部位，而另一个与β-链的氨基端和α螺旋的羧基端相连的环2则尚未发现与活性部位有关。这种β-α-β模式可以认为是一个松

散的螺旋圈，在已知的蛋白质结构中，基本上每一个 β-α-β 模式都是右手 α 螺旋，因此被称作“右手”模式。

βαβαβ 组合形式又称罗斯曼折叠模式，由两个重复部分组成，每部分包括 6 个平行的 β 折叠与两对 α 螺旋形成 β-α-β-α-β 的拓扑结构的蛋白质结构模体，常见于核苷酸结合蛋白质，特别是 NAD 结合蛋白。

（宋 伟）

jiégòu mótǐ

结构模体（structural motif）

具有特定功能的或作为一个独立结构域一部分的相邻的二级结构聚合。结构模体是具有特殊功能的超二级结构。

一般而言，模体有以下多种形式，例如：① β-发夹环：两个反平行 β-股由一个环相连。② α 螺旋-环-α 螺旋（EF 手相）。通常结合辅酶Ⅰ。③希腊钥匙模体：是一种全 β 折叠聚合体，存在于多种不同类型的蛋白质中，因在拓扑学上像古代花瓶上的希腊钥匙而得名，清蛋白原就含有这种模体。

大多数钙结合蛋白分子中往往有一个结合钙离子模体，它由 α 螺旋-环-α 螺旋三个肽段组成（图 1）。在环中有几个恒定的亲水侧链末端的氧原子通过氢键而结合钙离子。又如常出现在 DNA 结合蛋白中的锌指结构，由一个 α 螺旋和一对反向平行的 β 折叠三个肽段组成，具有结合锌离子的功能（图 2）。《化学与生物工程》中指出：“通常锌指的 N-端有一对半胱氨酸残基，C-端有一对组氨酸残基，这 4 个残基在空间上形成一个恰好容纳一个 Zn^{2+} 离子的洞穴，Zn^{2+} 离子可稳固模体中 α 螺旋结构，使 α 螺旋能镶嵌于 DNA 的大沟中，因此含锌指结构的蛋白质既能与 DNA 结合，也可以和 RNA 结合。”

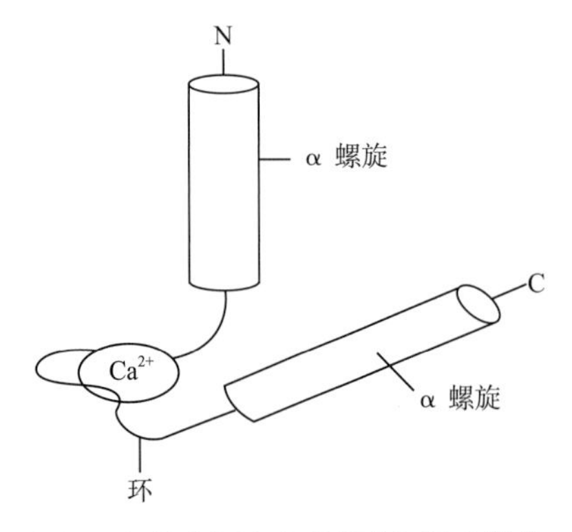

图 1 钙结合蛋白中的钙离子结合模体

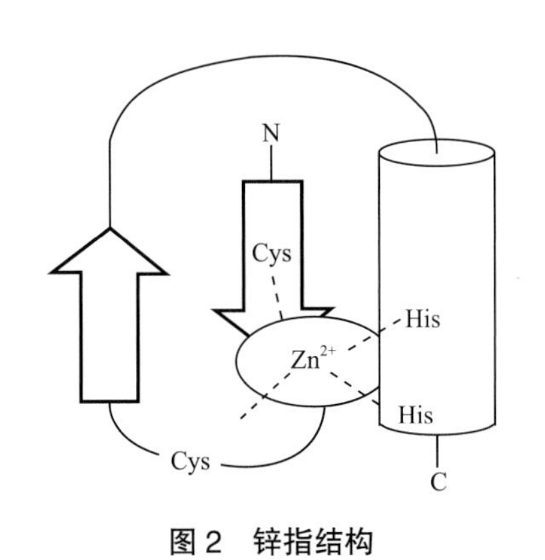

图 2 锌指结构

（宋 伟）

dànbáizhì sānjí jiégòu

蛋白质三级结构（tertiary structure of protein）

蛋白质多肽链在二级结构的基础上进一步折叠，形成三级结构，是肽链中所有的原子在空间上的排布。维持蛋白质分子三级结构的作用力有二硫键（共价键）和次级键（非共价键）。次级键的键能虽然比较弱，但大量存在。次级键有 4 种类型：氢键、疏水性相互作用、范德华力和离子键（盐键）。其中，氢键、范德华力和离子键的本质都是静电相互作用，而疏水性相互作用在热力学上是熵驱动的自发过程。次级键也是稳定核酸分子构象和生物膜结构的作用力。

蛋白质的三级结构经常含有结构域，结构域可以作为三级结构组件出现在不同的蛋白质分子中。在蛋白质大分子中，很容易识别这种组件式的蛋白结构，就像是不同的结构域镶嵌起来，能履行不同的功能。

主要特征 多数具有三级结构的蛋白质是球蛋白，如 2000 多种酶蛋白、肌红蛋白、珠蛋白、激素蛋白和抗体等。球蛋白三级结构的主要特征是：多个二级结构单位（α 螺旋、β 折叠、β 转角和无规则卷曲等）形成紧密的球形构象；较大的球蛋白含有几个结构域；大多数疏水性氨基酸残基侧链埋藏在球蛋白的内部，形成疏水性核心；而大多数亲水性残基侧链暴露于球蛋白表面；球蛋白表面往往有一个袋形空穴，以容纳 1~2 个配体（或底物分子），形成酶蛋白的活性中心。膜蛋白也是球蛋白，但生物膜内部环境高度疏水，所以在膜蛋白跨膜结构域（一般由 α 螺旋组成）的表面疏水性氨基酸残基较多，而亲水性残基则埋藏在内部。

肌红蛋白是第一个被确定的三级结构的蛋白质。肌红蛋白相对比较小，是由 153 个氨基酸残基组成的一条多肽链，含有一个血红素辅基、8 个 α 螺旋，螺旋之间通过一些片段连接。肌红蛋白有 3/4 的氨基酸残基都处于 α 螺旋中。《化工原理》中指出：“尽管肌红蛋白中的高螺旋含量不是球蛋白结构中的普遍现象，但肌红蛋白仍具有球蛋白的典型结构特征。肌红蛋白的内部大多由疏水氨基酸残基组成，特别是一些疏水性强的氨基酸，如缬氨酸、亮氨酸、异亮氨酸、苯丙氨酸和蛋氨酸，水分子被排出。而其表面含有亲水和疏水两种氨基酸残基，大多数可离子化的残基都位于表面。血红素辅基处于一个由蛋白质部分形成的疏水的、像个笼子似的裂隙内，血红素中的铁原子是氧结合部位。”

（宋　伟）

dànbáizhì jiégòu yù

蛋白质结构域（structural domain of protein）　多肽链在二级结构或超二级结构的基础上形成结构较为紧密并各自执行功能的区域。常见的结构域含序列连续的 100~200 个氨基酸，少为 40 个左右，多至 400 个以上。较小的球状蛋白质分子或亚基只有一个结构域，其结构域和三级结构同一，较大的球状蛋白或亚基，三级结构往往由两个或两个以上结构域组成。目前已报道的蛋白质结构或模型有 1300 多个。

结构域大致可被分为 4 类。①主要 α－结构域：这类结构又可分为几个亚类，其中最简单的也是最大的亚类是反平行螺旋束。此结构中 α 螺旋呈上下反平行排列，因此称为上下型螺旋束。相邻螺旋之间以环相连，形成近似筒形的螺旋束，螺旋疏水面朝向内部、亲水面朝向溶剂。②主要 β－结构域：这类结构分为反平行 β 桶（希腊钥匙型、果冻卷型和上下型）和反平行 β 片两个亚类。通常状态下，疏水残基在反平行 β 折叠片一侧，亲水残基在另一侧。③ α/β 结构域：由 β－α－β 模体组合而成，主要围绕两性 α 螺旋形成反平行 β 折叠。④无二级结构域。

有些蛋白质中含有彼此极相似的结构域，两个结构域经常表现为二重对称轴的关系。蛋白质（或亚基）中两个结构域之间的分隔程度各不相同，有的两个结构域各自独立成球状实体，中间仅由一段长短不一的肽链相互连接；有的相互接触面宽而紧密，整个分子的外表呈现出一个平整的球面形状，甚至难以确定究竟是有几个结构域存在。大多数是中间类型的，分子（或亚基）外形偏长，结构域之间有一裂沟或密度较小的区域。

（宋　伟）

dànbáizhì sìjí jiégòu

蛋白质四级结构（quaternary structure of protein）　多条由各自具有一、二、三级结构的肽链通过非共价键连接起来的空间结构。《生物化学课件》中指出：自然界中蛋白质多以独立折叠的球状蛋白质的聚集体形式存在。这些球状蛋白质利用非共价键缔合在一起。这种缔合形成聚集体的方式构成蛋白质的四级结构。

组成　四级结构的蛋白质中每个球状蛋白质称为亚基，亚基往往是一条多肽链。由两个亚基组成的称为二聚体，由四个亚基组成的称为四聚体。由两个或两个以上亚基组成的蛋白质称为寡聚蛋白质、多聚蛋白质或多亚基蛋白质。有多个重要的酶和转运蛋白是寡聚蛋白。单体蛋白质仅由一个亚基组成并无四级结构。由单一类别的亚基组成的多聚蛋白，称为同源多聚蛋白质，如肝乙醇脱氢酶；由几种不同类型的亚基组成的多聚蛋白，称为异源多聚蛋白质，如血红蛋白。

主要特征　蛋白质的四级结构关系到亚基种类和数目以及各亚基在整个分子中的空间排布，并且含有亚基间的接触位点（结构互补）和作用力（主要是非共价键相互作用）。寡聚体蛋白质分子中亚基数目多以偶数为主，其中以 2 个和 4 个的居多；极少数为奇数，例如荧光素酶分子含 3 个亚基。蛋白质分子亚基的种类通常只有一种或两种，少数的多于两种。大多数寡聚蛋白质分子其亚基的排列是对称的。对称性是四级结构蛋白质最重要的性质之一。对称性是具有两个或多个相同亚基聚集体的性质。稳定四级结构的作用力在本质上与稳定三级结构并无区别。对于简单的亚基缔合，伴随有利的相互作用包括范德华力、氢键、离子键和疏水作用。某些蛋白质对亚基缔合的稳定性至关重要，关键是亚基之间二硫键的形成。例如在高等生物体内负责运载氧的血红蛋白，由两个 α 亚基和两个 β 亚基形成四聚体结构，每个亚基由一条肽链和一个血红素分子构成，而不同亚基间通过二硫键相互连接。

（宋　伟）

děngdiàndiǎn

等电点（isoelectric point, IEP）　某一氨基酸或蛋白质处于净电荷为零的兼性离子状态时的介质 pH。氨基酸或蛋白质处于 pI 时，解离成阳离子和阴离子的趋势或程度相等，呈电中性。

特性　某一蛋白质的 pI 大小是特定的，而与环境 pH 无关，与该蛋白质结构有关。当达到等电点时氨基酸在溶液中的溶解度为最小。当外界溶液的 pH 大于两性离子的 pI 值时，两性离子释放质子带负电。当外界溶液的 pH 小于两性离子的 pI 值时，两性离子质子化带正电。人体内 pH=7.4，而体内大多数蛋白质的 pI ＜ 6，所以人体内大多数蛋白质带负电荷。

计算方法　找出所有可解离基团，并注明它们各自的 pKa；假定它们在极低的 pH 下都处于非解离状态；逐步提高溶液的 pH；可解离基团按照 pKa 从低到高的顺序依次释放出质子，即 pKa 越低就越先释放出质子；写出所以可能的解离形式；找出净电荷为0的形式；将净电荷为0形式两侧的pKa相加除以2。

应用 主要应用如下。①蛋白质沉淀：在水溶液中同种蛋白质带有同种电荷，相互排斥，且蛋白质表面可形成水化膜，可使蛋白质溶液十分稳定。除去水化膜和表面电荷能破坏其稳定性使其产生沉淀。比如，可以先将蛋白质溶液的pH调整至等电点，让蛋白质分子呈等电状态，这时虽不是很稳定，但在水膜的保护作用下，不致产生沉淀，若加入脱水剂除去水膜，蛋白质分子则凝聚、沉淀析出。先脱水，再调节pH到等电点，也可使蛋白质产生沉淀。②蛋白质电泳：当蛋白质不处于等电点状态时带有一定电荷，因此可以使其电泳。通过调节电泳液的pH可控制蛋白质的电泳方向和速度。

参考值 常见蛋白质等电点的参考值如表1所示。

表1 常见蛋白质等电点

蛋白质	pI
珠蛋白（人）	7.5
卵白蛋白	4.71；4.59
伴清蛋白	6.8；7.1
血清清蛋白	4.7~4.9
肌清蛋白	3.5
肌质蛋白	6.3
β-乳球蛋白	5.1~5.3
卵黄蛋白	4.8~5.0
γ_1-球蛋白（人）	5.8；6.6
γ_2-球蛋白（人）	7.3；8.2
肌球蛋白A	5.2~5.5
原肌球蛋白	5.1
铁传递蛋白	5.9
胎球蛋白	3.4~3.5
血纤蛋白原	5.5~5.8
胶原蛋白	6.5~6.8
肌红蛋白	6.99
血红蛋白（人）	7.07
生长激素	6.85
催乳激素	5.73
胰岛素	5.35
胃蛋白酶	1.0左右

（宋 伟）

dànbáizhì biànxìng

蛋白质变性（protein denaturation）

天然蛋白质分子由于受外界各种物理因素和化学因素的影响，使其生物活性丧失，溶解度降低，以及其他的物理、化学常数发生改变，使其有序的空间结构被破坏，但蛋白质的一级结构并未受影响的现象。蛋白质的性质和它们的结构密切相关。变性蛋白质往往是固体状态物质，不溶于水和其他溶剂，难以恢复原有的性质。因此，蛋白质的变性往往是不可逆的。

蛋白质变性的实质主要是蛋白质分子中的次级键遭到破坏，天然构象解体，一级结构不受影响。变性蛋白质的分子量不变。

变性因素 引起蛋白质变性的因素包括以下方面。①物理因素：如加热、紫外线照射、X射线照射、超声波、高压、剧烈振荡、搅拌等。②化学因素：如强酸、强碱、尿素、重金属盐、三氯醋酸、乙醇、胍、表面活性剂、生物碱试剂等。

原理 变性因素的作用原理包括以下方面：①加热、紫外线照射、剧烈振荡等物理方法，其主要是破坏蛋白质分子中的氢键。②重金属盐能够与蛋白质中游离的羧基结合形成不溶性的盐。③强酸、强碱既可以使蛋白质中的氢键断裂，也可以与游离的氨基或羧基结合形成盐。④尿素、盐酸胍、乙醇、丙酮等通过提供自己的羟基或羰基上的氢或氧去形成氢键，导致蛋白质中原有氢键被破坏，蛋白质发生变性。⑤十二烷基硫酸钠（SDS）等去污剂能够破坏蛋白质分子内的疏水相互作用，从而导致非极性基团暴露在介质水中。这也是实验室常用方法，使蛋白质变性制成蛋白样品（图1）。⑥巯基乙醇还原二硫键。

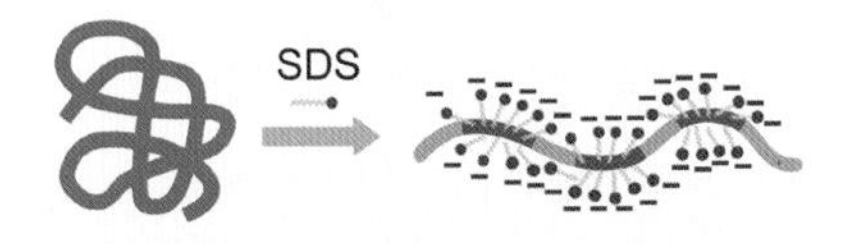

图1 实验室常用蛋白质变性的方法
注：SDS变性制成蛋白质样品。

变化特征 蛋白质变性过程中的变化，往往发生下列现象。①生物活性的丧失：蛋白质生物活性是指酶、激素、毒素、抗原与抗体等活性，以及其他特殊性质如血红蛋白的载氧能力，肌球蛋白与肌动蛋白相互作用时的收缩能力等。②物理化学性质的改变：变性蛋白质往往疏水基团裸露在外，溶解度降低，在等电点不能溶解，而是凝集在一起形成沉淀；但在碱性溶液中，或存在有尿素、盐酸胍等变性剂，仍保持溶解状态，通过透析去除这些变性剂后，又可产生沉淀。球状蛋白质发生变性后，分子形状也发生了变化，分子伸展，黏度增加，扩散系数降低，溶解度降低，光吸收性质增强，旋光性改变，结晶性破坏，渗透压降低。③一些侧链基团暴露：蛋白质在变性时，它的结构伸展松散，那些包藏在分子内部不易与化学试剂起反应的侧链基团暴露出来。④生物化学性质的改变：蛋白质变性后，分子结构伸展松散，容易被蛋白质水解酶分解。变性蛋白质比天然蛋白质更容易被蛋白水解酶水解，这就是熟食易于消化的道理。

学说 关于蛋白质变性的学说，在20世纪30年代由中国生物化学家吴宪首先提出，天然蛋白质分子因各种环境因素，从有序紧密的结构，变为无序而松散的结构，称为变性。他认为天然蛋白质的紧密结构及晶体结构是靠分子中的次级键来维持的，因此很容易遭到物理和化学等因素的破坏，这就是蛋白质变性的本质。蛋白质变性作用不仅在生产实践中被广泛应用，在理论上对阐明蛋白质结构与功能的关系等问题也具有重要意义。

（宋　伟）

dànbáizhì fùxìng

蛋白质复性（protein renaturation） 在变性条件不剧烈，变性蛋白质内部结构变化不大时，除去变性因素，在适当条件下变性蛋白质可恢复其天然构象和生物活性的现象。若变性条件剧烈持久，蛋白质的变性则不可逆。例如胃蛋白酶加热至80~90℃时，溶解性丧失，消化蛋白质的能力也丧失，如将温度再降低到37℃，其溶解性和消化蛋白质的能力又可得到恢复。在核糖核酸酶溶液中加入尿素和β-巯基乙醇，可消除其分子中的4对二硫键和氢键，破坏其空间构象，使其丧失生物活性。变形后利用透析的方法去除尿素和β-巯基乙醇，并把巯基氧化成二硫键，核糖核酸酶便可重新恢复其原有的构象，生物学活性也几乎完全恢复。但是许多蛋白质变性后，空间构象遭到严重破坏，不能再复原，称为不可逆性变性。

有学者发现，把适当浓度的聚乙二醇加入到稀释的变性蛋白质溶液中，可抑制蛋白质复性过程中产生沉淀，使蛋白质复性效率提高两倍。近些年来，人们利用分子伴侣GroE家族研究相关蛋白质折叠，已有人成功地利用分子伴侣在体内和体外辅助蛋白质复性。

（宋　伟）

yìnsāntóng fǎnyìng

茚三酮反应（ninhydrin reaction） 在加热条件及弱酸环境下，氨基酸或蛋白质与茚三酮作用生成紫蓝色（与天冬酰胺则形成棕色产物，与脯氨酸或羟脯氨酸反应生成亮黄色）化合物及相应的醛和二氧化碳的反应（图1）。

该反应十分灵敏，根据反应所生成的蓝紫色的深浅，用分光光度计在570nm波长下进行比色就可测定样品中氨基酸的含量（在一定浓度范围内，显色溶液的吸光率与氨基酸的含量成正比），也可以在分离氨基酸时作为显色剂对氨基酸进行定性或定量分析。因此，在氨基酸的分析化学中，氨基酸与茚三酮的反应具有特殊意义。在法医学上，使用茚三酮反应可以采集嫌疑犯在犯罪现场留下来的指纹。因为手汗中含有多种氨基酸，遇茚三酮后起显色反应。

（宋　伟）

shuāngsuōniào fǎnyìng

双缩脲反应（biuret reaction） 在碱性溶液（NaOH）中，双缩脲（$H_2NOC-NH-CONH_2$）与铜离子（Cu^{2+}）作用而形成紫红色络合物的反应。上述定义见《医学百科》。其也同时指出双缩脲反应是肽和蛋白质所特有的，而为氨基酸所没有的一种颜色反应。通常含有两个肽键 -CO-NH- 的化合物与碱性溶液作用，会产生紫色或者蓝紫色的化合物。除 -CO-NH- 有双缩脲反应外，$-CONH_2-$、$-CH_2-$、-NH-、$-CS-CS-NH_2$ 等基团，也有双缩脲反应。

应用 由于蛋白质分子中存在多个与双缩脲结构相似的肽键，因此，可以与铜离子在碱性溶液中发生双缩脲反应，并且颜色深浅与蛋白质含量的关系在一定范围内符合比尔定律，但是与蛋白质的氨基酸组成及分子量并无关系，因此可以用双缩脲法测定蛋白质的含量（借助分光光度计可减小误差）。

优点 双缩脲反应主要与肽键有关，受蛋白质特异性影响很小。且使用试剂价廉易得，操作简便，可测定范围为1~10mg的蛋白质，适于精度要求较低的蛋白质含量的测定，能测出的蛋白质含量须在约0.5mg以上。

缺点 精确度低、所需样品量大。干扰此测定的物质包括在性质上是氨基酸或肽的缓冲液，如Tris缓冲液，因为它们产生阳性呈色反应，铜离子也容易被还原，有时出现红色沉淀。

（宋　伟）

dànbáizhì shēngwù héchéng

蛋白质生物合成（protein biosynthesis） 生物体根据mRNA的遗传编码信息进行蛋白质合成的过程。又称为翻译（translation）。

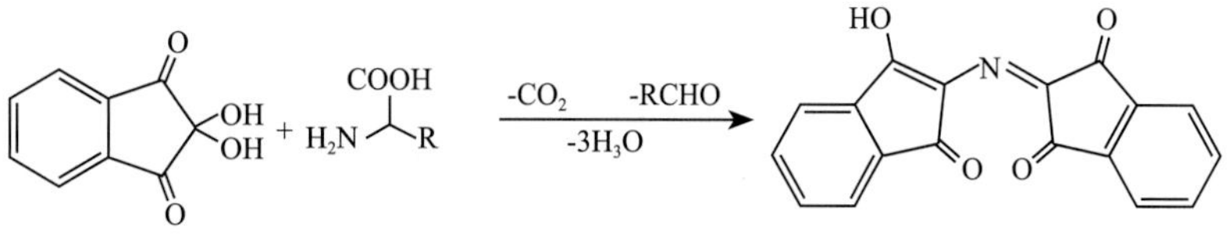

图1　茚三酮反应

该过程分为翻译起始、翻译延伸和翻译终止三个阶段。蛋白质生物合成是一个极为复杂的遗传信息表达过程，需要一系列严密的调控步骤。蛋白质生物合成不仅需要以 mRNA 为合成模板，以连接在 tRNA 上的氨基酸为合成原料，以核糖体为合成场所，而且还需要多种生物酶和蛋白质辅助因子的参与。为蛋白质生物合成提供能量是 ATP 和 GTP。

（关一夫）

yíchuán mìmǎ

遗传密码（genetic code）

在 DNA 的遗传信息被翻译成为蛋白质的过程中，mRNA 的核苷酸与蛋白质的氨基酸之间的对应规则。这个规则揭示了遗传信息的核苷酸序列如何决定了蛋白质的氨基酸序列。

标准遗传密码子 翻译起始于 mRNA 可读框的第一个 AUG，因此 AUG 称为起始密码子。在起始密码子的下游，每三个连续的核苷酸组成了一个遗传密码子，每个密码子编码一个氨基酸。结束翻译的密码子称为终止密码子。标准的遗传密码有 64 个密码子，其中 61 个密码子编码蛋白质所需的 20 种氨基酸，余下的 3 个密码子为终止密码子。在 mRNA 可读框中的第一个 AUG 作为多肽链合成的起始密码子，而在 mRNA 可读框中的 AUG 则编码甲硫氨酸。标准遗传密码如表 1 所示。

表 1 标准遗传密码表

第一位核苷酸	第二位核苷酸 U	C	A	G	第三位核苷酸
U	UUU 苯丙氨酸	UCU 丝氨酸	UAU 酪氨酸	UGU 半胱氨酸	U
	UUC 苯丙氨酸	UCC 丝氨酸	UAC 酪氨酸	UGC 半胱氨酸	C
	UUA 亮氨酸	UCA 丝氨酸	UAA 终止密码	UGA 终止密码或硒代半胱氨酸	A
C	UUG 亮氨酸	UCG 丝氨酸	UAG 终止密码	UGG 色氨酸	G
	CUU 亮氨酸	CCU 脯氨酸	CAU 组氨酸	CGU 精氨酸	U
	CUC 亮氨酸	CCC 脯氨酸	CAC 组氨酸	CGC 精氨酸	C
	CUA 亮氨酸	CCA 脯氨酸	CAA 谷氨酰胺	CGA 精氨酸	A
	CUG 亮氨酸	CCG 脯氨酸	CAG 谷氨酰胺	CGG 精氨酸	G
A	AUU 异亮氨酸	ACU 苏氨酸	AAU 天冬酰胺	AGU 丝氨酸	U
	AUC 异亮氨酸	ACU 苏氨酸	AAC 天冬酰胺	AGC 丝氨酸	C
	AUA 异亮氨酸	ACU 苏氨酸	AAA 赖氨酸	AGA 精氨酸	A
	AUG 甲硫氨酸或起始密码子	ACU 苏氨酸	AAG 赖氨酸	AGG 精氨酸	G
G	GUU 缬氨酸	GCU 丙氨酸	GAU 天冬氨酸	GGU 甘氨酸	U
	GUC 缬氨酸	GCC 丙氨酸	GAC 天冬氨酸	GGC 甘氨酸	C
	GUA 缬氨酸	GCA 丙氨酸	GAA 谷氨酸	GGA 甘氨酸	A
	GUG 缬氨酸	GCG 丙氨酸	GAG 谷氨酸	GGG 甘氨酸	G

硒代半胱氨酸是第 21 种氨基酸，存在于少数的酶中，如谷胱甘肽过氧化酶、甲状腺素 5' 脱碘酶、硫氧还蛋白还原酶、甲酸脱氢酶、甘氨酸还原酶等。硒代半胱氨酸的结构和半胱氨酸相同，只是其中的硫被硒取代。含硒代半胱氨酸的蛋白质被称为硒蛋白。在遗传密码中，UGA 编码硒代半胱氨酸，被称为乳白密码子。当 mRNA 中含有硒代半胱氨酸插入序列（selenocysteine insertion sequence，SECIS），UGA 就用来编码硒代半胱氨酸而不是终止密码子。SECIS 序列由特定的核苷酸序列和碱基配对形成的二级结构决定。它位于真核生物硒蛋白 mRNA 的 3' 非翻译区。

特点 遗传密码的重要特点包括以下方面。

方向性 遗传密码的方向性是指蛋白质生物合成从 mRNA 可读框的起始密码子 AUG 开始，按照 5'→3' 的方向依次阅读密码子，直到终止密码子。按照此方向，mRNA 可读框中核苷酸从 5' 端到 3' 端的排列顺序决定了多肽链中氨基酸从氨基端到羧基端的排列顺序（图 1A）。

连续性 mRNA 的密码子之间没有间隔和重叠，即具有无标点性。从可读框的起始密码子开始，每个密码子被依次阅读，直到 3' 端的终止密码子。每个核苷酸只读一次，不重叠阅读。基于这样的连续性，在 mRNA 可读框内发生插入（或缺失）一个或两

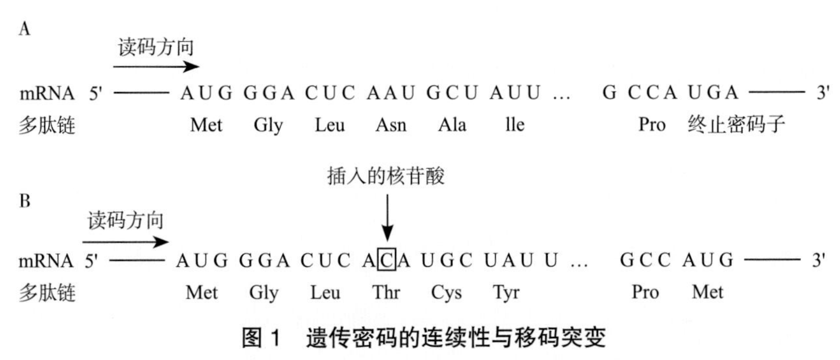

图 1 遗传密码的连续性与移码突变

注：A. 氨基酸的排列顺序对应于 mRNA 序列中密码子的排列顺序；B. 核苷酸的插入导致移码突变。

个或非3n个核苷酸，使后续核苷酸序列发生移动，造成下游氨基酸序列改变，合成一条不是原来意义上的多肽链（图1B）。由此引起的变化称为移码突变（frame shift mutation）。若插入或缺失3n个核苷酸，只会在蛋白质产物中增加n个或缺失n个氨基酸，对蛋白质功能产生不同程度影响。

简并性　从表1可见，61个密码子编码了20种氨基酸，这表明有的氨基酸可以被两个或两个以上的密码子所编码，这种非一对一的特性称为遗传密码的简并性。标准遗传密码表显示，甲硫氨酸和色氨酸只对应1个密码子外，而其他氨基酸都有2个、3个、4个或6个密码子与之对应。

为同一种氨基酸编码的各个密码子称为简并密码子，也称同义密码子。比较简并密码子可以发现：简并密码子的第一位和第二位的核苷酸完全相同，仅第三位核苷酸有所不同，这表明密码子的特异性主要由前两位核苷酸决定，如甘氨酸的密码子是GGU、GGC、GGA和GGG，缬氨酸的密码子是GUU、GUC、GUA和GUG，所以这些密码第三位碱基的突变并不影响所翻译氨基酸的种类，这种突变类型称为同义突变（synonymous mutation）。因此，遗传密码的简并性可以减少基因突变对蛋白质功能的影响。

摆动性　遗传密码的正确解读依赖mRNA的密码子与tRNA的反密码子之间的正确碱基配对。然而，有时会出现“摆动配对”的现象，即密码子与反密码子之间的配对不严格遵从沃森-克里克（Watson-Crick）碱基配对原则。摆动配对出现在密码子的第三位核苷酸与反密码子的第一位核苷酸之间，虽然两者之间不严格互补，但仍然能够相互辨认。如tRNA反密码子的第一位出现次黄嘌呤（inosine，I）时，可分别与密码子的第三位上的U、C和A配对（表2）。摆动配对的碱基有利于翻译终止时tRNA迅速与密码子分离，因此摆动配对使密码子与反密码子的相互识别具备了灵活性，可使一种tRNA能识别mRNA的多种简并性密码子。

表2　密码子与反密码子配对的摆动现象

tRNA反密码子第1位碱基	I	U	G	A	C
mRNA密码子第3位碱基	U, C, A	A, G	U, C	U	G

通用性　原核生物、真核生物和人类都使用同一套遗传密码，即这套标准遗传密码规则可以适用于生物界的所有物种，具有通用性。这表明各种生物是从同一祖先进化而来的。遗传密码的通用性也有例外，哺乳动物线粒体和植物的叶绿体中有各自独立的密码系统，与通用密码子有一定差别，例如在线粒体内，UAG和UGA不代表终止信号而代表色氨酸，CUA和AUA的编码有所不同，此外，终止密码子也有所不同。

（关一夫）

shùnfǎnzǐ

顺反子（cistron）　决定一条多肽链合成的功能单位，是结构基因的代名词。

顺反子的概念来自遗传学中的顺反互补实验，以确定互补片段是否在一个结构基因内。典型的原核生物操纵子通常编码多条多肽链，称为多顺反子。真核生物的转录单位通常编码一条多肽链，故称为单顺反子。

（关一夫）

xìnshǐ RNA

信使RNA（messenger ribonucleic acid, mRNA）　携带遗传信息并能够指导蛋白质合成的一类单链核糖核酸。

基本特征　信使RNA占RNA总重量的2%~5%。在所有RNA分子中，mRNA是种类最多、丰度差异最大、结构最复杂、稳定性差异最大的一类RNA分子。原核mRNA分布在原核生物细胞质中，真核mRNA则分布在真核生物细胞质和某些细胞器中，如细胞核。mRNA的核心功能是为蛋白质合成提供模板。生物体内mRNA种类的数目与生物进化水平有关，一般而言，高等生物的遗传信息比较丰富，mRNA的种类也比较多。

由于原核细胞和真核细胞具有不同的细胞结构，原核mRNA和真核mRNA的生成过程大不相同。原核mRNA常以多顺反子形式存在，即一条mRNA编码几种功能上相关联的蛋白质，如大肠埃希菌乳糖操纵子的mRNA编码3种蛋白质多肽链。原核mRNA也可以以单顺反子的形式存在，如大肠埃希菌脂蛋白的mRNA。真核mRNA一般以单顺反子的形式存在。

此外，由于原核细胞和真核细胞具有结构上的差异，原核的转录过程与翻译过程是相互偶联的，即转录过程尚未结束，蛋白质就已经开始合成了。在真核细胞条件下，DNA在细胞核内转录成为mRNA前体，同时经过一系列的加工和修饰，成为成熟mRNA。然后在细胞质与核糖体和其他翻译因子结合后开始翻译，因此，转录和翻译是在两个不同的细胞空间内完成的。

结构　原核mRNA的5'端和

3' 端各有一段非翻译区（untranslated region，UTR），中间是蛋白质的编码区。在原核 mRNA 的 5' 端的非翻译区，即起始密码子（AUG）的上游区，有一段富含嘌呤核苷酸的 SD 序列。它能够与核糖体小亚基上的 16S rRNA 的 3' 端富含嘧啶核苷酸的区域互补结合，有助于翻译起始复合物识别 mRNA 上的起始密码子，启动多肽链的合成。原核 mRNA 的编码区一般编码几种功能相关联的蛋白质，两种蛋白质的编码区之间有一小段不被翻译的序列，称为间隔区。

在真核细胞的细胞核内，双链 DNA 中的一条链被转录成为核内不均一 RNA（heteronucleic RNA，hnRNA），它们是 mRNA 前体，其中蛋白质编码区被一些称为内含子的核苷酸序列分隔成若干段，还不能直接用来作为模板进行翻译，需要经历一系列的加工修饰，将内含子切除，把外显子连接起来，成为一个成熟 mRNA。图 1 是鸡卵清蛋白 mRNA 成熟过程的示意图。

成熟的真核 mRNA 具有共同的结构特征：5' 帽、5' 非翻译区、可读框、3' 非翻译区和 3' 多聚腺苷酸尾或 3' 多聚 A 尾（图 2）。

真核细胞的线粒体 mRNA 与核 mRNA 略有不同。线粒体 mRNA 没有 5' 帽。线粒体 mRNA 有独立的遗传密码系统。RNA 病毒和 RNA 噬菌体的 RNA 既是遗传信息的载体，同时也可以具有 mRNA 的功能。

单链 mRNA 可以自身回折，通过碱基互补配对形成链内局部的双螺旋结构。因此，mRNA 可以形成复杂的二级结构。mRNA 的结构在翻译起始阶段和翻译延伸阶段具有不同的作用，具有特定二级结构的 mRNA 有利于翻译启动，而伸展的 mRNA 则有利于多肽链的延伸。

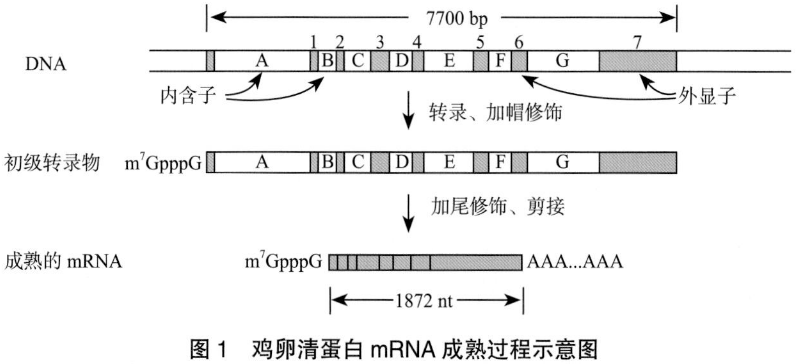

图 1 鸡卵清蛋白 mRNA 成熟过程示意图

注：其中 A、B…G 是内含子，L、1…7 是外显子。

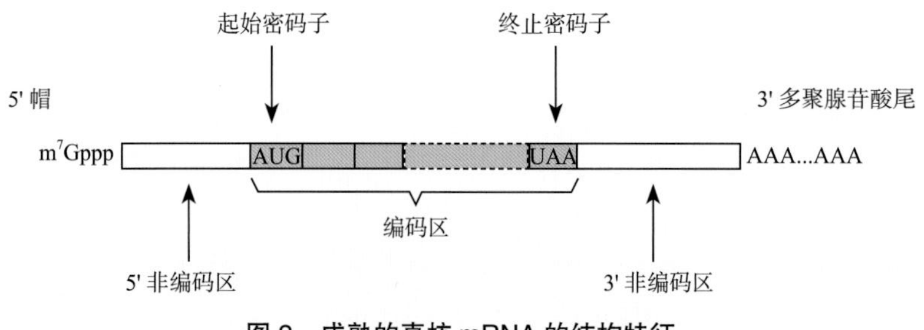

图 2 成熟的真核 mRNA 的结构特征

（关一夫）

kědú kuàng

可读框（open reading frame，ORF）

成熟 mRNA 核苷酸序列中一段编码蛋白质的序列。也称开放阅读框。可读框以起始密码子 AUG 开始，以终止密码子结束。可读框界定了遗传密码子组成的编码区域。在翻译过程中，核糖体从 mRNA 可读框中的起始密码子开始合成多肽链，依次扫描下游的遗传密码子，将合成中的多肽链不断地延伸，直到核糖体遇到终止密码子，结束多肽链的合成。

（关一夫）

wài xiǎnzǐ

外显子（exon）

基因 DNA 序列中经转录和前体 RNA 剪接去除内含子后保留在成熟 RNA 中的部分。外显子由美国生化学家瓦尔特·吉尔伯特（Walter Gilbert）在 1978 年命名，开始只适用蛋白质编码基因，而后扩展到通过剪接而成熟的 RNA 编码基因。单细胞真核生物（如酵母）中几乎没有内含子，但在原生动物和脊椎动物基因组中，大部分基因为断裂基因，外显子和内含子序列交替排列。人类基因组中只有 1.1% 的基因组为外显子，24% 为内含子，其余 75% 为基因间区。在蛋白质编码基因中，除直接参与编码的开放阅读框外，成熟 mRNA 中 5' 非翻译区和 3' 非翻译区的编码序列也属于外显子，参与调控 mRNA 稳定性和翻译效率。另外，由于选择性剪接现象的存在，同一基因在不同条件下可以有不同的外显子。

（吕 湘 肖广原）

nèi hánzǐ

内含子（intron）

基因 DNA 序列中经转录和 RNA 剪接后从初

始转录物中被移除的部分。内含子广泛存在于包括病毒在内的多种生物基因组中。1977年内含子由美国科学家飞利浦·亚伦·夏普(Phillip Allen Sharp)和英国科学家理查德·罗伯茨(Richard J. Roberts)从腺病毒的蛋白质编码基因中首先发现,并于1978年由美国生化学家瓦尔特·吉尔伯特(Waltert Gilbert)命名。两名发现者因此共同获得了1993年诺贝尔生理学或医学奖。

生物学功能 内含子虽然通常不编码,但它们的存在为选择性剪接和基因表达的多样性提供了基础,并参与基因转录效率、mRNA稳定性和出核调节,是基因表达调控中的重要一环。据估计人基因组中90%以上的蛋白质编码基因存在选择性剪接。另外,一些内含子本身也可加工成为具有功能的非编码RNA。内含子序列可以较快积累突变,有利于推动进化。

分类 内含子根据其剪接方式可分为三大类。①由剪接体负责加工移除的内含子。主要包括细胞核中各种蛋白质编码基因的内含子。这类内含子可以很大,在其与外显子交界处存在保守的序列供剪接体识别,一般内含子5'端为GT(在RNA中为GU),3'端为AG,称为GT-AG规则,并且内含子近3'端含特殊分支位点(多为'A'),可在剪接时与内含子5'端共价相连形成套索状。剪接体是特化的小核RNA-蛋白质复合物(snRNP),包含5种高丰度的小核RNA(snRNA:U1,U2,U4,U5,U6)和100多种蛋白成分。其中U1和U6与内含子5'剪接位点互补,U2与SF1因子负责结合分支点,U2相关的U2AF复合物(可能还有U5)负责识别3'剪接位点,U6 snRNP通过一系列正确有序的折叠形成剪接活性中心,剪接过程需要消耗ATP。另外这类内含子还有一种较为少见的AT-AC模式,其剪接体snRNA组成也有所不同。除外显子和内含子交接处的剪接供体和受体位点外,一些内含子的内部也存在特殊序列可招募剪接复合物,帮助识别和去除内含子。②由特殊蛋白质负责加工移除的内含子。主要是细胞核和古细菌中的tRNA内含子,由tRNA核酸内切酶和连接酶负责加工,需要消耗ATP。③由RNA催化移除的自剪接内含子。这种内含子RNA可形成特异的二级结构催化其自身的删除,包括部分真核生物的核rRNA和一些细胞器基因内含子。根据其二级结构和剪接机制不同又可分为Ⅰ类和Ⅱ类,其中Ⅰ类内含子需要外源的鸟苷酸(或鸟苷)参加剪接,切下的内含子为线性;Ⅱ类内含子使用自身特定位点的腺苷酸残基攻击内含子5'端剪接位点,切下的内含子为套索状。Ⅰ类、Ⅱ类内含子的剪接都可在没有蛋白的情况下由其自身催化发生,这种具有催化能力的RNA被称为核酶(ribozyme)。

(吕 湘 肖广原)

mRNA 5' mào

mRNA 5'帽(mRNA 5' cap)

7-甲基鸟嘌呤(m^7G)经焦磷酸基团与mRNA 5'端的核苷酸相连,形成5',5'三磷酸连接的结构(图1)。这是真核mRNA特殊的结构。

类型 真核mRNA 5'帽通常有三种类型。Ⅰ型是指mRNA的第一个核苷酸的2'-OH被甲基化;Ⅱ型是指mRNA的头两个核苷酸的2'-OH都被甲基化;0型是指mRNA的头两个核苷酸的2'-OH都没有被甲基化。

形成过程 真核mRNA 5'帽是鸟苷酸转移酶和甲基转移酶催化的结果。在细胞核内,mRNA前体的5'端核苷酸的γ-磷酸基团被水解掉,在鸟苷酸转移酶的作用下,β-磷酸基团与另一个GTP的α-磷酸基团结合,形成5',5'-三磷酸结构;然后甲基转移酶将*S*-腺苷甲硫氨酸(*S*-adenosyl methionine,SAM)提供的甲基连

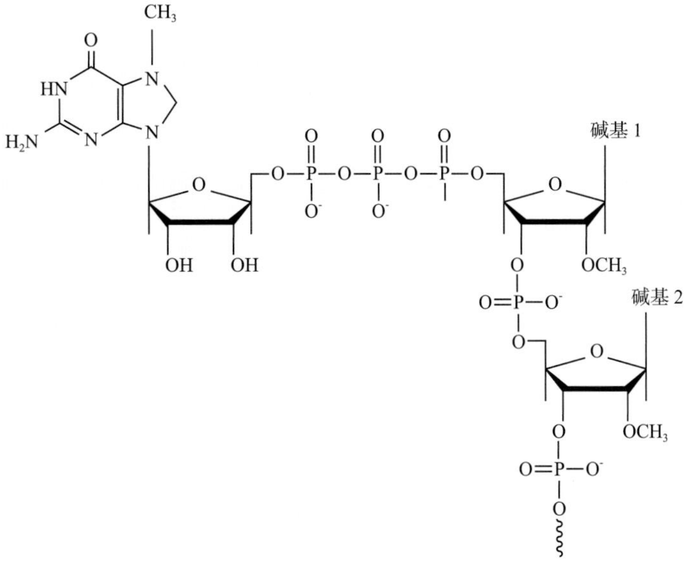

图1 mRNA的5'帽

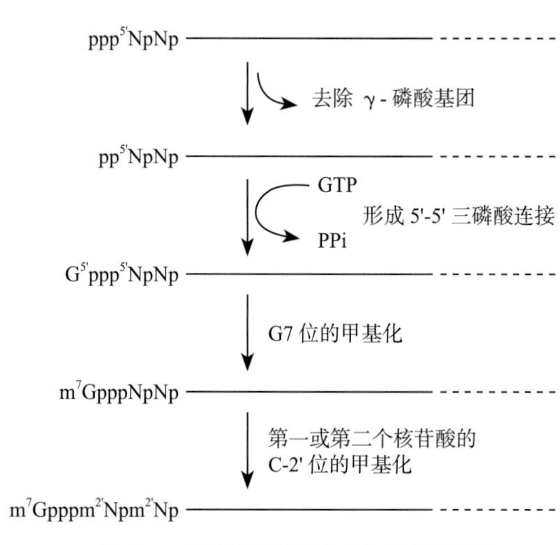

图 2　mRNA 5' 端的加帽过程示意图

接在鸟嘌呤的 N-7 原子上。最后，5' 端的第一个核苷酸或第二个核苷酸上 C2' 的羟基分别被甲基化（图 2）。原核细胞 mRNA 没有这种 5' 帽。

生物学功能　mRNA 的 5' 帽可以与帽结合蛋白结合形成复合物。这种复合物将使 mRNA 免遭核酸酶的攻击，维持 mRNA 的稳定性；协助 mRNA 从细胞核到细胞质的输送；促进 mRNA 与核糖体以及翻译起始因子的结合，形成翻译起始复合物。

（关一夫）

mRNA duōjùxiàngānsuān wěi

mRNA 多聚腺苷酸尾 [mRNA poly (A) tail]　真核 mRNA 的 3' 端一段由 80~250 个腺嘌呤核苷酸组成的特殊序列。也称 3' 多聚 A 尾结构。真核 mRNA 的 3' 多聚腺苷酸尾是 mRNA 前体经过剪切和多聚腺苷酸化后，然后在细胞核内形成的。

形成过程　3' 多聚腺苷酸尾的形成由 mRNA 前体上的加尾信号决定。在 mRNA 的 3' 非翻译区内有一个断裂位点和两个加尾信号。第一个加尾信号是位于断裂位点上游 10~30 个核苷酸处的序列 -AAUAAA-，第二个加尾信号是位于断裂位点下游 20~40 个核苷酸处的富含 G 和 U 的序列。

3' 多聚腺苷酸尾的形成由裂解与聚腺苷酸化特异因子（cleavage and polyadenylation special factor，CPSF）蛋白质复合物、断裂激动因子（cleavage stimulation factor，CstF）蛋白质复合物和多聚腺苷酸聚合酶（polyadenylation polymerase，PAP）共同完成。

3' 多聚腺苷酸尾的形成如图 1 所示。首先，CPSF 蛋白质复合物和 CstF 蛋白质复合物与 mRNA 前体上的 RNA 聚合酶Ⅱ结合。当 RNA 聚合酶Ⅱ在经过 mRNA 前体上的加尾信号时，CPSF 会与 -AAUAAA- 序列结合，CstF 则会与其下游的富含 G 和 U 的序列结合。CPSF 和 CstF 在 -AAUAAA- 序列下游 20~40 个核苷酸处的断裂位点上进行切割，随后，PAP 在断裂处开始进行多聚腺苷酸化。细胞核内的多聚腺苷酸结合蛋白（polyadenylate-binding protein，PABP）也会立即与多聚腺苷酸序列结合。多聚腺苷酸化启动后，CPSF 开始脱离 mRNA，PAP 将继续进行多聚腺苷酸化，并借助于 PABP1 的作用，决定多聚腺苷酸化的终止。然后，PAP 会开始脱离，而 PABP1 将会继续维持结合状态。

mRNA 多聚腺苷酸尾的长度不是固定不变的。一般而言，mRNA 前体在细胞质时，多聚腺苷酸尾的平均长度要比在细胞核内时的多聚腺苷酸尾的平均长度短。细胞质中的多聚腺苷酸尾长度逐渐变短，直至大部分或全部丢失，mRNA 也将降解。

生物学功能　mRNA 多聚腺苷

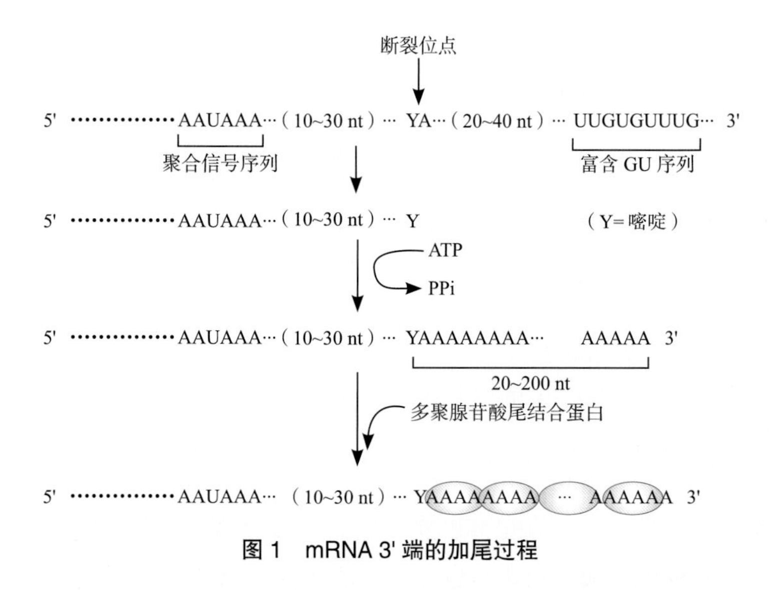

图 1　mRNA 3' 端的加尾过程

酸尾可以保护 mRNA 免受核酸外切酶的攻击，维持 mRNA 稳定性。此外，mRNA 多聚腺苷酸尾结构在终止转录、负责 mRNA 从细胞核到细胞质的转运以及调控蛋白质生物合成过程中都具有十分重要的作用。一些原核生物的 mRNA 也会发生多聚腺苷酸化，但它的功能与真核生物的有所不同。

（关一夫）

SD xùliè

SD 序列（Shine-Dalgarno sequence） 存在于原核生物 mRNA 起始密码子 AUG 上游 7~12 个核苷酸处的一段可与 16S rRNA 3' 端反向互补的保守序列。SD 序列是由澳大利亚科学家约翰·夏因（John Shine）和林恩·达尔加诺（Lynn Dalgarno）提出的，因此将这段序列命名为 Shine-Dalgarno 序列简称，SD 序列。

组成 SD 序列含有 6 个核苷酸共有序列，其序列通常为富嘌呤的 5'-AGGAGG-3'，与核糖体 30S 亚基上的 16S rRNA 3' 端的富嘧啶区 5'-GAUCACCUCCUUA-3' 互补，所以 SD 序列是核糖体的结合位点，可以使核糖体准确地结合在 mRNA 起始密码子起始翻译。

生物学功能 实际上，SD 序列不仅存在于原核生物的 mRNA 中，也存在于一些叶绿体和线粒体的转录物中。所有已知大肠埃希菌 mRNA 的翻译起始区都含 SD 序列，其中最常见的 SD 序列是 AGGAGGU，叶绿体和线粒体中的 SD 序列是包含 6 个核苷酸的 AGGAGG，而 T4 噬菌体里的 SD 序列主要为 GAGG。噬菌体 ΦX174 基因 mRNA 的 5' UTR 序列见表 1，显示不同 mRNA 与 16S rRNA 3' 端 6 个核苷酸保守区的互补序列。

表 1 ΦX174mRNA 5' UTR 与 16S rRNA 3' UTR 序列比较

基因		mRNA 序列（5'→3'）
ΦX174 基因	D	CCACUAAUAGGUAAGAAAUCAUGAGU
	E	CUGCGUUGAGGCUUGCGUUUAUGGUA
	J	CGUGCGGAAGGAGUGAUGUAAUGUCU
	F	CCCUUACUUGAGGAUAAAUUAUGUCU
	G	UUCUGCUUAGGAGUUUAAUCAUGUUU
	A	CAAAUCUUGGAGGCUUUUUUAUGGUU
	B	AAAGGUCUAGGAGCUAAAGAAUGGAA
16S rRNA（3'→5'）		AUUCCUCCACUAG

SD 序列中的突变可以减少或增加原核生物 mRNA 的翻译水平。这种改变是由于 mRNA 和核糖体小亚基 RNA 的碱基配对效率决定的，16S rRNA 3' 端的补偿性突变会恢复翻译水平。

意义 细菌核糖体 16S rRNA 的 3' 端不仅非常保守，还高度自我互补，能形成发夹结构，而且与 mRNA SD 序列互补的部分也参与这个发夹结构的形成。这看上去是矛盾的，一段序列不可能在形成发夹结构的同时又与 mRNA 相结合。事实上，这正好说明发夹结构的序列配对是动态可变的，翻译起始时 16S rRNA 3' 端的发夹结构破坏，与 mRNA 的 SD 序列结合，实现核糖体的精确定位，启动蛋白质翻译以后，rRNA 与 SD 序列的部分被打破，为核糖体在 mRNA 链上的移动创造了条件。

（余 佳）

Kēzhākè gòngyǒu xùliè

科扎克共有序列（Kozak consensus sequence） 真核生物的 mRNA 5' 帽后面的一段核酸序列。又称 Kozak 序列。序列通常是（GCC）GCCRCCAUGG，在翻译的起始中有重要作用。

科扎克规则 Kozak 序列是根据阐明这一序列的科学家——玛丽莲·科扎克（Marilyn Kozak）而命名。通过研究翻译是如何被起始密码子 ATG 相邻碱基定点突变后影响的，科扎克归纳总结后得出在真核生物中，起始密码子两端序列为 -G/N-C/N-C/N-ANNATGG-，比如序列为 GCCACCATGG、GCCATGATGG 时，转录和翻译效率最高，尤其是 -3 位的 A 对翻译效率至关重要。该序列被后人称为科扎克序列，并被应用于表达载体的构建中。所谓科扎克规则，就是第一个 AUG 侧翼序列的碱基分布状态可满足的统计规律，若用 1，2，3 位分别标记第一个 AUG 中的碱基 A，U，G，那么科扎克规则可描述如下：①第 4 位容易出现的碱基为 G；②距离 AUG 的 5' 端约 15bp 范围的侧翼序列内不含碱基 U；③小写字母表示最常见的碱基，但可能会发生变化；④括号中的顺序（gcc）具有不确定性（图 1）。由于科扎克规则是在已有数据的基础上进行统计得到的结果，所以不是必须全部都要满足，一般情况，只要满足前两项即可。现行设计真核引物既需在 AUG 前加入序列 GCCACC，不论全长还是部分，并且在做真核表达时，一般也都要带上科扎克序列。

生物学功能 科扎克序列在大多数真核 mRNA 中作为蛋白质翻译起始位点发挥作用。核糖体能够识别 mRNA 上的这段序列，并把它作为翻译起始位点，由此开始编码 mRNA 分子合成蛋白质。

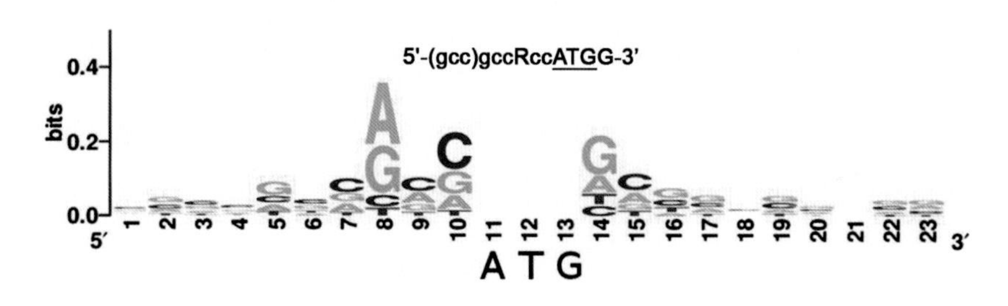

图1 科扎克规则

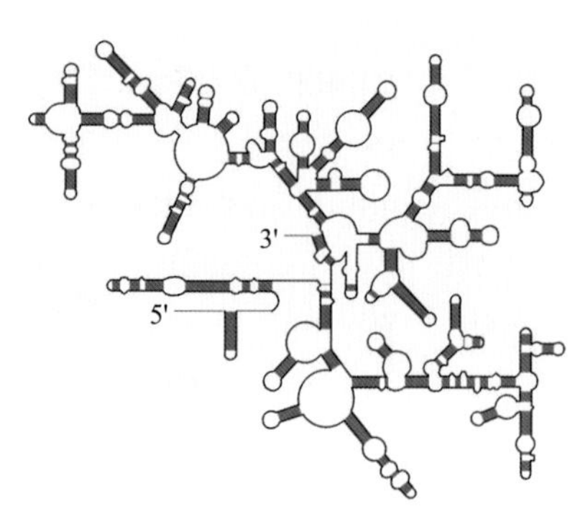

图1 真核生物 18S rRNA 的二级结构

细胞内不同的 mRNA 上这段区域往往不完全匹配，该序列中的一些核苷酸比其他的更重要：AUG 是最重要的，因为它是实际的起始密码子，在对应蛋白质的 N- 端编码一个甲硫氨酸（CUG），CUG 也可被用作起始密码子，但很少见。大量实验分析了脊椎动物蛋白质 mRNAs 的天然序列及胰岛素前体蛋白质的基因点突变，结果均证明：能明显上调蛋白质的表达的是科扎克序列中 –3 位 A/G（嘌呤碱基）；但尚无对 +4G 上调蛋白质表达的明确结论，尤其是当嘌呤碱基存在于 –3 位时，通常认为由 +4G 对蛋白质的表达上调作用甚微甚至没有上调功能。所以，嘌呤碱基在 –3 位，G 在 +4 位，+1 位是起始密码子 AUG 中的 A，是真核生物基因中起始密码子上下游的最佳序列。

意义 科扎克序列是用来增强真核基因的翻译效率的。是最优化的 AUG 环境，避免核糖体出现漏扫描现象。研究显示 β－珠蛋白基因在 –6 位的变异表现打乱血液和生物合成功能的表型。这是首个被发现的人类科扎克序列变异。

（余 佳）

hétángtǐ RNA

核糖体 RNA（ribosomal ribonucleic acid, rRNA） 与核糖体蛋白质共同构成核糖体的一类单链多聚核糖核酸。

基本特征 核糖体 RNA 是所有种类 RNA 中丰度最高的一类 RNA，约占 RNA 总重量的 85%。核糖体 RNA 有确定的种类、核苷酸序列和空间结构，它们与核糖体蛋白质共同构成核糖体－蛋白质生物合成的场地。

种类 原核生物有以下三种 rRNA：5S rRNA、16S rRNA 和 23S rRNA，它们分别有 120 个、1542 个和 2904 个核苷酸。真核生物有 4 种 rRNA：5S rRNA、5.8S rRNA、18S rRNA 和 28S rRNA，分别有 120 个、160 个、1874 个和 4718 个核苷酸。S 是大分子在超速离心分离中的物理学单位－沉降系数，它可以间接反映出分子的大小和形状。

结构 虽然 rRNA 是一条核糖核酸单链，但是某些区段上的核苷酸序列满足了碱基互补配对的条件，形成了局部双链和环的发夹结构。诸多的发夹结构使 rRNA 形成了复杂的二级结构，如真核生物 18S rRNA（图 1）。这些茎环结构为 rRNA 与多种核糖体蛋白质的结合提供了结构基础。

生物学功能 ①核糖体 RNA 是核糖体的核心组分。核糖体蛋白质结合在 rRNA 上，组装成为核糖体，为蛋白质生物合成提供“场地”。如果把 rRNA 从核糖体上除掉，核糖体的结构就会发生塌陷。②在翻译起始阶段，rRNA 选择性地结合 mRNA。16S rRNA 的 3' 端有一段核苷酸序列与 mRNA 的前导序列具有互补特性，这有利于 mRNA 与核糖体的结合。③核糖体 RNA 在肽链延伸过程中发挥了作用。23S rRNA 具有核酶的性质，作为肽酰转移酶催化肽键的合成，而核糖体蛋白质只是维持着 rRNA 的构象，起着辅助的作用。④核糖体 RNA 的序列具有一定的保守性，对比不同生物体的 rRNA 可以获取到有关物种进化的信息。

（关一夫）

hétángtǐ

核糖体（ribosome） 由核糖体 RNA（rRNA）和多种核糖体蛋白质组成的复合物。核糖体是蛋白质生物合成的场所。

基本特征 除哺乳动物成熟的红细胞外，所有的细胞都有核糖体。核糖体由一个大亚基和一个小亚基组成。原核细胞核糖体的沉降系数为 70S，由 50S 大亚基和 30S 小亚基组成。真核细胞的核糖体较大，沉降系数是 80S，由 60S 大亚基和 40S 小亚基组成。它们的分子组分如表 1 所示。

种类 真核细胞中有游离核糖体和膜结合核糖体两种。前者分布在细胞质中（不包括细胞核和其他细胞器），在游离核糖体上合成的蛋白质释放到细胞质中；

表 1　核糖体的组成

	原核细胞（以大肠埃希菌为例）		真核细胞（以小鼠肝为例）	
小亚基	30S		40S	
rRNA	16S	1542 个核苷酸	18S	1874 个核苷酸
蛋白质	21 种	占总重量的 40%	33 种	占总重量的 50%
大亚基	50S		60S	
rRNA	23S	2904 个核苷酸	28S	4718 个核苷酸
	5S	120 个核苷酸	5.8S	160 个核苷酸
			5S	120 个核苷酸
蛋白质	31 种	占总重量的 30%	49 种	占总重量的 35%

后者附着在内质网的粗糙面，在膜结合核糖体上合成的蛋白质主要是分泌蛋白、膜蛋白、溶酶体蛋白等。

真核细胞中还有一种分布在线粒体中的核糖体，称为线粒体核糖体。它比一般核糖体小，约为 55S（35S 大亚基和 25S 小亚基）。由于未分化的细胞、胚胎细胞、培养细胞和肿瘤细胞生长迅速，在胞质中有大量游离核糖体。在真核细胞中，核糖体的平均个数是 10^6~10^7 个 / 细胞，但是原核细胞中核糖体较少，平均只有约 18×10^3 个 / 细胞。

结构和生物学功能　所有的核糖体有 A 位、P 位和 E 位 3 个重要的功能部位。在生物合成多肽链时，A 位是氨酰 -tRNA 进入并结合核糖体的位置，称为氨酰位；P 位是起始的 tRNA 或正在合成中的肽酰 -tRNA 结合的位置，称为肽酰位；E 位是排出位，已经卸载了氨基酸的 tRNA（也称空载 tRNA）将从该部位释放出去。大亚基内有一条通道，用于释放合成的多肽链。

在翻译过程中，mRNA 首先与核糖体小亚基结合，然后核糖体大亚基再与核糖体小亚基结合，构成一个完整的核糖体复合物，此后生物体就可以利用 tRNA 携带的氨基酸进行多肽链的合成。当核糖体结束了一条多肽链的合成，大亚基和小亚基分离，等待下一次结合再形成核糖体。在翻译进程中，一个 mRNA 分子可以同时与多个核糖体结合，形成一种串珠状结构，称为多聚核糖体。每一个核糖体上都以 mRNA 为模板，合成出具有相同氨基酸序列的多肽链。这种多聚核糖体的结构可以保证多肽链合成的高效性。核糖体的大小亚基、单核糖体和多聚核糖体处于不断解聚与聚合的动态平衡。

（关一夫）

zhuǎnyùn RNA

转运 RNA（transfer ribonucleic acid, tRNA）　在翻译过程中，具有携带氨基酸功能的一类单链核糖核酸。

基本特征　转运 RNA 占 RNA 总重量的 15%。转运 RNA 的长度为 70~90 个核苷酸。转运 RNA 具有相似的空间结构。

碱基组分　组成 tRNA 的核苷酸含有常见的 4 种碱基（腺嘌呤、鸟嘌呤、尿嘧啶和胞嘧啶）和稀有碱基，如双氢尿嘧啶（DHU）、假尿嘧啶（Ψ）以及甲基化的鸟嘌呤（m^7G）。转运 RNA 的稀有碱基都是在转录后修饰而成的，稀有碱基数量占所有碱基的 10%~20%。

空间结构　虽然 tRNA 是一条单链核糖核酸，但是 tRNA 的一些核苷酸能够通过碱基互补配对形成局部的链内双螺旋结构，而这些链内双链之间不能配对的序列则膨出形成了环。由此形成的茎环结构，也称发夹结构，使 tRNA 呈现出三叶草型的二级结构（图 1）。位于两侧的茎环结构含有稀有碱基，分别称为 DHU 环和 TΨC 环，而位于上下的茎和茎环结构分别是氨基酸臂（又称接纳茎）和反密码子环。在反密码子与 TΨC 茎之间有一个可变臂。不同 tRNA 具有不同长度的可变臂，其核苷酸个数从两个至十几个不等。除了可变臂和 DHU 环外，其他各个部位的核苷酸具有高度保守性。X 射线晶体衍射图分析表明，所有的 tRNA 具有相似的倒 L 形的三级结构（图 2）。

生物学功能　转运 RNA 的功能与两个部位密切相关：氨基酸臂和反密码子环。所有 tRNA 的 3' 端都是以胞嘧啶（C）、胞嘧啶（C）和腺嘌呤（A）三个核苷酸结尾，故称 CCA 茎。在氨酰 -tRNA 合成酶的催化下，tRNA 3' 端的腺苷酸 3'- 羟基与氨基酸的 α- 羧基相连接形成了氨酰 -tRNA。一种 tRNA 只能够携带一种氨基酸，但是一种氨基酸可以被多种 tRNA 所携带。转运 RNA 的反密码子环

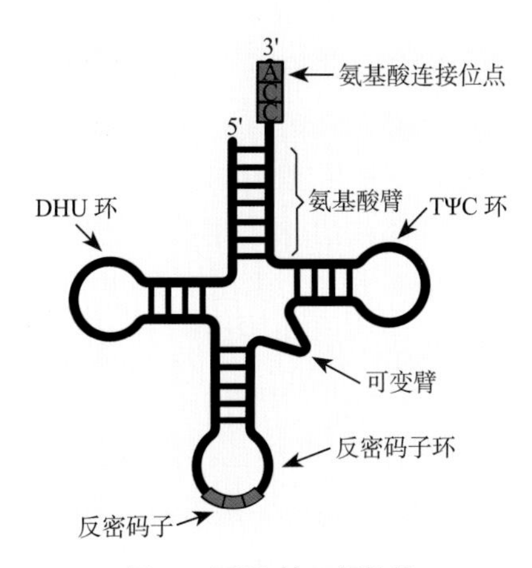

图 1　tRNA 的二级结构

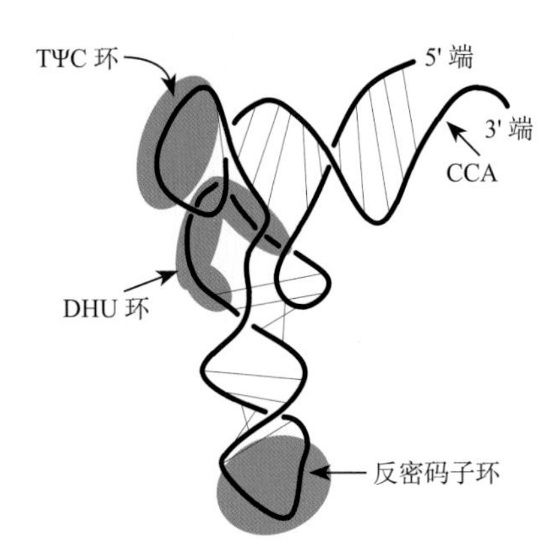

图 2　tRNA 倒 L 形的三级结构

由 7~9 个核苷酸组成，其中间的 3 个核苷酸可以通过碱基互补与 mRNA 上的密码子结合，因此被称为反密码子。密码子与反密码子的结合能够使 tRNA 转运正确的氨基酸参与多肽链的合成。转运 RNA 携带特定的氨基酸和特异结合 mRNA 遗传密码子的双重作用，体现出了 tRNA 在蛋白质合成过程中作为连接物的作用。

（关一夫）

ānjīsuān huóhuà

氨基酸活化（amino acid activation）　氨基酸 α-羧基与特定 tRNA 的 3' 端的羟基共价连接形成氨酰 -tRNA 的过程。

生物体内的氨基酸不能直接用来合成多肽链，而是先由特定的氨酰 -tRNA 合成酶催化特定的氨基酸 α-羧基与其相对应的 tRNA 的 3' 羟基反应，生成氨酰 -tRNA。此时的氨基酸称为活化的氨基酸。只有活化的氨基酸才能够用来合成多肽链。

氨基酸活化反应需要经过以下反应步骤。①氨酰 -tRNA 合成酶催化 ATP 分解为 AMP 和焦磷酸（PPi），形成 AMP-（氨酰 -tRNA 合成酶）复合物；复合物再与氨基酸形成中间产物氨酰 -AMP-（氨酰 -tRNA 合成酶），其中氨基酸的 α-羧基与磷酸腺苷的磷酸相连。②氨酰 -AMP-（氨酰 -tRNA 合成酶）中的氨基酸可以与 tRNA 的 3'-CCA 的腺苷酸的 3'- 羟基以酯键连接，形成相应的氨酰 -tRNA。此时的氨基酸称为活化的氨基酸。每活化 1 分子氨基酸需要消耗 2 个高能磷酸键。

氨酰 -tRNA 合成酶具有高度的专一性，不但可以识别特异的氨基酸，而且还能够辨认与这个氨基酸相对应的 tRNA。每种氨基酸至少有一种相对应的氨酰 -tRNA 合成酶。不同氨酰 -tRNA 合成酶的大小、氨基酸组成以及亚基结构各不相同。氨酰 -tRNA 合成酶还具有校正活性，即编辑活性，能够把错误连接的氨基酸水解下来，再连接上与 tRNA 相对应的正确氨基酸。

氨基酸与其相对应的 tRNA 反应形成的氨酰 -tRNA 可以表示为 $Asp-tRNA^{Asp}$、$Gly-tRNA^{Gly}$、$Ser-tRNA^{Ser}$ 等。真核生物有两种与甲硫氨酸对应的 tRNA。第一种是在翻译起始时携带甲硫氨酸的 tRNA，称为起始 tRNA，表示为 $Met-tRNAi^{Met}$；第二种是在肽链延伸时携带甲硫氨酸的 tRNA，称为延伸 tRNA，表示为 $Met-tRNAe^{Met}$。它们分别参与翻译起始过程或肽链延伸过程。原核生物的起始密码子只能辨认携带甲酰化甲硫氨酸的 tRNA，因此在翻译起始点的甲酰化甲硫氨酰 -tRNA 表示为 $fMet-tRNA^{fMet}$。

（关一夫）

fānyì qǐshǐ

翻译起始（translation initiation）　mRNA、起始氨酰 -tRNA 和核糖体三者组装成为翻译起始复合物的过程。是翻译过程中的第一个阶段。由于原核生物和真核生物具有不同的细胞性状，它们在翻译起始阶段表现出诸多的不同。

原核生物　包括以下方面。

翻译起始复合物的分子组成　翻译起始复合物包括 mRNA、$fMet-tRNA_i^{fMet}$ 和由核糖体 30S 小亚基以及核糖体 50S 大亚基组成的核糖体。$fMet-tRNA_i^{fMet}$ 是起始氨酰 -tRNA，其中 fMet 是 N- 甲酰甲硫氨酸（N-formyl methionine，fMet）。

起始因子　翻译起始复合物的形成需要三种起始因子（initiation factor，IF）和 GTP。IF-1 的作用是占据核糖体 A 位，防止其他氨酰 -tRNA 过早地结合在 A 位；IF-2 的作用是促进 $fMet-tRNA_i^{fMet}$ 与 30S 小亚基的结合；IF-3 的作用则是维系大亚基和小亚基的分离状态，提高 P 位对结合 $fMet-tRNA_i^{fMet}$ 的敏感性。

翻译起始复合物的组装　原核生物翻译起始复合物的组装需要三步完成。① mRNA 与核糖体小亚基的结合。在 mRNA 起始密码子 AUG 上游 8~13 个核苷酸处，通常有一段 4~9 个富含嘌呤的序列（-AGGAGG-），称为 Shine-Dalgarno 序列（简称 SD 序列）。SD 序列与原核细胞核糖体小亚基的 16S rRNA 的 3' 端的序列（-UCCUCC-）互补，帮助 mRNA 与小亚基结合。因此，mRNA 的 SD 序列也称为核糖体结合序列（ribosomal binding sequence，RBS）。SD 序列下游还有一小段核苷酸序列，可以识别并结合核糖体蛋白小亚基 RPS-1（图 1）。原核细胞通过上述 RNA-RNA 相互作用和 RNA- 蛋白质相互作用，实现了 mRNA 的起始密码子 AUG 与核糖体小亚基的 P 位精确对接。在原核细胞中，一条多顺反子 mRNA 序列上的每个基因都有各自的 SD 序列和起始密码子 AUG。② $fMet-tRNA_i^{fMet}$ 与核

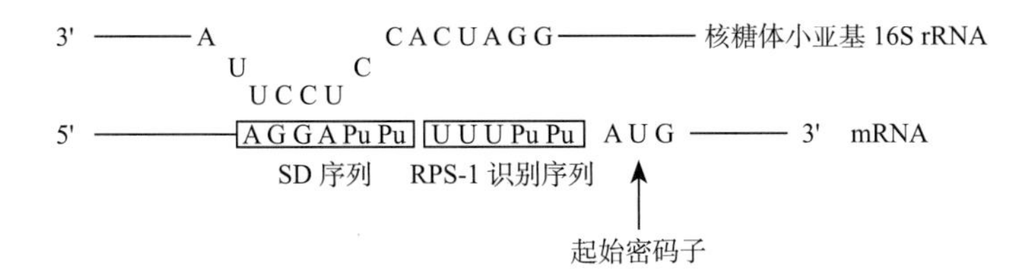

图 1　原核生物 mRNA 与核糖体小亚基 16S rRNA 的结合定位

糖体小亚基的结合。在蛋白质生物合成起始时，IF-1 结合在 A 位，阻止其他氨酰 -tRNA 的进入。IF-2 与 GTP 结合后，再与 fMet-$tRNA_i^{fMet}$ 结合。在 IF-2 的帮助下，fMet-$tRNA_i^{fMet}$ 结合在核糖体小亚基 P 位的 mRNA 起始密码子 AUG 上。③翻译起始复合物的形成。结合了 mRNA 和 fMet-$tRNA_i^{fMet}$ 的 30S 小亚基与 50S 大亚基结合形成完整的核糖体。然后，IF-2 的 GTP 酶活性将 GTP 水解，释放出起始因子 IF-1、IF-2 和 IF-3，形成由 mRNA、fMet-$tRNA_i^{fMet}$ 和核糖体共同组成的翻译起始复合物。此时，A 位腾空，为翻译的第二阶段——多肽链的延伸做好准备。

真核生物　真核生物 mRNA 的结构、核糖体的大小和分子组成与原核生物有所不同，组装起始复合物的蛋白质辅助因子更多，这些决定了真核生物翻译起始的复杂性。

翻译起始复合物的分子组成　真核生物翻译起始复合物由 mRNA、Met-$tRNA_i^{Met}$ 和真核生物核糖体 40S 小亚基和 60S 大亚基组成。与原核生物不同的是，此时的起始氨酰 -tRNA 是没有甲酰化的起始甲硫氨酸 Met-$tRNA_i^{Met}$。

起始因子　已经鉴定的真核生物起始因子（eukaryotic initiation factor，eIF）至少有 12 种（表 1）。这些起始因子通过它们之间的相互作用以及与核糖体、mRNA 和起始 tRNA 之间的相互作用，实现了真核生物的翻译起始复合物的组装。

翻译起始复合物的组装　前一轮翻译过程结束后，在 eIF-6 的参与下，80S 核糖体被解离成为 40S 小亚基和 60S 大亚基，并保持在分离状态。真核生物翻译起始复合物的组装需要三步完成。①起始 Met-$tRNA_i^{Met}$ 与 40S 小亚基结合。真核生物 Met-$tRNA_i^{Met}$、eIF-2 和 GTP 结合成复合物，然后 eIF-2 与 40S 小亚基的 P 位结合，形成 43S 前起始复合物。② mRNA 与 40S 小亚基的结合。由于 mRNA 具有 5' 帽，真核 mRNA 与 40S 小亚基的结合需要由多种蛋白质因子组成的帽结合蛋白复合物（eIF-4F 复合物）的协助。在帽结合蛋白复合物的协助下，43S 前起始复合物与 mRNA 的 5' 帽结合。帽结合蛋白 eIF-4F 由 eIF-4A、eIF-4E 和 eIF-4G 组成。eIF-4G 的 C- 端与延伸因子 eIF-3（协助形成预起始复合物）结合后，再与核糖体结合，eIF-4G 的 N- 端通过 eIF-4E 与 mRNA 的 5' 端相连。eIF-3 和 eIF-4E 在 eIF-4G 的连接下，使核糖体富集于 mRNA 的 5' 帽。eIF-4A 具有解旋酶活性，与 eIF-4E 形成复合物定位在 mRNA 起始密码子（AUG）上游的引导区。在 eIF-4B 的作用下，eIF-4A 通过消耗 ATP 解开 mRNA 引导区的二级结构，以利于 Met-$tRNA_i^{Met}$ 以 5' → 3' 的方向沿 mRNA 进行扫描，直到起始密码子 AUG 与 Met-$tRNA_i^{Met}$ 的反密码子配对结合，使 mRNA 在小亚基得到准确定位。多聚腺苷酸结合蛋白（poly A binding protein，PABP 或 PAB）与 mRNA 的 3' 多聚腺苷酸尾结合。结合了 mRNA 首尾的 eIF-4E 和 PABP 再通过 eIF-4G 和 eIF-3 与 40S 小亚基结合形成复合物。③翻译起始复合物的形成。在 eIF-5 的作用下，mRNA 和 Met-$tRNA_i^{Met}$ 形成的 40S 小亚基与 60S 大亚基结合，形成稳定的翻译起始复合物，并将各种 eIF 因子从核糖体上释放出来。

除了通用性调节因子外，mRNA 的 5' 帽近端序列也在 mRNA

表 1　真核生物翻译起始因子

种类	生物学功能
eIF-1	多功能因子，参与翻译的多个步骤
eIF-2	促进 Met-$tRNA_i^{Met}$ 与 40S 小亚基的结合
eIF-2B	结合小亚基，促进大亚基和小亚基分离
eIF-3	结合小亚基，促进大亚基和小亚基分离；介导 eIF-4 复合物 -mRNA 与小亚基的结合
eIF-4A	eIF-4F 复合物成分，具有 RNA 解旋酶活性，消除 mRNA 的 5' 端发夹结构，促进与小亚基结合
eIF-4B	结合 mRNA，促进 mRNA 定位在起始 AUG
eIF-4E	eIF-4F 复合物的组分，结合 mRNA 的 5' 帽
eIF-4G	eIF-4F 复合物的组分，结合 eIF-4E、eIF-3 和 PAB
eIF-5	促进核糖体释放起始因子，进而结合大亚基
eIF-6	促进 80S 核糖体解聚生成大亚基和小亚基

的翻译起始中发挥着重要的调控作用。近端序列位于5'帽的下游，其序列可形成稳定的茎环结构，通过结合RNA结合蛋白质，抑制核糖体预起始复合物沿mRNA运动，影响起始复合物的扫描。

（关一夫）

fānyì qǐshǐ fùhé wù

翻译起始复合物（translation initiation complex） 蛋白质生物合成起始时由mRNA、起始氨酰-tRNA、核糖体以及多种翻译起始因子组成的复合物。

原核生物翻译起始复合物含有mRNA、fMet-$tRNA_i^{fMet}$、核糖体30S小亚基、核糖体50S大亚基、三种起始因子（initiation factor，IF）和GTP。IF-1的作用是占据核糖体的A位，防止其他氨酰-tRNA过早地结合在A位；IF-2的作用是促进fMet-$tRNA_i^{fMet}$与30S小亚基的结合；IF-3的作用是维系大亚基和小亚基的分离状态，提高P位对结合fMet-$tRNA_i^{fMet}$的敏感性。

真核mRNA具有特殊的5'帽和3'多聚腺苷酸尾，且真核生物的核糖体比原核生物的核糖体复杂，真核生物翻译起始复合物所涉及的起始因子更多，翻译起始复合物的形成过程更复杂。真核生物翻译起始复合物含有mRNA、Met-$tRNA_i^{Met}$、核糖体40S小亚基、核糖体60S大亚基、十多种起始因子（eukaryotic initiation factor，eIF）和GTP。

（关一夫）

qǐshǐ mìmǎzǐ

起始密码子（initiation codon） 信使RNA序列上启动蛋白质生物合成的3个连续的核苷酸。

真核生物和大多数原核生物拥有相同的起始密码子AUG。少数细菌的起始密码子是GUG和UUG。线粒体是AUG（为主）和UUG。

翻译是根据mRNA可读框内的遗传密码合成特定氨基酸序列的多肽链的过程。为了合成正确的多肽链，核糖体需要从特定的位置开始翻译。这个特定的位置就是起始密码子，即可读框的第一个AUG。在AUG的下游，每三个连续的核苷酸构成一个遗传密码子，每个密码子编码一个氨基酸。需要注意的是，位于mRNA可读框的第一个AUG是蛋白质生物合成的起始密码子，而在mRNA可读框内部的AUG则编码了甲硫氨酸。

（关一夫）

fānyì yánshēn

翻译延伸（translation elongation） 生物体根据mRNA可读框中的遗传密码子将对应的氨基酸依次连接在合成中的多肽链的羧基端，使多肽链不断延伸的过程。是翻译过程中的第二个阶段。真核生物的翻译延伸与原核生物的非常相似，两者差异主要在于延伸因子（elongation factor，EF）的不同。

原核生物 包括以下方面。

延伸因子 在蛋白质生物合成过程中，促进多肽链延伸的蛋白质因子称为延伸因子。原核生物有热不稳定延伸因子（elongation factor thermo unstable，EF-Tu）、热稳定延伸因子（elongation factor thermo stable，EF-Ts）和延伸因子G（elongation factor G，EF-G）三种延伸因子。EF-Ts和EF-Tu可以形成二聚体EF-T；EF-Tu与GTP结合可以导致EF-Ts与EF-Tu的分离。EF-Tu的作用是促进氨酰-tRNA进入核糖体上空置的A位。这个进位过程需要（EF-Tu）-GTP水解产生的能量。EF-Ts是EF-Tu的鸟苷酸交换因子，其作用是催化与EF-Tu结合的GDP转化成为GTP并重新形成EF-Ts和EF-Tu的二聚体EF-T。EF-G具有转位酶活性，通过水解GTP提供能量，使核糖体在mRNA上移动到下一个密码子，把核糖体A位中肽酰-tRNA移位至P位，将A位腾空。

延伸过程 分为三个阶段。①进位：又称注册。翻译起始后，氨酰-tRNA进入核糖体A位。氨酰-tRNA与（EF-Tu）-GTP结合，形成（氨酰-tRNA）-（EF-Tu）-GTP复合物。进位遵从碱基互补的原则，只有正确的（氨酰-tRNA）-（EF-Tu）-GTP才能进入A位，与mRNA的密码子匹配对接。这是保证翻译保真度的机制之一。进入A位后，GTP水解，释放出（EF-Tu）-GDP。后者与EF-Ts结合，形成（EF-Tu）-GDP-（EF-Ts）复合物，然后与GTP交换还原成（EF-Tu）-GTP，等待与下一个氨酰-tRNA结合。氨酰-tRNA的进位可以促使处在E位上的空载tRNA被释放出去。②成肽：在肽酰转移酶的催化下，P位的起始氨酰-tRNA上氨基酸或合成中的肽酰-tRNA的羧基与A位上的氨酰-tRNA的α-氨基形成肽键。此时，P位的tRNA卸载了起始氨基酸或合成中的多肽链（称为空载的tRNA），而A位上的tRNA的3'端则连接了一个二肽或延长了一个氨基酸的肽酰-tRNA。肽酰转移酶的催化能力来自原核生物核糖体大亚基的23S rRNA。肽键在A位的形成不需要额外的能量。③转位：一个新肽键形成后，核糖体沿着mRNA向3'方向移动一个密码子。移位后，A位的肽酰-tRNA移到了P位，A位腾空。而P位上的

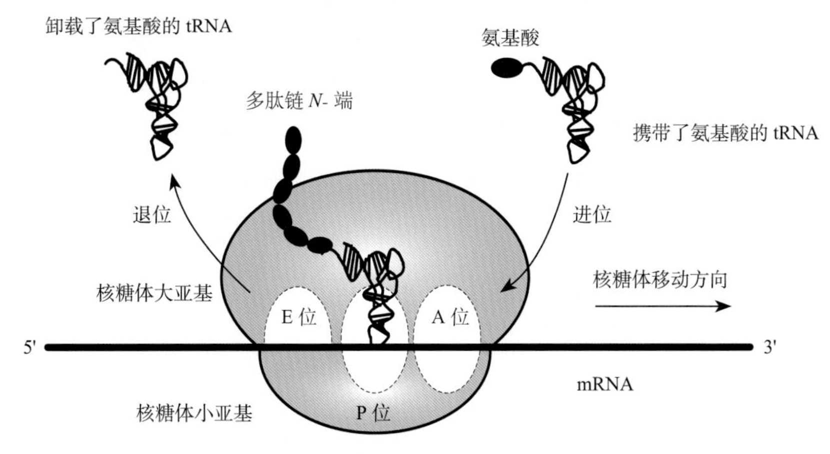

图 1　肽链延伸中的翻译体系

空载 tRNA 进入 E 位。转位需要一个结合了 GTP 的延伸因子 EF-G 的参与。EF-G 水解 GTP，释放出的能量转变成机械能用来驱动核糖体沿着 mRNA 向 3' 端移动。空载 tRNA 进入 E 位后诱导了核糖体空间构象的改变，有利于下一个氨酰 -tRNA 的进位。具体过程参见图 1。

真核生物　包括以下方面。

延伸因子　真核细胞有 eEF1α、eEF1β 和 eEF2 3 个延伸因子，它们的作用分别等同于原核生物的 EF-Tu、EF-Ts 和 EF-G。

延伸过程　动物细胞或其他真核细胞以与原核生物相似的机制进行多肽链的延伸。

（关一夫）

fānyì zhōngzhǐ

翻译终止（translation termination）

新合成的多肽链从核糖体上释放，核糖体的大亚基和小亚基分离并从 mRNA 脱落下来的过程。是蛋白质生物合成的最后一个阶段。

翻译过程的终止是由终止密码子所决定的。原核生物和真核生物都有 UAG、UAA 和 UGA 三种终止密码子，而真核生物线粒体有 UAA、UAG、AGA 和 AGG 四种终止密码子。

释放因子　生物体没有能够识别终止密码子的 tRNA，因此当终止密码子出现在核糖体 A 位时，需要一类特殊的蛋白质因子参与。这类蛋白质因子称为释放因子（release factor，RF）。原核生物有 RF1、RF2 和 RF3 三种释放因子。RF1 识别 UAA 和 UAG；RF2 识别 UAA 和 UGA；RF3 是 GTP 酶，介导 RF1 或 RF2 与核糖体的相互作用。真核生物的 eRF1 与原核生物 RF1 和 RF2 作用相似，可以识别三种终止密码子；eRF3 则与起始因子 -3（IF-3）的作用相似，防止核糖体大小亚基在起始复合物形成前聚合。

释放过程　无论原核生物还是真核生物，释放因子都作用于 A 位，使核糖体的肽酰转移酶活性转换为水解酶活性，把多肽链从核糖体 P 位上 tRNA 的 3' 端上水解下来，然后 mRNA 与核糖体分离。核糖体在 IF-3 作用下，大亚基和小亚基分离。分离后的大亚基和小亚基被循环利用，重新参加下一轮的多肽链合成。

（关一夫）

zhōngzhǐ mìmǎzǐ

终止密码子（termination codon, stop codon）

信使 RNA 可读框序列中决定蛋白质生物合成终止的三个连续的核苷酸。原核生物和真核生物 mRNA 具有相同的终止密码子：UAA、UAG 和 UGA。真核生物线粒体 mRNA 和叶绿体 mRNA 使用的遗传密码稍有差异。

（关一夫）

dànbáizhì shēngwù héchéng tiáokòng

蛋白质生物合成调控（protein biosynthesis regulation）

为了发挥正常的生物学功能，细胞所采取的一系列调节方式，进行选择性和适度地启动蛋白质生物合成的过程。

原核生物　原核生物的翻译与转录通常是偶联在一起的，其蛋白质的合成速度可以在转录水平和翻译水平上分别进行调控。原核生物蛋白质合成在翻译水平上的调控有以下几种方式。

mRNA 特性对翻译的调控　原核生物的翻译能力与 mRNA 5' 非翻译区的 SD 序列密切相关。合适的 SD 序列能够以较高的频率启动翻译，反之则很低。此外，mRNA 遗传密码的偏爱性也会影响翻译速度。由于遗传密码子具有简并性，对应于一种氨基酸可以有几种氨酰 -tRNA，但是不同的氨酰 -tRNA 的丰度差别很大。当 mRNA 的编码区多是常用密码子时，其翻译速度较快，而 mRNA 的编码区含有较多稀有密码子时，则翻译速度就会降低。多顺反子 mRNA 在进行翻译时，核糖体完成一个编码区的翻译后，即从该编码区脱落和分离，然后在 mRNA 的下一个编码区上游重新形成翻译起始复合物。如果各个编码区的翻译频率和速度不同，所合成蛋白质的量也将有所不同。

翻译起始的调控　mRNA 上的 5' 非翻译区内的 SD 序列与核糖体 16S rRNA 的 3' 端互补配对，形成翻译起始复合物，有利于翻译的起始。核糖体与mRNA的结合强度取决于SD序列的结构以及SD序列与起始密码子AUG之间的距离。SD序列与AUG之间相距有4~10个核苷酸，以9个核苷酸为最佳。SD序列的微小变化可以造成蛋白质合成效率的巨大差异，这是因为核苷酸的变化改变了mRNA起始密码子上游的二级结构，干扰了核糖体小亚基与mRNA分子的结合。

核糖体蛋白质合成的阻遏作用　组成核糖体的核糖体蛋白质有50多种，它们的丰度需要保持与rRNA相适应的水平。过量的核糖体蛋白会引起它自身以及相关蛋白合成的阻遏。能够阻遏核糖体蛋白合成的蛋白质也是能够直接与rRNA相结合的核糖体蛋白，因为它们能和自身mRNA的翻译起始部位相结合，进而影响翻译的起始。这些自身调节的核糖体蛋白与rRNA的结合能力大于与相应mRNA的结合能力，因此，新合成的核糖体蛋白一定要首先与rRNA结合组装成为核糖体。但是，一旦rRNA的合成变慢或停止，游离的核糖体蛋白便会产生堆积，就可以与其自身的mRNA结合，从而进一步阻遏蛋白质的合成。该机制可以将核糖体蛋白维持与rRNA相适应的水平上。然而操纵子中其他蛋白质则可按照其自身需要的速度合成，不受核糖体对蛋白质合成束缚。从而使同一操纵子中的不同蛋白质以不同的丰度满足细胞的需要。

RF2合成的自我调控　释放因子RF2是原核生物中一种特殊的蛋白质，可以识别终止密码子UGA和UAA，发挥终止翻译的功能。RF2是一个340个氨基酸的蛋白质。但是，在RF2的第25位密码子和26位密码子之间插入一个尿嘧啶U，这个U可以和第26位密码子的前两个核苷酸组成终止密码子UGA。当细胞内的RF2足量时，核糖体A位进入第25位密码子后的UGA处，终止RF2的合成，释放出来的是一个不具有RF2终止翻译功能的只有25个氨基酸的短肽。如果细胞内RF2丰度减低后，核糖体就会以+1的移码机制识别第26位密码子（天冬氨酸，Asp），完成整个RF2的翻译。因此，RF2可以作为一个翻译调节蛋白，根据其在细胞内的丰度决定是否终止自身的翻译。

真核生物　与原核生物不同，细胞核的存在使得真核生物的转录过程和翻译过程分别在不同的区域进行，两个过程不再偶联。真核mRNA的转录后加工、特殊结构（5'帽和3'多聚A尾）的形成及众多辅助因子的参与，使得真核生物的蛋白质合成要比原核生物的蛋白质合成复杂得多，因此，真核生物蛋白质合成的速度也比原核生物慢。真核细胞中蛋白质合成的调控有下列几种模式。

翻译起始因子磷酸化的作用　翻译起始是蛋白质生物合成的首要环节，它的快慢决定着蛋白质合成速度。真核细胞内各种因素的变化都影响到翻译的起始，这些变化是通过激活细胞内特异的一类蛋白质激酶，其使真核翻译起始因子eIF-2被磷酸化所实现的。

翻译起始因子eIF-2与GTP所形成的复合物介导了甲硫氨酰-起始tRNA（Met-tRNA$_i^{Met}$）与核糖体小亚基之间的结合，后者再与mRNA的5'端结合并向3'端移动扫描。当起始密码AUG被识别时，GTP被eIF-2水解成GDP，eIF-2自身发生构象变化，连同GDP一起从小亚基上被释放出来，随后大亚基结合小亚基形成完整的核糖体，多肽链合成开始。

失活的eIF-2与GDP结合十分紧密，需借助鸟苷酸交换因子（guanine nucleotide exchange factor，GEF，又称eIF-2B）与eIF-2结合，才能将GDP释放出来，使eIF-2结合新的GTP，恢复构象后被循环利用。然而，当与GDP结合的eIF-2被磷酸化时，eIF-2不但不能释放GDP，反而会使得eIF-2与eIF-2B之间的结合异常紧密，因此使eIF-2以及数目有限的eIF-2B的循环再利用都受到抑制，蛋白质合成的速率大大降低。

真核mRNA翻译起始点的影响　绝大多数的真核mRNA是从5'帽下游第一个起始密码子AUG开始翻译。但是当某些不利条件出现时，核糖体小亚基就会忽略第一个AUG而识别第二个或第三个AUG，这种现象称为遗漏扫描。因此，一条mRNA有时可以产生两条以上的相关蛋白质。细胞有时会通过这种遗漏扫描机制来调节相关蛋白质分子的相对丰度。

有些真核mRNA的正常起始密码子AUG上游的5' UTR区段内还往往会有一个或多个AUG，它们也有可能作为起始密码子，由此产生了多个上游可读框（upstream open reading frames，uORFs）。这些上游可读框与正常的可读框不同，翻译启动后会很快遇到终止密码子而释放出一个无功能的多肽链。uORFs的AUG能够与正常的AUG竞争，翻译出无功能的多肽链而使正常多肽链的翻译维持在较低水平。

许多动植物RNA病毒mRNA和某些哺乳动物mRNA不依赖5'帽，而是通过位于mRNA 5' UTR上的内部核糖体进入位点（internal ribosome entry site，

IRES），调控核糖体与RNA结合，启动蛋白质翻译。

真核mRNA的5'帽和3'多聚A尾的调控　由于翻译起始依赖mRNA 5'帽的存在，加帽和脱帽就成为调控蛋白质翻译的主要机制之一。加帽酶与RNA聚合酶Ⅱ结合可以促进mRNA 5'帽的形成。在细胞核内，加帽的mRNA与帽结合复合物结合，促进了mRNA的核输出。mRNA的脱帽受脱帽酶和其他蛋白质的调控。脱帽后的mRNA形成5'-单磷酸mRNA，后者可以激活具有5'→3'外切酶活性的Xrnp1，从而降解mRNA。

此外，真核mRNA的3'多聚腺苷酸的突变或3'端失去聚合能力都将导致翻译能力的下降。

真核细胞内也有翻译抑制蛋白质。一些抑制蛋白可结合在mRNA的5'端，抑制翻译的起始，另一些抑制蛋白识别mRNA的3' UTR，通过干扰5'帽与3'多聚A尾之间的结合而调控翻译的起始。细胞质多聚A尾结合蛋白[cytoplasmic poly（A） tail binding protein，PABPC1]是通过与3'多聚A尾结合对mRNA的翻译起调节作用。PABPC1在mRNA存在时通过eIF-4G与eIF-4F发生作用，其作用位点在eIF-4G的N-端。5'帽和3'多聚A尾都通过它们的共同目标eIF-4G而相互作用，使40S小亚基富集于mRNA。5'帽与3'多聚A尾协同调节mRNA的翻译效率需要PABPC1和eIF-4E的同时存在。

非编码RNA的调控作用　真核细胞内存在具有调控能力的非编码RNA：微RNA（microRNA，miRNA）、长非编码RNA（long non-coding RNA，lncRNA）和环形RNA（circular RNA，circRNA）。

miRNA是一类内源性的非编码RNA，因其长度仅有20~25核苷酸而得名。现已发现在高等真核生物中有数千种miRNA存在，并以负调控作用的方式参与对翻译的调控。当miRNA的作用靶点处于mRNA可读框时，miRNA将与靶点序列完全互补，将mRNA降解，完全抑制蛋白质的合成。当miRNA的作用靶点是mRNA的3' UTR上的序列时，miRNA以非完全互补的方式结合，降低翻译的效率。

长非编码RNA是一类长度在200~100000核苷酸的RNA分子，可以同mRNA形成互补RNA双链覆盖mRNA分子上与反式作用因子结合所必需的核酸序列，因此可能影响转录后基因表达的任何步骤，包括pre-mRNA的加工、剪接、转运、翻译以及降解。LncRNA可以与编码蛋白质基因的转录物形成互补双链，干扰mRNA的剪接，形成不同的剪接形式，或在Dicer酶的作用下产生内源性小干扰RNA，降解mRNA；lncRNA还可以与特定的蛋白质结合，调节相应蛋白质的活性。例如，lncRNA GAS5通过结合翻译起始因子eIF-4E，并特异性地与c-Myc mRNA结合，从而抑制c-myc的蛋白质翻译，导致c-myc表达下调。

环形RNA是环形结构的非编码RNA分子，其5'端和3'端以共价键连接在一起。环形RNA含miRNA应答元件，可以与miRNA结合，起到吸收miRNA的作用，解除miRNA对靶基因的抑制作用，从而上调靶基因的表达水平。

（关一夫）

mRNA wěndìng xìng

mRNA稳定性（mRNA stability）　mRNA在细胞中保持其完整结构和正常功能、不被降解的能力。是直接影响蛋白质生物合成的关键因素之一。

mRNA是蛋白质合成的模板，mRNA的稳定性直接影响到蛋白质合成的效率。mRNA稳定性可以用mRNA的半衰期来评价。不同mRNA的稳定性差异极大。原核生物mRNA半衰期很短，一般为几分钟，最长的也只有数小时。真核生物mRNA的半衰期较长，如胚胎中的mRNA可达数日。

影响mRNA稳定性的因素众多。对于真核生物mRNA来说，5'帽和3'多聚A尾发挥重要的作用。从真核生物的结构基因直接转录出来的mRNA前体，需要经过一系列的转录后修饰。成熟mRNA具有5'帽和3'多聚A尾，这些结构有助于维持mRNA的稳定性。如果3'多聚A尾被完全降解，还可以进一步导致5'帽的降解。无帽无尾的mRNA可以很容易地被外切核酸酶降解。翻译起始因子eIF-4E、eIF-4G和3'多聚A尾结合蛋白相互作用形成封闭的环状结构，防止来自脱腺苷酸酶和脱帽酶的攻击，以保证mRNA的稳定。此外，大部分真核细胞还存在其他不依赖脱腺苷酸酶和脱帽酶的mRNA降解途径，如核酸外切酶和核酸内切酶。

mRNA的半衰期与3'多聚A尾的长度具有正相关性。对没有3'多聚A尾的组蛋白进行人为加尾，可以大大地提高其mRNA的半衰期。不同种类mRNA的3'多聚A尾的长度明显不同。即使具有相同长度的3'多聚A尾的mRNA，也会有不同的半衰期。

mRNA起始密码子AUG的上下游共同序列也会影响mRNA的稳定性。AUG上游-3位和下游+4位是鸟嘌呤G时，才能够进行有效的翻译。这个规律对脊椎动物和植物都适用。低等真核生物mRNA起始密码子的上下游的共同序列略有差异。mRNA 3' UTR一般富含AU序列，一般是由串联排列的数个UUAUUUAU八个核苷酸核心序列组成，它的存在影响了mRNA的稳定性，该AU序列称为抑制元件。

（关一夫）

fēi fānyì qū

非翻译区（untranslated region）

成熟mRNA上的不编码蛋白质的核苷酸序列。

种类 mRNA有两个非翻译区，分别在mRNA编码区（即可读框）的上游和下游，因此分别称为5'非翻译区（5' untranslated region，5' UTR）和3'非翻译区（3' untranslated region，3' UTR）。

形成过程 在细胞核内，mRNA的初级转录产物是核内不均一RNA，也就是mRNA前体。经过一系列的加工修饰后，mRNA前体成为成熟mRNA。成熟mRNA具有以下的结构特征；5'帽、5'非翻译区、可读框、3'非翻译区和3'多聚A尾。5'非翻译区是从转录起始点到可读框中起始密码子的前一个核苷酸之间的核苷酸序列，3'非翻译区是从可读框中终止密码子后的第一个核苷酸到多聚腺苷酸尾的第一个腺嘌呤之间的核苷酸序列。

生物学功能 5'非翻译区包含控制基因表达的核苷酸序列，即调控元件，其中最具有代表性的是原核mRNA上5'非翻译区中的核糖体结合位点。这是一段位于mRNA起始密码子AUG上游8~13核苷酸处、由6个核苷酸组成的共有序列-AGGAGG-（大肠埃希菌），可以通过碱基互补原则与核糖体小亚基的16S rRNA识别。该序列称为SD序列。此外，在SD序列下游，还有一段短核苷酸序列，可以被小亚基蛋白RPS-1结合。原核生物mRNA的非翻译区通常较短，而真核生物5'非翻译区可以长达数千核苷酸。这些特殊结构的5'非翻译区与基因表达密不可分。

真核mRNA的3'非翻译区中有一个在mRNA 3'端进行多腺苷酸化的信号序列。该序列在3'多聚A位点上游的10~30核苷酸是-AAUAAA-，该位点的下游20~40核苷酸富含G和U。平均而言，3'非翻译区的长度要远远大于5'非翻译区的长度。具有调控基因表达作用的微RNA可以结合在3'非翻译区，抑制蛋白质的生物合成。真核mRNA上3'非翻译区在mRNA转运、稳定性和翻译调控中具有重要作用。

（关一夫）

nèibù hétángtǐ jìnrù wèidiǎn

内部核糖体进入位点（internal ribosome enter site, IRES）

mRNA上5'非翻译区的一类稳定的、可以使蛋白质翻译不依赖mRNA 5'帽的折叠结构。

基本特征 一般而言，真核生物的蛋白质合成只能从mRNA的5'端开始，因为翻译起始必须依赖mRNA的5'帽。但是，某些真核生物和病毒还有一些例外。一些基因的5'非翻译区具有一段较短的RNA序列，它们能够折叠成类似于起始tRNA的结构，介导核糖体与RNA结合，启动蛋白质合成。这段RNA被称为内部核糖体进入位点（internal ribosome entry site，IRES）。小RNA病毒的IRES长度大约450个核苷酸，可形成大量的茎环结构，许多环之间具有相互作用，使其构成了复杂的折叠结构。真核细胞IRES结构具有一些共同的特征：序列长度比不含IRES的5' UTR要长、高GC含量、通常有多个AUG位点、折叠成为高度稳定的空间结构等。

生物学功能 IRES的主要作用是参与调控蛋白质生物合成。IRES的存在减少了翻译对起始因子的依赖。如丙型肝炎病毒和瘟病毒在没有eIF-4家族蛋白质的条件下，可以引导40S小亚基与紧邻的AUG起始位点的mRNA序列结合。

（关一夫）

yílòu sǎomiáo

遗漏扫描（leaky scanning）

在真核生物的翻译过程中，核糖体40S小亚基绕过mRNA可读框的起始密码子AUG，在其下游的AUG处启动翻译的现象。也称核糖体遗漏扫描（leaky ribosomal scanning，LRS）。

原则上，真核细胞的翻译起始于靠近5'端的AUG密码子。但是，当核糖体40S小亚基从mRNA的5'端扫描后，可能在AUG密码子附近遇到不利的因素，从而未能正常地识别起始密码子和启动翻译。遗漏扫描经常发生在富含G-C引导序列的真核细胞基因上。人们推测由于二级结构的存在，造成了$Met\text{-}tRNA_i^{Met}$结合在错误的密码子上。遗漏扫描导致蛋白质合成的减少。多数病毒利用这种遗漏扫描来生成多种病毒蛋白质，这意味着遗漏扫描并不是非正常的结果，很可能是病毒用来克服来自宿主的压力而选择了一种特殊的自我复制功能。

（关一夫）

shàngyóu kědú kuàng

上游可读框（upstream open reading frame, uORF）

某些真核细胞mRNA 5'非翻译区（5' UTR）中的可以作为顺式调节元件

来启动蛋白质合成的一段核苷酸序列。

有些真核 mRNA 除了在正常的可读框中具有起始密码子 AUG 外，在其上游的 5' 非翻译区内往往还有一个或多个 AUG，它们也有可能作为起始密码子，由此产生多个上游可读框。这些上游可读框与正常的可读框不同，通常翻译启动后会很快遇到终止密码子而释放出一个无功能的多肽链。生物体利用 uORF 的 AUG 与正常的 AUG 竞争，翻译出无功能的多肽链而使正常翻译维持在较低水平。

（关一夫）

fānyì hòu jiāgōng

翻译后加工（post-translational processing） 新合成的多肽链经过一些修饰后成为具有正确的天然构象和生物活性的成熟蛋白质的过程。也称翻译后修饰（post-translational modification）。

基本特征 一般而言，新合成的多肽链需要经过一系列的修饰。这些修饰的目的之一是可以将新合成的多肽链转化成为具有正确的天然构象和应有的生物活性的成熟蛋白质，目的之二是通过改变蛋白质的结构（如肽链剪切、肽链折叠……）和化学修饰（如磷酸化、糖基化……）来扩展蛋白质的生物学功能。

修饰类型 ①肽链剪切：包括末端修饰和水解。在原核生物中，所有多肽链都是从 N- 甲酰甲硫氨酸开始，但是并非所有的成熟蛋白质的 N- 端都是 N- 甲酰甲硫氨酸。其原因在于，N- 端的 N- 甲酰甲硫氨酸残基或者氨基端的一些氨基酸残基常由氨肽酶水解除去。这样的末端修饰还包括除去 N- 端的信号序列。新合成的多肽链还可以在肽链的中间被水解剪断，将一条多肽链剪切成为一条或多条多肽链。②共价修饰：多肽链某些氨基酸残基的侧链具有化学功能团，可以进行不同类型的共价修饰。目前已经发现了 100 多种化学功能团修饰的氨基酸。这些修饰不仅改变了蛋白质的溶解度、稳定性和亚细胞定位等，直接影响了它们的生物学性质（生物活性、代谢特性、与其他生物分子的相互作用方式和作用强度）。常见的共价修饰包括糖基化、磷酸化、羟基化、乙酰化等。

（关一夫）

mòduān xiūshì

末端修饰（terminal modification） 生物体在新合成的多肽链的 N- 端和 C- 端所实施的多肽链翻译后的加工过程。

基本特征 一般而言，新合成的多肽链需要经过一系列的修饰才能成为具有生物活性的成熟蛋白质。例如，在蛋白质合成过程中，核糖体识别了起始密码子 AUG 后，对应的 $fMet\text{-}tRNA_i^{fMet}$（原核生物）或 $Met\text{-}tRNA_i^{Met}$（真核生物）就会结合在核糖体的 P 位点，启动蛋白质的生物合成。这样，似乎新合成的多肽链的 N- 端应该总是甲酰甲硫氨酸（原核生物）或甲硫氨酸（真核生物）。但是几乎所有的成熟蛋白质的第一个氨基酸并非如此。这就是因为在新合成的多肽链脱离核糖体后，在 N- 端进行了一系列修饰的结果。一般而言，多肽链的 C- 端修饰远少与 N- 端修饰。

种类 包括以下几种。

N- 端切除 细胞内的脱甲酰基酶或氨基肽酶除去 N- 端甲硫氨酸或 N- 端附加序列，使新合成的多肽链成为成熟的蛋白质。在大多数真核生物情况下，N- 端甲硫氨酸残基会被甲硫氨酸氨基肽酶的作用切断，并且这个切断过程与第二个残基性质有关。例如酿酒酵母新合成的蛋白质，如果倒数第二个氨基酸残基是 Gly，Ala，Ser，Cys，Thr，Pro 或 Val，甲硫氨酸会被剪切掉。

N- 端乙酰化修饰 在高等真核生物中，蛋白质 N- 端乙酰化比细菌、真菌或低等真核生物中的蛋白质更可能发生。N- 端 α - 乙酰化修饰通常在新生肽链大约有 40 个氨基酸残基时开始的。N- 端乙酰化修饰的频率与氨基酸类型相关，一般而言，Ala 和 Ser ＞ Met，Gly 和 Asp ＞ Asn，lle 和 Thr 以及 Val ＞其他氨基酸残基。N- 端乙酰化修饰的作用还不十分清楚，推测与抵抗氨基肽酶和泛素依赖蛋白酶的降解相关。

（关一夫）

gòngjià xiūshì

共价修饰（covalent modification） 蛋白质上的某些氨基酸残基的侧链与其他化学分子发生反应形成共价连接的过程。也称化学修饰（chemical modification）。

最常见的蛋白质共价修饰包括磷酸化、烷基化、乙酰化、羟基化、羧基化、糖基化、生物素化等，这些共价修饰对于维持蛋白质的生物学功能是必需的。这些修饰不仅可以改变蛋白质的溶解度、稳定性和亚细胞定位等，而且还可以直接影响它们的生物学性质（生物活性、代谢特性、与其他生物分子的相互作用方式和作用强度），使蛋白质的功能具有多样性。例如，某些信号蛋白分子的丝氨酸、苏氨酸或酪氨酸残基的磷酸化修饰与细胞信息传递过程密切相关；组蛋白的赖氨酸残基的乙酰化可以改变染色质的结构并影响基因表达；胶原蛋白前体的赖氨酸和脯氨酸残基的羟基化则直接影响了成熟胶原的链间共价交联结构。

有些蛋白质的共价修饰是可逆的，例如磷酸化与去磷酸化、乙酰化与去乙酰化、甲基化与去甲基化、腺苷化与去腺苷化等。这种可逆共价修饰可以调控酶的生物活性，使蛋白质实现从无活性（或低活性）到有活性（或高活性）的变化，或者从有活性（或高活性）到无活性（或低活性）的变化。

（关一夫）

dànbáizhì zhīxiānhuà

蛋白质脂酰化（protein fatty acylation） 蛋白质在合成过程中或在合成后与疏水性脂质分子共价结合的过程。又称脂肪酰化修饰或脂质化修饰。是一种重要的蛋白质修饰方式。

基本特征 与原核细胞不同，真核细胞具有较发达的膜系统。除质膜和核膜外，真核细胞的内膜系统将细胞质分隔成具有不同膜结构的内质网、高尔基体、线粒体等，从而保证不同的生化反应在不同的区域里进行和调控。生物体中大约有1000多种脂质分子，它们具有特有的物理性质和化学性质。这些不同的疏水性脂质分子可以以不同的连接方式和共价键类型，在蛋白质的不同氨基酸残基上以及在不同的修饰酶催化下与蛋白质共价结合。

脂酰化修饰可以发生在蛋白质合成过程中或在蛋白质合成过程结束后。修饰位点可以在蛋白质的N-端、C-端或者中间区域的氨基酸残基。蛋白质脂酰化修饰主要发生在膜蛋白及膜相关的蛋白质上。不同类型的脂肪酸与蛋白质的结合可以改变蛋白质与膜不同微区的亲和性，影响蛋白质在不同膜结构的细胞器之间的定位和转运、调控细胞信号转导等生理活动。

类型 最常见的蛋白质脂酰化修饰主要包括棕榈酰化、豆蔻酰化、异戊烯化和糖基磷脂酰肌醇化。

蛋白质棕榈酰化修饰 是将含有16个碳原子的棕榈酸盐通过硫酯键共价连接到蛋白质特定的半胱氨酸残基上的过程。依据其连接方式，蛋白质棕榈酰化修饰分为两种类型。①S型：通过硫酯键连接到半胱氨酸残基，该过程是可逆过程。②N型：通过酰胺键连接到半胱氨酸残基或甘氨酸残基，该过程不可逆。蛋白质棕榈酰化修饰由棕榈酰酰基转移酶催化。绝大多数棕榈酰化蛋白质都以S型修饰，所以棕榈酰化修饰通常是指S-棕榈酰化。但是，蛋白质棕榈酰化修饰的具体机制尚不明确。

蛋白质的豆蔻酰化修饰 是将含有14个碳原子的饱和脂肪酸豆蔻酸盐通过酰胺键共价连接到蛋白质N-端的甘氨酸残基上的过程。一般来讲，蛋白质的豆蔻酰化发生在蛋白质合成过程中。这种修饰由N-豆蔻酰基转移酶（N-myristoyl transferase，NMT）催化，NMT可以特异性地识别蛋白质的MGXXXS/T信号序列，其中X可以是任一种氨基酸。蛋白质的豆蔻酰化是一个持续的、不可逆的脂肪酰化修饰。据估计约有0.5%的真核生物蛋白质发生豆蔻酰化，如ADP-核糖基化因子、细胞生长和分化中起重要作用的酪氨酸蛋白质激酶Scr家族等。蛋白质豆蔻酰化修饰与多种疾病发生有关，因此NMT是一种非常重要的治疗某些传染性疾病及神经系统疾病的潜在靶点。

蛋白质异戊烯化修饰 是含有15个碳的法尼基团或20个碳的牻牛儿基牻牛儿基团共价结合在蛋白质C-端的过程。也称异戊二烯化修饰。蛋白质的异戊烯化过程是蛋白质翻译后的不可逆的修饰过程，这一过程包括了由法尼基转移酶催化的法尼基修饰和由牻牛儿基牻牛儿基转移酶催化的牻牛儿基牻牛儿基化修饰过程。

糖基磷脂酰肌醇化 是将糖基磷脂酰肌醇共价结合在蛋白质C-端的过程。某些新生多肽链的停止转运序列位于C-端，被内质网转运肽切除后，新生多肽链的C-端在膜中与糖基肌醇磷脂（glycosylphosphatidyl inositol，GPI）乙醇胺的氨基发生反应，以酰胺键与GPI连接定位在内质网内侧，然后输送到质膜成为膜锚蛋白。糖基磷脂酰肌醇化是将蛋白质与细胞膜结合的唯一方式。GPI的核心组分是乙醇胺磷酸盐、三个甘露糖苷、葡糖胺以及纤维醇磷脂。哺乳动物至少有50多种蛋白质以此种方式与其结合，包括黏附分子、受体、补体抑制因子和一些功能尚不明确的表面抗体等。

已经发现有50多种GPI锚定蛋白质与肿瘤关系密切，例如，GPI锚定的基质金属蛋白酶、T-钙黏着蛋白、CD87等参与肿瘤的侵袭和转移，GPI锚定的CD46、CD55和CD59等参与肿瘤的免疫逃逸。

（关一夫）

dànbáizhì yìwùxīhuà

蛋白质异戊烯化（protein prenylation） 在蛋白质的C-端共价连接含有15个碳的法尼基团或者20个碳的牻牛儿基牻牛儿基团的修饰过程。也称异戊二烯化修饰（isoprenylation）。异戊二烯化修饰是蛋白质脂酰化修饰中的一种。

生物体内所有类异戊烯结构均来自5个碳（C5）的异戊烯以及同分异构体，这些异戊烯之间以首尾相接或首首相接的方式连接构成了多种类型的类异戊烯。动物、真菌和古细菌均通过甲羟戊酸途径来合成类异戊烯；而植物和微生物则通过MEP途径来合成类异戊烯。法尼基修饰和牻牛儿基牻牛儿基修饰是最常见的两种蛋白质的异戊烯化修饰。

修饰种类 异戊烯化过程是不可逆过程，包括了由法尼基转移酶（farnesyltransferase，FTase）催化的法尼基修饰和由牻牛儿基牻牛儿基转移酶（geranylgeranyltransferase，GGTase）催化的牻牛儿基牻牛儿基化修饰过程。GGTase包括GGTase Ⅰ和GGTase Ⅱ两种。FTase和GGTase Ⅰ都是由α亚基和β亚基构成的异二聚体。α亚基是由基因*FNTA*编码，而β亚基则分别由基因*FNTB*和基因*PGGTIB*编码。两者均可以识别蛋白质羧基末端的CAAX序列，其中C是半胱氨酸，A是脂肪族氨基酸，X是用来决定进行哪一种异戊烯化修饰。当X=M、S、Q、A或C时，CAAX被FTase所识别；当X=L或E时，CAAX被GGTase Ⅰ所识别；当X=F时，该蛋白既可以被法尼修饰也可以被牻牛儿基牻牛儿基化基化修饰。GGTase Ⅱ催化的是羧基末端具有两个Cys的CXC或者是CCXX序列的Rab蛋白。

修饰过程 蛋白质被FTase或GGTase Ⅰ催化发生的异戊烯化反应包括以下步骤。①FTase或GGTase Ⅰ在基质中与法尼基焦磷酸或牻牛儿基牻牛儿基焦磷酸通过疏水"口袋"结合，然后再结合在底物蛋白质羧基末端的CAAX上，形成C–S键。在法尼基化修饰过程中，法尼基团通过硫醚基连接到半胱氨酸上。单一牻牛儿基牻牛儿基化的蛋白质与法尼基化相似，也是在半胱氨酸上的修饰。其后，羧基末端的–AAX三肽从刚刚被异戊烯化的CAAX蛋白上被内切酶Rce1水解下来；最后，这个异戊烯化的半胱氨酸残基被转移酶Icmt（isoprenylcysteine carboxylmethyl transferase，Icmt）催化进行甲基化反应。后两步反应发生在细胞基质的内质网表面。蛋白质的异戊烯化为其提供了一个疏水性的羧基末端，这一疏水性的结构增强了异戊烯化的蛋白质与细胞膜的结合能力。同时，这种特定的异戊烯化的模体的序列和结构决定了蛋白质的细胞定位。

生物学功能 蛋白质异戊烯化修饰对于生物体内的信号转导过程发挥着十分重要的作用。异戊烯化蛋白质相当于细胞信号转导的开关。细胞信号从生长因子受体转导到含有SH2结构域的接头蛋白，再转导到鸟苷酸交换因子和Ras蛋白等，由此对整个信号转导过程起到开关的作用。

（关一夫）

dànbáizhì yàjī jùhé

蛋白质亚基聚合（protein subunit assembly） 多条多肽链通过非共价相互作用的方式与自身或其他多肽链结合形成具有四级结构的蛋白质的过程。

生物体内有许多功能性蛋白质需要二条以上的多肽链组装在一起时才能发挥出生物学功能，其中每一条多肽链都有完整的三级结构，称为亚基（subunit）。单个亚基并没有生物学功能，只有多个亚基聚合在一起形成具有完整的四级结构的蛋白质时才能表现出生物学功能。如血红蛋白由4个亚基组成（$\alpha_1\beta_1\alpha_2\beta_2$）。

（关一夫）

duōtàiliàn duàn liàn

多肽链断链（polypeptide scission） 通过蛋白酶水解多肽链，将无活性的蛋白质前体转化成为具有活性的蛋白质或多肽的过程。也称水解修饰。是蛋白质翻译后加工的一种。

典型例子是腺垂体中的促阿片－黑素细胞皮质素原，简称阿黑皮素原。它是由265个氨基酸残基构成的多肽，经不同的水解加工，生成至少10种不同的肽类激素，包括ACTH（三十九肽）、α－促黑细胞激素、β－促黑细胞激素、γ－促黑细胞激素、α－内啡肽、β－内啡肽、γ－内啡肽、β－促脂解素、γ－促脂解素、甲硫氨酸脑啡肽等活性物质。其他具有代表性的还包括胰岛素原经蛋白酶水解生成胰岛素等。

（关一夫）

fǔ yīnzǐ liánjiē

辅因子连接（cofactor linkage） 构成缀合蛋白质的辅因子与蛋白质之间共价连接的方式。

蛋白质分为单纯蛋白质和缀合蛋白质两大类。单纯蛋白质仅由氨基酸组成，不含其他成分。缀合蛋白质也称结合蛋白质，除蛋白质组分外，还含有非蛋白质的小分子物质，它们称为辅因子（cofactor）。辅因子大多是一些化学性质稳定的小分子有机化合物或金属离子，例如B族维生素的衍生物或铁卟啉化合物、K^+、Na^+、Mg^{2+}、Cu^{2+}等。

缀合蛋白质的蛋白质单独存在时，一般无生物学功能，只有辅因子和蛋白质结合在一起形成完整的缀合蛋白质时，才具有生物学活性。根据辅因子与蛋白质结合的紧密程度，辅因子可以分为辅酶和辅基。辅酶与蛋白质的结合比较疏松，可以利用超滤或透析的方法除去。辅基与蛋白质组分的结合比较紧密，在蛋白质参与反应的过程中始终与蛋白质的特定部位结合在一起。

（关一夫）

dànbáizhì bǎxiàng shūsòng

蛋白质靶向输送（protein targeting） 细胞内新合成的多肽链或成熟的蛋白质被输送到特定部位或作用靶点处的过程。

真核生物细胞质核糖体上合成的多肽链有三个去向：驻留在胞质中；输送到细胞核、线粒体或其他细胞器中；分泌到细胞外，然后再输送到发挥作用的靶器官和靶细胞中。

真核细胞内有两种核糖体：游离核糖体和与膜结合的核糖体，它们决定了两种不同的蛋白质输送机制。①翻译－输送同步机制：结合在内质网膜的核糖体，在蛋白质合成的同时，将蛋白质进行了分类输送，这样的蛋白质包括膜整合蛋白质、细胞分泌蛋白质、滞留在内膜系统（高尔基复合体、内质网、溶酶体和小泡等）的可溶性蛋白质。②翻译后输送机制：在胞质内游离核糖体上合成的蛋白质，只有从核糖体释放之后才会被输送，包括质膜内表面的外周蛋白质、原定滞留在细胞基质内的蛋白质及输送到其他细胞器（线粒体、细胞核、过氧化物酶体、叶绿体）的蛋白质等。

所有靶向输送的蛋白质一级结构中都有一个特殊的序列，称为信号序列。取决于蛋白质的靶向部位，信号序列可以位于蛋白质的N－端、C－端或者中间肽段。它们可以将蛋白质引导到细胞的特定部位，是决定蛋白质靶向输送的重要元件。

（关一夫）

xìnhào xùliè

信号序列（signal sequence） 新合成的多肽链上一段保守的可以引导多肽链实现靶向转运或靶向输送的氨基酸序列。又称信号肽（signal peptide）。

根据定位不同，蛋白质分为两大类：①胞质蛋白质，它们在胞质内游离核糖体上合成后即滞留在细胞质中。②分泌蛋白质或细胞膜蛋白质，它们在合成后需要被输运到细胞的特定部位。信号序列的作用是将新合成的多肽链引导到不同的蛋白质转运系统中，经过修饰加工后，再将它们输运到特定的目的地。该过程称为蛋白质靶向输运。

结构特征 信号序列通常位于新合成的多肽链的N－端，长度为13~36个氨基酸残基不等。信号序列的N－端通常有不少于1个、带有正电荷的碱性氨基酸残基，如赖氨酸或精氨酸。信号序列的中间部分一般由10~15个高度疏水性氨基酸构成，如丙氨酸、亮氨酸、异亮氨酸等，能够形成一段α螺旋结构，它是信号序列的核心功能区。这一段疏水序列非常重要，其中任何一个氨基酸被置换后，信号序列即可丧失其功能。信号序列的C－端多是有极性的或者小侧链的甘氨酸、丙氨酸等，紧接的下游序列有一个能够被信号肽酶所识别的信号序列切割位点。蛋白质信号序列的位置也有例外，有些处于多肽链的中间部位，但其功能无改变。信号序列决定了蛋白质靶向输送的目的地。

生物学功能 信号序列的主要作用是将合成中的多肽链输运到内质网、高尔基体等细胞器中。步骤如下：①胞质中游离核糖体组装，启动翻译，合成大约70个氨基酸残基的多肽链，其N－端包括信号序列。②信号序列识别颗粒SRP与信号序列、GTP及核糖体结合在一起形成核糖体－多肽－SRP复合物，暂时停止多肽链延伸。③核糖体－多肽－SRP复合物与内质网膜上的SRP受体结合，水解GTP使SRP解离，多肽链继续延伸。④在内质网等细胞器膜上，肽转位复合物形成跨内质网膜的蛋白质通道，新生多肽链N－端的信号序列插入该孔道，多肽链一边合成，一边进入内质网等细胞器。⑤处在内质网膜内侧面上的信号肽酶将信号序列水解。⑥多肽链继续延伸直至完成。

原核细胞中新生多肽链的靶向输运比真核细胞中的简单。

（关一夫）

fēnmì xíng dànbáizhì shūsòng

分泌蛋白质输送（transport of secretory protein） 在细胞质游离核糖体上合成的蛋白质通过在内质网和高尔基体中修饰后分泌到细胞外的过程。

基本特征 生物体内的一部分蛋白质是在细胞质的游离核糖体上合成的，这些新合成的蛋白质通过相应的分选过程和严格的输送途径，准确地输送（或定位）到相应的细胞器中或分泌到细胞外。分泌到细胞外的蛋白质称为分泌蛋白质。分泌蛋白质种类繁多，包括整合在细胞膜上的膜蛋白质、释放到血液和细胞外基质中的细胞因子、降解酶类、肽类激素、免疫球蛋白、补体、激素等。分泌蛋白质通过自分泌、内分泌和旁分泌途径发挥作用。相对于分泌蛋白质，非分泌蛋白质则是在细胞内发挥生物学作用的蛋白质，如核糖体蛋白、DNA 合成酶、组蛋白、DNA 限制修饰酶、转录因子等。

信号序列 分泌蛋白质的信号序列位于 N- 端。分泌蛋白质和膜蛋白质都有信号肽。除了信号肽之外，膜蛋白质还有一个以上的疏水跨膜区，正是由于该区的存在保证了膜蛋白质可以嵌在细胞膜上；而分泌蛋白质跨膜后，信号肽被信号肽酶切除，以完成其分泌的过程。

必要成分 分泌蛋白质进入内质网需要多种蛋白质复合物的协同作用，其中最重要的有四种。①信号肽识别颗粒（signal recognition particle，SRP）：由 6 条多肽链和 1 个小分子 RNA 共同组成的复合物。SRP 具有 GTP 酶活性。② SRP 受体：一种内质网膜上能够识别 SRP 的受体蛋白质，也称 SRP 对接蛋白质（docking protein，DP）。DP 由 α 亚基和 β 亚基组成，β 亚基可以结合 GTP，具有 GTP 酶活性。③核糖体受体：用来结合核糖体大亚基，可保证核糖体与内质网膜稳定结合。④肽转位复合物：是由多个亚基组成的跨内质网膜的蛋白质通道。

输送过程 分泌蛋白质的输送是与分泌蛋白质的合成同步进行的：它们在内质网膜结合核糖体上合成，并且边合成边进入内质网。分泌蛋白质进入内质网的过程如下（图 1）。①在 mRNA 上组装胞质内游离核糖体，启动翻译。②在核糖体，先合成出 N- 端的信号序列。③信号序列连同核糖体一起结合在 SRP 复合物；当多肽链的长度约有 70 个氨基酸残基时，信号序列完全暴露出核糖体，SRP 复合物与 GTP 结合，暂停多肽链的合成。④结合了 GTP 的 SRP 复合物引导核糖体 - 多肽链 –SRP 复合物结合在位于内质网膜上的 SRP 受体；肽转位复合物（peptide translocation complex）引导多肽链的 N- 端信号序列通过此通道进入到内质网内，并在内质网腔内继续得到延伸。⑤伴随着 SRP 和 SRP 复合物上的 GTP 水解，SRP 与核糖体上分离，并再循环利用。⑥在内质网膜内侧面，多肽链继续延伸，直至多肽链合成结束。⑦内质网内的信号肽酶将多肽链的信号序列剪切掉。⑧核糖体各种组分逐步分解，并恢复到翻译起始前的原始状态，准备下一个循环。

在内质网腔中，多肽链在 Hsp70 的协助下，折叠成为具有正确生物功能的构象，再输送到高尔基体中继续进行加工修饰，高尔基体边缘突起形成囊泡，将加工后的蛋白质包裹在囊泡里，输送至细胞膜，囊泡与细胞膜融合，蛋白质被释放到细胞外或驻留在质膜上（图 2）。

（关一夫）

xìnhào shíbié kēlì

信号识别颗粒（signal recognition particle, SRP） 真核细胞中一种由 6 条多肽链和一个小分子 RNA 组成的、可以引导分泌蛋白质进入内质网的核糖核酸蛋白质复合物。

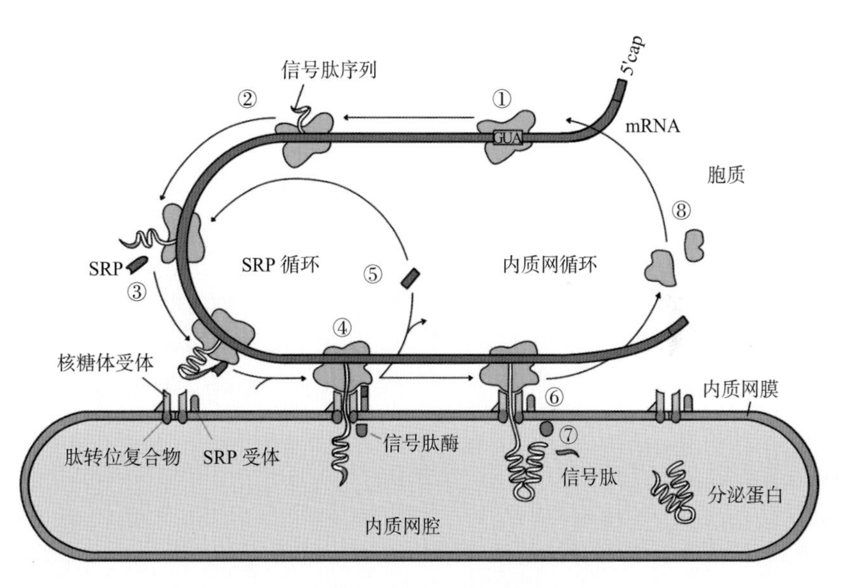

图 1 分泌蛋白质进入内质网的示意图

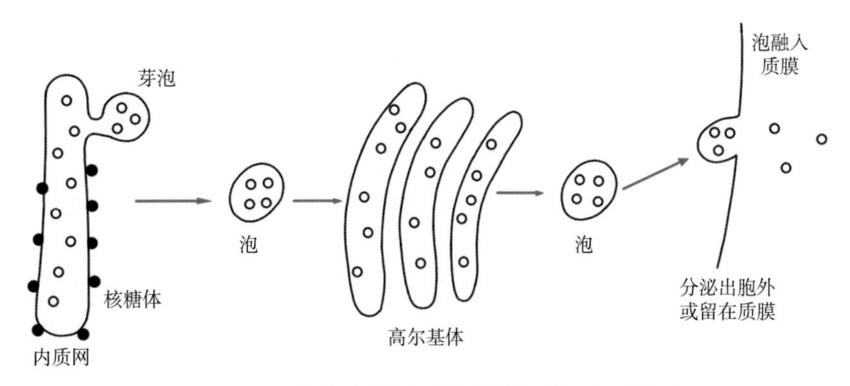

图 2 分泌蛋白质经高尔基体的囊泡输运的示意图

分子组成 6条多肽链的分子量分别为72kD、68kD、54kD、19kD、14kD和9kD。小分子RNA是7S小胞质RNA，含有约300个核苷酸。SRP的沉降系数为11S。

结构和生物学功能 SRP上具有三个功能部位：信号肽识别结合位点（P54）、翻译暂停结构域（P9/P14）和SRP受体结合位点（P68/P72）。SRP既可以识别暴露在核糖体外的信号序列并与之结合，又可以识别内质网膜上的SRP受体。通常，SRP与核糖体的亲和力较低，但是当游离核糖体将合成的信号序列暴露出来后，增加了对SRP的亲和力，可以与之结合形成SRP-核糖体复合物。此时SRP占据了核糖体的A位点，使蛋白质合成暂时终止。SRP-核糖体复合物识别并结合在内质网膜上的SRP受体上，使核糖体附着在内质网膜上，实施新生多肽链的转移。SRP不能与正在合成中的其他多肽链结合，因此，这些游离核糖体不能附着到内质网膜上。

（关一夫）

bǎxiàng xìbāo hé de dànbáizhì shūsòng

靶向细胞核的蛋白质输送

（transport of nucleus-targeted protein） 在细胞质中合成的蛋白质被靶向输送到细胞核的过程。也称核靶向的蛋白质输送。

基本特征 细胞核内含有多种蛋白质，如组蛋白、参与DNA复制、RNA转录和加工的酶及调控因子等。它们都是在细胞质中游离核糖体上合成后被靶向输送到细胞核内的。

信号序列 所有靶向细胞核的蛋白质都有一个核定位序列（nuclear localization sequence，NLS）。NLS富含带正电荷的赖氨酸、精氨酸及脯氨酸，长度是4~8个氨基酸残基。与其他信号序列的定位不同，NLS并非一定在N-端，可位于这类蛋白质的任何部位，而且NLS在蛋白质入核后也不被切除掉。因此，在真核细胞结束核膜重建后，细胞质中携带NLS的蛋白质可以被重新输送到细胞核内。

输送过程 ①核蛋白与输入因子α/β异二聚体结合，形成复合物，其中，核蛋白的NLS结合在异二聚体的α亚基。②该复合物与核孔结合并转入细胞核内。③细胞核内的Ran-GTP与核蛋白-输入因子复合物结合，再导致复合物解聚，释放出核蛋白。④与Ran-GTP结合的输入因子β，与核内CAS蛋白和输入因子α再次形成复合物并被运回细胞质，参与下一轮的转运。⑤与Ran结合的GTP在细胞质水解，产生的Ran-GDP返回细胞核，并重新转变为Ran-GTP。

（关一夫）

bǎxiàng nèizhìwǎng de dànbáizhì shūsòng

靶向内质网的蛋白质输送

（transport of ER-targeted protein） 在细胞质游离核糖体上合成的蛋白质被输送到内质网或将在高尔基体囊泡中修饰后的蛋白质重新回输到内质网的过程。

基本特征 内质网是蛋白质分选的主要细胞器。内质网需要选择性地将一些蛋白质输运出内质网，如分泌蛋白质和膜蛋白质，同时，内质网需要保留足够的蛋白质以维持其结构和生物学功能。内质网主要通过两种方式来得到驻留蛋白质：阻止蛋白质进入运输小泡而驻留于内质网中；将已经转送到高尔基体囊泡中的蛋白质重新回输到内质网。

信号序列 驻留在内质网中的蛋白质的C-端有一个KDEL信号序列（Lys-Asp-Glu-Leu-COO^-）。它能够引导高尔基体中的蛋白质与内质网上相应受体结合，随囊泡回输到内质网中。

输送过程 如同其他分泌蛋白质一样，需要驻留在内质网内的蛋白质在其合成后会进入内质网腔，然后随囊泡输送到高尔基复合体中，蛋白质通过C-端的KDEL信号序列与内质网内上相应受体结合，随囊泡回输到内质网，成为内质网蛋白质。例如，内质网中的分子伴侣Bip的C-端有KDEL信号。如果将Bip的KDEL信号除去，Bip蛋白质就会分泌出来。反之，将KDEL信号加到其他分泌蛋白质上，这些分泌蛋白质就会驻留在内质网。

（关一夫）

bǎxiàng xiànlìtǐ de dànbáizhì shūsòng

靶向线粒体的蛋白质输送

（transport of mitochondrial-targeted protein） 在胞质游离核糖体上合成的蛋白质被靶向输送到线粒体的过程。

基本特征 线粒体合成蛋白质的能力很有限。90%以上的线粒体蛋白都是在细胞质中合成后被靶向输送到线粒体中的。线粒体蛋白的大部分定位于基质中，只有小部分定位在内膜、外膜或膜间隙。线粒体蛋白质的N-端有相应的定位信号，如线粒体基质蛋白质前体的N-端有一个保守的、长度为20~35个氨基酸残基的信号前导肽，以富含丝氨酸、碱性氨基酸和苏氨酸残基为特征。

靶向线粒体的蛋白质输送需要消耗能量，其能量来源水解ATP和质子动力势。能量主要消耗在蛋白质前体与分子伴侣分离和蛋白质前体进入线粒体基质这两个阶段。在线粒体外，蛋白质前体与分子伴侣的分离需要通过水解 ATP 获取能量，在通过线粒体内膜上的内膜转运体（translocator of the inner membrane，TIM）进入线粒体基质时则利用质子动力势作为动力。

信号序列 线粒体蛋白质前体的定位信号序列多位于肽链的 N- 端，长度大约 20 个氨基酸，不带电荷的疏水氨基酸残基和带正电荷的氨基酸残基分别位于 α 螺旋结构的两侧。这类 α 螺旋结构与转位因子的识别有关。如果某些非线粒体蛋白质有此类信号序列，它们也会被输送到线粒体。有些信号序列位于蛋白质多肽链的中间区域，完成输送后不被切除，还有些信号序列会位于蛋白质前体的 C- 端（表 1）。

输送过程 进入线粒体基质的蛋白质靶向输送过程：①蛋白质前体从细胞质中游离核糖体上释放出来。②蛋白质前体与细胞质中的分子伴侣 Hsp70 或线粒体输入刺激因子结合，保持蛋白质前体的非天然构象，阻止它们发生聚集。③借助于信号序列，蛋白质前体与线粒体外膜的受体复合物结合。④蛋白质前体穿过由线粒体外膜转运体（translocator of the outer membrane，TOM）和 TIM 构成的跨内外膜蛋白质通道，以未折叠形式进入线粒体基质中。⑤线粒体基质中的特异蛋白酶将蛋白质前体的信号序列水解切除，之后蛋白质自发地或在上述分子伴侣的帮助下，折叠成为有天然构象的功能蛋白质。这一过程需要消耗 ATP。

进入外膜的蛋白质的 N- 端信号序列不被切除，下游的疏水序列作为停止输送序列，TOM 复合物将蛋白质锚定在外膜上，如线粒体的各类通道蛋白质。

进入线粒体内膜和膜间隙的蛋白质的 N- 端有两个信号序列。首先，蛋白质前体被输送到基质中，第一个 N- 端信号序列被切除，将靶向内膜的信号序列暴露出来，在 OXA 复合物（oxidase assembly complex）的帮助下插入内膜。若第二个信号序列再被内膜外表面的异二聚体内膜蛋白酶切除，则蛋白质就成为膜间隙蛋白。N- 端信号序列的后面有一段疏水序列，起到停止输送的作用，能与 TIM23 复合物结合。

表 1 靶向线粒体的蛋白质的信号序列特征

信号序列	定位	转运装置	信号序列位置
位于 N- 端，富含带正电荷的和疏水的氨基酸，形成两性 α 螺旋，完成转运后被切除	基质	TOM TIM23	
含疏水性的停止转移序列，被安插到外膜，完成转运后不切除	外膜	TOM	
含疏水性的停止转移序列，被安插到内膜，完成转运后被切除	内膜	TOM TIM23	
含两个信号序列，首先转运到基质，第一个信号序列被切除，第二个信号序列引导蛋白质进入内膜或膜间隙。	内膜 膜间隙	TOM TIM23	
类似于 N- 端信号序列，位于蛋白质的中间区段	内膜	TOM TIM23	
为线粒体代谢物的转运蛋白质，具有多个内部信号序列和停止转移序列，形成多次跨膜蛋白质	内膜	TOM TIM22	

（关一夫）

dànbáizhì héchéng zhàng'ài

蛋白质合成障碍（abnormalities of protein synthesis）

在蛋白质生物合成的各个环节，因各种原因所致蛋白质的合成缺陷或合成量不足。蛋白质是人体组织细胞的基本组成成分，同时又具有许多重要的生理功能，是生命活动的主要载体。蛋白质具有种属特异性，构成人体的蛋白质只能由人体自行合成，且需要不断更新，即蛋白质始终处于不断合成与降解的动态平衡中。人体内几乎所有细胞都需要合成与自身结构和功能相适应的各种蛋白质，有些细胞还需要合成一些分泌蛋白质，如肝细胞合成血浆清蛋白、胰岛 B 细胞合成胰岛素等。因此，蛋白质合成障碍会直接导致人体功能下降、发育迟缓、代谢缓慢等，并与人体很多疾病的发生发展密切相关。蛋白质合成障碍与下列原因有关。

基因突变 蛋白质的一级结构即氨基酸的排列顺序由其编码基因的核苷酸序列决定，当编码基因发生突变，可导致相应蛋白质合成缺陷。例如，镰状细胞贫血就是由于血红蛋白编码基因发生突变所致，患者血红蛋白 β 链基因发生点突变，导致 β 链 N- 端第 6 位氨基酸残基由正常的谷氨酸转变为缬氨酸，导致血红蛋白结构及功能异常，表现为镰形红细胞、细胞脆性增加，容易破裂发生溶血。

蛋白质合成体系异常 蛋白质合成体系包括很多种类的核糖体蛋白、氨基酸活化酶、肽链合成及加工各阶段所需酶和因子，这些酶或因子的缺乏或异常都会直接影响蛋白质的合成，进而影响细胞功能。例如肽链合成终止因子 eRF3 的异常就与胃癌的发生密切相关，线粒体亮氨酰 -tRNA 合成酶的缺陷与 2 型糖尿病发生相关。

合成蛋白质的重要组织器官发生病变 人体内几乎所有细胞都需要合成与自身结构和功能相适应的各种蛋白质。有些细胞除了合成自身蛋白质外，还合成一些具有重要生理功能的分泌蛋白质。这些组织细胞若发生病变，将导致其合成的分泌蛋白质不足，进而引发相应疾病。例如，肝细胞不仅合成自身结构蛋白，还合成及分泌 90% 以上的血浆蛋白质，除 γ 球蛋白外，几乎全部的血浆蛋白质均来自肝，如清蛋白、凝血因子Ⅰ、Ⅱ、Ⅴ、Ⅶ、Ⅸ和Ⅹ、α_1- 抗凝血酶、α_1- 酸性糖蛋白、α_1- 和 α_2- 巨球蛋白、铜蓝蛋白和多种载脂蛋白（Apo A、B、C、E）等。清蛋白是许多物质（如游离脂肪酸、胆红素等）在血液中运输的载体，在维持血浆胶体渗透压方面也发挥重要作用。成人肝每日约合成 12g 清蛋白，占肝蛋白质合成总量的 1/4。肝功能严重受损时，会出现清蛋白与球蛋白比值（A/G）下降甚至倒置，引起水肿和腹水，并伴有凝血时间延长及出血倾向等。

（倪菊华）

dànbáizhì héchéng gānrǎo

蛋白质合成干扰（disturbance of protein synthesis）

某些药物或毒物，通过对原核生物或真核生物蛋白质合成体系中的一些组分功能的抑制而干扰蛋白质的合成。蛋白质生物合成体系包括原料氨基酸、有关的酶和蛋白质因子、模板 mRNA、氨基酸搬运工具 tRNA 以及蛋白质的合成场所核糖体，并由 ATP 或 GTP 提供能量。蛋白质生物合成过程包括氨基酸的活化，肽链合成的起始、延长及终止，以及肽链合成后的加工和修饰。蛋白质生物合成体系的任一组分的功能或合成过程的任一环节被阻断，都会干扰蛋白质的正常合成。例如，有些抗生素通过特异性抑制或干扰原核细胞的蛋白质合成而发挥抑菌作用。有些毒素如白喉毒素、蓖麻毒素等通过干扰真核生物蛋白质合成而呈现毒性作用。

抗生素对蛋白质合成的抑制 抗生素是微生物的次级代谢产物，对病原微生物或肿瘤细胞有选择性杀灭或抑制作用。有些抗生素特异抑制原核细胞的蛋白质合成，而对真核生物的蛋白质合成几乎没有影响，在临床上被用于预防和治疗感染性疾病。有些抗生素特异阻断真核细胞的蛋白质生物合成，这类抗生素可作为抗肿瘤药。常用的抗生素抗菌或抗肿瘤的作用原理与应用见表 1。

毒素对真核生物蛋白质合成的抑制 ①白喉毒素：白喉毒素是真核细胞蛋白质合成的抑制剂，它作为一种修饰酶，可使真核生物肽链延长因子 2 发生 ADP 糖基化修饰而失活，在肽链延长阶段阻断蛋白质合成。②蓖麻蛋白：蓖麻蛋白是蓖麻籽中的一种由 A、B 两条肽链组成的植物糖蛋白。A 链是一种蛋白酶，可与真核细胞核糖体大亚基结合，使其 28S rRNA 特异位点的腺苷酸发生脱嘌呤，而致核糖体大亚基失活，B 链则是对 A 链的毒性起促进作用。

（倪菊华）

表 1 常用抗生素抑制肽链生物合成的原理与应用

抗生素	作用原理	应用
四环素	作用于原核生物，抑制氨酰 -tRNA 与核糖体小亚基结合	抗菌
链霉素	作用于原核生物，与核糖体小亚基结合，使氨酰 -tRNA 与 mRNA 错配	抗菌
氯霉素	作用于原核生物，抑制转肽酶	抗菌
微球菌素	作用于原核生物，阻止核糖体转位	抗菌
伊短菌素	作用于原核和真核生物，阻碍翻译起始复合物的形成	抗肿瘤
嘌呤霉素	作用于原核和真核生物，与酪氨酰 -tRNA 相似，取代酪氨酰 -tRNA 进入核糖体 A 位，阻断肽链合成	抗肿瘤
放线菌酮	作用于真核生物，抑制转肽酶活性	医学研究

gānyìnghuà

肝硬化（cirrhosis of liver）

在肝细胞变性、坏死、纤维组织弥漫性增生的基础上，形成以肝细胞再生结节和假小叶为病理组织学特征的慢性肝脏疾病。肝组织是糖、脂、蛋白质、维生素、激素以及非营养物质代谢及调节的中枢，发生肝硬化，尤其进入失代偿期可影响多种物质的代谢，并产生多种并发症。

发病机制 肝细胞在肝炎病毒、酒精、毒性物质、缺氧或免疫损伤等因素作用下，可以发生急慢性炎症、肝细胞坏死，继而激活单核巨噬细胞系统产生各种细胞因子，如 PDGF、TGF-β_1、TNF-α、IL-1 等，肝星状细胞被激活，细胞外基质合成增多，降解相对不足，从而导致其过量沉积。细胞外基质的过量沉积、肝窦毛细血管化造成弥漫性屏障，影响肝门静脉血流动力学，肝细胞氧气和营养物质供应障碍，导致持续的肝细胞坏死和肝门静脉高压。

肝硬化对物质代谢的影响 肝是多种物质进行代谢和转化的

重要场所，肝硬化可致多种物质代谢失调。①糖代谢：肝通过糖原合成与分解、糖异生等代谢途径维持血糖水平稳定，肝受损时可出现糖耐量下降、空腹低血糖及餐后高血糖等症状。②脂代谢：肝在脂类的消化、吸收、分解、合成及运输等过程均起重要作用。肝细胞合成和分泌的胆汁酸为脂质消化、吸收所必需。肝受损会导致脂质（包括脂溶性维生素）消化、吸收障碍，出现厌油腻、脂肪泻等症状。③蛋白质及氨基酸代谢：肝的蛋白质代谢极为活跃，除合成自身的结构蛋白质，还合成包括凝血酶原、纤维蛋白原以及清蛋白在内的多种血浆蛋白质。肝硬化时，凝血酶原和纤维蛋白原合成不足，会导致血液凝固障碍；清蛋白合成不足则使得血浆胶体渗透压降低，从而导致腹水及水肿。肝也是氨基酸分解、代谢的重要器官，肝功能障碍时，会引起血中多种氨基酸含量和转氨酶活性升高。肝还是合成尿素、解除氨毒的器官，肝硬化时，可因血氨浓度增高而导致肝性脑病。④激素代谢：肝和许多激素的灭活与排泄密切相关，肝硬化时，激素因灭活及排泄减弱而堆积，从而引起激素调节紊乱。如雌激素水平升高，可出现蜘蛛痣、肝掌；血管升压素水平升高，可出现水钠潴留等。⑤胆红素代谢：肝是胆红素的主要代谢场所，肝细胞受损可致其处理和排泄胆红素的能力降低，导致肝细胞性黄疸。

肝功能检查 肝功能检查可用于辅助诊断肝硬化，主要包括以下方面。①蛋白质代谢：血清清蛋白降低，球蛋白升高，清蛋白/球蛋白降低或倒置。在血清蛋白质电泳中清蛋白减少，γ-球蛋白显著增高。②胆红素代谢：失代偿期可伴有结合胆红素和总胆红素升高。③脂肪代谢：失代偿期血清总胆固醇尤其是胆固醇酯含量明显降低。④凝血酶原时间：凝血酶原时间延长且注射维生素K不能纠正时，提示肝储备功能不足。⑤血清酶学：丙氨酸转氨酶（ALT）和天冬氨酸转氨酶（AST）活性均可升高。肝细胞受损时，以ALT升高为主；肝细胞坏死时，以AST升高为主；酒精性肝硬化时AST/ALT ≥ 2。另外肝硬化时还常有γ-谷氨酰转移酶（GGT）和碱性磷酸酶（ALP）不同程度的升高。

主要治疗策略 肝硬化的治疗应立足于阻止肝硬化的进一步发展，防止和治疗并发症。去除肝损伤诱发因素，如清除病毒性肝炎的病毒感染、停止服用相关药物和接触毒物、戒酒等，是阻止肝纤维化及肝硬化发生发展的根本途径和有效措施。

（倪菊华）

zhū dànbái shēngchéng zhàng'ài xìng pínxuè

珠蛋白生成障碍性贫血（thalassemia）

由于珠蛋白编码基因缺失或突变，使珠蛋白肽链合成障碍所引发的一种或几种珠蛋白肽链合成不足或完全缺乏的一组常染色体隐性遗传溶血性血红蛋白病。是危害最严重的血红蛋白病之一。由于早期发现的病例多来自地中海地区，故又称地中海贫血（Mediterranean anemia）或海洋性贫血（thalassemia）。多分布于地中海、中东、印度、阿拉伯和东南亚地区，中国西南和华南一带亦为高发区，北方则少见。

分类 人类血红蛋白由珠蛋白肽链四聚体和血红素组成。胎儿血红蛋白（HbF）含2条α链和2条γ链，即$\alpha_2\gamma_2$；成人血红蛋白的γ链被β链和δ链取代，形成HbA（$\alpha_2\beta_2$，约占97%）和HbA_2（$\alpha_2\delta_2$，约占3%）。按受累珠蛋白不同，可将珠蛋白生成障碍性贫血分为α、β、αβ、δ等类型，其中又以α型和β型最为常见。

发病分子机制 因珠蛋白基因缺陷未能合成正常比例的珠蛋白亚基，相对过剩的珠蛋白链易发生黏附，造成红细胞生成及成熟障碍，红细胞寿命缩短。α-珠蛋白生成障碍性贫血主要以基因片段缺失为主。α链合成障碍使得含有此链的血红蛋白（HbA、HbA_2和HbF）生成减少，在胎儿期和新生儿期导致γ链过剩，在成人导致β链过剩。过剩的γ链和β链可聚合成Hb Bart（γ_4）和HbH（β_4）。这两种血红蛋白对氧有高度亲和力，含有此类血红蛋白的红细胞不能为组织充分供氧，造成组织缺氧。β-珠蛋白生成障碍性贫血以点突变、小片段缺失、碱基插入等突变常见，基因大片段缺失少见。例如，有些患者的β-珠蛋白基因第一个内含子某个位点由G突变为A，导致异常3'剪接位点的产生，由此合成异常的β链（图1）。正常β链合成减少，致使过剩的α链聚集，在幼红细胞内沉淀形成包涵体，造成红细胞僵硬和膜损伤，引起溶血。由于慢性溶血性贫血和组织缺氧，可刺激骨髓扩张，并引起骨代谢紊乱，包括骨变形、骨折、髓外造血和胃肠道铁吸收增加等。

分子诊断 有多种分子生物学技术可用于珠蛋白基因突变的检测。常用技术如下。①扩增阻碍突变系统：采用特殊引物通过PCR方法扩增患者基因组DNA，

正常 3' 剪接位点

正常 β- 珠蛋白基因 5'-CCTATTGGTCTATTTTCCACCCTTAGGCTGCTG-3'

异常 β- 珠蛋白基因 5'-CCTATTAGTCTATTTTCCACCCTTAGGCTGCTG-3'

异常 3' 剪接位点

图 1 因点突变导致 β – 珠蛋白基因异常 3' 剪接位点的产生

可以快速检测患者是否含突变基因。② PCR- 限制性核酸内切酶谱法：首先采用 PCR 方法从患者基因组 DNA 扩增含突变位点的基因片段，然后选择适当的限制性核酸内切酶水解 PCR 产物，再根据酶切产物的电泳图谱做出判断。③ PCR 等位基因特异性核苷酸检测：首先 PCR 扩增患者基因组 DNA，然后转移到杂交膜上，以含突变序列的寡核苷酸为探针进行杂交，根据是否出现阳性杂交信号来判断突变。④微阵列技术：将一系列带突变序列的寡核苷酸片段固定于微阵列，患者的 DNA 经荧光标记，与微阵列杂交，根据杂交荧光信号判断其是否存在突变。

治疗与预防 输血和去铁治疗是治疗该病的主要措施。造血干细胞移植是目前能根治重型 β – 珠蛋白生成障碍性贫血的方法。如有 HLA 相配的造血干细胞供者，应作为治疗重型 β – 珠蛋白生成障碍性贫血的首选方法。鉴于该病预后不佳且缺乏有效治疗方法，故重在预防，可通过婚前和产前检查防止患儿出生。

（倪菊华）

liánzhuàng xìbāo pínxuè

镰状细胞贫血（sickle cell anemia）

因红细胞中血红蛋白 β 链 N- 端第 6 位的谷氨酸残基被缬氨酸残基所替代，导致正常血红蛋白 A（hemoglobin A，HbA）变为异常血红蛋白 S（hemoglobin S，HbS）的常染色体显性遗传血红蛋白病。患者血红蛋白易发生聚合，红细胞扭曲变形成镰状（图 1），其携带氧的能力只有正常红细胞的一半。临床通常表现为慢性溶血性贫血、易发感染、再发性疼痛危象以及由于慢性局部缺血导致的器官组织损害等。1910 年美国医生詹姆斯 · 布赖恩 · 赫里克（James Bryan Herrick）首次描述该病，1949 年美国化学家莱纳斯 · 卡尔 · 鲍林（Linus Carl Pauling）认为该病是由红细胞内血红蛋白分子异常所致，从而提出了分子病的概念。

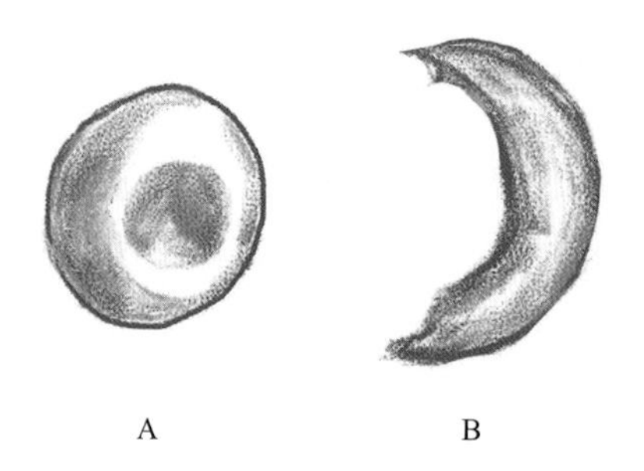

图 1 正常红细胞和镰状红细胞形态比较

注：A. 正常红细胞；B. 镰状红细胞。

发病分子机制 正常成人血红蛋白是由两条 α 链和两条 β 链组成的四聚体，镰状细胞贫血患者的血红蛋白 α 链正常，但 β 链由于编码基因发生突变，其 N- 端第 6 位氨基酸残基由谷氨酸变为缬氨酸，导致正常血红蛋白 A（HbA）变为异常血红蛋白 S（HbS）。生理条件下，谷氨酸侧链带负电荷，而缬氨酸的侧链不带电荷，因此 HbS 的 β 链比 HbA 的 β 链所带电荷减少，因而容易形成纤维状多聚体（图 2）。由于这种多聚体是由 HbS 的 β 链与邻近的 β 链通过疏水键连接而成，因而结构非常稳定。当有足够多的 β 链多聚体形成后，红细胞即从正常的双面凹形转变为镰刀形。镰状红细胞变形性差，致使血液黏度增加、微血管堵塞，且在微循环处易破裂而发生溶血。微血管堵塞及血液黏度增加都会使得机体缺氧更为严重，从而产生更多的镰状红细胞，如此恶性循环，最终会导致组织器官的严重损伤甚至坏死。镰状红细胞对血管内皮细胞的黏附性也显著增强，是血栓形成的重要原因，其可能的机制是红细胞的变形、脱水及氧化，使其表面的负电荷减少，因而与内皮细胞表面的负电荷相互排斥减弱。

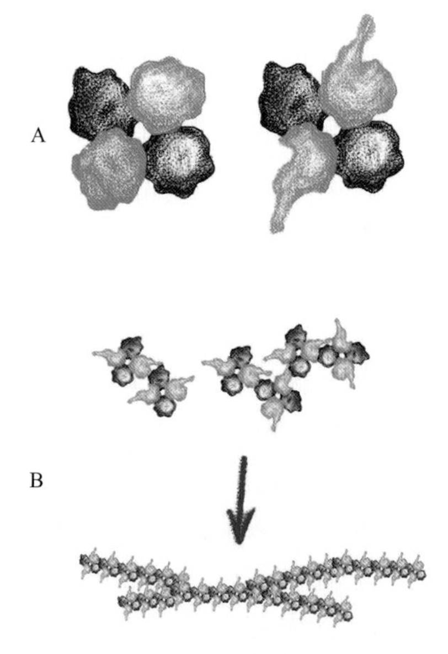

图 2 HbS 纤维状多聚体的形成

注：A. 正常血红蛋白 HbA 和异常血红蛋白 HbS；B. HbS 聚集形成纤维状多聚体。

分子诊断 由于镰状细胞贫血患者血红蛋白 β 链编码基因中

决定第6位氨基酸的密码子由原来的CTT（谷氨酸密码子）变为CAT（缬氨酸密码子），因此可以通过PCR-限制性核酸内切酶谱法对该病进行分子诊断。首先采用PCR方法从患者基因组DNA扩增含突变位点的β链编码基因片段，然后选择适当的限制性核酸内切酶水解PCR产物，再根据酶切产物的电泳图谱做出判断。PCR等位基因特异性寡核苷酸检测以及扩增阻碍突变系统也常用作镰状细胞贫血的诊断方法。

治疗与预防 因该病预后较差，且目前尚无有效的治疗方法，因此该病重在预防，可通过婚检和产前检查防止患儿出生。

（倪菊华）

xuèyǒubìng

血友病（hemophilia）

一组由于凝血因子Ⅷ或凝血因子Ⅸ编码基因突变所引起的X连锁隐性遗传性出血性疾病。异常X染色体来自母亲遗传（约占2/3），或由基因突变所致（约占1/3）。根据突变基因的不同，分为血友病A（凝血因子Ⅷ基因突变）和血友病B（凝血因子Ⅸ基因突变）两类，以血友病A最为常见。该病常见于男性。在临床上，血友病以肌肉、关节、内脏和深部组织的自发性或轻微外伤后出血、难以止血为重要特征。

发病分子机制 血友病A是由于凝血因子Ⅷ基因缺陷而导致的凝血功能障碍。凝血因子Ⅷ编码基因定位于X染色体长臂，全长186kb，共包括26个外显子和25个内含子，是人体较大的基因之一。凝血因子Ⅷ由肝细胞合成，合成初期为一条单链蛋白，经内质网糖基化和硫酸化修饰后，运输至高尔基体被加工为由一条重链（含A1-A2-B结构域）和一条轻链（含A3-C1-C2结构域）组成的二聚体，运输至血液系统后即与血管性血友病因子（von Willebrand factor，VWF）以非共价形式结合。VWF可保护凝血因子Ⅷ免于过早活化和失活。发生凝血时，凝血酶水解凝血因子Ⅷ轻链，使之从VWF释放，随后由凝血酶和凝血因子Xa在重链和轻链内各一处裂解出B结构域，凝血因子Ⅷ转化为活性辅因子形式（凝血因子Ⅷa），由此发挥促凝血作用。血友病B是由于凝血因子Ⅸ基因的缺失、突变或重排导致的凝血功能障碍。凝血因子Ⅸ基因也定位于X染色体长臂，全长34kb，含8个外显子和7个内含子。凝血因子Ⅸ是一种单链糖蛋白，由肝细胞合成后分泌进入血液系统。在凝血过程中，由凝血因子Ⅺa或因子Ⅶa-组织因子复合物水解激活凝血因子Ⅸ，无活性的凝血因子Ⅸ转变为有活性的凝血因子Ⅸa。

分子诊断 临床多采用凝血因子Ⅷ活性（FⅧ：C）测定来确诊血友病A，并进行临床分型。凝血因子Ⅷ具有5%~40%活性为轻型、1%~5%活性为中型、<1%活性为重型，重型患者约占血友病A患者总数的50%。重型血友病A主要是由于内含子22倒位所致，其次为内含子1倒位。因此这两类内含子倒位检测是重型血友病A基因诊断的首选方法。凝血因子Ⅷ的编码基因较大，基因突变具有较大的异质性，因此在基因倒位检测的基础上结合DNA序列测定，可以提高诊断效果。传统的血友病B主要依靠临床特征、凝血功能检查、活性凝血因子Ⅸ定量测定等方法进行诊断。凝血因子Ⅸ基因缺陷包括点突变、小片段的插入和缺失、大片段的复制重排等多种突变类型，通过基因诊断技术不但可以准确检测突变类型，而且可以为患者家庭提供更多的遗传信息。

治疗与预防 血友病的治疗以替代疗法为主，即给患者补充缺乏的凝血因子制剂，以便防止或减少出血的发生。通过产前诊断和携带者筛查，阻断致病基因传递，是降低血友病发病率的有效方法。

（倪菊华）

dàn pínghéng

氮平衡（nitrogen balance）

机体每日氮的摄入量与排出量之间的平衡状态。是衡量机体蛋白质营养状况的重要指标。蛋白质的含氮量平均约为16%。摄入氮主要来自食物中的蛋白质，主要用于体内蛋白质生物合成；排出氮则主要来自粪便和尿液中的含氮化合物，绝大部分是蛋白质在体内分解代谢的终产物。通过测定摄入食物中的含氮量和排泄物中的含氮量可间接了解体内蛋白质合成代谢与分解代谢的状况。

人体氮平衡 ①氮总平衡：即摄入氮量等于排出氮量，反映体内蛋白质的合成与分解处于动态平衡，即氮的“收支”平衡，通常见于正常成人。②氮正平衡：即摄入氮量大于排出氮量，反映体内蛋白质的合成大于分解，见于儿童、孕妇及恢复期的患者。③氮负平衡：即摄入氮量小于排出氮量，反映体内蛋白质的合成小于分解，见于长期饥饿、严重烧伤、大量出血及消耗性疾病患者等。

测定意义 氮平衡是体内蛋白质营养、代谢的反映，也是最早和最广泛用于测量蛋白质更新和氨基酸动力学的方法。此外，氮平衡实验还被用于确定人体需要的最低膳食蛋白质水平和必需氨基酸的摄入量。

测定方法 被测对象给予特定水平的氨基酸或蛋白质若干天，收集24小时尿、粪，分别测尿氮和粪氮。实验前需一周以上时间的低蛋白质膳食适应。氮平衡的计算公式为：氮平衡 = 摄入氮 - (尿氮 + 粪氮 + 皮肤细胞脱落氮)。

(倪菊华)

dànbáizhì yíngyǎng jiàzhí

蛋白质营养价值（nutrition value of protein）

蛋白质中所含必需氨基酸的种类及其相互的比例关系，以及满足人体需要的程度。营养学上主要从蛋白质含量、蛋白质消化率和蛋白质利用率三个方面来评价。自然界中存在很多种类的蛋白质，它们的营养价值各有不同。食品蛋白质营养价值的评价可用于食品品质的鉴定、新食品营养价值的研究，以及人群营养膳食的指导。

蛋白质含量 蛋白质含量是评价蛋白质营养价值的重要指标。蛋白质由C、H、O、N、S等元素组成，其中氮元素含量较为恒定，平均为16%，测得食物的氮含量后乘以6.25，即可推算出其蛋白质含量。食物氮含量的测定一般采用微量凯氏定氮法。食物蛋白质的营养价值不仅与其蛋白质的量有关，也与蛋白质的质，即所含营养必需氨基酸的种类和数量有关。食物蛋白质中营养必需氨基酸种类越多，含量越丰富，其营养价值也就越高（见营养必需氨基酸）。

蛋白质消化率 食物中经消化后吸收的蛋白质占摄入蛋白质的比例，能反映食物中蛋白质在消化道内被分解的程度，以及消化产物氨基酸和小肽分子被吸收的程度。通常不同食物的蛋白质消化率不同；同一种食物用不同方式加工，蛋白质消化率也可不同。与植物性食物相比，动物性食物常具有较高的蛋白质消化率。可通过特定实验来测定食物的蛋白质消化率，并依据是否考虑内源性粪代谢氮分为表观消化率（apparent digestibility）和真消化率（true digestibility）两种。粪代谢氮是在实验对象完全不摄入蛋白质（无氮膳食）时粪中的氮含量，是肠道内源性氮。健康成人每天粪代谢氮为0.9~1.2g。表观消化率不考虑内源性粪代谢氮，以摄入氮和粪排出氮之差来计算，公式如下：蛋白质表观消化率 =[（摄入氮 - 粪排出氮）/ 摄入氮] × 100%。真消化率需考虑粪代谢氮，计算公式为蛋白质真消化率 ={[摄入氮 -（粪排出氮 - 粪代谢氮）]/ 摄入氮 } × 100%。

蛋白质利用率 衡量蛋白质利用率的指标有多种，常用指标包括蛋白质的生物价（biological value，BV）、蛋白质净利用率（net protein utilization，NPU）、蛋白质功效比值（protein efficiency ratio，PER）和氨基酸评分（amino acid score，AAS）。

蛋白质生物价 用于反映食物中的蛋白质经消化吸收后被机体利用的程度，其数值 =（储留氮 / 吸收氮）× 100%。其中储留氮 = 吸收氮 -（尿排出氮 - 尿内源性氮）；吸收氮 = 食物氮 -（粪排出氮 - 粪代谢氮）。蛋白质的生物价对肝病及肾病患者的膳食有重要的指导意义。生物价较高的蛋白质，其所含氨基酸主要用于合成人体蛋白质，仅有极少部分经肝肾代谢，因而减少肝肾负担。

蛋白质净利用率 用于反映食物中蛋白质被利用的程度。这项指标既考虑了食物蛋白质的消化，又考虑了蛋白质的利用，因而更为全面。蛋白质净利用率 = 真消化率 × 生物价。

蛋白质功效比值 以生长发育阶段的幼年动物，在实验期内的体重增加克数与摄入蛋白质的克数的比值，反映蛋白质的营养价值。

氨基酸评分 通过比较待测食物和参考蛋白质中氨基酸的含量来评价其营养价值，可以反映蛋白质的构成与利用率之间的关系。氨基酸评分包括：计算被测蛋白质中每种必需氨基酸的评分值，其公式为被测食物蛋白质中氮含量（g）或氨基酸含量（mg）/ 参考蛋白质中氮含量（g）或氨基酸含量（mg）× 100%。在上述计算结果中，以评分最低的必需氨基酸的评分值作为该蛋白质的氨基酸评分。这种方法简单易行，但其缺点是未考虑食物蛋白质的消化率。

(倪菊华)

bìxū ānjīsuān

必需氨基酸（essential amino acid）

人体需要但自身不能合成或合成数量有限，必须由食物提供的氨基酸。长期缺乏营养必需氨基酸将导致人体的负氮平衡。

氨基酸的营养学分类 人体蛋白质主要由20种氨基酸构成，其中有5种可由人体自身合成，不需要通过食物获取，称为非必需氨基酸（non-essential amino acid），它们是丙氨酸、天冬氨酸、天冬酰胺、谷氨酸和丝氨酸。另有6种氨基酸在特殊条件下合成不足（如生长期儿童、严重代谢疾病），也需从食物补充，称为条件必需氨基酸（conditionally essential amino acid），或半必需氨基酸（semi-essential amino acid），它们是精氨酸、半胱氨酸、谷氨酰胺、甘氨酸、脯氨酸和酪氨酸。其余9种即为营养必需氨基酸，它们是甲硫氨酸、色氨酸、赖氨酸、缬氨酸、异亮氨酸、亮氨酸、苯丙氨酸、苏氨酸和组氨酸，其中组氨酸属于婴幼儿期必需氨基酸。

氨基酸模式 人体合成蛋白质时，对各种营养必需氨基酸的需求有一定的比例，如1份色氨酸需要5份缬氨酸和4份苏氨酸，营养学上称这种比例关系为氨基酸模式（amino acid pattern）。食物蛋白质的氨基酸模式越接近人体需求，其必需氨基酸的利用率就越高，该食物的蛋白质营养价值也就越高。

食物蛋白质的营养学分类 从营养学角度食物蛋白质可分为完全蛋白质、半完全蛋白质和不完全蛋白质。有些蛋白质中必需氨基酸种类较为齐全，其氨基酸模式接近人体需求，这类蛋白质不仅能维持人体生命，也能促进儿童生长发育，称为优质蛋白质或完全蛋白质，如绝大多数动物蛋白质和大豆蛋白质。有些食物蛋白质所含必需氨基酸虽然种类齐全，但氨基酸模式不符合人体需求，这类蛋白质虽然可以维持人体生命，但不能很好地促进生长发育，称为半完全蛋白质，大多数植物来源的蛋白质属于此类。另有一些食物蛋白质所含必需氨基酸种类不全，无法单独维持人体的基本生命活动，称为不完全蛋白质，如动物胶原蛋白。

蛋白质的互补作用 多种营养价值较低蛋白质混合食用，彼此间必需氨基酸可以得到互相补充，从而提高蛋白质的营养价值，这种作用称为食物蛋白质的互补作用。例如谷类蛋白质所含赖氨酸较少而色氨酸较多，而豆类蛋白质含赖氨酸较多而色氨酸较少，将两者混合食用即可提高彼此的营养价值。食物的种类越多，种属差异越远，混合食用的时间越近，蛋白质的互补作用越好。

（倪菊华）

dànbáizhì xiāohuà xīshōu

蛋白质消化吸收（protein digestion and absorption）

食物蛋白质经消化道内各种蛋白酶的作用水解为氨基酸，并以主动转运方式进入小肠黏膜细胞的过程。食物蛋白质的消化由胃开始，但主要在小肠进行。食物蛋白质的消化、吸收是体内氨基酸的主要来源。同时，消化过程还可消除食物蛋白质的抗原性，避免引起机体的变态反应和毒性反应。

蛋白质在胃的消化 食物蛋白质进入胃后经胃蛋白酶水解生成多肽和少量氨基酸。胃蛋白酶来自胃酸对胃蛋白酶原的激活，或者由胃蛋白酶对其自身激活，其最适pH为1.5~2.5。酸性的胃液可使蛋白质变性，有利于蛋白质的水解。胃蛋白酶主要水解芳香族氨基酸、甲硫氨酸及亮氨酸等氨基酸残基形成的肽键，其对肽键的特异性不高。胃蛋白酶还具有凝乳作用，可使乳汁中的酪蛋白与Ca^{2+}形成乳凝块，使乳汁在胃中的停留时间延长，有利于乳汁中蛋白质的消化。

蛋白质在小肠的消化 食物在胃中的停留时间较短，因此蛋白质在胃中的消化很不完全。小肠是蛋白质消化的主要场所。未经消化或消化不完全的蛋白质进入小肠后，在胰液及肠黏膜细胞分泌的多种蛋白酶及肽酶的共同作用下，进一步水解成小肽和氨基酸。在小肠内发挥作用的蛋白酶可分为内肽酶和外肽酶两大类。内肽酶包括胰蛋白酶、胰凝乳蛋白酶和弹性蛋白酶，它们对不同氨基酸残基组成的肽键有一定的专一性，其中胰蛋白酶水解由碱性氨基酸残基组成的肽键，胰凝乳蛋白酶水解由芳香族氨基酸残基组成的肽键，而弹性蛋白酶则主要水解由脂肪族氨基酸残基组成的肽键。外肽酶主要包括羧肽酶和氨肽酶。胰液中的外肽酶主要是羧肽酶，又分羧肽酶A和羧肽酶B，它们对不同氨基酸残基组成的肽键也有一定的专一性，前者主要水解不包括精氨酸、脯氨酸和赖氨酸的其他多种氨基酸残基组成的羧基末端肽键，而后者主要水解由碱性氨基酸残基组成的羧基末端肽键。无论是内肽酶还是外肽酶，都是以酶原的形式由胰腺细胞分泌，进入十二指肠后胰蛋白酶原由十二指肠黏膜细胞分泌的肠激酶激活，活化的胰蛋白酶又可将弹性蛋白酶原、糜蛋白酶原和羧肽酶原激活。由于胰液中各种蛋白酶均以酶原的形式存在，同时又受到胰液中存在的胰蛋白酶抑制剂的抑制，可以保护胰腺组织免受蛋白酶的自身消化。

寡肽的水解 蛋白质经胃液和胰液中蛋白酶消化的产物中，约1/3为氨基酸，2/3为寡肽。寡肽的水解主要在小肠黏膜细胞内由氨基肽酶和二肽酶催化。氨基肽酶从氨基末端逐步水解寡肽直至生成二肽，二肽再经二肽酶水解最终生成氨基酸。食物蛋白质被消化成氨基酸和小肽后，主要在小肠通过主动转运机制被吸收。

（倪菊华）

ānjīsuān xīshōu

氨基酸吸收（absorption of amino acid）

氨基酸经需钠耗能的主动转运方式进入组织、细胞的过程。

食物蛋白质在胃和小肠经消化酶作用后产生的氨基酸，主要在小肠通过主动转运机制被吸收。小肠黏膜细胞膜内存在氨基酸的转运蛋白，与氨基酸和 Na^+ 结合后，以三联体形式将氨基酸和 Na^+ 共同转运进入细胞。细胞膜上的钠泵可将细胞内的 Na^+ 排出至胞外，此过程消耗 ATP。不同的氨基酸因侧链不同，其相应的转运蛋白也不同。

目前已知体内至少有 7 种转运蛋白参与氨基酸和小肽的主动吸收，包括中性氨基酸转运蛋白、酸性氨基酸转运蛋白、碱性氨基酸转运蛋白、亚氨基酸转运蛋白、β－氨基酸转运蛋白、二肽转运蛋白及三肽转运蛋白。当某些氨基酸共用同一种转运蛋白时，由于这些氨基酸在结构上有一定的相似性，它们在吸收过程中将彼此竞争。氨基酸的这种吸收机制不仅存在于小肠黏膜细胞，也存在于肾小管细胞和肌细胞。

（倪菊华）

dànbáizhì fǔbài zuòyòng

蛋白质腐败作用（putrefaction of protein）

肠道细菌对食物中未消化的蛋白质及未吸收的蛋白质消化产物的分解作用。蛋白质腐败作用是肠道细菌自身的代谢过程，以无氧分解为主。蛋白质腐败作用的大多数产物对人体有害，如胺类、氨、苯酚、吲哚及硫化氢等，但也有少量产物具有营养作用，如维生素和脂肪酸。腐败产物主要随粪便排出体外，也有少量经门静脉吸收进入体内，经肝生物转化后排出体外。

腐败作用产生胺类 未被消化的蛋白质经肠道细菌蛋白酶水解生成氨基酸，然后在细菌氨基酸脱羧酶的作用下，氨基酸脱去羧基生成胺类物质。例如组氨酸、赖氨酸、色氨酸、酪氨酸及苯丙氨酸通过脱羧基作用，可分别生成组胺、尸胺、色胺、酪胺及苯乙胺。这些腐败产物大多具有毒性，如组胺和尸胺可以使血压降低，而酪胺则具有升高血压的作用。有毒的胺类物质吸收入血后被运输至肝，经肝生物转化转变为无毒形式后排出体外。肝功能受损时，酪胺和苯乙胺不能在肝内及时转化，极易进入脑组织，经 β－羟化酶作用分别转化为 β－羟酪胺和苯乙醇胺。因其结构类似于儿茶酚胺，故被称为假神经递质。假神经递质增多时，可竞争性地干扰儿茶酚胺的正常功能，使大脑发生异常抑制，这可能是肝性脑病发生的机制之一。

腐败作用产生氨 肠道内未被吸收的氨基酸可在肠道细菌的脱氨基作用下生成氨，这是肠道氨的重要来源之一。肠道氨的另一来源是血液中的尿素渗入肠道，经肠道细菌尿素酶的水解而生成。氨对人体来说是有毒物质，需经血液运输至肝，在肝中合成尿素而解毒；或运输至肾，以铵盐的形式排出体外。肠道氨主要在结肠被吸收进入血液，游离氨比 NH_4^+ 更易穿过细胞膜而被吸收。肠道偏碱时，NH_4^+ 易转变为游离氨，使得氨的吸收增多。通过降低肠道的 pH，可以减少氨的吸收。高血氨患者为减少肠道氨的吸收，需采用弱酸性透析液做结肠透析，而禁止用碱性的肥皂水灌肠。

（倪菊华）

jiǎ shénjīng dìzhì

假神经递质（false neurotransmitter）

与正常神经递质结构相似，可干扰正常神经递质传递神经冲动，但其生物学效能仅为正常神经递质 1/10~1/100 的化学物质。例如，苯乙醇胺和羟苯乙醇胺分别是苯丙氨酸和酪氨酸的代谢产物，它们的结构与儿茶酚胺类神经递质多巴胺和去甲肾上腺素相似，二者可竞争性干扰儿茶酚胺功能，使大脑发生异常抑制。

产生机制 食物蛋白质可经胃和肠道消化酶作用水解为氨基酸，其中酪氨酸和苯丙氨酸经肠道细菌的腐败作用，脱羧生成有毒性的酪胺和苯乙胺。肝功能正常时，这些胺类物质可经门静脉入肝，经生物转化而解毒。当肝功能障碍或有门－体侧支循环时，这些胺类物质则通过体循环进入中枢神经系统，在脑细胞的非特异性 β－羟化酶作用下，分别转化为羟苯乙醇胺和苯乙醇胺，二者的结构虽然与正常神经递质儿茶酚胺相似，但生理效应远较儿茶酚胺为弱，可以竞争性干扰儿茶酚胺传递神经冲动，使大脑发生异常抑制，因而被称为假神经递质。

与肝性脑病关系 肝性脑病患者常有神经肌肉活动异常的表现，如震颤和强直，其发生的原因与假神经递质的作用有关。脑干网状结构上行激动系统在维持大脑皮质兴奋性方面具有重要作用，当其活动减弱时，大脑皮质从兴奋状态转为抑制状态。脑干网状结构中的假神经递质增多时，会以竞争性方式取代正常神经递质而被神经末梢摄取及贮存。假神经递质远不及正常神经递质的功能强大，当发生神经冲动被释放后，会导致网状结构上行激动系统功能失常，传至大脑皮质的兴奋性冲动受阻，致使大脑功能异常而出现意识障碍。临床上应用左旋多巴对肝性脑病患者进行治疗，左旋多巴可透过血脑屏障在脑神经元处脱羧形成多巴胺，使正常神经递质增多，与假性神经递质竞争，从而明显改善肝性脑病的症状。

（倪菊华）

hésuān

核酸（nucleic acid） 以核苷酸为基本结构单位聚合而成的生物大分子。核酸分子量很大，为数万至数百亿道尔顿。根据化学组成不同，核酸分为核糖核酸（ribonucleic acid，RNA）和脱氧核糖核酸（deoxyribonucleic acid，DNA）两类。

简史 1869年，瑞士医生弗里德里克·米舍（Friedrich Miescher）到德国著名生理学家霍普-赛勒·菲利克斯（Hoppe-Seyler Felix）实验室接受科学训练，他从来源外科绷带上的脓细胞的核中分离获得了一种含有磷元素的新物质，命名为核素（nuclein）。这种新的物质后来在三文鱼的多种细胞的核中分离获得。1889年，米舍的学生理查德·阿尔特曼（Richard Altmann）发现其为酸性大分子，将其重新命名为核酸。

特性 ①核酸是多元酸，有较强的酸性。核酸在酸性条件下比较稳定，但在碱性条件下容易降解。② DNA和RNA都是线性大分子，溶液黏滞度很大。通常，RNA分子小于DNA，故其溶液黏滞度也小得多。高分子量DNA在机械力作用下容易发生断裂，因此在提取完整的基因组DNA时，需要特别注意。③核酸是极性化合物，微溶于水，不溶于乙醇、乙醚、氯仿等有机溶剂。核酸溶于10%左右的氯化钠溶液，在50%左右的乙醇溶液中溶解度则很低，这些性质常可用来提取核酸。④核酸分子中所含嘌呤碱和嘧啶碱的结构中都有共轭双键，故具有吸收紫外线的性质，最大吸收波长为260 nm。⑤核酸由于分子量大，结构复杂，加热、酸、碱等都易使其空间结构改变而发生变性。变性核酸的最大特点是其对紫外线吸收的增强、旋光性和黏度降低、生物活性丧失等。

组成 核苷酸是核酸的基本结构单元，由碱基、戊糖和磷酸组成。DNA的基本组成单位是脱氧核糖核苷酸，RNA的基本组成单位是核糖核苷酸。核酸经过不同的方法水解，可得到其基本组成单位核苷酸。核苷酸可再经水解产生核苷和磷酸。核苷则可再水解为碱基和戊糖。

从化学元素组成上来看，核酸含有C、H、O、N、P等。与蛋白质相比，其组成上有两个特点：一是核酸一般不含元素S；二是核酸中P元素的含量较多且较为恒定，占9%~10%。因此，核酸定量测定的经典方法是以测定P含量来代表核酸量。

生物学功能 ①核酸不仅是构成一切生物体的基本组成成分，而且在生物体的生长、发育、繁殖和遗传等生命活动中具有重要作用。②DNA是遗传信息的载体，是储存、复制和传递遗传信息的主要物质基础。细胞以及个体的基因型正是由DNA序列所决定的。真核生物DNA主要存在于细胞核，约占98%；其次是线粒体，约占2%。③ RNA的功能更为多样。在绝大多数生物中，RNA是DNA的转录产物，参与遗传信息的复制和表达，在蛋白质合成过程中起着重要作用。真核生物RNA存在于细胞质、细胞核和线粒体内。在某些病毒中，RNA也可作为遗传信息的载体。

（卜友泉）

hégānsuān

核苷酸（nucleotide） 由核苷与磷酸缩合形成的一类磷酸酯。

特性 核苷酸多为无色晶体，熔点高，不溶于普通有机溶剂。核苷酸中含有碱基，故具有紫外吸收特性；核苷酸中含有的核糖或脱氧核糖，使其易溶于水、具有旋光性；核苷酸中含有的磷酸基团和碱基，使其具有两性解离特性；核苷酸中的N-糖苷键，则使核苷酸特别是嘌呤核苷酸在酸性溶液中不稳定，易发生脱碱基反应。

组成 构成核苷酸的三种组分，包括碱基、戊糖和磷酸。

碱基 核苷酸中有基嘌呤类碱基和嘧啶类碱基。由嘌呤类碱基参与形成的核苷酸称为嘌呤核苷酸（purine nucleotide），由嘧啶类碱基参与形成的核苷酸称为嘧啶核苷酸（pyrimidine nucleotide），常见碱基、核苷及核苷酸见表1，常见碱基、脱氧核苷及脱氧核苷酸见表2。

表1 常见碱基、核苷及核苷酸

碱基	核苷	核苷酸
腺嘌呤(A)	腺苷	AMP，ADP，ATP
鸟嘌呤(G)	鸟苷	GMP，GDP，GTP
胞嘧啶(C)	胞苷	CMP，CDP，CTP
尿嘧啶(U)	尿苷	UMP，UDP，UTP

表2 常见碱基、脱氧核苷及脱氧核苷酸

碱基	脱氧核苷	脱氧核苷酸
腺嘌呤（A）	脱氧腺苷	dAMP，dADP，dATP
鸟嘌呤（G）	脱氧鸟苷	dGMP，dGDP，dGTP
胞嘧啶（C）	脱氧胞苷	dCMP，dCDP，dCTP
胸腺嘧啶（T）	脱氧胸苷	dUMP，dUDP，dUTP

戊糖 核苷酸中有β-D-核糖（β-D-ribose）和β-D-2-脱氧核糖（β-D-2-deoxyribose）

两种戊糖，常简称为核糖和脱氧核糖。由核糖参与形成的核苷酸称为核糖核苷酸（ribonucleotide），由脱氧核糖参与形成的则称为脱氧核糖核苷酸（deoxyribonucleotide）。

核苷酸中的戊糖都以呋喃型环状结构存在。为了避免戊糖呋喃环与碱基环在原子编号上出现混淆，通常在呋喃环的各原子编号的阿拉伯数字后加“'”，即将核糖或脱氧核糖中的碳原子标以C-1'、C-2'…C-5'。脱氧核糖与核糖的差别在于C-2'原子所连接的基团。核糖C-2'原子连接的是羟基，而脱氧核糖C-2'原子连接的是氢而不是羟基。脱氧核糖的化学稳定性比核糖好，这种结构的差异使DNA分子比RNA分子具有更好的稳定性，因此DNA分子更适宜作为遗传信息的储存载体。戊糖环中C-1'原子与嘌呤碱基的N-9原子或者嘧啶碱基的N-1原子通过缩合反应形成β-N-糖苷键，C-5'原子上的羟基可与无机磷酸经脱水反应形成磷酯键。

核糖含有三个自由羟基（5'、3'、2'），每个羟基可分别与磷酸反应生成酯，从而形成三种不同的核糖核苷酸。脱氧核糖，只含有两个自由羟基（5'、3'），故只能分别与磷酸缩合形成两种不同的脱氧核糖核苷酸。自然界的核苷酸多为5'核苷酸，或写为核苷-5'磷酸。如果没有特别说明，核苷酸即指5'核苷酸。

磷酸　根据包含磷酸基团数目不同，核苷酸可分为核苷一磷酸（nucleoside monophosphate，NMP）、核苷二磷酸（nucleoside diphosphate，NDP）和核苷三磷酸（nucleoside triphosphate，NTP）（图1）。核苷一磷酸是核苷与一分子磷酸形成的单磷酸酯。核苷一磷酸可再与一分子磷酸反应生成核苷二磷酸，后者又再与一分子磷酸反应生成核苷三磷酸。为了便于区分，通常将直接与戊糖5'羟基相连的磷酸基团定为α磷酸，其余两个磷酸基团则依次称为β磷酸和γ磷酸。

通常用英文缩写表示各种形式的核苷酸，以NMP（rNMP）、NDP（rNDP）和NTP（rNTP）分别表示核糖核苷一磷酸、核糖核苷二磷酸和核糖核苷三磷酸，“r”（意为ribo）一般省略不写。dNMP、dNDP和dNTP分别表示脱氧核苷一磷酸（deoxynucleoside monophosphate，dNMP）、脱氧核苷二磷酸（deoxynucleoside diphosphate，dNDP）和脱氧核苷三磷酸（deoxynucleoside triphosphate，dNTP），“d”（意为deoxy）必须书写以便与核糖核苷酸区别。遇到具体的核苷酸，使用碱基字母缩写代替N。如ATP和dATP分别表示腺苷三磷酸和脱氧腺苷三磷酸，GDP和dGDP分别表示鸟苷二磷酸和脱氧鸟苷二磷酸，IMP表示次黄苷一磷酸。

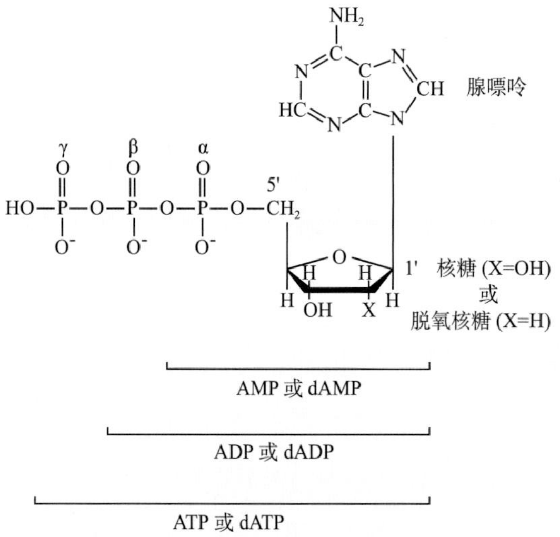

生物学功能　核苷酸具有重要的生物学功能。①核苷酸是合成核酸的主要原料，参与细胞内核酸的生物合成。这是核苷酸最主要和最基本的功能。其中，4种核苷三磷酸（NTP），即ATP、GTP、CTP和UTP，是合成RNA的原料，4种脱氧核苷三磷酸（dNTP），即dATP、dGTP、dCTP和dTTP，是合成DNA的原料。②充当能量货币，参与细胞内各种需能反应。如ATP在细胞的能量代谢过程中起着非常重要的作用。它作为细胞内的通用能量货币，是机体能量生成和利用的中心，为机体的活动及各种化学反应提供能量。除ATP外，其他形式的核苷酸也可以供能，如蛋白质合成过程中需要GTP供能。③作为辅酶或辅基的成分。如NAD^+（烟酰胺腺嘌呤二核苷酸）、$NADP^+$（烟酰胺腺嘌呤二核苷酸磷酸）、FAD（黄素腺嘌呤二核苷酸）、CoA（辅酶A）等的分子结构中都含有腺苷酸，这些分子作为一些酶的辅酶或辅基，在生物氧化体系及物质代谢过程中都起着极为重要的作用。④参与酶活性的调节。如AMP、ADP、ATP等是多种代谢途径的关键酶的别构效应剂；ATP还可以为大量关

图1　核苷酸的结构（腺苷酸为例）

键酶的磷酸化共价修饰提供磷酸基团。⑤参与细胞内信号转导。如cAMP和cGMP作为多种肽类激素和儿茶酚胺类激素的第二信使，通过激活相应的下游蛋白质激酶，调节多种代谢过程；GTP/GDP则能够调节G蛋白的活性，从而参与G蛋白偶联受体介导的信号转导过程。⑥核苷酸转变为一些特殊的活化中间物，参与体内某些物质的合成。如糖原合成时，葡萄糖需要先与UTP反应转变为其活性形式UDP-葡萄糖；磷脂合成时，磷脂酸或乙醇胺被转变为活化中间物CDP-二酯酰甘油或CDP-乙醇胺。

（卜友泉）

jiǎnjī

碱基（base）　参与组成核苷酸或核酸的一类含氮芳香性杂环化合物。也称含氮碱基或核碱基。是嘧啶和嘌呤的衍生物。细胞中自由存在的碱基很少，而是作为核苷、核苷酸和核酸的组成成分存在。在核苷酸中，碱基是最重要的部分，因为在核酸分子中，其序列或遗传信息特征正是取决于不同核苷酸单元中碱基的变化。

类型　生物体内最常见的嘧啶碱基是胞嘧啶（C）、尿嘧啶（U）和胸腺嘧啶（T）；嘌呤碱基是腺嘌呤（A）和鸟嘌呤（G）（图1）。DNA和RNA中均含有腺嘌呤、鸟嘌呤和胞嘧啶，而尿嘧啶主要存在于RNA中，胸腺嘧啶主要存在于DNA中。换言之，DNA分子中的碱基成分为A、G、C和T，而RNA的碱基成分为A、G、C和U。但有些DNA分子如个别噬菌体的DNA也会含有少量U，某些RNA分子如某些tRNA则会有少量T。

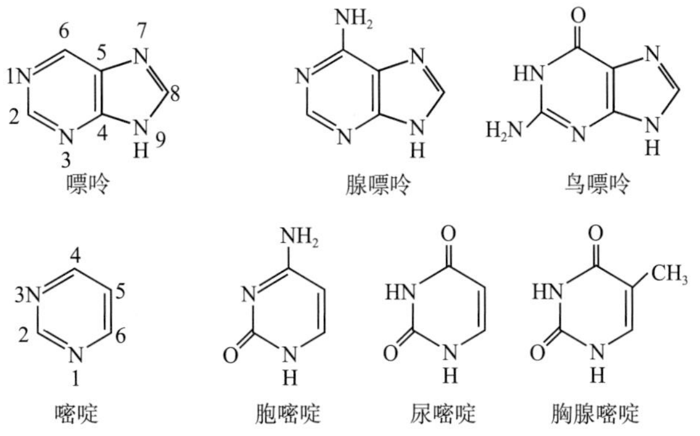

嘌呤　腺嘌呤　鸟嘌呤

嘧啶　胞嘧啶　尿嘧啶　胸腺嘧啶

图1　核苷酸中常见碱基的化学结构

除了以上5种常见的碱基外，核酸分子中还有一些含量较少的其他碱基，称为稀有碱基（unusual bases）。稀有碱基主要存在于RNA中，特别是tRNA中含有较多的稀有碱基，高达10%。稀有碱基种类很多，大多数是碱基环上某一位置的原子被一些化学基团（如甲基、甲硫基、羟基等）修饰后的衍生物，也有修饰戊糖或戊糖和碱基连接方式的差异。它们可被看作基本碱基的化学修饰产物，因此也称为修饰碱基，如5-甲基胞嘧啶、7-甲基鸟嘌呤、二氢尿嘧啶等。核酸中碱基的甲基化过程发生在核酸大分子的生物合成以后，对核酸的生物学功能具有极其重要的意义。

自然界中还存在其他碱基衍生物。嘌呤碱基衍生物次黄嘌呤、黄嘌呤和尿酸是核苷酸代谢的产物。黄嘌呤甲基化衍生物茶碱（1,3-二甲基黄嘌呤）、可可碱（3,7-二甲基黄嘌呤）、咖啡因（1,3,7-三甲基黄嘌呤）分别含于茶叶、可可、咖啡中，具有兴奋中枢神经、扩张血管、强心利尿等药理作用。碱基衍生物如6-巯基鸟嘌呤、5-氟尿嘧啶等则是抗癌药物。

特性　①碱基一般呈弱碱性，大多微溶于水，易溶于稀酸或稀碱，不溶于一般有机溶剂。②在碱基环中，酮基或氨基均位于杂环上氮原子的邻位，使碱基能够发生酮式-烯醇式或氨基式-亚氨基式互变异构现象。虽然碱基的两种异构形式可以相互转变，处于平衡之中，但在细胞内，酮式或氨基式占优势，更为稳定。这是DNA双链结构中碱基配对、形成氢键的重要结构基础。此外，具有形成互变异构体的能力也恰恰是DNA合成出错的一个常见原因。③碱基的杂环中存在交替出现的共轭双键，这一特性使碱基对紫外线具有强烈的吸收能力，最大吸收峰均在260nm左右。碱基这一特性已被广泛运用于核酸、核苷酸及核苷的定性和定量分析。

（卜友泉）

hégān

核苷（nucleoside）　由戊糖和碱基通过β-N-糖苷键形成的糖苷。由核糖组成的核苷称为核糖核苷（ribonucleoside），由脱氧核糖组成的核苷称为脱氧核糖核苷（deoxyribonucleoside）。

类型　常见的核苷由常见的碱基与核糖或脱氧核糖组成（图1）。常见的碱基腺嘌呤（A）、鸟嘌呤（G）、胞嘧啶（C）和尿嘧啶（U）分别与核糖相连组成四种不同的常见核糖核苷即腺苷、鸟苷、

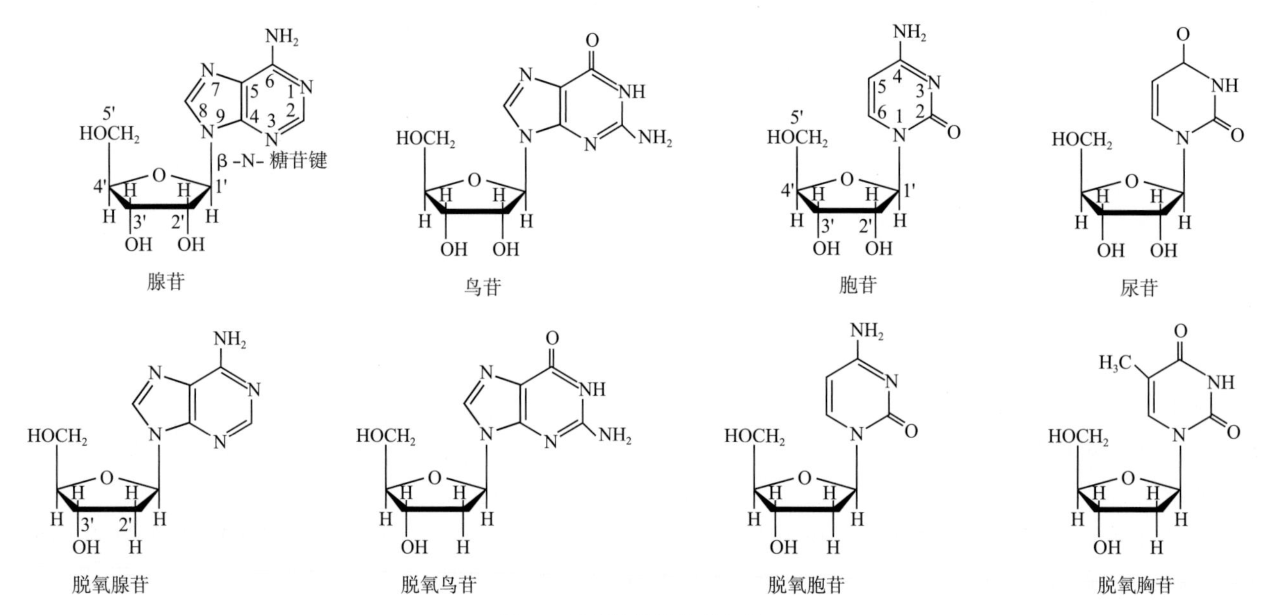

图 1 部分常见核苷的结构

胞苷和尿苷，存在于 RNA 或核糖核苷酸分子中。而常见的碱基腺嘌呤（A）、鸟嘌呤（G）、胞嘧啶（C）和胸腺嘧啶（T）则分别与脱氧核糖相连组成四种不同的常见脱氧核糖核苷即脱氧腺苷、脱氧鸟苷、脱氧胞苷和脱氧胸苷，仅存在于 DNA 或脱氧核糖核苷酸分子中。

稀有核苷或修饰核苷主要是指稀有碱基或修饰碱基与戊糖组成的核苷，也包括核糖环被修饰的核苷以及少数不是以 *N*- 糖苷键相连的核苷。例如：人基因组 DNA 发生甲基化修饰时，胞嘧啶常被甲基化修饰为 5- 甲基胞嘧啶；次黄嘌呤与核糖相连形成次黄嘌呤核糖核苷，简称次黄苷，也俗称肌苷，仅存在于某些 tRNA 分子中；tRNA 分子中含量最多的一种稀有核苷——假尿嘧啶核苷，简称假尿苷，是由尿嘧啶碱基与核糖以 C-C 键相连，即由尿嘧啶的第 5 位碳原子（C-5）与核糖的第 1 位碳原子（C-1'）相连，而不是常见核苷中 N-C 原子相连方式；由 2'-O- 甲基核糖与多种碱基组成的各种 2'-O- 甲基核糖，存在于多种 tRNA 和各种真核细胞 mRNA 分子中。

人工合成的核苷如阿糖胞苷、阿糖腺苷等，可抑制核酸的生物合成，常用作抗癌药或抗病毒感染药。5- 碘脱氧尿苷是疱疹病毒核酸合成的强烈抑制剂，对治疗疱疹性角膜炎有良好的效果。

特性 核苷一般为无色结晶；不溶于普通有机溶剂，易溶于热水而不易溶于冷水（核苷的水溶性比自由的碱基高得多，这与其所含的核糖基的高度亲水性有关）；因其含有碱基，故能吸收紫外光，最大吸收波长为 250~280nm；都具有旋光性，比旋度一般为 -60~-20。核苷都没有还原性，在碱性条件下较稳定。嘌呤类核苷易被酸水解，但嘧啶类核苷则较难发生酸水解，须用浓酸经长时间加热处理才行。

（卜友泉）

hégānsuān dàixiè

核苷酸代谢（nucleotide metabolism） 核苷酸在体内合成、分解以及相互转变的过程。人体内广泛存在的核苷酸主要为嘌呤核苷酸和嘧啶核苷酸。核苷酸具有多种重要生物学功能，是多种生命活动所必需的小分子。人体内的核苷酸主要由机体自身合成，因此，核苷酸不属于营养必需物质。人体内存在分解核苷酸的酶系，可以将核苷酸分解为相应产物排出体外。核苷酸代谢在体内受到严格的调节。核苷酸代谢紊乱可以导致疾病。

（卜友泉）

hégānsuān héchéng dàixiè

核苷酸合成代谢（nucleotide anabolism） 体内核苷酸的主要来源是细胞自身的内源性合成。在细胞增殖活跃、更新快的组织中，核苷酸合成尤其旺盛。无论是嘌呤核苷酸还是嘧啶核苷酸，都有两种合成代谢途径：从头合成途径和补救合成途径。

从头合成途径是指利用氨基酸等简单前体分子（如核糖 -5- 磷酸、氨基酸、一碳单位及 CO_2 等）为原料，经过一系列的酶促反应来合成核苷酸的过程。从头合成途径主要存在于肝，其次是小肠黏膜及胸腺。

补救合成途径则无须从头合成碱基，而是利用体内核苷酸降解产生的游离碱基或核苷，经过简单的反应来生成核苷酸。与从头合成途径相比，补救合成过程较为简单，消耗 ATP 少，且可节省一些氨基酸的消耗。在正常情况下，补救合成途径占优势。补救合成途径又可反馈抑制从头合成途径。补救合成途径具有重要的生理意义：①可以节省能量及减少氨基酸的消耗；②对某些缺乏从头合成途径的组织细胞如脑、骨髓、红细胞和中性粒细胞而言，补救合成更为重要，如果这些组织一旦因遗传缺陷导致缺乏补救合成的酶，则会导致遗传代谢疾病的发生。

（卜友泉）

piàolìng hégānsuān de cóng tóu héchéng

嘌呤核苷酸的从头合成（de novo synthesis of purine nucleotides） 以氨基酸等简单前体分子为原料，在核糖-5'磷酸基础上，经过一系列酶促反应合成嘌呤环，进而合成嘌呤核苷酸的代谢过程。放射性同位素掺入实验表明，合成嘌呤环的前体分子包括氨基酸、CO_2 和一碳单位等来源（图1）。

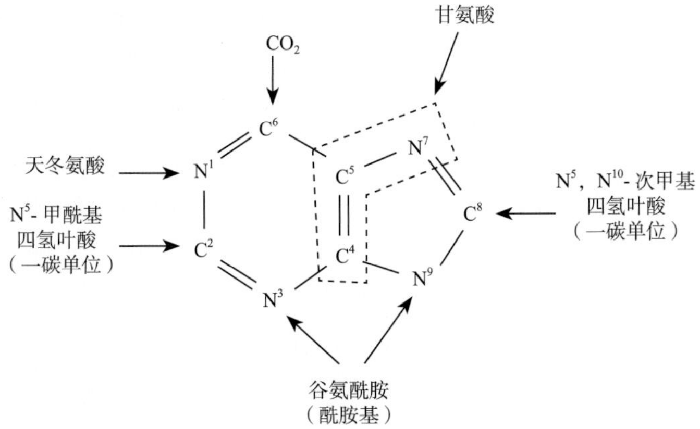

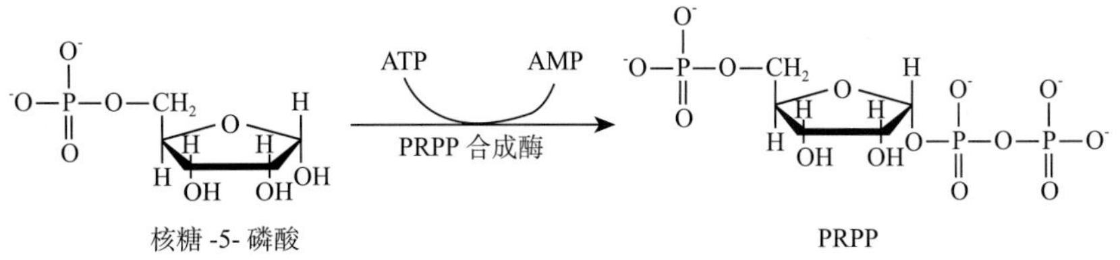

图2 PRPP的合成

合成过程 分为两个阶段：第一阶段是合成嘌呤核苷酸的共同前体 IMP，第二阶段是 IMP 分别转变为 AMP 和 GMP。所有反应在细胞质中完成。

第一阶段包括 11 步反应。首先，来自磷酸戊糖途径的核糖-5-磷酸，转变生成 5-磷酸核糖-1-焦磷酸（5-phosphoribosyl-1-pyrophosphate，PRPP）。该反应由 PRPP 合成酶或称核糖磷酸焦磷酸激酶催化，由 ATP 提供磷酸（图2）。PRPP 是核苷酸合成代谢过程中的一种重要分子，它是嘌呤核苷酸、嘧啶核苷酸的从头合成以及补救合成过程中核糖-5-磷酸的供体。然后，以 PRPP 为基础，经过 10 步反应，合成 IMP（图3）。参与的酶分别是：PRPP 酰胺转移酶（又称酰胺磷酸核糖转移酶，或谷氨酰胺-PRPP 酰胺转移酶）、甘氨酰胺核苷酸合成酶、甘氨酰胺核苷酸甲酰转移酶、甲酰甘氨脒核苷酸合成酶、氨基咪唑核苷酸合成酶、氨基咪唑核苷酸羧化酶、氨基咪唑琥珀酰胺核苷酸合成酶、腺苷酸代琥珀酸裂解酶、甲酰转移酶和 IMP 环水解酶。在原核生物，每一步反应均由一个独立的酶蛋白催化。在真核生物，有三个不同的具有多种酶活性的多功能酶参与：甘氨酰胺核苷酸合成酶、甘氨酰胺核苷酸甲酰转移酶和氨基咪唑核苷酸合成酶；氨基咪唑核苷酸羧化酶和氨基咪唑琥珀酰胺核苷酸合成酶；甲酰转移酶和 IMP 环水解酶。

第二阶段包括 4 步反应（图4）。IMP 转变为 AMP 需要两步反应，由腺苷酸代琥珀酸合成酶和腺苷酸代琥珀酸裂解酶催化完成。IMP 转变为 GMP 也需要两步反应，由 IMP 脱氢酶和 GMP 合成酶催化完成。AMP 和 GMP 再经磷酸化就可转变为 ADP 和 GDP，后两者再经磷酸化则可转变为 ATP 和 GTP。

调节 嘌呤核苷酸的从头合成过程需要消耗 ATP 和氨基酸等原料。因此，精密的调控体系对合成过程十分必需，且实现了营养和能量的节约。这种精密的调节主要是通过反馈机制完成的。产物 IMP、ATP 和 GTP 对酶的反馈抑制，使嘌呤核苷酸的总量以及 ATP 和 GTP 含量的相对平衡均得到有效调节，这样既满足了机体对核苷酸的需要，也避免了物质和能量的多余消耗。

图1 嘌呤环从头合成的元素来源

在第一阶段中，主要调控催化前两步反应的PRPP合成酶和PRPP酰胺转移酶。前者受ADP和GDP的反馈抑制。后者受ATP、ADP、AMP及GTP、GDP、GMP的反馈抑制，其中ATP、ADP和AMP与酶的第一个抑制位点结合，而GTP、GDP和GMP则与酶的第二个抑制位点结合。因此，IMP的生成速率受腺嘌呤核苷酸和鸟嘌呤核苷酸的独立且协同的调节。此外，PRPP可别构激活PRPP酰胺转移酶。

在第二阶段中，IMP向AMP和GMP的转变也受到反馈抑制调节。AMP反馈抑制IMP转变为腺苷酸代琥珀酸，避免AMP生成过多；GMP则反馈抑制IMP转变为XMP，避免GMP生成过多。此外，AMP和GMP的合成也要保持平衡，因为二者都由IMP转变而来。因此二者有交叉促进作用，即GTP可以加速IMP向AMP转变，而ATP则可促进IMP向GMP的转变。

（卜友泉）

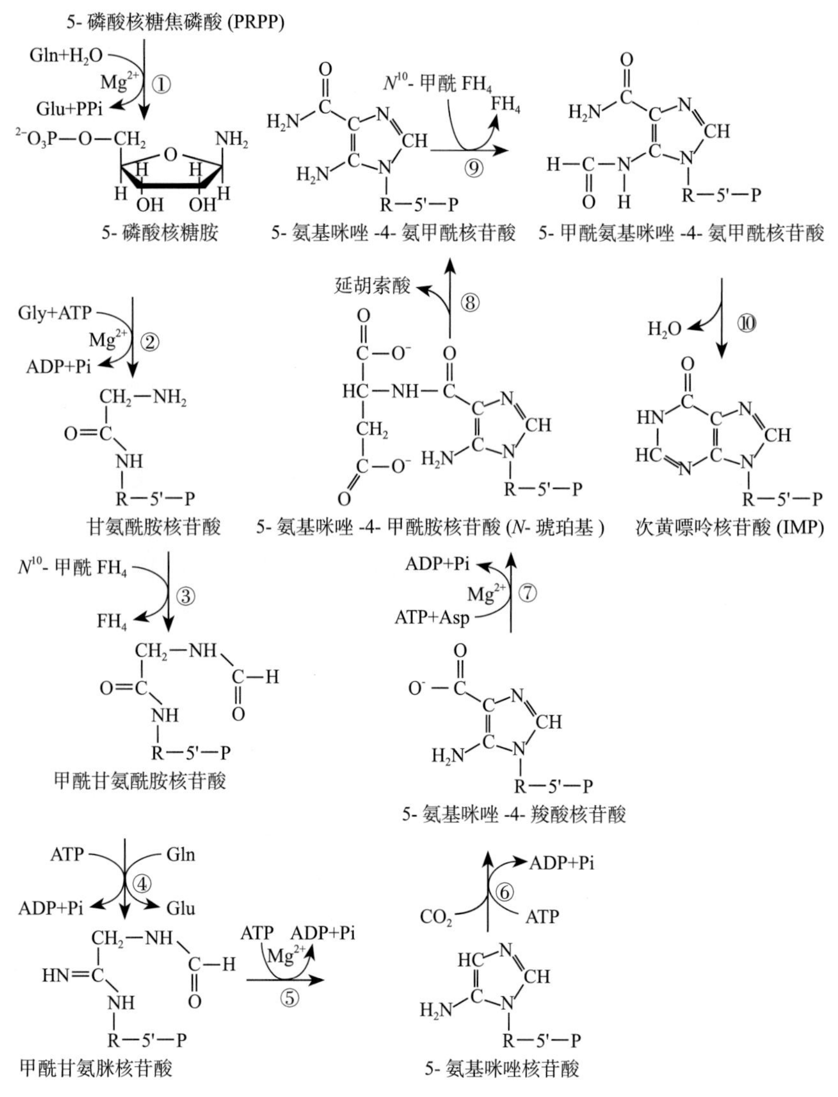

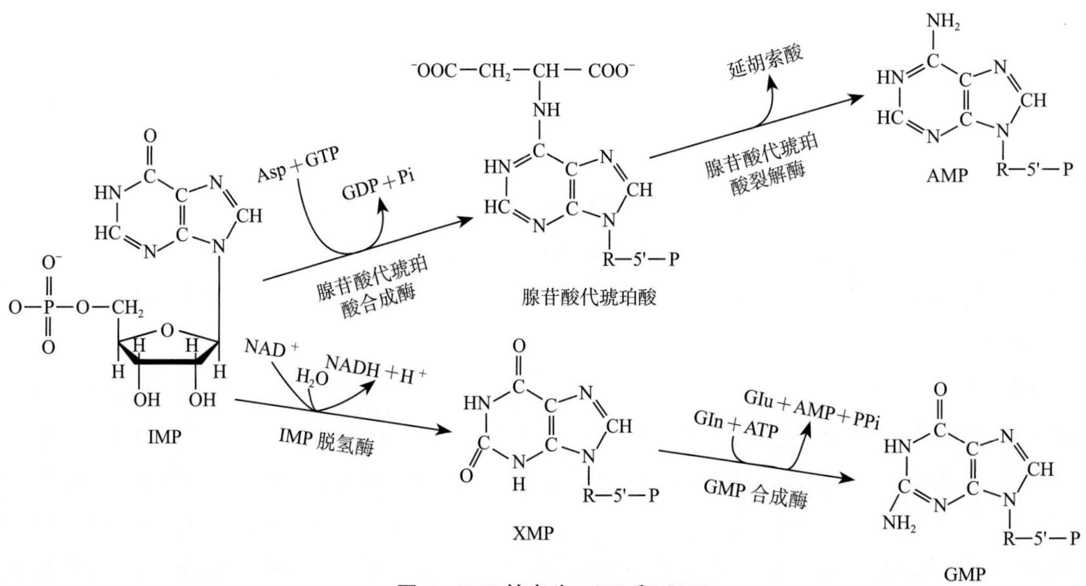

图3 IMP的从头合成

注：Gln示谷氨酰胺；Glu示谷氨酸；Gly示甘氨酸；Asp示天冬氨酸。

图4 IMP转变为AMP和GMP

注：Gln示谷氨酰胺；Glu示谷氨酸；Asp示天冬氨酸。

piàolìng hégānsuān de bǔjiù héchéng

嘌呤核苷酸的补救合成（salvage synthesis of purine nucleotides） 组织细胞利用游离的嘌呤碱基或者嘌呤核苷，重新合成嘌呤核苷酸的过程。与主要是回收利用核苷的嘧啶核苷酸补救合成不同，嘌呤核苷酸补救合成主要是回收利用游离的碱基。用于补救合成的嘌呤碱基包括腺嘌呤、鸟嘌呤和次黄嘌呤。经腺嘌呤磷酸核糖转移酶（adenine phosphoribosyl transferase，APRT）催化，腺嘌呤与PRPP反应，生成AMP；而经次黄嘌呤－鸟嘌呤磷酸核糖转移酶（hypoxanthine-guanine phosphoribosyl transferase，HGPRT）催化，鸟嘌呤或次黄嘌呤分别与PRPP反应，转变为GMP和IMP。此外，腺苷和脱氧鸟苷可以分别在腺苷激酶和脱氧鸟苷激酶的催化下，磷酸化转变为AMP和dGMP。

细胞内代谢产生的游离嘌呤碱基，70%~90%经补救途径被重新利用，而不是被降解或排出体外。因此，对于HGPRT缺陷的患者，因嘌呤碱基不能有效回收利用，从而转向分解途径，故可观察到尿中氧化嘌呤如尿酸、次黄嘌呤和黄嘌呤排出大量增加。

（卜友泉）

mìdìng hégānsuān de cóng tóu héchéng

嘧啶核苷酸的从头合成（de novo synthesis of pyrimidine nucleotides） 以天冬氨酸、谷氨酰胺等简单前体分子为原料，经一系列酶促反应合成嘧啶核苷酸的代谢过程。与嘌呤核苷酸相比，嘧啶核苷酸的从头合成比较简单。但与嘌呤核苷酸在PRPP的基础上合成嘌呤环不同，嘧啶核苷酸的从头合成是先合成嘧啶环，再与PRPP的磷酸核糖基团结合生成嘧啶核苷酸。放射性同位素示踪实验表明，嘧啶环的C-4、C-5、C-6和N-1来自天冬氨酸，C-2来自CO_2，N-3来自谷氨酰胺。

合成过程 首先合成UMP，随后UMP通过一系列反应再生成CTP（图1）。反应在胞质溶胶和线粒体中进行。

UMP的合成包括6步反应。①谷氨酰胺与CO_2在氨甲酰磷酸合成酶Ⅱ（carbamoyl phosphate synthetase Ⅱ，CPS-Ⅱ）的作用下生成氨甲酰磷酸。氨甲酰磷酸也是尿素合成的原料，但位于胞质溶胶的CPS-Ⅱ与尿素合成中位于线粒体的氨甲酰磷酸合成酶Ⅰ（carbamoyl phosphate synthetase Ⅰ，CPS-Ⅰ）有所不同。②氨甲酰磷酸与天冬氨酸经天冬氨酸氨基甲酰转移酶催化，生成氨基甲酰天冬氨酸，该步反应由氨甲酰磷酸水解供能，不消耗ATP，是嘧啶核苷酸合成的限速步骤，限速酶ATCase受产物的反馈抑制。③氨基甲酰天冬氨酸在二氢乳清酸酶催化下，脱水闭环，转变为二氢乳清酸。④二氢乳清酸经二氢乳清酸脱氢酶催化，脱氢转变为乳清酸。⑤乳清酸与PRPP由乳清酸磷酸核糖转移酶催化，生成乳清酸核苷酸（orotidine-5' monophosphate，OMP）；⑥OMP经OMP脱羧酶（OMP decarboxylase）催化，脱羧生成尿嘧啶核苷酸（UMP）。

哺乳动物的嘧啶核苷酸从头合成酶系是多功能酶的典型范例。前3步反应由一个多功能酶催化完成，该多功能酶是一条分子量约为210kD的多肽链，具有CPS-Ⅱ、天冬氨酸氨基甲酰转移酶和二氢乳清酸酶三种酶活性。后两步反应由另一个多功能酶催化完成，同样是一条多肽链，具有乳清酸磷酸核糖转移酶和OMP脱羧酶两种酶活性，该双功能酶又称为UMP合成酶。这些多功能酶催

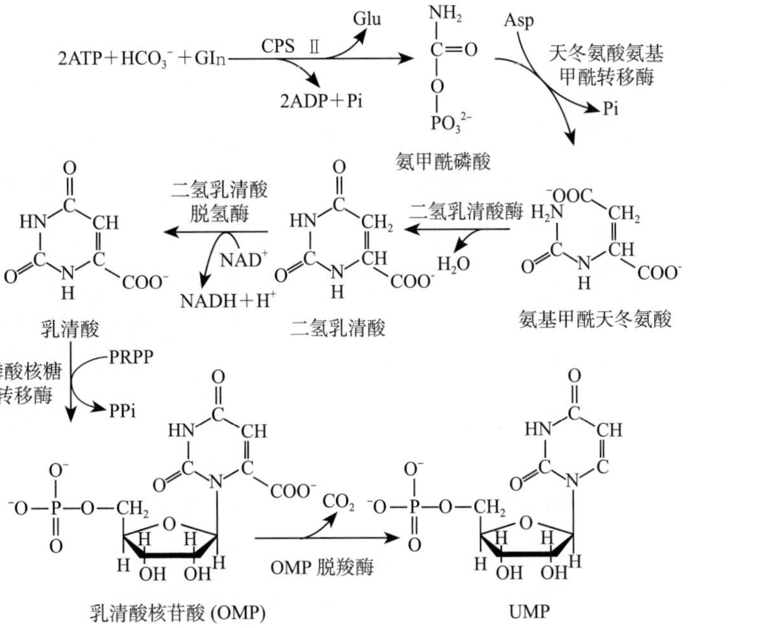

图1 UMP的从头合成

注：二氢乳清酸脱氢酶在细菌等少数生物使用NAD^+或延胡索酸为电子受体，在真核生物则需要黄素单核苷酸（FMN）和非血红素Fe^{2+}，位于线粒体内膜的外侧面，泛醌为电子受体，嘧啶核苷酸合成的其他5种酶均位于胞质。

化的中间产物并不释放到介质中，而是连续在酶间移动，这不仅保证了嘧啶核苷酸的高效、均衡合成，而且也可防止细胞中其他酶的干扰。

UMP 合成之后，在 UMP 激酶的作用下，磷酸化生成 UDP。UDP 在 UDP 激酶的作用下，生成 UTP。最后，UTP 在 CTP 合成酶的催化下，消耗 1 分子 ATP 加氨生成 CTP。在动物体内，氨基由谷氨酰胺提供，在细菌中则由 NH_3 提供。

UMP 可进一步转变为 dTMP。UMP 磷酸化生成 UDP，UDP 进一步被还原为 dUDP，dUDP 去磷酸化转变为 dUMP。dUMP 在胸苷酸合酶的作用下，以 N^5，N^{10}– 甲烯四氢叶酸作为甲基供体，甲基化生成 dTMP。

调节 嘧啶核苷酸从头合成的调节主要通过反馈抑制的方式。动物细胞中 CPS– Ⅱ是主要的调节酶，合成产物 UMP、UDP 和 UTP 可以抑制其活性，减少嘧啶核苷酸的生成；ATP 和 PRPP 是其激活剂，增强嘧啶核苷酸的生成。细菌中天冬氨酸氨基甲酰转移酶是主要调节酶，该酶受 ATP 的别构激活和 CTP 的别构抑制。

（卜友泉）

mìdìng hégānsuān de bǔjiù héchéng

嘧啶核苷酸的补救合成（salvage synthesis of pyrimidine nucleotides） 组织细胞利用游离的嘧啶碱基或者核苷重新合成嘧啶核苷酸的过程。嘧啶核苷酸的补救合成主要是回收利用核苷，这与嘌呤核苷酸补救合成主要是回收利用游离的碱基不同。在 ATP 参与下，尿苷和胞苷经尿苷 – 胞苷激酶催化，磷酸化转变为 UMP 和 CMP；胸苷激酶则催化脱氧胸苷转变为 dTMP。其中胸苷激酶的活性与细胞增殖状态密切相关，其在正常肝脏中活性低，在再生肝脏中活性升高，在恶性肿瘤中也有明显升高，并与肿瘤的恶性程度有关。此外，嘧啶磷酸核糖转移酶还可以分别催化尿嘧啶、胸腺嘧啶和乳清酸与 PRPP 反应，生成相应的嘧啶核苷酸，但不催化胞嘧啶与 PRPP 反应。

（卜友泉）

tuōyǎng hétáng hégānsuān héchéng

脱氧核糖核苷酸合成（deoxynucleotide synthesis） 核糖核苷酸与脱氧核糖核苷酸在分子结构上的差别主要体现在戊糖环上的第二位碳原子，脱氧核糖核苷酸比核糖核苷酸少了一个氧原子。因此，通过从头合成途径与补救合成途径生成的核糖核苷酸，脱去氧原子就可以生成相应的脱氧核糖核苷酸。

除了 dTMP 是由 dUMP 转变而来以外，其他脱氧核糖核苷酸都是在核苷二磷酸（NDP）水平上由核糖核苷酸还原酶催化生成。该反应机制比较复杂，核糖核苷酸还原酶在催化反应的过程中需要硫氧还蛋白参与。硫氧还蛋白是一种生理性还原剂，由 108 个氨基酸残基组成，含有一对半胱氨酸残基。具体反应过程为：在核糖核苷酸还原酶的催化下，NDP 被还原为 dNDP，同时硫氧还蛋白中半胱氨酸残基的巯基被氧化脱氢，形成二硫键。然后再由硫氧化还蛋白还原酶催化，由 NADPH 供氢，使二硫键又被还原为巯基。由此可见，在该反应中，NADPH 是 NDP 还原为 dNDP 的最终还原剂。

dNDP 可进一步磷酸化生成 dNTP，dNTP 是 DNA 合成的原料。因此，在分裂速度较快的细胞中，DNA 合成旺盛，核糖核苷酸还原酶体系活性较高。

（卜友泉）

hégānsānlínsuān héchéng

核苷三磷酸合成（synthesis of nucleoside triphosphates） 在从头合成或补救合成生成的所有核苷酸中，除了 CTP 是核苷三磷酸的形式之外，其余的都是核苷一磷酸的形式。但是作为合成核酸的原料，无论是 DNA 还是 RNA，核苷酸都必须是三磷酸的形式。因此这些刚合成的核苷一磷酸都必须转变成核苷三磷酸。核苷一磷酸在碱基特异的核苷一磷酸激酶的作用下磷酸化生成核苷二磷酸。核苷二磷酸在核苷二磷酸激酶的作用下磷酸化生成核苷三磷酸。

（卜友泉）

hégānsuān fēnjiě dàixiè

核苷酸分解代谢（nucleotide catabolism） 膳食来源的核酸和核苷酸绝大多数都在消化吸收过程中被降解。因为机体内的核苷酸主要靠自身细胞合成，不依赖食物供给，所以核酸不是营养必需物质。

膳食中的核酸主要以核酸 – 蛋白质复合物形式存在，在消化道被分解为蛋白质和核酸。进入小肠后，核酸被核酸酶水解为寡核苷酸和部分单核苷酸。寡核苷酸再经磷酸二酯酶作用水解为单核苷酸。单核苷酸进一步经核苷酸酶水解为核苷和磷酸。核苷可进一步分解为碱基和戊糖。分解核苷的酶有两类：一类是核苷酶（nucleosidase），主要存在于微生物和植物，将核糖核苷分解为碱基与核糖，但对脱氧核糖核苷不起作用；另一类是核苷磷酸化酶（nucleoside phosphorylase），分布广泛，催化核苷发生磷酸解反应，生成碱基和 1– 磷酸戊糖。人小肠黏膜上皮细胞含有完善的嘌呤降解酶系，可将膳食中的嘌呤碱

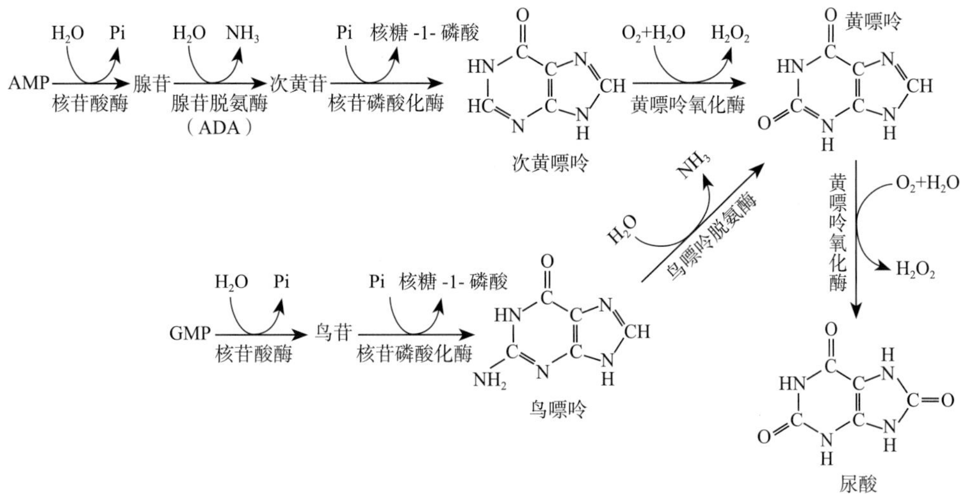

图 1 嘌呤核苷酸的分解代谢

基直接转变为终产物尿酸，然后经血到肾，由尿排出。与之相反，嘧啶碱基在小肠黏膜上皮细胞内则不被降解，而是经补救合成途径被重新利用，因此膳食添加尿苷可用于治疗嘧啶核苷酸合成缺陷。膳食核苷酸也会被部分地通过胃肠道细菌降解为 CO_2。

体内核苷酸的分解代谢类似于食物中的核酸在体内分解过程。在高等动物中，核酸经核酸酶分解为核苷酸。核苷酸再由核苷酸酶和核苷磷酸化酶催化，逐级水解成磷酸、戊糖和碱基。碱基可通过补救合成途径，被再利用合成核苷酸，也可以继续进行分解代谢。在人体内，嘌呤核苷酸分解代谢的终产物是尿酸，嘧啶核苷酸分解代谢的终产物是 β－丙氨酸、β－氨基异丁酸、CO_2 以及 NH_3。

嘌呤核苷酸的分解代谢 在嘌呤核苷酸的分解过程中，腺苷需要先经腺苷脱氨酶（ADA）脱氨转变为次黄嘌呤核苷再分解，而鸟苷则可以直接分解（图 1）。ADA 基因缺陷可以导致重症联合免疫缺陷（SCID）。次黄苷和鸟苷经磷酸解反应产生核糖 –1– 磷酸和嘌呤碱基，核糖 –1– 磷酸又可以经磷酸核糖变位酶催化转变为核糖 –5– 磷酸，重新用于核苷酸的从头合成或进入糖代谢途径。嘌呤核苷酸分解产生的嘌呤碱基，可以经嘌呤核苷酸补救合成途径被重新利用，也可以进一步氧化分解。

在人等灵长类动物体内，嘌呤碱基最终转变为尿酸。尿酸水溶性差，易沉积在关节等部位引发痛风。但在其他物种，尿酸则可进一步经尿酸氧化酶等催化，转变为水溶性好的尿囊素、尿囊

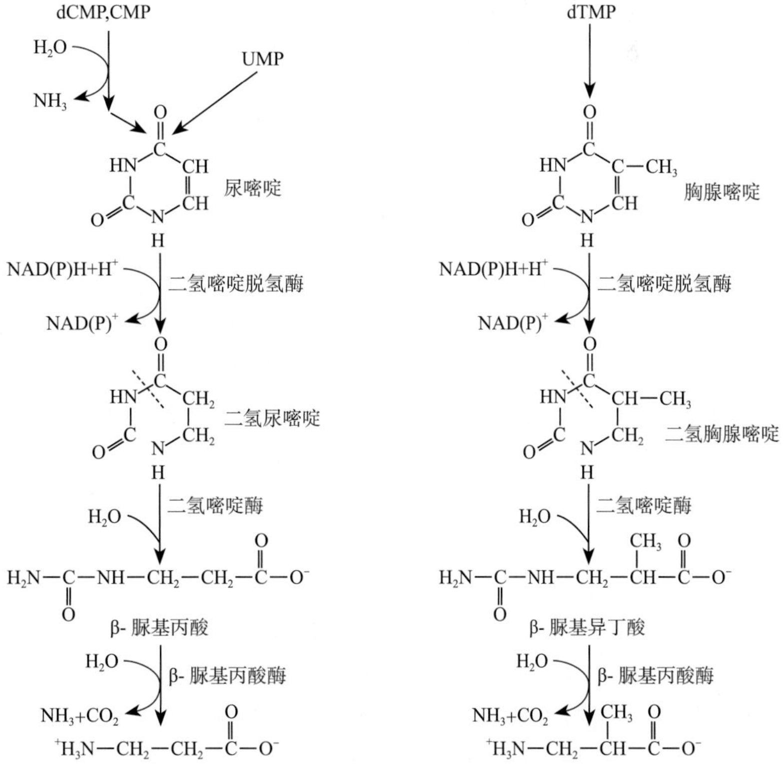

图 2 嘧啶核苷酸的分解代谢

酸甚至尿素排出体外。

嘌呤核苷酸分解代谢主要在肝、小肠和肾中进行，这些组织器官中的黄嘌呤氧化酶活性较高。

嘧啶核苷酸的分解代谢 与嘌呤核苷酸分解代谢终产物尿酸的低水溶性不同，嘧啶核苷酸分解代谢的终产物是高度水溶性的β-丙氨酸、β-氨基异丁酸、CO_2及NH_3（图2）。

嘧啶核苷酸同样经核苷酸酶和核苷磷酸化酶作用分解释放出嘧啶碱基。胞嘧啶通过脱氨基转变为尿嘧啶，再经过尿嘧啶分解途径进行代谢。尿嘧啶和胸腺嘧啶进一步的分解产物是β-丙氨酸和β-氨基异丁酸，后两者可以进一步转变为三羧酸循环的中间物琥珀酰CoA，亦可以随尿排出体外。接受放疗或化疗以及白血病的患者，因DNA破坏增多，可以导致尿中β-氨基异丁酸排出量增多。

嘧啶核苷酸的分解代谢主要在肝中进行。

（卜友泉）

niàosuān

尿酸（uric acid）

嘌呤核苷酸分解代谢产生的含有碳、氮、氧和氢的杂环化合物。又称2,6,8-三氧嘌呤、2,6,8-三羟基嘌呤。分子式为$C_5H_4N_4O_3$。分子量168.11D。可以离子、尿酸盐以及尿酸铵等形式存在。

性质 尿酸是弱二元酸（$pK_1=5.4$，$pK_2=10.6$）。在强碱条件下，可形成完全解离的尿酸盐离子。在生理pH条件下，则形成单次解离的尿酸盐。其结构中含有嘌呤功能基团，属于嘌呤衍生物，因此具有芳香性。尿酸及尿酸盐在水中的溶解度极低，约为0.6 mg/100ml（20℃）。几乎不溶于醇和醚。熔点＞300℃。

正常值 正常人体内尿酸总量约为1200mg，每天产生约750mg，排出500~1000mg。正常情况下尿酸约70%经肾脏排泄，其余由粪便和汗液排出。体内尿酸主要以单钠盐形式存在，其在体液的溶解度为6~7mg/100ml，如过饱和，则产生沉积，导致痛风等疾病。

生理意义 人类由于尿酸酶基因突变，缺乏尿酸氧化酶，不能把尿酸转化为易溶于水的尿囊素，所以尿酸成为人类嘌呤核苷酸代谢的终产物。尿酸氧化酶在人体的缺失可能也并非进化中的憾事，尿酸也并非是一个对机体有害的应快速清除的代谢废物。尿酸可促进钠盐的吸收而让人类在向直立行走的进化过程中保持血压稳定。尿酸具有很强的抗氧化作用，其抗氧化能力超过维生素C。科学家推测，人体产生尿酸与其合成维生素C能力丧失有关，尿酸部分地替代了维生素C的抗氧化功能。然而，体内大量的尿酸反而可促进氧自由基的形成和低密度脂蛋白的氧化进而加重动脉粥样硬化。因此，尿酸水平过低或过高可能都不利于人体健康。

（卜友泉）

hégānsuān kàng dàixiè wù

核苷酸抗代谢物（antimetabolite of nucleotide metabolism）

能够干扰或抑制细胞内正常核苷酸代谢物的作用，从而抑制核苷酸和核酸合成的一类人工合成或天然存在的化合物。它们通常是一些参与核苷酸合成代谢的嘌呤、嘧啶、氨基酸和叶酸等的类似物。

肿瘤细胞的生长和分裂十分迅速，对核苷酸的需求高于正常细胞。因此，核苷酸抗代谢物通过阻断肿瘤细胞内核苷酸、核酸的合成，抑制肿瘤细胞的生长和分裂，起到抗肿瘤的作用。除了用于癌症治疗外，一些核苷酸抗代谢物还可以作为有效的抗病毒药物在临床上应用。

常见的核苷酸抗代谢物有嘌呤类似物、嘧啶类似物、叶酸类似物、核苷类似物和谷氨酰胺类似物。

嘌呤类似物 主要有6-巯基嘌呤、6-巯基鸟嘌呤和8-氮鸟嘌呤等。它们在细胞内首先经补救途径转变为相应的核苷酸类似物，然后通过三种方式抑制嘌呤核苷酸的合成：抑制IMP向AMP和GMP的转变、抑制HGPRT酶活性而阻断嘌呤核苷酸的补救合成以及反馈抑制谷氨酰胺：PRPP酰胺转移酶的活性。

嘧啶类似物 主要包括5-氟尿嘧啶、5-氟胞嘧啶和5-氟乳清酸，以5-氟尿嘧啶最为常用。

叶酸类似物 主要有氨基蝶呤、甲氨蝶呤和甲氧苄啶等。在嘌呤核苷酸从头合成途径中，嘌呤环中的C-8和C-2分别由N^{10}-甲酰四氢叶酸和N^5，N^{10}-次甲基四氢叶酸提供，后两者在提供一碳单位后转变为四氢叶酸。在dUMP转变为dTMP的反应中，胸腺嘧啶环上的甲基由N^5，N^{10}-亚甲基四氢叶酸提供，后者转变为二氢叶酸。此处生成的二氢叶酸则需要在二氢叶酸还原酶的作用下重新被还原生成四氢叶酸，从而再次运载一碳单位参与上述反应。人体自身不能从头合成叶酸，必须从食物等外源途径摄取，但抑制二氢叶酸还原酶会造成功能性叶酸缺乏，导致核苷酸合成抑制，进而抑制细胞的核酸合成及快速增生。氨基蝶呤和甲氨蝶呤是哺乳动物二氢叶酸还原酶的抑制剂，可抑制肿瘤细胞的快速恶性增生，临床上用于多种癌症的化疗。细菌自身能够利用外源小分子从头合成二氢叶酸，再转变为四氢叶酸。甲氧苄啶是细菌二氢叶酸还原酶的抑制剂，能抑制细菌的叶酸合成，进而抑制细菌的核酸合成及分裂增生，是一种抗菌药。

核苷类似物 主要有5'叠氮胸苷（Zidovudine，AZT）、阿糖胞苷（cytosine arabinoside，araC）和双脱氧肌苷（didanosine，ddI）。作为核苷类似物，它们在体内可通过补救途径分别转变为相应的核苷酸，然后掺入正在合成的DNA链中，抑制链的延伸。其中AZT和ddI能够有效地阻断HIV病毒的逆转录，已成为治疗艾滋病的一种药物，而araC主要用于急性白血病的治疗。

谷氨酰胺类似物 包括氮杂丝氨酸、6-重氮-5-氧正亮氨酸等，含有重氮基团，属于重氮化合物。它们的结构与谷氨酰胺类似。核苷酸合成代谢有多个酶以谷氨酰胺为底物，包括谷氨酰胺：PRPP酰胺基转移酶、FGAM合成酶、鸟苷酸合成酶、氨甲酰磷酸合成酶Ⅱ（CPSⅡ）和CTP合成酶。上述谷氨酰胺类似物可以进入这些酶的活性中心并与之共价结合，从而抑制酶活性，并由此抑制核苷酸的合成，发挥抗肿瘤和抗菌作用。

（卜友泉）

6-qiújī piàolìng

6-巯基嘌呤（6-mercaptopurine, 6-MP）

次黄嘌呤C-6上的羰基被巯基取代的嘌呤类似物。6-MP与嘌呤核苷酸补救合成途径中次黄嘌呤-鸟嘌呤磷酸核糖转移酶（HGPRT）的底物次黄嘌呤和鸟嘌呤的结构类似，从而在HGPRT催化下与PRPP反应生成硫代次黄苷一磷酸（thio inosine monophosphate，TIMP）。TIMP能抑制IMP参与的多个化学反应，包括IMP转变为XMP、IMP经SAMP转变为AMP的反应。TIMP还能被甲基化转变为6-甲基硫代肌苷酸（6-methylthioinosinate，MTIMP）。TIMP和MTIMP又能反馈抑制嘌呤核苷酸从头合成途径的限速酶谷氨酰胺：PRPP酰胺基转移酶，从而抑制嘌呤核苷酸的从头合成。此外，经IMP脱氢酶和GMP合成酶的相继催化，TIMP可转变为硫代鸟苷酸（thioguanylic acid，TGMP）。有研究表明，6-MP能以脱氧硫代鸟苷的形式从DNA中被分解释放出来再利用。

硫代嘌呤S-甲基转移酶（thiopurine S-methyltransferase，TPMT）可催化6-MP被甲基化转变为其失活形式即6-甲基巯基嘌呤，这种甲基化修饰使6-MP无法进一步转变为具有细胞毒性的活性代谢物硫代鸟苷酸（thioguanine nucleotide，TGN）。一些TPMT基因遗传变异会导致该酶活性降低甚至无活性，携带此类变异的患者，会呈现TGN水平升高和严重骨髓抑制毒性。在很多种族，此类TPMT基因变异的出现频率约为5%。通过检测红细胞TPMT活性或做TPMT基因检测能发现TPMT低活性或无活性患者，从而降低6-MP用药剂量或完全避免使用6-MP，该检测已经应用于临床。美国FDA批准的6-MP药物标签中也推荐对患者进行TPMT活性检测以降低骨髓毒性风险。此外，由于别嘌呤醇是黄嘌呤氧化酶的抑制剂，黄嘌呤氧化酶能降解6-MP，因此同时服用别嘌呤醇会增强6-MP的药物毒性。

主要用于治疗急性淋巴细胞性白血病、克罗恩病和溃疡性结肠炎。不良反应包括腹泻、恶心、呕吐、脱发、骨髓抑制等。

（卜友泉）

jiǎ'āndiélìng

甲氨蝶呤（methothexate, MTX）

竞争性抑制二氢叶酸还原酶，阻断二氢叶酸还原为四氢叶酸的叶酸类似物。又称氨甲蝶呤。其化学结构与叶酸相似，与二氢叶酸合成酶的结合力比叶酸高约一千倍。四氢叶酸是一碳单位的载体，是核苷酸从头合成途径中胸苷酸合酶等多个酶的辅酶，由此参与dTMP和嘌呤核苷酸的合成，为DNA合成、RNA合成以及细胞增殖所必需。在胸苷酸合酶催化的反应中，N^5，N^{10}-亚甲基四氢叶酸将其携带的亚甲基一碳单位以甲基形式转移至dUMP生成dTMP的同时，被氧化转变为二氢叶酸。二氢叶酸则需要在二氢叶酸还原酶的作用下重新被还原生成四氢叶酸，从而再次运载一碳单位参与上述反应。因此，甲氨蝶呤能够通过抑制二氢叶酸还原酶而抑制肿瘤细胞的恶性增生，从而发挥抗肿瘤效应。

临床上用于治疗儿童急性白血病和绒毛膜上皮癌等，也用于自身免疫性疾病如关节炎等的治疗。不良反应包括消化道反应（如口腔炎、胃炎、腹泻等）；骨髓抑制，导致白细胞、血小板减少；长期大量用药可导致肝、肾损害；妊娠早期应用可导致畸胎、死胎。为减轻其骨髓毒性，可在应用大剂量甲氨蝶呤一定时间后肌内注射甲酰四氢叶酸钙作为救援剂，以保护骨髓正常细胞。

（卜友泉）

5-fúniàomìdìng

5-氟尿嘧啶（5-fluorouracil, 5-FU）

尿嘧啶C-5位上的氢被氟原子取代的嘧啶类似物。5-氟尿嘧啶在细胞内被转变为三种主要的活性代谢物，即：氟脱氧尿嘧啶核苷一磷酸（fluorodeoxyuridine monophosphate，FdUMP）、氟脱氧尿嘧啶核苷三磷酸（fluorodeoxyuridine triphosphate，FdUTP）和氟尿嘧啶核苷三磷酸（fluorouridine triphosphate，FUTP）。

5-FU最主要的活化机制是作为嘧啶核苷酸从头合成途径中的乳清酸磷酸核糖转移酶的底物，由PRPP提供磷酸核糖，在体内被催化直接转变为氟尿嘧啶核苷一磷酸（fluorouridine monophosphate，FUMP），或者是先经尿苷磷酸化酶催化转变为氟尿苷，再经尿苷激酶催化转变为FUMP。FUMP可进一步转变为FUTP和FdUTP。此外，5-FU也可经胸苷磷酸化酶催化转变为氟脱氧尿苷，再经胸苷激酶催化转变为FdUMP，进而转变为FdUTP。

5-FU的三种主要活性代谢物通过不同的机制来发挥作用。FdUMP直接结合在胸苷酸合酶的核苷酸结合位点，并与N^5，N^{10}-亚甲基四氢叶酸一起与酶蛋白形成一个稳定的复合物，从而阻止正常底物dUMP的结合，抑制dTMP的合成。FdUTP作为RNA合成的“原料”，掺入RNA分子中，破坏RNA的加工修饰和功能。FdUTP则作为DNA合成的“原料”，掺入DNA分子中，引发无效或错误的DNA切除修复（因此时细胞内FdUTP/dTTP浓度比过高），最终导致DNA链断裂和细胞死亡。

5-FU可经嘧啶核苷酸分解代谢途径中的二氢嘧啶脱氢酶催化转变为二氢氟尿嘧啶，后者被进一步分解排出体外。因基因变异所致二氢嘧啶脱氢酶活性降低或完全丧失的患者会呈现严重甚至致命的5-FU毒性。

临床上主要用于治疗结肠癌、乳腺癌等恶性肿瘤。不良反应包括腹泻、恶心、呕吐等胃肠道反应，以及骨髓抑制等。

（卜友泉）

ātángbāogān

阿糖胞苷（cytosine arabinoside） 胞嘧啶与阿拉伯糖通过糖苷键相连形成的核苷类似物。它的结构与脱氧胞苷非常相似。阿糖胞苷进入人体后可经激酶催化，磷酸化转变为阿糖胞苷二磷酸和阿糖胞苷三磷酸。阿糖胞苷三磷酸可作为DNA合成的“原料”，掺入DNA分子。因为阿糖胞苷中的阿拉伯糖的空间结构不同于脱氧核糖，故在错误掺入后会形成异常的空间结构，阻碍并导致DNA合成停止，使细胞阻滞在S期，最终导致细胞分裂停滞和细胞死亡。此外，阿糖胞苷也能抑制DNA聚合酶的活性，从而抑制DNA合成。

临床上用于治疗成人急性粒细胞性白血病或单核细胞白血病。不良反应包括骨髓抑制和胃肠道反应等。阿拉伯糖也有抗病毒活性，在神经系统研究中还用于控制神经胶质细胞的增生。

（卜友泉）

hégānsuān dàixiè jíbìng

核苷酸代谢疾病（nucleotide metabolism disorder） 由于核苷酸代谢紊乱所导致的疾病。

核苷酸代谢紊乱的主要原因是其代谢过程中相关酶基因缺陷引起酶的异常，酶的异常常导致核苷酸代谢中间物或产物量的异常，进而可累及相应的组织、器官，由此引发各种疾病（表1）。核苷酸代谢疾病基本上都属于遗传代谢病。

核苷酸代谢酶异常通常是酶基因缺陷即基因突变导致酶活性降低或完全丧失，但有时酶基因突变反而导致酶活性过强，如PRPP合成酶Ⅰ活性过强症。绝大多数核苷酸代谢酶缺陷属于常染色体隐性遗传，少数属于X性染色体连锁和常染色体显性遗传。此外，其他物质代谢紊乱也会引发核苷酸代谢紊乱，如尿素循环中的酶缺陷在导致尿素循环障碍的同时会引发Ⅱ型乳清酸尿症。

近年来，不断有新的核苷酸代谢酶缺陷被发现。已经报道有30多种嘌呤和嘧啶核苷酸代谢酶的异常。有些酶异常影响相对较小，并不引发疾病。但有些酶的异常会导致严重甚至致命的结果。目前，已知至少有10种酶异常导致10种嘧啶核苷酸代谢疾病，19种酶异常导致26种嘌呤核苷酸代谢疾病。

核苷酸代谢疾病的分子诊断通常是采用高效液相色谱和液相色谱－质谱/质谱等技术检测血和尿中代谢物含量，以及基因诊断技术检测酶基因的异常等。

（卜友泉）

tòngfēng

痛风（gout） 由于单钠尿酸盐晶体沉积于骨关节、肾脏和皮下等部位，所引发的急慢性炎症和组织损伤的疾病。该病的发生与嘌呤代谢紊乱或尿酸排泄减少所导致的高尿酸血症直接相关，属于代谢性风湿病范畴。血清尿酸浓度超过参考值上限称为高尿酸血症。高尿酸血症和痛风可看作同一疾病的不同阶段，高尿酸血症是痛风的前期，临床上仅5%~15%的高尿酸血症患者最终发展为痛风。痛风包括原发性和继发性两类。原发性痛风多数为尿酸排泄障碍，少数为尿酸生成增多，致病因素涉及遗传因素和

表 1　部分核苷酸代谢疾病

	酶名称	酶异常	疾病	OMIM	基因名称	染色体定位
嘌呤从头合成	PRPP 合成酶 Ⅰ	重度缺陷	多器官功能衰竭	301835	PRPS1	Xq22.3
	PRPP 合成酶 Ⅰ	活性过强	PRPP 合成酶 Ⅰ 活性过强症	300661	PRPS1	Xq22.3
	IMP 脱氢酶	缺陷	常染色体显性视网膜色素变性	146690	IMPDH1	7q32.1
嘌呤分解	腺苷脱氨酶	缺陷	重症联合免疫缺陷	102700	ADA	20q13.11
	嘌呤核苷磷酸化酶	缺陷	常染色体隐性 T 细胞免疫缺陷	613179	NP	14q11.2
	黄嘌呤氧化酶	缺陷	遗传性黄嘌呤尿症 Ⅰ 型	278300	XDH	2p23.1
嘌呤补救合成	HGPRT	缺陷	莱施 – 奈恩综合征	300322	HPRT1	Xq26–q27.2
	腺嘌呤磷酸核糖转移酶	缺陷	二羟腺嘌呤尿症 Ⅰ 型	614723	APRT	16q24.3
	腺苷激酶	缺陷	腺苷激酶缺陷	614300	ADK	10q22.2
嘧啶从头合成	二氢乳清酸脱氢酶	缺陷	米勒（Miller）综合征	126064	DHODH	16q22.2
	UMP 合成酶	缺陷	遗传性乳清酸尿症	258900	UMPS	3q21.2
嘧啶补救合成	胸苷激酶 2	缺陷	线粒体 DNA 耗竭综合征 2 型	609560	TK2	16q21
嘧啶分解	胸苷磷酸化酶	缺陷	线粒体神经胃肠脑肌病	603041	TYMP	22q13.33
	二氢嘧啶脱氢酶	缺陷	胸腺嘧啶 – 尿嘧啶尿症	274270	DPYD	1p21.3
	二氢嘧啶水解酶	缺陷	二氢嘧啶尿症	222748	DPYS	8q22.3
	β – 脲基丙酸酶	缺陷	β – 脲基丙酸尿症	613161	UPB1	22q11.2

环境因素，具有家族易感性。原发性痛风除了极少数是先天性嘌呤代谢酶缺陷之外，绝大多数病因尚不清楚，但常常与糖脂代谢紊乱、肥胖、高血压、动脉硬化和冠心病等相伴发生。继发性痛风的主要原因包括：肾脏疾病导致尿酸排泄减少，骨髓增生性疾病及放疗导致尿酸生成增多，某些药物抑制尿酸的排泄等。

分子发病机制　尿酸是嘌呤分解代谢的终产物，主要由细胞自身嘌呤核苷酸分解代谢产生，体内其他嘌呤类化合物以及食物含有的嘌呤经酶催化分解亦是其来源。人体内的尿酸，约 80% 来源内源性嘌呤代谢，约 20% 来源富含嘌呤或核酸的食物。对于正常人体而言，其血清尿酸浓度在一个较窄的范围内波动。血清尿酸水平过高主要由尿酸排泄障碍和尿酸生成增多引起。

尿酸生成增多主要由酶的异常或缺陷所致。参与嘌呤核苷酸代谢的 PRPP 合成酶活性增高、PRPP 谷氨酰胺基转移酶活性增高和次黄嘌呤 – 鸟嘌呤磷酸核糖转移酶（HGPRT）缺陷均可以诱发痛风。前两种酶是嘌呤核苷酸从头合成的限速酶，若这两种酶活性增高，则使它们对反馈抑制不敏感，引起嘌呤核苷酸过量合成，从而导致尿酸水平异常。HGPRT 参与嘌呤核苷酸补救合成途径，如该酶缺陷，则一方面使嘌呤核苷酸补救合成途径受阻，从而减少了嘌呤碱基的消耗；另一方面还可能导致 PRPP 浓度升高（因 HGPRT 能够消耗 PRPP，降低 PRPP 浓度）而激活嘌呤核苷酸从头合成途径，从而增加嘌呤碱基的合成。这两方面都增加了体内嘌呤碱基的量，从而使尿酸水平上升。

由于尿酸或尿酸盐的溶解度有限，当其在血液或滑囊液中的浓度达到饱和状态或超过某临界值时，极易形成结晶，并在关节、软组织和肾等处沉积，导致关节炎、慢性炎症和肾脏损伤等疾病。在体温 37℃、pH 7.4 时，尿酸钠的饱和浓度约为 420 μmol/L，而在 30℃时为 268 μmol/L。跖趾关节在身体末端，其关节腔内尿酸浓度大于 268 μmol/L，即可能形成结晶沉淀。饱和状态的尿酸钠，与血浆特异性 α_1– 球蛋白、α_2– 球蛋白结合，仍具有一定稳定性。但若浓度持续增高，同时发生血浆球蛋白减少、局部 pH 降低或体温降低等情况，则可使尿酸钠呈微小结晶析出。尿酸钠容易沉积在血管少和黏多糖含量丰富的软骨、关节腔内及其他结缔组织中。因为运动时这些组织易发生缺氧，继而出现糖酵解活跃、乳酸产生增多，从而导致 pH 降低。故运动、饮酒、应激和局部损伤等都可诱发这些部位的尿酸钠结晶沉积并引起急性炎症发作。微小的尿酸钠结晶可吸附 IgG，在补体参与下诱发中性粒细胞的吞噬作用。结晶被吞噬后可导致白细胞膜破裂，释放各种炎症介质分子，如白三烯 B_4 和糖蛋白等化学趋化因子、溶酶体和胞质中的各种酶，导致组织发生炎症反应。

分子诊断　血清尿酸水平的高低受种族、饮食习惯、区域和年龄等多重因素影响。正常男性为150~380mmol/L，正常女性为100~300mmol/L。男性和绝经后女性大于420μmol/L，绝经前女性大于350μmol/L，即可诊断为高尿酸血症。

治疗 别嘌呤醇是临床上用于痛风和高尿酸血症治疗的药物。它是黄嘌呤氧化酶的抑制剂。别嘌呤醇口服进入体内后，2小时之内几乎全部主要被乙醛脱氢酶催化转变为其活性形式即别黄嘌呤或羟嘌呤醇，18~30小时后被肾脏分泌除去。别黄嘌呤也是黄嘌呤氧化酶的抑制剂，它能与酶的活性中心紧密结合从而强烈抑制酶活性，继而有效地抑制尿酸的产生。此外，抑制黄嘌呤氧化酶还可导致次黄嘌呤水平升高，后者可与PRPP经补救途径生成IMP，IMP及进一步转变生成的AMP和GMP可反馈抑制限速酶谷氨酰胺：PRPP酰胺转移酶，从而又抑制嘌呤合成。

（卜友泉）

Láishī-Nài'ēn zōnghézhēng

莱施-奈恩综合征（Lesch-Nyhan syndrome）

因次黄嘌呤-鸟嘌呤磷酸核糖转移酶基因缺陷所引起的遗传性代谢病。1964年由迈克尔·莱施（Michael Lesch）和威廉·奈恩（William L. Nyhan）报道，故称为莱施-奈恩综合征（Lesch-Nyhan综合征）。患者表现脑发育不全、智力低下和严重痛风症状。重症病例中还常表现出攻击和破坏行为，如患者常常咬伤自己的嘴唇、手和足趾，故又称自毁容貌症。患者寿命一般不超过20岁。

发病分子机制 莱施-奈恩综合征病因已被确定为Xq26-q27.2的次黄嘌呤-鸟嘌呤磷酸核糖转移酶（hypoxanthine-guanine phosphoribosyltransferase，HGPRT）基因缺陷。*HGPRT*基因位于染色体Xq26.1，故该病属于伴X染色体连锁隐性遗传的疾病。HGPRT是嘌呤核苷酸补救合成途径的重要酶，该酶的缺陷使得鸟嘌呤和次黄嘌呤不能通过补救合成途径合成核苷酸。因为脑组织缺乏嘌呤核苷酸从头合成的酶系，故而补救合成途径对其至关重要。因此，*HGPRT*缺陷对脑组织影响最为严重，导致脑合成嘌呤核苷酸能力低下，造成中枢神经系统发育不良。*HGPRT*缺陷还导致细胞内的嘌呤不能通过补救合成途径利用，继而引发大量嘌呤分解，产生大量的代谢产物——尿酸。尽管基因缺陷明确，但*HGPRT*缺陷导致神经系统病变的机制仍不甚清楚。

分子诊断 实验室检查可见各种体液中的尿酸含量升高，尿酸/肌酐比值增加，尿中常有橘红色的尿酸结晶或尿路结石。

治疗 目前科学家正研究通过基因工程的方法把*HGPRT*基因转移到患者的细胞中，达到治疗该病的目的。

（卜友泉）

xiàngān tuō'ānméi quēfázhèng

腺苷脱氨酶缺乏症（adenosine deaminase deficiency）

因腺苷脱氨酶基因缺陷引起的常染色体隐性遗传代谢病。患者表现为严重联合免疫功能低下，是重症联合免疫缺陷（severe combined immunodeficiency，SCID）疾病的一个亚型，因此又称为腺苷脱氨酶缺乏引起的重症联合免疫缺陷（severe combined immunodeficiency due to adenosine deaminase deficiency，ADA-SCID）。

发病分子机制 *ADA*基因位于染色体20q12-q13.11，该酶在体内催化腺嘌呤核苷和脱氧腺嘌呤核苷转化为次黄嘌呤核苷和脱氧次黄嘌呤核苷。*ADA*基因缺陷造成该酶活性下降或消失，导致腺嘌呤核苷酸尤其dATP的蓄积。dATP是脱氧核苷酸生成的关键酶即核糖核苷酸还原酶的别构抑制剂，dATP蓄积可使脱氧核苷酸合成锐减，从而阻碍DNA合成。*ADA*主要在淋巴细胞表达，其缺陷可导致免疫细胞分化、增生障碍，胸腺萎缩，T淋巴细胞和B淋巴细胞功能不足，细胞免疫和体液免疫反应均下降，甚至死亡。

分子诊断 实验室检查可见红细胞dATP升高、血和尿中脱氧腺苷升高、红细胞腺苷脱氨酶活性降低。红细胞dATP水平检测可以用于评估疾病严重程度和治疗效果。

治疗 包括骨髓移植和基因治疗等。1990年9月，一位年仅4岁携带*ADA*单基因缺陷的小女孩接受了世界上第一例基因治疗，由美国医生威廉·安德森（William·F. Anderson）实施。该治疗方案使用逆转录病毒携带正常*ADA*基因片段，转染体外培养的患儿自身T淋巴细胞，使*ADA*基因表达，数日后将细胞输回患儿体内。在10个半月中，患儿共接收了7次携带*ADA*基因的逆转录病毒转染的自体细胞回输。经过基因治疗后，患儿免疫功能明显改善，且未见由细胞回输和由于治疗本身带来的副作用。2016年4月，欧洲医药管理局批准了一种名为“Strimvelis”的干细胞基因疗法，用于治疗无相匹配捐献骨髓的ADA-SCID儿童患者。

（卜友泉）

rǔqīngsuānniàozhèng

乳清酸尿症（orotic aciduria）

以尿液中乳清酸排泄过量为特征

的疾病。主要包括Ⅰ型乳清酸尿症和Ⅱ型乳清酸尿症。

发病分子机制 Ⅰ型乳清酸尿症是一种常染色体隐性遗传病，是由于嘧啶核苷酸合成代谢中的UMP合成酶（UMP synthetase，UMPS）基因缺陷引起，该基因位于染色体3q13。UMPS是一种仅由一条肽链组成的双功能酶，具有乳清酸磷酸核糖转移酶和乳清酸核苷酸脱羧酶两种酶活性，催化嘧啶核苷酸从头合成过程中的两步连续反应，即乳清酸转变为乳清酸核苷酸，后者再转变为UMP。因此，UMP合成酶缺陷会影响嘧啶核苷酸合成，导致血中嘧啶合成过程中间产物乳清酸堆积，UMP合成减少，CTP和dTMP的合成也随之减少，RNA和DNA合成原料不足。患者主要表现为尿中排出大量乳清酸、生长迟缓和巨幼细胞贫血。

Ⅱ型乳清酸尿症是由于鸟氨酸循环中的酶缺陷导致的鸟氨酸循环障碍引起。鸟氨酸循环是机体清除氨的主要途径，包括5个酶促反应，所涉及的酶有氨基甲酰磷酸合成酶、鸟氨酸氨甲酰转移酶、精氨酸代琥珀酸合成酶、精氨酸代琥珀酸裂解酶和精氨酸酶，其中任何一种酶缺陷均可导致鸟氨酸循环障碍，但以鸟氨酸氨甲酰基转移酶缺陷最为多见，为伴性显性遗传方式。其临床特征为高氨血症并发乳清酸尿症。患者摄入高蛋白质食物可诱发症状。

此外，伴随瑞氏综合征的乳清酸血症，则可能是因为线粒体严重受损，不能利用氨甲酰磷酸，后者转而在胞质溶胶中经嘧啶合成途径生成大量乳清酸所导致。

分子诊断 先天性或遗传性乳清酸尿症的主要特征是尿中乳清酸水平很高。而鸟氨酸循环障碍引起的乳清酸尿症，患者除了尿中乳清酸水平高以外，还出现尿素障碍导致的血氨水平很高（高血氨症）、血尿素氮水平降低。

治疗 Ⅰ型乳清酸尿症，临床上可应用CMP和UMP治疗，以降低尿乳清酸和贫血；也可用尿苷治疗，即通过补救合成途径，经自身核苷酸激酶催化尿苷来合成UMP，而合成的UMP又可反馈抑制CPS-Ⅱ活性，从而抑制嘧啶核苷酸的从头合成，减少乳清酸等中间产物的蓄积，具有良好疗效。2015年9月，美国FDA批准尿苷三乙酸酯用于遗传性乳清酸尿症的治疗。

（卜友泉）

tuōyǎng hétáng hésuān

脱氧核糖核酸（deoxyribonucleic acid, DNA） 广泛存在于细胞以及病毒、类病毒中的多聚脱氧核糖核苷酸链大分子。DNA是绝大多数生物体的主要遗传物质。真核生物中的DNA主要存在于细胞核内，是染色体的主要成分，其他细胞器，如线粒体、叶绿体中亦包含少量DNA；原核细胞的DNA集中在类核；某些病毒中也含有遗传物质DNA。基因是有遗传功能的DNA片段，编码蛋白质或功能性RNA。

真核生物的染色体DNA为线性双链DNA，原核生物染色体DNA、质粒DNA以及真核生物线粒体、叶绿体中的DNA都是环状双链DNA。一般动物病毒的DNA也是线性或者环状的双链DNA。双链是DNA的常态，有利于它的稳定性，但也有少数病毒的遗传物质是单链DNA，如微小病毒科的病毒含线性单链DNA，少数植物病毒含环状单链DNA。

组成 脱氧核糖核苷酸是DNA的组成单位，简称脱氧核苷酸。脱氧核苷酸水解后得到一分子脱氧核苷和一分子碱基，脱氧核苷经水解又得到一分子脱氧核糖和一分子磷酸。脱氧核糖通过N-糖苷键与碱基相连，通过5'磷酯键与磷酸相连（图1）。

脱氧核糖 戊糖是核酸骨架的主要成分，DNA中的戊糖为D-2-脱氧核糖，其上只有2个自由羟基，只能生成3'-和5'脱氧核苷酸。

碱基 组成DNA的碱基有腺嘌呤、鸟嘌呤、胸腺嘧啶、胞嘧啶4种，分别用A、G、T、C表示。碱基是由碳和氮两种原子构成的杂环，嘌呤为二杂环，嘧啶为单环。碱基具有弱碱性。在嘧啶和嘌呤杂环中，交替出现的双键具有高度的共轭性，因此碱基对紫外区（240~290nm）有较强的光吸收，在波长为260nm处具有最大吸收强度，这是核酸重要的理化性质之一。

结构 DNA为多聚脱氧核苷酸长链，有着较为复杂的结构。

一级结构 DNA是没有分支的多聚脱氧核苷酸长链，链中每个脱氧核糖核苷酸的3'-羟基和相邻脱氧核苷酸的5'磷酸相连。因此，连接核苷酸的化学键是3',5'磷酸二酯键。由于同一条链中所有脱氧核苷酸间的磷酸二酯键走向相同，所以DNA链有方向性，每条线形DNA链都有一个5'端和一个3'端。脱氧核糖和磷酸相间排列构成DNA分子的主链，碱基排列在内侧。在DNA分子中，碱基是可变的，磷酸和脱氧核糖不变，碱基在DNA长链中的排列顺序变幻无穷，所谓DNA的一级结构，就是指4种碱基的排列顺序。虽然只有4种碱基组成DNA分子，但是碱基的排列通过自由组合完全可以有几乎无限的排列方式，

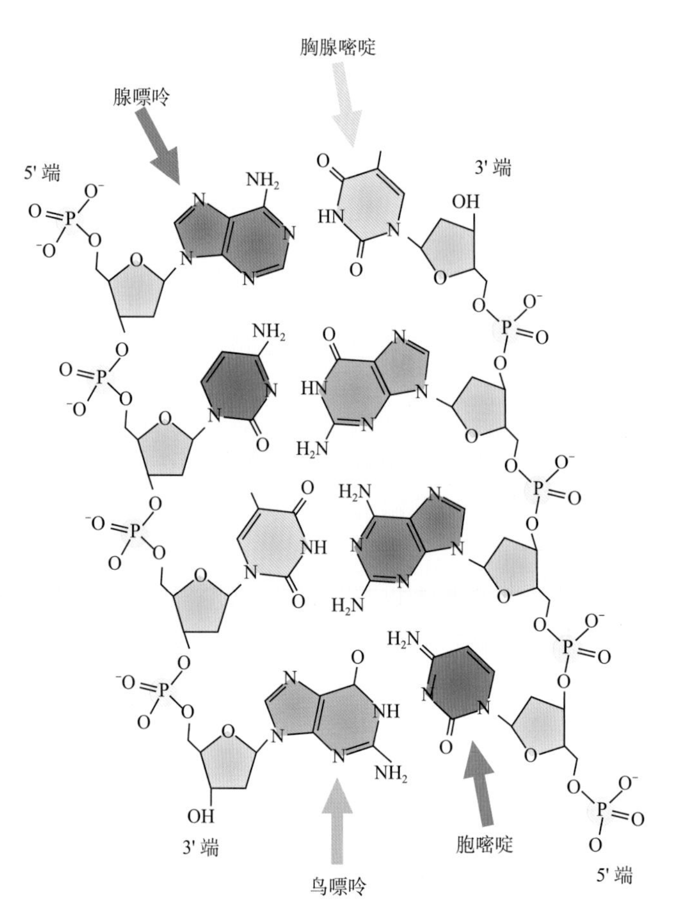

图 1　DNA 的化学结构

如一条长 100bp 的多核苷酸链，它的排列方式就有 4100 种，事实上，每条多核苷酸链包含的碱基总数通常远远大于 100 个。DNA 分子的特异性取决于每个 DNA 分子中特定的核苷酸排列顺序，不同的 DNA 链能够编码形成千差万别的多肽或功能 RNA。DNA 分子 4 种碱基组成的变化多端的序列显示出生物界物种的多样性和复杂性。

DNA 的一级结构决定它的高级结构，高级结构反过来又决定和影响了一级结构的功能。

二级结构　1953 年，美国生物学家詹姆斯·沃森（James Watson）和英国物理学家弗朗西斯·克里克（Francis Crick）提出的 DNA 的双螺旋结构模型：DNA 分子是由反向平行的两条脱氧核苷酸链盘旋形成，DNA 分子的骨架由脱氧核糖与磷酸基团交替排列在外侧形成，内侧的碱基对通过氢键相互连接，其中 A 与 T 配对，G 与 C 配对。DNA 的双螺旋结构有两大类：一类是包括 A-DNA 和 B-DNA 等的右手螺旋，另一类是以 Z-DNA 为代表的左手螺旋。DNA 通常是以右手螺旋的形式存在，其呈现何种结构受环境条件的影响。

DNA 双螺旋结构的发现为正确地阐述遗传物质的多种功能，生物体内的遗传变异以及自然界多姿多彩的生命现象奠定了理论基础。

高级结构　DNA 的高级结构是指 DNA 双螺旋在已有基础上进一步扭曲、折叠所形成的更为复杂的特定构象，包括超螺旋、多重螺旋和线性双链的纽结等。其中，超螺旋结构是主要的 DNA 高级结构形式，包含正超螺旋和负超螺旋两大类。正超螺旋又称右手超螺旋，负超螺旋又称左手超螺旋。天然状态下，细胞内 DNA 以负超螺旋为主，正超螺旋是双螺旋过度缠绕形成的。它们在拓扑异构酶的作用下或在一定条件下可以互相转变，如下：

$$\text{负超螺旋}\xrightarrow[\text{溴乙锭}]{\text{拓扑异构酶}}\text{松弛 DNA}\xrightarrow[\text{溴乙锭}]{\text{拓扑异构酶}}\text{正超螺旋}$$

DNA 分子超螺旋的变化关系可用数学公式表示出来：

$$L=T+W$$

L 表示连接数，指环形 DNA 分子两条链间的交叉次数，在 DNA 链不断裂的情况下，L 是个常量；T 表示双螺旋的盘绕数或扭转数；W 表示超螺旋数。T 和 W 为变量。

生物学功能　DNA 是主要的遗传物质。DNA 是所有细胞生物和大多数病毒的遗传物质，生物体通过 DNA 复制将遗传信息由亲代传递给子代。

1928 年，英国科学家格里菲斯（Griffith）的肺炎球菌转化实验表明 S 型死菌细胞内有一种物质能引起 R 型活菌转化为 S 型菌。格里菲斯以有荚膜光滑型（Smooth，S 型）和无荚膜粗糙型（Rough，R 型）两种肺炎球菌菌株作为实验材料进行遗传物质的实验，他将活的、无毒的 R 型菌或加热杀死的有毒的 S 型菌注入小鼠体内，结果小鼠安然无恙；将活的、有毒的 S 型菌注射后，小鼠患病死亡。将大量经加热杀死的有毒的 S 型菌和少量无毒、活的 R 型菌混合后注射入小鼠体内，小鼠也患病死亡，并能够从小鼠体内分离出存活的 S 型菌。格里菲斯将这一现象称为转化作用，而引起这种转化的物质（转化因子）是什么并未得出结论。

1944年，艾弗里（Avery）在格里菲斯的肺炎球菌转化实验基础上做了体外转化实验，证明DNA是遗传物质，蛋白质不是遗传物质。艾弗里等学者在格里菲斯工作的基础上，对转化的本质进行了深入的研究。他们从S型肺炎双球菌活菌体内提取荚膜多糖、DNA、RNA和蛋白质，分别和R型活菌混合均匀后注射到小鼠体内，结果只有注射R型活菌和S型肺炎球菌DNA混合液的小鼠死亡，这是因为有一部分无毒的R型菌转化成为有毒的S型菌导致的，并且由这些转化后的肺炎双球菌产生的后代也都是有毒、有荚膜的。

1952年，赫尔希（Hershey）和蔡斯（Chase）的噬菌体感染实验进一步证明了DNA是遗传物质。赫尔希和蔡斯用 ^{32}P 和 ^{35}S 分别标记噬菌体 T_2 的核酸（DNA）和蛋白质，然后用标记的 T_2 噬菌体感染大肠埃希菌，发现只有 ^{32}P 标记的DNA进入大肠埃希菌细胞内，而 ^{35}S 标记的蛋白质仍留在细胞外，证明了噬菌体DNA携带了噬菌体的全部遗传信息。

（余 佳）

shuāng luóxuán

双螺旋（double helix） 两条多核苷酸链反向平行盘绕所形成的DNA二级结构。DNA双螺旋模型是美国生物学家詹姆斯·沃森（James Watson）和英国物理学家弗朗西斯·克里克（Francis Crick）于1953年提出的，他们的发现是基于以下两个方面的启示：X射线衍射图谱表明DNA是一种规则的螺旋结构；不论总碱基数目多少，A的含量总是与T一样，C的含量总是与G一样。其中，X射线衍射图由英国化学家、γ和X射线晶体学家罗莎琳德·富兰克林（Rosalind Franklin）和英国物理学家莫里斯·威尔金斯（Maurice Wilkins）提供，除富兰克林（评奖时已经逝世）外，其他三人因此获得了1962年的诺贝尔生理学或医学奖。DNA分子双螺旋结构模型为DNA的结构与功能之间联系奠定了理论基础。

模型及特征 DNA分子是由反向平行的两条脱氧核苷酸链盘旋形成的双螺旋结构，基本骨架由核糖与磷酸基团交替排列在外侧形成，内侧的碱基对通过氢键相互连接（图1）。当年沃森和克里克发现的DNA结构其实只是DNA最常见的一种双螺旋结构，具体结构特征如下。①主链：由核糖和磷酸构成，处于螺旋的外侧，核苷酸间磷酸二酯键的走向决定多核苷酸链的方向，一条从5'→3'，一条从3'→5'。②碱基对：单链上的碱基以垂直于螺旋轴的取向通过糖苷键与主链糖基相连，两条链上的碱基之间以氢键连接，遵循碱基互补配对原则，位于螺旋内侧。碱基平面与纵轴垂直，螺旋的轴心穿过氢键的中点。③大沟和小沟：双螺旋表面凹下去的螺旋形较大沟槽和较小沟槽分别称为大沟和小沟。大沟位于相毗邻的双股之间，小沟位于双螺旋的互补链之间。④结构参数：螺旋直径2nm；螺旋周期包含10对碱基；螺距3.4nm；相邻碱基对平面的间距为0.34nm。

分类 DNA的双螺旋结构分为两大类：一类是右手螺旋，DNA通常是以此形式存在的，包括A-DNA和B-DNA；另一类是左手螺旋，即Z-DNA。DNA呈现何种结构受环境条件的影响，各种结构的对比如表1与图2所示。

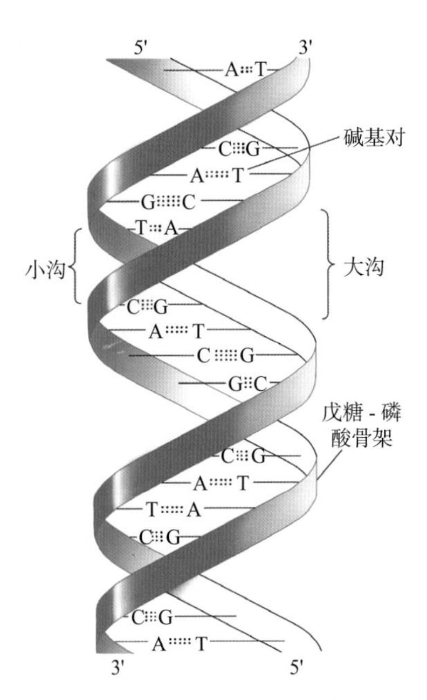

图1 DNA双螺旋结构模型

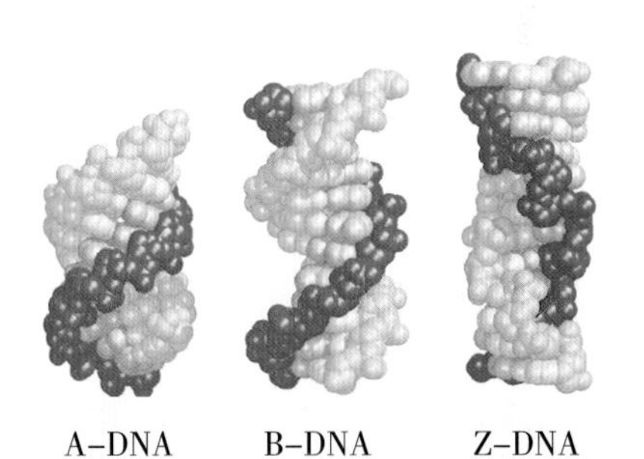

图2 A-DNA、B-DNA、Z-DNA结构比较

B-DNA的构象 在较高湿度下DNA钠盐的结构是B型双螺旋，称为B-DNA结构，是由反向平行的两条多核苷酸链围绕同一中心轴盘旋延伸构成右手螺旋结构。它既规则又很稳定，是大多数DNA在细胞中的构象，也就是沃森和克里克提出的模型。一般说来，A-T丰富的DNA片段常呈B-DNA。

A-DNA的构象 也是右手螺旋，但其构象不同于上述B-DNA，在相对湿度75%以下时，X射线衍射分析表明DNA的碱基对与中心轴的倾角发生了变化，螺旋宽而短，螺旋周期包括11个碱基对，

表1 A-DNA、B-DNA、Z-DNA 结构参数比较

双螺旋	A-DNA	B-DNA	Z-DNA
碱基倾角（°）	20	6	7
碱基间距（nm）	0.26	0.34	0.37
螺旋直径（nm）	2.55	2.37	1.84
每轮碱基对数	11	10	12
大沟	很狭、很深	宽、较深	平坦
小沟	很宽、浅	狭、较深	很狭、很深
糖苷键构象	反式	反式	C 反式、G 顺式
螺旋方向	右	右	左

该构象的 DNA 称为 A-DNA。若 DNA 双链中其中一条链被相应的 RNA 链替换，如 DNA 处于转录状态时，就会变构成 A-DNA。由此可见，A-DNA 构象对基因表达有着重要影响。除此之外，由两条 RNA 链组成的双螺旋结构亦是 A-DNA。

除 A-DNA、B-DNA 两种右手螺旋结构外，还存在 B′-DNA、C-DNA 和 D-DNA 等其他形式，但它们均接近 B 型，可作为 B 型同一族。

Z-DNA 的构象 Z-DNA 螺旋细长，骨架呈 Z 字形，螺旋周期包含 12 对碱基，大沟平坦，小沟深、窄，核苷酸构象顺反相间。Z-DNA 虽不是常见形式，但它似乎也具有紧要的生物活性，如调控转录——在附近调控系统中，Z-DNA 抑制与调节区毗邻的转录区，唯有 Z-DNA 转变成为 B-DNA 后，转录才能够被活化；而处于远距离的调控系统中，转录区在控制区为 B-DNA 时不能转录，只有控制区为 Z-DNA 时，高度负超螺旋带来的扭转张力才能使转录区起始转录。

（余 佳）

DNA jiě liàn

DNA 解链（DNA melting）

双螺旋碱基对的氢键断裂，空间结构破坏，DNA 双链变成无规线团状态的单链的过程。解链使 DNA 的天然构象和性质发生了改变，因而又称为 DNA 变性。DNA 解链只涉及次级键的变化，不涉及磷酸二酯键的断裂，即 DNA 的高级结构被破坏而一级结构不变。凡能破坏 DNA 双螺旋稳定性的因素，如加热，极端的 pH，有机试剂甲醇、乙醇、甲酰胺、尿素等，均可引起 DNA 分子解链。

原理 将 DNA 的稀盐溶液加热达到一定温度后，260nm 的吸光度骤然增加，显示增色效应，说明两条链开始分开。吸光度增加约 40% 后，变化趋于平坦，说明 DNA 的两条链已完全分开。这个现象表明 DNA 的热变性是个突变过程，类似结晶体的熔解，因此也称 DNA 融解。将紫外吸收的增加量达最大增量一半时的温度值称为融解温度（melting temperature），用 Tm 表示。DNA 的溶解温度可以受到多种因素的影响：① DNA 双链的均一性越高，熔解温度的范围越小。②溶液的离子强度较高时，Tm 值较大。③ DNA 的 G-C 含量越高，Tm 值越大。GC 含量每上升 1%，则 Tm 值增加 0.4℃。它们之间的关系可以用马默多蒂（Marmur-Doty）关系式计算：Tm=69.3+0.41（G+C）%，或 GC%=（Tm-69.3）×2.44。④核酸在 $5 < pH < 9$ 的溶液中是稳定的。但当 $pH > 12$ 或 $pH < 3$ 时，就会引起 DNA 双链变性。由于酸性条件下核酸容易脱嘌呤，所以通常加 NaOH 降低 Tm 的值。⑤甲酰胺、尿素、甲醇、乙醇等可使 DNA 变性的化学试剂可以降低 Tm 的值。

解链的 DNA 有时在适宜的条件下还可以重新缔合成双螺旋，这个过程称为复性（renaturation）。热变性的核酸要复性需将其缓慢冷却，故又称退火（annealing）。复性后，核酸的紫外吸光度降低，这种现象被相应地称为减色效应（hypochromic effect）。影响 DNA 复性速度的因素也有很多：DNA 片段越大，溶液的 pH 过高或过低，复性的速度均会降低；DNA 浓度越高，DNA 的重复序列越多，以及适当增大介质的离子强度，复性的速度会增高。

意义 线性 DNA 与环状 DNA 的变性和复性条件也不同，碱裂解法提取质粒的基本原理就是依据于此：在 pH 值为 12.0~12.6 的碱性环境中，线性的大分子量细菌染色体 DNA 变性分开，而质粒 DNA 虽部分解链，但拓扑结构使它的 DNA 双链仍缠绕在一起保持共价闭环。将 pH 调回至中性并有高盐浓度存在的条件下，染色体 DNA 不能复性，交联形成不溶性网状结构，大部分与蛋白质一起在去污剂 SDS 的作用下形成沉淀；而质粒 DNA 可复性恢复为可溶状态，通过离心即可将细菌的染色体 DNA 与质粒 DNA 分开。

（余 佳）

xiànlìtǐ DNA

线粒体 DNA（mitochondrial DNA, mtDNA）

存在于线粒体中的双链环状 DNA 分子。与细菌质粒 DNA 的结构相似，主要编码

与细胞呼吸链代谢相关的蛋白质和酶。每个线粒体估计含有2~10个mtDNA拷贝，mtDNA的复制由DNA聚合酶γ催化合成。在不同生物中，线粒体的大小、基因排列、转录合成，甚至遗传密码都有所不同。线粒体DNA的相对分子质量为1×10^3~2×10^5，一般来讲，植物的mtDNA较大，动物的mtDNA较小。尽管线粒体的基因排列不同，但mtDNA必包含5种基本基因：rRNA基因、tRNA基因、ATP酶基因、细胞色素c氧化酶基因、细胞色素还原酶基因。线粒体DNA是独立于核染色体之外的基因组，有自己的一套遗传控制系统，同时，其自身的复制也受到细胞核染色体DNA的控制。

结构 人类线粒体DNA已被完全测序，共有16569个碱基对，只编码37个基因。外环为富含鸟嘌呤的重链（H strand），内环为富含胞嘧啶的轻链（L strand），大多数基因由H链转录。L链仅编码8个tRNA和还原性辅酶I（NADH）脱氢酶的1个亚基ND_6，转录方向从右向左；H链有两个转录起始点，均自左向右转录，编码12S和16S rRNA、14个tRNA及12个蛋白质亚基：2个ATP酶亚基，3个细胞色素c氧化酶亚基，3个细胞色素b亚基，NADH脱氢酶的7个亚基（ND_1、ND_2、ND_3、ND_{4L}、ND_4、ND_5、ND_6）。人类线粒体DNA的基因排列紧凑，有重叠，无内含子，除与复制和转录相关区域外，基本没有非编码区。

遗传 在大多数多细胞生物（包括人类在内的大多数动物、大多数植物以及真菌）的有性生殖过程中，线粒体DNA通常遗传自母亲。线粒体DNA母系遗传的机制：①卵细胞中mtDNA的含量远远多于精子。一个卵细胞平均有200000个mtDNA，而一个健康的人类精子平均只含5个mtDNA。②在雄性生殖道或受精卵中，精子线粒体DNA会发生降解。③有时精子尾在受精过程中丢失，精子线粒体DNA不能进入卵细胞。

起源与进化 细胞核DNA和线粒体DNA被认为有着不同的起源。基于线粒体遗传体系和细菌具有许多相似的特征，内共生学说认为线粒体DNA来源进化中真核细胞所吞噬的细菌的环形基因组。在现存的生物体细胞中，绝大多数线粒体中的蛋白质（哺乳动物中约有1500种）被核DNA编码，但其中一些编码基因被认为起源于细菌，在进化过程中被转移到了真核生物的细胞核。

线粒体DNA与其他遗传标志相比进化相对缓慢，因此它可以作为系统发生和进化生物学研究的参考。mtDNA也可以用来鉴定人群亲缘关系，在人类学和生物地理学的研究中有着重要地位。

遗传性疾病 与染色体DNA突变可能导致疾病一样，线粒体DNA变异也会导致疾病，并能通过母亲遗传给后代。线粒体DNA突变导致的疾病一般为某些与神经系统相关的综合征，主要是线粒体脑肌病。线粒体脑肌病是一组罕见的由于线粒体结构和/或功能异常所导致的主要累及脑和肌肉的多系统疾病，可分两大类。①以存在不规则的破碎红纤维为形态特征的线粒体肌病，包括卡恩斯-塞尔（Kearns-Sayre）综合征、肌阵挛性癫痫与破损性红肌纤维病、线粒体脑肌病、慢性进行性眼外肌麻痹、伴有乳酸酸中毒及卒中样发作。②肌肉中无显著形态学变态的脑肌病，包括莱贝尔（Leber）遗传性视神经病、视网膜色素变性共济失调性周围神经病。已被鉴别的mtDNA分子变异有蛋白编码mtDNA基因的点突变，mtDNA的大范围重排和mtDNA-tRNA基因点突变三类。

（余 佳）

DNA chóngfù xùliè

DNA重复序列（repetitive DNA）

真核生物染色体基因组中多拷贝数的核苷酸序列。这些序列一般不编码蛋白质，在基因组内可成簇排布，也可散在分布。重复序列很少在病毒和原核生物中出现，而在真核生物中大量存在。它不仅广泛存在于顺式调控元件如启动子、增强子处，而且很多组蛋白基因和rRNA基因自身就呈重复排列，称为基因簇。

重复序列不是垃圾，而在生命的进化、遗传变异、基因表达调控，以及染色体的构建中起着非常重要的作用。

按序列的重复程度分类 可分为简单重复DNA、中度重复DNA和高度重复DNA三类。

简单重复序列 在单倍体基因组里，这些序列通常仅有一个或几个拷贝，占DNA总量的40%~80%。不重复序列长度在750~2000bp范围内不等，与一个结构基因的长度相差无几。事实上，结构基因基本上都属于不重复序列范畴，如血红蛋白、蛋清蛋白和珠蛋白等都是单拷贝基因。

中度重复序列 这类序列的重复次数为10~10000次，占总DNA的10%~40%。其涵盖各种tRNA、rRNA和某些结构基因如组蛋白基因等。中度重复序列通常散布在低度重复序列之间。

非洲爪蟾的5.8S、28S和18S rRNA基因是连在一起的，由中间的转录间隔区使之相隔，位于染色体的核仁组织者区，这些5.8S、

18S、28S rRNA基因及其相邻的间隔区组成的单位在DNA链上串联重复约5000次。在许多动物的卵细胞的生成过程中，这些基因可以通过不同比例进行几千次复制，产生2百万个拷贝，使得rDNA占卵细胞总DNA的75%，进而使细胞能积聚核糖体达10^{12}个，用来合成大量蛋白质以供细胞分裂所需。如果没有这种放大机制，要积蓄10^{12}个核糖体可能需要耗费几百年才能实现。

高度重复序列　这类DNA只存在于真核生物的基因组中，占DNA总量的10%~60%，由6~100个数量不等的碱基对组成，在DNA链上可进行数百万次的串联重复。实验中常根据分子量大小用CsCl密度梯度离心法分离卫星DNA与其他DNA，结果形成两个以上的峰——含量较大的主峰和高度重复序列的小峰，后者又被称为卫星区带。中性CsCl密度梯度离心中果蝇DNA出现1条主带及3条卫星区带，人DNA可得到4条卫星区带。原位杂交法显示，多数卫星DNA位于染色体的着丝粒部分，也有一些位于染色体臂上。这类DNA是高度浓缩的，不会转录，是异染色质的主要组成成分。高度重复序列的功能尚不明确，可能参与维持染色体的稳定性。

按基因组中的分布特点分类　根据其在基因组中的分布特点又可分为三类。

串联重复序列　重复序列以各自的重复单元首尾相连、重复多次。

散在重复序列　是以散在方式分布于基因组内的重复序列，一般都属中度重复序列。根据重复单元的长度可以具体分为短散在重复序列（重复单元长度小于1000bp）和长散在重复序列（重复单元长度大于1000bp）。人类基因组中所有短散在重复序列之间的平均距离约为2.2kb。在结构基因内部，结构基因之间以及内含子中都有短散在重复序列，但在结构基因的编码区中未发现。

长末端重复序列（LTR）　存在于逆转录转座子或原病毒末端，通过对逆转录病毒RNA的逆转录得来。LTR是病毒将自身遗传物质插入宿主基因组的方式。

（余　佳）

huíwén xùliè

回文序列（palindromic sequence）

双链DNA或RNA中的一段倒置重复的序列。回文结构序列是一种旋转对称的结构，在轴的两侧序列相同而方向相反。这两个反向重复序列可能不是连续的，但在该段的碱基序列的互补链之间正读反读都相同的（并非在同一条链上正读反读）。回文序列核苷酸易在单链上形成发卡结构，或在双链中形成十字形突出结构。

特征　回文序列的一般有对称轴，轴的两侧序列相同而反向，当该序列的双链被打开后，可形成发夹结构，又称回文结构（图1）。回文结构是自我互补的序列，两条链从5'到3'方向的序列一致。回文序列不仅是Ⅱ类限制酶和某些蛋白的识别序列，也是基因的旁侧序列，是许多基因表达调控的顺式作用元件。

功能　回文序列是限制性内切酶的识别位点，可以调节基因的表达，例如色氨酸操纵子中的弱化子。基因工程中，限制性内切酶如同外科医生的手术刀，它在基因的切割部位就在DNA序列的回文序列中。RNA中也常因碱基的互补而常出现类似的结构，是转录终止时的识别结构，有利于稳定RNA的结构和行使功能。此外，回文序列常介导核酸序列的突变和易位。

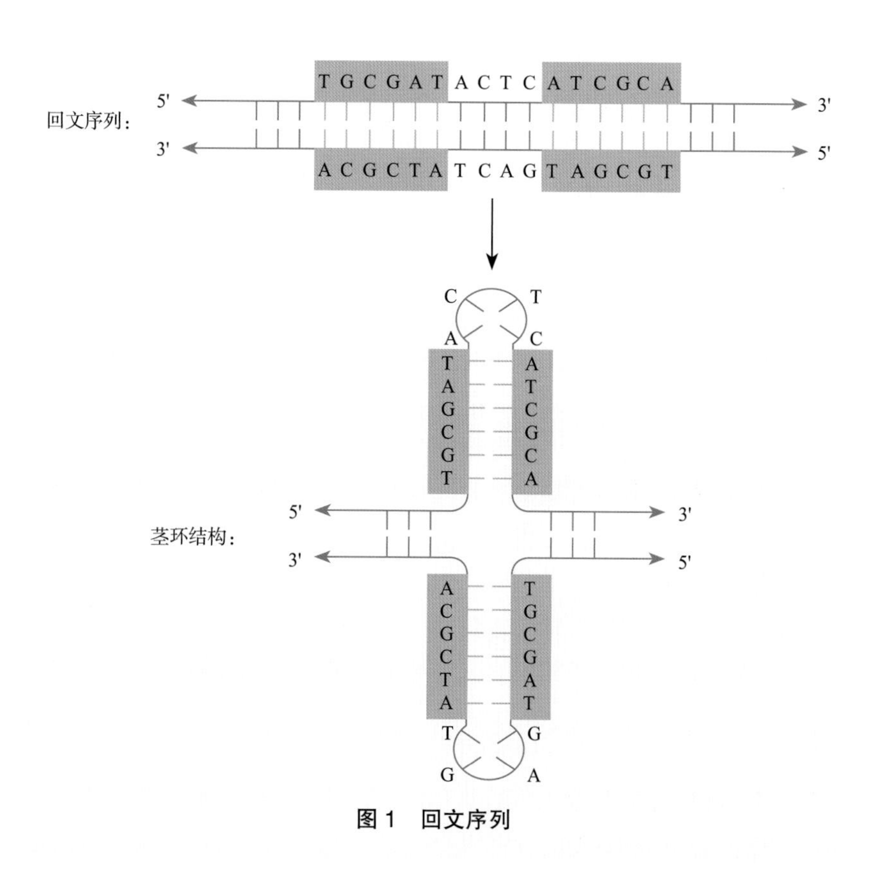

图1　回文序列

机制 回文结构序列普遍存在于各种生物体基因组中。在质粒、病毒和细菌基因组 DNA 以及真核染色体和细胞器中均有它的踪迹，特别是在人类癌细胞中广泛存在。对大肠埃希菌的系统性研究显示，其基因组中会完全或部分丢失回文序列区域，同样，在人类基因组中富含 AT 的回文序列也高度可变，易由于发生重排而导致缺失或易位两种主要的突变。回文序列可通过截然不同的机制介导产生这些突变：回文序列内的滑动错配或单链复性可能引发缺失，而回文序列间的大多非同源末端接合（non-homologous end joining，NHEJ）生成易位。易位的过程为：回文序列形成十字形结构，并经由中间断裂和对角切开两种方式引进断裂点，最后经过 NHEJ 完成易位。有多种因素影响这些突变发生的频率和位置。完全互补对称的回文序列比中心有几个不互补配对核苷酸的回文序列，更容易形成发夹或十字突出这两种二级结构，同时也更倾向于发生突变进而转换成为稳定的非对称性结构。此外回文序列的长度也是一个因素，短的回文结构可能是一种特别的信号，如作为限制性内切酶的识别序列。较长的回文结构则更容易转变成发夹结构，此种结构的形成可能协助 DNA 与特异性 DNA 结合蛋白结合，导致长的回文序列较不稳定，易发生基因的重排甚至被选择性移除。

意义 回文序列不单是重要的调控元件，由它介导的基因组缺失、易位突变牵涉人类许多疾病的发生、发展中的许多过程。在人类基因组中，回文序列较普遍存在于基因表达调控的重要作用元件中，它诱导的缺失和易位突变还与男性不育、珠蛋白生成障碍性贫血等多种疾病的发生发展以及肿瘤的发生与分化密切相关。除此之外，回文序列密切联系其他诸多疾病的发生和病程进展，如肥大性骨关节病与动脉导管未闭、克罗恩病、骨髓纤维变性及渐进性眼外肌麻痹等。

（余 佳）

hétáng hésuān

核糖核酸（ribonucleic acid，RNA） 广泛存在于细胞以及部分病毒、类病毒中的多聚核糖核苷酸链大分子。RNA 是某些病毒的遗传信息载体，在真核生物中主要分布在细胞质。生物机体通过 DNA 的转录和 mRNA 的翻译而使 DNA 的遗传信息得到表达。

组成 核糖核酸组成单位为核糖核苷酸，可简称核苷酸。核糖核苷酸由核苷被磷酸酯化而成，核苷由一分子核糖和一分子碱基缩合而成，以糖苷键相连。核苷中的核糖有 2'-、3'- 和 5' 三个自由的羟基，它们均可被磷酸酯化生成核苷酸（图 1）。

核糖 RNA 的组成戊糖为环状的 D- 核糖，其第 2 位碳原子连接一个羟基，所以 RNA 与 DNA 相比更不稳定，容易降解。某些 RNA 中少量核糖的 C2 上的羟基被甲基化为 D-2-O- 甲基核糖。核糖的 1' 碳原子通常与嘧啶碱的第 1 氮原子或嘌呤碱的第 9 氮原子相连形成核苷。

碱基 组成 RNA 的碱基主要有四种：腺嘌呤、鸟嘌呤、胞嘧啶、尿嘧啶，分别简写为 A、G、C、U。即 RNA 与 DNA 碱基组成的不同只是在于尿嘧啶取代了胸腺嘧啶。此外，某些 RNA 中，尤其是 tRNA，还含有一些稀有碱基，它们是由 4 种基本碱基经化学修饰而来，主要是甲基化。生物体中有 100 多种稀有碱基，它们对于维持 RNA 分子的结构与功能具有重要意义。

结构 虽然 RNA 不同于双链 DNA，通常为单链形式，但它也会通过频繁的自身折叠形成独特的复杂空间结构。生物体内的 RNA 种类繁多，各类 RNA 的大小、结构都不同，这跟它们各自行使的功能密切相关。

一级结构 RNA 主要以单链的线性分子存在于生物体内。还

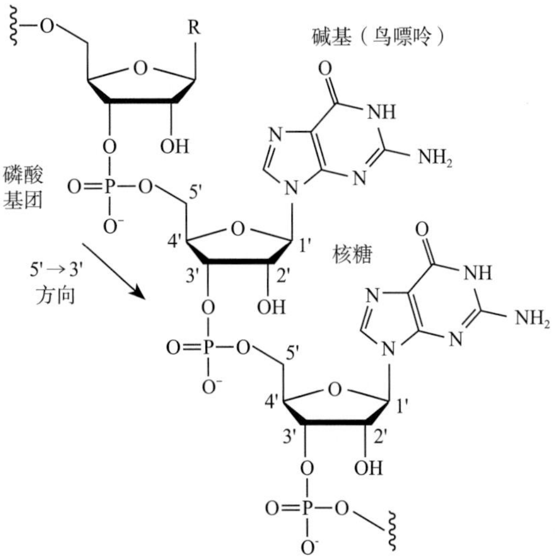

图 1 RNA 的化学结构

有某些RNA病毒基因组和真核细胞一些非编码RNA为双链或者闭合环状。如轮状病毒的基因组、小干扰RNA为线性双链，类病毒的基因组和环状RNA为单链环状。

二级结构　RNA链会发生频繁的自身折叠，使其互补序列的碱基配对结合，所以尽管RNA是单链分子，它仍然可以形成大量的双螺旋结构（A型双螺旋）。RNA通过自身序列互补配对可以形成多种茎-环结构，如发夹结构、凸结构和环结构，因此RNA的序列配对区既可以是规则的双螺旋，也可以是不连续的局部双螺旋。RNA中的碱基配对还可能发生在相距较远的序列中，形成复杂的假结结构，假结折叠成结的形状，但不是真正的拓扑结构的结。

除了符合碱基配对原则配对的碱基，RNA中还有一些不遵循碱基互补配对原则的配对碱基，如G-U碱基对，该特性增强了RNA链自我配对的能力，使其更易形成双螺旋结构。RNA双螺旋的小沟宽而浅，基本没有序列特异性信息；大沟狭且深，使得与其相互作用的蛋白质氨基酸侧链难以接近，因此RNA不适合与蛋白质进行序列特异性的相互作用，只有一少部分蛋白质可以序列特异地结合在RNA上。

三级结构　RNA没有像DNA一样的长的规则双螺旋结构，因而不受其限制，配对的区域可以自由地旋转，所以碱基和核糖磷酸骨架之间的非常规相互作用，使RNA常常折叠成包括不规则的碱基配对的大量的复杂三级结构。如tRNA中的碱基与骨架的相互作用以及三碱基配对使它形成复杂的L型三级结构。利用RNA结构的复杂性，研究者可以构建含有随机序列的RNA文库，从而筛选到与特定小分子、多肽等具有高亲和力的RNA分子。

分类　细胞内的总RNA可以分为两大类：编码RNA（coding RNA）和非编码RNA（non-coding RNA，ncRNA）。其中编码RNA只占2%，包括信使RNA（messenger RNA，mRNA）和其前体核内不均一RNA（heterogeneous nuclear RNA，hnRNA）。非编码RNA则占总量的98%，又可分为管家非编码RNA（housekeeping ncRNAs）和调节性非编码RNA（regulatory ncRNA）两类。管家非编码RNA主要包括核糖体RNA（ribosomal RNA，rRNA）、转运RNA（transfer RNA，tRNA）和核小RNA（small nuclear RNA，snRNA）。调节性非编码RNA是现在研究十分火热的领域，已经发现了长非编码RNA（lncRNA）、微RNA（microRNA）、小干扰RNA（small interfering RNA，siRNA）、Piwi相互作用RNA（Piwi-interacting RNA，piRNA）、反义RNA（antisense RNA）等上千种非编码RNA。其中，最重要的细胞内蛋白质合成的直接参与者是编码特定蛋白质序列的mRNA，构成蛋白质装配器核糖体的rRNA，以及能特异性解读mRNA中的遗传信息并将相应氨基酸转运到核糖体的tRNA。

生物学功能　RNA的功能具有多样性，它在生物体内既作为遗传信息分子又作为功能分子发挥极其重要的作用。RNA是某些病毒的遗传物质，并在原核及真核生物中具有贮藏和转移遗传信息的功能，以及核心作用是作为遗传信息由DNA传递到蛋白质的中间传递体。作为功能分子，RNA在以下方面发挥着重要作用：作为细胞内蛋白质生物合成的主要参与者（mRNA，tRNA，rRNA）；部分RNA可以作为核酶在细胞中催化一些重要的生理过程，主要是初始转录产物的剪接加工；调节性非编码RNA参与基因表达的调控，与细胞分化和个体发育密切相关。此外，RNA在生命起源中可能具有重要作用。

（余　佳）

fēi biānmǎ RNA

非编码RNA（non-coding RNA, ncRNA）

在细胞中稳定转录，但不编码蛋白质的RNA分子。其主要包括rRNA，tRNA，snRNA，snoRNA，piRNA，microRNA和lncRNA等多种有功能的ncRNA，还包括未知功能的ncRNA。共同特点为转录而来但通常不翻译为蛋白质，在RNA水平发挥生物学功能。

概况　人类基因组计划是完成了认识人类的一个伟大工程，在获得基因组全貌的同时，也改变了对于基因的传统认识：人类基因组中仅有一小部分的DNA（约1.5%）可以转录出可以翻译成蛋白质的mRNA，而其余70%~90%的DNA能被转录生成多种ncRNA，从而构成一个庞大而复杂的控制网络来调控全基因组的生物功能。这些ncRNA不仅具有高度的时空特异性表达和定位，与DNA、蛋白质等生物分子发生广泛相互作用来调节基因组的功能。研究显示非编码RNA在胚胎发育、干细胞多能性维持及分化、肿瘤发生发展及维持等生物学过程中均有至关重要的调节作用。

已知功能　多种多样的非编码RNA参与多种细胞生命活动过程。这些非编码RNA中有些是十分重要且在大部分物种中保守的，这些保守性高的非编码被认为是从“RNA世界”时代存在至今的分子化石，它们主要在从DNA到蛋白质的过程中发挥重要作用。还有一些非编码RNA物种间的保守性较差，比如长非编码RNA。①参与蛋白质翻译：许多很重要的高保守性、丰度高的非编码RNA均参与翻译过程，如rRNA和tRNA。细胞内的翻译工厂核糖体则是由多于60%的rRNA组成，它们参与核糖体大小亚基的组装，同时为tRNA提供结合位点，参与识别起始密码子，在翻译起始及肽链的延伸中均具有重要作用。tRNA是一类小分子核糖核酸，主要功能是携带并转运氨基酸进入核糖体结合位点，进而在信使RNA的指导下翻译为蛋白质。②参与RNA剪接：在真核细胞中剪接体对RNA进行加工、去除内含子发挥着重要作用，是生成成熟mRNA的重要过程。剪接体的主要组分是蛋白质和小分子的核RNA（snRNA）。其功能是与蛋白质结合形成小核糖核蛋白颗粒（snRNPs），行使剪接RNA的功能，同时有的snRNA也可以调控mRNA的选择性剪接，如snoRNA HBII-52可以调节5-HT2C受体的选择性剪接。③参与基因表达调控：非编码RNA以顺式或反式作用方式广泛调控基因表达。如microRNA通过碱基互补配对与靶RNA结合，进而募集RISC沉默复合物，发挥抑制mRNA翻译或引发靶RNA降解的作用，从而负调控靶基因的表达。lncRNA可通过碱基互补配对或高级结构介导与DNA、RNA、蛋白质的相互作用，可以在转录水平、转录后水平、翻译水平调控基因表达。④影响染色质结构：非编码RNA分子，在染色体行为调控中也发挥着广泛且重要的作用。如siRNA除已知的转录后基因沉默功能外，也参与重复DNA区的异染色质装配的启动。昆虫及哺乳动物细胞中存在一类很长的ncRNA分子，跨越的染色质区域很大，这类ncRNA分子在基因沉默和染色质结构变化中有重要作用，如Xist。

大量研究数据表明，高等生物有一半以上的DNA会转录为RNA，其中绝大多数为非编码RNA。研究发现非编码RNA在生命活动中扮演着越来越重要的角色，ncRNA的相关研究也很多次入选近几年的“世界科学十大进展”。但相对于蛋白质编码基因系统而深入的研究而言，科学家对非编码RNA的认识还是非常局限。随着研究手段和技术方法日新月异的发展，科学家将会发现更多的非编码RNA种类，详细注释非编码RNA分子，探索其在生命活动中的功能，解析其发挥功能的序列或结构基础，并阐明非编码RNA与细胞内其他成分的相互作用，这些都将是这一领域长期而艰巨的研究任务。

（余　佳）

xìbāo hé nèi xiǎo RNA

细胞核内小RNA（small nuclear RNA, snRNA）　一类存在于真核生物细胞核中的小RNA分子。核小RNA的平均长度在150nt左右，由RNA聚合酶Ⅱ或RNA聚合酶Ⅲ转录而来，其主要参与细胞核内mRNA的初级转录产物核内不均一RNA（hnRNA）的剪接加工。

分类　一般根据snRNA的序列特征和结合蛋白将其分为两类，并因snRNA含有丰富的尿嘧啶（U）将它们以U编号。一类是Sm snRNA，包括U1、U2、U4、U4atac、U5、U7、U11和U12。它们由RNA聚合酶Ⅱ转录，转录开始不久其5'端就加上和pre-mRNA一样的m^7G帽结构，随后被运出细胞核进入细胞质。在细胞质中，snRNA的帽结构进一步甲基化成为$m^{2,2,7}G$，3'端形成茎环结构，和Sm蛋白等因子组装成相应的snRNP，然后再运回核内参加剪接反应。除U7外，所有Sm snRNA都是剪接体的核心组分。另一类为Lsm snRNA，包括U6和U6atac，是RNA聚合酶Ⅲ合成的，其5'端是5'-r'-monomethyphosphate帽，不会离开细胞核。细胞质中合成的U6特异结合蛋白snRNP进入核内与之结合。

机制　每个真核基因平均含有8~10个内含子，其转录物hnRNA通常比成熟的mRNA长4~10倍。hnRNA必须经过剪接除去内含子形成成熟的mRNA才能从核内转运到胞质正常行使功能。不同生物细胞hnRNA内含子的两端与外显子交界的位置存在共同的核苷酸序列，这些序列结构可能是作为剪接信号。多数hnRNA内含子的5'边界序列为GU，3'边界序列为AG。因此，GU表示靶hnRNA 5'端剪接位点，AG为3'端剪接位点，这个保守序列模式被称为GU-AG规则，又称Chambon规则。除边界序列参与内含子的剪接之外，内含子与外显子交界处的序列和内含子内部的部分序列也可能参与其中过程。hnRNA 5'端剪接位点GU附近有一段保守序列（5'-GUPuAGU-3'），3'端剪接位点AG附近有一段区域富含嘧啶，平均含有10~20个嘧啶核苷酸。此外，在内含子3'端上游18~50nt处，有一个序列为$Py_{80}NPy_{87}Pu_{75}APy_{95}$的保守区，其中的A是绝对保守的核苷酸，并且具有2'-OH，是参与形成分叉剪接中间物的特定位点，称为分支点。上述保守序列都是 hnRNA 剪接过程中各种 snRNA 复合物的结合位点，对于有效和准确的剪接非常重要。

snRNA 不能单独行使功能，须与一系列特定的蛋白质结合形成复合物参与 RNA 的剪接。与 snRNA 结合的核蛋白被称为核小核糖核蛋白颗粒，它们形成的复合物称为核小核糖核蛋白质（small nuclear ribonuclear protein，snRNP）。snRNP 和剪接因子等其他 100 多种蛋白质形成执行剪接功能的大型复合物剪接体，其大小与核糖体差不多，分子量为 1.2×10^7。snRNP 在剪接体中的功能为：识别 5' 和 3' 剪接位点 GU 和分支点 A；把这两个位点集结到一起；催化或协助催化 RNA 的剪切和连接反应。剪接体中每种 snRNP 所执行的任务不同，剪接的详细过程为：通常情况下，由 U1 snRNA 以碱基互补的方式识别并结合在 hnRNA 的 5' 剪接点，由 U2 AF（U2 auxiliary factor）识别、结合在 3' 剪接点上游富嘧啶区，并引导 U2 snRNP 与分支点结合，形成剪接前体。哺乳动物细胞中，snRNP 结合在 hnRNA 上 5' 端到 3' 端的方向“扫描”，在分支点和富嘧啶区下游最近的 AG 作为 3' 剪接位点进行剪接。剪接效率受 AG 前一位核苷酸的影响，一般情况下，UAG=CAG>AAG>GAG。如果 hnRNA 上有几个 AG，剪接竞争可能会发生。剪接前体进而与 U4、U5、U6-snRNP 三聚体结合共同形成 60S 的剪接体复合物。在剪接体的作用下，首先分支点 A 的 2'-OH 攻击 5' 剪接位点，发生第一次转酯反应使 5' 端的外显子与 A 相连，然后 5' 端的外显子进攻 3' 剪接位点，发生第二次转酯反应使 5' 外显子与 3' 外显子相连，它们之间的内含子被释放出去。

意义 研究发现 snRNA 装配的异常与多种疾病相关，包括先天性角化不良、脊髓性肌萎缩、普拉德·威利（Prader-Willi）综合征等。这些疾病可能由 mRNA 的不正确剪接造成。

（余 佳）

wēi RNA

微 RNA（microRNA，miRNA）

在 RNA 沉默和转录后调控中发挥作用的一类重要的行使基因功能的小非编码 RNA。存在在动植物和一些 DNA 病毒中，长度为 21~22nt。miRNA 通常与靶基因 mRNA 3' 非编码区的靶序列结合，抑制其翻译或直接降解 mRNA。miRNA 在许多哺乳动物细胞中的含量非常丰富，人类基因组可能编码超过 1000 种 miRNA，将近 60% 的基因都是它们的作用对象。

命名 其标准命名规则如下：①成熟的 miRNA 用“miR- 数字”表示，数字通常指命名的顺序，如 miR-124 的发现早于 miR-456。②“miR-”指 miRNA 的初级转录物 pri-miRNA 或前体 pre-miRNA，“MIR”表示编码它们的基因。一个 pri-miRNA 可能包含 1~6 个 miRNA。③序列极相似（只有一两个核苷酸不同）的 miRNA 后面再加一个小写字母注释，如 miR-124a 与 miR-124b。④产生相同成熟 miRNA 但位于基因组不同位置的 pre-miRNA、pri-miRNA 和基因需再加一个破折号和数字表示。如 miRNA 前体 mir-194-1 和 mir-194-2，它们产生的成熟 miRNA 都是 miR-194，但是来自不同的基因座。⑤种属来源用 3 个字母的前缀表示，如 hsa-miR-124 是人类（Homo sapiens）的一个 miRNA，oar-miR-124 是绵羊（Ovis aries）的一个 miRNA。⑥当两个成熟的 miRNA 起源于同一前体的两端并且数量大致相同时，它们用“-3p”或“-5p”后缀标记。然而，来自前体茎环结构的两个成熟 miRNA 往往一条臂比另一条臂的数量多得多，这种情况下，在低水平的 miRNA 后面标记一个星号，如 miR-124 和 miR-124* 来自同一 miRNA 前体的茎环结构，但细胞中 miR-124 的含量要远多于 miR-124*。

生物合成 miRNA 是由自己的基因或一些基因的内含子编码的。与许多真核生物的 mRNA 相似，miRNA 也由 RNA 聚合酶Ⅱ转录，其初级转录物 pri-miRNA 也有 5' 端帽和 3' 端的多腺苷酸尾。动物和植物中成熟的 miRNA 形成的基本过程很相似。pri-miRNA 中间存在一段不完美的互补配对序列，形成了茎 - 环结构，在核内经过第一次剪切产生 pre-miRNA，在核外经第二次剪切产生双链 miRNA，最后，双链解链形成成熟的、长约 21nt 的单链 miRNA 来发挥其功能。

以哺乳动物为例，miRNA 形成过程中的两次切割分别需要 RNase Ⅲ 核酸内切酶 Drosha 和 Dicer，以及双链 RNA 结合蛋白 DGCR8。pri-miRNA 在转录后，由 Drosha 在 DGCR8 蛋白的辅助下切割其 5' 端和 3' 端，剩余一个长约 70nt 的茎 - 环结构区，即为 miRNA 的前体 pre-miRNA。pre-miRNA 的 5' 端带磷酸基团，3' 端伸出 2~3nt 的不配对碱基，最后一个核苷酸带有羟基。pre-miRNA 随后经由 Exportin 5/RanGTP 运出细胞核进入细胞质。胞质中的 RNase III Dicer 切割 pre-miRNA 茎 - 环结构的环端，产生长约 21nt

的双链 miRNA–miRNA*，其中的 miRNA 链是之后真正行使功能的成熟 miRNA。有研究认为，哪条链作为 miRNA 是由其 5' 端热不稳定性决定的。5' 端相对不稳定的链更有可能成为 miRNA。

生物学功能 miRNA 的作用方式有两种：一是和 siRNA 一样装载形成 RISC 后使与其互补配对的 mRNA 降解。二是通过抑制 mRNA 的翻译起始来降低靶基因的蛋白质表达水平，但不影响该 mRNA 的水平。

miRNA 与 Dicer 和 Argonaute（Ago）等蛋白质共同组成有活性的 RNA 诱导沉默复合物（RISC）从而发挥作用。miRNA 介导的翻译抑制可能是通过与 mRNA 配对，阻碍核糖体与 mRNA 结合、装配，发生核糖体的脱落。

（余　佳）

xiǎo gānrǎo RNA

小干扰 RNA（small interfering RNA, siRNA） 主要参与 RNA 干扰的一类长 20~25nt 的双链 RNA 分子。又称短干扰 RNA（short interfering RNA）或称沉默 RNA（silencing RNA）。siRNA 的来源有两种：外源性的 siRNA 可来自病毒 RNA 以及由环境、实验因素等引入的 RNA；内源性的 siRNA 可由基因组重复片段、转座子等序列产生。一般一个含 21 个核苷酸的双链小干扰 RNA，每条链各有一个 5' 磷酸基团与一个 3' 羟基末端，双链的 5' 端的 19nt 互补配对，3' 端各有两个不配对核苷酸伸出双链之外。siRNA 中只有一条链真正发挥功能，多数情况下为反义链，介导 mRNA 的降解，称为引导链；另一条链在 siRNA 形成有功能的复合物前被降解，称为乘客链。siRNA 需与几种酶和蛋白质组装成沉默复合物（RNA-induced silencing complex，RISC）才能行使沉默功能。

沉默复合物的组装 siRNA 组装成沉默复合物的过程主要包括 3 个核心步骤：①长的双链 RNA 分子或小的发夹 RNA 分子经 Dicer 切割形成双链小片段。② siRNA 装载形成 RISC 装载复合物。③形成有活性的 RISC。

双链 siRNA 形成 Dicer 是一种 RNase Ⅲ，主要包括 PAZ 结构域、解旋酶结构域、双链 RNA 结合域和一对 RNase Ⅲ结构域。PAZ 结构域可以结合双链 RNA 一端的两个不配对核苷酸。两个 RNase Ⅲ结构域 a、b 形成分子内二聚体，各催化剪切一条链，产生双链小 RNA 片段。PAZ 结构域和 RNase Ⅲ切割位点相距约 6.5nm，相当于 20 多个核苷酸的长度，所以 Dicer 本身就可以作为一把裁剪的尺子，切出长为 20~25nt 的 siRNA。

RISC 装载复合物的装配 RISC 装载复合物的形成需要双链 RNA 结合蛋白 R2D2 的帮助。R2D2 包含前后两个双链 RNA 结合结构域，R2D2 可能倾向于结合双链小 RNA 热稳定性较高的一端。一般 siRNA 引导链的 5' 端稳定性较差，所以 R2D2 常结合在引导链 3' 端。R2D2 和 Dicer 结合形成异源二聚体，Dicer/R2D2/siRNA 三者形成 RISC 装载复合物，招募 Argonaute 蛋白，开始组装 RISC。

RISC 的装配和成熟 Argonaute 和 Dicer 发生蛋白质 – 蛋白质相互作用，与 Dicer 交换，结合到 siRNA 双链的一端，然后再与 R2D2 交换，将整个双链 siRNA 都转载到 Argonaute 蛋白中。随后 Argonaute 降解乘客链，形成有功能的沉默复合物 RISC。

siRNA 介导的沉默机制 已经发现的 siRNA 介导的基因沉默机制主要有两种，分别是转录后水平的 mRNA 的降解和染色体水平上的甲基化改变。

转录后水平 实验显示靶 mRNA 可以被 siRNA 复合物切割成若干片段，被切割出的片段长度由 siRNA 与 mRNA 的互补配对区域的长度所决定，片段与片段之间通常有 21~23nt 的长度差。RISC 中的 Argonaute 蛋白有 MID、PIWI、PAZ 三个结构域。MID 在镁离子的帮助下结合 siRNA 的 5' 端；PIWI 的三级结构与 RNase H 家族蛋白的核心结构相似，可催化剪切 RNA；PAZ 同 Dicer 中的一样，与 siRNA 分子 3' 端不配对的两个核苷酸非特异性结合。通常认为 siRNA 的第 2~8 个核苷酸是核心种子序列，与靶 mRNA 特异性配对。长约 10 个核苷酸的 siRNA–mRNA 杂合区位于 PIWI 结构域，PIWI 催化在第 9、第 10 个核苷酸处切断靶 mRNA，并使被切断的 mRNA 离开 RISC。

染色体水平 最近研究发现，siRNA 可作为组蛋白甲基转移酶活化的起始信号。siRNA 利用 RNA–蛋白质和蛋白质 – 蛋白质相互作用，募集甲基转移酶到染色质的相应区域，将异染色质化标签位点的 H3K9 甲基化，也可将 CG，CNG（N：A/T/C/G），CHH（H：A/C/T）等 DNA 区域中的胞嘧啶核苷 C 甲基化。siRNA 介导的组蛋白甲基化、DNA 甲基化将使染色体相应区域形成异染色质化或者基因沉默。

生物学功能 siRNA 介导的 RNA 干扰可以在转录和转录后水平参与基因的表达调控；可以阻抑不必要基因和有害基因的表达，维持基因组的稳定；可以保护基因组免受外源核酸侵入。

（余　佳）

Piwi xiānghù zuòyòng RNA

Piwi 相互作用 RNA（Piwi-interacting RNA, piRNA） 一类与 Piwi 蛋白相互作用引起转座子或其他基因元件沉默的单链小 RNA 分子。piRNA 长度为 26~31nt，大部分集中在 29~30nt，没有序列保守性，只有与 Piwi 蛋白家族成员相结合才能发挥它的调控作用，由此而得名。piRNA 是动物细胞中表达量最高的一类小非编码 RNA，在哺乳动物中可能有成百上千种不同的 piRNA。迄今为止，在小鼠中已发现超过 50000 种 piRNA，果蝇中发现了 13000 种以上。piRNAs 的生成目前尚不清楚，可能来源长单链前体或起始转录产物等，它的生物合成途径不同于 miRNA 和 siRNA。piRNA 的功能还未发现完全，现认为它与 Piwi 蛋白的复合物主要参与转座子基因沉默，与生殖细胞和精子发生有关。

结构 piRNAs 在脊椎动物和无脊椎动物中均有发现，虽然物种间 piRNA 的生物合成和作用模式不同，但它们有许多保守的特征。piRNA 没有明确的二级结构，其 5' 端与 miRNA 一样，也普遍具有强烈的尿嘧啶倾向性（约 86%）；piRNAs 有 5' 端一磷酸和 3' 端 2'-O- 甲基化修饰，这在秀丽隐杆线虫、果蝇、斑马鱼、小鼠和大鼠中均有发现。这种修饰的原因还不清楚，可能是有利于 piRNA 的稳定性。

分布 piRNA 基因簇分布贯彻整个基因组。基因簇含少到 10 个，多至成千上万个 piRNA 基因，且其长度从 1~100kb 不等。应用生物信息学方法分析 piRNA 在基因组中的分布并不容易，因为虽然物种间 piRNA 的聚类是高度保守的，但是它们的序列并不保守。果蝇和脊椎动物的 piRNA 定位在不编码蛋白质的基因区域，而线虫中的 piRNA 基因定位在蛋白编码区中。

piRNA 具有组织特异性。在哺乳动物中，piRNA 存在于睾丸和卵巢中，虽然 piRNA 可能只在雄性动物中起作用。在无脊椎动物中，piRNA 存在于雄性和雌性的生殖系统中。

在细胞水平上，piRNA 在细胞核和细胞质中都有分布，表明 piRNA 可能在这两个区域都行使功能，因此可能存在多种效应。

生物学功能 piRNA 不能单独行使功能，只有与 Piwi 蛋白结合形成复合物才能发挥作用。Piwi 蛋白是 Argonaute 蛋白家族的一员，表达于不同物种的雄性睾丸组织中，主要与 piRNA 相互作用。大多数 piRNA 是转座子的反义序列，其作用机制与 siRNA 相似，也是通过形成沉默复合物（RISC）发挥功能。

piRNA 与 Piwi 蛋白的复合物导致转座子基因的沉默，是哺乳动物的胚胎发育、精子发生和无脊椎动物生殖细胞及生殖干细胞发育所必需的。此外，piRNA 可通过母系遗传给后代。基于对果蝇的研究，piRNAs 可能涉及母系表观遗传效应。表观遗传中特定的 piRNA 的活性也需要和 Piwi 蛋白、HP1a 及其他因子相互作用。

（余　佳）

fǎnyì RNA

反义 RNA（antisense RNA） 与一个基因特异的转录物序列互补，可抑制其功能的 RNA 分子。所谓“特异的转录物”，可能是 mRNA，也可以是 DNA 复制的引物等其他 RNA 分子。反义 RNA 于 1983 年在大肠埃希菌产生肠毒素的 Col E1 质粒中首次被发现，后来许多实验证明在真核生物中也存在反义 RNA。

分类 细胞中反义 RNA 来源有两种：第一种反义 RNA 占多数，由特定靶基因的互补链反向转录而来，即产生 mRNA 和其反义 RNA 的基因是同一区段 DNA 的互补链；第二种情况是 mRNA 和反义 RNA 转录自不同基因，如 *ompF* 基因是大肠埃希菌的一个膜蛋白质基因，其转录产物的反义 RNA 则来自另一基因 *micF*。

生物学功能 反义 RNA 在原核和真核生物中对基因表达的复制前水平、转录水平和转录后水平均能起到调节作用。

随着对反义 RNA 的深入了解，反义 RNA 技术应运而生。它是根据核酸杂交原理设计针对特定靶序列的反义 RNA 的模板序列，并将其导入细胞内转录成反义 RNA，从而抑制特定基因的表达。人工合成构建反义 RNA 有助于了解靶基因对细胞生长和分化的作用；还可作为一种基因治疗手段，抑制有害基因表达治疗肿瘤，特异性阻断病毒基因表达和抑制病毒复制，治疗病毒性疾病等。

（余　佳）

cháng fēi biānmǎ RNA

长非编码 RNA（long non-coding RNA, lncRNA） 细胞内存在的一类长度大于 200 个核苷酸，通常不能编码蛋白质的 RNA 分子。lncRNAs 通常由 RNA 聚合酶 Ⅱ 转录生成，主要分布在细胞核，胞质中也有少许存在，已证明其功能与组蛋白修饰、染色质重塑和表观遗传效应有关。

特征 lncRNA 在结构上类似 mRNA，有些具有 poly（A）尾巴，而有些没有 poly（A）尾巴，在细胞分化过程中其表达是动态变化的，同时也具有不同的剪接方式。

与编码基因相同，lncRNA 的启动子也可以与转录因子结合。在组织分化发育过程中，lncRNA 的表达受到发育调控，具有明显的组织和细胞特异性。

发展历程 人类基因组计划研究结果表明，人类基因组仅有约 20000 个基因可以编码蛋白质，占整个基因组序列的 2% 不到，大部分的基因组序列被转录为非编码 RNA（noncoding RNA，ncRNA），其中具有重要调控作用的非编码 RNA 有微 RNA（microRNA）、长非编码 RNA（long noncoding RNA，lncRNA）等。lncRNA 的表达水平相对于编码蛋白质的基因而言比较低，且在序列上保守性差，只有约 12% 的 lncRNA 也存在于人类之外的其他生物中。lncRNA 起初被认为是基因组转录的"噪声"，是 RNA 聚合酶Ⅱ转录的副产物，不具有生物学功能。然而，近年随着微 RNA（microRNA，miRNA）的研究进展，揭示了 ncRNA 在人类基因转录后调节、细胞生长、分化、增生中起着相当重要的作用。同时也提示，相比 miRNA，lncRNA 在细胞内转录比例更高，它们具有极其复杂且重要的生物学功能，与人类疾病密切相关。

分类 根据 lncRNA 在基因组上的位置，可分为 5 类：反义 lncRNA、内含子 lncRNA、基因间 lincRNA、启动子相关 lncRNA、非翻译区 lncRNA。

作用机制 其作用机制非常复杂，至今尚未完全揭示。目前，发现的参与哺乳动物基因表达调控的 lncRNA 已有上千个，目前的实验证据表明 lncRNA 主要通过以下作用方式参与基因表达调控：① lncRNA 作为"诱饵"结合特定 DNA 结合蛋白，阻止后者结合到基因组上对转录进行调控。② lncRNA 作为"海绵"结合与之序列互补的 miRNA，从而对 miRNA 靶基因的表达进行调控。③ lncRNA 可作为"支架"支撑多个蛋白质以形成复合物，行使其对基因表达的调控作用。④ lncRNA 可作为"向导"指引其互作蛋白（特别是染色质修饰酶）与特定基因组区域结合。⑤ lncRNA 形成 RNA-RNA 双链互补结构，在 RNA 的剪切、RNA 稳定性的调节、mRNA 的翻译调控中发挥作用，同时也参与非编码 RNA 的加工和成熟等生物学过程。而在已知 lncRNA 功能的报道中，lncRNA 不同于其他非编码 RNA 之处，在于其能够通过与染色质修饰酶等染色质调控蛋白质相互作用并介导后者到特定的基因组区域进行表观遗传调控。

意义 lncRNA 的表达广泛，已证明在多种生理过程中都起到关键作用。lncRNA 的表达或功能异常与人类疾病的发生发展有很大的相关性，其中包括癌症、退行性神经疾病在内的多种严重危害人类健康的疾病。lncRNA 的表达或功能异常具体表现为其在序列和空间结构上的异常、表达水平的异常以及与结合蛋白质相互作用的异常等。大量临床观察和实验显示，失调的 lncRNA 可通过多种途径调节 DNA 甲基化、组蛋白修饰等染色质重塑，或作为 miRNA 的前体，在肿瘤发生和发展中发挥重要作用。因此，lncRNA 可能作为一类新的治疗靶点，lncRNA 的表达可作为疾病诊断的标志物。揭示 lncRNA 参与基因表达调控的具体机制有助于揭开细胞内复杂调控网络的真正面目，了解疾病发生的分子机制。

（余　佳）

DNA shēngwù héchéng

DNA 生物合成（DNA biosynthesis）

生物体内合成 DNA 链的生物学过程。DNA 生物合成的途径有两种，一个是 DNA 指导的 DNA 合成，即 DNA 复制；一个是逆转录病毒侵入细胞而发生的 RNA 指导的 DNA 合成，即 DNA 的逆转录合成。

某些逆转录病毒的遗传物质是 RNA，它们的基因组需以逆转录的方式复制。逆转录病毒入侵细胞后，遗传物质 RNA 在逆转录酶的催化下逆转录形成 ssDNA，ssDNA 随后合成其互补链形成双链 DNA。双链 DNA 以重组的方式插入宿主细胞的基因组中，而后随宿主基因一起复制、表达，此种重组方式即称为整合。所有受原病毒感染的细胞后代将在其基因组中携带原病毒。

（王　芳）

DNA fùzhì

DNA 复制（DNA replication）

DNA 双链在细胞分裂间期进行的以一个亲代 DNA 分子为模板，按照碱基互补配对原则，合成子代 DNA 链的过程。DNA 复制普遍存在于原核生物和真核生物生物中，尽管在复制过程中所涉及的酶有所不同，但均遵循相同的过程和规律：复制过程大致分为起始—延伸—终止三个阶段，以双向复制的形式，半保留复制的方式使得亲代 DNA 分子经过一轮复制形成的两个子代 DNA 分子与亲代 DNA 分子在序列上一致，使得 DNA 复制具有高保真性，但因复制过程中解链方向和子链延长的方向性的差异，决定子链在合成过程为半不连续复制。

规律 DNA 的复制是一个复杂的反应过程，需要多种生物分子参与其中：包括合成所需原料 dNTP（dATP，dCTP，dTTP，dGTP）、DNA 聚合酶（以 DNA 为模板合成 DNA）、模板（亲代 DNA 分子）、引物（提供 3'-OH 以便 dNTP 聚合）、其他酶和解旋酶、引物酶、拓扑酶，单链 DNA 结合蛋白等。

无论是原核生物还是真核生物，其 DNA 复制都遵循以下复制特点。

半保留复制 DNA 生物合成时，母链解螺旋为两股单链，分别作为模板，然后按照碱基配对原则，最终合成了与模板互补的子链。对于子代细胞的 DNA，一股单链完全来自亲代，另一股即为新合成的互补链，两个子细胞的 DNA 均与亲代 DNA 碱基序列一致，这种方式即为半保留复制。美国物理学家沃森（Watson）和英国生物学家克里克（Crick）提出了双螺旋模型，使 DNA 复制假说水到渠成。1958 年，科学家用同位素标记法和氯化铯密度梯度离心法证明了 DNA 半保留复制的假说。

双向复制 在复制过程中 DNA 通常由起点向两个方向解链，形成两个延伸方向相反的复制叉，称为双向复制。

半不连续复制 因为 DNA 双螺旋的两股单链走向相反，一链为 5'→3' 方向，其互补链是 3'→5' 方向。此外，DNA 聚合酶合成方向为 5′→3′。因此，其中一股链合成方向与解链方向一致，复制是连续进行的，称为前导链。另一股链的合成方向与解链方向相反，因此不能顺着解链方向连续延长，所以复制速度会慢于领头链，被称为后随链。后随链在复制过程中产生的不连续片段被称为冈崎片段。

过程 原核生物和真核生物 DNA 复制过程均可大致分为三个阶段：起始-延伸-终止。二者复制过程中最大的不同之处在于参与的酶和蛋白质因子不同，真核生物更为复杂，以下以大肠埃希菌为例，对 DNA 复制过程做以下简要叙述。

起始阶段 DNA 中发生复制的功能单元被称作复制子。细菌的复制子通常是环状的，从唯一的起点启动双向复制。大肠埃希菌的 DNA 复制起点被称为 oriC，oriC 的长度为 245bp，有 3 个 13bp 的重复序列和 4 个 9bp 的重复序列，同时也需要多种蛋白质参与起始过程：DnaA 蛋白、DnaB 蛋白、DnaC 蛋白、HU 蛋白、促旋酶（拓扑异构酶）和 SSB 蛋白等。起始的第一阶段是 DnaA-ATP 复合物结合到被完全甲基化的 oriC 位点，它具有 ATP 酶活性，只有在结合 ATP 时才有活性，当起始阶段结束后，可将 ATP 水解成 ADP，从而使自身失活。oriC 位点的 4 个 9bp 共有序列为 DnaA-ATP 提供了起始结合位点，接着，DnaA 蛋白作用于富含 A，T 的 13bp 的重复序列；DnaA 水解 ATP，在这些位点熔解 DNA 链，形成一个开放型复合物，单链 DNA 形成。之后 DnaA 再招募 2 个由 DnaB 解旋酶和 DnaC 蛋白组成的复合物与之结合，这样，两个复制叉的每一个（因为是双向的）各含有一个 DnaB-DnaC 复合物。因为 DNA 聚合酶不能从头开始合成，而只能延伸链，所以合成新链的活动只能从一个已存在的 3'-OH 端开始。因此，一旦该复合物加载到复制叉上，下一步就是引发酶 DnaG 蛋白的募集。DnaG 可以以 DNA 为模板，合成约 10 个碱基的 RNA 作为引物，为 DNA 聚合酶提供游离的 3'-OH。

延伸阶段 复制的延伸是指在 DNA 聚合酶的催化下，dNTP 以 dNMP 的方式不断加入引物或延长中的子链上，其化学本质是磷酸二酯键的不断生成。底物 dNTP 的 α-磷酸与引物或延长中的子链上 3'-OH 反应后，dNMP 的 3'-OH 又成为链的末端，使下一个底物可以掺入。复制从 5'→3' 延长，指的是子链合成方向。两条 DNA 新链具有不同的合成模式，亲代 DNA 中两条链的反平行结构在复制时，其中一条链的 DNA 合成以 5'→3' 方向，随着亲代双链的解链而进行合成，被称为前导链。而另一条 DNA 链因其解链方向与新链合成方向相反，所以一段亲代单链 DNA 必须先暴露出来，然后以相反的方向合成一个片段。这个片段被称为冈崎片段。这一系列小片段都以 5'→3' 方向合成，在 DNA 聚合酶 Ⅰ 作用下，切除引物，并填补缺口，然后再通过连接酶把它们连接成一个完整的 DNA 链。以这种方式合成的 DNA 链称为后随链。

终止阶段 原核生物是环状 DNA，复制是双向复制，大肠埃希菌复制起点在 82 等分位点上的 oriC，终点在 32 等分位点的 ter，刚好把环状 DNA 分成两个半圆。原核生物是单复制子，从起始点开始的双向复制各进行了 180°，同时在终止点处汇合。

其他类型 双链 DNA 是绝大多数生物的遗传物质，但是对于某些病毒而言，其遗传物质却是 RNA，对于少数低等生物如 M13 噬菌体，其感染型仅含单链 DNA。另外，原核生物的质粒，真核生物的线粒体 DNA，都是染色体外的 DNA。这些非染色体的基因组，均采取的是特殊的方式进行复制。例如，逆转录病毒的基因组为RNA，其复制方式则为逆转录，而噬菌体DNA则采用滚环复制的形式，线粒体DNA按D环复制。

人类通过DNA复制使得人类间的遗传信息在传递过程中保持相对稳定。DNA复制缺陷则有可能导致遗传信息发生突变。如果突变发生在非常重要的基因上，则导致个体、细胞的死亡。同时，突变也是某些疾病的发病基础。

（王 芳）

bàn bǎoliú fùzhì

半保留复制（semiconservative replication） DNA复制产生的子代双链DNA保留一条亲代DNA单链的复制方式。美国物理学家沃森（Watson）和英国生物学家克里克（Crick）在提出DNA双螺旋结构模型时就探讨了DNA的复制方式。基于碱基互补配对原则，根据双链DNA一条链上的核苷酸排列顺序就可以获知另一条链上的核苷酸排列顺序。也就是说，DNA分子的每一条链都具备单独合成双链DNA的潜能。由此，沃森和克里克猜想，DNA在复制时首先断裂碱基间的氢键，双链解开，每条链可分别自成模板合成互补的新链。那么新合成的两个DNA分子与原来DNA分子相比，其核苷酸顺序完全一样，即每个子代分子中均含有一条来自亲代DNA和一条新合成的DNA即DNA的半保留复制（图1）。

证实实验 几个经典的实验设计证实了DNA的半保留复制模式，并证明了无论是原核还是真核生物，其均以半保留的复制方式进行复制遗传。

梅塞尔森－斯塔尔（Meselson-Stahl）实验 1958年，梅塞尔森（Meselson）和斯塔尔（Stahl）首次设计实验在分子水平上成功地证明了DNA的半保留复制。他们在以$^{15}NH_4Cl$为氮源的培养基中长期培养大肠埃希菌，将其DNA用重同位素^{15}N标记。然后再将这些^{15}N标记的大肠埃希菌转到普通培养基（氮源为$^{14}NH_4Cl$）培养。^{15}N-DNA分子的密度比^{14}N-DNA的密度大，在氯化铯密度梯度离心时，它们形成位置不同的区带。在^{14}N培养基培养一代后，所有DNA的区带都处于^{15}N-DNA和^{14}N-DNA之间，形成了一半^{15}N一半^{14}N的杂合分子；两代后^{14}N分子和^{14}N-^{15}N杂合分子各占总DNA量的一半；如果继续进行培养的话，^{14}N-DNA分子占比逐代增多。这也说明了DNA分子在复制时分成两个亚单位，分别作为子代分子，这些亚单位在经历了很多代的复制却仍然保持着完整性。

泰勒（Taylor）蚕豆根尖放射自显影实验 将蚕豆根尖细胞（2^n=12）置于含^3H标记物的培养基中，待其完成一次分裂后移入含有秋水仙素（秋水仙素抑制纺锤体的形成）的普通培养液中，再经过两次连续分裂。如此第二次分裂前期的细胞中便含有了24条具有两条姐妹染色单体的染色体。如果DNA的半保留复制假设成立，通过放射自显影技术观测到的染色体放射性结果应为：一条染色体显示放射性，另一条没有放射性，而且显示放射性的染色体中也只有一条染色单体显示出具有放射性。

姐妹染色单体差别染色 在DNA的复制过程中，5-溴脱氧尿嘧啶核苷（5-Bromodeoxy-urdine，BrdU）可代替胸腺嘧啶T掺入新合成链。用荧光染料染色，正常链和掺入BrdU的杂合链都可以染色，但双链都含BrdU的染色体不能着色。将BrdU标记的双链DNA置于只含ATCG 4种碱基的普通条件下复制，按照半保留模式，细胞的第二次分裂中期时，只有染色体的两个姐妹染色单体之一的其中一条DNA链保留BrdU，因此染色体的一条染色单体会染上深紫色，另一条不染色，称为花斑染色体。

关于活细胞中DNA复制的速度，科学家检测了感染大肠埃希菌的T4噬菌体DNA链的延伸。在37℃条件下，DNA于指数增长时期的延伸速度是749nt/s。T4噬菌体DNA在每轮复制中每个碱基对的突变率是2.4×10^{-8}。表明DNA的复制方式其实是既高速又精确的。

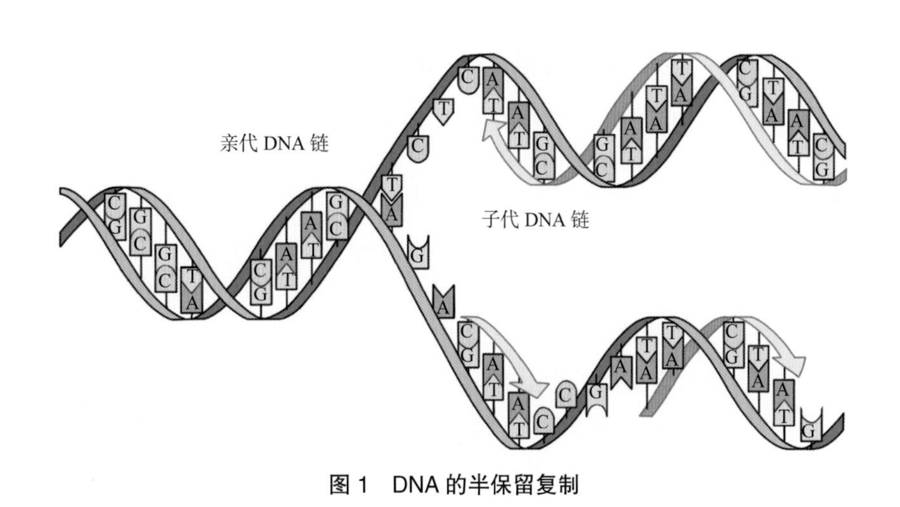

图1 DNA的半保留复制

意义 DNA的半保留复制方式不仅实现了精确的自我复制，而且也保证了DNA在代谢上的稳定性和亲子代间的连续性。即便是经过多代的复制，DNA多核苷酸链仍可完整地被保存于后代中，这种稳定性不仅显示出与DNA的遗传功能相符，同时也体现了遗传过程的相对保守性。

（王 芳）

fùzhì chā

复制叉（replication fork）

DNA复制过程中，DNA双螺旋的氢键解开，复制区生长点呈现的叉状结构。

结构 DNA的复制叉结构涉及至少20多种相关的酶和蛋白因子（图1）。首先由DNA拓扑异构酶Ⅰ解开DNA的负超螺旋，并与DNA解旋酶共同作用，在复制起点处解开双链，形成复制叉。复制过程中随着DNA的解旋，双螺旋的盘绕数减少，超螺旋数增加，正超螺旋会堆积阻碍解链继续进行，因此DNA拓扑异构酶Ⅱ一直作用于复制叉前。单链结合蛋白结合在复制叉的单链上，保证被解旋酶解开的单链在复制完成前保持单链状态。解链后，引发酶以单链为模板先合成一段RNA引物，紧接着在DNA聚合酶的作用下，在RNA引物的3'-OH末端开始合成新DNA链。后随链的合成是不连续的，先合成小的DNA片段，再连在一起，每段小DNA片段都需要引物引发复制，因此复制叉上还需将引物切掉，以及DNA连接酶将各DNA片段连接成一条完整的子链。以3'→5'方向DNA链为模板合成的子链称为前导链，而以5'→3'方向DNA链为模板合成的子链则被称为后随链。由于DNA总是以5'→3'方向合成，所以复制叉推进的方向

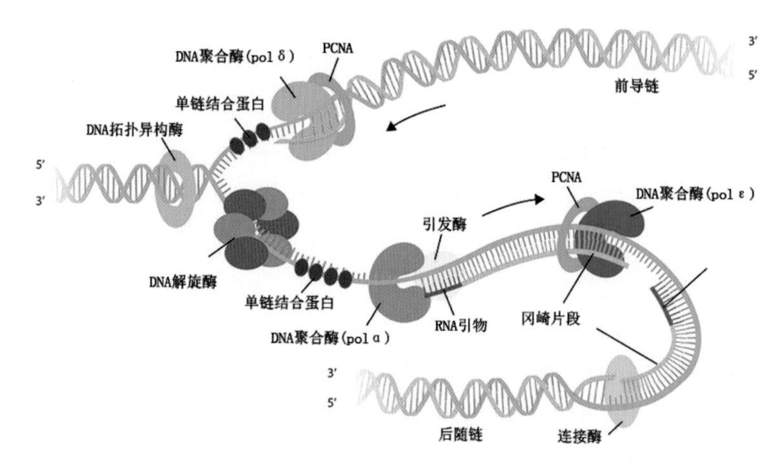

图1 复制叉上的酶和蛋白质

与前导链合成方向相同，与后随链DNA片段的合成方向相反。

生物学功能 复制叉的数量、移动速率和移动方向都会影响DNA的复制效率。原核细胞的生长和增生速率取决于环境条件。此外，原核生物复制叉的移动速率比真核生物快，真核生物DNA复制叉的移动速率只有50bp/s左右，还不到大肠埃希菌的1/20。

移动方式 复制叉从复制起点开始随着DNA的复制而向前移动，其移动方向有两种：单向、双向。起始点启动单向复制还是双向复制主要取决于在复制起点形成几个复制叉。某些环状双链DNA的复制方式为单向复制，如质粒ColE1 DNA。单向复制时，复制起点只形成一个复制叉，复制叉离开复制起点，沿DNA链单向前进。双向复制时复制起点形成两个复制叉，呈“眼”形，两个复制叉从起始点开始沿相反的方向等速前进。双向复制是原核生物和真核生物中最普遍的复制方式。

（王 芳）

qián dǎoliàn

前导链（leading strand）

DNA复制时，合成方向与复制叉移动方向相同的新生DNA链。在DNA解旋形成复制叉后，引发酶在DNA单链上合成引物，引发DNA聚合酶在其3'羟基末端合成新链。以3'→5' DNA链为模板的前导链可以5'→3'方向一直延伸下去，连续复制，直到模板链的末端，释放出完整的子代DNA链（图1）。原核细胞前导链的合成

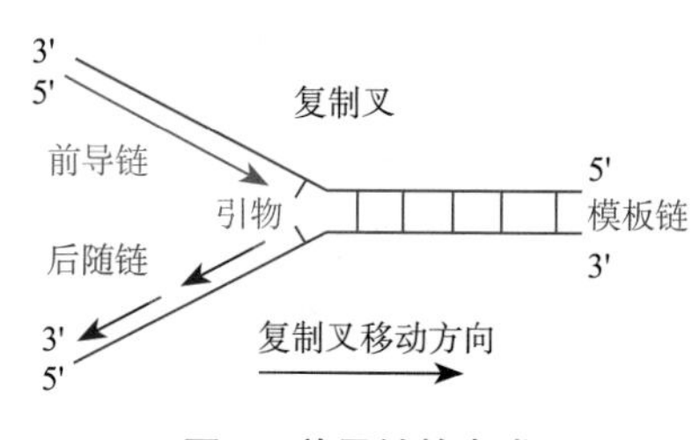

图1 前导链的合成

是由DNA聚合酶Ⅲ催化的，真核生物前导链的合成主要由DNA聚合酶ε催化，线粒体DNA的复制由DNA聚合酶γ催化。

（王 芳）

hòu suíliàn

后随链（lagging strand）

DNA复制时，合成方向与复制叉移动方向相反的新生DNA链。DNA复制时，一段亲本DNA单链首先在DNA拓扑异构酶Ⅰ和解旋酶的作用下暴露出来，在后随链模板上，引发酶随即合成一段短的RNA引物，DNA聚合酶延伸引物合成新链。由于DNA聚合酶只能

以 5' → 3' 方向聚合 DNA 分子，因此在后随链的延伸方向上只能随着复制叉的推进向后合成一系列的 DNA 短片段（冈崎片段），然后再把它们连接成完整的后随链（图 1）。这样，后随链的合成跟前导链比起来要滞后。

在原核细胞中，后随链冈崎片段由 DNA 聚合酶Ⅲ催化合成。之后 RNA 引物降解，并由 DNA 聚合酶Ⅰ将缺口补齐，最后，DNA 连接酶将所有冈崎片段连接起来形成大分子 DNA。

在真核生物中，冈崎片段由 DNA 聚合酶 δ 催化合成。冈崎片段 RNA 引物的去除有三种经典方式：第一种，DNA 聚合酶解开引物与模板链的双螺旋，由 FEN1（flap endonuclease 1）切除引物。第二种，RNase H1 发挥可特异性切除 DNA-RNA 杂合底物的核酸内切酶的活性，在靠近 RNA 与 DNA 的连接处将引物切开。接着，由具备 5' → 3' 核酸外切酶活性的 FEN1 蛋白完成 RNA 引物切除。第三种，Dna2 发挥解旋酶活性，沿 3' → 5' 解开引物与模板链的双螺旋。接着，发挥核酸内切酶活性在解旋形成的分支结构处将引物切除。最后，DNA 连接酶Ⅰ将相邻的冈崎片段连在一起形成一条完整的子链 DNA。

（王　芳）

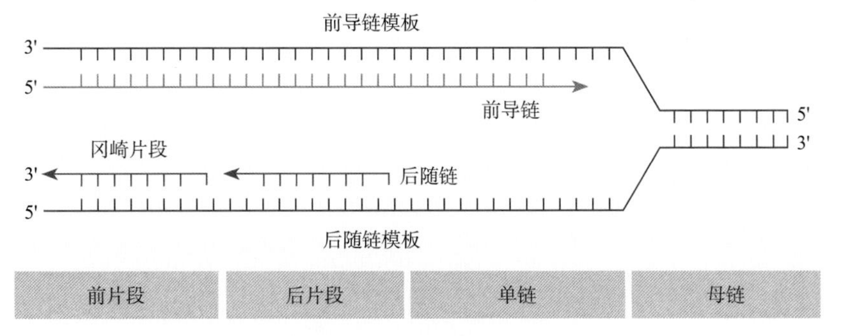

图 1　后随链的合成

Gāngqí piànduàn

冈崎片段（Okazaki fragment）

DNA 复制期间在后随链模板上新合成的短 DNA 片段。原核生物的冈崎片段长 1000~2000nt，而真核细胞的冈崎片段只有 100~200nt。和前导链一样，每一段冈崎片段的合成都需要它自己的 RNA 引物引发。冈崎片段同样以 5' → 3' 方向合成，与复制叉的移动方向相反。DNA 聚合酶Ⅲ催化原核细胞中后随链冈崎片段的合成，DNA 聚合酶 δ 催化真核细胞中后随链冈崎片段的合成。之后 RNA 引物被移除，连接酶将相邻的冈崎片段连接起来，成为一条连续的 DNA 子链。

在复制叉处解开的 DNA 链极性不同是因为 DNA 双螺旋的两条链是反向平行的，一条是 3' → 5' 方向，另一条是 5' → 3' 方向，而所有已知 DNA 聚合酶都是以 5' → 3' 方向合成的，没有 3' → 5' 方向的，这就无法解释 DNA 的两条子链几乎同时复制合成这一事实。为了解释这一等速复制现象，日本学者冈崎（Okazaki）夫妇证明了 DNA 的半不连续复制模型。在大肠埃希菌进行 DNA 复制期间，他们将 ^{3}H 脱氧胸苷导入大肠埃希菌中 10 秒，然后提取 DNA 置于碱性蔗糖溶液中。此时大片段的 DNA 链沉到底部，小片段的 DNA 链悬在上层。取底部的 DNA 片段，发现它们一半是分子质量大的，一半是分子质量小的，说明这些双链 DNA 分子一半是完整的，一半是小片段。冈崎等又提取了 ^{3}H 脱氧胸苷标记 15 秒的 DNA 样，发现所有的 DNA 分子都是大片段的了，证明这多出的 5 秒内 DNA 短片段的 RNA 引物已被移除并经缺口修补连在了一起形成了成熟 DNA 链，由此推断这些片段必然是复制过程中的中间产物。

1967 年，DNA 连接酶的发现进一步支持了这一假说。DNA 连接酶可以将短的 DNA 片段连接起来，冈崎等设想如果不连续的复制涉及由 DNA 连接酶连接到一起的短的 DNA 片段，那么当连接酶功能暂时受损时，新合成的短 DNA 链就会在细胞中累积。大肠埃希菌被产生温度敏感型 DNA 连接酶的 T4 噬菌体感染，高温环境下，感染了 T4 噬菌体的细胞积累了大量的新合成的小 DNA 片段，说明 DNA 复制过程中至少有一条链先合成较短的 DNA 片段，在 DNA 连接酶作用下连接成大分子 DNA。

虽然后随链和前导链的合成各占 DNA 复制的一半，但冈崎片段的合成却比前导链的合成要复杂。即使是酵母这种小而简单的生物，在一轮 DNA 复制中冈崎片段的成熟也会发生将近一百万次。因此冈崎片段的加工对于 DNA 复制和细胞增殖是非常普遍和重要的。在这个加工过程中，RNA 或 DNA 引物被移除，使得冈崎片段之间能够连接在一起形成后随链。虽然这个过程看起来好像很简单，但冈崎片段的成熟缺陷可以导致 DNA 链的断裂，从而导致不同形式的染色体畸变。严重的冈崎片段成熟缺陷还会终止 DNA 复制甚至引起细胞死亡。

（王　芳）

fùzhì zǐ

复制子（replicon）　生物体内能独立进行复制的单位。又称复制单元。一个复制子不等同于一个基因，复制子中除包含基因外，还含有复制所需的调控元件。一个复制子只含一个复制起点。原核生物、线粒体及大多数病毒的环形DNA分子，一般只含有一个复制起点，整个DNA分子都由这个起点产生的复制叉完成复制，它们的DNA是单复制子；而真核细胞基因组的每个DNA分子一般都有多个复制起点，这些复制起点可以同时进行双向复制，最终完成整条染色体DNA的复制。所以真核生物的复制子相对原核生物复制子较小，长度为几万到几十万碱基对（表1）。

原核生物的每个复制子在30~60分钟内完成复制，人类染色体基因组有3×10^6kb，可能含有10^4~10^5个复制子，它们总复制时间约为8小时。在真核生物的细胞周期中，DNA复制只能在S期进行，复制子的复制并不是同时进行的，第一批复制子的激活就标志着S期的开始。在随后的几个小时内，其余的复制子相继启动。一般情况下，在一段特定的时间范围内，只有不到15%的复制子在进行复制。而且真核生物的核基因组在全部完成复制之前，各个复制子不能再起始复制，而在快速生长分裂的原核细胞中，复制子可以连续启动复制，表现为虽只有一个复制单元，但不断有复制叉在复制起点产生、移动。

（王　芳）

表1　部分生物复制子的比较

物种	细胞内复制子数量（个）	平均长度（kb）	复制叉移动速率（kb/min）
大肠埃希菌	1	4200	50
酵母	500	40	3.6
果蝇	3500	40	2.6
爪蟾	15000	200	0.5

DNA fùzhì qǐdiǎn

DNA复制起点（DNA replication origin）　能够启动DNA复制的一段特殊的DNA序列。复制起点既可以启动单向复制也可以启动双向复制，这主要取决于在DNA复制起点形成一个还是两个复制叉。原核生物和真核生物复制起点不同，但从细菌、线粒体、叶绿体和酵母中鉴定出的复制起点的共同特征是富含A-T碱基序列，这可能是因为A-T序列比C-G序列更有利于DNA复制启动时DNA双螺旋的解链。

原核生物的DNA复制起点　原核生物的基因组为环形DNA分子，通常只有一个复制起点。但在迅速分裂的原核细胞中，复制起点上可以启动形成多个复制叉，连续开始新的DNA复制，通过增加DNA复制的起始频率来提高原核DNA的复制效率。以大肠埃希菌为例，其复制起点为oriC，复制起始点oriC含有3组13bp的保守串联重复序列GATCTNTTNTTTT，和5组9bp的保守序列TTATNCANA，它们在起始因子的作用下在3×13bp串联重复序列处发生解链，起始DNA的复制。

真核生物的DNA复制起点　真核生物每条染色质上通常有多个复制起点，它们在细胞周期S期的不同时间起始复制。发生复制的单个DNA单元称为复制子。人类DNA中每隔30000~300000个碱基就有一个复制起点，一个细胞中的复制起点可达100000个。不同于原核生物，真核细胞的染色体在全部复制完成之前，各个起点上不能再起始新的DNA复制。但其染色体DNA上的多个复制起点，可通过进行多复制子的同步复制，以提高复制效率，满足细胞对DNA复制的需要。

酿酒酵母的复制起点是第一个被鉴定出来的真核生物复制起点，长约100bp，包括数个复制起始必需的保守区，在酵母中能够自主复制。因此酵母的复制起点又称为自主复制序列（autonomously replicating sequences，ARS）。ARS中有一段14bp的核心序列，其中富含A-T碱基对的11个核苷酸A/TTTTATPuTTA/T是高度保守的，这个区域的点突变会使ARS失去起始DNA复制的功能。在其他真核生物中，包括人类，复制起点的DNA序列有所不同，但它们跟ARS的作用方式一样，需要与复制起点识别复合物（origin recognition complex，ORC）结合起始复制。ORC由6种蛋白质组成，在ATP的作用下结合于ARS从而启动复制。ORC在酿酒酵母中首次被发现，之后在裂殖酵母、果蝇和爪蟾等其他一些真核生物中也鉴定出了相似的复合物。

（王　芳）

fùzhì zhōngzhǐ zǐ

复制终止子（replication terminator）　复制子末端控制复制终止的一段特定的DNA序列。某些原核生物环状DNA的复制终止依赖复制终止子。

大肠埃希菌的复制终止子与复制起点oriC的位置相对（旋转

180°）。复制从起始点开始，双向进行，复制叉向两个方向等速移动，因此，大肠埃希菌的复制终止子就在两个复制叉的最终交汇处。一个复制叉必须越过另一个复制叉的终止子才能到达自己的终止位点。大肠埃希菌基因组有10个特异终止位点（Ter sites），由TerA–TerJ顺序命名。这些位点在DNA上排列不对称，但其序列中含有一段相似的约23bp的终止子共用序列。这一序列也存在于真核生物某些质粒的复制终止子，体外实验证实它可引起复制终止。

DNA链合成的终止不需要太多蛋白质的参与，Tus蛋白是少数参与DNA复制终止的蛋白之一。Tus（terminator utilization substance）蛋白具有反解旋酶活性，它识别并结合于Ter共有序列，阻止DnaB蛋白继续将DNA双链解链，从而抑制复制叉的继续前移，等到相反方向的复制叉到达后即终止复制。Tus蛋白只能阻挡来自一个方向运动的复制叉。复制体是在复制叉形成的一种DNA复制所必需的蛋白质复合物，其中包括DNA聚合酶、引发体、SSB蛋白等多种酶和蛋白质因子。Tus蛋白除了可以导致复制叉停止运动以外，还可能造成复制体解体，终止复制。前导链可以连续合成直到复制终止，而后随链最后一个冈崎片段的合成起始于终止位点前50~100bp处，这50~100bp的未复制区由DNA修复机制填补空缺。最后，在DNA拓扑异构酶Ⅳ的催化下复制叉解体，释放子链DNA。

然而令人难以理解的是，Tus基因和Ter位点的突变都不能使大肠埃希菌致死，这个复制终止系统对于大肠埃希菌的DNA复制来说似乎无关紧要。此外，复制叉的运动终止于Ter共有的终止子序列附近，但这并非是复制的实际终止位点，两者之间的关系仍有待进一步研究。

（王　芳）

yǐnfā tǐ

引发体（primosome）　DNA复制过程中合成引物引发DNA链延伸的多蛋白复合物。引发体位于复制叉的前端，负责生成前导链或后随链冈崎片段合成所必需的RNA引物。原核生物引发体主要成分为引发酶（DnaG）、DNA解旋酶（DnaB）以及多种相关蛋白质。

所有DNA聚合酶都从3'–OH端起始，以5'→3'方向合成DNA。DNA复制时，往往是在引发酶（一种特殊的RNA聚合酶）的作用下先在单链DNA模板上合成一段短RNA片段（引物），以提供3'–OH末端引发DNA聚合酶以此开始合成新的DNA链。无论是前导链还是后随链，在DNA合成时，都需要RNA引物引发复制，只是对于连续复制的前导链来说，这一引发过程比较简单，仅需一段RNA引物，DNA聚合酶就可催化DNA一直合成下去。但对于不能连续复制的后随链来说，引发过程就十分复杂，需要多种酶和蛋白质的协同作用。

结构　引发体是引发酶结合引发前体组成的。引发酶（DnaG）是一种特殊的RNA聚合酶，只在特定环境下发挥作用，合成DNA复制所需的一小段RNA引物。引发前体由6种蛋白质组成，分别是解旋酶DnaB、解旋酶DnaC辅助蛋白、DnaT、PriA、PriB和PriC。只有当引发前体把这6种蛋白质组装到一起并与引物酶结合形成引发体后，才能发挥其功能。

机制　DNA复制的引发首先由PriA、PriB和PriC形成复合物并结合到DNA上，随后DnaB–DnaC解旋酶复合物与DnaT也结合到前述复合物上，这个结构被称为引发前体。最后，引发酶DnaG与引发前体结合形成完整的引发体。在ATP的作用下，引发体像火车头一样，以复制叉移动方向沿后随链前进。由于引发酶与引发前体不断地结合、分开，再结合，引发体在DNA单链上断断续续地合成约10个核糖核苷酸的引物，用来起始DNA聚合酶Ⅲ合成冈崎片段。RNA引物最终被降解，并且在DNA聚合酶Ⅰ的作用下以DNA代替补齐缺口。随后在DNA连接酶的作用下，将所有冈崎片段连在一起便形成了大分子DNA。

（王　芳）

yǐnfā méi

引发酶（primase）　在DNA复制中发挥作用而合成一小段RNA引物的特殊的RNA聚合酶。又称引物酶。复制时，引发酶被DNA解旋酶激活，以DNA为模板，合成约10nt长的RNA引物（少数生物中为DNA引物），然后在DNA聚合酶的作用下由引物3'端开始合成新的DNA链。引物合成的限速步骤是RNA两个分子间第一个磷酸二酯键的形成，引物酶可通过阻止复制叉的移动避免前导链的合成超过后随链。

原核细胞中的引物酶是DnaG基因的产物。大肠埃希菌引物酶DnaG蛋白分子量为60kD，每个细胞中有50~100个分子。DnaG基因的温度敏感突变株在非允许温度下无法进行DNA复制，印证了引物酶对于DNA复制的重要性。解旋酶DnaB除具有解旋作用，还可结合引物酶并使之激

表 1　真核生物、古细菌和细菌中具有多功能的引发酶

		引物酶	聚合酶		TLS	末端脱氧核苷酸转移酶	解旋酶	复制叉修复	NHEJ
			DNA	RNA					
真核	PrimPol	+	+		+	+		+	
	PriS	+	+		+				
古细菌	PriSL	+	+	+		+			
	PolpTN2	+	+			+			
细菌	LigD	+	+	+		+			+
	BcMCM	+	+				+		

活，促进 RNA 引物的合成。引物一旦合成完毕，引物酶和 DnaB 就离开模板链，再结合于模板链上的其他位点合成新的引物。DnaB-DnaG 蛋白这种周期性相互作用，足以引发后随链冈崎片段的合成。在大肠埃希菌和某些噬菌体（如 ΦX174）的复制起点，引物酶、DnaB 和几种蛋白因子形成引发体，沿着结合 SSB 蛋白的 DNA 单链定向运动，合成 RNA 引物。

除了合成引物引发 DNA 的复制，引物酶还可以发挥多种其他功能，如末端脱氧核苷酸转移、跨损伤 DNA 合成、非同源末端连接，可能还涉及滞留复制叉的重新启动。引物酶通常以核糖核酸为底物合成 RNA 引物，然而，具有聚合酶功能的引物酶对脱氧核糖核苷酸也具有亲和力；具有末端转移酶活性的引物酶可以不需要模板在 DNA 链 3' 端添加核苷酸（表 1）。

（王　芳）

DNA jiěxuán méi

DNA 解旋酶（DNA helicase）

能通过水解 ATP 获得能量，并在解旋酶加载蛋白的帮助下装载到 DNA 单链上来解开 DNA 双螺旋的蛋白质。DNA 解旋酶呈环状，环中央被 DNA 单链穿过。DNA 解旋酶有方向性，酶沿着核糖磷酸骨架向一个方向移动。大部分 DNA 解旋酶（包括大肠埃希菌解旋酶 T4、噬菌体 dda、T4 基因和人解旋酶等）随着复制叉的前进而移动（图 1），并与穿过环的单链 DNA 打开方向一致，只有一种解旋酶（Rep 蛋白）是沿前导链模板的方向移动。因此推测特定 DNA 解旋酶和 Rep 蛋白分别在 DNA 的两条链上协同作用，以解开双链 DNA。

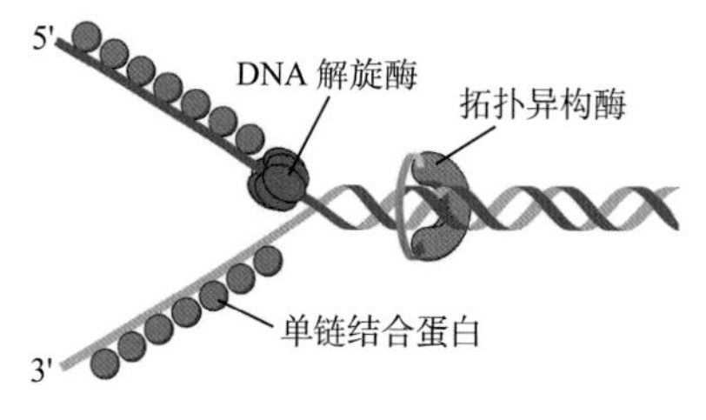

图 1　DNA 解旋酶

DNA 解旋酶帮助解开 DNA 双螺旋，参与 DNA 复制、修复、重组、转录等多个生物学过程，因此，对于生物体是至关重要的。人的基因组编码 30 多种 DNA 解旋酶。

1976 年在大肠埃希菌中发现 DNA 解旋酶，1978 年在百合植物中首次发现真核的 DNA 解旋酶，之后又相继在细菌、病毒、酵母、果蝇以及其他高等生物中发现 DNA 解旋酶，并分离出来。

结构　因为氨基酸序列的同源性，DNA 解旋酶具有相同的功能。其结构中有相同的序列模体，包括 ATP 结合、ATP 水解结构域以及与酶定向移动相关的结构域。不同结构域的氨基酸比例不同，酶呈现出不同的特征。根据这些序列特征，发现一系列有类似功能的解旋酶，成为 DNA 解旋酶超家族。DNA 解旋酶通常具有方向性。

分类　根据解旋酶的序列特征将其分为 6 个超家族。超家族 1（SF1）和 2（SF2）不形成环的结构，超家族 3~6 可以形成环的结构。根据与其相互作用的 DNA 是单链还是双链，将其分为 α 解旋酶和 β 解旋酶两类。α 解旋酶和单链 DNA 结合，β 解旋酶结合于双链 DNA。同样根据解旋酶移动的方向，将其分为 A、B 两型。A 型移动方向为 3'→5'；B 型移动方向为 5'→3'。MCM（mini chromosome maintenance）复合物是真核生物 DNA 解旋酶的核心部分，由六个亚基（Mcm2-7）组成。负责在 DNA 复制起始和延伸阶段，进行 DNA 双链的解旋。

意义　由于 DNA 解旋酶参与 DNA 复制、重组，染色质重塑，DNA 甲基化等多个过程，DNA 解旋酶的异常和疾病密切相关。如编码 ATRX 酶的基因突变会导致 X 连锁智力低下伴 α 珠蛋白生成障碍性贫血。

（王　芳）

DNA jùhé méi

DNA 聚合酶（DNA polymerase）

以 DNA 为模板，催化由脱氧核糖核苷三磷酸合成 DNA 的酶。

DNA 聚合酶催化的共同特征是需要模板；需要引物提供 3'-OH；聚合反应的方向是 5'→3'；除聚合 DNA 外还兼具其他活性。

分类 包括以下方面。

原核生物 目前已发现有 5 种 DNA 聚合酶，分别为 DNA 聚合酶Ⅰ、Ⅱ、Ⅲ、Ⅳ和Ⅴ。DNA 聚合酶Ⅲ是一个多亚基蛋白质，是细菌 DNA 复制的主要酶类。DNA 聚合酶Ⅰ可以在半保留复制中起辅助作用。DNA 聚合酶Ⅱ与 DNA 损伤修复有关，当复制过程被损伤 DNA 阻断时，DNA 聚合酶Ⅱ是复制重新起始所必需的。

真核生物 细胞拥有多种 DNA 聚合酶，可大致将它们分为两类：复制所需的 DNA 聚合酶和 DNA 损伤修复所需的 DNA 聚合酶。在真核生物细胞核中发生的 DNA 复制，需要 DNA 聚合酶 α、δ 和 ε。DNA 聚合酶 α 兼具引发酶活性，可以合成一段由约 10 个碱基组成的 RNA 链，以及紧随其后的由 20~30 个碱基组成的 DNA。随后，DNA 聚合酶 α 会分别被负责延伸前导链的 DNA 聚合酶 ε，以及负责延伸后随链的 DNA 聚合酶 δ 所取代，该过程也被称为聚合酶转换。真核生物线粒体 DNA 的复制由 DNA 聚合酶 γ 来执行。其他的与 DNA 损伤修复有关的聚合酶中，除 DNA 聚合酶 β 拥有中等程度的保真性外，都存在较高的差错率，也称为易错聚合酶。

结构 DNA 聚合酶的核心酶具有相同的结构特征，整体类似于人的半张开右手。DNA 结合于由三个独立结构域所组成的大沟中，“手掌”结构域提供催化活性位点和校对活性位点；“手指”结构域参与将模板正确地结合到活性位点并使模板发生弯折；“拇指”结构域结合引物－模板连接区在维持聚合酶的持续合成能力时具有重要作用。且这三个结构域中最重要、最保守的区域组成了一个具有连续表面的聚合活性中心。

活性 第一个被鉴定的 DNA 聚合酶是原核生物的 DNA 聚合酶Ⅰ，它除了具有 DNA 聚合酶活性外，还具有外切酶活性，一个是 3'→5' 外切酶活性，即从 DNA 链上的 3' 末端向 5' 末端水解核苷酸残基。另一个是 5'→3' 外切酶活性，即从 DNA 链上的 5' 末端向 3' 末端依次水解单一核苷酸残基。DNA 聚合酶的外切酶活性与 DNA 复制的保真性相关。3'→5' 外切酶活性切除不能同模板配对的引物上的末端核苷酸以及由于部分熔链所产生的残缺末端，这也是 DNA 聚合酶Ⅰ的“校对”功能。5'→3' 外切酶活性的功能是切除引物，偶联 5'→3' 聚合酶活性主要用于填补 DNA 双链中的单链区域，此区域主要出现于后随链的复制过程，此外从 DNA 链中切除损伤碱基时也会形成。DNA 聚合酶的外切酶活性中心与聚合酶活性中心相间隔，因此 DNA 聚合酶在聚合与校对两种模式中转换，这是由两个活性中心位点竞争性结合 DNA 的 3' 端决定的：错配的 3' 端与校对活性中心结合，通过 3'→5' 外切酶活性可以将错配碱基切除；反之，则进入聚合酶活性中心。

（王　芳）

DNA tuòpū yìgòu méi

DNA 拓扑异构酶（DNA topoisomerase） 能够调节或改变 DNA 超螺旋状态的酶。DNA 拓扑异构酶（图 1）和单链或双链 DNA 结合，切断其磷酸骨架，调节 DNA 的超螺旋状态。DNA 解螺旋完成后，DNA 骨架重新接合，恢复完整的 DNA 结构。整个调节超螺旋的过程中，DNA 的化学组成，碱基的连接顺序均未发生改变，改变的只是 DNA 的拓扑结构。

图 1　DNA 拓扑异构酶

拓扑结构 常见的拓扑结构主要有三种，包括超螺旋、线性双链中的扭结、多重螺旋等，其中，超螺旋结构是主要形式。这些拓扑结构使 DNA 扭曲盘绕形成更复杂的特定空间结构，在非复制、转录状态下维持 DNA 紧致的染色体高级结构。DNA 天然紧致的双螺旋结构阻碍了复制和转录的进行，相互缠绕的两条链难以分离，需在 DNA 解旋酶的帮助下才能打开。DNA 复制和转录过程中，DNA 解旋酶帮助解开双链，复制叉前方形成超螺旋结构甚至打结，阻止 DNA 和 RNA 聚合酶的前进。而 DNA 拓扑异构酶能够消除解链造成的正超螺旋的堆积，改变染色质的拓扑结构，使复制、转录顺利进行。在此过程中，拓扑异构酶发挥重要作用。

分类 DNA 拓扑异构酶可调控 DNA 的拓扑结构，改变链的缠绕数。根据切开链的数目，将其分为两类：拓扑异构酶Ⅰ和拓扑异构酶Ⅱ。尽管两类酶结构和作用机制不同，它们发挥作用均依赖酪氨酸残基的催化活性。

拓扑异构酶Ⅰ Ⅰ型拓扑异构酶调控超螺旋状态过程中，一次只切断 DNA 的一条链，解螺旋后，断裂的链重新连接，即通过

瞬时的链断裂连接改变DNA的拓扑结构。Ⅰ型拓扑异构酶不需要ATP。链的断裂使得断裂一侧的DNA分子围绕未断裂的链旋转，进而改变其超螺旋结构。拓扑异构酶Ⅰ又分为拓扑异构酶ⅠA和拓扑异构酶ⅠB两个亚型。拓扑异构酶ⅠA结构特征和作用机制与拓扑异构酶Ⅱ相似。Ⅰ型拓扑异构酶的作用是将DNA的负超螺旋变为松弛DNA。近来发现一种新的亚型—拓扑异构酶ⅠC，称为拓扑异构酶Ⅴ。

拓扑异构酶Ⅱ 拓扑异构酶Ⅱ调控超螺旋状态过程中，一次切断DNA的两条链，然后未切断的双螺旋DNA穿过切口，解螺旋，断裂的链重新连接。Ⅱ型拓扑异构酶需要ATP，有ATP水解酶活性。拓扑异构酶Ⅱ也可分为拓扑异构酶ⅡA和拓扑异构酶ⅡB两个亚型。Ⅱ型拓扑异构酶的作用是将DNAP/RNAP前后的正超螺旋变为负超螺旋。

临床上许多药物通过作用于拓扑异构酶发挥作用。氟喹诺酮类广谱抗生素即通过干扰细菌内Ⅱ型拓扑异构酶杀死细菌；一些化疗药也是拓扑异构酶抑制剂，可引发DNA损伤引起细胞凋亡。

（王　芳）

DNA liánjiē méi

DNA连接酶（DNA ligase）

主要催化连接DNA链的3'-OH末端和另一条链的5'-P末端，促进磷酸二酯键的形成，进而连接两条DNA链的酶。连接反应需要ATP提供能量。DNA连接酶在DNA复制和DNA损伤修复中均发挥关键作用。另外分子生物学实验室中，DNA连接酶可用于重组DNA分子的构建。

分类 DNA连接酶分类如下。

大肠埃希菌DNA连接酶 大肠埃希菌DNA连接酶由lig基因编码。大多原核生物的DNA连接酶能量来源烟酰胺腺嘌呤二核苷酸（NAD）水解产生的高能磷酸键，大肠埃希菌DNA连接酶也是如此。此种连接酶不能连接平末端的DNA，除非反应中加入聚乙二醇；另外大肠埃希菌DNA连接酶不能连接RNA和DNA。

T4 DNA连接酶 T4 DNA连接酶在研究分子生物学的实验室中应用广泛。它可在多种核酸分子间发挥连接作用，如连接黏性末端DNA（图1），连接寡核苷酸、RNA及RNA和DNA，只是不能连接单链核酸。与大肠埃希菌DNA连接酶不同，T4 DNA连接酶也可以连接平末端DNA链。近来对T4 DNA连接酶的研究很多，多数关注于对其改造以增加其催化活性。有研究发现T4 DNA连接酶与DNA结合蛋白结合后，其催化效力大大增加，如与p50或NF-kB结合后，T4 DNA连接酶催化平末端DNA连接的活性比野生型提高约60%。

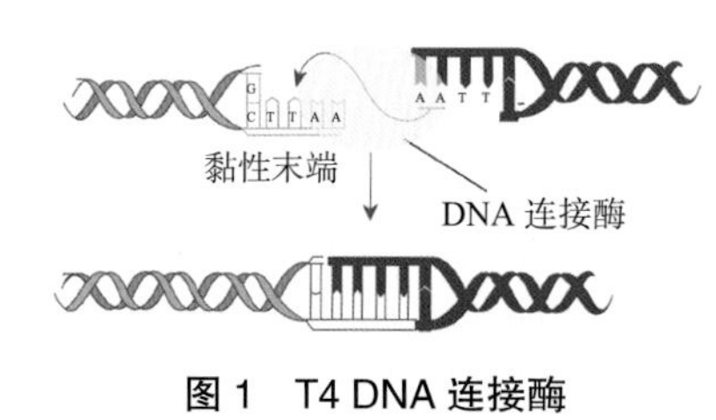

图1 T4 DNA连接酶

哺乳动物DNA连接酶 哺乳动物中常见的DNA连接酶有三种。DNA连接酶Ⅰ：DNA复制过程中连接后随链的冈崎片段。DNA连接酶Ⅲ：和DNA损伤修复蛋白XRCC1结合形成复合物在核酸切除修复及片段重组中发挥作用。在所以已知的哺乳动物DNA连接酶中，DNA连接酶Ⅲ是唯一被发现存在于线粒体的连接酶。DNA连接酶Ⅳ：和DNA连接酶Ⅲ一样，DNA连接酶Ⅳ也和DNA损伤修复蛋白XRCC1结合形成复合物在DNA损伤修复中发挥作用。此酶主要参与双链DNA断裂修复中非同源末端连接DNA修复过程。同时它也参与Ⅴ（D）J重组，对免疫系统发育至关重要。

耐高温DNA连接酶 又称热稳定的DNA连接酶。许多耐高温细菌中发现耐高温连接酶，如从嗜热高温放线菌中分离的DNA连接酶，在85℃高温仍具有连接酶活性。因为其耐高温的特质，这类连接酶多被制备成商品酶用于连接扩增反应。

应用 现代分子生物学实验中，DNA连接酶是不可缺少的工具酶，尤其用于重组DNA的构建。如分子克隆实验中，DNA连接酶将DNA片段连接插入限制性内切酶切开的质粒中。连接反应中，温度的控制对于连接效率是十分关键的。常用的T4 DNA连接酶在37℃活性最高。除此之外，对于黏端DNA的连接，要考虑其黏性末端的长度；对于平端DNA的连接，要考虑连接片段的比例，温度一般为14~25℃。合适的反应底物比例、反应温度，达到最佳的连接效果。

（王　芳）

jiàoduì

校对（proof-reading）

DNA复制过程中具有3'→5'外切酶活性的DNA聚合酶切除错误配对的碱基，以保证DNA复制准确性的错配校正过程。DNA是遗传信息的载体，DNA复制按照碱基配对原则进行为遗传信息的准确传代奠定了坚实的理论基础，因此DNA复制保真性十分关键。除此之外蛋白质翻译过程中氨酰-tRNA合成酶也具有校正活性。

DNA复制的保真性 人类基因组有30亿个碱基对序列。庞大基因组的DNA复制保真性主要由三方面保证：DNA聚合酶的保真性、外切酶的校正活性以及DNA的损伤修复系统。原核生物的DNA聚合酶有5种：DNA聚合酶Ⅰ不是复制延伸过程过程中起主要作用的酶，只能催化延伸约20个核苷酸。它在活细胞内的功能主要是切除引物并进行空隙填补；DNA聚合酶Ⅱ、Ⅳ、Ⅴ，主要参与DNA损伤修复；DNA聚合酶Ⅲ是在原核生物复制中真正起催化作用的酶，每分钟可催化10^5聚合反应。因为原核DNA聚合酶Ⅰ、Ⅱ、Ⅲ都有5'→3'延长脱氧核苷酸链的聚合活性以及3'→5'核酸外切酶活性，所以三种酶都可以运用其3'→5'核酸外切酶活性发挥校正功能，把错配的碱基水解下来，同时利用5'→3'聚合酶活性添加正确配对的碱基。常见的真核生物DNA聚合酶有五种：α、β、γ、δ、ε。其中DNA聚合酶δ和ε有校正活性即有3'→5'核酸外切酶活性。另外DNA聚合酶的活性中心只能容纳正确配对的碱基几何结构，以此提高复制的准确性。DNA聚合酶将复制错配率控制到$1/10^5$，核酸外切酶的校正活性将错配率控制到$1/10^7$，DNA的损伤修复活性使复制过程中错配率仅为$1/10^9$。

蛋白质翻译的校对 为保证蛋白质翻译的准确性，也需要校正，目的使氨基酸与tRNA分子正确结合。氨酰-tRNA合成酶不仅对底物氨基酸有高度特异性而且对tRNA也具有高度特异性。另外，氨酰-tRNA合成酶还具有有校正活性，可以修正反应过程中出现的错配。校正活性依赖其水解酯键的催化活性，将错误的氨基酸去除，再更正为与密码子对应的氨基酸。之后，通过氨酰-tRNA分子中tRNA的反密码子与mRNA分子上的密码子识别，氨基酸按mRNA信息组装为蛋白质。

（王　芳）

duānlì

端粒（telomere） 真核生物染色体末端的重复DNA序列，与特异蛋白质结合。脊椎动物中，端粒的重复序列是TTAGGG。称为shelterin的蛋白质复合物保护端粒不被同源重组（HR）或非同源末端结合（NHEJ）。端粒与细胞转化、细胞凋亡和永生化密切相关，以及在染色体定位、复制、保护和控制细胞生长及寿命方面具有重要作用。在大多真核生物中，端粒的延长是由端粒酶催化的，此外重组机制也介导端粒的延长。

结构 端粒DNA是由重复序列组成的，其基本结构为染色体末端沿着5'→3'方向的富含GT的序列。在酵母和人体中，端粒DNA重复单位序列分别为$C_{1-3}A/TG_{1-3}$和TTAGGG/CCCTAA，并有许多蛋白（蛋白端粒复合物，shelterin）与端粒DNA结合构成了特殊的"帽子"结构。

生物学功能 在正常的可增生细胞中，伴随DNA复制，端粒会减短，端粒缩短到一定程度之后，则会导致编码区的不完整，染色体间发生融合或被降解，细胞表现为衰老、凋亡、死亡等状况。端粒可对染色体末端结构起稳定作用，阻止染色体间末端连接，还可以补偿由于消除RNA引物后引起的滞后链5'末端的空缺。染色体保持完整和稳定的三大要素分别为端粒、着丝粒和复制起点。与此同时，端粒作为基因调控的特殊位点，常对于位于端粒异染色质区附近基因的转录活性（称为端粒的位置效应，TPE）具有抑制作用。总的来说，端粒主要功能有：保护染色体，防止其被核酸酶降解；防止染色体相互融合；作为端粒酶的底物，解决DNA复制的末端问题，保证染色体的完全复制。

意义 在大多真核生物中，DNA分子每经过一次分裂和复制，端粒就会缩短一点(如冈崎片段)，一旦当端粒被消耗殆尽时，细胞将会立即激活凋亡机制，使细胞走向凋亡。因此，端粒的长度可以反映细胞复制史及其复制的潜能，也被称作细胞寿命的"有丝分裂钟"，是一个人老化速度的最重要和准确的指标，它会随着人们年龄的增长而缩短。通常情况下，运动量与细胞的分裂呈正相关，运动量越大，细胞分裂次数越多，寿命越短。此外，研究表明那些细胞中有较短端粒的人更容易患像癌症、心脏病和阿尔茨海默病之类的疾病，甚至会缩短寿命。

（王　芳）

duānlì méi

端粒酶（telomerase） 由RNA和蛋白质组成的能够延长端粒长度的核糖核蛋白复合物。端粒酶通过在染色质3'末端加入重复序列，防止由于DNA多次复制后造成的端粒长度减短。端粒酶主要由RNA和具有逆转录酶活性的蛋白质（telomerase reverse transcriptase，TERT）构成，其中RNA作为端粒酶延长端粒序列的模板来源，镶嵌在蛋白质内部，对于端粒酶的结构和催化活性十分重要。人端粒酶逆转录酶基因（hTERT）的表达与端粒酶活性密切相关，是端粒酶活性的限速决定因子。

作用机制 在正常的可增生

细胞中。DNA 每复制一次，端粒就会减短 20~50bp，端粒缩短到一定程度之后，染色体的继续复制与增生则会导致编码区的不完整，染色体易发生融合或被降解，细胞表现为衰老、凋亡、死亡等状况。在绝大多数真核生物的细胞中，端粒酶成为端粒长度的维持者。端粒酶可维持染色体末端的稳定性，使端粒不因细胞分裂而有所损耗，增加细胞分裂的次数。

作用过程 端粒酶延长端粒 DNA 一般包括四个步骤：①端粒酶中的 RNA 与端粒 DNA 重复单位相互识别，形成碱基互补配对。②以端粒酶 RNA 作为模板，在底物 dNTP 参与下，按 5'→3' 方向合成一个新的端粒重复序列，使染色体 3' 末端得以延长。③端粒酶的易位，端粒酶 RNA 模板与染色体末端配对解开，重新定位于新合成的端粒重复序列的 3' 末端，并重复步骤②的聚合反应。④互补链的合成。

意义 端粒酶在维持基因组完整、端粒稳定、细胞长期活性和潜在继续增生能力等方面有重要作用。但是，在正常人体细胞中，端粒酶的活性受到极其严密的调控，且除生殖细胞、骨髓造血干细胞及外周淋巴细胞外一般都很难检测到。染色体末端的端粒序列会随着细胞分裂次数的增加而不断缩短。只有在不断分裂的细胞如造血细胞、干细胞和生殖细胞中，这才可以检测到具有活性的端粒酶。一般情况下，在正常人体组织中端粒酶的活性是被抑制，但在肿瘤中会被重新激活，表明其可能参与肿瘤的恶性转化，是肿瘤诊断的重要指标，可能是肿瘤治疗的最佳靶点之一。端粒酶还可作为肿瘤预后的判断依据。此外，其活性水平与肿瘤的大小、规模、转移相关。研究发现，高端粒酶活性与白血病、脑膜瘤和乳腺癌的不良预后有关。少数情况下，正常组织的细胞也具端粒酶活性，但比与之对应的恶性组织细胞显然要低。

（王　芳）

DNA sǔnshāng

DNA 损伤（DNA damage）

由物理、化学诱变剂或致癌剂造成的 DNA 分子化学结构变化。最常见的 DNA 损伤包括嘧啶二聚体形成、DNA 链断裂和交联、碱基丢失、碱基或核苷酸的替代、碱基配对错误、插入等。大部分 DNA 损伤可被修复，虽然 DNA 修复的效率并不是 100% 的。

类型 UV 对 DNA 的损伤主要是通过 DNA 分子上嘧啶二聚体的形成。UV 照射后 DNA 分子的双螺旋结构上出现一些环式结构，又称为环丁烷。它是由两个相邻的胸腺嘧啶（T）或胞嘧啶（C）通过共价键连接形成的二聚体。X 射线、γ 射线照射细胞后，会使 DNA 的双链或单链结构断裂。这是由于细胞内的水被射线照射后产生了自由基，同时它也可以破坏双链之间的氢键，使 DNA 分子双螺旋结构不稳定。DNA 复制过程或 DNA 拓扑异构酶抑制剂都使 DNA 产生碱基错配或碱基缺失；而一些化疗药物则会导致 DNA 双链断裂或单链断裂的产生。化学物中的博莱霉素、甲基磺酸甲烷等烷化剂也能造成链的断裂。丝裂霉素 C 可以产生同样的 DNA 分子断裂的效应，这种效应通常是通过 DNA 分子单链中处于对角的鸟嘌呤的交联产生的。个别碱基的替换或核苷酸的增添或缺失也会造成 DNA 损伤。比如碱基结构类似物 5- 溴尿嘧啶等可以取代个别碱基，亚硝酸能引起碱基的氧化脱氨反应，它们都改变了 DNA 分子中碱基的原有类型。原黄素（普鲁黄）等吖啶类染料和偶氮苯等芳香胺致癌物可以造成个别核苷酸对的增加或减少而引起移码突变。

原因 常见的导致 DNA 损伤的因素（表 1）主要分为体内因素和体外因素。

表 1 常见 DNA 损伤改变的类型及原因

损伤类型	原因
异常碱基	物理或化学造成的碱基损伤，自发脱氨，复制时错误碱基掺入
AP 位点	碱基自发丢失，诱发水解
缺口	外切酶活性，不完全复制
链断裂	物理、化学因素对 DNA 骨架的损伤
链交联	紫外线，化学因素

体内因素 ① DNA 复制错误：DNA 复制的错配率约 $1/10^9$，复制的错误主要表现为片段的缺失或者插入。② DNA 自身损伤：热刺激或者 pH 值发生改变时，DNA 分子上的糖苷键可发生水解，导致碱基的丢失，其中以脱嘌呤现象最为普遍。此外，含有氨基的碱基还可能自发脱氨基：如 C 转变为 U，A 转变为 I（次黄嘌呤）等。③机体代谢过程中产生的活性氧：细胞正常代谢过程中产生的活性产物（如活性氧）也可攻击 DNA，造成 DNA 损伤。

体外因素 ①物理因素：射线引起的 DNA 损伤较为常见。主要表现为紫外线引起的 DNA 损伤和电离辐射引起的 DNA 损伤。紫外线造成的 DNA 损伤，主要是导致 DNA 分子链上二聚体的形成。经过紫外线照射后，DNA 中相邻的 T 或者 C 都可以形成环丁基环进而连成二聚体，特别是易形成TT二聚体。经过紫外线照射，DNA链也会发生断裂等损伤。电离辐射对DNA的破坏有直接和间接两种效应，DNA自身吸收射线能量受到破坏属于直接效应，当DNA周围的水分子（还有其他分子，水分子占大多数）吸收射线能量会有一些自由基随之产生，它们的反应活性较高，最终会导致DNA损伤，这种效应属于间接效应。电离辐射将会导致DNA分子发生碱基变化、脱氧核糖变化、DNA链断裂、交联等多种变化。②化学因素：化学因素对DNA的损伤主要体现在自由基导致的DNA损伤、碱基类似物导致的DNA损伤、碱基修饰剂、烷化剂导致的DNA损伤、嵌入性燃料导致的DNA损伤等，最早用于对化学武器杀伤力的研究，后期对癌症化疗、化学致癌作用的研究使人们更重视突变剂或致癌剂对DNA的作用。③生物因素：人工合成或环境中存在的化学物质能专一修饰DNA链上的碱基或通过影响DNA复制而改变碱基序列，是诱发突变的化学物质或致癌剂。

意义 DNA包含了机体中最重要的遗传信息，是有机体的自身特征得以传递的关键物质。保持其自身的分子结构完整性和稳定性对于维持细胞稳态和正常生理活动高效有序的进行至关重要。但是外界环境中的多种因素和生物体本身都会不同程度地侵袭DNA，造成DNA分子连续遭受损伤。人体细胞中DNA损伤后会引起细胞一系列反应，主要包括损伤信号的传导、损伤与修复、诱导细胞死亡等。DNA损害可能造成细胞停止生长、细胞凋亡或转型成癌细胞，而对于生物个体当然不可避免地会导致对应的症状，即老化、死亡，或者肿瘤的形成。来自不同的哺乳动物细胞之间也存在差异，因此不同种类的细胞对DNA损伤诱导凋亡的敏感程度也不同。比如DNA损伤程度较低时，淋巴细胞就比较容易产生凋亡，进而产生自杀反应，对DNA损伤诱发的凋亡较为敏感。而这种损伤在其他类型的细胞敏感度较低并且可以进行修复，恢复正常状态。比如，淋巴细胞的这种反应在经原代培养出的成纤维细胞中就比较少见。

（王　芳）

DNA tūbiàn

DNA突变（DNA mutation）

生物体或者病毒的核苷酸序列、染色体DNA或者其他遗传元件的永久性变化。包括由于DNA损伤和错配得不到修复而引起的突变，以及由于不同DNA分子之间的交换而引起的遗传重组。

诱变因素 DNA突变可是自发的也可是诱发的。引发DNA突变的因素主要包括外因和内因。外因主要包括物理、化学和生物三方面因素。物理因素有X射线、激光、紫外线、γ射线等；化学因素如亚硝酸、黄曲霉素、碱基类似物等可以改变DNA中的碱基；还有某些病毒可以借助自身的遗传物质影响宿主的DNA，它们与细菌都属于生物因素。内因包括DNA复制过程中，基因内部的脱氧核苷酸的数量、顺序、种类的局部改变，自发突变，以及DNA修复过程中产生的错误。

特征 真核生物和原核生物所有类型的突变，都具有随机性、稀有性和可逆性等同样的特性。①随机性：基因发生突变的个体是不确定的，时间也并不固定，最终发生突变的基因也是无法预知的。这种随机性已经在许多高等植物中得到了验证，并且这种随机性并不是偶然存在的，在它们体内的无数突变都存在这种特性。同样的情况在细菌中同样存在，只不过情况更加复杂。②稀有性：突变并不是普遍存在的，比如野生型基因发生突变的概率就极低。③可逆性：已经发生突变的基因也可以经过再次突变成为野生型基因，这一过程称为回复突变。但这种突变总是比正向突变率要低，一个突变基因内部只有一个位置上的结构改变才能使它恢复原状。④少利多害性：通常情况下，基因突变改变自身原有结构，会影响自身正常的生理活动，最终被淘汰或是死亡，但是也有极小部分突变会增强物种对环境适应能力。除此之外，基因突变还具有普遍性、不定项性、有益性、独立性、重演性等特征。

分类 按照表型效应，突变型可以区分为形态突变型、生化突变型以及致死突变型等。按照基因结构改变的类型，突变可分为碱基置换、移码、缺失和插入4种。由单一碱基变化产生的突变称为点突变，其对蛋白质表达的影响包括沉默突变、错义突变和无义突变三类。DNA分子上如果插入或者缺失一个以上的碱基的变化，则称为插入突变或者缺失突变。而移码突变（frameshift mutation）则是由于碱基的插入或者缺失引起了蛋白质读码框的改变。移码突变所引起的DNA损伤程度比点突变要强。最后，染色质结构还可能发生范围更大、更加严重的突变，包括染色质的扩增，删除以及染色质易位等。

意义 DNA突变的发生与DNA自身的复制、损伤修复、癌变和衰老等生命过程密不可分，它也是推动物种演变进化的几大因素之一。基因突变给人类带来的影响具有利害共存的两面性，DNA突变可以用于诱变育种、害虫防治、诱变物质的检测。病变的DNA突变可以诱导癌细胞自杀，染色体变异的DNA突变能够引起病变。

（王　芳）

diǎn tūbiàn

点突变（point mutation）　DNA分子多核苷酸链中原有的某一特定碱基或碱基对被其他碱基或碱基对置换、插入或缺失的改变形式。DNA的任一碱基对都可发生突变，点突变只改变一个碱基或者碱基对，具体表现为同类碱基或碱基对之间的替换及不同类碱基或碱基对之间的相互替换。同类碱基之间的替换，称为转换（transition），即一种嘌呤碱或相应的嘌呤－嘧啶碱基对被另外一种嘌呤碱或相应的嘌呤－嘧啶碱基对所取代；如果某种嘌呤碱或其相应的嘌呤－嘧啶碱基对被另外一种嘧啶碱或其相应的嘧啶－嘌呤碱基对所置换，称为颠换（transvertion）。点突变最容易在DNA复制过程中发生，同时，多种物理致变剂，包括紫外线、X射线、高温，以及某些化学制剂会加速这种突变的产生。

分类　发生点突变的情况下，原有的碱基数目并没有发生变化，只是原有碱基性质的改变。这种突变所呈现出的遗传学效应会随其作用对象的变化而不同。如果替换发生在构成特定三联体密码子单位的碱基或碱基对上，则会造成：同义突变（same sense mutation）、无义突变（non-sense mutation）、错义突变（missense mutation）。①同义突变：这种突变类型虽然是使DNA序列中密码子随碱基类型的变化发生了改变，但是由于简并现象的存在，编码的氨基酸并没有发生改变，因此并没有突变效应。②无义突变：会使翻译过程提前结束，这是由于原本编码氨基酸的密码子被变成终止密码子，破坏了完整肽链的形成。这种突变并不引起氨基酸编码的错误，但由于终止密码子的出现，使翻译时多肽链就此终止。③错义突变：与上述类型的突变不同，当碱基发生更替后，密码子编码的蛋白质的类型发生变化。这类突变往往能使多肽链的原始功能紊乱，导致许多蛋白质的异常。终止密码突变是碱基发生变化后，原本的终止密码子会转换成编码氨基酸的密码子。多肽链的合成不会停止，而是一直延续到下一个终止密码为止，形成超长的异常多肽链。除此之外，碱基替换如果发生在DNA分子的非密码子组成结构区域，引起的将可能是调控序列或内含子与外显子剪接位点的突变，造成RNA编辑错误，不能形成正确的mRNA分子，导致功能蛋白的合成障碍。

意义　DNA分子中单个碱基的变异广泛存在于生物体遗传信息的编码中，调控序列突变所产生的遗传学效应，通常可直接体现为蛋白质合成速率的降低或异常增高，进而影响细胞正常的代谢节律，以致引起疾病的发生。镰状细胞贫血是典型的由于点突变引起的疾病。另外，生殖细胞中的点突变有其有利的一面。突变造成的优势性状可能会通过代代相传，改良整个群体。生物进化就依赖点突变。

（王　芳）

jiǎnjī quēshī

碱基缺失（base deletion）　DNA分子多核苷酸链中原有的某一位置的碱基对丢失的改变形式。碱基缺失属于DNA损伤中的一种，如果缺失位置位于开放阅读框中，可以引起密码子的从缺失位置起的编码错乱，从而改变开放阅读框的阅读方式，氨基酸对应的密码子由此改变，造成框移突变。框移突变所造成的DNA损伤一般远远大于点突变。

（王　芳）

jiǎnjī chārù

碱基插入（base insertion）　DNA分子多核苷酸链中原有的某一位置插入了新的碱基对的改变形式。与碱基缺失类似，碱基插入也属于DNA损伤中的一种，如果插入位置位于开放阅读框中，那么相应的阅读方式将会改变。这种框移突变会造成编码氨基酸的密码子的顺序会错乱，最终形成的蛋白质也会发生改变。框移突变所造成的DNA损伤一般远远大于点突变。

（王　芳）

DNA chóngpái

DNA重排（DNA rearrangement）　DNA序列的重新排布。又称基因重排。是基因活性调节的一种方式。DNA重排广泛存在动物、植物和微生物的体细胞基因组中，是已经存在的信息的重排，主要是根据DNA片段在基因组中位置的变化，即从一个位置变换到另一个位置，从而改变基因的活性。这种调节可能导致DNA序列的变化，DNA的扩增、丢失或修饰等，是一个酶依赖的过程，新的遗传物质通过DNA重排产生。

分类　DNA重排可以分为普通基因重排和特殊基因重排，普通基因重排有缺失、取代、插入、重叠、放大和反向，特殊基因重排包括基因重组和基因转位。这类基因重排可分为定向和非定向两大类；非定向性重排，即基因的转位，对基因表达有调节作用。定向性重排，即有目的地在细胞发育过程中将基因片段重新排布，组成多种有功能的重组基因的免疫球蛋白基因的重排。

机制 DNA重排的机制是一种DNA双链断裂的修复过程，这种断裂方式往往发生在5'端的重复单位里。这一部分靠近串联重复序列，断裂后，两个突出的DNA单链末端形成，并脱离了原来的DNA分子的双螺旋结构。在进行断裂修复时，会发生重复单位复杂的转换式移动。在等位基因内或等位基因之间，两末端因摆动或错位，不能够恢复原有碱基配对状态，最终造成基因内重排和基因间重排。基因内重排是发生在同一DNA分子内的单链插入，是一种基因内转换形式。错位链最末端的碱基率先复性，然后局部合成空缺的碱基，之后会形成修复后的插入重复单位，这种重复单位可能有一个也有可能是几个。这种转换重排可以重复发生，且每发生一次会增加一段插入序列，所以这种错位复性及修复方式在小卫星座位上通常增加了重复单位数。基因间重排是DNA双链断裂后会产生的游离单链末端，入侵到相应的染色单体上的等位基因，与另一条染色单体的DNA发生复性，最终会形成两同源染色单体的基因之间转换式移动。这类单链侵入形式导致异源链合成、延伸，会出现三种不同的后果：第一种结果是从重复序列开始的错配新合成链，多数在达到重复序列的侧翼序列之前就被DNA错配修复系统终止，只能形成基因插入转换。第二种结果相对较少，是以对应同源染色单体的等位基因为模板合成的错配链一直延伸到小卫星重复序列的侧翼区，并且连同侧翼序列中可能存在的SNP基因座的碱基变异一起发生了基因间转换，这种重排同时涉及小卫星重复单位和侧翼序列SNP基因座，因此称为基因共转换。第三种结果更少见，即延伸的杂合双链没有终止，越过串联重复区段，形成典型的Holliday连接结构，出现基因间重组交换的过程，经过不同的拆分方式形成同源染色单体之间的互换产物。

意义 DNA重排可以参与DNA修复损伤，可能产生新的基因，适应于特定环境的表达或者改变已有基因的表达，并可用于调控其他基因的表达。DNA重排也可导致疾病的发生，如胃组织中DNA重排后产生TPR和MET的融合基因，该融合基因会表达一种与胃癌发生有关的蛋白质；与肝癌发病相关的RAS、C-myc基因的重排；另外还有许多血液病如白血病、淋巴瘤等都可能是由于DNA重排所导致的。

（王　芳）

DNA yòubiàn jì

DNA诱变剂（DNA mutagen）

能改变机体细胞遗传物质的因素。又称DNA诱变剂。DNA承载着生物体内重要的遗传信息。DNA会时时刻刻受到细胞内或者一些外界因素的攻击，产生损伤。在自然条件下，DNA分子本身可以发生一些自发性的损伤，据统计，这种损伤的概率非常低，在24小时内出现大概1万次的自发突变。DNA损伤诱变剂广泛存在于体内外，可以提高突变率，对活细胞内遗传物质诱变作用较为普遍。

分类 常见的DNA诱变因素可以分为以下三类。

物理因素　如在重金属、高温高压作用下，DNA链会发生断裂。在各种电离及非电离辐射（如UV）和机械力等因素的作用下，也会产生同样的效应。

化学因素　化学诱变剂主要有烷化剂（包括EMS、EI、NEU、NMU、DES、MNNG、NTG等）、天然碱基类似物、氯化锂、亚硝基化合物、叠氮化物、碱基类似物、抗生素、羟胺和吖啶等嵌入染料。一些强氧化剂如强酸、强碱以及其他类型的化学诱变剂等都会导致DNA分子中的碱基丢失，造成DNA单链、双链的断裂。有些化学因素还会导致核苷酸结构变异。通过这样的DNA损伤机制，临床上出现了靶向DNA的化疗药。比如DNA拓扑异构酶抑制剂、烷化剂等。这些药物通过直接或间接损伤DNA杀死癌细胞，抑制肿瘤发生发展，药物作用的强弱与其对DNA损伤的程度紧密相关。

生物因素　流感病毒、麻疹病毒和风疹病毒、疱疹病毒等多种DNA病毒，是常见的生物诱变因素。除此之外，一些RNA病毒也具有诱发基因突变的作用。细菌和真菌所产生的毒素或代谢产物往往具有强烈的诱变作用。

此外，DNA诱变剂还包括插入剂（如溴化乙锭）、金属及碱基类似物等。

意义 常见的DNA诱变剂有碱基类似物、化学修饰剂、嵌入染料、紫外线和电离辐射等，这些诱变剂使基因突变率大幅度升高。这些突变改变了机体内正常的细胞生理功能，会诱发遗传病、癌症等疾病，还会导致婴儿夭折和胎儿畸形，大部分突变对人类来讲是不利的。但是，DNA诱变剂的作用机制也被应用于临床治疗，作为化疗的方法杀死癌变细胞。

（王　芳）

DNA xiūfù

DNA 修复（DNA repair）

细胞针对受损DNA发动的可识别并使DNA损伤消除、DNA恢复原有结构并重新执行原有功能的一系列生化反应。如果细胞不具备修复功能，就无法正常应对发生的DNA损伤事件，会导致个体变异或死亡。但是这种修复对于已经发生的DNA损伤并不是完全有效的，它仅仅是让细胞获得DNA损伤的耐受能力，那些残存下来的损伤所造成的生物效应只会在特定的时期表现出来，比如说癌变的发生。DNA修复是细胞中常见的生命活动，让基因组保证正常的状态，避免了基因组遭到破坏，对于维持细胞的活性意义重大。一般的代谢活动和环境因素（如紫外线）在人类细胞内不仅可以破坏DNA分子本身，还将干扰DNA修复系统的正常功能，细胞读取内外环境中的信息和进行基因编码的方式也会做出较大改变。但是，人体的基因并没有因此变成一堆乱码和降解，这主要依赖人体和生物体的DNA修复系统和机制。且对不同的DNA损伤，细胞可以有不同的修复反应。

机制　在真核生物中，DNA损伤修复的机制主要有DNA光复活、碱基切除修复、核苷酸切除修复、双链断裂修复、DNA错配修复。

意义　DNA损伤修复与突变、寿命长短、衰老、肿瘤发生、辐射效应、某些毒物的作用都有密切的关系。DNA修复有诸多机制，任意一种机制不能正常运行都会使机体产生疾病。如碱基切除修复缺陷的人患有肺癌的概率会更高；而遗传性结肠癌患病概率的提升则是由于DNA错配修复机制不能正常进行；由于先天性原因导致的核苷酸切除修复出现问题，会让人对紫外线比较敏感，在阳光直晒下会逐步演变成皮肤癌。除以上情况意外，DNA修复系统缺失也会造成神经退行性疾病，如发育迟缓（有些也包含丧失生殖能力）、神经退化、智力不足等以及衰老。且这些患者大多都是免疫功能缺乏，如果缺乏事先的疾病诊断与照护，通常很容易死亡。

（王　芳）

DNA guāng fùhuó

DNA 光复活（DNA photo reactivation）

在可见光（最有效波长为400nm左右）照射下由光复活酶识别并作用于环丁烷型嘧啶二聚体（Pyr<>Pyr），利用光所提供的能量使环丁酰环打开而完成的过程。又称光修复或直接修复。DNA是紫外线（UV）作用于生物体的主要靶分子，UV导致的DNA损伤生成的主要光化学产物是Pyr<>Pyr。这些二聚体的生成将阻碍DNA的复制和转录，导致细胞死亡。

机制　DNA光复活是一种高度专一的DNA直接修复过程，主要作用于紫外线引起的DNA嘧啶二聚体（主要是TT，也有少量CT和CC）。在可见光的照射下，用于分解这类二聚体的光复活酶得到激活，处于活性状态，通过产生自由电子还原嘧啶二聚体的共价键。在光的存在下，光复活酶类通过直接结合损伤的DNA来恢复紫外辐射（UV）或化疗药物造成的DNA损伤。

过程　细胞对UV导致的DNA损伤，其自我保护是通过切除修复或光复活作用从基因组中除去这种光化学产物。在光复活修复过程中，光复活酶（又称DNA光解酶）特异性地结合到含有Pyr<>Pyr的DNA上，在近可见光照射下，使其裂解，恢复DNA双螺旋结构。在暗处，光复合酶能识别出因紫外线照射而形成的嘧啶二聚体，但是不能解开二聚体，由光提供能量，才能通过电子转移裂解嘧啶二聚体，酶从复合物中释放出来，完成修复过程。见图1。

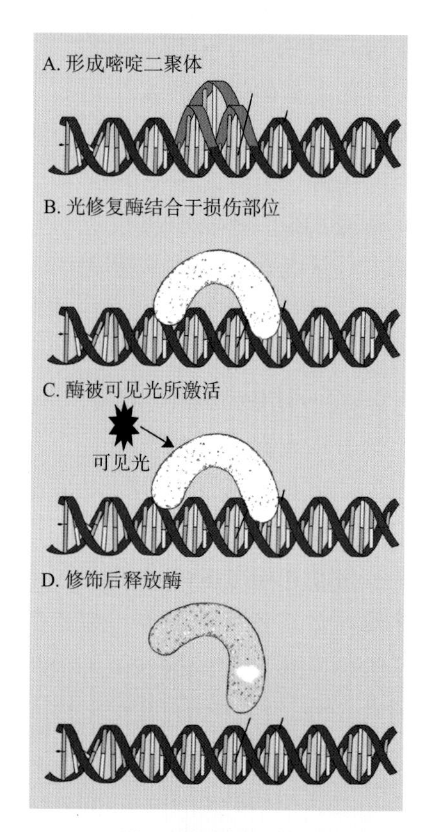

图1　紫外线损伤的光复活过程

意义　DNA在紫外线照射下产生两种主要光化学产物：环丁烷型嘧啶二聚体和其他光产物，会造成细胞死亡，并能引起变异。细胞对DNA光损伤的自我保护使其通过酶促光复活作用修复这种损伤。因此，研究DNA光损伤的光修复过程将有助于揭示生物体内酶促DNA光复活作用的机制。目前，光复活比较常见，但是这种修复方式主要在低等生物中发挥作用。在物种的演变进化过程中，除少数生物如病毒和枯草杆菌外，几乎所有生物都有光致活酶。在人体中，早期研究认为DNA光修复能够显著减少UV照射后皮肤细胞的凋亡，对皮肤癌的预防有重要作用。但是近年研究认为，人体中光复活酶的机制已被核苷酸切除修复机制所替代。

（王　芳）

jiǎnjī qiēchú xiūfù

碱基切除修复（base excision repair, BER）　直接从DNA中移去特定类型的损伤碱基并置换的过程。

机制　受损的碱基首先会被糖苷酶识别，进而被移除。这样，DNA分子的单链中由于受损碱基（嘌呤或者嘧啶）的丢失会产生空位。填补这类空位方式为：在核酸内切酶和外切酶的催化下切除空位的DNA；在聚合酶的作用下以正确的碱基插入空缺的位置上，从而触发上述一系列切除修复过程。

细胞内有许多特异的DNA糖苷酶，对于各种不同类型的碱基损伤都有特异的糖苷酶加以识别。一旦DNA分子中有碱基发生错误，都可以被这些糖苷酶检测到，比如胞嘧啶和嘌呤脱氨后出现的尿嘌呤以及黄嘌呤、次黄嘌呤。DNA糖苷酶可以切断这种碱基N-糖苷键，将其除去，形成的脱嘌呤或脱嘧啶部位通常称为"abasic"部位或AP位点。这些糖苷酶与DNA损伤种类的识别具有特异性，二者之间是一一对应的关系。AP核酸内切酶会识别DNA中的AP位点，该位点一旦出现，它就切开损伤部位的磷酯键，再在外切酶的作用下移除AP位点磷酸-核糖基团，空隙会经DNA聚合酶作用被重新合成，之后与断裂的DNA链连接，这条受损的DNA链就被成功修复了。

过程　碱基切除修复途径主要切除和替换由内源性化学物作用产生的DNA碱基损伤。在碱基切除修复过程中，参与BER修复的蛋白主要有DNA糖苷酶、DNA连接酶、末端加工酶、Flap内切酶、AP内切酶、外切酶等。这些分子在体内高度协调作用，切除受损碱基，使DNA恢复正常序列。

意义　碱基切除修复涉及众多基因参与的复杂的生理生化过程，在保持遗传物质的稳定性和抑制肿瘤发生等生理过程中占据着不可小觑的位置。可想而知，此类修复的功能下降会导致肿瘤发生，如碱基切除修复若有缺陷，会增加患肺癌的风险。

（王　芳）

hégānsuān qiēchú xiūfù

核苷酸切除修复（nucleotide excision repair, NER）　在一系列酶的作用下，切除DNA分子损伤部位，并填补核苷酸的空隙，使DNA恢复正常结构的过程。核苷酸切除修复是人类重要的DNA修复系统，也是DNA修复机制中最多面性、最灵活的一种，可识别多种结构不相关的DNA受损部位并进行修复，重点是修复嘧啶二聚体和结构大的致癌物-DNA加合物及其他可导致DNA螺旋扭曲变形的损伤。

机制　NER这一修复过程是需要至少30种蛋白质才能完成的生化反应，较为复杂。多种蛋白质在受损的碱基部位有条不紊地组装成一种复合物，又称NER小体（核苷酸切除修复小体），DNA分子上多种受损碱基都可以被NER识别，之后受损部位的两侧会被NER准确切割。切割产生的空缺部位由DNA聚合酶和DNA连接酶进行修复补充。

过程　NER过程重点包括以下几步：①在外界因素的影响下（如日光照射、致突变或致癌化合物的作用）会改变DNA原本稳定的双螺旋结构，两个胸腺嘧啶T错误结合在一起形成异二聚体复合物。②核酸内切酶识别DNA损伤位点，在损伤位点的上下游几个碱基位置将DNA链切开。③由解旋酶将有损伤的DNA片段被从基因组中移除。④由DNA聚合酶及辅助复制蛋白来修复合成，形成完全组装好的NER小体，补充核苷酸的空缺部位，这样就完成了最终的修复步骤（图1）。

意义　NER是维持细胞遗传稳定性的主要途径，是修复外因导致的DNA损伤的主要系统，它能修复多种DNA损伤类型，是从支原体到人类的所有生物所必需的DNA修复系统。许多调研和实验证明：人体肿瘤的引发和化学耐药与NER修复蛋白的功能异常有着紧密联系，这不仅是在动物体内得到了验证，许多的流行病学分析结果也可以证明这一事实。NER能修复多种使DNA螺旋变形的庞大加合物，而修复一些光产物-二聚体（6'4'-嘧啶二聚体及环丁烷嘧啶二聚体）是它最为重要的作用，这些二聚体是经过紫外线照射下的产物；由于日光中紫外线照射的光产物，如6'4'-嘧啶二聚体及环丁烷嘧啶二聚体；致癌剂引起的庞大复合物，如多环芳香碳氢的DNA复合物；以及由抗癌药物（如顺铂）产生的DNA交联。

（王　芳）

shuāngliàn duànliè xiūfù

双链断裂修复（double strand break repair, DSBR）　主要针对DNA双链断裂损伤的修复过程。

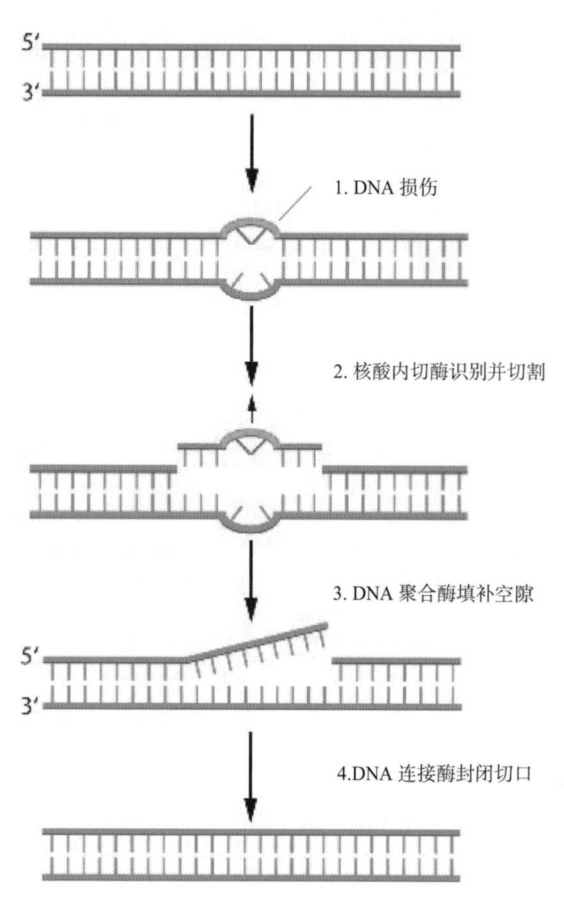

图 1　核苷酸的切除修复

DNA 链断裂的修复类型有单、双链断裂修复以及染色体断裂后的连接修复。这类修复可以高效地使断裂部位重连，它重点有以下两种性质：一是不稳定性，连接后并不能稳定维持连接状态，还会再次断裂；二是不准确性，由于连接的随机性，并不能保证连接正确。

分类　真核生物中 DNA 双链断裂损伤修复主要有同源重组（homologous recombination，HR）和非同源末端连接修复（Non-homologous End Join-ing，NHEJ）。其中，大多数细胞在生长周期 S 和 G_2 期发生的是 HR，这种修复方式速度慢，但是准确性高，这与 HR 以完整的同源染色体为依据完成修复过程有关。与 HR 不同，NHEJ 不依赖模板，在断裂位点对 DNA 加工后，在连接酶的作用下，它会直接将断裂的 DNA 末端连接。正是由于这个原因，DNA 在这类修复方式下会减少碱基的缺失。NHEJ 主要发生于细胞周期的 G_1 期。这两条通路都是由多个修复元件参与，经过多步反应的复杂过程，两者还有协同作用，共同维护细胞基因组的稳定性。

机制　DSBs 的修复与其他的 DNA 损伤相比较为复杂。HR 修复主要包含以下步骤：DNA 损伤位点的加工处理，链侵入和修复性合成，以及 Holliday 连接的形成与解离。其中最关键的一步是依赖核心分子 -RAD51 的链侵入过程。在真核细胞中，RAD51 是大肠埃希菌 RecA 的同源物，具有 DNA 依赖的 ATPase 活性，是同源序列的寻找、链配对和链交换步骤的催化酶。NHEJ 的过程包含有以下步骤：第一步，DSBs 部位会有特异性的末端结合因子与之结合，这种结合体可以防止 DNA 被核酸酶降解；紧接着 DNA-PK 磷酸化包括末端加工酶在内的若干底物；最终，在 DNA 连接酶的作用下连接成一整体，连接的方式可以是直接的也可以是加工处理后的。参与 NHDJ 的最重要分子为 Ku 蛋白。

意义　DSBs 产生的生物效应可以使有机体致死。导致 DSBs 的因素可分为两类。①内源性因素：包含了 DNA 代谢，其包括 DNA 复制、V（D）J 重排、减数分裂中的同源重组、酵母接合型转换和细胞代谢产生的活性氧。②外源性因素：如电离辐射（γ 射线）、紫外线照射，还有依托泊苷、多柔比星、博来霉素等化学药物。当 DSBs 得不到完全修复的时候，许多染色质重排现象将会出现，造成染色体臂的丢失，还会产生一些异倍染色体，这些都会使机体的正常生理过程受到影响，诱发疾病，更甚者还会导致肿瘤的发生，后果非常严重。所以为了防止造成这样的后果，DSBs 一旦发生，细胞会立即启动一套精确复杂的应答体系——DNA 损伤修复、细胞周期调控、细胞凋亡等。这一整套应答体系能帮助细胞修复损伤，避免造成更严重的后果，对维持细胞稳态和机体内各部分的正常生理功能起着重要作用。正常情况下，DSBs 被顺利修复后，细胞会经过细胞周期检查点恢复正常的生命活动；如果不能被完整修复，系统功能的缺失将造成细胞功能异常，细胞周期紊乱，进入分裂期后，基因组会随之发生异常，如抑癌基因的失活、原癌基因被诱导激活等，最后导致正常细胞的癌变，也可能直接导致细胞死亡。

（王　芳）

DNA cuòpèi xiūfù

DNA 错配修复（DNA mismatch repair, MMR）　用来纠正 DNA 双螺旋上错配的碱基对的修复过程。MMR 是 DNA 复制中的一种修复机制，主要是修复新合成的 DNA 上的错误，在 DNA 复制过程中会有一些核苷酸的插入或缺失，这些核苷酸片段通常较小，不大于 4nt，这类修复也可以由 MMR 完成；此外，它还能够修复 DNA 重组产生的错误和 DNA 损伤。

机制　MMR 系统广泛存在于生物体中，是一个高度保守的生物学过程，从原核生物大肠埃希菌到真核生物及人类，MMR 系统有不同的组成成分和修复机制。DNA 在复制过程中发生错配，如果新合成链被校正，基因编码信息可得到恢复；或者如果模板链被校正，突变就被固定。MMR 系统能够区分“旧”链和“新”链。人类 MMR 与原核生物大肠埃希菌极为相似，包括底物的特异性、双向性和切口方向链特异性。二者之间的差异表现在人类 MMR 凭借新链中的单链缺口来鉴别“旧”链和“新”链，而大肠埃希菌 MMR 是通过甲基化修饰的腺嘌呤加以区分。MMR 是在大肠埃希菌的研究中被阐述的。大肠埃希菌 MMR 基因编码的错配修复蛋白（主要包括 MutS，MutH 和 MutL）可形成复合物，发起错配修复，在 DNA 聚合酶Ⅲ、DNA 连接酶、核酸外切酶等关键酶类，还有单链结合蛋白等的共同作用下，错配 DNA 片段将被新合成的正确的 DNA 链代替，最终合成正确的 DNA。

过程　原核生物错配修复通过以下几步进行：识别正确的 DNA 链，切除不正确的部分，DNA 聚合酶Ⅲ和 DNA 连接酶合成正确的 DNA 片段，代替错配片段。这种修复类型能够保证 DNA 复制的准确性并维持基因组的稳定性。

意义　MMR 系统是细胞在受到特定 DNA 损伤后产生细胞周期阻滞、程序性细胞死亡过程中所采取的应对措施。所以，MMR 系统在清除受损细胞、防止突变产生及肿瘤发生中起到重要作用。此外，MMR 系统能识别和校正复制过程中错配的碱基从而减少突变的发生。反之，该系统异常或者缺失将会使突变率大幅提升。而在人类细胞，在突变发生后还会导致更严重的后果，如遗传性非息肉型结直肠癌、散发性结肠癌、胃癌、淋巴细胞白血病、子宫内膜癌和卵巢癌等疾病的发生。

（王　芳）

kuàyuè sǔnshāng DNA héchéng

跨越损伤 DNA 合成（translesion DNA synthesis, TLS）　对 DNA 受损部位并不做切除、替换等处理，而是越过这部分让停滞的复制叉继续前进完成复制的修复过程。这一过程是通过特异的 TLS DNA 聚合酶直接在受损 DNA 对面插入核苷酸实现的。它有效地防止了不完整的 DNA 链的出现，保证了 DNA 复制过程准确进行。

机制　跨越损伤发生时一般会出现两步：一种是当复制在损伤部位停滞，聚合酶从模板链上去除，被易错的聚合酶取代；受到阻滞的复制叉在 TLS 作用下会继续向前合成，事实上，TLS 也参与了复制后间隙填充这一过程。具体来讲，DNA 复制叉受到攻击遭到破坏时，DNA 便不会继续复制，这种停滞现象是由 DNA 复制酶的高保真性决定的。随后 DNA 复制酶不能发挥作用，脱离复制模板。这时 TLS 聚合酶被募集到受损 DNA 模板上，合成结束后，DNA 复制酶替代 TLS 聚合酶，介导正常的 DNA 复制过程。另一种是当损伤已经被绕过时，修复聚合酶被去除，复制复合物被重新插入。当复制过程出现跨越损伤时，这些易错的 DNA 聚合酶会替代复制体，允许跨越损伤聚合酶插入核苷酸，从而延伸 DNA 链。

在原核细胞和真核细胞中已经发现了多种这样的 TLS 聚合酶，主要包括 Polη、Polι、Polκ 和 REV1（Y 家族 DNA 聚合酶）以及某些 B 家族 DNA 聚合酶，这些酶可以将受损部位对侧 DNA 链中加入核苷酸，受损位点将不会对复制过程产生干扰，DNA 复制得以连续进行，也不会对细胞的正常分裂造成干扰。这种修复机制是 TLS 聚合酶与经典的复制型 DNA 聚合酶的不同之处。通常认为 TLS 聚合酶并不是单独发挥功能的，而是通过与单泛素化的 PCNA 结合共同完成跨越损伤合成。研究表明其他一些因子，如染色体重塑复合物 INO80、金属蛋白酶 Spartan 和乳腺癌相关基因 BRCA1 等都可能调控该过程。

类型　由于 TLS 聚合酶的种类决定了能跨越的 DNA 片段的种类，所以根据加入的核苷酸的正确与否，可以将 TLS 分为两类：无错损伤旁路及易错损伤旁路；前者是在受损部位的对侧加入正确的核苷酸，后者是错误的核苷酸的插入。

意义　跨越损伤 DNA 合成是细胞进化出来的一种主要的损伤耐受机制，可以防止 DNA 复制的停滞，DNA 复制叉会跨越受损位点，继续复制过程，预防了断裂

DNA 链的产生，也避免了由此引起的细胞死亡。但失控的 TLS 会通过易错旁路引发基因组突变。在细胞内抑制 TLS 聚合酶的表达后，与正常细胞的突变图谱进行对比分析，发现正常细胞这种突变概率较低，这可能与其优先采用无错旁路途径有关。正是由于 TLS 聚合酶有上述的功能，所以对其机制掌握越多越能够有效地防止肿瘤产生，减少基因的耐药突变，降低癌症患者对化疗药的耐药性，为临床研究提供更多的理论指导。

（王　芳）

DNA chóngzǔ

DNA 重组（DNA recombination）

DNA 分子内或分子间发生的遗传信息重新组合的过程。又称遗传重组（genetic recombination）或基因重组（gene recombination）。DNA 重组广泛存在于各类生物中，是发生在生物体内基因的交换或重新组合的过程，是生物遗传变异的一种，对生物进化起着关键的作用。

分类　由于基因重组的机制不同，重组过程中对蛋白质因子的要求也不一样，可将其归纳为三类：同源重组、位点特异性重组、异常重组（illegitimate recombination）。

异常重组发生在序列完全不同的 DNA 分子间，完全不依赖序列间的同源性，在形成重组分子时往往依赖 DNA 的复制而完成重组过程，也称复制性重组（replicative recombination）。例如，在转座过程中，转座因子从染色体的一个区段转移到另一个区段，或从一条染色体转移到另一条染色体。

意义　基因重组在物种的遗传变异中普遍存在，它几乎存在于所有生物种类（病毒、原核生物和真核生物）中。整段 DNA 在细胞内或细胞间，甚至在不同物种之间进行交换，有目的地将一个个体细胞内的遗传基因组装到具有其他表型的细胞的 DNA 分子上，使之发生遗传变异，经过这一系列整合后继续完成复制、转录和翻译。在进化、繁殖、病毒感染、基因表达以及癌基因激活等过程中，基因重组都起着重要作用。除此之外，DNA 重组在基因工程中已成为获得重组 DNA 分子的重要途径，目的基因在限制性核酸内切酶的作用下，DNA 双链被切开并在断裂处会暴露出并不对称的序列，经过相同的酶切割的 DNA 链产生的片段会在氢键作用下互补连接。之后 3' 羟基和 5' 磷酸末端在 DNA 连接酶的作用下连接起来，从而实现 DNA 的体外重组，形成重组 DNA 分子。将携带目的基因的重组 DNA 分子整合到受体细菌体内，目的基因可以进行快速扩增，并迅速得到大量的表达产物，应用于临床的有胰岛素、干扰素、乙肝疫苗等。

（王　芳）

tóngyuán chóngzǔ

同源重组（homologous recombination, HR）

两个具有相同或相似序列的 DNA 分子之间，通过配对、链的断裂和再连接，产生核苷酸序列交换的过程。又称一般性重组（general recombination）。同源重组多被细胞用于精确修复双链 DNA 断裂。同源重组发生在两个同源 DNA 分子之间，需要一系列的蛋白质催化，负责配对和重组的蛋白质因子无碱基序列特异性。如原核生物细胞内的 RecA、RecBCD、RecF、RecO、RecR 等；还有参与真核细胞同源重组的蛋白质，包括在染色体的多个位置上切断 DNA 的 Spoll 蛋白、生成 3' 单链末端的 MRX 酶复合物、介导单链入侵的 Dmcl 和 Rad51 等。

机制　不同的同源重组机制中，单链 DNA 的 3' 羟基末端侵入双链 DNA 是非常关键的一步。经典的同源重组模型主要包括：Holliday 模型、Meselson-Radding、断裂重接模型等。其中 Holliday 模型是第一个被广泛接受的同源重组模型。这一模型中的关键步骤是 Holliday 连接的形成。Holliday 连接是一个关键的重组中间体，该连接可以通过配对碱基连接的解链和配对，沿着 DNA 移动，移动时亲本 DNA 链的碱基对断开，即分支移位。Holliday 连接是由杂合单链连接形成，进而发生重排，改变了链的彼此关系，这种空间构象的改变决定了在 Holliday 连接拆分时是否发生重组。按照交叉分子或 Holliday 结构的形成和拆分的阶段，一般情况下可以将同源重组反应概括为以下三个步骤，即前联会阶段、联会形成和 Holliday 结构的拆分。真核细胞同源重组发生在减数分裂过程中，同源染色体彼此配对，同源染色体 DNA 片段发生交叉与互换。同源重组同样在结合、转导或转化后外源 DNA 与细菌基因组的整合中起作用。真核生物与原核生物的同源重组发生的时期并不相同，前者主要发生在细胞周期的 S 期之后，而后者往往是在 DNA 复制过程中。

意义　同源生物体通过重组可以产生新的基因或等位基因的组合，可以形成遗传多样性，确保合适的染色体分离和修复某些类型的 DNA 损伤。没有遗传重组也就没有进化，人们可使用同源重组进行遗传作图。利于生物体生存的突变会通过基因重排，重组与不利于生物体的突变进行区分，使等位基因的逃逸和传递处于优势地位，让有害的等位基因被去除，同时也保障了其他连锁基因的正常表达，有利于自然选择和进化。

（王　芳）

wèidiǎn tèyì chóngzǔ

位点特异重组（site-specific recombination）

发生于特定的位点之间，由序列特异重组酶介导的，具有一定序列同源性的双链DNA片段交换、重新组合的过程。位点特异性重组广泛存在于各类细胞中，往往发生在特定的、短的（20~200bp）DNA序列内，并且有特异的酶和辅助因子对其识别和作用。重组的发生需要在特异性位点进行序列特异重组酶（Site-specific recombinases，SSRs）的催化。重组酶是一些蛋白质因子，可以分为两类：酪氨酸重组酶和丝氨酸重组酶。由于这类酶具有位点特异性，所以它只可以在特异性位点间发挥催化作用，推动重组进程。基于以上原因，位点特异性重组具有特异性和高度保守性。

机制　位点特异性重组需要经历DNA与重组酶的特异或非特异结合、联会复合物的形成、链的切割、链的交换与重连几个主要步骤。经典的位点特异性重组系统需要满足以下几个条件：首先是要有特异性的识别位点、简单的识别序列或其他可以进行不同蛋白因子识别的复杂结构；其次还需要有重组酶的参与，这些酶可以识别DNA序列，进而对靶DNA链进行切割，连接带有相同末端的单链并进行链的交换。在大多数系统中，是多种蛋白质因子协同发挥作用产生多种的重组结果，当然不排除只有一种重组酶发挥作用的情况。最后，由于位点特异性重组不会形成新的DNA，所以并不产生能量的变化，因此需要一套专司DNA断裂重连，仍能保持磷酸二酯键平衡的特殊机制。

结果　位点特异性重组只发生在同源的短序列的范围之内，主要依赖小范围同源序列的联会，也需要位点特异性的蛋白质分子参与催化，依赖能与重组酶相结合的DNA序列的存在。重组导致DNA链的断裂和重新连接，DNA不失去、不合成。而且重组过程中DNA并不是绝对的进行同等的替换，也会出现整段插入的情况（插入重组），即整个DNA分子插入到另一个DNA分子中。特异位点重组的结果取决于重组位点的位置和方向。根据重组位点的序列和排列的方向性，将会产生以下三种重组的类型：整合、切除和倒位。重组位点以相同方向存在于不同分子上，发生整合重组；重组位点以相同方向存在于同一DNA分子上，发生切除重组；如果重组位点以相反方向存在于同一DNA分子上，发生倒位重组。

意义　位点特异性重组系统可在重组酶参与下介导基因表达的调节，发育过程中程序性DNA重排，以及有些病毒和质粒DNA复制循环过程中发生切除、整合或易位，该系统可克服传统基因工程技术的一些局限性，对基因进行定时、定位的改造，并可进行大片段的染色体改造工程。目前在小鼠ES细胞基因操作中应用较多的有Cre/loxP、FLP/FRT和R /RS系统，其中Cre、FLP和R均为特异性重组酶，属重组酶λ整合酶家族，它们催化的反应类型、靶位点及重组机制十分相似，loxP、FRT和RS为特异性位点，也有相似的结构。

（王　芳）

zhuǎnzuò

转座（transposition）

酶作用下由转座子介导的遗传物质重新排列的过程。

机制　转座是由基因组的一个位置移动到另一个位置的过程，通常由转座酶催化完成。转座酶可以识别转座子两端的特异序列，异地转座子序列从邻近序列中切离出来，再介导插入到新的靶位点上，该迁移对同源性没有要求。

分类　依据转座方式的不同可以将转座子分为DNA转座子和逆转座子。前者可以通过转座酶切出得到可移动序列，重新插入基因组DNA中，导致基因的突变或重排。另一类是逆转座子，其转座过程涉及RNA中间体。根据不同的作用方式，逆转座子又可分为具有长末端重复序列（LTR）的逆转录转座子，非LTR逆转录转座子（如：长散布元件LINE）和SINE。

根据转座子的转座机制不同，可分为复制型、非复制型及保守型。①复制型转座：转座元件被复制（转座的序列式元件的拷贝），转座子复制后一个拷贝保留在原位，一个拷贝转移到另一个位置。②非复制型转座：转座元件从一个位置转移到另一个位置。③保守型转座：另一类非复制型转座，即转座因子从供体点上切离，插入靶位点上，供体上转座子两侧的DNA链被保留。

主要意义　转座会导致遗传物质重排，因此是生物进化的重要手段。转座能够引起插入突变、插入位置出现新的基因或者插入位置两侧出现重复序列。转座后原位置也可保留转座子、引起染色体变异、不准确切离、不产生回复突变，引起生物进化。

（王　芳）

zhuànzuò zi

转座子（transposon）　存在于DNA上可自主复制和移动的基本单位。广泛存在于从细菌到真核生物之中，能够在基因组中经过切割、重新整合等一系列过程，从基因组的一个位置“跳跃”到另一个位置。美国生物学家芭芭拉·麦克林托克（Barbara McClintock）首次在玉米中发现转座子，就此打破了人们先前对基因组序列稳定性的传统认识，更是对遗传物质在染色体上呈线性固定排列的传统理论造成了强烈的冲击。

结构　就结构上来讲，真核生物和原核生物的转座子具备以下两个共性：①转座子的两端分别有一个反向重复序列，这类序列在不同转座子系统中长度不同。②在转座子重新整合的位点，转座子旁侧有正向DNA重复序列，这些重复序列也因不同的转座子系统而长短不一，并在DNA分子的某一特定位点参与转座子的整合过程。

分类　细菌转座子分为简单转座子和复合式转座子。简单转座子也称为插入序列，是染色体或质粒DNA的正常组成部分。插入序列都是可以独立存在的单元，编码转座酶。复合式转座子是带有某些抗药性基因或其他宿主基因的转座子，其两侧往往是两个一样或高度同源的插入序列。由于转座的自主性不同，转座子可以被分为两类：自主转座子和非自主转座子，自主转座子自身可以编码转座酶而进行转座，后者自身不能完成转座，而是在自主转座子协助下才可以发挥作用。

意义　当转座子插入到一个基因内时，该基因有可能因此受到抑制，不能行使原有功能，造成失活，当该基因在调控细胞的关键生理活动时，就会促使细胞的死亡。转座子对基因组而言是一个不稳定因素，并且在基因组中可形成“可移动的同源区”。位于不同位点的两个拷贝转座子之间可以发生交互重组，从而造成基因不同形式的重排，引起变异。转座子造成的疾病包括血友病、重症联合免疫缺陷等。另外，通过转座子可移动这一特点，人们能够设计多种含有转座子的人工载体，开拓出一系列基于转座子的分子生物学研究方法。利用转座子特有的转座能力，这些研究方法可以把带有标记的转座子插入目的基因或基因组，于是开发出转座子标签技术、转座子定点杂交技术、转座子基因打靶技术和非病毒载体基因增补技术等，为人类更深入地研究和改造遗传物质发挥了重要作用，比如说研究基因组的功能、基因组间的功能差异；通过控制目的基因的活性，得到转基因生物；对毒力基因进行阻滞，得到基因疫苗；利用基因整合，进行基因治疗等。

（王　芳）

nì zhuǎnzuò zi

逆转座子（retransposon）　转座过程中需要以RNA为中间体，经逆转录再分散到基因组中的位置可移动的DNA元件。

分类　逆转座子与DNA转座子共同组成转座子的两大类。逆转座作用的关键酶为逆转录酶和整合酶。自身编码逆转录酶和/或整合酶的非传染性转座因子称为逆转录转座子（retrotransposon）。真核生物细胞存在细胞核，其转录和翻译过程在空间上和时间上均被分开，因此，逆转座有关的酶并不一定需要由移动因子自身编码，可以由其他基因通过反式作用供给。按照序列结构中有无长末端重复序列（Long terminal repeat，LTR）以及逆转录酶的种系关系，逆转录转座子又可分为有LTR逆转录转座子和无LTR逆转录转座子。LTR逆转录转座子包括内源性逆转录病毒，Ty1-copia retrotransposons和Ty3-gypsy retrotransposons；无LTR逆转录转座子包括长散在元件和短散在元件等。

作用机制　逆转座子通过“复制-粘贴”机制进行转座，其途径为DNA-RNA-cDNA。正是由于这种不停的复制、粘贴过程，宿主细胞中的基因组扩增，且由于有启动子、增强子等元件的存在，被插入的基因组的表达受到干扰，对物种的演变进程中具有不可忽略的影响。

意义　逆转座子广泛存在于真核生物基因组中，因为它具有复制、粘贴的工作机制，所以这些真核生物的基因还有基因组的大小结构功能和进化都会受其影响。特别是在基因表达调控上，逆转座子的插入将会改变宿主基因（被插入基因）转录的时间和空间模式，造成选择性拼接、形成多种转录物等多种效应。这些变化导致生物遗传多样性的形成，并成为进化的种子。逆转座子活动所造成的稳定变异为选择新的、有突破性的优良性状提供了丰富的素材，显示出其在动植物品种改良中的巨大应用潜力。用逆转座子做基因标签进行基因功能研究、开发一些新型分子标记等都已得到广泛的应用。

（王　芳）

jīyīn

基因（gene）　DNA或RNA分

子上具有特定功能的核苷酸序列。又称遗传因子。基因是生物遗传物质的功能单位，它位于染色体上，并在染色体上呈线性排列。基因不仅可以通过复制把遗传信息传递给下一代，还可以使遗传信息得到表达，从而使后代表现出与亲代相近的表型。

简史 基因是丹麦植物和遗传学家威·约翰逊于1909年首先提出，其对孟德尔“遗传因子”这一概念加以阐述。1910~1930年美国托马斯·亨特·摩尔根通过果蝇杂交实验，在证明孟德尔定律的基础上，阐明了基因连锁和交换现象及其染色体机制，不仅如此，他也证实了人们一直以来对基因在染色体中的猜想。利用显微镜人们可以观察到染色体在细胞核里呈小棍形状结构。他将以上发现总结为基因学说。20世纪40~60年代，经过许多科学家的实验研究，肯定了基因的化学成分主要为DNA，阐明了DNA的双螺旋结构，人们越来越清楚地认识了基因及其在遗传中的作用。

种类 根据不同的角度，可以把基因分成不同的类型。

基因线性排列于染色体上，由DNA或者RNA组成，但是大部分生物的基因都由DNA组成，只有某些病毒的基因由RNA构成。在真核生物中，由于染色体都在细胞核内，所以又称核基因；而位于线粒体和叶绿体等细胞器中的基因，称为细胞质基因或核外基因。在核基因或细胞质基因中都储存着遗传信息。每个基因在染色体上都有着特定的位置又称基因座。在同源染色体上占据相同基因座的不同形态的基因称为等位基因。不同的等位基因可以造成如发色或血型等遗传特征的差异。

根据基因编码的蛋白质的作用把基因分为结构基因和调节基因：凡是编码酶蛋白、血红蛋白、胶原蛋白或晶体蛋白等蛋白质的基因都称为结构基因；凡是编码阻遏或激活结构基因转录的蛋白质的基因都称为调节基因。根据基因产物可分为以下几种。①编码蛋白质的基因：包括编码酶和结构蛋白的结构基因以及编码作用于结构基因的阻遏蛋白或激活蛋白的调节基因。②非编码RNA基因：转录成为RNA以后不再翻译成为蛋白质的转移核糖核酸基因和核糖体核酸基因。③不转录的DNA区段：如启动区、操纵基因等。前者是转录时RNA聚合酶开始和DNA结合的部位；后者是阻遏蛋白或激活蛋白和DNA结合的部位。

功能 基因是一段可以编码一条肽链氨基酸序列的DNA或RNA。在大多数真核生物基因中，基因顺序并不是连续的，编码一条肽链的序列被非编码序列分成好几段。在少数情况下，比如某些噬菌体中，同一个基因座能编码几个不同的蛋白质，这大概是因为在同一段DNA顺序上，不同的基因会发生互相重叠的现象。然而并不是所有的基因都能行使蛋白质编码的功能，因此一个细胞中的基因数与蛋白质种类数并不能完全对应。比如某些基因在转录RNA后不再翻译成蛋白质（rRNA基因，tRNA基因），而是在RNA水平上行使其功能；另外也有部分基因尽管也是DNA序列中的一个特定区段，但它并不是合成蛋白质的模板，而是对其他基因的表达起调节或识别的功能。

意义 人类基因组包含2万多个基因。1990年，美国“人类基因组计划”的启动，成功拉开了解读和研究遗传物质DNA的序幕，截至2009年10月20日，全世界已有5973种生物进行基因组测序，其中1117种完成了发表。基因能自我复制，以维持物种的遗传特性，保证了生命的基本构造和能力。蕴藏着生命的种族、血型、孕育、生长、凋亡过程的所有资料。环境和遗传的互相依赖，演绎着生命的繁衍、细胞分裂和蛋白质合成等重要生理过程。基因能够“突变”，极大部分突变都会致病，剩下的少部分突变是非致命的。非致病突变给自然选择带来了原始材料，使生物可以在自然选择中被选择出适应能力最强的个体。生物体的生、长、衰、病、老、死等一切生命现象都与基因有关。它也是决定生命健康的内在因素。所以，找到全部的人类基因并弄明白它们在染色体上的位置，能在破译人类全部遗传信息上发挥重要作用，同时可以推动生物学的不同领域如神经生物学、细胞生物学、发育生物学等的发展；这不仅使基础学科受益，临床医学也将得到极大发展。人类饱受5000多种遗传病以及恶性肿瘤、心血管疾病和其他严重疾病的折磨。掌握基因的全部信息和规律，将使人们在这些疾病面前有可能得到更好的预防、早期诊断和治疗。人们对生物的基因的结构、功能和表达等过程的深入了解，能更准确、更全面地揭示生物遗传变异的客观规律，并在实际中得以应用。如把基因的分离、提取和人工合成基因的成功经验应用于基因工程，生产人类需要的蛋白质药物或培育动植物新品种；在医学上制备基因探针，进行基因诊断，对一些遗传病进行基因治疗。

（王 芳）

jiǎ jīyīn

假基因（pseudogene） 来自功能基因，但不能编码产生与原始基因相同的功能产物（如蛋白质、tRNA或rRNA）的DNA序列。假基因与功能基因的核苷酸序列具有高度相似性。假基因是相对于与其序列相似的真基因而言的，虽然二者序列类似，但是在结构上还是存在不同，这些变化使此类基因不能转录或翻译，或者表达出有缺陷的蛋白质而失去原有的生物学功能。

分类 假基因通常在各个物种的基因组中都有存在，它分布在有活性的功能基因之间，不同物种间假基因的数目存在明显的差异，尤其在哺乳动物中最多。假基因依据其形成机制，可以被分成3种类型：即复制型假基因、单一型假基因以及加工型假基因。基因组DNA串联复制或者染色体不均等交换过程中基因编码区或调控区发生突变，导致复制后的基因失去正常功能，这类基因称为复制型假基因；单一型假基因是原本具有功能的单一拷贝基因在编码区或调控区发生自发突变，导致该基因无法转录和翻译而称为假基因；这两种假基因又被称为未加工型假基因，它们都是直接由DNA序列转变的，具有内含子－外显子的结构和调控元件。目前发现细菌和真核生物中均存在未加工假基因。加工型假基因来自逆转录转座作用，DNA转录为mRNA后，mRNA逆转录成cDNA，然后随机组装到基因组DNA中，加工型假基因产生，因此也称返座假基因或逆转座型假基因。这种假基因同cDNA一样没有内含子序列，也没有启动基因转录的启动子序列，而在3'端带有多聚腺苷序列。目前只在真核生物中发现加工假基因，且加工假基因与功能基因序列紧密联系，存在物种间差异。

意义 研究曾表明假基因是不发挥功能的DNA序列，是基因组演变过程中形成的噪声。然而，随着分子生物学技术的发展，越来越多的研究证明了假基因具有重要的生物学功能。假基因能够和功能基因竞争性结合miRNA，RNA结合蛋白，从而调控功能基因的表达；假基因还可产生内源性小干扰RNA抑制功能基因的表达；甚至有的假基因还可以编码具有功能的蛋白质。研究还发现，复制型假基因在很偶然的状况下可以复活。除此之外，假基因的表达不仅具有癌症特异性，还具有物种特异性、组织特异性，在调控生物体生长、发育以及癌症等疾病的发生发展方面也具有重要的功能，还可能参与物种进化。

（王 芳）

guǎnjiā jīyīn

管家基因（house-keeping genes） 在生物体的几乎所有细胞中都稳定表达的、编码产物是维持细胞基本生命活动所必需的一类基因，也称看家基因或持家基因。如微管蛋白基因、糖酵解酶系基因与核糖体蛋白基因等。人类基因组含有2万个左右的蛋白质编码基因，但在一个细胞生长的特定条件下，通常只有少数基因表达。这部分基因出现于婴儿早期，并终生保留，在所有细胞中表达和不断地被转录，对于维持细胞的基本结构和生理代谢，保证细胞存活、生长并在维持细胞最低限度功能上发挥关键作用。

特征 管家基因是一类始终保持着低水平甲基化且一直处于活性转录状态的基因，它的表达量几乎不受外界环境的影响，在生物体各个生长阶段的大多数或几乎全部组织中持续表达，保守性或变化较小。管家基因的表达水平要高于其他基因的平均表达水平。到现在为止，人们已经发现了数百个管家基因。它们的排列紧凑，含有较短内含子、未翻译区和编码序列。不仅如此，它们的表达水平也只受启动序列或启动子与RNA聚合酶相互作用的影响，而不受其他机制调节。

生物学功能 在进行基因表达的研究中，为了准确判断基因表达的水平，需要有在细胞中普遍表达的内部参考标准或一个管家基因，管家基因可以让未知样本总RNA量标准化，所以，在进行比较基因表达研究时，管家基因用来作为参考标准，作为内参基因，常见的有肌动蛋白、微管蛋白、甘油醛－3－磷酸－脱氢酶、泛素18S rRNA等基因。理想内参基因应该满足以下基本标准：①在不同实验条件下、不同类型的组织和细胞中均稳定、恒量地表达。②最好不存在假基因，以避免基因组的扩增干扰分析结果。因此管家基因并不是在任何条件下都稳定表达，有些管家基因在某些实验条件下并不适合做内参。

意义 管家基因能够保证生物各种性状的正常表达，维持生物的正常生命活动，对物种的繁衍有着积极的作用。除此之外，由于管家基因高度保守并且在大多数情况下持续表达，管家基因常被用于多位点基因分析。

（王 芳）

jīyīn biǎodá tiáokòng

基因表达调控（gene expression regulation） 生物体或细胞响应内外界环境刺激，对其基因表达在时间、空间、表达水平等方面做出分子应答的机制。在生物体中，尤其是多细胞生物中，细胞内的所有基因并非持续性地开放表达，生命活动的顺利进行很大程度上依赖在不同时空间条件下，表达不同的基因及其组合。基因表达调控不仅为细胞的正常分化、发育和更好地适应外界环境变化提供基础，也促进了基因表达的多样性，提高了对有限基因数目的利用。基因表达调控可发生在多个不同层次，包括染色质水平调控、转录调控、RNA 加工、信使 RNA（mRNA）降解、翻译调控、翻译后修饰、蛋白质靶向和转运调节、蛋白质降解等。总体上可归为转录（及转录后）水平调控和翻译（及翻译后）水平调控两类。

转录及转录后水平的表达调控 真核细胞的 DNA 在细胞核内以染色质的状态存在，其结构受多种组蛋白和 DNA 修饰酶类、组蛋白变体及染色质重塑复合物等表观遗传因素的调节，从而影响转录因子在 DNA 元件上的结合，改变基因表达。另外，基因组在细胞核中的三维组织方式也可从空间水平上影响顺式调节元件间的相互作用，是基因表达调控的重要层面。染色质的开放程度和其他影响顺反式元件之间相互作用的因素（如转录因子的表达和修饰）共同调节转录起始阶段的效率。转录起始作为基因表达的最初阶段，是基因表达调控发生最密集、研究最为深入的环节。初始转录物产生后可通过选择性剪接产生不同的转录产物，并通过 5'- 加帽、3'- 多聚腺苷酸化修饰和靶向其序列的微 RNA 等调节转录产物的稳定性和翻译效率。

翻译（及翻译后）水平的表达调控 转录产物的二级结构识别小分子、反义 RNA、RNA 结合蛋白质等可通过影响核糖体在信使 RNA 上的结合，从而调节其翻译效率（这些调节方式经常也影响 RNA 的稳定性）。翻译产生的蛋白质分子还需要正确折叠和适当修饰才能成为具有活性的基因表达产物。该过程受到分子伴侣和各种蛋白质修饰酶类的调节。翻译后修饰包括磷酸化、乙酰化、甲基化、泛素化、小分子类泛素化、糖基化、核糖基化和酯化等多种方式，可实现对蛋白质产物的活性、稳定性和细胞定位等多方面的调节，相对 RNA 水平的表达调控来说通常更为快速、灵活。

（吕　湘　肖广原）

zhōngxīn fǎzé

中心法则（central dogma）

生物遗传信息储存和流向所遵循的基本规律。由英国生物学家弗朗西斯·克里克在 1958 年首次提出。随着分子生物学研究的深入，中心法则的内容也在不断完善。

基本内容 中心法则首先确认基因信息的主要流向是从 DNA 到 RNA，再由 RNA 到蛋白质，包括以下几方面的内容：① DNA 作为遗传物质可以自身为模板进行复制，将遗传信息传递给后代。②基因表达时则通过转录过程，在 DNA 依赖的 RNA 聚合酶作用下，依据 DNA 中的遗传信息转录生成 RNA。③信使 RNA 进一步通过翻译，将遗传信息传递到可行使基因功能的蛋白质（多肽链）。其他类型的 RNA，如转运 RNA 和核糖体 RNA 则自身不再翻译，直接以 RNA 的形式发挥功能。1965 年人们发现有的 RNA 病毒可直接以 RNA 为模板合成 RNA，实现对其自身遗传物质的复制。1970 年发现逆转录病毒可以利用逆转录酶以 RNA 为模板生产 DNA，这两个发现扩展了人类对于遗传信息流动的认识，证明部分 RNA 可以作为遗传物质自我复制，并可将其遗传信息向 DNA 传递，是对中心法则内容的重要补充。

拓展 根据中心法则，我们可以构建含有目的基因 DNA 的质粒载体并可引入突变，在体外系统或活细胞中表达生成目的蛋白质及其突变体，用于生产和研究。反之也可以通过逆转录从 mRNA 建立 cDNA 文库，为转录产物的高通量测序和深度解析提供基础。

在 21 世纪初，人类基因组计划完成，发现只有 1%~2% 的序列为蛋白质编码序列，这给中心法则又带来了新的挑战。在随后的 10 年，DNA 元件百科全书（ENCODE）计划应运而生。该项目旨在找出人类基因组中所有的功能性序列元件。许多具有功能性的 RNA 被重点研究，包括可以通过与 mRNA 碱基互补配对来介导其调控的 microRNA、超过 200nt 的长非编码 RNA 和很多基因表达调节元件。至此，人们认为这些不编码蛋白质的 DNA 序列可以通过编码具有功能的 RNA 或调节编码基因的转录来发挥作用。另外，随着对基因转录调控的深入研究，发现一些父母特异来源的非 DNA 序列信息也可以传递给子代。例如基因印记，即为父本和母本染色体上的 DNA 甲基化信息传递给子代，调控子代细胞中父本和母本来源染色体特异的基因表达。至此，中心法则框架进一步得到了扩展，人类对遗传信息传递的认识不再拘泥于原始的中心法则。

（吕　湘　薛　征　肖广原）

jīyīn biǎodá

基因表达（gene expression）

基因遗传信息解读并最终产生有功能产物的过程。以蛋白质编码基因为例，基因表达即基因中所储存的线性核苷酸序列信息转换成多肽链中氨基酸序列信息的过程，包括转录和翻译两大阶段，具体又可分为染色质开放、转录、转录物加工、RNA出核、翻译、翻译后修饰、蛋白质折叠、靶向转运等多个步骤。根据基因表达的时空间差异，又可分为在同一物种的不同细胞中均有表达的管家基因、组织/细胞特异表达基因、发育阶段特异表达基因和可诱导表达的基因等。真核基因组中还存在大量非蛋白质编码基因，其转录物直接或经过加工后即完成表达，以RNA的形式发挥功能，包括转运RNA、核糖体RNA、微RNA和长非编码RNA等。另外，部分RNA病毒的基因可直接进行翻译。基因表达受到个体发育、细胞分化和内外环境中多种因素的严密调节。

对基因表达水平的检测在分子生物学研究和临床应用中均具有重要意义，常用的基因表达检测方法有：逆转录聚合酶链式反应（RT-PCR）、蛋白质免疫印迹、RNA印迹杂交、酶联免疫吸附测定（ELISA）、RNA荧光原位杂交（RNA FISH）、基因芯片分析、RNA测序（RNA-seq）等，分别检测基因在RNA或蛋白质水平的表达。

（吕　湘　肖广原）

zhuǎnlù

转录（transcription）　将DNA中储存的遗传信息转变成为RNA的过程。转录过程与DNA复制极为相似，也是以DNA为模板合成新生互补核酸链的酶促反应，在RNA聚合酶和多种辅助因子协调作用下，根据DNA模板信息将ATP、UTP、CTP、GTP 4种核糖核苷酸按碱基配对的方式合成RNA分子。转录调节是基因表达调控的重要内容。在原核生物中，信使mRNA合成后（可有少量加工）通常作为蛋白质合成的模板翻译。在真核生物中，转录和翻译在时空间上分隔进行，其转录过程伴随复杂的RNA加工：包括3'-加帽、RNA剪接、5'-加尾等。转录物除了经典的信使mRNA和tRNA和rRNA外，还包括多种非编码RNA序列，包括microRNA前体、长非编码RNA等，经过加工、折叠后可参与生命调节活动。

特点　转录与DNA复制过程的不同之处在于：①转录合成的新链是RNA链，而非DNA链；②转录所需的RNA聚合酶无须引物；③转录平均10^4出现一个错误，精确性不如DNA复制；④转录主要利用DNA双链中的一条链作为模板。

过程　转录包括三个步骤，分别是起始、延伸及终止。

起始阶段　转录起始过程又可分为三步：首先RNA聚合酶在启动子DNA双螺旋上结合，形成闭合式复合物，此时DNA仍呈双链状态，聚合酶的结合可逆。闭合式复合物形成后继续转变成为开放式复合物，DNA双链围绕起始位点解链形成一个约13bp（-11bp~+2bp）的转录泡，释放出模板链。细菌中由封闭复合物转变成为开放复合物的过程是自发的，而在真核细胞中这一步需要ATP水解的能量。最后，聚合酶进入转录起始阶段，头两个核糖核苷酸进入活性位点，排列在模板链上并开始聚合，后续的核糖核苷酸通过这种方式依次结合到正在延长的RNA链上。新生链最初10个核糖核苷酸的添加非常低效，常失败释放出短链RNA，再重新开始合成。这个阶段的聚合酶启动子复合物称为转录起始复合物。一旦转录产物超过10bp，可认为RNA聚合酶成功脱离启动子（真核细胞的这一步骤需要ATP水解和RNA聚合酶羧端结构域的磷酸化），此时，聚合酶与DNA、RNA间形成稳定的三元复合物，完成向延伸阶段的转变。

延伸阶段　聚合酶在催化RNA合成的同时解开下游DNA双链并使已完成转录的DNA模板复性。另外，聚合酶还负责将延伸中的RNA链与模板DNA分离（仅留刚合成的8~9个核苷酸配对），并同时执行校正功能，通过焦磷酸化编辑和水解编辑两种方式对新合成的RNA进行校正。多种辅因子对延伸过程有促进作用。

终止阶段　RNA聚合酶完成全长转录后停止并释放RNA产物，同时从DNA上解离下来。这个过程需要终止子RNA序列参与。在细菌中，有Rho因子依赖型和非依赖型两种终止子。前者序列特异性不高，需要RhoATP酶的协助，只能在没有核糖体结合时引起终止。后者包括一个茎环结构及紧随其后的一串U序列，帮助RNA聚合酶停止以及RNA与模板DNA的解链。在真核细胞中，转录终止与3'-聚腺苷酸化有关（仅限聚合酶Pol Ⅱ），并需要特异RNA酶参与，帮助聚合酶解离。此外，聚合酶延伸至DNA损伤位置时也可导致转录终止，并引发转录偶联修复作用。

（吕　湘　肖广原）

nìzhuǎnlù

逆转录（reverse transcription）　以RNA为模板合成DNA的过程。即按照RNA中的核苷酸排列顺序合成相应的DNA，这与一般的从DNA到RNA的转录过程中遗传信息流方向相反，所以称为逆转录。最初在致癌RNA病毒中发现能够催化逆转录反应的酶，可能与病毒的恶性转化有关。很多RNA病毒如HIV病毒就是一种典型的逆转录病毒。

过程 逆转录酶催化的DNA合成反应是以dNTP为底物，以RNA为模板。带有适当引物的任何类RNA都能作为合成DNA的模板，但当其以自身病毒类型的RNA作为模板时，该酶表现出最大的逆转录活性。逆转录酶的功能如下：①RNA指导的DNA聚合酶活性，既以RNA为模板合成互补配对的DNA链，形成RNA-DNA杂化分子。②DNA指导的DNA聚合酶活性，既以新合成的DNA为模板合成另一条互补DNA链，形成DNA双链分子。③核糖核酸酶活性，特异性水解RNA-DNA杂化分子中的RNA链。

意义 逆转录病毒能够使信息从RNA传递到DNA，说明RNA同样兼有遗传信息传递和表达功能，在蛋白质的合成过程中，不单DNA能决定RNA，而且RNA同样可以决定DNA，再通过mRNA翻译成蛋白质。逆转录过程的发现，对中心法则是一次补充。此外，逆转录有助于基因工程的实施。人们通过体外模拟该过程，以样本中提取的mRNA为模板，通过逆转录酶的作用，合成出互补配对的cDNA，构建cDNA文库，并且从库中筛选特异表达的目的基因。该方法已经成为诸多获得目的基因的策略中惯用的基因工程技术。

（余 佳）

zhuǎnlù jīqì

转录机器（transcription machinery） 一组介导转录的蛋白复合物。又称基本转录机器（basal transcrip-tion apparatus）。

转录机器包括RNA聚合酶以及辅助因子。

原核生物的转录机器 包含RNA聚合酶的5个核心亚基和一个启动子特异的σ因子。原核的大肠埃希菌含有6种不同的σ因子。其中最常见的σ因子称为σ^{70}，结构上可分为4个亚区，分别称为区域1~4。其中N-端的前段部分（又称区域1.1）带有高负电荷，可模拟DNA分子，在聚合酶全酶结合DNA之前与聚合酶活性中心结合；区域2和4能够分别识别启动子-10和-35元件序列，区域3负责连接区域2与区域4并与-10元件上的某些延长序列相结合，σ^{70}通过与-10和-35元件结合，促进RNA聚合酶序列特异的结合和解开DNA双链（这一过程不需要ATP且不可逆）并开始转录；区域3.2（又称3/4连接区）可模拟新生的RNA分子，与σ因子从成功延伸的RNA聚合酶上释放有关。

真核生物的转录机器 包括RNA聚合酶全酶和通用转录因子。真核生物具有3种不同的RNA聚合酶，分别介导不同类型RNA的转录。它们有5个共同的亚基，其余亚基也在真核生物和古细菌中进化保守。3种RNA聚合酶有各自的通用转录因子，仅共用TATA盒结合蛋白质（TATA-binding protein，TBP）等很少的几个因子（但在RNA聚合酶Ⅰ和Ⅲ中，TBP不与TATA盒结合）。RNA聚合酶Ⅱ转录机器最为复杂，共有近60条多肽链组成，包括：TFⅡA、TFⅡB、TFⅡD、TFⅡE、TFⅡF和TFⅡH等因子，各自可由一条或一条以上多肽链组成。通用转录因子的功能包括辅助聚合酶与启动子结合并解开DNA双链，以及促进RNA聚合酶离开启动子进入延伸阶段等。许多RNA聚合酶Ⅱ启动子包含TATA元件，可被TFⅡD中的TBP亚基识别并结合，促进DNA扭曲变形并为其他通用转录因子和RNA聚合酶的招募提供平台。首先是TFⅡA和TFⅡB，其次是TFⅡF与RNA聚合酶Ⅱ一起，最后是TFⅡE和TFⅡH，相继在启动子上进行组装形成转录机器，启动子解旋并起始转录。真核细胞转录机器还包括转录暂停相关的NELF、DSIF因子，以及促进暂停转录复合物释放的蛋白激酶复合物P-TEFb等。

此外，中介体复合物（mediator complex）以及染色质修饰/重塑复合物（chromatin modifying/remodeling complex）在真核生物转录机器的组装和转录起始中发挥重要作用。进化过程中基本转录机器的大小和亚基数随着物种的复杂程度上升而急剧增长，从原核生物的几个到真核生物的几十甚至上百个。考虑调节基因表达起始的信号通路最终都将整合到转录机器中，真核生物中这种急剧增长的亚基数目为广泛而多样的基因转录调控提供了基础。

（吕 湘 肖广原）

RNA jùhé méi

RNA聚合酶（RNA polymerase） 以DNA为模板催化合成互补RNA链的蛋白酶。不同物种间的RNA聚合酶催化的反应类似，因而存在许多共性，尤其在直接负责催化RNA合成的活性部位。

分类 原核生物中只发现了一种RNA聚合酶；真核生物更为复杂，有聚合酶Ⅰ、Ⅱ、Ⅲ（PolⅠ，PolⅡ，PolⅢ），三种不同的RNA聚合酶分别负责不同RNA的转录。其中RNA聚合酶Ⅱ是最主要的类型，负责绝大多数基因的转录，包括所有蛋白质编码基因和很多长非编码RNA、微RNA前体等。RNA聚合酶Ⅰ为核糖体rRNA前体（但不包括5S rRNA）转录用。RNA聚合酶Ⅲ负责转运tRNA、5S rRNA和一些小核RNA（如U6 snRNA）的转录，启动子绝大部分位于转录起始位点下游。在植物中还有两种发现相对较晚的RNA聚合酶Pol Ⅳ和Pol Ⅴ，转录生成非编码RNA。

结构 除部分噬菌体和细胞器RNA聚合酶为单亚基结构外（如T7 RNA聚合酶），从细菌到哺乳动物的RNA聚合酶均为多亚基结构。细菌和酵母的RNA聚合酶核心部分结构类似蟹爪状，其催化活性位点即位于爪钳基部的“活性中心沟”当中。

细菌RNA聚合酶 核心酶含有五个亚基，包括两个α亚基，以及β、β'和ω亚基各一个。其中两个大亚基β和β'组成了酶的催化活性中心，与真核细胞RNA Pol Ⅱ的RPB1和RBP2亚基同源，利福平特异抑制β亚基活性而发挥抑菌作用；α亚基与聚合酶组装以及启动子、调节因子结合有关，具有一个相对独立的羧基末端结构域（αCTD），可与启动子的上游元件结合，与Pol Ⅱ中的RPB3和RBP11同源。ω亚基与聚合酶组装和稳定性有关，与RPB6同源（表1）。细菌的核心酶可以独立催化模板指导的RNA合成，但是其合成没有固定起始位点。σ亚基可帮助RNA聚合酶识别启动子序列和特定起始位点，并参与转录起始时聚合酶启动子开放复合物形成和聚合酶从启动子的释放。σ亚基和核心酶的复合物称为RNA聚合酶全酶。

真核生物RNA聚合酶 所有聚合酶都有2个大亚基和十几个小亚基。其中，RNA聚合酶Ⅱ由12个亚基组成，最大亚基RBP1中具有一个称为羧基末端结构域（CTD）的尾巴，其磷酸化与转录的起始、延伸、RNA剪接均有密切关系。CTD中含有一段7个氨基酸的重复序列（Tyr-Ser-Pro-Thr-Ser-Pro-Ser），为所有真核生物聚合酶Ⅱ所共有，但是在不同物种中拷贝数不同（酵母为27，线虫为32，果蝇为45，人为52），其中Ser2和Ser5是磷酸化的关键位置。Ser5可被TFIIH磷酸化并与转录起始和RNA加帽、加尾有关，Ser2可被P-TEFb磷酸化并主要与转录延伸及RNA剪接、PolyA加尾相关。纯化的RNA聚合酶不能单独识别启动子和起始转录，需要通用转录因子（GTF）的辅助。在体内，RNA聚合酶有效转录还需要特异转录因子、中介体复合物及染色质修饰酶类、染色质重塑复合物等参与。

表1 生物中RNA酶的结构成分

古核生物	原核生物	真核生物		
古细菌核心酶	细菌核心酶	RNA聚合酶Ⅰ	RNA聚合酶Ⅱ	RNA聚合酶Ⅲ
A'/A"	β'	RPA1	RPB1	RPC1
B	β	RPA2	RPB2	RPC2
D	αⅠ	RPC5	RPB3	RPC5
L	αⅡ	RPC9	RPB11	RPC9
K	ω	RPB6	RPB6	RPB6
[+6个其他亚基]		[+9个其他亚基]	[+7个其他亚基]	[+11个其他亚基]

注：每列的亚基按分子质量由大到小排序。

生物学功能 RNA病毒中存在以RNA为模板的RNA聚合酶，在其遗传物质的复制和转录过程中发挥作用。在从细菌到真核生物的不同物种中，RNA聚合酶负责催化遗传信息从DNA到RNA的转录过程：以DNA为模板将配对的ATP、TTP、CTP、GTP核苷酸三磷酸底物按5'→3'的方向添加到新生的RNA链，并释放焦磷酸（见转录）。聚合过程符合聚合酶工作的双金属离子催化机制，需要二价金属离子Zn^{2+}和Mg^{2+}离子的辅助。RNA聚合酶在转录起始位点处能直接催化第一、第二个核苷酸之间形成磷酸二酯键，而不需要引物。

（吕 湘 薛 征 肖广原）

cāozòng zǐ

操纵子（operon）

由一簇共用启动子并共同转录的基因组成的基因组功能单元。其概念在20世纪60年代由法国科学家勒弗朗索瓦·雅各布（François Jacob）和雅克·莫诺（Jacques Monod）在对细菌乳糖操纵子的研究中提出，并由此获得1965年的诺贝尔生理学或医学奖。同一操纵子中的基因共有启动子和操纵基因等转录所需的顺式作用元件。操纵子常见于细菌基因组，大多数包含2~6个功能上相关的基因，有些操纵子甚至可以到达20个基因之多。20世纪90年代在真核生物线虫和果蝇的基因组中也发现了操纵子。

操纵子的调控蛋白可分为激活蛋白和阻遏蛋白两类（图1）。通常这类蛋白质都可以与操纵子上特定的DNA元件结合。调控蛋白本身的编码基因不一定存在于操纵子结构当中。

阻遏蛋白 可阻碍RNA聚合酶结合到启动子上阻止转录激活。

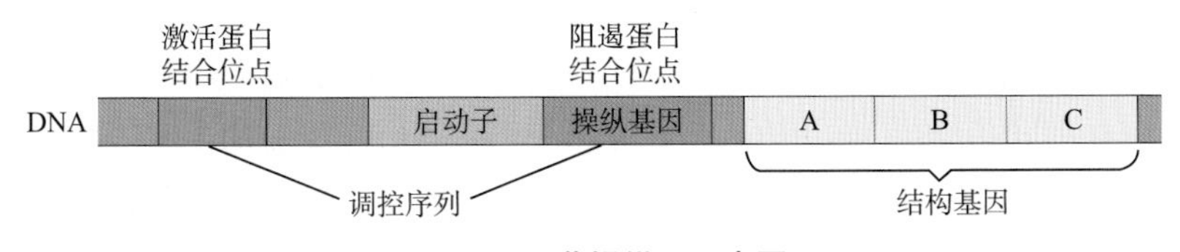

图1　细菌操纵子示意图

具体又可分为两种情况：①阻遏蛋白正常情况下与操纵基因结合发挥抑制作用，仅当诱导因素存在时可通过构象改变从结合位点脱离，结构基因转录开启。如乳糖操纵子阻遏蛋白。②阻遏蛋白正常情况下不与操纵基因结合，转录可以发生，当辅阻遏物出现时，可改变阻遏蛋白的构象，使之与操纵基因结合，抑制结构基因转录。典型的代表是色氨酸操纵子的阻遏蛋白。

激活蛋白　可以通过协助聚合酶结合到启动子上或改变DNA构象等方式来激活转录，增强目的基因表达。也可分为两种情况：①激活蛋白正常情况下不结合DNA，仅当诱导因素存在时可发生构象改变提高其DNA结合能力，开启基因转录。如乳糖操纵子中的CAP（环磷酸腺苷受体蛋白）。②激活蛋白正常情况下即与DNA结合开启转录，当抑制物出现并结合时可抑制激活因子的DNA结合，从而抑制结构基因转录。

此外，操纵子还可通过形成称为衰减子的终止子结构调控其基因表达。

（吕　湘　肖广原）

rǔtáng cāozóngzǐ

乳糖操纵子（lac operon, lac）

大肠埃希菌中控制β半乳糖苷酶诱导合成的操纵子。包括调控元件*P*（启动子）和*O*（操纵基因），以及结构基因*lacZ*（半乳糖苷酶）、*lacY*（透性酶）和*lacA*（硫代半乳糖苷转乙酰基酶）。在没有诱导物时，调节基因*lacI*编码阻遏蛋白，与操纵基因*O*结合后抑制结构基因转录；乳糖异构体别乳糖的存在可与*lac*阻遏蛋白结合诱导结构基因转录，以代谢乳糖。

（琦祖和）

sè'ānsuān cāozòngzǐ

色氨酸操纵子（trp operon, trp）

参与色氨酸合成的代谢途径的多种蛋白质（酶）的基因所组成的操纵子。是一种可调控的基因表达系统。

（琦祖和）

shùnshì tiáojié yuánjiàn

顺式调节元件（cis-regulatory element,CRE）

位于基因上下游或其内部，具有调节邻近基因转录功能的非编码DNA序列。

功能　生物体需要精确地控制其基因表达以适应自身发育分化和环境变化等内外因素的要求，从转录水平控制其基因表达最为经济有效。顺式调节元件与反式调节因子（通常指转录因子）对应，通过募集反式调节因子共同组成基因转录调控网络，协同调节基因转录。已知的顺式调节元件包括：启动子、增强子、沉默子、终止子、绝缘子等。其中，增强子促进转录效率提高或提高表达目的基因的细胞比率。沉默子抑制基因转录，绝缘子建立独立转录调节单元。多种顺式调节元件可共同调节同一基因转录，也可以一个顺式调节元件作用于多个基因，通过介导和整合来自转录因子及其辅因子、表观修饰信息等决定目的基因转录水平。

特征　很多顺式作用元件发挥功能涉及其染色质包装和DNA可接近性的剧烈变化，可通过DNA酶敏感性实验进行分析。DNA酶高敏位点可作为基因启动子、增强子等元件位置的重要标志。另外，顺式作用元件由于具有重要功能而通常在进化过程中具有较高的保守性，其变异与新基因表达调节模式的出现或遗传疾病的发生密切相关。可通过保守性分析、转录因子结合模式和特定表观遗传修饰的组合预测顺式作用元件，并可通过报告基因分析、染色质免疫共沉淀（ChIP）、凝胶阻滞分析实验（EMSA）、序列突变和敲除等方法加以鉴定。

（吕　湘　肖广原）

qǐdòng zǐ

启动子（promoter）

介导RNA聚合酶及其辅因子结合并开启基因转录的特异DNA元件。大多位于基因转录起始位点的上游，一般长100~1000bp。

原核启动子　序列比对和分析发现，原核启动子在-10和-35处存在短的保守序列，是RNA聚合酶全酶σ因子（σ^{70}）的结合位点。-10区又称Pribnow框，其共有序列是（5'）TATAAT（3'），而-35区的共有序列则是（5'）TTGACA（3'）。其中，-35区主要保障聚合酶的结合，而-10区不仅与聚合酶结合，还是DNA双螺旋解链开始的位置。-10和-35区单碱基突变通常就可影响基因表达。另外，-10和-35元件之间的距离对RNA聚合酶的结合及启动子活性也有很大影响，间距为17bp时转录效率最高。在核糖体RNA基因启动子等强启动子上还发现了一种富含AT的上游序列，一般位于-40~-60，可以和RNA聚合酶α亚基的羧基端结构域结合，增加启动子活性。另外，有的启动子在-10区上下游邻近区域，还有'扩展-10区'（上游）和discriminator元件（下游），参与了调节RNA聚合酶与启动子的结合。

真核启动子 RNA聚合酶Ⅱ核心启动子包括转录起始位点及其上下游±50bp的区间，包含TFIIB结合的BRE元件、TATA盒、起始子和下游的DPE、DCE、MTE等元件中的一到数个。其中转录起始位点上游-25~-30区的共有序列（5'）TATAAA（3'）称为TATA盒，又称Hogness盒，与原核生物中的Pribnow框对应，是基本转录因子TFIID的结合位点，与转录精确起始有关。除此以外，上游的CAAT盒（GCCAAT）和GC盒（GGGCGG）也是常见的功能组件，与转录起始频率相关。不含TATA盒的启动子往往富含CpG岛。

（吕　湘　肖广原）

CpG dǎo

CpG岛（CpG island）

DNA上含有高丰度CpG位点的区域。通常要求该区段满足长度大于200bp，GC含量高于50%，且CpG位点成簇出现（CpG岛数目实际值大于预期数的60%）等特点。CpG位点指DNA单链上按5'→3'方向先出现胞嘧啶（C），其后紧随一个鸟嘌呤（G）的双核苷酸排列方式，有别于DNA双链中的CG配对。CpG位点可以CpG岛和散在分布两种方式存在于基因组中（图1）。

在基因的启动子区，CpG位点常以CpG岛的方式出现，其甲基化水平与基因表达负相关。在转录活跃的基因中，CpG岛常以非甲基化的形式存在。CpG岛的高甲基化通常促进染色质形成致密的结构，阻碍转录因子的结合。约70%的哺乳动物蛋白质基因启动子含有CpG岛。

另外，CpG位点的甲基化可以使新合成的DNA链区别于模板链，从而有助于DNA复制后的校对保真。

（吕　湘　肖广原）

zēngqiáng zǐ

增强子（enhancer）

正向调控基因转录水平的DNA元件。1981年首次在SV40病毒基因组中发现。增强子可位于启动子上游或下游，常与启动子间隔数百碱基对到1Mb（碱基对），甚至位于不同染色体上，且其作用不具有方向性。增强子序列可被特异转录因子所识别，由转录因子介导增强子与启动子在空间上的接近，通过成环模式与基因启动子相互作用，促进通用转录因子和RNA聚合酶Ⅱ的募集，以及染色质结构的开放，导致转录激活。当多个基因位于同一增强子的作用范围内时，增强子在特定时空条件下通常只作用于其中一个基因，其选择性作用与组织特异性转录因子的表达及绝缘子（见绝缘子）的作用有关。可通过组蛋白乙酰化酶CBP/P300的结合位点及组蛋白H3K4me1和H3K27Ac化修饰的组合预测细胞中增强子的所在。人基因组中存在大量的增强子元件，每个增强子元件又可含有一到多个调控因子的结合位点。不同增强子与调控因子的组合，为真核生物发育分化过程中基因时空特异性表达和应答各种外界信号提供了基础。

（吕　湘　肖广原）

chénmò zǐ

沉默子（silencer）

负向调控基因转录的DNA顺式调节元件。能与转录因子结合阻碍RNA聚合酶对靶基因的转录。

```
CATTC CCTTCTCTCC AGGTGG TGGGA
GGTGTTTTGCT GGTTCTGTAAGAATAGGCCAGG
CAGCTTCC GGATG CTCATCCCCTCT G
GGTTC CTCCCAC C TT GC GTT
C CCTG AGATGTTTTC A GACAATGATTC
CACTCT G CCTCCCATGTTGATCCCAGCTCCT
CTG GG TCAGGACCCCTGGGCCC CCC
CTCCACTCAGTCAATCTTTTGTCCC TATAGG
GATTAT GGGTGGCTGGGGG GCTGATTC A
AATGCCCTTGGGGGTCACC GGAGGGAACTC
GGCTC GCTTTGGCCAGCC CACCCCTGGT
TGAGC GCC AGGGCCACCAGGGGG CT
ATGTTCCTGCAGCCCCC CAGCAGCCCCACTCC
C GCTCACCCTA ATTGGCTGGC CCC AG
CTCTGTGCTGTGATTGGTCACAGCC TGTC T
GG C GGG GATA AGGTGA CA
GAGGCCCAGCT GGG GTGTCC C G
ACTG GG GAGTTT AGGGC AAG
GGGCAGTGTGA GCAG GTCCTGGGAGG C
C T GAGCAGCTCCC TCCTC CA
GC TCAC C GC T C CCCTGGCC
TCC CACT CACTCCTGTC C CCCAC
CCCACCTCCCACCT ATG GTGC GGCTGC
TG TGATGGGGCTG GAG G CCCTG G
CT G GC CTGCT CTGAGGTG T
GTGCC GCCCCC CCCC C
GCTCCTGTTGACC GTC CC T GTCTGC
AG GCTGAGGTAAGG G GGGCTGGC
GTTGG C GT GGGTTGGGGAGGG
GGC CTTC GGGAGGAG GC GGCCGG
GGTC GG GGGTCTGAGGGGA
```

```
CTCTTAGTTTTGGGTGCATTTGTCTGGTCTTCCAAA
CTAGATTGAAAGCTCTGAAAAAAAAAACTATCTTGT
GTTTCTATCTGTTGAGCTCATAGTAGGTATCCAGGA
AGTAGTAGGGTTGACTGCATTGATTTGGGACTACAC
TGGGAGTTTTCTT CCATCTCCCTTTAGTTTTCCT
TTTTTTCTTTCTTTCTTTTCTTTTTTTTCTTTTTTTTT
TTGAGATGT TCTTGCTCAGTCCCCCAGGCTGGA
GTGCAGTGGTG ATCTTGGCTCACTGTAGCCTCC
ACCTCCCAGGTTCAAGCAATTCTACTGCCTTAGCCT
CC AGTAGCTGGGATTACAAGCACC CCACCAT
TCCTGGCTAATTTTTTTTTTTGTATTTTTAGTTGAGA
CAGGGTTTCACCATGTTGGTGATGCTGGTCTCAGA
CTCCTGGGGCCTAG ATCCCCCTGCCTCAGCCT
CCCAGAGTGTTAGGATTACAGGCATGAGCCACTGT
ACC GCCTCTCTCCAGTTTCCAGTTGGAATCCAA
GGGAAGTAAGTTTAAGATAAAGTTA ATTTTGAAAT
CTTTGGATTCAGAAGAATTTGTCACCTTTAACACCT
AGAGTTGAA TTCATACCTGGAGAGCCTTAACATT
AAGCCCTAGCCAGCCTCCAGCAAGTGGACATTGGT
CAGGTTTGGCAGGATT TCCCCTGAAGTGGACT
GAGAGCCACACCCTGGCCTGTCACCATACCCATCC
CCTATCCTTAGTGAAGCAAAACTCCTTTGTTCCCTT
CTCCTTCTCCTAGTGACAGGAAATATTGTGATCCTA
AAGAATGAAAATAGCTTGTCACCT TGGCCTCAG
GCCTCTTGACTTCAGG GTTCTGTTTAATCAAGT
GACATCTTCC AGGCTCCCTGAATGTGGCAGATG
AAAGAGACTAGTTCAACCCTGACCTGAGGGGAAAG
CCTTTGTGAAGGGTCAGGAG
```

图1　基因组中的CpG位点分布情况

注：左图为常见于启动子附近的CpG岛，右图是基因组其他位置上常见的CpG位点分布情况。

位置 沉默子常位于靶标基因上游 -20~-2000bp，也可出现在更上游或基因启动子下游的内含子、外显子和 mRNA 的 3' 非翻译区域之中。远距离的沉默子可通过形成环状构象靠近并将沉默信息传递给基因启动子区，这一点与增强子元件类似，但其对转录的作用效果相反。原核生物操纵子中的操纵基因在功能上类似真核生物的沉默子。

分类 沉默子可分为经典的沉默子和非经典的负性调控元件两种。

沉默子 主要通过干扰通用转录因子的组装发挥沉默功能；也可以靶向解旋酶在 DNA 上的结合位点，抑制解旋酶的活性，影响 DNA 双链解链来发挥作用，如人类促甲状腺素 β 基因启动子区沉默子。

负性调控元件 可通过抑制基因其他上游调控元件的作用发挥功能，有时具有方向、位置和启动子特异性。元件上结合的转录因子（如 YY1）可导致 DNA 弯曲，影响上游调控元件与启动子间的空间靠近。内含子中的沉默子元件可通过占位效应抑制剪接位点，或通过影响 DNA 弯曲而抑制 RNA 剪接。

（吕 湘 肖广原）

zhōngzhǐ zǐ

终止子（terminator） 基因或者操纵子末端介导转录终止的 DNA 序列元件。一般在其序列转录为 RNA 后发挥作用，可招募相关转录终止因子或形成特异二级结构促使转录复合物解聚，RNA 聚合酶和新合成的 RNA 链从 DNA 模板释放。

细菌中存在 Rho 依赖型和 Rho 非依赖型两种终止子元件。Rho 依赖型终止子的终止作用需要 Rho 因子的协助。这种终止子出现在终止密码子之后，具有一段约 70 个核苷酸并富含胞嘧啶缺少鸟嘌呤的 Rho 利用位点（rut 序列），其序列保守性不高，一般不形成二级结构。Rho 因子先与 RNA 聚合酶结合，识别 mRNA 上的 rut 序列后转移到 mRNA 上并激活，通过水解 ATP 的能量沿 RNA 下行，接触并引发 RNA 聚合酶变构，造成 mRNA-DNA-RNA 聚合酶复合物停止转录并在 Rho 因子解旋酶活性作用下解聚，释放 RNA 聚合酶和转录产物。Rho 非依赖型终止子包括一段长约 20 核苷酸富含 GC 的反向重复序列和一串 8 个左右的 T 核苷酸序列，在转录后形成茎环结构和紧随其后的多聚 U 核苷酸，可引起 RNA 聚合酶变构和转录复合物解聚，A：U 碱基对的弱相互作用有利于转录产物的释放。

在真核细胞中，转录终止与 mRNA 的 3'- 多聚腺苷酸加尾过程密切相关。基因末端的多聚腺苷酸化信号被转录出来后，可被结合在 RNA 聚合酶Ⅱ羧基末端结构域的切割及多聚腺苷酸化特异因子（CPSF）和切割活化因子（CSTF）识别并结合，在多聚腺苷酸化信号下游切割 Pre-mRNA，并招募多聚腺苷酸聚合酶修饰 Pre-mRNA 3' 末端，形成约 200 核苷酸长的多聚腺苷酸尾巴，成熟 Pre-mRNA 释放。转录的最终停止机制可由两个模型加以解释。其中鱼雷模型认为 RNA 酶 Rat1/hXrn2 识别降解，导致 RNA 聚合酶与 DNA 模板的解聚和转录终止。另一种模型是变构模型，与多聚腺苷酸化过程中 RNA 聚合酶发生变构有关。

（吕 湘 肖广原）

juéyuán zǐ

绝缘子（insulator） 真核生物基因组中负责建立独立转录调控区的顺式调节元件。经典的绝缘子元件有人印记基因 Igf2/H19 基因座的印记调控区 ICR 元件，以及鸡珠蛋白基因簇高敏位点 HS4（相当于人 β- 珠蛋白基因簇 HS5）等。

生物学功能 绝缘子主要有以下两个方面的功能。①增强子阻断功能：以位置依赖的方式阻断增强子和启动子间相互作用，当绝缘子位于增强子和启动子之间时可抑制增强子对启动子的激活功能，从而决定增强子的特异性。②染色质边界元件功能：可以抑制异染色质区向常染色质的扩散。

机制 绝缘子的作用与其结合转录因子密切相关。其中多锌指蛋白 CTCF 是增强子阻断功能的关键蛋白因子，它可与黏连蛋白 Cohesin 结合，促进 DNA 成环，对分别位于不同染色质环中的增强子和启动子间相互作用形成物理限制，阻断增强子与启动子间相互作用。USF1 可通过募集多种组蛋白乙酰化和甲基化酶影响染色质修饰，实现对异染色质扩散的阻遏。另外，Su（Hw）、VEZF1、TFⅢC 等因子也是重要的绝缘子结合转录因子。

（吕 湘 肖广原）

hé jīzhì jiéhé qū

核基质结合区（matrix attachment region,MAR） 真核细胞染色质 DNA 中能够与细胞核基质结合的区域。又称核骨架结合区（scaffold attachment region,SAR）。可通过对高盐或去垢剂等抽提后的细胞核 DNA 进行核酸酶酶切消化后获得，并可在有竞争 DNA 存在时重新与体外纯化的核基质相结合。核基质是真核生物细胞核中的一种纤维网状聚合物，又称核骨架，其动态变化与特定基因事件相关。核基质结合区可作为锚定点介导染色质DNA在细胞核内成环或形成独立的功能单元，在基因表达调控中发挥重要作用。常出现在转录活跃区两侧、5'内含子或者基因断点成簇区。人基因组中预计有数万个核基质结合区，按其动态变化可分为组成性和兼性核基质结合区。

序列特征 核基质结合区没有共有序列，大约有21种特征被认为是核基质结合区域的标志，包括富含反向重复序列、富含AT、DNA解旋元件、复制起始蛋白结合区、多个相同核苷酸重复区（AAA，CCC，TTT）、弯折DNA区、DNA酶Ⅰ高敏位点、无核小体区、多嘌呤区域和潜在的三螺旋或者左手螺旋区，并非所有核基质结合区都含有上述特征。很多核基质结合区是长数百碱基对的富含AT区域，但研究认为其功能更多是与短的AT斑相关，以利于DNA扭转时双链的打开。

生物学功能 核基质结合区不仅可分隔邻近的转录单元，也为转录机器的组装提供平台，为染色体DNA的复制、转录、压缩和重组提供结构基础。其相对容易解链的特点可能有利于形成二级结构并被DNA酶、拓扑异构酶、多聚腺苷酸合成酶等识别。核基质结合区丢失或者变异形成新的核基质结合区常与遗传疾病的发生及基因组稳定性紊乱相关。

（吕 湘 肖广原）

gāo mǐn wèidiǎn

高敏位点（hypersensitive site）

染色质中对DNase Ⅰ及其他核酸酶切割高度敏感的区域。其DNA上缺乏核小体包装，染色质结构松散，易于被转录因子和核酸内切酶接近。其出现常用与转录活跃或具有转录潜能的区域相关，并具有细胞类型特异性，可作为启动子、增强子、绝缘子和沉默子等多种DNA调节元件的标志。典型代表有β珠蛋白基因簇的基因座控制区（LCR，含5个主要的高敏位点）和α珠蛋白基因簇的高敏位点HS40。

高敏位点一般通过DNase Ⅰ酶或微球菌核酸酶消化和末端标记来检测。继人类基因组计划之后，人们通过ENCODE计划来解读人类基因组功能，已经对125种人类细胞和组织中的高敏位点进行了检测和高通量测序定位（DNase-seq），并对其所包含的DNA调节元件进行分析。共鉴定出约290万个DNA酶高敏位点，5%的位点与转录起始位点相关，其余95%的位点位于内含子或者基因间区。其中34%的位点具有细胞类型特异性，仅3692个位点在全部细胞类型中存在。结合高敏位点分析和其他功能基因组分析技术，如将ChIP-seq技术获得的转录因子结合位点信息与DNA酶Ⅰ高敏位点进行对比，可更准确地定位特定转录因子发挥功能的靶位点，深入解析DNA调控元件功能和作用机制。利用Tn5转座酶的ATAC-seq技术可以实现对高敏位点更灵敏地检测。

（吕 湘 肖广原）

fǎnshì zuòyòng yīnzǐ

反式作用因子（trans-acting factor）

与靶基因顺式调节元件结合、参与调节靶基因转录的因子。其编码序列与靶基因常不在同一条染色体上，或虽在同一条染色体，但需通过其编码产物扩散到靶位点来发挥作用。反式作用因子可通过特定的结构或序列相似性识别并与特异靶DNA（或RNA）序列相互作用，调节基因表达。常见的反式作用因子有转录因子、转录中介体、核基质相关蛋白质、长非编码RNA和miRNA等。

（吕 湘 肖广原）

zhuǎnlù yīnzǐ

转录因子（transcription factor）

能够与特定DNA序列结合，并控制基因转录起始活性的蛋白质因子。其不同组合构成相同基因组细胞间基因表达差异的基础，是基因表达调控研究的重要内容。转录因子在所有物种中都存在，并且其种类随着物种基因组大小增加而增加。人类基因组中有约2800种蛋白质具有DNA结合能力，其中约1600种为转录因子，占全部基因8%左右。

结构 转录因子在结构上大体可以分为三部分。①DNA结合结构域：主要负责识别并结合DNA序列，主要的类型包括：碱性螺旋环螺旋（bHLH）、碱性亮氨酸拉链（bZIP）、螺旋转角螺旋（HTH）、同源异型域和锌指等。②反式激活结构域：负责与其他蛋白质结合，调节转录活性，主要特征包括：富含酸性氨基酸、富含谷氨酰胺、富含脯氨酸和富含异亮氨酸等。③信号感知结构域：负责感受外界刺激并把信号传递给转录复合物，调节基因转录，但并非所有转录因子都具有信号感知结构域。

生物学功能 主要包括基础转录调节以及分化发育、细胞周期的调节。其中一类重要的转录因子被称为通用转录因子，是识别启动子所必需的。最常见的RNAPⅡ通用转录因子有TFⅡA，TFⅡB，TFⅡD，TFⅡE，TFⅡF和TFⅡH等，参与转录前起始复合物的形成。部分的转录因子结合到目的基因上下游（可以远离基因启动子，甚至与启动子不在同一条染色体上）的增强子、沉默子和绝缘子，发挥转录增强或抑制的作用，调节细胞间应答、细胞分化发育以及细胞周期相关的时空特异基因表达。

作用机制 转录因子可以单独或者与其他蛋白形成复合物，直接稳定/阻止 RNA 聚合酶与 DNA 结合，或通过所募集的辅助激活/抑制因子（如染色质修饰酶类和染色质重塑复合物）间接影响染色质的可接近性，实现对基因表达的调控。

（吕　湘　肖广原）

zhōngjiè tǐ fùhéwù

中介体复合物（mediator complex）

在真核细胞转录起始过程中介导 RNA 聚合酶Ⅱ基础转录机器与转录因子间相互作用的多蛋白质复合物。美国生物学家罗杰·大卫·科恩伯格（Roger D. Kornberg）首先发现其在真核细胞转录调控中的重要作用，于 2006 年获得诺贝尔化学奖。中介体在结构上可分为头部、中部和尾部，通过头部与 RNA 聚合酶Ⅱ的羧基端结构域相互作用，尾部与转录因子相互作用（图 1）。作为转录因子与 RNA 聚合酶Ⅱ间的连接桥梁，中介体调控几乎所有 RNA 聚合酶Ⅱ相关的转录，促进前转录起始复合物的形成、TFⅡH 对 RNA 聚合酶 CTD 区的磷酸化及转录延伸和 RNA 剪接，参与染色质成环。人类和酵母的中介体结构相似，均为含有至少 20 个亚基的大型复合物（图 2）。其亚基组成随靶基因或转录因子的不同而变化。中介体的多亚基结构提供了许多潜在的蛋白质与蛋白质相互作用的靶点，可整合和传递多种发育和环境信号。

（吕　湘　肖广原）

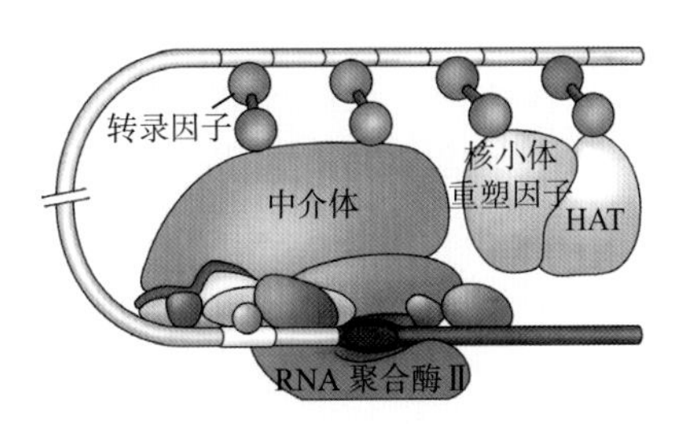

图 1　中介体作用示意图

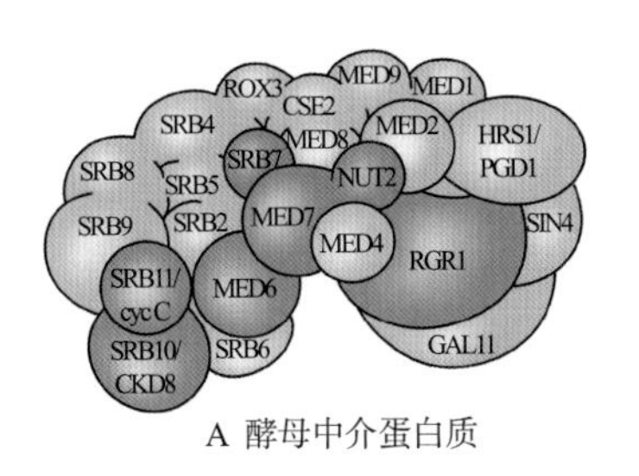

A 酵母中介蛋白质

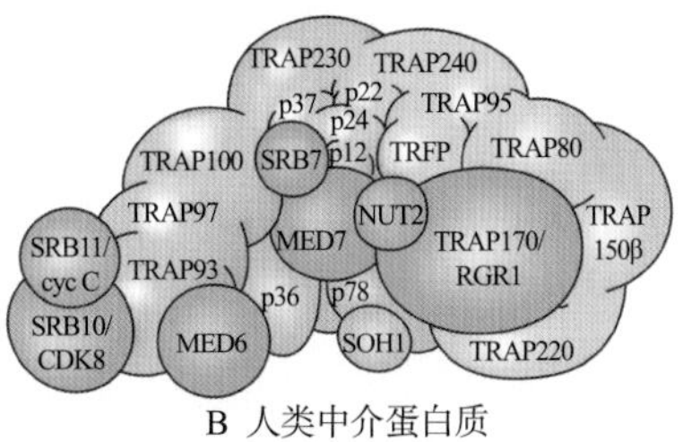

B 人类中介蛋白质

图 2　酵母与人类中介体的结构示意图

RNA jiāgōng

RNA 加工（RNA processing）

RNA 从原始转录物经过一系列反应生成成熟或有功能 RNA 的过程。许多细菌 RNA 和几乎所有的真核细胞 RNA 或多或少都要经历 RNA 加工处理。该过程既可以和转录过程伴随发生，也可在转录后单独进行，为基因表达的多样性和表达效率的调节提供了基础。主要方式有切断、连接、添加核苷酸和碱基修饰等。其典型代表是真核细胞中从前体信使 RNA 到成熟信使 RNA 的过程，包括 5′- 加帽、3′- 加尾、RNA 剪接和编辑等步骤。剪接是指从初始转录的 RNA 中切除内含子，并将外显子连接到一起的过程。mRNA 转录后还可通过 RNA 编辑发生序列改变，导致基因的蛋白质一级结构与基因初级转录物序列并不完全对应。

（吕　湘　肖广原）

hétáng kāiguān

核糖开关（riboswitch）

mRNA 上可以直接与小分子结合并调控基因表达的非编码 RNA 元件。由核酸适配体和表达平台两部分组成。适配体可以形成特定的二级结构精确识别，并且结合配体小分子，引发自身和表达平台的构象改变，调控基因表达。核糖开关的存在于 2002 年被首次证明。该结构多发现于细菌 mRNA 的 5′ 非翻译区，少数存在于 3′ 非翻译区或内含子中，在植物和真菌中也有发现。

生物学功能 大部分核糖开关对基因表达起抑制性作用，少数可促进基因表达。核糖开关发挥功能的具体方式（图 1）包括：控制终止子形成，导致转录提前终止；占领核糖体结合位点导致翻译被抑制；调控前体 mRNA 剪接；具有配体调节的核酶活性，引起 mRNA 降解等；还可以通过其所在 mRNA 间接影响旁侧或存在互补序列的 mRNA 表达。以枯草杆菌中的腺苷甲硫氨酸核糖开关为例，很多与甲硫氨酸代谢相关基因都具有一段长约 200nt 的前导 RNA 序列，该序列转录出来后可通过内部不同的碱基配对方式形成不同二级结构。*S*- 腺苷甲硫氨酸与适配体结合可稳定 mRNA 中的转录终止子茎环结构，抑制基因转录。

分类 核糖开关一般按配体不同分类，其配体多为小分子代谢物如维生素、氨基酸、核苷酸，常见的有硫胺素焦磷酸、甘氨酸和赖氨酸核糖开关等。一些金属离子和 tRNA 也可作为核糖开关的配体。其靶基因通常与配体的

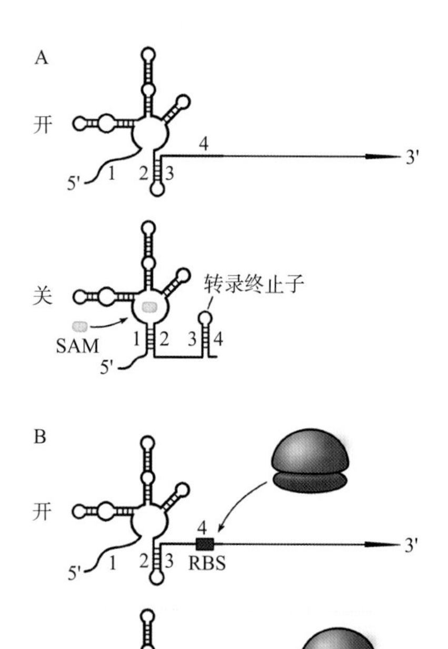

图1 常见核糖开关作用模式

注：A. 调控转录终止子形成；B. 调节核糖体结合位点可接近性。

合成或者运输相关。同一种配体可能被几种不同的适配体所识别，典型的代表是细菌中存在的多种作用机制完全不同的腺苷甲硫氨酸核糖开关。有的基因中还可存在不止一个核糖开关或其核酸适配体，以提高对配体浓度变化的敏感性，或实现多个配体对基因表达的协同控制。

意义 组成核糖开关的RNA序列可直接结合小分子化合物，丰富了人们对RNA功能的认识，并支持生物进化早期可能是RNA世界的假说。由于大多数的核糖开关都在细菌中出现，利用这个特性，可望靶向核糖开关设计新型抗生素类药物。另外，利用核酸开关的识别机制可设计出由生物小分子精确调控的计算机门通道，在未来生物计算机构建中有广阔前景。

（吕 湘 肖广原）

jīyīn chénmò

基因沉默（gene silencing）

细胞关闭其特定基因表达的生理调节模式。对真核细胞的正常分化发育至关重要，还可作为一种自我保护机制，对抗外源DNA侵入、病毒侵染和DNA转座重排。另外，基因沉默也可作为分子生物学研究的重要手段。对致病基因的特异沉默被越来越多地用于肿瘤等多种疾病的治疗方案。通常包括转录水平和转录后水平两个层次的调节，涉及组蛋白甲基化、去乙酰化，DNA甲基化修饰，甲基化DNA结合蛋白，非编码RNA等一系列复杂组分。

转录水平的基因沉默 一种特殊形式的基因转录抑制，其作用可在大范围DNA区域中扩散，关闭区域内多个基因或转基因的表达，而不需要基因自身具有特异抑制因子的结合位点，通常与异染色质形成有关。通过序列特异结合蛋白质或RNA分子募集组蛋白或DNA修饰酶类到基因组特定区域，改变组蛋白尾部和/或DNA化学修饰及核小体定位，影响染色质的可接近性，从而导致基因表达关闭。按沉默机制不同可分为：组蛋白去乙酰化、组蛋白甲基化、DNA甲基化等模式或为多个作用模式的组合。

以酵母端粒为例，该区域染色质乙酰化水平相对低于基因组大部分区域。Rap1蛋白特异识别端粒重复序列，并募集由Sirtuins家族成员Sir2、Sir3、Sir4形成的沉默复合物。其中Sir2为组蛋白去乙酰化酶，可引起局部染色质区域的组蛋白去乙酰化。去乙酰化的组蛋白随后被Sir3和Sir4识别，招募更多的Sir沉默复合物，以自我永续的方式沿着染色质扩散，形成一个延展而沉默的异染色质区域。这种沉默区的扩散可被绝缘子元件所阻断，或由其他种类的组蛋白修饰阻碍Sirtuins家族成员的结合而终止扩散。

在高等真核生物和裂殖酵母中，基因沉默通常与组蛋白去乙酰化和甲基化双重修饰改变相关联。组蛋白甲基转移酶可将甲基基团加到组蛋白H3和H4尾部的特异赖氨酸残基上，催化组蛋白发生甲基化。其中，组蛋白H3第9位赖氨酸（H3K9）和组蛋白H3第27位赖氨酸（H3K27）的三甲基化均与异染色质形成和基因沉默相关。H3K9甲基化由Su（Var）3~9组蛋白甲基转移酶催化，并可被异染色质蛋白HP1通过其克罗莫结构域所识别，引起染色质浓缩。H3K27甲基化由多梳抑制复合物2（polycomb repressive complex 2，PRC2）中的组蛋白甲基转移酶催化形成，进而招募多梳抑制复合物1（PRC1），导致染色质浓缩或核小体定位变化，基因表达沉默。多梳复合物反应元件结合蛋白RHO-RC及一些长非编码RNA介导PRC2的募集。与以上抑制性组蛋白甲基化修饰相反，H3组蛋白第4位赖氨酸（H3K4）甲基化则与基因转录活性提高相关。

哺乳动物基因也可以通过DNA甲基化而被沉默。DNA甲基化在哺乳动物细胞中普遍存在，与异染色质区密切相关，但尚未在酵母和果蝇中发现。该过程由DNA甲基转移酶催化，在胞嘧啶的5'位置发生甲基化。DNA序列的甲基化能抑制包括转录机器在内的多种蛋白质结合，阻断基因表达。另外，甲基化的DNA序列可被MeCP2等DNA结合蛋白质所识别，后者进一步招募组蛋白去乙酰化酶和组蛋白甲基转移酶，修饰和重塑局部染色质结构，关闭邻近基因的表达。

转录后水平的基因沉默 在基因转录后通过对靶RNA进行特异性降解或抑制其翻译效率也可导致目的基因沉默。这一过程通常与小RNA分子（包括siRNA，miRNA和piRNA等）相关，引起与这些小RNA分子有同源性的基因发生沉默。另外，小RNA也可以通过影响染色质修饰而导致转录水平的基因沉默。

（吕　湘　肖广原）

biǎoguān yíchuán tiáojié

表观遗传调节（epigenetic regulation） 不涉及DNA序列改变，并能遗传到子代细胞甚至个体后代的基因表达调节。通常与染色质结构改变相关。可由环境因素引起基因开关和细胞转录潜能的动态变化，影响细胞读取基因信息，从而导致细胞和生理表型特征等的改变，并且这种改变在初始外源信号消失后仍能稳定维持相当长时间，在细胞分裂后保持甚至持续终生、延续数代。有时一些能相对稳定地引起细胞转录潜能改变，但不能持续到子代细胞的染色质结构改变，也被称为表观遗传调节。通常通过改变遗传物质DNA的包装程度，影响DNA对转录机器的可接近性来发挥作用。表观遗传调节对于真核细胞分化和生物个体发育非常重要，可调控全能干细胞在分裂过程中建立不同的基因表达模式，最终形成形式和功能多样的分化细胞。表观遗传调节的紊乱与肿瘤、心血管疾病等重大疾病及Rett综合征等多种遗传性疾病的发生密切相关。

分类 表观遗传调节的具体方式非常多样，常见的包括：DNA甲基化、组蛋白修饰和组蛋白变体、染色质重塑、非编码RNA介导的染色质修饰、形成染色质高级构象和RNA修饰等，可引起基因表达沉默、X染色体失活、外源基因表达的位置效应、基因印迹等遗传现象。

研究方法 检测染色质开放程度的DNA酶敏感性分析、检测组蛋白修饰的染色质免疫共沉淀；分析DNA甲基化的甲基化敏感性限制性酶切、亚硫酸氢盐测序法；研究染色质高级构象组织的染色质构象捕获系列方法、DNA荧光原位杂交等。

（吕　湘　肖广原）

hé xiǎotǐ

核小体（nucleosomes） 由双链DNA分子缠绕在组蛋白八聚体上形成的真核生物中染色质结构的基本单元。核小体形式的DNA组装为遗传物质的压缩、稳定性保护、负超螺旋的引入和基因选择性表达等重要特性提供了结构基础。作为真核染色体DNA包装的第一级，核小体可使DNA长度压缩大约6倍。核小体之间通过连接DNA相连，在电镜下可观察到其以串珠的方式组织形成10nm纤丝，后者可进一步通过多级包装最终形成高度浓缩的染色体。相反，基因表达活跃部位以及处于复制或重组过程的区域则常伴随核小体结构的重塑或解聚，转而由多种非组蛋白结合，共同调控重要的生理过程（图1）。

DNA成分 核小体DNA可具体分为核心DNA与连接DNA两部分总长度约200bp。

核心DNA　紧密缠绕在组蛋白核心上，参与形成串珠“珠体”部分的DNA序列。核心DNA对核酸酶的消化具有抗性，是形成稳定核小体单体的最小长度DNA。微球菌核酸酶消化分析发现不同类型的真核细胞中其长度均在147bp左右，可围绕核心组蛋白约1.65圈。

连接DNA　介于相邻核小体之间的DNA片段，与核心DNA一起组成核小体DNA重复单元。连接DNA长度变化较大，但每种真核生物具有各自特征性的平均

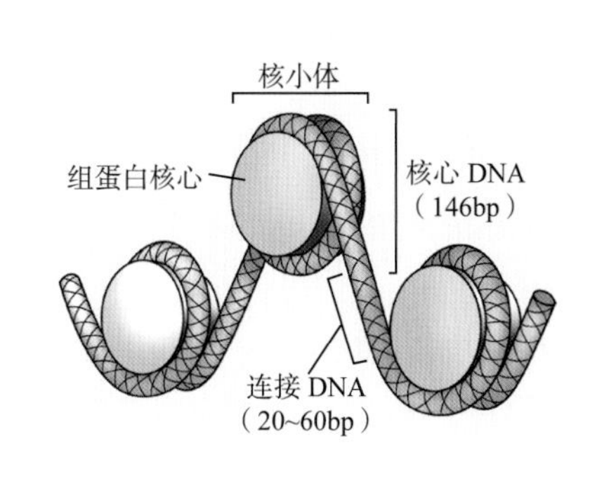

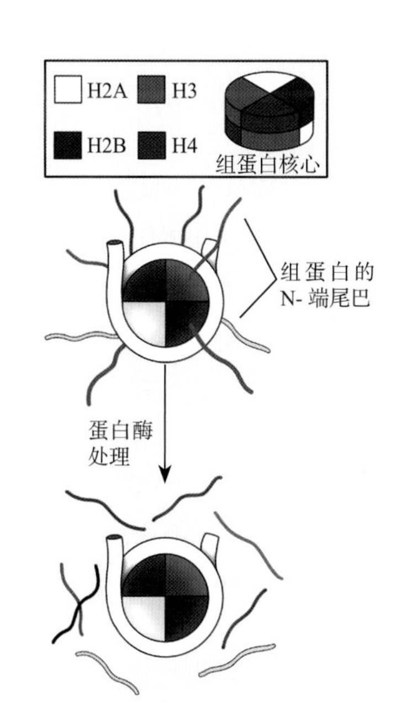

图1　核小体结构和核心组蛋白八聚体

注：A. 染色质DNA包装成核小体；B. 核心组蛋白及其N-端尾巴。

连接DNA长度，通常在20~60bp，海胆精子细胞的连接DNA甚至可长达约110bp。

蛋白质成分 核小体的蛋白质核心部分由4种核心组蛋白分子H2A、H2B、H3和H4各两个拷贝组成，称为组蛋白八聚体。组蛋白中富含碱性的赖氨酸和精氨酸残基，在生理状态下带正电荷，有利于其与带负电的DNA分子紧密结合。组蛋白H1则与连接DNA结合，帮助稳定核小体结构并参与其进一步组装。组蛋白八聚体各个亚基的N-端，又称组蛋白尾巴，可从核小体的特异位置游离出核小体表面，且不具有特异的二级结构，是多种重要组蛋白修饰的发生位点。

（吕 湘 肖广原）

zǔ dànbái xiūshì

组蛋白修饰（histone modification）

组蛋白在相关酶催化作用下添加各种共价连接基团的过程。属蛋白翻译后加工范畴。组蛋白分子的氨基酸序列高度保守，因富含碱性氨基酸而在生理情况下携带正电荷，有利于其与带负电的DNA分子间发生相互作用形成核小体结构。组成核小体的核心组蛋白H2A、H2B、H3、H4均可发生翻译后修饰，核心组蛋白N-端尾部可突出到核小体表面，提供组蛋白翻译后修饰的主要位点。仅有少数发生在组成核小体球状核心的组蛋白折叠结构域，如H3K79和H4K59位点。这些修饰一方面可通过位阻效应和带电性质的改变直接影响核小体包装的紧密程度和DNA的可接近性，另一方面也可形成或改变其他蛋白因子的识别模块而影响核小体对修饰酶类或染色质重塑蛋白复合物等成分的招募，间接调控真核基因的转录、复制、重组、修复等生理过程。

组蛋白的甲基化修饰、乙酰化修饰、磷酸化修饰、腺苷酸化修饰、泛素化修饰和ADP核糖基化修饰是最为常见的组蛋白修饰类型。根据具体添加修饰基团的类型、数目和添加位置的不同而发挥不同的调节功能。

乙酰化修饰 组蛋白乙酰化修饰主要发生在其尾部的赖氨酸残基，核小体多个赖氨酸位点都可以被乙酰化修饰，但是对于基因的特定位置进行的组蛋白乙酰化修饰具有非随机和位置特异的性质。

修饰酶 催化蛋白质中赖氨酸残基乙酰化的酶称为赖氨酸乙酰转移酶（KAT），其中靶向组蛋白中赖氨酸残基的又可称为组蛋白乙酰转移酶（HAT），代表性的有PCAF、p^{300}/CBP、SAGA等。反之，乙酰基团也可被组蛋白去乙酰化酶（HDAC）所去除，包括NuRD、SIR2复合物等。

功能 总体上乙酰化修饰可部分中和组蛋白尾部所携带的正电荷，抑制其与DNA骨架间的相互作用，阻止核小体组装成抑制性更强的30nm纤丝高级结构，使转录机器更容易接近DNA，基因转录开放。但不同位点的乙酰化修饰功能和意义有所区别，例如H3K27乙酰化通常发生在活跃表达基因的转录起始位置和活跃的增强子处。

甲基化修饰 组蛋白甲基化一般在赖氨酸和精氨酸残基上，其中在赖氨酸残基可发生单甲基化、双甲基化和三甲基化修饰，而精氨酸残基上一般分为单甲基化和双甲基化修饰两种，后者又有对称和不对称修饰两种情况。组蛋白H3K4、K9、K36和H4K20均为常见的甲基化修饰位点。

修饰酶 组蛋白赖氨酸甲基化修饰通常由赖氨酸甲基转移酶（KMT或HMT）催化，绝大多数赖氨酸甲基转移酶含有一段长约130个氨基酸残基的保守区域，称为SET结构域。代表性的赖氨酸甲基转移酶有SET1、SUV39、SET2、DOT1和SET9等，其分别负责组蛋白H3K4、K9、K36、K79和H4K20位点的甲基化修饰。而组蛋白上的精氨酸甲基修饰则主要由PRMT家族负责，其中PRMT5可催化对称双甲基化精氨酸修饰。反之，甲基化修饰的去除主要与两类赖氨酸去甲基酶（KDM）有关，分别是赖氨酸特异去甲基酶1（LSD1或KDM1）家族和Jumonji家族。

功能 组蛋白甲基化修饰不能改变其携带电荷情况，主要通过招募效应物蛋白质发挥作用，在基因转录调控和基因组稳定性维持等方面均有重要影响。不同位点和程度的甲基化修饰可显著地增加组蛋白功能的复杂性。研究较多的几种组蛋白甲基化修饰功能已较为明确：H3K4双甲基化和三甲基化修饰通常与转录激活有关，H3K4三甲基化常出现在活性基因的转录起始点周围，而H3K4单甲基化常与增强子元件相关。H3K36三甲基化是基因活跃转录区的标志。组蛋白H3K9、K27和H4K20位点的甲基化则是转录沉默区或异染色质的特征。

磷酸化修饰 组蛋白磷酸化修饰位点较少，其中研究最多的是组蛋白H2A变体H2AX S139位磷酸化，常发生在DNA双链断裂位置，与DNA损伤位点的侦测和修复密切相关。另外在组蛋白H3T3、H3S10、H3S28、H3T45等位点也存在磷酸化修饰。磷酸基团也具有负电荷，可产生与转录和修复过程相匹配的开放染色质结构。在细胞周期过程中，检测到有丝分裂染色体中组蛋白H3S10的高度磷酸化，可能与染色质凝聚和分离有关。

其他修饰 组蛋白的泛素化主要发生在H2A、H2B的羧基端赖氨酸残基上，其中H2A K119和H2B K120、H2BK123都是比较保守的泛素化位点。研究人员还发现组蛋白的丁酰化修饰，其中组蛋白赖氨酸的β-羟基丁酰化与代谢调控相关。

（吕 湘 肖广原）

zǔ dànbái mìmǎ

组蛋白密码（histone code）

认为组蛋白修饰或其组合可编码特定基因表达调控信息，并通过招募特异识别蛋白因子进行读取的假说。根据“阅读者”的类型、数目和定位等情况实现对染色质结构功能的差异化调控以及对基因表达的选择性调控。

具有功能的组蛋白修饰和修饰位点的识别多发生在组蛋白的N-端尾部，包括乙酰化、甲基化、磷酸化、腺苷酸化、泛素化和ADP核糖基化等。除直接影响组蛋白与DNA的相互作用外，一些组蛋白修饰还可被含特异结构域的蛋白质识别并结合（或避免结合）。

组蛋白甲基化修饰比较稳定，种类较为复杂，可被克罗莫、TUDOR和PHD锌指等多种蛋白质结构域所识别，介导基因表达激活或抑制；乙酰化修饰较易发生动态变化，多与基因活跃转录相关，赖氨酸乙酰化可被溴结构域所识别；而含SANT结构域的蛋白质则倾向结合未经修饰的组蛋白。

多种转录因子和组蛋白修饰酶自身具有特异的组蛋白修饰识别结构域。不同蛋白质因子所携带的同类识别结构域在靶标识别时具有特异性，提示蛋白质其他区域也可参与靶标的识别。

组蛋白的修饰常在尾部的多个位置上同时发生并相互影响。例如，泛素化修饰组蛋白H2B可影响组蛋白H3K4及H3K79的甲基化修饰。另外，已发现一些蛋白或复合物可同时与多个组蛋白质修饰位点相识别，支持组蛋白修饰的组合而提供特异的编码信息。

（吕 湘 屈家华）

zǔ dànbái biàntǐ

组蛋白变体（histone variant）

常规组蛋白之外的其他组蛋白类型。真核细胞中的组蛋白可分为H1、H2A、H2B、H3和H4五个家族。每个家族中除常规类型之外，还包含多种由非等位同源基因编码的组蛋白变体，可替代常规组蛋白形成核小体，赋予核小体特定的功能或划分出特定的染色质区域。常规组蛋白类型的合成和组装与细胞周期的S期密切相关，而组蛋白变体的合成和组装通常不与DNA复制相关。

序列特点 组蛋白变体与常规组蛋白的序列差异有大有小，大部分变体在N-端或C-端尾部存在显著差异。组蛋白H3.3变体与常规的组蛋白H3.1差异仅有4个氨基酸，其中3个位于组蛋白核心区，1个位于N-端尾部；组蛋白H2A变体macroH2A大小接近于常规的组蛋白H2A.1的3倍，在其C-端多出一个巨大的含折叠结构域的尾部，是其区别于其他组蛋白的标志性结构。

生物学功能 组蛋白变体可从多方面参与基因组DNA相关的生物学过程，主要包括：基因转录调节、异染色质形成、DNA损伤修复、染色质稳定性维持等。其中研究较为深入的包括以下几点。①H2A.X组蛋白H2A变体：广泛分布于真核生物核小体中，当染色体DNA发生双链断裂（DSB）时，邻近断点的H2A.X可在其C-端特有的丝氨酸位点发生磷酸化，形成γH2A.X，作为标志招募DNA修复相关酶类到DNA损伤位点，促进DNA损伤的修复。②CENP-A组蛋白H3变体：CENP-A可参与着丝粒区核小体的组装。CENP-A介导染色体与有丝分裂纺锤体的黏附，在着丝粒区的建立和动粒组装中发挥关键作用。CENP-A与H3具有相似的组蛋白折叠结构域，但含有一个较长的N-端尾巴。该尾部结构为动粒的其他蛋白质组分提供了结合位点。CENP-A的丢失可干扰动粒组分与着丝粒DNA间的相互作用。③其他：组蛋白H2A的变体中H2A.Z可参与基因转录调控和异染色质扩散调节，而MacroH2A与X染色体沉默、染色质稳定性维持等有关。组蛋白H3有7个已知的变体，其中的H3.3研究较多，与基因激活有关。组蛋白H2B有16种已知的变体，相互间序列差异较小但也具有不同的功能。而组蛋白H1的变体H5与鸡红细胞中的染色质DNA凝缩有关。一些组蛋白变体只表达于有限的组织类型中，如组蛋白spH2B存在于精子中，为其染色质凝聚所需。组蛋白变体的存在和分布显示，单一染色质区域、整条染色体甚至特定组织可拥有独特的、具有不同功能的染色质“特色”变体。此外，组蛋白变体像其他常规组蛋白一样，可以受多种共价修饰，从而进一步增加了染色质功能的复杂性。

（吕 湘 屈家华）

rǎnsèzhì

染色质（chromatin） 真核细胞细胞核中由遗传物质DNA与组蛋白、非组蛋白和RNA等共同组成的结构。是遗传物质的主要载体，以核小体为基本组成单位。染色质因易被碱性染料染色而得名，在间期的细胞核中可根据碱性染料的着色情况分为常染色质和异染色质，在细胞分裂中期进一步压缩成为染色体。原核细胞没有染色质，其中对应的结构称为基因带，定位于拟核。

功能 染色质的基本功能是将细长的DNA大分子进行适当的压缩和包装。一方面适应细胞核内部非常有限的空间环境，保持DNA的稳定性，减少损伤；另一方面又可适应复制和选择性表达等遗传物质的关键特性。

成分 染色质的主要成分是作为遗传物质的DNA和碱性的组蛋白分子，DNA和组蛋白的含量比例大约是1∶1。组蛋白包括高度保守的核心组蛋白H2A、H2B、H3、H4以及具有一定种属和组织特异性的连接组蛋白（一般是H1），对DNA的压缩和表达抑制起决定性作用。组蛋白和DNA间的相互作用没有序列特异性，但DNA的碱基组成和非组蛋白结合情况可以影响核小体排布的相位。染色质中的非组蛋白成分主要包括：DNA/RNA聚合酶、转录因子、高迁移率组蛋白、染色体支架蛋白和肌动蛋白等，非组蛋白和各种组蛋白变体和组蛋白修饰共同调节染色质DNA的包装程度，调控DNA的复制、重组、修复和时空特异性基因表达。RNA在染色质中含量很低，小于DNA含量的10%，多为新生尚未和模板脱离的转录产物。

结构 染色质具有典型的多层分级组织方式，以适应对DNA分子高度压缩并有序控制的生理需求。其结构受到细胞周期、分化发育和外界环境等多方面因素的严密调控。

包装层次 总的来说可分为三个层次：①DNA缠绕在组蛋白八聚体上形成核小体，串联形成直径10nm左右的纤维状结构，称为10nm纤丝，将DNA长度压缩约6倍。②10nm纤丝继续缠绕成为30nm丝的高级结构，将DNA长度压缩40倍左右，这一步骤需要有组蛋白尾巴和连接组蛋白的参与。③30nm纤丝可进一步折叠，在间期常染色质结构中DNA压缩约1000倍，而在间期的异染色质区和细胞分裂中期，可压缩达1万倍，形成光学显微镜下可见的结构。这种高度包装的形式有利于基因的长期沉默和染色体在细胞分裂后期分离。另外，在30nm丝层次以上，染色质DNA可形成大小在数十千碱基对到数百万碱基对的独立基因调控单元，称为拓扑相关结构域（TAD）。

调节 染色质上结构蛋白的表观修饰，特别是组蛋白的甲基化修饰和乙酰化修饰，以及与非组蛋白间的结合等，可导致局部染色质结构发生变化，引起活性基因所在染色质区域结构松散，甚至完全打开以利于转录因子和RNA聚合酶的识别和结合。多梳家族蛋白则与抑制性染色质包装密切相关。精细胞和禽类红细胞中染色质蛋白质成分特殊，形成比大多数真核细胞中更加紧密的染色质包装。锥形虫在有丝分裂中不包装形成可见的染色体结构。

（吕　湘）

cháng rǎnsèzhì

常染色质（euchromatin） 在细胞分裂间期，细胞核中包装程度较低、相对不易被碱性染料着色的染色质区域。常染色质在人类基因组中占92%。在细胞核内相对分散存在，其结构基础是延续、开放的10nm纤丝结构，包装密度在细胞分裂的间期与有丝分裂期差别很大，周期性地发生转变。常染色质通常基因含量较为丰富，与基因表达开放有关，但并非其中所有的基因都能活跃转录，只是作为基因表达的前提条件。组蛋白H3K4甲基化被认为是常染色质的一种标志。

（吕　湘）

yì rǎnsèzhì

异染色质（heterochromatin） 在细胞分裂间期，仍高度包装、可以被多种碱性染料深染、在光学显微镜下呈致密状态的染色质区域。

基因组定位上常位于染色体两端的端粒区和染色体中部的着丝粒区，也可以出现在染色体的其他区域；哺乳动物细胞中约有50%左右的基因组DNA以异染色质的形式存在。在空间分布上多定位于细胞核内靠近核膜的位置，或以分散的小块状存在于细胞核内部。异染色质在功能上与基因表达沉默密切相关，并可导致整合到其中的外源基因表达关闭，但是也存在例外，如果蝇的rolled MAPK基因位于其2R染色体的异染色质区，并且Rolled MAPK基因的正常活性需要异染色质环境；异染色质对端粒和着丝粒的正常生理功能也非常重要，可保护染色体DNA的完整性和正常有丝分裂。异染色质的形成常与核小体中DNA和组蛋白的修饰状态，如DNA甲基化、组蛋白去乙酰化、组蛋白H3K9甲基化等相关，另外组蛋白变体的组装也与异染色质形成及其功能密切相关。异染色质可沿染色体DNA扩散，并因隔离子或其他类型组蛋白修饰的出现所终止。按照其出现规律可以分为组成型异染色质和兼性异染色质。

组成型异染色质 在生物体不同类型和不同发育阶段的细胞中均呈高度凝集的染色质区域。通常由一些短的串连重复的DNA序列组成。这些区域较常染色质区基因密度低，基因通常不转录或低水平转录。典型代表是端粒与着丝粒区，人1、9、16号染色体和Y染色体上组成型异染色质含量亦较高。

兼性异染色质 只在特异类型或特异发育阶段的细胞中呈凝缩状态的染色质区域，可以在某些时候转变为常染色质，调控细胞发育分化过程中的基因表达。典型代表是雌性哺乳动物体细胞中失活的X染色体，又称为巴氏小体。

组成型异染色质在包装程度和稳定性方面，均高于兼性异染色质。

（吕　湘　屈家华）

shuāngjià rǎnsèzhì

双价染色质（bivalent chromatin） 同时被抑制性和激活性表观调节因子结合的一段染色质DNA。由于抑制性和激活性调节因子的作用相反，它们同时存在于一段染色质上的情况较为少见，通常出现在低水平表达的转录因子基因启动子区。在胚胎干细胞的发育分化（如*Hox*基因）和基因印记（如*Grb10*基因）中发挥重要作用。最常见的双价染色质区同时包含组蛋白H3的第4位赖氨酸三甲基化（H3K4me3）和组蛋白H3的第27位赖氨酸三甲基化（H3K27me3）两种修饰，允许基因处于表达抑制但尚未完全关闭的状态。通常这两种修饰发生在同一核小体内的不同组蛋白分子上。

（吕　湘）

yīlài ATP de rǎnsèzhì chóngsù

依赖ATP的染色质重塑（ATP-dependent chromatin remodeling） 利用ATP水解提供的能量动员或置换DNA上结合的组蛋白而导致染色质结构发生变化的过程。在转录，尤其是转录起始，以及DNA修复等过程中都需要通过染色质重塑来开启染色质结构，方便基础转录装置或DNA修复相关酶类的结合。该过程由染色质重塑复合物催化，其中心是具有ATP酶活性的催化亚基。

重塑复合物 染色质重塑复合物的大小差异巨大，包括小的异源二聚体到由10个或更多个亚基组成的庞大复合物，每一种复合物都具有一个ATP水解亚基来催化DNA相对组蛋白的易位。重塑复合物可通过和DNA序列特异的转录因子结合被招募到靶序列，或通过其自身识别特异组蛋白修饰的亚基而定位。常见的染色质重塑复合物包括以下几种主要类型/家族：SWI/SNF，ISWI，CHD和INO80/SWRI。其中，SWI/SNF是第一个被鉴定出的染色质重塑复合物，首先在酵母中发现，并在所有真核生物中都存在其同源物。

重塑模式 不同的染色质重塑复合物家族拥有独特的重塑模式，这反映了其ATP酶亚基的差异以及复合物中其他蛋白亚基的调节效应。其重塑作用可以分为三种基本类型：①组蛋白八聚体沿DNA滑动，所有的染色质重塑复合物都具有这种能力。②将整个核小体逐出。③促使核小体中的H2A/H2B异二聚体被其他变体二聚体置换。可由此引起组蛋白八聚体间距的改变或产生一段无核小体的DNA序列，也可仅导致核小体结构的改变。

生物学功能 通过改变DNA与组蛋白间的相互作用，重塑复合物可发挥多种功能，其中SWI/SNF复合物常通过干扰核小体的分布而参与转录激活；ISWI复合物被认为可导致核小体的均匀分布，并与复制后的染色体组装有关，还可作为阻遏物将核小体滑动到启动子区域阻止转录；CHD蛋白质家族的成员也被证明参与了阻遏效应，尤其是其中的Mi2/NuRD复合物，拥有染色质重塑和组蛋白脱乙酰酶双重活性；INO80/SWRⅠ类型中的染色质重塑物除了正常的重塑能力外，一些成员可促进核小体中的组蛋白（通常是H2A/H2B二聚体）被组蛋白变异体所置换（通常是H2A.Z）。INO80和SWI/SNF复合物还与细胞的DNA损伤反应相关。

（吕　湘　屈家华）

zhuǎnlù gōngchǎng

转录工厂（transcription factory）

细胞核中离散存在但相对集中的转录发生位点。转录工厂的概念于1993年首次被提出，挑战了最初认为转录过程是RNA聚合酶沿DNA分子滑动的观点，而认为RNA聚合酶在细胞核中的分布位置相对固定，由发生转录的DNA相对于转录工厂移动进行转录。转录过程不是弥散地出现在细胞核的任何位置，而只在核内一些特化的位点上发生。

结构 RNA聚合酶免疫荧光染色、RNA原位杂交等方法结合光学显微镜或者电子显微镜观察细胞，可以看到细胞核中的RNA聚合酶呈点状或块状集中分布，支持转录工厂的存在。结构分析认为转录工厂具有多孔的蛋白质核心，其中含有RNA聚合酶复合物（活跃或非活跃的）以及一些必要的转录因子。染色质DNA和转录物定位于转录工厂的表面。

形成机制 转录工厂的形成目前尚不十分清楚，可能与启动子、转录因子、RNA剪接及特殊的核骨架结构有关。细胞中所含转录工厂的大小和数目在不同细胞类型中差别巨大，在同一个细胞中也可随时间和环境改变而动态变化。除RNA聚合酶Ⅱ的转录工厂外，也存在RNA聚合酶Ⅰ和Ⅲ的转录工厂。

功能 转录工厂与基因表达调控、染色质高级结构组织和RNA加工等方面均密切相关，并可协同功能相关基因的共转录和共同运输出核。另外，转录工厂的组织方式也可能增加基因重组发生的概率以及基因组的不稳定性。

（吕 湘 屈家华）

jīyīn zǔ yìnjì

基因组印记（genomic imprinting）

基因按照亲源特异性方式进行表达的表观遗传现象。细胞中等位基因的表达水平在多数情况下与其亲本来源无关。但少数基因具有特殊的印记，从而选择性地只在一种亲本来源的染色体中表达，而在另一方来源的染色体中表达沉默。基因组印记的现象在真菌、植物和动物中均有发现。截至2019年，小鼠中已发现260个印记基因，人类中发现228个。据估计印记基因可占哺乳动物基因组的1%~2%。其中不少印记基因以成簇的形式存在，提示它们具有共同的调控机制。

遗传模式 不同于经典的孟德尔遗传，基因组印记仅依赖单亲遗传传递遗传性状。其作用主要与DNA甲基化（见DNA甲基化）有关，也有个别报道可能涉及组蛋白甲基化。基因组印记遗传模式的建立与生殖细胞中性别特异的甲基化模式建立有关。配子发生时，首先会在全基因组范围内发生去甲基化清除原有标志，而后按照个体的性别建立新的甲基化模式：即在精子中建立父系特异的甲基化模式，卵子中建立母系特异的甲基化模式，而不受配子中的基因原本来自其父本还是母本的影响。新建立的甲基化模式可在后代的体细胞有丝分裂过程中维持下来。

作用机制 特异调控基因印迹的元件又称印记控制区（ICR），主要与基因组中的差异甲基化区（DMR）有关，其缺失可造成印记去除，目标基因在双亲来源的基因组中将表现一致。经典的代表是Igf2-H19基因簇，这两个基因之间的ICR元件在父母本来源的等位基因中存在差异甲基化。在母系等位基因中，该ICR区不被甲基化，可以和CTCF蛋白结合，介导成环构象形成并具有绝缘子功能，阻碍基因簇内的增强子活化Igf2基因启动子，导致H19基因表达激活。而在父系等位基因中该ICR区存在甲基化，不能与CTCF结合行使隔离子功能，簇内增强子特异激活Igf2基因，而H19基因呈失活状态。研究表明CTCF的结合与很多印记基因的印记形成有关，并介导了多个印记基因之间形成印记基因网络（图1）。另外，非编码RNA也参与调控印记现象的发生，已知的例子包括小鼠17号染色体上的*Air*和人11p15.5位的*Kcnq1ot1*两个具有调控功能的RNA。

很多印记基因都与胚胎的生长发育有关。就任何一个印记基因而言，胚胎都是基因的半合子，印记基因的突变或印记异常可导致多种遗传疾病的发生，包括普瑞德·威利（Prader-Willi）综合征、安格尔曼（Angelman）综合征和贝克威思·威德曼（Beckwith-wiedemann）综合征等。

（吕 湘 屈家华）

DNA jiǎjī huà

DNA甲基化（DNA methylation）

将甲基基团共价添加到DNA分子上的表观遗传修饰方式。DNA甲基化主要发生在胞嘧啶碱基（原核生物中的腺嘌呤也可发生甲基化），分别由从头甲基化和维持性甲基化两类DNA甲基转移酶（DNMT）介导其修饰，产生5'-甲基胞嘧啶。胞嘧啶的甲基化比例在不同物种间变化极大，

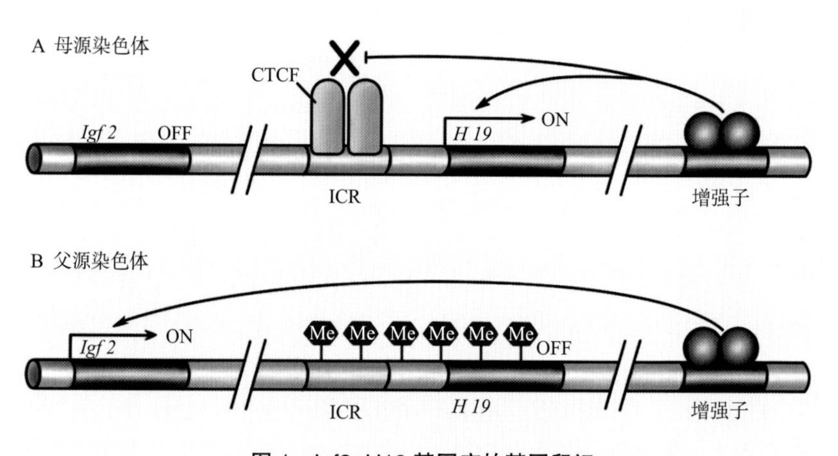

图1 Igf2-H19基因座的基因印记

拟南芥中14%的胞嘧啶被甲基化，小鼠中是4%，大肠埃希菌中是2.3%，果蝇中是0.03%，而酵母中几乎不存在胞嘧啶甲基化（<0.0002%）。

位置 在成年脊椎动物的体细胞中，DNA甲基化一般发生在CpG二核苷酸，包括一些CpG岛和大部分散在的CpG位点；而胚胎干细胞中DNA甲基化发生在非CpG岛的情况很普遍，非CpG岛甲基化在神经发育和造血祖细胞中也有发现。

作用 DNA甲基化通常与基因转录抑制相关，5'-胞嘧啶的甲基化可直接抑制转录因子（如CTCF）和转录机器在DNA上的结合，或与特异识别其甲基化状态的抑制蛋白（如MBD、MeCP2）相结合，继而招募组蛋白去乙酰化酶和甲基化酶等修饰酶类，导致邻近基因表达沉默（图1）。参与调控基因组印记、X染色体失活、异染色质形成和重复元件抑制等，并且在细胞分化、长期记忆形成以及老龄化、肿瘤发生等生理病理过程中具有重要意义。

甲基化修饰在细胞有丝分裂过程中的传递依赖维持性甲基化酶（DNMT1），它可特异识别子代DNA中的半甲基化位点，并极其有效地将甲基基团添加到其对侧尚未甲基化的胞嘧啶上。另外，特定的DNA甲基化酶（DNMT3a，DNMT3b）则可以低频地甲基化先前未被修饰的DNA位点。反过来，细胞中的DNA甲基化也可以通过阻止复制后的完全甲基化发生而被动去除，或通过甲基基团的羟基化方式发生主动去除。DNA甲基化一般会在配子发生和受精卵形成的过程中被擦除后重新建立，并且随体细胞分化发育过程逐渐变化。

检测 DNA甲基化检测通常依赖亚硫酸氢盐处理，将DNA中未甲基化的胞嘧啶转化成尿嘧啶，而甲基化的胞嘧啶保持不变，随后通过PCR、测序、芯片杂交、解链分析等方法检测。另外，DNA甲基化还可通过特异抗体免疫共沉淀（MeDIP）、甲基化敏感的限制性酶切、质谱分析等方法检测，或针对甲基化结合蛋白进行分析。

（吕　湘　屈家华）

rèjī fǎnyìng

热激反应（heat shock response, HSR）

生物机体在高于其正常体温但非致死温度条件下出现的一系列信号通路和基因表达变化。又称热休克反应。包括热激蛋白质的表达或表达增加以及原有蛋白质的合成减少等，以适应和修复温度升高带来的改变和破坏。其反应迅速而较为短暂。除热应激之外，其他体外环境和体内病理刺激如冷刺激、缺氧、金属和代谢性毒物、机体损伤等也可诱导类似的应激反应。热激反应最早在果蝇中发现，在不同物种中普遍存在且具有较高的保守性。

热激蛋白 热激反应中被诱导表达的蛋白质，功能主要有以下几种。①分子伴侣：是各物种中的主要热激蛋白质类型，也是最早被鉴定的热激蛋白质。与细胞蛋白质分子的正确折叠、组装、定位和降解有关。②蛋白质水解：用来清除错误折叠的和呈不可逆聚集状态的蛋白质分子。③RNA和DNA修饰：可修复非生理性的核酸共价修饰等细胞损伤，如热诱导产生的核糖体RNA甲基化。④代谢：可重新组织和稳定细胞的能量供应，在物种间差异较大，尚缺乏深入系统的认识。⑤转录因子或者激酶等，可以进一步诱发应激反应或抑制其级联放大。⑥细胞结构维持。⑦运输、解毒和膜调控相关：参与维持和改善膜功能和稳定性，可将蛋白质和多肽运输到细胞膜表面，供免疫系统识别疾病细胞。其中前两类研究最多。

反应的启动 热休克反应由热激转录因子家族在转录水平上进行调控。HSF1是真核生物热激反应的关键调节因子。而大肠埃希菌在热应激条件下使用调节蛋白σ^{32}替换通常的σ^{70}作为RNA聚合酶辅因子，对热激刺激做出反应。HSF1和σ^{32}在结构和序列上并不相关，但具有类似的作用

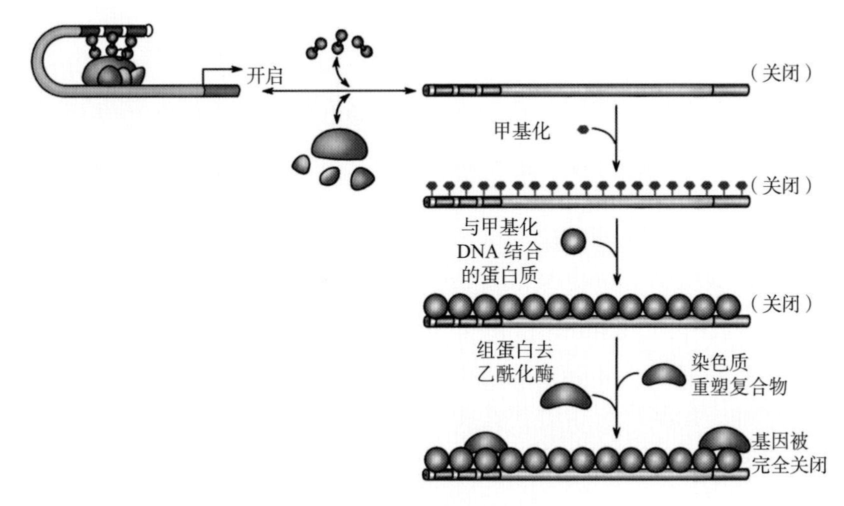

图1　DNA甲基化与基因沉默

机制。热激反应是一个快速、自限的调节过程：在生理状态下，HSF1 和 σ^{32} 均可与热激蛋白质结合，从而处于抑制状态或被降解，而蛋白质稳态失衡可导致 HSF1 和 σ^{32} 因子的激活。

原核细胞的热激启动 生理条件下 σ^{32} 与分子伴侣 Hsp70 家族的 DnaK 和 DnaJ 结合，并且发生降解，不能诱导应激反应。在热应激的条件下，新增的未折叠蛋白质占据分子伴侣，并导致 σ^{32} 从分子伴侣的释放，启动热激反应。

真核细胞的热激启动 真核细胞 HSF1 的调节比原核的 σ^{32} 更加复杂。生理条件下 HSF1 以单体形式与热激蛋白质 Hsp90（需要 Hsp70/Hsp40 帮助）结合，存在于胞质和细胞核中，不具有 DNA 结合能力。在应激条件下，HSF1 从热激蛋白质释放并通过多步反应激活，包括组装成三聚体转运入核并发生过磷酸化，获得结合特异 DNA 序列的能力，识别热激基因启动子区的热激元件（HSE），启动热激反应。该过程受到乙酰化和泛素化的调控。

热激反应与疾病 热激蛋白质的异常表达与许多疾病有关，如缺血再灌注损伤、心肌肥厚、发热、炎症、代谢性疾病、细菌或病毒感染、细胞或组织损伤、老化和肿瘤等。在感染性疾病和自身免疫性疾病，如类风湿关节炎和胰岛素依赖性糖尿病中发现热激蛋白质的抗体。研究发现，一种称为 UBQLIN2 的基因可通过识别 Hsp70 将错误折叠和聚集的蛋白质分子带到蛋白酶体处降解，UBQLIN2 基因的突变可导致一种神经退行性疾病的发生。虽然对热激反应与疾病的关系研究远未清楚，热激反应蛋白质的细胞保护作用仍可望为治疗疾病，尤其是与蛋白质异常折叠相关的神经退行性疾病提供新的方式。可通过一种或者多种热激蛋白质的过表达来帮助保护细胞和修复损伤。在心脏疾病中，已有研究发现 Hsp70 的表达水平与心肌保护作用有关。Hsp70 转基因小鼠也表现出更强的抵抗心肌缺血能力，提供了 Hsp70 保护心肌作用的直接证据。另一种方法是利用小分子物质来增加热激蛋白质的表达或者增强其功能。如除莠霉素-A 和羟胺类衍生物（吡哌醇）是 Hsp70 的诱导剂。其他小分子诱导剂还有非甾体类抗炎药（NSAIDs）、环戊烯酮前列腺素、丝氨酸蛋白酶抑制剂等。

（吕 湘 屈家华）

zhuǎnlù jìyì

转录记忆（transcriptional memory）

细胞的基因转录模式在刺激条件消失后仍能继续保持，或虽然消退，但在一段时间内再次受激可呈现与之前类似且更为迅速有力的变化。最早在酵母中发现，而后在多种应激条件下的动植物细胞中观察到类似现象。也指经过 DNA 复制和细胞分裂后转录状态的保持，是生物体能稳定分化、发育的基础。诱导多能干细胞更易向原供体细胞类型分化也是转录记忆的表现。

染色质的某些特征在细胞分裂过程中的代际传播是转录记忆的基础，包括：转录因子和染色质重塑复合物的活性保持，少数类型的转录因子、辅因子、黏结蛋白 cohesin 以及 RNA 聚合酶Ⅱ等作为书签在有丝分裂中期的染色质保留，复制过程中亲代组蛋白的回收和组蛋白修饰的传播，DNA 甲基化的维持和主动去甲基化，基因与核孔复合物（NPC）的关联等。

（吕 湘 屈家华）

tánglèi

糖类（carbohydrate）

由碳、氢、氧三种元素组成的有机化合物。又称碳水化合物。其中氢、氧原子的比为 2 ∶ 1，通常符合 $C_m(H_2O)_n$ 这个公式（m 与 n 可以取不同值）。但不是所有符合这个公式的化合物都是糖类，例如脱氧核糖，是组成 DNA 的一种单糖，其分子式为 $C_5H_{10}O_4$，就不符合氢氧比为 2 ∶ 1。

分类 糖类根据水解程度的不同可以分为*单糖*、*寡糖*、*多糖*、*复合糖*。

作用 糖类在人们日常生活中起着重要的作用，在生物机体内的功能主要如下。

供给热量 糖类是地球上一切生物体维持生命活动所需热能的主要来源，在粮食作物的籽粒中，糖类作为贮藏养分供胚部成长发育的需要。1g 糖类物质可产生 16.7kJ 的热量，成人平均每天每千克体重需糖 6g，糖类作为“生命的燃料”，与脂肪、蛋白质相比，由糖类转化为葡萄糖来维持血糖水平，更有利于提高人体的耐力。在人们的饮食中，一般精加工的食品含有较高的碳水化合物，包括糖果、饼干、食糖、蜂蜜、果酱等；而粗粮食品则含有较低量的碳水化合物，如豆类、大米、玉米等作物。肉类食品的碳水化合物相对较低，但牛奶中的乳糖含量较高。在中国人民的膳食纤维中，由糖类供给的能量约占人体所需总热能的 60%~70%。

构成身体组织 糖类是生物体合成其他化合物的基本原料，并可充当生物体的结构材料。在植物中，植物组织的细胞壁中普

遍存在纤维素、半纤维素。细菌细胞壁的肽聚糖。动物不含纤维素，但组成细胞膜的糖蛋白、结缔组织中的黏蛋白、神经组织中的糖脂、节肢动物外骨骼几丁质、动物软骨中的蛋白聚糖，以及普遍存在的遗传物质，如核糖核酸和脱氧核酸等都含有糖类。

保肝解毒　肝糖原含量丰富时，人体对某些细菌毒素的抵抗力会增强。因此肝脏中的糖原，既具有保护肝脏的作用，也提高肝脏的正常解毒功能。

转化作用　糖类可以转变成脂肪，油籽中的脂肪都是由糖类转变而成的贮藏养分，人体和家畜也可以用多余的糖类产生脂肪。除此之外，糖类还可以转变成蛋白质、核酸等大分子，提供生命所需的其他物质。

抗酮作用　脂肪在人体内完全氧化，依赖糖类供能。因此，当人体内糖不足，或身体不能正常利用糖时（如糖尿病患者），所需能量大部分要由脂肪供给。脂肪氧化不完全，会产生一定数量的酮体，它过分聚积使血液中酸度偏高、碱度偏低，会引起酮症酸中毒。所以糖有抗酮作用。

信号识别　作为细胞识别的信息分子，参与分子和细胞识别、细胞黏附等。

（常永生）

dāntáng

单糖（monosaccharide）　含有3~6个碳原子的多羟基醛或多羟基酮。是碳水化合物的最基本单元，不能够再水解。是构成各种二糖和多糖分子的基本单位，它们是糖最简单的形式。葡萄糖、果糖、核糖、脱氧核糖、半乳糖、甘露糖、木糖等糖分子均属于单糖。并且通常是无色的，可溶于水的结晶固体。除了脱氧核糖之外，其他单糖都符合 $C_x(H_2O)_y$（一般 $x \geqslant 3$）通式。单糖可由三种不同的特征片段来分类：羰基的位置、分子内的碳原子数以及其手性构型。如果羰基在碳链末端分子属醛类，则单糖称醛糖；若羰基在碳链中间分子属酮类，则单糖称为酮糖。含有3个碳原子的单糖称为丙糖；4个碳原子的称为丁糖；5个称为戊糖；6个称为己糖，以此类推。8个或更多个碳的单糖很少观察到，因为它们相当不稳定。

结构　①链状结构：直链单糖具有一条无分支的线性碳骨架，中间碳原子两侧有羰基（C=O）官能基团和一个羟基（OH）基团。因此，一个简单的单糖分子结构可以写成 $H(CHOH)_n(C{=}O)(CHOH)_mH$，其中 $n+1+m=x$，基本通式就是 $C_xH_{2x}O_x$。②环状结构：单糖经常通过羰基和在同一分子中的羟基发生亲核加成反应，从开链形式切换成环状形式，反应生成一个由氧原子连接的闭合碳原子环，得到的分子具有一个半缩醛或半缩酮基团，这取决于线性形式是否是醛糖或酮糖，这是一个可逆的反应，也能从环状切换回开链形式。这些环状结构通常含有5个或者6个碳原子，称为呋喃糖或者吡喃糖，类似于呋喃和吡喃。

单糖的种类虽然很多，但在结构及性质上均有共同之处，因此，可以葡萄糖为例来阐述单糖的环状结构。葡萄糖不仅以直链结构存在，还以环状形式存在，因为葡萄糖的某些物理性质和化学性质不能用糖的直链结构来解释，例如，葡萄糖不能发生 $NaHSO_3$ 加成反应。葡萄糖不能和醛一样与两分子的醇形成缩醛。只能和一分子醇形成半缩醛。例如，葡萄糖在无水甲醇溶液内受到氯化氢的催化作用，即生成两种各含有一个甲基的α-或β-甲基葡萄糖苷。

性质　包括以下方面。

物理性质　①旋光性：糖类都含有不对称碳原子，因此具有旋光性。旋光性是糖的一个重要的鉴定指标。旋光方向以符号表示：D-或（+）为右旋，L-或（-）为左旋。②甜度：是糖的一个重要感官性质，不能用一些化学测定方法测定，通常用感官比较法。③溶解度：单糖分子中含有多个羟基，增加了其水溶性，但不能溶于乙醚、丙酮等有机溶剂。

化学性质　单糖的结构都是由多羟基醛或者多羟基酮组成的。具有醇羟基和羟基的性质，也具有它们相互影响而产生的一些特殊反应。①异构化：弱碱或者稀强碱可引起单糖分子重排，通过烯醇化中间体转变。体内则是通过异构化酶催化。②酯化作用：单糖含有羟基，当与酸作用时生成酯，生物体内单糖与磷酸生成各种磷酸酯。③氧化作用：单糖含有羰基，具有还原能力，单糖分子中的羟基也能被氧化，氧化的条件不同，生成的产物也不同。④还原作用：在一定条件下，单糖中的醛基或酮基可被还原生成醇基，生成多羟基醇，称为糖醇。⑤成脎作用：单糖的醛基或酮基可与苯肼、氢氰酸等起加合作用，生成的产物称为糖脎。糖脎是难溶于水的黄色晶体。不同的脎具有特定的结晶形状和一定的熔点。常利用糖脎和这些性质来鉴别不同的糖。⑥成苷作用：环状单糖的半缩醛或半缩酮的羟基与另一化合物（醇、糖、碱基等）的羟基、氨基或巯基发生缩合形成的含糖衍生物称为糖苷。由于单糖

有 α－与 β－的差别，生成的糖苷也有 α－与 β－两种形式。α－与 β－甲基葡萄糖苷是最简单的糖苷。⑦脱氧作用：单糖的羟基之一失去氧即成脱氧糖。最常见的是 D-2- 脱氧核糖。⑧脱水作用：单糖与浓硫酸、浓盐酸作用即脱水生成糠醛（呋喃醛）或者糠醛衍生物。

分类 根据糖分子中带有的是醛基或酮基，分别称为醛糖或酮糖，戊糖根据这样分类可分为醛戊糖或者酮戊糖。各种单糖只有少量具有羰基直链结构，大多数单糖都是类似于呋喃或吡喃的五角或六角氧环型的环状结构，而各自称为呋喃糖、吡喃糖。单糖多以寡糖、多糖以及糖苷形式存在，而游离存在的量较少。

单糖根据碳原子数多少，分别称为丙糖、丁糖、戊糖等，已知的天然单糖超过百种，可以游离形式或结合形式存在，特别重要的单糖是戊糖和己糖。单糖有以下几种分类方式：根据碳原子的数目，可以将单糖分为丙糖、丁糖、戊糖、己糖等，自然界发现的单糖主要是戊糖和己糖；根据单糖的构造，可以将单糖分为醛糖和酮糖。

（常永生）

wùtáng

戊糖（pentaglucose）

含有 5 个碳原子的单糖。又称木糖。它包括戊醛糖（图 1）和戊酮糖（图 2）两大类。其中最重要的有核糖、脱氧核糖和核酮糖。戊糖的醛或酮的官能基团与相邻的羟基官能团分别进行反应，形成分子内的半缩醛和缩酮，所得到的环状结构类似呋喃，称为呋喃糖。戊糖的环可以自发地打开或者关闭，分子内部连接羰基和相邻的碳原子之间的键可以自由旋转，因此有两种构型（α 和 β），其旋光度值的改变，最终达到一个稳定的平衡值的现象，这就是变旋现象。另外，戊糖组成的聚合物称为戊聚糖。

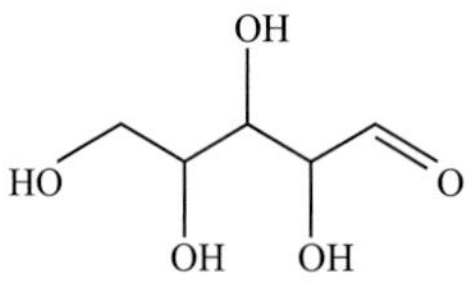

OH HO O OH OH

图 1　戊醛糖的化学结构

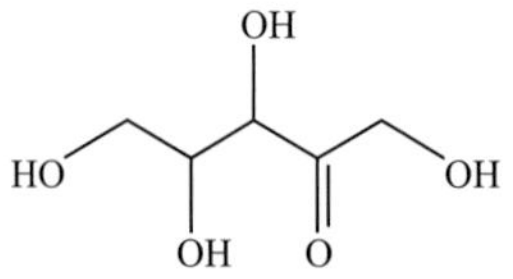

OH HO OH OH O

图 2　戊酮糖的化学结构

可用苯胺醋酸试验来检测碳水化合物中是否含有戊糖成分。戊糖可以（通过盐酸）转化为糠醛，其与苯胺乙酸反应产生明亮的粉红色。具体操作为将干样品溶解在少量盐酸中，经过短暂加热。拿一张预先用苯胺乙酸盐浸渍过的纸，放在样品溶液受热挥发的蒸汽上方，纸上出现明亮的粉红色就证明有戊糖的存在。

戊糖在生物组织中参与一个重要的循环代谢途径，即磷酸戊糖途径，又称磷酸己糖旁路。

（常永生）

D–hétáng

D- 核糖（D-ribose）

分子式为 $C_5H_{10}O_5$ 的五碳醛糖。是组成核糖核酸（RNA）、ATP 的成分，对机体的形成有重要作用。D- 核糖（图 1）在常温下是片状晶体，易溶于水，熔点为 87℃。

CH_2OH O OH HO HO

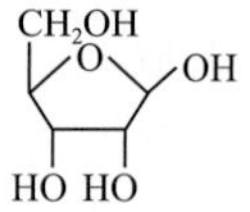

图 1　D- 核糖的化学结构

在生物体中，细胞中的 D- 核糖必须被磷酸化后才能被使用。核糖激酶催化 D- 核糖转变成 D- 核糖 -5- 磷酸，转换后，D- 核糖 -5- 磷酸可以用来生成色氨酸和组氨酸，或用于戊糖磷酸途径。

D- 核糖可以转化为核苷酸增鲜剂和核黄素，广泛用于生物制药、医学药品、化妆品、健康食品以及动物饲料的生产。

（常永生）

2–tuōyǎng–D–hétáng

2- 脱氧 -D- 核糖（D-2-deoxyribose）

分子式为 $C_5H_{10}O_4$ 的单糖。它是由核糖失去一个氧原子得来的，在常温下是白色固体，易溶于水，熔点为 89~90℃。

2- 脱氧 -D- 核糖有几种异构体，其结构式（图 1）为 H–（C=O）–（CH_2）–（CHOH）$_3$–H，在费歇尔（Fischer）投影中，脱氧核糖的所有羟基都在同一侧。2- 脱氧核糖有两种对映体代表：生物学上非常重要的 D-2- 脱氧核糖和极少遇到的镜像 L-2- 脱氧核糖。2- 脱氧 -D- 核糖是核酸 DNA 的前体物质之一，它是一种戊醛糖，因此含有五个碳原子和醛基官能团。

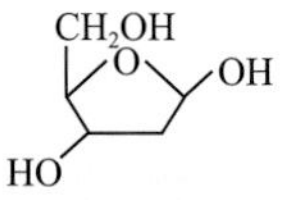

CH_2OH O OH HO

图 1　2- 脱氧 -D- 核糖的化学结构

作为 DNA 的重要组成部分，2- 脱氧 -D- 核糖在生物体中起非常关键的作用。DNA 分子储存生命的遗传信息，由核苷酸通过长链连接起来。在标准核酸命名法中，一个脱氧核糖分子由核苷酸与连接到核糖 1' 碳原子上的碱基通常由腺嘌呤、胸腺嘧啶、鸟嘌呤或胞嘧啶组成。由于脱氧核糖在2'碳原子上没有羟基，使得它与RNA相比在结构上更加灵活，由此推断出了双螺旋构象，并且在真核生物细胞核中能够紧密缠绕。双链DNA分子通常比RNA分子大得多，RNA和DNA的骨架结构相似，但RNA是单链的。

D-核糖和2-脱氧-D-核糖是核酸的组成成分。它们以呋喃型存在于RNA、DNA等天然化合物中，它们的衍生物核醇是维生素B_2等一些维生素与辅酶的组成成分。

（常永生）

jǐtáng

己糖（hexose） 含有6个碳原子的单糖。又称六碳糖。无论从分布范围还是数量上，己糖都是自然界非常重要和常见的单糖。

己糖包括己醛糖和己酮糖。重要的己醛糖有D-葡萄糖、D-半乳糖和D-甘露糖；己酮糖则有D-果糖。①葡萄糖可以单糖存在，但绝大多数以多糖形式存在，也可以组成糖苷。D-葡萄糖是淀粉、糖原、纤维素等多糖的结构单位，是生命活动所需要的主要能源。用α-淀粉酶和糖化酶水解淀粉可以制得D-葡萄糖。D-葡萄糖是食品和制药工业的重要原料。②果糖是糖类中最甜的糖，以组成二糖的形式为多见，也是自然界分布最为丰富的酮糖。它可以与其他单糖结合形成寡糖，也可以自身聚合形成寡糖。在制糖工业中，通过葡萄糖异构酶催化，可以将D-葡萄糖转化为D-果糖。D-果糖的在肌细胞中可由己糖激酶催化成果糖-6-磷酸，而后进入糖的无氧分解和有氧分解途径进行代谢。而在肝细胞中，因为葡萄糖激酶只能催化葡萄糖的磷酸化，所以果糖进入肝脏后，需要经过6种酶的催化才能转变为甘油醛-3-磷酸后再进一步分解。半乳糖亦以乳糖、棉籽糖或琼胶等二糖、三糖或多糖形式为常见。③半乳糖只要转变为糖无氧酵解途径的中间产物就很容易被利用。在半乳糖激酶催化下，半乳糖转化为半乳糖-1-磷酸，此后在尿苷酰转移酶等多种酶催化下，最终转化为葡萄糖-1-磷酸，进入糖的分解代谢途径或者糖原合成途径。这三种己糖对人体的营养最为重要，是人体获得能量的最主要来源。

己糖中的醛基或酮基会与分子内的羟基反应，生成半缩醛或半缩酮环形结构。对葡萄糖来说，这个反应使1位碳透过一中间氧原子与5位碳原子产生连接，并生成一个由5颗碳原子及1颗氧原子组成的六边形环状（吡喃环）结构，这个结构称为吡喃糖。

（常永生）

D- pútáotáng

D-葡萄糖（D-glucose） 分子式为$C_6H_{12}O_6$的己醛糖。又称右旋糖。最简单的单糖。葡萄糖共有16种旋光异构体，D-葡萄糖（图1）是其中之一。D-葡萄糖是自然界分布最为广泛的一种单糖，许多碳水化合物经过水解即可获得葡萄糖，如牛奶、甘蔗和麦芽糖等，但是L-葡萄糖只能通过人工合成获得。动植物体内储存的葡萄糖多是以多聚体的形式存在，在植物体内以淀粉的形式储存，在动物体内则是以糖原的形式储存起来。以下为葡萄糖的结构式：

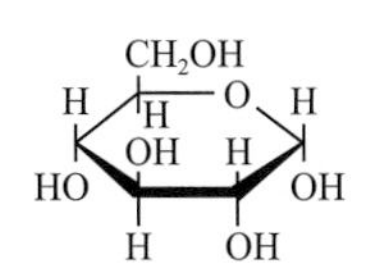

图1 葡萄糖的化学结构

由于人体内缺乏能够将L-葡萄糖分解利用的酶系统，所以葡萄糖中的D-葡萄糖才是人体所需能量的主要来源，也因此，D-葡萄糖与人体的能量代谢密切相关。人体摄入碳水化合物后，经过初步消化产生多聚糖和低聚糖，这些糖类在十二指肠和小肠内经过糖苷酶的水解会产生葡萄糖等单糖，有些多聚糖不能被糖苷酶有效水解时，肠道菌群会帮助人体将它们水解。接着，葡萄糖会穿过肠上皮细胞的顶膜和基底膜被转运到血液中，血液中的葡萄糖一部分被小肠细胞和红细胞利用，剩余部分进入肝脏、脂肪组织和肌肉组织等。葡萄糖进入细胞后，通过糖酵解被分解为丙酮酸，在缺氧的条件下，代谢形成乳酸和少量能量；更为常见的是有氧条件下丙酮酸进入三羧酸循环，再经过氧化磷酸化，最终被分解成水和二氧化碳，并将氧化产生的能量储存在ATP的高能磷酸键中。除了分解产生能量以外，葡萄糖在人体内也是合成糖原的前体物质。考虑到葡萄糖是生物体的重要碳源，因此通过一定程度的葡萄糖分解所产生的代谢中间产物，能够参与合成多种人体新陈代谢所需的物质，如脂类、维生素C和非必需氨基酸等。

血液中的葡萄糖，即为血糖。因为人体所需的能量很大部分来自D-葡萄糖，所以维持血糖在一定的范围内波动对于保证机体正常的新陈代谢是非常必要的。人体的血糖水平受胰岛素和胰高血糖素两种激素的调控，进食引起血糖升高，胰腺会分泌胰岛素促进肝脏、肌肉和脂肪组织对葡萄糖的摄入；饥饿时，人体的血糖值会下降，此时，胰腺会分泌胰高血糖素，促使肝脏通过糖原分解和糖异生等途径产生葡萄糖并释放到血液中，以维持血糖的稳定。糖尿病就是机体产生胰岛素耐受或胰腺分泌胰岛素的能力缺失或不足时，导致血糖水平居高不下。糖尿病引起的长期的高血糖可能导致微血管病变，使患者的微循环有不同程度的受损。微血管病变主要表现在视网膜、肾、心肌、神经组织及足趾等。随着微血管病变的加重和发展，最终会导致患者失明和残疾。

（常永生）

dāntáng línsuānzhǐ

单糖磷酸酯（sugar phosphate ester） 单糖的磷酸化形式。又称磷酸化单糖。是单糖的衍生物。单糖核酸酯以荷电形式广泛存在于各种细胞中，参与生物体内很多代谢途径，如糖酵解途径、磷酸戊糖途径和光合作用等。

单糖发生磷酸化作用后生成了其衍生物——单糖磷酸酯，如1-磷酸葡萄糖、6-磷酸葡萄糖、6-磷酸果糖、1,6-二磷酸果糖、3-磷酸甘油醛、磷酸二羟基丙酮、D-赤藓糖-4-磷酸、D-核糖-5-磷酸、D-木酮糖-5磷酸等。生物体内很多代谢途径的中间产物是单糖磷酸酯，如1-磷酸葡萄糖、6-磷酸葡萄糖、6-磷酸果糖、1,6-二磷酸果糖、3-磷酸甘油醛、磷酸二羟基丙酮是糖酵解途径的中间产物，D-赤藓糖-4-磷酸、D-核糖-5-磷酸、D-木酮糖-5磷酸是磷酸戊糖途径和光合作用的中间产物。

单糖磷酸酯呈酸性，且酸性比正磷酸强，单糖磷酸酯在细胞内是以一价阴离子和二价阴离子的混合物形式存在的，由于带荷电的分子不能穿过生物膜，所以防止单糖磷酸酯扩散到细胞外是其以荷电形式存在的原因之一，如D-甘油醛-3-磷酸带有两个负电荷，其化学结构如图1所示：

```
      CHO
      |
  H—C—OH    O
      |         ‖
      CH₂—O—P—O⁻
                |
                O⁻
```

图1 D-甘油醛-3-磷酸的化学结构

单糖磷酸酯的水解反应机制称为成线机制，亲核基团可在单糖磷酸酯分子的离去基团面对磷原子进行亲核攻击，形成一个五共价过渡态，然后单糖磷酸酯分子释放掉离去基团，生成产物，如磷酸或其他磷酸酯，与此同时，单糖磷酸酯分子中磷的构型也会发生改变，在磷构型变化的过程中磷的几何构型由四面体到三角双锥体再到四面体的变化，三角双锥体是由两个等同四面体共居一平面而形成的锥体，这种三角双锥体是五共价中间物的几何构型，磷占据这个几何构型的中心，与5个氧暂时性键合，其中3个氧与磷同处于赤道面，其中进入基团的氧占据其中一个顶端，离去基团的氧占据与这个顶端相对的另一端，这样就使得这个三角双锥体构型中进入的基团和离去的基团处于双锥体的一条线上，这种反应机制便是成线机制。

单糖磷酸酯在药物开发等方面也具有巨大的潜力，如葡萄糖磷酸酯可以用来进行细菌内毒素检查。

（常永生）

hégānsuān táng

核苷酸糖（nucleotide sugar） 核苷二磷酸或核苷一磷酸与不同单糖异头体羟基所形成的单糖。是糖类合成或相互转换时的活化形式。如UDP-Gal，GDP-Fuc，CMP-SA等，核苷酸糖在糖基转移酶催化的糖基化反应中作为糖基的供体。

糖基化反应是指在糖基转移酶的催化下，蛋白质或脂质上进行加糖的过程，发生于内质网中。糖基化反应的重要意义在于可以增加化合物的水溶性、利于进行糖基化化合物的分泌、糖基化可以改变受体分子的稳定性；对于某些化合物来说糖基化是一种重要的保护机制；糖基转移酶在生物体内可以催化糖基转移到不同的受体分子上，如蛋白质、核酸、寡糖、脂和小分子。

几种常见的在糖基化反应中作为糖基供体的核苷酸糖根据组成它们的核苷酸的结构可分为：尿苷二磷酸糖（如UDP-α-D-Glc、UDP-α-D-Gal、UDP-α-D-GalNac、UDP-α-D-Xyl）、鸟嘌呤磷酸糖（如GDP-α-D-Man）、一磷酸胞嘧啶糖（如CMP-β-D-Neu5Ac），如尿苷二磷酸糖在糖基化反应中利用尿苷二磷酸活化的糖作为糖基供体，尿苷二磷酸是由焦磷酸的官能基加上五碳核糖及碱基尿嘧啶组成，如尿苷二磷酸葡糖是体内的葡萄糖供体，参与糖原合成。图1列举了几个核苷酸糖的化学结构。

核苷酸糖在体内的正常代谢是十分重要的，参与核苷酸糖代谢的任何一种酶的改变都会有重要的影响，由于核苷酸糖的代谢异常而导致的疾病常见的有包涵体肌病、斑点状角膜营养不良、先天性α-1,3-甘露糖基转移酶基因异常导致的疾病等。包涵体肌病是由于D-葡萄糖异构酶功能的改变而导致的疾病，是以胞核或胞质内管丝状包涵体为特征的病理性改变的骨骼肌疾病；斑点状角膜营养不良是一种常染色体隐

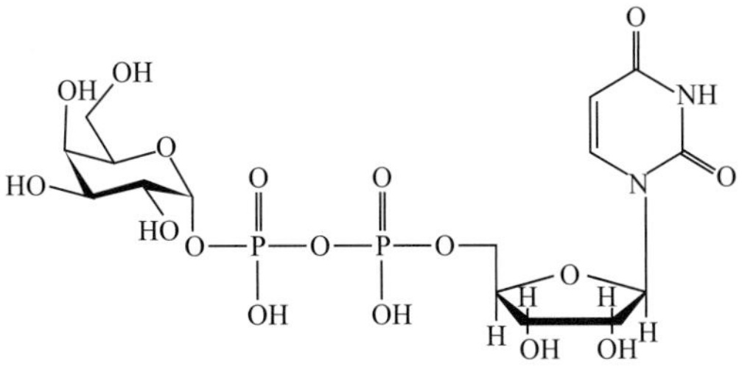

A　UDP-Gal

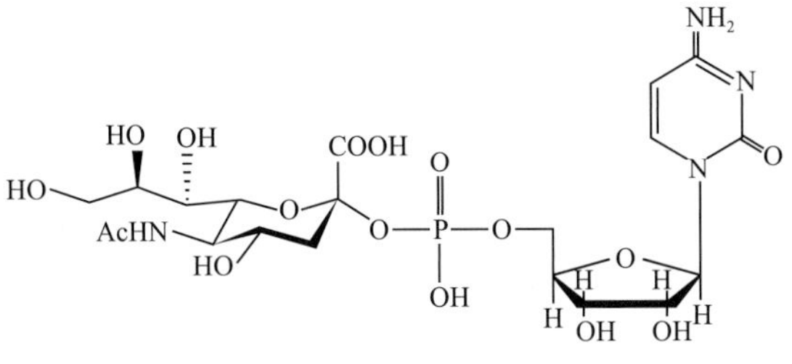

B　CMP-NeuNac

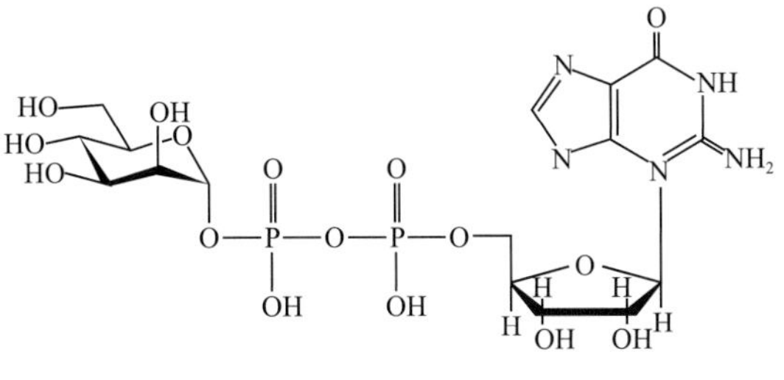

C　GDP-Man

图 1　几种核苷酸糖的化学结构

性遗传病，以双侧角膜基质进行性雾状混浊及中央角膜变薄为特征；D- 葡萄糖异构酶功能的改变会导致各种临床特征，如肌张力底下、精神运动发育迟缓、肝纤维化和各种喂养问题。酶化学技术的飞速发展可以大量合成核苷酸糖，这些核苷酸糖可作为糖基化反应的糖基供体，酶化学法合成的核苷酸糖可以用来制成药物辅助治疗或缓解某些疾病。

（常永生）

tángchún

糖醇（alditol）　由单糖分子的醛基或酮基被还原成醇基而生成的多元醇。糖醇在自然界尤其是在植物界广泛存在，如丙三醇（甘油）是油脂的主要成分、D－葡萄糖醇广泛存在于许多水果中等；糖醇也可由相应的糖来制取，如葡萄糖发生还原反应生成山梨醇、麦芽糖发生还原反应生成麦芽糖醇，果糖发生还原反应生成甘露醇等。开发应用较多的糖醇有山梨糖醇、甘露糖醇、赤藓糖醇、麦芽糖醇、乳糖醇、木糖醇等。

糖醇在水中的溶解性较好，但不同种类糖醇的溶解度有很大差别，如按 20℃、100g 水中能溶解的克数计算，蔗糖的溶解度为 195g、山梨醇的溶解度为 220g、甘露醇的溶解度为 17g；糖醇在溶解时会吸收一定的热量，入口有清凉感；糖醇除了甘露醇、异麦芽酮外，均有一定吸湿性，此外糖醇因其具有一定的黏度，在各种软性食品加工中，如软糖、糕点、冰激凌等均有广泛应用；所有的糖醇均有一定的甜度，适用于食品加工中的调味剂；人体摄入糖醇后，糖醇能被人体小肠吸收，并进入血液进行代谢，有些糖醇可以进入大肠并被肠内的某些有益菌利用，人体摄入糖醇后会产生一定的热量，但糖醇的热量低，属于一种营养型甜味剂；糖醇具有较好的热稳定性，在高温时不会产生褐变反应，适合制造色泽鲜艳的食品。

木糖醇、山梨醇、D- 甘露醇、半乳糖醇、核糖醇、肌醇、异麦芽糖醇、赤藓糖醇等是常见且应用较多的糖醇。①木糖醇由木糖发生还原反应所得，人体摄入的木糖醇主要由肝脏代谢，肝脏吸收木糖醇后，50% 左右转变成葡萄糖，45% 左右被氧化，另少部分会转变成乳酸。②山梨醇又称 D- 葡萄醇，在植物中常见，如桃、杏、李，工业上用葡萄糖催化加氢得到。主要代谢途径是氧化生成对应的酮糖或醛糖，或磷酸化为糖醇 -1- 磷酸酯后参与正常的糖代谢。③ D- 甘露醇代谢途径与山梨醇相同。D- 甘露醇在医学上可用来降低颅内压及治疗急性肾衰竭。D- 甘露醇在多种海洋植物和陆地植物中广泛分布，可由 D- 甘露糖和 D- 果糖发生还原反应获得。④半乳糖醇又称甜醇，由半乳糖还原得到，存在于多种植物中，如红藻。⑤核糖醇是 D- 核糖的还原产物，核糖醇是维生素 B_2 的组成成分，作为核黄素的成分广泛地分布于生物细胞中。⑥肌醇可由玉米浸泡液中提取，几乎所有生物中都含有游离态或结合态的肌醇，可降低胆固醇、给脑细胞供养、预防动脉硬化等作用。⑦异麦芽糖醇是异麦芽酮糖的氢化产物，蔗糖经异构化后可得到，热量低、甜味纯正、不会引起血糖和胰岛素升高，是一种优良的蔗糖替代品。⑧赤藓糖醇分子量小，可直接被小肠吸收，不被代谢，直接通过肾脏以尿液的形式排出体外。

（常永生）

tángsuān

糖酸（sugar acid） 醛糖氧化而成的衍生单糖。根据氧化的条件不同，分别形成醛糖酸、糖醛酸及糖二酸，如葡萄糖可被氧化而成葡萄糖酸、葡萄糖醛酸和葡萄糖二酸。

命名原则 糖酸的命名由相应的单糖衍化而来，如D－葡萄糖的糖酸称为D－葡萄糖酸。

存在部位 生物体内不存在游离的醛糖酸，但它们的某些衍生物，如6–磷酸葡糖酸及其δ－内酯是戊糖磷酸途径中的重要中间物，3–磷酸甘油是很多糖代谢途径的中间物。常见的糖醛酸有D–葡糖醛酸、D–半乳糖醛酸和甘露糖醛酸。它们是很多杂多糖的构件分子或组成成分。D–葡糖醛酸还是糖醛酸途径中的重要中间物。糖二酸在自然界极少见，但植物界广泛存在的L（+）－酒石酸可看成D–苏糖的糖二酸。

性质 糖酸的性质类似脂肪酸，在水溶液中显酸性（pH2~3），能与金属离子成盐。糖酸在酸性条件下通常很容易形成内酯，也易析离出来。在水溶液中，糖酸和相应的内酯呈平衡状态，其比例视内酯环的构型而定。在甘露糖酸的水溶液中，平衡时混合物中主要含甘露糖酸和1,4–内酯（γ－内酯）（五元环），而在葡萄糖酸的水溶液中，平衡时溶液中主要是葡萄糖酸和1,5–内酯（δ－内酯）（六元环）。糖酸内酯可经还原试剂（如钠汞齐、硼氢化钠、氢化铝锂）还原或催化氢化为相应的醛糖和糖醇。糖酸和糖酸内酯衍生物可由相应的醛糖用卤素水溶液（通常用溴水）或空气氧化制得。

抗坏血酸（维生素C）是指苏糖型–2–烯醇己糖酸–1,4–内酯，也可看成是烯醇化的2–酮古洛糖酸－γ－内酯，分子中C2和C3是烯二醇结构，C4和C5是手性碳原子。属苏糖型，即C4和C5的取代基在相反的两侧。一对对映体中，只有L–抗坏血酸具有生物活性。抗坏血酸虽是醛糖酸的衍生物，但它的酸性不是来自羧基的解离，而是由于C3上烯醇式羟基氢的解离，解离的pK_a约为4.2。烯二醇的羟基容易脱氢而转化成羰基，这一反应是可逆的，因此维生素C是生物体内重要的抗氧化剂之一。

（常永生）

tuōyǎngtáng

脱氧糖（deoxy sugar） 单糖的某个羟基或羟甲基脱去氧后形成的衍生物。即分子的一个或多个羟基被氢原子取代的单糖。脱氧糖包括脱氧戊糖，如2–脱氧核糖和脱氧己糖。

2–脱氧核糖是一种存在于一切细胞内的戊糖衍生物，是核糖的一个2位羟基被氢取代的衍生物，它在细胞中作为脱氧核糖核酸DNA的组分，十分重要，最早由胸腺核苷中析离得到。在DNA中，脱氧核糖磷酸分子由磷酸二酯键连接成链，构成多核苷酸纤维的骨架。2–脱氧核糖可进行多种特殊颜色反应，并可进行定量测定。常用的方法是2–脱氧核糖在硫酸和乙酸存在下与二苯胺反应呈蓝色，与硫酸亚铁反应也呈蓝色，称为凯勒－基连尼反应。D–2–脱氧核糖很易与乙醇–HCl作用形成糖苷，这种糖苷很容易水解。

高等植物含有多种6–脱氧己醛糖，有时也称它们为甲基戊糖。某些细菌和植物还存在双脱氧己醛糖。L–鼠李糖是最常见的天然脱氧糖，是很多糖苷和多糖的组成成分，并发现以游离状态存在于毒葛的花和叶中；L–岩藻糖是海藻细胞壁、西黄芪胶和某些动物多糖（如血型物质）的水解产物之一；D（+）－毛地黄毒素糖，即2,6–二脱氧–D–阿洛糖或2,6–二脱氧–D–阿卓糖，是毛地黄毒苷和几种其他强心苷的组成成分；泊雷糖、阿比可糖即3–脱氧–D–岩藻糖和泰威糖即3,6–二脱氧–D–甘露糖，是革兰阴性菌细胞壁上抗原性物质的成分。

此外，已发现的脱氧糖还有D–岩藻糖；异鼠李糖，即6–脱氧–D–葡萄糖；可立糖，即3,6–二脱糖–L–木己糖，也是3–脱氧–L–岩藻糖，是阿比可糖的对映体；蛔糖，即3,6–二脱氧–L–阿拉伯己糖，也是3,6–二脱氧–L–甘露糖，是泰威糖的对映体等。

（常永生）

guǎtáng

寡糖（oligosaccharide） 为两个或两个以上（一般指2~20个）单糖单位以糖苷键相连形成的糖分子。又称低聚糖。寡糖经水解后，每个分子产生为数较少的单糖，寡糖与多糖之间并没有严格的界限。寡糖是生物体内一种重要的信息物质，在生命过程中具有重要的功能，它以复合物的形式存在于多种生物组织中，特别是生物膜蛋白质表面的寡糖残基，在细胞之间的识别及其相互作用中起着重要作用。

分类 按单糖单位数目分类，如将寡糖分为双糖和三糖；按组成的单糖类型是否相同分为同质寡糖和异质寡糖；按是否存在半缩醛羟基分为还原性寡糖和非还原性寡糖。

低聚糖通常通过糖苷键将2~4个单糖连接而成小聚体，它包括功能性低聚糖和普通低聚糖，这类寡糖的共同特点是：难以被胃肠消化吸收，甜度低，热量低，基本不增加血糖和血脂。最常见的低聚糖是二糖，亦称双糖，是两个单糖通过糖苷键结合而成的。寡糖主要有两类。①低聚麦芽糖：具有易消化、低甜度、低渗透特性，可延长供能时间、增强肌体耐力、抗疲劳等功能，人体经过重（或大）体力消耗和长时间的剧烈运动后易出现脱水、能源储备消耗、血糖降低、体温升高、肌肉神经传导受影响、脑功能紊乱等一系列生理变化和症状，而食用低聚麦芽糖后，能保持血糖水平，减少血乳酸的产生，人体试验证明，使用低聚糖后耐力和某些功能可增强30%以上，功效非常明显。②异麦芽低聚糖：这类糖进入大肠作为双歧杆菌的增殖因子，能有效促进人体内有益细菌——双歧杆菌生长繁殖，抑制腐败菌生长，长期食用可减缓衰老、通便、抑菌、防癌、抗癌、减轻肝脏负担、提高营养吸收率，特别是增加钙、铁、锌离子的吸收，改善乳制品中乳糖的消化性和脂质代谢。低聚糖含量越高，对人体营养、保健作用越大。

寡糖也可分为初生寡糖和次生寡糖两类。初生寡糖在生物体内有相当的量，游离存在，如蔗糖、乳糖、α，α－海藻糖、麦芽糖、棉籽糖等。次生寡糖的结构相当复杂，是高级寡糖。它们的功能主要是作为结构成分。

（常永生）

rǔtáng

乳糖（lactose） 由一分子半乳糖和一分子葡萄糖构成的双糖。在自然界中多存在于哺乳动物乳汁中，除了加利福尼亚海狮（其乳汁中含的不是乳糖，是葡萄糖）外，其他哺乳类乳汁中都存在乳糖，但含量各不相同。另发现少数植物中也含有乳糖，例如连翘属花的雄性器官中就含有乳糖。从化学结构上来说，乳糖由一分子β-D-半乳糖和一分子β-D-葡萄糖通过β-1,4-糖苷键相连。其分子式是$C_{12}H_{22}O_{11}$，摩尔质量是342.3g/mol。

乳糖具有还原性，在弱氧化剂的作用下可以生成一元酸，再经过水解过程就可以得到一分子D（+）β－半乳糖和一分子葡萄糖酸。这些实验结果说明，乳糖是半乳糖的糖苷，而不是葡萄糖的糖苷，所以在氧化的过程中，是葡萄糖的半缩醛基发生反应。此外，乳糖能够被β－半乳糖苷酶水解，说明糖苷键是β型的。乳糖有两种端基异构体：α－乳糖和β－乳糖，在水溶液中能够互相转化。

合成 活化的半乳糖是乳糖生物合成所需要的前体，UDP-半乳糖就是其活化形式，被用作乳糖生物合成的前体。UDP-半乳糖是由UDP-葡萄糖在半乳糖-1-磷酸尿苷酰转移酶的催化作用下得到的。在哺乳期，乳糖的合成特别旺盛，乳糖的合成机制和糖原的合成机制类似，但是其调节机制有自己的特殊性。大多数的脊椎动物机体中都含有一种半乳糖基转移酶，当雌性动物生产后，其乳腺中会产生一种α－乳清蛋白，这时半乳糖基转移酶会与α－乳清蛋白迅速结合，从而改变半乳糖基转移酶的专一性，并高效地将半乳糖基转移到葡萄糖分子上合成乳糖。与α－乳清蛋白结合后的半乳糖基转移酶被重新命名为乳糖合酶。

分解 人体消化道小肠上皮细胞的外表皮上附着着许多酶，如麦芽糖酶、乳糖酶、蔗糖酶等，其中乳糖酶可以催化分解乳糖。乳糖被水解后形成半乳糖和葡萄糖，然后进入小肠上皮细胞，再进入血液，进而被血液输送到各个组织，从而被利用。

乳糖是儿童生长发育所需的主要营养物质，对青少年的发育十分重要，它能够代谢产生葡萄糖为人体提供能量，并且可以促进儿童对钙的吸收，其代谢产生的半乳糖对维持机体健康具有一定作用。人体婴幼儿时期，几乎所有人都能消化乳糖，但是随着进入青年或者成年，很多人（高加索人种除外）的乳糖酶活性会大大降低或者消失，导致乳糖不能被完全消化或者是完全不能消化，从而很难被小肠吸收。此时如果饮用乳制品，没有被吸收的乳糖在大肠内就会被细菌转变为有毒物质，从而产生腹泻、腹胀、恶心、呕吐等症状，这被称为乳糖不耐症。目前科学家们认为乳糖不耐症与遗传有关，可能是常染色体上的隐性症状。

（常永生）

zhètáng

蔗糖（sucrose） 由一分子葡萄糖和一分子果糖通过两个异头碳连接缩合而成的二糖。俗称食糖。是最重要的二糖。它形成并广泛存在于光合植物（根、茎、叶、花和果实）中，不存在于动物中。蔗糖的主要来源是甘蔗、甜菜和糖枫。甘蔗糖、甜菜糖和枫树糖都是蔗糖。

化学性质 蔗糖甲基化形成八－甲基蔗糖，后者能被水解为2、3、4、6-四-O-甲基葡糖和1、3、4、6-四-O-甲基果糖，蔗糖能被 α-葡糖苷酶水解，而不被 β-葡糖苷酶所水解；蔗糖也能被蔗糖酶水解，此酶也称转化酶或 β-呋喃果糖苷酶，它水解 β-呋喃果糖苷，但不水解 α-呋喃果糖苷；因此推定葡萄糖残基的异头碳是 α-构型，果糖残基的异头碳是 β 构型。此结构已被 X 射线分析所证实。

物理性质 蔗糖在分离纯化过程中容易被结晶，晶体呈单斜晶型。属于非还原糖，酵母可使其发酵。蔗糖水解过程中比旋由正值变为负值，旋光度的这一变化称为转化，所得葡萄糖和果糖的等摩尔混合物称转化糖。蔗糖加热到 200℃左右，则变成棕褐色的焦糖，它是一种无定形多孔性的固体物，有苦味，食品工业中用作酱油、饮料、糖果和面包等的着色剂。

特性 ①蔗糖的溶解度很大，并且大多数的生物活性都不受高浓度的蔗糖影响，因此蔗糖适于作为植物组织间糖的运输形式。蔗糖的另一重要特点是它的水解自由能比淀粉分子中的 α 糖苷键的水解自由能高。蔗糖在酸性溶液中极易水解，其速度约为麦芽糖或乳糖的 1000 倍。②蔗糖极易溶于水，其溶解度随温度的升高而增大，溶于水后不导电。蔗糖还易溶于苯胺、氮苯、乙酸乙酯、乙酸戊酯、熔化的酚、液态氨、乙醇与水的混合物及丙酮与水的混合物，但不能溶于汽油、石油、无水酒精、三氯甲烷、四氯化碳、二硫化碳和松节油等有机溶剂。蔗糖属结晶性物质。纯蔗糖晶体的比重为 1.5879，蔗糖溶液的比重依浓度和温度的不同而异。③蔗糖及蔗糖溶液在热、酸、碱、酵母等的作用下，会产生各种不同的化学反应。反应的结果不仅直接造成蔗糖的损失，而且还会生成一些对制糖有害的物质。④结晶蔗糖加热至 160℃，会热分解熔化成为浓稠透明的液体，冷却时又重新结晶。加热时间延长，蔗糖即分解为葡萄糖及脱水果糖。在 190~220℃的较高温度下，蔗糖便脱水缩合成为焦糖。焦糖进一步加热则生成二氧化碳、一氧化碳、醋酸及丙酮等产物。在潮湿的条件下，蔗糖于 100℃时分解，释出水分，色泽变黑。

（常永生）

màiyátáng

麦芽糖（maltose）

两个葡萄糖分子以 α-1,4 糖苷键连接起来的双糖。主要是作为淀粉和其他葡聚糖的酶促降解产物（次生寡糖）存在，但已证实在植物中有容量不大的从头合成的游离麦芽糖（初生寡糖）库。麦芽糖是俗称饴糖的主要成分，中国早在公元前 12 世纪就能制作饴糖。

物理性质 麦芽糖是白色针状结晶，粗制者呈稠厚糖浆状。一分子水的结晶麦芽糖于 102~103℃熔融并分解。易溶于水，微溶于乙醇，有甜味（不及蔗糖，与蔗糖互为同分异构体）。麦芽糖的 25℃溶解度为 108g/100ml，甜度为蔗糖的 1/3。

化学性质 化学式是 $C_{12}H_{22}O_{11}$。麦芽糖分子结构中有醛基，具有还原性，是一种还原性糖，因此可以与银氨溶液发生银镜反应，也可以与新制碱性氢氧化铜反应生成砖红色沉淀。能使溴水褪色，被氧化成麦芽糖酸，在稀酸加热或 α-葡萄糖苷酶作用下水解成 2 分子葡萄糖。

来源 由淀粉水解制取，一般用麦芽中的酶与淀粉糊混合在适宜温度下发酵而得。也可以由淀粉、糖原、糊精等大分子多糖类物质在 β-淀粉酶催化下得到，游离形式的麦芽糖似不存在于细胞中。

用途 麦芽糖是一种廉价的营养食品，容易被人体消化和吸收。是食用饴糖的主要成分，制作时以淀粉为原料，在麦芽中淀粉酶作用下，可得以含麦芽糖为主的产物。可以制成结晶体，用作甜味剂，食品工业中麦芽糖用作膨松剂以防止烘烤食品干瘪，以及用作冷冻食品的填充剂和稳定剂。

（常永生）

liànméisù

链霉素（streptomycin）

从放线菌中提取出的氨基糖苷类抗生素。常用于结核病的治疗。链霉素首次发现于 1944 年，是由瓦克斯曼（Waksman）等人从灰色链霉菌培养液中分离出来的，是第一个从放线菌中得到的抗生素。链霉素的分子式为 $C_{21}H_{39}N_7O_{12}$，其分子由链霉胍和链霉二糖胺两部分组成。其中非糖部分链霉胍是一个六元环的胍，而链霉二糖胺则由链霉糖和 N-甲基葡糖胺组成。

性质 链霉素是一种多成分抗生素，临床上常用的链霉素和二氢链霉素是其中的两种。一般的化学反应只能将链霉素分子分解成为链霉胍和链霉二糖胺，而链霉二糖胺中的链酶糖的醛基部分则是链霉素中具有抗菌作用的部分，当它遇到维生素 C、半胱氨酸或羟胺等时，会被破坏，此时链霉素就会失去抗菌效果。与链霉素相比，二氢链霉素中由于不含有此醛基，所以不会因此而失效，也就比链霉素更加稳定。链霉素的碱性较强且不稳定，所以通常被制成盐类。链霉素盐类性质稳定，易溶于水但不溶于有机溶剂，因此可于固体、干燥状态长期保存。

作用机制 链霉素是一种蛋白质合成抑制剂，能通过主动转运进入细菌，与细菌核糖体30S亚基的16S rRNA结合，干扰甲酰甲硫氨酸tRNA与30S亚基的结合，影响翻译起始复合物的形成，并导致密码子的错读，从而抑制蛋白质的合成。人类与细菌的核糖体在结构上有所不同，因此链霉素在人类细胞中不会起到抑制蛋白质合成进而导致细胞死亡的作用，链霉素只是通过诱导原核细胞核糖体中mRNA的错读来抑制细菌生长。

功能 链霉素能抑制革兰阳性细菌和革兰阴性细菌，因此是一种广谱抗生素，但主要抑制革兰阴性细菌，尤其是结核分枝杆菌。链霉素除了对结核分枝杆菌具有较强的抑制作用外，对许多其他的革兰阴性杆菌如大肠埃希菌、克雷伯菌属和沙门菌属等也有抑制作用。链霉素经肌内注射后，血药浓度高峰常出现在半小时到两小时，有效的抑菌浓度可维持12小时。

应用 除结核病外，链霉素还可用于治疗肠球菌引起的感染性心内膜炎和败血症等。为了防止耐药细菌的产生和维持链霉素及其他抗菌药物的有效性，链霉素应只用于治疗或预防已被证明或强烈怀疑由细菌引起的感染。链霉素也可用作杀虫剂，抑制细菌、真菌和藻类的生长。链霉素与青霉素联合应用，可以防止细胞培养中的细菌感染。

副作用 持续使用链霉素可导致发热和皮疹。此外，链霉素对听觉神经毒性较大，可引起耳鸣、眩晕和共济失调。链霉素还具有肾毒性，并且可能干扰肾脏功能紊乱的诊断。

（常永生）

xiānwéi èr táng

纤维二糖（cellobiose） 两分子β-葡萄糖通过β-1,4糖苷键连接而形成的二糖。纤维二糖是纤维素的水解产物，也是纤维素分子的二糖单位。纤维二糖与纤维素的关系，就如同麦芽糖与淀粉的关系，前者都是由后者水解得到的二糖。纤维二糖的分子式为$C_{12}H_{22}O_{11}$，其结构与麦芽糖极其相似，不同的是麦芽糖的两分子葡萄糖之间是由α-1,4糖苷键相连接的。此外，由于人体中缺乏能够水解纤维二糖的β-糖苷酶，因此人体无法利用纤维二糖，酵母也无法使其发酵，而麦芽糖则不同。纤维二糖与麦芽糖的区别还在于，纤维二糖的两个糖环中的所有的羟基和羟甲基都处在平伏位置，而麦芽糖中，非还原端的糖环中则不具有这种形式。纤维二糖有八个羟基（-OH），一个缩醛键和一个半缩醛键，这就使得其分子内部的连接十分紧密。

来源 将富含纤维素的棉花或纸浆等，加入醋酸酐和硫酸的混合溶液中使其溶解，然后在35℃放置一周，再将其转移到冷处，此时会有结晶从溶液中析出，析出的结晶为纤维二糖八醋酸酯，纤维二糖八醋酸酯再经过水解，最终生成β型的纤维二糖，然后纤维二糖再进一步水解，成为两分子葡萄糖。纤维二糖还能通过纤维素酶水解过程获得。纤维素酶是一种混合酶系，包含内切葡聚糖酶、外切葡聚糖酶和β-葡聚糖苷酶三部分。纤维素在内切葡聚糖酶和外切葡聚糖酶的作用下，即可水解得到纤维二糖，随后纤维二糖在β-葡聚糖苷酶的催化下，可以进一步水解成为葡萄糖。

功能 纤维二糖作为纤维素酶解的产物，既能诱导纤维素酶的合成，又能抑制纤维素酶的合成，还具有抑制纤维素酶水解的功能。当纤维二糖的浓度低于10mmol/L时，可以直接诱导外切葡聚糖酶的合成，或者进一步水解为葡萄糖后再经过转糖基的作用生成功能相似的二糖。当纤维二糖的浓度大于20mmol/L时，又能够抑制纤维素酶的合成。纤维二糖对纤维素酶水解的抑制主要是通过抑制外切葡聚糖酶的活性来实现的，这种抑制是可逆的竞争性反应。

（常永生）

duōtáng

多糖（polysaccharide） 多个单糖分子通过脱水缩合形成的糖苷键连接起来而形成的聚合高分子碳水化合物。也称聚糖。自然界中的糖类主要以多糖的形式存在。多糖大多不溶于水，虽然有些多糖可以在酸或碱的作用下转变为可溶性，但是其分子也会有所降解。

结构 不同种类的多糖虽然结构不完全相同，但基本结构大致相似。多糖由至少10个单糖分子组成，分子式可用$(C_6H_{10}O_5)_n$表示。单糖分子之间以糖苷键相连，其中最常见的糖苷键有α-1,4糖苷键、α-1,6糖苷键和β-1,4糖苷键。

分类 按照生物来源的不同，多糖可分为植物多糖、动物多糖和微生物多糖。按照组成成分的区别，多糖还可分为同多糖和杂多糖，由相同的单糖分子组成的多糖称为同多糖，由不同的单糖分子组成的多糖称为杂多糖。多糖也可根据其在生物体中的主要功能，分为储存性多糖和结构性多糖。

功能 包括以下方面。

储存性多糖 ①糖原：糖原存在于动物组织中，主要存在肝脏和肌肉中，其他组织如大脑和胃中，也含有少量糖原。糖原的结构与支链淀粉相似，是由多个葡萄糖分子构成的聚合物，属于同多糖，也被称为动物淀粉。糖原的主链由 α-1,4 糖苷键相连，而支链则由 α-1,6 糖苷键连接。糖原在人体中具有重要的生理功能。人体摄入的糖类，一部分分解供能，一部分转变为脂肪，另外一部分则合成糖原，以糖原的形式在体内储存，其生理意义就在于，当机体需要葡萄糖时，糖原可以迅速分解产生葡萄糖，为机体提供能量。②淀粉：淀粉主要存在于植物体中，由直链淀粉和支链淀粉两种成分组成，直链淀粉是由葡萄糖分子以 α-1,4 糖苷键相连而成的，而支链淀粉的主链部分由 α-1,4 糖苷键相连，而支链部分则由 α-1,6 糖苷键相连。淀粉是人类饮食中最常见的碳水化合物，在大米、马铃薯等食物中含量丰富，人体摄入淀粉后，可以在 α 淀粉酶和 1,6- 葡萄糖苷酶的作用下，最终水解为葡萄糖，再经过进一步氧化，为人体提供能量。③葡聚糖：又称为右旋糖酐，是存在于酵母和细菌中的一种储存性多糖。天然的葡聚糖经过部分水解可以得到某种产物，这种产物在临床上常用来作为血浆的代替品，用于治疗因体液丢失过多而导致的休克。此外，人口腔中的某些细菌能够大量合成葡聚糖，而葡聚糖在牙菌斑的形成中发挥重要作用，在一定程度上会影响牙齿的健康。④菊粉：菊粉是存在于植物中的一种储存性多糖，在很多植物中，菊粉可以代替淀粉储存多糖。菊粉可溶于热水，而向其中加入乙醇后，菊粉又能从水中析出。菊粉是一类天然的果聚糖，由 β-呋喃果糖残基和吡喃葡糖残基聚合而成。真菌、酵母等中含有菊粉酶，能将菊粉水解成为果糖，而人体中没有能够水解菊粉的酶类。由于菊粉在体内无法参与代谢，所以能自由地通过肾小球，经肾小球全部滤过，且在肾小管不会被重吸收，因此临床上常用菊粉清除率来作为评价肾小球滤过功能的标准。

结构性多糖 ①纤维素：纤维素在自然界中分布广泛，含量众多，最主要的来源是棉花，除此之外，木材中纤维素含量也很多。纤维素是多个葡萄糖分子由 β-1,4 糖苷键相连而成的，不易溶于水。纤维素是植物细胞壁的组成部分，在绿色蔬菜中含量丰富，人体摄入纤维素后，由于体内没有能够水解纤维素的酶，所以并不能利用纤维素为机体提供能量。但蔬菜中的纤维素作为人们常说的“膳食纤维”，对人体是有益的。纤维素能够促进肠道蠕动，并且能够吸附大量水分，从而使粪便的重量增加，有助于排便，这就使得毒素和致癌物质能够迅速排出体外，减少其在肠道内的停留时间，从而减少对肠道的有害刺激。②果胶：果胶是一种结构性的杂多糖，主要存在于陆生植物的初生细胞壁以及细胞之间的中间层内。果胶于 1825 年首次被发现，一般从柑橘类水果的果皮中提取。果胶的相对分子质量根据来源的不同有所差异，大多在 25~50kD。果胶溶液是亲水性的胶体，在适当的条件下能够形成凝胶，因此果胶可用于制作果酱和果冻，或作为果汁饮料中的稳定成分，也可在医疗中用做保护剂。③壳多糖：壳多糖也称为几丁质，是 N- 乙酰 -β-D- 葡糖胺通过 β 连接而形成的同聚物。壳多糖的结构与纤维素类似，只是用乙酰化的氨基取代了每个残基的 C2 上的羟基。壳多糖在生物界中广泛存在，多见于甲壳类动物的外壳以及真菌的细胞壁和一些藻类中，是自然界中含量第二丰富的多糖。壳多糖能够通过去乙酰化形成聚葡糖胺，此物质是阳离子且无毒性，常被用来进行水和饮品的处理以及食品、饲料等的加工。④琼脂糖：琼脂糖是一种线性的聚合物，由 D- 吡喃半乳糖和 3,6- 脱水 -L- 吡喃半乳糖两种单位交替排列而成。琼脂糖是琼脂的两个组成部分之一，另一个组成部分称为琼脂胶，琼脂胶是由许多小分子组成的异质混合物。琼脂糖的结构是左手双螺旋的平行链，具有三重螺旋轴。琼脂糖不溶于冷水，但当加热到 90℃以上时，可以完全溶解。1% 或 2% 的琼脂糖溶液，加热溶解后，当温度降低到 40~50℃时，可以形成良好的半固体状凝胶，这是琼脂糖许多功能和用途的基础。琼脂糖凝胶由于不能被微生物利用，所以可以作为微生物固体培养的支持物。分子生物学试验中常用的琼脂糖凝胶电泳则可用来分离、鉴定核酸。此外，琼脂糖还可用于食品中，果冻、软糖等食物中都含有琼脂糖。

（常永生）

diànfěn

淀粉（starch） 大量葡萄糖分子通过糖苷键的连接而形成的高分子碳水化合物。淀粉是一种储存性多糖，分子式为（$C_6H_{10}O_5$）$_n$，主要存在于植物体内，不溶于水，由直链淀粉和支链淀粉两种成分构成，其中直链淀粉占淀粉重量的 20%~25%，支链淀粉占淀粉重量的 75%~80%。

结构 直链淀粉含有 250~300 个葡萄糖分子，它们通过 α-1,4 糖苷键相连成线状。支链淀粉中的葡萄糖分子间除了以 α-1,4 糖苷键相连外，还以 α-1,6 糖苷键相连形成短链分支。大部分直链淀粉中没有支链，但极少数直链淀粉中可有少数几个分支。尽管按照绝对质量计算，植物的淀粉颗粒中只有 1/4 是直链淀粉，但是直链淀粉的分子数却是支链淀粉分子数的 150 多倍，由此可见直链淀粉分子比支链淀粉分子小得多。

性质 ①遇碘变蓝：淀粉遇碘会变成蓝色，其呈现出的蓝色的强度取决于淀粉中直链淀粉的含量。这是由于当淀粉中的直链淀粉悬浮于水中时，其分子内部卷曲成的螺旋状的空隙被碘分子所占据，因此呈现出蓝色，而支链淀粉遇碘则呈紫红色。②淀粉糊化：淀粉在常温时不易溶于水，但在加热的情况下，淀粉的物理性质会发生改变，使得淀粉更易溶于水。当加热时，淀粉颗粒发生膨胀和破裂，半结晶结构消失，分子相对较小的直链淀粉开始渗出淀粉颗粒，使溶液的黏度增加，最终分裂形成均匀的糊状溶液，这一过程称为淀粉的糊化。

来源 ①生物合成：淀粉主要在绿色植物中产生。首先在葡萄糖 -1- 磷酸腺苷酰转移酶的催化下，将葡萄糖 -1- 磷酸转变成 ADP- 葡萄糖，此反应过程需要消耗 ATP。随后淀粉合成酶通过 α-1,4 糖苷键将 ADP- 葡萄糖连接到葡萄糖残基上，形成直链淀粉，同时释放 ADP。而支链淀粉则由淀粉分支酶介导，加入 α-1,6 糖苷键而形成。淀粉脱支酶可以除去某些分支。淀粉是大多数绿色植物的能量储备，在进行光合作用时，植物利用光能将 CO_2 转变为葡萄糖，葡萄糖在植物中主要以淀粉颗粒的形式储存。葡萄糖可溶于水，溶于水后会占据更大的空间，而以淀粉颗粒形式储存的葡萄糖则不溶于水，也因此可以更加紧密地储存。②其他：淀粉除了能在绿色植物中合成，还能在多种酶的共同催化下从非食品淀粉中合成。

功能 淀粉是人类饮食中最常见的碳水化合物，人类摄入淀粉后，唾液和胰液中的 α 淀粉酶可以作用于淀粉中的 α-1,4 糖苷键，将直链淀粉水解成麦芽糖，之后麦芽糖再分解成为葡萄糖。而支链淀粉中的 α-1,6 糖苷键和靠近分支处的 α-1,4 糖苷键则在 α 淀粉酶和 1,6- 葡萄糖苷酶的共同作用下发生水解，成为麦芽糖，最终生成葡萄糖。葡萄糖经糖酵解途径生成丙酮酸，在有氧条件下进入线粒体进行有氧氧化，生成 H_2O 和 CO_2 并释放能量供人体利用。

（常永生）

tángyuán

糖原（glycogen） 由多个葡萄糖缩合而成的，以颗粒形式储存于动物细胞及真菌中的多糖。糖原是动物及真菌的能量储存物质和糖类的主要储存形式，又被称为肝糖或者动物淀粉，在少数细菌及个别植物中也能找到，如大肠埃希菌和甜玉米中都含有。在人体内，糖原作为长期存储的次级能量（主要存储的能量是积累在脂肪组织的油脂），由肝脏以及骨骼肌产生与存储，且骨骼肌中糖原的储量比肝脏中多。

分子结构和性质 化学结构上，糖原与支链淀粉十分相似，由多糖链组成，糖链呈分支或者非分支状，含有 α-1,4- 糖苷键和 α-1,6- 糖苷键，但是糖原的分支程度更高，分支链更短，每隔 8~12 个葡萄糖残基就有一个分支点（支链淀粉一般每隔 24~30 个葡萄糖才有一个分支点）。在电镜下观察，可以看到糖原分子呈球形，其直径大约 21nm，分子量是 1000~10000kD。糖原遇碘液显红色，在酶的作用下可以分解为葡萄糖。

作用 糖原是动物与人体内用于储存能量、容易动员的多糖，但其含量不高。因为其主要存在于动物的肝脏与肌肉中，故可分为肝糖原与肌糖原；当机体细胞中葡萄糖供应不足时，机体中储存的糖原可以迅速分解为葡萄糖，从而提供 ATP 供机体利用；当机体细胞中葡萄糖供应充足时，细胞就合成糖原将能量进行储存，所以糖原是生物体能量的储存库，是葡萄糖的一种高效能储存形式。

生理意义 人体内糖原的总储存量是一定的，运动后体内糖原的含量会明显降低，如果不从外界补充摄入能量，体内储存的糖原将会在 18 小时内耗尽。若体内糖原存量不足，会引发低血糖，造成疲劳，无法持续运动。因此，糖原的存在保证了机体活动时对大脑和肌肉的能量供应以及维持血糖不低于正常水平，保证中枢神经系统等的正常功能，防止出现休克或者死亡现象。

（常永生）

xiānwéi sù

纤维素（cellulose） 多个葡萄糖分子通过 β-1,4 糖苷键连接而形成的直链状聚合物。纤维素是多糖的一种，其分子式可用 $(C_6H_{10}O_5)_n$ 表示。纤维素是自然界中分布最广、含量最丰富的一种有机化合物，其含碳量占植物界所含碳量的 50% 以上。纤维素最主要的来源是棉花，棉花中纤维素的含量超过 90%，干麻中纤维素含量接近 57%，而木材中纤维素含量为 40%~50%。

结构 与淀粉、糖原以及其他碳水化合物不同，纤维素中连接葡萄糖分子的是 β-1,4 糖苷键。且纤维素不同于淀粉，它是直链的高聚物，没有卷曲和分支。纤维素的结晶性也比淀粉更大，当淀粉在水中加热到 60~70℃时，结晶开始转变为非结晶，而要使纤维素从结晶转变为非结晶则需要 320℃的高温和 25MPa 的压力。天然的纤维素主要是纤维素Ⅰ，具有Ⅰα 和Ⅰβ 结构。细菌和藻类产生的纤维素主要是Ⅰα 结构，高等植物所产生的纤维素则主要是Ⅰβ 结构。再生纤维素纤维中的纤维素是纤维素Ⅱ，纤维素Ⅰ可以转变成纤维素Ⅱ，但此反应过程是不可逆的，由此可以看出，纤维素Ⅱ比纤维素Ⅰ更稳定。

生物合成 纤维素的合成包括起始和延伸两个完全分开的过程。CesA 葡萄糖基转移酶在类固醇和 UDP- 葡萄糖等的参与下，启动纤维素的聚合。延伸过程则是在纤维素合酶的作用下，利用 UDP-D- 葡萄糖前体来延长纤维素链。

性质 常温条件下，纤维素不溶于水和大多数有机溶剂。纤维素的许多性质是由它的链长度或聚合度，即组成一个聚合物分子的葡萄糖分子的数量决定的。纤维素在一定条件下能够发生水解反应，分解成为小分子的多糖，进而完全分解为葡萄糖。由于纤维素分子彼此之间结合紧密，因此水解反应相对困难。但在适当的溶剂，如离子性液体中发生反应时，纤维素的水解反应则会明显的增强。

功能 纤维素是植物细胞壁的重要组成部分，人体进食蔬菜等绿色植物时，会摄入大量纤维素，由于人体内没有能够水解 β-1,4 糖苷键的酶，因此无法对纤维素进行分解和利用。但是纤维素被摄入人体后，能够促进肠道蠕动，而且纤维素是粪便的一种亲水膨胀剂，能够吸附大量的水分，从而增加粪便量，有利于粪便排出，进而可以减少毒素和致癌物质等在肠道内的停留时间，减少对肠道的有害刺激。虽然人体不能消化利用纤维素，但某些动物，如蜗牛、白蚁等，能够分泌纤维素酶，作用于 β-1,4 糖苷键，将纤维素水解并加以利用。此外，牛、羊等具有反刍功能的动物，虽然不能分泌消化纤维素的纤维素酶，但是它们的肠道中有能够水解纤维素的细菌，在这些细菌的作用下，纤维素被水解为葡萄糖，进而能够被动物体利用。

（常永生）

júfěn

菊粉（Inulin）

大量存在于菊科植物中的果聚糖。在很多植物中代替淀粉成为储存多糖，工业中通常从菊苣中提取，所以命名为菊粉。菊粉是植物作为一种储存能量的形式，通常发现在根或根状茎中。例如，在菊芋的块茎、天竺牡丹（大理菊）的块根、蓟的根中都含有丰富的菊粉。

结构 菊粉主要是以果糖为单位的聚合物，末端通常含有一个葡萄糖。菊粉中果糖主要以 β（1→2）糖苷键聚合在一起。一般来说，菊粉含有 20 至几千果糖单位。较小的化合物被称为低聚果糖，最简单的菊粉是 1- 科斯糖，它由 2 个果糖单位和 1 个葡萄糖组成。

功能 ①菊粉不仅作为能源储备，也参与植物的耐寒和耐旱。因为菊粉溶于水，彻底与液体混合时，菊粉会形成凝胶或白色奶油样，使其具有一定的渗透活跃。可以使植物通过改变菊粉分子的聚合度从而改变细胞的渗透压。通过渗透压的改变，可以使植物承受干旱寒冷的天气。②菊粉仅 25%~35% 的食物能量能被人体利用，此外正常的消化不会使菊粉分解成单糖，不会使血糖水平升高，许多天然菊粉或低聚寡糖量较高的食物，如芹菜、大蒜、韭菜，被视为“健康的兴奋剂”，因此，在糖尿病患者的管理中可以用菊粉来代替糖、脂肪和面粉。③菊粉还能增加钙、镁的吸收，同时还能促进有益的肠道细菌的生长。④菊粉还有一定的医用价值，菊粉及其类似物左旋糖可以用来监测肾功能，测定肾小球滤过率（GFR）。⑤菊粉能选择性提高有益细菌的生长和活动或抑制某些致病菌的增长或活动，从而促进结肠健康。⑥菊粉还能降低血清胆固醇和甘油三酯的水平，因此能较好地保护血脂和心血管系统。⑦菊粉也用于补液，当机体大量失水时补充矿物质，如腹泻和发汗时。⑧菊粉也可以作为疫苗佐剂。

（常永生）

qiào duōtáng

壳多糖（chitin）

分子式为（$C_8H_{13}O_5N$）$_n$ 的长链聚合物的 N- 乙酰葡糖胺。N- 乙酰葡糖胺是葡萄糖的一种衍生物，壳多糖普遍存在于生物界中。壳多糖参与组成真菌的细胞壁，节肢动物的外骨骼如甲壳类动物（如螃蟹、虾和昆虫）、软体动物的齿舌、头足类动物（如鱿鱼和章鱼）的喙，鱼和滑体两栖类的鳞片和其他软组织。甲壳素的结构与纤维素、多糖相似。在功能上，壳多糖与角蛋白相似。单纯的甲壳素聚合物具有半透明、柔软、弹性和较强的硬度等特性。在大多数节肢动物中壳多糖多以修饰的复合材料形式存在，比如许多昆虫的外骨骼骨质，壳多糖多与蛋白质形成复合物。当它结合碳酸钙形成比较坚硬的复合物，多见于甲壳类和软体动物的壳，这种复合材料比纯壳多糖强硬，与纯碳酸钙相比脆性减弱。

结构 N- 乙酰葡糖胺通过 β（1→4）糖苷键聚合在一起形成的长链复合物。

功能 ①农业上壳多糖是提高植物防御机制的诱导物。它也可用作肥料，可以从整体上提高作物的产量。②工业上壳多糖可用于食品加工，作为食品添加剂的一种，增强食品的抗腐蚀性。壳多糖还可以充当工业中的离子交换介质。纸质中添加壳多糖能增加纸张的硬度。研究表明壳多糖可以用于生物可降解塑料的制备和充当三维生物打印的支架。③壳多糖已经运用于外科手术。壳多糖也已经证明具有加速伤口愈合的功能，但长期接触壳多糖粉末能导致哮喘。研究表明，壳多糖可能导致人类过敏性疾病。小鼠经壳多糖处理后导致小鼠产生白介素 -4 的免疫细胞增多，壳多糖酶处理后能改善该免疫反应。④生物研究中，壳多糖能用于亲和纯化重组蛋白。

（常永生）

yòuxuántánggān

右旋糖酐（dextran）

由许多葡萄糖分子缩合形成的含有长短不同的支链、结构复杂的多糖。又称葡聚糖。是酵母或细菌等微生物的储存多糖。右旋糖酐是由路易·巴斯德在酿酒酵母产物中首次发现。

结构 直链是通过 α（1→6）糖苷键连接，而分支是通过 α（1→3）糖苷键连接，组成葡聚糖链的长度从 3 到 2000 不等。右旋糖酐是蔗糖经过特定的乳酸菌合成的。

功能 右旋糖酐具有一定的医疗用途，可减少血管血栓形成。右旋糖酐介导的抗血栓形成的机制是通过其与红细胞、血小板和血管内皮结合，增加他们的电负性，从而降低红细胞聚集和血小板黏合度。右旋糖酐减少血友病因子 VIII-Ag，从而降低血小板功能。右旋糖酐能通过抑制 α-2 抗纤维蛋白溶酶，且可作为纤溶酶原激活物，所以右旋糖酐具有溶栓功能。右旋糖酐在某些静脉输液过程中可以溶解某些物质，如铁（以右旋糖酐铁的形式）。静脉注射右旋糖酐可被人体细胞分解为葡萄糖和水，所以紧急情况下可作为血液替代物来治疗失血过多，但仅限血源不足时，因为右旋糖酐不能提供必要的电解质，可引起低钠血症或其他电解质紊乱。

（常永生）

fùhé táng

复合糖（complex carbohydrates）

糖类的还原端与蛋白质或脂质共价结合形成的碳水化合物。复合糖形成的过程称为糖基化。

复合糖是一类生物大分子，具有非常重要的生物学功能，参与和细胞之间信息识别并参与信息交换。复合糖中的糖具有不可替代的作用；突出的例子就是神经细胞黏着分子和血液蛋白质，在这些物质中糖类能决定它们最终与何种蛋白结合，以及该类物质的半衰期。虽然体内还有一些重要化合物也含有碳水化合物的部分，如 DNA，RNA，ATP，cAMP，cGMP，NADH，NADPH，辅酶 A，但它们均不属于复合糖。体内的糖复合物主要包括糖蛋白、蛋白聚糖和糖脂。糖脂是糖和脂质结合所形成的物质的总称。糖脂还可以分为糖基酰甘油和糖鞘脂两大类。糖鞘脂又分为中性糖鞘脂和酸性糖鞘脂。

（常永生）

táng dànbái

糖蛋白（proteoglycan）

分支的寡糖链与多肽链共价相连所构成的复合糖。通常糖的含量小于蛋白质。分布细胞膜、溶酶体、细胞外液。

聚糖中单糖的种类包括葡萄糖、半乳糖、甘露糖、N- 乙酰半乳糖胺、岩藻糖、N- 乙酰葡萄糖胺、N- 乙酰神经氨酸。糖蛋白聚糖分为 *N*- 连接、*O*- 连接型和蛋白质 β-N- 乙酰氨基葡萄糖基化。蛋白聚糖 *N*- 连接和 *O*- 连接型较为常见；蛋白质 β-N- 乙酰氨基葡萄糖基化是可逆的单糖基修饰，较为罕见。

结构 ① *N*- 连接聚糖：可分为高甘露糖型、复合型、杂合型 3 型。这三类 *N*- 连接聚糖均有一个 5 糖核心。*N*- 连接聚糖是将糖蛋白的糖链与蛋白质部分的谷氨酰胺 -X- 丝氨酸序列的天冬酰胺氮以共价键连接，称 *N*- 连接糖蛋白。*N*- 连接糖蛋白中谷氨酰胺 -X- 丝 / 苏氨酸三个氨基酸残基的序列子称为糖基化位点。*N*- 连接寡糖是在内质网上以长萜醇作为糖链载体，先合成含 14 糖基的寡糖链，再转移至肽链的糖基化位点上，进一步在内质网和高尔基体进行加工而成。每一步加工都由特异的糖基转移酶或糖苷酶催化完成，糖基必须活化为 UDP 或 UDP 的衍生物。② *O*- 连接糖蛋白：糖蛋白糖链与蛋白质部分的丝 / 苏氨酸残基的羟基相连的糖蛋白，*O*- 连接寡糖有 N- 乙酰半乳糖与半乳糖构成核心二糖，核心二糖可重复延长及分支，再接上岩藻糖、N- 乙酰葡萄糖胺等单糖。*O*- 连接寡糖在 N- 乙酰半乳糖基转移酶的作用下，在多肽链的丝 / 苏氨酸的羟基上连接 N- 乙酰半乳基，然后逐个加上糖基直至 *O*- 连接寡糖链的形成。③ β-N- 乙酰氨基葡萄糖：主要发生于膜蛋白质和分泌蛋白质。β-N- 乙酰氨基葡萄糖糖基化修饰是通过 β-N- 乙酰氨基葡萄糖糖基转移酶作用，将 β-N- 乙酰氨基葡萄糖以共价键方式结合于蛋白质的丝 / 苏氨酸残基上。

聚糖的功能 ①聚糖可影响糖蛋白生物活性：保护糖蛋白不受蛋白酶的水解，延长其半衰期；蛋白质的聚糖也可起屏障作用，影响糖蛋白的作用；聚糖还可以避免蛋白质中抗原决定簇被免疫系统识别而产生抗体。②糖蛋白聚糖加工可参与新生肽链折叠并维持蛋白质正确的空间构象；糖蛋白的糖基化与肽链的折叠及分拣密切相关。③糖蛋白聚糖可参与维系亚基聚合，具有功能的糖蛋白的二聚体，往往依靠糖 - 蛋白或糖 - 糖相互作用维系亚基的聚合和构象。④聚糖对蛋白质在细胞内的分拣、投送和分泌中起作用，有些蛋白质的投送信号存在于肽链内，但有些是与其糖链有关。⑤聚糖中单糖分子连接的多样性是聚糖起到分子识别作用的基础。受体与配体识别和结合也需聚糖的参与。细胞表面糖复合物的聚糖还能介导细胞 - 细胞的结合。

（常永生）

dànbái jùtáng

蛋白聚糖（proteoglycan, PG）

由一条或多条糖胺聚糖以共价键与核心蛋白质结合所形成的化合物。它是一类特殊的糖蛋白，与一般的糖蛋白相比，糖占的比重较大，约一半以上，最多可达 95% 以上或更高。具有多糖的性质，主要分布于软骨组织、角膜基质、结缔组织、关节滑液等组织。

组成 蛋白聚糖主要由糖胺聚糖和核心蛋白质构成。核心蛋白质是与糖胺聚糖共价键结合的一条多肽链。一个核心蛋白质上可结合 1 个到 100 个以上的糖胺聚糖，其种类颇多。在其上含有多种结构域，其中包括与糖胺聚糖结合的结构域，也包括一些使蛋白聚糖铆钉在细胞表面或细胞外基质的大分子中的一些特殊结构域。

分类 蛋白聚糖种类繁多，主要是因为组成它的核心蛋白质和糖胺聚糖的结构和种类众多。其分类方法也是有很多种，若按它在组织中的分布不同，可以将其分为细胞外蛋白聚糖、细胞表面蛋白聚糖和细胞内蛋白聚糖。常见的细胞外聚糖如主要存在于软骨组织中的可聚蛋白聚糖；细胞表面聚糖如黏结蛋白聚糖，这类聚糖一般包括胞外结构域、跨膜结构域、胞内结构域；细胞内蛋白聚糖如丝甘蛋白聚糖。也可以依据其组织来源进行分类。正是由于蛋白聚糖的种类多样，分类方法多样，所以仍没有一种有效的命名和分类方法。

功能 蛋白聚糖的分子结构决定了蛋白聚糖的功能，它是动物细胞间基质的重要组成成分，在细胞组织间可作为一种填充物起填充作用。例如，蛋白聚糖与蛋白聚糖、透明质酸和一些胶原，可以以特殊的方式形成一些大分子化合物而富于基质以特殊的结构；细胞间基质中的透明质酸通过与细胞表面的透明质酸受体结合，从而影响细胞的增生、分化、黏附和迁移；蛋白聚糖由于其多阴离子特性，使其可以与一些正价离子和水分子结合；此外，糖基上的羟基也具有吸水性，所以赋予蛋白聚糖强吸水和保水性，可以形成凝胶阻止细菌通过，对机体起保护作用，而且蛋白聚糖的高度吸水性，使其周围结合大量的水分子，再加上蛋白聚糖处于伸展状态，导致所占体积变大，可以起到缓冲作用，使组织具有抗压性，从而减少冲撞造成的损伤；蛋白聚糖还可以通过非共价键与透明质酸长链作用形成蛋白聚糖复合物，它也是细胞外基质的重要组成成分等。

（常永生）

táng'ànjùtáng

糖胺聚糖（glycosaminoglycan）

含已糖醛酸和已糖胺的二糖单位重复连接而成的无分支的长链多糖。又称黏多糖。

结构 糖胺聚糖的结构由氨基糖（N- 乙酰葡糖胺或 N- 乙酰半乳糖胺）与醛糖（葡萄糖醛酸和糖醛酸）或半乳糖构成。在体内，糖胺聚糖都含有硫酸，但透明质酸是例外。糖胺聚糖极性高，具有亲水性，尤其是透明质酸有很大的黏滞性，可对身体产生润滑和保护作用。

分类 根据糖胺聚糖所含糖苷键类型以及硫酸基的数目和位置不同，可分为以下几类：硫酸软骨素、硫酸皮肤素、硫酸角质素、肝素、硫酸乙酰肝素和透明质酸。

功能 糖胺聚糖除了润滑和保护作用，还具有保持疏松结缔组织中的水分、调节阳离子在组织中的分布、促进伤口愈合等作用。不同种类的糖胺聚糖又有各自的功能，肝素作为一种抗凝剂，在血栓栓塞性疾病中起到重要作用；硫酸角质素对机体组织的水合作用起到维护的功能，在正常角膜中，硫酸皮肤素能够完全与水结合发生反应，而硫酸角质素仅有一部分能够发生水合反应，说明硫酸角质素的水合反应处于一个动态缓冲过程。

（常永生）

tòumíngzhìsuān

透明质酸（hyaluronic acid）带负电的由两个双糖单位 D- 葡萄糖醛酸及 N- 乙酰葡糖胺组成的糖胺聚糖。又称玻尿酸、糖醛酸。它与糖胺聚糖的不同之处在于不含硫，分布在体内结缔组织、上皮组织和神经组织中。它的分子量很大，体内透明质酸的分子量可以达到几千万道尔顿。同时，透明质酸是细胞外基质的主要组成成分，对细胞增殖和迁移有显著促进作用，然而在恶性肿瘤发展过程中也有透明质酸的参与。

在机体内，透明质酸是一种多功能基质，在不同组织中发挥不同的功能。存在于关节软骨中的透明质酸，在透明质酸和蛋白聚糖连接蛋白 1（HAPLN1）作用下与聚集蛋白聚糖单体结合，构成分子量巨大、高度带负电荷的聚集体形式，聚集体有强烈的亲水性且有弹性，因此能够起到保护及润滑关节的作用，减少组织间的摩擦。皮肤中也存在大量透明质酸，参与皮肤组织的修复，对人体表皮的新陈代谢起到重要的作用，当皮肤受到过量紫外线照射后，晒伤、发炎的皮肤就会停止产生透明质酸。透明质酸具有特殊的保水作用，能帮助肌肤汲取大量的水分，因此肌肤才能够水润、光滑。

由于透明质酸被公认为世界上保湿性最好的物质，称为理想的天然保湿因子，2% 的纯透明质酸水溶液能牢固地保持 98% 水分，它相容性好，可以添加到任何一种美容化妆品中，能广泛用于面霜、保湿乳液、洗面奶、精华露、摩丝、唇膏等化妆品中，能提高产品保湿性能。透明质酸在结缔组织中发挥调节蛋白质、协助水电解质的扩散及运转、维持细胞外空间、调节渗透压等作用，可用于黏弹性保护剂辅助眼科手术，在骨关节手术中作为填充剂，滴眼液中充当媒介，可以用于预防术后粘连和促进皮肤伤口的愈合。

（常永生）

gānsù

肝素（heparin） 由葡萄糖胺、L- 艾杜糖醛苷、N- 乙酰葡萄糖胺和 D- 葡萄糖醛酸交替组成的黏多糖硫酸脂（图 1）。其相对分子量为 6~20kD。

肝素主要是由肥大细胞和嗜碱性粒细胞产生，在体内外都有抗凝血作用。临床上可以用于治疗血栓栓塞性疾病、心肌梗死等。随着药理学及临床医学的进展，肝素的应用不断扩大。

低分子肝素是 20 世纪 80 年代开发出来的抗凝新药，它是由普通肝素解聚而得。相比于普通肝素，低分子肝素在低水平抗凝作用时能产生良好而持久的抗血栓作用， 副作用较小。目前肝素的生产分为物理分离法、化学裂解法。物理分离法主要包括：有机溶剂沉淀法（如乙醇分级沉淀法）、凝胶过滤法、亲和层析法、离子交换层析法和超滤法，其中以亲和层析法最为重要。裂解法又分为化学裂解法和酶裂解法，化学裂解法主要有亚硝酸控制解聚降解法、自由基催化降解法、苯甲基化并碱降解法等，酶裂解法为肝素酶降解法。

肝素因为具有带强负电荷的理化特性，所以能干扰血凝过程的许多环节，在体内外都有抗凝血作用。肝素抗凝血的原理主要是由于肝素可抑制凝血酶原激酶的形成。抗凝血酶Ⅲ是一种丝氨酸蛋白酶抑制剂，能灭活有丝氨酸蛋白酶活性的凝血因子。肝素与抗凝血酶Ⅲ的 δ 氨基赖氨酸残基结合成复合物，可以加速灭活其对凝血因子的灭活作用，从而抑制凝血酶原激酶的形成；并能对抗已形成的凝血酶原激酶的作用。小剂量肝素与抗凝血酶Ⅲ结合后使抗凝血酶Ⅲ的反应部位（精氨酸残基）更易与凝血酶的活性中心（丝氨酸残基）结合成稳定的凝血酶 - 抗凝血酶复合物，从而灭活凝血酶，抑制纤维蛋白原转变为纤维蛋白。干扰凝血酶对凝血因子 XⅢ的激活，影响交联纤维蛋白的形成，阻止凝血酶

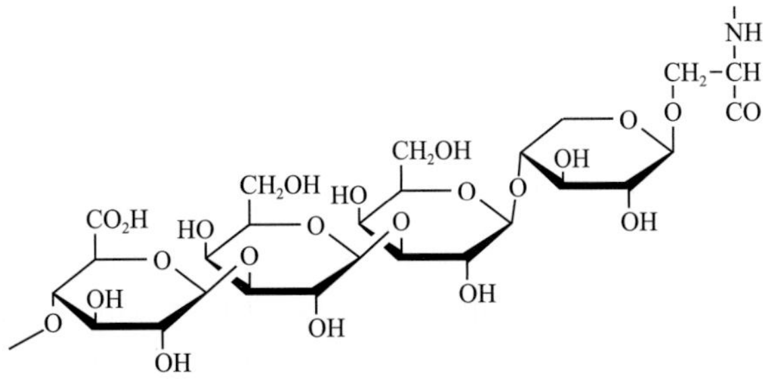

图 1 肝素的化学结构

对凝血因子Ⅷ和Ⅴ的正常激活。防止血小板的聚集和破坏，抑制血小板的黏附和聚集。

肝素口服不吸收，而皮下、肌内或静脉注射均吸收良好，吸收后分布于血细胞和血浆中，部分可弥散到血管外组织间隙。由于分子较大，肝素不能通过胸膜和腹膜。血浆内肝素浓度不受透析的影响。肝素起效时间与给药方式有关。直接静脉注射可立即发挥最大抗凝效应，以后作用逐渐下降，3~4 小时后凝血时间恢复正常。

（常永生）

sīgān dànbái jùtáng

丝甘蛋白聚糖（serglycin）

核心蛋白质富含丝氨酸－甘氨酸（Ser–Gly）重复序列的跨膜胞内蛋白聚糖。存在于肥大细胞和许多造血细胞的贮存颗粒中。

结构 核心蛋白质具有丝氨酸和甘氨酸交替的伸展序列，连接的糖胺聚糖为硫酸软骨素和/或硫酸乙酰肝素链。不同来源的丝甘蛋白聚糖，相对分子质量变动较大，所含糖胺聚糖链数目不等，M_r 为 7 万 ~20 万；但核心蛋白质的 M_r 均为 1.7 万 ~1.9 万，基本相似，差别在于 GAG 链的数目和长度。核心蛋白质有 179 个氨基酸残基，N- 端 26 个为信号肽，153 个为氨基酸残基，其核心蛋白质富含 Ser–Gly 重复序列，糖胺聚糖链集中连接在此区间，糖链是肝素或过硫酸化的 CS。所谓过硫酸化是指 4,6- 二硫酸化的 GalNAc 残基较多，超过平均每个二糖单位一个硫酸基的比例。

性质和作用 由于丝甘蛋白聚糖分子具有多而密集的负电基团，在细胞贮存颗粒中，主要起到阴离子交换介质的作用，参与带正电蛋白酶、羧肽酶以及组胺等活性分子的浓缩贮存和缓慢释放。

（常永生）

shìjiāo dànbái jùtáng

饰胶蛋白聚糖（decorin）

存在于细胞外基质中的富含亮氨酸重复序列，分子量为 90~140kD 的小分子蛋白聚糖。饰胶蛋白聚糖由糖胺聚糖链和核心蛋白质连接而成，其核心蛋白质的分子量为 40kD，由多个富含亮氨酸重复序列的模体构成。饰胶蛋白聚糖能够与胶原纤维相互作用，修饰胶原原纤维并调节细胞外基质的组装。

分布 饰胶蛋白聚糖基因定位于人类基因组的 12 号染色体 12q21–q22 上。饰胶蛋白聚糖主要存在于细胞外基质中，在结缔组织中分布较多，并且在肾小球系膜细胞、肝细胞和成纤维细胞中广泛表达。

结构 饰胶蛋白聚糖的核心蛋白质含有 10~12 个富含亮氨酸重复序列的区域，糖胺聚糖链与核心蛋白质的氨基末端共价相连，其成分因组织而异。饰胶蛋白聚糖能在三级结构中形成一个 α 螺旋和一个 β 折叠，其中 α 螺旋凸起而 β 折叠凹陷，形成一个马蹄状结构，凹陷的面能与多种球形或非球形的蛋白相结合，因此为饰胶蛋白聚糖发挥生理作用提供了结构支持。

功能 ①抗纤维化作用：饰胶蛋白聚糖能够影响原纤维的形成，并且能与转化生长因子 β（TGF-β）、纤维蛋白、糖蛋白 G、补体 C1q 以及表皮生长因子受体（EGFR）等发生相互作用。各种纤维化疾病中都伴有大量 TGF-β 的产生，TGF-β 能够刺激胶原的合成，抑制胶原酶等的产生，从而引起细胞外基质的堆积。饰胶蛋白聚糖的核心蛋白质部分能够与 TGF-β 结合形成复合物，使其不能与受体相结合，从而阻断 TGF-β 及其受体所介导的信号通路，进而抑制纤维化和瘢痕的形成。②抗肿瘤作用：饰胶蛋白聚糖能够抑制肿瘤细胞的生长，促进肿瘤细胞的凋亡，并且可以通过参与内皮细胞的自噬过程，抑制肿瘤血管的生成。这一过程是通过与血管内皮生长因子受体高度亲和的相互作用调节的，并能导致抑癌基因 PEG3 表达水平的增加。饰胶蛋白聚糖抑制的其他血管生长因子包括促血管新生蛋白因子、肝细胞生长因子和血小板源性生长因子。饰胶蛋白聚糖还能与 EGFR 相互作用，影响表皮生长因子（EGF）与 EGFR 的结合，从而阻断其所介导的信号通路。此外，饰胶蛋白聚糖的糖胺聚糖链也具有抗肿瘤的作用，它能通过调节细胞表面成分的活性来抑制肿瘤细胞的迁移。

（常永生）

niánjié dànbái jùtáng

黏结蛋白聚糖（syndecan）

属于硫酸软骨素蛋白聚糖的家族基因的蛋白多糖。又称硫酸软骨素蛋白聚糖 1。

结构 黏结蛋白聚糖中硫酸软骨素和硫酸角质素黏多糖与蛋白质核心相连并延长，呈洗瓶刷样。黏结蛋白聚糖其核心蛋白质约 300kD，核心蛋白质上大约连有 100 个硫酸角质素黏多糖，所以其分子质量一般大于 2500kD。

黏结蛋白聚糖氨基末端包含两个球状结构域（G1 和 G2），羧基末端含有一个球状结构域（G3）。其氨基末端、羧基末段被一个硫酸角质素黏多糖高度修饰的延伸区域（CS）所分割，其分子形式大致为（N–G1–G2–CS–G3–C）。黏结蛋白聚糖的三个球状结构域 G1、G2 和 G3 参与分子之间的聚合、透明质酸结合、细胞黏附、软骨细胞的凋亡。

黏结蛋白聚糖家族还包括其他重要成员，如多功能蛋白聚糖，也称细胞表面受体 CD44。

功能 ①黏结蛋白聚糖与二型胶原蛋白结合形成软骨的主要结构部件，特别是关节软骨，能为椎间盘和软骨提供抗压能力。②黏结蛋白聚糖 G1 球状结构域能与透明质酸和蛋白质结合，形成细胞外基质中稳定的三元复合物。G2 球状结构域与蛋白质相连参与产物的加工。G3 球状域主要参与核心蛋白质羧基末端的组成，能增强黏多糖可变性并能促进产物分泌。③黏结蛋白聚糖通过调节其与透明质酸结合的能力，改变软骨细胞与软骨细胞和细胞基质之间的相互作用。

（常永生）

tángzhī (fùhézhǐ)

糖脂（复合脂）[glycolipid（amplex lipid）] 由糖通过糖苷键与脂质连接的一类化合物。其种类繁多，在生物体内分布广泛，但是含量较少。

分类 根据其脂质部分的不同可以将糖脂分为两大类，分别是甘油糖脂和鞘糖脂。

甘油糖脂 由甘油脂与单糖或寡糖以糖苷键连接而组成。也称糖基甘油酯，其主要存在于植物界和微生物界，例如植物的叶绿体中就含有大量的甘油糖脂；分枝杆菌的荚膜中分离出的由海藻糖和分枝脂肪酸形成的双脂，因其能够促进分枝杆菌链接成索状长链，也被称为索状因子。甘油糖脂在动物中也有发现，但分布不普遍，例如存在于哺乳动物精囊和精子中的精脂。

鞘糖脂 是以神经酰胺为母体，其 1- 位羟基被糖基化而形成的糖苷化合物。组成它的鞘氨醇类碱基和酯酰基使其具有疏水性，组成它的糖基又使其具有一定的亲水性。鞘脂类分布较广泛，是动植物细胞膜的重要组成成分，存在于磷脂双分子层的外侧层中；鞘糖脂在神经系统中含量也比较丰富，如神经节苷脂，在神经冲动传递中起作用。

功能 糖脂分子组成的多样性以及种类的多样性，构成了其生物学功能的多样性。①细胞表面的糖脂作为胞外一些活性物质的受体，可以参与细胞与细胞间的识别和信息传递。这主要是其糖链结构和细胞膜上的糖蛋白共同决定的。糖链组成以及结构的复杂性和多样性，为细胞间信息的传递和识别提供基础。②糖脂又可以作为细胞表面标志物，这是因为即使是同一种细胞的鞘糖脂，在细胞发育的不同阶段其组成成分也是不同的，它是某种细胞在不同的发育阶段所特有的，因此糖脂也具有细胞表面标志物的功能。③糖脂也是细胞表面抗原的重要组成成分，其中主要起作用的物质是鞘糖脂。其中最为典型及常见的是血型的分类，A、B、H 和刘易斯（Lewis）血型的细胞表面抗原物质就是糖脂。另外，通过对比某些癌症的细胞和正常细胞，同时发现其细胞表面的糖脂成分发生变化，经分离这些癌细胞表面的抗原活性物质，验证其成分也是糖脂。④糖脂最为主要且重要的作用，是它也是生物膜的组成成分，与磷脂双分子层不同的是，它存在于膜的外侧，这主要是因为糖脂既有疏水性又有亲水性，疏水部嵌入膜的双脂层，极性糖基露在细胞表面，糖基的强亲水性决定了其方向性，这一特性与细胞和细胞间的识别、组织的特异性以及血型是息息相关的。

（常永生）

zhīduōtáng

脂多糖（lipopolysaccharide）由 O- 多糖、核心寡糖和脂质通过共价键连接成的水溶性的糖基化的脂质复合物。它是革兰阴性菌细胞外膜主要组成成分，不仅保证了细胞膜结构的完整性和稳定性，也可以保护细菌免受外界环境一些化学物质的损害。不能正常合成或失去脂多糖的突变体的细菌是不能存活的，表明脂多糖对细菌存活的重要性。脂多糖可以诱发正常动物机体的免疫反应，引发一些毒性效应，所以也称内毒素。

脂多糖是由脂质 A、核心寡糖和 O- 特异链共价键连接形成，三部分各具有生物学活性。

脂质 A 决定细菌内毒性的主要的生物活性物质，构成了脂多糖的骨架，由两分子的 D- 葡糖胺和二糖重复单位构成，其脂肪酸链伸进细菌的外膜中，使整个脂多糖分子铆定在外膜中。当脂质 A 进入哺乳动物体内时，会引起发热、血压升高、弥散性血管内凝血甚至休克等症状。

核心寡糖 又可以分为内核心和外核心，由 9~10 个糖基组成分枝寡糖链（包括一种中性七碳糖和一种酸性八碳糖，这两种糖均不常见），与脂质 A 通过酸性八碳糖相连。核心寡糖结构比较灵活，可变性较大，不仅可以作为特异噬菌体的受体，还可以调节脂质 A 的活性。

O- 特异链 由多个相同的寡糖组成，构成了脂多糖膜外的大部分，它与核心寡糖的外核心通过糖苷键连接，又称 O- 多糖。因其具有抗原特性，又被称为 O- 抗原，血清学方法对革兰阴性菌进行分类就是以O-抗原为基础。O-抗原的种类众多，覆盖在细胞外膜表面，可以对细菌起到一定的保护作用，免受宿主细胞的吞噬和杀伤，然而它并不是脂多糖的必需结构。根据革兰阴性细菌的脂多糖是否包含O-特异链，可以将脂多糖细菌分为S型和R型，其中，含有O-特异链的脂多糖细菌为S型，它在琼脂糖板子上生长所形成的菌落光滑；相反，不含O-特异链的脂多糖细菌，在琼脂糖板子上生长所形成的菌落具有粗糙的形态，此类脂多糖细菌为R型。其中，引起宿主免疫反应的往往是S型菌株。

（常永生）

qiàotángzhī

鞘糖脂（glycosphingolipid）
以鞘氨醇为骨架，鞘氨醇一侧通过糖苷键与寡糖链相连，另一侧通过酰胺键与脂肪酸相连的鞘脂类化合物。由脂肪酸、鞘氨醇和糖链三部分组成，是两性分子。鞘糖脂分为中性鞘糖脂和酸性鞘糖脂两类，中性鞘糖脂又称脑苷脂，酸性鞘糖脂又称神经节苷脂。几乎全身各组织细胞膜外表面都分布神经节苷脂，其是鞘糖脂的重要成员，神经节苷脂的重要特征为具有一个或多个唾液酸残基。

鞘糖脂、鞘磷脂和神经酰胺均属于鞘脂类。鞘磷脂由脂肪酸、磷酸胆碱或磷酸乙醇胺组成，其作用主要为调节生长因子受体和超细胞基质蛋白质活动，对于维持细胞膜结构具有重要作用，主要分布在细胞膜、脂蛋白质以及众多富含脂类的组织结构上；神经酰胺是鞘糖脂和鞘磷脂转化的中间产物，由鞘磷脂的氢代替磷酸胆碱、鞘氨醇2位氨酰基化后形成，神经酰胺是很多信号传导途径中的第二信使。神经酰胺与葡萄糖结合生成的葡萄糖神经酰胺是鞘糖脂的前体，鞘糖脂位于细胞膜脂质双分子层，参与许多重要的细胞生理过程，如细胞的生长、发育、分化、增生、黏附及凋亡等；由于鞘糖脂位于细胞膜上，因此参与了很多细胞信号转导过程，影响着细胞信号转导的多个环节，研究表明，鞘糖脂对表皮生长因子诱导信号系统、血小板衍生生长因子诱导信号系统等信号通路都有影响；鞘糖脂在肿瘤发生、发展、分化、转移等病理过程中也发挥作用，肿瘤细胞的鞘糖脂表达量会升高，并且有较强的特异性，可发挥黏附分子的作用加速肿瘤细胞转移，诱导信号转导，对肿瘤的生长和流动性有控制作用，有些鞘糖脂还具有免疫抑制活性，保护肿瘤组织不受机体免疫系统攻击。

（常永生）

gānyóu tángzhī

甘油糖脂（glyceroglycolipid）
糖类通过其半缩醛羟基以糖苷键与甘油脂连接起来的糖脂化合物。也称糖基甘油酯（glycoglyceride）。它是二酰基甘油分子第三位上的羟基与糖基以糖苷键连接而成。甘油糖脂主要存在于植物界和微生物中。植物的叶绿体和微生物的质膜含有大量的甘油糖脂。哺乳类虽然含有甘油糖脂，但分布不普遍，主要存在于睾丸和精子的质膜以及中枢神经系统的髓磷脂中。最常见的甘油糖脂有单半乳糖基二酰基甘油和二半乳糖基二酰基甘油，如图1和图2所示。

（常永生）

níngjí yuán

凝集原（agglutinogen） 附着在红细胞表面的抗原。在血浆或血清中存在凝集素，是抗同名凝集原的抗体。同名的凝集原和凝集素相遇会发生红细胞凝集，称

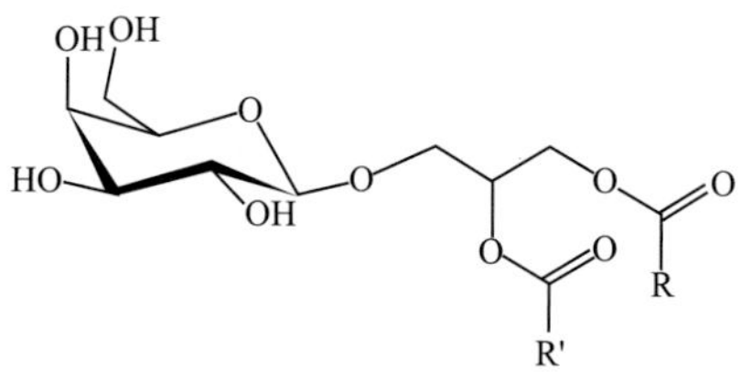

图1 单半乳糖基二酰基甘油

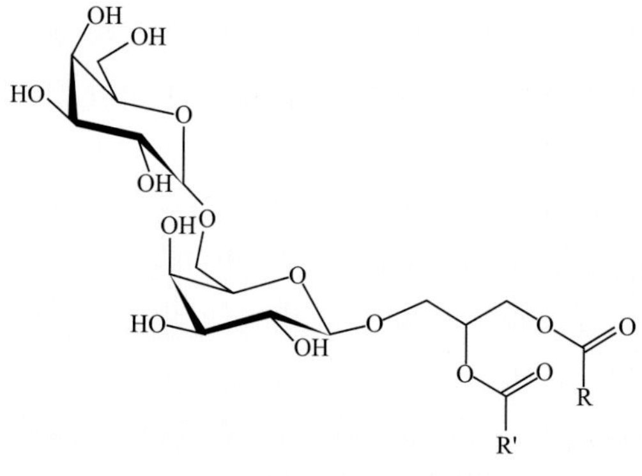

图2 二半乳糖基二酰基甘油

为凝集反应。

分类 根据凝集原的不同，人类的血型系统可分为两种。

ABO 血型系统 人类的红细胞含有 A 凝集原（A 抗原）和 B 凝集原（B 抗原），血清中则含有与凝集原对抗的两种凝集素，分别称为抗 A 凝集素和抗 B 凝集素。具有凝集原 A 的红细胞可被抗 A 凝集素凝集；具有凝集原 B 的红细胞可被抗 B 凝集素凝集。每个人的血清中都不含有与他自身红细胞凝集原相对抗的凝集素。

红细胞上只有凝集原 A 的为 A 型血，其血清中有抗 B 凝集素；红细胞上只有凝集原 B 的为 B 型血，其血清中有抗 A 凝集素；红细胞上有 A、B 两种凝集原的为 AB 型血，其血清中无抗 A 和抗 B 凝集素；红细胞上 A、B 两种凝集原皆无者为 O 型，其血清中有抗 A 和抗 B 两种凝集素。

输血时一般只有 ABO 血型相同者才能互相输血，若血型不合会使输入的红细胞发生凝集和溶血反应，引起血管阻塞和血管内大量溶血，造成严重后果。所以在输血前必须做血型鉴定。如果缺乏同型血源，由于 O 型红细胞无凝集原，不会被凝集，所以可输给任何其他血型的人。AB 型血的人，由于血清中无凝集素，所以可接受任何型的红细胞。

Rh 血型系统 人的红细胞还含有另外一种凝集原——Rh 凝集原，又称 Rh 因子。Rh 血型是除 ABO 血型系统外的一种独立的血型系统。红细胞含有 Rh 凝集原的为 Rh 阳性，红细胞不含 Rh 凝集原的为 Rh 阴性。大多数人的红细胞是含有 Rh 凝集原的，即 Rh 阳性。

与 Rh 凝集原相对抗的 Rh 抗体大多是由于外来 Rh 抗原的刺激下产生的，如反复输血以及妊娠过程。

组成 A、B、O 血型凝集原的本质是糖蛋白。其蛋白部分是决定血型的抗原性物质，是由 11 种氨基酸组成的多肽，其中以苏氨酸含量最多，其他还有丝氨酸、脯氨酸等。多糖部分为黏多糖，包括 L- 岩藻糖和 N- 乙酰 -D- 氨基葡萄糖，此外 A 凝集原特有的是 N- 乙酰 -D- 氨基半乳糖，B 凝集原特有的是 D- 半乳糖，因此多糖是决定血型特异性的部分。

（常永生）

níngjí sù

凝集素（isohemagglutinin） 血清中含有的能与红细胞表面同种抗原起反应的血细胞凝集素。又称同种红细胞凝集素。它是血型抗原即凝集原的抗体，一般为 IgM 类。凝集素是在生命早期由肠道微生物表面上的凝集原 A 样和 B 样表位（抗原决定部位）诱导产生的。由于这些凝集素尚未暴露在相应的凝集原下就已存在，因此称它们为天然抗体。

从红细胞膜中提取的血型抗原称为凝集原。在 ABO 血型系统中，A 型血的红细胞具有凝集原 A，B 型具有凝集原 B，AB 型兼有 A 和 B，O 型既不具有凝集原 A 也不具有凝集原 B。凝集原 A 和 B 以糖脂和糖蛋白等形式存在。其血型决定簇是寡糖，它在鞘糖脂中通过乳糖基与神经酰胺 C1 位上的羟基相连，血型决定簇的结构决定了血型抗原的类型。A 型个体血清中含有凝集素 β（或称抗 B 凝集素，简称抗 B），B 型者含有凝集素 α（抗 A 凝集素，简称抗 A），O 型者 α 和 β 兼有，AB 型既无 α 也无 β。凝集素 α 可与凝集原 A 发生凝集，凝集素 β 可与凝集原 B 发生凝集。输血时血型不合会引起红细胞聚集，因此临床上力求输同型血。

还有一类非抗体的蛋白质或糖蛋白，它能与糖类专一地非共价结合，并具有凝集细胞和沉淀聚糖和复合糖的作用，这类物质被称为凝集素，或译为植物凝集素或外源凝集素，因为这类物质最先是在植物中发现的，现已知广泛存在于动物、植物和微生物中。定义中把这种凝集素与以糖类为抗原的抗体区分开，后者也具有凝集素一般性质，但抗血型抗原的抗体仍习惯称为凝集素。

（常永生）

táng dàixiè

糖代谢（glucose metabolism）

葡萄糖在体内经由多种酶催化的一系列复杂的化学反应。糖的化学本质是一类多羟基的醛或多羟的酮。

糖是人类食物的重要组成成分，参与人体正常的生理活动，糖类在人体细胞中主要通过生物氧化产能，为机体提供能量，是人体一种重要的能源来源。此外，糖代谢产生的一些中间代谢产物同时可以作为合成其他一些重要代谢途径的原料，如脂肪酸、某些氨基酸、核苷等，糖类还是机体碳源的主要供应物。糖类也是一种重要的生物体的结构成分，如糖蛋白和蛋白聚糖，是构成结缔组织、软骨组织等细胞外基质的重要组成成分。另外，糖分子结构的多样性，使其功能具有多样性，使得组成糖蛋白中的糖链可以起信息分子的作用。

糖通过分解代谢产生能量，是机体能量的重要来源，是机体的主要供能物质。人体食物中的糖类主要有葡萄糖、淀粉、动物糖、蔗糖、麦芽糖和乳糖，其中淀粉是糖的主要来源，机体对淀粉的消化少量在口腔，主要在小肠。淀粉在口腔的唾液和小肠胰液中的 α－淀粉酶的作用下生成麦芽糖、麦芽三糖、异麦芽糖和 α－临界糊精。这些寡糖在小肠由 α－葡萄糖苷酶和 α－临界糊精酶的消化生成葡萄糖。糖只有被消化为单糖才能被小肠吸收，然后进入小肠黏膜细胞，再经门静脉进入肝脏，通过体循环进入各个组织的细胞中参与代谢。葡萄糖进入细胞需依赖相应的葡萄糖转运体，通过葡萄糖转运体将葡萄糖转运至细胞。糖代谢包括糖分解代谢、糖原合成分解和糖异生。

体内血糖的浓度，主要是指葡萄糖的浓度，正常情况下维持在 3.89~6.11mmol/L，这是血糖来源和去路的平衡，糖代谢在其中的作用是极其重要的，糖代谢一旦紊乱就会导致疾病的发生，最常见的就是糖尿病。

（常永生）

táng fēnjiě dàixiè

糖分解代谢（glucose catabolism） 在体内，葡萄糖在多种酶的催化作用下，产生一系列的分解作用，并伴随着能量释放的生物过程。糖的分解代谢在很大程度上受供氧情况的限制，主要的分解代谢途径有 4 种：无氧条件下进行的糖酵解；有氧条件下进行的糖有氧氧化、磷酸戊糖途径、糖醛酸途径。

（常永生）

táng xiàojiě

糖酵解（glycolysis） 葡萄糖在缺氧的条件下，在细胞质中经过一系列的酶催化作用，生成两分子的丙酮酸，当氧气供应不足时，在乳酸脱氢酶的催化作用下生成乳酸，并伴随着少量能量产生的过程。糖酵解过程分为两个阶段，第一阶段中一分子的葡萄糖经过一系列的催化反应，消耗两分子 ATP，生成两分子的丙酮酸和 4 分子的 ATP，此过程也被称为糖酵解途径；第二阶段是在缺氧的条件下，丙酮酸生成乳酸的过程。

糖酵解主要生理意义是：首先，在缺氧的条件下迅速地为机体提供能量；其次，糖酵解还是一些组织和细胞在正常条件下主要的供能方式，例如成熟的红细胞，因其没有线粒体，只能依靠糖酵解供能。

（常永生）

2,3–èr línsuān gānyóusuān zhīlù

2,3– 二磷酸甘油酸支路（2,3-biphosphoglycerate shunt） 糖酵解途径中部分 1,3– 二磷酸甘油酸（1,3–BPG）在二磷酸甘油酸变位酶催化下生成 2,3– 二磷酸甘油酸（2,3–BPG），2,3–BPG 在 2,3–BPG 磷酸酶催化下生成 3– 磷酸甘油酸的过程。

存在部位 1925 年发现在猪红细胞中含有较多的 2,3–BPG，后来发现 2,3–BPG 在很多哺乳动物的红细胞中含量也很高。

功能 2,3–BPG 是糖酵解途径的中间产物，是由二磷酸甘油酸变位酶作用于 1,3–BPG 使其变构而生成的血红蛋白的一个重要的别构效应物，能特异地与去氧血红蛋白结合。血红蛋白是由两个 α 亚基和两个 β 亚基构成的四聚体，2,3–BPG 与血红蛋白结合后进入其中心孔隙两个 β 亚基之间，使两个 β 亚基保持分开的状态，致使血红蛋白由紧密结构变为松弛结构，由此导致其与氧结合能力降低，有利于释氧。

红细胞糖酵解过程 2,3–BPG 是哺乳动物红细胞糖酵解途径中重要的中间产物，在哺乳动物红细胞糖酵解途径中 1,3–BPG 有两种代谢方式：部分 1,3–BPG 在磷酸甘油酸激酶的作用下生成 3– 磷酸甘油酸，进而进入经典糖酵解途径，最终生成乳酸；部分在二磷酸甘油酸变位酶的作用下变构生成 2,3–BPG，2,3–BPG 在 2,3–二磷酸甘油酸酶的作用下水解生

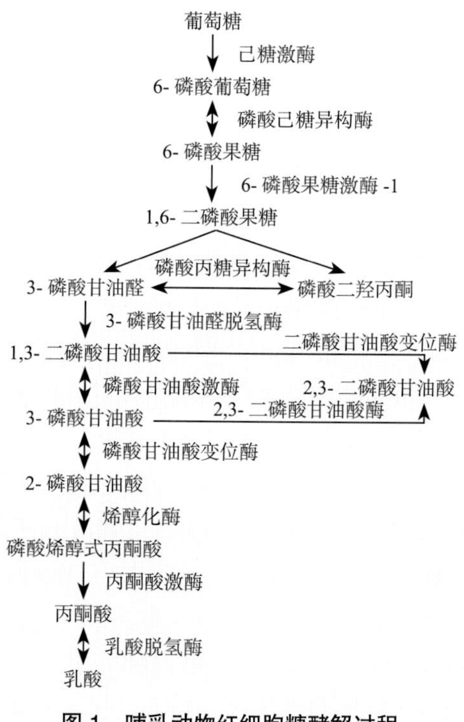

图 1 哺乳动物红细胞糖酵解过程

成 3- 磷酸甘油酸，这个侧支便是 2,3-BPG 支路（图 1）。

临床意义 在诸如贫血、慢性肺病、高原性缺氧、剧烈运动导致耗氧量增加、先天性或后天心脏病等生理或病理条件下，红细胞中 2,3-BPG 的含量会明显增加，以应答组织缺氧，减弱血红蛋白结合氧，促进释氧，减缓或改善机体缺氧症状。

（常永生 梁 娜）

Wǎbógé xiàoyìng

瓦伯格效应（Warburg effect）

肿瘤细胞在氧气充足条件下依然进行糖酵解的现象。瓦伯格效应是肿瘤细胞能量代谢的主要特征，表现为葡萄糖摄取率高，糖酵解活跃，产物乳酸含量高。

细胞的能量主要来自糖代谢，葡萄糖有两种代谢途径：线粒体氧化磷酸化和糖酵解。在正常细胞内，葡萄糖的代谢会维持一个相对稳定的状态，即在氧气充足的条件下，葡萄糖代谢产生的丙酮酸会进入三羧酸循环彻底氧化分解，在缺氧时，丙酮酸生成乳酸；而肿瘤细胞即使在氧气充足的条件下糖酵解也十分旺盛，糖酵解途径是其能量代谢的主要来源，即肿瘤细胞与正常细胞糖代谢的区别在于葡萄糖的利用方式由氧化磷酸化转变为糖酵解，这也是肿瘤细胞的一大特征。正常细胞与肿瘤细胞糖代谢的比较如图 1 所示。

微环境的压力和基因的改变等各种复杂的条件调控着肿瘤细胞的代谢，研究发现肿瘤细胞葡萄糖转运蛋白表达量较正常细胞明显升高；糖酵解相关酶（如细胞色素 C 氧化酶、琥珀酸脱氢酶、延胡索酸水合酶等）会发生酶变，使这些酶表达量升高或催化活性升高，以加快糖酵解过程的速率，由于肿瘤细胞生长迅速，因此需要大量核酸、脂肪酸、蛋白质和 ATP 等物质满足生长的需要，糖酵解的中间产物会满足肿瘤细胞生长、增生的需要。由于肿瘤细胞生长速度比血管生长速度快，加之肿瘤组织新生血管发育不成熟等原因，导致肿瘤细胞处于一个相对缺氧的环境中，因此肿瘤细胞缺氧诱导因子 HIF 表达量升高，HIF 是肿瘤细胞为适应缺氧而表达的一种核转录因子，HIF 可上调一系列基因的表达，如糖酵解能量代谢相关基因、红细胞生成相关基因和血管新生等相关基因，提高肿瘤细胞是适应微环境的能力；低氧环境还会使抑癌基因如 *LKB*1、*PML*、*PTEN*、*TSC*1/*TSC*2 失活，以及癌基因如 *PI*3*K*、*c-myc* 等的活化，抑癌基因的失活及癌基因的活化会驱动肿瘤细胞由氧化磷酸化向糖酵解转变；由于肿瘤细胞糖酵解旺盛，而糖酵解会产生大量乳酸，乳酸的积累会使肿瘤细胞处于一个酸性环境中，单羧酸 /H^+ 共转运体、H^+/Na^+ 逆向转运体等会将 H^+ 向胞外运输，由于肿瘤细胞生长速度比血管生长速度快，加之肿瘤组织新生血管发育不成熟，肿瘤细胞胞外酸性物质不能被及时运出，致使肿瘤细胞处于一个酸性环境中，利于肿瘤细胞生长。

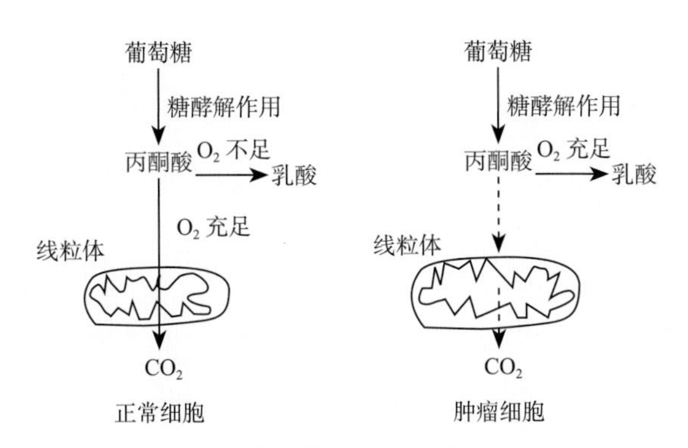

图 1 正常细胞与肿瘤细胞糖代谢

（常永生 梁 娜）

táng yǒuyǎng yǎnghuà

糖有氧氧化（aerobic oxidation of sugar）

在有氧的情况下，葡萄糖经过一系列酶的催化作用彻底地氧化分解生成二氧化碳和水，并释放能量的过程。糖的有氧氧化是糖分解代谢的主要方式，绝大多数的细胞通过它来获得能量。糖的有氧氧化可以分为三个阶段，第一阶段是在细胞质中葡萄糖经过糖酵解途径生成丙酮酸；第二阶段是丙酮酸进入线粒体内经过氧化脱羧生成乙酰辅酶 A；第三阶段是在线粒体中，乙酰辅酶 A 进入三羧酸循环，经过氧化磷酸化最后生成二氧化碳、水并产生大量能量。

过程 三羧酸循环是由一系列的酶促反应构成的循环反应系统，这个循环反应开始于乙酰辅酶 A 和草酰乙酸缩合生成含有三个羧基的柠檬酸，所以也被称为柠檬酸循环。在该反应过程中，1 分子的乙酰辅酶 A 和草酰乙酸缩合生成柠檬酸，经过 4 次脱氢，2 次脱羧，生成 4 分子的还原当量（3 分子的 NADH+H^+ 和 1 分子的 $FADH_2$）、两分子的 CO_2 和 1 分子的 GTP，4 分子的还原当量经过氧化磷酸化生成 ATP 和 H_2O，最后重新生成草酰乙酸。

生理意义 在于它是机体获

取能量的主要方式，1分子的葡萄糖经过糖酵解净生成2分子的ATP，而一分子的葡萄糖经过有氧氧化可净生成38分子的ATP，其中由三羧酸循环产生24分子的ATP。其次，三羧酸循环是三大营养物质糖、脂肪和蛋白质的共同代谢途径，因为乙酰辅酶A不仅是糖的分解代谢的中间物，它也可以由脂肪酸或一些氨基酸分解代谢产生，产生的乙酰辅酶A都可进入三羧酸循环进行降解；三羧酸循环还是三大营养物质相互转变的联系枢纽，如糖和甘油在体内可通过分解代谢生成α－酮戊二酸和草酰乙酸等三羧酸循环的中间产物，这些中间产物可以转变成一些氨基酸；而一些生糖类氨基酸又可以通过其他途径生成α－酮戊二酸和草酰乙酸，进而通过糖异生途径生成葡萄糖，所以说三羧酸循环是三大营养物质相互转变的枢纽。此外它也为其他物质的合成代谢提供了前体物质。

（常永生）

sān suōsuān xúnhuán

三羧酸循环（tricarboxylic acid cycle, TCA）　在有氧条件下，乙酰CoA彻底氧化分解生成CO_2和H_2O，并释放大量能量的酶促反应循环过程。由于该过程首先由乙酰CoA与草酰乙酸发生缩合反应生成含有三个羧基的柠檬酸，再经过4次脱氢、2次脱羧反应后，以草酰乙酸的再生结束，生成的草酰乙酸重新进入下一个循环过程，因此称为三羧酸循环。TCA循环在线粒体基质中进行。

TCA循环共有8步反应构成，总反应方程式为：

$$CH_3CO\text{-}SCoA+3NAD^++FAD+GDP+Pi+2H_2O \rightarrow 2CO_2+CoASH+3NADH+3H^++FADH_2+GTP$$

具体反应过程如下：

第一步，乙酰CoA与草酰乙酸发生缩合反应生成柠檬酸（图1A）。

该反应由柠檬酸合酶催化，该反应不可逆，所需的能量由乙酰CoA的高能硫酯键提供。柠檬酸合酶是TCA循环的第一个限速酶。

第二步，柠檬酸在顺乌头酸酶催化下异构化成异柠檬酸（图1B）。

第三步，异柠檬酸在异柠檬酸脱氢酶催化下氧化脱羧生成α－酮戊二酸（图1C）。

该过程脱下的H^+与NAD^+生成$NADH+H^+$，异柠檬酸脱羧生成CO_2，其余碳骨架转变为α－酮戊二酸。该反应是TCA的第一个氧化脱羧反应，是三羧到二羧的转变，异柠檬酸脱氢酶是TCA循环的第二个限速酶。

第四步，α－酮戊二酸发生氧化脱羧反应生成琥珀酰CoA（图1D）。

催化该反应过程的酶是α－酮戊二酸脱氢酶复合体，该酶与丙酮酸脱氢酶复合体相似，

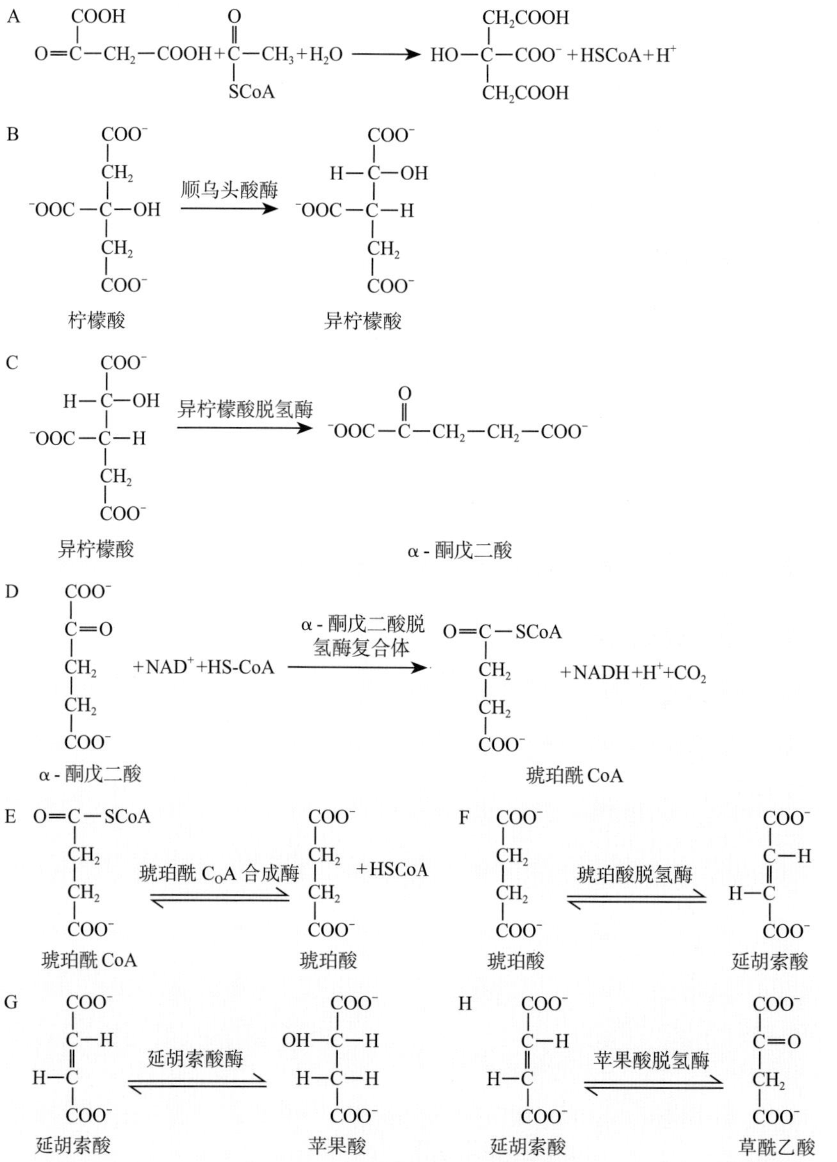

A　$O{=}C(COOH){-}CH_2{-}COOH + CH_3C(O){-}SCoA + H_2O \longrightarrow HO{-}C(CH_2COOH)_2{-}COO^- + HSCoA + H^+$

B　柠檬酸 $\xrightarrow{\text{顺乌头酸酶}}$ 异柠檬酸

C　异柠檬酸 $\xrightarrow{\text{异柠檬酸脱氢酶}}$ α－酮戊二酸（$^-OOC{-}C(O){-}CH_2{-}CH_2{-}COO^-$）

D　α－酮戊二酸 $+NAD^++HS\text{-}CoA \xrightarrow{\alpha\text{-酮戊二酸脱氢酶复合体}}$ 琥珀酰CoA $+NADH+H^++CO_2$

E　琥珀酰CoA $\overset{\text{琥珀酰CoA合成酶}}{\rightleftharpoons}$ 琥珀酸 $+HSCoA$

F　琥珀酸 $\overset{\text{琥珀酸脱氢酶}}{\rightleftharpoons}$ 延胡索酸

G　延胡索酸 $\overset{\text{延胡索酸酶}}{\rightleftharpoons}$ 苹果酸

H　延胡索酸 $\overset{\text{苹果酸脱氢酶}}{\rightleftharpoons}$ 草酰乙酸

图1　三羧酸循环反应过程

α－酮戊二酸氧化脱羧时释放出的能量一部分以高能硫酯键的形式储存在琥珀酰 CoA 内，这是 TCA 循环第二个氧化、脱羧反应。

第五步，琥珀酰 CoA 合成酶催化底物水平磷酸化反应生成琥珀酸（图 1E）。

琥珀酰 CoA 的高能硫酯键水解时可用于合成 GTP，该反应可逆。这是 TCA 循环唯一一次底物水平磷酸化，也是 TCA 循环中唯一直接生成高能磷酸键的反应（图 1E）。

第六步，琥珀酸脱氢生成延胡索酸（图 1F）。

此过程由琥珀酸脱氢酶催化，该酶结合在线粒体内膜上，辅酶是 FAD，并且有铁硫中心，来自琥珀酸的电子经 FAD 和铁硫中心进入电子传递链被 O_2 氧化。

第七步，延胡索酸在延胡索酸酶的催化下加水生成苹果酸（图 1G）。此反应可逆。

第八步，苹果酸脱氢酶催化草酰乙酸再生（图 1H）。

这是 TCA 循环的最后一步，在苹果酸脱氢酶作用下苹果酸脱氢生成草酰乙酸，NAD^+ 是苹果酸脱氢酶的辅酶，接受 H^+ 成为 $NADH+H^+$，反应可逆。

TCA 循环共由 8 步反应构成，乙酰 CoA 与草酰乙酸的缩合使两个 C 原子进入循环，在之后发生的两步脱羧反应使两个 C 原子以 CO_2 形式离开；4 次脱氢反应有 3 次被 NAD^+ 接受成为 $NADH+H^+$，1 次被 FAD 接受成为 $FADH_2$；1 次底物水平磷酸化生成 1 分子 GTP。$NADH+H^+$ 与 $FADH_2$ 经电子传递链生成 ATP，因此 1 分子乙酰 CoA 一轮 TCA 循环彻底氧化分解共生成 10 分子 ATP。

TCA 循环的反应过程可归纳为如图 2 所示。

TCA 循环对于维持生物机体正常生命活动具有重要意义，糖、脂类、蛋白质 3 大营养物质最终的代谢通路均为 TCA 循环，同时，TCA 循环建起了糖、脂肪、氨基酸相互转化、相互联系的桥梁。

（常永生）

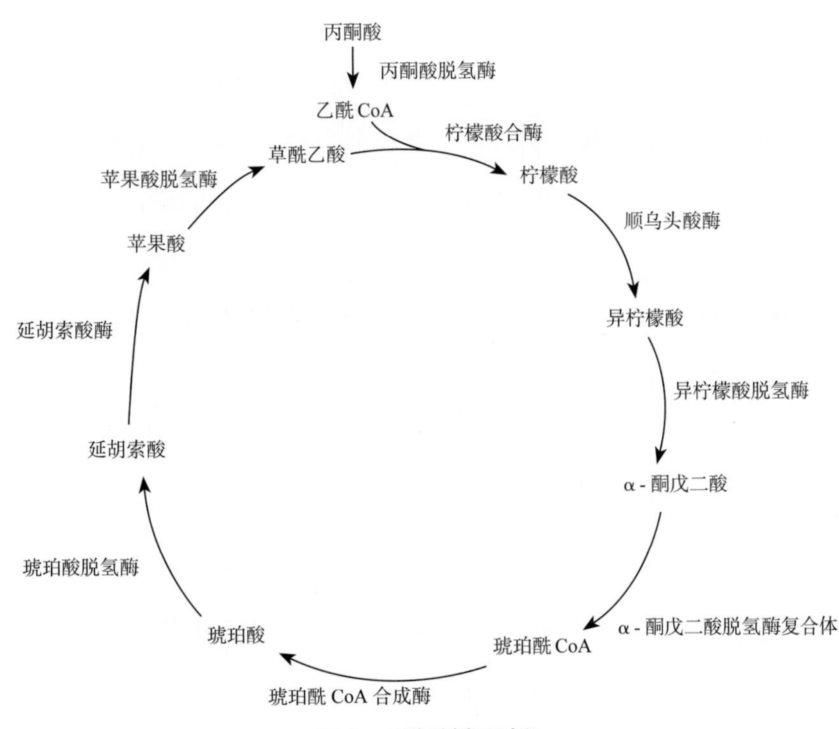

图 2　三羧酸循环过程

Bāsīdé xiàoyìng

巴斯德效应（Pasteur effect）

在无氧条件下，向高速发酵的培养基中通入氧气，本身正在进行生醇发酵的酵母菌发酵过程被抑制，对葡萄糖的消耗减少，代谢方式由厌氧型代谢转变为需氧型，并且抑制发酵产物积累的现象。

发现过程　法国微生物学家、化学家路易斯·巴斯德（Louis Pasteur），在 1861 年研究酵母菌的乙醇发酵时最早发现：在无氧条件下，以葡萄糖为原料进行乙醇发酵时，酵母菌只有少量增殖，却消耗大量的糖。而在有氧条件下，酵母菌细胞可进行有氧呼吸，酵母菌旺盛增殖却几乎不产生乙醇。酵母根据代谢时氧气浓度的不同，可以在厌氧型和需氧型能量代谢之间的转换。酵母作为一种兼性厌氧菌，可以利用两种不同的代谢方式产能。他将酵母菌在厌氧和需氧条件下能量代谢之间的转换过程总结为巴斯德效应。

基本原理　当氧气浓度很低时，葡萄糖主要通过糖酵解的方式被代谢，葡萄糖被代谢为乙醇和二氧化碳，这种代谢方式的产能效率很低；当氧气浓度升高时，代谢方式由糖酵解转变为有氧氧化。高氧浓度时，糖酵解产生的丙酮酸进入线粒体，被线粒体内膜上的丙酮酸脱羧酶系氧化脱羧成为乙酰 CoA，随后进入三羧酸循环被完全氧化为二氧化碳和水，产生乌苷三磷酸（GTP）并将烟酰胺腺嘌呤二核苷酸（NAD^+）还原为 NADH。NADH 可以继续在后续的反应（电子传递链）中产生大量的 ATP，因此有氧氧化过程产生的能量远远多过糖酵解。这种代谢方式的转变是由于在此过程中产生的 ATP 和柠檬酸盐是磷酸果糖激酶的抑制剂，而此酶是糖酵解过程中的限速酶，糖酵解被抑制。磷酸果糖激酶是一个异构酶，受ATP和柠檬酸等其他化合物所抑制，受AMP、ADP所激活。在有氧条件下，糖代谢进入三羧酸循环，产生柠檬酸，并通过氧化磷酸化生成大量的ATP，细胞内大量积累ATP，柠檬酸生成增加，反馈抑制磷酸果糖激酶的活性，这种阻遏作用又由于ATP的存在而加强，从而使整个发酵程度降低，即有氧呼吸抑制发酵的作用。

意义 发酵是一种能帮助很多生物度过恶劣环境的代谢途径，但对于生物生存而言它并不经济。相比足氧的情况，酵母在缺氧的情况下消耗更多的葡萄糖来产生乙醇。由于从有氧氧化所得的能量，远大于等量糖发酵所得的能量，因此为了获得对维持生命活动所需的能量，在有氧情况下与无氧相比，只消耗少量的糖即可。人们根据巴斯德效应的原理，将酵母这一特性用来进行酒精的生产。

（常永生）

línsuān wùtáng tújìn

磷酸戊糖途径（pentose-phosphate pathway） 在细胞基质中，葡糖-6-磷酸经过氧化分解以及基团转移后产生五碳糖、CO_2、无机磷酸和还原型的烟酰胺腺嘌呤二核苷酸磷酸（NADPH）的过程。又称戊糖支路（pentose shunt）、己糖单磷酸途径（hexose monophosphate pathway）、磷酸葡萄糖氧化途径（phosphogluconate oxidative pathway）及戊糖磷酸循环（pentose phosphate cycle）等。

特点 磷酸戊糖途径是糖代谢的第二条重要途径，它是葡萄糖分解的另一条通路。它由一个循环的反应体系构成，发生在细胞基质中。葡糖-6-磷酸在细胞基质中经过氧化分解后产生五碳糖、CO_2、无机磷酸和还原型的烟酰胺腺嘌呤二核苷酸磷酸，其核心反应可概括如下：

葡糖-6-磷酸+2$NADP^+$+H_2O⟶核糖-5-磷酸+2NADPH+H^++CO_2

过程 磷酸戊糖途径大致可划分为两个阶段：氧化阶段和非氧化阶段（图1）。

氧化阶段 此阶段反应起始物葡糖-6-磷酸氧化脱羧形成核酮糖，并使$NADP^+$还原形成NADPH。该阶段包含三步反应。①葡糖-6-磷酸在葡糖-6-磷酸脱氢酶的作用下形成6-磷酸葡萄糖酸-σ-内酯。该反应中分子内1号位上的羧基和5号位上的羟基之间发生酯化反应，该酶的催化活性需要$NADP^+$作为辅酶，且高度特异性的以$NADP^+$作为电子受体。②6-磷酸葡萄酸-σ-内酯在一个专一内酯酶作用下水解，形成6-磷酸葡萄糖酸。③6-磷酸葡萄糖酸在6-磷酸葡萄糖酸脱氢酶的作用下，形成核酮糖-5-磷酸。该步反应脱去氢离子并将电子传递给$NADP^+$，同时脱去一个CO_2。

非氧化反应阶段 磷酸戊糖途径除上述三步外，都为非氧化反应阶段。①核酮糖-5-磷酸异构化为核糖-5磷酸：核酮糖-5-磷酸在核酮糖-5-磷酸异构酶的

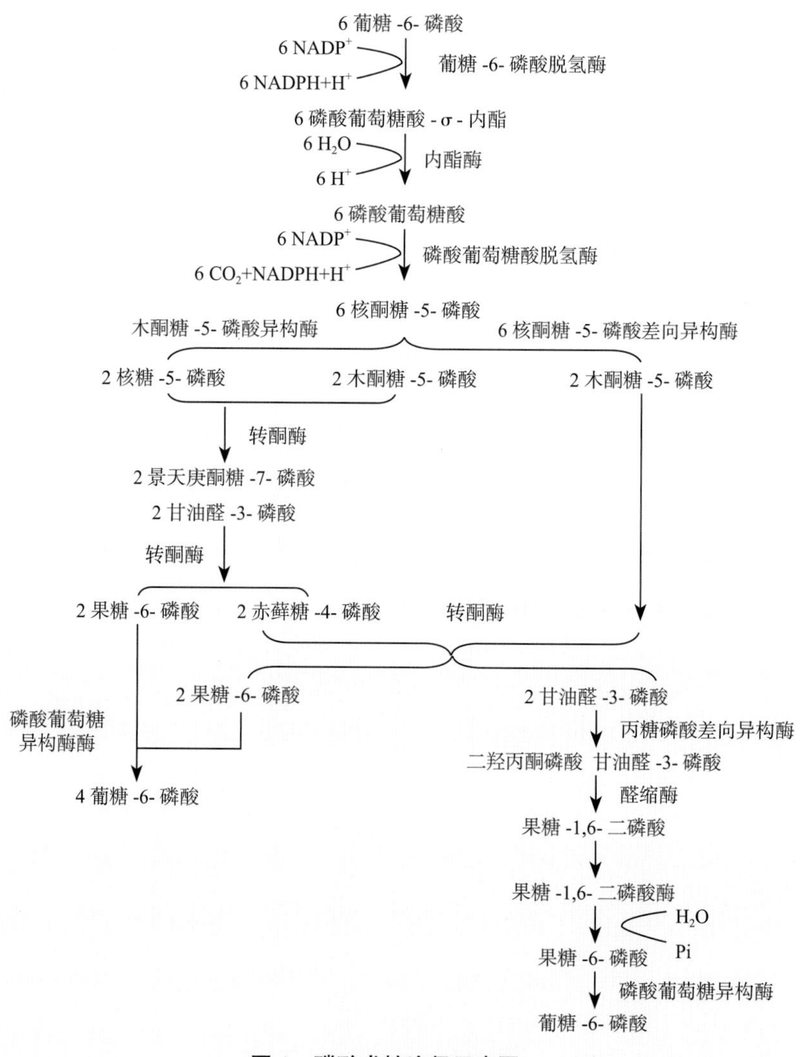

图1 磷酸戊糖途径示意图

作用下，通过形成烯二醇中间产物，异构化为核糖-5-磷酸，这一步属于酮醛异构反应，通过形成烯二醇中间产物进行结构转化。②核酮糖-5-磷酸转变为木酮糖-5-磷酸：核酮糖-5-磷酸在核酮糖-5-磷酸差向异构酶作用下转变为木酮糖-5-磷酸。木酮糖-5-磷酸作为核酮糖-磷酸的差向异构体，可以在下一步反应中作为转酮酶的底物将C1和C2作为转酮酶的转移基团，因为转酮酶要求底物只有C3位的羟基在木酮糖位置时才能起作用。③木酮糖-5-磷酸与核糖-5-磷酸作用，形成景天庚酮糖-7-磷酸和甘油醛-3-磷酸：木酮糖不仅具有转酮酶所要求的结构，还可以将磷酸戊糖途径和糖酵解途径相联系。在这一步反应中，木酮糖经转酮酶的作用，将C1和C2位的碳转移给核糖-5-磷酸，自身转变为甘油醛-3-磷酸，同时形成景天庚酮糖-7-磷酸。④景天庚酮糖-7-磷酸与甘油醛-3-磷酸之间发生转醛基反应，形成果糖-6-磷酸和赤藓糖-4-磷酸。在转醛酶的催化下，将景天庚酮糖-7-磷酸的3个碳单位转移给甘油醛-3-磷酸形成果糖-6-磷酸，自身则变为赤藓糖-4-磷酸。⑤木酮糖-5-磷酸和赤藓糖-4-磷酸作用形成甘油醛-3-磷酸和果糖-6-磷酸：木酮糖-5-磷酸和赤藓糖-4-磷酸之间发生酮基的转移反应，生成糖酵解途径中甘油醛-3-磷酸和果糖-6-磷酸两个中间产物。果糖-6-磷酸也可在磷酸葡萄糖异构酶催化下转变为葡糖-6-磷酸。

磷酸戊糖途径的非氧化阶段中，全部反应都为可逆的，这使得细胞能够灵活地满足自身对糖代谢中间产物以及大量NADPH的需求。

磷酸戊糖途径总反应如图1所示。

调控 葡萄糖在己糖激酶催化下生成的葡糖-6-磷酸可进入多条代谢途径。葡糖-6-磷酸脱氢酶是磷酸戊糖途径的限速酶，其活性决定葡糖-6-磷酸糖进入该途径的数量。在饥饿后重新喂食时，肝脏内此酶的含量明显增高，以适应脂肪酸合成时对NADPH的需求。该酶的活性受到$NADPH/NADP^+$比例的影响，NADPH对该酶有强烈的抑制作用。当$NADPH/NADP^+$的比例升高时，磷酸戊糖途径被抑制，比例降低时则被激活。

生物学意义 其包括以下几方面。

磷酸戊糖途径是细胞产生还原力（NADPH）的主要途径 磷酸戊糖途径中的两种脱氢酶，葡糖-6-磷酸脱氢酶和葡萄糖酸-6-磷酸脱氢酶都是以$NADP^+$为辅酶的。$NADP^+$还原后能够产生NADPH和H^+，如果这些NADPH和H^+能够通过氧化呼吸链，其氧化产生的能量与糖的有氧氧化相接近。但通过磷酸戊糖途径所产生的NADPH并不生成ATP，而是以还原力的形式保存下来。

磷酸戊糖途径的酶类在骨骼肌中活性很低，而在脂肪组织以及其他合成脂肪酸和固醇类活跃的组织如乳腺、肾上腺皮质、肝脏等组织，这些酶的活性是很高的。因为在脂肪酸和固醇类的生物合成需要还原力。

在脊椎动物的红细胞中磷酸戊糖途径的酶类活性也很高。因为在红细胞中磷酸戊糖途径提供的NADPH可以保证红细胞中的谷胱甘肽（GSSG）处于还原状态，其反应式如下：

$$GSSG+NADPH+H^+ \xrightarrow{\text{谷胱甘肽还原酶}} 2GSH+NADP^+$$

红细胞需要大量的还原型谷胱甘肽，一方面红细胞与还原型谷胱甘肽共用-SH基团维持其蛋白质结构的完整性；另一方面用于保护脂膜防止被过氧化物、过氧化氢等氧化；此外还原型谷胱甘肽还可维持红细胞内血红素的铁原子处于2价（Fe^{2+}）状态，因含有Fe^{3+}的高铁血红蛋白没有运输氧的功能。NADPH水平的降低可使蛋白质发生变化，是脂类发生过氧化作用，使红细胞产生高血红素（Fe^{3+}）。这些变化都会使红细胞膜变脆弱，导致红细胞易损伤，容易引起溶血。

在肝脏等与解毒有密切关系的器官中内质网富含以NADPH为供氢体的单加氧酶体系，NADPH保证了这些酶能够顺利地参与药物和毒性物质的生物转化过程。

磷酸戊糖途径是细胞内不同结构糖分子的重要来源，并为各种单糖的相互转变提供条件。核糖是核酸和游离核苷酸的组成成分。体内的核糖并不依赖从食物摄取，而是通过磷酸戊糖途径生成。葡萄糖既可以通过葡糖-6-磷酸脱氢、脱羧的氧化反应产生磷酸核糖，也可以通过糖酵解途径的中间产物甘油醛-3-磷酸和果糖-6-磷酸经过前述的基团转移反应而生成磷酸核糖。这两种方式的相对重要性会因为物种的不同而有差异。

除核糖外，生物体中还包含许多种类的三碳糖、四碳糖、五碳糖、六碳糖以及七碳糖，他们的碳骨架都是细胞内糖类不同的结构分子，而这些糖类大都来自磷酸戊糖途径。

（常永生）

tángyuán héchéng yǔ fēnjiě

糖原合成与分解（synthesis and degradation of glycogen）

两条不同的途径调节机体的糖原代谢，并不是简单的可逆反应。糖原的合成是指葡萄糖或其他单糖（果糖、乳糖）为原料合成糖原，糖原是生物机体所需能量的贮存库。糖原的分解是指将贮能物质的糖原，降解为葡萄糖分子，并提供机体能量的过程。

糖原合成与分解的过程，在肌肉组织主要是为其提供ATP；在肝脏主要是为了维持血糖浓度的相对恒定。这些作用受到胰高血糖素、肾上腺素、胰岛素等激素的调节：肾上腺素主要作用于肌肉；胰岛素、胰高血糖素主要调节肝脏中糖原合成和分解的平衡。糖原合成和糖原分解代谢过程均受到各自催化酶的影响，糖原合成过程的主要催化酶是糖原合酶，糖原分解过程的主要催化酶是糖原磷酸化酶，二者可以通过别构调节的方式进行活性的调节。这些别构效应物包括ATP、6-磷酸葡萄糖、AMP等。

糖原代谢的调控 主要包括以下两方面。

糖原磷酸化酶的调控 糖原磷酸化酶以有活性a、无活性b两种形式存在，调节的目的使无活性的糖原磷酸化酶b转变成有活性的糖原磷酸化酶a。调节方式主要包括：原磷酸化酶激酶和ATP共同作用，使糖原磷酸化酶b的丝氨酸残基进行磷酸化修饰，只有它们充分磷酸化，该酶的活性达到最高，转化为糖原磷酸化酶a的能量更强；同时Ca^{2+}即肌肉运动的信号，它结合并别构糖原磷酸化酶激酶b使其具有活性；当体内ATP和6-磷酸葡萄糖浓度较低时，AMP的浓度较高时，磷酸化酶b与AMP结合，通过构象变转使磷酸化酶b处于活化状态，进一步磷酸化转变为有活性的磷酸化酶a；cAMP-依赖性蛋白质激酶是催化磷酸化激酶残基磷酸化的关键酶，而且cAMP的浓度决定蛋白质激酶的活性和底物磷酸化的速度。

糖原合成酶的调控 糖原合成酶是糖原合成的关键酶，该酶通过变构和共价修饰调节活性。同样也存在两种类型，即有活性糖原合成酶a与无活性的糖原合成酶b。与糖原磷酸化酶相反，脱磷酸化为有活性的，磷酸化型为无活性的。AMP、肾上腺素、胰高血糖素对糖原合成酶存在抑制作用，主要表现在胰高血糖素和肾上腺素可以使细胞内的cAMP浓度升高，cAMP-依赖性蛋白质激酶活性随之增加，引起大多数酶磷酸化速度增加，去磷酸化速度降低，最终造成活性糖原合成酶a型转变为无活性糖原合成酶b型。ATP和6-磷酸葡萄糖是糖原合成酶变构激活剂，能使无活性b型转变为有活性a型，进而酶被激活。

意义 ①糖原合成与分解的生理学意义：糖原的合成与分解与维持稳定血糖浓度和肌肉组织的能量代谢密切相关，是生化代谢的基本途径。当细胞内能量充足时，ATP浓度高时产生大量6-磷酸葡萄糖抑制糖原磷酸化酶，但激活糖原合成酶，糖原合成增加并贮存能量，所以ATP和6-磷酸葡萄糖成为糖原合成的信号。糖原的存在保证了机体各部分（脑和肌肉）对能量的需要。另外，当细胞内能量处于较低水平时，细胞开始利用贮存的糖原，产生的葡萄糖维持机体血糖的稳定。由于组织利用的葡萄糖均来源血糖，若血糖偏低，会严重影响中枢神经系统功能，所以糖原的分解具有重要生理意义。②糖原合成与分解对疾病的影响：糖原的合成与分解对机体产生重要作用的同时，其代谢异常也会引发相关疾病，如糖原贮积病。

（常永生）

tángyuán héchéng

糖原合成（synthesis of glycogen）

以葡萄糖或其他单糖（果糖、乳糖）为原料，合成糖原的过程。由非糖物质（甘油、乳酸、丙酮酸、氨基酸）为原料合成糖原，该过程称为糖异生作用。有学者曾通过试管实验证明糖原磷酸化酶可以催化糖原合成和分解两个过程，提出设想二者催化过程是可逆的，然后经大量实验研究表明催化分解的酶不催化糖原的合成。直至1957年，有学者终于发现，在糖原的合成过程中，糖基的供体是尿苷二磷酸葡萄糖。糖原的合成主要在胞质进行。

基本过程 ①6-磷酸葡萄糖的生成：在葡萄糖激酶（己糖激酶同工酶Ⅳ）的催化下，葡萄糖与ATP反应生成6-磷酸葡萄糖，磷酸化后的葡萄糖不能自由通过细胞膜。该酶对葡萄糖的催化具有高度专一性。②1-磷酸葡萄糖的生成：6-磷酸葡萄糖在磷酸葡萄糖变位酶的催化下，使糖原分子的葡萄糖残基形成1-磷酸葡萄糖。该反应同时存在1,6-二磷酸葡萄中间体生成。磷酸葡萄糖变位酶是由561个氨基酸残基组成的单体酶，担负着磷酸基团转移的重要作用。③二磷酸尿苷葡萄糖（UDPG）的生成：1-磷酸葡萄糖在UDPG焦磷酸化酶催化下，与三磷酸尿苷（UTP）作用生成UDPG，并释放焦磷酸。UDPG焦磷酸化酶催化反应的实质是1-

磷酸葡萄糖和UTP二者间磷酸苷互换的过程。在该反应中，1-磷酸葡萄糖分子中的磷酸基团由于带负电荷，向UTP分子中的α-磷原子进攻，最终形成UDPG。④α（1→4）糖苷键连接的葡萄糖聚合体生成：糖原合成酶催化反应是将上一步生成的UDPG上的葡萄糖分子转移到已存在的糖原分子的非还原性末端，以α（1→4）糖苷键和引物相连生成较原来多一个葡萄糖残基的聚合体。循环此过程，则生成线状大分子。该酶的催化作用需要“引物”的存在，起引物作用的是一种特殊蛋白质，称为生糖原蛋白。⑤糖原的生成：α（1→4）葡萄糖聚合体在分支酶的作用下，将糖原分子中处于直链状态的葡萄糖残基在非还原性末端（1→4）糖苷键连接处切断，然后转移到其他糖原分子某个葡萄糖残基上的羟基上，进行α（1→6）糖苷键连接形成糖原。

意义 ①糖原合成对机体能量代谢的影响：动物和人体内的糖是以糖原的形式储存，摄入的糖类大多数转变为甘油三酯后储存在脂肪组织中，而部分是以糖原的形式储存。糖原的合成并作为贮能物质的意义在于，首先其他组织如肌肉不能向合成糖原那样迅速贮能，其次如脂肪的脂肪酸残基不能进行无氧分解代谢，再者脂肪酸无法转变为葡萄糖前体。②糖原合成对机体血糖的影响：糖原的合成在维持稳定的血糖水平中起重要作用。当机体细胞能量充足时，细胞合成糖原将能量贮存；当机体细胞能量不足时，糖原降解为葡萄糖而提供能量。糖原是生物体需能的贮存库。糖原的合成保证了机体各个组织（脑、肌肉、肝脏）活动时对能量的需求，并维持机体稳定血糖的作用。由于机体各个组织利用的葡萄糖均来自血糖，若血糖偏低，会严重影响中枢神经系统的正常功能。

（常永生）

tángyuán fēnjiě

糖原分解（degradation of glycogen） 机体在供能前将贮能物质糖原，降解为葡萄糖分子的过程。有学者首次发现磷酸可以使糖原分解成1-磷酸葡萄糖，同时对催化糖原降解的酶即糖原磷酸化酶，进行分离、纯化、结晶，并对结构进行分析。糖原作为贮能物质在提供能量前必须降解为葡萄糖分子。与植物细胞内淀粉一样，它们的降解都是从大分子上顺序移去葡萄糖残基进行磷酸解作用。不同的是各自催化的酶不同，催化糖原分解的酶是糖原磷酸化酶，而催化淀粉降解的酶是淀粉磷酸化酶。磷酸解作用与水解的作用的本质区别在于前者是由磷酸引起断键，后者是因水引起。

主要过程 首先糖原磷酸化酶切除糖原分子非还原末端葡萄糖降解产物为1-磷酸葡萄糖；其次在磷酸葡萄糖变位酶催化下，1-磷酸葡萄糖将转变为6-磷酸葡萄糖，最终在葡糖-6-磷酸酶催化下，水解为葡萄糖。

调节糖原分解的关键酶 糖原的分解需要4种酶的作用：糖原磷酸化酶、糖原脱支酶、磷酸葡萄糖变位酶和葡糖-6-磷酸酶。①糖原磷酸化酶：糖原磷酸化酶分为有催化活性a和无活性b，两种酶以相互转变的形式存在。磷酸化酶的催化是将糖原分子的非还原末端切断一葡萄糖分子，末端即指葡萄糖C1和相邻葡萄糖C4形成的C-O键，从而形成新的非还原性末端，这样可以连续移去末端位置的葡萄糖残基。由于糖原磷酸化酶催化α（1→4）糖苷键断裂，所以只能脱下直链部分的葡萄糖残基。糖原的继续分解还需要其他酶的参与，糖原脱支酶就是重要的酶。②糖原脱支酶：糖原经磷酸化酶连续分解后，形成许多短分支链的多糖被称为极限糊精。这些极限糊精的继续分解则需要糖原脱支酶的作用。当磷酸化酶作用后，葡萄糖脱支酶先起到转移葡萄糖残基的作用，把极限糊精上的葡萄糖残基转移到另一个分支的非还原性末端，形成新的α（1→4）糖苷键，同时又暴露出α（1→6）糖苷键的残基。葡萄糖脱支酶的另一个作用是消除这些α（1→6）糖苷键的分支点，从而产生葡萄糖和α（1→4）糖苷键相连的残基，这些残基继续被磷酸化酶作用。③磷酸葡萄糖变位酶：磷酸葡萄糖变位酶是催化葡萄糖残基形成的1-磷酸葡萄糖转变为6-磷酸葡萄糖，并参与糖酵解和生成游离葡萄糖的关键酶。该酶具有561个氨基酸残基构成的单体酶，也具有担负磷酸基团转移的作用。④葡糖-6-磷酸酶：该酶主要分布在肾细胞、肝细胞及内质网中。肝细胞需要此酶维持稳定的血糖水平。当葡萄糖在血液中的浓度较低，肝脏中的葡糖-6-磷酸酶将进入内质网的6-磷酸葡萄糖水解为游离葡萄糖。6-磷酸葡萄糖是通过转运蛋白进入内质网腔，被酶水解后生成的游离葡萄糖扩散出肝细胞进入血液。

意义 ①糖原分解对能量的意义：当机体处于饥饿状态时，机体首先分解肝糖原，肝糖原可在短时间内降低至较低水平。而肌糖原的分解相对较慢，主要提供肌肉运动所需。肝糖原的分解在维持机体血糖稳定起着重要作用，例如人吃完晚饭到第二天清晨，肝脏可以提供约100 g葡萄糖。人体大脑在安静状态下代谢速度也很快，并只能利用葡萄糖作为能源。②糖原分解的生物学意义：糖原的降解是磷酸解并不是水解。磷酸解产生葡萄糖分子带磷酸基团。1-磷酸葡萄糖可以不需要能量，很容易转变为6-磷酸葡萄糖，从而进入糖酵解途径。如果不是磷酸解而是水解产生葡萄糖则需要消耗1分子ATP再转变为6-磷酸葡萄糖。所以糖原分解中的磷酸解具有重要生物学意义。

（常永生）

táng yìshēng

糖异生（gluconeogenesis） 非糖物质作为原料生成葡萄糖的反应过程。

糖异生作用并不完全是糖酵解过程直接的逆反应。虽然葡萄糖可由丙酮酸合成，但其中的部分反应是不可逆的，因此糖异生并不完全是糖酵解的逆反应。糖酵解是放能反应，与其相反，在糖异生的过程中需要消耗能量。在糖酵解中不可逆的三步反应分别是：由己糖激酶催化的葡萄糖和ATP形成葡糖-6-磷酸和ADP；由磷酸果糖激酶催化的果糖-6-磷酸和ATP形成果糖-1,6-二磷酸和ADP；由丙酮酸激酶催化的磷酸烯醇式丙酮酸和ADP形成丙酮酸和ATP的反应。糖异生作用和糖酵解作用中酶的差异（表1）如下。

表1 糖酵解作用与糖异生作用参与酶的不同

糖酵解作用	糖异生作用
己糖激酶（hexokinase）	葡糖-6-磷酸酶（glucose6-phosphatase）
磷酸果糖激酶（phosphofructokinase）	果糖-1,6-二磷酸酶（fructose-1,6-bisphosphatase）
丙酮酸激酶（pyruvate kinase）	丙酮酸羧化酶（pyruvate carboxylase） 磷酸烯醇式丙酮酸羧基酶（phosphoenolpyruvate carboxykinase）

途径 对于糖异生过程而言，需要采取迂回措施绕过糖酵解的这三步不可逆反应。糖异生对糖酵解的不可逆过程采取的迂回措施如下。

丙酮酸通过草酰乙酸形成磷酸烯醇式丙酮酸 丙酮酸在丙酮酸羧化酶催化下，消耗一个ATP分子的高能磷酸键形成草酰乙酸。

丙酮酸+CO_2+ATP+H_2O→草酰乙酸+ADP+Pi+$2H^+$

草酰乙酸在磷酸烯醇式丙酮酸羧激酶（PEPCK）催化下，形成磷酸烯醇式丙酮酸。

草酰乙酸+GTP→磷酸烯醇式丙酮酸+CO_2+GDP

磷酸烯醇式丙酮酸羧基酶主要存在于细胞基质中，而在上述第一步反应中形成的草酰乙酸无法通过线粒体内膜，为了其能够被细胞质基质中的磷酸烯醇式丙酮酸羧基酶所催化，需要将其还原成为苹果酸，这一作用实际是由存在于线粒体中的苹果酸脱氢酶来完成的。生成的苹果酸能够通过线粒体内膜，扩散进入细胞质基质，再被基质中的苹果酸脱氢酶氧化为草酰乙酸。这一过程完成草酰乙酸从线粒体基质到细胞质基质的转运，随后可被细胞质基质中的磷酸烯醇式丙酮酸羧基酶再氧化成为磷酸烯醇式丙酮酸。

丙酮酸+ATP+GTP+H_2O→磷酸烯醇式丙酮酸+ADP+GDP+Pi+$2H^+$

果糖-1,6-二磷酸水解形成果糖-6-磷酸 果糖-1,6-二磷酸在果糖-1,6-二磷酸酶催化下，C1位的磷酸酯键水解形成果糖-6-磷酸。

果糖-1,6-二磷酸+H_2O→果糖-6-磷酸+Pi

这一步反应的特殊意义在于避开了糖酵解过程中不可能进行的直接逆反应，即形成一个ATP分子和果糖-6-磷酸的吸能反映，将其改变为释放无机磷酸的放能反应。

葡糖-6-磷酸水解为葡萄糖 葡糖-6-磷酸在葡糖-6-磷酸酶催化下水解为葡萄糖，这一步仍为放能反应。

葡糖-6-磷酸+H_2O→葡萄糖+Pi

上述三步迂回措施实际上是由与糖酵解不同的酶绕过了糖酵解中不可逆的三步反应。

过程 如图1所示。

糖异生的过程可概括为下面的反应式：

2丙酮酸+4ATP+2GTP+2NADH+$6H_2O$→葡萄糖+4ADP+2GDP+Pi+$2NAD^+$+$2H^+$

由丙酮酸合成葡萄糖需消耗4个ATP分子和两个GTP分子共6个高能磷酸键，而在糖酵解过程中能够生成2个高能磷酸键，若按照简单的能量守恒计算，糖异生则需要额外消耗4个高能磷酸键。这4个额外的高能磷酸键的能量即用于将不可逆的反应过程转变为可进行的反应过程。

调节 糖异生作用和糖酵解作用有密切的相互协调关系。如果糖酵解作用活跃，则糖异生作用会受到一定的限制；相反，如果糖酵解中的限速酶受到抑制，则糖异生的作用则会增强。除底物的浓度所起的作用外，这种相互制约又相互协调的关系主要由这两个途径中不同酶的浓度和活性来调节的。①磷酸果糖激酶和

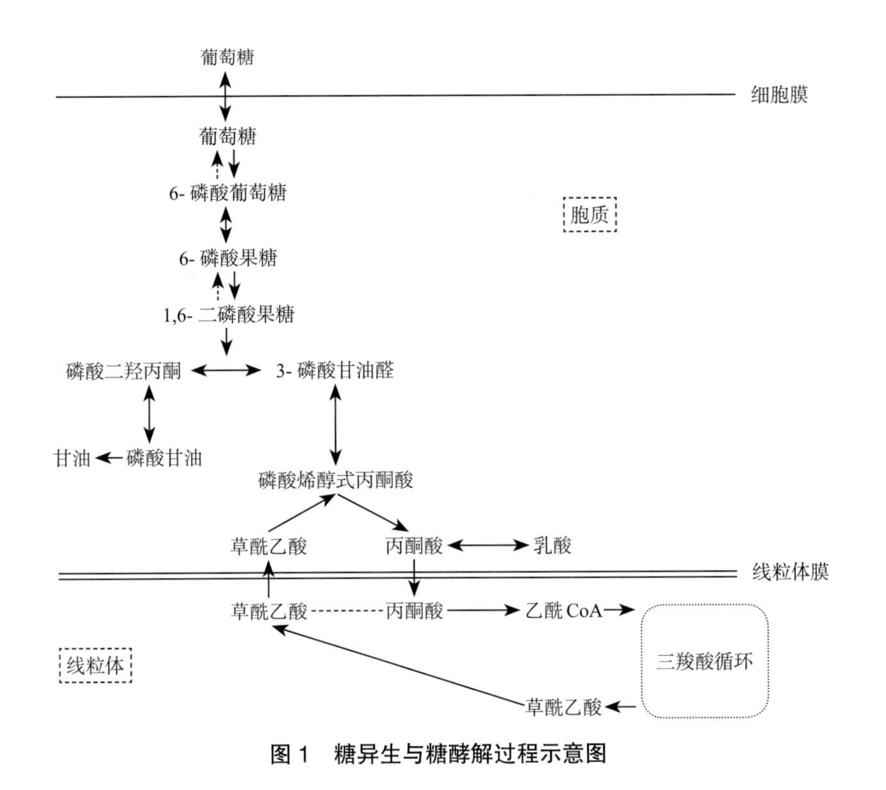

图 1　糖异生与糖酵解过程示意图

果糖 -1,6- 二磷酸酶的调节。AMP 对磷酸果糖激酶有激活作用。当 AMP 浓度高时，表明机体需要合成更多的 ATP。AMP 刺激磷酸果糖激酶使糖酵解过程加速，同时果糖 -1,6 二磷酸酶不再促进糖异生作用。ATP 以及柠檬酸对磷酸果糖激酶起一直作用，当二者的浓度升高时，磷酸果糖激酶受到抑制从而降低糖酵解作用，同时柠檬酸又刺激果糖 -1,6- 二磷酸酶，通过它使糖异生作用加速进行。当饥饿时，机体血糖含量下降，刺激血液中的胰高血糖素水平升高。胰高血糖素有启动 cAMP 级联反应的作用，使果糖二磷酸酶 -1 和磷酸果糖激酶 -1 都发生磷酸化，结果导致果糖二磷酸酶 -1 受到激活，同时磷酸果糖激酶 -1 受到抑制。磷酸果糖激酶 -1 使果糖 -6- 磷酸转变为果糖 -2,6- 二磷酸。果糖 -2,6- 二磷酸对磷酸果糖激酶具有强烈的激活作用，而对果糖 -1,6- 二磷酸酶有抑制作用；而果糖 -2,6- 二磷酸酶使果糖 -2,6- 二磷酸水解形成果糖 -6- 磷酸。果糖 -2,6- 二磷酸的水平在饥饿情况下对调节糖酵解和糖异生作用有特殊意义。在饱食状态下，血糖浓度升高，血中胰岛素的水平也升高，这时果糖 -2,6- 二磷酸的水平也随之升高。由于果糖 -2,6- 二磷酸对磷酸果糖激酶的激活，和对果糖 -1,6- 二磷酸酶的抑制，从而糖酵解过程加速，糖异生作用受到抑制。在饥饿状态下，低水平的果糖 -2,6- 二磷酸使糖异生作用处于优势。②丙酮酸激酶、丙酮酸羧化酶和磷酸烯醇式丙酮酸羧基酶之间的调节。在肝脏中丙酮酸激酶受高浓度 ATP 和丙氨酸的抑制。丙酮酸激酶受高浓度 ATP 和丙氨酸的抑制。高浓度的 ATP 和丙氨酸是耗能高和细胞功能复杂的信号，因此当 ATP 和丙氨酸等供生物合成所需要的中间产物充足时，糖酵解的作用就受到抑制。催化由丙氨酸作为起始物合成葡萄糖的第一个酶，丙酮酸羧化酶受乙酰 CoA 的激活和 ADP 的抑制，当乙酰 CoA 的含量充足时，丙酮酸羧化酶受到激活从而促进葡萄糖异生作用。如果细胞功能降低，ADP 的浓度升高，丙酮酸羧化酶和磷酸烯醇式丙酮酸羧基酶都受到抑制，使葡萄糖异生作用停止进行。因这时的 ATP 水平很低，丙酮酸激酶解除了抑制，于是糖酵解作用又发挥其有效的作用。③丙酮酸激酶还受到果糖 -1,6- 二磷酸的正反馈作用，也加速糖酵解作用的进行。当机体处于饥饿状态时，首先应保证脑和肌肉的血糖供应，肝脏中的丙酮酸激酶受到抑制，从而限制了糖酵解作用的进行。胰岛血糖素的分泌加强，进入血液后激活 cAMP 的级联效应，使丙酮酸激酶磷酸化也失去了活性。

生理意义　人体中的乳酸再利用和科里（Cori）循环。人体中的糖异生主要发生在肝脏，这一过程在乳酸循环中充当了重要的角色，使人体中过量的丙酮酸可在肝脏通过糖异生作用转变为乳酸。在激烈运动时，糖酵解作用产生 NADH 的速度超出了通过氧化呼吸链再生成 NAD^+ 的能力。这是肌肉中酵解过程形成的丙酮酸由乳酸脱氢酶转变为乳酸以使 NAD^+ 再生，这样才能够继续维持肌肉组织中糖酵解的进行。肌肉在剧烈运动时产生的乳酸接着扩散到血液，并随着血流进入肝脏细胞，在肝脏中通过糖异生作用转变为葡萄糖，分泌到血液中供其他需要葡萄糖的器官使用。

（常永生）

pútáotáng-bǐng'ānsuān xúnhuán

葡萄糖 - 丙氨酸循环（glucose-alanine cycle）　肌肉中氨基酸将氨基转给丙酮酸生成丙氨酸，后者经血液循环转运至肝脏后，经过联合脱氨基作用脱去氨基并合成尿素，生成的丙酮酸经糖异生转变为葡萄糖，再经血液循环转运至肌肉的过程。

过程　丙氨酸和葡萄糖反复地在肌肉和肝之间进行氨基转运的循环，故将这一过程称为葡萄糖-丙氨酸循环。这一过程中发生多次的氨基转移，催化氨基转移反应的酶称为转氨酶，或称氨基转移酶。大多数转氨酶需要α-酮戊二酸作为氨基的受体，因此转氨酶对这两个底物中的一个底物，即α-酮戊二酸或谷氨酸是专一的，而对另外一个底物则无严格的要求。与转氨酶作用相反，在肌肉中存在一组氨基转移酶，可以把丙酮酸当作它们的α-酮酸底物，催化氨基转移生成丙氨酸。随后丙氨酸释放进入血液并随着血液循环进入肝脏，在肝脏中经过肝脏的氨基转移酶作用，丙氨酸将氨基转移给其他的α-酮酸并重新生成丙酮酸，而丙酮酸又可用于糖异生作用。糖异生作用重新生成的葡萄糖，随着血液重新回到肌肉中，被利用产生新的丙酮酸。氨基酸最后以氨或天冬氨酸告终，产物即用于尿素的形成。整个循环过程如图1所示。

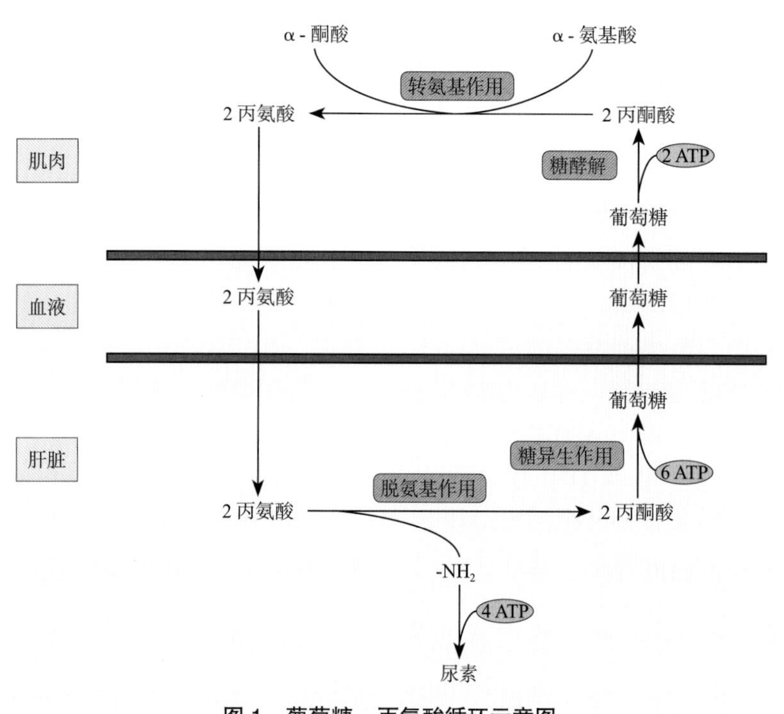

图1　葡萄糖-丙氨酸循环示意图

生理意义　运动时骨骼肌产生大量的丙酮酸，可以通过丙氨酸的形式释放，进入血液循环输送到肝脏，经糖异生作用生成葡萄糖，从而可以维持血糖浓度的稳定，对保证运动能力有积极作用。将肌肉中糖分解代谢的中间产物丙酮酸转变为丙氨酸，防止肌细胞内丙酮酸浓度升高，减少乳酸生成，保证糖分解代谢通畅，有利于延缓运动中产生的疲劳。将运动肌中氨基酸的氨基以无毒形式运输到肝脏内解毒，避免血氨过度升高。

（常永生）

rǔsuān xúnhuán

乳酸循环（lactic acid cycle）

由肌肉无氧糖酵解产生的乳酸进入肝脏后转化成葡萄糖，再进入肌肉代谢成乳酸的代谢过程。是动物组织特有的循环。又称科里循环（Cori cycle）。

过程　肌肉的活动需要肌糖原分解提供ATP。糖原分解释放的葡萄糖类型是葡萄糖-1-磷酸，而葡萄糖-1-磷酸被葡萄糖磷酸变位酶催化成葡糖-6-磷酸。葡糖-6-磷酸很容易进入糖酵解途径，而在高浓度情况下还可以进入磷酸戊糖途径，从而作为能量来源为肌细胞提供ATP。在肌肉的活动中，贮存的ATP需要不断地维持其水平。当供氧充足时，肌细胞的能量来源柠檬酸循环中糖酵解产生的丙酮酸。

当肌肉供氧不足时，特别是剧烈运动时，必须通过无氧代谢提供能量。由于肌肉内缺乏6-磷酸-葡萄糖酶，所以无法催化葡糖-6-磷酸生成葡萄糖。乳酸发酵过程是在乳酸脱氢酶作用下将丙酮酸转化成乳酸。更重要的是，发酵过程可以再生NAD^+，维持NAD^+的浓度，从而实现更多的糖酵解反应。发酵步骤将糖酵解产生的NADH氧化成NAD^+，从丙酮酸到乳酸需转移NADH的两个电子。

无氧发酵产生的乳酸并非是在肌细胞内累积，而是被肝脏吸收。乳酸通过细胞膜弥散进入血液后再入肝，这是乳酸循环的另一半。肝脏中主要发生糖异生作用。从直观角度来看，糖异生作用与糖酵解和发酵过程相反，是将乳酸先转化成丙酮酸，最终转化回葡萄糖。葡萄糖进入血液后形成血糖，随着血液流动被肌肉摄取，进而进入糖酵解途径。如果肌肉的活动停止，葡萄糖会重新作为糖异生的原料生成糖原。但这个过程同时会牵涉到谷氨酸代谢、部分的尿素循环和柠檬酸循环。

整体来说，乳酸循环的糖酵

解部分消耗糖异生部分产生的6个ATP，生成2个ATP。循环中的每个反应必须能维持4个ATP的消耗。因此，这个循环不能无限期地维持。密集的ATP消耗揭示了乳酸循环是将肌肉代谢负担转换给肝脏的开关。

生理意义 ①乳酸循环的重要性在于防止缺氧情况下肌肉内因乳酸堆积而造成的乳酸酸中毒，在此之前乳酸已经出肌肉而进入肝脏。②乳酸循环的意义还在于生成ATP，是能量的来源之一，短时间内提供大量能量（无氧氧化产能速度与有氧氧化产能速度之比大约是100 ∶ 1）。当肌肉活动终止时，乳酸循环的作用会更加有效。这会使氧气迅速补足，因此三羧酸循环和电子传递链能以最高的效率产生能量。③药物二甲双胍会造成肾衰竭患者乳酸酸中毒，因为二甲双胍能抑制乳酸循环。正常情况下，剩余的乳酸会被肾脏清除，但肾衰竭患者的肾脏缺乏此功能。

（常永生）

tángquánsuān tújìng

糖醛酸途径（alduronic acid pathway） 从葡糖-6-磷酸（6-P-G）或葡萄糖-1-磷酸（1-P-G）开始，经尿苷二磷酸葡萄糖醛酸（UDP-葡萄糖醛酸）生成葡萄糖醛酸、维生素C及戊糖的途径。

在人体组织细胞内，自由葡萄糖在己糖激酶催化下变为6-P-G后，主要进行的是糖的有氧氧化、无氧酵解和磷酸戊糖等代谢途径，而糖醛酸途径是将6-P-G转变为葡萄糖醛酸，因此糖醛酸途径在葡萄糖代谢中仅占很小一部分。而在植物和那些可以合成维生素C的动物体内，通过该途径可以合成维生素C。

途径 糖醛酸途径的大致过程是6-P-G转化成尿苷二磷酸葡萄糖（UDPG），然后氧化成UDP葡萄糖醛酸，再水解生成D-葡萄糖醛酸。

具体过程如下：首先是6-P-G在磷酸葡萄糖变位酶催化下转变为1-P-G，后者在UDP葡萄糖焦磷酸化酶作用下，与三磷酸尿苷（UTP）作用，生成UDPG。UDPG在UDP-葡萄糖脱氢酶催化和NAD辅酶的作用下，在C_6被氧化，生成UDP葡萄糖醛酸，并最终水解生成D-葡萄糖醛酸。葡萄糖醛酸还可以进一步参与代谢。在依赖NADPH的反应中，葡萄糖醛酸还原为L-古洛糖酸。在植物和某些动物体内，L-古洛糖酸能转变为L-古洛糖酸内酯，在脱氢酶作用下氧化为二洛酮-L-古洛糖酸内酯，进而转变为维生素C。而人类与其他灵长类动物以及豚鼠和印度果蝙蝠由于组织细胞内缺乏这种脱氢酶，因此不能合成维生素C。所以人及这些不能合成维生素C的动物需通过进食摄取维生素C，如果缺乏维生素C会产生坏血病。

L-古洛糖酸除了能转变成维生素C外，还能氧化为三酮-L-古洛糖酸，然后脱羧生成L-木酮糖。L-木酮糖在木糖醇脱氢酶催化下，能被NADPH还原为木糖醇，木糖醇再还原NAD^+使自身转变为D-木酮糖，最终生成5-磷酸木酮糖，参与磷酸戊糖途径代谢。这一过程能在正常人体内发生。

生理意义 ①葡萄糖醛酸在人体内具有重要作用，特别是肝脏中的糖醛酸具有解毒作用。肝脏中，UDP葡萄糖醛酸可与药物或含$-OH$、$-COOH$、$-SH$、$-NH_2$等基团的异物结合，其中包括酚类（吗啡）、醇类、羧酸类、胺类（苯胺）及固醇类激素等，葡萄糖醛酸与这些物质结合后生成葡萄糖酸苷（O-葡萄糖酸苷或N-葡萄糖酸苷），这种水溶性化合物能随尿液和胆汁排出体外，从而消除或减轻上述药物或异物的毒性。②UDP糖醛酸作为糖醛基的供体，可用于合成多种重要的黏多糖，如肝素、透明质酸和硫酸软骨素。③葡萄糖醛酸途径生成的D-葡萄糖醛酸可以转变成维生素C，发挥重要作用。又可以形成木酮糖，与磷酸戊糖途径相联系。④有极少数人的体内缺乏木糖醇脱氢酶，从而不能将L-木酮糖转变为木糖醇，该病称为戊糖尿症，是一种遗传代谢性疾病。

（常永生）

xuètáng tiáojié

血糖调节（blood glucose regulation） 机体调控血液中葡萄糖水平的生理过程。血糖调节可以维持机体的代谢稳态。

机体内糖代谢并不是孤立进行的，还会涉及脂肪及氨基酸的代谢。因此血糖水平的稳定是糖、脂肪、氨基酸代谢协调的结果，也是肝脏、肌肉、脂肪等组织代谢协调的结果。

肝脏是机体调节血糖的主要组织，此外肌肉等外围组织参与糖的分解和合成，也对血糖浓度的调节起到一定作用。激素和神经也参与机体各组织的糖代谢，从而影响血糖浓度。机体各组织之间各种代谢的精确协调主要是靠激素的调节。

降低血糖 胰岛素是体内唯一能够降低血糖的激素，并且能同时促进糖原、脂肪、蛋白质的合成。胰岛素由胰岛B细胞分泌，血糖水平降低时减少分泌。当糖原分解或者消化、吸收食物中的葡萄糖过多而导致血液中葡萄糖浓度升高时，就会促进胰岛素的分泌。

胰岛素降低血糖的机制有多种。①胰岛素能促进肝脏葡萄糖激酶的活性，加速糖原的合成。②胰岛素能使机体2/3的细胞（特别是肌肉和脂肪细胞）通过转运蛋白GLUT4增强对葡萄糖的吸收，从而降低血液中葡萄糖水平。当胰岛素与细胞表面的受体结合时，含有GLUT4转运蛋白的囊泡会接近细胞膜并通过内吞作用与细胞膜融合，使葡萄糖通过扩散进入细胞内。葡萄糖进入细胞后，被葡糖-6-磷酸酶磷酸化，保持浓度梯度，从而使葡萄糖能继续进入细胞。③胰岛素能通过激活丙酮酸脱氢酶磷酸酶，促进糖的有氧氧化。④胰岛素通过抑制磷酸烯醇式丙酮酸羧激酶的合成，抑制肝脏内糖异生。⑤胰岛素还能减缓脂肪组织的动员速率，加速其他组织对葡萄糖的利用。

升高血糖 机体内能够升高血糖的激素有多种。①胰高血糖素由胰岛A细胞分泌，是机体升高血糖的主要激素。当机体由于剧烈运动或长期处于饥饿状态而导致血糖降低时，会促进胰高血糖素的分泌。胰高血糖素主要作用于肝脏，促进肝糖原分解成血糖，也能促进糖异生作用。此外，胰高血糖素还能加速脂肪动员，促进脂肪酸和氨基酸等非糖物质转化成葡萄糖，最终使血糖含量升高。②肾上腺素主要是在机体应激状态下发挥升高血糖的作用，它能使血糖水平迅速升高。肾上腺素升高血糖的机制主要是促进肝脏和肌肉的糖原分解。肝糖原直接分解成葡萄糖，肌糖原经糖酵解生成乳酸，然后通过乳酸循环间接升高血糖。此外，肾上腺素也能促进糖异生。③糖皮质激素能促进肝外组织蛋白分解生成氨基酸，进入肝脏进行糖异生。还能抑制周围组织对葡萄糖的摄取和利用，从而升高血糖。④生长激素和甲状腺激素也有升高血糖的作用。

（常永生）

xuètáng

血糖（blood sugar）

体内循环血液中葡萄糖的含量。由于体内各组织细胞活动所需能量大部分来自葡萄糖，所以血糖浓度须保持一定的水平才能维持体内各组织器官的生理需求。正常人在空腹血糖浓度为3.61~6.11mmol/L，高于或低于上述临界值将会导致高血糖或低血糖的症状。所以血糖浓度对于判断体内糖代谢是否正常具有重要意义。

血糖浓度 由于肾小管细胞具有重吸收作用，所以其几乎可以把原尿中的葡萄糖全部吸收，因而不会出现糖尿症状。如果血糖浓度过高（超出肾糖阈的临界值：1.6~1.8g/L），超过了肾小管的重吸收能力，便会出现糖尿症状。由于空腹时血糖浓度较为恒定，在临床上一般检测空腹时（进食12小时后）的血糖，其血糖浓度标准值为：全血血糖为3.9~6.1mmol/L，血浆血糖为3.9~6.9mmol/L。

浓度的调节 机体内血糖浓度是由其生成和分解两方面来维持动态平衡的。其主要来源是食物中的淀粉经消化后被机体吸收的葡萄糖；在饥饿情况下，血糖的主要来源为肝糖原的分解或及糖异生作用。肝脏是调节血糖的主要器官，但肌肉、脂肪等外围组织对血糖浓度的维持也起着重要作用。另外，机体内血糖的稳态还受到神经和各种激素通过影响糖代谢进行调节，主要分为升血糖及降血糖两个方面：体内降血糖的激素有胰岛素；升血糖的有肾上腺素、胰高血糖素、肾上腺皮质激素和生长激素等。它们的生物学功能相互对立，相互制约。当血糖浓度低于正常时，激活了交感神经的兴奋，引起肾上腺髓质增加分泌肾上腺素，促进糖异生作用而使血糖浓度升高。另外，低血糖还可以刺激胰岛A细胞分泌胰高血糖素来促进血糖的升高。当血糖浓度高于正常值时，高血糖直接刺激胰岛B细胞分泌胰岛素，促进肌肉、脂肪等组织对葡萄糖的吸收，从而使血糖浓度降低。

代谢去向 血糖的代谢主要有以下几个方面：在组织器官中氧化分解为机体的正常生理活动提供能量；当机体内血糖浓度过高时，肝脏、肌肉、肾脏等组织器官中进行葡萄糖吸收，然后合成糖原并储存起来；当机体内血糖浓度过高时，脂肪组织吸收葡萄糖并转化为甘油三酯储存起来；转变为其他糖类物质供应生命活动所需。

血糖稳态的生理学意义 机体保持血糖浓度相对恒定，为必须依靠血糖供应能量的细胞及组织（如大脑、红细胞等）提供可持续的能量，保证正常的生理活动。在临床上血糖浓度过低或过高将会导致低血糖及高血糖的病症。

（常永生）

pútáotáng nàiliàng

葡萄糖耐量（glucose tolerance）

人体对于摄入机体的葡萄糖具有一定的调节能力，以维持血糖平衡的现象。正常人体在进食米、面主食或口服葡萄糖后，几乎全被肠道吸收，使血糖升高，刺激胰岛素分泌、肝糖原合成增加，分解受到抑制，肝糖输出减少，体内组织对葡萄糖利用增加，使血糖降低，因此饭后血糖不会持续增高，且无论进食多少，血糖都保持在一个比较稳定的范围内。这说明正常人对葡萄糖有很强的耐受能力，在一定范围内可以维持血糖的平衡。但若胰岛素分泌不足或者机体产生胰岛素抵抗的人，则会失去血糖的调节能力，导致糖耐量受损。

葡萄糖耐量的调控 正常人体内存在一套精细调节糖代谢的机制，在一次性食入大量葡萄糖后，血糖水平不会持续升高，也不会出现大的波动。机体血糖平衡的维持主要受激素调控，调节血糖的激素主要有胰岛素、胰高血糖素、肾上腺素和糖皮质激素。其中，胰岛素是体内唯一降血糖的激素；胰高血糖素是升高血糖的重要激素，主要通过使血糖来源增强、去路减弱来实现，胰岛素和胰高血糖素相互拮抗，二者的比例维持动态平衡使血糖在正常范围内保持较小幅度的波动；糖皮质激素和肾上腺素都可升高血糖。这些激素通过调节细胞内关键酶的活性与关键基因的表达，使各种物质和各个器官代谢相互协调，以适应体内能量需求和燃料供求的变化。

葡萄糖耐量试验 葡萄糖耐量试验（glucose tolerance test，GGT）是用来衡量机体维持血糖平衡能力的医学实验。主要测定在饥饿状态下及在一定时间间隔内口服摄入葡萄糖（75g）或者静脉注射葡萄糖（0.5g/kg）前后的血糖水平。口服葡萄糖耐量试验（oral glucose tolerance test，OGTT）是目前评价糖代谢状况的金标准，也是评估胰岛B细胞功能的常用方法。除OGTT外，葡萄糖耐量试验一般还包括标准餐试验、静脉葡萄糖耐量试验及微小模型法等。

葡萄糖耐量异常 是指经口服葡萄糖耐量试验2小时后的血糖浓度大于或等于7.8mmol/L且小于11.1mmol/L的状态。也称为糖调节受损或者糖尿病前期。

（常永生）

dī xuètáng

低血糖（hypoglycemia） 低于2.8mmol/L空腹血糖浓度。正常情况下当血糖浓度开始下降的时候，由胰岛A细胞分泌胰高血糖素，刺激肝脏进行糖原分解，糖异生作用增强并把葡萄糖释放到血液中，血糖将会恢复到正常的水平。但是对于一些糖代谢异常的人来说，他们的胰高血糖素不能正常响应低血糖时机体发出的信号，无法给予肝脏分解糖原的信号，而一些糖尿病患者因为胰岛素的摄入使体内的胰岛素含量升高，这将会阻碍肾上腺素的升血糖作用。因此血糖将会无法恢复到正常水平，从而引起低血糖。低血糖通常在一些特殊的病理或生理条件下才会发生。

发病分子机制 ①胰岛B细胞发生器质性病变，如B细胞的增生和癌症等，引起B细胞功能亢进，导致胰岛素分泌过多，从而引起低血糖。②对抗胰岛素的激素分泌不足，比如胰岛A细胞功能低下引起的胰高血糖素分泌不足，或者腺垂体功能减退引起生长素分泌不足或者肾上腺皮质功能减退等引起的肾上腺素分泌不足也会导致低血糖。③肝病患者，由于肝脏贮存糖原以及糖异生功能低下，无法正常响应低血糖时机体给出的信号，调节低血糖能力受损，也容易出现低血糖。④肿瘤患者，如胃癌，也容易出现低血糖，低血糖在重症监护患者身上经常发生，可能是因为这些患者无法正常进食，且自身调节血糖的能力低下，因此，在糖供应缺乏时更容易出现低血糖。⑤饥饿时间过长，糖供应缺乏；剧烈运动、高热等代谢率增高的疾病，血糖消耗过多；大量肾性糖尿而使血糖损失过多，也可能出现低血糖。⑥某些降血糖药物如胰岛素等使用过量时；摄入糖量不够；饮酒过量，肝内NAD^+用于乙醇的脱氢作用过多，以致$NADH/NAD^+$比值增高，可抑制丙酮酸羧化酶，从而减弱了乳酸和丙酮酸的糖异生作用。

症状 主要有饥饿、颤抖、心悸、出冷汗、头晕目眩、疲倦嗜睡、神志不清、意识模糊等。低血糖的发生可能比较快速，如果及时采取措施，补充富含葡萄糖的食物，机体将比较容易恢复正常。但是如果不尽快采取措施，由于大脑主要由葡萄糖氧化供能，血糖过低将会影响大脑的正常工作，出现说话困难、神志不清、癫痫、头晕、倦怠无力、心悸等，严重时将发生昏迷，称为低血糖休克，甚至导致死亡。

预防 主要是饮食规律，适量饮酒，运动适量。对于糖尿病患者要特别注意胰岛素用量，日常饮食能补充身体必需的糖分，运动前后注意监测血糖情况。

（常永生）

gāo xuètáng

高血糖（hyperglycemia） 高于7.1mmol/L的空腹血糖浓度。当血糖浓度高于8.89~10.00mmol/L，则超过了肾小管的重吸收能力而形成糖尿，这一血糖水平称为肾糖阈。

发病分子机制 摄入机体的葡萄糖经过载体转运进入细胞内进行氧化利用，因此影响葡萄糖转运或者氧化作用的因素出现异常都有可能导致高血糖。主要有两方面的原因：生理性高血糖和病理性高血糖。

生理性高血糖 ①一次性食用大量糖，血糖可大幅度升高，从小肠中吸收的葡萄糖量大于机体的需求量，继而出现糖尿，此属于饮食性糖尿。②情绪激动引起交感神经兴奋，肾上腺素分泌增加，加速肝糖原分解，从肝脏中产生的葡萄糖大于机体的需求量，使血糖升高，出现糖尿，此类属于情感性糖尿。

病理性高血糖及糖尿 ①当胰腺B细胞受到损害导致胰岛素分泌缺乏或者机体对胰岛素的作用抵抗时，一方面，因肝中糖原分解和糖异生作用增强，肌肉和脂肪组织对葡萄糖利用减少，导致血糖升高，超过正常值；另一方面，对胰岛素敏感的葡萄糖转运蛋白4（GLUT4）的输导作用减弱，葡萄糖转运能力下降，导致血糖无法被细胞利用，血糖超过正常值，以致尿中经常出现葡萄糖，临床上称为糖尿病。②某些慢性肾炎患者，由于肾小管重吸收能力降低，糖的肾糖阈下降，以致肾小球中正常浓度的葡萄糖也不能被完全吸收，此时也可出现糖尿，称为肾性糖尿，常见于某些肾病，但这些糖尿除严重患者外其空腹血糖浓度一般正常，糖代谢未发生根本性的紊乱，少数妊娠妇女也会因暂时性肾糖阈降低而出现肾性糖尿。③其他内分泌疾病引起的各种对抗胰岛素的激素分泌过多也会出现高血糖，如在腺垂体功能亢进时，生长素或促肾上腺素分泌过多，或患肾上腺皮质或肾上腺髓质肿瘤时，肾上腺皮质激素或肾上腺激素分泌过多也会导致高血糖和糖尿。此外，胰岛A细胞癌变时，A细胞分泌胰高血糖素过多也可出现高血糖和糖尿。

症状 持续的高血糖会加速糖酵解和柠檬酸循环，在胞内积累更多代谢底物，造成胞质中游离的吡啶核苷酸 $NADH/NAD^+$ 比值失衡，导致体内氧化还原反应异常，机体能量代谢失衡，引起各类代谢疾病。这同时也是糖尿病的特征之一，最终影响多种代谢关键酶的活性，对糖酵解和线粒体的呼吸作用以及细胞增殖造成影响。

治疗 患者可以限制饮食，减少碳水化合物的摄取，增加水溶性植物纤维的摄入；或者药物控制，常用的药物有胰岛素类、α-葡萄糖苷酶抑制剂类和淀粉纤维素类似物等。

（常永生）

táng dàixiè jíbìng

糖代谢疾病（glucose metabolism disorders）

调节葡萄糖、果糖、半乳糖、糖原等代谢相关的激素或者糖代谢途径中酶的结构、功能、浓度发生异常，或相应组织、器官的病理生理发生变化，造成机体代谢紊乱的疾病。糖类在生物体内对各种化合物的形成、降解以及转变都起着非常重要的作用。

糖代谢途径包括*糖酵解*、*戊糖磷酸途径*、*糖原的合成与分解*、*糖异生*。当这些代谢途径中的某一种物质或者通路发生异常的时候，糖作为人体主要能量来源和结构组织的重要组成部分就会失去与机体保持的代谢平衡，引发一系列糖代谢疾病。

糖代谢疾病主要包括*果糖不耐受*、*糖原贮积症*、*糖尿病*、*半乳糖血症*。

（常永生）

tángniàobìng

糖尿病（diabetes mellitus, DM）

胰岛B细胞不能正常分泌胰岛素或机体产生胰岛素抵抗等原因，机体内糖脂代谢的调控发生异常，导致血糖值不能够在稳定的范围内波动的疾病。主要表现为患者的空腹血糖高于正常范围值，糖尿病如若不加以控制可能会造成眼、肾脏、心脏和血管等多种器官的慢性损害、功能障碍以及衰竭。糖尿病主要分为1型糖尿病和2型糖尿病。其发病分子机制如下。

1型糖尿病 又称胰岛素依赖型糖尿病，是一种慢性自身免疫性疾病。由于生成胰岛素的胰岛B细胞被自身免疫系统破坏，失去分泌胰岛素的能力，从而导致血糖升高。其特点为胰岛炎和胰岛B细胞自身抗体的存在。1型糖尿病的发病机制尚不完全清楚，目前普遍认为是由遗传和环境因素共同决定，其中遗传因素在其发病中起关键作用。

影响其发病的遗传因素 人类白细胞抗原（HLA）是最强的遗传决定因素，它参与对胰岛自身抗原的加工和提呈过程。HLA Ⅰ类分子所表达的单链蛋白可将细胞内抗原提呈给 $CD8^+T$ 淋巴细胞。$CD8^+T$ 淋巴细胞所具有的细胞毒性作用可导致胰岛B细胞溶解破坏。HLA Ⅱ类分子主要表达于抗原提呈细胞，负责将细胞外抗原提呈给 $CD4^+T$ 细胞。$CD4^+T$ 淋巴细胞可释放炎性因子，导致胰岛B细胞损伤。除HLA外，胰岛素原关键肽、胰岛素瘤相关抗原2（IA-2）和谷氨酸脱羧酶（GAD）等与抗原提呈细胞的结合也可能导致胰岛B细胞功能受损。此外，胰岛素、细胞毒性T淋巴细胞相关蛋白4（CTLA4）和*PTPN22*基因等也可能导致1型糖尿病的发生。表观遗传因素，包括DNA甲基化、组蛋白修饰和分子拟态等病理机

制可能通过调节基因的表达，影响免疫系统对胰岛 B 细胞的反应，导致 1 型糖尿病的发生和发展。

影响其发病的环境因素 环境因素一方面可与遗传因素相互作用，如可诱导包括 DNA 甲基化在内的表观遗传修饰；另一方面，环境中的化学物质如 N- 亚硝基化合物和空气污染物等，也可能会影响免疫系统的发育和功能异常，从而导致 1 型糖尿病的发生和发展。

2 型糖尿病 血液中葡萄糖含量的动态平衡受胰岛素和胰高血糖素这两种激素调控。胰岛素由胰岛 B 细胞分泌，当机体的血糖值偏高时，胰岛素能够促进肌肉、脂肪和肝脏等组织对葡萄糖的摄取、利用和储存，同时抑制肝脏的糖异生途径，减少肝脏对葡萄糖的输出，从而降低血液中葡萄糖的含量。在胰岛素的调控下，血液中约 75% 的葡萄糖会进入肌细胞中，另有一小部分葡萄糖会被脂肪和肝脏细胞摄取。此外，胰岛素还会抑制脂肪分解和糖原水解，促进糖原和脂类的合成，为细胞能量匮乏时提供产生能量的底物。胰高血糖素由胰岛 A 细胞分泌，当机体的血糖值偏低时，胰高血糖素会促进体内储存的和新合成的葡萄糖释放到血液中。这两种激素的协同作用保证了机体在各种生理条件下都能保持血糖的动态平衡。

胰岛素的生理功能是通过与细胞表面的胰岛素受体结合完成的。胰岛素受体是一种酪氨酸激酶，通过自身磷酸化，可以催化细胞内多种底物蛋白发生磷酸化，包括胰岛素受体底物 IRS1/2/3/4、Shc 受体蛋白 、Gab1 和 CbI 等。这些蛋白发生磷酸化后会与具有含有 SH2 结构域的蛋白结合，从而调控下游的信号通路。IRS 家族可以与多种包含 SH2 结构域的蛋白结合，其中最重要的是磷脂酰肌醇 3- 激酶（PI-3K）的调节亚基，从而激活依赖 PIP_3 的蛋白质激酶，如 Akt 等；Shc 磷酸化后能够与受体蛋白 Grb2 结合，激活原癌基因 *ras*，从而激活下游 MAP 激酶信号通路；Gab1 与包含 SH2 结构域的酪氨酸磷酸酶 SHP2 结合，同样激活 MAP 激酶信号通路。胰岛素通过调控这些信号通路，实现其对细胞内糖脂代谢的调控。此外，胰岛素通过使 CbI 发生磷酸化，磷酸化后的 CbI 会易位至细胞膜的脂筏区，从而与包含 SH2 结构域的受体蛋白 Crk Ⅱ 结合，从而加强细胞对葡萄糖的转运。

在肌肉和脂肪组织中，胰岛素主要通过增加细胞表面葡萄糖转运蛋白——GLUT4 的含量，从而提高细胞对葡萄糖的摄取。胰岛素可以通过调节己糖激酶的活性，使得葡萄糖在进入肌细胞后，迅速被己糖激酶磷酸化，磷酸化后的葡萄糖或以糖原的形式被储存，或被氧化产生 ATP，为机体提供能量。进入脂肪细胞中的葡萄糖，除氧化分解外，最终会以甘油三酯的形式储存在脂滴中。

肝脏中，胰岛素可以调节多种转录因子和共转录因子的活性，包括甾醇效应元件结合蛋白 1（SREBP-1）、肝细胞核因子（HNF）-4、FOX 家族和 PPARγ 共激活因子（PGC1）等活性，胰岛素能够促进糖酵解和脂肪酸合成酶的基因表达，使肝细胞以葡萄糖作为主要能量来源，同时促进葡萄糖以糖原或甘油三酯的形式贮存在细胞内。胰岛素还能够抑制参与糖异生途径的相关酶的基因表达水平，其中受胰岛素调控最为显著的是糖异生作用中的两个限速酶——磷酸烯醇丙酮酸羧激酶和葡糖 -6- 磷酸酶，胰岛素能够强烈抑制这两种限速酶的表达，抑制肝脏的糖异生作用。

胰岛素抵抗是指机体对于正常的胰岛素浓度不能正确反应，主要由三方面因素导致：老化、肥胖和遗传基因。随着年龄增长，机体内胰岛 B 细胞数目减少，对葡萄糖诱导胰岛细胞分泌胰岛素的能力降低。2 型糖尿病的发生和发展是多基因共同作用的结果。而肥胖成为目前诱发 2 型糖尿病的重要危险因素。随着社会生产力的发展，人们的生活方式发生很大变化，能量的摄入超过能量的消耗，使得肥胖逐渐成为一种普遍现象。肥胖使机体处于长期慢性炎症状态，脂肪组织作为体内储存能量的器官，长期的营养过剩会使脂肪细胞发生肥大，当脂肪细胞由于过度膨胀而发生缺氧时，会引起细胞发生内质网损伤和氧化损伤。脂肪组织除了贮存能量外，还能够通过分泌细胞因子调节机体代谢，当脂肪细胞发生肥大时，脂肪细胞会分泌多种促炎细胞因子，包括 TNFα 和 IL-6 等细胞因子，导致脂肪组织发生巨噬细胞浸润，这会进一步加剧脂肪组织微环境中促炎细胞因子的含量，最终导致脂肪细胞发生胰岛素抵抗。

胰岛素抵抗使得肌肉组织摄取葡萄糖出现缺陷，也会导致脂肪细胞中脂解作用和脂肪酸释放增强。正常情况下，胰岛 B 细胞能够通过提高胰岛素的分泌对胰岛素抵抗起代偿作用，这样会进一步加剧胰岛素抵抗。同时脂肪和肝细胞会产生和分泌过多的脂肪酸，肝脏细胞糖异生不能被胰岛素抑制，合成和分泌的葡萄糖过多，当胰岛素抵抗到了一定的

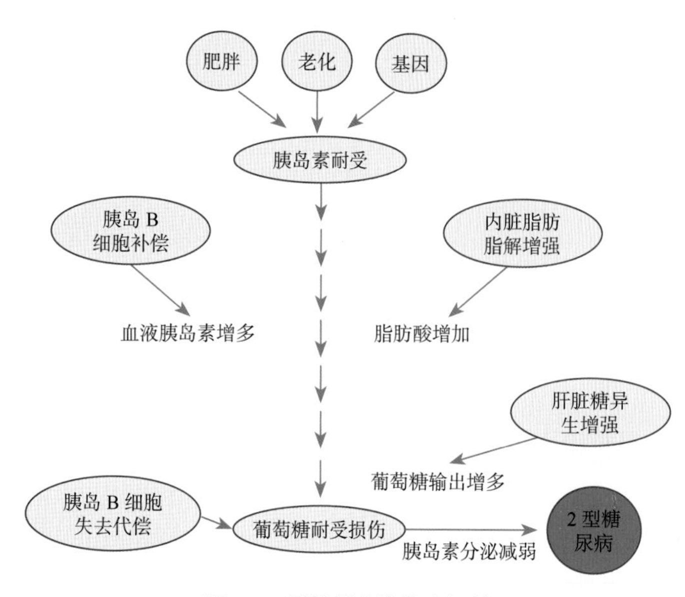

图1　2型糖尿病的发病机制

程度，胰岛B细胞失去代偿作用，机体不能正确调控血液中葡萄糖浓度，导致葡萄糖耐受受损，如果不加以控制，最终导致2型糖尿病发生（图1）。

对于2型糖尿病的治疗多是基于控制血糖的目的，根据其治疗靶点的不同可以分为以下5类：促进胰岛B细胞分泌胰岛素的磺酰脲类药物；降低肝脏葡萄糖输出的二甲双胍；作为过氧化物酶体增生剂激活受体-γ的激活剂，增强胰岛素敏感性的噻唑烷二酮类药物；阿卡波糖类药物作为α-糖苷酶的抑制剂，能够减少肠道对葡萄糖的吸收。

（常永生）

tángyuánzhùjīzhèng

糖原贮积症（glycogen storage disease）　由于糖原代谢中某些酶缺陷，引起糖原在组织器官中大量堆积引起的疾病。也称为糖原病（glycogenosis）或糖原累积症。

分类　这类疾病多属于单染色体隐性遗传性疾病，由11种参与糖原代谢的酶缺陷所致（表1），根据缺失的酶以及糖原积累的组织和器官不同，所表现出的临床症状各异。糖原主要在肝脏、肌肉、肾脏中储存异常，贮积量增加。根据糖原贮积症的临床表现及所缺陷的酶的种类，可将其分为13种类型。其中Ⅰ、Ⅲ、Ⅳ、Ⅵ、Ⅸ型以肝脏病变为主；Ⅰ、Ⅲ和Ⅳ型的肝脏损害最为严重；Ⅱ、Ⅴ、Ⅶ型则以肌肉组织受损为主。除Ⅸ（肝磷酸化酶激酶缺陷）为X连锁隐性遗传外，其余类型都是常染色体隐性遗传疾病。

发病分子机制　糖原贮积症是遗传性糖原代谢紊乱。糖原在机体的合成与分解是在一系列酶的催化下进行的，当这些酶缺乏时，糖原难以正常分解与合成，累及肝、肾、心、肌肉甚至全身各器官，出现肝大、低血糖、肌无力、心力衰竭等症状。每类糖原贮积症与其所对应缺失的酶如表1所示。

临床表现　①Ⅰ型糖原贮积症主要发生在肝脏和肾脏。糖原在肝及肾曲管细胞大量沉积，导致血糖严重降低，并出现高酮血症、高尿酸血症等，影响生长发育。②Ⅱ型糖原贮积症在全部器官均有发生。发病时，器官组织中溶酶体堆积糖原，导致心脏和呼吸器官衰竭，但血糖正常，通常2周岁前致死。③Ⅲ型糖原贮积症在全部器官均有发生，特别是在肝脏和肌肉中。其临床症状与Ⅰ型糖原贮积症类似，病情相对较轻。④Ⅳ型糖原贮积症主要在肝脏发生。发病后肝脏进行性硬化，通常2周岁前死于肝功能衰竭。⑤Ⅴ型糖原贮积症主要在肌肉中发生。会引起肌肉疼痛性痉挛，无法从事剧烈运动，但不影响患者正常的生长发育。⑥Ⅵ型糖原贮积症主要在肝脏中发生。引起血糖过低，与Ⅰ型糖原贮积症症状类似，但程度较轻。⑦Ⅶ型糖原贮积症与Ⅴ型糖原积累症症状类似，主要发生在肌肉。⑧Ⅷ型糖原贮积症主要在肝脏中发生，导致肝脏略微增大，引起轻度低血糖。⑨Ⅸ型糖原贮积症主要在肝脏中发生，发病时引起肝脏糖原不足。

治疗　包括饮食治疗、酶代替治疗、基因治疗、手术治疗和药物治疗。其中基因治疗是治疗糖原贮积病最有效、最彻底的方

表1　糖原贮积症与其所对应缺失的酶

类型	酶缺陷种类
Ⅰ	葡糖-6-磷酸酶或运载系统的酶
Ⅱ	溶酶体内缺乏 α-1,4-葡糖苷酶
Ⅲ	糖原脱支酶
Ⅳ	糖原分支酶（α-1,4→α-1,6）
Ⅴ	糖原磷酸化酶
Ⅵ	糖原磷酸化酶
Ⅶ	磷酸果糖激酶
Ⅷ	磷酸化酶激酶
Ⅸ	糖原合酶
Ⅺ	葡萄糖转运蛋白2
Ⅻ	醛缩酶A
XIII	β-烯醇化酶
O	糖原合成酶

法，利用基因工程的方法合成糖原贮积病缺乏的酶再回输到患者体内，恢复酶活性，但目前还没有应用于临床。

（常永生）

guǒtángbùnàishòu

果糖不耐受（fructose intolerance） 由于肝脏醛缩酶B活性缺陷而导致的果糖代谢途径障碍的常染色体隐性遗传病。是半乳糖血症的一种，该病发病率较低。

果糖是葡萄糖的同分异构体，分子式为$C_6H_{12}O_6$，极易溶于水，广泛存在于诸多食品中，是甜度最高的天然糖。正常的果糖代谢途径为：果糖激酶将食物中获得的果糖磷酸化为果糖-1-磷酸，肝脏醛缩酶B将果糖-1-磷酸裂解形成磷酸二羟基丙酮和D-甘油醛，随后它们被磷酸化形成果糖-1,6-二磷酸参与糖原形成、糖异生等途径。

发病分子机制 果糖不耐受患者肝脏醛缩酶B活性缺陷导致果糖-1-磷酸积累在肝脏、小肠和近端肾小管细胞中，果糖-1-磷酸会快速结和细胞中的无机磷酸盐，积累的果糖-1-磷酸和无机磷酸盐的减少会导致磷酸化酶a活性受到抑制，导致糖原分解过程受阻。

分类 由常染色体隐性遗传所致的果糖不耐受有三种：①由于肝脏缺乏果糖激酶导致的果糖激酶缺乏症，又称特发性果糖尿症，此类患者摄入的果糖不能进行磷酸化，从而导致不能在肝脏中进行下一步代谢，患者摄入果糖后血液中果糖浓度升高，由于不能代谢掉，因此随尿液排出。②肝脏醛缩酶B活性缺陷而导致的果糖代谢途径障碍。③果糖-1,6-二磷酸缺乏症。人类醛缩酶B基因位于9号染色体。基因突变是导致果糖不耐受的遗传学因素，如醛缩酶B基因第5个外显子中的G错义突变为C所致，由此导致相应蛋白质的149位的丙氨酸被脯氨酸替换，此类型为欧洲人果糖不耐受的主要原因。

临床表现 患者在摄入果糖后会导致该病的发作，产生低血糖、呕吐、腹痛、面色苍白、黄疸、水肿、休克、肾小管功能障碍和肝损伤等症状，情况严重时甚至会导致患者死亡。由于果糖是蔗糖和山梨醇的分解产物，因此摄入蔗糖和山梨醇后也会有相同症状出现。

分子诊断 目前临床确诊果糖不耐受方法为：进行肝脏活检，若显示有肝脏醛缩酶B活性缺陷，并且进行果糖耐量测试则可以确诊；通过基因分析方法也可以确诊并确认杂合子携带者，产前诊断主要是通过羊水和绒毛膜的DNA突变分析或连锁分析。

治疗 为预防该病的发作，应禁食一切含有果糖、蔗糖和山梨醇的食物。当出现低血糖时应立即静脉注射葡萄糖。对于已出现肝损伤等重症者应对症给予积极治疗。

（常永生）

bànrǔtángxuèzhèng

半乳糖血症（galactosemia） 机体代谢半乳糖的能力受损使半乳糖及其氧化还原产物在体内积累的常染色体隐性遗传性代谢病。新生儿只有基因型为隐性纯合时才发病，杂合子是携带者，并不表现半乳糖血症症状。半乳糖血症严重时可引起生长停滞、智力迟钝，还往往引起肝脏损伤而致死亡。

发病分子机制 由于发生缺陷的基因不同，半乳糖血症分为三种，分别为1、2、3型半乳糖血症，其发病分子机制如下。

1型半乳糖血症 又称经典半乳糖血症或半乳糖-1-磷酸尿苷转移酶缺陷。由于半乳糖-1-磷酸尿苷酰转移酶缺失或含量极低，不能使半乳糖-1-磷酸转变为UDP-半乳糖，结果使血和组织中半乳糖积累，引起代谢功能紊乱，最终引起各种疾病的发生。如肝功能受损、白内障、呕吐、癫痫、低血糖、嗜睡症、智力低下以及卵巢癌等疾病。

2型半乳糖血症 又称半乳糖激酶缺陷。是半乳糖激酶基因GALK1突变导致血中半乳糖和半乳糖醇积累的一种常染色体隐性遗传代谢病。发病机制为体内的半乳糖由于缺少半乳糖激酶的磷酸化，无法进行正常代谢，导致血中半乳糖和半乳糖醇积累，主要临床表现为新生儿出生几个月后发生白内障。

3型半乳糖血症 又称半乳糖差向异构酶缺陷。是一种由UDP-半乳糖4-差向异构酶缺陷导致的常染色体隐性遗传代谢病。有良性和重症两种情况，其中重症3型半乳糖血症的表现与1型半乳糖血症类似。半乳糖差向异构酶缺陷阻碍了UDP-葡萄糖的重生，阻止葡萄糖-1-磷酸的生成，最后导致半乳糖和半乳糖-1-磷酸的积累。半乳糖在晶状体中积累并被还原为半乳糖醇，将会引起晶状体混浊，最终导致白内障。

分子诊断 因半乳糖血症的临床表现无特异性，故其诊断多依赖实验室检查。目前常用的诊断方法主要为酶学检测、血和尿中半乳糖及其代谢产物的检测和基因诊断。防治半乳糖血症的关键在于早发现、早治疗。因此产前诊断和新生儿筛查对于有半乳糖血症家族史的新生儿来说是很有必要的。

治疗 最主要的防治措施是饮食治疗，通过食用不含乳糖和半乳糖的饮食限制前体物质半乳糖的摄入。

（常永生）

zhīlèi

脂类（lipid）

一类不溶于水（或微溶于水）而易溶于乙醚、氯仿、苯等非极性有机溶剂的有机化合物。其化学本质是脂肪酸（多为4碳以上的长链一元脂肪酸）和醇（如甘油醇、鞘氨醇、高级一元醇等）作用生成的酯类及其衍生物，如甘油三酯、磷脂、类固醇等。脂类的元素组成主要是碳、氢、氧，有些脂类还含有氮、磷及硫等元素。

分类 根据不同的特性对脂类进行划分。常用的脂类分类依据是其化学组成，根据化学组成的差异一般将脂类分为三大类：简单脂类、复合脂类和衍生脂类。简单脂类是仅由脂肪酸和醇类所形成的酯，如三分子脂肪酸与一分子甘油形成的甘油三酯；复合脂类是除脂肪酸、醇类化合物之外，还含有其他物质（胆碱、糖类、磷酸等）的脂类，如甘油磷脂。复合脂类包括磷脂和糖脂。衍生脂类是由简单脂类和复合脂类衍生而来的脂类，如固醇类、萜类以及取代烃等。此外，还可根据能否形成皂盐，将脂类分为皂化脂类和不可皂化脂类。

消化与吸收 普通膳食中的脂类主要是甘油三酯，其次是少量的磷脂和胆固醇等。脂类的消化始于胃脂肪酶对甘油三酯的水解。但是其消化、吸收主要发生在小肠上段。因为小肠中会流入能极大促进脂类消化和吸收的胰液与胆汁。胰液中含有多种脂类消化酶，而胆汁则含有能作为乳化剂的胆汁酸盐。脂类经过消化形成的甘油一酯、溶血磷脂、脂肪酸、游离胆固醇和甘油等产物最终均被小肠黏膜细胞所吸收。小肠黏膜细胞吸收的所有长链脂肪酸都用于甘油三酯的再合成，新合成的甘油三酯会与磷脂、胆固醇、胆固醇酯、脂溶性维生素和载脂蛋白一起组成乳糜微粒，经淋巴管收集后由胸导管进入血液循环。

生物学功能 脂类是生物体内一大类化学结构不同、功能各异的化合物。组成和结构的多样性决定了其生理功能的多样化，主要包括以下几点：①脂肪是重要的供能和储能物质，1g脂肪在体内完全氧化分解释放的能量约为38.9kJ，是同等质量糖或蛋白质的一倍以上。人体活动所需要的能量20%~30%由脂肪提供，因此脂肪是机体重要的供能物质。生理状态下，心脏60%以上的能量来自脂类（脂肪酸）的氧化分解。同时，在人体中，脂肪的储存量远大于糖原的储存量，因而脂肪也是机体有效的储能物质。脂肪代谢过程能产生代谢水，因此生长在沙漠中的动物氧化脂肪既能供能又能供水。此外，脂肪组织较为柔软，存在于器官组织之间能减少器官之间的摩擦，对器官起保护作用。脂肪不易导热，因而分布于皮下的脂肪有助于体温的维持。②类脂是生物膜不可或缺的结构成分，尤其是磷脂和糖脂。磷脂双分子层是细胞膜的基本结构，细胞膜的流动性、半透性以及高电阻性均与其所含的磷脂相关；而糖脂在细胞膜信息传递中起载体和受体作用。生物膜中不同磷脂结构和含量的差异是细胞生物膜功能差异的重要原因。③脂类是机体众多信号分子的前体，许多脂类分子经过代谢可以转化为具有重要功能的生物信号分子。如胆固醇可以转化为在生长发育和物质代谢等方面有重要作用的维生素D_3和类固醇激素；细胞膜上的磷脂酰肌醇-4,5-二磷酸在相应磷脂酶的作用下水解为肌醇-1,4,5-三磷酸和甘油二酯，二者均可作为第二信使调节细胞代谢；花生四烯酸等多不饱和脂肪酸经过环化和氧化等修饰作用可以衍生成前列腺素、血栓素和白三烯等生理活性物质。这些物质参与了机体炎症、发热、疼痛、免疫反应、变态反应等病理过程。④瘦素、脂联素和抵抗素的相继发现表明，脂肪组织还具有多种内分泌功能。瘦素与下丘脑等组织的受体相互作用可调节机体的摄食和能量平衡，其结构和功能的异常是肥胖的重要原因。⑤胆固醇转化生成的胆汁酸在机体的脂类消化吸收过程中具有不可替代的作用。磷脂是血浆脂蛋白的重要结构成分，是载脂蛋白和非极性脂质结合的桥梁；脂溶性维生素的消化、吸收和转运都依赖脂类物质；覆盖于肺泡壁的肺表面活性物质和血小板活性因子均是特殊的磷脂酰胆碱。⑥一些脂类物质也可以作为药物，如卵磷脂、脑磷脂用于肝病、神经衰弱及动脉粥样硬化的治疗，多不饱和脂肪酸如二十碳五烯酸有降血脂作用，亦可以用于动脉粥样硬化的防治。胆酸中的熊脱氧胆酸、鹅脱氧胆酸及去氢胆酸均为利胆药，可以治疗胆结石及胆囊炎等疾病。

（陈厚早 谢 龑）

zhīfáng suān

脂肪酸（fatty acid）

由一条长的烃链和一个末端羧基组成的羧酸。化学式为$CH_3(CH_2)_n$

COOH。高等动植物中的脂肪酸碳链长度一般在14~20，且为偶数，碳链多为线形，分支或含环的很少。在生物体内大部分脂肪酸都是与其他物质结合，但也有少量游离脂肪酸存在。

命名 采用系统命名法，用其碳原子的数目、不饱和键的数目及不饱和键的位置来命名，可用简写符号简化。简写的方法是先写出脂肪酸碳原子总数，再写双键数目，两个数字之间用冒号隔开，紧接着用Δ（delta）右上角标数字（数字是指形成不饱和键的两个碳原子的编号，从脂肪酸羧基端开始计数，先小后大并用逗号隔开）表明双键的位置，最后在数字后用c（cis，顺式）或t（trans，反式）标明双键的构型。有些脂肪酸有通俗名，如软脂酸、硬脂酸等。

分类 根据烃链有无双键可以将脂肪酸分为饱和脂肪酸和不饱和脂肪酸。不同脂肪酸之间的主要区别在于烃链的长度（碳原子数目）、双键的数目和双键的位置。此外，根据机体是否能自身合成又将其分为营养必需脂肪酸和非营养必需脂肪酸。

合成 肝脏是机体合成脂肪酸最主要的场所。脂肪酸的合成主要在胞质中进行，合成原料主要为乙酰辅酶A，还需要NADPH、ATP以及一些其他辅助因子的参与。由于人体并不能合成机体所需要的全部脂肪酸，所以机体需要从膳食中摄入一部分脂肪酸。故而机体内的脂肪酸来源分为膳食摄入和自身合成两方面。

分解代谢 脂肪酸是机体主要的供能物质之一。脂肪酸的氧化分解是其供能方式，可分为活化、转移、β-氧化和ATP生成四个阶段。①脂肪酸在氧化分解之前需要活化，活化产物是脂酰辅酶A。活化过程需要乙酰辅酶A和ATP的参与，以及脂酰辅酶A合成酶的催化。②脂酰辅酶A在胞质中形成，而催化其进一步氧化分解的酶系却在线粒体里，因此，活化的脂酰辅酶A必须进入线粒体中才能进行氧化分解。一般来说，十碳及更短的小碳链脂肪酸被活化后可直接进入线粒体中进行氧化分解，而长链脂酰辅酶A则需要与转运载体肉碱连接成酯后，再依次通过肉碱脂酰基转移酶Ⅰ和移位酶进入线粒体，随后再脱去肉碱形成脂酰辅酶A进行下一步氧化分解。③脂酰辅酶A在线粒体中进行β-氧化循环，每次循环脂酰辅酶A的α、β碳原子键断开，释放一分子乙酰辅酶A并形成一分子$FADH_2$和一分子$NADH+H^+$。④β-氧化形成的$FADH_2$和一分子$NADH+H^+$进行氧化磷酸化产生ATP，而乙酰辅酶A则进入TCA循环彻底氧化分解。脂肪酸除了进行β-氧化以外，还可以进行其他氧化，主要包括α-氧化和ω-氧化。

（陈厚早　谢　龑）

yóulí zhīfáng suān

游离脂肪酸（free fatty acid）

以游离状态存在的脂肪酸。也称非酯化脂肪酸。机体内含量很少，可被氧化分解供能。游离脂肪酸是脂肪代谢的中间产物，人体内主要由皮下和内脏脂肪分解产生。

分类 根据烃链的长度不同将游离脂肪酸分为四类：短链脂肪酸（烃链的长度≤5）；中链脂肪酸（烃链的长度大于6、小于12）；长链脂肪酸（烃链的长度大于13、小于21）；极长链脂肪酸（烃链的长度≥22）。也可以根据烃链有无不饱和键将脂肪酸分为饱和脂肪酸和不饱和脂肪酸。

生物学功能 游离脂肪酸是人体重要的能源物质之一。由于游离脂肪酸具有疏水性，因此在血液中，游离脂肪酸需要与血浆清蛋白结合才能参与血液循环，进而被机体不同组织细胞所吸收、分解、供能。由于血脑屏障的存在，中枢神经细胞不能吸收长链脂肪酸和极长脂肪酸。游离脂肪酸也可以作为重要的信号分子参与到胰岛素分泌等生物学过程中。长链脂肪酸可以通过激活G蛋白偶联受体GPR40，从而增加胰腺B细胞在葡萄糖刺激下胰岛素的分泌。游离脂肪酸的升高可增加细胞的氧化应激，能刺激中性粒细胞产生活性氧。体内游离脂肪酸的异常累积，会使线粒体功能紊乱以及膜通透性升高，促进细胞凋亡，最终导致病理反应。

（陈厚早　谢　龑）

bǎohé zhīfáng suān

饱和脂肪酸（saturated fatty acid）

烃链中不含不饱和键（碳碳双键或三键）的脂肪酸。人体饱和脂肪酸主要通过动物脂肪和乳脂摄入。

分类 根据所含碳原子个数的不同进行分类。动植物脂肪中的饱和脂肪酸以十六碳软脂酸和18碳硬脂酸分布广且比较重要，常见的天然饱和脂肪酸还包括十碳的癸酸、十二碳的月桂酸、十四碳的豆蔻酸以及20碳的花生酸等。

分解代谢 见脂肪酸。

生物学功能 膳食中的总饱和脂肪酸含量与人体血清中高密度脂蛋白胆固醇呈正相关，也可能会提高血清低密度脂蛋白胆固醇的水平，从而导致动脉血管内壁胆固醇的沉积，使人体易患各种心血管疾病。①丁酸具有挥发性，主要被用于分解供能，但也可以用于调节免疫应答以及炎症反应，也具有抑制肿瘤生长、促进细胞分化的作用。②月桂酸对各种微生物如细菌、真菌以及包被的病毒等有抑制作用。③豆蔻酸与血清高胆固醇息息相关，可能是造成冠心病的最主要因素。④棕榈酸能够降低血清中胆固醇的含量。⑤硬脂酸能部分地降低胆固醇的溶解，同时可能会对胆酸的生成进行调节，从而降低血清和肝脏中胆固醇的含量。

（陈厚早　谢　龑）

bù bǎohé zhīfáng suān

不饱和脂肪酸（unsaturated fatty acid）

烃链含有至少一个不饱和键（碳碳双键或三键）的脂肪酸。机体内比较重要的有亚油酸（18：2，$\Delta^{9c,12c}$）、γ-亚麻酸（18：3，$\Delta^{6c,9c,12c}$）和花生四烯酸（20：4，$\Delta^{5c,8c,11c,14c}$）等。

分类　只含一个不饱和键的为单不饱和脂肪酸，含有两个或两个以上不饱和键的为多不饱和脂肪酸。不饱和脂肪酸可根据双键的构型分为顺式和反式脂肪酸，人体内的不饱和脂肪酸多为顺式。根据最靠近 ω 碳原子第一个不饱和键碳原子的位置，可将其分为 ω-3、ω-6、ω-7、ω-9 等族，在人体内相同的 ω 族分类的不饱和脂肪酸是可以相互转化的，而不同 ω 族分类的则不可以通过代谢相互转化，因此不饱和脂肪酸的 ω 族分类在脂肪酸代谢中更有意义。

合成　人体在饱和脂肪酸的基础上，可以通过光面内质网脂肪酸去饱和酶引入不饱和键合成一些不饱和脂肪酸。但不能合成超过 Δ^9 的双键，因此人体不能合成亚油酸和亚麻酸，需从膳食中补充。亚油酸在人体内能转变为γ-亚麻酸，进而延长合成花生四烯酸。

分解　膳食中含有许多不饱和脂肪酸，其分解与普通饱和脂肪酸的分解有所不同。但绝大多数不饱和脂肪酸的分解反应与饱和脂肪酸相同，只需要另外两种酶——异构酶和还原酶的参与即可降解大部分不饱和脂肪酸。以棕榈油酸（16：1Δ^{9c}）为例，首先棕榈油酸也在细胞质活化，然后转运至线粒体中开始 β-氧化循环，每个循环脱去两个碳原子、释放一分子乙酰辅酶 A，并形成一分子 $FADH_2$ 和一分子 $NADH+H^+$。经过三个循环之后，形成的十碳顺式-Δ^3-烯酰辅酶 A 不能被酰基辅酶 A 脱氢酶所识别降解。此时，通过相应还原酶和异构酶的催化将其转化为反式-Δ^2-烯酰辅酶 A，从而继续氧化分解。具体过程如下，首先，分解反应过程中形成的 2,4-二烯酰辅酶 A 中间产物被 2,4-二烯酰辅酶 A 还原酶催化形成反式-Δ^3-烯酰辅酶 A，然后反式-Δ^3-烯酰辅酶 A 被反式-Δ^3-烯辅酶 A 异构酶转化为反式-Δ^2-烯酰辅酶 A，最后继续氧化分解。

生物学功能　花生四烯酸是维持细胞膜结构和功能所必需的物质，也是类二十碳烷化合物的前体。二十二碳五烯酸（EPA）和二十二碳六烯酸（DHA）均是 ω-3 族成员，DHA 是大脑和视网膜细胞的重要成分，在人体视网膜和大脑皮质中含量最为丰富。DHA 能促进神经系统细胞的生长发育，因此对胎儿、婴儿智力和视力的发育起着重要作用。此外，ω-3 族成员能显著降低血清中甘油三酯的水平，而 ω-6 族成员则显著降低血清胆固醇水平。膳食中如果缺乏 ω-3 必需脂肪酸将导致神经系统、视觉和心脏等疾病，ω-6 多不饱和脂肪酸的缺乏可导致皮肤病变。

（陈厚早　谢　龑）

zhīzhì guòyǎnghuàwù

脂质过氧化物（lipid peroxide）

脂质发生过氧化反应生成的产物。脂质过氧化反应是指脂质与自由基（如氧自由基）发生一系列自由基链式反应失去电子的过程。脂质过氧化反应主要发生在生物膜上，尤其是含有多不饱和脂肪酸的脂质。

产生　脂质过氧化反应属于自由基链式反应，可分为起始、链式反应和终止三步。①起始是指自由基与脂质反应形成新脂质自由基（脂肪酸自由基）分子的过程。活性氧是最常见的反应起始物，能与脂肪酸的氢原子结合生成水和脂肪酸自由基。②链式反应是指新的脂质自由基与氧气反应生成脂质过氧化自由基，而新形成的脂质过氧化自由基仍不稳定，与其他脂质（如游离脂肪酸）继续反应，从而形成脂质过氧化物和另一个新的脂质自由基。③终止是指在自由基浓度到一定程度时，两个自由基相互碰撞反应生成非活性的物质，降低自由基浓度的过程。机体内同时存在一些中和自由基物质，如维生素 C 和维生素 E。此外，超氧化物歧化酶、过氧化氢酶和过氧化物酶等也能减少自由基的生成。

生物学功能　脂质过氧化的终产物是活性醛（如丙二醛和 4-羟基壬烯酸）。脂质过氧化物的终产物是潜在的致突变和致癌物质，如丙二醛与脱氧腺苷和脱氧鸟苷反应形成 DNA 加合物。由于 4-羟基壬烯酸的生物学活性与活性氧相似，因此，脂质过氧化物被认为是自由基的第二信使和脂质过氧化的生物标志物。如果脂质过氧化反应未被快速终止，就会使膜受体以及其他膜蛋白的功能受到影响，也会使细胞膜的流动性和通透性发生变化，最终引起细胞结构和功能的改变。在组织器官水平，脂质过氧化反应与许多病理改变息息相关，如炎症、缺血再灌注损伤、动脉粥样硬化及肿瘤。

（陈厚早　谢　龑）

gānyóu zhīzhì

甘油脂质（glycerolipid）　甘油与脂肪酸形成的酯类化合物。

分类　包括甘油一酯、甘油二酯和甘油三酯，即一分子、两分子和三分子脂肪酸分别与一分子甘油形成的酯。

合成　甘油脂质的生物合成可分为三步：脂酰辅酶 A 的形成、磷脂酸的合成、甘油酯的形成。在体内甘油脂质可以相互转化，如甘油一酯与脂酰辅酶 A 在脂酰转移酶的作用下可生成甘油二酯。

分解　甘油三酯在激素敏感脂肪酶催化下分解为一分子游离脂肪酸和甘油二酯，甘油二酯在甘油二酯脂肪酶的作用下释放一分子脂肪酸并形成甘油一酯，甘油一酯在甘油一酯脂肪酶的作用下最终分解为一分子甘油和一分子游离脂肪酸。在甘油三酯分解过程中，激素敏感脂肪酶的催化作用是限速反应，并受激素的调控，后续的分解反应则十分迅速。

生物学功能　脂质是重要的供能和储能物质，甘油三酯是能量物质最为主要的储存形式。

（陈厚早　谢　龑）

gānyóu

甘油（glycerol）　化学式为 $HOCH_2CHOH\ CH_2OH$ 的常见有机化合物。又称丙三醇。

来源与分解　机体内的甘油主要来源甘油脂质的分解。同时，甘油也是甘油脂质合成的必须物质。甘油也可以被甘油激酶催化转化为甘油 -3- 磷酸，然后在甘油 -3- 磷酸脱氢酶和磷酸丙糖异构酶的作用下依次脱氢异构转化为 3- 磷酸甘油醛，3- 磷酸甘油醛最终参与糖酵解或者糖异生途径。

生物学功能　甘油是甘油脂质的骨架成分，参与甘油脂质的代谢。

（陈厚早　谢　龑）

gānyóu sān zhǐ

甘油三酯（triglyceride）　甘油的三个羟基与不同或相同脂肪酸酯化形成的化合物。其熔点由脂肪酸的种类决定，随饱和脂肪酸的链长和数目的增加而升高。如三硬脂酸甘油酯在体温下为固态，而三油酸甘油酯则为液态。常温下含不饱和脂肪酸较少的脂肪以固态存在，而含大量不饱和脂肪酸的植物源性油则以液态存在。甘油三酯代谢的最终产物是甘油和脂肪酸，甘油可被储存在脂肪细胞中或参与甘油脂质的合成，而脂肪酸则多用于分解供能。

分类　三分子脂肪酸为同一种的甘油三酯为简单甘油三酯，含有两种或三种不同脂肪酸的甘油三酯为混合甘油三酯。在体内还存在少量的被一个或两个脂肪酸酯化的甘油酯，即甘油一酯和甘油二酯。

合成与分解　甘油三酯是甘油脂质的一种，其合成与分解见甘油脂质。

生物学功能　机体内的脂肪酸，以游离形式存在的较少，主要以酯化的形式存在于体内，而甘油三酯是其主要储存形式。甘油三酯与其他脂质成分和蛋白质共同组成脂蛋白进入血液运输，也可以聚集成脂滴储存于细胞中。甘油三酯富含高度还原的碳原子，在氧化分解过程中能产生大量能量（1g 甘油三酯完全氧化分解可产生约 38kJ 能量），是机体重要的能量来源，也是机体主要的能量储存形式。

（陈厚早　谢　龑）

lín zhī

磷脂（phospholipid）　含有磷酸基团的脂类物质。由甘油或鞘氨醇、脂肪酸、磷酸和含氮化合物等组成，属于类脂。

分类　根据磷脂的组成主要成分可将其分为甘油磷脂和鞘磷脂两类，前者为甘油酯衍生物，而后者为鞘氨醇酯衍生物。

合成与分解　磷脂物质分为两类，其合成与分解见甘油磷脂和鞘磷脂。

生物学功能　它们广泛存在于动植物和微生物中，主要参与细胞膜的组成。

（陈厚早　谢　龑）

línzhīsuān

磷脂酸（phosphatidic acid）　甘油的 1、2 位羟基被脂肪酸酯化，3 位羟基被磷酸酯化的化合物。

合成　磷脂酸的从头合成始于溶血磷脂酸的生成。首先，甘油 -3- 磷酸的 1 位羟基被甘油 -3- 磷酸酰基转移酶酯化形成溶血磷脂酸，然后，溶血磷脂酸在溶血磷脂酸酰基转移酶的作用下使其 2 位羟基酯化形成磷脂酸。此外，磷脂酰胆碱在磷脂酶 D1 和 D2 的作用下水解亦可生成磷脂酸。

分解　磷脂酸较少发生分解释放脂肪酸和甘油，多被代谢转化为其他甘油磷脂。磷脂酸可转化为两类不同的甘油衍生物，一类为甘油三酯、磷酸酰胆碱、磷酸酰乙醇胺，而后两者可继续转化生成磷酸酰丝氨酸；另一类为二磷酸胞苷 - 甘油二酯，最后转化生成磷酸酰肌醇、磷酸酰甘油、心磷脂等磷脂。

生物学功能 磷脂酸是甘油磷脂的母体化合物，据其3位羟基上磷酸的取代基不同，可生成各种甘油磷脂。其本身及其代谢衍生物均是生物膜重要组成成分。

（陈厚早　谢　龑）

línzhīméi

磷脂酶（phospholipase）

能水解甘油磷脂的酶类。磷脂酶能水解不同磷脂并释放出脂肪酸或者其他亲脂类物质。

分类 根据其水解磷脂分子内部键位的不同，将磷脂酶主要分为三类，即磷脂酶A、磷脂酶C和磷脂酶D。磷脂酶A1水解1位羟基形成的酯键，而磷脂酶A2则水解2位羟基形成的酯键；磷脂酶C和磷脂酶D是磷酸二酯酶，水解3位羟基形成的磷酸二酯键，磷脂酶C水解靠近磷酸前面的化学键，释放甘油二酯和一个包含磷酸头部的组分，如1,4,5三磷酸肌醇，而磷脂酶D则水解磷酸之后的化学键，形成磷脂酸和一分子醇类物质。每一类磷脂酶家族均有不同成员，发挥不同的作用。

生物学功能 磷脂酶是细胞内和细胞间信号传导的重要介质。作为磷脂水解酶能水解不同甘油磷脂并产生许多生物活性脂质介质，如甘油二酯、磷脂酸、溶血脂肪酸和花生四烯酸等。这些脂质介质参与调节多种细胞生物学过程，可以促进肿瘤发生，包括肿瘤细胞增殖、迁移、侵袭和血管生成。磷脂酶C家族与细胞增殖息息相关。不同的磷脂酶C家族成员具有类似的催化活性，但是具有不同的调控模式。

（陈厚早　谢　龑）

qiàolínzhī

鞘磷脂（sphingomyelin）

由鞘氨醇或二氢鞘氨醇构成的磷脂。

分类 鞘磷脂的母体结构为氨基通过酰胺键与1分子长链脂肪酸相连形成的神经酰胺。根据母体结构的不同，可以将鞘磷脂分为两类，一类为神经酰胺鞘磷脂，一类为二氢鞘磷脂。神经酰胺鞘磷脂是神经酰胺鞘氨醇残基中的羟基通过酯键与含磷酸的取代基团如磷酸酰胆碱等结合形成的鞘磷脂。二氢鞘磷脂即为鞘氨醇双键还原产物与磷酸基团形成的磷脂。

合成 鞘磷脂的从头合成可分为三步：神经酰胺的合成、神经酰胺的转运、鞘磷脂的合成。①鞘磷脂的合成始于内质网膜的胞质小叶中。首先，丝氨酸与棕榈酰辅酶A在丝氨酸棕榈转移酶的催化下合成3-酮基二氢鞘氨醇，然后3-酮基二氢鞘氨醇在3-酮基二氢鞘氨醇还原酶以及NADPH的作用下将其酮基还原为羟基，形成二氢鞘氨醇。二氢鞘氨醇在神经酰胺合酶的作用下，与具有不同碳链长度的脂肪酰辅酶A反应生成二氢神经酰胺。而二氢神经酰胺在其去饱和酶的作用下转化为神经酰胺。②鞘磷脂的合成主要在高尔基体合成，而神经酰胺的合成在内质网中，因此在高尔基体合成鞘磷脂之前需要将神经酰胺转运到高尔基体中。由于神经酰胺溶解性不好，因而可以通过囊泡运输和相应的神经酰胺转运蛋白的方式，将其转运到高尔基体中。③神经酰胺与二氢神经酰胺在鞘磷脂合酶的催化下，与磷酸酰胆碱等含磷酸基团的物质反应，生成鞘磷脂并且释放甘油二酯。

分解 鞘磷脂的分解对于鞘磷脂稳态的维持不可或缺。而鞘磷脂的分解代谢从水解其磷酸头部开始。在鞘磷脂酶的作用下，鞘磷脂发生水解释放出神经酰胺和游离的磷酸头部。在哺乳动物中，鞘磷脂酶主要分为酸性、中性和碱性鞘磷脂酶三类。水解生成的神经酰胺在神经酰胺酶的作用下脱酰生成鞘氨醇和游离脂肪酸。鞘氨醇则继续被鞘氨醇激酶催化形成鞘氨醇-1-磷酸，而鞘氨醇-1-磷酸最后在内质网鞘氨醇-1-磷酸裂解酶的作用下裂解为十六烯醛和磷酸乙醇胺。

生物学功能 鞘磷脂分子结构与甘油磷脂非常相似，因此性质与甘油磷脂基本相同，可以与甘油磷脂一起组成生物膜。鞘磷脂形成的脂双层的厚度较甘油磷脂的厚度更大，为4.6~5.6nm。鞘磷脂也是髓鞘的主要成分，与神经元动作电位的传递有关。

（陈厚早　谢　龑）

gānyóu línzhī

甘油磷脂（glycerophosphatide）

由甘油构成的磷脂。又称磷酸甘油酯。甘油磷脂含有两个长脂肪酸链，为非极性尾部，其余部分为极性头部，属于两性脂类。

种类 磷脂酸的磷酸羟基被胆碱、乙醇胺、丝氨酸或肌醇取代分别形成磷脂酰胆碱、磷脂酰乙醇胺、磷脂酰丝氨酸及磷脂酰肌醇。甘油的1位碳原子与长链烯醇以醚键连接形成的化合物被称为缩醛磷脂。此外，生物体内还有由两分子磷脂酸和一分子甘油形成的心磷脂。

合成与分解 磷脂酸是甘油磷脂的母体化合物，磷脂酸的磷酸羟基被氨基醇（如胆碱、乙醇胺或丝氨酸）或肌醇等取代，分别形成不同种类的甘油磷脂。甘油磷脂能被不同的磷脂酶水解进而释放出相应的产物（见磷脂酶）。

生物学功能 磷脂酰胆碱又称卵磷脂，是细胞膜含量最丰富的磷脂之一，易被氧化，在蛋黄和大豆中非常丰富，具有抗脂肪肝的作用。磷脂酰乙醇胺又称脑磷脂，在动植物体中含量丰富，与血液凝固有关。磷脂酰丝氨酸是带负电荷的酸性磷脂，血小板激活时从细胞膜内侧转向外侧，作为表面催化剂与其他因子一起活化凝血酶原。磷酸酰肌醇是细胞重要的第二信使前体物质，其4,5位磷酸化产物磷酸酰肌醇-4,5-二磷酸可在激素等刺激下裂解为甘油二酯和三磷酸肌醇，其裂解产物均可作为细胞第二信使参与细胞信号转导过程。缩醛磷脂可以调节细胞膜的流动，可能有保护血管的作用。心磷脂大量存在于心肌中，是线粒体膜的特有磷脂，有助于线粒体膜蛋白与细胞色素C的相互作用，也是唯一具有抗原性的脂类。

（陈厚早 谢 龑）

táng zhī

糖脂（glycolipid） 含有糖成分的复合脂。糖脂是通过其半缩醛羟基以糖苷键与脂质相连的化合物。在生物体分布甚广，但含量较少，仅占脂质总量的小部分。最简单的糖脂是半乳糖脑苷脂，只有一个半乳糖残基作为极性头部。鞘糖脂种类较多，根据其糖链及其糖残基结构的不同而超过400余种。细菌细胞壁中有一类糖脂，含有多种糖的残基，结构复杂且因菌种的不同而有所差异，即脂多糖。

分类 糖脂可分为两类即糖基酰甘油和鞘糖脂。鞘糖脂又分为中性鞘糖脂和酸性鞘糖脂。糖基酰甘油主链是甘油，含有脂肪酸，但不含磷及胆碱等化合物。糖基酰甘油的极性头部可由二酰基油脂或1-酰基的同类物等物质构成。而鞘糖脂的极性头部则是由神经酰胺与脂肪酸共同构成的神经酰胺糖类构成。参与糖脂构成的糖类组分主要分为葡萄糖和半乳糖两种。糖脂分子中含有的脂肪酸多为不饱和脂肪酸。重要的鞘糖脂有脑苷脂类和神经节苷脂类。

合成与分解 以鞘糖脂为例。糖苷神经酰胺合成酶在神经酰胺1号碳原子上的羟基上加上葡萄糖分子，然后形成的中间产物再继续被糖基转移酶修饰。半乳糖苷神经酰胺合酶则参与合成半乳糖脑苷脂。鞘糖脂的分解由相应的酶如葡萄糖神经酰胺酶催化，先释放出神经酰胺等产物，然后再进一步分解（见鞘磷脂）。

生物学功能 糖脂是细胞膜的重要成分，在各个组织均有分布，但在神经组织中更为丰富。糖脂的非极性尾部可伸入细胞膜的双分子层结构中，而极性头部则分布在膜表面。红细胞表面的糖脂使血液有不同血型。细胞膜上的鞘糖脂成分与细胞种类、细胞发育阶段以及细胞生理状态息息相关，是重要的细胞表面标志物质。糖脂也是细胞表面抗原的重要组分，一些肿瘤细胞的特征抗原就是糖脂物质。糖脂还可以作为一些胞外物质的受体，在细胞识别和细胞间信息交流过程中起着重要作用。神经节苷脂虽然在细胞膜中含量很少，但有许多特殊生物功能，它与血型的专一性、组织器官的专一性有关，还可能与组织免疫、细胞识别等功能相关。

（陈厚早 谢 龑）

gùchún

固醇（sterol） 环戊烷多氢菲的衍生物。环戊烷多氢菲由3个己烷环和一个环戊烷稠合而成，所有固醇类化合物均以环戊烷多氢菲为核心结构，所以都属于非极性化合物。不同固醇类物质的区别在于3位碳原子的羟基和17位碳原子连接的侧链碳原子数以及取代基团的不同，因而其生理功能各异。所有固醇的10位碳原子和13位碳原子均有甲基。固醇有α和β两型。分型是根据3号碳原子上的羟基和10位碳原子上的甲基的位置来决定的，位置相反为α型，相同则为β型。

固醇可分为动物固醇、植物固醇和酵母固醇三类。其中胆固醇是最常见的动物固醇，β-谷固醇是含量最为丰富的植物固醇，酵母则含有麦角固醇。胆固醇与植物固醇的主要区别在于侧链长短的不同，有时在固醇骨架结构上也会一定的差别。

（陈厚早 谢 龑）

dǎngù chún

胆固醇（cholesterol） 环戊烷多氢菲17位碳原子与8碳侧链（异辛烷）相连，3位碳原子与羟基相连，而10位和13位均与甲基相连，形成27碳的复杂化合物。因最先发现于胆石而得名。胆固醇广泛存在于动物体内，却不溶于水。胆固醇熔点较高，常温下为固态。

来源 人体内的胆固醇有两个来源：外源性摄取和内源性合成。一般情况下内源性合成是胆固醇的主要来源，约占机体内胆固醇含量的2/3。虽然外源性摄入也是胆固醇的重要来源，但机体的健康维系和生存并不依赖于外源性胆固醇。

存在形式 胆固醇以两种形式存在，一种是游离胆固醇，另一种是胆固醇酯。实质上他们只是处于不同的代谢反应过程中，因此可以互相转化。血浆中的磷脂酰胆碱-胆固醇酰基转移酶和胞质中的脂酰辅酶A-胆固醇酰基转移酶均能催化胆固醇酯化。体内约70%胆固醇均与长链脂肪酸酯化后形成胆固醇酯。血浆和胞质中的胆固醇酯均可在胆固醇酯酶的催化下重新水解为游离胆固醇和脂肪酸。

合成 除成年脑组织和成熟红细胞以外，几乎所有的组织和细胞均能合成胆固醇。肝脏细胞合成胆固醇最为旺盛，其次是肠道。胆固醇分子中所有碳原子均来自乙酰辅酶A，氢原子主要来源NADPH。胆固醇合成的前期反应是在胞质中进行的，合成HMG-CoA后进入微粒体直到合成胆固醇。HMG-CoA还原酶是胆固醇合成过程的限速酶。

转化 胆固醇在体内不能被彻底氧化分解，只能以游离胆固醇或转化产物的形式排出体外。胆固醇的转化产物有维生素D_3、类固醇激素和胆汁酸。

生物学功能 胆固醇是细胞膜的组分之一，也是机体内多种重要物质的合成原料，包括胆汁酸、维生素D以及多种类固醇激素。胆汁酸在脂类消化和吸收方面有重要作用，维生素D_3可调节钙、磷代谢，而类固醇激素则在生长发育和物质代谢等方面有着重要作用。高胆固醇血症与动脉粥样硬化和心脑血管疾病发病密切相关，也被认为是冠心病的重要危险因子。

（陈厚早　谢　龑）

lèi gùchún jīsù

类固醇激素（steroid hormone）

一类具有环戊烷多氢菲母核的胆固醇转化产物。又称甾体激素。它们在结构上都是环戊烷多氢菲衍生物，是一类脂溶性激素。类固醇激素在机体发育和代谢方面具有非常重要的作用。

分类 根据其合成部位的不同可将其分为两种，肾上腺皮质激素和性激素。肾上腺皮质激素由肾上腺皮质分泌合成的，主要包括盐皮质激素、糖皮质激素以及雄激素；性激素主要由性腺合成分泌，包括睾酮、雌激素、孕酮以及雌三醇等。

合成 类固醇激素合成复杂，反应步骤多，但可将其分为前期共同反应和后期特异反应两个阶段。①前期共同反应：由胆固醇到孕烯醇酮，位于线粒体内膜的裂解酶系负责此阶段的催化反应，由C_{22}羟化酶、C_{20}羟化酶和C_{20-22}裂解酶组成。裂解产物为孕烯醇酮和异己醛。②后期特异反应：过程复杂，有明显器官特异性。糖皮质激素和盐皮质激素都由21个碳原子组成，具有共同的3-酮-4-烯结构，但睾酮的合成过程会失去一个二碳单位，所以只含19个碳原子，而雌激素的合成过程中会脱甲基，因而只含18个碳原子。

灭活 类固醇激素在肝脏中被转化为无活性的衍生物，如17-羟类固醇和17-酮类固醇，然后经肾脏随尿液排出体外。

生物学功能 类固醇激素种类较多，在许多的代谢过程中发挥着重要作用。糖皮质激素在糖代谢、脂肪代谢以及蛋白质代谢都有着重要的调控作用。盐皮质激素是维持机体电解质平衡的重要激素。性激素不仅可以促进性器官的发育，还对全身代谢具有重要的调节作用。雄激素可促进机体蛋白质的合成。

（陈厚早　谢　龑）

xuèjiāng zhī dànbái

血浆脂蛋白（plasma lipoprotein）

脂质与蛋白质的复合物。脂类难溶于水，血浆中的脂类与载脂蛋白结合形成较易溶于水的复合体，血浆脂蛋白是脂类运输的主要形式。血浆脂蛋白主要由载脂蛋白、三酯酰基甘油、胆固醇及胆固醇酯、磷脂等组成。在不同脂蛋白中上述物质之间的比例不尽相同。在脂蛋白分子中，一般而论，非极性的分子如三酯酰甘油和胆固醇酯位于分子内部，而游离胆固醇、磷脂和蛋白质组成的亲水基团暴露在表面，突入内环境周围的水相，从而使脂蛋白以微小颗粒形式稳定地分散在血浆中。脂蛋白颗粒一般成球形结构。

分类 由于脂蛋白所含脂类和蛋白质不同，其表面电荷、电泳行为及颗粒密度、大小也不同。根据电泳法及超速离心法，血浆脂蛋白分为4类。在电泳法分离中，根据在电场中移动的快慢，分为α、前β、β及乳糜微粒四类。在超速离心法分离时，依据密度大小从小到大依次分为乳糜微粒、极低密度脂蛋白（VLDL）、低密度脂蛋白（LDL）和高密度脂蛋白（HDL）。除了这4种脂蛋白，还有中密度脂蛋白（IDL），组成和大小介于VLDL和LDL间，是VLDL的代谢产物。不同脂蛋白的密度、颗粒大小、脂质组成见表1。

代谢过程 ①脂质消化、吸收。外源性的脂质以中性脂肪或甘油三酯的形式存在，在肠道经过消化，变为游离脂肪酸被小肠吸收，同时，食物中的胆固醇通过肠黏膜表面受体运输进入小肠。②乳糜微粒形成、分泌和甘油三酯水解。游离的脂肪酸和胆固醇在肠道重新被酯化，与载脂蛋白组装成乳糜微粒，分泌至淋巴管，再运输至血液。乳糜微粒中的甘油三酯在脂蛋白脂肪酶的作用下

表 1 脂蛋白的类别、理化性质、组成及功能

类别	比重	直径 (nm)	组成（%）	合成部位	功能
乳糜微粒（CM）	<0.96	>70	总胆固醇（7%）、甘油三酯（85%）、磷脂（6%）、载脂蛋白（2%）	小肠壁	转运外源性甘油三酯及胆固醇
极低密度脂蛋白（VLDL）	0.96~1.006	27~70	总胆固醇（19%）、甘油三酯（55%）、磷脂（18%）、载脂蛋白（8%）	肝细胞	转运内源性甘油三酯及胆固醇
中间密度脂蛋白（IDL）	1.006~1.019	22~24	总胆固醇（46%）、甘油三酯（24%）、磷脂（12%）、载脂蛋白（18%）	血浆	转运内源性甘油三酯及胆固醇
低密度脂蛋白（LDL）	1.019~1.063	19~23	总胆固醇（45%）、甘油三酯（10%）、磷脂（22%）、载脂蛋白（23%）	血浆	转运内源性胆固醇
高密度脂蛋白（HDL）	1.063~1.21	4~10	总胆固醇（24%）、甘油三酯（5%）、磷脂（29%）、载脂蛋白（42%）	肝、肠及血浆	逆向转运胆固醇
脂蛋白 (a)	1.04~1.13			肝细胞	运输脂质到末梢细胞内

被水解，释放出甘油和脂肪酸。乳糜微粒的残体被肝脏吸收。乳糜微粒是机体吸收并转运外源性甘油三酯和胆固醇至体内的主要形式。③肝脏 VLDL 合成、分泌和甘油三酯分解，VLDL 代谢为 IDL 和 LDL。在肝脏中，脂肪酸和胆固醇被重新酯化，形成 VLDL 颗粒核心，与载脂蛋白组装成 VLDL 颗粒，释放入血。在肝外组织，VLDL 颗粒中的甘油三酯被脂蛋白脂肪酶水解，代谢为 IDL 和 LDL，后两者进一步被 LDL 受体识别、清除。VLDL 是肝脏向肝外组织输送甘油三酯和胆固醇酯的主要形式。④新生 HDL 合成，成熟 HDL 颗粒形成，与 Apo B 脂蛋白间的脂质转运。肝脏和肠组织生成新生 HDL，接受外周组织的胆固醇，在卵磷脂胆固醇脂酰转移酶（LCAT）的作用下，变为胆固醇酯，HDL 颗粒变为成熟 HDL；生成的胆固醇酯一方面可以经由胆固醇酯转移蛋白（CETP）的作用，转移至 VLDL、LDL 颗粒，另一方面，HDL 可以被 HDL 受体识别、吞噬。HDL 是外周组织胆固醇逆向转运的主要形式（图 1）。

生物学功能 血浆脂蛋白在动物体内脂质的运输方面起重要作用；血浆脂蛋白中的脂质还能与细胞膜的组分相互交换，参与细胞脂质代谢的调节；此外，血浆脂蛋白与动脉粥样硬化性心血管疾病之间有密切关系；低脂蛋白血症和高脂蛋白血症是血浆脂蛋白异常的疾病。

人体脂蛋白代谢的失调可能导致高脂血症或高脂蛋白血症（见高脂血症）。

（陈厚早 张祝琴）

rǔmí wēilì

乳糜微粒（chylomicron, CM）

肠道中由甘油三酯、磷脂、胆固醇及载脂蛋白组成的脂蛋白。其颗粒较大，主要将外源性脂肪酸和胆固醇从肠道运输至体内。

代谢过程 乳糜微粒是在小肠黏膜细胞的光面内质网形成的脂蛋白，首先通过内质网吸收来的脂肪酸及一脂酰甘油为原料合成三脂酰甘油，再进一步与磷脂、胆固醇及载脂蛋白 Apo B48、AⅠ、AⅡ、AⅣ结合形成乳糜微粒，经高尔基体由肠黏膜细胞的质膜分泌至中央乳糜管，再经淋巴管从胸导管进入血液循环。在血液中，乳糜微粒进一步从 HDL 获得 Apo C、E，并将部分 AⅠ、AⅡ、AⅣ

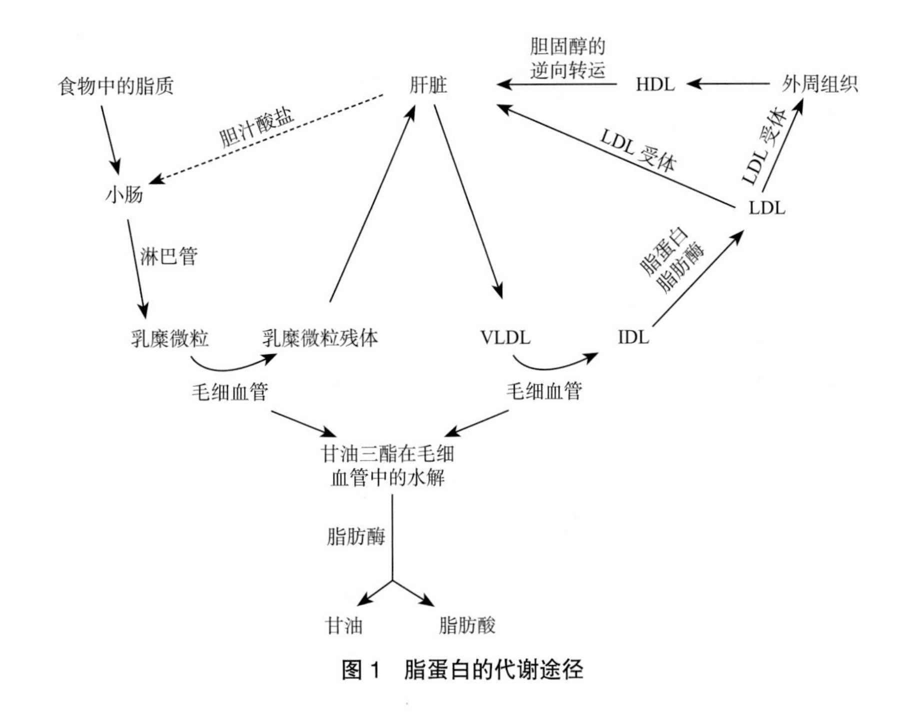

图 1 脂蛋白的代谢途径

转移给HDL，形成成熟的乳糜微粒。Apo CⅡ对于脂蛋白脂肪酶的活性非常重要，乳糜微粒接受Apo CⅡ后，将肌肉、心脏及脂肪等组织中的脂蛋白脂肪酶激活，催化乳糜微粒中的三脂酰甘油水解，不断释出脂肪酸和甘油。乳糜微粒脱脂后变小，成为残余乳糜微粒，最后转变成为含胆固醇酯、Apo B48及Apo E的乳糜微粒残粒，被肝细胞表面的Apo E受体识别并摄取。乳糜微粒的半衰期为5~15分钟。

生物学功能 乳糜微粒是运输外源性脂肪及胆固醇的主要形式。在脂蛋白脂肪酶或Apo CⅡ缺陷或水平降低时，乳糜微粒的降解受阻，可能造成Ⅰ型或Ⅴ型高脂蛋白血症，易引起胰腺炎。

（陈厚早 张祝琴）

gāo mìdù zhī dànbái

高密度脂蛋白（high density lipoprotein, HDL） 血浆中颗粒核心含有胆固醇脂，颗粒表面主要有游离胆固醇、磷脂及Apo AⅠ、AⅡ、C等的脂蛋白。高密度脂蛋白是血液中密度最高、颗粒最小的脂蛋白。

代谢过程 HDL主要由肝脏和肠合成。按照密度和大小，HDL颗粒分为HDL1、HDL2、HDL3及新生HDL。HDL1在摄取高胆固醇膳食时在血液中出现，一般在人血浆中主要含新生HDL、HDL2及HDL3。从肝脏或肠分泌的HDL呈圆盘状，为新生HDL，含有载脂蛋白Apo AⅠ，Apo AⅠ可以作为游离胆固醇的受体，接受外周组织中的胆固醇。在血浆卵磷脂胆固醇脂酰转移酶（LCAT）的作用下，HDL颗粒表面的卵磷脂的2位脂酰基转移给游离胆固醇，生成溶血卵磷脂及胆固醇酯。酯化的胆固醇进入HDL颗粒的核心，使圆盘状的HDL变为膨胀的球状HDL，随着LCAT反复作用，酯化的胆固醇不断增加。在胆固醇酯转运蛋白的作用下，HDL颗粒中的胆固醇酯转移给VLDL及LDL，并从VLDL及LDL获取磷脂、Apo AⅠ、AⅡ。HDL主要在肝中降解，成熟HDL与肝脏的HDL受体结合，被肝细胞摄取和降解。HDL在血浆中的半衰期为3~5天。

生物学功能 HDL促进外周组织中胆固醇的摄取并转运至肝。这种由外周组织向肝转运胆固醇的过程被称为胆固醇的逆向转运。目前研究认为，HDL能够促进机体胆固醇的清除，从而限制动脉粥样硬化的发生、发展。有证据显示高密度脂蛋白胆固醇的含量与动脉粥样硬化斑块呈显著的负相关。因此，HDL是抗动脉粥样硬化的脂蛋白，HDL胆固醇被称为“好胆固醇”。鉴于HDL的有益作用，可以考虑增加HDL胆固醇含量，药物包括烟酸、贝特类。由于CETP促进了胆固醇酯从HDL向VLDL、LDL的转移，因此CETP抑制剂被认为具有潜在的增加HDL胆固醇并降低LDL胆固醇的双重效果，具有有益作用，但临床研究未得出一致性的结论。

（陈厚早 张祝琴）

dī mìdù zhī dànbái

低密度脂蛋白（low density lipoprotein, LDL） 血浆中由胆固醇酯组成，颗粒表面含有磷脂、载脂蛋白的脂蛋白。是VLDL的降解产物，其分子中胆固醇酯的含量高。每个LDL颗粒含有高度的疏水核心、一个单一的载脂蛋白Apo B100分子。LDL在血中的半衰期为2~3天。

代谢过程 LDL的来源包括：①由VLDL代谢转变而来，VLDL脂蛋白在脂蛋白脂酶的作用下失去甘油三酯，颗粒变得更小和更密集，胆固醇酯的比例增高，形成LDL颗粒。②肝脏合成后直接分泌到血液中，LDL是转运肝脏合成的内源性胆固醇至肝外组织的主要形式。当细胞需要额外的胆固醇（超出其内部生产途径）时，细胞产生必要的LDL受体。LDL受体插入细胞膜，与网格蛋白覆盖小窝结合。当LDL受体与血流中的LDL颗粒结合时，网格蛋白小窝内吞进入细胞，形成包含LDL颗粒及LDL受体的囊泡，并传递到内体。在低pH下，LDL受体经历构象变化，释放LDL，LDL被运到溶酶体，被LDL胆固醇酯酶水解，而LDL受体返回细胞膜，重复该循环。PCSK9是前蛋白转化酶，促进LDL受体降解。

生物学功能 人体内胆固醇的总量为100~200g。其中，2/3在体内自行合成，1/3来源食物。低密度脂蛋白和高密度脂蛋白是运送胆固醇的两种主要形式。低密度脂蛋白主要负责将胆固醇从肝脏运送至外周组织，而高密度脂蛋白将外周组织的胆固醇运送回肝脏。体内大部分LDL是通过受体途径被清除的，肝脏是降解LDL的主要器官，其次肾上腺皮质、睾丸、卵巢等组织也具备较强的摄取及降解LDL的能力。当低密度脂蛋白含量较高，尤其是氧化修饰的低密度脂蛋白（ox-LDL）较高时，其携带的胆固醇积存在动脉壁上，随着时间积累会引起动脉粥样硬化，使人体处于患心血管疾病的风险中。因此高LDL是导致动脉粥样硬化形成的主要因素，LDL胆固醇被称为“坏胆固醇”。为了降低LDL胆固醇的危害，在高LDL胆固醇血症患者中，可考虑使用血脂调节药。他汀类药物是一类有效降LDL胆固醇的药物，是当前世界上销量最大的一类处方药，其原理是抑制细胞内胆固醇合成限速酶（HMG-CoA还原酶）的活性，使细胞内胆固醇降低，增加LDL受体水平，通过结合血液中的LDL颗粒，促进其清除，从而降低LDL胆固醇。他汀类药物的缺点是可能导致横纹肌溶解。PCSK9抑制剂（主要是PCSK9的单抗）是当前正在研发中的较有潜力的另外一种降LDL胆固醇的方法。其原理是抑制PCSK9介导的LDL受体的降解，增加LDL受体水平，利用其结合并清除LDL颗粒来降低血浆LDL。

（陈厚早　张祝琴）

jí dī mìdù zhī dànbái

极低密度脂蛋白（very low density lipoprotein, VLDL）　血浆中由甘油三酯、胆固醇、磷脂和载脂蛋白组成的脂蛋白。是体内运输内源性甘油三酯和胆固醇酯的形式，将甘油三酯及胆固醇从肝脏运输至肝外组织。

代谢过程　肝细胞内脂肪酸和胆固醇重新合成甘油三酯或胆固醇酯，并组装成极低密度脂蛋白从肝脏运输至肝外。合成甘油三酯的脂肪酸来源包括肝细胞中由糖转变而来、脂肪动员而来以及乳糜微粒进入肝脏后释放的脂肪酸，胆固醇来自乳糜微粒残粒或由肝脏自身合成。极低密度脂蛋白的载脂蛋白包括Apo AⅠ、Apo AⅣ、Apo B100、Apo C、Apo E等。肝脏合成的VLDL分泌后进入血液，在Apo CⅡ的作用下，激活脂蛋白脂肪酶，水解甘油三酯，释放出的脂肪酸被肝外组织摄取利用。在胆固醇酯转运蛋白作用下，VLDL与HDL进行交换，HDL中的胆固醇酯转移给VLDL，而VLDL中的磷脂、Apo E、Apo C转移给HDL，VLDL变为VLDL残粒。VLDL残粒通过VLDL受体摄入肝脏，或者经中间密度脂蛋白（IDL）而变成低密度脂蛋白（LDL）继续进行代谢。血液中VLDL半衰期为6~12小时。

生物学功能　极低密度脂蛋白是运输内源性甘油三酯、提供肝外组织脂肪来源的主要形式。其携带胆固醇数量相对较少，且直径较大，为30~80nm，不易透过血管内膜，因此，其没有致动脉粥样硬化作用。但是VLDL代谢生成的低密度脂蛋白具有致动脉粥样硬化作用。

（陈厚早　张祝琴）

zǎizhī dànbái

载脂蛋白（apolipoprotein, Apo）　脂蛋白中的蛋白部分。载脂蛋白是血浆脂蛋白中的重要组分，对机体血浆脂蛋白的代谢起重要作用。载脂蛋白具有亲水性和疏水性的双重属性，其中非极性氨基酸构成疏水性的结构域，与脂蛋白颗粒中的脂质成分相互作用，而极性氨基酸构成的亲水性结构域则与血浆中的水性环境相互作用，载脂蛋白的这一属性使得脂类能在血浆中分布和运输。

分类　载脂蛋白可以分A、B、C、E、Lp（a）等多个种类（表1）。每种载脂蛋白可能分布在一种或多种脂蛋白颗粒上，具有一种或多种功能，而每种脂蛋白也可能含有一种或多种载脂蛋白。

ApoA族　主要有Apo AⅠ、Apo AⅡ和Apo AⅣ。Apo AⅠ在A族中含量最多，是构成HDL的主要载脂蛋白。ApoAⅠ的来源包括肝脏和小肠，其功能包括维持HDL结构的稳定与完整，促进胆固醇逆向转运，激活卵磷脂胆固醇脂酰转移酶（LCAT）促进胆固醇酯化，并作为配体被HDL受体识别与结合。Apo AⅡ在HDL中的含量仅次于Apo AⅠ。

Apo B族　包含Apo B48和Apo B100，是由同一基因编码而成的不同产物。肝细胞中为全长的Apo B100，在肠细胞中产物为部分长度的Apo B48，原因是在肠组织中，编码蛋白的氨基酸谷氨酰胺的密码子CAA变成UAA，形成终止密码子——UAA，导致蛋白质的合成提前终止。Apo B100是分子量最大的载脂蛋白，其主要功能是构成VLDL和LDL，并作为LDL受体的配体。Apo B48功能主要是构成乳糜微粒，与运输外源性甘油三酯有关。

表1　载脂蛋白分布与主要功能

载脂蛋白	分布	主要功能
AⅠ	HDL	结合HDL受体、LCAT辅因子激活其活性、参与胆固醇逆转运，与动脉粥样硬化呈负相关
AⅡ	HDL	抑制甘油三酯被肝脂肪酶和VLDL的水解
B100	VLDL,IDL,LDL, Lp(a)	从肝脏分泌进入VLDL颗粒，识别LDL受体
B48		从肠道分泌如乳糜微粒，输运TG
CⅡ	CM,HDL, VLDL	LPL辅因子激活其活性，参与TG转运调节
CⅢ	CM,HDL, VLDL	抑制脂蛋白脂肪酶活性，抑制富含甘油三酯脂蛋白上的Apo E与LDLR结合
E	CM,HDL, VLDL	是乳糜微粒残粒与其受体LRP结合的配体；是VLDL和IDL与LDLR结合的配体
(a)	Lp(a)	抑制纤维溶酶活性，与动脉粥样硬化呈正相关

Apo C 族　包括 CⅠ、CⅡ、CⅢ 3 种亚型，是分子量较小的一类载脂蛋白。合成主要在肝脏和小肠。参与构成脂蛋白，参与维系脂蛋白结构，同时可作为酶的活化剂，如 Apo CI 激活 LCAT，而 Apo CⅡ可激活脂蛋白脂肪酶。

Apo E　来源以肝脏为主，脑、肾、骨骼、肾上腺等组织也可产生 Apo E。主要分布于乳糜微粒、VLDL 及其残粒中。功能：①同 Apo B100 一样，作为 LDL 受体的配体。②作为肝细胞乳糜微粒残粒受体的配体，促进乳糜微粒残粒的摄取。

Apo（a）　主要包含在血浆 LP（a）中。LP（a）是存在于血浆中的脂蛋白，但人群间浓度差异甚大，范围在 0~1000mg/L。Apo（a）主要来源肝脏。Apo（a）的分子结构与纤溶酶原相似，可能与纤溶酶原受体或纤维蛋白大分子结合，从而阻止凝血块被溶解。Apo（a）与 Apo B 参与构成的 LP（a）的脂类部分与 LDL 相似，可以携带胆固醇到血管内膜沉积，促进动脉粥样硬化的形成。现在一般认为，血浆 LP（a）是促进动脉粥样硬化的独立危险因素。

基因结构　除 Apo AⅣ、B、（a）外，载脂蛋白含有一些共同特点：具有 3 个内含子和 4 个外显子；4 个外显子分别为 5' 非翻译区、信号肽编码区、原肽编码区、功能编码区；不同载脂蛋白前 3 个外显子序列高度保守，第 4 个外显子序列差异较大。载脂蛋白经常以成簇的形式排列在基因组中，如 Apo AⅠ/CⅢ/AⅣ基因簇、Apo E/CⅠ/CⅡ基因簇。

生物学功能　载脂蛋白的功能丰富。①促进脂质的结合和转运，并稳定脂蛋白结构。②调节脂蛋白代谢的关键酶，如脂蛋白脂肪酶、卵磷脂胆固醇脂酰转移酶、肝脂肪酶等的活性。③引导血浆脂蛋白同细胞表面受体结合，如 LDL 受体、HDL 受体、Apo B/E 受体。

（陈厚早　张祝琴）

zhīzhì dàixiè

脂质代谢（lipid metabolism）

脂肪和类脂（固醇及其酯、磷脂、糖脂等）在机体特定部位一系列脂质代谢酶的催化下进行合成和分解的过程。包括脂质的消化吸收、甘油三酯代谢、磷脂代谢、胆固醇代谢、血浆脂蛋白代谢等。

甘油三酯是机体重要的能量来源；磷脂是构成生物膜的重要组分，其代谢产物磷脂酰肌醇是第二信使前体。胆固醇除了是细胞膜主要组分外，也是胆汁酸、类固醇激素及维生素 D 等生理活性物质的前体。而脂蛋白代谢是机体维持正常血脂的重要方式。

脂质的消化吸收　食物中的脂质成分（主要是甘油三酯）在胆汁酸以及各类消化酶作用下分解生成甘油、游离脂肪酸及一些不完全水解产物，可被小肠黏膜细胞吸收。随后一部分代谢产物经门静脉入血，一部分在小肠细胞内经甘油一酯途径重新合成脂肪，与载脂蛋白等结合形成乳糜微粒（CM）后经淋巴进入血液循环（见脂类）。

甘油三酯代谢　包括甘油三酯的合成和分解代谢。脂肪是机体的重要能量来源和储存形式，其可由甘油一酯（小肠）和甘油二酯两种途径（肝脏、脂肪组织）产生（见脂肪生成）。甘油三酯水解后可生成甘油和游离脂肪酸，甘油经转化后可经糖代谢途径代谢（见甘油三酯代谢）；游离脂肪酸则进入线粒体通过 β-氧化分解功能（见脂肪酸合成）。此外，脂肪酸 β-氧化时可在肝内生成酮体，运输至肝外组织进行代谢（见酮体）。

磷脂代谢　包括磷脂的合成和分解代谢。磷脂根据其组成基团的不同，可将磷脂分为甘油磷脂和鞘磷脂两类。

甘油磷脂代谢　主要包括以下方面。

合成　人体全身各组织细胞的内质网在甘油磷脂合成酶系的作用下，以甘油、脂酸、磷酸盐、胆碱、丝氨酸、肌醇、ATP、CTP 等为基本原料合成甘油磷脂，其中以肝、肾、肠等组织细胞最活跃。合成的方式有两种，即甘油二酯途径和 CDP- 甘油二酯途径。甘油磷脂合成过程发生在内质网膜外侧，磷脂交换蛋白可促进磷脂在细胞内膜与胞质之间的交换，从而实现膜磷脂的更新。①甘油二酯途径：磷脂酰胆碱及磷脂酰乙醇胺主要通过此途径合成。首先胆碱、乙醇胺分别在胆碱激酶、乙醇胺激酶的催化下，由 ATP 提供能量，合成磷酸胆碱、磷酸乙醇胺。继而在磷酸胆碱胞苷转移酶、磷酸乙醇胺胞苷酰转移酶的催化下，以 CTP 为原料，活化为 CDP- 胆碱和 CDP- 乙醇胺（图 1）。随后活化的 CDP- 乙醇胺和 CDP- 胆碱在转移酶作用下将其胆碱及乙醇胺基团转移至磷脂酸上，生成磷脂酰胆碱（卵磷脂）和磷脂酰乙醇胺（脑磷脂）。② CDP- 甘油二酯途径：磷脂酰肌醇、磷脂酰丝氨酸和心磷脂主要通过该方式合成。磷脂酸由 CTP 提供能量，在磷脂酰胞苷酰转移酶的催化下，生成 CDP- 甘油二酯，之后，在相应合成酶的催化下，继而生成磷脂酰肌醇、磷脂酰丝氨酸以及心磷脂（图 2）。其中 CDP- 甘油二酯是合成这类磷脂的

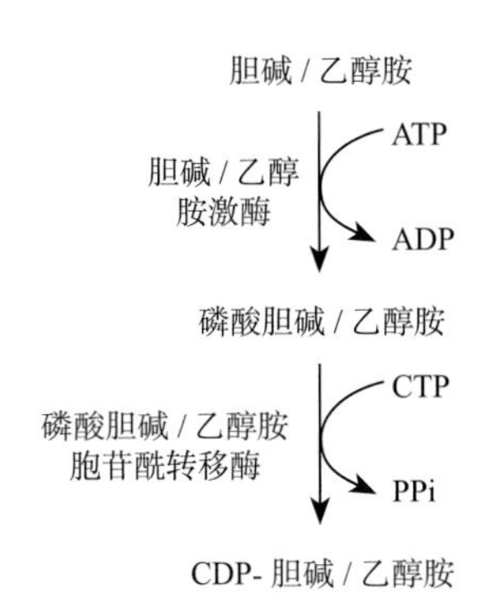

图 1　胆碱、乙醇胺活化过程

直接前体和重要中间物。

降解　磷脂酶（phospholipase，PL）介导的水解反应。磷脂酶广泛分布于生物体内，包括 PLA1、PLA2、PLB1、PLB2、PLC 及 PLD（表 1），分别水解不同酯键，发挥不同生物学功能。

神经鞘磷脂代谢　合成过程分为两步。①鞘氨醇合成：软脂酰 CoA 与 L- 丝氨酸在内质网 3- 酮二氢鞘氨醇合成酶及磷酸吡哆醛的作用下，缩合并脱羧生成 3- 酮基二氢鞘氨醇，再在脱氢酶的催化下生成鞘氨醇，脱下的氢为 FAD 所接受。全身细胞均可合成，主要合成部位在内质网。②神经鞘磷脂合成：鞘氨醇在脂酰转移酶的催化下，其氨基与脂酰 CoA 进行酰胺缩合，生成 N- 脂酰鞘氨醇，后者由 CDP- 胆碱供给磷酸胆碱生成神经鞘磷脂。

组织（脑、肝、肾等）细胞的溶酶体中的神经鞘磷脂酶可以水解神经鞘磷脂的磷酸酯键，生成为磷酸胆碱及 N- 脂酰鞘氨醇。

胆固醇代谢　包括胆固醇的合成代谢和分解代谢。胆固醇是一种环戊烷多氢菲的衍生物，属于类固醇化合物。肝是合成胆固醇的主要场所，占合成总量的 70%~80%，其次为小肠。胆固醇合成部位在胞质及光面内质网。

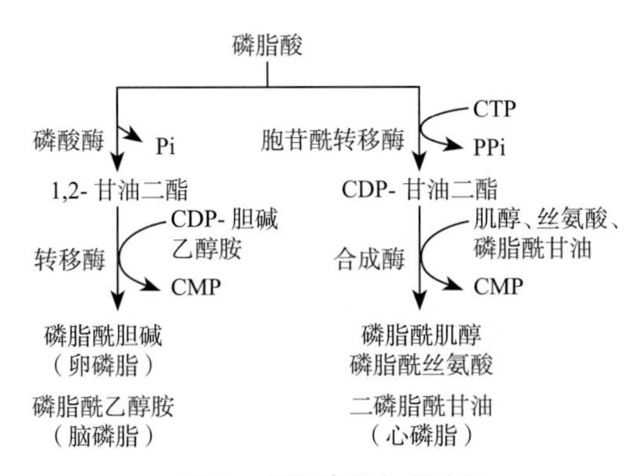

图 2　甘油磷脂合成过程

表 1　磷脂酶种类及代谢产物

名称	水解方式	分布范围	代谢产物
PLA1	甘油磷脂 1' 位酯键	动物组织溶酶体、蛇毒	脂酸、溶血磷脂 2
PLA2	甘油磷脂 2' 位酯键	动物组织细胞膜及线粒体膜	多不饱和脂肪酸、溶血磷脂 1
PLB1	溶血磷脂 1' 位酯键	细胞膜上	甘油磷酸胆碱、甘油磷酸乙醇胺
PLB2	溶血磷脂 2' 位酯键	细胞膜上	甘油磷酸胆碱、甘油磷酸乙醇胺
PLC	3' 位磷酸酯键	细胞膜和某些细菌	甘油二酯、磷酸胆碱、磷酸乙醇胺
PLD	磷酸取代基团间酯键	植物、动物脑组织	磷酸甘油、含氮碱

合成过程复杂，有将近 30 步酶促反应。其中由羟甲基戊二酸单酰 CoA（HMG CoA）还原酶催化，2 分子 NADPH+H^+ 供氢，还原生成甲羟戊酸的过程是胆固醇合成的限速步骤。HMG CoA 还原酶活性具有昼夜节律性，午夜最高，中午最低。此外，该酶活性存在别构调节和修饰调节两种方式。胆固醇合成产物甲羟戊酸、胆固醇及胆固醇氧化产物 7β – 羟胆固醇、25- 羟胆固醇是 HMGCoA 还原酶的别构抑制剂；胞质 cAMP 依赖性蛋白质激酶可使 HMGCoA 还原酶磷酸化丧失活性，磷蛋白磷酸酶可催化磷酸化 HMGCoA 还原酶脱磷酸恢复活性。饥饿或禁食以及激素水平（胰岛素、甲状腺素、胰高血糖素、皮质醇等）均能够影响肝细胞内 HMGCoA 还原酶的活性，从而调节胆固醇的合成。

脂蛋白代谢　脂质不溶于水，在水中呈乳浊状，与载脂蛋白、磷脂等结合生成脂蛋白后在血液中运输（见血浆脂蛋白、载脂蛋白）。脂蛋白的代谢紊乱会导致异常脂蛋白血症，从而引起各类代谢相关性疾病（见血脂异常）。此外，脂蛋白代谢异常还与肿瘤的发生发展密切相关。

脂质代谢的过程，受机体内外因素的共同调控。环境因素、肠道微生物、性激素等相互叠加作用可造成男女性别脂质代谢的不同。作为新兴的交叉方向——脂质代谢组学的发展，为研究脂质代谢调控在各种生命现象中的复杂作用机制提供了思路。

脂质代谢紊乱最典型的临床表现是血脂异常，因而调脂治疗现作为各类代谢相关性疾病的基础疗法。

（陈厚早　张　阳）

zhīzhì dàixiè méi

脂质代谢酶（lipid metabolism enzyme） 催化特异性脂质底物代谢的蛋白质或核糖核酸。脂质代谢酶催化的反应过程具有高效性、特异性以及可调节性，其易受到脂质代谢产物以及各类代谢相关激素（胰岛素、胰高血糖素、甲状腺素等）的别构调节和化学修饰。主要包括脂肪酶、脂质激酶、脂质磷酸酶、脂氧合酶、环氧合酶等。脂质代谢酶的先天性缺陷或功能异常会引起脂质代谢异常，导致疾病的发生（见脂质代谢疾病）。

（陈厚早　张阳）

zhīfáng méi

脂肪酶（lipase） 与催化高级脂肪酸和甘油形成甘油三酯的酯化、转酯和分解过程有关的酶类。自然条件下，脂肪酶催化甘油三酯酯键水解生成游离脂肪酸、甘油及其中间代谢产物甘油二酯和甘油一酯。

分类　脂肪酶广泛存在于动植物和微生物中。人体内存在多种脂肪酶，结构上高度同源。肝脂肪酶由肝实质细胞合成，参与脂蛋白和磷脂的代谢。脂蛋白脂肪酶由脂肪细胞、巨噬细胞、骨骼肌细胞等实质细胞合成和分泌，参与乳糜微粒和极低密度脂蛋白的代谢。胰脂肪酶由胰腺及其周围脂肪组织分泌，经胰管流入十二指肠，参与水解食物中的甘油三酯，与机体血脂高低密切相关。植物中的脂肪酶参与果实的成熟、叶绿素的降解和重新合成。微生物向外分泌脂肪酶，水解环境中的油脂，辅助其脂质摄取、利用。

结构特征　已解析31种生物的上百种脂肪酶蛋白晶体结构，分析发现脂肪酶结构具备两大共同特征：①存在α螺旋/β折叠组成的水解结构域（图1），且大多数含有保守的G–X1–S–X2–G模体结构。②活性中心是由丝氨酸（Ser）、天冬氨酸（Asp）和组氨酸（His）残基共同组成“三联体催化中心”（图2）。正常情况下该中心处于一个或多个α螺旋形成的“盖子”之下。α螺旋疏水

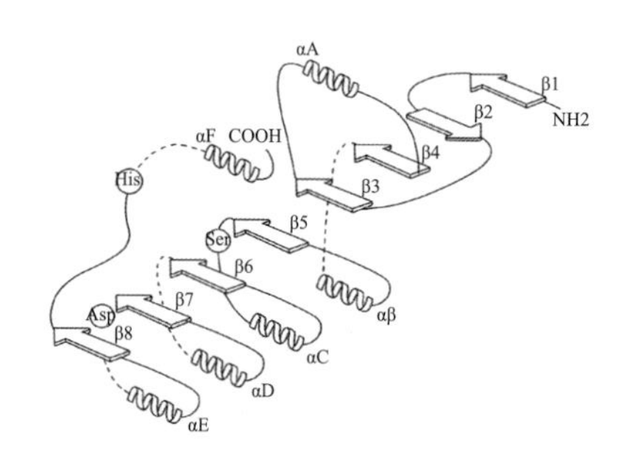

图1　α螺旋/β折叠组成的脂肪酶水解结构域

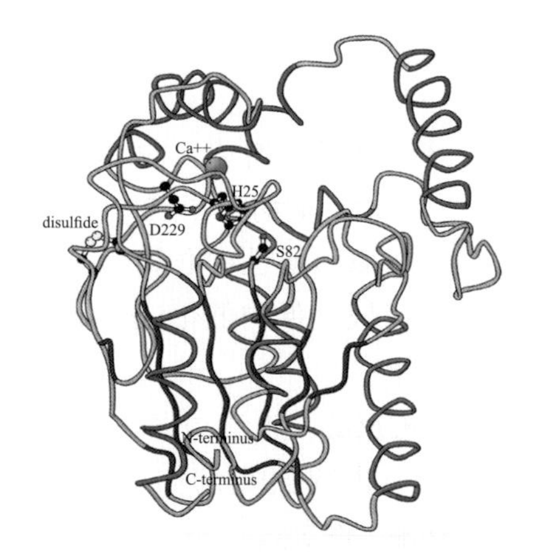

图2　铜绿假单胞菌X射线结构

注：Ser28、Asp229和His251组成“三联体催化中心”。

水解：脂肪酶催化甘油酯生成脂肪酸和甘油

$$R_1\text{-}\overset{O}{\overset{\|}{C}}-O-R_2+H_2O \longleftrightarrow R_1\text{-}\overset{O}{\overset{\|}{C}}-OH+R_2-OH$$

合成

①酯化

酯化：脂肪酶催化脂肪酸与醇生成共价键

$$R_1\text{-}\overset{O}{\overset{\|}{C}}-OH+R_2-OH \longleftrightarrow R_1\text{-}\overset{O}{\overset{\|}{C}}-O-R_2+H_2O$$

酰胺化：脂肪酶催化脂肪酸与胺生成共价键

$$R_1\text{-}\overset{O}{\overset{\|}{C}}-OH+H_2N-R_2 \longleftrightarrow R_1\text{-}\overset{O}{\overset{\|}{C}}-NH\,R_2+H_2O$$

硫酯化：脂肪酶催化脂肪酸与硫醇生成共价键

$$R_1\text{-}\overset{O}{\overset{\|}{C}}-OH+HS-R_2 \longleftrightarrow R_1\text{-}\overset{O}{\overset{\|}{C}}-S-R_2+H_2O$$

②转酯

酸解作用：脂肪酶催化酯与酸相互作用生成新的酯和酸

$$R_1\text{-}\overset{O}{\overset{\|}{C}}-O-R_3+R_2\text{-}\overset{O}{\overset{\|}{C}}-OH \longleftrightarrow R_1\text{-}\overset{O}{\overset{\|}{C}}-OH+R_2\text{-}\overset{O}{\overset{\|}{C}}-O-R_3$$

氨解作用：脂肪酶催化酯与胺剂相互作用生成新酯和胺类化合物

$$R_1\text{-}\overset{O}{\overset{\|}{C}}-O-R_3+R_2\text{-}\overset{O}{\overset{\|}{C}}-NH\,R_4 \longleftrightarrow R_1\text{-}\overset{O}{\overset{\|}{C}}-O-R_4+R_2\text{-}\overset{O}{\overset{\|}{C}}-NH\,R_3$$

醇解作用：脂肪酶催化酯与醇相互作用生成新的酯和醇

$$R_1\text{-}\overset{O}{\overset{\|}{C}}-O-R_3+R_2-OH \longleftrightarrow R_1\text{-}\overset{O}{\overset{\|}{C}}-O-R_2+HO-R_3$$

酯交换作用：脂肪酶催化酯与其他酯相互作用生成新的酯

$$R_1\text{-}\overset{O}{\overset{\|}{C}}-O-R_3+R_2\text{-}\overset{O}{\overset{\|}{C}}-O-R_4 \longleftrightarrow R_1\text{-}\overset{O}{\overset{\|}{C}}-O-R_4+R_2\text{-}\overset{O}{\overset{\|}{C}}-O-R_3$$

图3　脂肪酶参与的催化反应

端与中心的疏水区域相结合，亲水端则暴露在外面，与水分子以氢键连接。该构象下的酶不具备催化活性。当脂肪酶与界面相接触时（界面活化），覆盖在“活性中心”之上的 α 螺旋打开，暴露出疏水残基。增加与油脂的亲和性，从而形成酶-底物复合物。同时，丝氨酸活性中心周围会形成亲电区域，保护催化反应中的中间产物。

合成反应 热动力学有利情况下，可进行合成反应：包括酯化和转酯（图 3）。

不同于其他水解酶，该酶的催化反应是一种非均相体系，即催化过程在油水界面进行，并且只有当底物以微粒、小聚合分散状态或乳化颗粒存在时，才能发挥显著催化作用。

微生物分泌的脂肪酶种类繁多，且增生速度快，具有比动植物更广的 pH、温度适应性以及底物专一性，提取纯度高，因而是工业脂肪酶的重要来源。在食品加工，利用脂肪酶分解油脂可改进食品风味。受污染的环境，如石油泄漏以及饮食业产生的废物，可采用脂肪酶进行生物修复。此外，临床上血清脂肪酶检测可用于诊断急性胰腺炎。

（陈厚早　张　阳）

zhīzhìjīméi

脂质激酶（lipid kinase） 从高能供体分子转移磷酸化基团到脂质的一类酶。在细胞中，脂质激酶能磷酸化细胞膜上或细胞器膜上的脂质，产生传递信号或改变脂质的反应活性及定位。主要包括两种：磷脂酰肌醇激酶（phosphatidylinositol kinases，PIK）和鞘氨醇激酶（sphingosine kinases，SK）。

磷脂酰肌醇激酶 磷酸化磷脂酰肌醇（PI）及其相关产物的一类酶。PI 有 5 个游离的羟基基团，其中 3 号至 5 号位点可以通过不同的结合方式被磷酸化。研究得最为深入的是磷脂酰肌醇 3- 激酶（PI3Ks），它可以磷酸化 PI 的第 3 号位点羟基基团。目前发现了多种 PI3K 家族成员，他们的不同之处在于底物的特异性。根据作用底物的不同可分为三类。Ⅰ类：以磷脂酰肌醇（PI）、磷脂酰肌醇 -4- 磷酸（PIP）、磷脂酰肌醇 -4，5- 二磷酸（PIP2）为底物；Ⅱ类：以磷脂酰肌醇（PI）、磷脂酰肌醇 -4- 单磷酸为底物；Ⅲ类：只磷酸化磷脂酰肌醇（PI）。PI、PIP、PIP2 在 PI3K 作用下可分别生成磷脂酰肌醇 -3- 磷酸、磷脂酰肌醇 -3，4- 二磷酸、磷脂酰肌醇 -3，4，5- 三磷酸（PIP3）。在真核细胞质膜上常含有 PIP 和 PIP2。后者是两个胞内信使肌醇 -1，4，5- 三磷酸（IP3）和二酰甘油（DAG）的前体。PI3Ks 参与细胞增殖分化、胞内外运输以及肿瘤发生、胰岛素抵抗等多种生物学功能的调控。

PI 相关代谢产物的转换过程，与磷脂酰肌醇激酶磷酸激酶（PIPKs）密切相关。PIPKs 可分为Ⅰ型和Ⅱ型，即 PIP5Ks 和 PIP4Ks。PIP5Ks 可磷酸化 PIP 生成 PIP2，PIP4Ks 则可磷酸化磷脂酰肌醇 -5- 磷酸生成 PIP2。

鞘氨醇激酶 鞘氨醇激酶（SK）可催化鞘氨醇（Sph）生成鞘氨醇 -1- 磷酸（S1P）。鞘氨醇属于鞘脂类，为细胞膜组成成分之一。

SK 家族目前发现共有 7 种同工酶，哺乳动物中存在 SK1 和 SK2 两种亚型，分别由基因 *sphk1* 和 *sphk2* 编码。二者的氨基酸序列高度相似（约 80%），结构上具有相同的 C1-C4 区以及羧基端，均分布于胞质中。SK 可被多种生长因子（表皮生长因子、血管内皮生长因子等）以及 G 蛋白偶联受体（GRCP）的配体、溶血卵磷脂等通过翻译后修饰（磷酸化、泛素化等）激活。反应生成的 S1P 既是细胞内信号转导的第二信使分子，也可以分泌到胞外，与 S1P 受体结合（S1PRs，属于 GRCP），进而激活 PI3Ks 和 Ser/Thr 蛋白质激酶等信号通路。参与调节细胞的增生、迁移和侵袭以及介导血管生成、炎症发生、肿瘤的转移和复发等生物学过程。

Sph 在神经合酶作用下可生成神经酰胺（ceramide，Cer），它是细胞增殖的负调控因子，可以抑制细胞增长并且促进细胞凋亡。而 S1P 可促进细胞增殖，SPK-1 的高表达能够抑制 Cer 的产生。S1P、Sph、Cer 三者之间的动态平衡调控着正常细胞的增生和凋亡，被称为“鞘磷脂变阻器”（图 1）。SK 作为变阻器的核心，是潜在的肿瘤药物靶点。

（陈厚早　张　阳）

zhīzhìlínsuānméi

脂质磷酸酶（lipid phosphatase） 能够以脂质为底物进行去磷酸化的酶。通过水解磷酸酯键，将脂质底物分子上的磷酸基团去除，生成磷酸根离子和自由的羟基。与给底物添加磷酸基团的磷

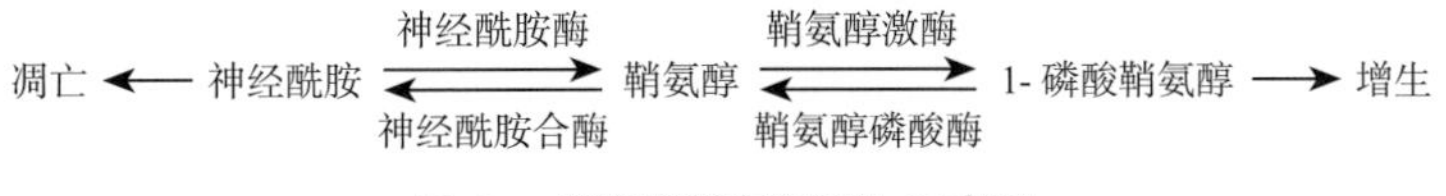

凋亡 ⟵ 神经酰胺 ⇄（神经酰胺酶 / 神经酰胺合酶） 鞘氨醇 ⇄（鞘氨醇激酶 / 鞘氨醇磷酸酶） 1- 磷酸鞘氨醇 ⟶ 增生

图 1　“鞘磷脂变阻器”示意图

酸化酶和激酶作用相反。

脂质磷酸酶主要指磷脂酰肌醇磷酸酶，按照添加磷酸基团的位置分为 1' 磷酸酶、3' 磷酸酶、4' 磷酸酶和 5' 磷酸酶（表 1）。

磷脂酰肌醇 1' 磷酸酶 能够去除 PI 代谢产物中的 1' 位的磷酸基团。人类中由 *INPP1* 基因编码。可去除磷脂酰肌醇 -1，4- 二磷酸和磷脂酰肌醇 -1，3，4- 三磷酸中 1' 位的磷酸基团。研究表明该酶与精神疾病、肿瘤发生等存在关系。

磷脂酰肌醇 3' 磷酸酶 能够去除 PI 代谢产物中的 3' 位的磷酸基团。最重要成员为 PTEN 其由位于 10q23.3 的抑癌基因 *PTEN* 基因编码，是一种双特异性磷酸酶，可使酪氨酸残基和丝 / 苏氨酸残基脱磷酸。*MMAC1*、*TEP1* 与 *PTEN* 为同一基因。PTEN 蛋白由 403 个氨基酸残基组成，结构上包括 N- 端的蛋白质酪氨酸磷酸酶结构域和 C- 端的 C2 结构域、PEST 序列、PDZ 同源结构域结合序列以及一些能够被磷酸化修饰的氨基酸残基，其修饰与 PTEN 活性以及蛋白质稳定性有关。

许多蛋白质存在 PH 结构域，易与磷脂酰肌醇 -3，4，5- 三磷酸（PIP3）和磷脂酰肌醇 -3，4- 二磷酸结合。PI3K 能作用于磷脂酰肌醇 -4，5- 二磷酸（PIP2），生成第二信使 PIP3。含有 PH 结构域的 Akt（一种蛋白质激酶，又称 PKB）具有自抑制作用，与 PIP3 结合后能够打开其活性中心。与此同时，同样具有 PH 结构域的蛋白丝 / 苏氨酸激酶 PDK1 也能与 PIP3 结合，空间上与 Akt 相互靠近，从而磷酸化其开放的活性位点。活化的 Akt 是重要的细胞存活因子，通过磷酸化作用能够抑制促凋亡蛋白（BAD、FKHR、GSK3、IKKs、Caspase-9）的活性。此外，Akt 也可磷酸化 TSC1/2，解除其对 Rheb 的抑制，从而活化 mTOR 通路，进而激活蛋白翻译以及增强细胞生长。而 PTEN 能特异性地作用于 PIP3 第 3' 位磷酸基团，其去磷酸化后转变为 PIP2，减弱 PI3P 的信号转导（图 1）。该转导通路与肿瘤的发生发展、侵袭转移、免疫逃避等密切相关，可作为重要的抗肿瘤药物靶点。

磷脂酰肌醇 4' 磷酸酶 能够去除 PI 代谢产物中的 4' 位的磷酸基团。主要为 INPP4。可分为 Ⅰ 型和 Ⅱ 型，即对应 INPP4A 和 INPP4B。INPP4 催化磷脂酰肌醇 -3，4- 二磷酸 [PI（3，4）P2] 生成磷脂酰肌醇 -3- 磷酸 [PI（3）P]。产物 PI（3）P 也是一种重要的第二信使。INPP4 是一种新的抑癌基因，能够通过 PI3K/Akt 通路负性调控肿瘤细胞增殖。

磷脂酰肌醇 5' 磷酸酶 能够去除 PI 代谢产物中的 5' 位的磷酸基团。目前已发现 10 个哺乳动物和 4 个酵母家族成员。研究最为深入的是 SHIP，它能够去除 PIP3 的 5' 位磷酸基团，生成磷脂酰肌醇 -3，4- 二磷酸即 PI（3，4）P2。如上述，该产物同样能结合 PH 结构域，活化 Akt 及其相关通路。主要存在两种亚型：SHIP1 和 SHIP2。虽然编码基因不同（前者 *INPP5D* 编码，后者 *INPPL1* 编码），但氨基酸序列高度保守，均含有 SH2 结构域。SHIP1 主要分布于造血系统，SHIP2 则全身广

表 1 磷脂酰肌醇 3'、4' 和 5' 磷酸酶鉴别

	基因名称	别称	作用底物	相关疾病
3' 磷酸酶	*PTEN*	MMAC1、TEP1	PI（3,4，5）P3	神经胶质瘤、肝癌等
	Myotubularin 家族		PI(3)P；PI（3,5）P2	X 连锁的肌小管性疾病
4' 磷酸酶	*INNP4*		PI（3，4）P2	急性淋巴细胞白血病
	TMEM55A/B		PI（4,5）P2	神经退行性疾病
5' 磷酸酶	*INPP5B*	5PTase,OCRL2	PI（4,5）P2；PI（3,4，5）P3	眼 - 脑 - 肾综合征
	INPP5D	SHIP1	PI（3,4，5）P3；PI（1,3,4,5）P4	白血病
	INPPL1	SHIP2	PI（3,4，5）P3	糖尿病、肥胖症
	INPP5E	72-5Ptase	PI（3,5）P2；PI（4,5）P2；PI（3,4，5）P3	朱伯特综合征，智力低下
	INPP5G/H	SYNJ1/2	PI（4,5）P2	帕金森病
	INPP5J	PIB5PA、PIPP	PI（4,5）P2；PI（3,4，5）P3	乳腺癌，渗出性葡萄膜炎
	INPP5K	SKIP	PI（4,5）P2；PI（3,4，5）P3	糖尿病
	SACM1L	SAC1	PI（3）P；PI（4）P；PI（3,5）P2	神经退行性疾病
	SAC2	INPP5F	PI（4,5）P2；PI（3,4，5）P3	心肌肥厚
	SAC3	FIG4	PI（3,5）P2	尤尼斯 - 瓦龙（Yunis-Varon）综合征
	OCRL	OCRL1	PI（3,5）P2；PI（4,5）P2；PI（3,4，5）P3	眼 - 脑 - 肾综合征

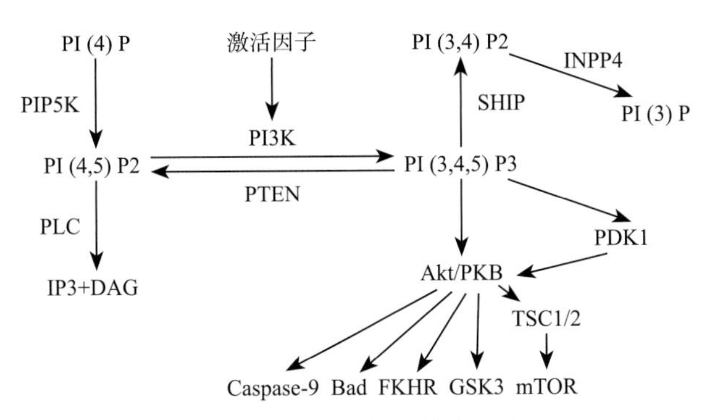

图 1　磷脂酰肌醇相互转化示意图

泛表达。

不同于 PTEN 蛋白，SHIP 去磷酸化 PIP3 生成的 PI（3，4）P2 也是第二信使，同样能够激活 Akt 途径。研究表明，PIP3 和 PI（3，4）P2 的表达水平对于肿瘤的发生和发展同等重要。因此，SHIP 的激活剂和拮抗剂对于杀伤肿瘤细胞均有效（图 1）。

（陈厚早　张　阳）

zhīyǎnghéméi

脂氧合酶（lipoxygenase, LOX）

一类专一催化顺、顺-1，4-戊二烯结构多元不饱和脂肪酸及其相应酯的双加氧反应，并含非血红素铁或锰的加氧酶。底物包括亚油酸（linoleic acid，LA）、亚麻酸（linolenic acid，LeA）、花生四烯酸（arachidonic acid，AA）。在植物中底物主要是 LA 和 LeA，为十八碳酸代谢途径，加氧位置是 C_9 和 C_{13}；动物体内主要底物是 AA，为二十碳酸代谢途径，加氧位置主要为 C_5、C_{12}、C_{15}，也可在 C_8、C_9 和 C_{11} 位上加氧。酶蛋白为单肽链，分子质量范围位于 90000~100000。催化中心与铁离子有关，活化态为氧化型三价铁，非活化态为还原型二价铁。人体根据氧分子加在 AA 上的部位不同，分别被命名为 5-、8-、12-和 15-LOX。

分类　LOX 广泛分布于动物组织器官内，植物中以大豆种子以及马铃薯茎块最为丰富，在藻类、真菌和氰细菌中等均有发现。总共超过 60 个亚型，人类已鉴定的 LOX 亚型有 6 种（表 1），大豆中存在 8 种亚型。

人体内，细胞膜磷脂在 PLA2 作用下释放出 AA。然后 AA 可被 5-、12-、15-LOX 作用生成 HPETE，进一步代谢后生成 LTA4/B4/C4/E4、5HETE、12HETE 和 15HETE（图 1）。

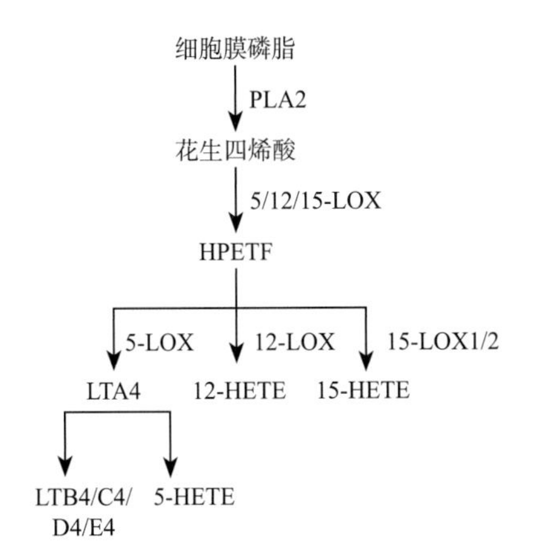

图 1　花生四烯酸代谢途径

注：PLA2 为磷脂酶 A2；LOX 为脂氧合酶；HPETE 为氢过氧二十碳四烯酸；LTA4/B4/C4/D4/E4 为白三烯 A4/B4/C4/D4/E4；HETE 为羟基二十碳四烯酸。

功能　动物体内，LOX 催化生成的底物，能够调控细胞增殖、分化和衰老，影响肿瘤的增生和侵袭，可作为肿瘤药物的设计靶点。在植物中，生长发育、成熟、衰老以及抵御机械伤害和病虫侵染等过程与之密切相关。温度、pH、水分、光照、盐浓度、抑制剂等都会影响 LOX 的活性。食品加工中，由小麦制作的面包因含类胡萝卜素，所以呈淡黄色。而掺入大豆粉后，利用 LOX 对其偶联后进行氧化，可达到生物漂白

表 1　脂氧合酶分类

名称（缩写）	基因	主要底物和产物	组织分布	功能
5-脂氧合酶（5-LOX)	*ALOX5*	AA：5（S）-HPETE，LTA4	单核-巨噬细胞、B 淋巴细胞、肥大细胞	介导炎症
12/15-脂氧合酶（12/15-LOX)	*ALOX15*	AA：15/12（S）-HPETE	网织红细胞、嗜酸性粒细胞	调节炎症
15-脂氧合酶-1（15-LOX-1）	*ALOX15*	LA：13（S）-HPODE	结肠上皮、呼吸道上皮	愈合创伤
血小板型 12-脂氧合酶	*ALOX12*	AA：12（S）-HPETE	血小板、白细胞	调节血小板功能
表皮型 12-脂氧合酶（e12-LOX）	*ALOX12E*		皮肤	细胞分化
15-脂氧合酶-2（15-LOX-2）	*ALOX15B*	AA：15（S）-HPETE	皮肤、前列腺	肿瘤抑制、细胞衰老
12R-脂氧合酶（12R-LOX）	*ALOX12B*	AA：12（R）-HPETE	皮肤、扁桃体	屏障作用
表皮型脂氧合酶-3（eLOX-3）	*ALOXE3*	AA：12（S）-HPETE	皮肤、扁桃体	屏障作用

注：AA 为花生四烯酸；LA 为亚麻酸；HPETE 为氢过氧化二十碳四烯酸；HPODE 为氢过氧化十八碳二烯酸。

的作用，同时也能增加麦类食品的口感。

（陈厚早　张　阳）

huányǎnghéméi

环氧合酶（cyclooxygenase, COX）

催化花生四烯酸（arachidonic acid，AA）氧化合成前列腺素类（prostaglandins，PGs）代谢产物过程的酶。又称前列腺素过氧化物合成酶（PGHs），它存在两种类型：COX-1 和 COX-2。

结构特征　X 射线晶体结构分析证实 COX 由三个彼此独立的折叠单位构成，包括类似于生长因子表面区域的 N- 端、膜结合区和 C- 端酶活性区。COX-1 是一种结构型酶，生理情况下即存在。基因定位于染色体 9q32-q33.3，由 11 个外显子和 10 个内含子组成，mRNA 产物长 2.7kb。COX-2 是一种可诱导型酶。正常情况下，多数组织和细胞中检测不到。炎症因子可刺激细胞 COX-2 大量表达，促使前列腺素类物质生成，引起局部甚至于全身的炎症反应，从而表现为发热和疼痛等症状。表达 COX-2 的基因定位于染色体 1q25.2-q25.3，由 10 个外显子和 9 个内含子组成，mRNA 产物长 4.5kb。两种同工酶均是膜整合蛋白，相对分子量为 71kD，分别含有 599 个和 604 个氨基酸残基，序列同源性高达 65%。

前列腺素类物质合成（图 1）：在多种刺激因素作用下，磷脂酶 A_2（PLA_2）被激活。从而分解膜磷脂生成花生四烯酸。在两种 COX 同工酶作用下，AA 转变为 PGG_2 和 PGH_2。血管内皮细胞中含有前列腺素 I_2（PGI_2）合成酶，能将 PGH_2 转换为 PGI_2，它是一种强内源性血小板抑制剂，可以减少 ADP、胶原等诱导的血小板聚集和释放，并且具有舒张血管作用。PGH_2 血小板内的血栓素 A_2（TXA_2）合成酶的作用下，可生成 TXA_2，该物质能够强烈促进血小板的聚集。血小板产生的 TXA_2 与内皮细胞产生的 PGI_2，二者之间形成的动态平衡，是机体调控血栓形成的重要方式。此外，代谢生成的 PGE_2 具有致炎致痛、保护胃黏膜等作用；$PGF_{2\alpha}$ 能够收缩支气管、血管和子宫。

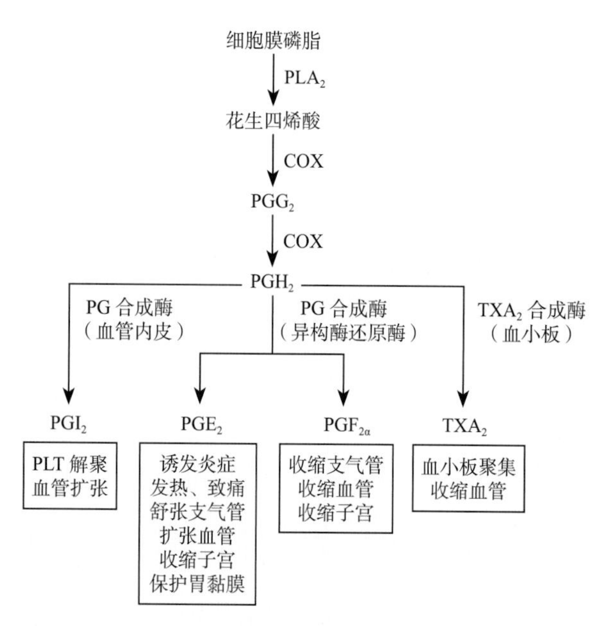

图 1　前列腺素的生物合成

注：COX 为环氧合酶；$PGG_2/H_2/I_2/E_2/F_{2\alpha}$ 为前列腺素 $G_2/H_2/I_2/E_2/F_{2\alpha}$；$TXA_2$ 为血栓素 A_2。

COX 抑制剂　非甾体类抗炎药（NSAIDs）具有解热镇痛、抑制血小板聚集等功能。一般可分为选择性和非选择性两种。非选择性 NSAIDs 除了抑制 COX-2 活性的活性外，同时也抑制 COX-1 的活性，引起 PGs 的生成减少，代表药物是阿司匹林。PGs 可增加胃黏膜血流，促进胃黏液和碳酸氢盐的分泌，从而保护胃黏膜。非选择性 NSAIDs 会导致胃肠黏膜破坏、出血和溃疡。所以改用肠溶片或者选择性 COX-2 抑制剂（如塞来昔布）可以减少胃溃疡发生。

（陈厚早　张　阳）

gānyóusānzhǐ dàixiè

甘油三酯代谢（triglyceride metabolism）

脂肪酸与甘油通过甘油一酯或甘油二酯途径合成甘油三酯（triglycerides，TG）的合成代谢以及储存在脂肪组织中的甘油三酯动员生成游离脂肪酸和甘油，随后运输至组织中氧化利用的分解代谢。

合成代谢　人体摄入的外源性脂类的消化、吸收主要发生在小肠处，在多种脂酶的作用下水解为甘油一酯、甘油和脂肪酸等，可被氧化利用，也可重新合成甘油三酯。内源性脂肪酸的合成过程为以乙酰 CoA 为原料，通过缩合、加氢、脱水、加氢的重复加成反应，合成软脂肪酸并进行延长，脂肪酸合成受代谢产物和激素的调节。外源性食物吸收和内源性合成的脂肪酸，大多以甘油三酯的形式贮存于体内。甘油三酯又俗称脂肪，是机体能量的主要储存形式，是机体重要的能量来源。

甘油三酯的合成原料为甘油及脂肪酸，合成途径包括甘油二酯和甘油一酯途径（见脂肪生成）。甘油三酯的主要合成场所为肝脏、脂肪组织和小肠，其中又以肝脏的合成能力最强。肝细胞不能储存脂肪，需要与Apo B100、Apo C等载脂蛋白和磷脂、胆固醇等结合形成极低密度脂蛋白，分泌入血继而运输至肝外组织进行利用。脂肪组织能储存大量的甘油三酯，故称为“脂库”。

分解代谢 哺乳动物的甘油三酯是以脂滴的形式存在的。当禁食、饥饿或交感神经兴奋时，储存在脂肪细胞中的甘油三酯能够进行脂肪动员，通过激素敏感性脂肪酶的催化，逐步水解生成甘油和游离脂肪酸。甘油进入糖代谢途径分解或参与糖异生；脂肪酸主要进行β-氧化，释放大量能量。脂酸氧化分解生成乙酰CoA既可进入三羧酸循环氧化供能，也可在肝细胞生成酮体。

脂肪酸脱氢可生成不饱和脂酸，但亚油酸（18：2，$\Delta^{9,12}$）、亚麻酸（18：3，$\Delta^{9,12,15}$）等多不饱和脂酸人体不能合成，必须从食物摄取。花生四烯酸等可转变成多种多不饱和脂酸衍生物，如前列腺素、血栓烷、白三烯等具有重要的生理功能。

相关疾病与治疗 血中甘油三酯浓度若超过2.26mol/L，便成为高甘油三酯血症。该病可分为原发性与继发性两种。甘油三酯代谢异常可引起动脉粥样硬化、高血压、肥胖症等多种代谢性疾病。高甘油三酯血症主要治疗药物包括烟酸、贝特类和Ω-3脂肪酸等。

（陈厚早　张　阳）

zhīfángsuān héchéng

脂肪酸合成（fatty acid synthesis）

主要以乙酰CoA为原料，在脂肪酸合成酶系的催化下合成脂肪酸。机体内的脂肪酸大部分来自食物，为外源性脂肪酸，在体内转化后可被机体利用。同时，机体也可以利用代谢转化（糖、蛋白质）生成内源性脂肪酸。脂肪酸的合成反应不是脂肪酸β-氧化的逆过程。

脂肪酸合成酶系催化合成的是软脂酸，更长碳链的脂肪酸需对其进行加工延长。人体由于缺乏Δ^9以上的去饱和酶，不能代谢合成亚油酸（18：2，$\Delta^{9,12}$）、α-亚麻酸（18：3，$\Delta^{9,12,15}$）及花生四烯酸（20：4，$\Delta^{5,8,11,14}$），必须从食物中获得。

软脂酸的合成 葡萄糖代谢生成的乙酰CoA，通过柠檬酸-丙酮酸循环，从线粒体内进入胞质中。在肝、肾、脑、肺、乳腺及脂肪等组织胞质中脂酸合成酶系催化以及ATP、NADPH、HCO_3^-（CO_2）及Mn_2^+等合成原料参与下，合成软脂酸。人体合成脂肪酸的主要场所位于肝脏。其次，利用葡萄糖为原料，脂肪组织也可以合成脂肪酸及脂肪，但脂肪组织主要摄取并储存的仍是由小肠吸收而来的食物中的脂肪酸以及肝脏合成的脂肪酸。

反应分成两步进行，先是合成丙二酰CoA，继而通过重复加成进行碳链延长。

丙二酰CoA的合成　在乙酰CoA羧化酶催化下，乙酰CoA羧化成丙二酰CoA。

乙酰CoA羧化酶是脂肪酸合成的限速酶，该酶存在于胞质中，辅基为生物素，Mn^{2+}为激活剂。

脂肪酸合成　以乙酰CoA及丙二酰CoA作为原料，经过连续7次重复加成反应，可生成十六碳软脂酸。脂肪酸的加成过程在物种间高度保守。大肠埃希菌中，这种加成过程是由7种酶蛋白聚合在一起构成的多酶体系所催化的；而在高等动物，这7种酶活性都在一条多肽链上，属于多功能酶。

通过对软脂酸的加工，碳链得以延长，主要在肝细胞的内质网或线粒体中进行。一般可延长脂酸碳链至24个或26个碳原子，但仍以十八碳硬脂酸居多。

调节 脂肪酸的合成过程主要受底物及激素对限速酶乙酰CoA羧化酶的影响。进食高脂食物以后或饥饿脂肪动员加强时，在肝脏细胞中脂酰CoA增多，可变构抑制乙酰CoA羧化酶，从而抑制机体脂肪酸的合成；而进食糖类后，糖代谢途径增加，相应的NADPH及乙酰CoA供应增多，从而可以促进脂肪酸的合成。此外，胰岛素可诱导乙酰CoA羧化酶的合成，增加脂肪酸的合成。胰高血糖素则通过介导蛋白质激酶A对乙酰CoA羧化酶的磷酸化，降低其活性，进而抑制脂肪酸的合成。肾上腺素、生长激素等也能抑制乙酰CoA羧化酶，参与调控脂肪酸的合成。

（陈厚早　张　阳）

tóngtǐ

酮体（ketone body）

脂酸在肝细胞分解氧化时产生的包括乙酰乙酸、β-羟丁酸和丙酮的特有中间代谢产物。

产生步骤 脂酸β-氧化产生的乙酰CoA，除进入三羧酸循环彻底氧化供能外，也可在肝细胞的线粒体内生成酮体。其过程分为三步：首先，2单位的乙酰CoA在肝细胞线粒体乙酰乙酰硫解酶的催化下，经缩合后生成乙酰乙酰CoA，同时释放出1单位的CoASH。然后，乙酰乙酰CoA在羟甲基戊二酸单酰CoA合酶的催化下，再与1单位的乙酰CoA缩合生成HMG CoA，并释放出1单位的CoASH。最后，HMG CoA

在 HMG CoA 裂解酶的作用下，经裂解后生成乙酰乙酸和乙酰 CoA。乙酰乙酸经线粒体内膜 β-羟丁酸脱氢酶的催化后，能够还原成 β-羟丁酸，该过程中的氢原子由 NADH 提供。部分乙酰乙酸可在乙酰乙酸脱羧酶的催化下脱羧而成丙酮（图 1）。

HMG-CoA 合酶是酮体生成的关键酶。肝细胞本身不能对酮体直接进行氧化，酮体需要透过细胞膜后进入血液中，然后转运至肝外组织进行分解。在肝外组织的线粒体中，β-羟丁酸首先需要在 β-羟丁酸脱氢酶的催化下，脱氢生成乙酰乙酸。乙酰乙酸在琥珀酰 CoA 转硫酶或乙酰乙酸硫激酶作用下生成乙酰乙酰 CoA，继而由乙酰乙酰硫解酶催化生成 2 分子乙酰 CoA。乙酰 CoA 再通过三羧酸循环彻底氧化。丙酮生成量很少，部分经肺、肾排出，部分异生成糖。

临床意义 酮体是肝脏向肝外组织输出能量的重要形式。它具有分子量小、易溶于水的特点，因此能够自由通过血脑屏障、肌组织的毛细血管壁，是脑、肌肉组织的重要能源。糖供应不足时酮体可代替葡萄糖成为脑、肌等组织的主要能源。

在饥饿、高脂、低糖膳食以及存在代谢性疾病（如糖尿病）时，乙酰 CoA 经三羧酸循环代谢过程出现障碍，导致乙酰 CoA 在机体大量蓄积，从而促进脂肪酸氧化，酮体生成增多。此外，胰高血糖素等脂解激素分泌增加时，脂肪动员加强，脂肪酸 β-氧化及酮体生成增多。饱食后，胰岛素分泌增加，会抑制脂解作用，减少脂肪动员，从而抑制酮体生成。

正常情况下，血中仅含少量酮体（0.03~0.5mmol/L）。在严重糖尿病患者，血液中酮体含量显著升高，导致酮症酸中毒。血酮体超过肾阈值代偿时，可出现酮尿。此外，呼吸道排出增加，气体中有特殊的烂苹果味。

（陈厚早　张　阳）

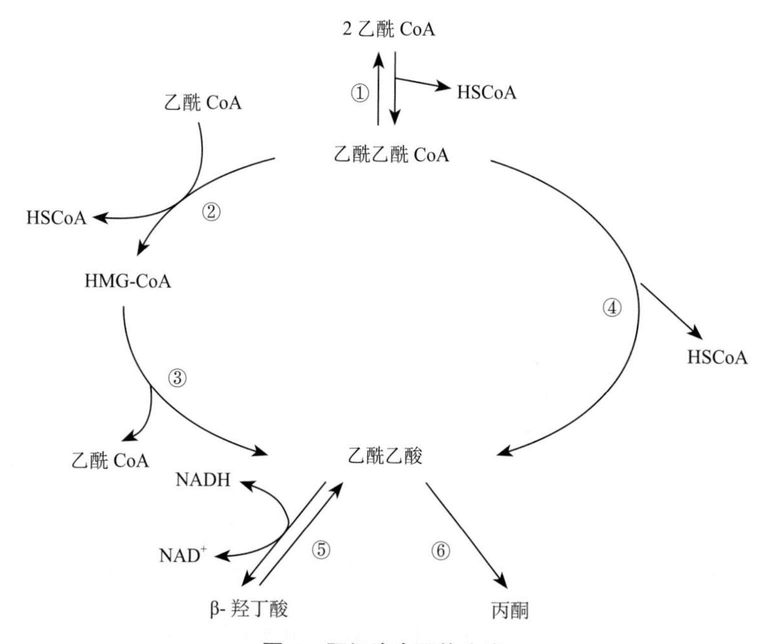

图 1　肝细胞内酮体生成

注：①乙酰乙酰 CoA 硫解酶；② HMG-CoA 合酶；③ HMG-CoA 裂解酶；④乙酰乙酰 CoA 脱酰酶；⑤ β-羟丁酸脱氢酶；⑥乙酰乙酸脱羧酶。

zhīfáng dòngyuán

脂肪动员（fat mobilization）

储存在脂肪细胞中的甘油三酯，被脂肪酶逐步水解为游离脂肪酸（free fatty acid，FFA）和甘油并释放入血，通过血液运输至其他组织氧化利用的过程。

FFA 与血浆清蛋白结合后经血液运输至全身各组织，进行 β-氧化分解，释放大量能量。甘油可溶于水，能够直接运输至肝、肾、肠等组织器官利用。其中，肝细胞的甘油激酶活性最高，因此脂肪动员产生的甘油主要被肝脏摄取利用。

代谢调控 肾上腺素、胰高血糖素、促肾上腺皮质激素及促甲状腺激素能够促进脂肪动员，被称为脂解激素；胰岛素、前列腺素 E_2 能抑制脂肪动员，被称为抗脂解激素。进食 16~24 小时后，主要依赖糖异生补充血糖，脂肪组织适度动员。随着饥饿状态持续延长，脂肪动员会增强。禁食、饥饿或应激时，脂解激素分泌增加，作用于脂肪细胞膜表面受体，激活腺苷酸环化酶，促进 cAMP 合成，激活依赖 cAMP 的蛋白质激酶，使胞质内甘油三酯脂酶磷酸化而活化，甘油三酯被水解为甘油、游离脂肪酸及其中间代谢产物。其中甘油三酯生成甘油二酯是脂肪动员的限速步骤，催化该步骤的脂酶活性受多种激素的调控，因此被称为激素敏感性脂肪酶。

除了激素外，脂肪动员和氧化利用很多调节通路，如兴奋性 G 蛋白偶联受体（G_s）通路、抑制性 G 蛋白偶联受体（G_i）通路、钠尿肽通路、酪氨酸激酶受体通路等。脂肪甘油三酯酶也能催化甘油三酯水解成甘油二酯。ATGL 的表达水平受机体营养状况和激素调节的影响。CGI-58 属于脂酶以及硫脂酶家族成员，是一种活化剂，并不直接参与脂肪动员，可以激活甘油三酯酶的活性。与脂肪动员相关的还有脂滴包被蛋白，在脂滴表面形成一个屏障，阻止脂肪酶与甘油三酯接触，当脂滴包被蛋白被蛋白质激酶 A（PKA）磷酸化后，脂滴会发生结构重组，通过甘油三酯与脂肪酶结合后，甘油三酯可被水解。另外，脂滴包被蛋白被磷酸化后，还可导致 CGI-58 的释放。

运动可通过神经、激素以及循环系统经上述通路对脂肪的动员和氧化利用发挥调节作用。运动的强度、时间可对脂肪动员产生不同的影响。低强度长程运动状态下，机体内血糖浓度下降，胰岛素下降，对脂解的抑制能力减弱，脂肪动员能力增强。随着运动时间和强度的增加，胰岛素对脂解的抑制能力减弱，脂解能力随之增强。高强度下运动时，乳酸堆积，可抑制脂肪水解。长期有氧耐力训练，不仅能增强脂肪动员能力，提高脂肪分解和氧化供能，而且提高了运动后甘油三酯的贮存及恢复能力。

临床意义 若脂肪动员和氧化利用发生障碍，不仅会影响机体的能量供应,还可导致高脂血症、肥胖及胰岛素抵抗等代谢综合征发生。

（陈厚早 张 阳）

zhīfáng shēngchéng

脂肪生成（lipogenesis） 以甘油和脂肪酸为合成原料，生成甘油三酯的过程。它是机体能量的重要来源和储存形式。其合成部位在肝、脂肪组织及小肠的细胞胞质中，且肝的合成能力最强。

甘油三酯合成和运输共同过程为脂肪酸在脂酰 CoA 合酶的催化下活化成脂酰 CoA。随后，可以分为甘油二酯途径和甘油一酯途径。

甘油二酯途径 是肝组织细胞合成甘油三酯的主要途径。首先，在脂酰 CoA 转移酶催化下，糖酵解过程中生成的甘油 -3- 磷酸与 2 单位的脂酰 CoA 反应，生成磷脂酸。磷脂酸可在磷脂酸磷酸酶的催化下，经水解后脱去磷酸基团，生成 1，2- 甘油二酯；随后在脂酰 CoA 转移酶的作用下，通过加成 1 单位的脂酰基生成甘油三酯。

肝细胞是甘油三酯的重要合成器官，但不能储存甘油三酯。甘油三酯在肝细胞内质网合成后，需要与 Apo B100、Apo C 等载脂蛋白及磷脂、胆固醇等组装成极低密度脂蛋白（VLDL），分泌入血，然后运输至肝外组织进行存储。如果甘油三酯生成 VLDL 途径发生障碍，导致甘油三酯以脂滴形式在肝细胞内蓄积，此时可出现脂肪肝。

脂肪组织有两种主要途径生成甘油三酯。一方面，脂肪组织可直接水解食物源性乳糜微粒甘油三酯（CM-TG）和肝合成的极低密度脂蛋白甘油三酯（VLDL-TG），对其直接摄入。另一方面，以葡萄糖分解代谢的中间产物为原料经由甘油二酯途径合成甘油三酯。脂肪细胞是机体的“脂库”，可大量储存甘油三酯。当机体需要能量时，储存的甘油三酯便通过脂肪动员，生成游离脂肪酸和甘油，释放入血，供机体利用。

甘油一酯途径 小肠黏膜细胞合成甘油三酯的主要途径。食物中脂质的消化产物长链脂酸及 2'- 甘油一酯被吸收入肠黏膜细胞，在光面内质网脂酰 CoA 转移酶的催化下，由 ATP 供给能量，结合 1 单位的甘油一酯加上 2 单位的脂酰 CoA 合成甘油三酯。小肠黏膜细胞合成的甘油三酯，与粗面内质网合成的 Apo B48、Apo C、Apo A Ⅰ、Apo A Ⅳ等以及磷脂、胆固醇结合成乳糜微粒（CM），经淋巴进入血液循环。

肝、肾等组织含有甘油激酶，可催化游离甘油磷酸化而生成甘油 -3- 磷酸，供甘油三酯合成。但脂肪细胞缺乏甘油激酶，不能直接利用甘油合成甘油三酯。

血中甘油三酯的水平应保持在 0.56~1.7mmol/L。TG 增高人群主要见于家族性高甘油三酯血症、家族性混合性高脂血症、冠心病、动脉粥样硬化、糖尿病、肥胖、肾病综合征、甲状腺功能减低症、胆道梗阻、糖原贮积症、急性胰腺炎等疾病和妊娠、酗酒。人类目前由于饮食状况及生活方式等的改变，越来越多出现 TG 增高现象，因此适度改进饮食、增强运动、增加脂肪动员、促进脂肪代谢是治疗的关键。

（陈厚早 张阳）

zhīzhì dàixiè wěnluàn

脂质代谢紊乱（disorders of lipid metabolism） 先天性或获得性因素造成的血液及其他组织器官中脂质及其代谢产物质和量的异常而引起的疾病。脂质的代谢，包括脂类在小肠内消化、吸收，经脂蛋白转运由淋巴系统进入血液循环，然后进行肝脏转化，最终储存于脂肪组织，在机体需要时被组织利用。脂质代谢受遗传因素影响以及神经、体液等的调节。当上述途径发生异常时，可造成脂代谢紊乱和有关器官的病理生理变化，如高脂血症（血脂异常）、脂肪肝、肥胖症等。

先天性（原发性）脂质代谢

异常 基因突变、插入或缺失引起的遗传性脂质代谢异常。包括原发性高脂血症、原发性遗传性低脂血症、原发性高密度脂蛋白代谢异常、其他罕见原发性脂质异常。

原发性高脂血症 主要分类见血脂异常表2。其中以家族性高胆固醇血症最为常见。该病是常染色体的显性遗传病，由LDL受体基因突变引起。导致受体与脂蛋白配体的结合发生障碍，脂蛋白内吞入胞受阻。破坏了依赖LDL受体清除的脂蛋白分解途径，主要为Apo B100为配体的LDL和Apo E为配体的IDL。血浆中大量的胆固醇潴留，引起动脉粥样硬化和黄色瘤。

原发性遗传性低脂血症 主要包括两种：家族性低β脂蛋白血症和无β脂蛋白血症。前者为Apo B100基因突变导致的常染色体显性遗传病，表现为血浆中TC和LDL偏低；后者由微粒体甘油三酯转运蛋白缺乏导致的常染色体隐性遗传病，表现为CM合成受损以及Apo B脂蛋白完全缺失。

原发性高密度脂蛋白代谢异常 主要包括家族性低α脂蛋白血症、胆固醇酯转移蛋白缺乏症、胆固醇酯酰基转移酶缺乏症以及Tangier病。家族性低α脂蛋白血症最为常见，与Apo AⅠ/Apo CⅢ/Apo AⅣ基因位点的删除或重排引起的Apo AⅠ缺乏有关。

其他罕见原发性脂质异常 包括肝脂酶缺乏症、脑腱黄瘤病、溶酶体酸性酯酶缺乏症、家族性孤立性维生素E缺乏症。

获得性（继发性）脂质代谢异常 许多代谢病、药物使用以及酒精摄入等可以影响血脂代谢（表1）。最常见的是糖尿病、甲状腺功能减退症、肾病综合征以及酒精摄入。

表1 引起继发性脂质代谢异常的因素

内分泌性	非内分泌性
糖尿病	乙醇
甲状腺功能减退症	肾病综合征
垂体功能低下	尿毒症
肢端肥大症	胆道梗阻或胆汁淤积
神经性厌食	急性肝炎
脂质营养不良	副蛋白血症
雌激素、糖皮质激素治疗	蛋白酶抑制剂

甲状腺功能减退症 甲状腺素能促进脂肪动员，加快脂肪分解。甲状腺功能减退时，LDL受体表达减少，LDL升高。此外，脂蛋白脂肪酶的活性降低，TG水平升高。

肾脏综合征 低蛋白血症引起肝脏对胆固醇、甘油三酯及脂蛋白的合成增加。其次，肾病综合征时脂蛋白酯酶活性降低，致使脂质清除障碍。从而引起TC、VLDL、LDL、TG、Apo B和Lp（a）均升高。

脂质代谢疾病的分子诊断主要是血脂检测。治疗主要是饮食干预、运动锻炼和降脂药物治疗。

（陈厚早 张 阳）

xuèzhī yìcháng

血脂异常（dyslipidemia）

血液中脂质代谢或转运异常导致血浆中血脂水平过高。又称为高脂血症（hyperlipidemia）。通常指血浆中胆固醇或甘油三酯（TG）升高或两者兼有（混合性）。此外，广义上的血脂异常也包括低高密度脂蛋白血症。血浆中所含的脂质统称为血脂，包括甘油三酯、磷脂、胆固醇及其酯，以及游离脂肪酸等。其分外源性和内源性两条生成途径：前者主要从食物中摄取入血；后者由肝脏、脂肪细胞及其他组织合成以及脂肪动员释放入血。血脂容易受年龄、性别、职业以及代谢等环境和生理因素影响，在一定范围内出现波动。

分型 血液中的胆固醇和TG必须与载脂蛋白（Apo）结合形成脂蛋白后才能运输至组织中代谢。在1967年，国际上根据脂蛋白迁移率的不同建立了一套脂蛋白分类体系。从而高脂血症概念转化为高脂蛋白血症。脂蛋白的代谢紊乱会导致异常脂蛋白血症，与血脂异常属同一概念，前者学术定义更为准确。

血脂异常可分为原发性和继发性两类。原发性血脂异常的发病原因不明，部分已被证明为遗传性疾病。继发性血脂异常通常继发于其他疾病，如糖尿病、肾病和甲状腺功能减退等。血脂异常是心血管疾病重要的危险因素，如家族性高胆固醇血症极易合并早发性心管管疾病，可出现位于皮肤、肌腱、眼部的脂质沉积（黄色瘤）。此外，1970年，世界卫生组织按照异常脂蛋白血症的表型又将其分为六类（表1）。随着分子生物学的发展，血脂异常的分型深入到了基因水平，家族性高脂血症存在单一或多个遗传基因缺陷（表2）。

发病分子机制 血脂异常可促进动脉粥样硬化发生和发展，从而影响心血管疾病结局。其中低密度脂蛋白（LDL）是主要致病因子。循环中的胆固醇增多时，若合并有内皮受损，血管通透性增加。此时LDL容易与细胞外基质中的蛋白多糖结合，造成内膜下“脂质沉积”。沉积的LDL能被氧化修饰形成氧化型LDL（oxLDL）。在oxLDL和其他炎性组分作用下，能刺激血管壁细胞内的炎症反应以及白细胞募集，

表 1　脂蛋白异常表型分类（世界卫生组织，1970）

表型	血浆 4℃过夜外观	TC	TG	CM	VLDL	LDL	备注
Ⅰ	奶油上层，下层混浊	↑→	↑↑	↑↑	↑↑	↑→	易发胰腺炎
Ⅱa	透明	↑↑	→	→	→	↑↑	易发冠心病
Ⅱb	透明	↑↑	↑↑	→	↑	↑	易发冠心病
Ⅲ	奶油上层，下层混浊	↑↑	↑↑	↑	↑	↓	易发冠心病
Ⅳ	混浊	↑→	↑↑	→	↑↑	→	易发冠心病
Ⅴ	奶油上层，下层混浊	↑	↑↑	↑↑	↑	↓→	易发胰腺炎

表 2　家族性高脂血症分型

疾病名称	血清 TC 浓度	血清 TG 浓度
家族高胆固醇血症	中至重度升高	正常或轻度升高
家族性 Apo B 缺陷症	中至重度升高	正常或轻度升高
家族性混合型高脂血症	中度升高	中度升高
家族性异常 β 脂蛋白血症	中至重度升高	中至重度升高
多基因家族性高胆固醇血症	轻至中度升高	正常或轻度升高
家族性脂蛋白（a）血症	正常或升高	正常或升高
家族性高甘油三酯血症	正常	中至重度升高

随后导致斑块形成。

分子诊断　主要是检测血脂。影像学检查有助于识别无症状阶段的早期动脉粥样硬化病，进行危险分层，从而实现更优的临床管理。

管理　对于心血管疾病患者或高危人群，血脂管理首选生活干预，控制饮食，加强锻炼。生活干预效果不满意时，可采取药物治疗，常用的降脂药包括他汀类、贝特类、烟酸、胆酸螯合剂、胆固醇吸收抑制剂及 Ω-3 脂肪酸复合物六大类。

（陈厚早　张　阳）

zhīfáng gān

脂肪肝（fatty liver）　由于各种原因引起的肝细胞内脂肪堆积过多的病变。病理学定义为肝内脂肪含量超过肝湿重的 5%，或肝活检证实 30% 以上的肝细胞内存在脂肪变性且弥漫分布于全肝。临床上所说的脂肪性肝病（fatty liver disease），是一组以肝细胞大泡性脂肪变为病理特征，并可进展为脂肪性肝炎和肝硬化的异质性疾病。

分类　脂肪肝可分为酒精性脂肪肝病、非酒精性脂肪肝病以及特殊原因所致脂肪肝三大类型。按具体发病原因（表 1）可以分为酒精性脂肪肝和非酒精性脂肪肝，后者按照病种划分包括肥胖型脂肪肝、营养不良性脂肪肝、糖尿病脂肪肝、药物性脂肪肝、妊娠期急性脂肪肝等，按照致病原因又可以分为遗传、代谢、药物、毒物等。

按病理学改变又可分为单纯性脂肪肝、脂肪性肝炎、脂肪性肝纤维化和脂肪性肝硬化。单纯性脂肪肝诊断依据为低倍镜下视野内 30% 以上的肝细胞仅有脂肪变性，无其他明显炎症、纤维化和坏死等组织学改变。脂肪性肝炎则包括三部分：①肝细胞大泡性或大泡性为主的混合性脂肪变性；②肝细胞气球样变，可伴不同程度坏死；③小叶内中性粒细胞为主的混合性炎症细胞浸润。在脂肪变性、小叶炎症细胞浸润基础上，疾病进展可出现肝内结缔组织增生（纤维化）甚至假小叶形成（肝硬化）。

发病分子机制　在酒精性和非酒精性因素导致的肝脏从脂肪变性到脂肪性肝炎、出现纤维化硬化的病变过程中，存在着诸多共同的机制。经典的“二次打击学说”，其核心是脂肪变性和氧化损伤。初次打击引起肝脏中脂肪堆积，二次打击促使出现炎症坏死和纤维化。线粒体是脂肪酸氧化和活性氧产生的主要部位，各种病因均会引起活性氧的产生增加，损伤线粒体功能，引起细胞膜通过性改变，抑制代谢相关酶的活性，出现脂肪沉积。如果机体胰岛素抵抗存在，激素敏感性脂肪酶受抑制，脂肪分解增加，产生过多游离脂肪酸会造成肝细胞毒性。当超过线粒体 β-氧化负荷功能时，游离脂肪酸容易在肝脏内蓄积，加重脂肪变性。氧化应激持续存在，脂质过氧化、线粒体功能障碍、内质网应激、

表 1　脂肪肝病因分类

病因	
酒精性	
非酒精性	
代谢因素	肥胖、糖尿病、高脂血症、多囊卵巢综合征
遗传 / 代谢疾病	脂质营养不良、威尔逊（Wilson）病、线粒体疾病
药物	甲氨蝶呤、胺碘酮、他莫昔芬
毒物	四氯化碳、氯乙烯、溴乙烯、石油的衍生物
其他	胃肠外营养和营养不良、妊娠等

脂肪细胞因子等介导的炎症坏死产生二次打击。

诊断 依赖影像学检查和肝组织活检。

治疗 主要是控制危险因素，采用运动方式及降脂药物等对症治疗。

（陈厚早 张 阳）

yàowù xìng zhīfáng gān

药物性脂肪肝（drug-induced fatty liver） 由药物本身或其代谢产物引起的肝细胞内脂质代谢紊乱，造成肝细胞内脂肪堆积，使其发生脂肪变性的疾病。属于药物性肝损害的重要形式。

病理 分为微泡性脂肪肝和大泡性脂肪肝两种类型。

病因 药物的代谢和清除主要通过肝脏的生物转化和胆汁分泌途径完成。生物转化主要涉及Ⅰ相反应（氧化、还原和水解反应）和Ⅱ相反应（结合反应）。已知全球有1100多种上市药物具有潜在肝毒性，约占所有药物不良反应的6%。引起脂肪肝的常见药物包括四环素、糖皮质激素、四氯化碳、甲氨蝶呤、异丙醇等。

发病分子机制 药物引起肝内脂肪堆积主要存在以下4条途径：外周组织向肝内转运游离脂肪酸增加，肝细胞本身合成脂质增加，甘油三酯合成增加和/或转运入血减少，游离脂肪酸氧化利用降低。如干扰素、他莫昔芬等可以激活脂质合成的转录因子，促进肝细胞脂质；胺碘酮、四环素等能抑制VLDL的分泌，引起甘油三酯向外转运减少。部分药物存在多种机制同时参与，糖皮质可抑制线粒体β-氧化，同时也可降低肝细胞内甘油三酯的分泌。

线粒体是重要的代谢场所，药物可通过多种途径损伤其功能。脂肪酸β-氧化功能障碍是引起药物性脂肪肝的核心环节。部分药物可直接抑制脂肪酸代谢酶，降低其反应活性。或者干扰呼吸链，减少ATP和NADH的供应；以及损伤线粒体DNA，造成氧化过程中代谢酶的合成受损。进入线粒体内的脂肪酸不能被正常氧化，造成游离脂肪酸和甘油三酯的堆积，导致肝组织微泡性脂肪变。此外，遗传多态性、营养状况、年龄、性别以及环境因素等在疾病发生、发展过程中发挥了重要作用。

分子诊断 主要包括血脂测定，肝功能检测（ALT、AST、胆红素等）。确诊有赖于影像学检查和肝组织活检。

治疗 尚无特殊治疗手段，主要是去除病因及诱因，停用致病药物，使用调脂药和护肝药物以及支持对症治疗。

（陈厚早 张阳）

jiǔjīng xìng zhīfáng gān

酒精性脂肪肝（alcoholic fatty liver disease, AFLD） 长期饮酒所致的以肝细胞内脂肪过度沉积为主要特征的疾病。大部分人群饮酒量为少到中量，然而有一部分人过度依赖酒精（酒精成瘾），造成了酗酒性疾病或酒精依赖性疾病。酒精为损肝毒物，酒精对肝脏的影响与其剂量和饮用时长相关。其组织学上，存在不同阶段，包括肝脂肪变性或脂肪肝、急性酒精性肝炎、慢性肝炎、肝纤维化和肝硬化。酒精诱导的肝损害和慢性乙肝、丙肝相关的肝损害存在相互作用。

发病分子机制 在人体，乙醇以单纯扩散的方式从胃肠道吸收，其主要代谢场所为肝脏。首先在肝细胞质中经乙醇脱氢酶（ADH）作用形成乙醛，伴随着NAD转化为NADH。细胞色素P4502E1（CYP2E1）和过氧化氢酶，也可分别在过氧化物酶体和微粒体中将其转化为乙醛。然后，在肝细胞线粒体内，乙醛在乙醛脱氢酶（ALDH）作用下氧化为乙酸。最后，乙酸释放入血，在外周组织转化为CO_2和水。

ADH和ALDH的基因多态性影响乙醛的产生和代谢速率，决定了乙醇毒性的大小。目前发现有8种ADH同工酶和4种ALDH同工酶。例如ADH1B编码的ADH1B*2活性比ADH1B*1的活性高40倍，导致乙醇代谢增加，体内乙醛积聚，从而出现饮酒后面部潮红、心动过速、恶心和呕吐等症状。

此外，长期的乙醇摄入可从多个水平引起线粒体功能障碍。超氧化物歧化酶的活性降低，进而活性氧产生增加，生物产能、DNA以及蛋白合成受损。目前也有研究发现细胞因子和免疫系统也参与AFLD的发生和发展。

临床表现 乙醇导致的肝损害逐渐发展为肝硬化，最终可发展为肝癌。每天超过60g的饮酒，大约90%的人群会发展为肝脏脂肪变性。单纯的脂肪肝是没有症状的，这时脂肪主要位于肝脏的中央静脉周围以及肝小叶中心区，早期阶段的脂肪肝是可以逆转的。脂肪浸润加重向周围组织蔓延时，一部分患者会出现肝纤维化和纤维蛋白沉积。在此过程中，可能出现肝脏的瘢痕修复，肝内大小结节形成，即医学上通常认为的肝硬化，酒精性肝病进展达到顶峰。其疾病表现，从最开始的肝脏增大，到永久性肝细胞衰竭以及门静脉高压。需要强调的是人群具有异质性，不同个体对酒精的敏感程度不一样，重度饮酒个体只有10%~35%发展为酒精性肝炎，8%~20% 发展为肝硬化。

分子诊断　主要是检测肝功能、血脂。

治疗　主要治疗手段是戒酒和营养支持以及针对不同疾病阶段采取对症治疗。甘草酸制剂、水飞蓟素类、多烯磷脂酰胆碱和还原型谷胱甘肽等药物有不同程度的抗氧化、抗炎、保护肝细胞膜及细胞器等作用，临床上可用于改善肝脏生物化学指标。

（陈厚早　张　阳）

rènshēn qī jíxìng zhīfáng gān

妊娠期急性脂肪肝（acute fatty liver of pregnancy, AFLP）

妊娠晚期发生的以肝细胞脂肪浸润、肝功能衰竭和肝性脑病为特征的致命性少见疾病。又称产科急性假性黄色肝萎缩、妊娠特发性脂肪肝等。孕妇发病率为 1/7270~1/13000，多见于青年初产妇，尤其是双胎及男胎。起病急骤，可迅速引起孕妇急性肝功能衰竭，甚至死亡。

病理　发现肝脏总体结构并无变化，特征性改变是肝细胞内的微泡型脂肪浸润、肿胀。胞质呈现泡沫状，细小的脂肪环绕细胞核分布。组织切片可有胆汁淤积，可伴有炎症，容易误诊为肝炎。电镜下可见肝细胞内的脂肪小滴，线粒体大小和形态均发生改变。

发病分子机制　尚不明确。目前已经确定 AFLP 与线粒体三功能蛋白缺陷引起的线粒体脂肪酸 β－氧化功能紊乱有关。线粒体三功能蛋白位于线粒体内膜，由 4 个 α 亚基和 4 个 β 亚基组成的异八聚体，是介导 β－氧化的关键酶。长链 3–羟酰基辅酶 A 脱氢酶（LCHAD）是其 α 亚基的重要组分。当母亲是线粒体三功能蛋白缺陷的杂合子时，其氧化长链脂肪酸的能力下降。其次，妊娠期脂质代谢增加以及胎儿编码 *LCHAD* 基因的 G1528C 突变时，母体循环会持续累积有潜在毒性的长链脂肪酸，继而发生线粒体功能紊乱，出现肝脏脂肪变性。除遗传因素影响外，妊娠期病毒感染、药物、高血压疾病等因素对线粒体脂肪酸氧化的损害也可能与之有关。此外，据报道，肉毒碱棕榈酰转移酶 I 与 AFLP 发生相关。

治疗　一旦发生 AFLP，应按产科急症进行处理。适时终止妊娠，有力的对症支持治疗可明显改善预后，部分晚期肝衰竭患者可以考虑肝移植。产前遗传筛查、早期诊断和治疗、既往 AFLP 患者再次妊娠时密切观察随访、及时终止妊娠，可降低母亲和胎儿死亡率。

（陈厚早　张　阳）

féipàng

肥胖（obesity）

由多因素引起的体内脂肪堆积过多和 / 或分布异常，常伴有体重增加、腹部脂肪过多积聚的慢性代谢性疾病。肥胖是一种症状，疾病时通常使用肥胖症这一专业术语。2005 年世界卫生组织指出，目前全球 15 岁以上成年人大约有 1/4 的人口超重，成人肥胖至少达 4 亿。5 岁以下儿童中，至少 2000 万人肥胖。肥胖可以导致一系列并发症或相关疾病，主要包括心血管疾病（冠心病和脑卒中）、糖尿病、肌肉骨骼疾病（骨关节炎）、某些癌症（子宫内膜癌、乳腺癌）。

体重指数（body mass index, BMI）为体重（kg）除以身高（m^2）的平方。研究表明，个体的 BMI 与身体脂肪的百分含量存在显著相关性，能较好反映机体的肥胖程度。国际上通常以 BMI ＞ 25 定义为超重，≥ 30 定义为肥胖。在试行的《中国肥胖和肥胖症预防与控制指南》中，“中国肥胖问题工作组”提出“BMI 值 24 为中国成人超重界限，BMI 值 28 为肥胖界限；男性腰围≥ 85cm，女性腰围≥ 80cm 为腹部脂肪蓄积的界限”（表 1）。

病因　其病因目前尚未完全明确，遗传和环境、社会因素的共同参与是其主要发病原因。主要涉及病因总结见表 2。

遗传因素　肥胖人群表现出普遍遗传易感性，父母均肥胖，子代肥胖可能性高达 80%。妊娠期宫内营养对子代肥胖存在表观遗传作用。另外少数遗传疾病如普拉德－威利（Prader-Willi）综合征可以引起肥胖。单基因突变引起的肥胖症极为罕见，原发性肥胖可能存在多基因系统影响。

环境因素　饮食习惯不良，如进食频繁，喜好甜食或进食油腻；能量消耗减少，如久坐、缺乏锻炼。

其他　脂肪组织不仅具有贮

表 1　中国成人体重指数和腰围界限值

分类	体重指数（kg/m^2）	腰围（cm）		
		男＜ 85 女＜ 80	男 85~95 女 90~90	男≥ 95 女≥ 90
体重过低*	＜ 18.5	…	…	…
体重正常	18.5~23.9	…	增加	高
超重	24~27.9	增加	高	极高
肥胖	≥ 28	高	极高	极高

注：* 体重过低可能预示其他健康问题。

表 2　肥胖症病因分类

饮食性肥胖	大量高糖高脂饮食，过多垃圾食品摄入
药源性肥胖	降糖药（胰岛素、磺脲类、噻唑烷二酮类）；抗抑郁药；抗癫痫药；糖皮质激素等
遗传性肥胖	单基因病（瘦素基因突变、转化酶原 I 缺乏等）；染色体异常（普拉德－威利综合征等）
神经内分泌相关性肥胖	下丘脑性肥胖（下丘脑肿瘤、炎症）；库欣综合征（垂体腺瘤）
能量代谢缺陷性肥胖	胰岛素抵抗；交感神经反应迟钝；食物的热动力效应下降等

存能量的功能，同时也具有内分泌功能。组织中的脂肪细胞、内皮细胞、巨噬细胞和脂肪前体细胞能够分泌多种细胞因子、激素或其他调节物。其中瘦素、脂联素、抵抗素与代谢综合征存在的胰岛素抵抗密切相关。

治疗　肥胖症对人类健康危害巨大，需要结合饮食控制、运动、行为改变、药物或手术治疗进行综合干预。

（陈厚早　张　阳）

wéishēngsù

维生素（vitamin）　体内不能合成或合成量很少，必须由食物供给的生物生长和代谢所必需的一类小分子有机物。又称维他命。虽然维生素既不是构成机体的组织原料，也不是体内的供能物质，但它们却在物质代谢、促进机体的生长发育和维持机体生理功能等方面发挥着重要的作用。

维生素的发现是 20 世纪的伟大发现之一。19 世纪末，一般学者都以为维持生命的物质只有糖类、脂类、蛋白质、无机盐和水。1881 年俄国外科医生尼古拉·卢宁（Nikolai Lunin）用天然乳汁和人工配制的食物（含酪蛋白、乳脂、乳糖、盐和水）分别喂养两组小白鼠。进食天然乳汁的一组小鼠生长良好，发育正常，而进食人工配制食物的那组小鼠生长逐渐停滞，最终死亡。说明乳汁中含有不可缺少的营养素，生命不能只靠糖类、脂类、蛋白质、无机盐和水来维持。1906~1912 年，英国生物化学家弗雷德里克·高兰·霍普金斯（Frederick Gowland Hopkins）用纯粹谷类饲养大白鼠，发现鼠不能正常生长与繁殖，在饲料中加入少量的牛奶后，可使实验鼠生活正常。霍普金斯为此与发现维生素 B_1 的荷兰医生克里斯蒂安·艾克曼（Christiaan Eijkman）共同获得了 1929 年诺贝尔生理学或医学奖。1912 年，波兰生物化学家卡齐米日·芬克（Kazimierz Funk）从米糠中分离出一种胺类物质，为生命所必需，他称之为 vitamine，这是由拉丁文的 Vita（生命）和 amin（胺）缩写而创造的词，即生命胺的意思。最初他认为他提取出的这种物质是维生素 B_1，但后来被证明是烟酸。此后对于维生素的研究进展迅速，陆续在天然食物中发现了多种维生素，但它们大部分不是胺类，所以将 vitamine 词尾的 e 去掉而成为 vitamin，在中文中被译为维生素或维他命。

维生素的名称最初是按发现的先后顺序来命名，如维生素 A、维生素 B、维生素 C、维生素 D 等；后来又根据维生素的结构、生化作用或所治愈的疾病名称来命名，所以一种维生素通常有两个以上的名称。例如，维生素 A 根据其结构称为视黄醇，根据其所治愈的疾病又称为抗眼干燥症维生素。维生素 B_1 是最先从酵母中提取出来的维生素，后来又从酵母中分离出来结构和功能完全不同的数种维生素，随之有了维生素 B_1、维生素 B_2 等，并将它们统称为 B 族维生素。在维生素的发现过程中，常出现同物异名者，如维生素 B_3 即烟酸，维生素 B_5 即泛酸，维生素 G 即维生素 B_2，维生素 H 即生物素等。还有一些曾归类为维生素，但后来证明它们并非是维生素，如维生素 F 是必需脂肪酸，维生素 B_4 是精氨酸、甘氨酸和半胱氨酸的混合物（目前临床上用的“维生素 B_4”是腺嘌呤磷酸盐）。胆碱、对氨基苯甲酸、肌醇等也曾被列为维生素。随着人们对维生素结构和功能的认识，有些曾被认为是维生素的物质现已不属于维生素范畴，因此有些维生素的名称被保留下来，而有些已废弃不用了，这就是维生素一词后的字母和字母后的阿拉伯数字排列不连贯的原因。

公认的维生素有 13 种，它们的化学结构差异较大，功能也各异，不属于同一类化学物质。通常按它们的溶解特性分为脂溶性维生素和水溶性维生素两大类，顾名思义，前者易溶于脂溶剂，后者易溶于水。脂溶性维生素包括维生素 A、维生素 D、维生素 E、维生素 K，水溶性维生素包括 B 族维生素（维生素 B_1、维生素 B_2、维生素 B_6、维生素 B_{12}、维生素 PP、泛酸、生物素、叶酸）、维生素 C 和硫辛酸。硫辛酸在体内可以合成，所以从严格意义上来讲，它并非真正的维生素，但由于硫辛酸在物质代谢中具有类似于维生素的功能，因此也归于维生素类。虽然机体每天对维生

表 1　脂溶性和水溶性维生素的主要区别

分类	成员	溶解性	储存	若过量	摄取要求
脂溶性维生素	维生素 A、维生素 D、维生素 E、维生素 K	易溶于脂质、脂溶剂	肝脏、脂肪组织	可中毒	适量
水溶性维生素	维生素 B 族、维生素 C、硫辛酸	易溶于水	很少储存	排出	经常

素的需要量甚少（常以毫克或微克计），但由于某些原因造成维生素的长期缺乏，可导致维生素缺乏症；某些维生素长期过量摄取，可导致维生素过多症，尤以脂溶性维生素过多症为常见。两类维生素的主要区别和食物来源见表 1 和表 2。

（田余祥）

zhīróng xìng wéishēngsù

脂溶性维生素（lipid-soluble vitamin）　可溶于脂类或脂肪溶剂而不溶于水的一类维生素。包括维生素 A、维生素 D、维生素 E 和维生素 K。脂溶性维生素主要存在于食物脂类中，其消化和吸收过程与脂类一起进行。在人体内，维生素 A、D、K 主要贮存于肝，维生素 E 则主要贮存于脂肪组织，它们在血中需结合载脂蛋白或特殊载体而运输，一般不能随尿排出，但可随胆汁由粪便排出。由于体内贮存且排泄较慢，长期过量摄入可导致中毒症。

（梁　静）

wéishēngsù A

维生素 A（vitamin A）　由 1 分子 β- 白芷酮环和 2 分子异戊二烯所构成的不饱和一元醇结构的一类脂溶性维生素。维生素 A 由美国科学家埃尔默·麦科勒姆（Elmer McCollum）和玛格丽特·戴维斯（Margaret Davis）于 1912~1914 年发现。他们证明鱼肝油可以治愈眼干燥症，并从鱼肝油中提纯出一种黄色黏稠液体，首先将其命名为“脂溶性 A”（A 是德文眼干燥症“Augendarre”的第一个字母）。1920 年由英国科学家将其正式命名为维生素 A。

表 2　维生素的来源

维生素	曾称	食物来源
维生素 A（视黄醇）		鱼肝油
维生素 B_1（硫胺素）		米糠
维生素 B_2（核黄素）	维生素 G	肉类，乳制品，蛋类
维生素 C		柑橘，大多数新鲜的食物
维生素 D（钙化醇）		鱼肝油
维生素 E（生育酚）		麦胚油，未精炼的植物油
维生素 K（叶绿醌）		叶类植物
泛酸（遍哆酸）	维生素 B_5	肉类，全谷物，许多其他食物
生物素	辅酶 R 维生素 B_7 维生素 H	肉类，乳制品，蛋类
维生素 B_6（吡多醇）		肉类，乳制品
维生素 PP（烟酸）	维生素 B_3	肉类，谷物
叶酸	维生素 B_9 维生素 M	叶类植物
维生素 B_{12}（钴胺素）		蛋类，肝等动物产品
硫辛酸（类维生素）		肝脏，酵母

一般性质　①分类：天然维生素 A 包括 A_1 及 A_2 两种。A_1 即视黄醇（结构见图 1），存在于哺乳类动物及咸水鱼的肝中；A_2 即 3- 脱氢视黄醇，多存在于淡水鱼的肝中。A_1 和 A_2 的生理功能相同，但 A_2 的生理活性只有 A_1 的一半。临床应用 A_1 醇。在体内，视黄醇可被氧化成视黄醛，后者可被进一步氧化成视黄酸。视黄醇、视黄醛和视黄酸均是维生素 A 的活性形式。②理化性质：维生素 A 化学性质活泼，分子中有多个双键，易于氧化，也易被紫外线照射而被破坏，需避光保存。在无氧条件下，维生素 A 能耐受高温，所以一般烹调及罐头食品中，维生素 A 不易损失。③代谢：维生素 A 主要存在于动物肝、蛋黄和乳类中。植物中没有维生素 A，但自然界中的黄红色植物（胡萝卜、红辣椒、红薯、黄玉米等）含有类胡萝卜素（称为维生素 A 原），如 α、β、γ 胡萝卜素及玉米素，其中以 β- 胡萝卜素最为重要。β- 胡萝卜素可在小肠黏膜细胞内的加双氧酶的作用下，被裂解为 2 分子全反式视黄醇。由于 β- 胡萝卜素的吸收率仅为 1/3，而在体内的转化率仅为 1/2，所以实际上 β- 胡萝卜素转化为维生素 A 的转化当量仅为 1/6。食物中的维生素 A 在小肠黏膜细胞内与脂肪酸结合成酯后，掺入乳糜微粒，通过淋巴转运，并被肝摄取。维生素 A 酯在肝细胞内贮存，应机体需要向血液中释放。④生理需要量：正常成人每日维生素 A 生理需要量为 2600~3300IU。

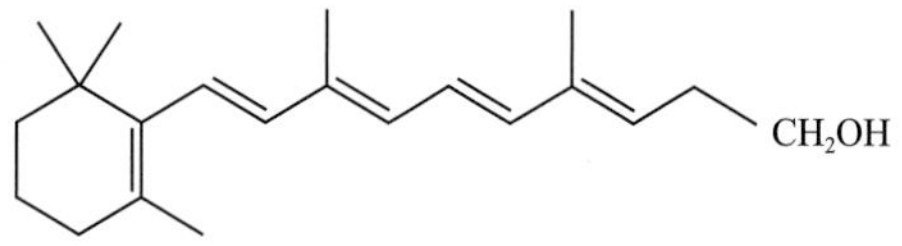

图1　维生素A_1（全反型）的化学结构

生物学功能　①参与视觉细胞内感光物质的组成。视色素是11-顺视黄醛与不同的视蛋白组成的络合物。其中，视紫红质主要分布在视杆细胞，感受弱光；视红质、视青质和视蓝质主要分布在视锥细胞，感受强光。视紫红质感受弱光刺激时，其中的11-顺视黄醛因光异构作用而转变为全反型视黄醛，并与视蛋白分离而失色，这种光异构作用引起视杆细胞膜的Ca^{2+}通道开放，Ca^{2+}内流引发神经冲动，传导到大脑皮质产生视觉。②参与维持上皮组织结构完整与功能健全。上皮组织细胞间质为糖蛋白，维生素A可以促进糖蛋白合成过程中有关酶的活性。③促进生长、发育及繁殖。维生素A的衍生物全反式维甲酸和9-顺视黄酸可结合细胞内核受体，与DNA反应元件结合，调控如磷酸烯醇丙酮酸羧化激酶、胰岛素样生长因子等基因的表达，进而影响细胞生长、增生及分化等过程。④维生素A和胡萝卜素具有抗氧化作用，能清除体内产生的自由基。

缺乏和过量　主要包括以下方面。

维生素A缺乏　可引起夜盲症、眼干燥症及生长发育迟缓等。故以前被称为抗眼干燥症维生素。①夜盲症：当维生素A缺乏时，视网膜得不到足够的11-顺视黄醛，杆状细胞内视紫红质合成减少，对弱光敏感度降低，使暗适应时间延长，严重者出现夜间视力下降，甚至完全不能视物的夜盲症。②眼干燥症：维生素A缺乏可导致上皮组织增生及角化，其中泪腺上皮角化使泪液分泌受阻，以致角膜、结膜干燥，产生眼干燥症。③发育迟缓：维生素A缺乏可导致骨骼成长及神经系统发育受损，儿童可表现生长停滞、发育不良。

维生素A过量　会降低细胞膜和溶酶体膜的稳定性，导致细胞膜受损和酶的释放。由于维生素A可在肝内积存，故长期大量服用维生素A会引起中毒。急性中毒表现为颅内压增高症状，如头痛、嗜睡、恶心和呕吐，甚至死亡。慢性中毒则引起食欲缺乏、手脚肿胀、脱发、皮肤干燥、软组织钙化、长骨肿胀和疼痛、肝大等。

（梁　静）

wéishēngsù D

维生素D（vitamin D）

具有环戊烷多氢菲类化合物结构的一类脂溶性维生素。维生素D为类固醇衍生物，因其具有抗佝偻病作用，故又称抗佝偻病维生素。维生素D是在人类与佝偻病抗争的过程中被发现的。1824年，人们发现鱼肝油可治疗佝偻病。1918年，爱德华·梅兰比（Edward Mellanby）证实佝偻病属于营养缺乏症，但他错误地将之归因于缺乏维生素A。1921年，埃尔默·麦科勒姆（Elmer McCollum）发现破坏鱼肝油中的维生素A，喂了鱼肝油的狗仍然不会得佝偻病，说明抗佝偻病并非维生素A的作用。他遂将鱼肝油中具有抗佝偻病功能的物质命名为维生素D，即第四种维生素。

一般性质　①分类：天然的维生素D分为维生素D_2（麦角钙化醇）及维生素D_3（胆钙化醇）。维生素D_2与维生素D_3的主要区别在于维生素D_2比维生素D_3侧链多一个甲基及一个双键。鱼肝油中含有丰富的维生素D_3，此外肝、奶及蛋黄中也含有较多维生素D_3。②代谢：维生素D_3（图1）主要由人体皮肤中储存的7-脱氢胆固醇在日光或紫外线照射下转变而来。因此，7-脱氢胆固醇又称为维生素D_3原。植物油和酵母中含有的麦角固醇是维生素D_2的主要来源。麦角固醇又称维生素D_2原，本身不易被吸收，在日光或紫外线照射下则可转变为可被人体吸收的维生素D_2。由此可见，多晒太阳是预防维生素D缺乏的主要方法之一。食物中约85%的维生素D进入乳糜微粒中，由淋巴系统吸收。血液中的维生素D主要与维生素D结合蛋白结合，随后被运输至肝脏。维生素D_3经肝微粒体25-羟化酶作用被羟化成25-羟基维生素D_3（25-OH-D_3），它是血浆中运输和肝中储存的主要形式。25-OH-D_3在肾小管上皮细胞线粒体1α-羟化酶的作用下转变为1,25-二羟基维生素D_3，化学式为1,25-（OH）$_2$-D_3（图2），24,25-二羟基维生素D_3，化学式为24, 25-（OH）$_2$-D_3，即活性维生素D_3。③生理需要量：维生素D的生理需要量与钙、磷供给量密切相关。当钙、磷来源充分时，正常成人每日所需维生素D为5~10μg，或200~400IU（1μgD_3或D_2=40IU）。日光或紫外线照射可使皮肤中的7-脱氢胆固醇转变为D_3，一般情况下可以满足人体需求，不必特别补充。如因自然

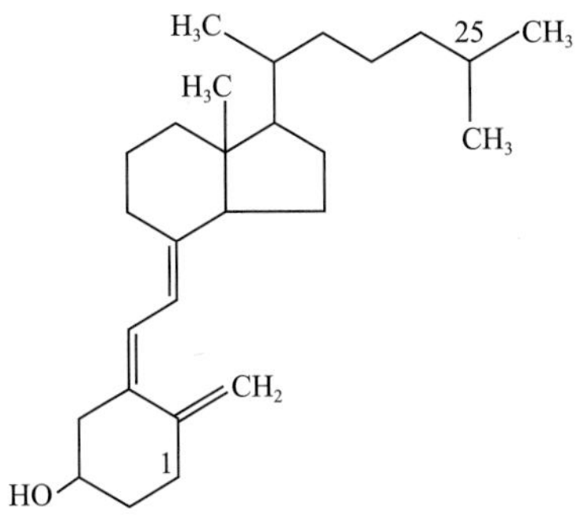

图1 维生素 D_3 的化学结构

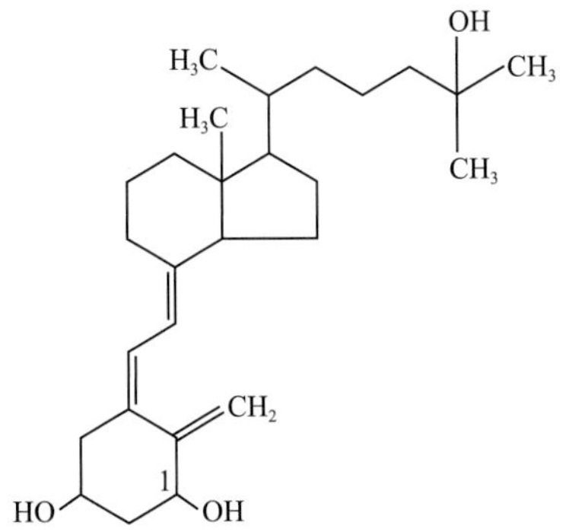

图2 1, 25-$(OH)_2$-D_3 的化学结构

环境变化或特殊工作条件使得日照不足，以及孕妇、乳母、婴幼儿和老年人等群体，则应额外补充维生素 D。孕妇妊娠期间可每日补充维生素 D_3 400IU，孕后期可增加到每日 800IU；婴幼儿及儿童每日 400~800IU；中老年人每日 400~800IU。

生物学功能 活性维生素 D_3 在人体钙磷代谢中发挥重要调控功能。活性维生素 D_3 可促进肠黏膜吸收钙、磷以及肾小管对磷进行重吸收，维持正常血钙水平，促进钙盐更新及新骨生成。在靶细胞内，活性维生素 D_3 与特异的核受体结合，进入细胞核，调节钙结合蛋白基因、骨钙蛋白基因等的表达。

缺乏和过量 主要包括以下方面。

维生素D缺乏 由于维生素 D 与体内钙、磷代谢的密切关系，儿童期缺乏维生素 D 可导致佝偻病（rickets）。患儿初期表现神经兴奋性增高，如烦躁、睡眠不安、易惊、夜啼、多汗等症状。后期可出现方颅、串珠肋、鸡胸、四肢出现“手镯”及“脚镯”、“O”形或“X”形腿、脊柱后凸或侧弯畸形、骨盆畸形、蛙腹等体征。成人缺乏维生素 D 则可导致软骨病（osteomalacia），可有骨痛和肌无力，严重者发生多发性骨折、骨畸形，导致卧床不起。

维生素D过量 过量服用维生素 D 制剂可导致中毒，早期症状为厌食、恶心、呕吐及烦躁不安等，晚期可出现高热、脱水、嗜睡、昏迷，严重者可以导致肾衰竭。

（梁 静）

wéishēngsù E

维生素 E（vitamin E）

具有苯骈二氢吡喃结构的一类脂溶性维生素。又称生育酚（tocopherol）。1922 年，美国科学家赫伯特·麦克莱恩·埃文斯（Herbert Mclean Evans）发现了一种大白鼠正常繁育所必需的脂溶性膳食因子。1924 年，这种因子被命名为维生素 E。

一般性质 ①分类：按化学结构可分为生育酚和三烯生育酚两大类，根据甲基的数目和位置不同，每类又可分为 α、β、γ、δ 4 种（图 1）。天然维生素 E 广泛存在于富含油脂的植物种子和麦芽等中，其中以 α-生育酚分布最广、活性最高。②理化性质：维生素 E 纯品为淡黄色油状物，在无氧条件下对热稳定，耐酸、碱，对氧十分敏感，具有很强的还原性，可保护其他物质不被氧化。③代谢：维生素 E 溶于食物脂肪，进入人体后可以随着脂肪的消化而被释放、吸收。维生素 E 广泛分布于人体多种组织、器官，主要与细胞膜上的脂类分子结合，并可通过胎盘进入到胎儿体内。④生理需要量：正常成人每日需要维生素 E 的量相当于 8~12mg α-生育酚。当膳食中的多不饱和脂肪酸增高时，维生素 E 的供给量也应增加。

生物学功能 ①参与维持动物的生殖功能，动物缺乏维生素 E 时生殖器官受损而不育。②是体内最重要的脂溶性抗氧化剂，保护生物膜的结构与功能。维生素 E 捕捉过氧化自由基，形成反应性较低且相对稳定的生育酚自由基。生育酚自由基又可在维生素 C 或谷胱甘肽的作用下，还原生成非自由基产物——生育醌。③调节基因表达。维生素 E 具有可以上调或下调生育酚的摄取和降解的相关基因、脂类摄取与动脉硬化的相关基因以及细胞黏附与炎症的相关基因表达等，因此维生素 E 具有抗炎、维持正常免疫功能和抑制细胞增殖的作用。④促进血红素的合成。维生素 E 可以提高血红素合成的关键酶 δ-氨基-γ-酮戊酸（aminolevulinic acid，ALA）合酶和 ALA 脱水酶的活性。

缺乏和过量 主要包括以下方面。

维生素E缺乏 人类发生维生素 E 缺乏症非常罕见，主要由于某些疾病所导致的脂肪吸收不良引起，如慢性脂肪痢、慢性胰腺炎、无 β 脂蛋白血症或胃肠切除综合征等。严重的维生素 E 缺乏可引起心肌病和神经系统症状如脊髓小脑共济失调、肌肉无力等。动物缺乏维生素 E 可使生殖器官受损，失去正常生育能力。如雄鼠发生睾丸萎缩、精子

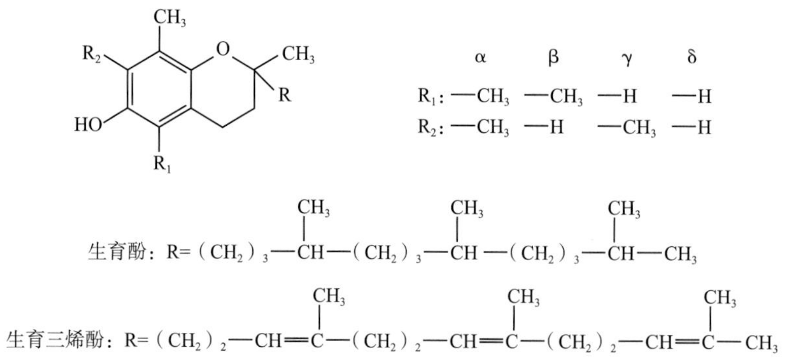

	α	β	γ	δ
R_1:	$-CH_3$	$-CH_3$	$-H$	$-H$
R_2:	$-CH_3$	$-H$	$-CH_3$	$-H$

生育酚：R=（CH_2）$_3$—CH(CH_3)—（CH_2）$_3$—CH(CH_3)—（CH_2）$_3$—CH(CH_3)—CH_3

生育三烯酚：R=（CH_2）$_2$—CH═C(CH_3)—（CH_2）$_2$—CH═C(CH_3)—（CH_2）$_2$—CH═C(CH_3)—CH_3

图 1　维生素 E 的化学结构

不能产生；雌鼠虽能受孕，但易发生胚胎及胎盘萎缩，进而导致流产。

维生素 E 过量　维生素 E 中毒症罕见发生。

（梁　静）

wéishēngsù K

维生素 K（vitamin K）　具有 2- 甲基 -1,4- 萘醌结构的一类脂溶性维生素。又称凝血维生素。维生素 K 由丹麦生物化学家亨里克·达姆（Henrik Dam）发现。亨里克·达姆在研究胆固醇代谢时，发现用不含胆固醇却富含维生素 A 和维生素 D 的食物饲养鸡，鸡也能合成胆固醇，但用这种食物饲养的鸡在 2~3 周后发生肌肉、皮下和其他器官的出血，并且血液凝固时间延长；在食物中加入维生素 C、脂肪及胆固醇等都不能明显改善出血，提示在食物中缺乏一种未知的元素。继而，亨里克·达姆发现猪肝和绿叶蔬菜可以有效保护动物不患出血病。1935 年，亨里克·达姆将这种未知的元素命名为维生素 K。K 代表斯堪的那维亚文和德文中"Koagulation"（凝固）一词的第一个字母。

一般性质　①分类：天然的维生素 K（图 1）有维生素 K_1（叶绿基甲萘醌，简称叶绿醌）和维生素 K_2（甲基萘醌），维生素 K_1 存在于植物油、麦麸和绿色蔬菜中；维生素 K_2 是人体肠道细菌的产物，包含数个具有不同长度类异戊二烯醇侧链的亚型，研究最为深入的有甲基萘醌 4（MK-4）和甲基萘醌 7（MK-7）。②理化性质及生理需要量：维生素 K 的凝血活性几乎都集中于 2- 甲基 -1,4- 萘醌这一基本结构，人工合成产品维生素 K_3（甲萘醌）和维生素 K_4（4- 亚氨基 -2- 甲基 -1,4- 萘醌）均有这一基本结构，并具有水溶性。维生素 K 对热稳定，易受碱、乙醇和光破坏。维生素 K 主要在小肠被吸收，随乳糜微粒而代谢。正常成人维生素 K 的需要量为每日 60~80 μg。

生物学功能　主要的生理功能是参与凝血过程。凝血因子Ⅱ、Ⅶ、Ⅸ、Ⅹ在肝内初合成时是无活性的前体，需经修饰活化后才能起凝血作用。通过活化，凝血因子特定区域的谷氨酸残基被羧化为 γ- 羧基谷氨酸，具有很强螯合 Ca^{2+} 的能力，能附着在带负电荷的血小板或细胞膜的磷脂上发挥凝血作用。催化这一反应的是 γ- 羧化酶，维生素 K 为该酶的辅助因子。

缺乏和过量　主要包括以下方面。

维生素 K 缺乏　由于维生素 K 广布于动植物，且肠道细菌也能合成，一般不易缺乏。脂类吸收不良、胆道疾病、大剂量长时间使用抗生素抑制了肠道细菌而减少了维生素 K 的来源等可影响维生素 K 的吸收，导致缺乏症的出现，表现为凝血时间延长，皮下、肌肉及消化道易出血。

维生素 K 过量　人体对于维生素 K 需要量非常少，因此产生维生素 K 过量非常罕见。

（梁　静）

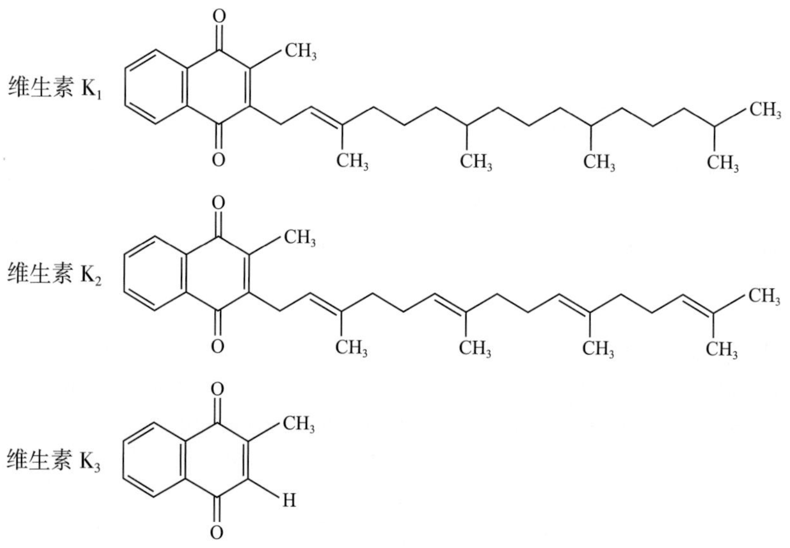

图 1　维生素 K 的化学结构

shuǐróng xìng wéishēngsù

水溶性维生素（water-soluble vitamin） 易溶于水的一类维生素。包括B族维生素、维生素C和硫辛酸等。这类维生素富含于肉类、乳制品、动物肝、谷物、水果、蔬菜中。它们很少在体内储存，过剩时可随尿排出，因此要经常从膳食中摄取。水溶性维生素在体内是以它们的活性形式作为酶的辅因子参与物质代谢的酶促反应过程，如传递氢和电子、基团转移、固定二氧化碳等（见辅因子）。

由维生素缺乏引起的疾病，称为维生素缺乏症（avitaminosis）。人类早就认识了维生素缺乏症，中国古代和古希腊医书中都有夜盲症的记载。7世纪时中国巢方元主持编纂整理的《诸病源候论》称夜盲为雀目，唐代医药学家孙思邈用猪肝治雀目颇有效，故称“肝与目相通”。唐代医药学家陈藏器在唐《本草拾遗》中说：“久食白米，令人身软，缓人筋也，小猫犬食之亦脚屈不能行，马食之则足重。”这是典型的脚气病症状。维生素缺乏症多由于饮食中维生素的缺乏或机体消耗增加而未及时补充所引起，某些特异维生素的缺乏都具有明确的综合征表现。

水溶性维生素缺乏 导致维生素缺乏的原因主要有：①摄入不足，例如饮食不合理或偏食。②破坏过多，如食物的贮存、加工与烹调不当。③不良的生活习惯，如吸烟和饮酒引起维生素C和B族维生素的消耗。④吸收障碍，如胃酸分泌不足性胃炎、肠炎、脂肪泻、胆囊炎等胃肠道疾病。⑤大量消耗，如长期发热、慢性消耗性疾病、代谢旺盛性疾病、烧伤患者大量消耗维生素B_1。⑥机体需要量增加，如孕妇、生长期的儿童。⑦药物，如长期服用抗菌药物，可抑制肠道细菌的生长，使得由肠道细菌合成的维生素减少甚或不能合成。某些化疗药物是叶酸的拮抗剂（如甲氨蝶呤、乙胺嘧啶或甲氧苄啶等），抗结核治疗使用的异烟肼是维生素PP的拮抗剂等。避孕药中含有的雌激素会增加维生素B_6的利用。质量极差的饮食更经常与多种维生素缺乏状态有关，因此应当注意膳食多样化。

水溶性维生素过多 大多是医源性的。①大剂量肌内注射维生素B_1时可引起变态反应，表现为吞咽困难，皮肤瘙痒，面、唇、眼睑水肿和喘鸣等症状。②过量的维生素B_2经肾排出，引起黄色尿液。游离的维生素B_2与光反应，产生毒性的过氧化物或其他活性氧或色氨酸－维生素B_2加合物，因此反复使用药理剂量的维生素B_2（$>$100mg）具有细胞毒性效应。③口服高剂量维生素B_6引起皮肤感觉异常、肌无力、进行性步态不稳、束状运动和肢体麻木等感觉运动神经病。④临床上使用烟酸治疗高脂血症剂量过大时，使有些患者出现头晕、视物模糊、颜面潮红、皮肤红肿、皮肤瘙痒，还可伴随胃肠道反应，如恶心、呕吐、腹泻等。⑤肌内注射过量的氰钴胺素或羟基钴胺素治疗由于饮食中维生素B_{12}缺乏继发的巨幼细胞贫血时，有的患者出现全身荨麻疹、恶心、呕吐、支气管痉挛、心动过速和低血压等症状。⑥高水平的血浆叶酸浓度与老年人贫血、认知障碍、维生素B_{12}缺乏程度有关。母体高水平叶酸与后代对胰岛素的抗性有关联。⑦过量使用维生素C也会引起一系列不良反应，如静脉血栓形成、肾草酸盐结石形成等。

（田余祥）

wéishēngsù B_1

维生素B_1（vitamin B_1） 由氨基嘧啶和含硫噻唑环构成的水溶性维生素。因同时含有硫和氨基，故又称硫胺素（thiamine）（图1）。由于这种维生素具有治疗脚气病的功效，故又称抗脚气病维生素。荷兰医生克里斯蒂安·艾克曼（Christiaan Eijkman）因发现防治脚气病的维生素B_1与发现维生素为维持生命物质的英国生物化学家弗雷德里克·高兰·霍普金斯（Frederick Gowland Hopkins）分享了1929年的诺贝尔生理学或医学奖。

一般性质 ①分布：主要存在于谷物外皮、胚芽、酵母及瘦肉中。②理化性质：维生素B_1纯品大多以盐酸硫胺素的形式存在，其性状为白色结晶，有特殊香味，在紫外光下呈现蓝色荧光，此性质可用于维生素B_1的检测。维生素B_1在碱性溶液中极不稳定，不耐热、不耐氧化剂和还原剂。维生素B_1耐酸，在酸性溶液中加热120℃也不被破坏。某些贝类、甲壳类（虾、蟹）、鱼类（鲤鱼）等含有硫胺素酶，可裂解硫胺素而使其丧失活性。③代谢：维生素B_1在小肠吸收，吸收后在肝和脑组织中受硫胺素焦磷酸激酶催化，生成焦磷酸硫胺素（thiamine pyrophosphate，TPP）（图2）。肌肉和肾可进行此反应。TPP是维生素B_1在体内的活性形式。④生理需要量：正常成人每日维生素B_1的生理需要量为1.2~1.5mg。

生物学功能 TPP是体内丙酮酸脱氢酶、α－酮戊二酸脱氢酶和转酮酶的辅酶，参与糖代谢（见糖有氧氧化和磷酸戊糖途径）。

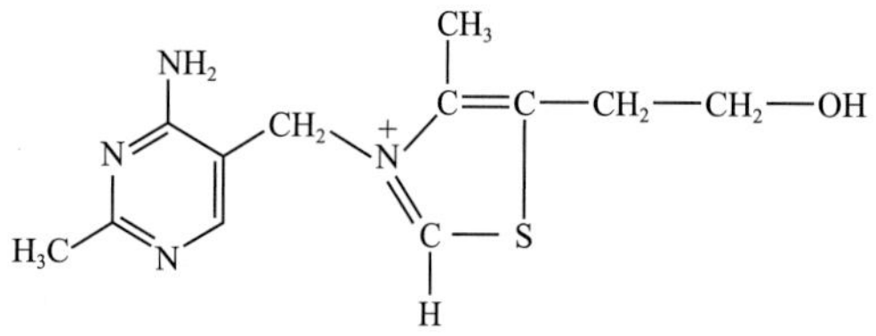

图1　硫胺素的化学结构

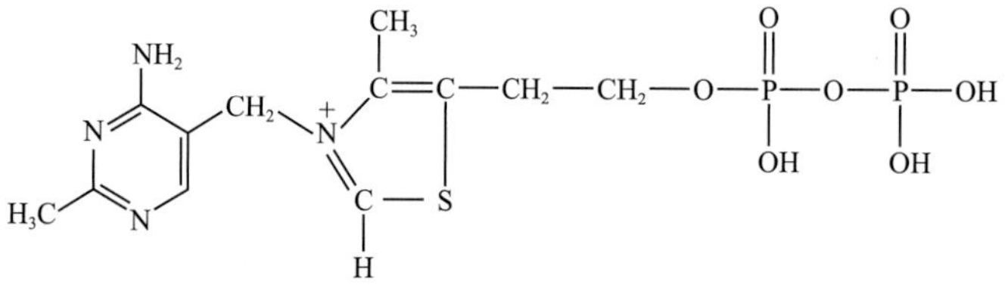

图2　焦磷酸硫胺素的化学结构

TPP也是支链酮酸脱氢酶的辅酶，参与亮氨酸、异亮氨酸和缬氨酸代谢。维生素B_1的需要量取决于糖的消耗量，故当患者高热或甲状腺功能亢进，或大量输入葡萄糖时，都需适当补充维生素B_1。

维生素B_1缺乏　维生素B_1缺乏使得TPP合成不足，可导致糖的有氧氧化受阻，乳酸堆积，能量供给不足，产生脚气病（beriberi）。常首先影响大脑、神经和心脏等需氧组织。干性脚气病患者有慢性外周神经炎、肌肉痛等症状；湿性脚气病患者出现气急、心悸、疲劳等症状，甚至出现右心衰竭的表现，如水肿、恶心、呕吐等；急性恶性（暴发性）脚气病时，心脏衰竭和代谢异常占优势，心率加速、心脏明显扩大。临床上可用维生素B_1治疗因以精加工的粮食为主食而引起的脚气病。维生素B_1对乙酰胆碱酯酶（acetylcholinesterase，AChE）有抑制作用，当维生素B_1缺乏时，一方面，丙酮酸氧化脱羧受阻，乙酰CoA生成减少，乙酰胆碱合成随之减少；另一方面，AChE受维生素B_1的抑制作用也减弱，乙酰胆碱水解加速。因此维生素B_1缺乏的结果是体内乙酰胆碱量不足，影响神经传导，引起胃肠蠕动缓慢、消化液分泌减少，出现消化不良和食欲缺乏等症状。所以在临床上补充维生素B_1，具有增加食欲、促进消化的作用。

（田余祥）

wéishēngsù B_2

维生素B_2（vitamin B_2）

由核糖醇与异咯嗪构成的水溶性维生素。又称核黄素（riboflavin）（图1）。1920年发现，1933年德国化学家里夏德·库恩（Richard Kuhn）从牛奶中分离出维生素B_2，后来又阐明了其结构，因而获得1938年诺贝尔化学奖。

一般性质　①分布：分布甚广。蔬菜、黄豆、小麦及动物肝、蛋类、肉类和乳及乳制品中含量较多，酵母中也很丰富。②理化性质：维生素B_2为橘黄色针状结晶，其水溶液呈现绿色荧光，在碱性溶液中极易受光照射而破坏。③代谢：膳食中的大部分维生素B_2以黄素单核苷酸（flavin mononucleotide，FMN）或黄素腺嘌呤二核苷酸（flavin adenine dinucleotide，FAD）的形式与蛋白质结合成黄素蛋白而存在。黄素蛋白在消化道内经蛋白酶、焦磷酸酶的催化水解产生游离的核黄素。游离的核黄素主要在小肠上段通过转运蛋白主动吸收。吸收后的核黄素在体内转变成FMN或FAD，它们是维生素B_2的活性形式。④生理需要量：正常成人每日维生素B_2的生理需要量为1.2~1.5mg。

生物学功能　FMN和FAD作为体内多种氧化还原酶（如琥珀酸脱氢酶、NADH脱氢酶等）的辅因子，在反应中起传递氢质子和电子的作用。维生素B_2的主要功能有：①参与糖、氨基酸和脂肪酸等氧化过程；②促进生长发育，特别是在维持皮肤和黏膜的完整性方面发挥重要作用；③调节肾上腺皮质激素的产生、骨髓

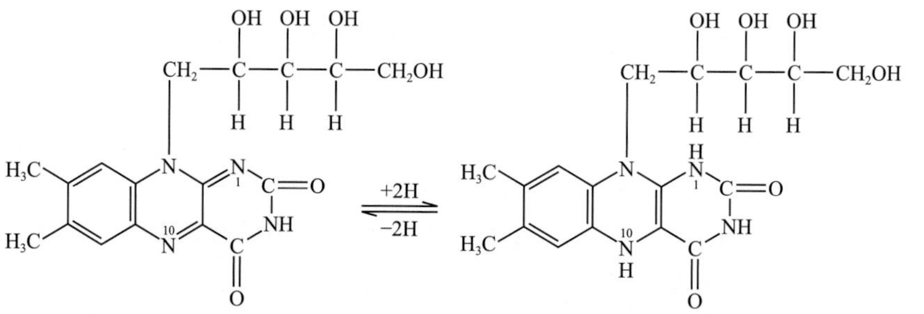

氧化型（黄色）　　还原型（无色）

图1　氧化型和还原型核黄素的化学结构及其递氢作用

中红细胞的生成和铁的吸收。

维生素 B_2 缺乏 维生素 B_2 具有维持皮肤和黏膜完整性的作用，所以维生素 B_2 缺乏时，可引起口角炎、唇干裂、舌炎、阴囊炎，对眼部可造成眼干燥、眼睑炎、畏光、视力下降等症状。用光照疗法治疗新生儿黄疸时，维生素 B_2 可因光照射遭到破坏，此时应给予维生素 B_2 防止其缺乏。

（田余祥）

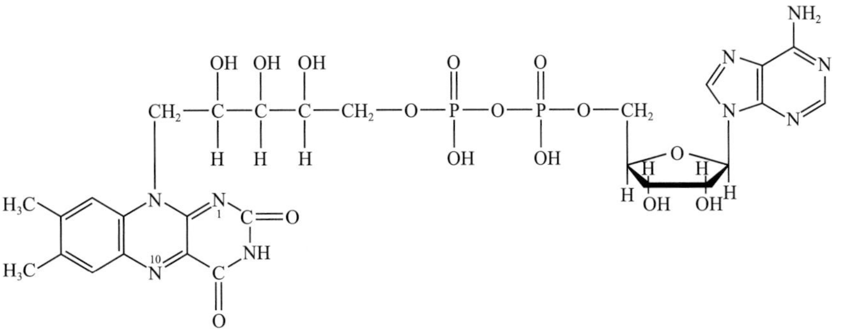

图 1 黄素腺嘌呤二核苷酸（FAD）的化学结构

huángsù dān hégānsuān

黄素单核苷酸（flavin mononucleotide, FMN）

维生素 B_2 在生物体内经磷酸化后生成的衍生物。是维生素 B_2 的活性形式之一。体内的维生素 B_2 在黄素激酶的催化下转变成 FMN，这一反应需要 ATP 和二价阳离子参与。黄素激酶存于许多细胞内，在小肠黏膜细胞和肝细胞内的活力特别高。FMN 是体内多种酶（如 NADH 脱氢酶、L- 氨基酸氧化酶等）的辅基，其结构中异咯嗪环上的第 1 位和第 10 位氮原子可逆地接受与释放 2 个氢原子（即 2 个 H^+ 和 2 个电子）（图 1），在物质的氧化还原反应中传递氢。

（田余祥）

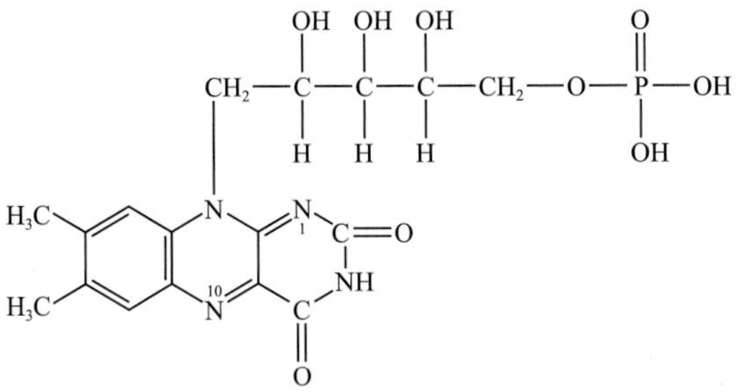

图 1 黄素单核苷酸（FMN）的化学结构

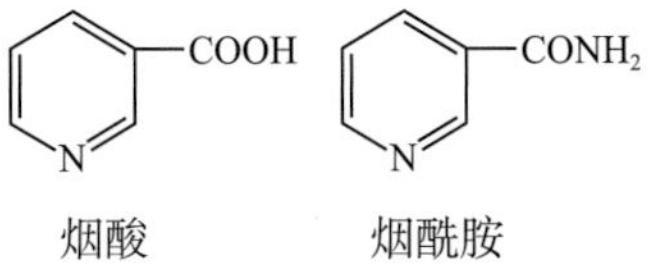

huángsù xiàn piàolìng 'èr hégānsuān

黄素腺嘌呤二核苷酸（flavin adenine dinucleotide, FAD）

黄素单核苷酸（flavin mononucleotide, FMN）在 FAD 合成酶（又称 FAD 焦磷酸化酶）作用下生成的腺苷酸化衍生物（图 1）。是维生素 B_2 在体内的另一种活性形式。FAD 合成酶广泛存在于组织的胞质内。其催化反应时也需要 ATP 和二价阳离子参与。FAD 作为体内多种酶的辅基在氧化还原反应中传递氢，其递氢机制同 FMN（见黄素单核苷酸）。例如，体内的二氢硫辛酰胺脱氢酶、琥珀酸脱氢酶、α－磷酸甘油脱氢酶（线粒体内膜）、脂酰 CoA 脱氢酶、黄嘌呤氧化酶、单胺氧化酶、硫氧还蛋白－二硫键还原酶等，均以 FAD 作为辅基。

（田余祥）

wéishēngsù PP

维生素 PP（vitamin PP）

一类机体必需的吡啶衍生物，包括烟酸（又称尼克酸）和烟酰胺（又称尼克酰胺）（图 1），它们在体内可相互转变。由于维生素 PP（字母 PP 源自 prevent pellagra，预防糙皮病）具有防治糙皮病的功效，故又称抗糙皮病维生素。1937 年，美国生物化学家康拉德·阿诺德·埃尔维耶姆（Conrad Arnold Elvehjem）在新鲜的肉类和酵母中鉴定出烟酸。

一般性质 ①分布：广泛存在于肉类、谷物、豆类及酵母中，在动物肝、肾上腺及肌肉中含量丰富，花生和酵母中含量也较高。色氨酸在肝内可以转变成烟酸，但转变率仅为 1/60，所以人体主要还需要从膳食中获取。②理化性质：烟酸为无色针状结晶，烟酰胺晶体呈白色粉末状，它们的性质稳定，在高压下加热 120℃不被破坏，且耐酸碱。③代谢：吸收后的烟酸在体内经过几步连续的酶促反应转变成烟酰胺腺嘌呤二核苷酸（nicotinamide adenine dinucleotide, NAD）和烟酰胺腺嘌呤二核苷酸磷酸（nicotinamide adenine dinucleotide phosphate, NADP）（图 2），它们是维生素

烟酸 烟酰胺

图 1 烟酸和烟酰胺的化学结构

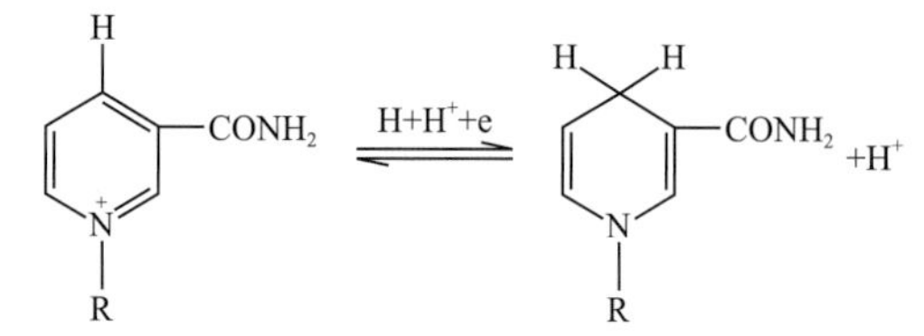

图 2　NAD 和 NADP 的化学结构及其递氢作用

注：NAD：R= 腺嘌呤二核苷酸；NADP：R= 腺嘌呤二核苷酸磷酸。

PP 在体内的活性形式。④生理需要量：正常成人每日维生素 PP 的生理需要量为 12~18mg。

生物学功能　NAD 和 NADP 是体内多种不需氧脱氢酶的辅酶（见烟酰胺腺嘌呤二核苷酸和烟酰胺腺嘌呤二核苷酸磷酸），在酶促反应中具有传递氢的作用。参与糖、脂、蛋白质代谢及生物氧化过程。

维生素 PP 缺乏　一般不发生。人类维生素 PP 缺乏症又称为烟酸缺乏症或糙皮病。烟酸严重缺乏可导致光敏性皮炎、痴呆、腹泻，甚至死亡。其皮炎常对称出现于身体暴露部位，被认为是受紫外线辐射引起的 DNA 损伤和修复缺陷的后果。痴呆则是神经组织变性的结果。此外还有消化不良、心神不安等症状。人类流行病学调查提示：烟酸缺乏可增加患癌的风险。玉米中蛋白质含量较低，且缺乏色氨酸和烟酸，故长期以玉米为主食的人群中有可能引起维生素 PP 的缺乏。若将各种杂粮合理搭配，有防止发生维生素 PP 缺乏症的作用。

（田余祥）

yānxiān'àn xiàn piàolìng'èr hégānsuān

烟酰胺腺嘌呤二核苷酸（nicotinamide adenine dinucleotide, NAD）

含有烟酰胺和腺嘌呤的二核苷酸（图 1）。是维生素 PP 在体内的活性形式之一。NAD 需要下述几步反应生成：①烟酸与磷酸核糖焦磷酸反应生成烟酸核苷酸和焦磷酸；②烟酸核苷酸与 ATP 反应生成烟酸腺嘌呤二核苷酸和焦磷酸；③烟酸腺嘌呤二核苷酸与谷氨酰胺和 ATP 反应生成 NAD 和谷氨酸，以及释出 AMP 和焦磷酸。NAD 是多种不需氧脱氢酶的辅因子，如 3- 磷酸甘油醛脱氢酶、乳酸脱氢酶、二氢硫辛酰胺脱氢酶、苹果酸脱氢酶、α – 磷酸甘油脱氢酶（线粒体外）、醇脱氢酶等，均以 NAD 为辅因子。NAD 在酶促反应中起传递氢的作用。未接受 H^+ 和电子的 NAD 记为 NAD^+（氧化型），接受 H^+ 和电子的 NAD 记为 NADH（还原型）。NAD^+ 分子中吡啶环上的 N^+ 可接受 1 个电子，又由于吡啶环的共轭双键经过分子重排，第 4 位的碳原子被活化可接受一个 H 原子（即 1 个 H^+ 和 1 个电子），这样五价的氮原子被还原成三价，此过程是可逆的。NADH 在反应中每次可传递 1 个 H^+ 和 2 个电子，在物质代谢的氧化还原反应中传递氢。

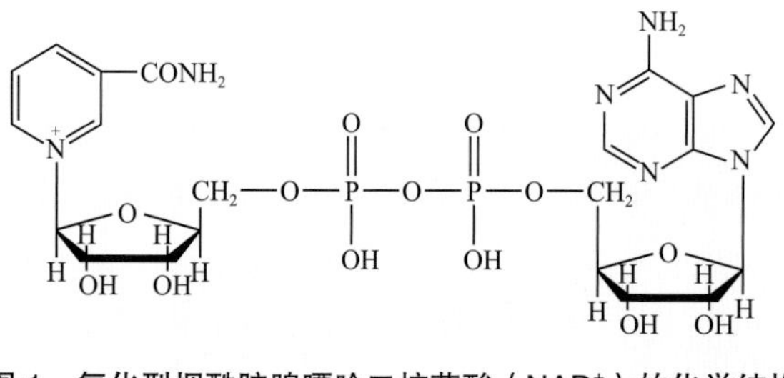

图 1　氧化型烟酰胺腺嘌呤二核苷酸（NAD^+）的化学结构

（田余祥）

yānxiān'àn xiàn piàolìng'èr hégānsuān línsuān

烟酰胺腺嘌呤二核苷酸磷酸（nicotinamide adenine dinucleotide phosphate, NADP）

由 NAD 与 ATP 反应而生成的维生素 PP 在体内的活性形式。同烟酰胺腺嘌呤二核苷酸（nicotinamide adenine dinucleotide，NAD）一样，NADP 也是作为多种不需氧脱氢酶的辅因子，发挥递氢体的作用。例如，6– 磷酸葡糖脱氢酶、6– 磷酸葡糖酸脱氢酶等，以 NADP 作为辅酶。NADP 也有氧化型（$NADP^+$）（图 1）和还原型（NADPH）两种状态，其在酶促反应中的递氢机制亦同 NAD（见烟酰胺腺嘌呤二核苷酸）。

（田余祥）

wéishēngsù B_6

维生素 B_6（vitamin B_6）

所有呈现吡哆醛生物活性的 3- 羟基 -2- 甲基吡啶衍生物的总称。主要有吡哆醛、吡哆醇和吡哆胺（图 1）。1934 年，匈牙利科学家保罗·哲尔吉（Paul György）发现了对皮炎有预防和治疗作用的成分，并命名为维生素 B_6。1938 年美国科学家塞缪尔·列普科夫斯基（Samuel Lepkovsky）获得了维生素 B_6 结晶，1939 年研究者们确定了维生素 B_6 的化学结构。

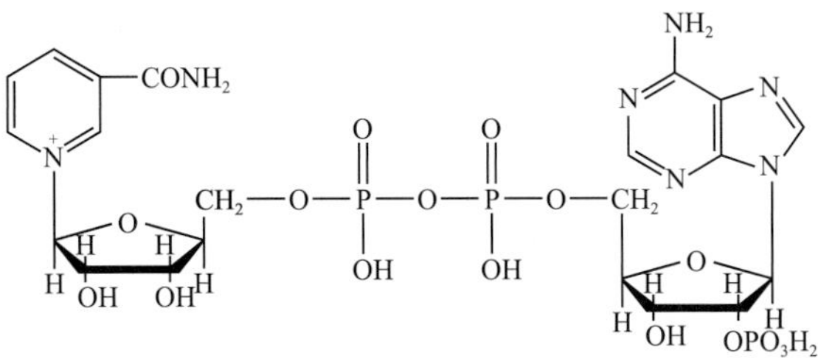

图 1　氧化型烟酰胺腺嘌呤二核苷酸磷酸（$NADP^+$）的化学结构

一般性质　①分布：分布广泛，动物肝、鱼类、肉类、豆类、蛋黄和绿叶蔬菜（菠菜、菜花、青椒等）中均含有维生素 B_6，以酵母、米糠和米胚中含量最多。肠道细菌可以合成部分维生素 B_6。②理化性质：维生素 B_6 的纯品为白色结晶。其对光敏感，不耐高温。食品经过加工或烹调可以有 50% 的维生素 B_6 被破坏。③代谢：维生素 B_6 经胃肠吸收后，吡哆醛激酶催化吡哆醇、吡哆胺和吡哆醛磷酸化，分别产生磷酸吡哆醇（pyridoxine phosphate，PNP）、磷酸吡哆胺（pyridoxamine phosphate，PMP）和磷酸吡哆醛（pyridoxal phosphate，PLP），PNP 和 PMP 再由磷酸吡哆醇氧化酶催化成为 PLP。PLP 是维生素 B_6 在体内的活性形式（图 2）。④生理需要量：正常成人每日维生素 B_6 的生理需要量为 2mg。

生物学功能　① PLP 是氨基转移酶、氨基酸脱羧酶、δ－氨基－γ－酮戊酸合酶、糖原磷酸化酶的辅酶，分别参与氨基酸转氨基反应（见*转氨基作用*）、氨基酸脱羧基反应（见*脱羧基作用*）、血红素生物合成（见*血红素*）和糖原分解过程。② PLP 还是胱硫醚合成酶及胱硫醚酶的辅酶，参与将甲硫氨酸上的硫原子转移给丝氨酸而形成半胱氨酸；它也是半胱氨酸或同型半胱氨酸分解代谢中脱巯基酶的辅酶。因此，PLP 在蛋白质、氨基酸代谢过程中有着极其重要的作用。

维生素 B_6 缺乏　临床不多见。①维生素 B_6 缺乏可引起外周神经炎和脂溢性皮炎。② γ－氨基丁酸是一种抑制性神经递质。维生素 B_6 缺乏使得 γ－氨基丁酸生成减少，神经兴奋性增强，故临床上对于小儿惊厥、妊娠呕吐和焦虑等症状常用维生素 B_6 给予治疗。③维生素 B_6 缺乏时，血红素合成减少，可引起小细胞低色素性贫血。④异烟肼又名雷米封，是抗结核病的一线药物。它能与 PLP 结合形成腙，使 PLP 失去辅酶的作用。所以在服用该药时，适当给予维生素 B_6 是必要的。维生素 B_6 的缺乏也是动脉粥样硬化的独立风险因子之一。

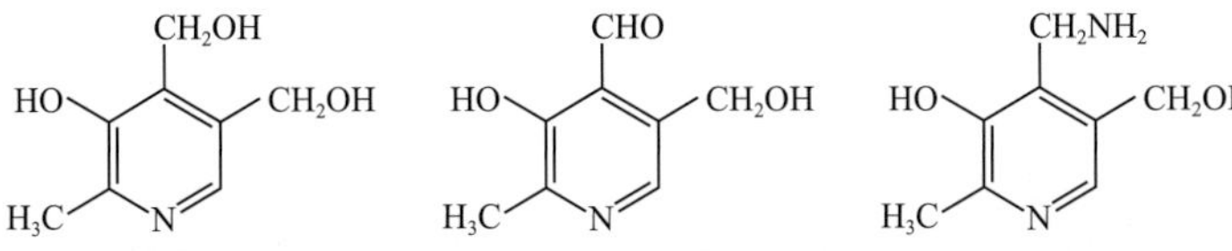

（田余祥）

吡哆醇　　吡哆醛　　吡哆胺

图 1　吡哆醇、吡哆醛和吡哆胺的化学结构

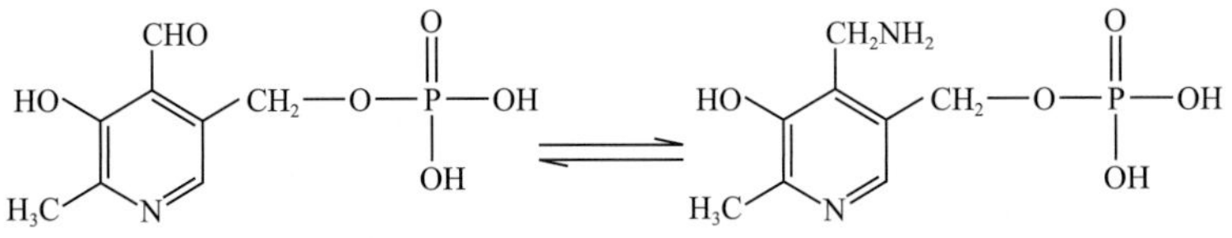

磷酸吡哆醛　　磷酸吡哆胺

图 2　磷酸吡哆醛和磷酸吡哆胺的化学结构及其互变

wéishēngsù B_{12}

维生素 B_{12}（vitamin B_{12}）　具有咕啉环并含有金属元素钴的类咕啉化合物（图 1）。又称钴胺素（cobalamin）。维生素 B_{12} 具有抗恶性贫血的作用，因此也称抗恶性贫血维生素。1934 年，美国医生乔治·霍伊特·惠普尔（George Hoyt Whipple）、乔治·理查兹·迈诺特（Georgy Richards Minot）和威廉·帕里·墨菲（Willian Parry Murphy）在研究恶性贫血的肝脏疗法时发现了维生素 B_{12}。1948 年，美国生物化学家卡尔·奥古斯特·福克斯（Karl August Folkers）等从肝脏浓缩物中提取到可以治疗恶性贫血的维生素 B_{12} 纯品。1955 年，英国化学家多萝西·玛丽·克劳福特·霍奇金（Dorothy Mary Crowfoot Hodgkin）测定了维生素 B_{12} 的结构，1964 年其获得了诺贝尔化学奖。维生素 B_{12} 是唯一含金属元素的维生素，其分子中的钴能与氰基（$-CN$）、羟基（$-OH$）、甲基（$-CH_3$）和 5'－脱氧腺苷等基团形成配位键，可分别形成氰钴胺素、羟钴胺素、甲基钴胺素和 5'－脱氧腺苷酰钴胺素，后两者

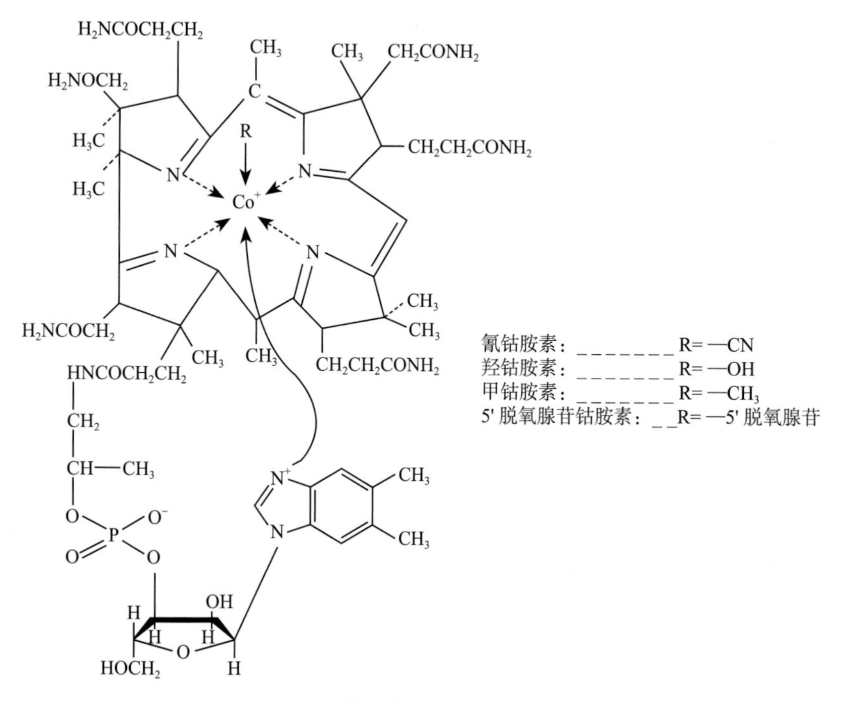

图 1　维生素 B_{12} 的化学结构

是维生素 B_{12} 的活性形式。

一般性质　①分布：广泛存在于动物性食品中，尤其在肝脏中含量最为丰富，植物性食物中含量极少。②理化性质：维生素 B_{12} 为深红色晶体或无定形或结晶粉末，无味，无臭，晶体吸水后在空气中稳定。③代谢：食物中的维生素 B_{12} 与蛋白质结合，在胃酸和胃蛋白酶的作用下，释放出游离的维生素 B_{12}，并与来自唾液的嗜钴蛋白（嗜钴素）结合。在十二指肠，嗜钴蛋白–维生素 B_{12} 复合物在胰蛋白酶的作用下再释放出游离的维生素 B_{12}。这种维生素只有与胃黏膜细胞分泌的内因子结合后，才能在回肠下段被吸收。在小肠黏膜上皮细胞内，游离的维生素 B_{12} 与转钴胺素蛋白Ⅱ结合形成复合物进入微循环，经门静脉入血液。转钴胺素蛋白Ⅱ–维生素 B_{12} 复合物与细胞表面受体结合，以胞吞作用进入细胞。④生理需要量：正常成人每日维生素 B_{12} 的生理需要量为 2~3 μg。

生物学功能　甲基钴胺素是 N^5–CH_3–FH_4 转甲基酶的辅酶，参与体内甲硫氨酸循环。此循环能提供活性的甲基供体 *S*–腺苷甲硫氨酸，参与体内多种转甲基反应（见 *S*–腺苷甲硫氨酸）。5'–脱氧腺苷酰钴胺素是甲基丙二酰 CoA 变位酶和Ⅱ型核糖核苷二磷酸还原酶的辅酶。

维生素 B_{12} 缺乏　比较少见。维生素 B_{12} 缺乏大多是由于先天性内因子缺乏或某些疾病（如萎缩性胃炎、胃全切的患者）造成吸收障碍所致。维生素 B_{12} 使得甲硫氨酸循环障碍，引起巨幼细胞贫血（见叶酸）、甲基丙二酸尿、恶性贫血。对于这类患者只有注射维生素 B_{12} 才有效。

（田余祥）

fànsuān

泛酸（pantothenic acid）　2,4–二羟基–3,3–二甲基丁酸和 β–丙氨酸缩合而成的小分子有机化合物（图 1）。曾称维生素 B_5。因其广泛存在于动植物组织，故又名遍多酸。1931 年，美国生物化学家罗杰·约翰·威廉斯（Roger John Williams）发现泛酸，并在 1939 年从动物肝脏中分离出了泛酸并命名。

一般性质　①分布：泛酸分布广泛，以肝、肾和胰腺的含量最为丰富，其次是心和脑，再次是肺和脾。肠道细菌也能合成。②理化性质：作为膳食补充剂的泛酸衍生物为淡黄色黏稠状物质，溶于水和醋酸，在中性溶液中对温热、氧化及还原都比较稳定，但在酸性和碱性条件下不稳定。泛酸的主要商业来源是其稳定的钙盐——泛酸钙。③代谢：肠道吸收后的泛酸经磷酸化生成 4'–磷酸泛酸，再与半胱氨酸反应并脱

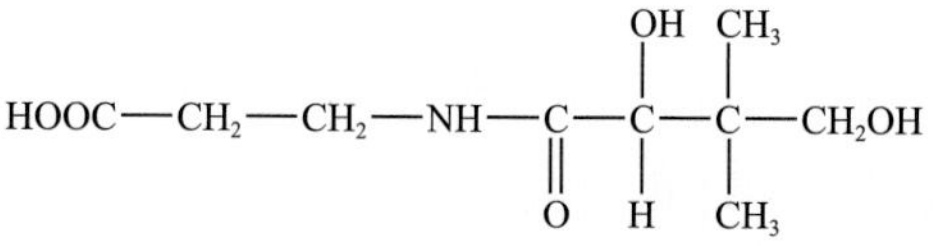

$$HOOC—CH_2—CH_2—NH—C(=O)—CH(OH)—C(CH_3)_2—CH_2OH$$

图 1　泛酸的化学结构

$$HS—CH_2—CH_2—NH—C(=O)—CH_2—CH_2—NH—C(=O)—CH(OH)—\overset{4'}{C}(CH_3)_2—CH_2—O—P(=O)(H)—OH$$

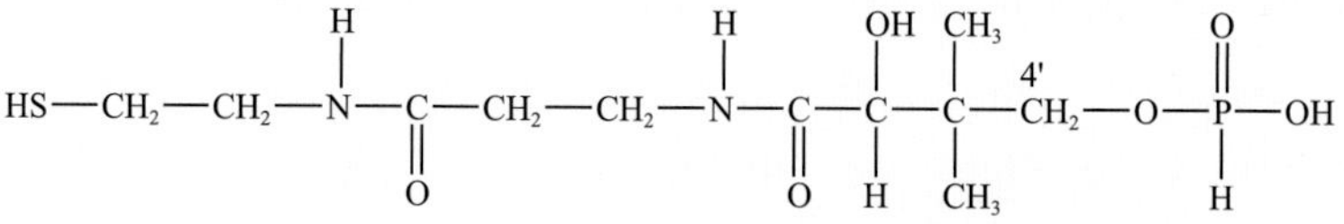

图 2　4'–磷酸泛酰巯基乙胺的化学结构

羧，生成4'-磷酸泛酰巯基乙胺（图2），是辅酶A和酰基载体蛋白质的构成成分。④生理需要量：正常成人每日泛酸的生理需要量为4~7mg。

生物学功能 辅酶A和酰基载体蛋白质是泛酸在体内的活性形式，其活性基团是分子中的巯基。辅酶A是体内多种酰基转移酶的辅酶，在反应中参与酰基转移反应，酰基载体蛋白质参与脂肪酸的合成，因此泛酸广泛参与体内糖、脂类和蛋白质三大营养物质代谢及肝的生物转化过程。

泛酸缺乏 极为罕见。动物缺乏泛酸时，常见胃炎、肠炎、脱屑和皮肤角化等，并可累积肾上腺。人类患泛酸缺乏症曾见于第二次世界大战时远东战俘和远东低营养人群。泛酸缺乏的主要表现是全身不适、消化不良、精神萎靡不振、疲倦无力、四肢麻木及共济失调等，给予含泛酸的药物治疗。

（田余祥）

fǔméi A

辅酶A（coenzyme A, CoA）

泛酸在体内的活性形式。作为多种酶的辅酶，在酶促反应中起酰基载体的作用。1945年，德国-美国生物化学家弗里茨·艾伯特·李普曼（Fritz Albert Lipmann）从猪肝中分离到CoA，测定了它的结构，并证明泛酸是CoA的组分。李普曼也因发现CoA及其作为中间体在代谢中的重要作用而获得1953年的诺贝尔生理学或医学奖。CoA是乙酰化反应的重要辅酶。CoA分子由4'-磷酸泛酰巯基乙胺和3',5'-二磷酸腺苷构成（图1），其分子中的巯基（-SH）是活性基团，因此CoA也常写作CoA-SH。CoA的巯基与酰基连接生成酰基CoA。CoA是二氢硫辛酰胺转乙酰酶、肉碱脂酰转移酶Ⅱ、β-酮脂酰CoA硫解酶、乙酰乙酸硫激酶等70多种酶的辅因子，在糖类的分解、脂肪酸的β-氧化、氨基酸的分解等物质代谢过程扮演关键角色。

（田余祥）

xiānjī zàitǐ dànbáizhì

酰基载体蛋白质（acyl carrier protein, ACP）

脂肪酸合酶复合体的构成组分。在原核生物，ACP作为独立的成分与脂肪酸合酶结合。在真核生物，ACP是脂肪酸合酶肽链上的一个功能区。大肠埃希菌的ACP是由77个氨基酸组成的高度负电荷的三螺旋蛋白质。鸡肝脂肪酸合酶的ACP结构域由89个氨基酸残基组成，在序列上与大肠埃希菌ACP有一定的同源性，特别是在4'-磷酸泛酰巯基乙胺的结合位点附近有很高的同源性。ACP的丝氨酸残基与4'-磷酸泛酰巯基乙胺相连。在脂肪酸合成过程中，ACP的辅基4'-磷酸泛酰巯基乙胺被认为是一个柔性的臂，通过硫酯键把正在延长中的脂肪酰链束缚在脂肪酸合酶复合体的表面，有利于下游酶促反应（见脂肪酸合成）。

（田余祥）

shēngwùsù

生物素（biotin）

含硫的噻吩环与尿素缩合并带有戊酸侧链的化合物（图1）。复合维生素B的一种，曾称维生素H或维生素B_7。1935年，德国科学家弗里茨·克格尔（Fritz Kögl）和本诺·腾尼斯（Benno Tönnis）从煮熟的鸭蛋黄中分离出一种结晶物质，为酵母生长所必需，称为生物素。

一般性质 ①分布：广泛存在于动植物组织，其中肝、肾、蛋黄、谷物、蔬菜和酵母中含量丰富。肠道细菌有合成生物素的能力。②理化性质：生物素纯品为无色针状结晶，耐酸，但不耐碱、高温和氧化剂。③代谢：生物素在体内不需转变就具有活性，但其8种不同的异构体中，只有D-生物素具有生物活性。④生理需要量：正常成人每日生物素的生理需要量为100~300μg。

生物学功能 生物素在脂肪合成和糖异生等代谢过程中发挥重要作用，是体内多种羧化酶（如乙酰CoA羧化酶、丙酮酸羧化酶、

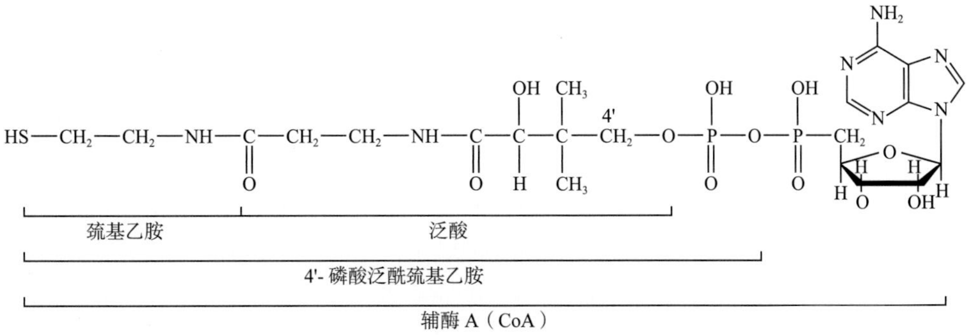

巯基乙胺　泛酸　4'-磷酸泛酰巯基乙胺　辅酶A（CoA）

图1 辅酶A的化学结构

丙酰 CoA 羧化酶等）的辅酶，并参与 CO_2 的固定作用（见脂肪酸合成）。全羧化酶合成酶催化羧化酶分子中赖氨酸残基上的 ε－氨基与生物素分子侧链戊酸的羧基通过酰胺键结合，形成生物胞素（图 2），后者与 CO_2 结合成羧基生物胞素（图 3）。在酶促反应中，此活化的羧基再转给酶的相应底物。生物素可使组蛋白生物素酰化修饰，这对于细胞增殖、DNA 损伤修复和基因组稳定都有作用。

生物素缺乏 比较少见。生物素以生物胞素形式广泛存在于多种食物中，生物胞素在肠道中经过生物素酶的作用，释放出游离的生物素。存在于新鲜蛋清中的抗生物素蛋白与生物素稳定结合后能妨碍生物素的吸收。生物素酶缺乏症（一种罕见的常染色体隐性遗传病）、胃肠消化功能不良，易发生生物素缺乏。生物素缺乏症的临床表现复杂，无特异性，多引起皮肤和神经系统症状。

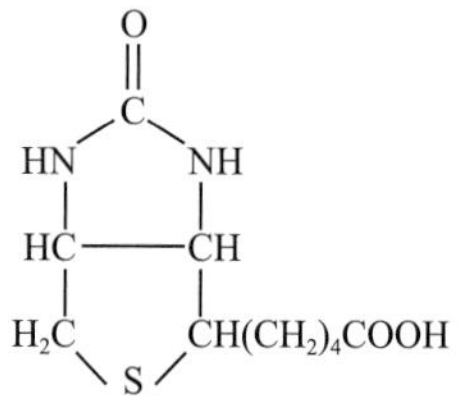

图 1 生物素的化学结构

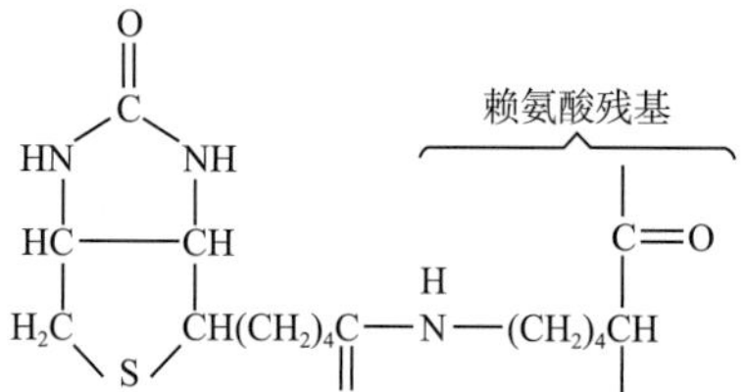

图 2 生物胞素的化学结构

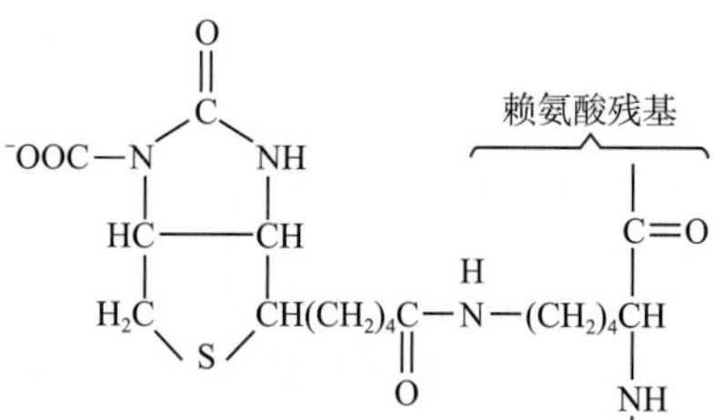

图 3 羧基生物胞素的化学结构

（田余祥）

yèsuān

叶酸（folic acid） 由蝶酸和谷氨酸结合而成的 B 族维生素（图 1）。又称蝶酰谷氨酸，曾称维生素 M。1941 年，美国学者赫舍尔·米切尔（Herschel Mitchell）从菠菜叶中提纯出这种生物因子，故命名为叶酸。

一般性质 ①分布：植物绿叶、酵母和肝中富含叶酸。食物叶酸分子中常含有以 γ－肽键相连的谷氨酸残基，植物叶酸中含 7 个谷氨酸残基，动物肝中的叶酸一般含 5 个谷氨酸残基，只有牛奶和蛋黄中的叶酸含一个谷氨酸残基。肠道细菌也有合成叶酸的能力。②理化性质：叶酸呈淡橙黄色结晶或薄片，对光、酸敏感，食物中叶酸若经长时间烹煮，可损失 50%~90%。③代谢：食物中叶酸主要是连有 5~7 个谷氨酸残基的蝶酰多聚谷氨酸，在肠道吸收前，由十二指肠和空肠中的蝶酰多聚谷氨酰水解酶（叶酸共轭酶）裂解多聚谷氨酸，产生蝶酰单谷氨酸，后者才能被小肠黏膜细胞吸收。吸收后的蝶酰单谷氨酸经酶促反应被还原为二氢叶酸（FH_2），再进一步被还原为四氢叶酸（FH_4）。FH_4 是叶酸在体内的活性形式（见四氢叶酸）。④生理需要量：正常成人每日叶酸的生理需要量约为 50 μg。由于吸收少，每日需摄入约 400 μg。

生物学功能 FH_4 作为体内一碳单位转移酶（如胸苷酸合酶）的辅酶，起一碳单位载体的作用，参与嘌呤及胸嘧啶核苷酸等多种物质的合成，因此叶酸具有促进骨髓中幼细胞成熟的作用。

叶酸缺乏 一般不易缺乏。若缺乏可引起巨幼细胞贫血、胎儿先天性缺陷、高同型半胱氨酸血症。①绝大部分巨幼细胞贫血是由于叶酸或维生素 B_{12} 或两者同时缺乏所引起。叶酸缺乏时，体内 FH_4 合成减少，导致一碳单位代谢障碍，核苷酸及 DNA 合成受限，骨髓幼红细胞 DNA 合成减少，幼红细胞快速分裂和增生速度降低。②胎儿先天性缺陷：孕妇对于叶酸的需要量增加，若叶酸缺乏可造成胎儿先天性脊柱裂和神经管缺损、胎盘早剥、胎儿宫内生长受限、早产以及易流产等，所以孕妇及哺乳期妇女应适量补充叶酸，以降低新生儿疾病的危险。③高同型半胱氨酸血症：叶酸缺乏可引起以动脉粥样硬化和动脉血栓形成为主的高同型半胱氨酸血症，增加心血管疾病及某些癌症（如结肠直肠癌）的风险，此时应及时补充叶酸。④口服避孕药和抗惊厥药对叶酸的吸收有

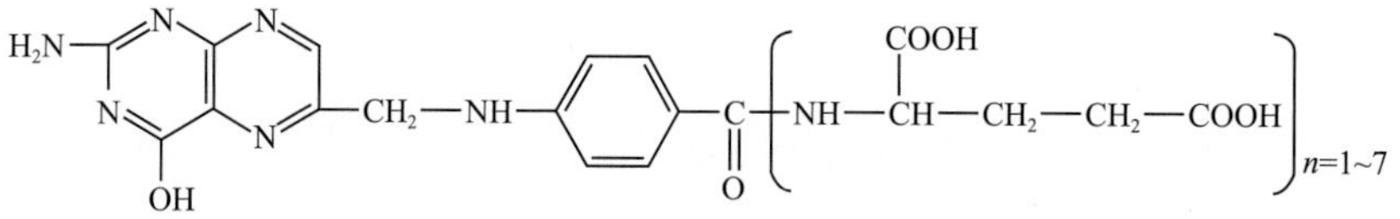

图 1 叶酸的化学结构

干扰作用，这些药物能降低血浆中的叶酸浓度。若长期服用此类药物时应补充叶酸。

（田余祥）

sìqīngyèsuān

四氢叶酸（tetrahydrofolic acid, FH_4） 叶酸的还原形式，一碳单位的载体。从食物中摄入的蝶酰多聚谷氨酸在小肠上段经蝶酰多聚谷氨酰水解酶催化，产生蝶酰单谷氨酸，后者被小肠黏膜细胞吸收（见叶酸）。吸收后的蝶酰单谷氨酸，由二氢叶酸还原酶催化生成二氢叶酸（FH_2），进一步催化生成 FH_4（图1），反应需2分子NADPH（H^+）。体内某些氨基酸（如甘氨酸、丝氨酸、组氨酸和色氨酸等）在分解代谢过程中可产生含有一个碳原子的基团（如甲基、亚甲基、次甲基、甲酰基、亚氨甲基），这些基团统称为一碳单位（见一碳单位）。由于一碳单位在体内不能游离存在，因此通常需要与 FH_4 结合后，参加物质代谢。FH_4 分子中结合一碳单位的位点是 N^5 和 N^{10} 位。甲基和亚氨甲基结合在 N^5 位，亚甲基和次甲基需同时与 N^5 和 N^{10} 位结合，甲酰基即可与 N^5 位也可与 N^{10} 位结合。

（田余祥）

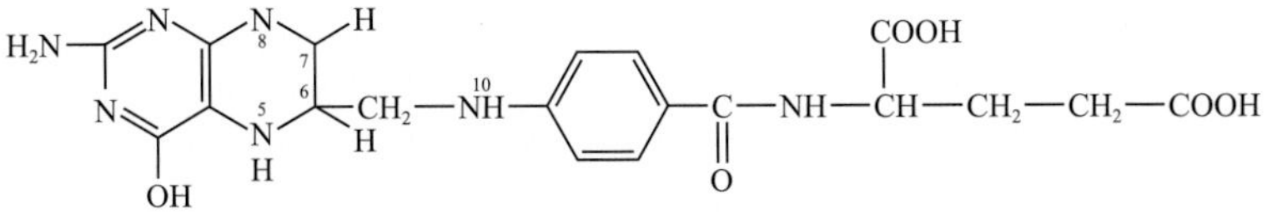

图1 四氢叶酸的化学结构

wéishēngsù C

维生素C（vitamin C） 含有内酯结构的多元醇类水溶性维生素。又称L-抗坏血酸（L-ascorbic acid）。1918年，英国科学家亚瑟·哈登（Arthur Harden）和西尔维斯特·所罗门·齐尔瓦（Sylvester Solomon Zilva）发现柠檬汁中存在抗坏血病因子，即维生素C。1928年，匈牙利裔美国生理学家艾伯特·圣·哲尔吉（Albert Szent-Györgyi）从牛的肾上腺及橘子、白菜等多种植物汁液中分离出维生素C纯品。1933年，英国化学家沃尔特·诺曼·霍沃思（Walter Norman Haworth）确定了维生素C的化学结构。哲尔吉和霍沃思因在维生素C方面的研究，分别获得1937年诺贝尔生理学或医学奖和化学奖。

一般性质 ①分布：新鲜水果和蔬菜中富含维生素C。植物组织中的L-抗坏血酸氧化酶能催化L-抗坏血酸生成单脱氢抗坏血酸和水，因此蔬菜和水果不宜久存。此外，烹饪不当、干燥或研磨等可造成食物中维生素C的破坏。种子发芽时可合成较多的维生素C，故豆芽含有丰富的维生素C。人类和其他灵长类、豚鼠等动物体内因缺乏L-古洛糖酸内酯氧化酶，不能使古洛糖酸内酯转变为抗坏血酸，因此维生素C必须由食物供给。②理化性质：维生素C易溶于水，不溶于脂溶剂。耐酸不耐碱，不耐高温，易被氧化生成草酸和L-苏阿糖酸。维生素C氧化产生的草酸是人体内源性草酸的主要来源。③代谢：天然存在的抗坏血酸有L型和D型2种，后者无生物活性。维生素C具有很强的还原性，其分子中C2和C3的羟基易释出 H^+ 而使溶液呈酸性，脱氢后的产物为L-脱氢抗坏血酸，后者还可再接受2个氢原子又转变为L-抗坏血酸（图1）。虽然L-脱氢抗坏血酸也有生理意义，但它在血中仅占L-抗坏血酸的1/15。④生理需要量：正常成人每日维生素C的生理需要量为60~100mg。

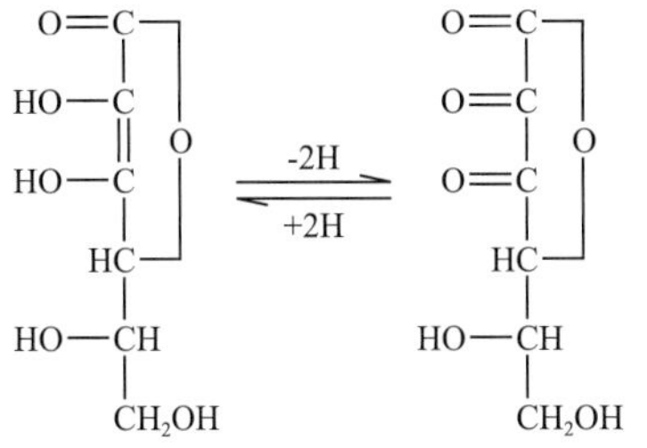

图1 L-抗坏血酸和L-脱氢抗坏血酸的化学结构及其互变

生物学功能 维生素C具有广泛而重要的生理作用。①体内重要的还原剂，通过提供其分子中的2个氢原子参与多种氧化还原反应，如氧化型谷胱甘肽重新被还原成GSH，食物中难以吸收的 Fe^{3+} 被还原成易吸收的 Fe^{2+}，体内胱氨酸还原成半胱氨酸，红细胞中高铁血红蛋白还原为血红蛋白，促进叶酸还原成 FH_4。②增强白细胞对流感病毒的反应性和过氧化氢的杀菌作用。③促进维生素A、维生素E和其他水溶性维生素的吸收，还可以保护它们免受破坏。④参与多种羟化过程，如胶原分子中脯氨酸和赖氨酸残基羟化为羟脯氨酸和羟赖氨酸，胆固醇被羟化成7α-羟胆固醇，苯丙氨酸羟化为酪氨酸，色氨酸转变为5-羟色胺。⑤参与肉碱的合成，以及药物或毒物等的羟化过程。

维生素C缺乏 维生素C缺乏时，胶原合成减少，细胞间隙增大，毛细血管通透性增强，脆性增加，轻微碰撞或摩擦即可使皮下及黏膜出血，创口、溃疡不易愈合，骨骼易折断、牙齿也易断或脱落，临床上称维生素C缺乏症（曾称坏血病，scurvy）。维生素C富含于新鲜的蔬菜、水果之中，大多数人能维持维生素C生理需要量，因此现在该病少见。

（田余祥）

liúxīnsuān

硫辛酸（lipoic acid, LA） 正辛酸的含硫衍生物。其分子中C6和C8上的两个硫原子靠二硫键连接（6,8-二硫辛酸），又称α-硫辛酸（alpha lipoic acid，ALA），见图1。

一般性质 ①分布：广泛分布，肝和酵母细胞中含量尤为丰富，人体也能合成硫辛酸。1951年，美国生物化学家莱斯特·詹姆斯·里德（Lester James Reed）成功地从肝组织中纯化出硫辛酸，确定了它的分子结构。②理化性质：硫辛酸为白色或淡黄色粉末状结晶，几乎无味，兼具有脂溶性与水溶性。③代谢：食物中的硫辛酸常和维生素B_1同时存在。经肠道吸收后，氧化型的硫辛酸（6,8-二硫辛酸）可转变为还原型的二氢硫辛酸。

生物学功能 硫辛酸作为丙酮酸脱氢酶复合体和α-酮戊二酸脱氢酶复合体的辅因子，参与丙酮酸和α-酮戊二酸的氧化脱羧反应，起传递氢和转移酰基的作用（见糖有氧氧化）。还原型硫辛酸的巯基很容易脱氢被氧化，故具有抗氧化性，对含巯基的蛋白质有保护作用。

硫辛酸缺乏 目前尚未有人类硫辛酸缺乏症的报道。

（田余祥）

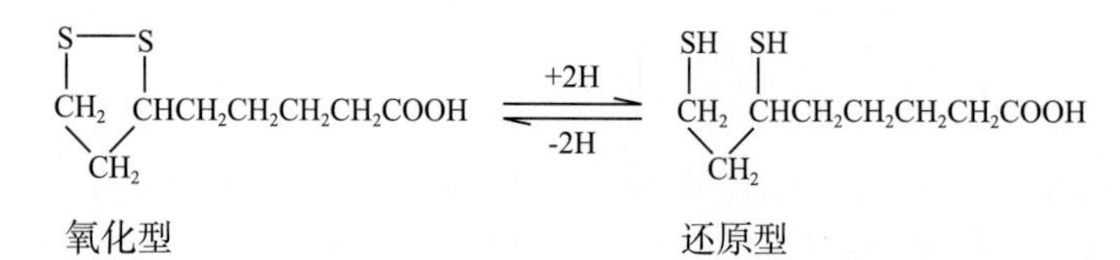

图1 氧化型和还原型硫辛酸的化学结构及其递氢作用

wéishēngsù quēfá zhèng

维生素缺乏症（avitaminosis）

维生素摄入不足引起的疾病。导致维生素缺乏的原因主要有：①摄入不足，如饮食不合理或偏食。②破坏过多，如食物的贮存、加工与烹调不当。③不良的生活习惯，如吸烟和饮酒引起维生素C和B族维生素的消耗，长时间看电视和电脑前工作消耗维生素A。④吸收障碍，如胃酸分泌不足性胃炎、肠炎、脂肪泻、胆囊炎等胃肠道疾病。⑤大量消耗，如长期发热、慢性消耗性疾病、代谢旺盛性疾病、烧伤患者大量消耗维生素B_1。⑥机体需要量增加，如孕妇、生长期的儿童。⑦药物，如长期服用抗菌药物，可抑制肠道细菌的生长，不能合成相应的维生素。

由于脂溶性和水溶性维生素的溶解性不同，吸收、排泄、体内积存的情况不同，导致缺乏症状出现的快慢不同。脂溶性维生素缺乏的症状出现较缓慢，而水溶性维生素缺乏的症状出现相对较快。轻度维生素缺乏症一般建议通过选择富含维生素的食物补充即可，对于中度维生素缺乏症可在食补的基础上加用相应量的维生素补充剂，重度维生素缺乏症甚至可能需要肌内注射或静脉输注。总之，维生素缺乏症的治疗一定要考虑到个体对维生素消化、吸收以及利用的问题，同时还要注意避免补充过量，否则可能会产生适得其反的效果，甚至可能危害身体健康。

（田余祥）

wéishēngsù guòduō zhèng

维生素过多症（hyper vitaminosis） 维生素摄入超过正常需要量，导致在体内蓄积，就可能产生过营养性疾病。或称维生素毒性。与水溶性维生素相比，脂溶性维生素过多症更常见，并且表现出急性或慢性的症状（见维生素A、维生素D、维生素E、维生素K）。维生素过多症多由于摄入或临床上治疗疾病时使用过量所导致。

（田余祥）

jī sù

激素（hormone） 由生物体的内分泌腺或散在的高度分化的内分泌细胞合成与分泌、以体液（在动物指血液、淋巴液、脑脊液、肠液等）为媒介、在细胞之间递送调节信息，并且引发特定生物学效应的一类微量、高效活性的有机化合物。也称荷尔蒙。因此，也可把该类化学物质看作生物体内的化学信使。1904年，由威廉·马多克·贝利斯（William Maddock Bayliss）和欧内斯特·亨利·斯塔林（Ernest Henry Starling）提出。除动物激素外，在植物中也有激素存在，此处主要介绍动物激素。

分类 按化学本质的不同可将激素分为三类。①肽/蛋白质类激素：该类激素由3~200个氨基酸残基组成，种类多（200多种）、分布广，通常为亲水性，以游离形式在血液中运输。下丘脑、垂体、胰岛、甲状旁腺、胃肠道、胸腺、松果体、心房等部位产生的激素多属此类。肽类激素的半衰期一般为4~40分钟，蛋白质类激素的半衰期通常为15~170分钟。②胺类激素：该类激素多为氨基酸衍生物，如肾上腺髓质激素、甲状腺激素等。此类激素一般为水溶性，以游离形式在血液中运输；但甲状腺激素为脂溶性，一般与血浆蛋白结合而运输。胺类激素的半衰期差别很大，如儿茶酚胺等的半衰期通常只有2~3分钟，而甲状腺素的半衰期可长达7天。③脂类激素：主要包括类固醇激素和脂肪酸衍生物激素。类固醇激素因其共同前体为胆固醇而得名，其6个家族的典型代表分别是孕酮、醛固酮、皮质醇、睾酮、雌二醇和维生素D_3，其中前五种激素的分子结构均为17碳环戊烷多氢菲母核（四环结构）加上一些侧链分支，故也被形象地称为甾体激素。维生素D_3因其四环结构中的B环被打开，故也称固醇激素。类固醇激素为脂溶性，通常与运载蛋白结合而运输。脂肪酸衍生物激素主要包括前列腺素、凝血噁烷（又称血栓烷）类和白三烯类，其中前列腺素种类繁多，作用复杂。脂肪酸衍生物激素的半衰期一般较短。

代谢 可以说，所有激素在体内的合成都是在基因的调控之下进行的，但就具体合成途径来看，大体可分为两种类型：由激素的结构基因通过转录与翻译形成；经细胞内相关酶的催化合成。前述三类激素合成与分泌的基本特点如下：①绝大多数肽/蛋白质类激素的合成属于第一种类型，遵循蛋白质生物合成的一般规律，先合成激素前体分子，再经酶切加工生成具有生物活性的激素。该类激素需在高尔基体加工包装，然后储存在囊泡中，机体需要时通过出胞方式分泌。另外，有些肽/蛋白质类激素（如激肽和血管紧张素）可以由存在于血浆中的α_2-球蛋白裂解而成。②胺类激素的生成过程较简单，属于第二种合成类型。如肾上腺素等儿茶酚胺类激素由酪氨酸经酶修饰而成；甲状腺激素是甲状腺球蛋白裂解后的含碘酪氨酸缩合物，过氧化物酶参与催化该激素的合成过程。儿茶酚胺类激素在分泌前通常储存在胞内分泌颗粒中，只在机体需要时才释放。甲状腺激素比较特殊，其以甲状腺胶质的形式大量储存在细胞外的甲状腺滤泡腔中。③脂类激素的合成也属于第二种合成类型，其合成原料为脂质。类固醇激素合成的开始过程都相同，由胆固醇转变成孕烯醇酮，再由孕烯醇酮在不同的腺体细胞中生成肾上腺皮质激素或性激素。类固醇激素边合成边释放，从而使其分泌率与合成率相当。维生素D_3是胆固醇的开环化合物，可从食物中获取，也可在紫外线照射下，由皮肤中的7-脱氢胆固醇转化而来。维生素D_3经肝和肾各进行一次羟化形成1,25-二羟维生素D_3（即活性维生素D_3）。脂肪酸衍生物激素的合成原料来源于细胞膜中的磷脂。在磷脂酶A_2的催化下，膜磷脂被水解，从而释放出花生四烯酸，随后花生四烯酸在一系列酶的催化下合成前列腺素、凝血噁烷类和白三烯类激素。

分泌的节律性 多种激素的分泌均具有节律性特征，短的呈现出以分钟或小时为周期的脉冲式分泌（如一些腺垂体激素表现为脉冲式分泌，并与下丘脑调节肽的分泌同步），长的则表现为以月、季等为周期的分泌（如女性性激素呈月周期性分泌，甲状腺激素分泌则存在季节性周期波动），但多数表现为昼夜节律性分泌（如生长激素、褪黑素和皮质醇等）。激素分泌的节律性受下丘脑视交叉上核的生物钟调控。

合成与分泌的调控 调控激素合成与分泌的机制包括体液调节和神经调节。

体液调节 ①轴系反馈调节：下丘脑-垂体-靶腺轴在维持激素合成与分泌的稳态中具有重要作用，该轴系是一个有等级层次的调节系统，系统内高位激素可促进下位激素的合成与分泌，而下位激素则通常抑制高位激素的合成与分泌，从而形成具有自动控制能力的反馈环路，包括长反馈（指调节环路中的终末组织或靶腺分泌的激素对上位腺体的活动进行反馈调节）、短反馈（垂体分泌的激素对下丘脑的分泌活性进行反馈调节）和超短反馈（指下丘脑肽能神经元的活动受其自身所分泌激素的反馈调节）。人体内的轴系主要有下丘脑-垂体-甲状腺轴、下丘脑-垂体-肾上腺皮质轴和下丘脑-垂体-性腺轴等。当然，轴系中也有正反馈调控，但较少。例如，在月经周期中，雌激素一般对下丘脑的促性腺素释放素（GnRH）神经元的活动起负反馈调节作用，但在排卵前雌激素水平达到高峰时，雌激素则对GnRH神经元起正反馈调节作用，使GnRH释放增加，形成黄体生成素释放的高峰，从而促进排卵。②代谢物调节：许多激素均参与物质代谢的调节，同时，血液中反映代谢状态的物质亦可直接反馈调节相应激素的合成与分泌。例如，用餐后血液中葡萄糖水平的升高可以促进胰岛素的合成与分泌，从而下调血糖水平；而血糖水平的下降则可抑制胰岛素的合成与分泌，同时促进胰高血糖素的合成与分泌，从而使血糖水平的稳定状态得以维持。这种由激素作用所导致的终末效应，对激素合成与分泌的调控作用能更直接和及时地维持血液中某成分浓度的相对稳定。③自身反馈调节：有些激素的合成与分泌受自身反馈调节，例如，当活性维生素 D_3 升高到一定水平时，便可反馈性抑制其合成细胞内 1α－羟化酶系的活性，抑制活性维生素 D_3 的生成与分泌，从而使其在血液中的浓度保持稳定状态。④协同或拮抗性调节：某些激素的合成与分泌直接受两种或两种以上激素的协同或拮抗性调节。例如，生长抑素和胰高血糖素可以利用旁分泌的方式分别抑制和促进胰岛素的合成与分泌，这些激素的效应相互抗衡、彼此制约，共同维持血糖水平的相对恒定。

神经调节　下丘脑是联系神经系统和内分泌系统活动的重要枢纽。下丘脑的传入和传出通路广泛而复杂，内外环境中的各种刺激都可能通过这些神经通路而对下丘脑神经内分泌细胞的分泌活动产生影响，从而发挥其对内分泌系统和整体功能活动的高级整合调控功能。神经纤维可支配肾上腺髓质、胰岛等腺体和器官，神经活动对激素合成与分泌的调节具有重要而特殊的意义。例如，在应激时，交感神经系统的兴奋性增强，使得肾上腺髓质增加对儿茶酚胺类激素的合成与分泌，从而积极动员机体的潜能，促进能量释放，以期适应活动需求；在夜间睡眠时，迷走神经的活动处于优势，其可促进胰岛素的合成与分泌，从而有助于机体进行能量储备；在婴儿吸吮母亲乳头时，可通过神经反射促进母体分泌催乳素和催产素，从而引发射乳反射；在进食时，可使机体迷走神经的兴奋性增加，从而促进 G 细胞分泌促胃液素等。

生物学作用　①调节物质代谢：激素可调节糖、蛋白质、脂肪等物质的代谢活动，从而参与维持机体的代谢平衡，如胰岛素对血糖的调节是机体正常糖代谢的重要保障。②调控生殖及生长发育：激素可促进生殖器官发育与成熟，并调节生殖活动；激素也可调节细胞分裂与分化，从而保障各组织、器官的正常生长、发育及成熟（例如，甲状腺激素对人出生后 3 个月内神经系统的发育具有重要影响）；同时，激素也参与衰老过程的调控。③参与维持内环境的稳态：内分泌系统与神经系统之间密切配合，协同调控机体对内外环境刺激的应答反应，使机体更好地适应环境的变化。激素水平或功能异常与多种疾病密切相关。

作用机制　按受体的存在部位，可将激素的作用机制分为如下两条途径。①胞膜受体途径：即激素通过与胞膜受体结合而激活胞内不同的信号通路，从而产生调节效应。经此途径发挥作用的激素包括肽/蛋白质类激素、脂肪酸衍生物激素和水溶性胺类激素。激素的胞膜受体主要包括 G 蛋白偶联受体和酶联受体（如蛋白质酪氨酸激酶受体、蛋白质酪氨酸激酶结合型受体、蛋白质丝氨酸/苏氨酸激酶受体、鸟苷酸环化酶受体等）。②胞内受体途径：即激素进入细胞，通过与胞质或胞核内的受体结合而激活受体，活化的受体最终与核内 DNA 的顺式作用元件（又称激素应答元件）结合，通过调节靶基因的转录及其所表达的产物而诱发细胞的生物学效应（这种效应又称基因组效应）。由于胞质中的受体通常也要入核发挥作用，故与胞核内的受体一起统称核受体，激素的胞内受体途径因此也称核受体途径。经此途径发挥作用的激素包括类固醇激素和脂溶性胺类激素。另外，某些激素可通过多种机制而发挥不同的调节效应。例如，孕激素既能通过与核受体结合而调节靶细胞基因的转录过程，又能与神经元突触膜中的 γ－氨基丁酸 A 受体结合，影响 Cl^- 电导，从而快速调节神经细胞的兴奋性，这种快速反应称为非基因组效应。糖皮质激素、雌激素、甲状腺激素和活性维生素 D_3 等也可产生快速调节效应。

作用的终止　激素所引发的调节效应需要被及时终止，否则无法保证靶细胞对新信息的不断接受和适时产生精确的应答反应。对激素生物学效应的终止是诸多环节综合作用的结果，这些环节主要包含：①完备的激素分泌调节系统（如下丘脑－腺垂体－靶腺轴系统）能让内分泌细胞适时终止分泌激素。②激素与受体的分离，可使受体下游的信号转导过程亦随之终止。③激素与受体形成的复合物被靶细胞内吞，经溶酶体分解，从而终止激素的作用。④激素经肝、肾等器官的生物转化作用或在血液循环中被降解，从而失去活性。⑤通过调控胞内某些酶的活性而终止胞内信号转导。如增强磷酸二酯酶的活性，可加速 cAMP 分解为无活性产物，从而使下游的蛋白质激酶 A 活性受抑，进而使后续的信号转导和生物学效应终止。⑥激素在引发信号转导过程中所产生的一些中间产物，能够及时限制自身的信号转导过程。例如，在胰岛素诱发的信号转导通路中，蛋白质酪氨酸磷酸酶被活化后可通过催化胰岛素受体去磷酸化而使受体失活，从而终止后续的信号转导过程，对胰岛素信号转导进行负调控。

作用的一般特征 虽然不同激素对靶细胞的调节效应有别，但它们有一些共同的作用特征。①信使作用：激素具有信使作用，能将所携带的特定信息传递给靶细胞而诱发相应的生物学效应。②特异性作用：尽管激素可随血液循环到达全身各组织和细胞，但其通常仅选择性作用于存在其受体的细胞、组织和器官，该现象即激素作用的特异性。当然，这种特异性也有一定的相对性。③高效作用：在生理状态下，血液中激素浓度很低，多在皮摩尔到纳摩尔水平；然而，由于激素与受体的亲和力很高，其与受体结合后所激发的信号转导具有级联放大效应（瀑布效应），产生的生物学作用效率极高。④相互作用：因各种激素均以体液为媒介进行信息传递，故所产生的效应可相互影响、彼此关联，形成错综复杂的网络。不同激素之间可存在协同或拮抗作用。此外，不同激素之间还有一种被称为允许作用的特殊关系，即某激素对特定器官、组织或细胞虽无直接作用，但其存在却是另一激素充分发挥作用的必要条件，该作用是一种支持作用。⑤效应具有可塑性：激素、受体水平以及激素与受体的亲和力均可影响激素作用的效率。激素的类似物可与激素竞争性结合受体，从而阻断激素的作用。激素与受体的亲和力可随着生理条件的变化而发生改变（例如，在性周期的不同阶段，卵巢颗粒细胞的卵泡刺激素受体与相应激素的亲和力是不同的）。有些情况下，当某激素与受体结合时，其邻近受体的亲和力可升高或降低。另外，激素长期处于高水平时，可导致受体数量减少、亲和力降低，反之亦然。

（何凤田）

xiàqiūnǎo jīsù

下丘脑激素（hypothalamic hormone）

下丘脑不同类型的神经核团的细胞分泌的多种激素的总称。又称下丘脑调节肽（hypothalamic regulatory peptide，HRP）或下丘脑因子（hypothalamic factor）。下丘脑既是一个神经系统器官，又是一个内分泌器官，下丘脑神经元兼具神经元和内分泌细胞的功能，可汇集和整合不同来源的信息，将神经活动的电信号转变为激素分泌的化学信号，协调神经调节与体液调节的关系，广泛参与机体功能的调节。

分类 下丘脑激素均为肽类激素，因为其中某些肽类还具有神经递质的作用，所以又常被称为神经肽类激素。

代谢 下丘脑激素由下丘脑不同的神经核团产生。通常这些激素由相应的基因编码产生前体蛋白质，之后再由蛋白酶加工为成熟激素。此外，由于下丘脑与垂体在结构与功能上紧密联系，二者形成下丘脑－垂体功能单位，使得下丘脑分泌的激素通过下丘脑－神经垂体系统和下丘脑－腺垂体系统储存或发挥作用。下丘脑－腺垂体系统由下丘脑促垂体区小细胞神经元组成，可分泌多种 HRP（表1），这些 HRP 再经垂体门静脉系统到达腺垂体，通过与腺垂体靶细胞膜受体结合，促进或抑制腺垂体相关激素的分泌。除了下丘脑促垂体区能够产生 HRP 外，中枢神经系统的其他部位和身体的许多组织也能够分泌 HRP，因此这些肽类物质具有广泛的作用。下丘脑－神经垂体系统则由下丘脑室上核和室旁核发出的大细胞神经元轴突延伸终止于神经垂体结构，形成下丘脑－垂体束。室旁核和室上核等处合成的催产素（又称缩宫素）和抗利尿激素（又称升压素）经长轴突运输至神经垂体末梢并储存，并于必要时释放进入血液循环。

生物学作用 下丘脑激素通过与靶细胞膜上的相应受体结合而发挥各自的生物学作用，其发挥作用的一个重要特点就是形成下丘脑－垂体－靶腺轴系统。轴系是一个有等级层次的调节系统（表2），系统内高位激素对下位

表1 下丘脑促垂体区小细胞神经元所分泌 HRP 的化学性质和主要作用

下丘脑调节肽名称	缩写	化学性质	主要作用
促甲状腺素释放素	TRH	3肽	促进 TSH 及 PRL 分泌
促性腺素释放素	GnRH	10肽	促进 LH 和 FSH 分泌（以 LH 为主）
生长抑素（促生长素抑制素）	SS（GHIH）	14肽	抑制 GH 以及 LH、FSH、TSH、PRL 和 ACTH 的分泌
促生长素释放素	GHRH	44肽	促进 GH 分泌
促肾上腺皮质素释放素	CRH	41肽	促进 ACTH 分泌
催乳素释放素	PRH	31肽为主	促进 PRL 分泌
催乳素释放抑制素	PRIH	多巴胺为主	抑制 PRL 分泌

注：TSH 为促甲状腺激素；PRL 为催乳素；LH 为促黄体素；FSH 为促卵泡激素；GH 为生长激素；ACTH 为促肾上腺皮质激素。

表 2 下丘脑－垂体－靶腺轴系统的激素等级层次关系

下丘脑激素（一级）	腺垂体激素（二级）	靶腺激素（三级）
TRH	TSH	甲状腺素（T_4）、三碘甲腺原氨酸（T_3）
CRH	ACTH	皮质醇
GnRH	LH、FSH	雄激素、雌激素、孕激素
GHRH	GH	胰岛素样生长因子（IGF）

激素的分泌具有促进性调节作用，而下位激素对高位激素的分泌起抑制作用，从而形成具有自动调控能力的反馈环路（包括长反馈、短反馈和超短反馈）。通过这种层层调节方式，维持血液中各级激素水平的相对稳定。人体内的轴系主要有下丘脑－垂体－甲状腺轴、下丘脑－垂体－肾上腺皮质轴和下丘脑－垂体－性腺轴等。

（何凤田 申晓冬）

cù jiǎzhuàngxiàn sù shìfàng sù

促甲状腺素释放素（thyroliberin; thyrotropin-releasing hormone, TRH） 主要为下丘脑分泌的肽类激素。主要作用是促进腺垂体细胞释放促甲状腺激素（thyroid stimulating hormone，TSH）。消化道和胰岛也可少量分泌 TRH。

结构特征 TRH 由三个氨基酸残基组成，其序列从 N－端至 C－端为焦谷氨酰－组氨酰－脯氨酰胺。

代谢 ①合成与分泌：人 TRH 的编码基因位于 3q13.3-21，含 3 个外显子和 2 个内含子，前体 TRH 的编码序列位于第 3 个外显子。与所有的肽类激素一样，成熟 TRH 由一个较大的前体肽分子剪切而成。前体 TRH 含 242 个氨基酸残基，有 6 个拷贝的“谷氨酰－组－脯－甘”序列，两侧散在有“赖－精”或“精－精”序列。TRH 的成熟过程涉及一系列酶：一个蛋白酶首先水解 C－端的“赖－精”或“精－精”序列；一个羧肽酶移除赖/精氨酸残基，而留下甘氨酸作为 C－端的氨基酸残基；肽酰甘氨酸－α－酰氨化单加氧酶将 C－端的甘氨酸残基转变为甘氨酰胺。与此同时，N－端谷氨酰胺转变为焦谷氨酸。经过上述步骤，一个前体 TRH 分子可生成 6 分子的成熟 TRH。成熟的 TRH 经垂体门脉系统到达腺垂体发挥作用。②调节：血浆中 TSH 和甲状腺激素的水平可反馈调节 TRH 的合成与分泌，这是“下丘脑－垂体－靶腺”轴反馈调节的典型方式。

生物学功能 TRH 通过与靶细胞膜上的受体（TRHR，属 G 蛋白偶联受体）结合发挥作用。小鼠及大鼠有两种类型的受体（$TRH-R_1$ 和 $TRH-R_2$），而人类迄今只发现有 $TRH-R_1$。TRH 是下丘脑第一个被发现的促垂体激素，其主要功能是促进腺垂体细胞分泌 TSH，进而促进甲状腺激素的分泌。此外，TRH 还具有抗抑郁、抗癫痫、神经修复、升血压、抗休克、免疫调节以及促头发生长等作用。同时，TRH 还参与调节其他垂体激素（如催乳素）的释放。临床上可通过静脉注射 TRH 来检测腺垂体的反应，以此判断甲状腺功能是否异常，这一测试被称为 TRH 兴奋实验。

（何凤田 申晓冬）

cù shènshàngxiàn pízhì sù shìfàng sù

促肾上腺皮质素释放素（corticoliberin; corticotropin-releasing hormone, CRH） 由下丘脑小细胞神经元分泌的肽类激素。促肾上腺皮质素释放素主要作用是促进腺垂体合成与释放促肾上腺皮质激素（corticotropin, adrenocorticotropic hormone, ACTH）。

结构特征 CRH 由 41 个氨基酸残基组成，其序列从 N－端至 C－端为：丝－谷－谷－脯－脯－异亮－丝－亮－天冬－亮－苏－苯丙－组－亮－亮－精－谷－缬－亮－谷－甲硫－丙－精－丙－谷－谷氨酰－亮－丙－谷氨酰－谷氨酰－丙－组－丝－天冬酰－精－赖－亮－甲硫－谷－异亮－异亮。CRH 的编码基因位于 8 号染色体长臂。

代谢 ①合成：合成 CRH 的小细胞神经元主要分布于下丘脑室旁核，其轴突多终止于下丘脑基底部正中隆起。一般情况下，CRH 呈现脉冲式释放和昼夜周期节律性，其释放量白天维持在较低水平，入睡后逐渐降低直至午夜至最低水平，然后逐渐升高，于清晨觉醒之前达到最高。②分泌：CRH 直接释放进入垂体门脉血管网。③调节：调节过程非常复杂，受到更高级中枢以及外周传入信息的影响。应激情况（如低血糖、失血、剧痛以及精神紧张等）可刺激 CRH 的合成与分泌；肽类神经递质 β－内啡肽和脑啡肽以及单胺类神经递质去甲肾上腺素、多巴胺和 5－羟色胺则可抑制 CRH 的释放。此外，CRH 还受到 ACTH 和下游激素的反馈性调节，以及自身的超短反馈调节。

生物学作用 主要是促进腺垂体合成与释放 ACTH。CRH 通过与腺垂体细胞膜上的 CRH 受体结合，激活下游信号通路，细胞内第二信使 cAMP 和 Ca^{2+} 释放增加，最终促进 ACTH 的释放。由于CRH以脉冲式释放，并呈现昼夜周期节律性，故ACTH及肾上腺皮质醇的分泌节律与之同步，呈现同样规律。当机体遇到应激刺激时，神经系统的不同部位收集信息，并将信号最终汇集于下丘脑CRH神经元，CRH分泌增强，刺激ACTH及肾上腺皮质激素的分泌，使机体做出对应激刺激的相应功能调整。

（何凤田　陈　姗）

cù xìngxiàn sù shìfàng sù

促性腺素释放素（gonadotropin-releasing hormone, GnRH）　由下丘脑正中隆起外侧区和弓状核等部位的GnRH神经元合成与分泌的肽类激素。又称促卵泡激素释放素（follicle-stimulating hormone-releasing hormone，FSHRH，FRH）或促黄体素释放素（luteinizing hormone-releasing hormone，LHRH）。

结构特征　哺乳类GnRH由10个氨基酸残基组成（最早解析的哺乳类GnRH的10肽序列从N-端至C-端为"焦谷-组-色-丝-酪-甘-亮-精-脯-甘"），其N-端为焦谷氨酰，C-端为氨甲酰化甘氨酸。依据分泌神经元及编码基因座的差异，GnRH分为三种亚型，最早发现的为GnRHⅠ，此外还有GnRHⅡ和GnRHⅢ，大多数脊椎动物为GnRHⅠ和GnRHⅡ，只有真骨鱼类为GnRHⅢ。目前已分离到的脊椎动物来源的GnRHs均为10肽，具有相同的N-端和C-端，不同的是5~8位氨基酸残基。对各种来源的GnRHs编码基因及cDNAs克隆发现，*GnRHs*基因结构高度保守。*GnRH*基因都编码一个前体多肽被称为促性腺激素释放激素前体（pro-GnRH），脊椎动物*pro-GnRH*基因含有4个外显子，3个内含子。第一外显子为5'-UTR，第二外显子含信号肽、GnRH编码序列、剪切位点（甘-赖-精）和GnRH-相关肽（GnRH-associated peptide，GAP）的N-端序列，第三和部分第四外显子含GAP的C-端编码序列。

代谢　GnRH的合成遵从肽的生物合成规律。*GnRH*基因经由转录翻译为pro-GnRH，该前体肽随后被水解为GnRH和GAP，二者被同时包裹入分泌小泡中；当神经元受到适当刺激时，二者由神经元末梢分泌至下丘脑-垂体门脉系统。GnRH呈节律性分泌，其分泌受新皮质与其多突触联系的影响，各种刺激经皮质整合后，通过多突触联系调节GnRH神经元的活动，从而调节GnRH的分泌。同时，GnRH的合成与分泌还受下丘脑-腺垂体-性腺轴的反馈调节。GnRH含量极低，半衰期只有几分钟，到达靶细胞后被迅速降解。

生物学作用　GnRH是下丘脑-腺垂体-性腺轴的最高位调控激素，通过与腺垂体促性腺细胞膜上的特异性受体（属G蛋白偶联受体）结合，促进腺垂体合成与释放促卵泡激素和促黄体素。临床上GnRH类似物可用于治疗子宫内膜异位症、子宫肌瘤、中枢性性早熟以及保护卵巢功能和辅助生殖等。

（何凤田　申晓冬）

cù shēngzhǎng sù shìfàng sù

促生长素释放素（somatoliberin; growth hormone-releasing hormone, GHRH）　主要由下丘脑弓状核神经元分泌的肽类激素，可以促进腺垂体合成与分泌生长激素。

结构特征　人类具有生物活性的GHRH有两种，分别含40个和44个氨基酸残基，前者具有游离的羧基末端，后者具有酰氨化的羧基末端。普遍认为44肽为GHRH的成熟全长片段，而40肽则是其降解片段。GHRH氨基端的29个氨基酸残基就具有全部的生物学活性，该29肽已用于临床。各型GHRH及其前体的氨基酸序列如图1。

代谢　除了下丘脑弓状核外，许多外周组织和细胞（包括胃黏膜、淋巴细胞、子宫、卵巢、睾丸、垂体、肾脏、前列腺、肝、肺等）以及大脑皮质都可合成与分泌GHRH。GHRH的编码基因位于第20号染色体，遵从蛋白质生物合成的一般规律。首先翻译合成由108个氨基酸残基组成的初前体GHRH（pre-pro-GHRH），然后经蛋白酶水解为含104个氨基酸残基的前体GHRH（pre-GHRH，10.5kD），随后进一步被

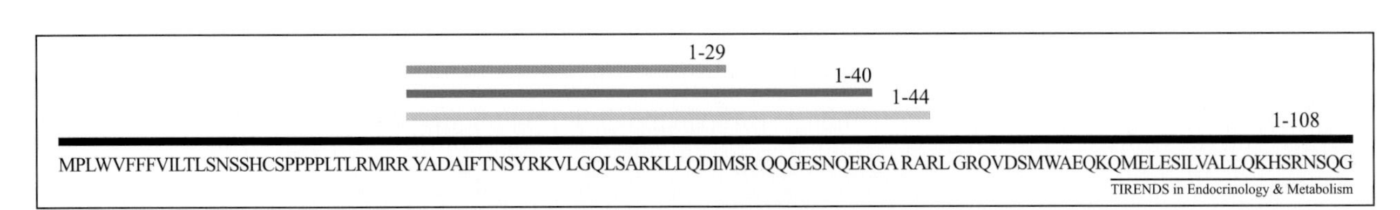

图1　各型GHRH及其前体的氨基酸序列（从N-端至C-端）

注：黑色为初前体GHRH（pre-pro-GHRH）序列；蓝色为GHRH氨基端的29肽序列；红色为40肽的GHRH序列；绿色为44肽的GHRH序列。

蛋白酶裂解为有活性的5.2kD的GHRH和3.6kD的GHRH-相关肽（GHRH-RP）。下丘脑分泌的GHRH经垂体门脉系统达到腺垂体发挥作用，而外周组织和大脑皮质分泌的GHRH则在局部发挥作用。

生物学作用 GHRH通过与靶细胞膜上的受体（属G蛋白偶联受体）结合而发挥作用，其主要功能是促进腺垂体合成与分泌生长激素。由于GHRH受体有多种类型，不仅分布于腺垂体细胞，也存在于外周组织和某些肿瘤细胞，因此GHRH还有众多其他功能：①促进伤口愈合和心肌修复，保护骨骼肌。②促进胰岛细胞分化与存活。③调节免疫系统分化及细胞因子释放。④调节生殖系统分化发育以及妊娠时胎盘的发育。⑤减少内脏脂质水平。⑥促进肿瘤细胞的生长与存活等。GHRH及其类似物和拮抗剂已在临床医学和运动医学中得到广泛应用。

（何凤田　申晓冬）

shēngzhǎng yìsù

生长抑素（somatostatin, SS）

主要由下丘脑、大脑和消化系统的内分泌细胞合成与分泌的肽类激素。又称促生长素抑制素（growth hormone-inhibiting hormone，GHIH）或促生长素释放抑制激素（growth hormone release inhibiting hormone，GHRIH）。属典型的脑-肠肽。由于最早从绵羊下丘脑分离，并能抑制垂体释放生长激素，因而首先被命名为GHRIH。事实上，它对许多内分泌和非内分泌器官都有抑制作用，并参与调节中枢神经系统以及其他细胞的分化、发育。

结构特征 SS有两种活性形式，分别来源同一初前体肽（pre-pro-SS）在不同组织的可变剪切。一种为含有14个氨基酸残基的SS-14（图1），其第3和第14位的两个半胱氨酸残基之间形成一个二硫键；另一种为含有28个氨基酸残基的SS-28（其C-端含SS-14的完整序列，N-端有另外14肽的延伸）。

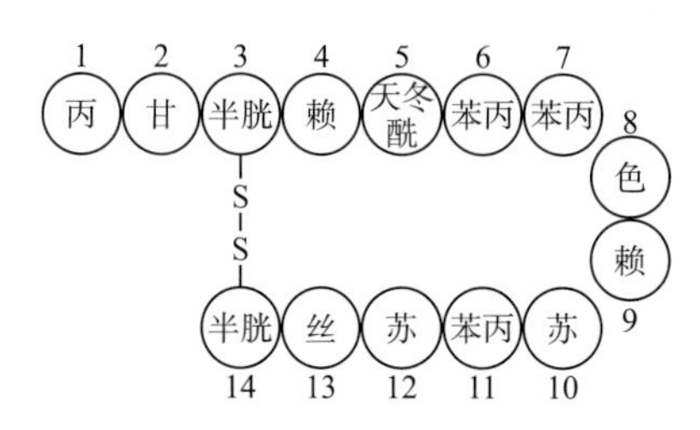

图1　人SS-14的氨基酸序列（从N-端至C-端）

代谢 ①合成与分泌：人SS的编码基因位于3号染色体长臂，编码含有116个氨基酸残基的pre-pro-SS，其N-端含有23个氨基酸残基的信号肽，切去信号肽成为含有93个氨基酸残基的前体GHIH（pre-SS）。pre-SS C-端的28个氨基酸残基可在不同组织中被剪切为两种成熟的SS（SS-14或SS-28）。下丘脑（主要是周核及弓状核等）分泌的SS经垂体门脉系统到达腺垂体发挥作用；大脑皮质神经元所表达的SS作用于局部；幽门窦和十二指肠的Delta细胞以及胰岛细胞等分泌的SS，经肝门脉系统到达心脏并输送至全身发挥作用，当然也可以旁分泌的方式在局部发挥作用。②调节：促胃液素可促进SS的释放，乙酰胆碱则可抑制其释放。③清除：天然SS的半衰期只有几分钟，分泌后很快被降解。

生物学作用 SS通过与靶细胞膜上的受体（属G蛋白偶联受体）结合而发挥作用。由于SS的受体广泛表达于大脑、胰腺、甲状腺、垂体、免疫系统、肾、肝、肺、胃、血管和脾等的组织细胞，故SS可发挥多种作用。SS可抑制多种激素的释放，影响细胞分化并作为神经递质发挥作用。例如，SS可抑制腺垂体生长激素、促肾上腺皮质激素、促甲状腺激素和催乳素的释放；抑制胰腺内分泌和外分泌系统；抑制胃肠运动与消化道激素的分泌；显著减少内脏血流，降低门静脉压力，减少肝脏血流量等。临床上SS的类似物可用于治疗肝硬化门脉高压所致的食管静脉出血、溃疡和糜烂性胃炎所致的上消化道出血、肢端肥大症、胃泌素瘤、胰岛素瘤、血管活性肠肽瘤，以及预防和治疗急性胰腺炎及其并发症等。

（何凤田　申晓冬）

kàng lìniào jīsù

抗利尿激素（antidiuretic hormone, ADH）

下丘脑室旁核和视上核内大细胞神经元产生的肽类激素。又称升压素（vasopressin，VP）。ADH可以提高集合管和肾远曲小管对水的通透性，通过促进水的重吸收而浓缩尿液和减少尿量。

结构特征 ADH由9个氨基酸残基组成，其序列从N-端至C-端为：甘-精-脯-半胱-天冬酰-谷氨酰-苯丙-酪-半胱，其中N-端的3个氨基酸残基形成三肽侧链，C-端的6个氨基酸残基靠两个半胱氨酸之间形成的二硫键而构成一个六环肽。因为人ADH肽链的第8位为精氨酸残基，故常被称为精氨酸ADH或精氨酸血管升压素。

代谢 ①合成与分泌：下丘脑视上核和室旁核神经元首先合成ADH的前激素原，在裂解去除

N-端信号肽并于高尔基体中糖基化修饰后，以激素原形式储存于囊泡中，以轴质运输的方式运送至神经垂体，并于神经垂体储存。运输过程中，激素原被水解为一个9肽的ADH、一个10kD的后叶激素运载蛋白和一个含有39个氨基酸残基的糖化多肽，三者形成复合物，包装于囊泡中，当受到合适刺激时，视上核和室旁核神经元兴奋，囊泡复合物以出胞方式将这些复合物一并释放入血。②调节：主要调节因素包括血浆晶体渗透压、循环血量和动脉血压。血浆晶体渗透压升高可促进ADH分泌，反之亦然；循环血量增多和动脉血压升高可抑制ADH释放，反之则促进其释放；此外，心房钠尿肽可抑制ADH分泌，血管紧张素Ⅱ则可刺激其分泌。

生物学作用 ADH通过与靶细胞膜上的受体（属G蛋白偶联受体）结合而发挥作用。ADH有两种类型受体，分布于血管平滑肌细胞膜上的为Ⅰ型受体，以三磷酸肌醇和Ca^{2+}为第二信使，活化后可使血管平滑肌收缩，血压升高；Ⅱ型受体主要分布于肾远端小管和集合管细胞，其第二信使为cAMP，活化后可使水孔蛋白插入上皮细胞的顶端膜，增加膜上水通道数目，促进水的重吸收，发挥抗利尿效应。从表面上看，ADH只是调节肾功能，而实际上却是参与维持体液和血压的稳态，为循环功能的正常进行奠定基础。此外，ADH还具有增强记忆、调节痛觉等作用。ADH缺乏可致尿崩症，排出大量低渗尿，引起严重口渴；ADH分泌过多则可使尿量大减且高度浓缩、尿排钠增多，从而导致水潴留和低钠血症。

（何凤田　申晓冬）

cuīchǎnsù

催产素（oxytocin, OT）

由下丘脑室旁核和视上核的大细胞神经元合成、分泌并贮存在神经垂体的肽类激素。又称缩宫素。具有刺激子宫收缩、促进乳腺排乳等作用。

结构特征 成熟OT由9个氨基酸残基组成，其序列从N-端至C-端为：半胱-酪-异亮-谷氨酰-天冬酰-半胱-脯-亮-甘，其中位于第1位和第6位的两个半胱氨酸残基之间形成二硫键，这是OT发挥活性所必需的，若该二硫键断裂则活性丧失。

代谢 ①合成与分泌：人OT的编码基因位于20号染色体，先在神经元产生前催产素原，再裂解形成有活性的成熟OT和运载蛋白（富含胱氨酸，与OT结合具有高度专一性）包装于囊泡中，经轴浆运输运送至神经垂体贮存。当受到适宜刺激时，视上核和室旁核神经元兴奋，所贮存的OT囊泡复合物以出胞形式释放入血。另外，子宫、卵巢、睾丸、胸腺、胰腺等外周器官也可少量合成和分泌OT。②调节：主要受神经内分泌调节。分娩时子宫颈和阴道受到压迫和牵引，可反射性刺激OT分泌以促进子宫收缩，而惊恐、焦虑等情绪反应可抑制OT分泌；婴儿吸吮乳头、啼哭或是抚摸乳头时，均可刺激OT分泌。此外，OT与抗利尿激素（ADH）的编码基因都位于20号染色体的相同位点，但转录方向正好相反，*ADH*基因内部或附近有*OT*的特异性增强子，可调控*OT*的表达；同时，人*OT*基因的启动子区还包含有雌激素和糖皮质激素反应元件等调控序列，这些序列亦可参与调节*OT*的表达。③清除：OT的半衰期仅为3~10分钟，主要通过肝脏的生物转化作用灭活，以非活性形式通过肾脏排出，在妊娠期还可被胎盘合体滋养细胞产生的催产素酶所降解。

生物学作用 OT通过与靶细胞膜表面的特异性受体（属G蛋白偶联受体）结合而发挥多种生物学作用。①分娩期刺激子宫平滑肌收缩：OT对妊娠子宫的作用较强，而对非妊娠子宫的作用较弱。孕激素能降低子宫对OT的敏感性，雌激素则相反。临床上OT主要用于催生引产、产后止血及缩短产程，但OT并不是分娩时发动子宫收缩的决定因素。②哺乳期促进乳腺排乳：哺乳期乳腺主要在催乳素的作用下分泌乳汁，贮存于腺泡中，当婴儿吸吮乳头的信息传入下丘脑后兴奋神经元，使OT释放入血，可使乳腺腺泡周围的肌上皮样细胞收缩，促进乳汁排出，即射乳反射。③OT的化学结构与ADH相似（仅第3个和第8个氨基酸残基不一样），二者生理作用有一定交叉，大剂量OT也可发挥抗利尿作用。

（何凤田　许志臻）

sōngguǒtǐ jīsù

松果体激素（pineal hormone）

由松果体细胞合成与分泌的激素。主要指胺类激素褪黑素。又称松果体素，具有调整昼夜节律、抗氧化等功能。松果体还可合成与分泌肽类激素8-精氨酸催产素，具有催产素的五肽环和抗利尿激素的三肽侧链，因而兼具催产和抗利尿作用。

结构特征 褪黑素属于吲哚杂环类化合物，化学名是N-乙酰基-5-甲氧基色胺，分子式为$C_{13}N_2H_{16}O_2$，化学结构如图1。

代谢 ①合成与分泌：褪黑素是由色氨酸经羟化、脱羧、乙酰化和甲基化等一系列步骤转化而成，在体内含量极小。首先机体摄入的色氨酸先在色氨酸羟化酶的催化下变成5-羟色氨酸，再由脱羧酶催化生成5-羟色胺，进一步在N-乙酰转移酶和羟基吲哚氧位甲基转移酶的作用下，最终合成褪黑素，并于松果体细胞储存。当交感神经兴奋时，可刺激褪黑素释放入血，继而作用于靶组织器官。另外，视网膜、副泪腺、唾液腺、肠的嗜铬细胞等也能少量分泌褪黑素。②调节：褪黑素的分泌表现为明显的昼夜节律性，白天光照信息可传递至视交叉上核，从而抑制褪黑素的分泌，而夜间分泌量是白天的5~10倍，凌晨两三点钟达到峰值；褪黑素的分泌也与年龄密切相关，35岁以后体内自身分泌的褪黑素开始明显下降；性激素、交感神经兴奋也会影响褪黑素的合成与分泌。③清除：褪黑素在肝脏经生物转化而灭活，大部分以硫酸盐形式随尿粪排出体外，生物半衰期短。

生物学作用 ①调节生物节律、改善睡眠。②调节神经内分泌，可能还与妇女月经周期节律有关。③清除自由基、抗氧化、延缓衰老。④调节免疫、抗肿瘤、神经保护。褪黑素主要通过与靶细胞膜上的G蛋白偶联受体结合而抑制下丘脑-垂体-靶腺轴的活动；还可直接作用于性腺和肾上腺的相关受体，直接调节它们的生理功能。褪黑素的水平随年龄增长而逐渐下降，因此，适量补充褪黑素，有利于促进睡眠。

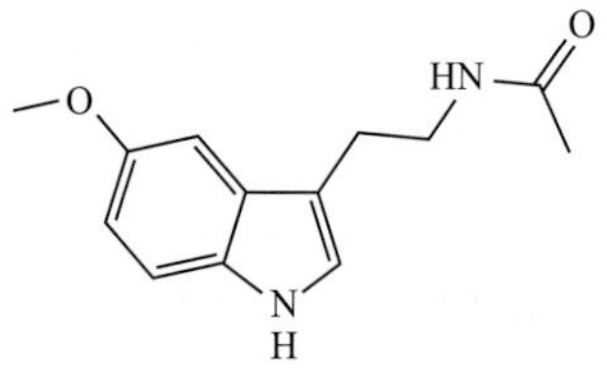

图1 褪黑素的化学结构

（何凤田 许志臻）

chuítǐ jīsù

垂体激素（pituitary hormone）

由垂体分泌的多种激素。依据胚胎发育、功能和形态的不同，垂体可分为腺垂体（即垂体前叶，约80%）和神经垂体（即垂体后叶，约20%）。腺垂体来自胚胎的外胚层上皮，主要有5种不同的腺细胞，能分泌多种激素；神经垂体来源脑底部的漏斗，由下丘脑-垂体束的无髓神经纤维以及神经胶质细胞分化形成的神经垂体细胞组成，负责储存或释放下丘脑分泌的激素。可见，下丘脑与垂体在结构和功能上的联系非常密切，因此它们被视为一个功能单位，即下丘脑-垂体系统。

分类 垂体激素均为肽/蛋白质类激素，可按其来源分为神经垂体激素和腺垂体激素。神经垂体不含腺细胞，不能合成激素，其分泌的激素是由下丘脑视上核和室旁核分泌的抗利尿激素和催产素，它们储存于神经垂体，需要时释放入血。而腺垂体内的5种内分泌细胞，能分泌7种不同的激素，其化学性质及主要作用见表1。生长激素、催乳素和促黑素是直接作用于外周组织细胞的激素，其他激素则作用于另外的内分泌腺体，属于促激素。

代谢 垂体激素的合成遵循蛋白质生物合成的一般规律，这些激素均以前体形式被翻译出来，前体蛋白质或多肽再经过酶解或加工后方能成为具有活性的激素。此外，某些激素还需在高尔基体中进一步加工修饰（如糖基化修饰等），并被包装储存于囊泡中，需要时通过出胞方式分泌。垂体激素的合成与分泌主要受下丘脑-垂体-靶腺轴调控（如下丘脑分泌的释放激素和抑制激素的调节，靶腺激素的反馈调节等），此外，还受代谢物和某些神经递质（如多巴胺、γ-氨基丁酸等）的调节。

生物学作用 垂体激素主要通过与靶细胞膜上的相应受体结合，启动细胞内信号转导系统，从而引起不同的生物学效应（表1）。某些垂体激素或其类似物以及其拮抗剂已用于临床多种疾病的治疗。

（何凤田 申晓冬）

cù jiǎzhuàngxiàn jīsù

促甲状腺激素（thyrotropin; thyroid-stimulating hormone, TSH）

由腺垂体分泌的蛋白质类激素。通常被糖基化，其主要功能是促进甲状腺激素的分泌。

结构特征 人TSH（hTSH）的化学本质为糖蛋白，由α和β两个亚基以非共价键结合而成，α亚基含92个氨基酸残基（图1A），与人促黄体素、绒毛膜促性腺素和促卵泡激素α亚基的序列相同；β亚基含118个氨基酸残基（图1B）。各种属间TSH的差异主要体现在TSH β-亚基中个别氨基酸残基的不同。TSH分子中含有15%~25%的糖，这些糖主要经各亚基的天冬酰胺残基以*N*-连接方式连接于肽链上，糖链在稳定激素各亚基以及激素与受体的识别过程中发挥重要作用。

代谢 hTSH由腺垂体嗜碱细胞分泌，其α亚基和β亚基的编码基因分别位于第6和第1号染色体。TSH的合成与加工遵循分泌蛋白质的一般规律。并受下丘脑-腺垂体-甲状腺轴调控，下丘脑分泌的促甲状腺素释放素（thyrotropin releasing hormone, TRH）发挥正向调控作用，甲状腺激素则发挥负反馈调节作用。

表 1　人腺垂体激素的化学性质及主要作用

激素	英文名称	英文简写	化学性质	主要作用
生长激素	growth hormone	GH	蛋白质（191 个氨基酸）	促进生长、调节代谢和免疫功能等
促甲状腺激素	thyroid stimulating hormone	TSH	糖蛋白（含 α、β 两条多肽链）	促进甲状腺发育及甲状腺激素分泌
促肾上腺皮质激素	adrenocorticotropic hormone	ACTH	多肽（39 个氨基酸）	促进肾上腺皮质分泌激素
催乳素	prolactin	PRL	蛋白质（199 个氨基酸）	促进乳腺泌乳
促卵泡激素	follicle stimulating hormone	FSH	糖蛋白（含 α、β 两条多肽链）	促进产生卵及精子，促进卵巢发育
促黄体素	luteinizing hormone （lutropin）	LH	糖蛋白（含 α、β 两条多肽链）	促进性腺（睾丸的间质细胞及卵巢）分泌激素，促进黄体生成
促黑素	melanocyte-stimulating hormone（melanotropin）	MSH	α-MSH（13 个氨基酸） β-MSH（18 个氨基酸） γ-MSH（11 个氨基酸）	促进黑色素的合成与分泌、抑制炎症、调节代谢

通常，腺垂体-甲状腺轴反馈调节的水平由下丘脑分泌的 TRH 量决定（如果 TRH 分泌多，那么血甲状腺激素水平升高；当血甲状腺激素超过一定水平时，则会反馈抑制 TSH 的分泌，同时减弱腺垂体对 TRH 的敏感性，保持血中甲状腺激素水平相对恒定）。TSH 以昼夜节律性方式分泌，清晨 2~4 点时最强，之后逐步下降，到下午 6~8 点时到最低点。

生物学作用　TSH 通过与其受体 TSHR（TSH receptor，TSHR 促甲状腺激素受体，属 G 蛋白偶联受体）结合而发挥作用。TSHR 主要分布于甲状腺滤泡上皮细胞膜，该受体被 TSH 激活后可全面促进甲状腺的功能，如促进甲状腺激素的释放与合成、增强过氧化物酶活性、加强碘泵活性，以及增强甲状腺球蛋白合成和酪氨酸碘化等功能。同时，TSH 可增强甲状腺滤泡上皮细胞代谢及核酸和蛋白质合成，促使细胞呈高柱状增生，从而使腺体增大。TSH 异常与甲状腺功能异常密切相关，例如，TSH 增高提示原发性甲状腺功能减退，而 TSH 降低则提示垂体性甲状腺功能低下、非促甲状腺激素瘤所致的甲状腺功能亢进等。

（何凤田　申晓冬）

A 1 APDVQDCPEC TLQENPFFSQ PGAPILQCMG 30
31 CCFSRAYPTP LRSKKTMLVQ KNVTSESTCC 60 (↓52)
61 VAKSYNRVTV MGGFKVENHT ACHCSTCYYHKS 92 (↓78)

B 1 FCIPTEYTMH IERRECAYC TINTTICAGY 30 (↓23)
31 CMTRDINGKL FLPKYALSQD VCTYRDFIYR 60
61 TVEIPGCPLH VAPYFSYPVA LSCKCGKCNT 90
91 DYSDCIHEAI KTNYCTKPQK SYLVGFSV 118

图 1　hTSH 各亚基的氨基酸序列（从 N-端至 C-端）

注：A：α 亚基的序列；B：β 亚基的序列；箭头指示处：*N*-连接糖基化位点。

cù shènshàngxiàn pízhì jīsù

促肾上腺皮质激素（corticotropin; adrenocorticotropic hormone, ACTH）

由腺垂体合成与分泌的多肽类激素。其能促进肾上腺皮质组织增生，促进肾上腺皮质激素的合成与分泌。

结构特征　ACTH 由 39 个氨基酸残基组成（其序列从 N-端至 C-端为：丝-酪-丝-甲硫-谷-组-苯丙-精-色-甘-赖-脯-缬-甘-赖-赖-精-精-脯-缬-赖-缬-酪-脯-天冬酰-甘-丙-谷-天冬-谷-丝-丙-谷-丙-苯丙-脯-亮-谷-苯丙），其氨基端部分（1~24 位）的氨基酸序列高度保守，是生物活性的中心区域。ACTH 的编码基因位于 2 号染色体短臂。

代谢　包括以下方面。

合成与分泌　ACTH 从促阿片样肽-黑激素-皮质激素原（简称阿黑皮素原，POMC）转变而来。腺垂体中存在由 265 个氨基酸残基组成的大分子前体蛋白质 POMC，经酶解作用产生 ACTH 以及一些其他肽类。成熟的 ACTH 可直接分泌入血。

调节　①受下丘脑促肾上腺皮质素释放素（corticotropin-releasing hormone，CRH）的直接调控：由于 CRH 的释放呈脉冲式和昼夜周期节律性，故 ACTH 的分泌过程也呈脉冲式和昼夜周期节律性。其特点为：半夜熟睡时为低潮，清晨觉醒之前血液中 ACTH 水平出现高峰。应激情况，如创伤、烧伤、中毒、遭遇攻击做出警戒反应时，CRH 分泌增加，从而促进 ACTH 分泌增加。②受肾上腺皮质激素的反馈调节：高血浓度的肾上腺皮质激素可反馈性抑制 CRH 和 ACTH 的合成与释放，并能减弱 ACTH 对 CRH 的敏感性。

清除　ACTH日分泌量为5~25μg，其在血中的半衰期为10~25分钟，主要通过氧化或酶解而失活。

生物学作用　①促进肾上腺皮质的发育，使肾上腺皮质维持正常结构。②促进肾上腺皮质激素的合成与释放，尤其是刺激肾上腺皮质的束状带合成与分泌糖皮质激素。在应激状态下，ACTH分泌增加，进而促进肾上腺皮质激素的释放，从而调整机体状态以适应遇到的刺激。ACTH的主要作用机制是通过与靶细胞膜上的G蛋白偶联受体结合，经cAMP–蛋白质激酶A信号通路而诱发靶细胞的生物学效应。ACTH分泌过多可使肾上腺皮质增生并分泌过量的皮质醇，从而导致库欣综合征等多种疾病。

（何凤田　陈　姗）

cù huángtǐ sù

促黄体素（lutropin; luteinizing hormone, LH）

由腺垂体颗粒细胞分泌的蛋白质类激素。通常被糖基化，其主要功能是调节卵巢生卵和睾丸生精。LH在女性体内称为LH，在男性体内称为促间质细胞激素（interstitial cell stimulating hormone，ICSH）。

结构特征　LH是一种糖蛋白，由α和β两个亚基组成，二者经非共价结合形成异二聚体。人α亚基含有92个氨基酸残基（图1A），与人绒毛膜促性腺素、促卵泡激素和促甲状腺激素的α亚基序列一致，其编码基因定位于6q12.21；人成熟β亚基含有121个氨基酸残基（图1B），编码基因定位于19q13.32。β亚基是LH的功能亚基，是与LH受体结合的亚基。

代谢　LH的合成与分泌遵循分泌型糖蛋白的一般规律。LH的分泌受下丘脑–腺垂体–性腺轴系统的调控（下丘脑分泌的LH释放素可促进LH分泌，而LH又可通过短反馈和超短反馈以及靶腺激素的长反馈负性调节LH的分泌）。月经周期中，血中LH的水平在卵泡早期（月经2~3天）时维持在低水平，排卵前迅速升高，排卵后又迅速回到卵泡期水平。LH在体内的半衰期较短，约20分钟。

生物学作用　LH的靶器官是性腺，其通过结合于靶细胞膜上的LH受体（属于G蛋白偶联受体）而发挥作用。在女性体内，LH是调节卵巢生卵过程的重要激素。在卵泡期，LH的分泌达到高峰，称为LH峰；在出现LH峰的24小时后，机体开始排卵。在男性体内，LH可通过作用于睾丸间质细胞，调节生精过程以及睾酮的合成与分泌。检测血中LH水平有助于判断男女性腺内分泌是否失调，其水平异常升高可见于多囊卵巢综合征、特纳（Turner）综合征、原发性性腺功能低下、卵巢功能早衰以及卵巢切除术后等；其水平异常降低可见于下丘脑–垂体促性腺功能不足和长期服用避孕药等。

（何凤田　高　敏）

cù luǎnpāo jīsù

促卵泡激素（follitropin; follicle-stimulating hormone, FSH）

由腺垂体颗粒细胞分泌的肽类激素。通常被糖基化，因最早发现其对女性卵泡成熟的刺激作用而得名，其主要功能是与促黄体素（luteinizing hormone，LH）协同调节卵巢和睾丸的生理功能，因此又称卵泡刺激素或配子（精子）生成素。

结构特征　FSH是一种*N*–连接型糖蛋白，其蛋白质部分是由α和β亚基形成的异二聚体。人FSH α亚基含有92个氨基酸残基（图1），与人促甲状腺激素、促黄体素和绒毛膜促性腺素α亚基的序列相同，其序列中有2个*N*–连接糖基化位点，其编码基因定位于6q14.3；β亚基的氨基酸残基数目不确定，有多种类型，其编码基因定位于11p13。α和β亚基需聚合在一起才具有功能活性。

代谢　FSH的合成与分泌遵循分泌型糖蛋白的一般规律，其分泌受下丘脑–腺垂体–性腺轴系统的调控（下丘脑分泌的FSH释放激素可促进FSH分泌，而FSH又可通过短反馈和超短反馈以及靶腺激素的长反馈负性调节FSH的分泌）。FSH浓度的变化规律与LH相同，即在卵泡早期维持低水平，排卵前迅速升高，排卵后迅速回到卵泡期水平。FSH半衰期长于LH，为3~4小时。

生物学作用　与LH相似，

A 1 APDVQDCPEC TLQENPFFSQ PGAPILQCMG 30
31 CCFSRAYPTP LRSKKTMLVQ K(52)NVTSESTCC 60
61 VAKSYNRVTV MGGFKVEN(78)HT ACHCSTCYYHKS 92

B 1 SREPLRPWCH PINAILAVEK EGCPVCITVN(30) 30
31 TTICAGYCPT MMRVLQAVLP PLPQVVCTYR 60
61 DVRFESIRLP GCPRGVDPVV SFPVALSCRC 90
91 GPCRRSTSDC GGPKDHPLTC DHPQLSGLLFL 121

图1　人LH各亚基的氨基酸序列（从N–端至C–端）

注：A：α亚基的序列；B：β亚基的序列；箭头指示处：*N*–连接糖基化位点。

1 APDVQDCPEC TLQENPFFSQ PGAPILQCMG 30
31 CCFSRAYPTP LRSKKTMLVQ KNVTSESTCC 60
61 VAKSYNRVTV MGGFKVENHT ACHCSTCYYHKS 92

（52、78 处标有箭头）

图 1 人 FSHα 亚基的氨基酸序列（从 N- 端至 C- 端）

注：箭头指示处：*N*- 连接糖基化位点。

FSH 的靶器官也是男女性腺。FSH 通过与靶细胞膜上的受体（属 G 蛋白偶联受体）结合，并与 LH 协同作用，共同调节卵巢生卵和睾丸生精过程以及内分泌活动。与 LH 不同的是，FSH 主要通过对曲细精管的作用，影响精子的生成（而 LH 主要通过对睾丸间质细胞的作用影响精子的生成和睾酮的分泌）。FSH 水平异常升高可见于原发性闭经、原发性性功能减退、早期腺垂体功能亢进、特纳（Turner）综合征、精曲小管发育不全和睾丸精原细胞瘤等；其水平异常降低可见于希恩（Sheehan）综合征晚期垂体功能低下、用雌激素或孕酮治疗继发性性腺功能减退或长时间服用避孕药等。

（何凤田 高 敏）

shēngzhǎng jīsù

生长激素（growth hormone, GH）

主要由腺垂体分泌的蛋白质类激素。又称促生长素。是腺垂体中含量最多的激素。其主要功能是促进机体生长。

结构特征 人 GH（human GH, hGH；somatotropin，STH）由 191 个氨基酸残基组成（图 1），分子量约 22kD。在第 53 和 165 位的半胱氨酸残基之间以及第 182 和 189 位的半胱氨酸残基之间各形成一个二硫键，用以稳定 GH 分子。hGH 与人催乳素的化学结构极其相似，hGH 具有微弱的刺激乳汁分泌的作用，而人催乳素则具有微弱的促进生长的作用。

代谢 ①合成与分泌：*hGH* 基因有两个：*hGH-V* 主要在胚胎时期表达，而 *hGH-N* 则是通常意义上的 hGH 编码基因（位于 17q22–24）。hGH 主要由腺垂体合成分泌，外周组织也可少量合成。两个 *hGH* 基因都先转录翻译为激素原，再经蛋白酶水解加工成为具有生物活性的形式。成年人血中 hGH 的基础水平不足，与年龄和性别密切相关，儿童往往高于成年人，女性则略高于男性。hGH 以节律性脉冲式的方式进行基础性分泌，其脉冲频率与年龄和性别相关，青春期及青春后期平均可达 8 次 / 天。血中 hGH 的水平还受睡眠、体育锻炼、血糖等多种因素的影响。②调节：下丘脑的促生长素释放素和生长抑素可分别促进和抑制 GH 分泌；GH 通过自分泌的超短反馈和体液水平的长反馈负性调节自身的分泌；肝脏分泌的胰岛素样生长因子 1 和胃分泌的 GH 释放多肽可促进 GH 分泌，而糖皮质激素则可抑制 GH 分泌。

生物学作用 GH 通过与靶细胞膜上的 GH 受体结合而发挥作用，同时也可以通过诱导胰岛素样生长因子分泌而间接刺激靶细胞产生效应。GH 的主要作用包括：①促进骨关节软骨和骨骺软骨的生长，刺激骨纵向生长，从而使身高增加。②调节糖、脂肪和蛋白质等物质代谢，升高血糖水平，促进脂肪分解，促进蛋白质合成。③促进 B 淋巴细胞的抗

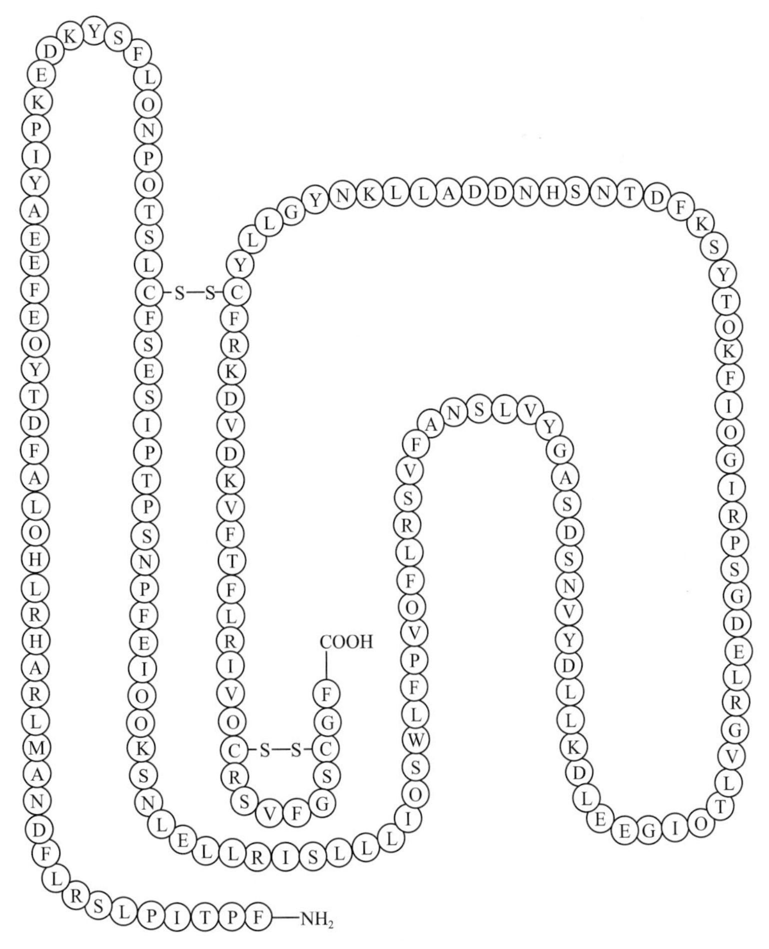

图 1 hGH 的氨基酸序列（从 N- 端至 C- 端）

体生成，增强 NK 细胞和巨噬细胞活力，维持免疫系统功能。④影响中枢神经系统的活动并调节情绪与行为。GH 水平异常可导致疾病，如 GH 分泌过多可致巨人症或肢端肥大症，而其水平过低则致垂体性侏儒症。另有研究发现，GH 还与甲状腺癌、乳腺癌、前列腺癌和结肠癌等的进展相关。目前，基因工程化的 hGH 已广泛应用于临床相关疾病的治疗。

（何凤田　申晓冬）

cù hēi sù

促黑素（melanotropin; melanocyte-stimulating hormone, MSH）

主要由腺垂体分泌的肽类激素。又称黑皮素、黑素细胞刺激因子。其对黑色素形成、能量代谢以及炎症进程等都有调控作用。此外，其他组织（如脑干、皮肤、性腺、胃肠道和免疫活性细胞）也可分泌 MSH。

结构特征　MSH 具有 α，β 和 γ 三种类型，均由其前体分子阿黑皮素原（proopiomelanocotin，POMC）裂解而来。α-MSH 由 13 个氨基酸残基组成（其序列从 N-端至 C-端为：丝-酪-丝-甲硫-谷-组-苯丙-精-色-甘-赖-脯-缬），其 N-端的丝氨酸残基被乙酰化；β-MSH 由 18 个氨基酸残基组成（其序列从 N-端至 C-端为：天冬-谷-甘-脯-酪-精-甲硫-谷-组-苯丙-精-色-甘-丝-脯-脯-赖-天冬）；γ-MSH 由 11 个氨基酸残基组成（其序列从 N-端至 C-端为：酪-缬-甲硫-甘-组-苯丙-精-色-天冬-精-苯丙）。人腺垂体分泌的 MSH 绝大部分为 β 型。

代谢　MSH 的合成遵循蛋白质合成的一般规律。首先由位于 2p23.3 的 POMC 编码基因转录翻译出 POMC，然后经不同的蛋白酶以组织特异性方式加工剪切为各型 MSH（图 1）。下丘脑产生的促黑素释放素和促黑素抑释素可分别促进和抑制垂体 MSH 的分泌。

生物学作用　三种类型的 MSH 分别与不同的促黑素受体（melanotropin receptor，MCR，属 G 蛋白偶联受体，包括 5 种类型）结合，行使复杂而广泛的生物学功能。例如，α-MSH 通过与促黑素 1 受体（melanocortin 1 receptor，MC1R）结合，促进黑色素的产生和释放，从而维持皮肤和头发的颜色；同时，α-MSH 也能与免疫细胞膜上的 MC1R 和 MC5R 结合，发挥抑制炎症的作用。β-MSH 可通过与位于大脑某些神经元细胞膜上的 MC4R 结合，调节食物和能量摄取与消耗之间的平衡。γ-MSH 则通过与 MC3R 结合，调节体内钠离子浓度及血压的稳定。

（何凤田　申晓冬）

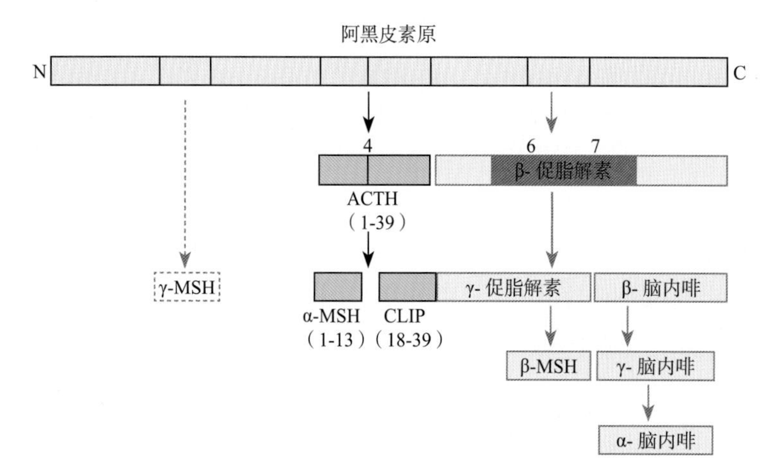

图 1　POMC 裂解产生各型 MSH

cūirǔsù

催乳素（prolactin, PRL）

主要由腺垂体合成与分泌的蛋白质类激素。其作用十分广泛，能在乳腺和性腺发育与分泌、应激反应、物质代谢及免疫调节中发挥重要作用。

结构特征　成熟的人催乳素（human PRL，hPRL）由 199 个氨基酸残基组成（图 1），分子量约 22kD。一级结构中含 6 个半胱氨酸残基，共配对形成 3 对二硫键。hPRL 是全 α 螺旋蛋白，其中四个较长的 α 螺旋在空间上以“上-上-下-下”的排布方式，构成标志性的平行四螺旋束结构。在连接 1、2 号螺旋的“环”中包含了 hPRL 的受体结合位点 1，而 4 号螺旋中的第 129 位甘氨酸残基是构成 hPRL 受体结合位点 2 的关键氨基酸残基。

代谢　①合成与分泌：血浆中的 hPRL 主要由腺垂体泌乳细胞合成，释放。新合成的 hPRL 是含 227 个氨基酸残基的无活性前体，在高尔基体中切去 28 个氨基酸残基组成的信号肽（图 1），并且经糖基化、磷酸化等修饰后，成为成熟的 hPRL 释放入血，以内分泌的方式发挥作用。除垂体外，许多外周组织也能够合成 PRL，统称为垂体外催乳素。垂体外 PRL 在化学结构上与垂体 PRL 并无差异，但是其通常以旁分泌或自分泌的形式在局部发挥作用。②调节：hPRL 的编码基因位于 6 号

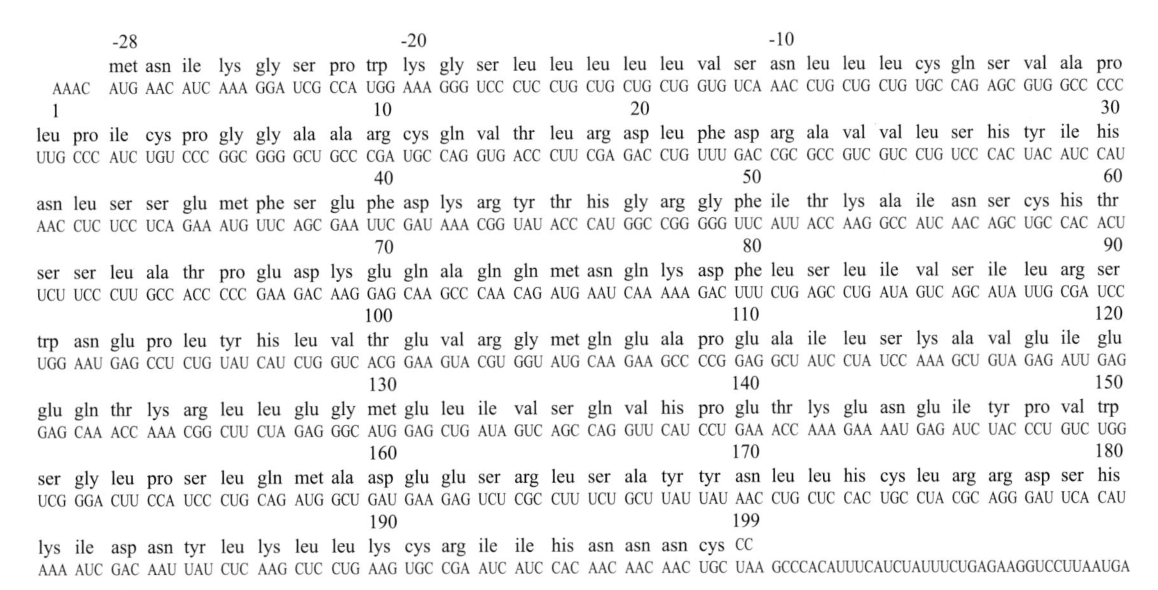

图 1 hPRL 的氨基酸序列（从 N- 端至 C- 端）及其对应的 mRNA 序列

染色体，有两个相距 5.8kb 的转录起始位点。垂体泌乳细胞合成 PRL 时选择近端启动子，该启动子中含有多个垂体特异性正向转录因子 -1 的结合位点；而外周组织则选择远端启动子，其中含有多个 cAMP 应答元件。此外，垂体 hPRL 的分泌受下丘脑分泌的催乳素释放因子（PRF）和催乳素释放抑制因子（PIF）的双重调控。PRF 是指催乳素释放因子、促甲状腺素释放素、血管活性肠肽等一系列具有促进催乳素释放效应的神经肽；而 PIF 则以多巴胺为主，同时还包括生长抑素和 γ-氨基丁酸等。平时，下丘脑对催乳素分泌的调控以 PIF 的效应为主，婴儿吮吸乳头时的刺激经神经传导至下丘脑，可以解除 PIF 的抑制作用。

生物学作用 hPRL 通过结合催乳素受体（PRL receptor，PRLR）而发挥生物学效应。已经报道的 PRLR 下游信号通路包括：JAK-STAT 通路、JAK-RUSH 通路、Ras-Raf-MAPK 通路以及 PI_3K-AKT-mTOR 通路等。hPRL 的生物学作用主要包括：①促进女性乳腺发育，产后发动并维持乳腺泌乳，促进乳汁中重要营养成分的合成。②调节性腺功能：小剂量 PRL 对卵巢雌激素和孕酮合成起促进作用，高剂量则表现为抑制效应。③参与应激反应。④参与免疫调节。⑤参与生长发育和物质代谢调节。PRL 水平过高可以导致女性出现闭经溢乳综合征。

（何凤田　赵元茴）

jiǎzhuàngxiàn chǎnshēng de jīsù

甲状腺产生的激素（thyroid gland-derived hormone）

由甲状腺合成和分泌的激素。

分类 按化学本质的不同，可以将甲状腺产生的激素分为胺类激素和肽类激素两类。①胺类激素：即甲状腺激素，由甲状腺上皮细胞合成，是酪氨酸的碘化物，其包括甲状腺素（四碘甲腺原氨酸，T_4）和三碘甲腺原氨酸（T_3）。②肽类激素：即降钙素（又称抑钙激素），由甲状腺 C 细胞（滤泡旁细胞）合成，其含有 32 个氨基酸残基。关于甲状腺激素和降钙素的结构特征、代谢、生物学作用分别见甲状腺激素和降钙素。

（何凤田）

jiǎzhuàngxiàn jīsù

甲状腺激素（thyroid hormone，TH）

由甲状腺合成和释放的胺类激素。其本质是酪氨酸的碘化物，主要包括甲状腺素（四碘甲腺原氨酸，T_4）和三碘甲腺原氨酸（T_3）。

结构特征 T_3 和 T_4 分别含有三个和四个碘原子，其具体化学结构如图 1。

代谢 包括以下方面。

合成与储存　碘和甲状腺球蛋白（thyroglobulin，TG）是 TH 合成的主要原料。腺泡上皮细胞借助碘泵主动摄取血浆中的碘，进而在细胞内过氧化物酶的催化下，将碘氧化成活性碘，活性碘通过与 TG 中的酪氨酸残基结合而取代酪氨酸残基苯环上的氢，从而生成一碘酪氨酸（mono-iodotyrosine，MIT）及二碘酪氨酸（diiodotyrosine，DIT）。随后，在过氧化物酶的催化下，两分子 DIT 偶联生成 T_4，一分子 DIT 与一分

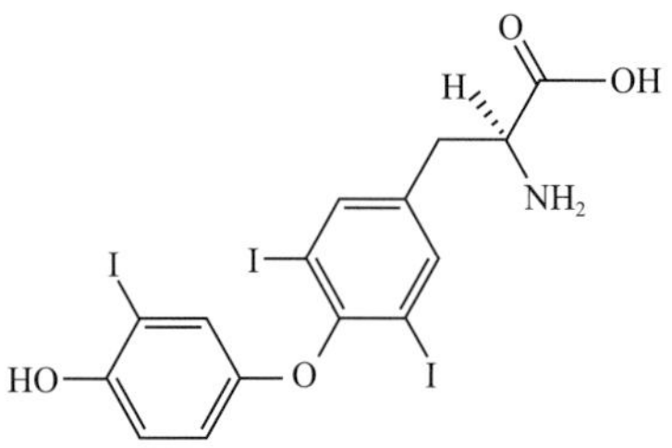

T_3

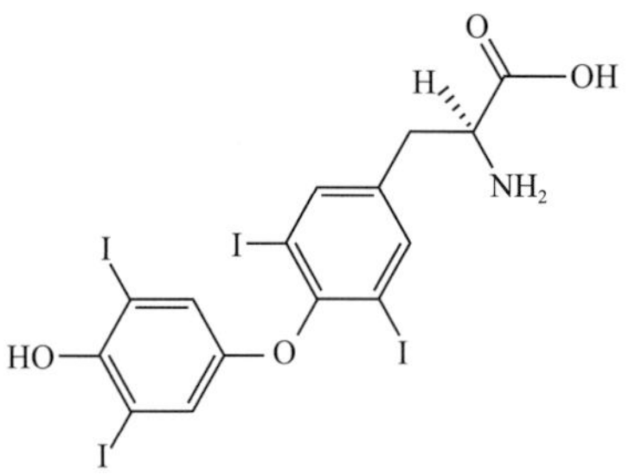

T_4

图1 T_3和T_4的化学结构

子 MIT 偶联生成T_3。合成的T_4和T_3仍在 TG 分子上，以胶质的形式储存在腺泡腔内。

释放与转运 在蛋白水解酶的作用下，TG 分解并释放T_4和T_3入血，后二者在血浆中主要与甲状腺素结合球蛋白、甲状腺素结合前蛋白及清蛋白结合而进行运输。

调节 其主要包括以下方面。①促甲状腺激素（thyroid stimulating hormone，TSH）和促甲状腺素释放素（thyrotropin-releasing hormone，TRH）的调节：垂体分泌的 TSH 可促进 TH 的合成与分泌，而 TSH 的合成与释放又受下丘脑分泌的 TRH 的促进。②反馈调节：当血浆中 TH 浓度升高时可负反馈调节 TSH 和 TRH 的合成与释放，进而下调 TH 的水平。③甲状腺的自身调节：甲状腺可根据血浆中碘的水平来调节自身摄碘及合成 TH 的能力，其中过量碘所产生的抗甲状腺聚碘作用称为沃尔夫－柴可夫（Wolff-Chaikoff）效应。④自主神经的调节：甲状腺受交感和副交感神经支配，电刺激交感和副交感神经可分别促进和抑制 TH 的合成与分泌。⑤其他激素的调节：如雌激素可通过增加腺垂体细胞上 TRH 受体的数量而促进 TSH 的分泌，进而促进 TH 的合成与释放；糖皮质激素和生长激素可通过抑制腺垂体分泌 TSH 而下调 TH 的合成与释放。

清除 血浆中T_4和T_3的半衰期分别约为7天和1天。清除 TH 的途径主要有两条。①脱碘降解：该途径是清除 TH 的主要方式，由脱碘酶催化，主要在肝、肾、垂体和骨骼肌等器官进行，脱下的碘可由甲状腺再摄取或经肾排出。②生物转化：部分 TH 通过与葡糖醛酸和硫酸结合，结合物随胆汁和尿排出体外。

生物学作用 主要包括以下作用。①维持正常生长发育，特别是对骨和脑的发育尤为重要。②促进代谢与产热。③提高机体交感－肾上腺系统的感受性。TH 的作用机制主要包括：①调节靶基因转录：这是 TH 的主要作用机制，其基本过程是：T_4和T_3进入靶细胞胞质后，T_4转变为T_3，随后T_3入核与核内 TH 受体（TH receptor，TR）结合，进而 TR 与靶基因的顺式作用元件结合，促进基因转录，加速蛋白质和酶生成，从而发挥生物学作用。②非基因组效应：TH 通过与细胞膜或线粒体内的 TR 结合，影响蛋白质激酶依赖的信号级联反应或离子通道、离子泵及相关酶的活性，从而调控能量代谢和膜的转运功能，增加葡萄糖、氨基酸等摄入细胞内，最终使细胞活性增强。TH 水平低下可导致克汀病（又称呆小症）或黏液性水肿，而 TH 水平过高则与甲状腺功能亢进时的高代谢密切相关。

（何凤田）

jiànggàisù

降钙素（calcitonin，CT）

在甲状腺 C 细胞中合成、分泌的肽类激素。又称抑钙激素。其主要作用是降低血钙和血磷浓度。

结构特征 人 CT 由32个氨基酸残基组成（其序列从 N-端至 C-端为：半胱－甘－天冬酰－亮－丝－苏－半胱－甲硫－亮－甘－苏－酪－苏－谷氨酰－天冬－苯丙－天冬酰－赖－苯丙－组－苏－苯丙－脯－谷胺酰－苏－丙－异亮－甘－缬－甘－丙－脯），分子量约3.4kD，含有一个α螺旋，第1和第7位的半胱氨酸残基之间形成一个二硫键。羧基末端为脯氨酰胺，其是 CT 发挥生物活性所必需的氨基酸残基。CT 的编码基因位于11p15.2。

代谢 CT 的合成与分泌遵循分泌蛋白质的一般规律，先合成 CT 前体，再经蛋白酶加工为成熟 CT。CT 的分泌主要受血钙水平调节。当血钙浓度升高时，CT 分泌增多；反之亦然。此外，进食也可刺激 CT 的分泌，这可能是受一些胃肠激素的分泌所致。正常人血 CT 浓度为10~20ng/L，半衰期不足1小时，主要经肾脏降解后排出。

生物学作用 主要作用是降低血中钙、磷的浓度，骨骼和肾脏是其作用的主要靶器官。①对骨的作用：CT 既可减弱溶骨过程，又可增强成骨过程，使骨组织钙和磷的释放减少，增强钙和磷的沉积，从而降低血钙和血磷浓度。成年人 CT 调节血钙浓度的作用较弱，因为 CT 降低血钙浓度的作用在数小时内可引起甲状旁腺激素分泌增加，后者的作用抵消了 CT 的降血钙效应。并且，成年人的破骨细胞释放到细胞外液的钙量十分有限，每天提供约0.8g。但对儿童来说，骨更新的速度很快，破骨细胞每天向细胞外液提供的钙是5g以上，达到细胞外液总钙量的5~10倍，故儿童体内CT对血钙的调节作用不仅明显而且重要。②对肾的作用：CT可抑制肾近端小管重吸收钙、磷、钠和氯离子，增加这些离子在尿中的排出量，从而降低血钙与血磷。临床上CT可以用于治疗高血钙和骨质疏松症，并可以辅助诊断相关肿瘤。

（何凤田　高　敏）

jiǎzhuàngpángxiàn jīsù

甲状旁腺激素（parathyroid hormone, PTH）　主要由甲状旁腺主细胞合成和分泌的肽类激素。其主要功能是调节钙、磷代谢。

结构特征　人PTH由84个氨基酸残基组成（图1），分子量约9.5kD，分子中不含半胱氨酸残基，故其结构中无二硫键；N-端1~34位氨基酸残基具有较高的序列保守性，其是PTH发挥生物活性的区域。

代谢　①合成与分泌：PTH由甲状旁腺主细胞合成与分泌，遵循分泌蛋白质的一般规律。首先合成含有115个氨基酸残基的前PTH原，再先后剪切掉25个和6个氨基酸残基，转变为成熟的PTH。②调节：PTH的分泌主要受血钙浓度调节。血钙水平轻度下降就可使PTH迅速增加；相反，当血钙浓度升高时，PTH分泌减少。长时间的高血钙可导致甲状旁腺萎缩，而长时间的低血钙则可使甲状旁腺增生。此外，其他因素对PTH也有调节作用，如血磷升高可使血钙降低，进而刺激PTH分泌；血Mg^{2+}浓度过低和生长抑素则可抑制PTH分泌。③清除：正常人血浆中PTH的浓度在10~50ng/L，半衰期为20~30分钟，主要在肝内裂解为无活性的形式，代谢产物随尿排出体外。

生物学作用　其主要功能是使血钙浓度升高和使血磷浓度降低，其主要的靶器官是骨骼和肾脏，通过与靶细胞膜上的受体（属G蛋白偶联受体）结合而发挥作用。①对骨的作用：PTH可直接或间接作用于各种骨细胞，促进骨形成和骨吸收，使骨转换中的骨吸收和骨形成保持平衡，维持骨的结构及更新。PTH动员骨钙、磷入血，升高血钙，表现出快速和迟发效应。快速效应是指在PTH作用后数分钟发生，骨液中的钙转运至血液中，引起血钙升高。迟发效应则出现在PTH作用12~14小时后，高峰出现在几天甚至几周后，其主要的效应是通过促进破骨细胞的活动，从而使骨组织溶解，促进大量的钙和磷进入血液中，造成血钙长时间升高。PTH分泌过多可引起溶骨增强，导致骨量减少和骨质疏松；但低剂量、间断性的给药则可增强骨密度、改善骨质量和降低骨折发生率。目前，PTH已广泛用于骨质疏松症及预防骨质疏松性骨折的治疗。②对肾脏的作用：PTH增强肾远曲小管重吸收钙，降低尿钙水平，升高血钙水平；同时使近端和远端小管重吸收磷的能力降低，增加尿磷，降低血磷，从而防止血钙升高时钙、磷化合物生成过多导致的机体损害。PTH还能抑制近端肾小管重吸收Na^+、HCO_3^-和水。此外，PTH可激活肾近端小管细胞线粒体中的1α-羟化酶，促进活性维生素D_3的生成，进而促进小肠对钙、磷的吸收。血PTH水平可用于辅助诊断某些肾脏疾病和监测肾衰竭程度。

（何凤田　高　敏）

1	SVSEIQLMHN	LGKHLNSMER	VEWLRKKLQD	30
31	VHNFVALGAP	LAPRDAGSQR	PRKKEDNVLV	60
61	ESHEKSLGEA	DKADVNVLTK	AKSQ	84

图1　人PTH的氨基酸序列（从N-端至C-端）

xiōngxiànsù

胸腺素（thymosin）　主要由胸腺合成与分泌的一组肽类激素。但其他多种组织细胞亦可分泌胸腺素。由于最早从小牛胸腺中提取出来，因而将其称为胸腺素。其种类繁多，主要功能是调节免疫。

结构特征　根据等电点（pI）的不同，可将胸腺素分为α（pI＜5.0）、β（pI为5.0~7.0）和γ（pI＞7.0）三类。目前研究较多的主要是胸腺素$α_1$（$Tα_1$）和$β_4$（$Tβ_4$）。$Tα_1$由28个氨基酸残基组成（其序列从N-端至C-端为：丙-天冬-丙-丙-缬-天冬-苏-丝-丝-谷-异亮-苏-苏-赖-天冬-亮-赖-谷-赖-赖-谷-缬-缬-谷-谷-丙-谷-天冬酰），分子量约3.1kD；$Tβ_4$由43个氨基酸残基组成（其序列从N-端至C-端为：丝-天冬-赖-脯-天冬-甲硫-丙-谷-异亮-谷-赖-苯丙-天冬-赖-丝-赖-亮-赖-赖-苏-谷-苏-谷氨酰-谷-赖-天冬酰-脯-亮-脯-丝-赖-谷-苏-异亮-谷-谷氨酰-谷-赖-谷氨酰-丙-甘-谷-丝），分子量约4.9kD，其N-末端的丝氨酸残基被乙酰化修饰。

代谢 胸腺素作为肽类激素，遵循肽合成与分泌的一般规律。$T\alpha_1$主要由胸腺组织（尤其是胸腺上皮细胞）合成与分泌，通常不受其他激素或者释放因子的调节。$T\alpha_1$在体内易被降解失活，半衰期约为2小时。

生物学作用 胸腺素主要在T淋巴细胞的生长、分化中起重要调节作用。①$T\alpha_1$可刺激淋巴干细胞以及其他成熟T淋巴细胞产生细胞因子和表达细胞因子受体，这表明$T\alpha_1$既可单独发挥生物学活性，也可与细胞因子（如白介素-2、干扰素α等）协同发挥作用。目前，$T\alpha_1$已用于艾滋病、乙型肝炎、丙型肝炎和肿瘤等疾病的辅助治疗。②$T\beta_4$是人体内一种重要的肌动蛋白调节分子，能发挥多种生物学功能，包括参与肌动蛋白平衡、调节组织再生与重塑、创伤愈合、炎症、细胞凋亡、血管生成、肿瘤发生与转移、毛囊发育等多种生理和病理过程。

（何凤田 钟 丹）

xīnfángnà'niàotài

心房钠尿肽（atrial natriuretic peptide, ANP） 由心房肌细胞合成与分泌的肽类激素。又称心房肽（atriopeptin）或心钠素（cardionatrin）。具有利钠利尿和舒张血管的作用。

结构特征 成熟ANP由28个氨基酸残基组成（其序列从N-端至C-端为：丝-亮-精-精-丝-丝-半胱-苯丙-甘-甘-精-甲硫-天冬-精-异亮-甘-丙-谷氨酰-丝-甘-亮-甘-半胱-天冬酰-丝-苯丙-精-酪），其分子内含一个二硫键（形成于第7位和第23位的半胱氨酸残基之间），使肽链盘曲成环状，若二硫键断裂或第12位甲硫氨酸氧化，均可使ANP的生物活性丧失，其结构如图1。

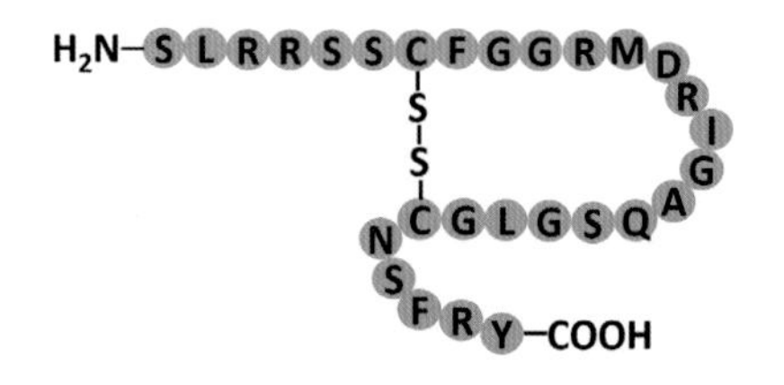

图1 人成熟ANP的氨基酸序列

代谢 ①合成与分泌：ANP主要由心房肌细胞合成与分泌，但在疾病状态下，心室肌细胞也可合成和分泌ANP。ANP合成后先储存于细胞内的分泌颗粒中，当回心血量增多时，心房容积扩大，心房肌细胞因受到机械刺激便释放ANP入血。此外，乙酰胆碱、去甲肾上腺素、降钙素基因相关肽、抗利尿激素和高血钾等也能刺激ANP的释放。②清除：主要包括如下3条清除途径。被内肽酶降解；经受体介导内吞至胞内后，被溶酶体酶降解；经尿排出。

生物学作用 ANP通过与靶细胞膜上的受体（包括A、B、C三型受体）结合而发挥如下主要作用。①利钠利尿：ANP可增加肾小球滤过率，并抑制近端小管和集合管对钠的重吸收，使肾排钠和排水增多。其还可抑制肾素、醛固酮和抗利尿激素的生成与释放，并拮抗其作用，从而间接发挥利钠利尿作用。②降低血压及心输出量：ANP可舒张血管、降低血压；同时可降低心率，减少心输出量。③调节细胞增殖：ANP是一种细胞增殖的负调控因子，可抑制血管内皮细胞、平滑肌细胞和心肌成纤维细胞等多种细胞的增生。④拮抗内皮素和去甲肾上腺素等缩血管物质的作用。ANP水平升高可见于原发性高血压、冠心病、心力衰竭、肝硬化、慢性阻塞性肺病、醛固酮增多症和肾病等多种疾病，其水平降低可见于心房纤颤和甲状腺功能亢进等疾病。

（何凤田 钟 丹）

shènshàngxiàn chǎnshēng de jīsù

肾上腺产生的激素（adrenal-derived hormone） 由肾上腺（包括肾上腺皮质和髓质）所产生的激素。肾上腺因位于两侧肾脏的上方而得名，其是人体重要的内分泌器官。肾上腺产生的激素有多种，具有不同的重要生物学功能。

分类 肾上腺包括皮质和髓质两部分，二者在起源发生、形态结构和功能上均不同，所分泌的激素也完全不同。肾上腺皮质分泌的激素均为类固醇激素，包括糖皮质激素、盐皮质激素和少量性激素。肾上腺髓质分泌的激素主要有肾上腺素和去甲肾上腺素，还有少量的多巴胺，三者统称为儿茶酚胺，属于胺类激素。此外，肾上腺髓质还可非常少量地合成与分泌一种称为肾上腺髓质素的多肽类激素。

代谢 ①合成：肾上腺皮质激素的合成以胆固醇为原料，首先合成孕烯醇酮，再进一步在不同细胞中转变成各种皮质激素。肾上腺皮质激素的基本结构为环戊烷多氢菲。肾上腺髓质儿茶酚胺类激素的合成以酪氨酸为原料，首先合成多巴，多巴脱羧生成多巴胺，多巴胺侧链的β-碳原子羟化生成去甲肾上腺素，去甲肾上腺素甲基化生成肾上腺素。肾上腺髓质素的合成遵循蛋白质合成的一般规律。②转运：肾上腺皮质激素在血液中多数与皮质类固醇结合球蛋白或清蛋白结合运输，少部分呈游离状态。肾上腺髓质合成的肾上腺素和去甲肾上腺素贮存于嗜铬细胞的嗜铬颗粒中，需要时分泌入血。③调节：肾上腺皮质激素中的糖皮质激素主要受下丘脑－腺垂体－肾上腺皮质轴的调节，盐皮质激素主要受肾素－血管紧张素－醛固酮系统的调节；肾上腺髓质儿茶酚胺类激素主要受交感神经兴奋、促肾上腺皮质激素以及自身的调节。④清除：肾上腺产生的激素主要经生物转化后失活，由尿液排出；少量可以原形排出。

生物学作用 ①肾上腺皮质激素：糖皮质激素具有调节糖、脂肪和蛋白质等物质代谢的作用，并参与应激反应；盐皮质激素主要作用于肾脏，促进钠离子及水分的再吸收，以维持血压的稳定。肾上腺皮质激素发挥作用的主要机制是通过与核受体结合，经调节靶基因的转录而发挥生物学效应。此外，肾上腺皮质激素也可经快速的非基因组效应而发挥作用。②肾上腺髓质儿茶酚胺类激素主要参与应激反应。在应激状态下，交感神经兴奋，肾上腺髓质儿茶酚胺类激素分泌急剧增多，从而使心率加快，心输出量增多，血压增高，血流再分布；呼吸加快；血糖增高，葡萄糖和脂肪氧化分解加强。肾上腺素和去甲肾上腺素通过与靶细胞膜上的肾上腺素能受体（G蛋白偶联受体，包括α受体和β受体）结合后，经激活下游信号通路而发挥作用。肾上腺髓质激素能够舒张血管、降低外周阻力，具有利尿、利钠等作用，并且抑制血管紧张素Ⅱ和醛固酮的释放，由此参与高血压的发病并可作为高血压的防治靶点。

（何凤田　陈　姗）

shènshàngxiàn suǐzhì jīsù

肾上腺髓质激素（adrenal medullary hormone）　由肾上腺髓质嗜铬细胞合成与分泌的不同激素的总称。各自具有不同的作用。

分类 肾上腺髓质激素主要包括肾上腺素和去甲肾上腺素，还有少量的多巴胺，三者统称为儿茶酚胺，属于胺类激素。此外，肾上腺髓质还可非常少量地合成与分泌一种称为肾上腺髓质肽的多肽类激素。

代谢 包括以下方面。

合成　在肾上腺髓质嗜铬细胞中，酪氨酸经羟化酶催化生成多巴，即3,4-二羟苯丙氨酸；在多巴脱羧酶的作用下，多巴脱去羧基生成多巴胺；多巴胺侧链的β-碳原子再被羟化，生成去甲肾上腺素；去甲肾上腺素在苯乙醇胺-N-甲基转移酶（phenylethanolamine-N-methyltransferase，PNMT）的作用下甲基化，生成肾上腺素。肾上腺髓质肽的合成遵循蛋白质合成的一般规律，除了在肾上腺髓质，还可以在心脏、肺、肾等器官被合成。

分泌　肾上腺髓质合成的肾上腺素和去甲肾上腺素贮存于嗜铬细胞的嗜铬颗粒中，需要时分泌入血。

调节　①交感神经兴奋和促肾上腺皮质激素，均可促进肾上腺髓质嗜铬细胞对儿茶酚胺的合成与分泌。②自身反馈调节：肾上腺髓质嗜铬细胞中高水平的儿茶酚胺可反馈性抑制其合成关键酶（酪氨酸羟化酶）的活性；同时，高水平的肾上腺素还可反馈性抑制PNMT的活性。相反，当嗜铬细胞中儿茶酚胺含量减少时，则解除对上述合成酶的抑制作用，使儿茶酚胺合成增加，从而保持激素合成的稳态。③儿茶酚胺的分泌还受到机体代谢状态的影响。如低血糖时，嗜铬细胞分泌肾上腺素和去甲肾上腺素增加，促进糖原分解，使血糖升高。

清除　儿茶酚胺类激素主要通过单胺氧化酶和儿茶酚-O-甲基转移酶的作用而灭活，代谢产物主要经尿液排出体外。

生物学作用 ①儿茶酚胺类激素的主要作用是参与应激反应。一般生理状况下，血中儿茶酚胺浓度很低，几乎不参与机体功能及代谢的调节。但在应激状态（如运动、剧烈的情绪变化、寒冷刺激、低血糖、低血压、感染等）时，机体交感神经兴奋，肾上腺髓质儿茶酚胺类激素分泌急剧增多，使心率加快，心输出量增多，血压增高，血流再分布；呼吸加快；血糖增高，葡萄糖和脂肪氧化分解加强，调节物质代谢以适应应激状态下的能量需求。肾上腺素和去甲肾上腺素发挥上述作用的机制是通过与靶细胞膜上的肾上腺素能受体结合后，激活下游信号通路，从而产生生物学效应。肾上腺素能受体是一类能识别并结合儿茶酚胺类物质的G蛋白偶联受体，包括α（α_1、α_2）受体和β（β_1、β_2、β_3）受体。不同受体被激活后的下游效应不同。去甲肾上腺素和肾上腺素均可与α和β两类肾上腺素能受体结合。不同的是：与肾上腺素相比，去甲肾上腺素主要与α（包括α_1和α_2）受体结合，但对β_1受体的激动作用较弱，对β_2受体基本无作用。肾上腺素则能激动α和β两类受体，产生较强的

α 型和 β 型作用。②肾上腺髓质肽能够舒张血管、降低外周阻力，具有利尿、利钠等作用，并且能够抑制血管紧张素Ⅱ和醛固酮的释放，由此在高血压的发病和防治中具有重要作用。

（何凤田　陈　姗）

shènshàngxiàn sù

肾上腺素（adrenaline, epinephrine）

主要由肾上腺髓质产生和分泌，主要功能为在应激时调节机体功能以及物质代谢的胺类激素。

结构特征　肾上腺素的化学名为 4-（1- 羟基 -2-（甲胺基）乙基）苯 -1,2- 二醇，其化学结构如图 1。

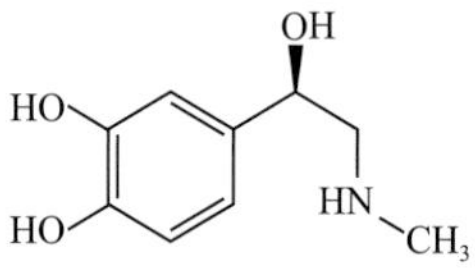

图 1　肾上腺素的化学结构

代谢　①合成：在肾上腺髓质嗜铬细胞，酪氨酸经羟化酶催化生成多巴，即 3，4- 二羟苯丙氨酸；在多巴脱羧酶作用下，多巴脱去羧基生成多巴胺；多巴胺侧链的 β - 碳原子再被羟化，生成去甲肾上腺素；去甲肾上腺素在苯乙醇胺 -N- 甲基转移酶（phenylethanolamine-N-methyl-transferase，PNMT）的作用下甲基化，生成肾上腺素。②分泌：肾上腺素合成后贮存于嗜铬细胞的嗜铬颗粒中，需要时分泌入血。③调节：交感神经兴奋和促肾上腺皮质激素，均可促进肾上腺素的合成与分泌。高水平的肾上腺素可反馈性抑制酪氨酸羟化酶和 PNMT 的活性，从而减少其自身的合成与分泌。④清除：主要通过单胺氧化酶和儿茶酚 -O- 甲基转移酶的作用而灭活，代谢产物主要经尿液排出体外。

生物学作用　主要参与应激反应。机体在应激状态（包括运动、剧烈的情绪变化、寒冷刺激、低血糖、低血压等）时，交感神经兴奋，肾上腺素分泌急剧增多（可达基础水平的 1000 倍），从而使心脏兴奋性升高、收缩力增强、传导加速，心率加快，心输出量增加；通过对全身各部分血管的不同作用，使全身血量重新分配，以保证重要器官的血供。与此同时，肾上腺素还通过调节物质代谢以保证应激情况下急增的能量需求，包括促进肌糖原和脂肪的分解而提供能量；促进肝糖原分解和糖异生，降低外周组织对葡萄糖的摄取，发挥强有力的升血糖作用。肾上腺素可以同时激动肾上腺素能 α 和 β 两类受体，其升高血糖的作用较去甲肾上腺素显著。肾上腺素对物质代谢的调节主要在应激状态下发挥作用，通常不影响日常饥饿 - 饱食时的血糖波动。肾上腺素在临床上应用广泛，包括用于治疗全身性变态反应，过敏性休克、心搏骤停时的抢救，缓解哮喘等。

（何凤田　陈　姗）

qùjiǎshènshàngxiàn sù

去甲肾上腺素（noradrenaline; norepinephrine）

由肾上腺髓质嗜铬细胞合成与分泌的，具有收缩血管、升高血压作用的胺类激素。曾称正肾上腺素。同时，去甲肾上腺素也是一种神经递质，主要由交感神经节后纤维合成，其在突触部位发挥作用后，也有一部分会进入血液循环，进而发挥激素的作用（关于去甲肾上腺素作为神经递质的作用，此处不做介绍）。

结构特征　去甲肾上腺素的化学名称为 1-（3,4- 二羟苯基）-2- 氨基乙醇，其化学结构如图 1 所示。

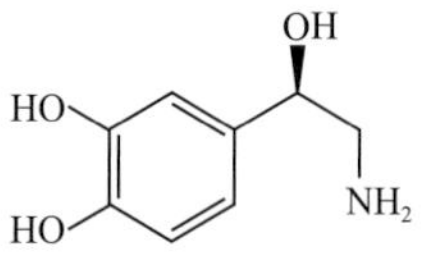

图 1　去甲肾上腺素的化学结构

代谢　①合成：在肾上腺髓质嗜铬细胞和交感神经节后纤维，酪氨酸经羟化酶催化生成 3,4- 二羟苯丙氨酸（又称多巴）；在多巴脱羧酶的作用下，多巴脱去羧基生成多巴胺；多巴胺侧链的 β - 碳原子再被羟化，生成去甲肾上腺素。②分泌：肾上腺髓质合成的去甲肾上腺素贮存于嗜铬细胞的嗜铬颗粒中，需要时分泌入血。③调节：交感神经兴奋和垂体分泌的促肾上腺皮质激素，均可促进肾上腺髓质去甲肾上腺素的分泌（长时间刺激亦可以促进合成）。去甲肾上腺素可通过反馈性抑制其合成的关键酶（酪氨酸羟化酶）而降低其自身的合成与分泌。④清除：主要通过单胺氧化酶和儿茶酚 -O- 甲基转移酶的作用而灭活，代谢产物主要经尿液排出体外。

生物学作用　主要参与应激反应。机体在应激状态（包括运动、剧烈的情绪变化、寒冷刺激、低血糖、低血压等）时，交感神经兴奋，去甲肾上腺素分泌增多，使小血管强烈收缩，导致外周阻力增大、血压升高。去甲肾上腺素通过与肾上腺素能受体（包括 α 和 β 两类受体）结合而发挥作用。与肾上腺素相比较，去甲肾上腺素主要与 α（包括 α_1 和

α_2）受体结合，对 β_1 受体的激动作用较弱，对 β_2 受体基本无作用，因此其兴奋心脏及抑制平滑肌的作用都比肾上腺素弱。临床上在急救治疗时应用去甲肾上腺素作为升血压药。

（何凤田　陈　姗）

shènshàngxiàn pízhì jīsù

肾上腺皮质激素（adrenal cortical hormone）

由肾上腺皮质合成与分泌的一组类固醇激素。分别具有不同的生物学功能，但基本结构均为环戊烷多氢菲。

分类　肾上腺皮质激素包括盐皮质激素、糖皮质激素和少量性激素。盐皮质激素由肾上腺皮质最外层的球状带合成与分泌，包括醛固酮、11-脱氧皮质酮和11-脱氧皮质醇等，以醛固酮的生物活性最强，其次为脱氧皮质酮。糖皮质激素由肾上腺皮质中间层——束状带和网状带合成与分泌，以皮质醇为主，含少量皮质酮。性激素由肾上腺皮质网状带合成与分泌，主要包括脱氢表雄酮、雄烯二酮和硫酸脱氢表雄酮。

代谢　①合成：肾上腺皮质首先以胆固醇为原料合成孕烯醇酮，再进一步在不同细胞中转变成各种皮质激素。与性腺不同的是，肾上腺皮质可以终生合成雄激素，但量很少。②调节：盐皮质激素主要受肾素-血管紧张素-醛固酮系统的调节；糖皮质激素主要受下丘脑-腺垂体-肾上腺皮质轴的调节；成年人肾上腺雄激素合成与分泌主要受到腺垂体促肾上腺皮质激素的调节。③转运：血液中的皮质醇75%~80%与皮质类固醇结合球蛋白结合，约15%与血浆清蛋白结合，仅5%~10%呈游离状态。醛固酮约60%呈结合状态（与皮质类固醇结合球蛋白结合力较弱，主要与血浆清蛋白结合），其余40%呈游离状态。④清除：肾上腺皮质激素主要在肝脏内经生物转化后失活，由尿液排出；少部分皮质激素可以原形从胆汁（主要）或尿液（少量）直接排出。

生物学作用　①醛固酮主要作用于肾脏，促进钠离子及水分的再吸收，以维持血压的稳定。②糖皮质激素具有调节糖、脂肪和蛋白质等物质代谢的作用，并参与应激反应。③肾上腺雄激素的生物学活性较弱，主要通过在外周组织转化生成活性更强的形式来产生效应。肾上腺雄激素在两性发挥不同的作用：对于性腺功能正常的成年男性，肾上腺雄激素的作用很微弱，即使分泌过多也不会产生临床体征，但是对于性腺功能尚未成熟的男童，会导致性早熟、阴茎增大以及第二性征过早出现；而对于女性，肾上腺雄激素是体内雄激素的来源，终生发挥作用，其中40%~65%在外周组织进一步活化，促进女性的腋毛和阴毛生长以及维持性欲和性行为。女性肾上腺雄激素分泌过量可出现痤疮、多毛及一些男性化变化。这些肾上腺皮质激素发挥作用的主要机制是通过与核受体结合，经调节靶基因的转录而发挥生物学效应。此外，肾上腺皮质激素也可经快速的非基因组效应而发挥作用。

（何凤田　陈　姗）

tángpízhì jīsù

糖皮质激素（glucocorticoid）

主要由肾上腺皮质束状带合成与分泌的类固醇激素。以皮质醇为主，含少量皮质酮。由于该类皮质激素对糖代谢的调解作用较强，而对水、盐代谢的调节作用较弱，故被称为糖皮质激素。另外，肾上腺皮质网状带也能合成和分泌少量糖皮质激素。

结构特征　糖皮质激素同其他由胆固醇转化而来的类固醇激素一样，均具有环戊烷多氢菲结构。皮质醇和皮质酮的化学结构如图1。

皮质醇

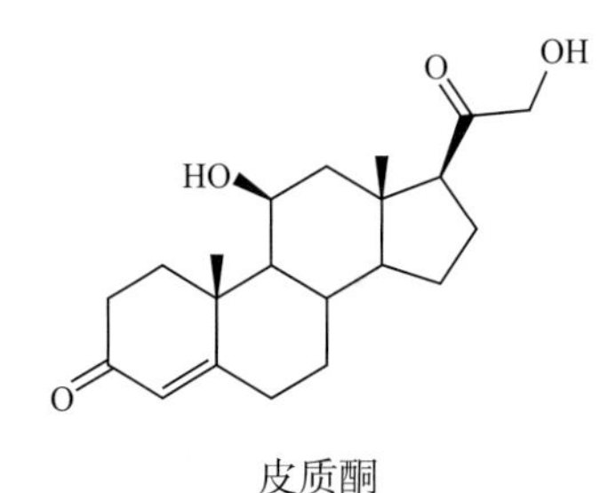

皮质酮

图1　皮质醇和皮质酮的化学结构

代谢　包括以下方面。

合成　胆固醇是糖皮质激素合成的基本原料。在肾上腺皮质（主要是束状带）细胞内胆固醇酯酶的催化下，胆固醇酯分解释放出游离胆固醇，后者被固醇转运蛋白运输至线粒体内。随后，在胆固醇侧链裂解酶的作用下，胆固醇先转变为孕烯醇酮，继而再由孕烯醇酮进一步转化为糖皮质激素。

转运与清除　糖皮质激素释放入血后，主要与皮质类固醇结合球蛋白和清蛋白结合进行运输。糖皮质激素的半衰期为60~90分钟，其主要经肝的生物转化作用被清除（经加氢还原后，与葡糖醛酸或硫酸结合，结合物随尿排出体外）。

调节　主要方式如下。①下丘脑-腺垂体-肾上腺皮质轴的调节：下丘脑所分泌的促肾上腺皮质素释放素（corticotropin releasing hormone，CRH） 能促进腺垂体分泌促肾上腺皮质激素（adrenocorticotropic hormone，ACTH），进而ACTH促进肾上腺糖皮质激素的释放。②反馈调节：当血中糖皮质激素浓度升高时，可经长反馈抑制下丘脑CRH及腺垂体ACTH的合成与释放，从而使糖皮质激素水平下降；当ACTH分泌过多时，可经短反馈抑制CRH的合成与释放；同时，下丘脑CRH神经元所分泌的CRH可经超短反馈抑制CRH的合成与释放。

生物学作用 ①调节代谢：糖皮质激素可促进糖异生，减少葡萄糖分解与利用；促进蛋白质分解，减少蛋白质合成；促进脂肪分解，长期高水平的糖皮质激素可导致脂肪重分布；可利尿和一定程度的保钠排钾。②影响血液系统：糖皮质激素能够刺激骨髓造血，提高血液中红细胞和血小板的数量；加速中性粒细胞进入血液循环，但降低其游走和吞噬等功能；抑制胸腺和淋巴细胞的有丝分裂，减少淋巴细胞，并能抑制T淋巴细胞产生白介素-2。③增强应激能力。④允许作用：尽管糖皮质激素对某些组织细胞并无直接作用，但其存在可为其他激素发挥效应创造有利条件。糖皮质激素水平低下可导致低血糖等症状，而其水平过高则可导致高血糖（甚至糖尿）、向心性肥胖等疾病。

作用机制 ①调节靶基因转录：这是糖皮质激素的主要作用机制，其基本过程是：糖皮质激素进入细胞与其受体（GR）结合，随后GR入核与相关基因的顺式作用元件结合，调节基因转录，影响蛋白质和酶的生成，从而发挥生物学作用。②非基因组效应：可能机制有：糖皮质激素通过与细胞膜上的GR结合而快速发挥作用；糖皮质激素直接影响细胞能量代谢；GR以外的成分（如热激蛋白90）与GR解离后，进一步激活某些信号通路，从而产生快速效应。

（何凤田）

yánpízhì jīsù

盐皮质激素（mineralocorticoid）

由肾上腺皮质球状带合成与分泌的一组类固醇激素。包括醛固酮、11-脱氧皮质醇和11-脱氧皮质酮等，其中醛固酮的生物学活性最强，其次是脱氧皮质酮。

结构特征 盐皮质激素同其他由胆固醇转化而来的类固醇激素一样，均具有环戊烷多氢菲结构。醛固酮的化学名为11β,21-二羟-3,20-二酮-4-烯-18-醛，其化学结构如图1。

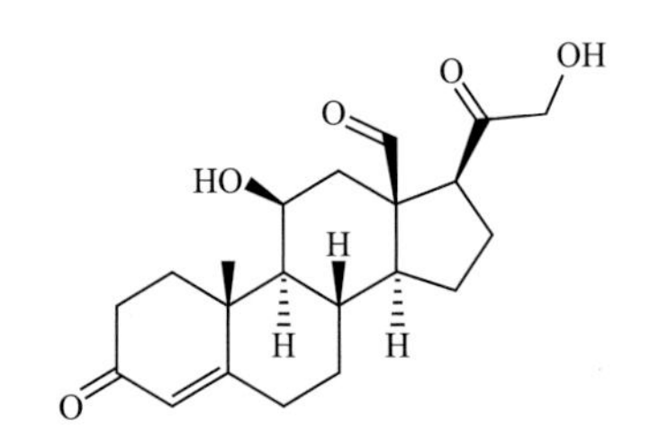

图1 醛固酮的化学结构

代谢 ①合成：胆固醇是盐皮质激素合成的基本原料。在肾上腺皮质球状带细胞内胆固醇酯酶的催化下，胆固醇酯分解释放出游离胆固醇，后者被固醇转运蛋白运输至线粒体内。随后在胆固醇侧链裂解酶的催化下，胆固醇先转变为孕烯醇酮，后者再进一步转化为盐皮质激素。②调节：主要受肾素-血管紧张素-醛固酮系统调节。血管紧张素（主要是血管紧张素Ⅱ）通过G蛋白偶联受体信号通路同时促进醛固酮的合成与分泌；同时，醛固酮可以反馈调节其自身的合成与分泌。此外，血钠降低或血钾升高也可以刺激醛固酮分泌。③转运：血液中的醛固酮约60%呈结合状态（与皮质类固醇结合球蛋白结合力较弱，主要与血浆清蛋白结合），40%呈游离状态。④清除：盐皮质激素主要在肝脏内降解，降解产物中70%为17-羟类固醇化合物，由尿液排出；有少部分盐皮质激素可以原形从胆汁（主要）或尿液（少量）直接排出。

生物学作用 ①醛固酮的主要作用是促进肾脏重吸收钠和排泄钾，同时伴有等渗性重吸收水，对于维持细胞外液量及循环血量的相对稳定具有重要意义。当细胞外液容量下降时，肾小球旁细胞受到刺激分泌肾素，由此激活肾素-血管紧张素-醛固酮系统，促进醛固酮分泌增加。醛固酮进入肾脏远曲小管和集合管上皮细胞后，与相应核受体结合，调节基因表达，合成多种醛固酮诱导蛋白，进而使肾小管管腔膜对钠离子的通透性增大，细胞内线粒体ATP合成和管周膜上钠泵活动性增强，由此对钠和水的重吸收增加，钾的排出量增加。②醛固酮还能增强血管平滑肌对缩血管物质的敏感性。临床上，醛固酮分泌过多可引起水钠潴留（如原发性或继发性醛固酮增多症）。当肾上腺皮质功能减低（如艾迪生病）时，醛固酮分泌减少，出现低钠、高钾、低血压等症状。

（何凤田 陈 姗）

shènzāng chǎnshēng de jīsù

肾脏产生的激素（kidney-derived hormone）

由肾脏细胞合成与分泌的多种激素。

分类 根据化学本质，主要分为两类：①蛋白质类激素，包括肾素和促红细胞生成素。②脂类激素，主要是髓脂素。

代谢 肾脏合成分泌激素的部位主要在肾皮质和肾间质，如在肾皮质球旁细胞中合成肾素，在肾间质细胞中合成促红细胞生成素和髓脂素。其中肾素和促红细胞生成素的化学本质为糖基化蛋白，其合成、分泌和降解都遵循糖蛋白的一般规律。而作为脂类激素的髓脂素，其经细胞内的相关酶催化首先合成髓脂素-Ⅰ，分泌后在肝脏中转化为髓脂素-Ⅱ，进而发挥生物学功能。

生物学作用 ①肾素通过肾素-血管紧张素-醛固酮系统发挥维持体液内稳态和调节血压的作用。②促红细胞生成素通过与靶细胞膜上的受体结合，主要发挥刺激骨髓红细胞生成的功能。③髓脂素是一种血管舒张剂，可降低血压，髓脂素缺乏可能是高血压发病的因素之一。

（何凤田　钟　丹）

shènsù

肾素（renin）

由肾小球旁器的球旁细胞合成与分泌的蛋白质类激素。由于其可作为蛋白酶将血管紧张素原裂解为血管紧张素Ⅰ（angiotensin Ⅰ，Ang Ⅰ），因而也被称为血管紧张素原酶。它是肾素-血管紧张素-醛固酮系统的重要组成部分，在维持体液内稳态和调节血压中起重要作用。

结构特征 人肾素的编码基因位于1q42，成熟肾素含有340个氨基酸残基（图1），分子量约37kD，其由两个相似的结构域组成，两个结构域被一个长而深的裂隙隔开，在裂隙的末端含有底物结合位点和对于其行使催化功能至关重要的两个天冬氨酸。

代谢 包括以下方面。

合成与分泌 肾素的编码基因首先转录翻译出含406个氨基酸残基的肾素前体。肾素前体无生物活性，经蛋白酶水解加工后转变为有活性的成熟肾素。肾素合成后贮存在球旁细胞的分泌颗粒中，当受到外界刺激时就分泌入血。

调节 主要机制有以下3种。①肾内机制：当肾动脉灌注压下降时，入球小动脉血量减少，对入球小动脉牵张感受器的刺激减弱，使肾素释放增加；当肾小球滤过降低，滤过和流经致密斑的钠量减少，刺激致密斑感受器，使肾素释放增加。②神经机制：交感神经兴奋可促进肾素的释放。③体液机制：肾上腺素和去甲肾上腺素等可刺激肾素的释放；血管紧张素Ⅱ（Ang Ⅱ）、抗利尿激素、心房钠尿肽、内皮素和NO等可抑制肾素的释放。

生物学作用 肾素可以水解血管紧张素原产生Ang Ⅰ，后者可以进一步被一系列不同的酶水解生成不同的肽段，构成血管紧张素家族。肾素主要通过肾素-血管紧张素-醛固酮系统来发挥调节血容量和血管外周阻力的作用，从而实现调节血压、水和电解质平衡、维持机体内环境稳定的目的。肾素水平异常与原发性和继发性高血压等多种疾病密切相关。

（何凤田　钟　丹）

```
  1 LTLGNTTSSV ILTNYMDTQY YGEIGIGTPP QTFKVVFDTG SSNVWVPSSK CSRLYTACVY
 61 HKLFDASDSS SYKHNGTELT LRYSTGTVSG FLSQDIITVG GITVTQMFGE VTEMPALPFM
121 LAEFDGVVGM GFIEQAIGRV TPIFDNIISQ GVLKEDVFSF YYNRDSENSQ SLGGQIVLGG
181 SDPQHYEGNF HYINLIKTGV WQIQMKGVSV GSSTLLCEDG CLALVDTGAS YISGSTSSIE
241 KLMEALGAKK RLFDYVVKCN EGPTLPDISF HLGGKEYTLT SADYVFQESY SSKKLCTLAI
301 HAMDIPPPTG PTWALGATFI RKFYTEFDRR NNRIGFALAR
```

图1 人成熟肾素的氨基酸序列（从N-端至C-端）

cù hóngxìbāo shēngchéng sù

促红细胞生成素（erythropoietin, EPO）

主要由肾小管周围的间质细胞（如成纤维细胞、内皮细胞）产生的蛋白质类激素。其主要功能是促进红细胞的产生。

结构特征 天然EPO属糖蛋白，由多肽和糖链两部分组成，分子量约34kD。成熟蛋白质部分由166个氨基酸残基组成（图1），含有4个稳定的α螺旋。EPO糖基化位点分别位于第24、26和83位的天冬酰胺以及第126位的丝氨酸残基，可形成三个*N*-连接和一个*O*-连接糖链。根据糖链部分的差异，可将EPO分为α和β两型，EPO-α的含糖总量较EPO-β高，但两种类型的生物学特性和抗原性均相同。

代谢 包括以下方面。

合成与分泌 EPO主要在肾脏合成，肝、脑、卵巢、输卵管、子宫等器官也可少量合成。EPO前体由193个氨基酸残基组成，N末端有一个由27个氨基酸残基组成的信号肽，该信号肽被切除后形成由166个氨基酸残基组成的成熟EPO肽链。EPO的糖基化遵循*N*-连接和*O*-连接糖链形成的一般规律。EPO合成后即分泌入血，通常不在细胞内贮存，主要靠增加mRNA的转录来增加其蛋白的表达。

调节 主要调节因素有3种。①缺氧：任何引起肾氧供不足的因素，如贫血、缺氧或肾血流减少，均可促进EPO的合成与分泌，使血浆EPO含量增加。②血红蛋

白浓度：血EPO水平与血红蛋白的浓度呈负相关。贫血时体内EPO增加，促进红细胞生成；而红细胞增多时，EPO则减少，这一负反馈调节使血液中红细胞数量保持相对稳定。③性激素：主要是雄激素可刺激肾脏间质细胞产生EPO，增加红系祖细胞膜上的EPO受体对EPO的敏感性，从而促进红细胞生成。

清除　EPO的半衰期为4~12小时，其主要经肝脏灭活，随尿液排出。

生物学作用　EPO主要通过与位于骨髓红系祖细胞表面的特异性EPO受体结合而发挥如下作用：促使原始红细胞的增生与分化，加速有核红细胞的成熟；促进血红素和血红蛋白的合成。目前，已将重组人EPO用于慢性肾功能不全治疗、恶性肿瘤化疗和抗艾滋病药物等多种原因引起的贫血。

（何凤田　钟　丹）

wèicháng jīsù

胃肠激素（gastrointestinal hormone）

由消化系统中胃、肠（包括胰腺）等的内分泌细胞分泌的多种激素。化学本质均为肽类，因此又称胃肠肽，主要参与调节胃肠道功能。一些胃肠激素也可由神经组织细胞分泌，这种在胃肠道和神经系统双重分布的肽类称为脑－肠肽。

分类　目前已报道的胃肠激素有四十余种，组成肽链的氨基酸残基数目由几个到几十个不等。根据化学结构特征，胃肠激素可分为促胃液素族（促胃液素和缩胆囊素）、促胰液素族（促胰液素、肠抑胃肽、胰高血糖素和血管活性肠肽）、胰多肽族（胰多肽、神经肽Y和酪酪肽）、速激肽族（神经激肽A、神经激肽B和P物质）、生长抑素族（生长抑素和皮质抑素）等家族，还有一些胃肠激素尚未确定它们所隶属的家族。

代谢　①合成与分泌：胃、肠等消化系统中的内分泌细胞有多种，可合成与分泌不同的胃肠激素，但这些细胞具有共同特征，即具有摄取胺前体、使之脱羧转变为活性胺或肽类的能力，因此将这些内分泌细胞统称为APUD细胞。APUD细胞也存在于神经系统等组织中。胃肠激素的合成遵循蛋白质生物合成的一般规律，先合成激素前体分子（即激素原），再经酶切加工生成具有生物活性的激素。多数胃肠激素通过内分泌的方式发挥作用，也有一些胃肠激素通过旁分泌、自分泌或神经分泌的方式发挥作用。一些胃肠激素常常以大小不等的多种分子形式出现在不同的组织或血液中。②调节：胃肠激素的分泌受营养物质、神经和激素等多方面的调节。刺激胃肠激素分泌的自然因素是食物，非消化期大多数胃肠激素的分泌较少，引起不同胃肠激素释放的食物成分不同。例如，血糖浓度是调节胰岛素和胰高血糖素分泌的重要因素，蛋白质和脂肪的消化产物则可以促进促胃液素和缩胆囊素的分泌。③清除：胃肠激素大多半衰期较短，极易降解，主要通过肾清除。

生物学作用　胃肠激素一般通过与靶细胞膜上的相应受体结合而发挥作用，主要在于调节消化器官的功能。①调节消化腺分泌和消化道运动：如促胃液素促进胃酸分泌、血管活性肠肽促进肠液分泌、促胰液素抑制小肠平滑肌收缩、缩胆囊素促进胆囊收缩等。②促进消化道组织的代谢和生长（营养作用）：如促胃液素能促进胃黏膜壁细胞泌酸；缩胆囊素和促胰液素可促进胰腺外分泌部的生长。③调节其他激素分泌：如肠抑胃肽、促胰液素和缩胆囊素可促进胰岛素的分泌，而生长抑素可抑制多种激素的分泌。④调节胃肠道对营养物质的吸收：如胰高血糖素样肽-2可通过促进乳糜微粒形成，增加小肠对营养物质的吸收。⑤调节胃肠道血流：如血管活性肠肽和神经降压肽具有广泛的血管扩张作用，而生长抑素则能降低门静脉压力，减少肝脏血流量。⑥影响摄食：如缩胆囊素结合CCK_B受体能发挥抑制食欲的功能，而胃动素和脑啡肽则能促进摄食。因此如若胃肠激素分泌异常会导致消化系统的某些疾病。例如，十二指肠溃疡患者胃液分泌过多的原因可能与促胃液素分泌过多或促胰液素分泌不足等有关。某些胃肠激素水平的测定已作为诊断相关疾病的指标之一，如促胃液素瘤患者的促胃液素水平明显升高。某些胃肠激素及其类似物或受体拮抗剂可用于临床治疗。

（何凤田　许志臻）

cù wèiyè sù

促胃液素（gastrin）

主要由胃窦部及十二指肠近端黏膜中的G

1 APPRLICDSR VLERYLLEAK EAENITTGCA EHCSLNENIT VPDTKVNFYA WKRMEVGQQA
61 VEVWQGLALL SEAVLRGQAL LVNSSQPWEP LQLHVDKAVS GLRSLTTLLR ALGAQKEAIS
121 PPDAASAAPL RTITADTFRK LFRVYSNFLR GKLKLYTGEA CRTGDR

图1　人成熟EPO的氨基酸序列（从N-端至C-端）

细胞合成与分泌的肽类激素。又称胃泌素。具有刺激胃酸分泌、营养胃黏膜等功能。

结构特征 促胃液素存在多种分子形式，包括G-34、G-17、G-14、G-4、巨大胃泌素等（数字代表氨基酸残基的个数）。G-17是促胃液素发挥生理作用的主要形式。G-4是促胃液素的羧基端酰胺化四肽（色-甲硫-天冬-苯丙，与缩胆囊素CCK-4相同），是促胃液素分子的活性中心。G-4的氨基端延长至G-17时，增加促泌酸的活性和与受体的亲和力，G-17在人体含量最多、作用最为重要。

代谢 ①合成与分泌：人促胃液素基因定位于17号染色体，编码生成含有101个氨基酸残基的前促胃液素原，在除去氨基末端的信号肽后变成促胃液素原，随后从高尔基体运输至G细胞基底部的早期内分泌颗粒，此过程中经过一系列的加工修饰，被降解生成甘氨酸延伸型促胃液素，最终在分泌囊泡内羧基末端酰胺化。形成有生物学活性的成熟促胃液素，需要时进行释放。②调节：促胃液素基因的启动子区存在重要的调节元件，如表皮细胞生长因子反应元件等。前促胃液素原至成熟促胃液素的加工过程中受到多种因素的调节，如促胃液素中间产物的化学修饰、分泌囊泡的pH值等。促胃液素的释放依赖胃肠腔内因素和胃肠激素。进食后胃体积膨胀的机械性刺激和食物的化学性刺激（主要是食物中的蛋白质类）、血钙浓度升高、促胃液素释放肽、炎症因子等均可促进促胃液素的分泌；而胃酸浓度过高则可通过负反馈机制引起生长抑素和血管活性肠肽等激素的释放，从而抑制促胃液素产生和分泌。③清除：促胃液素经肾脏代谢，因此肾功能不全者的促胃液素水平会升高。

生物学作用 促胃液素通过与靶细胞膜上的相应受体（包括CCK_B受体、G-Gly受体等）结合而发挥以下生物学功能：刺激胃酸和胃蛋白酶原分泌；刺激胰液和胆汁的分泌；促进胃黏膜和壁细胞的增殖与分化；促进胃窦、幽门括约肌收缩，延缓胃排空。促胃液素瘤、慢性肾衰竭、胃溃疡、A型萎缩性胃炎、甲状腺功能亢进等可引起高促胃液素血症，而低促胃液素血症见于B型萎缩性胃炎、胃食管反流等。

（何凤田　许志臻）

cù yíyè sù

促胰液素（secretin）

主要由十二指肠和空肠上段黏膜中的S细胞合成与分泌的肽类激素。具有促进胰腺分泌的功能，又称胰泌素。是第一个被发现的激素，它的发现产生了激素调节这个新概念，推动了内分泌学的建立和发展。

结构特征 成熟的促胰液素是一条由27个氨基酸残基组成的线性多肽（其序列从N-端至C-端为：组-丝-天冬-甘-苏-苯丙-苏-丝-谷-亮-丝-精-亮-精-谷-甘-丙-精-亮-谷氨酰-精-亮-亮-谷氨酰-甘-亮-缬），分子内无二硫键，结构中包含一个α螺旋，其与胰高血糖素、血管活性肠肽、肠抑胃肽的氨基酸序列具有部分同源性。

代谢 ①合成与分泌：促胰液素主要由S细胞产生（S细胞主要分布于十二指肠黏膜，少量分布于空肠上段、回肠和胃窦黏膜）；此外，其还可由神经组织细胞分泌，故其属于脑-肠肽。促胰液素的编码基因定位于人11号染色体，先编码生成由121个氨基酸残基组成的促胰液素原，包含有氨基端的信号肽序列、促胰液素序列（28~54位氨基酸残基）和一个长序列的羧基端肽，经酶解作用产生成熟的促胰液素，随后分泌入血。②调节：胃酸是刺激促胰液素分泌的最强生理作用因素，肠道$pH < 4.5$时促胰液素分泌增加，其他如蛋白质分解产物、胆盐和脂肪等也可促进促胰液素分泌。③清除：促胰液素主要由肾清除。

生物学作用 促胰液素通过与靶细胞膜上的受体（属于G蛋白偶联受体）结合而发挥以下生物学功能：刺激胰腺分泌水和碳酸氢钠；促进肝脏分泌胆汁；抑制促胃液素释放和胃酸分泌；抑制胃肠蠕动，延缓胃排空。促胰液素和缩胆囊素共同作用于胰腺时具有协同效应。由于可促进胰腺分泌，促胰液素在临床上被应用于胰腺功能检测。此外，促胰液素还具有调节中枢神经系统功能，可能与神经退行性变等有关。

（何凤田　许志臻）

suō dǎnnáng sù

缩胆囊素（cholecystokinin, CCK）

由十二指肠和空肠黏膜中的L细胞合成与分泌的肽类激素。又称缩胆囊肽。具有刺激胆囊收缩、促进胰酶分泌的作用。此外，大脑神经元亦可分泌CCK，因此CCK也属于脑-肠肽。

结构特征 CCK存在多种分子形式，包括CCK-83、CCK-58、CCK-33、CCK-25、CCK-22、CCK-8、CCK-5等（数字代表氨基酸残基的个数），其羧基端均为发挥生物活性的酰胺四肽（色-甲硫-天冬-苯丙，与促胃液素G-4完全相同），其中CCK-8是含量最高、活性最强的最短肽段。

大多数 CCK 分子羧基末端的第 7 位酪氨酸以硫化形式存在，对其结合受体、发挥功能是至关重要的。

代谢 ①合成与分泌：CCK 的编码基因定位于人 3 号染色体，先编码生成由 115 个氨基酸残基组成的缩胆囊素原，再降解形成不同形式的 CCK 分子。CCK 在胃肠道和神经系统双重分布，具有种属和组织特异性。肠道中的 CCK 以大分子形式为主，98% 存在于黏膜层，以 CCK-33 为主要形式。而在中枢神经系统中的 CCK 主要以小分子形式存在，其中以 CCK-8 含量最多，也是血液循环中 CCK 的主要形式。②调节：迷走神经兴奋、蛋白质及分解产物、脂肪及水解产物、胃酸、Ca^{2+} 离子等可刺激 CCK 分泌；而 CCK 刺激胰腺分泌胰酶，又可反馈抑制 CCK 释放。③清除：在体内很快降解，半衰期约 3 分钟。

生物学作用 CCK 通过结合靶细胞膜上的 G 蛋白偶联受体 CCK_A 和 CCK_B 可产生不同的效应。CCK_A 受体主要分布于胆囊和胰腺等外周组织，CCK 通过结合 CCK_A 受体可发挥多种生理作用：促进胆囊平滑肌收缩、促使胆汁排出；促进胰腺分泌多种消化酶、促进胰岛素分泌；对胰腺组织具有营养作用；减少胃酸分泌，抑制胃排空，产生饱腹感，从而抑制摄食。CCK_B 受体主要分布于中枢神经系统，CCK 通过与 CCK_B 受体结合可发挥抑制食欲、镇痛、神经保护等多种功能。由于 CCK 具有调节摄食行为及刺激胰岛素分泌等作用，CCK 的代谢障碍可能与肥胖、糖尿病密切相关。此外，CCK 还与胃肠道肿瘤、功能性消化不良、肠易激综合征、神经及精神性疾病等有关。

（何凤田　许志臻）

chángyìwèitài

肠抑胃肽（gastric inhibitory polypeptide, GIP） 主要由十二指肠和空肠黏膜中的 K 细胞合成与分泌的肽类激素。虽然被命名为抑胃肽，但其抑制胃肠蠕动和胃酸分泌的作用并不明显，其主要功能是发挥葡萄糖依赖性的促胰岛素分泌作用，故又称糖依赖性促胰岛素释放肽（glucose-dependent insulinotropic peptide）。与胰高血糖素样肽-1（glucagon-like peptide-1，GLP-1）共同称为肠降血糖素（incretin）。

结构特征 成熟的 GIP 是一条由 42 个氨基酸残基组成的直链多肽（其序列从 N-端至 C-端为：酪-丙-谷-甘-苏-苯丙-异亮-丝-天冬-酪-丝-异亮-丙-甲硫-天冬-赖-异亮-组-谷氨酰-谷氨酰-天冬-苯丙-缬-天冬酰-色-亮-亮-丙-谷氨酰-赖-甘-赖-赖-天冬酰-天冬-色-赖-组-天冬酰-异亮-苏-谷氨酰），分子内无二硫键（GIP 在最初发现时被认为是由 43 个氨基酸残基组成，后更正为 42 个氨基酸残基）。

代谢 ①合成与分泌：人 GIP 的编码基因位于 17 号染色体，包含 6 个外显子，编码具有 153 个氨基酸残基的 GIP 前体多肽，经剪切加工后转变为成熟的 GIP，随后释放入血。②调节：*GIP* 基因的启动子区包含 TATA 盒、AP-1 和 cAMP 应答元件等调控序列。GIP 的表达受营养素的调控，糖类、脂肪和氨基酸的摄入均可刺激 GIP 释放，摄入营养素 15~30 分钟后释放量达到高峰。③清除：GIP 易被二肽基肽酶Ⅳ降解，失去氨基末端的两个氨基酸残基变成无生物活性的 GIP（3-42 氨基酸残基），主要经肾清除。GIP 的血浆半衰期较短，正常人及 2 型糖尿病患者分别为 7 分钟和 5 分钟。

生物学作用 GIP 通过与靶细胞膜上的受体（属于 G 蛋白偶联受体）结合，经 cAMP-蛋白质激酶 A 等信号转导通路而在糖脂代谢、能量平衡中发挥重要作用：①促进胰岛 B 细胞分泌胰岛素，维持餐后血糖动态平衡，即该效应是葡萄糖依赖性的；②促进胰岛 B 细胞增殖、减少凋亡；③调控脂肪细胞分化，促进机体脂肪合成；④促进餐后骨钙沉积，帮助骨形成。2 型糖尿病患者分泌 GIP 的功能通常无缺陷，但却存在 GIP 抵抗，这与 GIP 受体的表达或功能异常有关。因此针对 GIP 及其受体的药物通过改善胰岛功能或胰岛素敏感性可能成为 2 型糖尿病的新的治疗手段。

（何凤田　许志臻）

yídío chǎnshēng de jīsù

胰岛产生的激素（pancreatic islet-derived hormone） 由胰岛细胞合成和分泌的多种肽类激素。胰岛产生的激素功能复杂多样。胰腺分为两部分，即外分泌腺和内分泌腺，前者是由腺泡和腺管组成，后者则由腺泡间散在分布的大小不同的内分泌腺细胞团（胰岛）组成。

分类 胰岛主要由 A（或 α）、B（或 β）、D（或 δ）和 PP 四类细胞组成，各自合成和分泌不同的肽类激素。A 细胞占全部内分泌细胞的 25%，分泌胰高血糖素（由 29 个氨基酸残基组成）；B 细胞占 60%~70%，分泌胰岛素（由 51 个氨基酸残基组成）；D 细胞约占 10%，分泌生长抑素（见下丘脑产生的生长抑素）；PP 细胞所占比例极小，分泌胰多肽，胰多肽由 36 个氨基酸残基组成。

代谢 ①合成与分泌：胰岛

合成和分泌的激素均为肽类激素，遵循分泌蛋白质合成与分泌的一般规律。②调节：胰岛素的合成和分泌受血糖浓度、氨基酸水平、激素和神经等多方面的调节，其中血糖水平是调节胰岛素分泌的最重要因素。同时，血糖浓度在调节胰高血糖素分泌中也发挥了重要的作用。胰岛素与胰高血糖素具有相反的作用，并且与血糖水平构成负反馈的调节环路，二者比例（胰岛素与胰高血糖素的摩尔比值）的动态平衡在正常范围内的波动幅度较小。空腹、饥饿或长时间运动时，血液中的胰岛素与胰高血糖素比值降低，这对于维持血糖水平的相对稳定，在保障心脏和脑的物质代谢以及能量供应方面发挥着重要的作用。相反，摄食后二者比值升高，这是因胰岛素分泌增加而胰高血糖素分泌减少所致，此时，胰岛素的作用占优势。另外，胰岛素和胰高血糖素的分泌还受生长抑素的抑制。胰多肽的合成与分泌受餐后食物的刺激，蛋白质的刺激作用最强，其次是脂肪，葡萄糖最弱。③转运：胰岛分泌的激素直接入血，广泛参与调节各类物质的代谢过程。④清除：胰岛素主要被肝脏的胰岛素酶灭活，肌肉和肾脏可灭活少量胰岛素；胰高血糖素主要在肝内降解，部分在肾脏降解；胰多肽主要在肾脏清除。

生物学作用 胰岛产生的各类激素具有各自特有的功能，例如，胰岛素是促进物质合成代谢的激素，对维持血糖稳定起关键作用，临床上广泛用于治疗1型和2型糖尿病；胰高血糖素是一种促进物质分解代谢的激素，其作用与胰岛素相反，二者相互拮抗。胰岛素和胰高血糖素二者比例的平衡是促使血糖在正常范围内波动的重要因素。胰多肽的主要作用是抑制餐后胰液和胆汁分泌、抑制缩胆囊素和胰酶的排放以及抑制胃酸分泌等。

（何凤田　高　敏）

yídǎosù

胰岛素（insulin）

由胰岛B细胞合成和分泌的肽类激素。是降低血糖水平的关键激素。

结构特征 人胰岛素含51个氨基酸残基，分子量约6.0kD，由A链（含21个氨基酸残基）和B链（含30个氨基酸残基）组成，并且A链和B链间经2个二硫键相连（图1）。二硫键为维持胰岛素生物活性所必需，若其断裂，胰岛素则失去活性。人胰岛素编码基因定位于11号染色体短臂。

代谢 ①合成与分泌：胰岛B细胞先合成由105个氨基酸残基组成的前胰岛素原；经蛋白酶水解去除信号肽，生成由86个氨基酸残基组成的胰岛素原；然后胰岛素原进入高尔基体，经蛋白酶水解作用切除C肽；最后羧基端部分（A链）和氨基端部分（B链）通过二硫键结合在一起形成有活性的成熟胰岛素，进而分泌入血。②调节：胰岛素的分泌受营养物质、神经和激素等多方面的调节。在各种营养物质中，最重要的调节因素是葡萄糖水平。血糖浓度升高可刺激胰岛素分泌。多种氨基酸也具有刺激胰岛素分泌的作用，作用最强的是精氨酸和赖氨酸。此外，血中游离脂肪酸和酮体也能促进胰岛素的分泌。在神经调节方面，迷走神经兴奋可增强胰岛素的分泌，而交感神经兴奋则具有相反的作用，即抑制胰岛素的分泌。在激素调节方面，胰岛素的分泌受多种胃肠激素、生长激素、糖皮质激素和甲状腺激素等的调节。③转运：血液中的胰岛素可游离存在或与血浆蛋白结合，具有生物活性的是游离态胰岛素。④清除：血液中胰岛素的半衰期仅约5分钟，主要被肝脏的胰岛素酶灭活。此外，肌肉和肾脏也可灭活少量胰岛素。

生物学作用 胰岛素需要结合靶细胞膜受体（蛋白质酪氨酸激酶受体）才能发挥作用，其是促进物质合成代谢的激素，肌肉、脂肪组织和肝是胰岛素作用的主要靶器官，主要作用如下。①降低血糖：这是胰岛素最主要的作用，它是维持血糖稳定的关键激素。胰岛素缺乏或者组织细胞对

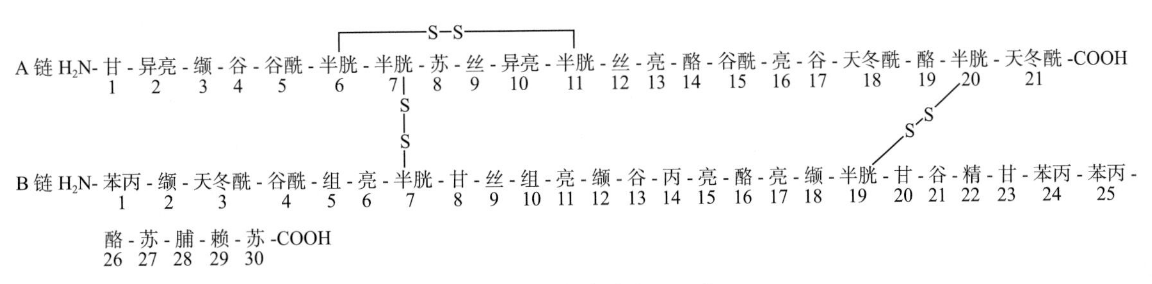

图1　人胰岛素的分子组成

胰岛素敏感性降低（胰岛素抵抗）时，可导致糖尿病。②促进脂肪合成：当胰岛素缺乏或者抵抗时，机体脂肪代谢紊乱，脂肪分解作用加强，血脂水平升高，同时肝内脂肪酸的氧化加快，使酮体的生成大量增加，严重时可导致酮血症或酮症酸中毒。③促进蛋白质合成，抑制蛋白质分解。鉴于胰岛素在物质代谢调节中的重要作用，临床上被广泛用于治疗 1、2 型糖尿病及其并发症。

（何凤田　高　敏）

yígāoxuètángsù

胰高血糖素（glucagon）　由胰岛 A 细胞合成和分泌的肽类激素。又称胰高糖素、升血糖素和高血糖素。其是体内主要的升糖激素。

结构特征　人胰高血糖素是一个由 29 个氨基酸残基组成的直链多肽（其序列从 N- 端至 C- 端为：组 – 丝 – 谷氨酰 – 甘 – 苏 – 苯 – 苏 – 丝 – 天 – 酪 – 丝 – 赖 – 酪 – 亮 – 天 – 丝 – 精 – 精 – 丙 – 谷氨酰 – 天 – 苯 – 缬 – 谷氨酰 – 色 – 亮 – 甲硫 – 天冬酰 – 苏），其分子量约 3.5kD，分子内无二硫键，其编码基因定位于 2 号染色体长臂。

代谢　包括以下方面。

合成与分泌　遵循分泌型多肽的一般规律。胰岛 A 细胞先合成胰高血糖素的前体肽，经蛋白酶裂解加工形成有活性的成熟胰高血糖素。

调节　主要的调节因素如下。①血糖水平：是影响胰高血糖素分泌最为重要的因素。当血糖水平升高时胰高血糖素的分泌则降低。胰高血糖素和胰岛素的作用相反，它们与血糖水平之间形成负反馈调节环路。在空腹、饥饿或长时间运动时，血中胰岛素与胰高血糖素的比值降低，这种变化对于保持血糖的稳定，保证心脏、脑需要的物质代谢和能量供应具有重要意义。相反，摄食后二者的比值升高，这是因胰岛素分泌增加而胰高血糖素分泌减少所致，此时胰岛素的作用占优势。②血氨基酸水平：其水平升高可促进胰高血糖素的分泌。高蛋白质饮食或静脉注射各种氨基酸均可使胰高血糖素分泌增多。③激素调节：多种激素参与调节胰高血糖素的分泌，如胰岛素和生长抑素就通过旁分泌形式抑制邻近 A 细胞分泌胰高血糖素。④神经调节：交感神经兴奋的作用是增加胰高血糖素的分泌，而迷走神经兴奋的作用则相反。

清除　血中胰高血糖素的浓度为 50~100 ng/L，半衰期为 5~10 分钟，肝脏是其降解的主要器官，部分可在肾脏内降解。

生物学作用　胰高血糖素结合位于靶细胞膜上的受体（G 蛋白偶联受体）而发挥作用，是一种促进物质分解代谢的激素，主要靶器官为肝脏，主要作用包括：①加速糖原分解，升高血糖。胰高血糖素与胰岛素的作用相反，二者相互拮抗，其比例的平衡保证血糖在正常范围内波动。②抑制肝内蛋白质的合成，促进其分解，增加氨基酸进入肝细胞的量，加速氨基酸向葡萄糖的转化，从而增强糖异生。③促进脂肪的氧化和分解，使酮体水平升高。胰高血糖素瘤、胰高血糖素血症和严重肝肾疾病等多种疾病均可导致血中胰高血糖素水平异常。

（何凤田　高　敏）

yíduōtài

胰多肽（pancreatic polypeptide, PP）　由胰岛 PP 细胞合成和分泌的肽类激素。具有抑制缩胆囊素和胰酶释放等作用。

结构特征　人 PP 是一条由 36 个氨基酸残基组成的直链多肽（其序列从 N- 端至 C- 端为：丙 – 脯 – 亮 – 谷 – 脯 – 缬 – 酪 – 脯 – 甘 – 天 – 天冬酰 – 丙 – 苏 – 脯 – 谷 – 谷氨酰 – 甲硫 – 丙 – 谷氨酰 – 酪 – 丙 – 丙 – 天 – 亮 – 精 – 精 – 酪 – 异亮 – 谷氨酰 – 甲硫 – 亮 – 丝 – 精 – 脯 – 精 – 酪），分子量约 4.2kD，分子内无二硫键。肽链 C 末端的第 36 位氨基酸残基为酰胺化的酪氨酸，这种结构特征对维持 PP 的生物活性极为重要。人 PP 的编码基因位于 17p11.1。

代谢　PP 的合成与分泌遵循分泌蛋白质的一般规律，先由胰岛 PP 细胞合成 PP 前体，然后经蛋白酶水解加工为有活性的成熟 PP。PP 的分泌受多种因素调节，主要包括以下几点。①营养物质：其可促进 PP 分泌，蛋白质的刺激作用最强，其次是脂肪，葡萄糖最弱。②神经调节：迷走神经兴奋可促进 PP 分泌。③激素调节：多种激素参与调节 PP 分泌，如缩胆囊素和胰岛素可促进 PP 分泌，生长激素可抑制 PP 分泌等。PP 主要被肾脏清除。

生物学作用　PP 的主要作用是抑制餐后胰液和胆汁分泌、抑制缩胆囊素和胰酶的释放、抑制胃酸分泌、通过抑制胃动素分泌而抑制胃收缩和肠蠕动等。血 PP 水平升高可见于十二指肠溃疡、胰腺 PP 细胞瘤、肝硬化和糖尿病等疾病，其水平降低可见于慢性胰腺炎和胃溃疡等疾病。

（何凤田　高　敏）

gāowán chǎnshēng de jīsù

睾丸产生的激素（testicular-derived hormone）　睾丸组织细胞合成与分泌的多种激素。以类固醇类激素为主，还有一些肽 / 蛋白质类激素。

分类 根据化学本质的不同，可将睾丸产生的激素分为类固醇激素和肽/蛋白质类激素。类固醇激素主要是雄激素（包括睾酮、脱氢表雄酮、雄烯二酮和雄酮等），还有少量雌激素；肽/蛋白质类激素主要包括抑制素和激活素等。

代谢 ①雄激素的代谢：雄激素由睾丸间质细胞合成与分泌，各种雄激素合成的开始过程都相同，先由胆固醇经一系列反应转变为孕烯醇酮，然后再由孕烯醇酮进一步转变为不同的雄激素（有少量雄激素还可转变为雌激素）。睾酮是合成分泌最多、活性最强的雄激素。雄激素的合成与分泌受下丘脑－腺垂体分泌激素的调节，同时睾丸分泌的雄激素又可通过长反馈机制负性调节下丘脑－腺垂体分泌的激素，从而维持雄激素水平的稳定。睾酮可以游离形式或与血浆蛋白结合的形式存在，两种形式处于动态平衡，但游离形式是具有生物活性的形式。睾酮主要在肝内灭活，灭活后的衍生物经尿排出，少量代谢物经粪便排出。②抑制素和激活素的代谢：睾丸支持细胞合成分泌抑制素（也可由卵巢颗粒细胞合成与分泌）和激活素，二者的合成与分泌遵循分泌蛋白质的一般规律，并且受到促卵泡激素和促黄体生成激素的调节。

生物学作用 ①雄激素是正常男性生殖最重要的激素，通过与相应的核受体结合而发挥作用，主要包括：影响胚胎性分化、促进并维持男性第二性征、促进生精细胞分化和精子生成、影响性行为和性欲、调节物质代谢等。②抑制素直接作用于腺垂体，可强烈抑制促黄体生成激素的分泌。激活素的结构与抑制素结构相似，功能却相反，可促进腺垂体促黄体生成激素的分泌。睾丸激素水平的异常与多种疾病密切相关，例如，睾酮水平升高可见于性早熟、肾上腺皮质增生、肾上腺皮质肿瘤、多囊卵巢综合征等，睾酮水平降低可见于男性睾丸发育不全、下丘脑或垂体性性腺功能减低等；抑制素水平升高可见于多种卵巢肿瘤（如颗粒细胞瘤和卵巢黏液性癌等）。

（何凤田　高　敏）

xióng jīsù

雄激素（androgen） 主要在睾丸间质细胞内合成并分泌的性激素。属类固醇激素，包括睾酮、双氢睾酮和雄酮等，是男性生殖最重要的激素，其中合成、分泌最多、活性最强的是睾酮。除睾丸外，卵巢和肾上腺皮质也能合成少量雄激素。

结构特征 雄激素为类固醇类激素，由胆固醇经一系列转化而来，均含有环戊烷多氢菲骨架，几种雄激素的化学结构如图 1 所示。

睾酮

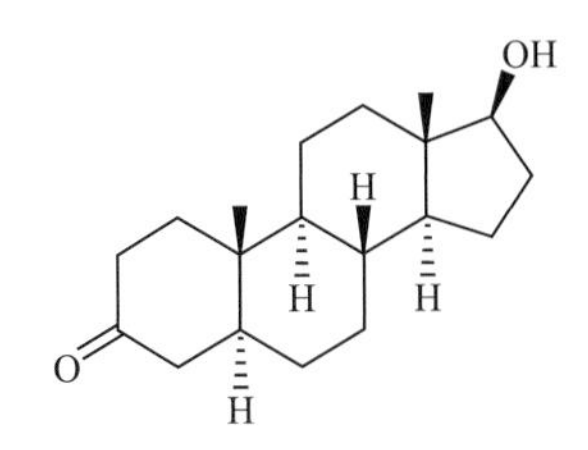

双氢睾酮

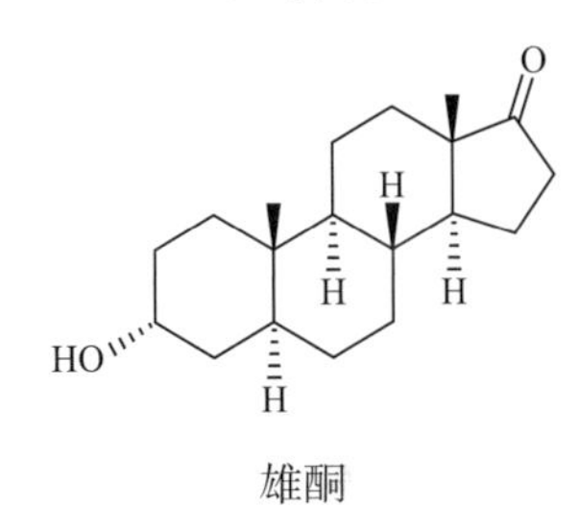

雄酮

图 1　几种雄激素的化学结构

代谢 包括以下方面。

合成与分泌 睾丸间质细胞中有合成雄激素所需的多种羟化酶、裂解酶和脱氢酶等。在间质细胞的线粒体内，胆固醇经一系列转变生成孕烯醇酮；孕烯醇酮可通过 Δ^4 和 Δ^5 途径合成重要的中间产物雄烯二酮（Δ^4 和 Δ^5 途径是依据固醇上双键的位置而言）；雄烯二酮再转化为睾酮，并且睾酮还可以在 5α－还原酶的作用下形成活性更强的双氢睾酮（图 2）。雄激素合成后分泌入血发挥作用。正常成年男子睾丸每天分泌 4~9mg 睾酮（女性卵巢也可分泌少量睾酮），随着年龄的增长，50 岁后睾酮分泌量逐渐减少。

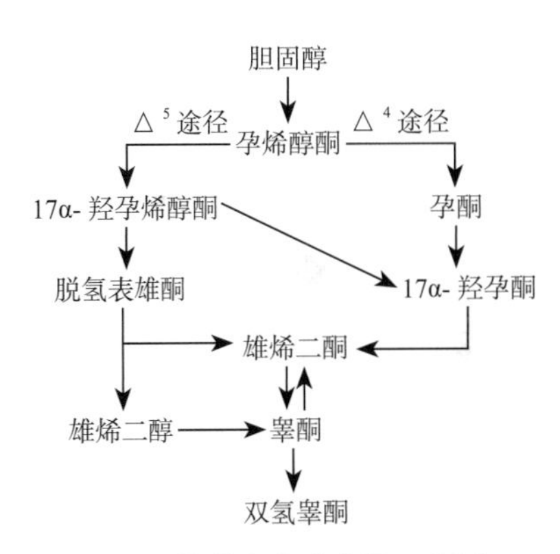

图 2　雄激素合成途径示意图

调节 ①下丘脑－腺垂体分泌激素的调节：腺垂体分泌的促黄体素（LH）不仅可直接作用于睾丸间质细胞的 LH 受体，促进睾酮的合成与分泌，而且也可增强间质细胞中睾酮合成相关酶的活性，从而加速睾酮的合成与分泌。②反馈调节：睾丸分泌的雄激素可反馈性抑制下丘脑－腺垂体分泌激素。下丘脑、腺垂体和睾丸三者紧密联系，形成下丘脑－腺垂体－睾丸轴。

转运　血液中以游离形式存在的睾酮仅约2%，游离态的睾酮有生物活性；血液中与血浆蛋白结合的睾酮占97%~99%，这类结合态的睾酮在去除蛋白质后转变为游离态。结合态睾酮与游离态睾酮处于动态平衡，结合态睾酮是睾酮在血浆中的储存形式。

清除　睾酮主要在肝脏内灭活，灭活后的衍生物经尿排出，少量代谢物经粪便排出。此外，少量雄激素还可转变为雌激素。

生物学作用　雄激素通过与相应的核受体结合而发挥作用。①影响胚胎性分化：在胚胎发育时期，雄激素对男性胎儿性器官的发育有着重要影响。含有Y染色体的胚胎在第7周分化出睾丸时就开始分泌雄激素。雄激素可诱导中肾小管退化、中肾管以及尿生殖窦和生殖结节等分化为男性的内外生殖器。若胚胎时期睾酮水平过低，可以导致男性假两性畸形。②影响附属性器官和第二性征：睾酮促进附属性器官的生长和发育，刺激男性第二性征的出现并使其维持正常。③影响生精过程：雄激素进入曲细精管后，可促进生精细胞的分化和精子的生成。④影响性行为和性欲：雄激素对于维持男性性行为和性欲至关重要，雄激素水平低下可导致阳痿和性欲的降低。⑤调节代谢：雄激素可增强附属性器官、骨骼、肌肉、肾脏和其他组织器官的蛋白质合成，从而加速机体的生长。此外，睾酮还参与水和电解质的代谢，使体内水、钠潴留；促进肾脏合成促红细胞生成素，从而刺激红细胞生成。雄激素水平异常与多种疾病密切相关，如睾酮水平升高可见于性早熟、肾上腺皮质增生、肾上腺皮质肿瘤和多囊卵巢综合征等，睾酮水平降低可见于男性睾丸发育不全、下丘脑或垂体性性腺功能减低等。

（何凤田　高　敏）

yìzhì sù

抑制素（inhibin）

主要由睾丸支持细胞和卵巢颗粒细胞合成与分泌的蛋白质类激素。此外，垂体等器官或组织也可少量分泌抑制素。该激素属于转化生长因子β超家族成员，通常被糖基化，其功能主要是抑制垂体促卵泡激素（follicle-stimulating hormone，FSH）的合成和分泌。

结构特征　抑制素为糖蛋白，分子量约32kD，其蛋白质部分由α和β两个亚基构成异二聚体。人成熟α亚基由134个氨基酸残基组成（图1）；人成熟β亚基有多种亚型，但参与构成具有生物活性抑制素的主要是$β_A$和$β_B$，分别由116和115个氨基酸残基组成（图1），据此可将抑制素分为抑制素A（$αβ_A$）和抑制素B（$αβ_B$）。编码α和$β_B$多肽链的基因定位于2号染色体，编码$β_A$多肽链的基因定位于7号染色体。

代谢　抑制素的合成与分泌遵守糖蛋白的一般规律。男性的抑制素主要由睾丸支持细胞合成与分泌。抑制素A在男性血液中的浓度很低，难以检测，且无生物活性。抑制素B是男性体内有生物活性抑制素的主要形式。成年男性血中抑制素B的水平与FSH呈负相关。抑制素在女性体内主要由卵巢颗粒细胞合成和分泌，并且抑制素A和B两种形式均可被检测到。抑制素的合成与分泌受下丘脑-垂体-性腺轴的调节。

生物学作用　①男性抑制素B的主要功能是抑制腺垂体FSH的合成和分泌，其水平可直接反映睾丸的精子发生情况，因此可作为临床上评价男性生育力的重要指标，目前已用于男性不育诊断、放化疗对男性生精功能损伤的监测和辅助生殖等方面。②女性抑制素在月经周期中呈规律性变化，其主要作用是抑制腺垂体FSH的合成和分泌，促进卵泡内膜细胞分泌雄激素，抑制颗粒细胞分泌孕激素等，从而调控卵泡的发育。女性抑制素可用于监测卵泡和预测卵巢功能储备等方面。抑制素水平升高可见于多种卵巢肿瘤（如颗粒细胞瘤、卵巢黏液性癌和其他卵巢上皮性癌等）。

（何凤田　高　敏）

luǎncháo chǎnshēng de jīsù

卵巢产生的激素（ovarian-derived hormone）

由卵巢合成和分泌的多种激素。包括类固醇激素和肽类/蛋白质类激素。

分类　按化学本质的不同，可将卵巢产生的激素分为两大类。

```
  1
α STPLMSWPWS PSALRLLQRP PEEPAAHANC HRVALNISFQ ELGWERWIVY PPSFIFHYCH
  GGCGLHIPPN LSLPVPGAPP TPAQPYSLLP GAQPCCAALP GTMRPLHVRT TSDGGYSFKY
                    134
  ETVPNLLTQH CACI
   1
βA GLECDGKVNI CCKKQFFVSF KDIGWNDWII APSGYHANYC EGECPSHIAG TSGSSLSFHS
                                                                  116
   TVINHYRMRG HSPFANLKSC CVPTKLRPMS MLYYDDGQNI IKKDIQNMIV EECGCS
   1
βB GLECDGRTNL CCRQQFFIDF RLIGWNDWII APTGYYGNYC EGSCPAYLAG VPGSASSFHT
                                                                 115
   AVVNQYRMRG LNPGTVNSCC IPTKLSTMSM LYFDDEYNIV KRDVPNMIVE ECGCA
```

图1　人抑制素各亚基的氨基酸序列（从N-端至C-端）

注：α为α亚基；$β_A$为$β_A$亚基；$β_B$为$β_B$亚基。

①类固醇激素：主要有雌激素、孕激素以及少量的雄激素。雌激素有雌酮、雌二醇和雌三醇，其中雌二醇活性最强，雌酮的活性为雌二醇活性的10%，雌三醇的活性只有雌二醇活性1%。卵巢分泌的雌激素主要为雌酮和雌二醇，两者可相互转化，最终代谢产物为雌三醇。孕激素主要包括孕酮和17α－羟孕酮，但以孕酮生物活性最强。②肽/蛋白质类激素：主要包括松弛素、抑制素（见睾丸产生的抑制素）和卵泡抑素等。

代谢 ①雌激素和孕激素的代谢：以胆固醇为原料，先经一系列反应合成孕烯醇酮，再经过Δ^4和Δ^5两条路径产生雌激素以及孕激素等。卵巢细胞含有合成雌激素和孕激素所需要的各种酶，但在不同细胞中各种酶的浓度有一定差异，从而导致合成的最终产物不同。卵泡细胞和内膜细胞主要负责排卵前雌激素和孕激素的合成，而黄体细胞则负责排卵后两种激素的合成。雌激素和孕激素在血液中主要以结合型存在，游离存在的量很少；二者主要通过肝脏灭活，经尿以葡醛酸盐或硫酸盐的形式排出，少部分可由粪便排出。②松弛素、抑制素和卵泡抑素的代谢：三者均为肽/蛋白质类激素，其合成与分泌遵循蛋白质的一般规律。

生物学作用 ①雌激素和孕激素的作用：雌激素的主要作用是：对女性生殖器官发育（卵泡发育与排卵）的促进作用；促进第二性征的出现与维持（如刺激乳腺导管和结缔组织增生、促进乳腺发育，使全身脂肪和毛发呈女性的特征性分布，音调变高等）。此外，雌激素也参与代谢调节。孕激素主要作用于子宫内膜和子宫平滑肌，可促使子宫内膜增厚并转化为分泌期内膜，为受精卵着床做好准备，并在妊娠后参与维持妊娠。孕激素也能促进乳腺的发育，为泌乳做好准备。②几种肽/蛋白质类激素的作用：松弛素具有松弛盆腔韧带、扩张子宫颈、抑制子宫收缩等作用。抑制素在月经周期中呈规律性变化，主要作用是反馈性抑制腺垂体促卵泡激素的分泌，调控卵泡的发育。卵泡抑素具有类似抑制素的作用，也能抑制腺垂体促卵泡激素的分泌。

（何凤田　高　敏）

cí jīsù

雌激素（estrogen）

一类由卵巢、睾丸、胎盘或肾上腺皮质所产生的十八碳类固醇激素。包括雌酮、雌二醇（又名17β－雌二醇）和雌三醇等。雌酮和雌二醇可相互转化，以雌二醇的生物活性最强，最终代谢产物为雌三醇。雌酮和雌三醇的活性分别为雌二醇活性的10%和1%。雌激素主要促进女性的生殖器官发育以及第二性征的出现与维持。

结构特征 雌激素为类固醇类激素，由胆固醇转变而来，均含有环戊烷多氢菲骨架。它区别于其他类固醇激素的典型特征是其A环为芳香环。芳香A环接的C_3位的酚羟基和C_{17}位的羟基或酮基对其活性十分重要。几种雌激素的化学结构如图1所示。

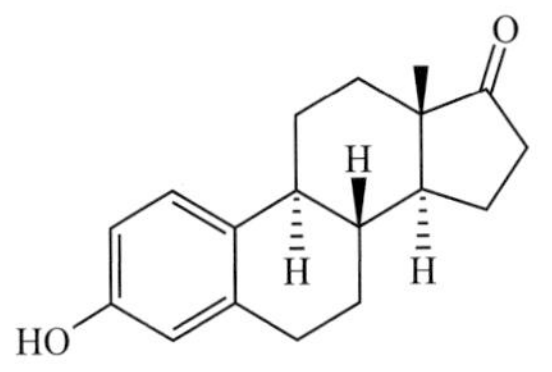

雌酮

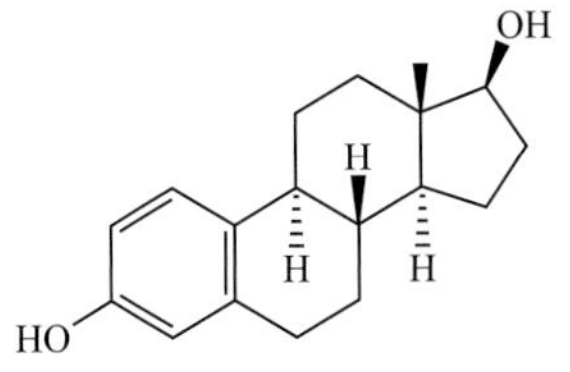

雌二醇

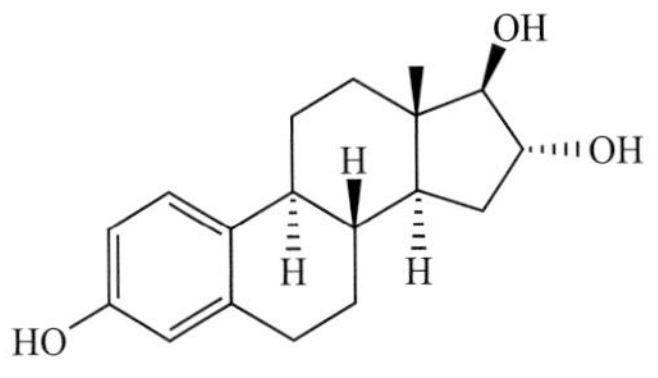

雌三醇

图1　几种雌激素的化学结构

代谢 ①合成：雌激素的合成以胆固醇为原料。卵巢细胞含有合成雌激素所需的全部酶类，但是由于卵巢不同细胞中各种酶的浓度存在一定差异，因此合成的最终产物不同。排卵前的雌激素主要由卵泡颗粒细胞和内膜细胞产生，但是排卵后则主要在黄体细胞中产生。内膜细胞在促黄体生成激素作用下，以胆固醇为原料，先合成孕酮，再转变为雄激素。由于内膜细胞缺乏芳香化酶，雄激素不能转变为雌激素，但是弥散到达颗粒细胞后，由于促卵泡激素增强了芳香化酶的活性，雄激素可向雌激素转变。此外，颗粒细胞在促黄体生成素作用下也能将胆固醇合成为孕酮，但由于缺乏将孕酮转变为雄激素的相关酶，雌激素的合成依赖内膜细胞提供的雄激素。这就是雌激素合成的双重细胞学说。②转运：雌激素在血液中主要以结合型存在，其中约70%与特异性的性激素结合球蛋白结合，25%与血浆清蛋白结合，其余为游离型。③清除：雌激素主要在肝脏代谢失活，代谢产物由尿液排出，小部分经粪便排出。

生物学作用 雌激素主要通过与相应的核受体结合而发挥作用。①促进生殖器官发育，促进卵泡发育和排卵。②刺激乳腺导管和结缔组织增生，促进乳腺发育；使全身脂肪和毛发呈女性的特征性分布，音调变高等。③调节代谢：促进蛋白质合成，尤其是促进生殖器官细胞的生长和分化，促进生长发育；加强成骨细胞的活动而抑制破骨细胞的活动，加速骨的生长，促进骨骺软骨的愈合；降低血中胆固醇的浓度等。雌激素水平异常与多种疾病有关，雌激素替代疗法（即通过补充雌激素来治疗雌激素分泌减退或缺乏的治疗方法）已广泛用于临床。

（何凤田　高　敏）

yùn jīsù

孕激素（progestogen, progestin）

一类主要由卵巢分泌的类固醇激素。主要包括孕酮和17α-羟孕酮，以孕酮的生物活性最强。孕酮又称黄体酮。妊娠时胎盘也能合成和分泌孕酮。孕激素可影响生殖器官和乳腺的发育与功能。

结构特征　所有孕激素都具有孕甾烷骨架。孕酮化学名为4-孕（甾）烷-4-烯-3,20-二酮，其化学结构如图1所示。

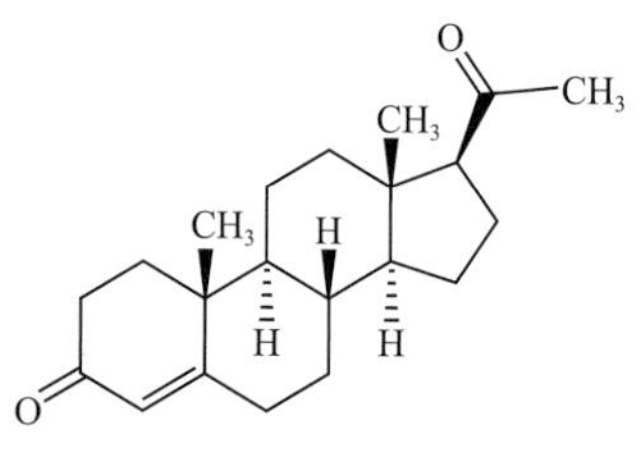

图1　孕酮的化学结构

代谢　①合成：卵巢细胞首先以血液运输而来的胆固醇为原料合成孕烯醇酮。在排卵后的黄体期，卵巢黄体细胞将孕烯醇酮转化为孕酮并大量分泌。卵巢颗粒细胞也能合成和分泌少量孕酮。排卵后5~10天，孕酮的分泌达到高峰，随后分泌量逐渐下降。胎盘合成的孕酮可帮助维持妊娠。胎盘大量合成孕酮始于妊娠两个月左右。②调节：在下丘脑促性腺素释放素的作用下，腺垂体可分泌促黄体素和促卵泡激素，二者作用于卵巢，控制卵巢周期和孕激素的合成与分泌。同时，合成的孕激素对下丘脑-腺垂体有反馈性调节作用。③转运：孕激素在血液中转运时主要以结合型存在，游离存在的量很少。血液中的孕酮约48%与皮质类固醇结合球蛋白结合，约50%与血浆清蛋白结合，其余为游离型。④清除：孕激素主要经肝脏进行生物转化生成葡糖醛酸盐或硫酸盐，从而被灭活，而后大部分转化产物随尿液排出体外，小部分通过粪便排出。

生物学作用　①影响生殖器官的生长发育和功能：孕酮可促使子宫内膜增厚并转化为分泌期内膜；促进子宫基质细胞转化为蜕膜细胞；抑制子宫的收缩以及母体的免疫排斥反应，从而利于子宫内胚胎的生长发育。②促进乳腺的发育，为泌乳做好准备。③升高基础体温。④其他作用：孕激素具有对雌激素的拮抗作用，能够促进钠、水排泄。除此之外，孕激素可以降低血管和消化道肌张力，所以妊娠期妇女容易发生痔疮、便秘、静脉曲张等。孕激素通过与相应靶细胞中的受体（主要为核受体，也有部分G蛋白偶联受体）结合而发挥作用。孕激素在临床上可用于激素避孕（独立或与雌激素一同使用），以及在雌激素治疗后使用促使内膜转为分泌期。

（何凤田　陈　姗）

sōngchísù

松弛素（relaxin）

主要由黄体产生的肽类激素。因具有松弛盆腔韧带、扩张子宫颈和抑制子宫收缩等作用而得名。

结构特征　松弛素分子结构与胰岛素类似，由二硫键连接的A、B两条肽链组成，分子量约6kD。人松弛素有H_1、H_2和H_3三种形式，其中H_1和H_2的编码基因位于9p24，H_3的编码基因位于19p13.3。血液循环中的松弛素主要为H_2，是松弛素的主要形式。人H_2型松弛素的A链和B链分别由24个和29个氨基酸残基组成（图1），其中B链第13位和第17位的精氨酸残基以及第20位的异亮氨酸残基，是松弛素分子受体识别的重要位点。

代谢　松弛素主要来源卵巢黄体，蜕膜、胎盘、子宫内膜、卵泡内膜细胞和颗粒细胞、乳腺组织以及雄性动物的前列腺等也可少量合成，其合成与分泌遵循蛋白质的一般规律。

在月经周期中，排卵后10~14天到达峰值，若不受孕则松弛素水平下降，出现月经；若受孕，孕期前三个月，因蜕膜细胞分泌的松弛素使其水平进一步升高。松弛素在孕期维持较高水平，分娩时达到高峰。脑垂体分泌的促黄体素可能参与调节月经周期中松弛素的分泌，而孕期松弛素的分泌可能受到胎盘绒毛膜促性腺素的调节。

生物学作用　松弛素通过与靶细胞膜上的受体（属G蛋白偶联受体）结合而发挥作用。①对生殖系统的作用：主要是抑制妊娠子宫收缩，促进胚胎植入；分娩时则作用于结缔组织，使耻骨韧带和骨盆韧带松弛、宫颈软化等，从而有利于分娩。松弛素的正常水平有助于维持妊娠顺利进行，利于分娩，若其水平异常将可能导致自然流产或早产。②对

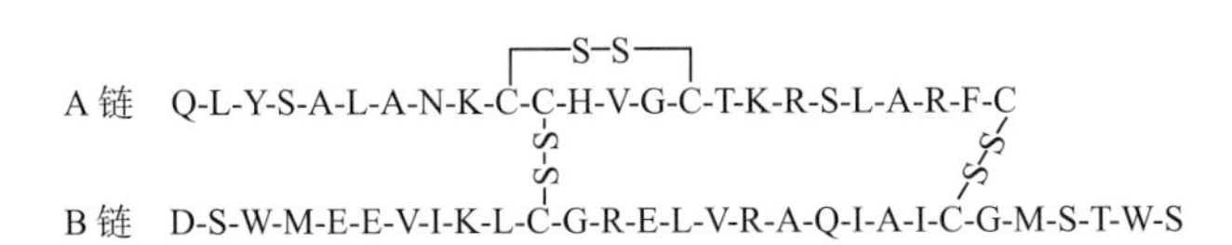

图1 人 H_2 型松弛素的分子组成（两条链的序列均从 N- 端至 C- 端）

非生殖系统的作用：具有抗肾脏组织纤维化、保护心血管（包括扩血管、改善心血管重塑及抗心血管炎症）等多种作用。松弛素可作为评估心脏疾病、肾脏疾病预后的指标。人重组松弛素有望成为临床治疗心脏纤维化、肾脏纤维化以及心血管保护方面的重要药物。

（何凤田　高　敏）

tāipán chǎnshēng de jīsù

胎盘产生的激素（placental-derived hormone）　由妊娠期胎盘滋养层细胞合成与分泌的多种激素。其在受精卵着床、胎盘发育、胎儿发育以及分娩等过程中发挥着重要作用。

分类　按照化学本质的不同。胎盘产生的激素可以分为两类。①肽/蛋白质激素：主要包括人绒毛膜促性腺素和人胎盘催乳素等。②类固醇激素：主要以雌三醇和孕酮为主。

代谢　胎盘产生的激素主要由两种不同类型的胎盘滋养层细胞合成与分泌。①合胞体滋养层细胞：位于胎盘绒毛膜外侧的多核细胞层，形成指状突起样的绒毛结构。其中含有丰富的激素合成酶系，是胎盘激素合成的主要场所。②绒毛外滋养层细胞：一类具有高度侵袭性的滋养层细胞，在母体子宫组织重构中发挥重要作用。其也能合成部分胎盘激素以调节其自身的侵袭能力。胎盘合成的肽/蛋白质激素由相应的结构基因编码，其合成遵循蛋白质生物合成的一般规律，可通过内分泌、旁分泌或自分泌的方式识别靶细胞膜上的相应受体，激活相应的细胞信号转导通路而发挥生物学效应。胎盘类固醇激素的合成途径与非孕期时肾上腺皮质合成类固醇激素的途径有所不同，它是以母体血浆中的胆固醇为原料，在胎盘合胞体滋养细胞和胎儿肾上腺的特有酶系的催化下合成，通过与相应核受体结合发挥生物学效应，最后经母体尿液排出。孕期雌三醇和孕酮的排出量，可以间接提示胎盘功能和胎儿发育状况。

生物学作用　胎盘产生的激素对妊娠的正常进行具有重要的意义，其主要作用包括：促进受精卵着床；调节滋养层细胞的增殖与分化，促进胎盘发育；参与母体子宫组织重塑及血管新生；参与母体免疫调节；调节物质代谢，保证胎儿能量和物质供应；分娩时促进产道扩张等。胎盘激素的分泌水平可间接反映胎盘功能和胎儿发育状况。在先兆性子痫、异位妊娠、自发性流产以及胎儿染色体核型异常等病理情况下，均伴随着相应胎盘激素合成的异常，因此，可将不同妊娠时期的胎盘激素分泌水平作为临床诊断的指标之一。

（何凤田　赵元茵）

rén róngmáomó cù xìngxiàn sù

人绒毛膜促性腺素（human chorionic gonadotropin, HCG）　妊娠期由胚胎滋养层细胞分泌的蛋白质类激素。在受精卵着床和胎盘发育等过程中，其发挥着重要作用。

结构特征　HCG 属于糖蛋白激素超家族成员，同家族成员还包括垂体分泌的促卵泡激素和促黄体素。HCG 含 α 和 β 两个亚基，其中 α 亚基为该家族成员所共有，由 92 个氨基酸残基组成，含两个 *N*- 连接糖基化位点（图 1A）；β 亚基为 HCG 所特有，由 145 个氨基酸残基组成，含两个 *N*- 连接糖基化位点和四个 *O*- 连接糖基化位点（图 1B）。连接的单糖种类有半乳糖、甘露糖、岩藻糖、乙酰氨基葡糖、乙酰氨基半乳糖和唾液酸。由于糖基化程度和空间构型的差异，HCG 分子常表现出不均一性。通常将分子量为 36kD 的 HCG 称为普通 HCG，而将分子量为 40.5kD 的 HCG 称为高糖基化 HCG，两者产生于不同的滋养层细胞并发挥不同的生物学功能。

代谢　早在受精卵分裂至 8 细胞期就可检测到 HCG mRNA 的表达。促性腺素释放素、皮质醇、活性维生素 D_3 和表皮生长因子能促进 HCG 的合成，而孕酮则对其合成起抑制作用。受精后 8 天，母体血浆中可检测到 HCG，妊娠 40 天后可在尿中检测到 HCG，妊娠 10 周左右，HCG 的血浆浓度达到峰值，12 周后迅速下降，直至分娩末期均保持低水平，产后 5~6 天转为阴性。HCG 经亚基解聚、巨噬细胞弹性蛋白酶、肾脏糖苷酶和外切蛋白酶的作用，逐渐水解并去除糖基，成为只含 β 亚基核心片段的残余肽段，最终彻底降解。

生物学作用　HCG 合成过程中能产生 5 种 HCG 异构体，其中三种具有重要生物学功能和临床意义。①普通 HCG：由合胞体滋养层细胞分泌，通过结合 G 蛋白偶联受体（LH-HCG 受体）激活

A ala-pro-asp-val-gln-asp-cys-pro-glu-cys-thr-leu-gln-glu-asp-pro-phe-phe-ser-gln-pro-gly-ala-pro-ile-leu-gln-cys-met-gly-
1
N
cys-cys-phe-ser-arg-ala-tyr-pro-thr-pro-leu-arg-ser-lys-lys-thr-met-leu-val-gln-lys-asn-val-thr-ser-glu-ser-thr-cys-cys-
31 52
N
val-ala-lys-ser-tyr-asn-arg-val-thr-val-met-gly-gly-phe-lys-val-glu-asn-his-thr-ala-cys-his-cys-ser-thr-cys-tyr-tyr-his-lys-ser
61 78 92

B N N
ser-lys-glu-pro-leu-arg-pro-arg-cys-arg-pro-ile-asn-ala-thr-leu-ala-val-glu-lys-glu-gly-cys-pro-val-cys-ile-thr-val-asn-
1 13 30
thr-thr-ile-cys-ala-gly-tyr-cys-pro-thr-met-thr-arg-val-leu-gln-gly-val-leu-pro-ala-leu-pro-gln-val-val-cys-asn-tyr-arg-
31
asp-val-arg-phe-glu-ser-ile-arg-leu-pro-gly-cys-pro-arg-gly-val-asn-pro-val-val-ser-tyr-ala-val-ala-leu-ser-cys-gln-cys-
61
ala-leu-cys-arg-arg-ser-thr-thr-asp-cys-gly-gly-pro-lys-asp-his-pro-leu-thr-cys-asp-asp-pro-arg-phe-gln-asp-
91
O O O O
ser-ser-ser-ser-lys-ala-pro-pro-pro-ser-leu-pro-ser-pro-ser-arg-leu-pro-gly-pro-ser-asp-thr-pro-ile-leu-pro-gln
118 121 127 132 138 145

图1 HCG的α和β亚基氨基酸序列（从N-端至C-端）及糖基化位点

注：A为α-亚基；B为β-亚基；N为*N*-连接糖基化位点；O为*O*-连接糖基化位点。

cAMP-PKA通路发挥效应。普通HCG可以旁分泌的形式调节合胞体滋养层细胞的分化，也可以内分泌的形式，在受精卵着床阶段维持黄体功能，促进孕激素分泌；在胎盘发育阶段，促进子宫肌层螺旋状动脉的血管新生，为建立血绒毛膜胎盘打下基础。普通HCG是临床妊娠检测的常规指标之一。②高糖基化HCG：由绒毛外滋养层细胞分泌，通过自分泌的方式，作用于该细胞膜上的Ⅱ型TGF-β受体，促进细胞的增殖和侵袭，进而促使胎盘绒毛穿越子宫蜕膜，深入子宫肌层，最终实现绒毛与母体血管系统的汇合。高糖基化HCG水平异常升高是绒毛膜癌和唐氏综合征的指征之一。③游离的高糖基化HCG β亚基：这种HCG异构体只在受精卵着床期间的滋养层细胞中有少量合成，孕期其含量异常升高提示胎儿可能患有唐氏综合征。此外，许多非滋养细胞肿瘤高表达这种HCG异构体，故在非孕期，其表达水平可作为许多非妊娠性肿瘤的诊断依据之一。

（何凤田　赵元茴）

rén tāipán cuīrǔsù

人胎盘催乳素（human placental lactogen, hPL）　妊娠期主要由胎盘合胞体滋养层细胞分泌的蛋白质类激素。又称人绒毛膜生长催乳素（human chorionic somatomammotropin，HCS）。其在妊娠期母体的物质代谢调节中发挥着重要作用。

结构特征　hPL由191个氨基酸残基组成，分子量约22kD，其结构与同家族的人生长激素和人催乳素高度相似（图1）。整条多肽链中有两对二硫键，8个α螺旋，并在空间上形成该蛋白家族标志性的4螺旋束结构。第18位和21位的组氨酸残基以及第174位的谷氨酸残基组成了hPL的锌离子配体，锌离子是实现hPL与其受体结合的必要条件。

代谢　主要由胎盘合胞体滋养层细胞合成与分泌，绒毛外滋养层细胞也能产生少量的hPL。编

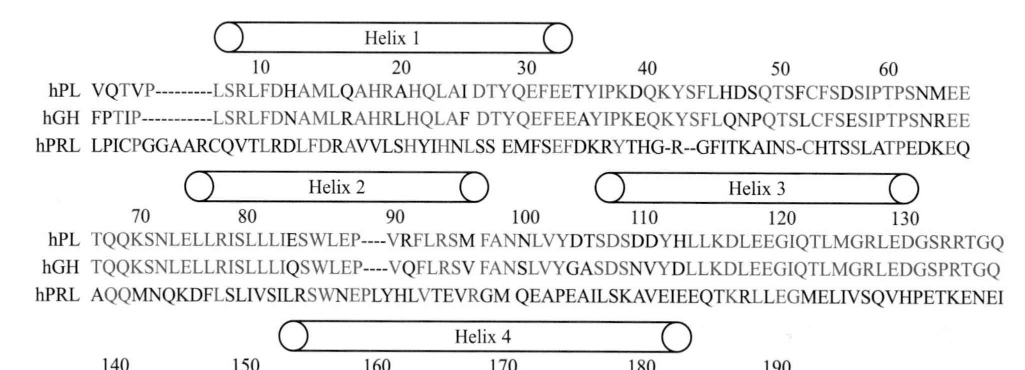

图1 hPL与同家族hGH和hPRL的氨基酸序列比对（从N-端至C-端）

注：hPL为人胎盘催乳素；hGH为人生长激素；hPRL为人催乳素；Helix为螺旋束。

码基因位于17号染色体长臂，与生长因子的基因座位于同一基因簇中，其下游2kb处的一个增强子元件在hPL的细胞特异性表达中发挥了调控作用。许多生物分子（如促生长素释放素、胰岛素、表皮生长因子、活性维生素D_3、IL-1、IL-6、cAMP、PPAR-γ/RXR-α等）都能促进胎盘分泌hPL。妊娠第2周，即可在胎盘内检测到hPL，3~6周hPL进入母体血液循环，其浓度伴随胚胎发育进程而逐渐增高，并在妊娠后期达到峰值。分娩后母体血浆hPL水平迅速回落，3~6小时后即不能检出。

生物学作用 hPL主要以锌离子依赖方式结合人催乳素受体，从而启动下游信号转导通路（见催乳素），发挥生物学效应。与催乳素的促进泌乳功能不同，hPL的作用主要体现在调节母体物质代谢，通过降低母体胰岛素敏感性，减少母体葡萄糖利用率，同时促进母体脂肪动员，增加酮体的生成，以保证妊娠期胎儿的能量供应。此外，hPL还可以自分泌或旁分泌的方式促进滋养层细胞分泌瘦素。母血中hPL的浓度可直接反应胎盘功能，其水平低下可导致胎儿发育不良。

（何凤田　赵元茵）

shòusù

瘦素（leptin, LP）

主要由白色脂肪组织合成、分泌的蛋白质类激素。又称瘦蛋白。主要功能是调节体内脂肪储存量和维持机体能量平衡。此外，褐色脂肪组织、胎盘、肌肉和胃黏膜等组织也可少量合成和分泌瘦素。

结构特征 瘦素由位于7q31的肥胖基因编码。人成熟瘦素由146个氨基酸残基组成（图1），分子量约16kD，分子中含有4个α螺旋，它们呈“升-升-降-降”排列，折叠成独特的四螺旋束结构，另外还有2个反向平行的β折叠。

代谢 瘦素的合成与分泌方式与分泌蛋白质的规律一致。先合成瘦素前体（含167个氨基酸残基），然后经蛋白酶水解掉N末端的由21个氨基酸残基组成的信号肽，形成由146个氨基酸残基组成的成熟瘦素。瘦素的分泌具有昼夜节律性，在夜间分泌水平较高。在摄食时血中的瘦素水平升高，而在禁食时则降低。

生物学作用 瘦素通过与靶细胞膜上的受体结合而发挥广泛的生物学功能，主要包括：抑制食物摄入、调节能量消耗、促进血细胞和血管生成、调节多种激素分泌和神经内分泌、调节炎症反应和免疫功能、调节生长发育和保护胃组织等。瘦素水平异常与肥胖、2型糖尿病、肿瘤等多种疾病有关。

（何凤田　钟　丹）

1 VPIQKVQDDT KTLIKTIVTR INDISHTQSV SSKQKVTGLD FIPGLHPILT LSKMDQTLAV
61 YQQILTSMPS RNVIQISNDL ENLRDLLHVL AFSKSCHLPW ASGLETLDSL GGVLEASGYS
121 TEVVALSRLQ GSLQDMLWQL DLSPGC

图1　人成熟瘦素的氨基酸序列（从N-端至C-端）

zhīfángsuān yǎnshēng wù jīsù

脂肪酸衍生物激素（fatty acid-derived hormone）

由不饱和脂肪酸（主要是花生四烯酸）经过一系列生物化学反应而合成的多种激素。

分类 主要为二十烷酸类，根据化学结构的不同，主要分为前列腺素（prostaglandin，PG）类、凝血噁烷（thromboxane，TX）类（又称血栓烷类）和白三烯（leukotriene，LT）类。①PG的基本骨架是前列腺酸，其化学结构如图1所示，包括一个五碳环和R_1、R_2两条侧链。由于五碳环上会产生不同的取代基团以及双键位置，PG由此可分为9型（PGA~PGI）。②TX有前列腺酸样骨架但又不同，五碳环被含氧噁烷（环醚结构）所取代，其主要活性形式是TXA_2，化学结构如图2。③LT不含前列腺酸骨架，但有4个双键，所以在LT右下角标4。LT的初级产物为LTA_4（化学结构如图3），经过一系列生化反应可生成LTB_4、LTC_4、LTD_4和LTE_4等衍生物。

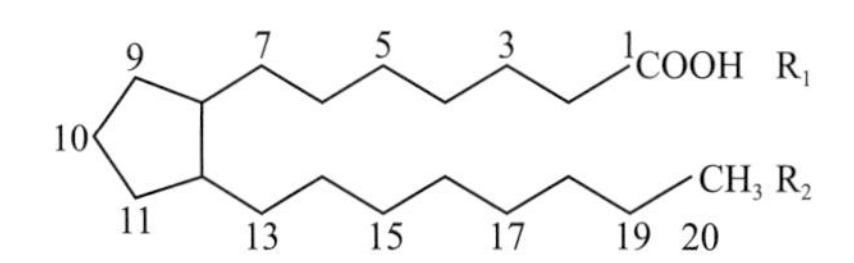

图1　前列腺酸的化学结构

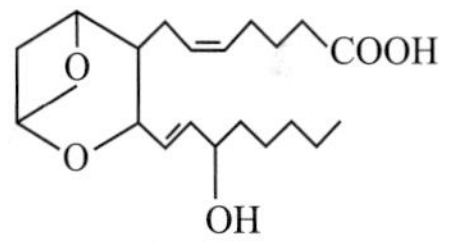

图2　TXA_2的化学结构

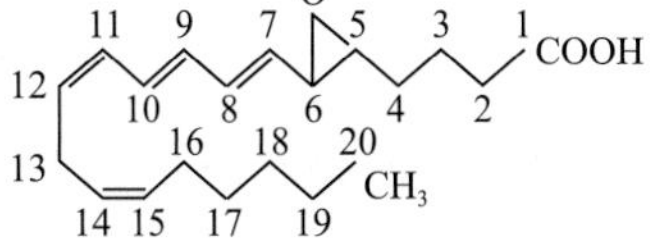

图3　LTA_4的化学结构

代谢 几乎所有组织细胞和血小板都能合成与分泌脂肪酸衍生物激素，其合成原料来源细胞膜磷脂，经磷脂酶A_2水解释放出花生四烯酸，后者在环氧合酶的催化下先生成不稳定的PGG_2和

PGH_2，然后进一步转化形成其他PG、前列环素和TXA_2。TXA_2可进一步转变为TXB_2。同时，花生四烯酸还可在脂氧酶的催化下转变形成LT。脂肪酸衍生物激素的半衰期较短，大多主要经过肺、肝、肾等被迅速降解和灭活。

生物学作用 脂肪酸衍生物激素通过与相应受体结合而发挥多种功能，其中PG种类繁多、作用复杂，其与炎症、心血管疾病和肿瘤等疾病均密切相关；TXA_2可促进血管收缩，激活血小板并使之聚集，从而有利于抗炎和创伤组织愈合，但其也可导致心绞痛；LTC_4、LTD_4和LTE_4的混合物实质上就是变态反应中的慢反应物质，其收缩支气管平滑肌的作用比组胺、$PGF_{2\alpha}$强成百上千倍，这种作用既缓慢又持久，临床上常用抗LT的药物治疗哮喘、鼻炎等。

（何凤田 钟 丹）

qiánlièxiàn sù

前列腺素（prostaglandin, PG）

一组由花生四烯酸衍生的、含有前列腺酸基本骨架的激素。最早发现于人的精液中，当时认为其由前列腺释放，因而命名为前列腺素。前列腺素种类繁多，作用复杂。

结构特征 目前已发现的PG有几十种，它们的基本结构为含有一个五碳环及两个脂肪酸侧链（R_1和R_2）的二十碳脂肪酸，即前列腺酸（其化学结构图见脂肪酸衍生物激素）。由于五碳环上存在不同的取代基团和双键位置，据此可将PG分为A~I 9型，分别用PGA~PGI表示。根据侧链R_1和R_2中双键总数目的不同，又可将PG分为1~3类（即分别含有1~3个双键），在命名时将阿拉伯数字标在表示类型字母的右下角（如PGF_1、PGH_2等）。PGF第9位碳原子上的羟基有两种立体构型，羟基位于五碳环平面之下的为α型，位于五碳环平面之上的为β型，在命名时标示在表示双键数目的数字之后（如$PGF_{1\alpha}$、$PGF_{2\alpha}$等）。天然PGF均为α型，不存在β型。PGI_2不仅带有基本结构中的五碳环，还带有另外一个含氧的五碳环，因此带有双环的它被称为前列腺环素。

代谢 几乎所有组织细胞都能合成和分泌PG。细胞膜磷脂在磷脂酶A_2的作用下分解释放花生四烯酸，后者在环氧合酶催化下先生成不稳定的PGG_2和PGH_2，然后进一步被不同的酶催化产生其他各种PG及其类似物，例如，在异构酶和合成酶的作用下，形成较稳定的PGE_2、PGD_2和$PGF_{2\alpha}$；在前列环素合成酶作用下生成前列环素PGI_2。PG在体内代谢极快，在血浆中的半衰期仅为1~2分钟，大多主要经过肺、肝、肾等被迅速降解和灭活。

生物学作用 PG的功能复杂多样，其对免疫、神经、内分泌、消化、血液、呼吸、心血管、泌尿、生殖等诸多系统都有调控作用。例如，PGE_2是诱发炎症的主要因素之一，它促使局部血管扩张，并引起由毛细血管通透性增强而产生的红、肿、热、痛等症状；PGE_2、PGA_2同时具有舒张动脉平滑肌的作用，这种作用可使血压下降；PGE_2、PGI_2同时具有抑制胃酸分泌的作用，这种作用可使胃肠道平滑肌蠕动加强；PGI_2对舒张血管平滑肌有较强的作用，并抑制血小板聚集；$PGF_{2\alpha}$能使卵巢平滑肌收缩促进排卵，加强子宫收缩引发分娩等。不同的PG通过与各自的受体（多为G蛋白偶联受体）结合来诱发生物学效应。PG在组织局部产生和释放，主要通过旁分泌和自分泌的方式在局部发挥作用。PG水平异常与炎症、肿瘤及诸多系统的疾病均密切相关，PG类似物和抗PG生成的药物均已应用于临床。

（何凤田 钟 丹）

méi

酶（enzyme）

生物体内对底物具有专一性催化功能的生物大分子。绝大多数为蛋白质，少数为RNA。生物体内的化学反应，绝大多数都是有机反应，在生物体外具有反应速度慢、不良反应多等特性。一般来说，这对生物生存是不利的：生物的各种生理活动都需要通过大量连续不断、互相协调的化学反应来实现，化学反应速度慢，对环境的适应就慢；不良反应多，不仅浪费原料，而且会积累有毒副产物。生物体要生存，就必须解决这些问题。酶作为生物催化剂，可以完美解决这两个问题。酶的作用就是使体内的各种反应在适当的时间和地点、以适当的速度、向适当的方向进行。

研究历史 人类对酶的认识过程与对发酵和消化等现象的研究是密不可分的。对发酵现象的记载可以追溯到四千多年前的夏禹时代，但对发酵现象和酶的本质的系统研究始于18世纪的西方自然科学研究。

1783年，意大利实验生物学家斯帕兰札尼（Spallanzani）在研究动物消化生理的过程中发现，鸟的消化液能够分解肉类，认为消化液中含有某种能分解食物的化学成分。50多年以后，德国人施旺（Theodor Schwann）从胃液中提取出胃蛋白酶，他的实验表明，消化速度不但与食物的性质和消化液的多少有关，而且还与温度的高低有关，而体温是最适宜的温度。1810年，帕朗奇（Planche）从植物根中分离到一种可以氧化愈创木脂使之变蓝的物质（多酚氧化酶），这是人类首次将酶提取出来。1833年佩延（Payen）和帕索兹（Persoz）从麦芽中提取出一种酶（淀粉糖化酶），命名为diastase（来自希腊语“分离”）。他们对这个酶的性质和催化特点进行了系统的研究，发现此酶可溶于水和稀乙醇，对热敏感，能将淀粉水解成可溶性糖。这是人类第一次采用乙醇沉淀等方法制取高纯度酶制剂，所以后来命名酶时经常加词尾-ase，以纪念他们的贡献。微生物学家巴斯德（Louis Pasteur）认为只有活的酵母细胞才能进行发酵活动，提出ferment一词，指活体细胞的催化作用，日本译为“酵素”。后来德国人库恩（Wilhelm Kühne）于1878年提出“Enzyme”一词（意为“在酵母中”），被科学界普遍采用，但日本仍然沿用“酵素”一词。1896年德国巴克纳（Eduard Buchner）兄弟用石英砂破碎酵母细胞，发现不含活酵母的提取物可以催化糖溶液生成乙醇。这表明发酵是一种生化过程，并不依赖特殊的生命力，而是由细胞中的特殊物质（酶）驱动的。1926年美国人萨姆纳（Sumner）从刀豆中分离出具有尿素酶活性的晶体。进一步研究表明，晶体由纯净的尿素酶构成，并且是一种蛋白质。这是第一个被结晶的酶，后来诺斯罗普（Northrop）结晶了胃蛋白酶、胰蛋白酶和胰凝乳蛋白酶，并证明这些酶也是蛋白质。斯坦利（Stanley）结晶了烟草花叶病毒，证明其由蛋白质和RNA组成。三人因此分享1946年诺贝尔化学奖。1982年切赫（Cech）等发现四膜虫26S rRNA前体具有自我剪接功能，然后又发现其内含子L-19 IVS具有多种催化功能。这表明酶不一定都是蛋白质，RNA也可以具有催化作用。因此，切赫与阿尔特曼（Altman）分享了1989年诺贝尔化学奖。此外，抗体酶、模拟酶等概念的陆续出现，也在推动着酶的概念不断发展。

分类 酶的种类繁多，国际酶学委员会按照酶催化反应的类型，将已知的酶分为7大类（氧化-还原酶、移换酶、水解酶、裂合酶、异构酶、连接酶、转位酶）。每一大类又各自分为不同亚类，每一亚类再划分出亚-亚类。

国际酶学委员根据酶的分类，给每一种酶分配一个唯一的编号，就像酶的身份证号码一样。编号以EC（enzyme commission的缩写）开头，后面是4个数字，数字之间以“.”隔开，依次代表该酶的大类、亚类、亚-亚类和在亚-亚类中的序号。如EC1.1.1.1代表乙醇脱氢酶，4个“1”依次代表“氧化-还原酶”“电子供体为羟基”“电子受体为NAD^+”和“序号第一位”。对于多功能酶，每一种不同的催化功能都可以有一个独立的编号。

分子组成 从化学组成上看，有些酶属于单纯蛋白质，即完全由肽链构成，不含其他的非蛋白质成分；另一些酶属于结合蛋白质，即含有非蛋白质成分，如糖、脂、金属离子等。对于后者，非蛋白质成分称为辅因子，蛋白质部分称为酶蛋白或脱辅酶（apoenzyme），二者结合起来构成完整的复合物才具有正确功能，称为全酶（holoenzyme）。

作用特点 酶作为生物催化剂，既有催化剂的共同特点（不改变化学平衡，只改变化学反应速率；在化学反应前后本身的质量和化学性质不发生改变），又有生物催化剂的特殊之处。

催化效率高 根据统计，酶的催化效率比无机催化剂高10^7~10^{13}倍。例如，马肝过氧化氢酶催化过氧化氢分解的效率是三价铁离子的100亿倍。这相当于，过氧化氢酶在1秒内就可以催化完成的反应，用同样摩尔数的铁催化却需要317年。酶的这一特性使生物能够迅速适应环境变化，及时做出应对。

催化专一性强 与一般无机催化剂不同，一种酶只催化某一类物质的一种反应，生成特定的产物，这种特性称为酶的专一性。这种特性解决了生物反应不良反应多的问题，避免了反应物的浪费和有毒副产物的积累。专一性与酶的高效性其实也是有关的。一种酶只需要催化一种特定的反应，酶分子中每一个部分都是为了这个反应而设计并不断优化的。亿万年以来，每次进化保留下来的突变都是有利于这一反应的，所以才能有那么高的催化效率。

有些酶的催化速度已经接近了化学反应的理论上限，比如碳酸酐酶，催化一个反应仅需1.7微秒。酶的专一性导致的另一后果，就是几乎每一种反应都需要有一种相应的酶去催化。因为生物体内的化学反应是多种多样的，所以酶的种类也是多种多样的。截至2016年8月，已经发现的酶一共有6953种。所以，夸张一点说，任何一种反应，都可以找到相应的酶去催化。

酶催化的反应称为酶促反应，酶促反应的反应物称为底物。酶的专一性包括结构专一性和立体专一性两方面，前者又分为绝对专一性和相对专一性。绝对专一性是指某种酶只催化唯一底物的特定反应。例如脲酶只催化尿素的分解反应，不会催化尿素的其他反应，也不会催化其他物质的反应。而具有相对专一性的酶可以催化具有相似性质的多种底物进行反应，例如己糖激酶可以催化葡萄糖、果糖、半乳糖等多种六碳糖的磷酸化反应。

具有立体专一性的酶只催化具有某种特定空间结构的底物。例如3-磷酸甘油醛脱氢酶（GAPDH）只能催化D-甘油醛-3-磷酸的氧化，而不能催化其L-型异构体。这种立体专一性是酶所特有的，无机催化剂一般没有这种特性。在工业上，可以利用酶的这种特性，进行外消旋混合物的拆分。立体专一性产生的原因，主要因为酶是大分子，酶与底物的结合是立体的、全方位的接触，而不是像一般无机催化剂那种表面吸附。

催化条件温和　酶促反应一般在常温常压下即可完成，不需要有机化学实验中常用的高温高压或强酸强碱等剧烈条件。这是因为酶是生物体产生的，生物生存的环境一般都是常温常压、近中性的环境，酶当然也适应这种环境。

稳定性较差　酶是生物大分子，其构象在极端环境下容易被破坏，所以稳定性比无机催化剂低，一般只能在温和的条件下发挥作用。除了极端的温度、压力、pH值，重金属、有机溶剂、溶液的剪切力甚至表面张力等都有可能使某些敏感的酶变性失活。

但也不是所有的酶都那么脆弱。有些细菌可以生活在极端条件下，称为嗜极菌。如超嗜热菌可以在90℃以上的温度中生长，而嗜冷菌的最适生长温度为零下2℃等。这些嗜极菌的胞外酶往往可以耐受极端条件的作用。另外，虽然有些酶遇到有机溶剂容易变性，但是也有些酶可以在有机溶剂中工作，且可能得到与水相催化不同的结果。这就产生了现代酶工程技术的一个分支——非水相酶学（见非水相酶学）。

活性受多种因素调节　无机催化剂的活性通常是固定的，而酶的催化能力往往与环境条件有很大关系。各种激活剂、抑制剂、变性剂、变构剂、辅因子、溶液的pH值和离子强度及温度等，都可能影响酶的活性。酶活性的可变性是生物体适应环境的一种重要手段，可以调控各种代谢途径的速度甚至方向，使之与机体的需要相一致。人体主要通过别构调节、共价修饰、酶原激活等方式改变关键酶的活性，从而调节整体的代谢速度和方向。

举例来说，糖原磷酸化酶是催化糖原水解的，肝脏的糖原水解就可以升高血糖。但生物体表达这个酶的目的却不是为了持续不断地水解糖原来升高血糖，而是为了调控血糖，使血糖稳定在一个合适的范围之内。在血糖过低时，酶的活性会升高，以快速补充血糖；而当血糖恢复正常值以后，酶的活性就会被抑制，以免血糖过高。

人体内的各种关键酶都处于严密的调控之下，一旦某个酶不受控制，就可能引起代谢紊乱，导致疾病。现有很多酶被选作药物靶点，用来治疗相关疾病。如在糖尿病治疗中，可通过抑制葡萄糖苷酶抑制葡萄糖吸收，可通过激活己糖激酶促进葡萄糖降解，也可以通过抑制脂肪酸氧化来促进葡萄糖利用等。所以，酶的活性调节，是代谢调控的基础，也是生物适应自然的重要手段。

化学本质　现已经发现的绝大多数的酶都是蛋白质，极少数酶是核糖核酸（被称为核酶，ribozyme），后来发现DNA也有催化能力（见核酶）。相比较而言，RNA的一级结构简单，只有4种构件（AUCG），所以核酶适于通过碱基互补配对来识别一些特定的核酸，并催化其剪切加工等反应。而蛋白质有20种构件，构件性质各不相同，所以整体结构复杂多变，更适合催化各式各样、变化多端的生物反应，所以绝大多数的酶都是蛋白质。这也是进化的必然结果。

（张　勇）

fǔ yīnzǐ

辅因子（cofactor）

酶的非蛋白质成分。辅因子往往与酶的活性直接相关，含有辅因子的酶的结构和功能一般也比较复杂。

作用　辅因子通常是酶的活性所必需的。单独的酶蛋白一般没有催化活力，只有构成全酶才具有正常的催化功能。有些辅因子直接参与催化过程，比如作为电子或基团转移的载体、提供酸碱催化或共价催化基团等；有些辅因子可以稳定酶分子的构象，或者中和电荷、降低化学反应的静电斥力等。

分类　辅因子按照与酶蛋白的结合方式可以分为两类：一类称为辅基，通过共价键与酶蛋白紧密结合，不能通过透析等方法除去；另一类通过非共价键与酶蛋白松散结合，称为辅酶，可以通过透析除去。

辅因子按照其化学组成，又可以分为三类：①金属离子，如碳酸酐酶的锌离子、精氨酸酶的锰离子等；②有机小分子化合物，如TPP、FMN、NADH等，大多属于B族维生素的衍生物；③金属有机化合物，如辅酶 B_{12}、细胞色素氧化酶的铁卟啉等。

金属离子是常见的辅因子，大约有30%以上的酶需要金属离子。其中过渡金属通常以配位键与酶蛋白紧密结合，这种酶称为金属酶；碱金属或碱土金属离子与酶蛋白的结合通常依靠作用力较弱的盐键，这种酶称为金属活化酶。

金属离子的作用包括：参与构成及维持催化过程所必需的构象；通过多价金属的价态变化携带电子；屏蔽负电荷，降低反应体系的静电排斥等。

（张　勇）

fǔméi

辅酶（coenzyme）　与酶蛋白通过非共价键松散结合的辅因子。可以采用超滤或透析等方法分离除去。

生物学功能　辅酶一般用于运载电子或功能基团。比如，氧化还原酶经常用NAD和FAD等作为电子载体，转移酶则经常用磷酸吡哆醛作为氨基载体，用四氢叶酸作为一碳单位载体等。辅酶在不同反应间传递电子或基团，经常被看作反应的底物，所以也称为辅底物。例如乙醇脱氢酶的系统命名为醇：NAD^+ 氧化还原酶，就是将 NAD^+ 看作底物。

常见辅酶　辅酶一般是水溶性维生素衍生物，生化反应中常见的辅酶如下。

氧化还原辅酶　烟酸构成的NAD（烟酰胺腺嘌呤二核苷酸，辅酶Ⅰ）和NADP（烟酰胺腺嘌呤二核苷酸磷酸，辅酶Ⅱ）以及黄素构成的FAD，都是常见的氧化还原辅酶。它们可携带一对电子，参与多种氧化还原反应。NAD和FAD主要用于有机物的氧化分解过程，将电子传给呼吸链放出能量。NADP主要用于生物合成中的还原反应和一些羟化反应，称为还原力。NADH和NADPH因为含有二氢吡啶环，有340 nm的特征吸收峰，而相应的氧化型辅酶没有，这个吸收峰经常用来定量NADH或NADPH，从而计算反应程度（见烟酰胺腺嘌呤二核苷酸）。

硫胺素焦磷酸（TPP）　是多种脱羧酶的辅酶，也称脱羧辅酶。其分子中氮和硫之间的碳原子受两侧吸电子基团影响而容易脱氢，生成负碳离子进行亲核催化。α-酮酸脱羧酶和磷酸戊糖途径中的转酮醇酶都需要TPP，TPP对糖代谢十分重要，缺乏会导致糖代谢障碍。因为神经系统主要以糖作为能源物质，TPP缺乏会严重影响神经组织，导致脚气病。其前体硫胺素（维生素 B_1）被称为抗脚气病维生素（见维生素 B_1）。

辅酶A（coenzyme A，CoA或CoASH）　泛酸的衍生物，是参与酰基转移反应的最重要的辅酶。辅酶A常作为酰基的载体参与代谢中的反应（见泛酸）。

四氢叶酸（FH_4）　是参与一碳单位转移的重要辅酶。用于携带甲基、亚甲基、甲酰基等一碳单位，在碱基、胆碱、甲硫氨酸、甘氨酸、丝氨酸的合成中起重要作用（见四氢叶酸）。

辅酶 B_{12}　钴胺素衍生物，参与分子重排及叶酸代谢等。

（张　勇）

fǔjī

辅基（prosthetic group）　通过共价键与酶蛋白紧密结合，且不能用超滤或透析等方法除去的辅因子。

生物学功能　在催化过程中，辅基不与酶蛋白分离，只作为酶内载体起作用。比如NADH脱氢酶就含有共价结合的FMN作为辅基，起传递电子作用。

常见辅基　辅基一般也是水溶性维生素衍生物，生化反应中常见的辅基有如下几种。①FMN（黄素单核苷酸）和FAD（黄素腺嘌呤二核苷酸）：均是维生素 B_2（核黄素）的衍生物，可以携带一对电子，是多种氧化-还原酶的辅基。它们参与柠檬酸循环、脂肪酸β-氧化、α-酮酸脱羧等多种代谢过程。琥珀酸脱氢酶、NADH脱氢酶、氨基酸氧化酶等都需要FMN或FAD。②磷酸吡哆醛：是转氨酶、氨基酸脱羧酶和某些异构酶的辅基。在转氨酶的催化过程中，磷酸吡哆醛作为氨基载体，临时负载第一个氨基酸的氨基，然后再转给另一个α-酮酸，生成相应的氨基酸，自身则恢复原状。③生物素：主要作为催化羧基转移反应和依赖ATP的羧化反应的酶的辅基。一般通过酰胺键与酶活性部位中的一个赖氨酸残基的侧链氨基共价连接。④硫辛酸：通过酰胺键与酶分子中赖氨酸残基的侧链氨基共价连接。硫辛酸可以临时载有酰基，参与酰基转移反应。如丙酮酸脱氢酶中就含有硫辛酸，用于运载乙酰基。

（张　勇）

tónggōngméi

同工酶（isoenzyme）　同一生物体中，催化相同反应的几种不同的酶分子。不同生物中催化同种反应的酶不属于同工酶。

同工酶催化相同的反应，其活性中心的结构高度相似，但活性中心以外的部分可以有很大差别，可能具有不同的理化性质和生物功能。同工酶的编码基因、活性强弱、调节方式、底物专一性、加工修饰和亚细胞定位等特征都可能有所不同。

乳酸脱氢酶（LDH）是一种常见的同工酶，由4个亚基构成。其亚基有骨骼肌型（M）和心肌型（H）两种，分别由不同基因编码。两种亚基自由组合，可以产生H_4、MH_3、M_2H_2、M_3H和M_4 5种同工酶。两种亚基在不同组织中的表达量不同，所以在不同器官中5种同工酶的比例不同。因此，不同部位发生损伤后，释放到血清中的同工酶比例也不同。例如，肺损伤时血清M_2H_2升高，而心肌损伤时H_4升高。医学上经常以此辅助诊断。

每种同工酶都有其确定的生理意义。人体心肌中H亚基高表达，H_4和MH_3较多，而骨骼肌中则M_4较多。M亚基对丙酮酸的亲和力较低，平时产生乳酸很少。剧烈运动时丙酮酸不断积累，底物浓度升高，M亚基又不受底物抑制，所以M_4催化能力迅速提高，及时将丙酮酸还原成乳酸，保证糖酵解进行，为骨骼肌提供能量。H亚基的Km小，丙酮酸浓度升高时很快接近Vm而无法继续增加。同时底物抑制又降低了反应速度，所以心脏剧烈运动时也不会生成大量乳酸，可以防止酸中毒。当骨骼肌产生的大量乳酸随血液流经心脏时，H_4会将乳酸氧化，这才是其正常功能。所以同工酶是做相同的工作，而不是相同的功能。

（张　勇）

héméi

核酶（ribozyme）　具有催化功能的核糖核酸。也称催化性RNA。后来发现某种人工合成的DNA也具有催化活性，称为脱氧核酶（deoxyribozyme）。

曾认为酶的化学本质都是蛋白质。1978年，阿尔特曼（Altman）发现大肠埃希菌RNA酶P的RNA部分是其活性所必需的。5年后他进一步证明其RNA部分具有单独催化活性。1982年切赫（Cech）等报道嗜热四膜虫的26S核糖体RNA前体可以催化自身剪接，证明RNA具有催化功能。两个各自独立的研究均证明RNA可以具有催化活性，刷新了人们对酶的化学本质的认识。因此二人分享1989年诺贝尔化学奖。此后又发现了多种催化型RNA，以及具有催化活性的DNA等。

分类　已发现的核酶从结构上分为锤头状核酶和发夹状核酶两大类。锤头状核酶长约30个核苷酸，由3个螺旋区、两个单链区和膨出的核苷酸组成。中间的单链区和螺旋Ⅱ组成催化核心，两侧的螺旋Ⅰ和螺旋Ⅲ决定核酶的专一性。发夹状核酶由4个螺旋区和一些环状区组成，至少需要50个核苷酸才能保证切割活性。

特点　与蛋白质相比，RNA的一级结构简单，只有4种构件，而且构件性质非常相似，核酶适于通过碱基互补配对来催化核酸的剪接等反应。RNA分子可以形成一条柔韧的长链，二级结构变化多样，可以将多种蛋白质、核酸分子联系起来，构成一个大型多分子复合体。核酶对这种“RNA组织中心”的剪切加工，就可以对复合体的建立、调整和拆除起到重要的调控作用。

应用　核酶以序列互补方式识别底物，特异性好，又可以重复使用。核酶不含蛋白质，没有免疫原性。因此，核酶在医疗领域极具潜力，在抗病毒、抗肿瘤以及基因治疗领域进展迅速。已经有抗艾滋病、白血病、肝炎以及抗移植排斥反应方面的成功实验。

意义　核酶的发现表明催化功能并非蛋白质所独有，为一些相关领域的研究提供了新的思路。例如，人们一直对生命起源过程中先有核酸还是先有蛋白质争论不休。因为二者的生物合成总是互相需要，缺一不可，这种争论就成为“先有鸡还是先有蛋”的死循环。核酶的发现就提供了一种新思路，产生了RNA世界假说。该假说认为原始的RNA既是信息分子，又是功能分子，后来才逐渐进化出专门的信息分子（DNA）和专门的功能分子（蛋白质）。

（张　勇）

dànbáiméi

蛋白酶（protease）　催化蛋白质中肽键水解的酶类。

分类　根据水解位置，分为内肽酶和外肽酶两类，前者从肽链内部水解，生成各种肽段；后者从肽链一端水解，逐个放出游离氨基酸。外肽酶又可分为从肽链氨基端水解的氨肽酶和从羧基端水解的羧肽酶。

生物学功能　蛋白酶的直接作用是将大分子蛋白质降解成肽段或氨基酸，在人体中的具体功能有以下几个方面。①外源蛋白质的消化：食物中的蛋白质是大分子，不能直接吸收。消化道中的蛋白酶（如胃蛋白酶、胰蛋白酶、胰凝乳蛋白酶等）可以将这些蛋白质消化成氨基酸，供人体吸收利用。这些蛋白酶由相应的消化腺以无活性的酶原形式分泌，到达预定场所后被激活，发挥水解作用。②内源蛋白质的降解：人体自身的蛋白质也需要降解。有些蛋白质是因为损伤需要降解，有些是因为折叠错误需要降解，有些是因为机体代谢要求需要降低其总量而需要降解。内源蛋白质的降解是选择性降解，是可调控的过程，主要由溶酶体和蛋白酶体中的蛋白酶催化（见蛋白酶体）。③某些蛋白质的剪接激活：某些蛋白质的活性形成过程需要特定的蛋白酶切断特定肽键，比如酶原激活、凝血因子激活、蛋白质剪接、信号肽切除等过程。

（张 勇）

dànbáiméi tǐ

蛋白酶体（proteasome） 细胞内用于降解内源蛋白质的巨型蛋白质酶解复合物。

结构 蛋白酶体存在于真核细胞、古细菌和某些原核细胞中，具有多种蛋白酶活性，用于降解细胞内不需要的或损伤的蛋白质。典型的蛋白酶体沉降系数26S，分子量约2000kD，由66条肽链构成一个桶状结构。蛋白酶体可分为中间的20S核心颗粒和两端的19S调节颗粒。核心颗粒由4个七元环堆叠而成，具有类胰蛋白酶、类胰凝乳蛋白酶等多种蛋白酶活性，中间的空腔就是底物降解的场所。调节颗粒位于核心颗粒两端，负责底物的识别和去折叠。

生物学功能 蛋白酶体属于泛素-蛋白酶体系统（ubiquitin-proteasome system，UPS）的一部分，其绝大多数底物以泛素化的方式降解。这种方式是由泛素连接酶识别需要降解的蛋白质，并将其连接上泛素作为标记，然后调节颗粒通过泛素标记识别底物，并将其去折叠，传递进入核心颗粒（此过程称为移位）。核心颗粒的催化机制以苏氨酸的亲核攻击为主，将底物降解成4~25个残基不等的肽段（一般为7~9个）。除泛素化方式外，也有少数底物通过非泛素依赖的途径被降解，主要是在蛋白酶体参与蛋白质的翻译后处理过程中。比如蛋白酶体通过将p105蛋白剪切为p50蛋白来激活NF-κB，以及鸟氨酸脱羧酶和p53蛋白的非泛素依赖降解等。

生理作用 细胞中许多具有重要调控功能的蛋白质都是由蛋白酶体降解的，所以蛋白酶体参与多种细胞功能调控。比如参与细胞周期调控的细胞周期蛋白依赖性激酶（CDK）、细胞周期蛋白A（cyclin A）等的降解都是通过蛋白酶体进行的。氧化损伤和错误折叠的蛋白质也是由蛋白酶体降解的，所以蛋白酶体与氧化应激、晚发型神经退行性疾病（如帕金森症和老年痴呆）都有关系。免疫系统的抗原提呈过程需要蛋白酶体参与。因为蛋白酶体可以激活NF-κB途径，所以与炎症反应和自身免疫性疾病（如红斑性狼疮和类风湿关节炎等）也有关系。

蛋白酶体抑制剂 蛋白酶体抑制剂可以通过调控细胞周期蛋白等分子的降解来发挥抗肿瘤作用。硼替佐米是第一种用作化学治疗药物的蛋白酶体抑制剂，主要用于多发性骨髓瘤的治疗，对胰腺癌等也有疗效。利托那韦是用于治疗艾滋病的一种蛋白酶抑制剂。MG132和乳胞素是用于实验室研究的蛋白酶体抑制剂。

（张 勇）

dànbáizhì jiǎnjiē

蛋白质剪接（protein splicing） 某些前体蛋白质成熟过程中，将内部不需要的肽段切除，并用肽键将两侧肽段连接起来的过程。这一过程与核酸内含子剪接过程很相似，被剪切下来的肽段称为蛋白质内含子或内含肽（intein），两端的序列称为外显肽（extein）。目前发现的内含肽超过400个，绝大多数属于原核生物的蛋白质。

分类 蛋白质剪接是自催化过程，不需要酶和ATP参与。整个过程完全由内含肽中的氨基酸残基介导，通过键的重排来完成。根据内含肽的来源，蛋白质剪接可分为顺式剪接和反式剪接两种，前者的内含肽来自一个前体蛋白质，后者指两个前体蛋白质各自带有一部分内含肽，二者互补结合后形成完整的内含肽，然后引导剪接过程。

过程 典型的剪接过程包括重排、转酯、断键和逆向重排4个步骤，是4步连续的亲核取代反应。首先是内含肽氨基端半胱氨酸残基发动N-S自身催化重排，形成不稳定的硫酯中间体，然后是外显肽氨基端半胱氨酸残基对其进行亲核攻击，发生转酯反应，形成分叉中间体。第三步由内含肽羧基端天冬酰胺侧链催化切断肽链，最后逆向重排形成新的肽键，完成外显肽的连接。

应用 蛋白质剪接在蛋白质表达、纯化、连接和环化等方面具有广泛的应用。通过筛选，已经得到了一些温度敏感和pH敏感的内含肽突变体，可以人工控制剪接过程。这样，可以通过顺式剪接进行重组蛋白质的亲和标签切除、毒性蛋白质表达等。反式剪接可以用于连接两个蛋白质分子，或对一个蛋白质进行环化操作。

（张 勇）

yǎnghuà-huányuán méi

氧化-还原酶（oxidoreductase） 催化氧化-还原反应的酶。是已发现的数量最大的一类酶，在体内的功能主要包括能量代谢和解毒两方面。

氧化-还原酶都需要辅因子协助进行电子或氢的传递。目前IUBMB根据电子供体（少数为电子受体）将氧化-还原酶划分为24个亚类。但在习惯上，特别是命名时，经常将其分为4种类型。

脱氢酶 不需要分子氧作为受体的一类氧化-还原酶，多数以 NAD 或 NADP 为受体，如乙醇脱氢酶、苹果酸脱氢酶等。催化烷基去饱和的脱氢酶一般以 FAD 为受体，如琥珀酸脱氢酶、脂酰辅酶 A 脱氢酶等。NADH 脱氢酶以 FMN 为受体。脱氢酶是氧化-还原酶中数量最大的一类，截至 2016 年 2 月，仅作用于 CH-OH 基团的脱氢酶就有 300 多种。

氧化酶 以分子氧为电子受体，产物一般是水或 H_2O_2。很多氧化酶以黄素为辅基，如氨基酸氧化酶、葡萄糖氧化酶等。氧化酶在过氧化物酶体中含量丰富，约占其总酶量的一半，包括尿酸氧化酶、D-氨基酸氧化酶、L-氨基酸氧化酶和 L-α-羟基酸氧化酶等。

过氧化物酶 以 H_2O_2 为电子受体，常以黄素、血红素为辅基。过氧化物酶具有清除过氧化氢的作用。过氧化氢酶体中含有氧化酶和过氧化物酶，氧化酶产生过氧化氢，恰好被过氧化物酶除去。广义的过氧化物酶包括 peroxidase（EC1.11.1）和 peroxygenase（EC1.11.2）两类，后者同时将过氧化氢中的一个氧原子掺入产物中。

氧合酶 包括加氧酶和羟化酶。加氧酶将分子氧中的氧原子掺入有机分子。按掺入氧原子个数又可分为单加氧酶和双加氧酶，后者常伴随有芳香环的开裂，如儿茶酚-1,2-双加氧酶。羟化酶需要由 NADPH 或细胞色素等氢供体还原另一个氧原子，可以在烃链中引入羟基。以前曾将羟化酶看作单加氧酶中的一类，现已独立出来。

（张 勇）

zhuǎnyí méi

转移酶（transferase） 催化功能基团转移反应的酶。也称移换酶。比如转氨酶催化氨基转移反应、各种激酶催化磷酸基的转移反应。

转移酶多需要辅酶协助转运相应基团。按照被转移基团的种类，可分为 10 个亚类，较重要的转移酶如下。

酰基转移酶 催化酰基转移反应，如用于核酸合成的 DNA 聚合酶、RNA 聚合酶，用于蛋白质修饰的乙酰基转移酶、脂酰基转移酶等。

一碳基转移酶 催化转移一碳单位，如各种甲基、羟甲基、甲酰基、羧基转移酶。甲基转移酶与核酸、蛋白质甲基化有关，对于基因表达调控具有重要作用。

糖基转移酶 其与多糖代谢密切相关，如糖原合成酶、糖原磷酸化酶（glycogen phosphorylase，EC2.4.1.1）。

磷酰基转移酶 包括各种激酶等。激酶参与糖代谢和蛋白质活性调节，也是细胞信号转导中最常用的信号级联放大手段。

氨基转移酶 即转氨酶，如丙氨酸氨基转移酶（ALT）等。医学上经常以血清转氨酶数量作为肝脏病变程度的重要指标。

（张 勇）

shuǐjiě méi

水解酶（hydrolase） 催化底物水解反应的酶。

水解酶的命名采用底物名称+“酶”的方法（后缀-ase），如蛋白酶、脂肪酶等。有些蛋白酶曾称为激酶，如肠激酶（enterokinase，现称肠肽酶 enteropeptidase，EC 3.4.21.9）、尿激酶（urokinase，现称 u-纤溶酶原激活剂 u-plasminogen activator，EC 3.4.21.73）。

水解酶多位于细胞外（如消化道中）或溶酶体中。根据被水解的化学键的类型，可分为 13 个亚类，较重要的水解酶如下。

酯酶 水解酯键，包括水解甘油三酯的脂肪酶，水解磷酸二酯键的核酸酶等。

糖苷酶 水解糖苷键，包括水解淀粉中糖苷键的淀粉酶，水解细菌细胞壁肽聚糖中糖苷键的溶菌酶等。

肽酶 水解肽键，包括消化道中的各种蛋白酶，血液中通过切断特定肽键激活凝血过程的凝血酶等。

（张 勇）

lièhé méi

裂合酶（lyase） 催化从底物上脱去一个小分子而留下双键的反应或其逆反应，相当于有机化学中的消去/加成反应的酶。如碳酸酐酶、延胡索酸酶等。英文“synthase”中文译为“裂合酶”或“合酶”，以前均属于裂合酶类，但现在有一部分被转移到 EC2（移换酶），比如柠檬酸合酶曾被列入裂合酶（EC4.1.3.7），现已转移到乙酰转移酶中（EC2.3.3.1）。另外还有个别合酶通过分子内裂合催化异构反应，所以归入异构酶中，如肌醇-3-磷酸合酶（EC5.5.1.4）

根据被断裂或生成的化学键的类型，共分 8 个亚类，较重要的裂合酶如下：

醛缩酶 断裂 C-C 键，生成一个醛基。如糖酵解途径中的二磷酸果糖醛缩酶。

脱羧酶 断裂 C-C 键，从化合物中脱去一个羧基，以二氧化碳形式释放。如谷氨酸脱羧酶。

水化酶 断裂 C-O 键，生成水和一个双键，如延胡索酸酶催化延胡索酸水化生成苹果酸，其另一个名称苹果酸裂合酶是按照逆反应来命名的。

（张 勇）

yìgòu méi

异构酶（isomerase） 催化同分异构体相互转化的酶。异构酶通过促进相关基团转移或重排催化异构反应，根据异构反应的类型共分为6个亚类。较重要的异构酶如下。①消旋酶和差向酶：催化立体异构反应。消旋酶催化含有一个不对称碳原子化合物的旋光异构体间的相互转化。差向酶催化含2个以上不对称碳原子的化合物中某一个不对称碳原子发生构型变化的酶。主要催化各种单糖分子之间的转化。②顺反异构酶：催化化合物在顺式和反式异构体之间相互转变，如马来酸顺反异构酶。③变位酶：催化分子内基团转移反应，如丙酸代谢途径中的甲基丙二酰-CoA变位酶。④催化分子内氧化还原反应的异构酶：如6-磷酸葡萄糖异构酶。⑤催化分子内消去-加成反应的异构酶：如肌醇-3-磷酸合酶。

（张　勇）

liánjiē méi

连接酶（ligase） 催化两种物质合成一种物质，且与ATP（或其他类似高能化合物）的分解反应相偶联的酶。如DNA连接酶、氨酰-tRNA合成酶、丙酮酸羧化酶等。曾称合成酶（synthetase），现在统一称为ligase。注意合成酶（synthetase）不是合酶（synthase），而且有些synthetase已被转移到移换酶中。

根据连接酶催化形成的键的类型，如C–C键、C–N键等，共分为6个亚类。其中较重要的连接酶如下。①形成C–O键的连接酶：如氨酰-tRNA连接酶。②形成C–S键的连接酶：如乙酰-辅酶A连接酶。③形成C–N键的连接酶：如谷氨酸氨连接酶（谷氨酰胺合成酶）。④羧化酶：催化形成C–C键的连接酶只有羧化酶（carboxylase），如丙酮酸羧化酶。⑤螯合酶：催化氮原子与金属形成配位键的酶（chelatase），如镁螯合酶。

（张　勇）

zhuǎnwèi méi

转位酶（translocase） 催化离子或分子穿越膜结构的酶或其膜内组分。也称易位酶。2018年8月，国际生物化学与分子生物学联合会在原有六大酶类之外增设，编号为EC 7。

转位酶催化的反应类型为“将离子或分子从膜的一侧转移到另一侧”。例如线粒体ATP合酶（H+-transporting two-sector ATPase，EC 7.1.2.2）。对于膜的两侧，曾用“内外”或“顺反”来描述，但易引起歧义，现在统一用“side 1”和“side 2”来描述。

转位酶中的一部分因为能够催化ATP水解，所以曾经被归类到ATP水解酶（EC 3.6.3.-）中，现在则认为催化ATP水解并非其主要功能，所以划归到转位酶中。

转位酶根据底物类型分为6个亚类，EC 7.1催化氢离子转位；EC 7.2催化无机阳离子及其螯合物转位；EC 7.3催化无机阴离子转位；EC 7.4催化氨基酸和肽转位；EC 7.5催化糖及其衍生物转位；EC 7.6催化其他化合物转位。

不依赖酶催化反应的交换转运体不属于转位酶，例如离子的跨膜交换等情况。通过磷酸化或其他催化反应，在“开启”和“关闭”构象之间转换的通道，分类到EC 5.6（大分子构象异构酶类）。

（张　勇）

méi huóxìng

酶活性（enzyme activity） 酶催化一定化学反应的能力。又称酶活力。

1961年，国际酶学委员会规定：在25℃，最适反应条件下，1分钟内催化1微摩尔底物所需的酶量为一个活力单位（U）。这个单位也称为国际单位（IU）。在实际研究中，为了方便，可根据具体实验条件定义不同的单位，但要给出与国际单位的换算关系。

1972年，国际酶学委员会又推荐了一种新的Katal单位，简称Kat。规定在最适条件下，每秒钟催化1摩尔底物所需的酶量为1 Kat单位。Kat与IU的换算关系为1 Kat=6×10^7 IU。

生物体通过调节代谢途径中关键酶的总催化活性来控制整体代谢状况的方式。酶的总体活性由酶的总量和单个酶分子的活性共同决定，所以具体的调节方式有数量调节和活性调节两个方面。前者又称粗调，通过控制酶的合成与降解速度来控制酶量，作用缓慢而持久，主要通过基因表达调控来实现；后者又称细调，通过别构调节、共价调节、蛋白酶原激活等方式改变酶的活性，效果快速而短暂。

酶活性抑制 使酶活力下降，但不引起酶蛋白变性的作用。变性剂破坏酶蛋白高级结构而引起酶活力丧失的作用，称之为失活作用。

酶活性激活 使酶活性提高的现象。酶活性的激活包括酶的别构激活、共价修饰激活、酶原激活，以及对变性作用和抑制作用的解除等很多方面的作用。

（张　勇）

bǐ huóxìng

比活性（specific activity） 每毫克酶蛋白所具有的酶活性。

比活性的单位是U/mg。这是一个表征酶制剂纯度的指标，比活性越高则酶制剂纯度越高。在提纯酶的过程中，因为损失是不可避免的，所以酶的总活力是不断下降的，但比活性会越来越高。当酶被纯化至纯酶时，比活性就达到一个恒定值。因此，比活性也可以看作是酶纯化程度的指标。

（张　勇）

zhuǎnhuàn shù

转换数（turnover number）　每分子酶或每个酶活性中心在单位时间内能催化的底物分子数。也称催化常数（*K*cat）。对于具有多个活性中心的酶，一般计算单个活性中心的转换数。时间一般用1分钟。

催化常数就是推导米氏方程时的 k_3，即酶与底物复合物分解释放产物的速度常数。转换数的倒数表示催化一个底物所需的时间，所以称为催化周期。

转换数可以用来表示酶的催化效率。转换数越大，酶的催化效率就越高。碳酸酐酶是已知转换数较高的酶之一，高达每分 3.6×10^7，催化周期为1.7微秒。

（张　勇）

biégòu tiáojié

别构调节（allosteric regulation）　在专一性效应物的诱导下，使某些蛋白质四级结构发生变化，从而改变生物活性的调节作用。也称变构调节。能够发生别构调节的寡聚酶称为别构酶或变构酶（allosteric enzyme）。通过别构调节使酶活性增加的效应物称为正调节物，使酶活性降低的效应物称为负调节物。

变构酶分子中具有别构中心（调节中心）的亚基称为调节亚基，具有活性中心的亚基称为催化亚基。别构效应物就是通过与别构中心结合，改变酶的四级结构，从而改变酶的催化活性。

别构调节是酶的多种活性调节方式中最快速的一种，能够迅速改变酶的活性，使之与机体的需求相适应。很多代谢途径中的关键酶都受到别构调节。这些别构酶的活性可以根据环境变化而迅速改变，从而控制相应代谢途径的活跃程度。因为机体的代谢需求是变化多端的，所以别构酶也有几种不同的调节方式（见别构酶）。

（张　勇）

biégòu méi

别构酶（allosteric enzyme）　能够发生别构调节的酶。也称变构酶。生物体常常采用别构酶催化代谢途径中的关键反应，快速灵活地控制相应代谢途径的活跃程度。因为代谢途径多种多样，所以别构酶也有不同的调节方式与之相适应。

例如嘧啶合成途径的第一个酶是天冬氨酸转氨甲酰酶（ATCase），它被终产物CTP别构抑制，以免嘧啶合成过多。ATCase可以结合3个CTP，它们之间具有正协同效应，即每一个CTP的结合都会增加后续CTP的亲和力。这就导致CTP浓度升高时抑制程度快速增加。

糖酵解途径中的磷酸甘油醛脱氢酶（GAPDH）具有典型的负协同别构调节。此酶有4个亚基，前两个亚基很容易与 NAD^+ 结合，即在低底物浓度时反应较快。而 NAD^+ 与酶结合后却通过别构调节降低了后续 NAD^+ 的结合能力，使 *K*m增大了100倍，很难再与其他 NAD^+ 反应。这种调节在 NAD^+ 不足时可以保证酵解的进行，而当 NAD^+ 过多时则会优先供给其他反应，避免酵解过量导致的酸中毒。

（张　勇）

gòngjià tiáojié

共价调节（covalent modification regulation）　通过对酶分子中某些基团的共价化学修饰使酶活性丧失或恢复的调控方式。如动物肝脏的糖原合成酶有高活性的糖原合成酶a和低活性的糖原合成酶b两种形式。糖原合成酶a被ATP磷酸化后转变成糖原合成酶b，而糖原合成酶b可在磷酸酶的作用下水解，再转变为高活性的糖原合成酶a。

共价调节酶可以构成连续的反应链，依次激活下一级的酶。例如在肾上腺素促使肝糖原分解的过程中，活化的蛋白质激酶A将糖原磷酸化酶激酶磷酸化而激活，后者再通过磷酸化反应激活糖原磷酸化酶，糖原磷酸化酶才是最终水解糖原的酶。这是一个信号传递过程，也是信号放大过程。假设一分子酶可以催化10个底物，那么3个酶连续放大之后，信号就被放大了1000倍。所以这种机制被称为级联放大。肾上腺素就是通过这种方式将信号放大上百万倍的。这是微量的激素即可产生显著生理效应的分子基础。

可逆磷酸化是人体最常见的共价调节方式。共价调节在生物体中非常普遍，有各种不同的具体方式。例如大肠埃希菌的谷氨酰胺合成酶就采用了一种被称为腺苷酰化的共价调节方式，通过接受或脱去腺苷酰基来调控酶的活性。

（张　勇）

kěnì gòngjià xiūshì

可逆共价修饰（reversible covalent modification）　某些酶的共价修饰可以被另一种酶解除，使酶活性得以恢复的过程。

例如，糖原磷酸化酶在磷酸化酶激酶的催化下被磷酸化，活性升高；而这个磷酸基可以被磷酸酶催化水解下来，使其活性恢复到原来水平。这种磷酸化－去磷酸化是人体中最常见的可逆共价修饰方式。

可逆共价修饰是说修饰的效果可逆，而不是说酶促反应本身是否可逆。事实上，共价修饰的反应基本都是生理上不可逆的。只有采用一对不可逆反应，才便于进行调控。

可逆共价修饰广泛用于激素的级联放大过程（见共价修饰）。可逆修饰的优点是易于灭活。激素浓度下降后可以迅速终止激素的效果，以免调控过度。恢复原来活性的酶可以随时参与下一轮的级联放大过程。

（张　勇）

dànbáizhì jī méi

蛋白质激酶（protein kinase）

催化蛋白质分子中特定残基磷酸化反应的酶。

生物学功能　蛋白质激酶把 ATP 上的 γ－磷酸转移到蛋白质分子的特定氨基酸残基上，使蛋白质被磷酸化，从而改变其功能。在大多数情况下，这一磷酸化反应是发生在蛋白质的丝氨酸残基或苏氨酸残基的醇羟基上以及酪氨酸残基的酚羟基上，也可以发生在精氨酸残基上（EC2.7.14 亚－亚类）或组氨酸残基上（EC2.7.13 亚－亚类），如哺乳动物组蛋白 H4 的 18 及 75 位的组氨酸也可被磷酸化。

意义　蛋白质激酶催化蛋白质的可逆磷酸化修饰，是细胞信号转导体系中重要的组成部分，参与多种生理过程。例如，糖原磷酸化酶激酶和糖原合成酶激酶等参与血糖调控，环核苷酸依赖蛋白质激酶（PKA 等）参与多种激素调节过程，细胞周期因子依赖蛋白质激酶（CDK）参与细胞周期调控等。

（张　勇）

dànbái línsuān méi

蛋白磷酸酶（protein phosphatase）

催化被磷酸化的蛋白质分子发生去磷酸化反应的酶。根据对底物氨基酸残基的专一性不同，可将其分为蛋白酪氨酸磷酸酶和丝氨酸 / 苏氨酸磷酸酶等。

生物学功能　蛋白磷酸酶与蛋白质激酶功能相反，组成了蛋白质的可逆磷酸化调节系统。不同的调节系统可能调节方式恰好相反。例如，有些酶磷酸化后激活，去磷酸后失活，如糖原磷酸化酶；有些酶则相反，磷酸化后失活，去磷酸后激活，如糖原合成酶。这两类酶往往催化的反应是相反的，例如升高血糖的糖原磷酸化酶、糖原磷酸化酶激酶、蛋白质激酶 A 等，都是被蛋白质激酶磷酸化后激活，被蛋白磷酸酶去磷酸化后失活；而降低血糖的糖原合成酶等则相反。这样，就可以使这两类酶协调工作，以免产生无效循环。

蛋白质磷酸化与去磷酸化是真核细胞信号转导过程中最常见的调控方式，酶的底物专一性保证了信号的准确，酶的催化高效性又可以迅速催化多个底物，从而将信号放大，保证了信号的灵敏性。因此，很多信号传递过程中的级联放大系统都由蛋白质激酶和蛋白磷酸酶构成。

意义　蛋白质激酶和蛋白磷酸酶在信号转导过程中的作用是不可替代的，而信号转导过程涉及生物体的多种生理过程，基本上包括了从胚胎发育到个体成熟、死亡的所有过程，也包括细胞的癌变和凋亡。

（张　勇）

dànbái méiyuán jīhuó

蛋白酶原激活（zymogen activation）

无活性的酶原被相应的蛋白酶切割，产生有活性的成熟酶的过程。

胞外蛋白酶通常以酶原形式分泌，到达特定位置后才被激活，以免对自身蛋白质水解。人体消化道中的蛋白酶，如胰蛋白酶、胃蛋白酶等都属此例。

酶原激活是通过特定的蛋白酶切断某些特定的肽键，改变其构象，从而获得相应的活性。有些酶原没有完整的活性中心，如胰凝乳蛋白酶，被切除 2 个二肽后整体构象改变，形成完整活性中心，成为最终的活性形式。有些酶原已具有完整的活性中心，但因空间位阻等因素不能与底物结合。如胃蛋白酶原，切除 44 个残基的碱性肽段后即可产生活性。

（张　勇）

méiyuán

酶原（proenzyme, zymogen）

无活性的酶的前体。这些前体需要被切断几个特定的肽键，使其整体构象发生改变，才能具有正常的活性。

比较常见的例子是某些消化酶（胃蛋白酶、胰蛋白酶、胰凝乳蛋白酶等）的酶原以及一些血液凝固相关酶的酶原（凝血酶原、纤溶酶原等）。凝血酶原在血液中是无活性的，只有在血管损伤的情况下，才被一系列凝血因子激活，从而使流出的血液凝固，堵住出血部位，避免大量失血。

（张　勇）

méi yìzhì jì

酶抑制剂（enzyme inhibitors）

能使酶活力下降，但不引起酶蛋白变性的物质。抑制剂通常与酶分子上的某些必需基团结合，阻碍其催化功能，从而造成酶活力下降。因为抑制剂并不破坏酶的高级结构，所以不会导致酶蛋白变性。通常根据抑制作用的可逆性将抑制剂分为可逆抑制剂与不可逆抑制剂两大类。

不可逆抑制剂 可与酶形成共价连接，所以是不可逆结合，不会自发解离，所以无法通过透析、超滤等方法除去。按照抑制剂的选择性，又可分为专一性与非专一性两种，前者只与活性部位的基团反应，后者可与多种基团反应。因为酶活性中心的基团更加活泼，所以一些试剂对它们的亲和力更高。通常如果比对其他基团的亲和力大三个数量级，即可看作专一性抑制剂，会具有化学剂量关系和底物保护现象等。

可逆抑制剂 通过非共价键与酶可逆结合，所以会自发解离，可用透析法等方法除去，从而恢复酶活性。可逆抑制剂根据其动力学特点可分为竞争性抑制剂、非竞争性抑制剂、反竞争性抑制剂3类。

（张 勇）

méi jīhuó jì

酶激活剂（enzyme activators）

能够提高酶活性的物质。大部分酶激活剂是离子或简单有机化合物。

根据激活剂与酶活性的关系，可分为必需激活剂与非必需激活剂。前者缺乏时酶完全没有活性，比如镁离子是激酶活性所必需的；后者缺乏时酶仍然具有一定活力。根据激活剂的结构和分子大小，一般分为无机离子、有机小分子和大分子3类。

无机离子 包括金属离子、氢离子和阴离子3类。阴离子激活剂较少，包括氯离子、溴离子、碘离子、磷酸根等。比较常见的是氯离子对唾液淀粉酶的激活作用。金属离子激活剂比较常见，比如镁离子是激酶的激活剂，二价锰离子可以激活异柠檬酸脱氢酶等。

起激活作用的金属离子一般是较小的碱金属、碱土金属或过渡金属，不同金属离子之间有时可以互相替代，有时会互相拮抗，比如钙离子抑制镁离子对激酶的激活。有些金属离子的激活作用需要特定浓度，比如镁离子在5~10mmol/L浓度时可以激活$NADP^+$合成酶，但在30mmol/L时就会变成抑制作用。

有机小分子 有机小分子的激活原理也分为不同种类。有些分子直接参与催化过程，如组氨酸、苯丙氨酸等可以激活碳酸酐酶，机制是促进酶催化过程中水分子的解离。有些分子有助于保持酶分子的结构和活性，如半胱氨酸、还原型谷胱甘肽等可以保持巯基的还原性，从而激活一些巯基酶，如木瓜蛋白酶、D-甘油醛-3-磷酸脱氢酶等。有些分子通过别构效应激活酶，如2,6-二磷酸果糖激活PFK1，乙酰辅酶A激活丙酮酸羧化酶。

还有一些有机小分子通过解除抑制作用激活相应的酶，如EDTA可以螯合金属，解除重金属对酶的抑制作用。有些研究者将能够除去与酶的活性部位结合的抑制基团，从而恢复酶活性的化合物称为酶重活化剂，例如用于解除有机磷毒性的肟化物等。

大分子激活剂 激活蛋白能够作为配体与相应的酶结合，从而增加其活性。例如钙调蛋白（CAM）与钙离子结合后可以与多种酶结合，将其激活。另外，通过可逆磷酸化修饰增加酶活性的激酶或磷酸酶，以及一些能够起到酶原激活作用的蛋白酶也被称为激活剂。

（张 勇）

méi cuīhuà jīzhì

酶催化机制（mechanism of enzyme catalysis）

酶与底物结合并催化反应的具体过程。对酶催化机制的研究，能够揭示酶具有极高的催化效率和专一性的原因，对酶的激活和抑制、酶的改造和应用等方面的应用具有指导作用。

酶加快反应速度的原理主要是降低反应的活化能。例如，无催化时尿素水解反应的活化能是136kJ/mol，而加入脲酶后可降低到46kJ/mol。这导致反应速度提高了100亿倍。

酶降低反应的活化能的具体机制包括底物和酶的邻近效应及定向效应、底物的形变和诱导契合、酸碱催化、共价催化、金属离子催化、多元催化与协同效应、活性部位微环境的影响等多方面因素。

（张 勇）

suǒyào xuéshuō

锁钥学说（lock and key theory）

用锁和钥匙的刚性契合解释酶和底物专一性结合的理论。1894年由费歇尔（E.Fischer）提出，它认为酶活性中心的形状与底物形状高度一致，就像钥匙和锁的关系，大小和形状不合适的分子不能作为酶的底物。

费歇尔假设酶活性中心具有3个结合位点，恰好容纳底物的3个官能团（图1）。如果某个化合物不含相应基团，或者基团的排列方式不同，就不能进入酶的活性中心。

锁钥学说成功解释了酶的专一性，以及酶的变性失活现象，但不能解释酶可以催化逆反应的现象，所以后来被诱导契合学说取代。

（张 勇）

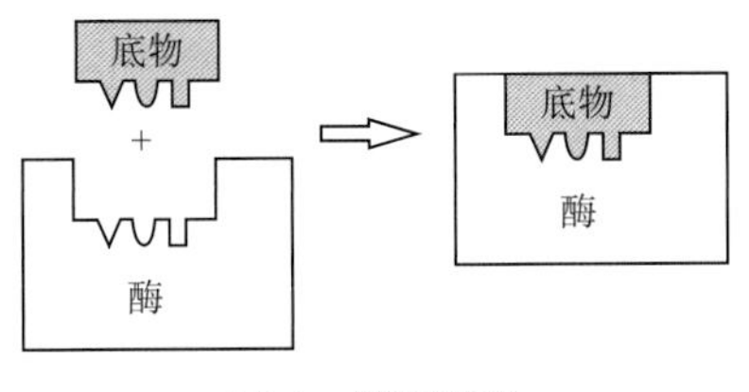

图 1　锁钥学说

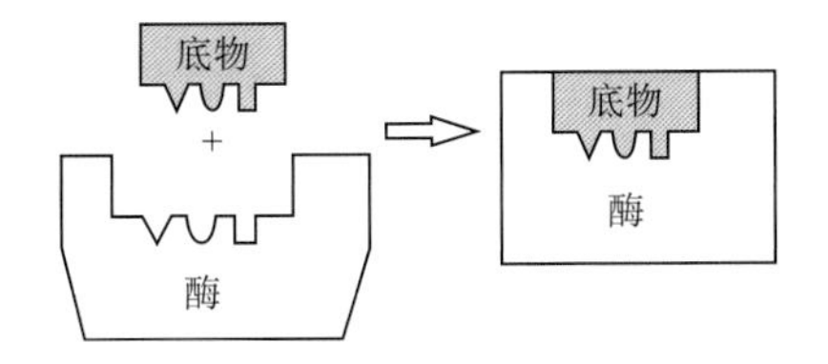

图 1　诱导契合学说

yòudǎo qìhé xuéshuō

诱导契合学说（induced fit theory）　认为底物可诱导酶活性中心的构象发生变化，从而使酶和底物契合并催化反应的理论。

锁钥学说认为酶的构象是完全固定的，过于机械，无法解释一些现象，比如酶既能与底物结合，也能与产物结合，从而催化其逆反应。因为底物和产物的构象是不同的，所以按照锁钥学说，酶只能与二者之一结合。

诱导契合学说由美国生物化学家柯施兰德（Daniel E. Koshland）提出，认为酶的活性中心是具有一定柔性而不是完全刚性的。酶活性中心的构象并非始终与底物构象完全吻合，而是会在底物诱导下发生改变，产生与底物高度契合的构象，形成酶－底物复合物，进而催化反应（图 1）。反应完成后产物被释放出去，所以活性中心的构象恢复原状。后来对羧肽酶等进行 X 射线衍射研究的结果有力地支持了这个学说，所以被业界接受。

（张　勇）

guòdùtài

过渡态（transition state）　基于反应坐标中能量最高的一点所对应的分子构型。

A.G. 埃文斯和 M. 波拉尼于 1935 年提出活化络合物理论，用以解释有机反应中由反应物到产物的过程。该理论认为，化学反应不是通过反应物分子的简单碰撞就可以完成的，在反应物和生成物之间需要先生成一个高能量的活化络合物。活化络合物所处的状态就是过渡态。这个过程就像爬山，山的最高点便是过渡态。

处于过渡态的分子旧键尚未完全断裂，新键也未完全形成，所以不能稳定地独立存在。过渡态不能被单独分离出来，存在时间也极短，难以直接观察。但目前借助于飞秒红外光谱，已经可以观测到非常接近过渡态的分子构型。

（张　勇）

guòdùtài lèisì wù

过渡态类似物（transition state analogue）　一种构象与某个化学反应过渡态类似的分子。因为过渡态极不稳定，所以过渡态类似物一般是根据过渡态的结构人工设计出来的分子。因为酶与过渡态的亲和力要比对底物的亲和力大得多，所以过渡态类似物是酶的强抑制剂，其抑制效果远远高于竞争性抑制剂。在制备抗体酶时，常作为半抗原免疫动物。

（张　勇）

huóhuànéng

活化能（activation energy）
化学反应中，反应物生成活化络合物所需的最小能量。也就是过渡态和基态的能量差。在相同温度下，化学反应的活化能越高，达到过渡态的分子就越少，反应就越难以进行。

因此，化学反应的活化能越低，反应速率越快。降低活化能可以增加反应速率，酶就是通过降低活化能来促进一些原本很慢的生化反应快速进行的。

（张　勇）

gòngjià cuīhuà

共价催化（covalent catalysis）
酶先与底物形成一个活化能较低的共价中间复合物，再分解生成产物，从而加速反应的催化机制。这其实是将一步反应变成两步反应，用两个低能量的过渡态代替原来的高能量过渡态，所以能够降低活化能，从而加快反应速率。根据具体催化机制可分为亲电催化和亲核催化。

亲核催化就是催化剂的亲核基团对底物中亲电子的碳原子进行攻击，从而形成共价中间体。这是最常见的共价催化方式，如丝氨酸蛋白酶、含巯基的木瓜蛋白酶都有亲核催化作用。羟基、巯基和咪唑基都是常见的亲核催化集团。

亲电催化是催化剂的亲电基团对底物中亲核基团进行攻击，从而形成共价中间体。金属离子和酪氨酸羟基、$-NH_3^+$ 是常见的亲电催化基团。辅酶中往往也带有一些亲核或亲电的催化集团。

（张　勇）

yìbān suānjiǎn cuīhuà

一般酸碱催化（general acid-base catalysis）　酶通过分子中的质子供体和质子受体与底物作用，提高反应速率的机制。

根据酸碱质子理论，一般酸碱指所有质子供体及质子受体，包括溶液中所有的共轭弱酸弱碱。特殊酸碱则特指氢离子和氢氧根离子。因为在生理条件下特殊酸碱的浓度都很低，不能起到明显的催化作用，所以酶主要依靠一般酸碱催化。

酶活性中心的羧基、氨基、咪唑基、巯基等均可进行一般酸碱催化。其中组氨酸的咪唑基解离常数约为6.0，在生理pH下部分解离，所以既可以提供质子，又可以接受质子。而且它提供和接受质子的速度都很快，所以非常适合酶的酸碱催化。另外，其碱形式也是亲核基团，还可进行共价催化作用。所以，虽然组氨酸在大多数酶蛋白中含量很少，但往往起着非常重要的催化作用。

因为酶是大分子，含有多种酸碱催化基团，所以酶常常将其组合起来，采用酸碱共催化的方式进一步提高催化效率。在酶的活性中心，还经常由多个一般酸碱基团组合，构成一条质子传递通路，以提高质子转移效率，加快反应速率。

（张　勇）

jīnshǔ lízǐ cuīhuà

金属离子催化（metal ion catalysis）　酶通过分子中的金属离子与底物相互作用来加速反应的机制。需要金属离子参与催化过程的酶很多，这些酶中的金属离子主要通过以下三种途径加速化学反应。

定向效应　金属离子与底物结合，使底物按照更容易发生反应的方式排列，从而加速反应。比如激酶都需要镁离子参与反应，实际上的反应过程是镁离子先与ATP结合，然后这个复合物再与激酶结合，成为激酶的直接底物。这里镁离子的存在有助于底物的正确定向取位。

电荷屏蔽　金属离子的正电荷可以屏蔽负电荷之间的静电斥力，有助于底物与催化基团的结合。例如，前面提到的镁离子与ATP结合作为激酶的真正底物，镁离子可以屏蔽ATP分子中磷酸基的负电荷，有利于亲核试剂的进攻。

转移电子　多价金属离子可以通过化合价的变化来转移电子，促进反应。比如在细胞色素氧化酶中含有铁离子，其价态在高铁（3+）和低铁（2+）之间不断转变，从而不断地将电子从细胞色素C传递到氧。铜、锰、钼等金属离子均有此类作用。

（张　勇）

línjìn cuīhuà

邻近催化（catalysis by approximation）　酶使底物分子集中于活性中心区域，从而提高局部底物浓度使彼此邻近，因而加快反应速度的机制。

底物分子进入酶的活性中心区域，相当于对底物进行一次富集，大大提高了活性中心区域的底物有效浓度。除此之外，酶还使待反应的基团之间按照最有利于发生反应的取向排列，使它们发生有效碰撞的概率增加，称为定向效应（orientation）。这类似于由分子间反应变成分子内反应。通过对一些同类反应的计算，发现这种催化机制可以将反应速度加快10^2~10^{11}倍。

（张　勇）

méi cù fǎnyìng dònglì xué

酶促反应动力学（kinetics of enzyme-catalyzed reactions）　主要研究酶促反应的速率及其影响因素等的领域。是酶学的分支。

酶促反应速率的影响因素包括酶浓度、底物浓度、温度、pH值、激活剂和抑制剂等多个方面。酶促反应动力学研究不仅可以计算出酶促反应在不同条件下的进行情况，还可以揭示酶的催化机制、指导酶的应用，在基础理论研究和医药卫生、工业生产等方面都有重要作用。

（张　勇）

méi cù fǎnyìng sùlǜ

酶促反应速率（enzymatic reaction rate）　酶促反应进行的快慢程度。

测定方法　反应速率用单位时间内底物减少或产物增加的量来表示。二者在理论上是等价的，但产物浓度从无到有，变化幅度较大，所以易于测量。反应底物通常是过量的，在反应初期变化幅度微小，难以准确测定。通常在反应初期底物充足，逆反应微弱，此时反应速率保持恒定，称为反应初速率。初速率干扰因素较少，所以一般所说反应速率均指初速率。

影响因素　酶促反应速率的影响因素主要包括温度、酸碱度、激活剂和抑制剂等。①反应体系的pH值影响酶的活力，从而影响反应速率。pH值一方面影响酶的构象和活性中心基团的解离，另一方面也会影响底物中基团的解离。二者均会改变酶的催化能力。多数酶的最适pH接近生理条件，但也有少数酶需要酸性或碱性环境。如胃蛋白酶最适pH就是2.0，与胃部的酸性环境一致。②温度对酶促反应速率的影响有两个方面，一是高温使酶失活，二是高温增加化学反应速率。最终结果是酶的活力曲线呈现钟形，其最高点称为酶的最适温度。哺乳动物体内的酶最适温度通常为37℃。多数酶在60℃以上开始变性，但也有少数酶可耐受90℃以上高温，如核糖核酸酶、Taq酶等。严格来说，最适温度与反应条件有关，反应时间、反应体系构成均有影响。一般反应时间越长，酶越容易变性，最适温度也越低。酶的变性过程需要水参与，所以非水相反应体系中酶的最适温度更高。③酶的激活剂能提高酶活性，加快反应速率（见酶激活剂）。④酶的抑制剂使酶活力下降，降低反应速率，但不引起酶蛋白变性（见酶抑制剂）。

（张　勇）

Mǐshì chángshù

米氏常数（Michaelis constant, Km）　酶促反应达到最大速度一半时的底物浓度。代表酶和底物之间的亲和力，km 值越大，亲和力越弱。

意义　对于一个单底物、单产物的酶促反应，米氏常数是其酶－底物复合物（ES 复合物）分解（包括正、逆反应）的速度常数与形成的速度常数之比。其单位是浓度单位，标准单位是 mol/L。根据米氏方程，当底物浓度恰好等于米氏常数时，酶促反应速率等于最大反应速率的 50%。

应用　米氏常数是酶的特征常数，由酶的性质、底物种类及反应条件决定，与酶的浓度无关。所以对于一个确定的反应，当 pH、温度、离子强度等条件不变时，Km 是恒定的。当 ES 复合物形成产物的速度常数 k_2 远小于其分解生成底物的速度常数 k_{-1} 时，1/Km 可近似表示酶与底物的亲和力。对于有多种底物的酶，Km 最小的底物与酶的亲和力最高，称为酶的天然底物。

米氏常数是酶的重要动力学常数，通过 Km 可以计算出不同底物浓度下的反应速度，以指导实践；可以通过不同抑制剂对酶的 Km 值的影响，来判断抑制类型，分析反应机制；可以分析别构酶的协同效应类型等。

（张　勇）

jìngzhēng xìng yìzhì

竞争性抑制（competitive inhibition）　由于抑制剂与底物竞争结合酶的活性中心而产生的抑制作用。

原理　竞争性抑制剂的结构与底物类似，能与酶可逆结合，生成酶－抑制剂复合物（EI）但不能分解生成产物（图 1）。图中 E 代表酶，S 代表底物，I 代表抑制剂，P 代表产物，ES 代表酶－底物复合物，EI 代表酶－抑制剂复合物。

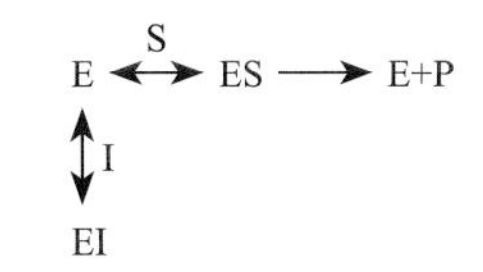

图 1　竞争性抑制原理示意图

竞争性抑制的本质是抑制剂与底物争夺活性中心，一方会阻碍另一方的进入。所以当底物浓度远高于抑制剂时，后者进入活性中心的概率就大为降低，抑制效果就减弱。这种现象称为底物保护。

特点　竞争性抑制剂使酶的表观 Km 增大，但是不改变表观最大反应速度（Vmax 或称 Vm）。

应用实例　毒扁豆碱是乙酰胆碱的类似物，所以是胆碱酯酶的竞争性抑制剂，食用未煮熟的扁豆会造成食物中毒。氟柠檬酸是顺乌头酸酶的竞争性抑制剂，在实验室中也观察到了底物保护现象。不过 EI 的解离常数太小，需要加入百万倍的异柠檬酸才能使酶活性缓慢恢复。

（张　勇）

fēi jìngzhēng xìng yìzhì

非竞争性抑制（noncompetitive inhibition）　抑制剂与酶活性中心以外的部位结合，通过改变整体构象而产生的抑制作用。

原理　底物和抑制剂与酶的结合位点不同，所以二者之间没有竞争。但形成的三元复合物 ESI 不能分解生成产物，相当于降低了 ES 浓度，所以酶活性降低（图 1）。图中 E 代表酶，S 代表底物，I 代表抑制剂，P 代表产物，ES 代表酶－底物复合物，EI 代表酶－抑制剂复合物，EIS 代表酶－抑制剂－底物复合物。

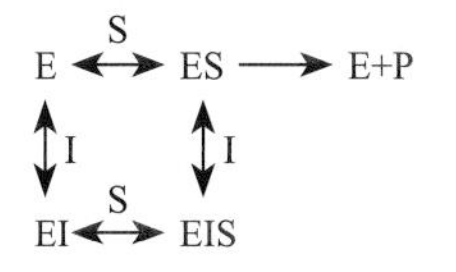

图 1　非竞争性抑制原理示意图

非竞争性抑制剂通常与酶活性中心以外的巯基、金属离子等结合，破坏酶的构象，抑制酶的催化活性。

特点　非竞争性抑制使 Km 不变，Vm 变小。

应用实例　甲氧西林与 β－内酰胺酶的结合部位远离活性中心，所以是其非竞争性抑制剂。EDTA 对己糖激酶的抑制作用是通过络合镁离子实现的，也属于非竞争性抑制。

（张　勇）

fǎn jìngzhēng xìng yìzhì

反竞争性抑制（uncompetitive inhibition）　抑制剂与酶－底物复合物结合，生成不能形成产物的三元复合物，从而产生的抑制作用。

原理　反竞争性抑制剂不能直接与酶结合，只有在酶与底物结合后，才能与 ES 复合物结合。这种结合通过平衡移动来促进酶与底物的结合，与竞争性抑制剂抑制二者结合的效果相反，故称反竞争性抑制（图 1）。图中 E 代表酶，S 代表底物，I 代表抑制剂，P 代表产物，ES 代表酶－底物复合物，ESI 代表酶－底物－抑制剂复合物。

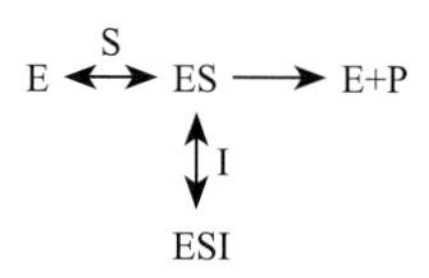

图1 反竞争性抑制原理示意图

由于产生的三元复合物不能生成产物，所以最终抑制了酶的催化活性。

特点 反竞争性抑制剂使 Km 和 Vm 都变小。

应用实例 氰化物对芳香硫酸酯酶的抑制作用属于该抑制。

（张 勇）

fēi shuǐxiāng méi xué

非水相酶学（nonaqueous enzymology）

研究酶在非水相介质中进行催化的原理和应用的科学。也称非水相酶催化。

条件 传统上认为，酶只能在水溶液中起催化作用，而有机溶剂是酶的变性剂，应尽量避免酶与有机溶剂的接触。其实，酶并不是一遇到有机溶剂就会变性，只要控制好条件，酶是可以在有机溶剂中长期作用的。要使酶在有机相中进行催化，必须满足以下条件。①必需水：酶要保持活力，其分子表面就必需有一层水分子存在，以维持催化必需的构象。这些与酶紧密结合、维持酶活性所必需的最少量水，称为必需水或结合水。如果失去必需水，酶就会失去活性。不同种类的酶所需要的必需水数量不同。脂肪酶只需要几个水分子，乙醇脱氢酶则需要几百个水分子才显示催化活性。②溶剂：酶的非水相催化反应体系有单相共溶体系（水/水溶性有机溶剂）、两相体系（水/水不溶有机溶剂）、低水有机溶剂体系、反相微团体系和超临界流体5种类型。前三种容易构建，产物和酶容易回收。反相微团是由两亲分子疏水尾向外，极性头向内，构成透明、稳定的微不均一系统。超临界流体（SCF）指那些在临界温度和临界压力以上仍作为流体存在的物质。它作为介质反应后可彻底排除，产物中不残留任何溶剂，对食品和药品的生产特别有利。③pH：有机介质中，酶反应的 pH 由必需水维持，必需水的 pH 应与水溶液中反应时的最适 pH 一致。这样可使酶分子中的必须基团达到反应所需要的最佳离子化状态。酶应从具有最适 pH 的缓冲液中冻干或沉淀出来，这样酶分子上有关基团的电离状态可以在有机溶剂中保持，称为 pH 记忆。④酶的形式：许多酶在有机溶剂中几乎不溶，为使酶与底物充分接触，可以采用冻干酶粉、化学修饰酶、固定化酶等形式。

优点 由于独特的反应环境，非水相催化具有许多水相催化无法比拟的优点。①可避免微生物污染。微生物一般不能在有机溶剂中生存，所以在有机溶剂中反应可以解决工业上常见的微生物污染问题。②可催化水不溶底物进行反应。多数有机物不溶于水，所以非水相催化是酶在化工中得到大规模应用的基础。③可以改变反应的方向及结果。酶催化环境的改变使其催化反应的方向及结果也发生改变，如蛋白酶在水相中催化肽键的水解，而在有机相中却可以合成肽键。④酶的热稳定性提高。酶的热变性必须有水参加，在几乎无水的环境中，酶的变性温度提高，所以其最适温度有所提高。⑤防止底物及产物的水解。某些化合物在水溶液中很容易发生水解，所以这些物质的合成和参与的反应都无法用普通水溶性酶进行催化。非水相催化可轻易解决这个问题。⑥可扩大最适 pH 范围。

应用范围 目前在有机介质中已经成功地用酶进行了氧化、还原、脱氨、羟化、甲基化、环氧化、酯化、酰胺化、磷酸化、异构、开环、侧链切除、缩合、卤代等反应。

（张 勇）

méi gōngchéng

酶工程（enzyme engineering）

利用酶的催化功能进行物质转化的技术。也称酶技术。酶工程是生物工程四大技术之一。

发展史 酶具有催化效率高、反应条件温和的优点，用于工业生产，可以缩短生产周期、简化生产设备。人们有意识地将酶用于生产和生活，起始于19世纪，但都是小规模的应用。直到20世纪50年代，许多酶制剂都采用发酵法大规模工业化生产，酶制剂的价格明显降低，开始在工业生产中得到应用。这些酶的应用产生了明显的效益，如日本1959年采用淀粉酶水解淀粉制葡萄糖，代替原来高温高压酸水解的旧工艺，使转化率从80%提高到100%，1960年日本精制葡萄糖的产量猛增10倍。此外，酶在生产核苷酸、青霉素、拆分外消旋氨基酸等方面也得到了应用。这一时期主要是溶液酶的应用，酶的种类也较少，主要是水解酶类。这些应用暴露了酶的一些缺点，如难以回收、成本高、稳定性差等。这些缺点妨碍了酶的进一步应用。

为克服这些缺点，在20世纪60年代出现了酶的固定化技术，将酶固定在固体物质上，使酶可以回收重复使用，而且也增加了酶的稳定性。固定化酶还可以装柱连续反应，底物从上面加入，产物从下面流出，可以自动化生产，大大提高了酶的利用率。20世纪70年代，又兴起了固定化细胞技术，将含有酶的细胞直接固定化，省去了提酶的步骤，增加了酶的稳定性，适于多酶反应。固定化细胞可以用于胞外酶的生产，但不适用于胞内酶。20世纪80年代，又出现了固定化原生质体技术，可用于生产胞内酶。此后，酶的化学修饰、酶电极、模拟酶等技术陆续出现，酶工程得到迅速发展。

主要内容和目的 1971年在美国召开的第一届国际酶工程会议提出，酶工程的内容主要是酶的生产、分离纯化，酶的固定化，酶及固定化酶的反应器，酶与固定化酶的应用。酶工程的主要目的包括提高酶的活性，增加酶的稳定性，降低医用酶的抗原性，抑制某些有害酶的活性等。

随着基因重组等技术的发展，很多分子生物学技术也应用到酶工程中。所以，根据使用的技术种类，酶工程可以分为化学酶工程和生物酶工程两部分。前者采用传统的生物化学方法，主要使用天然酶、固定化酶、化学修饰酶和模拟酶。后者采用了DNA重组等分子生物学技术，使用克隆酶（用基因工程技术大量生产酶）、突变酶（通过对酶基因进行突变修饰获得人工改造酶）和新酶（人工设计全新的酶）。

交叉概念 除酶工程外，还有所谓生物化学工程和蛋白质工程，其研究范围与酶工程有许多交叉之处。

生物化学工程是解决生物技术产品工业化过程中的特殊问题的技术，包括生化反应工程（生物反应过程与反应器）、生化分离工程（分离提纯技术与设备）、生化控制过程（生物传感器、测量与控制）、生化系统工程（过程分析评价与优化设计放大）。

蛋白质工程是一种根据需要改造天然蛋白质的技术，以蛋白质结构与功能关系为理论基础，以基因工程技术为主要手段，以期得到更符合需要的新型蛋白质。因为绝大多数酶的化学本质是蛋白质，所以蛋白质工程可以为酶工程提供更加有效的新型酶类，常被看作酶工程的上游技术。

（张　勇）

gùdìng huà méi

固定化酶（immobilized enzyme）

水溶性酶经过特殊处理形成的不溶于水，但仍有酶活力的酶衍生物。

酶在工业生产上有很大应用价值，但如果直接使用水溶性酶就无法回收，成本过高，所以发展出了固定化酶技术。

特点 与未经处理的水溶性酶相比，固定化酶具有以下特点。①可回收：固定化酶能重复使用，可降低工业生产成本。比如用磁性氧化铁做载体，可以从含有胶体物质或不溶性物质的反应溶液中很容易地回收酶，达到重复使用、降低成本的目的。②产物纯净：可溶性酶很难从产物中分离出来，除了增加成本之外，还会掺杂在产品中，造成污染。比如在制药工业中，酶作为外源蛋白质，进入血液会引起发热等不良反应。③酶稳定性提高：固定化酶的构象比游离酶稳定，所以其热稳定性、使用稳定性和保存稳定性都有所提高。这样，固定化酶就可以长期使用，并且催化温度可以适当提高，从而加快反应速度。④适于自动化生产：固定化酶容易与产物分离，所以其反应过程容易实现管道化、连续化、自动化。⑤固定化时有活力损失：酶在进行固定化处理时总会有一定的活力损失，包括反应过程中的变性失活和未完全反应的酶的流失等。⑥增加一次性成本：酶的固定化处理需要投入成本，自动化生产的设备也需要成本，所以使用固定化酶的工厂一次性的成本投入比较高。⑦酶的专一性可能改变：固定化以后，酶的催化环境发生很大变化，可能会使酶的专一性等性质发生改变。固定化酶一般不适合固态底物，因为两种固相物质很难充分接触。

制备方法 固定化酶的制备方法主要有以下三大类。①载体结合法：将酶结合于水不溶性载体上，从而使酶可回收。主要包括物理吸附法、离子结合法和共价键法三种。物理吸附法简单易行，酶活性损失小，但结合力弱，酶易脱落，常发生活力流失现象。共价键法结合牢固，但是反应条件激烈，操作复杂，酶失活较严重，有时酶的专一性会发生改变。②交联法：用双功能或多功能试剂使酶分子之间发生交联。这种方法也是用共价键固定酶，但可以不用载体。此法结合牢固，但条件激烈，酶活性低，应尽量降低交联剂浓度，缩短反应时间。经常与其他方法配合使用。③包埋法：将酶限制在一定的空间内。有网格型和微囊型两种。网格型是将酶包埋在高分子凝胶的细微网格中。可用合成高分子的单体或预聚物在酶存在下聚合，也可用天然高分子溶胶在酶存在时凝集，将酶包埋。微囊型是将酶包埋在高分子半透膜中。其颗粒比网格型小得多，有利于酶和底物的充分接触，但是制备较难、成本高。

固定化的影响 酶固定化后，

从游离状态变为结合状态，其性质也随之发生变化。①稳定性增加：固定化酶稳定性一般比游离酶有所提高。②最适 pH 发生偏移：主要是由于载体带电基团及微环境的扩散限制造成的。③最适温度变化：固定化酶的最适温度一般比游离酶高，提高的程度与载体性质有关。所以固定化酶可在较高温度下催化，从而加快反应速度，还可避免微生物污染。④专一性的变化：催化小分子底物的酶固定化后专一性一般不变，但底物为大分子的酶，如淀粉酶、蛋白酶等，固定化后专一性可能发生变化，产物与游离酶不同。⑤相对活力的变化：酶固定化后，活力一般会降低。酶活的变化一般用相对活力表示，即以游离酶的活力为 100%，同样蛋白量的酶连接在固相载体上后所显示的活力百分数为相对活力。活力下降的情况与酶和载体的种类、数量、底物、载体及固定化方法有关。

（张　勇）

móní méi

模拟酶（model enzyme）　人工设计制造的比天然酶简单得多，但具有酶催化的高效性和专一性的非蛋白质分子。

为了得到活力高、稳定性好、价格低廉的酶，人们进行了许多努力，如通过基因工程和蛋白质工程对现有的酶进行改造、在微生物和海洋生物中寻找新酶等。也有人试图人工设计制造比天然酶简单得多的非蛋白质分子，但具有酶催化的高效性和专一性，称为人工模拟酶。

模拟酶一般是在一个可与某些底物结合的基本化合物上人工添加一些催化集团。环糊精是淀粉水解时由 6~8 个葡萄糖形成的环状分子，呈中空筒状，外部亲水，内部疏水，可结合一些疏水物质。环糊精对某些反应有催化作用，如可将间位叔丁基苯基乙酸酯的水解加快 250 倍。这与酶的活力无法相比。有人用环糊精模拟转氨酶，将吡哆胺与一种碱性侧链同时连接在环糊精上，经分离异构体，可催化苯丙氨酸的转氨反应，比吡哆胺快 2000 倍，且有立体专一性，产物中 L 型占 98%，而吡哆胺是没有立体专一性的。

还有人用环糊精模拟核糖核酸酶、胰凝乳蛋白酶，用冠醚衍生物催化 ATP 水解等，都取得一定效果，但都无法与天然酶的活力相比。

（张　勇）

kàngtǐ méi

抗体酶（abzyme）　利用抗体和抗原的特异性结合来识别底物，以达到催化目的人工酶制剂。也称催化性抗体。

制备策略　抗体酶的制备策略有两类，一类是用底物做半抗原，另一类是用过渡态类似物做半抗原。用底物做半抗原比较简单，但这样得到的抗体只能与底物结合，不一定具有催化作用。要使它具有催化作用，还要再连接上具有催化作用的基团，或者用化学突变法，将一些处于抗原结合部位的没有催化作用的基团突变成具有催化作用的基团。用过渡态类似物做半抗原得到的抗体直接就可以稳定过渡态，从而加速反应，但过渡态类似物的设计和制备比较复杂。

进展程度　某些抗体酶的活性已经接近天然酶的水平。例如，采用化学突变法制备的含硒抗体酶 Se-2F3-scFv，其活力约为兔肝谷胱甘肽过氧化物酶的 49.1%，并且具有保护线粒体抗氧化损伤功能。

（张　勇）

méi diànjí

酶电极（enzyme electrode）　由固定化酶与化学电极两部分构成的酶传感器。

酶电极是酶传感器中最常用的一种，是一种专一、灵敏、快速、准确的分析测试工具，可用于化学分析、临床诊断、环境监测、生产过程自动化等许多方面。酶电极由固定化酶与化学电极两部分构成，常用来测定某种物质的浓度。其基本原理是用酶识别特定物质并与之反应，产生的变化被信号转换器转化为电信号，最后显示出被测物质的浓度。

葡萄糖电极是研究最早、最多、最成功的酶电极。1967 年制成第一支酶电极，20 世纪 70 年代达到实用阶段。用葡萄糖氧化酶可将葡萄糖氧化：

$$C_6H_{12}O_6+2H_2O+O_2=C_6H_{12}O_7+2H_2O_2$$

可根据反应生成的葡萄糖酸、过氧化氢或消耗的氧的量来计算葡萄糖的含量。用 pH 电极可测量葡萄糖酸含量，从而计算葡萄糖含量，但灵敏度较差，检测限为 10^{-3}mol/L。用 Clark 氧电极测量氧消耗的量，检测限为 10^{-4}mol/L，适于血糖测定。最灵敏的是过氧化氢电极，当过氧化氢扩散到铂电极时被分解，放出电子，产生电流，线性范围是 10^{-8}~10^{-3}mol/L。

在发酵工业生产过程中，已经采用酶传感器测定温度、酸度、溶氧、浊度、黏度、气液流量、液位、罐压、物质浓度等多种指标。在食品工业中，已经研制出鱼类鲜度传感器，可以快速测定鱼类新鲜程度。其原理是鱼类死亡后，其体内的 ATP 迅速按照 ATP-ADP-AMP-IMP（肌苷酸）-HxR（肌苷）-Hx（次黄嘌呤）的顺序分解，鲜度也随之下降。所以鲜度可用 Ki 值表示：

$$Ki=(HxR+Hx)/(IMP+HxR+Hx)\times100\%$$

传感器中有三种酶电极，分别用来测定三种水解产物的浓度，按照以上公式计算 Ki 值，大于 40 不新鲜，小于 40 为新鲜，小于 10 为非常新鲜。

酶的专一性很强，与化学电极相比干扰较小，但也有一些干扰因素。这些因素主要干扰化学电极，如测量铵根离子的玻璃电极对钠和钾也有响应。此类干扰可用参比电极排除，但其浓度高于 10^{-4}mol/L 时会显著降低电极响应。酶反应本身也会受到干扰，其他底物、激活剂、抑制剂等都可能影响酶的催化能力，从而影响酶电极的准确性。所以即使使用酶电极，也要注意测量环境中是否有干扰因素，才能得到准确的结果。

（张 勇）

méi yǔ jíbìng zhěnduàn

酶与疾病诊断（enzyme and disease diagnosis） 酶在疾病诊断中的作用主要是两方面：通过测定体液中某些酶活性的改变辅助诊断疾病；用酶促反应测定某些代谢物浓度辅助诊断疾病。

正常组织中酶的活性是相对恒定的，当发生某些疾病时机体代谢改变，酶活性也发生相应变化。所以，测定某些酶活性的变化，可以反映机体的异常，从而辅助疾病诊断。比如，急性胰腺炎发病后 4 小时，血清脂肪酶即开始升高。所以，血清脂肪酶可以作为急性胰腺炎的早期诊断指标。转氨酶主要分布在肝脏，所以肝损伤时血清转氨酶活性会明显升高。因此，转氨酶活性常作为肝脏疾病的诊断指标。但是，酶活性一般只是诊断指标之一，确诊某些疾病需要多项指标综合判断。如确诊肝炎不仅需要检测转氨酶，还需要有相应的临床症状（发热、厌食、黄疸等）和病原学证据（肝炎抗原、抗体等）。单纯的转氨酶活性升高，也可能与饮酒、服药、剧烈运动等有关。

疾病状态下一些组织代谢发生变化，体液中相应的代谢物浓度也会发生改变。有些代谢物浓度低，或干扰物多，用常规方法不易测定。因为酶具有高效、专一的催化特性，所以用酶促反应可以准确测定一些代谢物的浓度，从而辅助诊断。比如血糖测定，1908 年贝尼托（Benidict）首先用测定还原糖的方法测定血糖，1920 年改进发展出福－吴（Folin-Wu）氏法，并沿用近 50 年。这类方法因为血清中有其他还原性物质干扰，所以结果偏高。同时这类方法耗时且不易自动化。而利用酶的专一性可以轻易排除各种还原性杂质干扰，迅速得到准确结果。比如用血糖仪和葡萄糖氧化酶制成的血糖试纸，只用一滴血，5 秒就可以得到准确的血糖浓度。用酶已经开发出多种诊断试剂，比如用尿酸酶测定尿酸来诊断痛风，用胆固醇氧化酶测定血清胆固醇诊断心血管疾病等。

（张 勇）

shēngwù yǎnghuà huányuán

生物氧化还原（biological oxidation-reduction） 生物体内的物质被氧化的过程。生物氧化还原体系包括生成 ATP 的生物氧化还原体系和不生成 ATP 的生物氧化还原体系。糖、脂肪和蛋白质等物质主要通过三羧酸循环，脱氢产生成对的氢原子，还原成 NADH 或 $FADH_2$，并与氧原子结合生成水。同时释放能量使 ADP 磷酸化生成 ATP，储存大量能量提供给各种生命活动。不生成 ATP 的生物氧化还原体系包括超氧阴离子和细胞色素 P450 单加氧酶介导的氧化。

（蒋澄宇 梅 颂）

hūxī liàn

呼吸链（respiratory chain） 《中国医学百科全书生物化学》中指出："在需氧生物细胞内，物质代谢过程中以 NAD^+ 为辅酶的脱氢酶产生的 NADH 和一些以 FAD 为辅基的脱氢酶的作用物，其所带的氢原子经过多种排列有序的氢传递体的传递，最后传给氧，生成水，并在这个有规律的传递中释放出自由能合成 ATP 的体系。由于这种体系是由一系列连锁反应组成，并且与需氧生物细胞呼吸过程有关，故称为呼吸链。"呼吸链位于线粒体内膜上，由多肽、酶、辅酶及其他分子组成。电子在呼吸链中的传递是放能过程。氧化还原反应生成的能量产生了质子电化学梯度，激活 ATP 合酶，合成三磷酸腺苷（ATP）。

组成 位于线粒体内膜的呼吸链由 4 种复合物组成（表 1）。

复合物Ⅰ：NADH-Q 氧化还原酶 也被称为 NADH 脱氢酶，是一种包括 42 条不同肽链的巨大的黄素蛋白复合物，包括一个含有黄素单核苷酸（flavin mononucleotide，FMN）的黄素蛋白和至少 6 个铁－硫中心。复合物Ⅰ呈 L 型，其中一条臂嵌入线粒体内膜，另一条臂伸入线粒体基质。复合物Ⅰ催化两步同时进行且互相偶联的反应：①催化 NADH 脱下氢，经 FMN 及铁－硫蛋白传递给辅酶 Q，并与基质中的 H^+ 相互作用，生成 QH_2 的放能反应，化学式表示为：$NADH+H^+$

$+Q \rightarrow NAD^+ + QH_2$。②作为质子泵将4个质子从基质转移到膜间隙的吸能过程，该过程形成了线粒体内膜“内负外正”的电化学梯度，用于驱动ATP的合成。

辅酶Q是脂溶性醌类化合物，由于在生物体内广泛存在而被称为泛醌，在线粒体内膜中可以穿梭游动传递电子，与蛋白质结合不紧密，因此可以在黄素蛋白和细胞色素之间灵活地传递电子。

复合物Ⅱ：琥珀酸脱氢酶 包含A、B、C、D四个蛋白亚基，亚基C和D为膜内在蛋白，其中包含血红素b和一个辅酶Q结合位点。亚基A和B伸入线粒体基质中，其中包含3个铁-硫中心，FAD辅基以及1个琥珀酸结合位点。来源琥珀酸的电子经过FAD、铁-硫中心传递到辅酶Q，生成QH_2。复合物Ⅱ将电子从FAD转移到辅酶Q释放的自由能较小，不足以将质子泵出内膜。

复合物Ⅲ：辅酶Q-细胞色素c氧化还原酶 也称细胞色素bc_1复合物，由11个不同的亚基组成，包括细胞色素b、Rieske蛋白，细胞色素c，以及2个核心蛋白和6个低分子蛋白，通常以二聚体形式存在。复合物Ⅲ将电子从还原型泛醌（QH_2）传递给细胞色素c，同时伴随着质子在基质和膜之间的转移。

细胞色素c是位于线粒体膜间隙的水溶性蛋白，其辅基血红素接受来自复合物Ⅲ的一个电子后，可以移动到复合物Ⅳ，传递电子。

复合物Ⅳ：细胞色素c氧化酶 一个由13个亚基组成，分子量为20.4kD的大蛋白质分子。细胞色素c将电子通过Cu_A传递到细胞色素a，再到细胞色素a_3和Cu_B中心，最终传递给氧分子。每传递4个电子，复合物在基质中消耗4个H^+，用于将1分子O_2转化为2分子H_2O，同时将4个质子泵入膜间隙，增加了膜内外的电势差（表2）。

（蒋澄宇　梅　颂）

表1　人体线粒体呼吸链中的电子传递复合物

复合物	质量（kD）	亚基个数	辅基
Ⅰ NADH脱氢酶	850	43	FMN，Fe-S
Ⅱ琥珀酸脱氢酶	140	4	FAD，Fe-S
Ⅲ辅酶Q-细胞色素c氧化还原酶	250	11	血红素，Fe-S
Ⅳ细胞色素c氧化酶	160	13	血红素，Cu_A，Cu_B

表2　呼吸链和电子传递体的标准还原电势

氧化-还原反应	标准电势（V）
$2H^+ + 2e^- \rightarrow H_2$	-0.414
$NAD^+ + H^+ + 2e^- \rightarrow NADH$	-0.32
NADH脱氢酶（FMN）$+2H^+ + 2e^- \rightarrow$ NADH脱氢酶（$FMNH_2$）	-0.30
辅酶Q$+2H^+ + 2e^- \rightarrow QH_2$	0.045
细胞色素b（Fe^{3+}）$+e^- \rightarrow$细胞色素b（Fe^{2+}）	0.077
细胞色素c_1（Fe^{3+}）$+e^- \rightarrow$细胞色素c_1（Fe^{2+}）	0.22
细胞色素c（Fe^{3+}）$+e^- \rightarrow$细胞色素c（Fe^{2+}）	0.254
细胞色素a（Fe^{3+}）$+e^- \rightarrow$细胞色素a（Fe^{2+}）	0.29
细胞色素a_3（Fe^{3+}）$+e^- \rightarrow$细胞色素a_3（Fe^{2+}）	0.35
$\frac{1}{2}O_2 + 2H^+ + 2e^- \rightarrow H_2O$	0.8166

xiànlìtǐ DNA fùzhì

线粒体DNA复制（mitochondrial DNA replication）

在细胞分裂之前，线粒体需要完成复制并分离到子代细胞中，而线粒体DNA复制是线粒体复制早期的必要步骤。由于在亲代线粒体中有多个线粒体基因组拷贝，而每个基因组扩增的倍数是随机的，因此虽然最终扩增的线粒体DNA分子总数一定，但某些特定的线粒体DNA分子的扩增数目可能多于其他线粒体DNA分子。另外，线粒体DNA分子装配到子代线粒体的过程也是随机的，这造成了子代线粒体和亲代线粒体的基因组组成并不相同。

线粒体DNA复制同细胞核DNA复制一样，都是以半保留复制的方式进行。但是，线粒体DNA复制也具有自身的特点。在哺乳动物体内，线粒体DNA在DNA聚合酶γ的作用下，可以通过形成置换环（D环）进行复制（图1）。

（蒋澄宇　梅　颂）

xiànlìtǐ DNA zhuǎnlù

线粒体DNA转录（mitochondrial DNA transcription）

线粒体DNA包括编码参与氧化磷酸化过程的蛋白质及翻译过程必需的rRNA和tRNA，因此线粒体DNA需要经过转录以维持自身正常的生理功能。

H链和L链的启动子序列都位于线粒体DNA主要的非编码区——置换环（D环）内，H链的2个rRNA转录由Hsp1启动子调控，其他rRNA、tRNA及具有多顺反子特性的蛋白质编码基因转录由Hsp2调控。线粒体DNA的转录异常可能导致细胞氧化磷

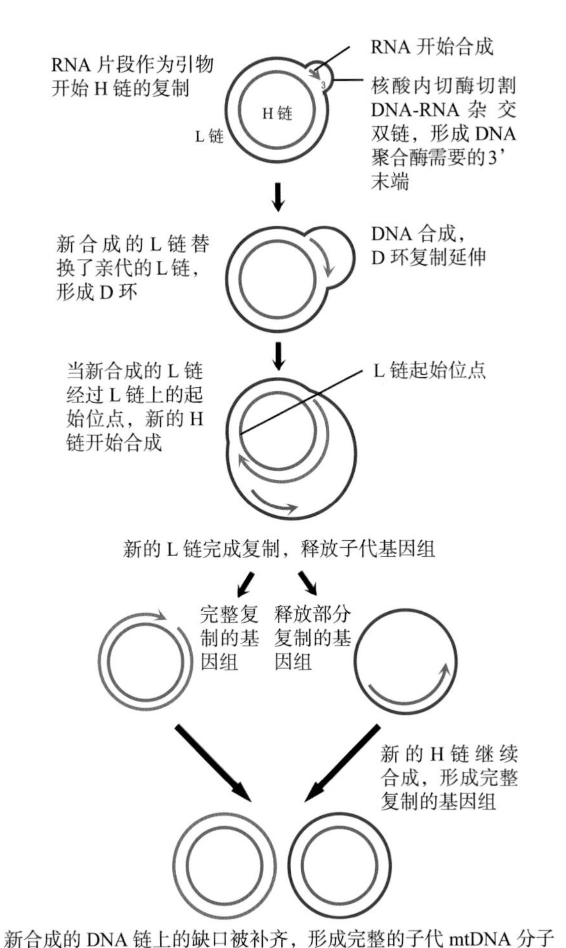

图 1　线粒体 DNA 复制示意图

酸化功能障碍，可能引起代谢障碍疾病、神经退行性疾病、年龄相关性疾病等。

（蒋澄宇　梅　颂）

xiànlìtǐ DNA tūbiàn

线粒体 DNA 突变（mitochondrial DNA mutation）　像所有遗传物质一样，线粒体 DNA 也会出现损伤、核酸代谢异常、复制准确度不完美，线粒体 DNA 出现的碱基替换、插入及缺失等现象。线粒体 DNA 的突变率比核 DNA 突变率高。

由于人类每个细胞中都有数千甚至上万个 mtDNA 拷贝，因此少量 mtDNA 发生突变不会对氧化磷酸化过程产生影响，只有达到一定的比例后才会影响细胞 ATP 产生，即阈值效应。目前已知的与线粒体 DNA 突变相关的疾病有运动不耐受、眼肌麻痹综合征、线粒体肌病脑病伴乳酸中毒及中风样发作、肌阵挛性癫痫伴随红纤维病、阿尔茨海默病、帕金森综合征、糖尿病及多种癌症等。

（蒋澄宇　梅　颂）

xiànlìtǐ dòngtài biànhuà

线粒体动态变化（mitochondrial dynamics）　线粒体是高度动态的细胞器，通过生成、清除移动、裂解与融合来维持自身的形态、大小、功能及在细胞质中的分布。

线粒体这种短暂且快速的形态变化对细胞周期、免疫、凋亡以及线粒体质量控制等多种功能都至关重要。其中，当细胞接受发育信号以及面临环境压力，导致能量需求增大时，细胞会启动线粒体生物合成。线粒体裂解可以使一个线粒体分裂成两个子代线粒体，这不仅是细胞分裂之前线粒体复制所必需的，而且可以辅助线粒体物质转运以及线粒体的细胞内分布，可以使损坏的线粒体成分分离。线粒体融合有利于线粒体之间内容物的交换。线粒体的移动使线粒体可以根据细胞内不同区域调整其位置，以满足细胞内的正常代谢。线粒体清除，即线粒体自噬，可以选择性地清除功能障碍以及受损的线粒体，从而维持正常线粒体的比例以及氧化磷酸化的功能。

线粒体动态变化由一系列控制线粒体物质转运、裂解、融合及自噬的核基因编码蛋白质调控，其中控制裂解与融合的蛋白主要是从属于 Dynamin 家族的大型 GTP 酶。相关基因的突变会导致线粒体动态变化的异常，引发多种疾病如神经退行性疾病、心力衰竭、糖尿病和癌症等。

（蒋澄宇　梅　颂）

xiànlìtǐ shēngwù héchéng

线粒体生物合成（mitochondrial biogenesis）　细胞通过线粒体的自我复制更新、增加线粒体含量的过程。美国科学家约翰·霍罗兹（John Holloszy）于 20 世纪 60 年代最早发现了线粒体生物合成的现象，他发现，体能耐力训练会导致线粒体水平升高。

线粒体生物合成由线粒体 DNA 和细胞核 DNA 共同完成，过程包括线粒体 DNA 的转录和翻译，以及细胞核 DNA 编码蛋白的合成、运输及组装。

线粒体生物合成能力已被证明随着年龄的增长而下降。衰老与线粒体裂解和融合相关蛋白表达水平的改变有关，产生功能障碍的线粒体。另外，在代谢性疾病、神经退行性疾病和癌症中也发现了线粒体生物合成异常。

（蒋澄宇　梅　颂）

xiànlìtǐ qīngchú

线粒体清除（mitochondrial clearance）　衰老和应激会造成线粒体的损伤，当损伤积累到一定程度会影响线粒体的正常功能，由于线粒体对细胞内的能量供应非常重要，因此需要及时对受损或老化的线粒体进行清除，以维持细胞的正常功能。线粒体损伤不仅仅是由氧化应激或疾病过程引起的，正常的线粒体也会随着时间的推移积累氧化损伤特征，这对线粒体和细胞都是有害的。这些有功能缺陷的线粒体会消耗细胞的ATP，增加ROS的产生，释放程序性死亡相关的胱天蛋白酶。线粒体清除对于细胞正常的生命活动至关重要。

线粒体自噬是常见的线粒体清除的方式，这是一种通过自噬选择性地清除损伤或老化线粒体的过程。最早在一百多年前美国科学家玛格丽特·里德·刘易斯和沃伦·哈蒙·刘易斯就描述了线粒体清除现象，1962年美国科学家阿什福德（Ashford）和波特（Porter）用电子显微镜观察到了肝细胞溶酶体中的线粒体片段，1997年研究发现线粒体的功能改变可以激活自噬，直到1998年，线粒体自噬的概念才出现并被广泛使用。在酵母中，线粒体自噬由Atg32介导，在哺乳动物中则由NIX及其调控因子BNIP3介导，并且由PINK1和帕金蛋白调控。线粒体自噬不仅可以清除衰老或损伤的线粒体，还可以调整线粒体的数量以适应细胞代谢需求的变化。

（蒋澄宇　梅　颂）

xiànlìtǐ lièjiě

线粒体裂解（mitohondrial fission）　线粒体通过原核二分裂的方式形成两个新的线粒体的过程。由于裂解过程需要线粒体DNA参与，因此线粒体裂解伴随着线粒体DNA的复制。线粒体是动态的细胞器，具有融合和分裂的能力，在大多数真核细胞中形成不断变化的管状网络。线粒体的融合和裂解过程是保持动态平衡的，并且共同调节着线粒体的形态、分布及功能，线粒体融合会导致线粒体形态的延长，而线粒体裂解则会导致线粒体的片段化。研究发现，在培养的成纤维细胞中，线粒体发生快速的裂解与融合，使GFP蛋白可以在一小时之内从一个线粒体扩散至所有的线粒体中。线粒体裂解在应激反应与细胞凋亡过程中具有重要意义。

（蒋澄宇　梅　颂）

xiànlìtǐ rónghé

线粒体融合（mitochondrial fusion）　两个线粒体融合形成一个新的线粒体的过程。其特殊方式是通过将基质整合到轻微受损的线粒体中，实现遗传互补，即不同缺陷的两个线粒体基因组分别编码另一个基因组缺乏的基因，克服基因缺陷造成的危险后果。

线粒体融合需要在多种蛋白参与的调控中完成，这些蛋白可以分成三个核心类群，包括线粒体融合蛋白质、OPA1/Mgm1和Drp/Dnm1。这些蛋白质都是从属于Dynamin家族的GTP水解酶，在哺乳动物、果蝇和酵母菌中是高度保守的。

（蒋澄宇　梅　颂）

xiànlìtǐ gàilízǐ

线粒体钙离子（mitochondrial calcium）　线粒体内钙离子的积蓄与释放是控制多种细胞功能的多效信号，包括关键的代谢通路以及细胞的生存与死亡。线粒体钙离子的发现可追溯到1961年，美国科学家恩斯特龙（Engstrom）及其团队首次证明，将活化的线粒体暴露于Ca^{2+}流中，可观察到线粒体迅速地吸收大量的Ca^{2+}。Ca^{2+}是重要的第二信使，在细胞内信号转导途径中发挥重要作用，并调控多种生命活动，如神经元释放神经递质、肌肉细胞收缩以及激素的调控。因此Ca^{2+}浓度受到严格的调节，细胞内的Ca^{2+}主要存储在细胞器中，如内质网和线粒体，这些细胞器会根据特定的细胞生物过程反复释放并重新积蓄Ca^{2+}，从而调节细胞活动。

线粒体基质中的Ca^{2+}浓度是由Ca^{2+}内流和Ca^{2+}外流两个动态平衡的过程共同作用的结果，Ca^{2+}内流需要内负外正的完整膜电位以及Ca^{2+}单向转运体的存在，而Ca^{2+}外流可依赖于H+/Ca^{2+}交换体以及Na+/Ca^{2+}交换体两个不同的机制。

线粒体钙离子起到多效信号的作用，在不同的细胞类型、代谢状态以及其他应激信号存在时产生不同的作用。一方面，线粒体钙离子在细胞器内发挥调控功能，比如调节ATP的产生，以及调控胱天蛋白酶辅因子的释放从而导致程序性细胞死亡；另一方面，线粒体钙离子可以在细胞水平发挥功能，比如调节细胞局部或者整体的阳离子稳态。

线粒体钙离子异常与心力衰竭、血糖稳态失调、肌肉萎缩、早发性近端肌无力等疾病相关。

（蒋澄宇　梅　颂）

xiànlìtǐ chuānsuō

线粒体穿梭（mitochondrial shuttle）将还原性物质跨线粒体内膜运输的系统。NADH及NAD^+无法穿过线粒体内膜，但是可以将其他可穿越线粒体内膜的物质如FAD和QH_2还原，使自身携带的电子可以到达电子传递链。

人类的线粒体穿梭主要包括苹果酸－天冬氨酸穿梭体系和甘油磷酸穿梭体系，两种体系将糖酵解过程中产生的电子转移到线粒体内膜，从而参与氧化磷酸化。在人类中，甘油磷酸穿梭系统主要存在于棕色脂肪组织中，因为转运效率较低，可以产生较多的热量。该系统主要在婴儿中被发现，也有少量存在于成年人的肾脏周围和后颈处。苹果酸－天冬氨酸穿梭则存在于身体的大部分部位。

苹果酸－天冬氨酸穿梭体系包括苹果酸脱氢酶、天冬氨酸氨基转移酶、苹果酸/α－酮戊二酸反向转运蛋白以及谷氨酸/天冬氨酸反向转运蛋白。在细胞质中，苹果酸脱氢酶催化草酰乙酸与NADH生成苹果酸和NAD^+，随后苹果酸/α－酮戊二酸反向转运蛋白将苹果酸从细胞质运输到线粒体基质中，同时将α－酮戊二酸从基质运输到细胞质。苹果酸到达线粒体基质后，线粒体苹果酸脱氢酶催化苹果酸与NAD^+生成草酰乙酸和NADH。随后，天冬氨酸氨基转移酶将草酰乙酸添加一个氨基转化为天冬氨酸，谷氨酸提供此氨基转化为α－酮戊二酸。谷氨酸－天冬氨酸逆转运蛋白可以将谷氨酸从细胞质运输到线粒体基质，并将天冬氨酸从基质运输到胞质。进入细胞质后，天冬氨酸被细胞质中的天冬氨酸氨基转移酶转化为草酰乙酸，开始下一轮的循环。苹果酸－天冬氨酸穿梭可以将细胞质中的NADH氧化成NAD^+，而将线粒体基质中的NAD^+还原成NADH。细胞质中的NAD^+可以参与新的糖酵解被还原，而线粒体基质中的NADH将电子提供给电子传递链，从而合成ATP。

大多数癌细胞会产生体内代谢活动相关基因的突变，从而增加葡萄糖代谢，以便癌细胞的迅速增殖。研究发现，通过抑制苹果酸－天冬氨酸穿梭体系的转运，可以减缓葡萄糖代谢，从而抑制癌细胞增殖。

（蒋澄宇　梅　颂）

xiànlìtǐ zàitǐ dànbái

线粒体载体蛋白（mitochondrial carrier）　将分子转运通过线粒体膜的蛋白质，从属于溶质载体（SLC）家族。线粒体载体在线粒体和细胞质之间运输小分子物质，从而调节二者的功能。线粒体载体超家族包括线粒体载体（MC）家族及线粒体内外膜融合（MMF）家族。哺乳动物的MC家族有53个成员，包括经典的SLC25A家族的转运蛋白及少数非经典的转运蛋白。虽然MC家族的蛋白质是由核基因编码的，但是仅在真核细胞的细胞器中被发现，它们大多存在于线粒体中，但是也有部分存在于动物的过氧化酶体、厌氧性真菌的氢化酶体及植物的淀粉质体中。

大多数线粒体载体蛋白通过逆向转运的方式交换膜内外的两种物质，目前已在线粒体内膜中发现了涉及能量转移的多种载体蛋白，可以促进无机离子、核苷酸、氨基酸、酮酸及辅因子等物质的跨膜运输。这些蛋白包括ADP/ATP载体蛋白、2－氧戊二酸酯/苹果酸载体蛋白、磷酸盐载体蛋白、三羧酸盐转运蛋白、酵母线粒体蛋白MRS3和MRS4、酵母线粒体FAD载体蛋白等。

为线粒体提供氧化磷酸化底物，无机磷酸盐和ADP的线粒体载体蛋白缺陷会造成能量产生缺陷的疾病。除了影响氧化磷酸化过程以外，参与线粒体功能的线粒体载体基因突变还导致肉碱/酰基肉碱载体缺乏症、高鸟氨酸血症－高氨血症－同型瓜氨酸尿症综合征（HHH综合征）、天冬氨酸/谷氨酸同工型2缺乏症、阿米什小头畸形和新生儿肌阵挛癫痫等。

（蒋澄宇　梅　颂）

xiànlìtǐ tōngtòu xìng zhuǎnyùn kǒng

线粒体通透性转运孔（mitochondiral permeability transition pore, MPTP）　在某些病理条件下，如脑部外伤和卒中，在线粒体内膜上形成的蛋白质。

线粒体通透性转运孔导致线粒体内膜的通透性增加，可以允许分子量小于1500Da的分子渗透。在特定的生理状态下，线粒体内膜通过MPTP改变通透性，并且通过诱导凋亡或坏死导致线粒体肿胀和细胞死亡。

MPTP会增加线粒体膜的通透性，从而导致线粒体的去极化，即跨膜电势的消除。由于线粒体内膜必须具有电化学梯度才能为ATP产生提供驱动力，因此跨膜电势消失将大大降低ATP的产生。ATP合酶甚至开始水解而不是合成ATP，导致细胞内的能量供应不足。另外，MPTP的打开使谷胱甘肽等抗氧化分子流出线粒体，降低了中和活性氧（ROS）的能力，同时由于电子传递链部分参与分子如细胞色素c的流失，将有更多的自由基产生。由于MPTP对小于1500Da的分子都有通透性，线粒体内部由于渗透压的增加而吸水，导致线粒体的肿胀，最终外膜破裂释放细胞色素c。细胞色素c可以通过激活促凋亡因子引起细胞的凋亡。

MPTP 最早由美国科学家海沃思（Haworth）和汉特（Hunter）于 1979 年发现，目前已发现其与神经退行性疾病、心脏坏死、神经和肌肉营养不良、瑞氏综合征引发的肝毒性等多种疾病过程中的细胞损伤与死亡有关。

（蒋澄宇　梅　颂）

yǎnghuà línsuān huà

氧化磷酸化（oxidative phosphorylation）《中国医学百科全书 生物化学》指出："线粒体内代谢物脱氢氧化时，分子中脱下的氢原子（包括质子 H^+ 和电子 e^-）经呼吸链，逐步传递给氧，氧化所释放的能量除部分转化为热能外，有相当一部分使 ADP 磷酸化，生成 ATP 中高能磷酸键的过程。由于氧化反应和磷酸化反应是偶联进行的，因此氧化磷酸化又称为偶联磷酸化。"在大多数真核细胞中，氧化磷酸化在线粒体中进行。氧分子中双键的能量远远高于二氧化碳中的双键以及无氧糖酵解等替代发酵过程中有机分子中成对单键的能量，因此氧化磷酸化在需氧生物中广泛存在。

氧化磷酸化的概念是 1939 年由英国科学家弗拉基米尔·别利采尔（Volodymyr Belitser）提出的，但氧化磷酸化领域的研究可以追溯到 1906 年英国科学家亚瑟·哈登（Arthur Harden）关于磷酸在细胞发酵中的重要作用的报道。最开始只有磷酸糖类被发现与氧化磷酸化有关。直到 20 世纪 40 年代初期，糖类氧化与 ATP 生成之间的关联由美国科学家赫尔曼·卡尔卡（Herman Kalckar）发现，从而证实了美国科学家弗里茨·阿尔伯特·利普曼（Fritz Albert Lipmann）于 1941 年提出的 ATP 在能量转化过程中的关键作用。1949 年，美国科学家莫里斯·德金（Morris Friedkin）和阿尔伯特·L. 莱宁格（Albert L. Lehninger）证明辅酶 NADH 可以将代谢过程如三羧酸循环与 ATP 的合成联系起来。

在随后的十余年时间里，科学家致力于寻找在氧化过程与磷酸化反应之间的一种高能中间产物。英国科学家爱德华·斯莱特（Edward Slater）于 1953 年提出化学偶联假说，但始终没有结果，ATP 生成的机制依然成谜。科学家提出了不同的假说，主要有以下三种：化学偶联假说、结构偶联假说与化学渗透假说。其中，化学渗透假说于 1961 年由英国科学家彼得·D. 米歇尔（Peter D. Mitchell）提出，最初虽然引起了极大的争议，但随着越来越多的证据被发现，该假说也逐渐被接受，米歇尔也因此获得了 1978 年诺贝尔化学奖。后续的研究集中在对氧化磷酸化过程中参与的酶的纯化和识别上，其中最卓越的贡献是加拿大科学家大卫·E. 格林（David E. Green）发现了呼吸链（电子传递链）中的多个复合物，以及美国科学家埃夫拉伊姆·拉克（Efraim Racker）对 ATP 合酶方面的研究。解释 ATP 合成机制的关键研究是美国化学家保罗·波耶尔（Paul D. Boyer）于 1973 年提出的"结合－变化"机制，随后他又于 1982 年提出了旋转催化的理论。后来，英国科学家约翰·E. 沃克（John E. Walker）对氧化磷酸化过程中酶的结构进行了研究，并与波耶尔共同获得了 1997 年的诺贝尔化学奖。

在氧化磷酸化过程中，电子在呼吸链中经过一系列复合物催化的氧化还原反应，在电子供体和电子受体之间传递，最终传递给 O_2。在真核细胞中该过程发生在线粒体内膜上，电子传递的自由能可以将质子从线粒体基质运送到膜间隙，从而形成了跨线粒体内膜的质子电化学梯度。质子可通过 ATP 合酶从浓度高的膜间隙流入浓度低的线粒体基质，流动所释放的能量驱使 ATP 合酶的构象发生改变，从而可将二磷酸腺苷（ADP）通过磷酸化作用转化为 ATP。

氧化磷酸化过程释放的能量主要来自双键较弱的 O_2，电子从氧化还原电对 $NAD^+/NADH$ 到最终氧化还原电对 $1/2\ O_2/H_2O$ 的传输可用化学式表示：$1/2\ O_2+NADH+H^+ \rightarrow H_2O+NAD^+$，两对氧化还原电对的标准氧化还原电势之差为 1.14V，释放的自由能为 −52kcal/mol。1 分子 NADH 在呼吸链中被氧化，可生成 3 分子 ATP，所吸收的能量为 $3 \times 7.3=21.9$kcal/mol（91.6kJ/mol），计算可得，生成 ATP 利用电子由 NADH 传递到 O_2 所产生能量的效率是（$21.9 \times 100\%$）/52 =42%，其余 58% 的能量就以热能的方式流失了。

氧化磷酸化过程中 ATP 的产生需要根据细胞对 ATP 的需求变化所调控。线粒体中的呼吸速率一般是由磷酸化过程的底物——ADP 的可利用率调控的。一般用质量作用比衡量 ATP–ADP 系统，表示为 [ATP]/（[ADP][Pi]）。通常这个比例是很高的，即 ATP–ADP 系统处于高度磷酸化的状态。当细胞进行一些消耗能量的生物过程，如蛋白质合成时，ATP 分解为 ADP 和 P_i 的速率加快，质量作用比降低，此时更多的 ADP 可以被氧化磷酸化过程所利用，呼吸速率增加，加快了 ATP 的生成。这个过程将一直持续直到质量作用比恢复至正常状态的高水平，此时呼吸速率减慢。该调控过程十分敏感和精确，因此在大多数组织中，即使在能量需求波动很大的情况下，质量作用比也仅会发生轻微变化。

在低氧条件下，细胞线粒体基质中代谢物氧化产生的电子与 O_2 可接受的电子之间出现失衡，导致大量活性氧的产生。线粒体可以通过一些机制防止活性氧的过量产生，一是通过丙酮酸脱氢酶（PDH）激酶磷酸化 PDH 使其失活，从而减慢三羧酸循环产生 $FADH_2$ 及 NADH，使其无法进入呼吸链；二是可以将呼吸链中复合物Ⅳ的 COX4-1 亚基替换为 COX4-2，以适应细胞缺氧的条件。当出现基因突变或过量的活性氧生成，导致这些抵抗活性氧生成的机制失效时，线粒体的功能将受到影响。

氧化磷酸化是需氧细胞主要的 ATP 来源。一分子葡萄糖完全氧化为 CO_2 可产生 30 或 32 分子的 ATP，相比之下，无氧条件下的糖酵解仅能产生 2 分子 ATP。因此，进化过程中氧化磷酸化的出现大大提高了分解代谢中的能量利用效率。

（蒋澄宇　梅　颂）

huàxué shèntòu xuéshuō

化学渗透学说（chemiosmotic hypothesis）

《中国医学百科全书生物化学》指出：“在氧化磷酸化过程中，线粒体内膜两侧有电子或化学基团如 H^+ 或 O^{2-} 的转移和线粒体基质中溶质 H^+ 的转位，因此既有化学问题，又涉及物理上的渗透问题的学说。在 ADP 磷酸化生成 ATP 时，线粒体内呼吸链在电子传递过程中产生能量，关于这能量如何储藏起来的机制，历来存在三种学说，即英国科学家爱德华·斯莱特（Edward Slater）的化学学说、美国科学家保罗·波耶尔（Paul Boyer）的构象学说和英国科学家彼得·D. 米歇尔（Peter D. Mitchell）的化学渗透学说。

米歇尔发现：在线粒体悬液中加入定量的氧，则介质中的 H^+ 浓度升高，pH 降低，且线粒体的氧耗量和 H^+ 的增多还有定量比例关系，H^+/O 为 6，即每对电子传递至 Y_2O_2 使其形成 O^{2-} 时，线粒体共释出 3 对 H^+。用人工方法造成线粒体内膜两侧的 pH 梯度，使外侧的 pH 低于内侧，可见有 ATP 生成。膜内外 H^+ 浓度差和无机磷利用的定量比例为 $P_i : H^+ = 1 : 2$，亦即膜外侧每增加 $2H^+$ 可耗 1 分子 Pi 或合成 1 分子 ATP。这样，当每对电子和氧化合成 O^{2-} 时，可产生 3 分子 ATP，这与大多数作用物的 P : O 率是相符的。但当线粒体悬液中加入某些离子载体，改变线粒体膜对离子的通透性，则 ATP 的合成受阻，可见 ATP 生成和某些化学离子的通透有关，上述发现就是化学渗透学说的重要依据。”

该理论最初因过于激进而存在争议，但随着越来越多的实验证据出现，科学界普遍接受了这一假说。化学渗透偶联对于线粒体、叶绿体以及许多细菌和真菌的 ATP 合成都是十分重要的。米歇尔也因这一学说获得了 1978 年诺贝尔化学奖。

（蒋澄宇　梅　颂）

diàn huàxué tīdù

电化学梯度（electrochemical gradient）

可以跨膜移动的离子所产生的电化学势的梯度。电化学梯度分为两个部分——化学梯度，即膜两边溶质浓度的差异；电荷梯度，即膜内外电荷的差异。当渗透膜的两边的离子浓度不相等时，离子将通过简单扩散穿过膜，从高浓度区域移动到低浓度区域。离子携带电荷，从而形成了膜内外的电势。如果膜内外的电荷分布不均一，电势差将产生作用力驱使离子移动直到膜内外的电荷平衡。

在线粒体的氧化磷酸化过程中，电化学梯度对质子梯度的形成发挥重要作用。细胞呼吸的最后一个过程是电子传递链，由 4 个复合物组成，但只有复合物Ⅰ、Ⅲ、Ⅳ可以将质子从线粒体基质泵入膜间隙。每一对电子经过呼吸链，则有 10 个质子被释放到膜间隙，同时产生超过 200mV 的电势差。这种电化学梯度驱使质子经过 ATP 合酶返回基质，并催化 ATP 的合成。因此，质子电化学梯度的产生是线粒体能量产生过程中非常关键的。

（蒋澄宇　梅　颂）

ATP hé méi

ATP 合酶（ATP synthase）

利用线粒体内膜内外质子电化学梯度中贮存的能量，驱使 ADP 和磷酸合成 ATP 的酶。也称复合物Ⅴ。是氧化磷酸化通路中的最后一种酶。ATP 合酶被发现存在于各种形式的生命中，且在原核生物和真核生物中的作用相同。

ATP 合酶是一个巨大的蘑菇状蛋白质复合物，哺乳动物的 ATP 合酶包括 16 个亚基，质量大约 600kD。嵌入膜内的部分称为 F_0，包含一个 c 亚基的环和质子通道，茎和球状的头部被称为 F_1，是 ATP 合成的位点。F_1 末端的球状复合物包含两种不同的 6 个蛋白（3 个 α 亚基和 3 个 β 亚基），茎部由一种蛋白质——γ 亚基组成，茎的尖端延伸到 α 和 β 亚基的球状部分。α 和 β 亚基都可以结合核苷酸，但只有 β 亚基可以催化ATP的合成。沿着F_1的边缘有一条长的棒状亚基延伸到膜上，起到固定α和β亚基的作用。

当质子沿着ATP合酶上的质子通道穿膜时，F_0上的质子驱动系统发生旋转，带动α和β亚基之间的中心轴（即γ亚基）旋转。α和β亚基由于棒状亚基侧臂的存在而不会发生旋转，但会随着γ亚基的旋转产生构象变化。ATP合成的机制被称为结合－变化机制，涉及β亚基在三种状态下的循环变化。在开放型状态，底物ADP和磷酸进入活性位点；在疏松型状态，蛋白活性位点关闭并与底物产生松散的结合；在最后的紧密型状态，酶再次改变构象，催化ADP和磷酸合成ATP，此时活性位点与ATP具有很强的亲和力。最终，活性位点恢复开放型，释放ATP，ADP和磷酸再次进入位点，开始下一轮循环。

（蒋澄宇　梅　颂）

lín/yǎng bǐ

磷/氧比（P/O ratio）　当一对电子经呼吸链将O_2中的1个氧原子还原所产生的ATP的量。即磷酸/氧气比。

将完整的线粒体悬浮在溶液中，加入可氧化的底物如琥珀酸或NADH，并提供氧气，即可测量ATP合成的量以及O_2的消耗量，理论上可以以此计算出每消耗1/2mol O_2所合成的ATP量，即磷/氧比。然而，由于完整的线粒体会通过其他不相关的反应消耗ATP，并且除氧化磷酸化外还会通过其他方式消耗O_2，通过这种方法测量实际的P/O比是非常困难的。因此，若要得到精确的P/O比，需要精确地测量其他干扰反应造成的影响，从而对P/O比进行修正。

目前的实验证据表明，复合物Ⅰ、Ⅲ、Ⅳ传递一对电子可泵出的质子数分别为4、4、2，复合物Ⅱ不具有转运质子的能力。ATP合成过程中，ATP合酶完整旋转一周可以产生3个ATP分子，而根据目前对F_0机制的研究，旋转一周需要内流的质子数等于c亚基的个数，而这个值在不同的生物体内并不一致，在脊椎动物的ATP合酶中c亚基的个数是8，因此合成1个ATP分子需要8/3个质子内流。另外，由于ADP和ATP之间存在净电荷的差异，当将ATP转运到线粒体内膜外而将ADP转运到膜内时，ATP-ADP移位酶需要利用1个质子内流消除电荷差异，因此，1分子ATP合成需要内流的质子数为8/3+1，即3.67。因此NADH作为电子供体时，合成1分子ATP需要泵出10个质子，同时流入3.67个质子，P/O比为10/3.67=2.73，琥珀酸作为电子供体时，合成1分子ATP需要泵出6个质子，同时流入3.67个质子，P/O比为6/3.67=1.64。

（蒋澄宇　梅　颂）

yǎng huà línsuān huà yìzhì jì

氧化磷酸化抑制剂（oxidative phosphorylation inhibitor）　可以抑制或阻断电子传递及ATP合成的分子。

氧化磷酸化抑制剂，可以分为4类：电子传递抑制剂、ATP合酶抑制剂、解偶联剂和ATP-ADP转换抑制剂。

常见的氧化磷酸化抑制剂及作用机制见下表1。

（蒋澄宇　梅　颂）

jiě ǒulián

解偶联（uncoupling）　氧化过程与磷酸化过程分离。氧化磷酸化是氧化（即电子传递）和磷酸化（即ATP合成）相偶联的反应。解偶联一般通过增大线粒体内膜对质子的通透性，消除呼吸链产生的膜内外质子梯度，从而导致电子传递过程中产生的能量无法用于ATP合成。解偶联包括正常生理条件下的解偶联蛋白作用以及解偶联剂的作用。

细胞本身存在解偶联蛋白，这是一种质子通道蛋白质，位于线粒体内膜上，可以消除质子梯度，使原本用于ATP合成的能量只能以热能的形式散发。解偶联蛋白最早见于棕色脂肪组织，后来发现其对体温维持、ATP浓度调节、限制活性氧生成以及神经系统功能都发挥重要作用。

解偶联剂为一类能抑制偶联磷酸化的化合物。常见的解偶联剂有三氟甲氧基苯腙羰基氰化物（FCCP）、2,4-二硝基苯酚（DNP）、缬氨霉素等。FCCP和DNP是可移动的离子载体，可以造成质子泄漏流入线粒体内膜，从而使ATP合成的效率降低。DNP对ATP合成效率的抑制与剂量有关，当DNP的剂量增加时，ATP产生更加低效，代谢速率为满足能量的需求而增加，更多的热量也被释放。缬氨霉素是一种天然的由12个氨基酸组成的小肽，是脂溶性的抗生素，同时也是钾离子特异性转运体，可以促进钾离子沿电化学梯度移动，减小了线粒体内膜“内负外正”的电势差，从而抑制氧化磷酸化作用。

（蒋澄宇　梅　颂）

jiě ǒulián dànbái

解偶联蛋白（uncoupling protein, UCP）　位于线粒体内膜上的起调节作用的质子通道或转运蛋白。解偶联蛋白可以将质子由膜间隙转运到线粒体基质中，消除呼吸链中复合物Ⅰ、Ⅲ、Ⅳ形成的质子电化学梯度，导致ATP合酶

表 1　氧化磷酸化抑制剂

抑制类型	抑制剂	作用机制
电子传递抑制剂	粘噻唑	阻止电子从铁－硫中心转移到辅酶 Q
	鱼藤酮	
	异戊巴比妥	
	粉蝶霉素 A	
	丙二酸酯	复合物Ⅱ的竞争性抑制剂
	草酰乙酸	
	抗霉素 A	与细胞色素 c 还原酶的 Q_i 位点结合，抑制电子从细胞色素 b 转移到细胞色素 c_1
	氰化物	与细胞色素 c 氧化酶上的 Fe–Cu 中心的结合能力比 O_2 更强，阻止 O_2 的还原
	一氧化碳	
	叠氮化物	
	硫化氢	
ATP 合酶抑制剂	深橙半知菌素	抑制 F_1
	寡霉素	抑制 F_o
	杀黑星菌素	
	二环己基碳二亚胺（DCCD）	阻止质子通过 F_o
解偶联剂	三氟甲氧基苯腙羰基氰化物（FCCP）	疏水性质子载体，可以增大线粒体内膜对质子的通透性，消除质子电化学梯度
	2,4– 二硝基苯酚（DNP）	
	缬氨霉素	K^+ 转运体，增大线粒体内膜对 K^+ 的通透性，抑制氧化磷酸化
	生热素（解偶联蛋白）	在棕色脂肪组织中，在线粒体内膜上形成质子导电孔，消除质子电化学梯度
ATP–ADP 转换抑制剂	苍术苷	抑制腺嘌呤核苷酸转位酶

无法利用质子梯度催化磷酸化过程。解偶联蛋白与 ATP 合酶都位于线粒体内膜上，而且同样属于质子通道，这两种蛋白质同时工作，一种产生热量，另一种通过 ADP 和无机磷酸产生 ATP。因此，线粒体的呼吸作用是与 ATP 合成偶联，同时受解偶联蛋白调控的。

科学家最早在棕色脂肪组织中观察到，线粒体的呼吸作用增强，并且存在与 ATP 合成无关的另一呼吸产热活动，进而找到了解偶联蛋白 UCP1（又称生热素）。UCP1 消除的质子梯度并未用于生物化学过程，而用于产生热量。后来又发现了 UCP2 和 UCP3，尽管其活动与 UCP1 密切相关，但并不会影响产热过程，目前已经在哺乳动物中发现了 UCP1~5 共 5 种解偶联蛋白同系物。

解偶联蛋白在正常生理过程中发挥重要作用，在寒冷环境下或动物冬眠过程中，电子传递释放的能量用于产热而非生成 ATP，从而维持正常体温。某些植物也可利用产生的热量提高自身的温度，从而传播气味并吸引昆虫传粉。UCP2 和 UCP3 对 ATP 浓度的调节起重要作用，在胰岛 B 细胞中，UCP2 活性的增加导致 ATP 浓度减少，这与胰岛素分泌减少有关。UCP2、UCP4、UCP5 与人的中枢神经系统功能相关，UCP2、UCP3 也可通过负反馈回路限制活性氧簇的浓度。甲状腺激素、去甲肾上腺素、肾上腺素、瘦素可提高解偶联蛋白的表达。

（蒋澄宇　梅　颂）

dǐwù línsuān huà

底物磷酸化（substrate phosphorylation）　通常在代谢过程中，高能底物转化为低能底物，并释放吉布斯自由能，将磷酸基团（PO_3^-）从一个磷酸化物转移到 ADP 或 GDP 上，生成 ATP 或 GTP 的过程。又称底物水平磷酸化。

与氧化磷酸化不同，底物磷酸化的氧化过程和磷酸化过程是不偶联的，并且在分解代谢的氧化过程中产生高能中间产物。氧化磷酸化为细胞生命活动提供了大部分的 ATP，但是在没有外源电子受体参与，在没有线粒体的红细胞以及缺氧的肌肉组织中，底物磷酸化是一种低效但快速的 ATP 生成方式。

糖酵解过程中的底物磷酸化发生在细胞质中，或在三羧酸循环时的线粒体中。

糖酵解的底物磷酸化第一步发生于甘油醛 3– 磷酸脱氢酶将 3– 磷酸甘油醛、磷酸和 NAD^+ 转化为 1,3– 双磷酸甘油酸酯，随后磷酸甘油酸激酶催化 1,3– 双磷酸甘油酸酯产生 3– 磷酸甘油酸和 ATP。第二步底物水平磷酸化发生于丙酮酸激酶催化磷酸烯醇丙酮酸去磷酸化，产生丙酮酸和 ATP。在糖酵解的准备阶段，每一个六碳的葡萄糖分解为两个三碳的丙酮酸，因此将产生 4 分子的 ATP。然而，在准备阶段起始时需要消耗 2 分子 ATP，因此 1 个葡萄糖分子经糖酵解过程净生成 2 分子 ATP。不仅如此，还将产生 2 分子 NADH，参与氧化磷酸化，以产生更多的 ATP。

线粒体中底物磷酸化是通过与质子动力不同的途径产生 ATP 的，在线粒体基质中存在 3 种底物磷酸化的机制——磷酸烯醇丙酮酸羧激酶、琥珀酸－辅酶A连接酶和单官能C1－四氢叶酸合酶。磷酸烯醇丙酮酸羧激酶可以双向催化磷酸化作用，但是它更倾向于水解GTP，因此它并不被认为是线粒体内底物磷酸化的主要来源。琥珀酸－辅酶A连接酶是一种异源二聚体，由固定的α亚基和分别由SUCLA2和SUCLG2编码的底物特异性的β亚基组成，因此琥珀酸－辅酶A连接酶存在ADP结合和GDP结合两种形式。ADP结合形式的琥珀酸－辅酶A连接酶是线粒体基质中唯一能在质子动力缺失时产生ATP的，可以在能量缺乏如瞬时缺氧的情况下保持基质ATP水平。单功能C1－四氢叶酸合酶可以双向催化以下反应：ADP+ PO_3^- + 10－甲酰四氢叶酸 → ATP + 甲酸 + 四氢叶酸。

在缺氧条件下，基质中的底物磷酸化产生ATP，不仅可满足细胞内的能量供应，还可维持腺嘌呤核苷酸转运体处于正向开放的状态，可以将ATP转运到细胞质中，防止线粒体过度消耗糖酵解产生的ATP储备。

（蒋澄宇　梅　颂）

sān línsuān xiàngān

三磷酸腺苷（adenosine triphosphate, ATP）　可以为生命过程提供能量的水溶性的有机物。ATP在所有的生命形式中都被发现，被认为是细胞的“能量通货”。从生物化学的角度，ATP被归类为核苷三磷酸，即由三个部分组成：含氮碱基（腺嘌呤）、核糖和三磷酸。在代谢过程中，ATP分解为二磷酸腺苷（ADP）或一磷酸腺苷（AMP），同时ATP在其他过程中被重新合成，形成ATP循环。在人体每天有等同于自身体重的ATP参与到循环中。ATP不仅是细胞内可直接利用的最主要的能量方式，而且是DNA和RNA合成的前体，并且可以作为辅酶发挥功能。

ATP在1929年同时被德国科学家卡尔·洛曼（Karl Lohmann）和詹德拉西克（Jendrassik）以及美国科学家赛勒斯·菲斯克（Cyrus Fiske）和耶拉普拉格达·苏巴·饶（Yellapragada Subba Rao）两个团队发现；1941年，美国科学家阿尔伯特·科普曼（Fritz Albert Lipmann）发现ATP是细胞中放能反应和吸能反应之间的媒介；1948年，英国科学家亚历山大·托曼（Alexander Todd）第一次在实验室中成功合成了ATP；1997年，诺贝尔化学奖被授予了“阐明ATP合成的酶促机制”的美国科学家保罗·D.波耶尔（Paul D. Boyer）和英国科学家约翰·E.沃克（John E. Walker），以及第一次发现离子转运酶Na^+, K^+–ATP酶的丹麦化学家延斯·C.斯科（Jens C. Skou）。

真核生物中ATP的合成方式主要有三种：糖酵解、柠檬酸循环/氧化磷酸化及β氧化。①糖酵解：在糖酵解过程中，葡萄糖和甘油被代谢生成丙酮酸。在磷酸甘油酸激酶和丙酮酸激酶催化的底物磷酸化过程中，糖酵解每消耗1分子葡萄糖将净产生2分子ATP，同时生成2分子NADH，NADH将在呼吸链中被氧化，并通过氧化磷酸化ATP合酶生成ATP。②柠檬酸循环：在线粒体中，丙酮酸被丙酮酸脱氢酶复合物氧化生成乙酰基，乙酰基将在柠檬酸循环中被完全氧化为CO_2。每经过一个循环产生2分子CO_2，将产生1分子三磷酸鸟苷（GTP，与ATP等效）、3分子NADH以及1分子$FADH_2$。NADH和$FADH_2$将参与氧化磷酸化过程，1分子NADH和$FADH_2$将分别产生2.5和1.5分子的ATP。柠檬酸循环是细胞中ATP形成最主要的方式。③β氧化：在一系列辅助因子及酶的作用下，脂肪酸被转化为乙酰辅酶A。1分子脂肪酸每进行一次循环，将缩短两个碳原子，同时产生1分子乙酰辅酶A、1分子NADH和1分子$FADH_2$，乙酰辅酶A参与柠檬酸循环产生ATP，NADH和$FADH_2$参与氧化磷酸化产生ATP。

ATP最重要的功能是以高能磷酸键的形式贮存能量，并提供给细胞的各种生命活动。除此之外，ATP在信号转导、DNA与RNA合成、蛋白质合成中氨基酸的激活、细胞外信号转导与神经传递、蛋白质溶解度等方面也发挥重要作用。

（蒋澄宇　梅　颂）

chāoyǎng yīn lízǐ

超氧阴离子（superoxide anion）　氧分子（O_2）单电子还原的产物（$·O_2^-$）。O_2是拥有两个简并电子轨道的双自由基，当一个电子进入其中一个简并电子轨道后形成具有一个未配对电子、电荷数为－1的超氧离子。包含超氧阴离子的化合物称为超氧化物（superoxide）。活性氧（reactive oxygen species，ROS）是因超氧阴离子而产生的高活性化学物质，如过氧化物、超氧化物、羟基自由基、单线态氧等。超氧化物是大多数ROS的前体。

线粒体中氧气还原的多个步骤可以产生超氧阴离子，在电子从QH_2传递到复合物Ⅲ，以及从复合物Ⅰ或复合物Ⅱ传递给QH_2的过程中，会产生$·Q^-$中间物，$·Q^-$可以将电子转移给O_2生成超氧阴离子。抑制呼吸链中电子传递的因子，会增加超氧阴离子存在的时间，从而导致ROS的增加。

此外，在吞噬细胞中，NADPH氧化酶可以产生超氧化物，从而执行氧依赖的病原体杀伤机制。NADPH氧化酶突变会导致免疫缺陷综合征，称为慢性肉芽肿，患者极易发生感染。黄嘌呤氧化酶也可以直接催化电子转移至O_2从而产生超氧阴离子。

细胞中的Fe^{2+}可以通过芬顿反应将电子转移给O_2，产生Fe^{3+}和超氧阴离子，超氧阴离子可与细胞膜上的不饱和脂肪酸反应，生成脂质过氧化物，攻击蛋白质和核酸，诱导细胞死亡，这种铁依赖性的，有别于凋亡、坏死与自噬的程序性死亡方式称为铁死亡（ferroptosis）。

在细胞中存在多种超氧化物歧化酶（superoxidedism-utase，SOD）及谷胱甘肽过氧化物酶（glutathione peroxidase，GPx），可以保护细胞免受超氧阴离子的破坏。SOD可催化$\cdot O_2^-$或HO_2生成过氧化氢（H_2O_2）和O_2，随后GPx将H_2O_2还原为H_2O。SOD作为抵御超氧化物损伤的重要酶，几乎存在于所有暴露在O_2中的生物体内。在人体内有三种形式的SOD——细胞质中的SOD1、线粒体中的SOD2和细胞外的SOD3。SOD1和SOD3的金属辅助因子是Cu和Zn，而SOD2活性中心中的是Mn。SOD1的突变可以导致家族性肌萎缩性侧索硬化，这是一种运动神经元病；而SOD2和SOD3虽然未发现与人类疾病有关，但SOD2的失活会导致小鼠的围产期死亡，SOD3活性降低与小鼠高血压、急性呼吸窘迫综合征、慢性阻塞性肺病有关。SOD还原超氧阴离子产生的H_2O_2虽然危害更小，但同样具有氧化性，因此需要GPx将其还原为无害的H_2O。另外，GPx还可以将脂质过氧化物还原为对应的醇。目前已经发现，GPx活性的降低与白癜风、还原型多发性硬化症、乳糜泻等疾病有关。

低水平的ROS可以作为细胞反映缺氧状态的信号，调节代谢过程。免疫系统也可以通过产生超氧化物杀死入侵的微生物。但是高于正常水平的活性氧可以破坏酶、膜脂质、核酸等，对细胞的破坏性很强，超氧化物与衰老、感染及癌症等多种疾病的发病机制有关。

（蒋澄宇　梅　颂）

xìbāo sèsù P450

细胞色素P450（cytochrome P450, CYP450）　含有辅助因子亚铁血红素的单加氧酶。属于超大家族，因其处于还原态时在可见光波长450nm处有特异吸收峰而得名。人体的CYP450是位于线粒体内膜及内质网上的膜相关蛋白，可氧化数千种内源及外源的化学物质，包括类固醇、脂肪酸等，亦有助于清除体内化合物。目前已经发现CYP450在人体大多数组织中都存在。目前已经发现了18个CYP450家族、43个亚家族的共57个相关基因和超过59个假基因。

CYP450的结构是其活性位点有一个亚铁血红素中心，通过半胱氨酸巯基结合蛋白。CYP450氧化酶的催化程序是底物化学物质与CYP450中亚铁血红素结合，改变了其活性位点的构象，电子递送从NADPH开始。氧分子结合到含铁的亚铁血红素，第二电子递送从CYP450还原酶，或铁氧化还原蛋白还原$Fe-O_2$加合物产生短期的过氧状态。此过氧物很快两次质子化，解离出一个水分子和P450化合物Ⅰ。此时高度活化的CYP450氧化酶可催化各种底物，从活化位点解离氧化产物后，氧化酶又回到原始状态。

CYP450在激素的合成与降解、胆固醇合成、维生素D代谢等方面起重要作用。除此之外，CYP450还可以代谢潜在的有毒化合物，如药物以及代谢产物胆红素等。这些特点说明了CYP450在医学上的重要地位。

CYP450催化了约75%的药物代谢过程，是药物代谢的主要酶类。CYP450可将药物失活或促进药物排出体内，也有部分药物通过CYP450的催化作用被活化，例如抑制血小板聚集的药物氯吡格雷。CYP450及其同工酶的活性会影响许多种药物的代谢和清除，这也是药物不良相互作用产生的主要原因。例如，当药物A抑制了CYP450对药物B代谢过程的催化作用，药物B会在体内逐渐积累并达到中毒浓度。这种情况下，需要对药物的剂量进行调整或者选择不会与CYP450产生作用的药物。尤其当使用对患者生存至关重要的药物、具有明显副作用的药物以及治疗指数相对狭窄的药物时，药物之间的相互作用是必须要考虑的问题。一些非药物的天然化合物也会影响CYP450的活性，例如西柚汁中的生物活性成分（佛手柑素、二羟佛手柑素等）可以抑制CYP3A4参与的药物代谢过程，从而导致药物的生物利用度增加，有可能超过安全剂量。

CYP450在肾上腺、性腺及周围组织的类固醇激素合成过程中发挥重要作用。肾上腺皮质细胞线粒体内膜上的胆固醇侧链断裂酶（P450scc，由 *CYP11A1* 基因编码）可以催化胆固醇生成孕烯醇酮，这是哺乳动物甾类产生的第一步，是产生各类类固醇激素的基础。肾上腺皮质球状带细胞线粒体中的醛固酮合酶（P450c11AS，由 *CYP11B2* 基因编码）是一种类固醇羟化酶，它是人体中唯一能合成醛固酮的酶，受肾素－血管紧张素系统的调节，在电解质平衡和血压调节方面起到重要作用。性腺、大脑、脂肪组织细胞内质网中的芳香酶（P450arom，*CYP19A* 基因编码）可以催化雄激素芳香化，生成雌激素，对性发育十分重要。

部分 CYP450 可以催化多不饱和脂肪酸（polyunsaturated fatty acids，PUFAs）生成具有生物活性的细胞内信号分子，如类花生酸，也可以减弱 PUFAs 代谢产物的生物活性或使其失活。CYP450 一般具有 ω－羟化酶或表氧化酶活性。如 CYP1A1、CYP1A2、CYP2E1 可催化二十碳五烯酸生成 EEQs；CYP2C8、CYP2C9、CYP2C18、CYP2C19、CYP2J2 可以催化花生四烯酸生成 EETs；EEQs 和 EETs 作为生物活性环氧化物，在动物模型上可以扩张小动脉、减轻高血压、缓解炎症。

（蒋澄宇　梅　颂）

xìbāo xìnhào zhuǎndǎo

细胞信号转导（cellular signal transduction）　将胞外信号转变成细胞应答的全过程。即胞外信号由膜受体或胞内受体接收，经过细胞内信使或信号蛋白的传递与级联放大，导致已有蛋白质的功能发生变化（快速细胞应答）或特定蛋白质的数量发生变化（慢速细胞应答）等细胞应答的过程。

（张艳丽）

xìnhào zhuǎndǎo xiāngguān fēnzǐ

信号转导相关分子（signal transduction associated molecules）　细胞将胞外信号转变成细胞应答的信号转导过程中，所涉及的相关分子。如细胞外信号分子、受体、细胞内信号分子等。

（张艳丽）

xìbāo wài xìnhào fēnzǐ

细胞外信号分子（extracellular signaling molecules）　介导多细胞生物体内、细胞之间通信联系的细胞外分子。

信号分子有很多类型，如蛋白质、肽、氨基酸、核酸、甾体类激素、脂肪酸衍生物等，还包括气体信号分子，如 NO 和 CO。某些信号分子通过远距离发挥作用，如激素，为内分泌信号分子；另一些信号分子仅在邻近的细胞发挥作用，如神经递质，为旁分泌信号分子；有的信号分子结合到自身所表达的受体，为自分泌信号分子；有的信号分子则是膜结合型的。多细胞生物的大多数细胞，即能发出信号，又可以接收信号。接收信号需要受体来结合信号分子。

（张艳丽）

dì yī xìnshǐ

第一信使（first messenger）　与受体结合、刺激细胞产生第二信使的激素、神经递质等细胞外信号分子。如肾上腺素、生长激素、5-羟色胺等。第一信使一般结合靶细胞表面受体，不能进入细胞。

（张艳丽）

qìtǐ xìnhào fēnzǐ

气体信号分子（gas signal molecule）　可直接扩散进入细胞，调节胞质中特异蛋白质活性，从而传递信号的气体分子。如 NO（一氧化氮）、CO（一氧化碳）。气体信号分子的发现扩展了人们对信号的认知，更重要的是它们在心血管系统、神经系统等的作用促进了对这些系统复杂机制的理解。

NO　发现 NO 在脊椎动物中起信号分子作用的三位科学家于 1998 年获诺贝尔生理学或医学奖。NO 合酶（nitric oxide synthase，NOS）催化 Arg 脱氨基产生 NO，有三种同工酶，分别由不同基因表达产生。NOS_1 为神经 NOS（neural NOS，nNOS）；NOS_2 为可诱导 NOS（inducible NOS，iNOS）；NOS_3 为内皮 NOS（endothelial NOS，eNOS）。在中枢和外周神经元中有高浓度的 nNOS。细胞因子和细菌脂多糖能诱导巨噬细胞等产生不依赖 Ca^{2+} 的 iNOS。eNOS 和 nNOS 都受 Ca^{2+}-CaM 的调节。血管壁中的自主神经释放乙酰胆碱，促使内皮细胞中的 eNOS 合成并释放 NO，然后以 NO 作为信号分子使血管壁平滑肌舒张。

CO　CO 也是细胞间信号分子，其作用途径与 NO 相同，也激活鸟苷酸环化酶。

（张艳丽）

xìbāo yīnzǐ

细胞因子（cytokine）　免疫细胞等多种细胞类型分泌的多样化、小分子量的蛋白质与多肽。广泛调控机体免疫应答的诸多重要方面，包括白介素、干扰素、集落刺激因子、淋巴因子、肿瘤坏死因子、和趋化因子等。暴露于外来抗原时，细胞因子迅速产生，促进应答细胞的扩增、活化、募集与分化。细胞因子的表达和信号激活受到严格调控，失控的细胞因子应答可导致自身免疫病和哮喘等病理情况。

细胞因子曾依据其来源细胞

或功能性质进行命名。例如，主要来源单核细胞（如巨噬细胞）的细胞因子称为单核因子；由活化的T淋巴细胞产生的称为淋巴因子；特异的调节其他细胞迁移的称为趋化因子。由于一般来讲其来源是白细胞、又在白细胞间发挥作用，细胞因子曾被称为白细胞介素。现在新发现的细胞因子均以白细胞介素加阿拉伯数字编号依次命名。

细胞因子通过自分泌、旁分泌、内分泌的方式发挥作用，其功能多样并冗余，许多细胞因子似乎有着相似的功能。

细胞因子受体是一种膜受体。依据与细胞因子结合区域的结构同源性，细胞因子受体分为5个家族：Ⅰ型细胞因子受体（IL-2、IL-4和EPO等造血生长因子受体）、Ⅱ型细胞因子受体（干扰素和IL-10受体）、免疫球蛋白超家族受体（IL-1受体）、TNF受体以及G蛋白偶联受体（趋化因子受体）。Ⅰ型和Ⅱ型细胞因子受体是酶偶联受体，本身没有酶的活性，其胞质区结合无活性的JAK激酶。

（张艳丽）

qūhuà yīnzǐ

趋化因子（chemokine） 一类有定向细胞趋化作用的细胞因子。有四个位置保守的半胱氨酸残基以保证其三级结构。存在于所有脊椎动物和一些病毒、细菌中。趋化因子结合到趋化因子受体而起作用，后者属于G蛋白偶联受体超家族。

基于其氨基酸序列，已经发现的约50种趋化因子可分为CXC、CC、CX3C及XC 4个亚家族。CXC亚家族有6个成员，在前两个保守Cys残基中间插入一个氨基酸残基（X）；CC亚家族有10个成员，在前两个保守Cys残基中间没有插入的氨基酸残基。在CXC与CC亚家族，第1个和第3个半胱氨酸之间，以及第2个和第4个Cys残基之间形成二硫键，建立稳定的三级结构，分子量为7~9kD。XC亚家族有2个成员，分子量为16kD；CX3C亚家族仅有1个成员，即CX3L1，在前两个Cys残基中间插入3个氨基酸残基（X3），分子量为38kD。

趋化因子与受体结合的两个位点主要为，N-端可变区以及第二个半胱氨酸后的刚性构象环。趋化因子首先通过环区域停靠在受体，然后促进N-端区域结合受体，导致受体活化。趋化因子的C-端有肝素结合能力，使之能结合细胞表面的糖胺聚糖和其他负电荷糖单元以及基质中的糖蛋白。这种性质使趋化因子可结合到血管内皮细胞、结缔组织和细胞基质。因此，趋化因子可以固定在组织或基质表面，进而诱导靶细胞趋触性的迁移。

（张艳丽）

shòutǐ

受体（receptor） 细胞表面或细胞内能特异性结合生物活性分子，并进行信号转导的生物大分子。多是蛋白质，个别是糖脂。细胞表面的膜受体绝大多数是镶嵌糖蛋白。胞内受体包括胞质内受体和核内受体，如糖皮质激素受体位于胞质中，而甲状腺素受体位于核内。

（张艳丽）

mó shòutǐ

膜受体（cell-surface receptor） 位于细胞膜上、与胞外配体信号分子结合并向胞内转导信号的受体。是主要的受体类型。以高亲和力结合胞外配体信号分子，并将配体携带的胞外信号转换成一种或多种细胞内信号，产生细胞应答。全部水溶性的胞外信号分子以及部分脂溶性信号分子均结合于膜受体。绝大多数膜受体从属于以下3个主要类型（或家族）：G蛋白偶联受体、酶偶联受体、离子通道型受体。

（张艳丽）

G dànbái ǒulián shòutǐ

G蛋白偶联受体（G-protein coupled receptor, GPCR） 通过激活G蛋白三聚体间接调节质膜上靶蛋白活性的一类膜受体。具有7个跨膜α螺旋，又称七跨膜受体。通常认为是最大的受体家族，大约1000种基因编码G蛋白偶联受体。与GRCR相关的疾病为数众多，40%~50%的现代药物都以GPCR作为靶点。由于对G蛋白偶联受体的研究，美国科学家罗伯特·莱夫科维茨和布赖恩·科比尔卡获得2012年诺贝尔化学奖。

特征 所有GPCR信号通路均具有一个七跨膜受体、一个偶联的三聚体G蛋白、一个膜结合效应蛋白、参与反馈调节与脱敏的多种蛋白质。GPCR信号通路通常通过迅速修饰存在的蛋白质、酶或离子通道，产生短期效应。因而，不管是光线等环境刺激，还是肾上腺素等激素刺激，这些通路都使得细胞可以对之做出快速应答。

配体 人类GPCR可结合形形色色的细胞外信号分子并发生反应，这些信号分子包括神经递质、糖和脂肪代谢的相关激素、趋化因子，甚至光和气味等。GPCR与配体结合后，激活偶联的G蛋白，启动细胞内一系列下游信号通路，并引发靶细胞的各种应答。不同的GPCR亚型能够结合同一种激素，产生不同的细胞效应，如肾上腺素可以在多种细胞类型激活至少9种GPCR亚型，产生不同的生理功能：与β-肾上腺素受体结合，使肝细胞糖原降解产生葡萄糖，脂肪细胞甘油三酯降解产生脂肪酸，心肌细胞收缩频率增加，小肠平滑肌细胞松弛；与α-肾上腺素受体结合，使小肠、皮肤、肾脏血管平滑肌收缩，减少这些器官循环血供。

激活G蛋白 GPCR与配体结合后发生构象改变而被激活，表现出鸟苷酸交换因子的特性，将G蛋白α亚基结合的GDP交换为GTP。α-GTP随之与β、γ亚基分离，变为激活状态参与下一步的信号传递过程。

（张艳丽）

GTP jiéhé dànbái

GTP结合蛋白（GTP binding protein, G protein）

结合GTP的蛋白家族。简称G蛋白。有两种类型：第一大类是异三聚体G蛋白，由α、β和γ亚基组成，β和γ亚基可形成稳定的βγ复合体；第二类是单体小GTP酶，又称小G蛋白。

异三聚体G蛋白是一个GTP结合蛋白大家族，在细胞内担任分子开关，参与将胞外各种信号刺激转入胞内。α亚基具有GTP酶活性和与GTP、GDP结合的特性。活化的G蛋白偶联受体激活G蛋白，将α亚基的GDP交换为GTP，形成“打开”的α-GTP，并解离出βγ；一旦信号传递后，α亚基的GTP酶活性水解α-GTP，生成“关闭”的α-GDP，并与βγ重新形成异三聚体G蛋白，形成G蛋白循环。G蛋白循环周而复始，使信号转导连续不断进行。因发现异三聚体G蛋白，美国科学家吉尔曼和罗德贝尔获得1994年诺贝尔生理学或医学奖。

异三聚体G蛋白的靶蛋白可能是质膜上某种催化产生第二信使的酶，或是能改变膜电位的离子通道。改变第二信使浓度的途径主要两条：①cAMP途径，通过G蛋白作用于腺苷酸环化酶，调节cAMP的产生。②Ca^{2+}途径，通过中介信使分子IP_3，从内质网中释放Ca^{2+}（见ACT-cAMP信号途径、PLC-IP_3/DAG信号途径）。

小G蛋白分子量通常为20~30kD，单链结构，也具有GTP酶活性和与GTP、GDP结合能力。根据成员的同源程度分为Ras、Rho、Arf、Sar、Ran和Rab 6个亚家族，参与不同的信号通路，只有Ras和Rho家族能从膜受体传递信号入胞内。

（张艳丽）

lízǐ tōngdào xíng shòutǐ

离子通道型受体（iron channel coupled receptor, ionotropic receptor）

具有离子通道功能、与相应配体结合后可使离子通道打开或关闭的一类膜受体。又称配体门控离子通道（ligand-gated ion channel）。为多次跨膜蛋白质。某些神经递质，如乙酰胆碱结合于此类受体，使其构象改变、离子通道瞬间开放或关闭，介导快速的信号转导过程。质膜的离子通透性和突触后细胞的兴奋性均因此而改变。此类受体在结构上具有同源性。

（张艳丽）

méi ǒulián shòutǐ

酶偶联受体（enzyme-linked cell-surface receptor）

胞质区具内在酶活性，或直接与细胞内的酶结合，胞外区与配体结合并激活酶催化活性的一类膜受体。配体结合位点在胞外，而催化位点在胞内。

不同的酶偶联受体在结构上缺乏同源性，可以分为受体酪氨酸激酶、受体鸟苷酸环化酶和受体丝氨酸/苏氨酸激酶等类型。与G蛋白偶联受体相比，酶联受体信号通路反应较慢（通常要几小时），经过许多细胞内的转换步骤，最终导致基因表达水平的改变。

（张艳丽）

shòutǐ làoānsuān jī méi

受体酪氨酸激酶（receptor tyrosine kinase）

兼有特异的酪氨酸蛋白质激酶活性的酶偶联受体。是最常见的一种酶偶联受体，例如胰岛素和很多生长因子的受体。受体结合配体后通常形成二聚体，激活后具有酪氨酸激酶活性，并自我磷酸化，产生若干靶蛋白（酶）的停靠位点，使之靠近质膜中的底物，其产物有第二信使，另外也能将胞质中不同靶蛋白的酪氨酸残基磷酸化，改变其活性。

（张艳丽）

shòutǐ niǎogānsuān huánhuà méi

受体鸟苷酸环化酶（receptor guanylyl cyclase）

兼有鸟苷酸环化酶活性的膜受体。其家族相当小，包括心钠素（ANP）和鸟苷蛋白的受体。当血压升高时，心房肌肉细胞分泌ANP，后者能刺激肾排泄Na^+和水，并松弛血管壁平滑肌细胞，以降低血压。ANP受体有1个跨膜α螺旋，其胞外部分有ANP结合位点，而胞内部分有鸟苷酸环化酶催化结构域。ANP结合其受体后，激活受体的鸟苷酸环化酶活性，将GTP环化为第二信使cGMP。后者结合并激活依赖cGMP的丝氨酸/苏氨酸蛋白质激酶（PKG）。

（张艳丽）

shòutǐ sīānsuān/sūānsuān jī méi

受体丝氨酸/苏氨酸激酶（receptor serine/threonine kinase）

兼有丝氨酸/苏氨酸蛋白质激酶

活性的膜受体。此类受体尚知之甚少，转化生长因子-β（TGFβ）受体是首次发现的受体丝氨酸/苏氨酸激酶，直接磷酸化潜在的转录因子Smads，激活非常简洁的信号通路，将信号传递到细胞核内，调控基因转录。TGF-β 的5个成员（TGF-β_1~β_5）结构相似，产生的效应因细胞类型而异，例如抑制细胞增殖、促进胞外介质行成、促进骨骼形成。

（张艳丽）

qìwèi shòutǐ

气味受体（odorant receptor） 位于嗅觉细胞膜上，与气味物质结合、活化后，激活下游信号级联，产生神经冲动传递至脑内的G蛋白偶联受体。气味受体家族是最大的GPCR家族之一。由于对气味受体的研究，美国科学家理查德·阿克塞尔和琳达·巴克获得2004年诺贝尔生理学或医学奖。

基因组中遍布或大或小的气味受体簇。小鼠的气味受体家族有1300个基因，其中1/5是假基因。高比例的假基因令人们推测其在进化中可能发挥作用。人类的气味受体家族由约1000个不同基因组成，假基因比例更高，仅有约350个气味受体有功能。低等脊椎动物的家族更小。果蝇有60个受体基因，蚊子约80个，鱼类估计有100个不同气味受体基因。

气味受体以一种高度特异的方式表达，通常是单基因表达，即每个嗅觉细胞仅表达一种气味受体基因。嗅觉细胞的种类与气味受体的种类是一致的。气味受体有经典的7跨膜结构，具有可结合气味物质的口袋。气味物质结合后，受体构象改变，激活G蛋白。脊椎动物气味受体下游特化的 α 亚基称为G_{olf}，可进一步活化腺苷酸环化酶Ⅲ，导致cAMP形成。cAMP激活环化核苷酸门控的离子通道受体，一种对钙离子通透的非特异性阳离子通道，导致钙离子与钠离子内流，嗅觉细胞去极化，产生动作电位传递信号到大脑。继之，钙离子门控的氯离子通道开启，导致氯离子外流，嗅觉细胞进一步去极化，信号放大。最后，活化的气味受体被GPCR激酶3（GRK3）磷酸化，抑制蛋白结合磷酸化的气味受体使得气味诱导的信号关闭。即使有恒定的气味刺激，嗅觉也在数秒内下调。

（张艳丽）

hé shòutǐ

核受体（nuclear receptor） 配体调控的转录调控因子。此类受体结构上均相关，属于成员众多的核受体超家族。多种疏水性的信号小分子直接扩散通过细胞膜，结合于细胞内受体。这些信号分子包括类固醇激素（糖皮质激素、盐皮质激素、雄激素、雌激素和孕激素）、甲状腺素、维A酸和维生素D等，虽然在化学结构和功能上迥异，但是作用机制类似。某些哺乳动物核受体由细胞内代谢物调节，而非信号分子。例如，过氧化物酶体增生物活化受体PPAR，配体是细胞内脂类代谢物，调节参与脂类代谢、脂肪细胞分化的基因的转录。激素的核受体可能由此类细胞内代谢物受体进化而来，这就为激素受体为什么定位在细胞内提供了一个可能的原因。

核受体结合到配体所调节的基因附近的特异DNA序列，从而增加或减少该基因的表达。某些受体，例如糖皮质激素受体，主要定位在胞质中，只有与配体结合后才进入细胞核。其他的如甲状腺素受体和维甲类受体，即使未结合配体时，也定位在细胞核中并结合DNA。在上述两种情况下，失活的受体通常结合抑制性蛋白复合物，其中包括热激蛋白质Hsp 90。核受体C-端有配体结合位点，配体结合改变受体蛋白的构象，受体就被激活，导致抑制性复合物解离暴露出DNA结合位点，同时导致受体结合共激活蛋白，刺激基因转录。在某些情况下，配体结合到核受体抑制转录，例如某些甲状腺激素受体，在无激素存在下，作为转录激活因子，激素结合受体后，受体变为转录抑制因子。

（张艳丽）

gū'ér shòutǐ

孤儿受体（orphan receptor） 与其他已知受体结构上非常类似，但其内源配体未知的受体样分子。常见于G蛋白偶联受体和核受体家族。

通过DNA序列鉴定出来、配体尚未知的核受体超家族成员称为孤儿受体，是核受体三大成员（类固醇激素受体、非类固醇激素受体和孤核受体）之一。在已经发现的150余种孤儿受体中，确认相应配体的约20种，有的孤儿受体参与动物体的代谢调节、胚胎发育、细胞分化和基因表达等。孤核受体在相关辅助因子的调控下，以单体或多聚体形式与其应答元件结合，调控基因转录，调节机体的各种生理活动。

（张艳丽）

tángpízhì jīsù shòutǐ

糖皮质激素受体（glucocorticoid receptor, GR） 与糖皮质激素特异结合并激活的核受体。GR几乎在体内的每个细胞都表达，对控制发育、代谢和免疫应答的基因进行转录调节。

GR主要定位在胞质中，与热

激蛋白质 90（Hsp90）、Hsp70 等结合成无活性的形式。糖皮质激素扩散过细胞膜进入胞质与 GR 结合，使 GR 与 Hsp90 等分离而被活化。活化的GR二聚化并转入核内，结合其所调控靶基因的激素应答元件，进而募集基础转录复合物和共激活因子，上调抗炎蛋白质的转录表达。活化的 GR 也可与胞质中的其他转录因子（如 NFκB 或 AP-1）形成复合物，通过阻止 NFκB 或 AP-1 入核来抑制通常由其上调的促炎蛋白的表达。

（张艳丽）

xìbāo nèi xìnhào fēnzǐ

细胞内信号分子（intracellular signaling molecules） 将受体接收到的胞外信号，分程传递到细胞内部的细胞内分子。信号转导过程由细胞内信号分子的产生或消失，构象、活性或功能的改变等一连串胞内信号事件实现，最终改变效应蛋白，改变细胞行为。①某些细胞内信号分子是小分子化学物质，常称为第二信使。在受体激活时，它们大量产生，并扩散到细胞的其他部位传递信号。通过结合到信号蛋白或效应蛋白并改变其行为，帮助传递信号到细胞内。②大部分细胞内信号分子是蛋白质，通过产生第二信使或激活下游信号蛋白、效应蛋白，传递信号到细胞内。许多信号蛋白质的作用类似于分子开关：接收信号，即从失活状态转换到活化状态，直至另外的程序将其关闭，重新返回失活状态。通过磷酸化激活或失活的蛋白质，构成了最大的分子开关类型。蛋白质激酶将一个或多个磷酸基团加入靶蛋白特定氨基酸的羟基，使其磷酸化激活或失活。蛋白质激酶主要包括两种类型，绝大多数属于丝氨酸/苏氨酸激酶，其他的是酪氨酸激酶。蛋白磷酸酶则去除这些磷酸基团。

（张艳丽）

dì'èr xìnshǐ

第二信使（second messenger）

胞外激素等第一信使结合靶细胞表面受体后，导致浓度发生短暂变化的某些低分子量胞内信号分子。后者进而结合其他蛋白质，并改变其活性。

分类 主要有 5 种：cAMP、cGMP、DAG（二酰基甘油）、IP_3（1,4,5- 肌醇三磷酸）和 Ca^{2+}。某些是水溶性的，在胞质中扩散，如 cAMP 和 Ca^{2+}；而另外一些是脂溶性的，在质膜平面内扩散，如 DAG（见 ACT-cAMP 信号途径，PLC-IP_3/DAG 信号途径）。

第二信使学说 E.W. 萨瑟兰于 1965 年提出。与甾体类激素不同，胞外各种含氮激素（蛋白质、多肽和氨基酸衍生物）由于其亲水特性无法进入细胞，而是结合于细胞表面受体并在细胞内诱导第二信使产生，通过第二信使浓度增加或减少，调节胞内酶的活性和非酶蛋白的活性，从而发挥特定生理功能。萨瑟兰因此在 1971 年获诺贝尔生理学或医学奖。

激素诱导第二信使调节细胞内的多种代谢反应，例如糖原的合成与分解，脂肪的储存与动员，以及代谢产物的分泌等。第二信使也调节细胞增殖、分化与存活，其作用部分通过调控基因表达完成。细胞外信号或第二信使被去除（如降解），或者细胞外信号分子（配体）的受体失活，都能终止靶细胞对胞外信号的应答。

（张艳丽）

rè jī dànbáizhì

热激蛋白质（heat shock protein） 细胞在热应激状态下大量合成的某些特定蛋白质。几乎所有生物在短暂暴露于高于最适生长温度 5~10℃的环境中时，都会大量合成热激蛋白质以应对热刺激。此外，促进热激蛋白质生成的应激状态还包括寒冷、紫外线照射、伤口愈合和组织重塑等。热激蛋白质在从细菌到人类的所有生物体内都存在，在进化上高度保守，以分子量命名。例如，最广泛研究的热激蛋白质 Hsp60、Hsp70 和 Hsp90，分子量分别是 60、70 和 90kD。

许多热激蛋白质是分子伴侣，稳定新生成的蛋白质，以确保正确的折叠，或者帮助损伤的蛋白质重新折叠。热激蛋白质不同家族成员在不同细胞器中发挥功能。Hsp60 和 Hsp70，识别未完全折叠蛋白质暴露的疏水区域。Hsp70 在许多蛋白质合成早期（通常在蛋白质离开核糖体之前）发挥作用，每个 Hsp70 单体结合一串 4~5 个疏水性氨基酸残基；Hsp60 形成一个巨大的桶状结构，在蛋白质全部合成之后发挥作用。线粒体的 Hsp60 和 Hsp70 不同于胞质中发挥作用的 Hsp60 和 Hsp70。内质网的 Hsp70，又称 BIP，其辅助蛋白质折叠。

（张艳丽）

p53

p53（tumor protein, p53） 在 DNA 损伤时被激活，抑制细胞周期进程的表观分子量为 53kD 的检查点信号分子。由于富含脯氨酸，经 SDS-PAGE 测定的表观分子量为 53kD，大于根据氨基酸残基数计算得到的实际分子量 43.7kD。p53 在多种细胞应激下被激活，抑制正常细胞转化为癌细胞。p53 抑制肿瘤的功能，部分依赖其转录因子活性。一旦 p53 基因突变，p53 蛋白失活，细胞分裂失控，细胞转化。在人类所有肿瘤中，超过一半都有 p53 突变。

结构 含 393 个氨基酸，分成 3 个结构域。N- 端为转录激活结构域（1~73 氨基酸残基），多种蛋白质可结合该区域，例如 MDM4、MDM2，调节 p53 的转录功能。该区域被组成性和可诱导性磷酸化，从而影响 p53 的稳定性和活性。中央为 DNA 结合结构域（100~293 氨基酸残基），大部分肿瘤来源的 p53 突变发生在该区域，突变位点通常为直接结合 DNA 或影响 p53 蛋白结构完整性的氨基酸残基，这些突变使得 p53 转录因子功能丧失。C- 端为寡聚化结构域（293~393 氨基酸残基），是形成有转录活性的二聚体和四聚体所必需的，含有核定位序列和出核序列。

活性调节 真核细胞进化出一系列监视通路，保证细胞在每一个复制循环精确复制、等分基因组，称为细胞周期检查点，其主要任务是迅速诱导细胞周期延迟，激活 DNA 修复，维持细胞周期停滞直至修复完成，修复完成后重新进入细胞周期或在损伤不可修复的情况下启动凋亡。p53 是肿瘤细胞中最常被改变的细胞周期检查点信号分子。DNA 损伤通过间接机制激活 p53。在无损伤细胞中，由于 p53 与 MDM2 作用，p53 高度不稳定，浓度极低。MDM2 是泛素连接酶，使 p53 进入蛋白酶体途径降解；DNA 损伤后，p53 被 CHK1 和 CHK2 等激酶磷酸化，削弱了 p53 与 MDM2 的结合，减少 p53 降解，导致细胞内 p53 浓度显著增加。而且，与 MDM2 结合减少，增加了 p53 刺激基因转录的作用。p53 以序列特异方式结合 DNA，激活特定靶基因转录。靶基因包括参与细胞生长停滞、凋亡、DNA 修复、衰老（不可逆生长停滞）、血管生成等过程的基因。例如，周期素抑制蛋白 p21，结合 G1/S-Cdk 和 S-Cdk 复合物，抑制他们的活性，进而阻止进入细胞周期。若细胞损伤不能被修复，或应激时间过长，细胞则进入 p53 依赖的凋亡。

（张艳丽）

hé yīnzǐ κB

核因子 κB（nuclear factor kappa B, NFκB） 存在于几乎所有细胞，能够与 B 淋巴细胞免疫球蛋白 κ 轻链基因的增强子 κB 序列结合的转录因子家族。所调节的基因参与机体防御反应，组织损伤、应激，细胞分化、凋亡，以及肿瘤生长抑制等众多关键的细胞和机体过程。

结构 家族包括几个进化上保守的蛋白质，都有 Rel 同源结构域（RHD）。RHD 含有 DNA 结合、二聚化以及核定位序列。在果蝇中的成员为 Dorsal、Dif 和 Relish，在脊椎动物中的五个成员为 p50/p105、p52/p100、c-Rel、RelA（又称 p65）和 RelB，禽类逆转录病毒癌蛋白 v-Rel 也属于该家族。根据 C- 端到 RHD 序列的不同，家族成员又可以分为两个亚家族：① p50/p105、p52/p100，其 C- 端序列可向 N- 端折叠、抑制 RHD 活性。因此，这些 C- 端序列必须被去除才能释放有活性的 DNA 结合蛋白，例如 p50 或 p52 分别从前体 p105 或 p100 释放。② c-Rel、RelA、RelB、Dorsal 和 Dif 的 C- 端序列不需要切除，即可激活转录。NFκB 蛋白形成同源或异源二聚体才能结合 DNA，最常见的二聚体是 p50-RelA 二聚体。NFκB 结合 9~10bp 的 DNA 位点，通常称为 κB 位点。

活性调节 多数细胞中 NFκB 与抑制蛋白 IκB（包括 $I\kappa B_{\alpha}$、$I\kappa B_{\beta}$、$I\kappa B_{\varepsilon}$、Bcl-3，以及 p105 和 p100 的 C- 端序列）相互作用，以无活性状态存在于胞质中。直到其诱导剂，包括多种细胞因子、细胞应激，以及病毒、细菌感染等，启动信号通路激活 NFκB。IκB 激酶（IKK）首先被磷酸化而激活，进而磷酸化 IκB，使 IκB 进入泛素化 - 蛋白酶体途径降解，释放 NFκB 二聚体进入细胞核结合 DNA，激活特定靶基因表达。多数情况下，NFκB 的活化是短暂的，不超过 30 分钟，主要是因为 NFκB 的一个靶基因恰恰是 IκB。新合成的 IκB 重新结合 NFκB 使其失活并被羁留在细胞质中，使该信号通路恢复到初始状态。

（张艳丽）

gài tiáo dànbái

钙调蛋白（calmodulin, CaM） 所有真核细胞内的感受 Ca^{2+} 浓度变化、介导多种 Ca^{2+} 调节的生理过程的多功能 Ca^{2+} 结合蛋白。典型的动物细胞含有 10^7 以上 CaM 分子，质量占细胞蛋白质总量高达 1%。

结构 CaM 单一多肽链含有 148 个高度保守的氨基酸残基（16.7kD），分子结构呈哑铃形，两端球形，中间为一较长的 α 螺旋。每个球形末端有两个高亲和力的 Ca^{2+} 结合位点，每个位点由 1 个 EF 手模体组成。Ca^{2+} 的结合改变 CaM 的构象，使哑铃形变成球形结构。CaM 所识别和结合的是带正电荷的和两性（亲、疏水性）氨基酸兼有的 α 螺旋。在 CaM 分子哑铃形结构中，每个球形末端都含有带负电荷的区域和较大的疏水区，正好和靶蛋白的上述区域互补。而中部的长 α 螺旋具有较强的柔韧性，允许 CaM 和靶蛋白结合时构象发生较大变化。

生物学功能 Ca^{2+}-CaM结合于细胞中多种不同的靶蛋白，包括许多酶和膜转运蛋白，并改变其活性，参与介导炎症反应、代谢、细胞凋亡、肌肉收缩、细胞内运动、短期和长期记忆、神经生长以及免疫反应等多种细胞应答。Ca^{2+}-CaM所产生的效应绝大多数是间接的，必须借助于依赖Ca^{2+}-CaM的蛋白质激酶（CaM激酶）的介导才能起作用。CaM激酶家族由若干成员组成，它们的磷酸化位点是靶蛋白上特定的Ser/Thr残基。靶细胞对胞质游离Ca^{2+}浓度增加所做出的应答，主要取决于细胞中CaM激酶的靶蛋白（底物）。有的CaM激酶的底物特异性比较严格，例如引起平滑肌收缩的肌球蛋白轻链激酶，以及引发糖原降解的磷酸化酶激酶（GPK）。有的CaM激酶的底物特异性较低，可以介导动物细胞中多种Ca^{2+}效应。

（张艳丽）

huóxìng yǎng lèi

活性氧类（reactive oxygen species, ROS）

过氧化物及其他高反应性的含氧分子。是正常生物氧代谢的副产物，包括自由基，如超氧阴离子（$\cdot O_2^-$，点代表未配对电子）和羟自由基（$\cdot OH$），以及非自由基，如过氧化氢（H_2O_2），化学反应活性强。在紫外线或热源等暴露下，ROS急剧增多称为氧化应激。生物体内活性氧类可与脂类尤其是不饱和脂肪酸及其衍生物、蛋白质、DNA等重要生物分子反应造成损伤，进而干扰其功能。人类许多疾病都与过量或异常产生的ROS有关，如心力衰竭、神经退行性疾病、酒精诱发的肝病、糖尿病、衰老等。巨噬细胞和中性粒细胞等机体防御细胞，可产生ROS杀死病原体。细胞内的过氧化物歧化酶等抗氧化酶可减少这种损伤作用。维生素C、维生素E、尿酸及谷胱甘肽等小分子，也是细胞内重要的抗氧化物质。

（张艳丽）

xìnhào zhuǎndǎo dànbáizhì yìcháng

信号转导蛋白质异常（the abnormal signal transduction protein）

调控细胞生长、凋亡等各种应答的信号转导通路中的信号蛋白，发生蛋白质编码区突变或表达水平变化，导致其功能改变。可使相关信号通路异常被激活或抑制，分为显性和隐性。显性突变又可分为显性活性突变和显性失活突变。

（张艳丽）

xiǎnxìng huóxìng tūbiàn tǐ

显性活性突变体（dominant active mutant）

一个突变等位基因即可表现出全部活性，由此突变等位基因表达的显性突变体。例如，信号转导通路中，具有组成性活性的信号蛋白突变体，属于显性活性突变体，可使相关信号通路组成性激活。

（张艳丽）

xiǎnxìng shīhuó tūbiàn tǐ

显性失活突变体（dominant inactive mutant）

可干扰正常等位基因产物的功能、由突变等位基因表达的显性突变体。可结合正常等位基因产物或其通路上、下游蛋白，而使正常蛋白失去功能，相关信号通路组成性阻断。多发生在多聚体蛋白，一个失活的突变体亚基，导致整个复合体功能失活。例如，抑癌基因p53突变体亚基与野生型亚基形成的异源四聚体，构象改变，丧失了与DNA靶序列的结合能力。一个突变的p53亚基足以阻止整个四聚体复合物的功能，导致肿瘤发生。也包括突变体竞争性抑制正常等位基因产物，导致整体活性降低、功能异常。

（张艳丽）

xìbāo xìnhào zhuǎndǎo tújìng

细胞信号转导途径（cellular signal transduction pathway）

细胞中一组特定分子依次相互识别、相互作用产生化学变化并导致细胞行为发生改变的序贯反应，是细胞对外源信号的有序转换和传递。不同的信号转导途径由不同信号转导分子组成，不同信号分子间有序发生相互作用，改变细胞内信号分子的数量、分布或活性状态，实现信号向细胞内的传递。信号转导分子相互作用是信号转导途径形成的基本机制。信号转导途径在专业领域中表述时可以简称为信号途径（signal pathway）。

分子构成 从功能角度，信号转导途径是由两类分子构成的：一是接受细胞微环境中化学信号或物理信号的细胞膜或细胞内特异受体；二是蛋白质激酶、GTP结合蛋白、第二信使、代谢相关酶、转录因子等信号转导分子。信号转导分子的特定组合模式及其有序相互作用，构成了细胞内多种不同的信号转导途径。

功能特点 信号转导途径在细胞中并非是一成不变的固定分子组合，而是具有极高的复杂性、多样性和动态性，主要体现在：①在细胞内，并非每一种受体都有一条专用的信号途径，一种信号转导途径可以为不同的受体所共用。不同类型的受体分子亦可以通过相同信号转导途径进行信号传递。信号转导途径的这种通用性使得细胞内有限的信号转导分子可以满足多种受体信号转导的需求。②受体与信号转导途径具有多种组合方式。一种受体可以与细胞内多种下游信号转导分子相互作用，激活几条不同的信号转导途径。③一种信号转导分子可以参与构成多个不同的信号途径。④细胞内的信号转导途径并非各自独立完全隔离存在，依靠一条途径中的信号转导分子与另一条途径中的信号转导分子间的分子间相互作用，不同的信号转导途径之间具有广泛的交联互动，由此形成了极为复杂的信号转导网络。信号转导的网络性的调节模式使得细胞对各种细胞外信号的应答都具有相当程度的冗余和代偿性，单一分子的缺陷不至于对机体造成严重损害。

信号内的信号转导途径和网络具有高度动态性，随着细胞环境化学或物理信号的种类和强度变化而处于不断变化之中。

（药立波）

AC-cAMP xìnhào tújìng

AC-cAMP 信号途径（AC-cAMP signal pathway）

由腺苷酸环化酶（adenylate cyclase，AC）和细胞内小分子活性物质环腺苷酸（cyclic AMP，cAMP）等构成的细胞内信号转导途径。细胞接受外界信号刺激后，通过膜表面信号转导机制改变AC的活性，进而改变细胞内cAMP的含量，cAMP作为别构调节分子改变下游靶蛋白质的活性，从而影响细胞代谢和基因表达等行为。

分子构成 构成该信号途径的5个主要成分是：受体、异源三聚体G蛋白、AC、cAMP和蛋白质激酶A（PKA）。

受体 经由AC-cAMP信号途径转导信号的膜受体大多属于G蛋白偶联受体（G protein-coupled receptor，GPCR）。这类受体的命名是由于其信号转导的第一步是结合并活化异源三聚体G蛋白。在结构上，GPCR的共同特征是包括胞外区段、胞内区段及7个疏水的跨膜区段，因此也称为七跨膜受体。人类拥有至少1000个以上的GPCR，这个数量大约占人体所有编码蛋白质基因的5%。GPCR家族的庞大使得它们成为制药行业重点研究的对象。据统计，在所有现代药物中，有40%以上是以GPCR作为靶点设计的。2012年诺贝尔化学奖授予两名美国科学家，以奖励他们在GPCR领域做出的卓越贡献。

异源三聚体G蛋白 G蛋白即鸟苷酸结合蛋白，也称GTP结合蛋白。在AC-cAMP信号途径中发挥作用的G蛋白亚型是Gs和Gi，Gs的作用是激活腺苷酸环化酶，Gi则抑制腺苷酸环化酶。

异源三聚体G蛋白由α、β、γ三个不同的亚基组成，存在于细胞质膜内侧。GPCR与配体结合活化后可进一步结合G蛋白，并通过诱导GTP与G蛋白结合的GDP进行交换来活化G蛋白。活化的G蛋白可进一步激活位于信号传导途径下游的效应分子，例如AC。G蛋白激活-失活的过程称为G蛋白循环（图1），决定了该信号转导途径的开关。主要过程是：配体结合受体引起G蛋白构象改变，使得G蛋白的α亚基与GDP的亲和力下降，结合

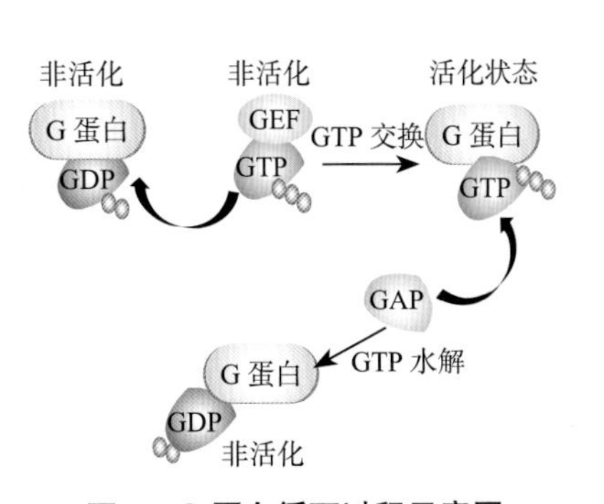

图1 G蛋白循环过程示意图

GTP，并与βγ亚基解离，成为活化状态的α亚基；α亚基具有内在的GTP酶活性，可将GTP酶水解成GDP，并重新与βγ亚基结合形成三聚体而回到无活性的静止状态。

腺苷酸环化酶 腺苷酸环化酶（AC）主要分布于细胞质膜，为膜结合的糖蛋白，分子量为120kD。目前已知哺乳动物来源的AC至少有8型同工酶。AC从化学本质上来说属于一种磷酸酶，能催化ATP形成3'，5'-环腺苷酸（cAMP），并释放出焦磷酸。

cAMP 即3'，5'-环腺苷酸。属于一种环状核苷酸，以微量存在于细胞中。当细胞外存在的多种激素信号作用于细胞时，可通过激活受体和G蛋白来活化AC，活化的AC可催化ATP脱去一个焦磷酸而生成cAMP，cAMP进而通过变构调节作用于下游靶蛋白质来调节细胞的生理活动与物质代谢。cAMP被称为细胞内的“第二信使”，细胞外的激素信号分子相应地被称为“第一信使”。细胞内高水平的cAMP最终可被磷酸二酯酶水解成5'-AMP而失活。cAMP是1957年厄尔·萨瑟兰（Earl Sutherland）在利用肝提取物研究激素调控糖代谢的作用机制时发现的，这一研究开辟了细胞内信号转导研究的新时代，他也获得了1971年诺贝尔生理学或医学奖。

蛋白质激酶A 蛋白质激酶A（protein kinase A，PKA）催化特定蛋白质的丝氨酸或苏氨酸残基发生磷酸化。在真核细胞内，cAMP的作用就是通过活化PKA进而增加其底物蛋白质的磷酸化而实现的。PKA分子是由两个催化亚基和两个调节亚基组成的四聚体，细胞内cAMP含量低时，PKA以

活性很低的四聚体形式存在；当细胞外信号通过GPCR/G蛋白活化AC，AC催化cAMP大量生成后，cAMP结合于PKA的调节亚基使其构象改变，调节亚基与催化亚基发生解聚，催化亚基得以活化，活化的PKA催化细胞内相应的酶或蛋白质发生磷酸化，进而改变这些蛋白质的活性、分子结合作用或细胞内定位，最终影响细胞代谢过程或相关基因表达过程。

信号转导过程 包括以下几个步骤。

信号途径的激活 该途径的激活由细胞外信号分子与膜表面的GPCR结合而启动，主要经由5个步骤完成（图2）。第一步：GPCR发生构象变化结合并活化异源三聚体G蛋白，使得G蛋白的α亚基结合GTP而与其βγ亚基解离；第二步：游离的G蛋白α亚基根据其对AC活性的不同激活或抑制下游AC；第三步：AC活性的改变相应地使得细胞内第二信使cAMP的含量发生变化；第四步：cAMP含量的改变又相应地影响了其下游靶蛋白质PKA的活性；第五步：PKA通过磷酸化作用调控下游酶或蛋白质的活性，最终引起代谢或基因表达等细胞效应的改变。

信号途径的负调节 AC-cAMP途径的负调节方式主要有两种。一种方式是G蛋白的失活。G蛋白的α亚基具有GTP酶活性，可将活化G蛋白结合的GTP水解为GDP，从而关闭G蛋白介导的下游信号途径。另一种方式是细胞内存在着能将cAMP水解为5'-AMP的磷酸二酯酶，该酶可通过降低细胞内cAMP的含量来阻断其介导的下游信号转导过程。

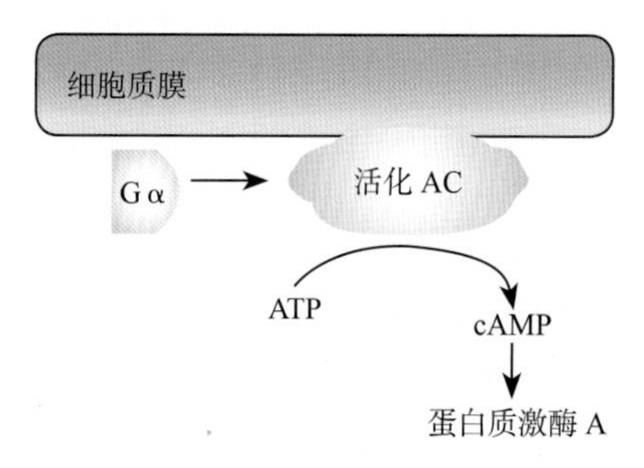

图2 AC-cAMP途径的信号转导过程示意图

与其他信号途径的交互调控 其他信号途径也可通过调控AC-cAMP途径的关键分子来影响该途径的活性。例如，在神经系统中钙调蛋白可以调节AC的活性。此外，AC-cAMP途径的激活也可以活化一些非受体型蛋白质酪氨酸激酶，如PKA可激活c-SRC。借此方式，AC-cAMP信号途径可与多种其他信号途径交互调节。

生理和病理意义 AC-cAMP途径广泛参与调节细胞代谢、肌肉收缩、免疫反应、细胞增殖与分化及激素分泌等生理活动。研究发现，多巴胺这种重要神经递质调控神经细胞功能也是通过cAMP这种胞内第二信使实现的，相关科学家也因该项研究而获得2000年诺贝尔生理学或医学奖。该途径的异常也可以导致多种疾病的发生。例如，肿瘤细胞内cAMP的含量一般显著低于正常细胞水平，如能激活AC-cAMP途径可使cAMP含量提高，从而抑制恶化细胞增殖，并使其向正常方向转化。心血管疾病的发生也与细胞内cAMP含量的降低密切相关。

（药立波 苏 全）

PI-PLC-IP_3/DAG xìnhào tújìng

PI-PLC-IP_3/DAG信号途径

（PI-PLC-IP_3/DAG signal pathway） 由磷脂酰肌醇特异性磷脂酶C（phosphoinositide phospholipase C，PI-PLC）及其反应产物肌醇三磷酸（IP_3）/甘油二酯（DAG）构成的G蛋白偶联受体介导的信号转导途径。

分子构成 构成该信号途径的主要成分是：受体、G蛋白、PI-PLC、第二信使IP_3和DAG。

受体 利用此通路的G蛋白偶联受体包括促甲状腺激素释放激素受体、5-羟色胺受体、去甲肾上腺素受体、降血钙素受体、H1组氨酸受体、代谢性谷氨酸受体以及M1、M3和M5型毒蕈碱受体等。

G蛋白 构成该途径的G蛋白（GTP binding protein，GTP结合蛋白）是异源三聚体G蛋白，其亚型是Gq。

PI-PLC 哺乳动物的PI-磷脂酶C家族有13个成员，根据蛋白质结构相似性分为β、γ、δ、ε、ζ、η6个亚家族。PI-PLC有2个高保守性的氨基酸序列，分别称为X和Y区，各自约有150和130个氨基酸残基。酶蛋白折叠后，此两区靠近形成活性中心。不同亚型PI-PLC中的X区位置相对恒定，而Y区位置变异较大。有些PI-PLC中含有SH2结构域，可以与其他蛋白质相互作用。PI-PLC的底物是细胞膜上的磷脂酰肌醇4,5-二磷酸。

IP_3和DAG 是PI-PLC酶促化学反应的两种产物，均为小分子第二信使，它们的产生包括两个连续的步骤。第一步反应是磷酸转移酶的作用，PIP_2羟基之间的分子内攻击肌醇环第二位上的疏水基团，产生环化的肌醇三磷酸中间体，在这一步反应中产生了DAG；第二步反应是磷脂酶催化反应，PI-PLC催化水分子对环化肌醇三磷酸中间体活性区域的攻击，产生了非环化形式的肌醇-1,4,5-三磷酸（inositol

1,4,5-triphosphate，IP_3）和甘油二酯（DAG）。

信号转导过程 细胞外的信号分子与靶细胞膜上相应的G蛋白偶联受体结合后，活化的G蛋白亚型Gq作用于PI-PLC使之活化，催化细胞质膜内侧的PIP_2水解为IP_3和DAG，IP_3和DAG再作用于细胞内的酶或其他蛋白质分子，将胞外信号转换为胞内信号（图1）。

水溶性的IP_3在细胞质扩散并与内质网上的IP_3化学配体门控钙离子通道结合，开启钙通道，使胞质中的Ca^{2+}浓度升高，进而激活各类依赖钙离子的蛋白质。

脂溶性的DAG在细胞质膜内在的磷脂酰丝氨酸和钙离子的配合下激活蛋白质激酶C（protein kinase C，PKC），蛋白质激酶C继而通过磷酸化一系列底物蛋白质的丝/苏氨酸残基而改变其活性或细胞内定位，进而改变相应细胞功能。PKC的底物蛋白质分子对于细胞形态、代谢调控、增生与分化等细胞功能具有非常重要的调控作用。

生理和病理意义 不同亚型的PI-PLC各有其特定的功能结构域，可以关联不同的受体类型，在细胞内参与构成多条信号途径和信号转导网络，调节细胞增殖、分化、代谢等多种行为。

（张 瑞 郑敏化）

RAS-MAPK xìnhào tújìng

RAS-MAPK信号途径（RAS-MAPK signal pathway）

由受体型酪氨酸激酶（receptor tyrosine kinase，RTK）、小G蛋白（small G protein）的RAS家族和促分裂原活化蛋白质激酶（mitogen activated protein kinase，MAPK）为核心分子构成的多种生长因子受体的共同信号途径。受体结合配体后，发生自我磷酸化，经历小G蛋白活化、蛋白质激酶级联活化等信号转换，最终MAPK进入细胞核内，通过对转录因子进行化学修饰而调节基因表达，实现对细胞增殖和分化的调控。

分子构成 构成该信号途径的3个主要成分是：RTK、RAS和MAPK。

RTK RTK属于催化型受体，一般由胞外配体结合区、跨膜区、胞内蛋白质酪氨酸激酶区三个部分组成。某些癌基因及细胞生长因子受体家族的编码产物属于RTK，例如表皮生长因子受体、胰岛素受体、血小板衍生生长因子受体等。RTK的胞外配体结合区在结合相应的配体后会呈现出蛋白质酪氨酸激酶的活性，并催化ATP的γ磷酸转移到目标蛋白质酪氨酸的羟基上，使之磷酸化。当配体与RTK受体胞外区结合后，会引起相邻的受体发生二聚化，同时激活其酶活性，以自身磷酸化的方式催化受体胞内段的酪氨酸残基发生磷酸化。之后，发生磷酸化的RTK受体便会募集含有SH2结构域的信号分子，从而将信号传递至下游分子。

RAS RAS属于膜结合蛋白质，因其由原癌基因*RAS*编码，故而得名。RAS在性质上与G蛋白的Gα亚基十分相似，不过由于RAS的分子量很小（单体蛋白质，约170个氨基酸残基），因此又被称作小G蛋白或低分子量G蛋白。RAS是RTK信号传导过程中的关键成员，特殊的空间构象使其具有与鸟苷三磷酸（GTP）或者鸟苷二磷酸（GDP）结合的能力。当RAS与GTP结合时，其表现为活化型；而与GDP结合时，RAS表现为失活型。鸟苷酸交换因子SOS可催化RAS上的GDP脱落并促进GTP的结合，因而激活RAS。

MAPK MAPK本质上属于蛋白质丝氨酸/苏氨酸激酶，因其是培养细胞在受到生长因子等丝裂原刺激时被激活而被鉴定的，故而得名。目前已发现MAPK可以被不同的细胞外刺激信号，如激素、细胞因子、神经递质、细胞黏附及细胞应激等激活。MAPK信号途径基本组成是保守性很强的三级蛋白质激酶模式，这种模式从酵母到人类都普遍存在，包括MAPKKK（MAPK激酶激酶，MAP kinase kinase kinase）、MAPKK

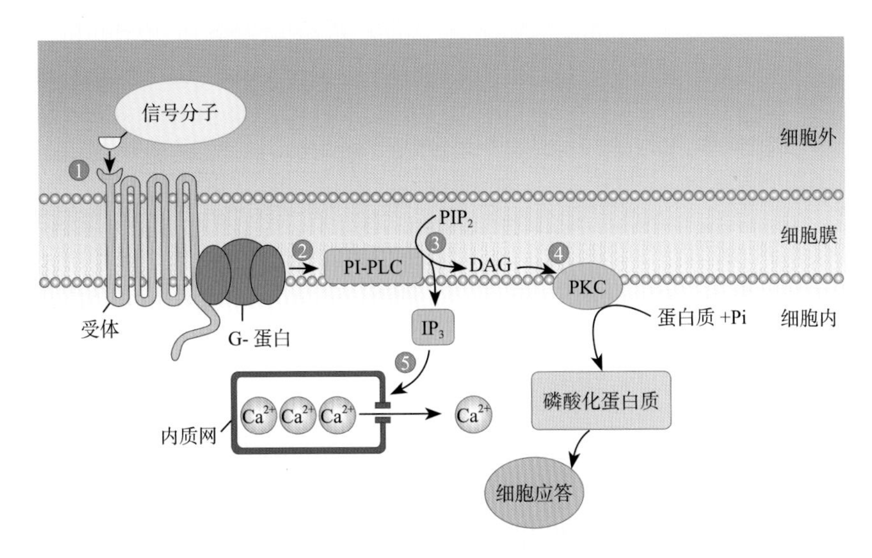

图1 PI-PLC-IP3/DAG信号途径激活过程

（MAPK 激酶，MAP kinase kinase）以及 MAPK，这三种激酶能够依次被激活，其中 MAPK 是信号从细胞表面传递到细胞核内部的重要传递者。MAPK 至少有 12 种，分属于 ERK 家族、JNK 家族和 p38 MAPK 家族。

信号转导过程 包括以下几个步骤。

信号途径的激活 最为经典的 RAS-MAPK 途径是在 EGFR 的信号转导机制研究中被发现的。这些研究逐步揭示了构成该信号途径的关键信号转导分子，其中关于小 G 蛋白、蛋白质相互作用结构域（SH2、SH3）等作用的发现，奠定了全面理解酶偶联型受体的信号转导机制的基础。该受体的信号转导过程如图 1 所示：① EGFR 结合了 EGF 后形成二聚体从而改变构象，PTK 活性增强，通过自我磷酸化作用将受体胞内区数个酪氨酸残基磷酸化。②酪氨酸磷酸化的 EGFR 产生了可被 SH2 结构域所识别和结合的位点，生长因子结合蛋白质（growth factor binding protein，GRB2）含有 1 个 SH2 结构域和 2 个 SH3 结构域，可以作为衔接分子与之相结合。③ GRB2 通过募集 SOS 而激活 RAS。SOS 含有可以被 GRB2 的 SH3 识别并结合的模体结构，结合到 GRB2 后被活化，进而促进 RAS 的 GDP 释放和 GTP 结合。④活化的 RAS 启动 MAPK 的序贯磷酸化级联反应。RAF 是 MAPK 磷酸化级联反应的第一个蛋白质激酶（属于 MAPKKK），被 RAS 活化后催化 MEK（属于 MAPKK）的磷酸化，磷酸化的 MEK 是该级联反应的第二个蛋白质激酶，其底物是反应中的第三个激酶 ERK1（属于 MAPK）。⑤转录因子磷酸化。磷酸化并活化的 ERK1 进入细胞核，作用于相应的转录因子使之发生磷酸化，这些磷酸化的转录因子可改变其靶基因的表达状态，完成细胞对外源信号的应答反应。

信号途径的负调节 为了保证组织的正常发育及体内稳态，RAS-MAPK 途径必须被精准调控。以 EGFR 信号转导过程为例，受配体刺激后，细胞表面 EGFR 内吞作用加速、随后在溶酶体中降解便是重要的负反馈调控机制。此外，细胞内多种内源性分子对 ERK 也具有重要的负调控作用，如 DOK、RKIP、SPRED、MPK、PP2A 等。

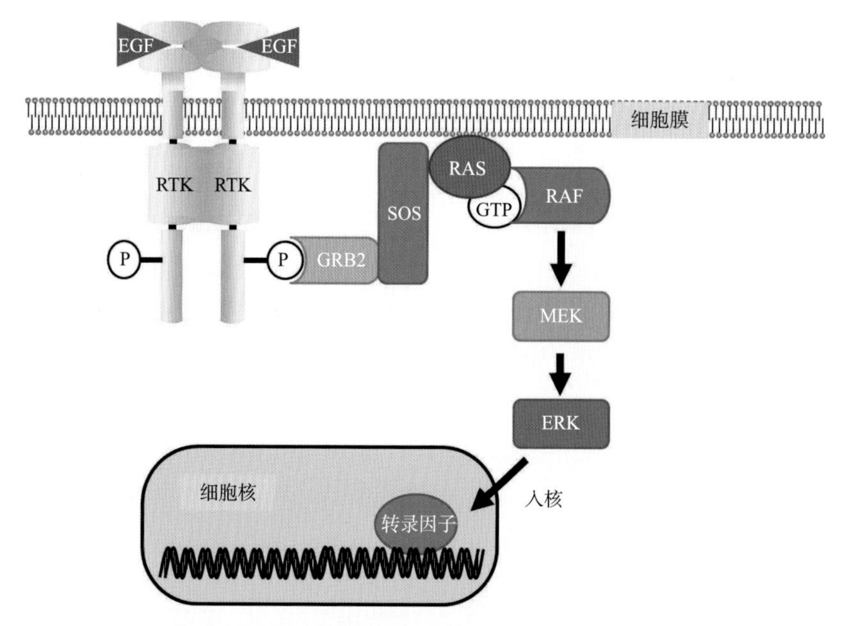

图 1 EGFR 介导的 RAS-MAPK 信号途径示意图

与其他信号途径的交互调控 RTK 的胞内段一般都存在数个酪氨酸磷酸化位点，除 GRB2 外，其他含有 SH2 结构域的信号转导分子在受体活化后亦可被募集至此，由此形成与 PI-PLC-IP_3/DAG-PKC、PI3K/AKT 等其他信号途径的交联互动调控。RTK 以外的一些单跨膜受体亦可经由 RAS-MAPK 途径转导信号，有的 G 蛋白偶联受体也可间接作用在这一信号途径。

生理和病理意义 RAS-MAPK 信号途径的下游靶基因对于细胞增殖、细胞分化、细胞周期、细胞凋亡、对辐射的应答效应等多种生理功能至关重要。该途径在病理过程中的作用亦十分重要，其异常可以导致肿瘤等。例如肿瘤细胞中 *RAS* 基因的突变率约在 25%，而在胰腺癌和结肠癌则分别高达 85% 和 40%。*RAS* 基因的突变位点主要集中于第 11、12、13、18、59、61 位密码子（GTP 酶激活蛋白 GAP 的作用位点），这些突变抑制了 RAS 内在的 GTP 酶活性，使 RAS 锁定在持续激活的 RAS-GTP 状态，从而引起细胞的恶性转化。此外，一些生长因子（表皮生长因子 EGF、胰岛素样生长因子 IGF 等）或其受体（EGFR、ERBB-2 等）的含量或功能出现异常也可引起 RAS-MAPK 的过度活化。

在肿瘤治疗的研究中可从以下几方面阻断 RAS-MAPK 信号转导途径：①从该途径上游直接抑制 PTK 激酶活性。②抑制 RAS 翻译后修饰，如法尼基转移酶抑制剂 FTIs 可阻断 RAS 法尼基化，具有明显的抗肿瘤效果。③利用 RNA 干涉技术沉默 RAS、RAF 等重要分子的表达。

（赵 晶 王 磊）

JAK/STAT xìnhào tújìng

JAK/STAT 信号途径（JAK/STAT signal pathway） 由蛋白质酪氨酸激酶 JAK 和转录因子 STAT 构成的细胞内信号转导途径。JAKs 接受跨膜受体的活化信号，催化转录因子 STAT 发生酪氨酸的磷酸化，磷酸化的 STAT 进入细胞核，作为转录因子调节细胞的基因表达，进而改变细胞行为，使其适应细胞化学微环境变化。

分子构成 构成该信号途径的 3 个主要成分是受体、JAK 和 STAT。

受体 经由 JAK/STAT 信号途径转导信号的受体主要有Ⅰ型和Ⅱ型，均属于单跨膜受体，接受白细胞介素（IL）等各种细胞外细胞因子信号。由Ⅰ型受体接受信号的细胞因子有：IL-2、IL-3、IL-4、IL-5、IL-6、IL-7、IL-9、IL-11、IL-12、IL-13、IL-15、IL-21、IL-23、IL-27、红细胞生成素（EPO）、克隆刺激因子 G-CSF、GM-CSF、生长激素、瘦素、催乳素等。由Ⅱ型受体接受信号的细胞因子有 α/β-干扰素、γ-干扰素、IL-10、IL-20、IL-22、IL-28 等。这些受体的胞外区结合相应细胞因子配体，胞内区无催化活性，胞内近膜区的富含脯氨酸模体可与相应的 JAK 蛋白质激酶家族成员相结合，依赖 JAK 的活化向细胞内传递信号。

JAK 蛋白质激酶家族 JAK 属于非受体型蛋白质酪氨酸激酶，现已确定人体中存在 4 种 JAKs，即 JAK1、JAK2、JAK3 和 TYK2。JAKs 的分子量在 120~140kD，含有 Janus 同源结构域 1（JH1）到 JH-7 共 7 个结构域（图 1）。JH1 是催化结构域，具有蛋白质酪氨酸激酶活性，其中含有 2 个相邻的保守的酪氨酸残基，即 JAK1 的 Y1038/Y1039，JAK2 的 Y1007/Y1008，JAK3 的 Y980/Y981 及 Tyk2 的 Y1054/Y1055；JH2 是“假激酶”区，不具酶活性，但为 JAK 的正常酶活性所必需；JH3 和 JH4 属于 SH2 结构域；位于氨基端的 JH6 和 JH7 被称为 FERM（Band-4.1，ezrin，radixin 和 moesin）结构域，负责 JAK 激酶与相应细胞因子受体的结合。

STAT 家族 STAT 属于转录因子，其命名的含义是其即是信号转导分子，也是转录因子。属于潜在转录因子，位于细胞质，激活后方进入细胞核发挥转录因子作用。现在已经确认的 7 个家族成员是 STAT1、STAT2、STAT3、STAT4、STAT5、STAT5A、STAT5B 和 STAT6。STAT 家族的所有成员的结构中都包括：N-端结构域、卷曲螺旋区（含核定位信号）、DNA 结合结构域、连接区、SH2 结构域和 C-端结构域。N-端结构域和 SH2 结构域参与二聚体形成，转录因子活性则由 DNA 结合区和 C-端的反式激活作用共同完成（图 2）。STAT 结合于相应靶基因的增强子区域，调节其转录活性。

信号转导过程 包括以下几个步骤。

信号途径的激活 该途径的激活由细胞外的细胞因子结合在受体而启动，主要经 4 个步骤完成（图 3）。第一步是 JAKs 磷酸化及受体磷酸化。结合了配体的受体发生构象变化，二聚化或寡聚化的受体促使其结合着的 JAK 激酶接近，邻近的 JAKs 相互催化产生自我磷酸化，磷酸化的 JAK 激酶构象变化并活化，进而催化受体发生磷酸化；第二步是 STAT 的磷酸化。STAT 分子中的 SH2 结构域识别受体中磷酸化酪氨酸模体，并与之结合，活化的 JAK 作用于底物 STAT 分子，使其发生酪氨酸磷酸化；第三步是 STAT 二聚化并入核。酪氨酸磷酸化的 STAT 脱离受体，依靠 STAT 分子间的 SH2 结构域相互识别，形成同源或异源二聚体，二聚化的 STAT 进入细胞核；第四步是 STAT 调节靶基因的转录活性。STAT 进入细胞

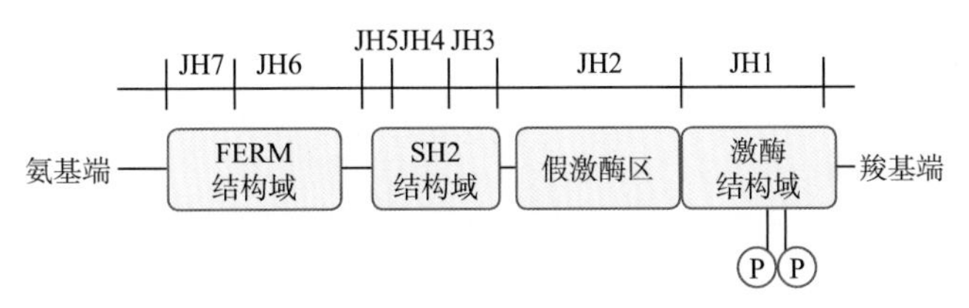

图 1 JAK 结构示意图

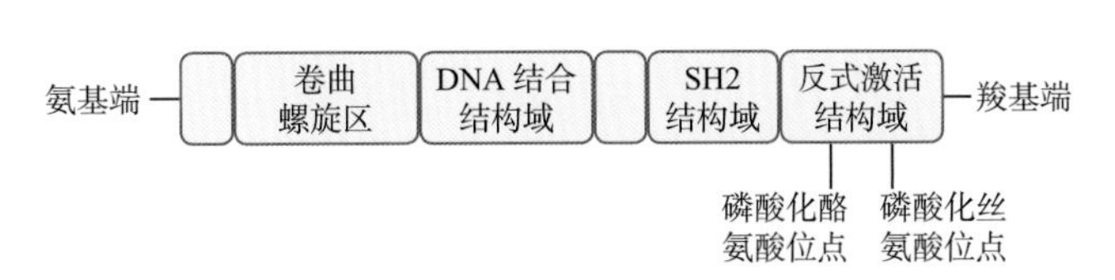

图 2 STAT 结构示意图

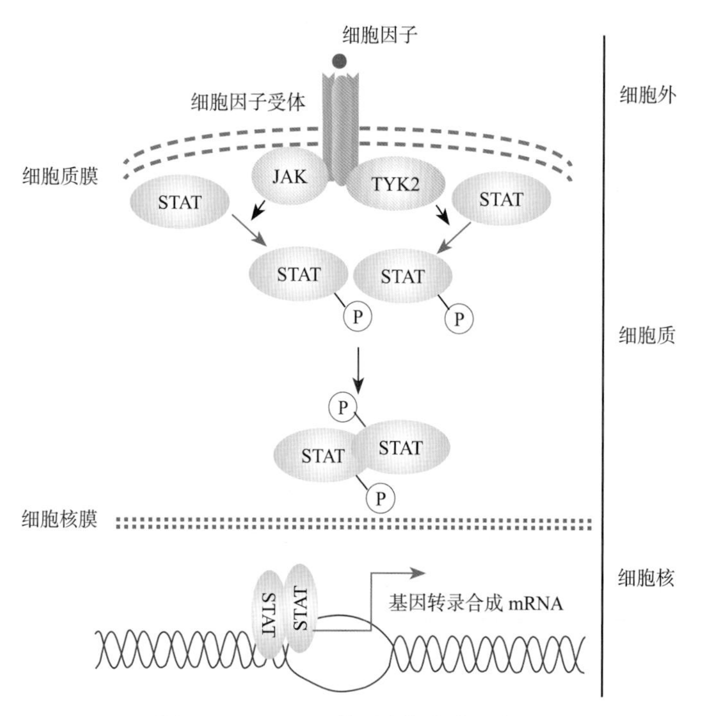

图 3　JAK-STAT 信号途径传递示意图

核后，将分别选择性地结合于相应的靶基因的启动子或增强子区，激活靶基因的转录反应。

信号途径的负调节　JAK-STAT 途径的负调节主要有两种方式。一种方式是蛋白质酪氨酸磷酸酶所催化的 JAKs 和 STATs 的去磷酸化。磷酸化的 STAT 分子被胞核中的磷酸酶去磷酸化后失去活性，其后由 exportin-RanGTP 复合体输送出核。另一种方式是细胞内存在着抑制该通路的内源性抑制分子，如 SOCS 分子可以通过结合并抑制 JAKs 而减少 STAT 的磷酸化，同时可与 STAT 竞争结合受体。另外，PIAS 可以在核内阻止 STAT 与启动子的结合，从而抑制 STAT 的转录调节作用。

与其他信号途径的交互调控　其他受体型蛋白质酪氨酸激酶，如 EGFR 可以直接催化 STATs 的酪氨酸残基磷酸化，另外一些非受体型蛋白质酪氨酸激酶，如 c-SRC 亦可以作用于 STAT。因此，JAK-STAT 信号途径可以借此与多种其他信号途径交互调节。

生理和病理意义　JAK-STAT 信号途径的下游靶基因对于免疫系统发育、免疫反应及其调节、细胞增殖分化、细胞凋亡等多种生理功能至关重要。该途径在病理过程中的作用十分重要，其异常可导致免疫缺陷病和肿瘤等。在 *JAK*3、*TYK*2、*STAT*1、*STAT*3 和 *STAT*5B，已经发现了与疾病发生有关的先天性基因突变。如 *JAK*3 突变可引起严重联合免疫缺陷，*STAT*1 突变可引起慢性黏膜念珠菌感染，*STAT*3 基因突变可引起高 IgE 综合征。

JAK 作为疾病治疗靶点，其抑制剂可能用于银屑病、类风湿关节炎、真性红细胞增多症、溃疡性结肠炎等炎症性和超敏反应性疾病。如 JAK1 和 JAK3 的抑制剂托法替尼在美国已经被批准用于类风湿关节炎的治疗。JAK1 和 JAK2 的抑制剂鲁索利替尼被批准用于骨髓纤维变性和红细胞增多症。

（药立波）

PI3K-AKT-mTOR xìnhào tújìng

PI3K-AKT-mTOR 信号途径（PI3K-AKT-mTOR signal pathway）

由磷脂酰肌醇 3- 激酶（phosphatidylinositol 3-kinase，PI3K）、蛋白质丝氨酸 / 苏氨酸激酶 AKT 和哺乳动物雷帕霉素靶蛋白 mTOR 构成的细胞内重要信号转导途径。该途径参与增生、自噬、凋亡以及物质代谢等多种细胞功能的调节。

分子构成　构成该信号途径的 3 个主要成分是：磷脂酰肌醇 3- 激酶、蛋白质激酶 AKT 和雷帕霉素靶蛋白。

磷脂酰肌醇 3- 激酶（PI3K）　位于细胞质中的 PI3K 包括Ⅰ型、Ⅱ型和Ⅲ型。其中Ⅰ型的底物是磷脂酰肌醇（PI）、3- 磷脂酰肌醇（PIP）和 3,4- 二磷脂酰肌醇（PI-3,4-P_2），Ⅱ型的底物是 PI 和 PIP，Ⅲ型的底物主要是 PI。其中，Ⅰ型与肿瘤发生与发展密切相关。Ⅰ型 PI3K 是异源二聚体，分别由 1 个调节亚基（p85）和 1 个催化亚基（p110）所组成。其中调节亚基含有 SH2 和 SH3 结构域，可以与含有相应结合位点的靶分子结合。催化亚基又分为 2 个亚型：Ⅰa 和Ⅰb，其中Ⅰa 可以被受体型蛋白质酪氨酸激酶、G 蛋白偶联受体以及小 G 蛋白激活，Ⅰb 可以被 G 蛋白偶联受体激活。Ⅰa 和Ⅰb 这两型催化亚基的羧基末端有磷脂酰肌醇激酶结构域，可以催化 PI-3,4-P_2 磷酸化生成 PI-3,4,5-P_3，从而参与细胞信号转导、调控细胞生长与增生。

蛋白质激酶 AKT　又称为蛋白质激酶 B（PKB），是一种丝氨酸 / 苏氨酸蛋白质激酶。AKT 是 PI3K 下游的关键效应分子，激活后由细胞质转位到质膜，进行细胞信号转导。哺乳动物中 AKT

家族成员主要包括AKT1、AKT2和AKT3。AKT家族的成员在结构上都包括：PH结构域、催化结构域和调节结构域。上游激酶PI3K的激活将促进PI-3,4-P_2的磷酸化，生成的PI-3,4,5-P_3可以和AKT的PH结构域结合，导致AKT从细胞质转位到质膜，位于质膜的磷脂酰肌醇依赖型激酶1（phosphoinositide-dependent kinase-1，PDK1）催化AKT第308位Thr磷酸化，PDK2催化AKT第473位Ser磷酸化，从而激活AKT。活化的AKT由质膜转位到细胞质或者细胞核，继续调控mTOR、BAD、procaspase-9等下游效应分子，发挥生物学功能。

哺乳动物雷帕霉素靶蛋白mTOR　mTOR属于蛋白质丝氨酸/苏氨酸激酶，进化上比较保守。mTOR分子在结构上分别含有：HEAT重复序列、FAT结构域、FRB激酶结构域、NRD结构域和FATC结构域（图1）。其中，氨基端多个重复的HEAT模体介导着蛋白质之间的相互作用；FAT结构域通过与羧基端FATC结构域相互作用，从而形成特定的空间结构，暴露出催化结构域；FRB结构域可以结合FKBP12-雷帕霉素复合体，从而在雷帕霉素抑制mTOR过程中发挥连接作用，而激酶结构域与PI3K催化结构域类似；NRD结构域是mTOR的负性调节结构域。在哺乳动物中，mTOR主要以mTORC1和mTORC2复合物两种形式存在。

信号转导过程　包括以下几个步骤。

信号途径的激活　该途径由生长因子及细胞因子等细胞外信号结合到跨膜的蛋白质酪氨酸激酶受体后，受体的酪氨酸残基经磷酸化修饰而激活，从而启动细胞信号转导过程。具体步骤为：①PI3K的激活。活化的受体型酪氨酸激酶募集PI3K的调节亚基p85，并将信号传递给PI3K的催化亚基p110，从而导致PI3K的激活。②AKT的转位。活化的PI3K催化PIP_2磷酸化生成PIP_3，后者和AKT的PH结构域结合，使AKT由细胞质转位到细胞膜上。③AKT的激活。PIP_3激活细胞膜上PDK1，从而使AKT第308位Thr磷酸化，PDK2催化AKT第473位Ser磷酸化，从而激活AKT。④mTOR的激活。非活化状态时，结节性硬化复合物-1（TSC-1）与TSC-2形成二聚体复合物，该复合物可以抑制小GTP酶Rheb的活性，而Rheb是mTOR活化所必需的正向调控蛋白。因此，TSC-1与TSC-2形成的二聚体复合物可以抑制mTOR的激活。激活的AKT可以磷酸化TSC-2第939位Ser和第1462位Thr，抑制TSC-1与TSC-2形成二聚体复合物，从而导致mTOR的活化。激活的mTOR通过磷酸化修饰下游多个效应分子发挥其生物学功能，其中主要的效应分子是4EBP1和p70S6K（图2）。

信号途径的负调节　PI3K-AKT-mTOR信号途径主要的负性调控元件是蛋白质磷酸酶/磷脂酰肌醇磷酸酶PTEN，其生物学功能与磷脂酰肌醇激酶PI3K相反，将PIP_3和PIP_2去磷酸化，从而负向调控PI3K下游AKT-mTOR信号途径的活性（图2）。由于PI3K-AKT信号途径与细胞生存和肿瘤发生发展密切相关，因此PTEN拮抗PI3K-AKT信号途径的活化，

图1　mTOR分子结构示意图

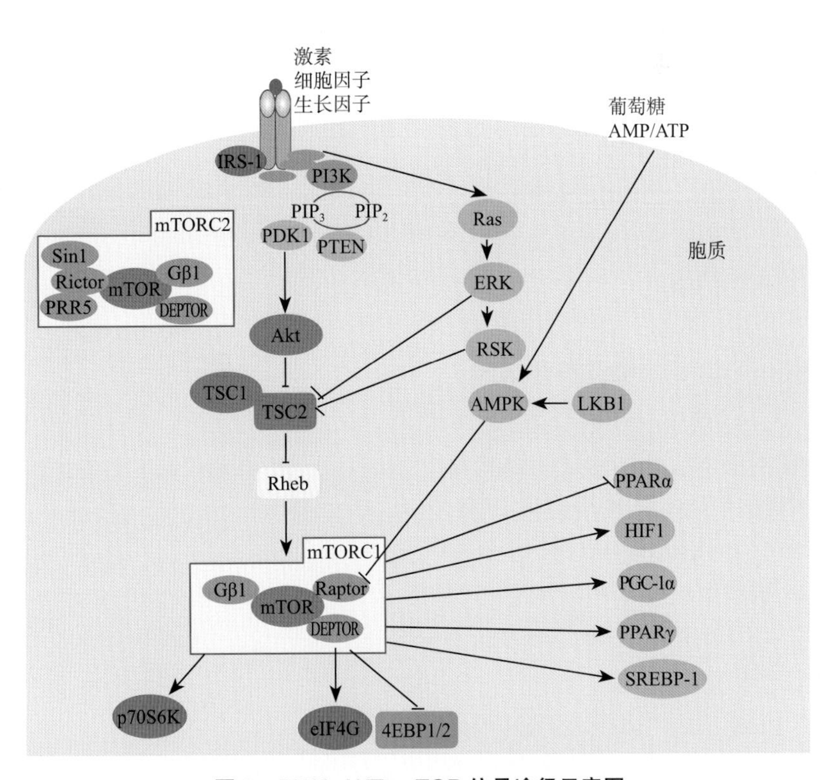

图2　PI3K-AKT-mTOR信号途径示意图

从而发挥其肿瘤抑制功能。

与其他信号途径的交互调控 mTOR的活性既可以通过PI3K-AKT-mTOR信号途径调节，也被LKB1-AMPK-mTOR信号途径调节。AMPK是细胞内能量感受器，与mTOR活性的调控密切相关。当细胞能量供应缺乏，即ATP/AMP降低时，AMPK激活并促进TSC-2磷酸化，促进TSC-2与TSC-1形成二聚体复合物，抑制mTOR的活性。此外。AMPK还可以直接磷酸化修饰mTORC1并调控其活性。因此，mTOR活性及相应的生物学功能可以通过多条信号途径交互调节。

生理和病理意义 PI3K-AKT-mTOR信号途径的下游靶分子在细胞生长与增生、凋亡与自噬以及细胞周期的调控过程中发挥着重要作用。主要作用包括以下几点：①该信号途径的过度激活将通过多个下游效应分子4EBP1、p70S6K促进细胞的生长，抑制细胞凋亡，从而促进肿瘤的生长与增生。②该信号途径参与调控低氧诱导因子HIF1表达，从而参与调节HIF1下游靶基因VEGF/PDGF的表达以及肿瘤血管生成。③该信号途径能够调节转录因子SREBP-1及脂合成相关基因的表达，从而参与调节脂类物质的合成代谢与细胞增殖。④该信号途径能够调节转录因子TFEB，后者参与调节细胞自噬和溶酶体相关的基因表达，从而调控细胞自噬过程和溶酶体功能。因此，PI3K-AKT-mTOR信号途径在细胞生长与增生、凋亡与自噬，以及血管生成等多个方面发挥着重要的生理功能。

PI3K-AKT-mTOR信号转导途径的抑制剂是临床靶向性治疗药物的研发热点，其中主要是作为各种类型肿瘤治疗的分子靶向药物进入临床试验（表1）。

（张　健　沈　岚）

SMAD xìnhào tújìng

SMAD信号途径（SMAD signal pathway）

由转化生长因子β（transforming growth factor β，TGF-β）、TGF-β受体、SMAD和核内转录因子构成的细胞内信号转导途径。TGF-β受体接受胞外配体的活化信号，催化多个SMAD成员磷酸化并形成复合体，通过与细胞核内的转录因子相互作用，调节相应基因的表达，进而影响细胞生物学行为。

分子构成 构成SMAD信号途径的2个主要成分是：TGF-β及其受体家族和SMAD家族。

TGF-β及其受体家族 TGF-β家族成员众多，但均属于二聚体分泌型多肽，根据蛋白质结构、功能和下游信号分子的差异，被分为两个亚家族。属于第一类亚家族的细胞因子：TGF-β1、TGF-β2、TGF-β3、activin A、activin B、activin C、activin D、activin E和NODAL等；属于第二类亚家族的细胞因子包括：骨形态发生蛋白（bone morphogenetic proteins，BMP）2，BMP4、BMP5、BMP6、BMP7、BMP8、BMP10；生长分化因子（growth

表1 PI3K-AKT-mTOR信号途径抑制剂的临床研发进展

类型	名称	临床阶段	适应证
PI3K抑制剂	CAL101	Ⅰ期	慢性淋巴细胞白血病 非霍奇金淋巴瘤
	XL147	Ⅰ期	实体瘤
	PX866	Ⅰ期	实体瘤
		Ⅱ期	多形性胶质母细胞瘤
	GDC0941	Ⅰ期	进展型实体瘤
	BKM120	Ⅰ期	结直肠癌
AKT抑制剂	Milterfosine	Ⅱ期	T细胞淋巴瘤
	Perifosine	Ⅱ期	肾细胞癌
	Triciribine	Ⅰ期	血液肿瘤
	MK2206	Ⅰ期	进展型实体瘤
	RX-0201	Ⅰ期	实体瘤
mTOR抑制剂	CCI-779	Ⅱ期	复发转移性乳腺癌
		Ⅱ期	多形性胶质母细胞瘤
		Ⅱ期	前列腺癌
		Ⅱ期	宫颈癌
		Ⅲ期	肾细胞癌
	RAD001	Ⅱ期	套细胞淋巴瘤
		Ⅱ期	结直肠癌
		Ⅱ期	前列腺癌
		Ⅲ期	胃癌
		Ⅲ期	肾细胞癌
	AP23573	Ⅰ期	实体瘤
		Ⅱ期	血液肿瘤
		Ⅲ期	肉瘤
	AZD-8055	Ⅰ期	实体瘤
PI3K/mTOR双重抑制剂	BEZ235	Ⅰ期	实体瘤
	BGT226	Ⅰ期	实体瘤
	PF-04691502	Ⅰ期	实体瘤
	GDC0980	Ⅰ期	实体瘤
	XL765	Ⅰ期	进展型实体瘤

and differentiation factor，GDF）1、GDF2（即BMP9）、GDF3、GDF5（即BMP12）、GDF6（即BMP13）、GDF7（即BMP14）、GDF8、GDF9、GDF10、GDF11、GDF15等。经由SMAD途径转导信号的TGF-β受体主要包括Ⅰ型、Ⅱ型和Ⅲ型三类受体，可接受TGF-β家族细胞因子信号。目前已经发现7种Ⅰ型受体和5种Ⅱ型受体，这些受体的胞外区结合相应细胞因子配体，胞内区具有丝氨酸/苏氨酸激酶活性，可以结合并磷酸化激活相应的SMAD家族成员，向细胞内传递信号。

SMAD家族　SMAD由线虫Sma和果蝇Mad的同源蛋白质，通过磷酸化的方式将胞膜TGF-β受体信号转导入细胞核内。现已确定哺乳动物中存在9种SMADs，即SMAD1、SMAD2、SMAD3、SMAD4、SMAD5、SMAD6、SMAD7、SMAD8、SMAD9。根据结构和功能的不同，SMAD家族可以进一步分为三种类型：①受体激活型SMAD（receptor-activated SMAD，R-SMAD），通过与受体的相互作用被激活。其中，SMAD2和SMAD3受TGF-β，activin和NODAL信号活化；而SMAD1、SMAD5、SMAD8和SMAD9受BMPs和GDFs信号活化。②通用型SMAD（common-partner SMAD，Co-SMAD），通过与活化的R-SMAD结合形成复合体，转位入核调控基因转录。SMAD4是已知的、唯一的Co-SMAD，其可以与各个信号途径中的特异性SMAD形成寡聚体。③抑制型SMAD（inhibitory SMAD，I-SMAD），主要是SMAD6和SMAD7，它们可以与R-SMAD竞争性地结合受体，阻断R-SMAD活化，抑制TGF-β向细胞内传递信号。SMADs蛋白大约由500个氨基酸组成，包含N-末端结构域（mad homology 1 domain，MH1），C-末端结构域（mad homology 2 domain，MH2）和两者间富含脯氨酸的连接区。MH2存在于所有SMADs中，MH1只存在于R-SMAD和Co-SMAD中（图1）。

信号转导过程　包括以下几个步骤。

信号途径的激活　该途径的激活由细胞外的TGF-β配体结合受体而启动，主要经4个步骤完成（图2）。第一步是TGF-β受体的活化。TGF-β与Ⅱ型受体结合，受体构象改变，发生二聚化并被活化，进而募集并激活Ⅰ型受体，两者成对结合，形成异源四聚体复合物，Ⅰ型受体的激酶活性被激活；第二步是R-SMAD的磷酸化。R-SMAD分子中的MH2结构域识别Ⅰ型受体中磷酸化的丝氨酸/苏氨酸模体，并与之结合，活化的受体导致R-SMAD的C-末端Ser-X-Ser模块上两个丝氨酸位点发生磷酸化，使其被激活；第三步是SMAD寡聚体形成并入核。R-SMAD蛋白被受体磷酸化后，识别并结合SMAD4的MH2结构域，形成R-SMAD-SMAD4寡聚体并进入细胞核；第四步是SMAD调节靶基因的转录活性。入核的SMAD寡聚体通过MH1结构域识别靶基因启动子区，但与DNA亲和力较低，需要同时与细胞内多种转录因子相结合增强其转录活性，选择性地调节靶基因的转录。

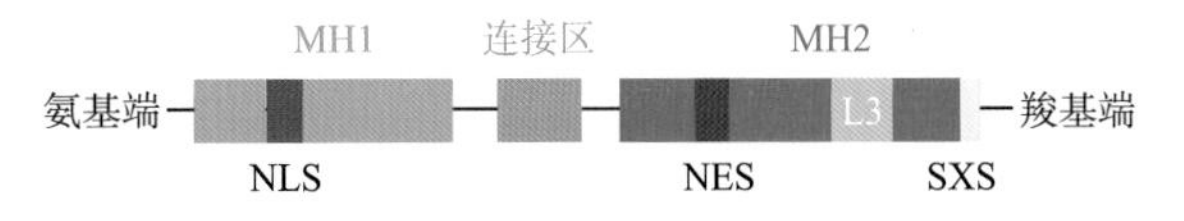

图1　SMAD家族分子结构示意图

注：NLS为核定位信号；NES为核输出信号；L3为受体识别区域；SXS为丝氨酸磷酸化位点。

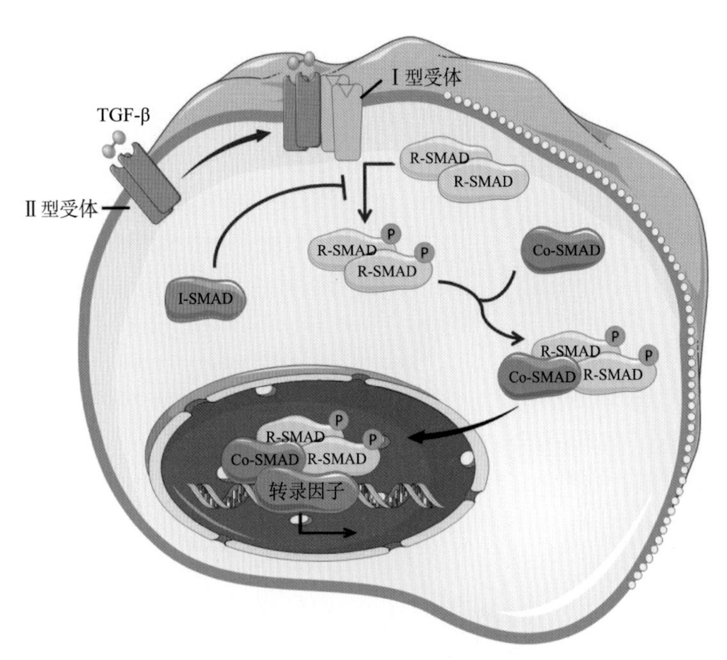

图2　SMAD信号途径激活示意图

信号途径的负调节 SMAD途径的负调节方式主要有以下三种。①蛋白质磷酸酶对R-SMADs的去磷酸化作用。如：小羧基末端结构域磷酸酶1/2/3催化SMAD1的C-端和连接区的去磷酸化；金属离子依赖的蛋白质磷酸酶催化SMAD2和SMAD3的C-端去磷酸化。②翻译后修饰对SMADs稳定性和活性的影响。E3泛素连接酶SMURF，SKP2等能够识别和结合磷酸化的SMADs，诱导其泛素化降解；R-SMAD的SUMO化修饰会影响SMAD复合体的转录活性；另外，乙酰基转移酶p300通过乙酰化I-SMAD，增强其稳定性，进而抑制SMAD途径活化。③内源性抑制分子对该途径的反馈抑制作用。I-SMAD是SMAD途径最重要的负调控因子，通过多种方式抑制该途径的过度活化，如与R-SMAD竞争性结合活化的受体，抑制R-SMAD的活化；与E3泛素连接酶SMURF结合，促进受体泛素化而降解；作为转录抑制分子在细胞核中发挥作用。

与其他信号途径的交互调控 SMAD途径与其他途径间存在着广泛的交联互动。如cAMP-PKA途径和PI3K-AKT途径可以抑制R-SMAD活性；JAK-STAT3途径和NF-κB途径可以诱导SMAD7的表达；而MAPK途径对SMAD活性有双向调控功能，既可以磷酸化R-SMADs增强其活性，又可以抑制其向核内转移，阻止R-SMADs在核内的积累。

生理和病理意义 SMAD信号途径所调控的靶基因在胚胎发育和组织修复，细胞增殖、分化和凋亡，代谢及迁移等多种生理过程中具有至关重要的作用，且与免疫缺陷病、感染性疾病和肿瘤等病理过程的发生密切相关。在TGF-β受体、R-SMADs、SMAD4和I-SMAD中，均已发现了与疾病发生相关的先天性基因突变。如TGF-β受体突变可导致洛伊-迪茨（Loeys-Dietz）综合征，SMAD4突变可引起青年多发性息肉症、胰腺癌等疾病，SMAD7突变增加了罹患结直肠癌的风险。表1列举了SMAD途径各组分的遗传性突变与疾病发生的相关性。

SMAD途径作为治疗靶点，主要应用于抗肿瘤治疗领域。该途径在肿瘤发生早期具有抑制细胞增殖的特性，而在中晚期肿瘤中表现为促进肿瘤侵袭和转移的特性。基于SMAD途径兼具抑癌和促癌的特点，靶向药物的剂量控制尤其重要。目前，Ⅰ型TGF-β受体抑制剂Galunisertib已经进入Ⅲ期临床试验，应用于前列腺癌、胰腺癌、直肠腺瘤、乳腺癌等多类肿瘤的靶向治疗。另外，SMAD7反义寡聚核苷酸药物Mongersen在克罗恩病Ⅱ期临床试验中也取得了显著效果。

（赵　晶　申亮亮）

表1 SMAD途径各组分的基因突变与疾病的相关性分析

基因	OMIM号	疾病	OMIM号
TGFBR1	190180	洛伊-迪茨（Loeys-Dietz）综合征1型	609192
		多发性自愈性鳞状细胞癌	132800
TGFBR2	190182	遗传性非息肉病性结直肠癌	614331
		食管癌	133239
		洛伊-迪茨（Loeys-Dietz）综合征2型	610168
SMAD3	603109	洛伊-迪茨（Loeys-Dietz）综合征3型	613795
SMAD4	600993	家族性多发性息肉症 遗传性出血性毛细血管扩张综合征	175050
		米勒（Myhre）综合征	139210
		胰腺癌	260350
SMAD6	602931	主动脉瓣膜病	614823
SMAD7	602932	结直肠癌	612229
SMAD9	603295	原发性肺动脉高压	615342

注：OMIM为"Online Mendelian Inheritance in Man"的简称，是人类基因和遗传紊乱相关信息的数据库。

IKKα/β-NF-κB xìnhào tújìng

IKKα/β-NF-κB信号途径

（IKKα/β-NF-κB signal pathway） 由IκB激酶（IκB Kinase，IKK）、IκB（inhibitor of NF-κB）和核因子-κB（nuclear factor κB，NF-κB）构成的细胞内信号转导途径。上游信号活化后导致IKK激酶激活，催化IκB磷酸化继而被泛素化、降解，与之结合的NF-κB二聚体得以释放并进入细胞核，结合靶基因上特定DNA序列，调节基因表达模式，导致细胞行为变化。

分子构成 构成该信号途径的3个主要信号分子家族分别是：IKK、IκB和NF-κB。

NF-κB家族 NF-κB属于转录因子，因其与B淋巴细胞免疫球蛋白κ轻链增强子结合而被发现和命名，从果蝇到人具有保守性，但酵母中不存在。该家族有5个成员，包括RelA（p65）、RelB、c-Rel、p50/p105（NF-κB1）、p52/p100（NF-κB2）（图1A）。这些成员在N-端共有一特征性的Rel同源结构域，负责

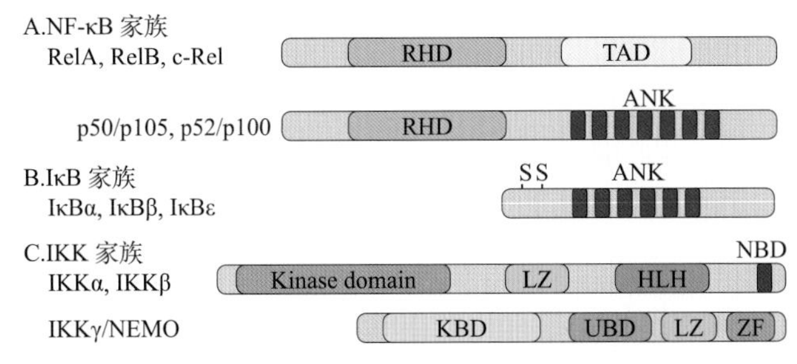

图 1 NF-κB 信号途径分子构成示意图

形成同/异源二聚体及结合 DNA。RelA、RelB 和 c-Rel 在 C-端包含一转录激活结构域。前体蛋白质 p105、p100 的 C-端含锚蛋白重复序列，二者经不完全水解分别产生 p50 和 p52。p105/p50、p100/p52 因缺乏 TAD，依赖其他成员或共激活子发挥转录激活作用。NF-κB 以同/异源二聚体存在，静息状态下位于胞质，活化后入核，典型形式是 p50 : RelA。

IκB 家族　主要包括 IκBα、IκBβ、IκBε 3 种典型 IκB，是最重要的 NF-κB 抑制因子。IκB 在结构上类似，特征为含有多个 ANK 结构域，介导与 NF-κB 二聚体结合，致使后者滞留在胞质或出胞核而处于非活化状态；N-端含有 2 个邻近的保守丝氨酸残基（DS*GXXS*），被 IKK 磷酸化后促使 IκB 发生泛素化并降解。NF-κB 前体蛋白质 p105 和 p100 的 C-端均含有多个 ANK，亦分别称为 IκBγ 和 IκBδ，通过结合 NF-κB 而发挥类似 IκB 的功能（图 1B）。此外还存在 BCL3、IκBζ 和 IκBNS 等不典型 IκB。

IKK 家族　IκB 激酶包括 IKKα、IKKβ 和 IKKγ/NEMO，在经典 NF-κB 信号途径中三者构成复合物。IKKα 和 IKKβ（50% 序列同源）具有蛋白质丝/苏氨酸激酶活性，为催化亚基，二者在结构上高度类似，包括 N-端的激酶区、亮氨酸拉链、螺旋-环-螺旋及 C-端 NEMO 结合结构域，其中激酶区催化 IκB 磷酸化，LZ 介导同/异源二聚化，NBD 负责与 NEMO 结合。IKKγ/NEMO 为调节亚基，其结构中 N-端激酶结合结构域介导与 IKKα/β 结合，泛素结合结构域则与上游的接头分子连接。NEMO 的作用是作为支架蛋白，装配形成 IKK 复合物、感知上游活化信号，并且使其激活 IKK。

信号转导过程　包括以下几个步骤。

信号途径的激活　静息状态下细胞中 NF-κB 二聚体与 IκB 结合位于细胞质并处于非活化状态，上游刺激信号通过激活 IKK 进而诱导 IκB 降解，从而使 NF-κB 自 IκB 释放、转位入核，后者与相应靶基因启动子或增强子的 NF-kB 位点结合，从而激活靶基因转录。

经典（传统）NF-κB 信号途径由促炎细胞因子如 TNF、IL-1、病原组分如 LPS 等结合相应受体 TNFR、IL-1R、TLR4 而启动，受体募集下游接头分子，其中 TRAF 或 RIP 发生 K63 多聚泛素化，借此结合 NEMO 而募集 IKK 复合物，IKKα/β 经自我磷酸化或 TAK1 催化而活化。活化的 IKKα/β（以 IKKβ 为主）催化 IκB 丝氨酸磷酸化，继而被泛素连接酶 SCFβ-TrCP 识别和结合，促使 IκB 发生 K48 多聚泛素化，在蛋白酶体降解，NF-κB 二聚体（p50 : RelA 为主）得以释放而活化（图 2）。

非经典（替代）NF-κB 信号途径由淋巴毒素 B（LTβ）、B 细胞活化因子（BAFF）、CD40L 等结合相应受体而启动，受体募集接头分子，致使 NIK 活化，催化 IKKα 磷酸化而活化。活化的 IKKα 二聚体催化与 RelB 结合的 p100 C-端丝氨酸磷酸化，继而 p100 经蛋白酶体不完全降解，产生仅保留 N-端的 p52，致使 p100: RelB 变为 p52: RelB 而活化（图 2）。

信号途径的负调节　NF-κB 的负调控方式有 3 种：最主要的是 IκB 介导的负反馈抑制作用，NF-κB 的早期靶基因中包括 IκBα 的编码基因，新合成的 IκBα 入核后可与核内的 p50: RelA 二聚体结合并出核；其次是结合在启动子上或核内 RelA 的适时降解，如 COMMD1 作为泛素连接酶复合物的组分，促进 RelA 泛素化和降解。第三种方式是 PIAS1 直接结合 RelA，阻止后者与启动子结合，抑制 RelA 的转录活性。

NF-κB 上游的负调节主要通过干预接头分子的信号转导而实现。例如兼有去泛素化酶和泛素连接酶活性的 A20、去泛素化酶 CYLD 可分别去除 RIP、TRAF 或 NEMO 的 K63-多聚泛素链，从而抑制 TNFR 触发的 NF-κB 活化。

与其他信号途径的交互调控　NF-κB 还受到磷酸化、乙酰化等翻译后修饰的调控。生长因子、细胞因子通过 PI3K-AKT 促进 RelA 丝氨酸磷酸化而影响其活性；其他激酶 PKA、MSK1/2、RSK1 也可催化 RelA 丝氨酸磷酸

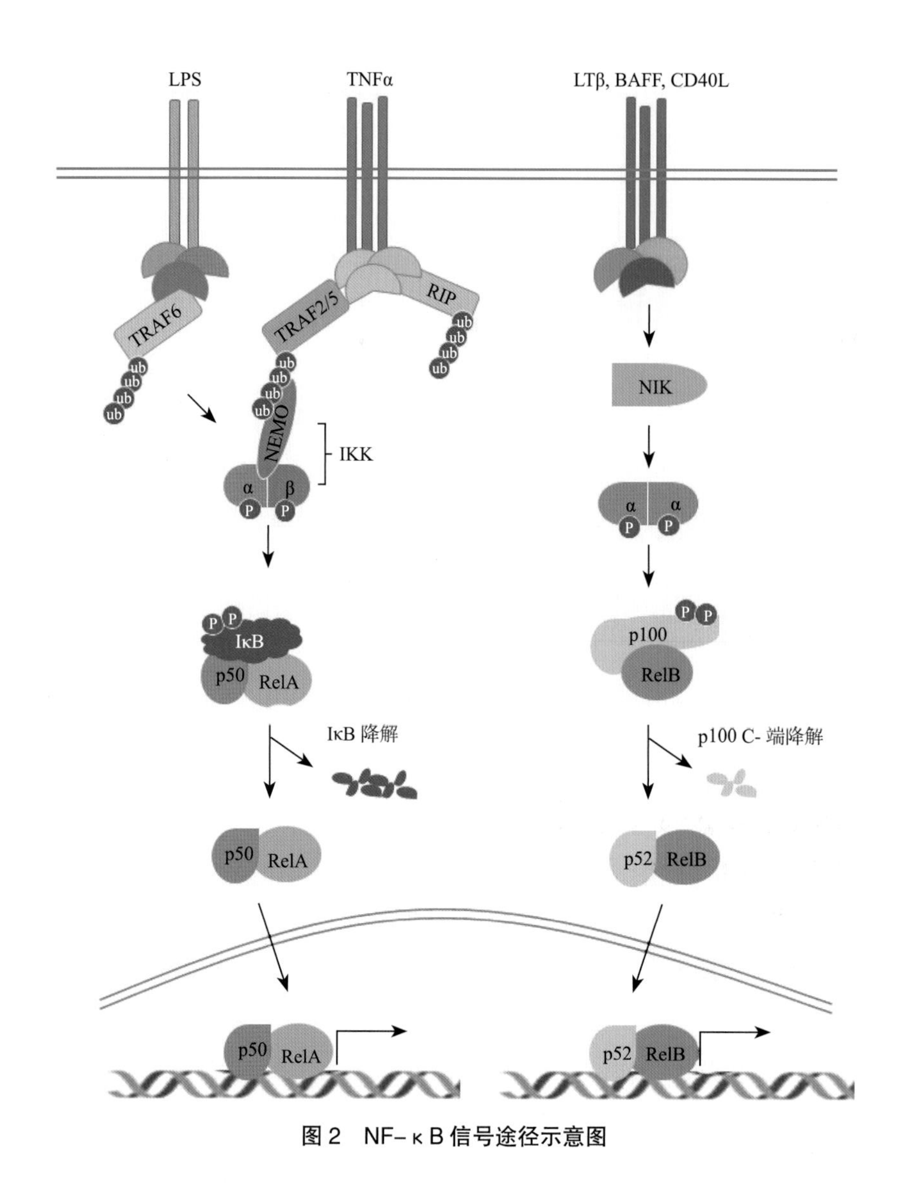

图 2 NF-κB 信号途径示意图

化；ARF 则可通过 CHK1/ATR 促进 RelA 苏氨酸磷酸化而抑制其转录活性。因此，多种其他信号途径可通过转录后修饰 NF-κB 而与该信号途径交互调节。

生理和病理意义 IKKα/β-NF-κB 信号途径的下游靶基因对于免疫与炎症反应、细胞黏附、分化、细胞凋亡等多种生理功能至关重要。该通路异常可以导致慢性炎症、免疫缺陷病和肿瘤等。在 *NEMO*、*IKBA*、*REL* 和 *CYLD*，已发现与疾病发生相关的先天性或体细胞基因突变。如 *NEMO* 突变可引起色素失调症、无汗性外胚层发育不良伴免疫缺陷，*CYLD* 基因突变可导致圆柱瘤，*REL* 基因突变可引起淋巴瘤。表 1 列举了 NF-κB 信号途径相关基因的突变类型、效应、疾病与相关表型。

IKKα/β-NF-κB 信号途径的多个环节可作为疾病治疗靶点。抑制 IKK 激酶活性、稳定 IκB、抑制 NF-κB 转录活性，可能用于治疗过敏性皮炎、银屑病、湿疹等免疫系统疾病、实体瘤、淋巴瘤等。如蛋白酶体抑制剂硼替佐米可稳定 IκB，已用于多发性骨髓瘤的临床治疗。NF-κB 诱骗寡核苷酸在过敏性皮炎、银屑病、湿疹已完成二期临床试验。IKK 的抑制剂 CDDO-Me/RTA 402 在进展期实体瘤和淋巴瘤已完成一期临床试验。

（秦鸿雁 李 霞）

Notch xìnhào tújìng

Notch 信号途径（Notch signal pathway）

由 Notch（受体）、配体及下游信号转导分子和核内应答过程组成的相邻细胞间相互作用的信号转导途径。从线虫到哺乳类动物都是高度保守的。Notch 通过与相邻细胞上的配体相互作用而被活化，活化的 Notch 释放其胞内段（intracellular domain of Notch，NICD）直接入核，与转录因子 RBP-J 相互作用，激活下游与细胞增殖分化等相关基因如 *HES* 家族分子的表达，从而调控胚胎发育和维持成体组织稳态。

分子构成 构成经典 Notch 信号途径的 3 个主要成分是：Notch（受体）、配体和转录因子 RBP-J。

Notch 受体 Notch 是遗传学先驱摩尔根（Morgan）于 1916 年在果蝇中发现，属于单跨膜受体。因其编码基因突变可在果蝇翅膀边缘造成缺口而得名。在哺乳类动物中有 4 种 Notch，即 Notch1、2、3 和 4。Notch 包含胞外段和胞内段，其中胞外段由大约 36 个表皮生长样重复序列和 3 个富含半胱氨酸的 Notch/LIN-12 重复序列组成，而第 11、12 个表皮生长样重复序列负责结合配体。Notch 的胞内段（NICD）由多个功能结构域组成。包括 RAM（RBP-J association molecule）结构域、CDC10/Ank 重复序列、转录激活结构域和 PEST 结构域等。其中 RAM 结构域介导 NICD 与 RBP-J 结合，而 CDC10/Ank 重复序列和转录激活结构域负责 NICD 介导的转录激活（图 1）。

表 1　NF-κB 信号途径基因突变与疾病

基因	突变类型	效应	疾病	表型
遗传性突变				
NEMO	基因重排、移码突变、点突变、缺失、插入	*NEMO* 功能受损	IP、EDA-ID、OL-EDA-ID、免疫缺陷	皮肤炎症，反复感染，伴有骨、神经系统等异常
IKBA	点突变	IκBα 免受降解	EDA-ID(T)	反复感染，皮肤附件异常，伴 T 细胞增殖缺陷
CYLD	移码突变、错义突变、无义突变	*CYLD* 功能受损	圆柱瘤	头皮部位多发良性肿瘤
体细胞突变				
REL	扩增、缺失、基因重排、点突变	Rel 蛋白过表达、产生 Rel- 融合蛋白	B 细胞淋巴瘤	—
RELA	点突变	RelA 的 DNA 结合和转录活性降低	多发性骨髓瘤	—
NFKB2	染色体异位或缺失	产生 p100 截短体，转录活性增强	白血病、淋巴瘤	—
IKBA	插入、缺失、无义突变	IκBα 功能丧失、NF-κB 组成性活化	霍奇金淋巴瘤	—

配体　在哺乳类动物中 Notch 有 5 种配体，即 Delta-like1、3、4 以及 Jagged1、2。这些配体也是单跨膜蛋白质，但其胞内段很短，胞外段则含数量不等的表皮生长样重复序列和 N- 端的一个富含半胱氨酸的 DSL 基序，负责与 Notch 胞外段相互作用（图 1）。

转录因子 RBP-J　亦称 CBF-1（C promoter binding factor-1），为 DNA 结合蛋白，是 Notch 信号途径的关键转录因子。RBP-J 是果蝇促神经发生基因 Su（H）（suppressor of hairless）在哺乳动物的同源物，二者编码产物在氨基酸序列上的保守性高达 90%。RBP-J 广泛表达于哺乳动物的各种组织，并且在小鼠胚胎发育过程中表达于中枢神经系统。RBP-J 通过识别 DNA 核心序列 C/TGTGGGAA 而结合在受其调控的基因，如果蝇的 *E*（*spl*）（enhancer of split）、小鼠的 *HES* 等的启动子区，在转录激活因子驱动下调控其下游与细胞增殖和细胞分化相关基因的表达。

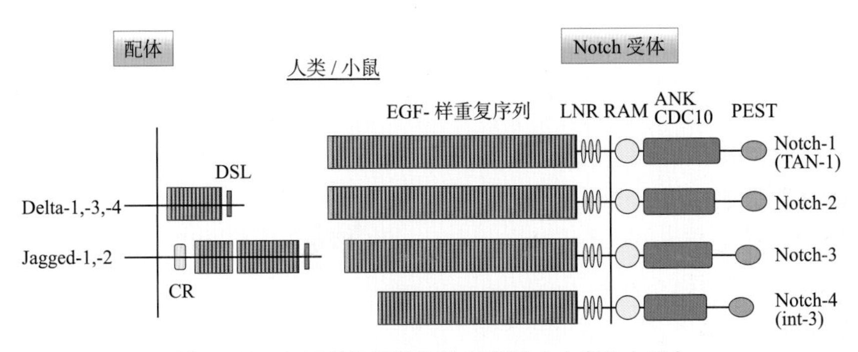

图 1　Notch 受体和配体结构示意图（人类和小鼠）

注：5 种配体为 Delta 1，3，4 和 Jagged 1，2；4 种受体为 Notch 1-4；DSL 为 Delta-Serrate-Lag 2 基序；CR 为 Cysteine Rich region，半胱氨酸富集区；LNR 为 Lin12/Notch/Glp-1 repeats，富含半胱氨酸 Notch/LIN12 重复序列；RAM 为 RBP-J 相关分子结构域；ANK/CDC10 为 CDC10/Ankyrin 重复序列；PEST 为 proline-glutamate-serine-threonine-richsequence，脯氨酸－谷氨酸－丝氨酸－苏氨酸富集序列。

信号转导过程　包括以下几个步骤。

信号途径的激活　经典 Notch 信号途径的激活由相邻细胞间 Notch 和配体相结合而启动。Notch 的合成和激活主要经 3 步蛋白质水解而完成。第一步，新合成的 Notch 在运输到高尔基复合体后被 Furin 样蛋白酶切割，邻近 Notch 跨膜区的胞外段 S1 是其酶切位点。酶切后形成胞外 Notch 亚单位（extracellular Notch subunit，ECN）和 Notch 跨膜亚单位（Notch transmembrane subunit，NTM），二者进而通过 Ca^{2+} 依赖的非共价键结合形成异二聚体，运输到细胞膜后成为成熟的 Notch 受体；第二步，当配体和受体结合后，跨膜区上的 S2 位点被暴露，进而被 ADAM 金属蛋白酶家族 TACE 或 Kuz 酶酶切，导致 Notch 释放胞外亚单位 ECN，粘连在细胞膜上成为 Notch 胞外段（Notch extracellular truncation，NEXT）；第三步，细胞膜上的 NEXT 由 γ- 分泌酶复合物催化在 S3 位点处进行酶切，释放 NICD 直接入核。入核的 NICD 通过其 RAM 结构域与 RBP-J 结合，同时募集共激活因子 MAML1（Mastermind-like 1）和多种具有组蛋白乙酰基转移酶活性的转录共激活物，如 p300/CBP 和 PCAF/GCN5 等，使 RBP-J 由转录抑制状态变成激活状态，从而激活下游与细胞增殖和细胞分化相关基因的表达（图 2）。

另外，还有 2 种非经典的 Notch 信号途径（RBP-J 非依赖

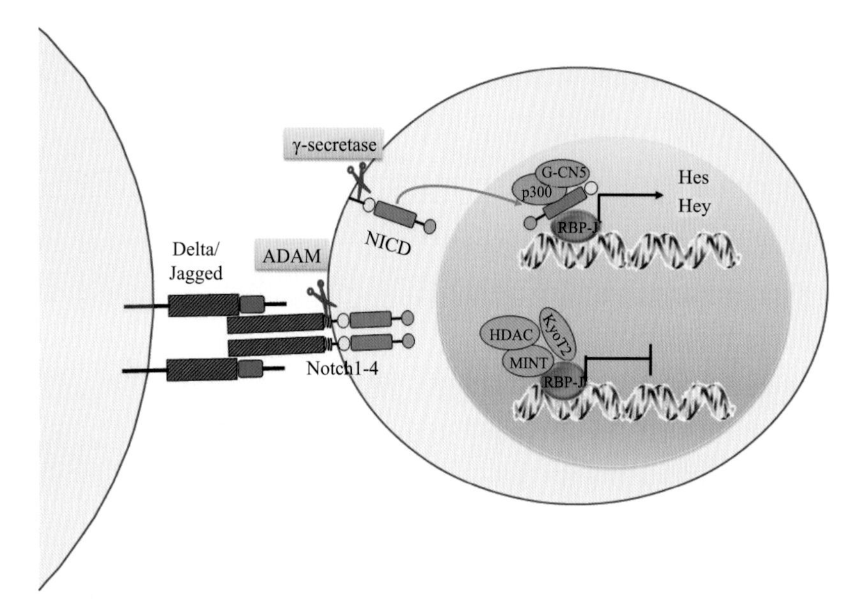

图2 Notch信号途径

注：Delta/Jagged 配体；Notch1-4 受体；ADAM metalloprotease 为 ADAM 金属蛋白酶；γ-secretase 为 γ-分泌酶；NICD 为 Notch 受体胞内段；p300/GCN5 为组蛋白乙酰基转移酶家族分子；HDAC 为组蛋白去乙酰化酶；MINT 为同源结构域转录因子 MSX2 相互作用的核基质蛋白；KyoT2 为 LIM 结构域蛋白；RBP-J 为重组信号结合蛋白 J；Hes 为 hairy and enhancer of split-1；Hey 为 Hairy/enhancer-of-split related with YRPW motif protein 1。

的 Notch 信号途径）：①除了经典的 Delta/Jagged 配体外，GPI 偶联的神经细胞识别分子 F3/contactin 也能作为激活 Notch 信号的配体，促进少突前体细胞向成熟的少突细胞分化。②不依赖转录因子 RBP-J 介导的 Notch 信号。如活化的 Notch 受体也可与 Nur77、β-catenin 和 HIF1α 等分子相结合，不通过 RBP-J 发挥调控作用。

信号途径的负调节 当不存在转录激活物时，RBP-J 介导转录抑制作用。在哺乳动物细胞中，一些已知的转录抑制物如 SMRT/N-CoR 通过与转录激活物 NICD 竞争结合 RBP-J，同时募集组蛋白去乙酰化酶而抑制 RBP-J 介导的转录。CIR 是另一个与 RBP-J 相互作用的分子，也通过结合共抑制复合物 SAP-30 和 HDAC2 而抑制 RBP-J 介导的转录激活。与同源结构域转录因子 MSX2 相互作用的核基质蛋白 MINT（在人的同源物为 SHARP）也可抑制 NICD 对 RBP-J 介导的转录的激活作用。LIM 结构域蛋白 KyoT2 通过募集 PcG 复合物（polycomb group complex）也参与 RBP-J 介导的转录抑制（图2）。

此外，负向调节分子 Numb 和 α-adaptin 介导 Notch 内吞后的蛋白酶体降解。E3 连接酶 Deltex 通过 RBP-J 非依赖的途径抑制 Notch 信号途径。活化的 Notch 促进 Deltex 表达，Deltex 又结合到 Notch 上与 β-arrestin Kurz 形成三聚体，促进 Notch 的泛素化，进而降解。

与其他信号途径的交互调控 其他调控发育和细胞行为的重要信号途径，如 Wnt/β-Catenin、Hedgehog（Hh）、TGF-β/BMP 和 PI3K/AKT 等，可和 Notch 信号途径发生交互调控。如 Wnt/β-Catenin 信号可以调节 Notch 信号的配体 Delta-like1 和靶基因 Hes1 的表达，而 Notch 信号也可抑制 β-Catenin 介导的下游基因的转录激活；Hh 信号可直接调控 Notch 信号靶基因 Hes1 的表达，而 Hes1 也可抑制胶质母细胞瘤来源的神经球中转录因子 Gli1 的表达；Notch 信号和 TGF-β/BMP 信号可协同调控 Notch 信号的配体、受体和下游靶基因，但也有报道 TGF-β/BMP 信号可拮抗 Notch 信号；在 T 淋巴细胞中，Notch 信号通过调控 $p56^{LCK}$ 表达促进 PI3K 磷酸化进而激活 PI3K/AKT 信号。

生理和病理意义 Notch 信号途径相关分子广泛表达于胚胎和成年个体组织中，调节体内诸如细胞增殖、细胞分化、细胞凋亡以及细胞命运决定和组织稳态维持等。此外，该信号途径在病理过程中的作用亦十分重要，其异常可以导致肿瘤、心脑血管疾病和发育缺陷等。如在 T 淋巴细胞前体细胞中过表达 Notch 信号可诱导 T 细胞白血病的发生，*NOTCH* 发挥癌基因的作用；在皮肤基底细胞中阻断 Notch 信号则导致皮肤基底细胞癌的发生，*NOTCH* 发挥抑癌基因的作用。表1列举了部分肿瘤中 Notch 信号途径相关分子的调控作用。

用 γ-分泌酶抑制剂 GSI 阻断 Notch 信号在临床上已用于改善阿尔茨海默病，且对多种肿瘤的治疗也用到临床Ⅰ和Ⅱ期。然而由于：①γ-secretase 不是 Notch 信号特有的，它也剪切如 CD44、EGFR、E-cadherin、App 等跨膜蛋白质；②GSI 只能阻断配体依赖的 Notch 信号活化而不能阻断非配体依赖的 Notch 信号活化（如，Notch1 胞内段突变后的构成性活化导致 T-ALL 的发生）；③多数患者经 GSI 治疗后表现出胃肠不适和疲劳等症状。这些都一定程度地影响着 GSI 的疗效及应用前景。因而通过反义 RNA、RNA 干

表 1　Notch 信号途径和肿瘤

		功能	肿瘤
配体	DLL1	决定细胞命运和细胞间信号传递	脑胶质瘤
	DLL3	通过诱导凋亡抑制细胞生长	非小细胞肺癌
	DLL4	激活 NF-kB 信号促进 VEGF 分泌和促进转移	肾细胞癌、小细胞肺癌
	JAG1	激活 Notch 信号促进血管发生	脑胶质瘤、乳腺癌
	JAG2	和 Notch2 相互作用而促进细胞生存和增生	肝癌
受体	Notch1	参与细胞增殖、侵袭和化疗耐受	T-ALL、AML、实体瘤
	Notch2	组成性 Notch2 信号诱导肝肿瘤	肝癌
	Notch3	促进细胞增殖和迁移，调控化疗反应	非小细胞肺癌
	Notch4	参与内分泌治疗抵抗，乳腺癌的 EMT	乳腺癌
靶基因	*HES1*	序列特异的 DNA 结合转录因子，参与细胞增殖、分化	多种实体瘤
	HEY1	*HEY1* 相关的转录因子参与肿瘤脉管的形成	头颈肿瘤

扰、单克隆抗体、Notch 配体封闭剂、ADAM 抑制剂等阻断 Notch 信号活化的策略也在建立和临床试验中。

（秦鸿雁　李　霞）

Hedgehog xìnhào tújìng

Hedgehog 信号途径（Hedgehog signal pathway）　由分泌蛋白质 Hedgehog、细胞膜受体 Patched（Ptc）和 Smoothened（Smo）及转录因子 Gli 构成的细胞信号转导途径。Ptc 接受细胞外 Hedgehog 的浓度梯度信号，催化 Smo 磷酸化并激活转录因子 Gli 使其进入细胞核，改变下游效应基因的时空表达模式，使得细胞外的生物化学微环境信号经由细胞行为变化，参与个体发育中的模式形成或成体的生理病理过程。

分子构成　构成该信号途径的 4 个主要成分是：Hedgehog、Ptc、Smo 和 Gli。

配体　Hedgehog 在 1980 年于果蝇中首次发现，因其突变后的果蝇胚胎呈多毛团状，酷似刺猬（hedgehog）而得名。哺乳动物和人类共有 3 种 Hedgehog 同源蛋白质分子，分别是 Sonic hedgehog（SHH），Desert hedgehog（DHH）和 Indian hedgehog（IHH）。Hedgehog 在组织中呈现浓度梯度分布，在特定 Hedgehog 浓度范围内引起相应水平的基因表达水平变化和细胞行为改变。

受体　有两种细胞膜受体参与接收 Hedgehog 信号。一个是有 11 个跨膜区的跨膜蛋白质 Ptc，另一个是一种七跨膜蛋白质 Smo。

Gli 转录因子　Gli 为含有 C2H2 锌指结构的转录因子，现已确定人体中存在 3 种 Gli 同源物，即 Gli1、Gli2 和 Gli3。与 Gli2/3 相比，Gli1 缺少 N- 端的转录抑制结构域（图 1），在 Hedgehog 信号传递中发挥转录激活作用。Gli2/3 含有 DNA 结合区、N- 端转录抑制结构域和 C- 端转录激活结构域（图 1）。DNA 结合区的 C- 端上游含有一簇磷酸化位点和蛋白酶作用位点（降解单元），这些位点对于 C- 端水解非常重要。全长的 Gli2/3 依赖 C- 端的转录激活域而发挥转录激活作用，C- 端水解后会失去转录激活域，产生转录抑制形式的 Gli。因此，调控 Gli 的蛋白质水解过程，可改变细胞内 Gli 的转录抑制与转录激活形式的比例，进而决定 Hedgehog 信号激活水平。

信号转导过程　包括以下几个步骤。

信号途径的激活　该途径的激活由细胞外的 Hedgehog 结合于 Ptc 受体上而启动，两者的结合需要 Gas1、Cdo 和 Boc 三种辅受体的协助。在未结合 Hedgehog 时，Ptc 抑制着 Smo 的活性，Hedgehog 信号途径处于关闭状态；Ptc 结合了 Hedgehog 后，Smo 被磷酸化并发生二聚或多聚化，Hedgehog 信号途径由此被激活。

该途径激活的全过程可以分为 3 个步骤（图 2）。第一步是受体 Smo 的磷酸化。当 Ptc 结合了 Hedgehog 后，其对 Smo 的抑制作用被解除，促使 Smo 的 C- 端被 CK1 和 Gprk2 磷酸化并发生构象转换，进而募集下游信号分

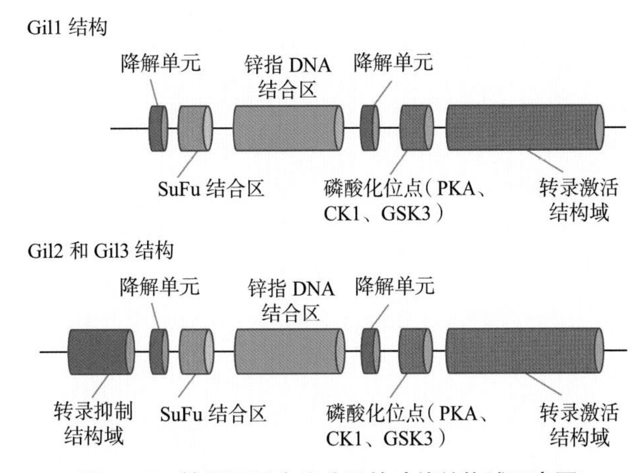

图 1　Gli 转录因子家族分子的功能结构域示意图

Hedgehog Off

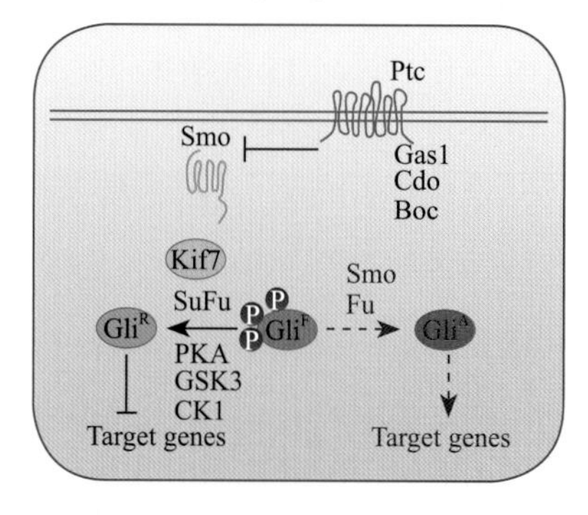

Hedgehog On

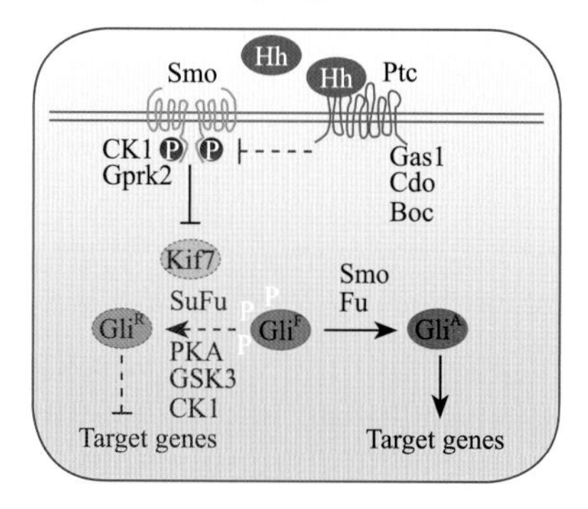

图2 Hedgehog信号转导过程示意图

注：Hh为配体Hedgehog；Gli^R为C-端水解后具转录抑制作用的Gli；Gli^F为Gli的全长形式；Gli^A为Gli的转录激活形式。

子。第二步是抑制Gli的C-端水解。在未结合Hedgehog时，胞质中的Gli的C-端的转录激活结构域不断被水解使之呈现转录抑制活性，下游效应基因的转录活性很低。Smo的激活抑制了Gli的磷酸化和C-端水解，增加了胞质中具有转录激活作用的全长Gli的水平。这一过程需要多种分子参与，如驱动蛋白7（Kif7）、蛋白质激酶Fused（Fu）、Fu抑制蛋白（suppressor of fused，SuFu）、蛋白质激酶A（PKA）、酪蛋白质激酶1（CK1）和糖原合酶激酶3（GSK3）等。第三步是全长Gli转录因子进入细胞核内，启动下游效应基因转录，实现对细胞行为的调节。例如在神经系统发育中，SHH信号会启动下游*NKX*6.1、*OLIG*2和*NKX*2.2基因表达。

信号途径的负调节　Hedgehog途径的负调节主要有两种方式。一种方式是蛋白质激酶PKA、CK1及GSK3等所催化的Gli的磷酸化及C-端水解。水解后产生转录抑制形式的Gli入核后抑制Hedgehog下游效应基因转录。另一种方式是Hedgehog途径激活后可诱导*Ptc*基因的转录，产生更多的抑制型受体，形成负反馈的调控环路。

与其他信号途径的交互调控　Gli2和Gli3可以受到多种信号途径调节。如成纤维细胞生长因子（fibroblast growth factor，FGF）可以诱导Gli2和Gli3的表达；而Gli2和Gli3又可以诱导Wnt信号途径的激活。由此可知，Hedgehog信号途径可以通过Gli蛋白与多种其他信号途径交互调节。

生理和病理意义　Hedgehog信号途径的激活水平对于神经系统发育、四肢发育、干细胞增殖与分化及成体干细胞的维持等多种生理功能至关重要。由于该途径在胚胎发育过程中的重要作用，其组成分子的突变常导致严重的出生缺陷。在人类的*SHH*、*PTCH*1和*SMO*基因中，已经发现了与疾病发生有关的先天性基因突变。如*SHH*突变可引起胚胎前脑无裂畸形，*PTCH*1突变可引起基底细胞痣综合征（先天性骨骼发育缺陷及高肿瘤发病率），*SMO*基因突变可引起皮肤基底细胞癌和神经系统肿瘤。另一方面，该途径在病理过程中的作用亦十分重要。Hedgehog信号参与多种组织器官的损伤后再生修复。此外，其信号水平异常可以导致皮肤基底细胞癌、髓母细胞瘤等多种实体肿瘤的发生。

Hedgehog信号途径中的分子可作为治疗靶点，如Smo抑制剂维莫德吉在美国已经被批准用于基底细胞癌的临床治疗。

（张　瑞　郑敏化）

Wnt/β-catenin xìnhàotújìng

Wnt/β-catenin信号途径

（Wnt/β-catenin signal pathway）

主要由分泌型糖蛋白Wnt、Frizzled（Fzd）蛋白、低密度脂蛋白相关蛋白（LRP-5/LRP-6）和β-catenin（β连环蛋白）组成的信号途径。非经典的途径包括Wnt/PCP途径和Wnt/Ca^{2+}途径。其在细胞增殖、分化、凋亡及个体发育等过程中发挥重要调控作用。

分子构成　经典的Wnt/β-catenin信号途径由配体Wnt、受体Fzd和LRP-5/LRP-6、转录因子β连环蛋白组成。

配体　Wnt蛋白由*WNT*基因编码，该基因最早在1982年研究小鼠乳腺肿瘤转录机制中发现，当时被命名为*INT*-1。进一步研究发现该基因在果蝇胚胎发育中引起无翅表型，于是将该基因命名为*WNT*-1。在线虫到人类的多个器官中陆续发现一系列*WNT*-1同源基因，发挥相似功能，统称为Wnt。目前已知的人类Wnt有19种。Wnt合成后被分泌，即可与自身细胞Wnt受体结合发挥自分泌作用，也可与邻近细胞Wnt受体结合发挥旁分泌作用。

受体　Wnt的受体Fzd是一族七跨膜蛋白质，至少有10个成员。Fzd广泛表达于各器官，结构上具有高度保守的富含半胱氨酸配体结合区（CRD），CRD是介导Wnt配体和Fzd结合的主要功能区，该区域的突变可以阻断Wnt信号途径。单跨膜蛋白质LRP-5和LRP-6也是Wnt的受体。

β-catenin　β-catenin是Wnt信号途径的核心分子。正常情况下，β-catenin主要与细胞膜表面的E-cadherin结合在一起，

其余的 β-catenin 分子则与大肠腺瘤息肉蛋白（APC）、Axin、酪蛋白质激酶（CK）、糖原合酶激酶（GSK3）结合形成蛋白质复合物。当 β-catenin N-端第 45 位丝氨酸残基被 CK 磷酸化后，N-端第 41 位苏氨酸、第 37 位丝氨酸和第 33 位丝氨酸残基被 GSK3 磷酸化，这些修饰启动 β-TrCP 介导的泛素蛋白酶体途径快速降解 β-catenin，关闭 Wnt 信号（Wnt-OFF）。

信号转导过程 包括以下几个步骤。

经典信号途径的激活 Wnt 配体与 LRP 等受体结合后，可激活 Wnt/β-连环蛋白等胞内信号途径和靶基因的表达。该信号途径大致经 3 步完成（图 1）：① Wnt（主要是 Wnt-1、Wnt-3a 和 Wnt-8）与受体结合引起 LRP-5/LRP-6 磷酸化和 Fzd-LRP-5/LRP-6 复合物形成，Axin 与磷酸化的 LRP-5/LRP-6 结合导致 APC-Axin-CK-GSK3 复合物解离；此外，Wnt 信号途径还可以活化 Dsh，并进一步抑制 GSK3 的激酶活性，从而抑制 β-catenin 的磷酸化使其避免被泛素蛋白酶体的识别和降解。② β-catenin 在细胞质内积累，达到一定浓度后向细胞核转位。③入核的 β-catenin N-端通过 Bcl9-Pygopus 与 MEG12、MED13、TAF4、H3K3me2 结合，C-端与 T 细胞因子（TCF）/淋巴细胞增强因子家族（LEF），辅助因子乙酰基转移酶 CBP、甲基转移酶 MLL、MED12 和 PAF1，染色质重塑因子 BRG1 等结合，形成转录因子复合物，该复合物结合到 Wnt 靶基因如 *CMYC*、*CCND*1 和 BIRC5（编码 survivin）启动子区域的 TCF/LEF 结合位点，启动靶基因转录（Wnt-ON）。

非经典信号途径的激活 Wnt-4，Wnt-7a，Wnt-5a 和 Wnt-11 主要激活非经典 Wnt 信号途径。当这类 Wnt 配体与 Fzd 和 LRP-5/LRP-6 结合后活化 JNK、PLC 和 PKC 等蛋白质激酶，增强转录因子 c-Jun、ATF2 和 p53 活性；提高细胞内 Ca^{2+} 浓度，引起细胞骨架重排、上皮细胞极化、细胞运动和黏附性改变。

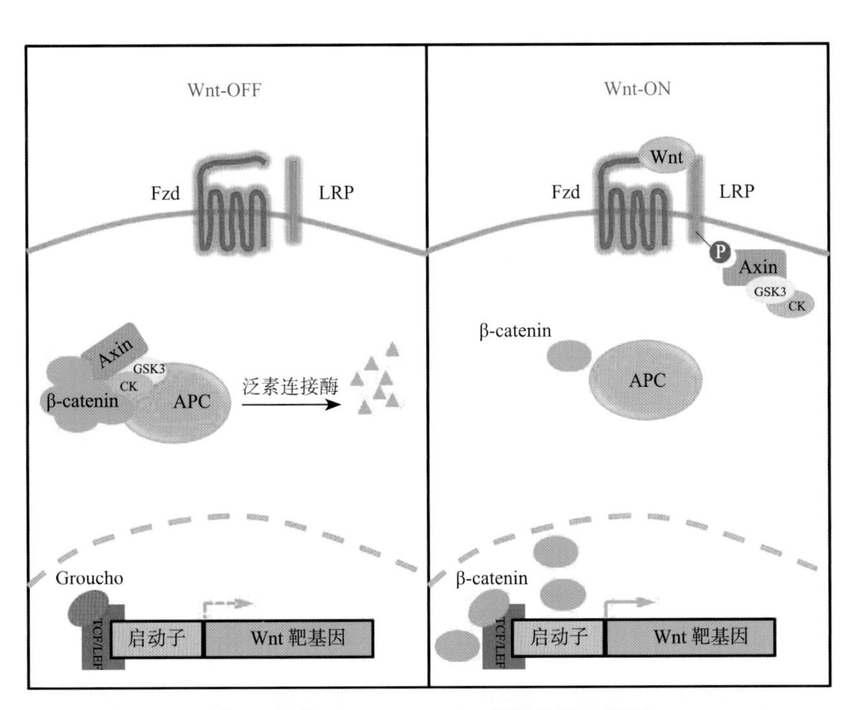

图 1 经典 Wnt/β-catenin 信号途径示意图

信号途径的负调节 经典 Wnt/β-catenin 信号的负调控可以在胞膜、胞质和胞核水平实现。Dickkopf 是一种与 Wnt 空间结构不同的分泌蛋白质，通过竞争性结合 LRP-6，促进胞膜上的 Wnt 受体内化降解，从而抑制 Wnt 信号途径；胞质内的 APC 有助于维持 β-catenin 的磷酸化状态，并促进 β-catenin 与 Axin 的结合，使得细胞内游离 β-catenin 处于低表达状态；TCF 在没有 β-catenin 情况下与转录抑制因子 CBP、Groucho 和 CtBP 结合，招募 HDAC，下游基因的转录被抑制；此外，非经典 Wnt 信号途径可以拮抗经典 Wnt 信号途径的效应，Stbm、Nkd、CKI、Dapper 和 PKC 与 Dsh 相互作用，抑制经典 Wnt/β-catenin 信号途径。

与其他信号途径的交互调控 Wnt/β-catenin 信号途径可与多条受体型蛋白质酪氨酸激酶信号途径相互作用，因此可以通过调控受体型蛋白质酪氨酸激酶信号影响 Wnt/β-catenin 信号转导。如 FGFR、TGFR、EGFR 和 ErbB2 等活化 Snail/Slug，后者抑制 E-cadherin 表达而增加细胞内游离 β-catenin 含量，激活 Wnt 下游靶基因表达。此外，Wnt 靶基因的表达有时还依赖其他信号途径的同时活化。如仅活化 TGFR/Smad 或 Wnt/β-catenin 不能有效启动靶基因 *XTWN* 表达，而 TGFR/Smad 和 Wnt/β-catenin 两条信号途径同时活化可引起 *XTWN* 转录。

生理和病理意义 Wnt/β-catenin 信号途径的异常激活引起 β-catenin 水平失控，导致器官纤维化、动脉粥样硬化、冠心病和恶性肿瘤等多种疾病。因此，检测 Wnt/β-catenin 信号途径上关键分子的表达可以作为疾病诊断的生物标志物。另外，针对 Wnt/β-catenin 信号途径的关键分子设计药物，可能有助于肿瘤治疗，目前已有多个正在进行临床前研究的 Wnt/β-catenin 信号途径抑制剂。研究发现一些既往未用于治疗肿瘤的药物如阿司匹林、舒林酸、丙戊酸等对 Wnt/β-catenin 信号途径也有抑制作用，明确这些药物抑制 Wnt/β-catenin 信号途径的药理机制有助于新药研发和老药优化。

（张　健　叶明翔）

xìbāo diāowáng xìnhào tújìng

细胞凋亡信号途径（cell apoptosis signal pathway）　受一系列基因精确序贯调控、多细胞生物所特有的由蛋白酶、死亡受体、接头蛋白等构成的产生细胞凋亡的途径。这些基因及其调控作用分为两类，一类启动或促进凋亡，另一类抑制凋亡。当负调控弱于正调控时凋亡途径开启，胞内外信号通过作用于膜受体或者诱导线粒体释放促凋亡分子，激活胞质内天冬氨酸特异性半胱氨酸蛋白酶，广泛切割细胞内底物蛋白质分子而导致细胞死亡，从而维持机体的正常发育和组织稳态。

分子构成　构成凋亡信号途径的 4 个主要成分是：caspase 家族、死亡受体、接头蛋白和 Bcl-2 家族。

caspase 家族　人体内已发现 11 种 caspase（1~10、14）。caspase 合成时为无活性的酶原，其结构包括 N- 端前体区、大亚基约 20kD 和小亚基约 10kD。根据前体区长短不同，分为起始 caspase 和效应 caspase（图 1A）。caspase 活化时，大小亚基先分离，再去除前体区（图 1B）。两类 caspase 的激活机制不同：起始 caspase 受接头蛋白招募，发生二聚化而自我剪切激活；效应 caspase 作为起始 caspase 的底物，被连锁反式激活。活化的 caspase 可切割人体细胞内 700 多种蛋白质，特异性切割位点是 X-X-X-Asp 基序中天冬氨酸残基后的肽键。胞质与胞核内广泛的底物切割主要引发凋亡，但也有其他生理效应，如 caspase-1、4、5 参与炎症反应，caspase-14 参与表皮角质化。

死亡受体（death receptor, DR）是肿瘤坏死因子受体（tumor necrosis factor receptor，TNFR）家族成员，包括 Fas（CD95 或 APO-1）、Ⅰ型 TNFR（TNFRI）和 DR4/5，形成同源三聚体，分别结合死亡配体 FasL、肿瘤坏死因子（TNF）或 TRAIL。死亡受体的胞内段含有死亡结构域（death domain，DD），配体结合使死亡受体活化，通过 DD 相互识别招募含 DD 的接头蛋白传递凋亡信号。

接头蛋白　是形成凋亡信号转导复合物的支架分子，常含有 DD、DED 或 CARD 等结构域，可招募死亡受体、caspase、凋亡调节蛋白等。例如，接头蛋白 FADD 和 TRADD 同时含有 DD（识别死亡受体的 DD）和 DED（识别 caspase-8 酶原的 DED），可将凋亡信号从死亡受体传给 caspase-8 而使之活化。又如，接头蛋白 Apaf-1 含有可识别 caspase-9 酶原的 CARD，使之激活。

B 细胞淋巴瘤因子 2（B-cell lymphoma 2，Bcl-2）家族　含有 Bcl-2 同源结构域（Bcl-2 homology domain，BH），分为 3 个亚家族（图 2A），分别具有抗凋亡和促凋亡作用。Bcl-2 家族成员之间竞争形成同源或异源二聚体，动态调控线粒体的凋亡信号转导。Ⅲ型分子是凋亡信号感受器（图 2B），经诱导转录和翻译后修饰激活，通过竞争结合Ⅰ型分子而破坏Ⅰ/Ⅱ二聚体，释出Ⅱ型分子诱导凋亡；Ⅱ型分子是凋亡效应器，Bax/Bak 异二聚化改变线粒体膜通透性，向胞质释放促凋亡分子；Ⅰ型分子是凋亡拮抗剂，通过与Ⅱ型分子生成异源二聚体（Bax/Bcl-2、Bak/Mcl-1、Bak/Bcl-xL）而抑制凋亡。

信号转导过程　凋亡信号转导主要包括外源性途径和内源性

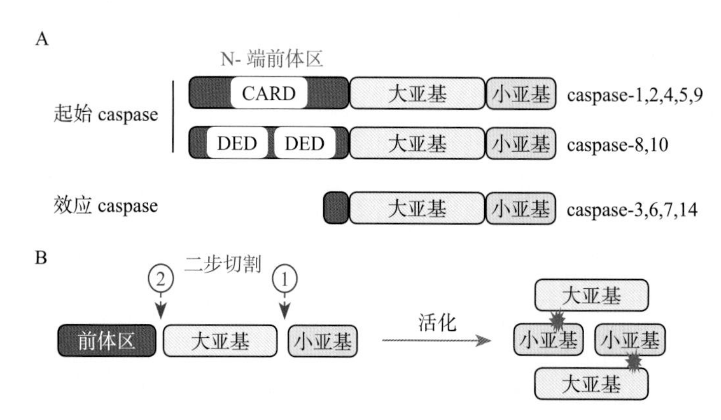

图 1　人 caspase 家族的分类与活化

注：A. 两类 caspase 的结构示意图。较长的前体区含有 caspase 招募结构域（caspase recruitment domain，CARD）或者死亡效应结构域（death effector domain，DED），是蛋白质相互作用的位点。B. 切割活化的 caspase 为异源四聚体，包括 2 个大亚基、2 个小亚基和 2 个活性中心（红色），活性中心含有半胱氨酸残基。

途径，且受到精细的负调节。

死亡受体凋亡途径的激活　外源性凋亡途径由死亡配体结合在死亡受体而启动，其激活包括3个步骤（图3）。第一步是形成死亡诱导信号复合体（death-inducing signaling complex，DISC）。配体的结合导致死亡受体的同源三聚体发生构象变化，依靠DD相互识别招募FADD、TRADD等接头蛋白，后者再通过DED相互识别招募caspase-8酶原，形成由死亡受体、接头蛋白和caspase-8酶原组成的DISC。第二步是产生活性caspase-8。caspase-8酶原有微弱的本底活性，组装DISC使caspase-8酶原相互靠近，导致发生自我剪切而激活。第三步是激活效应caspase。活性caspase-8切割下游效应caspase使之活化，此步具有级联放大特点，最终引起caspase底物的广泛切割而诱导凋亡。

线粒体凋亡途径的激活　内源性凋亡途径由细胞内的DNA损伤、应激等因素活化Ⅲ型Bcl-2分子而启动，其激活包括4个步骤（图3）。第一步是生成Bax/Bak二聚体。正常情况下，Bax和Bak分别被Ⅰ型Bcl-2分子结合，处于活性抑制状态；有胞内凋亡信号时，Ⅲ型Bcl-2分子发生活化，竞争结合Ⅰ型Bcl-2分子，从而游离出Bax和Bak，Bax/Bak二聚化改变线粒体膜通透性，向胞质释放细胞色素c。第二步是形成凋亡复合体。胞质内细胞色素c与接头蛋白Apaf-1结合，使后者通过CARD相互识别招募caspase-9酶原，消耗ATP组装成车轮样的七聚体构象，即为由细胞色素c、Apaf-1和caspase-9酶原组成的凋亡复合体。第三步是产生活性caspase-9。组装入凋亡复合体的caspase-9酶原，未经蛋白质切割，直接改变构象而激活。第四步是激活效应caspase，与外源性凋亡途径第三步相同。

信号途径的负调节　细胞内存在4类内源性抑制分子，防止凋亡途径在正常情况下启动。第一类是IAP家族，含有BIR结构域，直接或间接抑制效应caspase和起始caspase的激活。IAP活性可被凋亡时线粒体释放的Smac/DIABLO所抑制。第二类是Ⅰ型Bcl-2分子，分别结合Bax或Bak，阻止形成Bax/Bak二聚体，抑制内源性凋亡途径的激活。第三类是FLIP，是caspase-8的无活性同源物，竞争性地组装入DISC，阻断外源性凋亡途径。第四类是

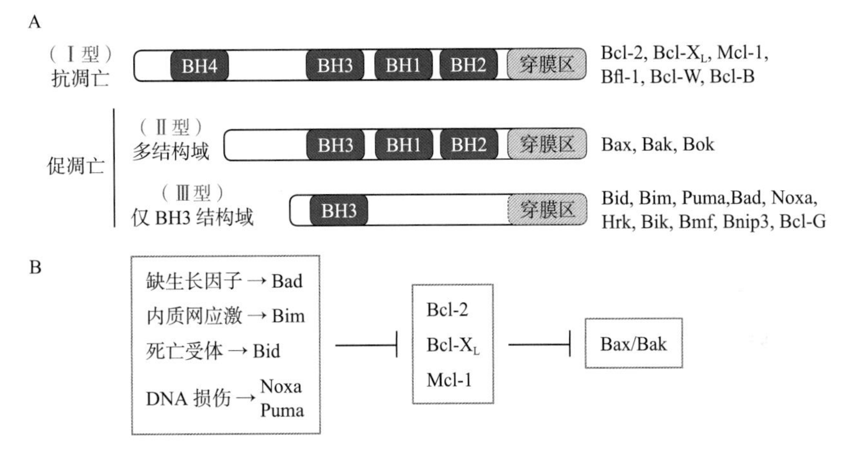

图2　人Bcl-2家族的分类与相互作用示意

注：A. Bcl-2家族的三个亚类结构示意，其中Ⅲ型成员有的不含穿膜区（虚线表示）。B. 不同Ⅲ型分子接受不同信号刺激，解除Ⅰ型分子对Ⅱ型分子的抑制，从而引发凋亡。

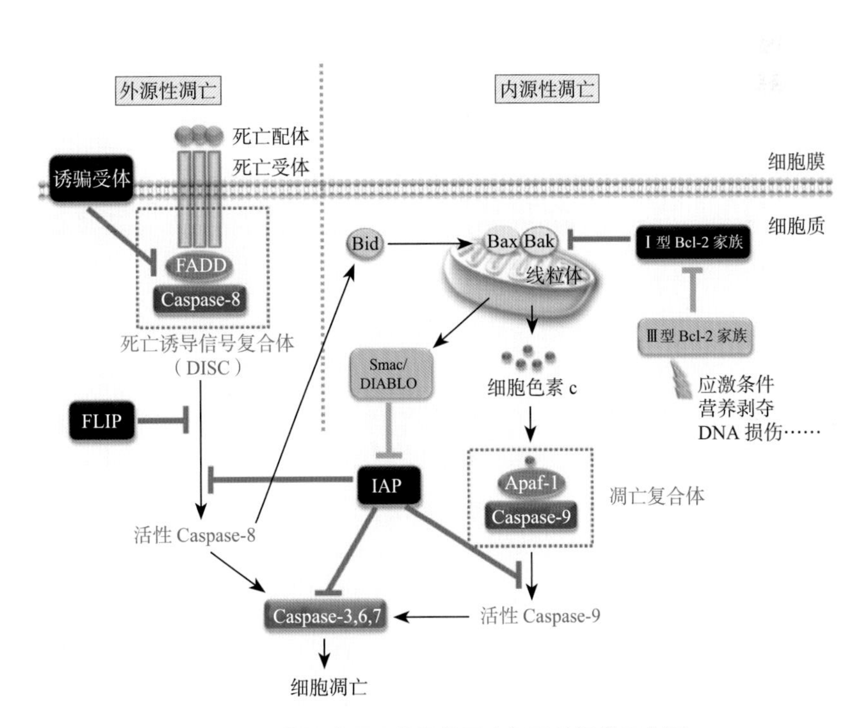

图3　经典细胞凋亡信号转导途径及其调节示意图

注：外源性凋亡途径中，活化的caspase-8可通过切割Bid使之激活，进而引起内源性凋亡途径的协同激活。

诱骗受体，缺少胞内DD结构域，因此结合死亡配体后不能招募接头蛋白，无法形成DISC。以上负调节作用相对减弱时，细胞发生不可逆的凋亡级联反应。

与其他信号途径的交互调控 诸多凋亡信号转导分子可发生磷酸化修饰（如Bcl-2家族、caspase家族），因此凋亡途径受到体内蛋白质激酶/磷酸酶网络的复杂调节；逆向的调节方式也存在，许多蛋白质激酶和蛋白质磷酸酶可作为caspase的底物，如EGFR和Cdc25A（cell division cycle 25 homolog A）。凋亡信号途径借此与多种其他信号途径交互调节。

生理和病理意义 细胞凋亡信号途径最重要的生理效应是诱导细胞死亡，这对于正常个体发育和维持组织稳态至关重要。此外，caspase还可切割诸多非凋亡相关的底物，因此也参与调节免疫反应、细胞分化和组织重构等其他生理过程。该途径的病理意义亦十分重要，凋亡不足可导致肿瘤和自身免疫病等，凋亡过多则引起神经退行性疾病和免疫缺陷病等。已发现在死亡受体、caspase家族、Bcl-2家族和IAP家族等存在先天性或体细胞基因突变，可能参与疾病的发生发展（表1）。

以凋亡途径各环节作为疾病治疗靶位，相关的药物研发大多处于临床前或临床试验阶段。其中，Bcl-2的抑制剂Venetoclax在美国已经被批准用于慢性淋巴细胞白血病的治疗。

（赵　晶　王　磊）

表1　细胞凋亡途径的部分基因突变及其疾病表型

基因	突变类型	疾病表型
Fas	缺失和点突变	Ⅰ型自身免疫性淋巴增生综合征（ALPS Ⅰ）、淋巴瘤、膀胱癌
TNFRI	点突变	家族性周期性发热综合征
caspase-3	点突变	肺癌、结肠癌等
caspase-8	缺失、插入和点突变	胃癌、胰腺癌、乳腺癌、肺癌、肝癌等
caspase-10	插入和点突变	Ⅱ型自身免疫性淋巴增生综合征（ALPS Ⅱ）、淋巴瘤、胃癌
Bcl-2	易位和点突变	非霍奇金淋巴瘤
Bax	缺失、插入和点突变	结肠癌、T细胞急性淋巴白血病
XIAP	缺失和点突变	X连锁淋巴增生综合征
Smac/DIABLO	点突变	遗传性耳聋

xìbāo zìshì xìnhào tújìng

细胞自噬信号途径（cell autophagy signal pathway）

真核生物对细胞的胞质成分、异常蛋白质聚合物、冗余或受损细胞器等进行的有序降解、清除和回收利用的信号途径。细胞自噬（autophagy）源于希腊语（auto-phagein），由诺贝尔奖获得者比利时生物化学家克里斯汀·德·迪夫（Christian de Duve）于1963年正式命名。细胞自噬需要启动特定的细胞内机制。细胞内功能失活的蛋白质或细胞器被双层膜结构的吞噬泡包裹而形成自噬体，与溶酶体结合并进行降解后得以再循环利用。依据底物被运送到溶酶体腔内的方式不同，将哺乳动物的细胞自噬方式分为分子伴侣介导的自噬（chaperone-mediated autophagy，CMA）、小自噬和大自噬等；其中，大自噬是研究最多的细胞自噬类型，主要包括5个阶段：起始、成核、延伸闭合、融合和降解。

分子构成 由自噬体形成相关的一系列分子组成，主要包括ULK1/ATG1、Beclin-1/ATG6、ATG5、ATG7和LC3等。细胞自噬需要多个ATG分子的共同参与，约有15种ATGs参与了自噬体的形成过程。

ULK1/ATG1　属于蛋白质丝氨酸苏氨酸激酶。哺乳动物ULK与线虫UNC-51高度同源，包括ULK1和ULK2两个成员，参与调控神经轴突延伸和生长过程。其中ULK1与酵母的ATG1高度同源（图1），可与ATG13、FIP200/RB1CC1和ATG101等形成复合物，参与细胞自噬体形成的起始过程。ULK1可以感受细胞的营养和能量状态，启动或关闭细胞自噬过程。ULK1的活性可被AMPK激活，被mTORC1所抑制。

Beclin-1/ATG6　哺乳动物Beclin-1与酵母ATG6高度同源。在自噬体成核过程中，Beclin-1通过调控脂质激酶Vps-34形成Beclin-1-Vps34-Vps15核心复合物，促进自噬体的形成。Beclin-1具有BH3结构域，可以与Bcl-2或Bcl-XL形成复合物，并受到Bcl-2和Bcl-XL的抑制。而Bcl-2和Beclin-1的磷酸化可以抑制这一复合物的形成。Beclin-1可以抑制TRAIL、化疗药物等诱导的细胞凋亡，caspase切割Beclin-1则引发细胞自噬和凋亡之间的转换。

ATG5　是一种E3泛素连接酶，在自噬体膜的延伸过程中发挥重要作用。ATG12首先被具有E1泛素酶活性的ATG7所激活，其186位甘氨酸（Gly 186）与ATG7的507位半胱氨酸（Cys 507）之间形成硫脂键。激活的ATG12结合至具有E2泛素酶活性的 ATG10，再与 ATG5 的 149 位赖氨酸（Lys 149）连接，最后与 ATG16L 结合形成具有泛素连接酶 E3 活性的 ATG12-ATG5-ATG16L 三聚体复合物。这一复合物定位于自噬体膜的外侧，启动细胞自噬体膜的延伸过程。当自噬体膜闭合成熟时，复合物脱落进入下一个循环。

ATG7　哺乳动物 ATG7 与酵母 GSA7 和 APG7 同源，参与调控溶酶体和自噬体膜闭合过程。ATG7 具有 E1 泛素激活酶样功能，促进微管相关蛋白轻链 3（LC3）与 ATG12 的连接，对于 LC3 泛素化偶联过程至关重要。ATG7 的突变，导致多种 LC3 亚型的表达增加，并影响细胞免疫功能。

LC3　哺乳动物 LC3 与酵母 ATG8 同源，参与自噬体的晚期成熟过程。半胱氨酸蛋白酶 ATG4 可识别并切割 LC3 的羧基端，生成Ⅰ型 LC3（LC3-I），定位于细胞质中。由 ATG7、ATG3 分别发挥 E1、E2 样作用，ATG12-ATG5-ATG16L1 复合物发挥泛素连接酶 E3 样功能，通过类泛素化样反应，LC3-I 进一步与磷脂酰乙醇胺共价连接，LC3-I 转变为具有脂膜结合能力的Ⅱ型 LC3（LC3-Ⅱ）。由于 LC3-Ⅱ能定位于自噬体膜上，成为鉴定细胞自噬体的标记分子。当自噬体与溶酶体融合时，LC3-Ⅱ可被溶酶体内的水解酶降解。

信号转导过程　包括以下几个步骤。

信号途径的激活与抑制　营养缺失是激活细胞自噬过程的主要因素。除此之外，个体发育、细胞分化、神经退行性疾病、应激、感染和肿瘤等病理生理条件，也可以诱导细胞自噬过程。mTOR 是调控细胞自噬的关键分子，细胞自噬体形成的重要分子 ULK1 和 ULK2 均是 mTOR 的下游靶基因，受到 mTOR 的抑制性调控。细胞能量供应不足可以激活 AMPK，抑制 mTOR 并启动细胞自噬过程。而细胞的增生信号则可以通过活化 AKT 和 MAPK 等信号途径激活 mTOR，从而抑制细胞自噬过程。

信号转导步骤　营养不足时，细胞内 AMP 水平的增加可激活 AMPK，促进 TSC1/2 的活化并抑制 mTOR 信号，解除对 ULK1 的抑制作用。活化的 ULK1 与 ATG13 和 FIP200 形成复合物，进一步与 Beclin-1-Vps34-Vps15（Ⅲ型 PI3K 复合物）结合，启动细胞自噬过程。随后，ATG12、ATG5 等通过类泛素化反应，形成 ATG12-ATG5-ATG16 复合物。进一步与活化的 LC3-Ⅱ、SQSTM1/p62 等结合，包裹降解底物，形成具有双层膜结构的自噬体。最终与溶酶体结合，降解底物得以循环利用（图 2）。

自噬与凋亡的交互调控　细胞的自噬与凋亡过程联系紧密，相互影响。自噬可通过多种信号途径抑制凋亡过程，凋亡亦可以抑制自噬的发生。在营养缺乏时，自噬发挥促细胞生存的作用。然而，过多的自噬反应将引起细胞死亡。TNF、TRAIL 和 FADD 等促凋亡因子在引发细胞凋亡的同时，也可以引起自噬反应。细胞凋亡抑制分子 Bcl-2 可以抑制 Beclin-1 依赖的细胞自噬反应过程，通过同时抑制细胞凋亡和细胞自噬过程，促进细胞生存。

生理和病理意义　自噬参与了多种细胞病理生理过程，与心

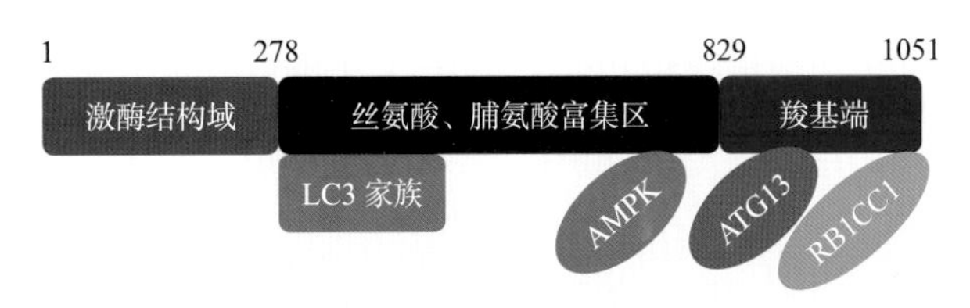

图 1　ULK1 分子结构示意图

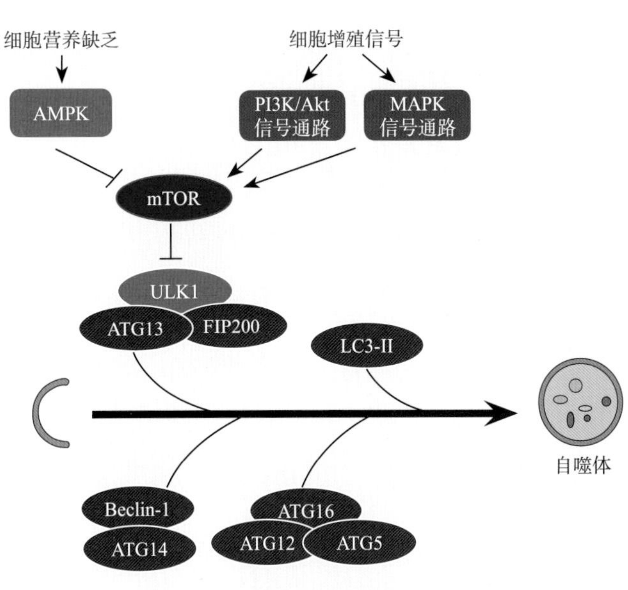

图 2　自噬信号途径的激活示意图

血管疾病、肿瘤、炎症、神经退行性疾病等密切相关。生理条件下，营养缺乏可激活细胞自噬过程，促使不需要的蛋白质和细胞器降解，所降解的氨基酸作为原料合成细胞生存所必需的蛋白质。在细胞感染病毒时，自噬体可以包裹病毒，并转运至核内体中，激活 TLR7 并分泌干扰素，从而抑制病毒的复制。除此，自噬反应与阿尔茨海默病、帕金森病等神经退行性疾病的发生高度相关。自噬活性降低导致 τ 蛋白、淀粉样前体蛋白质等在神经元内大量聚集，对神经元产生毒性作用而死亡。同时，自噬与肿瘤的发生密切相关。在正常细胞中，自噬有助于清除功能异常的细胞器组分，抑制肿瘤的发生；而在化疗和放疗等应激条件下，肿瘤细胞可通过自噬得以存活，最终导致肿瘤的治疗抵抗和复发转移。因此，在肿瘤发生发展的不同时期，自噬可能发挥了两种截然相反的作用。

（张 健 沈 岚）

shēngwù mó

生物膜（biomembrane） 由蛋白质、脂质、多糖等分子有序排列组成的动态薄层结构。平均厚度为 5~8nm。

种类 生物膜是细胞的基本组成结构，细胞的外周膜及其内部含有的所有膜系统统称为生物膜（组织间的基膜以及植物和细菌的细胞壁因化学组成、结构与厚度与生物膜有较大差异，一般不归属于生物膜）。就哺乳动物而言，生物膜主要有以下几种：细胞质膜（或称外周膜）、核膜、内质网膜、线粒体膜（包括内膜和外膜）、高尔基体膜、溶酶体膜、过氧化氢体酶体膜等；在植物细胞内，还包括叶绿体膜；原核细胞的内膜系统一般而言并不是很丰富，但也有一些含有膜结构，如某些细菌的间体膜等。

组成 生物膜是由脂质和蛋白质分子按照二维排列构成的流动态，其化学组成成分主要为脂质和蛋白质（包括酶），此外还有碳水化合物（一般以糖脂和糖蛋白的形式存在）、微量金属离子和水。组成生物的脂质和蛋白质的含量因细胞类型不同而异，例如人红细胞膜上脂质占 43%、蛋白质占 49%，神经细胞髓鞘脂质占 79%、蛋白质占 18%，线粒体内膜脂质占 25%、蛋白质占 75%。一般而言，功能越为复杂多样的生物膜，其蛋白质含量越高。

作用 生物膜的存在，如细胞质膜的存在，使细胞与周围环境分开，它的选择性通透作用以及主动运输功能，即使细胞内保持一个相对稳定的内环境，又作为一个传递外界信息的重要媒介使细胞与外界环境保持联通。细胞内膜系统能够使整个细胞“区域化”，形成具有不同功能的亚细胞结构和细胞器，既有相对稳定的内在环境，又相互联系，为细胞内生物大分子进行有序反应提供了结构基础，使整个细胞表现出有条不紊、协调统一的生命活动。核膜有内外两层组成，厚度各为 10nm，对遗传信息的保持、传递以及核质关系的调控至关重要；线粒体内膜能把细胞内物质氧化所释放的能量转换为化学能；植物细胞中的叶绿体膜能使太阳能转换为化学能；高尔基体膜与细胞分泌颗粒的形成和细胞内物质的外排密切相关；溶酶体膜的完整性则会影响细胞内的消化过程，甚至关系到整个细胞的生存状态。

功能 众多细胞活动，如细胞通信、细胞识别、物质运输、细胞分化、免疫识别、代谢调控等均与生物膜有关，此外，许多细胞病理如细胞癌变、药物作用等也与生物膜密切相关。

此外，生物膜研究在工农业生产和医学实践等方面也有很广阔的应用前景，不断为药物设计、器官移植、癌症的防治等提供新的理论基础，生物膜的研究已经深入到生物学的各个分支领域，成为细胞生物学、分子生物学活跃的前沿领域之一。

（韩莹莹）

mózhī

膜脂（membrane lipid） 组成生物膜的脂质组分。

组成及种类 生物膜中的脂质主要是磷脂，有些生物膜中还含有糖脂、胆固醇，个别细菌中还有硫脂等。生物膜中的磷脂主要是磷酸甘油二酯（以甘油为基本骨架，其中第 1、第 2 位碳原子连接的两个羟基分别与两分子脂肪酸生成酯，第 3 位碳原子连接的羟基与磷酸生成酯）。生物膜中磷脂酸的磷酸基团可以与其他醇类生成酯，形成多种磷脂。此外，磷脂中还有一种鞘磷脂，是以神经鞘氨醇取代甘油为骨架，仅有一个脂肪酸与神经鞘氨醇以酰胺键相连。生物膜中的糖脂在结构上与磷脂相似，但磷酸部分被糖基取代，常见的糖基为葡萄糖或半乳糖等一个糖残基，有时也会出现双糖基或更多的糖基。神经鞘氨醇取代甘油时，糖基也可与神经鞘氨醇羟基结合，生物膜中含有这类糖脂的最常见的为脑苷脂。生物膜中还含有固醇的成分，常见为胆固醇，动物细胞膜中的固醇成分较植物细胞膜中的固醇成分高，而原核细胞中除支原体膜以外一般不含有胆固醇。胆固醇对于调节生物膜的流动性具有重要作用。

分布及多形性 脂质在生物膜上的分布具有不对称性。例如，在红细胞膜上，磷脂酰乙醇胺和磷脂酰丝氨酸主要分布于膜内侧，而磷脂酰胆碱和鞘磷脂则分布于外侧，这种不对称的分布与细胞的功能密切相关。1925 年学者发现，用丙酮抽提红细胞膜的脂质并铺成单分子层以后，其面积为原有红细胞膜的 2 倍，提出生物膜中的脂质以双分子层排列。在生物膜中，大多数磷脂分子是以双分子层排列成膜的基本骨架结构，但有一些磷脂分子也可以排列成非双层脂质结构，如六角形、立方或单斜晶系结构等。1979 年，学者首次提出生物膜上非双层脂质结构的概念。研究表明，膜脂的这种多形性或与脂质的组成有关，磷脂酰胆碱和鞘磷脂在生物膜上形成稳定的脂质双层结构，而含有不饱和脂肪酰链的磷脂酰乙醇胺、单葡萄糖甘油二酯及单半乳糖甘油二酯则容易形成六角形结构；此种结构可能与适应生物膜的一些生理功能有关，如细胞融合等。

流动性 膜脂在生理状态下呈现液晶态，处于不断的热运动之中。膜脂运动的主要方式有以下 5 种：脂肪酸酰链以全反式向扭曲构象的旋转异构化运动；脂肪酸酰链在与双分子层相垂直的方向附近进行摆动与扭曲；膜脂分子的旋转扩散运动；膜脂分子的侧向扩散运动；膜脂分子在脂质双分子层之间进行翻转运动。膜脂分子的侧向扩散速度约为每秒扩散 1μm 左右，而翻转运动速度很慢，半衰期大约为几小时至几天以上。

（韩莹莹）

mó zhīzhì wēiqū

膜脂质微区（membrane lipid microdomain） 主要由糖鞘脂、鞘磷脂、胆固醇及多种 GPI 锚定蛋白组成的局限性结构域。是近年来发现广泛存在于上皮细胞、内皮细胞、成纤维细胞、粒细胞以及淋巴细胞等质膜上，具有特定结构与功能的局限性结构域。与质膜的其他成分相比，具有较高的脂质 / 蛋白比。膜脂质微区的蛋白质成分主要有众多的 GPI 锚定蛋白、跨膜蛋白质（如流感病毒血凝素 HA）与神经氨酸酶、Src 家族激酶、一氧化氮合酶等。

（韩莹莹）

zhīfá

脂筏（lipid raft） 膜脂双层内含有特殊脂质及蛋白质的微结构域。脂筏可存在于质膜或高尔基体膜上。脂筏概念历经争论至 1988 年由西蒙（Simon）正式提出。膜脂双层具有不同的脂筏，外层主要含有鞘脂、胆固醇及 GPI 锚定蛋白，膜内则含有许多酰化蛋白质，特别是信号转导蛋白，内外层的脂筏相偶联。

类别 脂筏包括三类：小窝、富含糖鞘脂膜区、富含多磷酸肌醇。不同的脂筏有其各自的特异蛋白并具有不同的功能。脂筏内蛋白质多由酰化后的脂肪酸插入脂膜，也有少数经跨膜直接插入脂膜。

功能 根据脂筏的结构和组分，具有如下特征：聚集在脂筏内的蛋白质，空间上相互靠近，便于相互作用；脂筏的微环境利于蛋白质在其中形成有效的构象。因此，脂筏可以具有多种功能。①参与细胞的信号转导过程：脂筏内的多种信号分子，可参与多种细胞信号转导通路。②广泛参与细胞蛋白的运转，如参与跨细胞运转、细胞胞饮作用、细胞分选等。

（韩莹莹）

mó dànbái

膜蛋白（membrane protein） 生物膜中含有的蛋白质。

分类 膜蛋白一般为球状蛋白，含有 25%~50% 的 α 螺旋结构，可被分为两类，即外周蛋白与内在蛋白。外周蛋白在膜上通过离子键或静电作用与膜脂质极性头部相结合，用比较温和的方法进行处理，如改变溶液的离子强度或 pH 值，加入金属离子螯合剂等很容易将其从膜上分离下来。此类蛋白质可溶于水。内在蛋白主要通过与脂质双分子层的疏水区相作用而结合在膜质上，有些插入到脂质双分子层的内部，有些贯穿于整个双分子层，只能通过超声、去污剂作用、有机溶剂抽提等剧烈手段才能使其从膜上溶解下来。

种类 大部分哺乳动物细胞质膜中的膜蛋白是糖蛋白，含有 2%~10% 的碳水化合物，大部分细胞内膜体系（高尔基体除外）也含有少量的碳水化合物，其中一部分以共价键的形式与蛋白质肽链上氨基酸残基相结合组成糖蛋白。例如，人红细胞膜上的血型糖蛋白的两端分布在膜外，中间部分插入脂质双分子层的疏水区，即为一种跨膜的糖蛋白。某些膜蛋白为膜结合酶，但有的膜结合酶只存在于一种类型的膜上，称为标记酶，例如存在于鼠肝脏细胞质膜上的 5'- 核苷酸酶、线粒体内膜的细胞色素氧化酶、溶酶体膜的酸性磷酸酯酶等。

运动方式 膜蛋白的运动方式主要包括旋转扩散和侧向扩散。膜蛋白在膜表面的侧向扩散速度较膜脂慢，每秒移动 0.3μm 左右，而膜蛋白的旋转运动速度更为缓慢。

（韩莹莹）

mó gǔjià dànbáizhì

膜骨架蛋白质（membrane skeleton protein） 细胞质膜下与膜蛋白相连、由蛋白质纤维组成网状结构的蛋白质。膜骨架蛋白参与细胞质膜结构的维持，并能够通过与膜蛋白的相互作用协助质膜完成多种生理功能。目前，研究最多、最为深入的是哺乳动物红细胞的膜骨架蛋白。1973年，学者发现红细胞膜内含有一层特殊的蛋白质结构，即以收缩蛋白和肌动蛋白为基本成分的膜骨架。其中，收缩蛋白是一个较大的、由结构相似的α链和β链组成的异源二聚体蛋白，呈细长柱状，并且具有典型的106个氨基酸构成的连续模序，被称作收缩蛋白重复体，在维持细胞膜的稳定、结构及形状中发挥重要作用。5~6个收缩蛋白分子与短肌动蛋白纤维相互连接形成了二维多边网状结构，这一网状结构与细胞膜上的多种内在膜蛋白相连，包括离子通道、交换体和离子泵等，并协助这些内在膜蛋白发挥重要的生理功能。肌动蛋白又称肌纤蛋白，以球形单体（G肌动蛋白）及纤维形多聚体（F肌动蛋白）两种形式存在。收缩蛋白四聚体游离端可与13~15个肌动蛋白单体形成的短肌动蛋白纤维相连，形成收缩蛋白网络。目前研究已在其他类型的多种细胞中分离出了与红细胞膜骨架蛋白相似的分子，说明膜骨架蛋白的存在具有普遍性。

（韩莹莹）

kuà mó dànbáizhì

跨膜蛋白质（transmembrane protein） 跨越脂质双分子层的蛋白质。许多膜整合蛋白质（又称镶嵌蛋白）是兼性分子，它们的多肽链可横穿跨过质膜一次或多次，以疏水区跨越脂双层的疏水区，与脂肪酸链共价结合，而亲水的极性部分位于膜的内外表面。跨膜蛋白质在细胞营养物质运输、细胞信号转导、能量转换中都具有重要作用。

跨膜蛋白质在结构上主要分为两类：一类是以α螺旋结构为主的跨膜区，主要存在于细菌细胞的内膜或真核细胞的质膜，是跨膜蛋白质的主要类型。另一类是以β-桶状结构为主的跨膜区，目前发现，这类蛋白仅存在于革兰阴性细菌的外膜、革兰阳性细菌的细胞壁以及线粒体和染色质的外膜。跨膜蛋白质是很多药物作用的重要靶点，如最典型的G蛋白家族，据统计，药物研发中有60%~70%的目标蛋白是G蛋白家族成员。

（韩莹莹）

zhuǎnyùn dànbái

转运蛋白（transporter protein） 介导生物膜内外物质、信号交换的一大类膜蛋白质。

细胞脂质双层形成的疏水屏障，将细胞或细胞器与周围环境隔绝开，尽管某些疏水性小分子可以通过直接渗透进入细胞或细胞器内部，但大多数亲水性化合物，如离子、氨基酸、糖、药物等，均需要借助特异性转运蛋白的帮助来通过脂质膜。转运蛋白在细胞信号转导、代谢产物释放、营养物质摄取等细胞活动中均具有重要作用。转运蛋白根据底物转运方向不同，可分为外排性转运蛋白和摄取性转运蛋白，外排性转运蛋白包括ATP结合盒式转运蛋白（ABC转运蛋白）等，摄取性转运蛋白包括阳离子转运蛋白、阴离子转运蛋白、寡肽转运蛋白、核苷酸转运蛋白和单羧化物转运蛋白等。

（韩莹莹）

GPI-máodìng dànbái

GPI-锚定蛋白（glycosylphosphatidy-l-inositol linked anchored protein） 一类通过其羧基末端的糖基化磷脂酰肌醇（glycosylphosphatidy-l-inositol，GPI）结构锚定于真核细胞膜表面的蛋白质。与传统跨膜蛋白质不同，GPI锚定蛋白没有跨膜区和胞内部分，不跨越细胞膜脂质双层，只通过其羧基末端的GPI结构锚定于细胞膜上。哺乳类动物细胞GPI锚定蛋白在其磷脂酰肌醇部分有两个饱和脂肪链（相同细胞中自由的磷脂酰肌醇其2号位置为一条不饱和脂肪链）。此外，多数GPI锚定蛋白的磷脂酰肌醇部分由双酰基链和1-烷基、2-酰基两种形式构成。蛋白C-端的信号肽，可被预组装的GPI识别、切割并取代。GPI锚定蛋白通常与脂膜上的脂筏或微区连接，可广泛参与细胞增殖、分化、信号转导、免疫识别等多种生命活动，并与许多疾病的发生具有一定联系，如血栓形成、血液病等。

（韩莹莹）

shēngwù mó jiégòu

生物膜结构（structure of biomembrane） 生物膜结构与膜中分子间的作用力密切相关。膜中分子间的作用力基本上有三种类型：疏水作用、非键合的分子引力和静电力。疏水作用在维持生物大分子本身的结构和膜结构中都具有重要作用，是决定膜的总体结构的主要因素。非键合力与疏水作用相互补充，因其存在于所有原子对之间，因而虽然比较微弱，但非键合力的总量很大，使膜中所有分子尽可能相互靠近。

在膜中，面向两侧的脂质或蛋白质的亲水部位或基团互相以静电力吸引，可形成稳定的结构。关于生物膜的分子结构模型，科学家曾提出各种模型，主要有脂质双分子层模型、Davson-Danielli-robertson 模型、亚基膜模型、流动镶嵌模型等。

（韩莹莹）

mó tōngtòu xìng

膜通透性（membrane permeability） 生物膜允许特定的溶质分子跨越膜的能力。膜通透性与通透分子的极性呈负相关。生物膜可以通过选择性地阻隔某些底物或酶穿透膜，将某些反应限制在一个特定的空间内进行。例如，肌肉和其他组织活动产生的代谢产物氨是一种有害物质，由于它是碱性分子，不能跨膜进入血液中，而只能在细胞内被转化成无毒的中性物质丙氨酸或谷氨酰胺，再经血液循环运送到肝脏中进行处理。

不同的生物膜，通透性也不相同。底物或酶通过膜的通透性和转运机制，可以使各个相关的酶促反应连续和协调地进行。在生物代谢过程中，不同代谢途径之间相互连接、相互转变，主要是通过膜的通透性来调节的。

某些激素和炎症可影响膜的通透性，对膜的调控能力产生影响。例如，肝炎患者肝脏炎症使肝细胞膜通透性增加，大量谷丙转氨酶从肝细胞跨膜进入血液。

（韩莹莹）

liúdòng xiāngqiàn móxíng

流动镶嵌模型（fluid mosaic model） 膜为结构和功能上不对称的脂质双分子层所组成，蛋白质以镶嵌模式分布在膜的表面与内部，并能在膜内运动的生物膜结构的假说模型。

由于新技术的应用，使膜结构的研究有了明显的进步，在此基础上，1972 年美国辛格（Singer）和尼科尔森（Nicolson）提出了流动镶嵌模型。这一模型将膜描述为结构和功能上不对称的脂质双分子层所组成，蛋白质以镶嵌模式分布在膜的表面与内部，并能在膜内运动。此模型也适用于亚细胞结构的膜。

随着生物膜流动性研究的不断深入，研究发现膜的各部分是不均匀的。由于脂质组成的不同和环境因素（如温度、pH、金属离子等）的影响，在一定温度下，有的膜脂处于晶态，有的则呈流动的液晶态，而且即使都处于液晶态，膜中各部分的流动性也不尽相同。所以，整个生物膜可以被看成是具有不同流动性的区域相间隔的动态结构。随着生理状态和环境条件的不断变化，这些区域的流动性以及晶态与液晶态是可以变化的。

生物膜的流动镶嵌模型认为：①脂质双分子层构成了生物膜的基本支架，其中磷脂分子的亲水性头部朝向两侧，疏水亲脂性尾部相对朝向内侧，但这一支架不是静止的。②球形膜蛋白分子以各种镶嵌形式与脂质双分子层相结合，有的镶在脂质双分子层表面，有的全部或部分嵌入脂质双分子层中，有的贯穿于整个脂质双分子层。这体现了膜结构的内外不对称性。③膜上的蛋白质分子和磷脂分子都可以横向扩散的形式运动，体现了膜的流动性。④细胞膜的外表面通常具有一类与糖类结合形成的糖蛋白，在细胞活动中具有重要的功能。此外，细胞膜表面还有糖类和脂质分子结合成的糖脂。

在生理状态下，膜脂的运动方式主要有旋转运动、侧向扩散、左右摆动、旋转异构运动以及翻转运动等。上述运动受到一系列因素的影响。①温度：当环境温度高于相变温度（可引起脂质分子由液晶态转变为晶态的温度）时，膜脂分子处于可流动的液晶态；相反则处于不流动的晶态。因此，膜脂相变温度越低，流动性就越大；相变温度越高，流动性越小。②膜脂的脂肪酸链：不饱和脂肪酸链可使脂质分子间排列疏松而无序，使相变温度降低，流动性增加；此外，随着脂肪酸链的增长，链尾相互作用的机会增多，使相变温度增高，流动性下降。③胆固醇：胆固醇对膜脂流动性的影响随温度而改变。高于相变温度时，胆固醇的存在使磷脂的脂肪酸链运动性减弱，流动性降低；但是低于相变温度时，胆固醇可通过阻止磷脂脂肪酸链的相互作用，缓解低温所引起的膜脂流动性剧烈下降。除上述因素外，环境中的离子强度、pH 值、膜脂与膜蛋白的结合程度等均会影响膜脂的流动性。

（韩莹莹）

mó zhīzhì shuāngcéng

膜脂质双层（membrane lipid bilayer） 组成生物膜的双分子层脂质分子。

1899 年，奥弗顿（Overton）提出，脂质和胆固醇类物质可能是构成细胞膜的主要成分。1925 年，有学者用丙酮提取出红细胞膜中所含的脂质并测定时发现，一个红细胞膜中脂质所占的面积约是细胞表面积的 2 倍。因此提出：脂质可能是以双分子层的形式存在于细胞表面的。这是膜脂质双层的最直接证据。膜脂质双层模型指出，每个磷脂分子中的磷酸基团都朝向膜的外表面或内表面，而磷脂分子中的脂酸烃链则在膜的内部两两相对。磷脂一端的磷酸基团是亲水性基团，另一端的长烃链则属疏水性基团。当脂质分子位于水表面时，由于水分子是极性分子，脂质的亲水性基团将和表面水分子相吸引，疏水性基团则受到排斥，于是脂质会在水表面形成一层亲水性基团朝向水面而疏水性基团朝向空气的整齐排列的单分子层。从热力学角度，膜脂质双层的组织方式所含的自由能最低，可以自发形成和维持。

（韩莹莹）

mó zhīzhì bú duìchèn xìng

膜脂质不对称性（membrane lipid amphipathic） 生物膜上脂质分子的不对称分布。

细胞膜的不对称性是由膜脂分布的不对称性和膜蛋白分布的不对称性所决定的。膜脂分布的不对称性主要表现在：膜脂双分子层内外层所含脂类分子的种类不同；膜脂双分子层内外层磷脂分子中脂肪酸的饱和度不同；膜脂双分子层内外层磷脂所带电荷不同；糖脂均分布在外层脂质中。例如，在红细胞膜上，磷脂酰乙醇胺和磷脂酰丝氨酸主要分布于膜内侧，而磷脂酰胆碱和鞘磷脂则分布于外侧，这种不对称的分布与细胞的功能密切相关。

（韩莹莹）

kuà mó zhuǎnyùn

跨膜转运（transmembrane transport） 为物质进出生物膜的过程。

生物膜是细胞与环境之间物质通透的屏障，它具有高度的选择性，物质的跨膜转运有多种方式，主要有被动转运和主动转运。

物质跨膜转运的机制一般有载体假说和通道假说。载体假说认为，被跨膜运输的物质通过与生物膜上的载体相结合以后，通过扩散、旋转或构象变化使被运输的物质从一侧运送至另一侧。通道假说认为，在运输过程中膜上存在着一定的通道，可能是一种受控的孔道，在运输过程中，被运送的物质并不一定要求与通道结构组分相结合。

（韩莹莹）

zhǔdòng zhuǎnyùn

主动转运（active transport） 细胞通过本身某种耗能过程，将某种物质分子或离子逆着电化学梯度由膜的一侧移向另一侧的物质转运方式。

原发性主动转运 在主动转运中，如果所需的能量是由ATP直接提供的，则称为原发性主动转运。以膜对 Na^+、K^+ 的主动转运为例。在各种细胞膜上普遍存在着一种 Na^+-K^+ 泵的结构，简称钠泵，这是镶嵌在膜脂质双分子层中的一种特殊蛋白，它除了能逆着浓度差将细胞膜内的 Na^+ 转移出细胞膜以外，同时还能把细胞外的 K^+ 转移入细胞膜内。这种逆浓度差的主动转运，是因为它本身具有ATP酶活性，能分解ATP释放能量，并利用能量进行 Na^+ 和 K^+ 主动转运，所以这种转运方式为原发性主动转运。

继发性主动转运 为两种不同溶质的跨膜偶联转运，可利用一个转运蛋白形成的储备势能，来完成其他物质逆着浓度梯度的跨膜转运，即能量间接来自ATP，这种形式的转运被称为继发性主动转运或协同转运。执行这种转运的主要是 Na^+ 依赖式转运体蛋白，该蛋白必须与 Na^+ 和被转运物质的分子（如葡萄糖）同时结合，才能顺着 Na^+ 浓度梯度方向将它们逆被转运物质的浓度梯度转运。

（韩莹莹）

ATP qūdòng bèng

ATP驱动泵（ATP-driven pumps） 以ATP水解释放能量作为能源进行主动运输的载体蛋白家族。ATP驱动泵可以分为P-型离子泵（P-class ion pump）（磷酸化）、V-型质子泵（膜泡等）、F-型质子泵（F-class proton pump）（F亚基）和ABC超家族等。

P-型离子泵 有2个α催化亚基，部分有2个β调节亚基。例如，钠钾泵。细胞内为低 Na^+ 高 K^+ 的离子环境，动物细胞一般要消耗1/3（神经细胞消耗2/3）的总ATP来维持这种环境。Na^+、K^+ 的输入和输出均通过钠钾泵来完成。在膜内侧，3个 Na^+ 与酶结合，激活ATP酶的活性，使ATP分解，酶自身被磷酸化，酶构象改变，与 Na^+ 结合的部位转向膜外侧，向胞外释放3个 Na^+ 并与2个 K^+ 结合，促使酶去磷酸化，构象恢复，于是酶与 K^+ 结合的部位转向膜内侧，向胞内释放 K^+。钠钾泵维持细胞的渗透平衡，保持细胞的体积；维持低 Na^+ 高 K^+ 的细胞内环境，为协同运输提供驱动力；维持细胞的静息电位。

V-型质子泵 即膜泡质子泵（vacuolar proton pump），分布于动物细胞胞内体、溶酶体膜、破骨细胞、某些肾小管细胞质膜、植物酵母真菌细胞质泡膜上，维持细胞质基质的pH中性和细胞器内的酸性。

F-型质子泵 位于细菌质膜，线粒体内膜和叶绿体的类囊体膜上，利用 H^+ 顺浓度梯度的运动，将释放的能量用于合成ATP。

ABC超家族 最早发现于细菌之中，是一个庞大的蛋白家族，均有两个高度保守的ATP结合区。一种ABC转运蛋白只转运一种或一类底物，不同成员可转运离子、氨基酸、核苷酸、多糖、多肽、蛋白质；可催化脂质双分子层的脂类在两层之间翻转。MDR是第一个被发现的真核细胞ABC转运蛋白，是多药抗性蛋白，约40%患者的癌细胞内该基因过度表达。

（韩莹莹）

guāng qūdòng bèng

光驱动泵（light-driven pump）　将光能直接转变成运输质子能的跨膜转运蛋白。

光驱动泵主要在细菌细胞中被发现，对溶质的主动运输与光能的输入相偶联，如菌紫红质（bR）利用光能驱动 H^+ 的转运。

关于bR光驱动泵功能的研究是最早引起研究者研究bR结构与功能的开始，因为它使用的模型系统简单，而几种模型系统均证实了bR的作用是可以产生电信号的光驱动质子泵，也证明了在光反应循环中的质子转移过程是由紫膜内表面摄取质子，再从紫膜外表面释放质子的过程。

（韩莹莹）

bèidòng zhuǎnyùn

被动转运（passive transport）　不需要细胞提供能量、被运输物质顺着电化学梯度通过细胞膜的扩散过程。

物质从浓度较大的一侧通过细胞膜运送至浓度较小的一侧，犹如溶质通过透析袋一样，物质的运送速率依赖膜两侧运送物质的浓度差及其分子的大小、电荷性质等。

根据热力学第二定律，被动转运过程的自由能减少，熵增加，即这是一个不需要供给能量的自发过程。红细胞膜蛋白电泳带3蛋白运送阴离子（Cl^-、SO_4^-等）的过程均属于被动转运。

（韩莹莹）

tōngdào dànbáizhì

通道蛋白质（channel protein）　一类横跨细胞膜，可以使适宜大小的分子及带电荷分子通过简单的自由扩散运动，从质膜的一侧转运至另一侧的蛋白质。

通道蛋白质为单体蛋白或多亚基蛋白形成的亲水性通道。小分子、带电荷的物质可以自由扩散（物质由高浓度向低浓度运输，运输过程不需要消耗能量）通过通道蛋白质，而不与通道蛋白质本身发生相互作用。通道蛋白质的运输具有选择性，因此在细胞膜中存在不同类型的通道蛋白质。

最常见的通道蛋白质为离子通道，通常一种离子通道只允许一种离子通过，并且只有在特定情况下才瞬间开放。离子通道与神经信息的传递、神经系统和肌肉组织的疾病密切相关。

（韩莹莹）

shuǐkǒng dànbái

水孔蛋白（aquaporin）　在细胞膜上组成“孔道”，可控制水在细胞内进出的、位于细胞膜上的内在膜蛋白。又称水通道蛋白。水通道蛋白是由约翰斯·霍普金斯大学医学院美国科学家彼得·阿格雷所发现，并因此荣获了2003年诺贝尔化学奖。

水孔蛋白最早是在1988年被发现，阿格雷（Agre）等在红细胞膜上分离出一个分子量为28kD的疏水性跨膜蛋白质，称为形成通道的整合膜蛋白质28（channel-forming inte-gral membrane protein，CHIP28）。CHIP28基因的cDNA克隆于1991年完成。研究者后续通过活化能、渗透系数测定及抑制剂敏感性等研究，证实CHIP28为水孔蛋白质，明确了细胞膜上存在特异性转运水分子的特异性通道蛋白质。水分子经过水孔蛋白时会形成一个纵列，通道内部的偶极力与极性会协助水分子以适当的角度穿过通道。目前已知哺乳动物体内的水孔蛋白有13种，其中6种位于肾脏。

（韩莹莹）

mópiàn qián

膜片钳（patch-clamping）　能够记录通过离子通道的离子电流来反映细胞上单一的（或多个的）离子通道分子活动的技术。

基本原理　用一个尖端光洁、直径0.5~3μm的玻璃微电极同神经或肌细胞的膜接触而不刺入，然后在微电极的另一段开口施加适当的负压，将与电极尖端接触的那一小片膜轻度吸入电极尖端的纤细开口，这样在小片膜周边与微电极开口的玻璃之间形成紧密封接，在理想状态下电阻可达数十兆欧。实际上把吸附在微电极尖端开口的那小片膜同其余部分的膜在电学上完全分开，如果这小片膜上只含一个或几个通道分子，那么微电极就可以测量出单一开放的离子电流或电导，对离子通道的其他功能进行研究。

分类　单通道记录法－细胞吸附模式、全细胞记录法模式、膜内面向外模式、膜外面向外模式。

步骤　具体说来是利用微玻管（膜片电极或膜片吸管）接触细胞膜，以吉欧姆（GΩ）以上的阻抗使之封接，使与电极尖开口处相接的细胞膜的小区域（膜片）与其周围在电学上绝缘，在此基础上固定电位，对此膜片上离子通道的离子电流（pA级）（10~12A）进行监测记录。

应用　膜片钳可用于观察和研究单离子通道的开放特征及离子选择性，并可发现新的离子通道及亚型，研究细胞信号的跨膜转导和细胞分泌机制。进一步结合分子克隆和定点突变技术，膜片钳还可用于离子通道的生物学功能研究和药物靶点分析。

（韩莹莹）

jiànxì liánjiē

间隙连接（gap junction） 动物细胞中通过连接子进行的细胞间连接。存在于大多数动物组织中。在连接处，相邻细胞间有2~4nm的缝隙，而且连接区域比紧密连接大得多，最大直径可达0.3μm。连接子是构成间隙连接的基本单位，是存在于间隙与两层质膜中的大量蛋白质颗粒，由6个相同或相似的跨膜蛋白质亚单位环绕而成，直径8nm，中心形成一个直径约1.5nm的孔道。研究证明，间隙连接通常可以允许分子量小于1.5kD的分子通过。因此，无机盐离子、氨基酸、糖、核苷酸和维生素等小分子可以通过间隙连接的孔隙。

间隙连接除连接作用外，还能在细胞间形成电偶联和代谢偶联。电偶联在神经冲动信息传递过程中发挥重要作用；代谢偶联可使小分子代谢物和信号分子通过间隙连接形成的水性通道，从一个细胞到另一个细胞，如cAMP和Ca^{2+}等可通过间隙连接从一个细胞进入到相邻细胞。因此，只要部分细胞接受信号分子的作用，整个细胞群即可发生反应。

（韩莹莹）

zǔzhī qìguān shēngwù huàxué

组织器官生物化学（biochemistry of tissues and organs） 从分子水平，以机体不同的组织器官或过程为研究对象，研究生命物质的化学组成、结构及生命活动过程中各种化学变化的基础生命科学。可分为神经组织生物化学、肌肉组织生物化学、结缔组织生物化学以及血液生物化学等。细胞是组成机体结构和功能的基本单位，形态、功能相同或相似的细胞和细胞间质组成不同的组织，不同组织的分子结构并不相同。人体有4种基本组织，即肌组织、结缔组织、上皮组织和神经组织，这些组织按一定规律组成器官。组织和细胞由各种化学分子组成，不同组织细胞有不同的化学组成。组织的形态结构与化学组成与其化学变化及生理功能密切联系。

（李恩民　李利艳）

shénjīng zǔzhī shēngwù huàxué

神经组织生物化学（biochemistry of nerve tissue） 从分子水平，研究神经组织中化学分子与化学反应，并探讨生命现象本质的基础生命科学。人类脑和其他神经组织的重量仅占总体重的1/40，然而，它们却主宰着全身的代谢活动，功能十分复杂。神经系统是由神经元相互联系构筑的电及化学信号网络。解剖上，脑和脊髓构成中枢神经系统，脑神经、脊神经、自主神经和神经节构成周围神经系统。微观上，由神经元、神经胶质及其间质构成神经组织。

神经组织结构组成 包括以下方面。

神经元 即神经细胞，是神经组织的基本结构功能单位，高度分化，包括胞体、突起和终末三个部分。神经元胞体是其功能活动的中心，细胞核位于胞体中，胞体的细胞质也被称为核周质，内含各种细胞器、内含物以及参与传递信号的物质。突起自胞体伸出，分为树突和轴突。长的突起组成神经纤维，短的突起参与组成中枢的神经毡和外周的神经丛。突起的终末分布于外周器官，组成各种各样的神经末梢，感受来自体内外的刺激，支配效应器，包括肌纤维和腺细胞等的活动。神经元以化学物质传递的方式产生相互作用，前一个神经元发生冲动，从末梢向突触间隙释放神经递质，神经递质与突触后膜上的受体作用，引发系列生理反应。在神经细胞内和细胞间持续进行的信息传递是神经组织发挥其功能的基础，涉及多种拥有特殊功能的蛋白质，如受体、离子通道和信使蛋白质等，多种具有调控作用的化学物质，如神经递质等也参与这种信息传递。因此，组成神经细胞的各种成分及其动态的生物化学反应过程为神经组织网络运行的分子基础。

神经胶质 主要由神经胶质细胞组成，分布于中枢神经系统与周围神经系统中。神经胶质细胞遍布于神经元胞体或突起之间。人类神经系统含（1~5）×10^{12}个胶质细胞，数量是神经元的10~50倍，参与构成神经元生长分化和功能活动的微环境。在中枢神经系统中，胶质细胞主要包括星形胶质细胞、少突胶质细胞和小胶质细胞三类。在周围神经系统，有形成髓鞘的施万细胞和脊神经节内的卫星细胞。胶质细胞也有突起，但无树突与轴突之分，细胞之间不能形成化学性突触，但普遍存在缝隙连接。胶质细胞的主要功能是对神经元起支持、保护和营养等作用，同时还包括其他功能：引导神经元迁移，参与神经元的物质代谢。在神经元之间发挥隔离和绝缘的作用，修复和再生填充缺损的神经组织，参与血－脑屏障、血－脑脊液屏障和脑－脑脊液屏障的形成，参与神经系统的免疫应答，稳定神经系统细胞外液中K^+的浓度，参与某些神经递质或其他活性分子的代谢。

神经组织化学组成 神经组织的化学成分包括水、糖类、蛋白质、脂类、核酸、酶类、无机盐等。神经组织的化学组成随神经系统的不同部位，以及同一器官的不同区域而有所差别。在生理功能越趋复杂的部位，其水、蛋白质、酶和核酸的含量越高，而功能相对简单的部位含脂类较高，伴随发育期和衰老，这些化学成分会发生相应改变。

水 神经组织内含有大量的水分。人脑中，灰质是富含神经元胞体的部位，其含水量高达85%；而白质是神经纤维集中的部位，含水量相对少，约70%；另外，髓鞘质含水仅40%。脊髓和周围神经的含水量分别为66%~75%和56%~71%。在神经组织发育过程中，膜结构的增多常导致固性物质增加，同时伴以含水量减少。因此，神经组织的含水量，胚胎和幼年期较多，随年龄增长而呈减少趋势。

糖类 神经组织中葡萄糖的浓度远低于血浆。大脑含葡萄糖112±37mg/100g，然而，葡萄糖却是神经组织最重要、实际上也是唯一有效的能量来源。神经组织的糖原含量亦低，人脑组织糖原含量仅为1mg/g，脊髓的糖原含量稍高，为2~3mg/g。脑组织所利用的葡萄糖主要靠血液供应，人脑对血糖浓度的改变极其敏感，血糖浓度正常时，血脑屏障具有较强的葡萄糖转运能力，脑对葡萄糖的需求不受脑毛细血管转运的限制。根据计算，人脑的平均葡萄糖的利用率为每分钟31μmol/100g脑组织，其中大部分（26μmol）用于氧化供能，其余的用于合成脑内糖脂和糖蛋白，或转变成其他脑组织的有用之物。

蛋白质 蛋白质占人脑干重的一半，而灰质较白质更富含蛋白质。由白质组成的胼胝体含蛋白质27%，脑蛋白质的含量为37%。神经组织蛋白质的一半为清蛋白、球蛋白、核蛋白和神经角蛋白等。在物理特性方面，神经角蛋白和角蛋白相同，但两者氨基酸的含量比例不同。从中枢神经系统分离出一些特有的蛋白质，包括S-100蛋白、抗原α-蛋白、GP-350和14-3-2蛋白等酸性蛋白质、钙调蛋白和神经白细胞素等。其中，14-3-2蛋白质是神经元特异烯醇化酶的同工酶，催化2-磷酸甘油酸变成磷酸烯醇式丙酮酸。

脂类 脂类在脑内含量十分丰富、稳定、更新缓慢，是神经组织的主要特征之一。在人类，髓鞘质、白质和灰质的脂类含量各自约占其干重的70%、55%和33%。胆固醇是脑第二位富含的化合物。机体约25%的胆固醇存在于神经组织中。胆固醇在脑内合成，其分解或更新率极低。脑内的脂酸组成较恒定，其大部分在脑内合成，仅少量来自膳食。许多脂酸属长链不饱和脂酸，不能在体内从头合成，如油酸和廿碳四烯酸等。胞质内合成的软脂酸（16C），在乙酰CoA和丙二酸单酰CoA的参与下，由线粒体和微粒体系统进行碳链伸延。已确证有两组酶分别负责脂酸6-7和9-10位碳原子去饱和。

各种脂类在神经组织的白质、灰质和髓鞘质中的含量有差别。脑合成磷脂酰胆碱和磷脂酰丝氨酸所需的胆碱和丝氨酸是外源性的，来自血液；而合成磷脂酰乙醇胺和磷脂酰肌醇所需乙醇胺和肌醇可来自内源和外源。这些脂类的首要功能是构成神经细胞的双层脂膜。

核酸 神经元胞体中含有RNA和DNA，细胞体越大，其RNA含量越高。神经元胞质的RNA以多核糖体存在。大神经细胞能活跃地合成核酸。

酶类 神经组织含有糖酵解和葡萄糖有氧氧化所需的全部酶类。葡萄糖代谢以外的酶类主要有胆碱酯酶、碳酸酐酶和酮体代谢酶等。脑还含有谷氨酰胺酶和转氨酶，后者中活性最高的当属谷氨酸-草酰乙酸转氨酶，而谷氨酸-丙酮酸以及天冬氨酸-丙酮酸之间的转氨作用不甚活跃。

无机盐 阳离子和阴离子的区域化，以及两者的活跃运转见于中枢神经系统。与其转运相关的Na^+-K^+-ATP酶（Na^+-K^+泵）集中分布在伴高离子流膜区，包括Ranvier结、轴突的细隆突和树突，以及组成大脑、小脑和脊髓灰质神经纤维网的胶质细胞膜等。神经元同时含有Ca^{2+}离子通道，在去极化期间开启，以补充Na^+离子通道的去极化效应。神经元的Ca^{2+}离子泵（Ca^{2+}-ATP酶）与Na^+-Ca^{2+}离子交换系统以及Na^+-K^+离子泵协同作用，参与突触功能的协同调控。近年研究证明，不少中枢神经元存在多种Cl^-离子通道和由细胞内ATP调节的K^+离子通道。

（李恩民 李利艳）

suǐ qiàozhì

髓鞘质（myelin） 充分延伸和修饰的质膜以螺旋方式不连续地裹绕在神经轴突上而构成有髓神经纤维髓鞘的物质。它起源于中枢神经系统的少突神经胶质细胞和周围神经系统的施万细胞，并成为这两种细胞的一部分。未覆盖髓鞘的轴突短节即Ranvier结。

组成 髓鞘质的化学组成特

点：水含量相对少，约40%；含蛋白质少，占干重的20%~30%；含脂类较多，占干重的70%~80%。在脂类中，胆固醇25%~28%以非酯化形式存在；半乳糖脂27%~30%；磷脂40%~50%，主要是胆胺磷脂，其次是胆碱磷脂和缩醛磷脂。在中枢神经，含脑苷脂及硫脂较多；而在周围神经，含神经鞘磷脂较多。髓鞘质中不含多糖，但含糖蛋白。中枢神经髓鞘质的蛋白质组成相对简单，含有如下三类主要蛋白质：脂蛋白占30%~50%；碱性蛋白质占30%~35%；酸性蛋白脂蛋白，又称沃尔夫格拉姆（Wolfgram）蛋白。在周围神经，髓鞘质含脂蛋白较少，主要含有：碱性蛋白质，约占5%~18%；P0糖蛋白，约占周围神经髓鞘质总蛋白的50%；髓鞘质缔合糖蛋白，可定位于施万细胞的轴突周膜，它还出现在结节旁袢和轴索周膜，由此在相邻膜的细胞外表面之间维持12~14 nm的空间。

生理功能 髓鞘质与骨髓以及神经系统有着密切关系，若人类的髓鞘细胞发生病变，会损害大脑，内分泌系统调节会发生紊乱，其生理和运动都会受到影响。如果将大脑神经细胞的轴突比喻成导线，那么，髓鞘质就如同包裹在这些导线外层的绝缘体。功能主要包括以下两个方面。①提高信号传递速度。与无髓鞘质的神经线路相比，最高可使信号处理能力提高3000倍。这可以比喻为提高线路的带宽。髓鞘质越厚，人的即时反应能力越强，人的技能或才能的等级就越高。②控制信号传递的速度。通过调节信号的传递速度实现对肌肉收缩速度与精确性的控制。

（李恩民　李利艳）

shénjīng shēngzhǎng yīnzǐ

神经生长因子（nerve growth factor, NGF） 对神经元的分化、存活、生长和功能有支持或促进作用的一类蛋白质。在人体神经组织，NGF主要分布于脑、神经节等组织及胶质细胞、施万细胞等，对中枢和周围神经元的分化、生长、再生以及功能特性的表达具有重要的调节作用。在带有轴突的交感神经细胞，NGF与位于轴突终端的受体选择性结合，低亲和力受体往往会转变为高亲和力受体。随即，NGF被内吞并沿轴突运送到胞体，促进cAMP的生成，促进Na^+离子的流入，蛋白质发生磷酸化修饰，同时一系列的酶促反应增强，最终轴突出现广泛的旁枝和功能性突触的形成。

组成 由α、β和γ 3个亚基，按2α∶β∶2γ的比例组成，各亚基通过非共价键构成多聚体。活性区是β亚单位。生物效应无明显的种间特异性。αNGF亚基的功能尚不清楚。γ亚基具有精氨酸肽酶的功能，可将含307个氨基酸残基的β-NGF原裂解为含118个氨基酸残基的有活性的β-NGF单体。

生理功能 ①对神经细胞早期发育的神经营养效应：在神经节细胞培养基中加入NGF，晕圈样的神经纤维旁支会繁茂生长。如经抗NGF抗体处理，即可阻断此现象发生。如给新生小鼠注射NGF抗体，动物虽貌似正常，却几乎缺少全部交感神经节。②促进神经细胞分化：NGF能使交感神经元、嗜铬细胞、基底前脑的胆碱能神经元和PCI2细胞分化。这些改变包括轴突的明显生长以及神经递质合成酶系活性增强。③对神经细胞轴突形成的影响：1980年坎佩诺（Campenot）设计了三隔室模型的体外实验。置交感神经元于中央室内，长出的细胞隆突可从胞体伸入侧室。如在侧室内加入NGF，不但能维持该室轴突的生长，而且可保证中央室内母体细胞的存活。如往中央室投注NGF，则仅能使母体细胞存活并生长轴突，侧室内原已存有的轴突因缺乏NGF而萎缩。这充分证明，NGF可被逆向转运到胞体，发挥其神经营养效应。

（李恩民　李利艳）

shénjīng wēiguǎn

神经微管（neurotubule） 由α、β-微管蛋白的二聚体组成的管状结构。直径约25nm，管壁厚为5nm。在神经元的轴突、树突和胞体中均含有。含乙酰胆碱和儿茶酚胺的囊泡黏附在这些微管上并沿轴突推进。微管蛋白是一种6S二聚体蛋白质，分子量120kD，可解聚成分子量为60kD的单体，并能与秋水仙碱结合，从而破坏微管的结构与功能。微管蛋白还能与鸟嘌呤核苷酸结合，存在两种结合方式，与鸟嘌呤核苷酸GDP结合时，牢固，不易被交换；与鸟嘌呤核苷酸GTP结合时，易与环境中的GTP交换，并且可将末端磷酸水解变成GDP，这种变化与微管功能有关。神经微管与神经纤丝缔合存在，交织成网，广泛分布在神经细胞的胞体、轴突及树突内，是神经细胞的主要支架。作为轴突的主要胞质细胞器，它们在维持细胞外形中发挥作用，还参与神经细胞内代谢物的轴浆运输。

（李恩民　李利艳）

shénjīng yuán xiānwéi

神经原纤维（neurofibrils, NF） 神经元内由NF-1、NF-M和NF-H三种蛋白质组成的中间丝。

直径约 10nm，管壁厚 3nm。长度不定，常成束状，见于脊椎动物中枢和周围神经元的轴突内，树突内仅含少量。神经纤丝由三条分开的多肽链组成，其分子量各为 200kD、150kD 和 68kD，它们不能与秋水仙素和 GTP 结合。这些蛋白质亚基在化学上显然与微管蛋白不同。轴突的强度和刚性可能有赖于神经纤丝－微管复合物。在神经元胞体内，这两种组分可借助新亚基的添加而获得生长，它们以每天约 1mm 的速度共同沿轴突移动，成为轴突运转的最慢移动方式。另外，神经元胞体、轴突和轴突发育期的生长尖端均富含直径 5~6nm 的微丝，全部由肌动蛋白组成，具有收缩作用。

（李恩民　李利艳）

shénjīng dìzhì

神经递质（neurotransmitter）

由突触前神经元合成，充当突触传递“信使”的特殊化学物质。神经递质由突触前神经元合成，在神经末梢处释放，特异性识别突出后神经元或效应器细胞膜上的受体，使突触后神经元或效应器细胞产生效应，是化学传递发挥功能的物质基础。神经递质的研究始于外周神经。迄今，已发现的神经递质多达 200 余种。它们可以直接作为递质参与神经调节，或调节传统神经递质的活动，修改或补充了人们对神经调节的传统概念，基于此，人们提出了神经递质和神经调质的概念。

主要特征　①突触前神经元应具有合成该递质的递质前体与合成酶系统。②递质贮存在突触小泡内，小泡内的递质在突触前膨大受到神经冲动刺激时，可释放入突触间隙内。③递质作用于突触后膜上的特异受体而传导冲动。④递质在酶的作用下失活或被重摄取。⑤特异的受体激动剂或拮抗剂，能分别模拟或阻断相应递质的突触信息传递作用。

分类　神经递质分为非肽类和肽类两大类（表 1）。肽类递质严格来说未必完全符合神经递质的全部条件，多具神经调质的特点，但在中枢神经活动中发挥重要作用，是一类有待探索的递质，通称神经肽。两类递质各有特性，非肽类递质含量较高，相对分子量较小，合成较快，与相应受体的亲和力强；肽类递质含量较低，相对分子量较大，合成速度较慢，与受体亲和力低。

表 1　神经递质分类

分类		成员
非肽类	胆碱类	乙酰胆碱
	单胺类	肾上腺素、去甲肾上腺素、多巴胺、5－羟色胺、组胺
	氨基酸类	谷氨酸、天冬氨酸、甘氨酸、γ－氨基丁酸、牛磺酸
肽类	下丘脑释放激素	促甲状腺素释放素、促性腺素释放素、生长抑素、促肾上腺皮质素释放素、促生长素释放素
	神经垂体激素	升压素、催产素
	垂体肽	促肾上腺皮质激素、β－内啡肽、促黑素、催乳素、促黄体素、生长激素、促甲状腺激素
	无脊椎肽	FMRF 酰胺、水螅头激活肽、原肠肽、肌调蛋白、产卵刺激素、袋细胞肽
	胃肠肽	血管活性肽、缩胆囊肽、促胃液素、P 物质、神经紧张素、蛋－脑啡肽、亮－脑啡肽、胰岛素、胰高血糖素、铃蟾肽、促胰液素、促胃动素、胰多肽
	心肽	心房钠尿肽
	其他	血管紧张素Ⅱ、缓激肽、睡眠肽、降钙素、降钙素基因相关肽、神经肽 Y、神经肽 YY、甘丙肽、K 物质

生理功能　将上一个神经元的兴奋传递到下一个神经元，使下一个神经元产生兴奋或抑制。不同神经递质生理功能不尽相同。

（李恩民　李利艳）

γ-ānjī dīngsuān

γ－氨基丁酸（γ-aminobutyric acid, GABA）

可以介导中枢神经系统快速抑制作用，并在学习和记忆过程及视觉形成和发育中发挥重要作用的天然存在的功能性氨基酸。GABA 作为中枢神经系统主要的抑制性神经递质，广泛分布于中枢神经系统，而以黑质、苍白球和下丘脑的含量较高。

合成　中枢 GABA 的合成部位在神经末梢。在 L－谷氨酸脱羧酶（glutamic acid decarboxylase, GAD）的作用下，谷氨酸经 α 脱羧，生成 GABA。GABA 合成后与神经细胞的线粒体膜或突触体膜结合而贮存。被释放的 GABA 可经再摄取而终止其作用。

代谢　GABA 在转氨酶的作用下，脱氨基生成琥珀酸半醛，后者再经琥珀酸半醛脱氢酶作用生成琥珀酸，最终进入三羧酸循环被彻底氧化。葡萄糖是生成脑内 GABA 的主要物质，丙酮酸和其他一些氨基酸也可以作为其前体。脑内存有保证 GABA 供应的闭合代谢环路，即 GABA 旁路，其关键酶为谷氨酸脱羧酶（GAD）、GABA－α－酮戊二酸转氨酶（GABA－T）和琥珀酸半醛脱氢酶（SSADH），最终生成的琥珀酸再进入三羧酸循环，当此旁路呈最大流量时，可使三羧酸循环增强 30%。从旁路释放的

GABA 将被神经胶质细胞摄取，由 GABA-T 进行同样的转氨作用。然而，由于神经胶质缺乏 GAD，反应中生成的谷氨酸不能再变成 GABA，而由谷氨酰胺合成酶转变为谷氨酰胺，以此形式返回神经末梢，经谷氨酰胺酶水解生成谷氨酸。GABA 的代谢途径及其旁路见图 1。

受体与功能 GABA 与突触后膜上的受体复合物结合，促使氯离子或其他离子通道短暂开放（约 1ms）。Cl^- 内流引起膜电位超极化，抑制神经元放电，故 GABA 受体本身亦是一种膜离子通道。GABA 受体有两种亚型：① GABA-A 型受体，在小脑集中于颗粒细胞层，是突触后膜上的受体。② GABA-B 型受体，主要集中于小脑胶质细胞，是突触前受体。GABA 是中枢皮质主要的抑制性递质，对所有神经元均呈现抑制作用，睡眠时皮质释放 GABA 明显增加。癫痫发作的强度与大脑皮质 GABA 含量的降低程度一致，帕金森综合征及亨廷顿病与基底神经节中 GABA 降低也密切相关。GABA 降低，神经冲动抑制不足，多巴胺功能亢进，可促发精神分裂症。

（李恩民 李利艳）

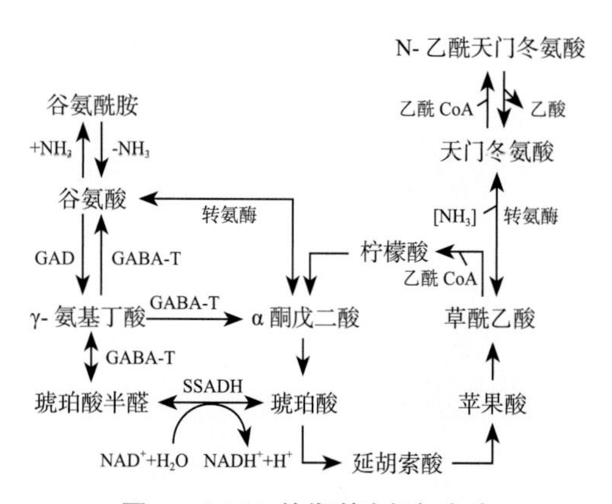

图 1 GABA 的代谢途径与旁路

érchấfēn'àn

儿茶酚胺（catecholamine, CA）

存在于周围组织和中枢神经系统中的具有儿茶酚和氨基结构的胺类的总称。通常包括肾上腺素、去甲肾上腺素和多巴胺。肾上腺素和去甲肾上腺素广泛分布于中枢和周围神经系统。多巴胺主要存在于中枢神经组织，包括黑质－纹状体、中脑边缘和结节－漏斗三部分。

合成 酪氨酸（Tyr）是 CA 的主要合成原料。Tyr 在胞质内的酪氨酸羟化酶和多巴脱羧酶的作用下形成多巴胺，后者进入突触小泡，由多巴胺 β－羟化酶催化，转变为去甲肾上腺素，苯乙醇氨氮位甲基转移酶能对去甲肾上腺素进行甲基化，最终生成肾上腺素（图 1）。

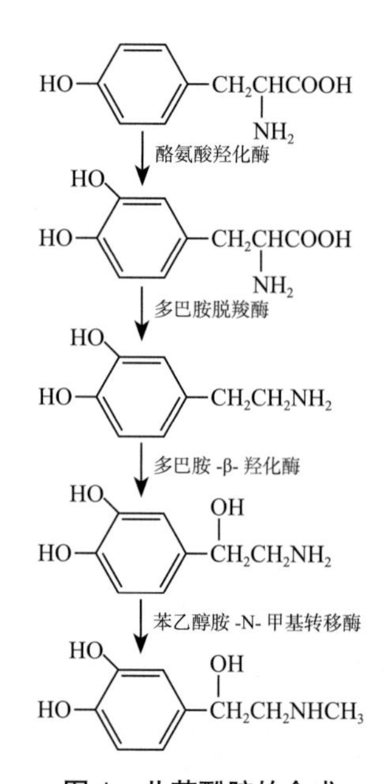

图 1 儿茶酚胺的合成

注：结构式自上而下，依次为：酪氨酸、多巴、多巴胺、去甲肾上腺素、肾上腺素。

代谢 儿茶酚胺（CA）的降解或失活有两条途径。①从去甲肾上腺素开始，经单胺氧化酶或儿茶酚胺 -O- 甲基转移酶催化，生成 4- 羟基 -3- 甲氧基扁桃醛或 3-O- 甲基衍生物，最后生成香扁桃酸和乙二醇。②脑内 CA 的降解也可以从多巴胺开始，经历另一途径的变化，其终产物随种属稍有不同，如大鼠脑多巴胺的主要产物是二羟基苯乙酸，而人脑则以高香草酸为主。上述两分解代谢的四个关键酶是单胺氧化酶、儿茶酚胺 -O- 甲基转移酶、醛脱氢酶以及醇脱氢酶。在脑内去甲肾上腺素和肾上腺素主要生成 3，4- 二羟扁桃酸，而香扁桃酸则是它们在肝内的主要降解产物。在多巴胺 β 羟化酶和多巴脱羧酶催化下，也可生成一些甲基或羟基衍生物，如 α－甲基多巴胺，以及由酪胺转变的对羟苯－β－羟乙胺等。由于结构上与天然的肾上腺素能神经递质相似，能取代去甲肾上腺素的储存，降低后者的生理效应，故称为假神经递质。

受体与功能 去甲肾上腺素和肾上腺素均为肾上腺素能 G 蛋白偶联受体，主要为 α 受体和 β 受体两类。按与腺苷酸环化酶的相互关系，α 受体又被分为 α_1 和 α_2 两个亚型。α_1 受体定位于血管、脾和周围组织神经的突触后膜，可与哌唑嗪结合，显示腺苷酸环化酶依赖性。α_2 受体定位在周围神经末梢的突触前膜，可与育亨宾碱结合，不需腺苷酸环化酶，对释放胺类的冲动反应敏感。β 受体包括 $β_1$、$β_2$ 和 $β_3$ 三个亚型，皆与腺苷酸环化酶的激活有关。$β_1$ 受体集中分布在心肌和大脑皮质，肾上腺素和去甲肾上腺素均为其激动剂；$β_2$ 受体主要分布在血管、子宫、小肠、支气管和小脑等，肾上腺素的激动作用较去甲肾上腺素更为有效；$β_3$ 受体主要分布于脂肪组织，与脂肪分解有关。

根据与腺苷酸环化酶活化是否偶联，DA 受体分为 DA1 和 DA2 两类。DA1 受体与腺苷酸环化酶活化有关，分布在纹状体的内源性神经元中，麦角碱（如麦角溴胺）为其弱拮抗剂；而 DA2 受体则抑制腺苷酸环化酶活性，分布在皮质纹状体神经元的轴突和末梢以及脑垂体内，麦角碱是它的有效激动剂。

（李恩民　李利艳）

5-qiǎng sè'àn

5- 羟色胺（5-hydroxy-tryptamine, 5-HT）　广泛存在于神经组织的，具有强生物活性的吲哚衍生物。也称血清素。属于抑制性神经递质，能使平滑肌兴奋、血管收缩，并参与血液凝固。脑和肠道的嗜铬颗粒，以及血小板中含有 5-HT。脑内 5-HT 的平均水平约 3nmol/g，主要分布在中脑、脑桥、黑质与下丘脑等处，大脑皮质中仅含微量。缝际核的神经细胞体是 5- 羟色氨酸能神经元的主要部位。5- 羟色氨酸能神经元胞体位于低位脑干中线附近的中缝核。

合成　5-HT 不能通过血脑屏障，故脑组织中的 5-HT 全部在神经元内合成。5- 羟色氨酸能神经元以色氨酸（Trp）为原料，在色氨酸羟化酶的作用下生成 5- 羟色氨酸，然后经 5- 羟色氨酸脱羧酶脱羧，生成 5-HT（图 1）。色氨酸羟化酶具有特异性，仅存在于 5- 羟色氨酸能神经元中，含量少而且活性低，是 5-HT 合成的限速酶。5-HT 贮存于囊泡中，释放后可被再摄取，通过单胺氧化酶降解，终止其作用。

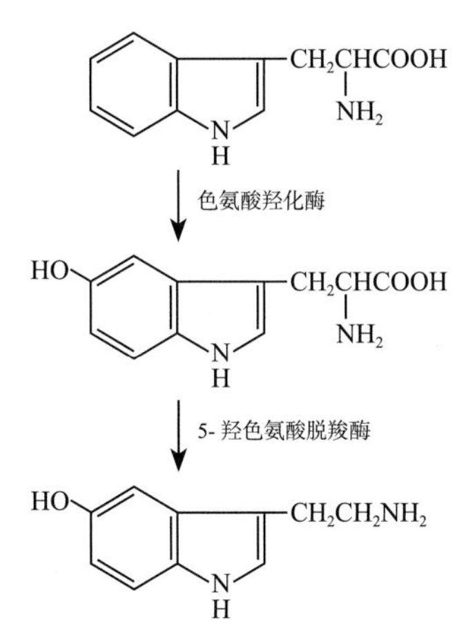

图 1　5 羟色胺的合成

注：结构式自上而下，依次为：色氨酸、5-羟色胺酸、5 羟色胺。

代谢　5-HT 受单胺氧化酶催化，生成 5- 羟色醛，再氧化生成 5- 羟吲哚乙酸经尿液排出。在松果体内，5-HT 可通过羟基吲哚氧位甲基移位酶和芳香烃胺氮位甲基移位酶的作用，生成褪黑素，后者可以抑制垂体促性腺激素的分泌。

分类　脑内 5-HT 含有 7 个亚家族成员，分别为 $5\text{-}HT_1$、$5\text{-}HT_2$、$5\text{-}HT_3$、$5\text{-}HT_4$、$5\text{-}HT_5$、$5\text{-}HT_6$、$5\text{-}HT_7$。其中，$5\text{-}HT_1$ 包括 $5\text{-}HT_{1A}$、$5\text{-}HT_{1B}$、$5\text{-}HT_{1D}$、$5\text{-}HT_{1E}$ 与 $5\text{-}HT_{1F}$ 五个亚型；$5\text{-}HT_2$ 包括 $5\text{-}HT_{2A}$、$5\text{-}HT_{2B}$ 与 $5\text{-}HT_{2C}$3 个亚型；$5\text{-}HT_5$ 包括 $5\text{-}HT_{5A}$ 与 $5\text{-}HT_{5B}$2 个亚型。

在结构上，以 $5\text{-}HT_{1A}$ 为例，人和大鼠脑的 $5\text{-}HT_{1A}$ 受体含有 420 个氨基酸残基，组合成疏水区和亲水区。7 条各含约 25 个疏水性氨基酸残基的肽段形成 7 个跨膜区。四条长短不一的亲水肽段位于细胞膜外侧，而其他 4 条肽段则朝向细胞内空间。糖基化的 N- 末端伸出细胞外，其很短的 C- 末端，含 19 个氨基酸残基，深藏于胞质中。在这些家族成员中，除 $5\text{-}HT_3$ 是配体门控性离子通道受体外，其余的 6 个亚家族成员均为 G 蛋白偶联受体，通过活化第二信使，产生兴奋或抑制效应。在功能上，$5\text{-}HT_1$ 与 $5\text{-}HT_5$ 能够降低胞内 cAMP 的水平，产生抑制效应；$5\text{-}HT_2$、$5\text{-}HT_4$、$5\text{-}HT_6$ 与 $5\text{-}HT_7$ 能够增加胞内 cAMP 的水平，产生兴奋效应；但是 $5\text{-}HT_3$ 能够使细胞膜发生去极化，产生兴奋效应。

功能　目前认为，脑内的 5-HT 对大脑发挥抑制性作用，5-HT 减少时会出现失眠的症状。中枢的 5-HT 可提高痛阈，发挥镇痛的功能。脑内 5-HT 水平与情绪和精神活动有关，其代谢失调有可能导致智力障碍与精神症状。有研究发现，5-HT 水平低下者常常发生抑郁或有自杀的意念；急性青春型和急性兴奋型精神病患者，其血液中 5-HT 的含量显著低于健康人。因此，5-HT 对于维持精神和情绪的稳定十分重要。

（李恩民　李利艳）

zǔ'àn

组胺（histamine, HA）　具有化学传导性能，可以影响脑部神经传导与睡眠效果的活性胺化合物。下丘脑、腺垂体前、神经垂体以及许多脑组织的肥大细胞和血管细胞中富含 HA。丘脑、尾状核、大脑皮质、小脑及海马等均含有相当量的 HA，而以下丘脑的正中隆凸含量最高。

合成　在组氨酸脱羧酶催化下，脑内的组氨酸脱羧生成 HA，并贮存于突触前神经元和肥大细胞内。

代谢 HA与肝素、碱性蛋白硫酸多糖在肥大细胞内形成复合物，以复合体形式存在的HA更新缓慢，但神经元内HA更新较快。HA经HA-N-甲基转移酶催化生成甲基组胺，再经单胺氧化酶和醛脱氢酶催化生成3-甲基咪唑乙酸而失效。组胺的代谢见图1。

受体与功能 脑内主要有H_1和H_2两种类型HA受体。激动型H_1受体和抑制型H_2受体。此外，还有抑制HA释放的H_3型受体，可能是位于神经末梢的自身受体。脑外HT通过外周H_1型受体使支气管、肺动脉和小动脉的平滑肌松弛，引起扩血管作用。脑内有两对神经元对维持锥体外系正常神经功能十分重要，一对是多巴胺（DA）和乙酰胆碱（Ach）能神经元，另一对是5-羟色胺（5-HT）能和组胺（HA）能神经元，DA及5-HT能神经元为抑制性神经元，而Ach能及HA能神经元为兴奋性神经元，这两个系统间保持着动态平衡，若失衡可引起锥体外系疾病，如帕金森症。

组胺在肥大细胞和嗜碱性粒细胞的颗粒中含量较高，在这些细胞受到致敏原刺激时经脱颗粒而被释放，引起血管扩张、毛细血管通透性增强、平滑肌收缩和黏膜腺体分泌增加等反应，介导Ⅰ型超敏反应的发生。

（李恩民　李利艳）

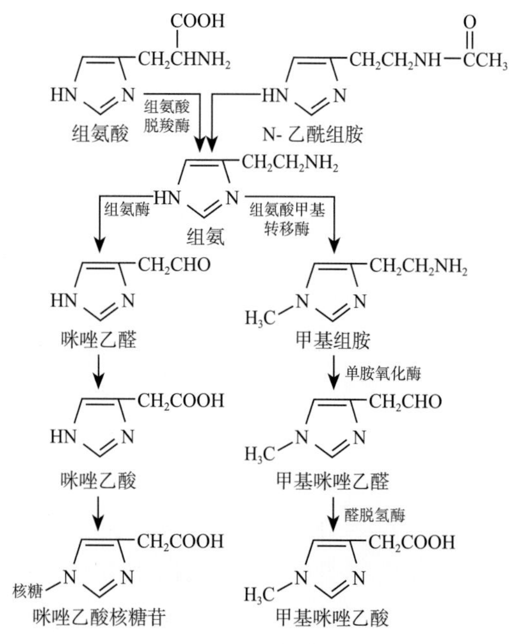

图1　组胺的代谢

p wùzhì

P物质（substance P, SP）

神经受刺激后，在中枢端和外周端末梢释放的肽类神经递质。1931年，乌尔夫·冯·欧拉（Ulf von Euler）和约翰·加杜姆（John H. Gaddum）发现，脊髓的背根部富含一种神经肽，命名为P物质。1971年托雷基亚（Tregear GW）等合成了11肽的P物质。随后确定，除脊髓外，正常人的黑质、大脑皮质和下丘脑亦含有大量P物质（每克黑质1.5nmol）。

组成与代谢 P物质含有11个氨基酸残基，分子量为1340kD，抗酸，耐热，多种蛋白质水解酶可使其裂解失活。神经元胞体合成的P物质可借助快速轴索流移行到神经末梢。因此，P物质主要集中于神经末梢的突触体内。

功能 P物质能与神经激肽受体结合发挥生理作用。P物质是传入纤维末梢释放的兴奋性神经递质，可使平滑肌收缩。P物质在脊髓背根部分布，提示对痛觉有介导作用。P物质还能缓慢促成运动神经元的去极化，激发腺苷酸环化酶，影响闰绍（Renshaw）细胞的烟碱样兴奋性。有学者将P物质纳入内源性鸦片肽，因其镇痛作用可被鸦片拮抗剂纳洛酮所阻断。P物质对脑内多巴胺的更新具有促进作用，可使多巴胺水平降低；对中枢去甲肾上腺素能神经元具有兴奋作用，在外周能够促进去甲肾上腺素释放。P物质可与5-HT共存于同一神经元中，降低5-HT的更新。在某些神经元内P物质与乙酰胆碱共存，在受体水平互相拮抗。

（李恩民　李利艳）

yǐxiāndǎnjiǎn

乙酰胆碱（acetylcholine, Ach）

由胆碱和乙酰辅酶A在胆碱乙酰化酶的催化作用下合成的神经递质。Ach广泛分布在中枢和周围神经系统中，在中枢的纹状体、下丘脑、杏仁核及脑干网状结构等含量较高，外周的运动神经纤维、自主神经节前纤维、大多数副交感节后纤维以及少量交感节后纤维等含量均较高。

合成 Ach的化学结构为胆碱的乙酰酯。Ach的生物合成在胆碱能神经元中完成，由胆碱乙酰化酶催化，从乙酰CoA转移乙酰基给胆碱，合成乙酰胆碱（图1）。胆碱乙酰化酶存在于突触细胞质中，其浓度与Ach含量平行。Ach合成后一半贮存于囊泡，一半游离于细胞质中。

代谢 胆碱的供应是乙酰胆碱合成的限速因素。正常脑组织液中游离胆碱仅20~200 μmol/L，远比胆碱乙酰化酶与胆碱结合的K_m值（4.5×10^{-4}mol/L）低。为了保持胆碱能神经元中乙酰胆碱正常水平，必须有外源性胆碱供应。但胆碱不易通过血脑屏障，须先磷酸化，转变为磷脂酰胆碱或其去脂肪酸产物，才能通过血脑屏障，再于脑内水解成胆碱，这一过程比较缓慢。生理情况下，胆碱的迅速补充可能来自释放的乙酰胆碱，被突触间隙中的乙酰胆碱酯酶（AchE）水解，由神经末梢“重摄取”这些胆碱。胆碱的重摄取和再利用对突触内乙酰胆碱的迅速合成有重要意义。合成乙酰胆碱的乙酰基来自葡萄糖氧化代谢，在线粒体内生成的乙酰CoA。另外游离乙酸在线粒体酶－乙酰CoA合成酶的催化和ATP参与下，可与CoA结合，生成乙酰CoA。神经组织中乙酰胆碱的代谢见图2。

受体与功能 Ach在神经元兴奋时被释放至突触间隙，与存在于突触后膜的受体结合。在发挥作用后迅速被突触前膜和/或后膜上的AchE水解失活。AchE普遍分布于突触膜附近，在神经细胞内结合在线粒体和微粒体的膜结构上。AchE的分子量260kD，其活性中心包括两部分：①负离子部位，至少含一个谷氨酸的侧链羧基，解离后带负电荷，从而能将乙酰胆碱的季胺氮结合在酶分子上；②水解部位，包括组氨酸的咪唑基亲核基团，以及丝氨酸的羟基，促使乙酰胆碱从羰基碳原子处水解断裂。

胆碱能受体包括毒蕈碱受体（MR）和烟碱样受体（NR）。MR分为M_1~M_5五种亚型，均为G-蛋白偶联受体。M_1受体在脑内含量丰富，M_2受体可见于心脏，M_4受体在胰岛腺泡和胰岛中介导胰酶和胰岛素的分泌，M_3受体分布于平滑肌，同时M_4受体也分布于平滑肌，M_5受体的组织分布情况尚不清楚。MR与Ach关系密切，激活这一受体可引起两种不同的细胞内信号系统的活动。M_1、M_4和M_5受体激活时，通过偶联的磷脂酶（PLC）升高细胞内第二信使磷酸肌醇的浓度，而M_2和M_3受体激活时，通过偶联蛋白Gi与腺苷酸环化酶偶联。NR分为N_1和N_2两种亚型，均属于配体门控通道型受体。N_1受体主要分布于自主神经节突触后膜和中枢神经系统释放谷氨酰胺末梢的突触前膜，因而又称神经元型NR。N_2受体位于神经－骨骼肌接头的终板膜上，所以亦称为肌肉型NR。

$$H_3C-\overset{O}{\overset{\|}{C}}\sim S-CoA+HO-CH_2CH_2-\overset{CH_3}{\overset{|}{\underset{\underset{CH_3}{|}}{N^+}}}-CH_3 \rightleftharpoons HS-CoA+H_3C-\overset{O}{\overset{\|}{C}}-O-CH_2CH_2-\overset{CH_3}{\overset{|}{\underset{\underset{CH_3}{|}}{N^+}}}-CH_3$$

乙酰CoA　　胆碱　　乙酰胆碱

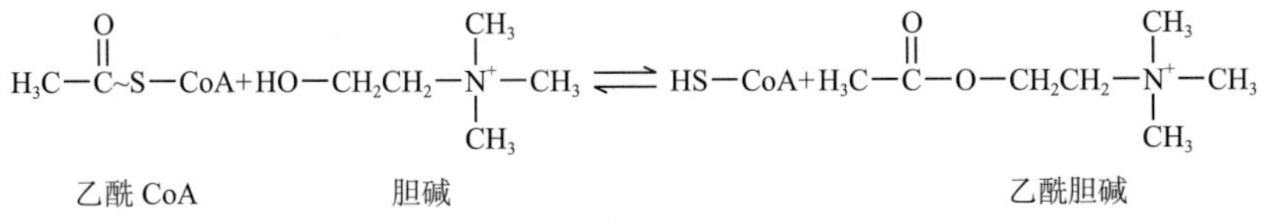

图1　乙酰胆碱的合成

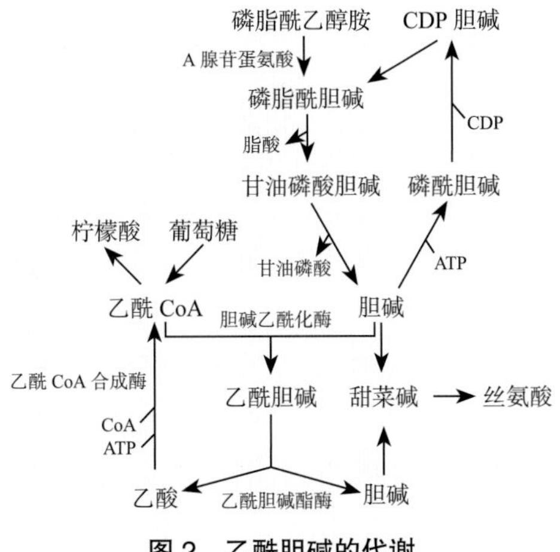

图2　乙酰胆碱的代谢

Ach对各级中枢神经的作用如下。①感觉功能：胆碱能神经元可能是感觉特异投射系统的第二级和第三级神经元。②运动功能：位于锥体外系运动中枢纹状体中的M型胆碱能中间神经元可能与人的强直性晕厥（僵住症）和帕金森症密切相关。③学习、记忆与意识功能：学习、记忆和意识的基础是海马胆碱能系统的兴奋；清晰－睡眠周期活动与大脑皮质感觉区M_1胆碱受体密切相关；抑制大脑皮质和海马胆碱功能，可以使人的意识消失，近期记忆力缺乏，而使胆碱功能兴奋则可能恢复记忆。④其他：Ach对饮食、体温以及血压调节等生命活动均有作用。

（李恩民　李利艳）

nǎo wùzhì dàixiè

脑物质代谢（cerebral metabolism）　各种物质（糖、脂类、蛋白质、核酸等）在脑内的转运、合成以及分解等与生理有关的化学过程。

糖代谢 大脑的代谢极为活

跃，虽然脑的重量仅占人体体重的 2%，但其氧耗量却占人体耗氧量的 20%。脑的氧化代谢产生的高能磷酸键为维持脑正常功能所必需。脑糖原是一种动态而有限的能源。脑中贮存的糖原仅占脑组织的 0.1%，不及肝糖原的 1%，因此脑的能量代谢不能长久依赖糖原维持。脑组织利用的葡萄糖主要依靠血液供应，人脑对血糖浓度的改变十分敏感。脑对葡萄糖的需求不受脑毛细血管转运的限制。血糖浓度正常时，血脑屏障对葡萄糖的转运能力很强。

糖原颗粒主要储存在脑神经胶质和神经元细胞内。催化神经元糖原合成和代谢的酶类存在于突触内。星形细胞糖原可成为供神经元利用的储备能源。糖原的分解与合成进行得很快。由于血脑屏障的存在，脑糖原代谢接受局部调控。

通常条件下，脑代谢的基本底物是葡萄糖。脑依赖葡萄糖作为主要能源和主要碳源。静息期的脑仅从流经它的血液摄取约 10% 的葡萄糖，其速度可以达到 0.28 μmol/（g・min）。如血流转慢，脑将从血液中摄取更多的氧和葡萄糖。甘露糖可以帮助维持体内脑代谢，而大多数其他糖类则不能被迅速摄取利用。葡萄糖借助载体机制跨越血脑屏障，载体对葡萄糖的亲和力常比血脑屏障高出 30 倍，能使葡萄糖顺利摄入神经末梢。低血糖时，心、肾皮质和肝等组织停止葡萄糖代谢，以使脑获得更多葡萄糖。在中枢神经组织，90%~95% 的葡萄糖以氧化和无氧酵解的形式进行代谢，5%~10% 的葡萄糖通过磷酸戊糖途径代谢。胎儿脑组织主要利用葡萄糖酵解提供能量，出生后逐渐转变为以糖的有氧氧化提供能量。脑的糖酵解反应过程与其他组织相似。糖酵解酶不仅定位于神经元胞体，同时也存在于轴突末端。脑内参与酵解的几种关键酶（如己糖激酶、磷酸果糖激酶及丙酮酸激酶）的活性比其他组织高，有利于糖的酵解。其中，脑内己糖激酶主要属于同工酶 Ⅰ 型，对葡萄糖的 K_m 值很低，约 0.5mmol/L 浓度，并受反应产物葡糖 -6- 磷酸的反馈抑制，无机磷酸能解除这种抑制，进而有利于在脑内保持一定的糖酵解速度。脑中磷酸果糖激酶属于同工酶 C 型，易受 ATP 抑制，而受 ADP、AMP 及无机磷的激活，从而能较迅速对糖酵解进行调控。

人脑对葡萄糖氧化的氧耗量占成人氧耗量的 25%，在婴儿和年龄 4 岁的儿童可高达总氧耗量的 50%。脑的糖酵解途径仅以其强度的 20% 运转。正常情况下，人脑的供氧充分，乳酸生成量约为 2.7 μmol/（100g 脑组织・min），丙酮酸生成量 0.6 μmol/（100g 脑组织・min）。当脑的供血、供氧不足时，乳酸和丙酮酸的生成明显增加，而一旦供氧恢复正常，脑内乳酸可在 LDH1 催化下生成丙酮酸，进而在线粒体中生成乙酰 CoA，通过三羧酸循环彻底氧化。血糖降至过低（1.0mmol/L 以下）时，大脑的耗糖量受到明显的限制，耗氧量会减少，患者可能会出现严重的低血糖症状。当血糖降至 0.5mmol/L 时，耗氧量不足正常的 60%，则可能会发生低血糖昏迷，危害脑功能，严重时甚至危及生命。除葡萄糖外，脑组织还可利用甘露糖或半乳糖氧化供能。

脂类代谢 脑的脂类分解代谢与合成代谢大致与其他器官相似，但合成代谢占主要地位。脂类在脑内代谢缓慢、含量丰富且稳定。脑组织具有利用葡萄糖分解产物乙酰 CoA 合成脂肪酸的能力，但并不强，所以，脑内仅含有十分少量的游离脂肪酸。α－羟脂酸是脑内脑苷脂和脑硫脂的重要组分。脑组织细胞拥有进行 α－氧化的能力。

脑组织能够利用 α－磷酸甘油和脂酰 CoA 合成溶血磷脂酸，然后，再与一分子脂酰 CoA 作用生成磷脂酸。磷酸酶可以催化磷脂酸水解生成甘油二酯（又称二脂肪酰甘油），甘油二酯与 CDP-胆碱缩合而生成磷脂酰胆碱（卵磷脂）。

脑内鞘脂有两大类，即鞘磷脂和鞘糖脂，其结构中都含有鞘氨醇，不含甘油。鞘糖脂包括神经节苷脂、脑苷脂和寡糖基神经酰胺，主要存在于脑灰质中，其脂肪酸通常为硬脂酸。神经节苷脂的糖基部分具有亲水性，可携带数目不等的唾液酸分子，N- 脂酰鞘氨醇部分具有疏水性。神经节苷脂中的唾液酸分子可发挥屏蔽作用，保护神经节苷脂不被糖苷酶水解，还可以构成神经元膜受体，参与细胞间的识别和信息交流，具有重要的生理功能。溶酶体内的 β－半乳糖苷酶或己糖胺酶可使神经节苷脂降解。

脑组织即能合成胆固醇，又可摄取、利用血液中的胆固醇。脑组织中缺乏降解胆固醇的酶，其更新十分缓慢。

脑组织琥珀酸单酰 CoA 转硫酶和乙酰乙酸硫激酶活性很高，可利用在肝脏经脂肪酸 β－氧化形成的酮体作为能源。实验研究证明，长期饥饿的动物脑组织中，酮体氧化可提供 25%~50% 的能量。

氨基酸和蛋白质代谢 脑组织能够利用葡萄糖代谢的中间产

物经转氨基作用，合成营养非必需氨基酸，也可以从血液中直接摄取氨基酸。血液中的氨基酸进入脑内需借助转运系统通过血脑屏障，该转运系统对氨基酸的转运能力随着脑的发育成熟而变化。正常情况下，脑毛细血管对氨基酸转运到脑内的饱和度远远超过正常血浆中氨基酸的浓度，氨基酸净入脑率并不受转运饱和度控制，而受脑中氨基酸代谢率的限制。此外，还存在着其他相互竞争的机制调节氨基酸入脑率。脑组织液中75%~80%的游离氨基酸是天冬氨酸、谷氨酰胺和谷氨酸，谷氨酸浓度最高，为10mmol/L；其余的游离氨基酸为N–乙酰天冬氨酸、牛磺酸及γ–氨基丁酸。谷氨酸与三羧酸循环密切联系，在脑代谢中发挥核心作用。N–乙酰天冬氨酸是脑内含量最多的一种氨基酸衍生物，比天冬氨酸含量高2~3倍。它代谢活跃、更新迅速，在脑代谢中有重要意义，可视为脑中乙酰基的贮存库，同时天冬氨酸也是三羧酸循环所必需的草酰乙酸的重要来源。

中枢神经系统中有两个氨基酸代谢池：一是更新较快的神经胶质细胞氨基酸代谢池；二是更新较慢的神经元氨基酸代谢池。代谢池内的氨基酸可用于合成脑内的特殊蛋白质，主要在神经细胞胞核周围的核糖体上进行，在轴突末梢合成少量的结构蛋白质，以保证脑细胞的蛋白质成分不断更新。脑组织存在多种以酸性和中性蛋白酶为主的蛋白水解酶，可催化脑内变性蛋白质水解为多肽，后者进而在内肽酶和外肽酶作用下，降解为氨基酸，进入脑氨基酸代谢池。

谷氨酸脱氢酶的活性在脑内仅次于肝和肾上腺皮质，这有利于谷氨酸的生成。脑内谷氨酰胺合成酶的含量亦高于其他组织，谷氨酰胺的生成是脑解除氨毒的一种十分有利的措施。脑内生成的氨因缺乏合成尿素的酶不能转变为尿素，而只能合成谷氨酰胺，再被运送到肝或肾。

核酸代谢 脑组织能够进行嘌呤核苷酸的从头合成和补救合成。但因缺乏氨甲酰磷酸合成酶Ⅱ，无法合成嘧啶环，只能利用补救途径合成嘧啶核苷酸。常见的嘌呤、嘧啶及其核苷均能够跨越血脑屏障进入脑，鸟嘌呤、次黄嘌呤和腺嘌呤能分别迅速合成GMP、IMP和AMP。

脑内RNA的含量很丰富，其代谢速度的快慢与神经系统所处功能状态有关。脑内DNA含量在成熟的神经元内相当恒定，主要存在于神经细胞的胞核内，而线粒体DNA含量较少，更新缓慢。不同脑区核酸的更新率有所差别，小脑、丘脑和脑干核酸的更新比大脑快，大脑半球白质核酸的更新比灰质快。生长激素和神经生长因子可以促进脑内核酸的合成与更新。

能量代谢 脑组织的耗氧量显著高于机体其他组织。按重量计算，人脑只占总体重的2%左右，但其需氧量却占全身的20%~25%，脑的血流量占心输出量的15%。说明脑组织是体内能量代谢十分活跃的器官之一。脑需氧量在生长发育期更大，四岁前幼童脑耗氧量占全身总耗氧量的50%以上。

脑对缺氧的耐受很差，缺氧3~5分钟即可对大脑造成明显的功能损害；完全缺氧5分钟对神经元功能造成的损伤将难以恢复；缺氧30分钟，将造成不可逆的永久性神经损害，尤其是脑皮质及皮质下视觉通路神经元，因其对缺氧的耐受最差，也最容易造成损伤。脑的缺氧耐受与脑内ATP代谢有关，脑必须快速生成并利用ATP，才能完成有效的能量传递。

离子代谢 一个神经元胞体的离子通道，远较其轴突的为多，其中重要的离子通道有钙离子通道、钾离子通道、钠离子通道和氯离子通道4种。目前神经组织的钠离子通道和氯离子通道代谢调控尚不十分清楚。

（李恩民　李利艳）

jī zǔzhī shēngwù huàxué

肌组织生物化学（biochemistry of muscle tissue） 从分子水平，研究肌组织中化学分子与化学反应，并探讨生命现象本质的基础生命科学。肌组织是人类和动物体内最多的组织，达体重的40%~45%。根据形态学特征和运动方式的不同，肌组织分为骨骼肌、心肌和平滑肌三大类。骨骼肌遍布于躯体和四肢；心肌存在于心脏；平滑肌分布于消化道及支气管等空腔内脏。肌组织最基本的生理功能是将化学能转变为机械运动，即肌肉收缩。机体的机械运动和各脏器的活动均是通过肌肉收缩与舒张来实现的，包括躯干和肢体运动、心脏跳动、血管舒缩、胃肠蠕动、肺的呼吸以及泌尿生殖等。它们都是受神经支配和控制的过程，肌肉收缩系由交织的肌球蛋白和肌动蛋白相对滑动而发生的，还有些其他相关蛋白质分子，如原肌球蛋白和肌钙蛋白等参与。

肌组织是由有收缩功能的肌细胞组成的组织。肌细胞由肌膜、肌质、肌原纤维及细胞核等几部分构成。肌细胞之所以能够收缩，是由于细胞内有极其发达的肌原纤维，它们主要由肌动蛋白和肌球蛋白等参与收缩的蛋白质分子构成。肌细胞的细胞膜称肌膜，在光镜下所见到的“肌膜”，实质上是由肌细胞的细胞膜和胞膜外表面的糖蛋白以及网状纤维共同形成的结构。肌细胞的基质（细胞质）称肌质或肌浆，除细胞器外，还含有糖原、高能化合物ATP和磷酸肌酸、糖酵解酶以及可溶性蛋白质等。线粒体称作肌小体或肌粒，除产生ATP外，还能储存少量Ca^{2+}。肌细胞内的粗面内质网小而稀少，光面内质网特化为肌质网，是肌管系统的另一组成部分。在核周围可见高尔基体，但没有中心体，因此微管不呈梭形而径直平行于肌细胞纵轴分布在肌质中。肌细胞核的数量和位置因细胞种类而异。肌丝是肌原纤维的基本结构，虽在形态上只见有粗肌丝和细肌丝之分，但其化学本质却迥然各异。正是这些特殊组成的分子结构，构成了肌肉收缩最基本的分子基础。

构成肌组织的化学成分包括水、糖类、蛋白质、脂类、无机盐、核酸、酶类等，其含量与分布拥有肌组织特征。

肌组织中含水量最多，占总重量的75%~80%，因此，肌肉发达的人对失水耐受性强。

肌肉中固体成分主要是蛋白质，约占20%，包括基质蛋白质、细胞蛋白质以及肌原纤维中特殊的结构蛋白质，它们是肌肉收缩的物质基础。

肌肉中固体成分约占3%，主要是磷脂及胆固醇。胆固醇在平滑肌中含量最多，在骨骼肌中最少，心肌居中。糖原含量一般在0.5%或稍高。不同类型与不同时期肌肉收缩的能量主要来自糖类和脂类的氧化分解，如骨骼肌开始收缩主要消耗糖，而剧烈持续运动则以脂肪酸氧化供能为主。

无机盐包括K^+、Na^+、Mg^{2+}、Ca^{2+}、Fe^{2+}、HPO_4^{2-}、Cl^-、SO_4^{2-}以及微量元素Mn^{2+}、Co^{2+}、Cu^{2+}、Ni^{2+}、Zn^{2+}等，其中Ca^{2+}、Mg^{2+}与肌肉收缩有重要关系。还有一些非蛋白质含氮有机物，如肌酸和磷酸肌酸，是肌肉所特有和参与其能量代谢的重要成分。此外尚有肌肽、鹅肌肽、肉毒碱、核苷酸类和维生素等。

（李恩民　李利艳）

jīhóng dànbái

肌红蛋白（myoglobin, Mb）

由一条肽链和一个血红素辅基组成的有色结合蛋白质。分子量约17kD。肌组织的颜色主要由它产生。在人类，肌红蛋白于心肌中含量最高；骨骼肌红纤维中含量较高，白纤维中则含量甚低。成年之前，肌红蛋白的含量随年龄增长而增长。成年人每100g肌组织约含肌红蛋白700mg。

组成　肌红蛋白是一种小的球形蛋白质分子，相当于一分子血红蛋白的1/4，即一条珠蛋白链结合一分子亚铁血红素。人肌红蛋白是由154个氨基酸残基构成的单一肽链，等电点pI=7.0，肽链的75%折叠成α螺旋，共有8段，分别以A、B、C ... H命名。螺旋区之间有5个非螺旋段和2个非螺旋区。在肽链氨基末端的2个残基被命名为NA1和NA2，羧基末端的5个残基分别被命名为HC1、HC2、HC3、HC4和HC5。肌红蛋白肽链与血红蛋白的α链或β链折叠形成非常相似的三维结构。肌红蛋白外侧是极性和非极性两种氨基酸残基，内部几乎都是非极性氨基酸残基，结构十分紧凑，体积是45Å×35Å×25Å，内部很少有空隙，血红素位于肌红蛋白分子的一个沟缝中，即被放在了一个非极性的龛中，它能够保护Fe^{2+}不被氧化为Fe^{3+}。Fe^{2+}与肽链第93位的组氨酸残基相结合，氧在第6配位键上与肌红蛋白结合，成为氧合肌红蛋白，在脱氧肌红蛋白中，该位置是空位。第64位组氨酸很靠近这个位置，邻近组氨酸能够增强血红素对O_2的亲和性，远侧组氨酸通过位阻效应限制CO的结合。第6配位附近的远侧组氨酸残基也抑制血红素被氧化为Fe^{3+}状态。

生理功能　肌红蛋白能可逆地与O_2结合，形成氧合肌红蛋白（MbO_2），未结合氧的肌红蛋白（Mb）则称为脱氧肌红蛋白。氧以配位键与亚铁血红素的铁原子连接，这与血红蛋白相似，但它与氧结合的亲和力远较血红蛋白高，即在氧分压较低的情况下也能结合氧。例如在氧分压为5.33kPa（40mmHg），相当静脉氧分压下，血红蛋白的氧饱和度为60%~70%，而肌红蛋白则高达92%~94%，只有当氧分压低于2.67kPa（20mmHg）时，肌红蛋白才释放出结合的氧。肌红蛋白能够将氧从肌细胞附近毛细血管的血液中运到肌细胞内，并以MbO_2形式贮存，当肌肉剧烈运动时再将氧释放出来，以保障肌肉对氧的需求。肌红蛋白的氧饱和度与血红蛋白不同，不受CO_2影响，其与CO的亲和力较血红蛋白弱。

临床意义　血尿中肌红蛋白含量的测定常用于某些肌肉疾病的诊断，如各种原因造成的肌肉损伤，如缺血性坏死、外伤、高血压休克或多发性肌炎等，肌质中的肌红蛋白可释放至血中，并随尿液排出，从而出现肌红蛋白尿，严重时，可在肾小管中沉积而导致尿闭。

（李恩民　李利艳）

jīqiú dànbái

肌球蛋白（myosin） 由6条多肽链构成的多聚体。分子量为460kD。肌球蛋白组成肌原纤维的粗肌丝，亦称为肌凝蛋白。占肌原纤维蛋白质总量的54%。肌球蛋白属于球蛋白类，不溶于水，溶于0.6mol/ml的KCl溶液或NaCl溶液。

组成 肌球蛋白是一超家族蛋白质，包括11类，其中10类为非传统的肌球蛋白，另一类，即肌球蛋白Ⅱ，为传统的肌球蛋白（简称肌球蛋白）。肌球蛋白有一对长肽链和两对短肽链。长肽链为肌球蛋白重链，分子量为240kD；短肽链为肌球蛋白轻链，分子量为17~25kD。两条重链从C-端开始，呈α螺旋状相互绞缠，构成肌球蛋白分子的杆部，长约150nm；两条重链末端分开，各自与一对轻链结合，形成两个球状头部和颈部调节结构域，称为S1（sub-fragment 1）。肌球蛋白的N-末端头部S1为马达功能区，在离体的条件下，单独的S1就可以通过其ATP酶活性产生动力，驱使肌动蛋白丝运动。在一定的条件下，胰凝乳蛋白酶可催化肌球蛋白水解为两部分，一部分带有两个头部，为重酶解肌球蛋白，其尾部又称为S2（sub fragment 2），是典型的卷曲型α螺旋组成的超螺旋结构。另一部分为轻酶解肌球蛋白。

生理功能 ①肌球蛋白具有酶活性，可以通过与肌动蛋白相互作用，使ATP、GTP和CTP等水解，将其化学能转化为机械能，产生多样的运动。②单个肌球蛋白分子不具备生理功能，肌球蛋白以聚合的形式，组装或自我组装成双极性粗肌丝，参与细胞的生理过程。③肌球蛋白是一种多功能蛋白质，可作为细胞骨架的分子马达，为肌肉收缩提供动力。纤丝滑动学说认为，肌动蛋白细肌丝与肌球蛋白粗肌丝之间相互滑动产生了肌收缩。在肌收缩过程中，这两种肌丝本身的长度均不发生改变，当纤丝滑动时，肌球蛋白头部与肌动蛋白分子所发生的接触、转动和脱离这一连续过程，造成了细丝的相对滑动。

（李恩民 吴聪颖 李利艳）

jīdòng dànbái

肌动蛋白（actin） 由375个氨基酸残基组成、编码基因高度保守的蛋白质。分子量约42kD。肌动蛋白是椭圆球状蛋白质，哺乳类骨骼肌含肌动蛋白20%~25%，是真核细胞中含量最多的蛋白质之一，可溶于水。

组成 肌动蛋白最初合成的形式称为球状肌动蛋白（G-actin），由375个氨基酸残基组成的一条多肽链构成，分子量43kD。实际上，肌动蛋白的三维结构并不是完全球形，它具有2个几乎相同大小的功能域，组织学上被标示为大（左）和小（右）功能域。每个功能域又有2个亚功能域。肽链的N-末端和C-末端都位于小功能域。肌动蛋白分子具有极性，G-actin单体按相同极性方向，如串珠样相连排列，构成纤维状肌动蛋白（F-actin），形成链状结构，长约1μm。G-actin包含一个ATP特异性结合位点，以及一个对二价金属离子具有高亲和性的结合位点。Mg^{2+}能够结合该位点，但Ca^{2+}可与Mg^{2+}竞争，结合同一位点。正是由于G-actin/ATP/Mg^{2+}复合物聚集，才形成了F-actin多聚物。

分类与功能 由于分子量相同，等电点不同，肌动蛋白由低至高依次命名为α-、β-、γ-肌动蛋白。α-肌动蛋白主要存在于骨骼肌细胞和心肌细胞中，β-及γ-肌动蛋白存在于非肌细胞中，γ-肌动蛋白同时还存在于平滑肌细胞中。三种肌动蛋白分别由不同基因编码。在肌细胞中，肌动蛋白主要是以F-actin形式存在；其分子量可超过1000kD。无论G-actin或F-actin均具有方向性。

根据来源不同，肌动蛋白主要分为两大类：细胞质型肌动蛋白与肌型肌动蛋白。所有的组织细胞均含有细胞质型肌动蛋白，通常用于构成细胞的微丝骨架。细胞质型肌动蛋白主要有两种亚型，即β亚型和γ亚型，是一种高度保守的蛋白质，能够参与真核细胞的多种生物学过程，包括细胞变形、细胞收缩、细胞分裂、细胞侵袭和细胞移动等。

在肌原纤维中，肌型肌动蛋白、原肌球蛋白和肌钙蛋白构成细肌丝。它们在肌丝中分子数目的比例为7/1/1。肌型肌动蛋白是细肌丝的结构蛋白，又称为"α样"肌动蛋白，而原肌球蛋白与肌钙蛋白属于调节蛋白质，调节肌动蛋白与肌球蛋白的相互作用。肌动蛋白与肌球蛋白的横桥结合后，便发生肌丝滑行和肌肉收缩。

（李恩民 吴聪颖 李利艳）

yuán jīqiú dànbái

原肌球蛋白（tropomyosin）

由两条α螺旋的多肽链亚基盘绕形成的长双螺旋链构型的细长丝状蛋白质。相对分子量68kD。其在细肌丝中占5%~10%。原肌球蛋白链与肌动蛋白双螺旋的每一条链结合，相伴而行，每一分子原肌球蛋白链与后者结合，跨越大约相当于7个G-actin单体排列的长度。原肌球蛋白分子首尾相连形成长链，在肌静止的时候，位于双股肌动蛋白链螺旋沟附近，恰好覆盖在肌动蛋白分子与横桥相结合的部位之上。

分类 原肌球蛋白有超过40种功能不同的亚型。这些亚型的表达在发育过程中受到高度调控。原肌球蛋白在时间和空间上表达的多样性，使得原肌球蛋白对肌动蛋白丝的调控具有多样性和特异性。原肌球蛋白通常划分成两大类：肌细胞原肌球蛋白亚型以及非肌细胞原肌球蛋白亚型。肌细胞原肌球蛋白亚型只存在于肌细胞中，而非肌细胞原肌球蛋白亚型存在于几乎所有细胞中。

生理功能 在肌细胞和其他细胞中，原肌球蛋白对肌动蛋白丝起着重要的调控作用。在肌细胞中，肌球蛋白调节肌小结中肌动蛋白和肌球蛋白的相互作用，在肌肉收缩中起到重要作用。在非肌细胞中，原肌球蛋白在多种细胞通路中调控细胞骨架以及其他细胞功能。

（李恩民　吴聪颖　李利艳）

jīgài dànbái

肌钙蛋白（troponin）

由肌钙蛋白C（troponin C，TnC）、肌钙蛋白I（troponin I，TnI）及肌钙蛋白T（troponin T，TnT）3个结构不同的亚单位构成的蛋白质复合体。分子量80kD。TnC，又称钙结合亚基，分子量17~18kD，拥有4个钙结合位点，骨骼肌的TnC与4个Ca^{2+}结合，可引起肌钙蛋白的构象变化。TnI，又称抑制亚基，分子量22~24kD，此蛋白质分子能与肌动蛋白结合，又能与TnC结合，抑制肌球蛋白ATP酶的活性，可能TnI抑制肌动蛋白与肌球蛋白的相互作用，使二者之间不能形成横桥。TnT，又称原肌球蛋白结合亚基，分子量37~40kD，可与原肌球蛋白结合，与其他肌钙蛋白亚基也有相互作用。

肌钙蛋白分子在细肌丝上按一定间距分布，每40nm就有1个肌钙蛋白分子。这样每7个G-actin单体分子平均有1个肌钙蛋白分子和1个原肌球蛋白分子。肌钙蛋白一般被认为是一局部启动装置或触发器，控制细肌丝中原肌球蛋白的运动。电镜观察肌钙蛋白呈蝌蚪形，其球形结构主要由TnC和TnI组成，其尾部相当于TnT，与原肌球蛋白结合。

（李恩民　李利艳）

jīròu shōusuō néngliàng láiyuán

肌肉收缩能量来源（energy source of muscle contraction）

肌组织中粗细肌丝在相互滑动的过程中所需要的能量来源。直接来源是ATP，间接来源是糖类、蛋白质等有机物的氧化分解。

直接来源 一般情况下，肌组织中ATP含量仅8mmol/L，可维持0.5秒肌组织的收缩。由于肌组织中存在大量磷酸肌酸（约40mmol/L），为ATP的五倍，能及时为ADP再磷酸化提供高能磷酸基，可保证供给中度肌组织活动所需的能量。

间接来源 肌肉收缩持续的能量来源是肌组织中的糖类、脂类及氨基酸等物质氧化分解代谢所提供的ATP。不同类型肌组织或不同生理和病理情况下，肌组织产生ATP的物质代谢的底物和方式各有不同。

骨骼肌的肌质中含有糖原，大量贮存在靠近I带的颗粒内。肌组织中的磷酸化酶a催化糖原分解，而磷酸化酶a是由磷酸化酶b磷酸化作用生成的。另外，此系列反应还需要Ca^{2+}。所以Ca^{2+}不仅激活肌肉收缩，也促进糖原的分解代谢，以供肌肉活动所需要的ATP。肌肉的氧化磷酸化可产生大量ATP，但需充分的氧，持久收缩的肌肉（如维持姿势）常含较多的肌红蛋白以保证氧的供给。

肌组织中广泛存在的腺苷酸激酶，又称肌激酶。该酶可催化2个ADP分子之间的磷酸基转移，生成一分子ATP和一分子AMP。此反应为肌组织ATP的又一来源。AMP则是磷酸果糖激酶的变构激活剂，又可直接活化肌组织的磷酸化酶b，因此AMP的生成可加速糖原分解和糖酵解。过多的AMP对肌细胞具有毒害作用，但肌细胞中含有一种腺苷酸脱氨酶可催化AMP脱氨产生次黄嘌呤核苷酸（IMP）和氨，氨可缓冲肌细胞中的乳酸，IMP在必要时与天冬氨酸及GTP作用再合成AMP，AMP又可通过与ATP转移高能磷酸基以生成ADP，继续参与肌肉能量代谢。

能量代谢 肌组织的蛋白质或氨基酸代谢有其特殊之处。正常人空腹时，从肌组织释出的氨基酸一半以上是丙氨酸，显然它不是来自肌细胞蛋白质的水解。根据注射放射性核素标记丙氨酸至人体后很快掺入血糖的实验，提出“葡萄糖-丙氨酸循环”学说，它认为肌细胞糖酵解产生的丙酮酸可借转氨作用生成丙氨酸，经血液运送至肝脏，其碳链用于合成葡萄糖或糖原，再返回血流被肌细胞摄取，在肌细胞又经糖酵解生成丙酮酸，并经转氨再合成丙氨酸，因而形成葡萄糖-丙氨酸循环。由丙酮酸合成丙氨酸的氮源可来自分支氨基酸，如异亮氨酸和缬氨酸等，经脱氨作用产生的氨基。肝脏蛋白质的分解产物，支链氨基酸大多运送至肌组织进一步代谢。因此，此循环又称“支链氨基酸－丙氨酸循环”。

静止的肌组织也需要消耗一定量的ATP，以维持其组成的稳定和代谢的延续，此时主要是氧化脂肪酸产生ATP，而消耗葡萄糖甚微。肌肉一旦收缩，ATP的需要立即增加数十倍至数百倍，中等强度收缩开始时，由于氧供应不及，主要由糖酵解产能；随肌肉活动继续进行，肌细胞对氧和葡萄糖摄取增多，糖的有氧氧化遂成为主要供能者；如肌肉活动时间延长，氧化脂类物质的供能逐步增多，甚至成为主要能源。肌肉所利用的脂类包括肌组织中贮存的三酰甘油，以及从血中摄取的游离脂肪酸、酮体及脂肪酸甘油酯等；激烈运动时，如运动员的短跑赛，氧供应远不能满足需要，糖酵解仍是提供ATP的主要途径，此时乳酸大量生成，肌糖原甚至耗尽。运动产生的大量乳酸需待静息后，由肌或其他组织氧化或运送至肝脏合成糖原（糖异生作用）；糖原又可分解为葡萄糖，再经血流回到肌组织，此过程称为乳酸循环。

经常劳动或体育锻炼的人，其肌肉的能量代谢显著改善，不但从血液中摄取葡萄糖、脂肪酸的能力显著提高，而且在肌细胞中糖原和甘油三酯的贮存量也明显增加，肌红蛋白含量和线粒体的数目也成倍增多，参与糖和脂类有氧氧化及氧化磷酸化的酶的活性明显增高。除此，业已证明，久经锻炼的肌组织在活动时，氧耗量较大，乳酸生成较晚和较少。这表明肌组织锻炼确能使其活动时有氧代谢能力增强，而无氧糖酵解则处于供能的次要地位。这是一种有利于机体和肌组织活动的适应能力，也符合生理上能量供应的“经济原则”，经常锻炼的肌组织耐劳的基本原因即在于此。

（李恩民　李利艳）

línsuān jīsuān

磷酸肌酸（creatine phosphate, CP）　在肌酸磷酸激酶的催化作用之下，由肌酸与磷酸合成的高能磷酸化合物。是高能磷酸基的暂时贮存形式，储存在肌组织或其他兴奋性组织（如脑和神经组织）中。磷酸肌酸是肌组织中高能磷酸化合物的缓冲剂。人体含肌酸和磷酸肌酸总共约120g，其中78%存在于肌肉中，主要为磷酸肌酸。在pH7.0时，磷酸肌酸分子中高能磷酸键水解的标准自由能$\Delta G=-43.1kJ/mol$，而ATP末端高能磷酸键水解的标准自由能$\Delta G=-30.5kJ/mol$。因此从肌酸磷酸生成ATP的标准自由能变化$\Delta G=-12.6kJ/mol$，这相当于平衡常数为162。

代谢　磷酸肌酸含高能磷酸键，当肌肉活动时ATP被消耗，磷酸肌酸迅速转移～Ⓟ给ADP，使之生成ATP，及时补充肌肉收缩的需要。肌肉收缩一开始，ADP和Pi迅速增加，同时肌肉的能量贮备减少，便刺激糖原分解、糖酵解、三羧酸循环以及氧化磷酸化等，由它们产生的ATP能使肌酸再磷酸化。肌酸的磷酸化中，磷酸肌酸转移～Ⓟ的反应为肌肉中的肌酸磷酸激酶（CPK或CK）所催化。CPK在骨骼肌组织中含量最多，心、脑、肺及甲状腺等组织中也均含有。

生理意义　肌肉中存在大量磷酸肌酸具有重要的生理意义，当肌肉活动时，磷酸肌酸维持肌肉中ATP的水平，直至肌肉中大部分磷酸肌酸消耗殆尽。肌酸或磷酸肌酸在肌肉中不需酶催化均可以恒速（每天约2%）自发地脱水或脱磷酸生成肌酐，随后经血液由尿液排出，每日排出量一般十分恒定，因此可从尿样中的肌酐含量判断尿液收集延续的时间，如收集24小时尿样可从每日尿肌酐排泄量作为尿样收集有无遗漏的判断依据。某些非脊椎动物系利用其肌肉中的磷酸精氨酸贮存高能磷酸基，它类似磷酸肌酸，也含有一磷酸胍基，这类化合物统称为磷酸基原。磷酸精氨酸通过精氨酸磷酸激酶的催化将高能磷酸基转移至ADP，生成ATP。

（李恩民　李利艳）

jīsuān jīméi

肌酸激酶（creatine phosphate kinase, CPK, CK）　能够可逆地催化肌酸与ATP之间转磷酰基反应的酶。与细胞内能量运转、肌肉收缩、ATP再生有直接关系。此酶在骨骼肌组织中的含量最多，在心肌、脑、肺及甲状腺等组织中均含有，而在肝及红细胞中活性较低。

组成　CPK是含二个-SH基的酶，-SH是CPK活性的必需基团。半胱氨酸、谷胱甘肽及二硫苏糖醇等巯基化合物可使其活化，而与巯基结合的离子如Zn^{2+}、Cu^{2+}、Hg^{2+}，则可抑制CPK。此外，Ca^{2+}、Mg^{2+}等二价阳离子可活化CPK。CPK是一种对称的二聚体，它由M（肌肉型）和B（脑型）两种亚基构成，因而有MM、MB、和BB三种同工酶。BB（CPK_1）主要存在于脑、肾、胃、肺、小肠、脊髓、膀胱和甲状腺等组织中；MB（CPK_2）主要存在于心肌、膈肌及舌等组织中；MM（CPK_3）主要存在于肌肉组织（包括心肌）中。由于发现有MB型同工酶结合在心肌和骨骼肌的线粒体膜上，以及在肌原纤维的M线蛋白中含有MM型同工酶，这就为肌酸－磷酸肌酸穿梭和线粒体ATP生成的偶联提供了生物化学和组织学基础，因此提出了磷酸肌酸穿梭的理论。现已基本确定，骨骼肌和心肌中的能量转移是以肌酸磷酸激酶两种同工酶交替作用而实现的。

临床意义 测定血清中 CPK 含量及其同工酶有一定临床意义。骨骼肌的任何创伤，即使是肌内注射，亦可引起血清 CPK 活性增高。肌肉本身的疾病，如遗传性的各种营养不良、炎症性的皮肌炎、继发于内分泌或代谢紊乱的肌病均可引起血清 CPK 活性大幅度升高。神经源性肌肉疾病患者有时仅出现轻度增高。血清 CPK 活性及其同工酶的分析对心肌疾病的诊断有重要意义。如发生急性心肌梗死后 4 小时，MB（CPK_2）便在血清中出现，在 16~24 小时达到最高值，然后逐渐降低，于梗死后 48 小时左右消失。发生心肌梗死后，血中 MB（CPK_2）出现最早，然后依次为 GOT、GPT 及 LDH。MB（CPK_2）不仅是心肌梗死的一个灵敏的、可靠的指标，且还可通过测定其变化曲线来估计心肌梗死面积和次数，从而可判定预后。患有肌营养不良时，三种 CPK 同工酶均可在血液中出现，这是因为肌肉的退行性病变导致胚胎性同工酶的出现，在早期胚胎肌肉中含有丰富的 BB（CPK_1），而在成熟过程中，BB（CPK_1）逐渐被 MB（CPK_2）及 MM（CPK_3）所取代，至妊娠期 5~6 月达到成人的酶谱。此外，CO 中毒及恶性高热时，血中也可出现 MB（CPK_2）增高。

（李恩民 李利艳）

jiédì zǔzhī shēngwù huàxué

结缔组织生物化学（biochemistry of connective tissue）

从分子水平，研究结缔组织中化学分子与化学反应，并探讨生命现象本质的基础生命科学。结缔组织包括骨、软骨、肌腱、韧带、皮肤角质及血管等，在人体中分布广泛。其主要化学组成与功能见表 1。以细胞少间质多为其组成特点，细胞间质包括基质和纤维。基质的主要成分为蛋白聚糖，为无定形的胶态物质。纤维包括由胶原蛋白构成的胶原纤维、由弹性蛋白构成的弹性纤维和由网状蛋白构成的网状纤维。

（李恩民 李利艳）

jiāoyuán xiānwéi

胶原纤维（collagen fiber）

由胶原蛋白形成的一类主要的细胞外基质成分。胶原纤维粗细不等，直径 0.5~10μm，呈波浪形，有分支并交织呈网。胶原纤维新鲜时呈白色，有光泽，故又称白纤维。

组成 胶原纤维的组成成分为胶原蛋白。胶原蛋白有特殊的氨基酸组成：每三个氨基酸中就有一个甘氨酸，脯氨酸占约 17%，经翻译后修饰含有羟脯氨酸和羟赖氨酸。因胶原是唯一含有羟脯氨酸较多的蛋白质，通过测定羟脯氨酸的量就可以确定组织中胶原的含量。胶原蛋白占人体总蛋白质的 25% 以上。胶原蛋白由成纤维细胞分泌。与大多数的分泌蛋白质的合成与修饰相类似，胶原在内质网合成与组装，在高尔基体中修饰，在细胞外组装成胶原纤维。每一条胶原肽链合成时带有前肽序列，带有前肽的 3 条胶原肽链在内质网腔内装配形成具有 3 股螺旋的前胶原分子，然后经高尔基体分泌到细胞外。切除前肽的胶原分子以 1/4 交替平行排列的方式自我装配形成直径 10~30nm 的胶原原纤维，胶原原纤维进一步聚合成胶原纤维。原纤维平行排列成较粗大的束，其三股螺旋由二条 α_1 链及一条 α_2 链构成。电镜下，胶原原纤维直径 20~100nm，呈明暗交替的周期性横纹。每条 α 链约含 1050 个氨基酸残基，由重复的 Gly-X-Y 序列构成。序列中的 X 为 Pro（脯氨酸），Y 为羟脯氨酸或羟赖氨酸残基。原胶原共价交联后成为具有抗张强度的不溶性胶原。

功能 胶原蛋白是一种长型、纤维结构的蛋白质，其功能与酶等球形蛋白质有很大差异。胶原纤维是三种纤维中分布最广泛、含量最多的一种纤维。细胞外基质中的胶原含量高，刚性和张力强度大，为细胞外基质的骨架结

表 1 各种结缔组织的主要化学组成与功能

组织类型	大分子结构		机械性能
	蛋白质	碳水化合物	
骨	Ⅰ型胶原蛋白	硫酸软骨素、透明质酸、硫酸角质素	负荷重量、抗压及维持外形
软骨	Ⅱ型胶原蛋白	硫酸软骨素、硫酸角质素	抗压、减少摩擦以及维持弹性
肌腱	Ⅰ型胶原蛋白	硫酸皮肤素、硫酸软骨素	抗张强度大、弹性小
关节液	Ⅱ型胶原蛋白	透明质酸	润滑防震
皮肤	Ⅰ型（80%）与Ⅲ型胶原蛋白、角蛋白	硫酸皮肤素、透明质酸	中度延性、变形性以及具韧性
大血管	弹性蛋白、Ⅲ型与Ⅰ型胶原蛋白	硫酸皮肤素、透明质酸、硫酸乙酰肝素	延性、抗裂性

构。胶原与细胞外基质中的其他组分结合，形成结构、功能复合体。胶原纤维有很强的抗张能力，特别是Ⅰ型胶原，是筋膜、软骨组织、韧带组织、肌腱、骨骼和皮肤的主要成分。胶原纤维束构成肌腱，连接肌肉和骨骼。单位横截面的Ⅰ型胶原抗张能力比铁还强。当Ⅰ型胶原发生突变后，常导致成骨缺陷病，患者很容易发生骨折。在角膜和晶状体中也有胶原蛋白的存在。胶原蛋白和弹性蛋白以及软角蛋白共同为皮肤提供强度和弹性。胶原蛋白的降解导致衰老过程中皱纹的产生。胶原蛋白还具有增加血管强度的作用，并在组织发育过程中发挥重要作用。

（李恩民　吴聪颖）

tánxìng xiānwéi

弹性纤维（elastic fiber）　由高度疏水的非糖基化弹性蛋白成束形成的细胞外基质组分。主要存在于血管壁及肺组织中，也少量存在于皮肤和肌腱等结缔组织中。弹性纤维与胶原纤维共同存在，分别赋予组织弹性及抗张性。胶原纤维新鲜状态下呈黄色，又称黄纤维。皮肤和肌腱的弹性纤维在成纤维细胞内合成，大血管的弹性纤维在平滑肌细胞内合成。

组成　弹性纤维包含两种组分：弹性微原纤维和无定型的弹性蛋白物质。微原纤维作为支架，组织和介导无定型的弹性蛋白的沉积。无定型的弹性蛋白由原弹性蛋白形成。原弹性蛋白不可溶，并通过赖氨酰氧化酶的作用进行交联，形成弹性蛋白基质和弹性纤维。弹性蛋白约含750个氨基酸残基。它的氨基酸组成富含甘氨酸和脯氨酸，但很少含羟脯氨酸，不含羟赖氨酸。在组成上，弹性蛋白中的疏水区域赋予分子弹性；而富含丙氨酸和赖氨酸的α螺旋区域则有助于相邻分子之间交联。疏水区域和螺旋区域交替排列构成弹性蛋白。正因为如此，弹性蛋白具有两个十分明显的特征：呈无规则卷曲状构象；经赖氨酰氧化酶的作用，通过Lys残基最终相互交联形成网状结构。

生理功能　弹性纤维在皮肤、肺、动脉、静脉、固有结缔组织、弹性软骨、牙周韧带、胎儿组织和其他结构中发挥重要的功能。弹性蛋白的重要性在年老个体中表现更为明显。随着年龄增长，弹性蛋白从皮肤等组织中逐渐丧失。老年人关节灵活性降低，皮肤起皱，弹性降低。

（李恩民　吴聪颖）

xuèyè shēngwù huàxué

血液生物化学（biochemistry of blood）　从分子水平，研究血液分子组成、性质、功能和调节的并探讨生命现象本质的基础生命科学。血液作为体内外物质交换的媒介在维持机体内环境的稳定中发挥重要作用，主要负责气体、营养物质、代谢产物和各种激素、细胞因子的转运，并具有缓冲、免疫、凝血等重要功能。血液生物化学研究主要包括血浆的生化组成与功能及血细胞的蛋白组成、代谢和信号通路调节等方面。

血浆生物化学　血浆由水、血浆蛋白质和少量其他物质（氨基酸、葡萄糖、矿物质、激素和二氧化碳等）组成，在正常pH的缓冲、渗透压维持等方面具有重要作用。血浆渗透压决定于其含有的溶质（无机离子、小分子有机化合物及大分子蛋白质）。由蛋白质大分子造成的渗透压称为胶体渗透压，为3.7kPa（28mmHg），只占总渗透压的0.5%，但与血管内外的水分流通密切相关。血浆蛋白质的减少可造成组织水肿。清蛋白是血浆的主要蛋白质成分，调节血液胶体渗透压并参与多种小分子、金属离子等的运输。另外，血浆中还含有转铁蛋白、载脂蛋白、触珠蛋白等多种特异性载体蛋白，以及参与凝血的纤维蛋白原和凝血因子等成分。血浆中血糖、血脂、血乳酸和酮体等的含量是临床衡量代谢情况的重要生化指标。肌酐、尿素氮水平是肾脏功能的重要指标，而谷草转氨酶和谷丙转氨酶水平是肝脏损伤的重要生化指标。

血细胞生物化学　血液中的血细胞主要包括红细胞、白细胞和血小板。红细胞是血液中含量最丰富、最重要的血细胞类型。下面主要以红细胞为例介绍血细胞的蛋白组成、代谢和信号通路调节。

红细胞蛋白组成　成熟红细胞中含有约340g/L的血红蛋白，高浓度的血红蛋白在保证高效气体运输的同时也使红细胞中易出现蛋白异常聚合，形成纤维状结构多聚体或以包涵体的形式沉积在细胞膜和膜骨架上，破坏红细胞的弹性和变形能力，导致溶血等病变发生。红细胞中还存在大量的抗氧化剂和相关酶类如谷胱甘肽还原酶、谷胱甘肽过氧化物酶、6-Pi-葡萄糖脱氢酶等以维持红细胞内氧化还原的稳态。

红细胞代谢　成熟红细胞中不具有线粒体，其能量供应主要来自葡萄糖糖酵解途径，产生丙酮酸和乳酸。该过程的一个旁路可以损失一分子ATP为代价产生2,3-二磷酸甘油酸（2,3-DPG），后者可结合并稳定T-型血红蛋白而促进成年期血红蛋白释放氧的能力，提高运氧效率。

红细胞生成调节　转录因子GATA-1是红系细胞分化成熟的核心调控因子。由肾小管间质细胞和肝脏合成的促红细胞生成素（EPO）则是红细胞生成的重要外在调节因素。EPO可与红系前体细胞膜上的EPO受体结合，促其二聚化并激活下游的JAK2/STAT5等多个信号通路，抑制高速增生期的红系前体细胞凋亡，从而促进其分化、成熟。血红素的氧化产物高铁血红素是体外诱导红系分化的重要诱导剂。高铁血红素一方面可强烈抑制血红素合成的限速酶ALA合成酶的活性，另一方面可通过抑制血红素调节因子HRI及其下游的翻译起始因子eIF2α磷酸化，加强eIF2α的功能，促进α、β-珠蛋白多肽链翻译合成。

此外，白细胞作为血液防御和保护功能的关键组分，可通过直接吞噬、合成和分泌各种抗体和细胞因子参与免疫反应等方式抵抗细菌、病毒等微生物的感染。血小板和各种凝血蛋白、Ca^{2+}等共同参与调节机体的生理性止血。

（吕　湘　刘丝雨）

xuèhóng dànbái

血红蛋白（hemoglobin）　高等生物红细胞中负责气体运输的含铁复合变构蛋白。是运输氧的主要载体，同时可以携带部分二氧化碳。

结构　血红蛋白分子为四聚体蛋白，由珠蛋白链和血红素组成，四个亚基大致呈四面体分布。一条珠蛋白肽链和一个血红素辅基结合，形成一个亚基。四条珠蛋白肽链通过盐键、氢键和疏水作用相互结合，每条肽链以α螺旋结构折叠成球形，亲水基团暴露在外，疏水集团分布在内部，既保证了血红蛋白的高度可溶性，同时又构成一个疏水口袋紧密结合血红素。血红素是铁离子与卟啉环的络合物，铁离子的六个配位键中四个与血红素的卟啉环相连，并与之处在同一平面内，另两个配位键一个与肽链部分相连，一个当血红蛋白载氧时与氧结合，不载氧时结合水分子。

珠蛋白基因簇　人α珠蛋白基因簇位于16号染色体短臂，从5'端到3'端有ζ、$α_2$、$α_1$三个基因依次排列。其中ζ在胚胎期表达，$α_1$和$α_2$在胎儿期及成年期表达。人β珠蛋白基因簇位于11号染色体短臂，从5'端到3'端有ε、Gγ、Aγ、δ、β五个基因依次排列。其中ε在胚胎期表达，γ在胎儿期表达，β和δ在成年期表达。珠蛋白基因的表达具有时空特异性，受到多种因素的调控作用。

类型　胚胎期的血红蛋白包括以下3种：Gower 1（$ζ_2ε_2$）、Gower 2（$α_2ε_2$）以及Hb Portland（$ζ_2γ_2$）。其中胚胎早期主要为Hb Gower 1，胚胎1~4月时主要为Gower 2和Portland，4个月的胎儿以HbF（$α_2γ_2$）为主，出生后HbF逐渐被成年期血红蛋白所取代。新生儿HbF占血红蛋白总量的50%~90%，1岁时通常降至成人水平（1%以下）。正常成年人红细胞中的血红蛋白主要是HbA（$α_2β2$），占血红蛋白总量的95%，由两个α亚基和两个β亚基通过非共价结合构成，其中，α亚基共包括141个氨基酸残基，β亚基共包括146个氨基酸残基。此外还有1.5%~3.5%的HbA_2（$α_2δ_2$）。HbF在正常成年人体内也有少量存在，表达HbF的细胞称为F细胞。

生理功能　血红蛋白通过血红素的亚铁离子与氧结合运输其到组织中，供细胞代谢和产能所需。二氧化碳主要溶解于血浆运输，部分二氧化碳也由血红蛋白携带，但二氧化碳不与氧竞争亚铁离子上的结合位置，而是结合在血红蛋白的β肽链第93位半胱氨酸残基上运输。

血红蛋白与气体运输　血红蛋白是红细胞运输氧和部分二氧化碳的载体，能将肺吸入的氧通过动脉血运输到各种组织，细胞代谢产生的二氧化碳也可通过静脉血运输到肺排出体外。

血红蛋白与氧的运输　血液中98%的氧都是通过与血红蛋白结合而被运输的。

血红蛋白通过血红素中亚铁离子的第6配位键与氧结合，形成氧合血红蛋白。血红蛋白分子中的4个血红素依次与氧结合，首先一个氧分子与一个亚基中的血红素结合，导致珠蛋白结构改变，从而改变整个血红蛋白分子的结构，此改变使第二个氧气分子更易结合血红蛋白另外一个亚基，进而促进第三个氧气分子结合，同理，最终促成血红蛋白的4个亚基分别与4个氧气分子的结合。在组织内部，释放氧气的过程也与之相似，第一个氧气分子的释放可促使释放下一个氧气分子，直至所有氧气分子完全释放，此现象称为协同效应。

以血红蛋白的氧饱和度为纵坐标，氧分压为横坐标做图得到氧解离曲线。由于协同效应的存在，血红蛋白的氧解离曲线呈S形，曲线两端斜率较小，中段斜率较大。

pH降低或二氧化碳分压升高时，血红蛋白与氧的亲和力降低，氧解离曲线右移。2,3-二磷酸甘油酸（2,3-DPG）是红细胞中糖酵解支路的产物，其浓度增高也会使血红蛋白与氧的亲和力降低，有利于组织中低氧条件下血红蛋白充分释放氧气。

血红蛋白与二氧化碳的运输 二氧化碳与血红蛋白 α 和 β 亚基的末端氨基结合，形成氨基甲酸血红蛋白。血液中 25% 的二氧化碳以氨基甲酸血红蛋白的形式运输。

另外，血红蛋白中的血红素或 β－珠蛋白链第 93 位半胱氨酸（βCys^{93}）还可以分别与一氧化氮（NO）结合，形成铁亚硝酰血红蛋白或 *S*－亚硝基血红蛋白（SNO-Hb）。两种存在状态与 Hb 铁的氧化还原状态以及 Hb 构象有关。血红蛋白分子内的一氧化氮可以从血红素转移到 βCys^{93} 巯基，实现对一氧化氮存储和释放的调节，实现红细胞对 NO 的运输，参与血管舒张调节。血红蛋白与其他气体小分子的功能性结合使我们对血液循环的认识由原有的二元系统（O_2/CO_2）逐渐向多元（$O_2/CO_2/NO\cdots$）系统转变。

血红蛋白病 类珠蛋白基因的缺失或突变，可造成对应珠蛋白肽链及其相应血红蛋白的变异或合成异常。珠蛋白生成障碍性贫血即为珠蛋白链合成减少或缺失导致的一类遗传性疾病。由 β－类珠蛋白基因的缺失或突变导致的 β－珠蛋白合成障碍称 β－珠蛋白生成障碍性贫血。患者红细胞中的 HbA（$\alpha_2\beta_2$）缺失或减少，HbF（$\alpha_2\gamma_2$）可因为 γ 链的代偿性合成增多而增高。由 α－类珠蛋白基因的缺失或突变导致的珠蛋白合成障碍称 α－珠蛋白生成障碍性贫血。α（或 β）－珠蛋白生成障碍性贫血红细胞内相对过剩的 β（或 α）－游离珠蛋白链可聚集形成包涵体，沉淀在细胞膜和膜下的细胞骨架等位置，影响红细胞的弹性和细胞膜标志物的分布，造成机械性或免疫性红细胞溶血而导致贫血。异常血红蛋白病中具有代表性的是镰状细胞贫血，其血红蛋白中两条 β 链 N－端的第 6 位谷氨酸被缬氨酸所取代，形成异常血红蛋白 HbS 并聚集成纤维状，使红细胞呈镰刀形，导致慢性溶血性贫血和血管闭塞危象，引起慢性局部缺血而导致器官组织损害。

（吕 湘 刘德培 刘丝雨）

xuèhóngsù

血红素（heme）

血红蛋白、肌红蛋白、细胞色素及过氧化酶等与氧分子运载、存储和功能相关蛋白的辅基。血红素可合成于人体内多种细胞中，骨髓的幼红细胞和网织红细胞是合成血红蛋白血红素的主要细胞。其生成过程包括在线粒体中由琥珀酰辅酶 A 和甘氨酸合成 δ－氨基－γ－酮戊酸（ALA），两分子 ALA 在胞质中脱水生成胆色素原，4 分子胆色素原进一步脱氨生成线状四吡咯再经环化和脱羧步骤先后形成尿卟啉原Ⅲ和粪卟啉原Ⅲ，后者再次进入线粒体，经多个氧化脱羧步骤生成原卟啉Ⅸ并与亚铁离子在血红素合成酶催化下生成血红素重新转入胞质。其中合成血红素的限速酶是 ALA 合成酶。

结构 铁离子和卟啉环的络合物构成血红素。4 个吡咯基团通过次甲基桥连接在一起构成卟啉环，铁离子位于卟啉环的中央，与卟啉环内 4 个 N 原子相连。血红素可与珠蛋白共同构成血红蛋白。一个血红蛋白分子包含 4 条珠蛋白多肽链，每条珠蛋白多肽链又与一个血红素相连接，形成血红蛋白的一个亚基。血红素的铁离子既可以是 Fe^{2+} 也可以是 Fe^{3+}，但高铁血红蛋白（Fe^{3+}）不能与氧结合。

生物学功能 血红素的生物学功能包括电子传递、运输双原子气体和化学催化等。血红素的亚铁离子在氧化还原反应过程中参与电子传递。在双原子气体的运输过程中，气体结合血红素可使其周围蛋白质的构象发生改变，从而获得多亚基间对气体分子结合的协同效应。反之，血红素蛋白也可通过改变血红素周围的微环境调节其与气体分子的结合。例如，血红蛋白的氧结合能力受环境 pH 值调节的玻尔效应。其分子机制是由于血红素附近的组氨酸残基在酸性环境下带正电荷，珠蛋白链的空间构象发生改变，从而使血红素释放氧气。血红素可运输氧，也可与一氧化碳、一氧化氮或氰离子结合，但是亲和力不相同。血红素与一氧化氮或氰离子结合牢固，因此会分别造成煤气和氰化物中毒。

（吕 湘 刘丝雨）

xuèjiāng dànbái zhì

血浆蛋白质（plasma protein）

溶解在血浆中的多种蛋白质。正常成人血浆蛋白质在血液中的含量为 60~80g/L，其占血浆总量的 7%~8%。20 世纪 30 年代，瑞典科学家阿恩·威廉·考林·蒂塞利乌斯（Arne Wilhelm Kaurin Tiselius）利用电泳和盐析吸附法，将血浆蛋白质分离为清蛋白、α－球蛋白、β－球蛋白和 γ－球蛋白。蒂塞利乌斯也因建立这种分析方法，尤其是发现了血浆蛋白质具有多种成分的这一性质，获得了 1948 年诺贝尔化学奖。

分类 血浆蛋白质是血浆中最主要的固体成分，可利用不同的分离方法将其分为不同的种类。如，盐析法可以将血浆蛋白质分为清蛋白和球蛋白，用分段盐析法则可将其分为清蛋白、拟球蛋白、优球蛋白和纤维蛋白等。通过醋酸纤维薄膜电泳可将血浆蛋白质分为清蛋白、α_1和α_2球蛋白、β球蛋白和γ球蛋白，用聚丙烯酰胺凝脉电泳则可区分出30多条区带，而利用等电聚焦电泳与聚丙烯酰胺电泳组合的双向电泳法，可将血浆蛋白质区分为100余种。除按分离方法对血浆蛋白质分类外，亦可按血浆蛋白质的功能分为：凝血系统蛋白质，目前已知14种凝血因子中，除凝血因子Ⅳ是Ca^{2+}外，其余的均为蛋白质；纤溶系统蛋白质，包括纤溶酶原、纤溶酶原激活物、纤溶抑制物和纤溶酶；补体系统蛋白质；免疫球蛋白；转运或结合蛋白等。

特征 血浆蛋白质具有蛋白质的理化特性，如两性解离性质，胶体性质，变性、沉淀、呈色等。此外，各种血浆蛋白质还具有一些共有特性。①绝大部分血浆蛋白质由肝脏合成，少量血浆蛋白质由内皮细胞合成，而γ球蛋白由浆细胞合成。②血浆蛋白质为分泌蛋白质，合成后需经过翻译后修饰加工，成为成熟蛋白质分泌进入血浆。③大多数血浆蛋白质是含有*N*-连接或*O*-连接寡糖链的糖蛋白。清蛋白、视黄醇结合蛋白和C反应蛋白等少数血浆蛋白质不含糖基。④血浆蛋白质具有特征性的循环半衰期。⑤有些血浆蛋白质具有多态性，即在同种属人群中，有两种以上且发生频率不低于1%的表现型，ABO血型物质是多态性的典型代表。⑥某些血浆蛋白质在急性炎症或组织损伤时的血浆水平急剧升高，被称为急性时相反应蛋白质，如C反应蛋白、α_1抗胰蛋白酶和α_2酸性糖蛋白等。

生理功能 ①维持人血浆的正常胶体渗透压。主要是血浆清蛋白，因其含量多而且分子量小，维持了75%~80%的血浆胶体渗透压。②结合、转运血液内某些物质。与脂溶性物质或分子量较小的物质结合，便于这些物质储存、运输，或保护组织细胞免受其损害。③调节血浆pH值，维持酸碱平衡。④参与凝血和抗凝血机制。⑤参与机体的防御机制。

（周春燕　王卫平）

xiānwéi dànbái yuán

纤维蛋白原（fibrinogen）

由肝细胞合成的、具有凝血功能的纤维蛋白前体。亦称第一因子、纤维素原。正常成人纤维蛋白原在血浆中的含量为2~4g/L，半衰期4~5天。

性质 纤维蛋白原属于可溶性糖蛋白（球蛋白），分子量约为340kD，由两个完全相同的亚基组成。每个亚基是由α、β和γ三条多肽链以二硫键结合而成，两个亚基通过3对二硫键在肽链N-末端将两个对称的亚基连接起来，形成中间球状物。在生理条件下，纤维蛋白原的等电点（pI）为5.2。在对血浆蛋白质进行蒂塞利乌斯（Tiselius）电泳分离时，纤维蛋白原存在于γ-球蛋白所在的第4组分中，可采用25%~50%饱和度的硫酸铵、半饱和的氯化钠和1.1~1.2mol/L的磷酸盐进行沉淀。

生理功能 纤维蛋白原在体内主要参与凝血、止血过程，属于血液凝固因子之一。在血液凝固过程中，经凝血酶作用，纤维蛋白原α链和β链分别释放出N-末端区域的纤维蛋白肽A和纤维蛋白肽B而生成纤维蛋白单体，后者交错重叠、侧向聚合，并与FⅩⅢ交联，形成由成熟的纤维蛋白网络所构成的血凝块。组成纤维蛋白原的α、β和γ三条多肽链分别由三个不同的基因所编码，均位于第4号染色体长臂q28区域。基因突变可导致血液纤维蛋白原结构发生异常，表现为凝血功能异常，如血栓形成或出血。

（周春燕　王卫平）

miǎnyì qiú dànbái

免疫球蛋白（immunoglobulin，Ig）

人或其他脊椎动物受到细菌、病毒、异种蛋白质等抗原刺激后，由浆细胞产生的一类具有特异性免疫作用的糖蛋白。又称抗体。主要存在于血清等体液中。

性质与分类 利用电泳法分离血浆蛋白质，在清蛋白之后为球蛋白，它是多种蛋白质的混合物，其中含有免疫球蛋白。免疫球蛋白主要出现在β球蛋白区，某些出现在α_1球蛋白、α_2球蛋白区。免疫球蛋白按其免疫化学特性分为五大类，即IgG、IgA、IgM、IgD、IgE（按正常人血浆中所含的浓度递减的顺序排列），分子量150~950kD。

结构与功能 单体免疫球蛋白分子基本结构呈“Y”字形，均由两条相同的重链（H链）以及两条相同的轻链（L链）组成，各肽链间有数量不等的链间二硫键。轻链约由214个氨基酸残基组成，分子量约为25kD；重链由450~550个氨基酸残基组成，分子量为50~75kD。轻链和重链分别由3个独立的基因簇编码，其中2个编码轻链，1个编码重链。这些基因簇通过基因重排产生各种免疫球蛋白，其氨基端均各有一可变区，其余部分则为恒定区。可变区决定各种不同抗体的特异性，而免疫球蛋白的其他生物学性质，如免疫原性、穿过胎盘、结合补体

（或巨噬细胞的吸附）等作用则由恒定区决定。免疫球蛋白能与刺激它产生的抗原特异地结合，形成抗原抗体复合物，用以激活补体系统，杀伤携带抗原的细菌等。

（周春燕　王卫平）

bǔtǐ

补体（complement, C）

一大类存在于血清、组织液和细胞膜表面、具有非特异性免疫功能的蛋白质。又称为补体系统（complement system）。由30余种可溶性蛋白质、膜结合性蛋白质和补体受体组成。大多数补体成分需经活化后方具有生物学活性。19世纪末，朱尔斯·博尔代（Jules Bordet）证实新鲜血液中存在一种能够辅助抗体、介导溶菌和溶血作用的不耐热成分，这种成分就是补体。

组成　根据补体系统各成分的生物学功能，可将其分为补体固有成分、补体调节蛋白质和补体受体。①固有成分：包括经典激活途径的C1、C2、C4；甘露糖结合凝集素途径（mannose-binding lectin pathway，MBL pathway）的MBL、相关丝氨酸蛋白酶；旁路激活途径的B因子、D因子和备解素；补体活化的共同组分C3、C5~C9。②调节蛋白质：包括血浆可溶性因子，如H因子、I因子等；膜辅助蛋白质和细胞膜结合蛋白质，如CD59等。③受体：包括CR1~CR5、C3aR、C4aR、C5aR、C1qR、C3eR、HR等。超过90%的血浆补体成分由肝脏合成。

激活　感染、组织损伤急性期以及炎症状态下，补体基因表达增强，血清补体水平增高。补体固有成分以非活化形式存在于体液中，通过级联酶促反应被激活，包括三条补体激活途径（经典途径、旁路途径、MBL途径），产生具有生物学活性的产物。补体第三组分（C3）是含量最丰富的补体成分，亦是补体系统的核心，即三条补体激活途径的启动汇合点。编码C3的基因定位于人19号染色体短臂，全长5101bp，包含41个外显子。成熟的C3蛋白由α、β两条多肽链组成，通过链间二硫键相连，分子量为184kD。

功能　补体在机体固有免疫防御中发挥重要作用，也是抗体发挥免疫效应的主要机制之一。补体活化产物具有调理吞噬、溶解细胞、介导炎症、调节免疫应答和清除免疫复合物等生物功能。

（周春燕　王卫平）

xuèyè shēnghuà xìngzhì

血液生化性质（biochemical properties of blood）

血液的组成、比重、酸碱度和渗透压等生物化学特性。血液是体液的重要组成成分，总量约占体重的8%，由红细胞、白细胞、血小板等血细胞和血浆组成。血浆的基本成分是血浆蛋白质和晶体物质溶液（水和溶解于其中的电解质、小分子有机化合物以及一些气体）。正常人全血比重为1.050~1.060，主要决定因素为红细胞数量的多少；红细胞比重为1.090~1.092，主要决定因素为红细胞中血红蛋白浓度；血浆比重为1.025~1.030，主要决定因素为血浆蛋白质浓度。正常人血液pH为7.35~7.45，血液中$NaHCO_3/H_2CO_3$、Na_2HPO_4/NaH_2PO_4、蛋白质钠盐/蛋白质等缓冲对以及肺和肾的正常功能维持着血浆pH值的恒定。血浆渗透压为280~310mmol/L，主要来自晶体物质如Na^+和Cl^-等形成的晶体渗透压，由蛋白质所形成的胶体渗透压很小，仅为1.2~1.3mmol/L。

（周春燕　王卫平）

xuèyè nínggù

血液凝固（blood coagulation）

血液由流动的液体状态转变为不能流动的凝胶状态的过程。其实质是由凝血因子按一定顺序相继激活而生成凝血酶，在凝血酶的作用下使血浆中可溶性纤维蛋白原转变为不溶的纤维蛋白，并交织成网，将血细胞和血液的其他成分网罗其中形成血凝块。

凝血过程　是由多种凝血因子参与的一系列蛋白质有限水解过程，包括三个基本步骤：凝血酶原激活复合物形成、凝血酶激活和纤维蛋白生成。①凝血酶原激活复合物形成：可通过内源性和外源性两个凝血途径生成。参与内源性凝血途径中的凝血因子全部来自血液，在血液中与携带负电荷的异物表面（如血管壁的胶原纤维等）接触时被启动。凝血因子被激活的顺序为：FⅫ结合到异物表面被激活成为FⅫa，FⅫa一方面可使FⅪ激活成为FⅪa，另一方面还可以通过激活前激肽释放酶形成正反馈促进FⅪa的形成。从FⅪ结合异物的表面到形成FⅪa的过程被称为表面激活。FⅪa在Ca^{2+}存在条件下，激活FⅨ生成FⅪa，后者在Ca^{2+}作用下与作为辅因子的FⅧa在活化血小板提供的磷脂表面结合成复合物（因子X酶复合物），进一步激活FX生成FXa。外源性凝血途径由来自血液之外的组织因子暴露于血液而启动，组织因子与血浆中活化的凝血因子FⅦa形成复合物，在磷脂和Ca^{2+}存在下激活凝血因子FX生成FXa，最终形成FXa-FⅤa-Ca^{2+}-磷脂复合物，即凝血酶原酶复合物。②凝血酶激活：凝血酶原酶复合物中的 FⅩa 因子（FⅤa 作为辅因子）作用于凝血酶原使凝血酶原分子中的精氨酸–异亮氨酸之间的肽键断裂而被活化形成凝血酶。③纤维蛋白生成：在凝血酶作用下，血浆中的纤维蛋白原分子肽链的精氨酸–甘氨酸之间的肽键断裂，从 N–端释放纤维蛋白肽 A 和 B，四聚体的纤维蛋白原转变为纤维蛋白单体，纤维蛋白单体在 Ca^{2+} 和 FⅩⅢ作用下聚合成为不溶于水的纤维蛋白多聚体。

应用 对血液凝固机制的研究，促进了对许多出血性疾病发病机制的认识，如血友病的成因，主要是由于血浆中缺乏 FⅧ或 FⅨ，从而导致因子Ⅹ酶复合物生成障碍。一些凝血因子在肝脏中合成，需要维生素 K 参与。故肝脏疾病或维生素 K 缺乏，可能会有出血倾向。在手术部位施加凝血酶、纤维蛋白等，可达到延缓凝血或有效止血的目的。

（周春燕　王卫平）

kàng níng wùzhì

抗凝物质（anti-coagulant）

体内生理性存在的能够阻止血液凝固的物质。也称生理性抗凝物质。包括丝氨酸蛋白酶抑制物、组织因子途径抑制物、蛋白质 C 系统和肝素 4 类，分别抑制激活的维生素K依赖性凝血因子（FⅦa 除外）、激活的辅因子 FⅤa 和 FⅧa，以及外源性凝血途径。

分类 ①丝氨酸蛋白酶抑制物：主要有抗凝血酶、肝素辅因子Ⅱ、C_1 抑制物、$α_1$ 抗胰蛋白酶、$α_2$ 抗纤溶酶和 $α_2$ 巨球蛋白等。其中抗凝血酶最为重要，60%~70% 的凝血酶被其灭活，其次是肝素辅因子Ⅱ。抗凝血酶由肝细胞和血管内皮细胞产生，能够抑制内源性途径产生的凝血酶和凝血因子，如 FⅨa、FXa、FⅪa 和 FⅫa 等分子的活性。生理情况下，抗凝血酶的抗凝作用迟缓且较弱，肝素可极大地增强其抗凝作用。②蛋白质 C 系统：主要包括蛋白质 C、蛋白质 S、凝血酶调节蛋白和激活的蛋白质 C 抑制物。蛋白质 C 由肝产生，被激活后可水解凝血因子 FVa、FⅧa，抑制凝血因子 FX 及凝血酶原的激活，促进纤维蛋白溶解。蛋白质 S 是活化蛋白质 C 的辅因子，可增强蛋白质 C 对 FⅧ、FⅧa 的灭活能力。③组织因子途径抑制物（tissue factor pathway inhibitor，TFPI）：是一种糖蛋白，主要由血管内皮细胞产生，是体内主要的针对外源性凝血途径的特异性抗凝物质。其先与 FXa 结合而抑制后者的催化活性，同时 TFPI 变构与 FⅦa–组织因子复合物结合，形成四聚体灭活 FⅦa–组织因子复合物，并以负反馈形式抑制外源性凝血途径。④肝素：是一种含硫酸基团的黏多糖，主要由肥大细胞和嗜碱性粒细胞产生，通过增强抗凝血酶的活性发挥间接抗凝作用。还可通过刺激血管内皮细胞释放 TFPI 抑制凝血过程。

作用 避免凝血过程向周围正常部位血管扩散，使机体在出血时不仅能有效凝血、止血，又可防止血栓形成、堵塞血流，从而使血液保持正常液态。

（周春燕　王卫平）

níngxuè yīnzǐ

凝血因子（coagulation factor）

血浆和组织中直接参与血液凝固的物质。目前已知的凝血因子共有 14 种，其中有 12 种以国际命名法按照发现的先后顺序用罗马数字编号，即凝血因子Ⅰ~ⅩⅢ（简称 FⅠ~FⅩⅢ，其中 FⅥ即活化的 FⅤa，故不单独计数）。另外两种是前激肽释放酶和高分子激肽原。上述凝血因子中，除 FⅣ是钙离子外，其余均为蛋白质。其中有 7 种为丝氨酸蛋白酶，即 FⅡ、FⅡ、FⅨ、FⅩ、FⅪ、FⅫ和前激肽释放酶，能对特定的肽键进行水解。凝血因子通常以无活性的酶原形式存在，需水解激活，暴露或形成活性中心后才具有酶活性。被激活的凝血因子在其代号的右下角标“a”（active），如 FⅩa 等。FⅢ、FⅤ、FⅧ和高分子激肽原在凝血过程中起辅因子作用，可加速其他凝血因子催化的反应速率。凝血因子大多在肝脏合成，其中 FⅡ、FⅦ、FⅨ和 FⅩ在合成时需维生素 K 参与（又称为维生素 K 依赖性凝血因子）。维生素 K 依赖性凝血因子的结构中含有 γ–羧基谷氨酸残基，和 Ca^{2+} 结合后发生变构，暴露其与磷脂结合的部位而参与凝血过程。当肝脏病变或维生素 K 缺乏时，凝血因子合成受阻，可出现凝血功能障碍。

（周春燕　王卫平）

xiānwéi dànbái róngjiě

纤维蛋白溶解（fibrinolysis）

血液凝固过程中所形成的纤维蛋白被分解、液化的过程。简称纤溶。纤溶主要依赖纤维蛋白溶解系统（简称纤溶系统），通过降解血管内纤维蛋白，溶解纤维蛋白凝块，使凝血活性局限于受损血管周围，修复并维持血管通畅。纤溶系统包括纤维蛋白溶解酶原（简称纤溶酶原）、纤溶酶、纤溶酶原激活物和纤溶抑制物等。

分类 ①纤溶酶原主要由肝脏合成，在激活物作用下经有限水解活化为纤溶酶。②纤溶酶是纤溶酶原被纤溶酶原激活物水解激活的产物，是一种丝氨酸蛋白水解酶。③纤溶酶原激活物主要包括组织型和尿激酶型，二者均为丝氨酸蛋白酶，是纤溶酶原的直接激活物。组织型激活物（t-PA）的分子量为70kD，主要由血管内皮细胞产生。尿激酶型激活物的分子量为54kD，由肾小管、集合管上皮细胞合成。④纤溶抑制物包括多种抑制纤溶系统活性的物质，主要有纤溶酶原激活物抑制物-1（PAI-1）和 α_2-抗纤溶酶（α_2-AP）。可与纤溶酶结合形成复合物而将其迅速清除，从而调节血浆中纤溶酶的水平。

过程 纤溶可分为纤溶酶原的激活与纤维蛋白（原）的降解两个阶段。①正常情况下纤溶酶以无活性的酶原形式存在于血浆中。凝血过程中产生纤维蛋白沉积的同时即有纤溶系统的活化。当凝血过程生成纤维蛋白时，纤溶酶原在纤溶酶原激活物或者FⅫa、激肽释放酶的作用下发生水解释出多肽片段而被激活成为纤溶酶。生成的纤溶酶可进一步活化纤溶酶原，使纤溶酶原对激活剂更敏感。②纤维蛋白和纤维蛋白原是纤溶酶最敏感的作用底物。纤溶酶被激活后，发挥丝氨酸蛋白酶活性，不仅将纤维蛋白和纤维蛋白原降解为许多可溶性小肽而失去凝血能力，还能降解凝血因子FⅡ、FⅤ、FⅧ、FⅩ和FⅫ等而抑制凝血。

意义 纤维蛋白溶解是机体的重要防御功能，可平衡止血机制，阻止持久性的血管闭塞。纤溶酶原激活物t-PA和尿激酶，可用于血栓性疾病的溶栓治疗。

（周春燕 王卫平）

róngxuè

溶血（hemolysis） 血液中的红细胞破裂、血红蛋白逸出的病理生理现象。

原因 溶血可由多种因素引起。在体外，低渗溶液、强酸或强碱处理，机械性强力振荡，急速低温冷冻或解冻，以及乙醇、乙醚等有机溶剂和一些生物碱等均可引起溶血。在体内，溶血性细菌、原虫或某些蛇毒侵入、抗原-抗体反应（如配型不合的输血）、各种机械性损伤、红细胞内在（膜、酶）缺陷、某些药物等都可引起溶血。

分类 按照溶血在体内发生的部位，可分为血管外溶血和血管内溶血。

血管外溶血 异常红细胞被肝脏、脾脏内的巨噬细胞识别并将其破坏而发生的溶血。红细胞表面化学性质改变如自身免疫性溶血的红细胞表面出现抗体IgG，巨噬细胞能够识别并将这种异常红细胞吞噬；球形红细胞因其表面积与体积的比例显著缩小，导致变形能力下降，当其通过直径比它小很多的肝脾窦微循环时，就被阻留继而被巨噬细胞吞噬破坏；某些红细胞结构异常性疾病，如镰状细胞贫血患者血红蛋白β链第6位氨基酸由谷氨酸突变为缬氨酸，导致血红蛋白分子间容易形成线状聚集体而沉淀，红细胞从正常的双凹盘状被扭曲成镰刀状，在通过肝脾血窦时容易被破坏产生溶血。红细胞还含有核苷酸代谢有关的酶，如腺苷酸脱氨酶、腺苷激酶等，这些酶的缺陷与某些严重溶血有关。大量血管外溶血时，肝脏不能及时将血红素代谢产生的胆红素与葡萄糖醛酸结合，使血液中的间接胆红素含量升高，出现黄疸，称为溶血性黄疸。

血管内溶血 某些化学物质如药物、细菌毒素、蛇毒、植物溶血素等，或输血反应、某些疾病等，使红细胞膜结构发生改变，导致红细胞在血管内发生溶血反应。例如某些蛇毒含磷脂酶 A_1 和 A_2，能催化红细胞膜表面的甘油磷脂分子的第1和第2位酯键断裂转变为溶血卵磷脂，是一类具有较强表面活性的物质，能使红细胞膜破裂引起溶血。另外，某些血红蛋白异常性疾病，如蚕豆病，由于红细胞中葡糖6-磷酸脱氢酶功能缺陷导致磷酸戊糖途径不能正常进行，NADPH生成障碍，使红细胞内谷胱甘肽不能维持还原状态，因而血红蛋白、膜蛋白及酶的巯基得不到保护而被氧化，极易发生溶血。这种溶血常因葡糖-6-磷酸脱氢酶缺陷患者服用可导致过氧化氢或超氧化物生成的药物（如喹啉、磺胺），或食用含氧化剂的食物（如新鲜蚕豆）而引起。

（周春燕 王卫平）

xuèyè yǒuxíng chéngfēn

血液有形成分（formed elements of blood） 血液中的血细胞。包括红细胞、白细胞和血小板。成人血细胞均由骨髓产生，来源造血干细胞的分化和成熟。血细胞在血液中所占的容积称为血细胞比容，正常成年男性和女性的血细胞比容略有差异，分别是0.40~0.50和0.37~0.48。血液中白细胞和血小板仅占血液总容积的0.15%~1%，故血细胞比容主要反映红细胞在血液中的相对数量。

分类 ①红细胞（erythrocyte，red blood cell）是血液中数量最多的血细胞。正常成年男性红细胞数量为（4.0~5.5）$\times 10^{12}$/L，女性为（3.5~5.0）$\times 10^{12}$/L，平均寿命120天。衰老红细胞膜脆性增加，可被肝、脾和骨髓的单核巨噬细胞系统识别并吞噬。红细胞直径7~8.5μm，呈双凹圆盘状。细胞膜表面有ABO等血型抗原。红细胞内的蛋白质主要是血红蛋白

（Hb），其生成过程见血红蛋白。成熟红细胞除质膜和胞质外，无其他细胞器，不能进行分裂增生、核酸合成、蛋白质合成及有氧氧化等代谢过程。红细胞缺乏线粒体，主要依赖糖酵解（含2,3-二磷酸甘油酸旁路代谢）和磷酸戊糖途径代谢供给能量。糖酵解是成熟红细胞获得能量的最主要途径，其中2,3-二磷酸甘油酸旁路的代谢产物2,3-BPG可降低血红蛋白对氧的亲和力，对血红蛋白的携氧功能起重要调节作用；磷酸戊糖途径生成的NADPH对红细胞有保护作用。红细胞的主要功能是携带和运输 O_2 及 CO_2。血液中98.5%的 O_2 可与血红蛋白结合成 HbO_2 的形式运输。②白细胞（leukocyte，white blood cell）为无色有核的球形细胞，分为中性粒细胞、嗜酸性粒细胞、嗜碱性粒细胞、单核细胞和淋巴细胞。成人白细胞正常值为（4.0~10.0）× 10^9/L，中性粒细胞占白细胞总数的50%~70%，是数量最多的一种；嗜酸性粒细胞占0.5%~5%；嗜碱性粒细胞数量最少，占0~1%；单核细胞占3%~8%；淋巴细胞占20%~30%。中性粒细胞具有活跃的变形运动和吞噬功能，在急性炎症中发挥重要的防御作用；嗜酸性粒细胞与一些变态反应和寄生虫感染有关；嗜碱性粒细胞类似于肥大细胞，含有组胺和肝素，在一些类型的免疫性变态反应中起一定作用；淋巴细胞与免疫反应有关，在慢性炎症中起重要作用；单核细胞是巨噬细胞的前体，能够吞噬体内的异物颗粒和入侵的细菌，清除衰老损伤的细胞，参与免疫反应。③血小板（platelet）有质膜，没有细胞核，一般呈圆形，其直径仅2~3μm。正常成人血液中的血小板数量为（100~300）× 10^9/L，在维持血管壁完整性、止血、伤口愈合、血栓形成以及器官移植后免疫排斥等生理和病理过程中具有重要功能。

意义 血细胞的形态、数量、比例和血红蛋白含量的测定又称为血象。某些生理情况及多种疾病都会引起血象发生改变，故临床检查血象对了解机体状况和疾病诊断以及预后都有重要意义。

（周春燕　王卫平）

xuèyè pH

血液pH（blood pH）

血液内氢离子浓度的负对数值。又称血液酸碱度。

正常值 在37℃时，正常人血液的pH为7.35~7.45，静脉血因含较多的 CO_2，pH较低，接近7.35，而动脉血则接近7.45。

调节机制 血液pH变动范围很小，以保证机体正常的生理活动。由于血液内存在缓冲体系以及肾和肺等脏器能够调节酸碱物质的含量及其比值，从而共同维持血液pH在正常范围，该过程称为酸碱平衡。血液中的缓冲体系主要包括2个由无机离子组成的缓冲对：$NaHCO_3/H_2CO_3$ 和 Na_2HPO_4/NaH_2PO_4，它们与血浆蛋白质钠盐/血浆蛋白质共同构成血液的主要缓冲体系。此外，红细胞内还存在血红蛋白钾盐/血红蛋白、氧合血红蛋白钾盐/氧合血红蛋白、K_2HPO_4/KH_2PO_4、$KHCO_3/H_2CO_3$ 等缓冲对，亦参与维持血液pH值恒定。而其中最重要的缓冲对是 $NaHCO_3/H_2CO_3$。在血液中，碱性物质可与碳酸发生化学反应，形成碳酸氢盐，过多的碳酸氢盐由肾脏排出；酸性物质，如乳酸，则与 $NaHCO_3$ 发生作用，生成碳酸和乳酸钠，碳酸分解为 CO_2 和水，乳酸钠由肾脏排出。血液中 CO_2 增多可刺激呼吸中枢，使呼吸运动增强，将过多的 CO_2 排出体外。因此，通过血液中缓冲物质的调节，特别是肾和肺能够及时排出体内过多的酸或碱，共同参与机体酸碱平衡的调节，维持血液pH值在恒定的范围。

临床意义 血液pH异常表示酸碱平衡失调，当pH＜7.35表示酸中毒，pH＞7.45表示碱中毒。酸中毒可分为两种。①呼吸性酸中毒：由于肺排出二氧化碳功能障碍，如呼吸肌麻痹，肺部疾病如肺水肿、阻塞性肺病、哮喘持续状态等。②代谢性酸中毒：由于体内产酸过多，如糖尿病酮症酸中毒，饥饿性酸中毒；或者肾脏排泄障碍，如尿毒症以及丢失碱过多，如慢性腹泻或酸性药物服用过多等。碱中毒可分为两种。①呼吸性碱中毒：由于换气过多所致，如呼吸中枢兴奋性增高等中枢神经疾病等。②代谢性碱中毒：常因服碱过多或丢酸过多所致，如长期大量呕吐。

（周春燕　王卫平）

xuèxíng

血型（blood type）

由不同的等位基因所编码的红细胞膜上特异性抗原的类型。广义的血型是指所有血细胞（白细胞、红细胞和血小板）膜上的特异性抗原的类型。这些特异性抗原能够被同种异体血清中存在的天然抗体所识别，人类白细胞抗原（human leukocyte antigen，HLA）是白细胞上最强的抗原分子，血型不同的红细胞混合可凝集成簇，即红细胞凝集。

1901年奥地利病理学家、免疫学家卡尔·兰德施泰纳（Karl Landsteiner）发现第一个人类血型系统ABO血型系统，并因此获得1930年诺贝尔生理学或医学奖。到目前为止，已发现近300种人红细胞血型抗原，按照国际输血协会的命名可归为近30个血型系统，其中ABO血型系统和Rh血型系统与输血等临床关系最为密切。

分类 ①ABO血型：ABO血型抗原分子为跨膜糖蛋白，其分子上不同的糖基化修饰形成了不同的ABO抗原。依据红细胞膜上存在的抗原种类，可分为四种血型：红细胞的细胞膜上只有抗原A为A型，仅有抗原B为B型，A和B抗原同时存在则为AB型，若两种抗原均不存在为O型。血型不同的人血清中所含有的抗体不同，如：A型血血清中只含有对抗B型抗原的抗体，不存在对抗自身红细胞抗原的A抗体；B型血则反之。另外，ABO血型抗原还在淋巴细胞、血小板以及大多数上皮细胞和内皮细胞膜上表达，并通过唾液、胃液、泪液等多种体液分泌。负责形成ABO抗原的是一组糖基转移酶，分别由三组基因编码，即*H*和*h*，*A*、*B*和*O*，*Se*和*se*。A、B抗原都是在H抗原的基础上形成的（O型红细胞膜表面不含A、B抗原，但表达H抗原）。三种血型抗原的化学结构差异，仅在于糖链末端的1个单糖，A抗原糖链末端和B抗原糖链末端分别是*N*-乙酰半乳糖和半乳糖，H抗原糖链末端和A、B抗原糖链末端相比则少1个*N*-乙酰半乳糖或半乳糖。②Rh血型：恒河猴红细胞膜表面的抗原称为Rh抗原，人的红细胞膜表面若具有同样抗原即被称为Rh阳性血型，不具有这种抗原的则称为Rh阴性血型。在中国，汉族和大部分少数民族人群中，约99%的人为Rh阳性血型，仅1%左右为Rh阴性血型。编码Rh抗原的基因位于1号染色体短臂p36.11，包括*RHD*和*RHCE*两个紧密连锁的基因，已知的等位基因有60余个。已发现数十种Rh抗原。由于D抗原的抗原性最强，因此又将红细胞上存在D抗原者称为Rh阳性，缺乏D抗原者称为Rh阴性。

临床意义 正确鉴定血型是保证输血安全的基础，输血时以输同型血为原则。若将Rh阳性血液输给Rh阴性者，Rh阴性者的血清中可产生抗Rh抗体，如果再接受Rh阳性血液，就可在Rh阴性血液中发生凝集，发生溶血反应。Rh阴性母亲所孕育的胎儿若为Rh阳性血型，胎儿红细胞进入母体血液后则可能刺激母体产生Rh抗体，特别是当母亲第二次妊娠时，母体内的Rh抗体进入胎儿体内会引起新生儿溶血。此外，血型鉴定在人类学、遗传学、法医学和临床医学等学科都有广泛的实用价值。

（周春燕　王卫平）

kuàng wùzhì

矿物质（minerals） 营养学中除了水和构成机体基本有机物质的碳、氢、氧、氮（约占体重的95%）外的其余各种对人体必需的无机元素。目前发现构成人体组织、保持正常生理功能所必需的矿物质有20余种。

分类 矿物质组成人体元素有几十种，它们在体内的含量不同，需要量也不同。可以将它们分为两大类，即体内含量大于体重0.01%，每日需要量在100mg以上者称为常量元素或宏量元素（macroelements），如钙、磷、钾、镁、硫、氯、钠7种元素；含量和需要量低于此者为微量元素（microelements，trace elements）。微量元素又可进一步分类（见微量元素）。目前公认的营养必需微量元素有铁、铜、锌、锰、铬、钼、钴、钒、镍、锡、氟、碘、硒和硅共14种（世界卫生组织，1973）。

营养与代谢特点 矿物质不能在体内合成，必须通过摄入进入体内，矿物质除非被排出体外，不能在代谢中消失。一般来说，人体对矿物质的需要随年龄增长而增加。人体对不同矿物质的需要量不同，有些矿物质在日常食物中大量存在，因此不易缺乏，容易通过食物摄入进入人体，如磷、镁、钠、氯等。有些矿物质在饮食中的含量受地域、环境、人体状态和疾病等因素影响，容易造成缺乏或过多，如碘、锌、硒、钙、氟等。

人体对各种矿物质的吸收机制不同，有的是以被动方式吸收，如氟是以被动扩散方式被吸收；有的矿物质则是以主动方式吸收，如锌的吸收需要载体转运。由于矿物质每日都有一定量排出体外，所以人体每日对不同矿物质都有一定的需要量，如矿物质摄入过少可引起缺乏症，过多则引起中毒。2016年中国营养学会提出了不同矿物质的每日推荐摄入量。

不同矿物质在体内存在的量不同、分布不同、存在形式不同、代谢过程和方式也各异，但除了人体处于特定时期，如生长发育期、妊娠期和哺乳期外，矿物质在体内摄入和排出保持相对平衡。不同的元素在吸收、代谢、功能和排出上，可以有拮抗或协同作用。体内的矿物质可以随尿液、粪便、汗液、头发、指甲、皮肤和黏膜的脱落等排出体外。

生物学功能 矿物质在人体的生物学作用可以归纳为4个方面：①构成人体组织的重要成分，如骨骼和牙齿等大部分是由钙、磷、镁组成。②以无机盐或离子形式发挥作用。矿物质在细胞外液中维持神经肌肉兴奋性、影响细胞膜的通透性、调节水分分布、维持正常的酸碱平衡和渗透压（如磷、氯及硫、镁、钠及钾）、参与凝血过程。③构成小分子有机生物活性物质发挥重要的生理功能，如谷胱甘肽、活性甲硫氨酸、活性硫酸根、维生素及其衍生物（如硫辛酸、磷酸吡哆醛和维生素 B_{12}）、呼吸链中的铁硫中心、第二信使 cAMP 和 cGMP、各种磷脂以及供能物质 ATP 等都含有不同的矿物质成分。④构成生物大分子的成分或与生物大分子结合，参与体内信息传递和物质代谢，如蛋白质半胱氨酸中含有硫、蛋白质的磷酸化与脱磷酸在细胞信号传递中起分子开关作用、遗传物质 DNA 和 RNA 含有磷、各种金属酶、含铁卟啉辅基的各种蛋白质、钙结合蛋白、转录因子中的锌指结构等。

缺乏与过多 维持体内存在一定量的矿物质并使其维持在正常的平衡状态，是保证正常生命活动的必要条件。饮食、人体不同状态或疾病、环境污染等原因都有可能造成体内矿物质的缺乏与过多，一些疾病也可同时伴有某些元素的缺乏。矿物质的缺乏或过多都可能造成机体生理功能异常，甚至危害到生命。

（李　刚）

gài

钙（calcium, Ca） 位于元素周期表中排第 20 位第四周期ⅡA 族的碱土金属元素，原子量 40.08。钙是构成人体的重要成分，按含量排列为第 5 位，仅次于碳、氮、氧和氢，是人体内无机元素中含量最多的。在自然界钙形成各种化合物，如石膏（$CaSO_4 \cdot 2H_2O$）、大理石与石灰石（$CaCO_3$）等。1808 年英国化学家汉弗莱·戴维（Humphry Davy）通过电解氧化汞与石灰石的混合物而获得金属钙。随后，英国生理学家西德尼·林格（Sidney Ringer）等发现，含钙、钾、钠等的生理盐水，能够更好地维持心肌收缩。1911 年乔治·拉尔夫·米尔斯（George R.Mines）发现，加入钙离子可保持电刺激腓肠肌后的收缩力。1940 年丽塔·格特曼（Rita Guttman）提出 Ca^{2+} 具有稳定生物膜的作用。1967 年美籍华人张槐耀首次发现了钙调蛋白，提出 Ca^{2+} 是细胞内第二信使。

营养 食物是人体摄取钙元素的主要来源。食物中含钙量各有差异，奶和奶制品是钙的最佳来源，其钙含量丰富，吸收容易。小虾和坚果等含钙也较多。食物中的植酸和草酸可与钙形成钙盐而影响钙的吸收。机体对钙的需要量是指机体每日所需要的钙量，再加上通过粪便、尿液和汗液等丢失的钙量。2016 年中国营养学会推荐的每日钙摄入量，0~1 岁为 200~600mg/d，4~11 岁 1200mg/d，1 岁以上 1000mg/d。

钙的吸收部位主要在小肠近端，吸收的量与摄入量和需要量相关，摄入量多、机体需要量高则吸收多。摄入的钙量高时则大部分以被动形式吸收，摄入量低或机体需要量高时为主动吸收。钙的吸收率随年龄增长而下降，婴儿在母乳喂养时，钙吸收率可达 60%~70%，成年人的钙吸收约为 25%。年龄在 40 岁以后，一般钙吸收率会逐年下降。维生素 D 促进钙的吸收。

体内含量与代谢 正常成人体内钙含量占人体重量的 1.5%~2.0%，为 1000~1200g，其中 99% 参与构成骨骼和牙齿，主要存在形式为羟磷灰石 $[Ca_{10}(PO_4)_6(OH)_2]$，少量以无定性的磷酸钙 $[Ca_3(PO_4)_2]$ 形式存在。很少部分（约 1%）钙与柠檬酸螯合或与蛋白质结合，或者在软组织中以离子状态存在，为混溶钙池。处于混溶钙池的钙与骨骼中的钙保持动态平衡，对于维持体内细胞正常生理功能具有重要作用。还有约 0.1% 的钙存在于血液和细胞外液中。血清中的钙浓度比较稳定，正常为 2.25~2.75mmol/L（90~110mg/L）。血中钙和磷浓度之间有一定关系，正常人血磷浓度为 0.97~1.6mmol/L（30~35mg/L）。当血钙、磷浓度以 100ml 中的毫克数表示时，其乘积在 35~40，即 $[Ca]\times[P]=35\sim40$，如小于 30 时，则反映骨质钙化停滞。血清钙分为扩散钙（与有机酸结合的复合钙或与无机酸结合的离子状态的钙）和非扩散钙（与血浆蛋白质结合的钙）两部分，非扩散钙与钙离子之间可互相转换。蛋白质结合钙占 46%，离子钙占 47.5%，复合钙占 6.5%。

体内钙的稳定性受调节系统调控。甲状旁腺激素（parathyroid hormone，PTH）降低肾脏排钙量，升高细胞外液钙浓度；促进骨的溶解作用，从而将钙释入细胞外液；促进活性维生素 D 的形成，加强肠对钙的有效吸收。降钙素（calcitonin，CT）抑制破骨细胞的生成，促进成骨细胞的增加，从而抑制骨基质的分解和骨盐溶解而促进骨盐沉积。CT 拮抗 PTH 对骨骼的溶解作用，使血钙下降。$1,25\text{-}(OH)_2D_3$ 促进肠黏膜对钙的吸收，促进溶骨过程，使血钙升高；同时可促进肾小管对钙的重吸收。三种激素相互影响、相互制约、相互协调，使机体与外环境之间、各组织与体液之间、钙库与血钙之间的钙平衡保持相对稳定。

钙主要通过肠道和泌尿系统排泄，经汗液也有少量排出。

生物学功能 ①构成骨骼：钙是构成骨骼的重要成分，骨骼和牙齿是人体中含钙最多的组织。正常生理情况下，骨骼钙受破骨细胞作用被释放进入混溶钙池；混溶钙池中的钙则不断沉积于成骨细胞中。钙对于保证骨骼的正常生长发育和维持骨健康起着至关重要的作用。②维持神经肌肉的兴奋性：包括维持肌细胞的兴奋性、神经元与神经元之间以及神经元与效应细胞之间的信息传递、心脏正常的搏动等。许多细胞如心肌细胞、肝细胞、红细胞及神经细胞等的细胞膜上具有能与钙结合的部位，钙离子能够影响细胞膜的结构与功能，改变细胞膜对钾、钠等离子的通透性。钙离子对于中枢神经系统的基因表达、突触传递和神经元兴奋性是极其重要的。如果钙通道、转运体以及与钙平衡有关的第二信使蛋白质分子发生突变，可导致严重的神经退行性病变。③作为第二信使：细胞内钙离子是重要的第二信使，细胞钙离子的分布和转移是形成钙信号产生的基础。静息状态下胞质钙离子浓度为0.1 μmol/L，细胞受某种刺激时，细胞外钙离子通过钙通道进入细胞。细胞内钙库内质网/肌浆网可通过肌醇三磷酸受体和Ryanodine受体机制使钙离子从钙库释放出来。钙离子可从内质网释放到胞质后可以进入线粒体，通过提高三羧酸循环中钙依赖关键酶（如异柠檬酸脱氢酶和 α-酮戊二酸脱氢酶）的活性而促进ATP生成。如果钙离子在线粒体积蓄过多则导致线粒体通透性转换孔二聚化和开放，诱发细胞凋亡过程。钙从内质网转运到线粒体机制的损伤则减少ATP的生成，增加腺苷酸活化的蛋白质激酶活性，诱发自噬过程。内质网释放进入胞质的钙离子还可以与钙结合蛋白质结合，钙结合蛋白质是一大类能够与钙结合而发挥生理作用的蛋白质，包括钙调蛋白家族（CaM、肌钙蛋白C、小清蛋白和PLC）和依赖钙离子的磷脂结合蛋白（annexin）家族。钙调蛋白家族均有EF手形结构，为结合 Ca^{2+} 的部位。最重要的钙结合蛋白质是CaM，是由148个氨基酸残基组成的单链可溶性球蛋白。CaM只含有19种氨基酸，不含半胱氨酸。CaM分子中有4个EF手形结构，每个EF手形结构可结合1个钙离子。CaM结合钙离子后转变成为活性形式（Ca^{2+}·CaM）。活性形式的CaM通过直接或间接（通过活化依赖 Ca^{2+}·CaM的蛋白质激酶作用）与至少20种酶作用后调节机体各种生理活动。CaM还调节肌肉收缩和舒张、影响细胞周期、调节细胞运动（吞噬运动、纤毛运动、阿米巴运动、胞吐和胞饮、微丝的收缩与松弛、微管的聚合与解聚等）和血小板功能、调节神经系统的兴奋性、参与兴奋分泌偶联（如胰岛素的释放）等。annexin家族参与细胞的胞吐作用和分泌；参与介导细胞质膜与分泌颗粒的接触；参与磷脂酶和参与细胞骨架的活动等。钙离子可以通过与蛋白质结合失去信号作用，或通过钙泵或 Na^{+}-Ca^{2+} 交换器将钙离子排出胞外，或通过将钙离子导入钙库而终止钙信号。④参与调控生殖细胞的成熟和受精：精子的顶体是由钙参与组成，这个含钙的顶体可以使精子在到达卵细胞边缘时，破坏卵细胞内层膜，使精子穿透膜而发生受精。⑤参与凝血过程：钙离子是凝血因子Ⅳ，参与了外源性和内源性凝血过程。

缺乏与过多 在儿童生长发育期对钙有较多的需要量，此时如果长期钙摄入不足、加之如再伴有蛋白质和维生素D缺乏就容易出现钙缺乏，这是一种较常见的营养性疾病，其特点是骨骼结构异常、骨钙化不良和骨骼变性，并常伴随生长迟缓，称为佝偻病。人在35岁以后骨质会逐渐丢失。女性在绝经以后，由于雌激素的合成与分泌减少，可促使骨质丢失速度加快，如果体内同时钙缺乏则易发生骨质疏松症。

钙无明显毒性，但钙摄入过量可能增加患肾结石的危险性。临床在采用Sippy膳食（给予患者大量磷酸钙、碳酸氢钠和奶）治疗消化性溃疡时，可能出现乳碱综合征，有血钙增高、碱中毒，以及肾功能障碍等典型症状，钙和碱摄入量多和持续时间长则其严重程度加重。钙和铁、锌、镁和磷等元素存在着相互作用，高钙摄入能影响这些必需矿物质的生物利用度。

（李 刚）

jiǎ

钾（potassium, K） 位于元素周期表中排第19位第四周期ⅠA族的碱金属元素，原子量39.098。钾在地壳中的含量为2.47%，占第7位。1807年英国科学家汉弗莱·戴维（Humphry Davy）首先分离出钾，1938年埃尔默·麦科勒姆（Elmer McCollum）用实验证明钾是一种人体必需营养素。

营养 人体钾的来源主要是食物，大部分食物都含有钾，特别是蔬菜和水果，在所有食物中马铃薯含钾最高。在食物中钾与磷酸、硫酸、柠檬酸和其他有机阴离子形成钾盐。2016年中国营养学会推荐的每日钾摄入量，0~1岁为350~900mg/d，1~14岁为1200~2200mg/d，18岁以上为2000mg/d。摄入的钾大部分由小肠吸收，吸收率约90%。

体内含量与代谢 体内钾总量的98%存在于细胞内，其他钾则存在于细胞外。肌细胞中钾含量最高，约占70%，其他组织钾含量分别为：皮肤10%，红细胞6%~7%，骨骼6%，脑4.5%，肝4%。正常人血浆钾浓度为3.5~5.3mmol/L，约为细胞内钾浓度的1/25。吸收的钾通过钠泵（Na^+-K^+-ATP酶）进入细胞。钠泵可将3个Na^+泵到细胞外，同时将2个K^+交换到细胞内，这样可以使细胞内的钾保持较高浓度。一些激素可以调节钾的分布，如β_2肾上腺素可刺激Na^+-K^+-ATP酶，从而促进钾离子从细胞外液转入到细胞。β_2肾上腺素是升血糖激素，可通过促进血糖升高而刺激胰岛素分泌，再促进钾离子进入细胞。胰岛素通过改变细胞内钠离子浓度，刺激Na^+-K^+-ATP酶合成和活性，从而使钾离子进入到横纹肌、肝、脂肪及其他组织细胞。

肾是维持钾平衡的主要调节器官。摄入的钾约90%经肾排出，肾每日排钾280~360mg，肾近端肾小管以及亨氏袢可以吸收几乎所有滤过的钾。远端部分肾小管是排泄钾的主要部位。醛固酮促进钾的排泄。

生物学功能 ①降低血压：钾可以降低血压，膳食钾、尿钾、总体钾或血清钾与血压呈负相关，因此给高血压患者补充钾有利于降低血压。钾的增加可降低尿钠的重吸收，增加尿钠排泄，降低静脉血容量。血钾水平增加可以刺激Na^+-K^+-ATP酶和开放钾通道而引起内皮依赖性血管舒张。每日摄入的钾：钠应在一定的比值（1.8），低比值提示增加患高血压、心血管疾病和缺血性心脏病的风险。增加钾摄入可以降低血压、减少卒中风险。②维持心肌的正常功能：钾离子是心肌细胞内的主要阳离子，钾离子在细胞内、外的浓度差是形成其静息膜电位的主要离子基础。细胞外液中钾离子浓度的改变主要通过对心肌细胞静息膜电位和跨膜钾电流的改变而影响心肌生理特性。不同部位心肌对细胞外液中钾离子浓度改变的敏感性不同，其中心房肌最敏感、心室肌和浦肯野细胞次之，窦房结和房室结细胞相对不敏感。从总体上讲，细胞外液中钾离子浓度降低（低血钾）时，心肌兴奋性升高，自律性增高，传导性降低，收缩性减弱。细胞外液中钾离子浓度升高（高血钾）时，兴奋性可升高（轻度高血钾）或降低（重度高血钾），自律性降低，传导性降低，收缩性减弱。③维持糖和蛋白质的正常代谢：钾参与蛋白质和糖原的合成，当氨基酸和葡萄糖经过细胞膜进入细胞时有钾的参与。每合成1g氮的蛋白质约需3mmol的钾，每合成1g糖原约需0.6mmol的钾。ATP的合成也需要一定量的钾。④维持细胞内渗透压：钾主要存在于细胞内，对于维持细胞内渗透压起重要作用。⑤维持神经肌肉的应激性和正常功能：细胞内的钾离子和细胞外的钠离子可共同作用激活。Na^+-K^+-ATP酶，通过水解ATP而产生能量，用于维持细胞内外钾钠离子的浓度梯度，产生膜电位。神经轴突在膜去极化时发生动作电位，引起突触释放神经递质和肌肉收缩。当血中钾离子浓度过高时，造成膜电位下降，导致细胞不能复极而丧失应激性，其结果可造成肌肉麻痹。当血钾降低时膜电位升高，细胞膜极化过度而造成松弛型瘫痪。⑥维持骨骼健康：钾对骨骼健康也是有益的。一些食物如肉类可以产生过多酸性产物，体内钙盐可以缓冲这些酸性产物导致骨钙丢失，补充钾盐可以防止由此造成的骨密度下降。

缺乏与过多 正常情况下一般不会由于膳食原因引起营养性钾缺乏。若因疾病或其他原因造成机体长期禁食或食量不足，或者在治疗时静脉补液补钾不足，都可造成钾摄入减少；损失过多也可导致体内钾缺乏，常见于频繁腹泻、呕吐、长期食用缓泻剂、外科手术后胃肠引流等；尿中大量丢失钾常见于肾小管功能障碍；大量出汗也使钾大量丢失。当人体内钾总量减少就造成了钾缺乏症，可引起心血管、神经、泌尿、肌肉、消化、中枢神经系统功能性改变，严重时发生病理性改变。主要表现为心律失常、肌无力及瘫痪、肾功能障碍及横纹肌肉溶解症等。当体内血钾浓度高于5.5mmol/L时，也可引起毒性反应，称为高钾血症。严重组织创伤、酸中毒、大量溶血、缺氧、中毒反应等都有可能使细胞内钾外移引起高血钾。钾过多可使心肌自律性、传导性和兴奋性受抑制。在神经肌肉组织表现为四肢无力、肌张力减低、极度疲乏软弱。在心血管系统表现为心律失常、心率缓慢等。临床上严禁静脉推注氯化钾，因为血钾的安全范围极其狭窄，高血钾或低血钾都将带来严重后果。

（李　刚）

nà

钠（sodium, Na） 位于元素周期表中排第11位第三周期ⅠA族的碱金属元素，原子量22.989。钠原子的最外层只有1个电子，很容易失去，所以有强还原性。钠性质非常活泼，自然界多以钠盐形式存在。已发现钠的同位素共有22种，包括钠-18至钠-37，其中只有钠-23是稳定的，其他同位素都带有放射性。1807年由英国化学家汉弗莱·戴维（Humphry Davy）首先从电解碳酸钠中获得了金属钠。1978年经川崎（Kawasaki）等提出盐敏感性与血压的关系。

营养 钠普遍存在于各种食物中，各种食物中普遍存在钠，如饮食中的食盐（氯化钠）是人体内钠的主要来源，在加工的食物中也会加入钠或含钠的化合物，例如味精（谷氨酸钠）、小苏打（碳酸氢钠）等。含钠量高的地区水源也会含有较高的钠。2016年中国营养学会推荐的每日钠摄入量，0~1岁为170~700mg/d，4~18岁为900~1600mg/d，18岁以上略减，孕妇为1500mg/d。

人体钠的主要来源是食物。钠在小肠上部被吸收，吸收率几乎为100%。钠在空肠吸收方式为被动吸收，在回肠则大部分为主动吸收。人体正常每日从肠道吸收的氯化钠总量为4400mg。

体内含量与代谢 钠是维持机体正常功能的重要无机元素，成人体内钠含量因性别不同而异，女性（3200mmol）少于男性（4170mmol），相当于77~100g，大约占到体重的0.15%。机体内的钠主要存在于细胞外液，占到总钠含量的44%~50%；骨骼中钠含量为40%~47%；细胞内液钠含量为9%~10%。体内钠大部分为可交换钠，约占总钠的70%。可交换钠与血浆的钠进行着弥散平衡。其余30%的钠不可交换，主要在骨骼中以吸附形式存在于长骨深层的羟磷灰石晶体表面。正常人血浆钠浓度为135~140mmol/L，细胞内液为10mmol/L，细胞间液和淋巴液为140mmol/L，红细胞为9.61mmol/L，白细胞为34.4mmol/L，血小板为37.8mmol/L。

每日摄入的钠大部分通过肾从尿排出，只有小部分为身体所需。每天由肾小球滤过的钠可达20000~40000mmol，99.5%又被重吸收。当摄入食物中无钠时，钠在尿液中完全消失。钠还可以随汗液排出。醛固酮促进肾远曲小管和集合管上皮细胞分泌H^+，排出钾，重吸收钠。醛固酮的合成和分泌主要受血管紧张素Ⅱ、Ⅲ的调节，但当钠摄入多时，血钠升高，此时醛固酮合成、分泌减少，使得尿钠排出增加；相反，当摄入的钠减少时，血钠降低，此时血中醛固酮水平升高，使得尿液排出钠减少。肾远曲小管和集合管上皮细胞管腔膜上的钠通道（epithelial Na^+ channel，ENaC）由α，β和γ三个亚基组成，表达和功能受醛固酮调节。ENaC维持体内钠和水的平衡，即维持了细胞外液量的平衡，因此调节了血压。ENaC亚基的突变既可以引起高血压也可以引起低血压，取决于突变的性质。

生物学功能 ①调节体内水分与渗透压：钠是细胞外液中带正电的主要离子，约占细胞外液阳离子总量的90%，钠与对应的阴离子参与构成渗透压，占到细胞外液总渗透压的90%，参与水的代谢，保证体内水的平衡，调节体内水分与渗透压。钠具有储水作用，当钠量增高时，体内的储水量也相应增加；反之，储水量减少。②维持酸碱平衡：钠在肾小管重吸收，在吸收时通过钠-氢交换同时重吸收碳酸氢根负离子，完成对碳酸氢钠的回收，每分泌一个氢离子，回收1分子碳酸氢钠，从而维持了机体的酸碱平衡。③ Na^+-K^+-ATP酶驱动钠、钾离子的主动运转，起着钠泵作用，主动地将钠从细胞内排出，从而使细胞内外液渗透压平衡得以维持，与ATP的生成和利用、心血管功能、肌肉运动以及能量代谢都有着密切关系，当钠不足时钠泵的作用受到影响。钠泵介导的钠-葡萄糖共转运蛋白1促进小肠吸收葡萄糖，而钠-葡萄糖共转运蛋白2则主要介导肾对葡萄糖的重吸收。在治疗2型糖尿病时，使用钠-葡萄糖共转运蛋白的抑制剂可以抑制肾对葡萄糖的重吸收，从而增加尿糖，降低血糖。④维持血压：钠通过维持细胞外液量的平衡来维持了血压。每摄入2300mg钠，可以导致血压升高0.267kPa（2mmHg）。高钠摄入增加患高血压病的危险性，减少钠摄入与增加钾摄入可以预防高血压和心血管疾病。⑤维持神经肌肉的应激性：体内一些离子的平衡对于维持神经肌肉应激性十分必要，如钠、钙、钾、镁等，钠离子可以增强神经肌肉的兴奋性。

缺乏与过多 在正常情况下人体内不易发生钠缺乏，但是在禁食、膳食钠限制过多、高温、过量出汗、反复呕吐和腹泻、使用利尿剂抑制肾小管钠吸收等，都可以导致钠摄入过少或丢失过多而引起体内缺钠。体内钠缺乏严重时可造成血容量减少、血压降低、心率加快、外周循环衰竭等。钠的摄入量与血压随年龄增长而呈正相关，钠长期摄入过多是引起高血压的重要因素。长期高盐摄入也可导致胃黏膜保护层受到损害，是促进胃癌发生的危险因素之一。正常情况下，钠摄入过多并不蓄积，但由于某些原因摄入食盐过多则可引起中毒。

（李　刚）

lǜ

氯（Chlorine, Cl）　位于元素周期表中排第17位第三周期ⅦA族的非金属卤族元素，原子量35.453。游离状态的氯在自然界中主要存在于大气层，是破坏臭氧层的主要单质之一。氯以化合物的形式广泛存在于自然界中，常见的形式主要是食盐（氯化钠，NaCl）。1774年瑞典化学家卡尔·谢勒（Carl Scheele）在从事软锰矿的研究中发现氯。1810年英国化学家汉弗莱·戴维（Humphry Davy）证明氯是一种化学元素，并将这种元素命名为“Chlorine”。1954年布鲁瓦耶（T.C. Broyer）证明氯对于植物生长是必需的元素。

营养　食盐即氯化钠是日常食物中氯的主要存在形式，仅很少一部分来自氯化钾。食盐是日常食物的主要调味品，由食盐加工的食品也都含有氯化物。天然水中也含有氯，正常成人每日从饮水中摄取氯约为40mg/d。2016年中国营养学会推荐的每日氯摄入量，0~1岁为260~1100mg/d，4~14岁为1400~2500mg/d，此后随年龄增长而略减。饮食中的氯化钠随食物进入胃肠道，其中的氯在胃肠道被吸收。胃肠道不同部位对氯有不同的吸收机制。胃黏膜处的HCO_3^-和pH影响氯的吸收，空肠中某些氨基酸如色氨酸可以刺激氯离子的分布，促进氯离子的单向流动，回肠中有“氯泵”促进氯的吸收。吸收的氯经过血液和淋巴液运输至机体各种组织被进一步利用。

体内含量与代谢　氯广泛分布于全身，正常成人体内氯含量平均为1.17g/kg，总量为82~100g，占到人体重的0.15%。氯离子与钠、钾等形成化合物存在于组织中，其分布不同，例如氯化钠主要在细胞外液中，而氯化钾主要存在于细胞内液。氯在脑脊液与胃肠分泌液中有较高浓度，在脑脊液中氯含量可达117~127mmol/L。血浆中氯的含量为96~106mmol/L，汗液中氯化钠含量约为0.2%。肌肉和神经组织的氯含量很低，结缔组织和骨骼中有少量氯。大多数细胞内氯含量都很低，但红细胞和胃黏膜细胞中氯浓度较高，胃壁细胞分泌的盐酸（氯化氢，HCl）可以激活胃蛋白酶原，在蛋白质消化、吸收中起重要作用。

体内的氯化物主要通过肾排出，氯经过肾小球滤过后，在肾近曲小管可有80%被重吸收，在远曲小管约有10%被重吸收，有小部分氯可随尿直接排出体外。皮肤汗腺也排出一部分氯化钠，例如在剧烈运动和高温状态下，氯化钠也随汗液大量排出。

生物学功能　①维持细胞外液渗透压：氯离子和钠离子是参与维持细胞外液渗透压的主要离子，占到细胞外液总离子数的80%，是控制和调节细胞外液容量与渗透压的重要因素。②维持细胞外液阴阳离子平衡：氯离子是细胞外液中的主要阴离子之一，细胞外液的氯离子与HCO_3^-保持着相对平衡，当氯离子浓度增加时，细胞外液中的HCO_3^-的浓度随之减少，反之亦然，以维持阴阳离子的平衡。细胞的正常生理活性有赖于细胞对氯离子转运的精确调控。细胞Na-K-Cl和K-Cl协同转运蛋白是*SLC12*基因家族成员，分别决定氯离子进或出细胞。Na-K-Cl和K-Cl协同转运蛋白受WNK激酶（丝/苏氨酸蛋白质激酶）家族调控，WNK激酶家族成员突变可引起先天性高血压、癫痫和电解质紊乱。③参与血液CO_2的运输：当血浆中的CO_2进入红细胞后，可以与水在碳酸酐酶催化下结合成碳酸，再进一步解离为H^+和HCO_3^-。HCO_3^-随之又被移出红细胞进入血浆，但红细胞内正离子却不能随HCO_3^-扩散出红细胞，此时为了保持正负离子平衡，血浆中的氯离子以等当量进入红细胞。反之，当HCO_3^-在红细胞内的浓度降低时，红细胞内的氯离子移入血浆，血浆中的HCO_3^-则进入红细胞，这将有助于血液中的CO_2输送至肺部而被排出体外。④作为胃酸成分：胃壁细胞产生分泌的盐酸可以促进铁和维生素B_{12}的吸收，可以激活胃蛋白酶原而促进蛋白质食物消化吸收。⑤其他：氯离子对神经细胞膜电位具有稳定作用；氯离子有助于增强肝功能，可促进肝组织排出代谢废物。

缺乏与过多　氯是食盐的成分，正常情况下机体每日会摄入大于机体需要量的氯，因此氯的缺乏很少见。但如果膳食不合理可能引起体内氯的缺乏。在一些异常情况下，如呕吐、腹泻、大量出汗、肾功能改变、大量使用利尿剂等可引起体内氯的大量丢失，导致体内氯缺乏。氯缺乏的同时也常伴有钠的缺乏。人体氯过多情况并不常见，仅见于严重失水、持续摄入高氯化钠或氯化铵。当肾衰竭和某种情况下肠对氯的吸收增强时也可引起体内氯积聚过多，排出减少而致高氯血症。工业污染和非常规武器使用氯气可致眼部、口腔黏膜和肺部损伤，重者致命。

（李　刚）

liú

硫（sulfur, S）　位于元素周期表中排第16位第三周期ⅥA族的非金属元素，原子量32.065。硫在远古时代就为人们所知晓，硫黄温泉治病有几百年历史。中国古代药书《神农本草经》中描述了许多种矿物药品，其中就有石硫黄（即硫黄）。1746年，英国约翰·罗巴克（John Roebuck）创造了铅室法来制造硫酸。1777年，法国安托万·拉沃伊瑟（Antoine Lavoisier）研究证实硫是一种非金属元素。

营养　硫在人体元素的丰度上排第7位，机体主要通过摄入含硫有机物质、主要是从蛋白质中的甲硫氨酸和半胱氨酸获得硫。动物性食物以及豆类都含有丰富的含硫氨基酸。在乳汁常量元素中，硫含量排第6位。甲硫氨酸是人体营养必需氨基酸，植物可利用无机硫合成甲硫氨酸，但哺乳动物只能通过食物获得甲硫氨酸。根据体内维持氮平衡的需要，推荐每日甲硫氨酸/胱氨酸摄入量，3~4个月婴儿58mg/kg，2岁儿童27mg/kg，10~12岁22mg/kg，成人13mg/kg。1g蛋白质含有至少17mg含硫氨基酸，如膳食中含蛋白质100g，可供给0.6~1.6g的硫，一般认为膳食中蛋白质充足即可满足机体对硫的需要。

体内含量与代谢　硫约占体重的0.25%，大部分存在于含硫有机物中。成人体内矿物质中，硫含量排第3位，硫在人体所有元素的丰度上排第7位。体内有许多重要的含硫物质，除了蛋白质外，体内重要的含硫化合物还有甲硫氨酸、半胱氨酸、同型半胱氨酸、胱硫醚、*S*-腺苷甲硫氨酸、牛磺酸、α-酮-γ-甲基-硫丁酸、甲硫醇、硫胺素、泛酸、生物素、谷胱甘肽、硫辛酸、硫酸软骨素、硫酸氨基葡萄糖、纤维蛋白原、肝素、金属硫蛋白、铁硫簇和无机硫等。体内除了硫胺素和生物素外，其余所有含硫化合物都可以甲硫氨酸为前体合成。

体内的硫随着含硫化合物进行代谢。体内共有三种含硫氨基酸，即甲硫氨酸、半胱氨酸和胱氨酸。在代谢上这三种氨基酸是相互联系的，甲硫氨酸经过代谢可转变为半胱氨酸和胱氨酸，两个半胱氨酸的巯基脱氢形成胱氨酸，反应可逆。但半胱氨酸和胱氨酸不能转变为甲硫氨酸，因此甲硫氨酸属于营养必需氨基酸。

半胱氨酸经过氧化生成磺酸丙氨酸，再脱羧后可以生成牛磺酸。牛磺酸在肝参与组成结合胆汁酸，后随胆汁排出体外。此外，牛磺酸也可由活性硫酸根转移产生。含硫氨基酸经过氧化分解可以生成硫酸根，体内硫酸根的主要来源是半胱氨酸。半胱氨酸代谢可直接脱去氨基和巯基，生成NH_3、H_2S和丙酮酸，其中H_2S再经氧化而产生H_2SO_4。机体内产生的硫酸根有一部分以硫酸盐形式随尿液排出，另一部分生成活性硫酸根，即3'-磷酸腺苷-5'-磷酸硫酸（3'-phospho-adenosine-5'-phosphosulfate，PAPS）。PAPS上的硫酸根十分活泼，可以使某些物质如类固醇激素等生成硫酸酯，是肝生物转化的重要形式。

甲硫氨酸与ATP作用，可以生成*S*-腺苷甲硫氨酸（S-adenosyl methionine，SAM）。催化该反应的酶是甲硫氨酸腺苷转移酶。SAM的甲基非常活泼，可以转移到另一分子上形成许多重要产物，而SAM即变成S-腺苷同型半胱氨酸，后者加水脱去腺苷，生成同型半胱氨酸，同型半胱氨酸在血液中浓度升高与动脉粥样硬化和冠心病有关。同型半胱氨酸可以再接受来自N^5-甲基四氢叶酸携带的甲基，在转甲基酶的催化下重新生成甲硫氨酸，如此形成的循环称为甲硫氨酸循环。该循环的生理意义在于由N^5-CH_3-FH_4供给甲基合成甲硫氨酸，再通过此循环的SAM提供甲基，以进行体内广泛存在的甲基化反应。因此，N^5-CH_3-FH_4可看成是体内甲基的间接供体。在甲硫氨酸缺乏时，同型半胱氨酸可以甲基化生成甲硫氨酸。由于体内不能合成同型半胱氨酸，只能通过甲硫氨酸代谢生成，故甲硫氨酸还是不能被人体合成，仍属于营养必需氨基酸。甲硫氨酸充足时可以经过代谢生成α-酮丁酸，进一步转变成琥珀酸单酰辅酶A，经过糖异生而生成葡萄糖，所以甲硫氨酸是生糖氨基酸。

体内半胱氨酸和同型半胱氨酸代谢可产生少量H_2S，H_2S在线粒体内氧化成硫酸盐被迅速清除，硫酸盐经尿液排出体外。

硫主要以硫酸盐的形式从尿排出，尿中硫酸盐的排出可以反映机体硫的摄入情况。

生物学功能　①硫氨基酸参与肽与蛋白质的组成：体内三种含硫氨基酸是组成蛋白质的基本氨基酸，肽链中两个半胱氨酸残基的巯基脱氢后形成二硫键，二硫键是维持蛋白质空间结构的重要化学键。甲硫氨酸是多肽生物合成起始过程的第一个氨基酸。半胱氨酸上的巯基是许多蛋白质分子上的重要基团，例如巯基是体内许多重要酶分子的活性基团，如果一些毒物，如芥子气、重金属盐等，结合了酶分子上的巯基，即可抑制酶的活性，使其丧失催化功能。在临床上使用二巯丙醇就是利用了它可以使毒物结合的巯基恢复原状的原理，从而起到解毒作用。半胱氨酸还是谷胱甘肽（glutathione，GSH）这一三肽的组成成分，谷胱甘肽参与了体内许多重要的氧化还原反应，保护膜脂、血红蛋白和LDL等免受过氧化物氧化的作用。先天缺乏谷胱甘肽合成酶可引起羟脯氨酸尿症，特点是5-羟脯氨酸在血液中积蓄并由尿液排出，同时伴有智力发育障碍。②参与形成硫酸软骨素：硫酸软骨素是一类糖胺聚糖，以共价键连接在蛋白质上形成蛋白聚糖。硫酸软骨素在动物组织的细胞外基质和细胞表面广泛分布，参与许多重要的生理功能如细胞增殖、迁移和浸润等。③参与形成活性硫酸根：含硫氨基酸代谢产生的活性硫酸根PAPS其性质活泼，在肝生物转化过程中可使一些物质形成硫酸酯，是激素灭活的一种形式。PAPS还可通过硫酸转移酶催化转硫酸基作用参与硫酸角质素和硫酸软骨素等分子中硫酸化氨基糖的合成。④参与物质甲基化：甲硫氨酸代谢产生的SAM在甲基转移酶的作用下，可将甲基转移至另一种物质，使其甲基化，因此SAM是重要的烷化剂。体内许多重要的活性物质如磷脂酰胆碱、肾上腺素、肉碱和肌酸等都需要通过SAM的转甲基作用方能生成。⑤参与胆汁酸的生成：体内半胱氨酸代谢产生的牛磺酸是结合胆汁酸的组成成分，参与脂类物质的消化、吸收。牛磺酸还参与机体解毒、膜稳定、渗透压和细胞钙水平的调节。⑥参与呼吸链的组成：铁硫簇（又称铁硫中心，iron-sulfur center，Fe-S）是铁硫蛋白的辅基，Fe-S与蛋白质结合为铁硫蛋白。Fe-S是NADH-泛醌还原酶的第二种辅基。铁硫簇含有等量的铁原子与硫原子，有[Fe-S]、[2Fe-2S]和[4Fe-4S]等几种不同的类型。铁硫蛋白分子中的一个铁原子能可逆地进行氧化还原反应，每次只能传递一个电子，为单电子传递体。在呼吸链中，铁硫蛋白多与黄素蛋白或细胞色素b结合成复合物存在。铁硫蛋白也是复合体Ⅱ、Ⅲ的组成成分。⑦参与组成辅酶：硫辛酸是线粒体脱氢酶的辅酶，参与物质在线粒体代谢。在临床上辅助用药可以预防自由基造成的细胞损伤、减少氧化应激反应、降低血糖和增加其他抗氧化剂的作用。⑧参与蛋白质硫酸化：体内H_2S还参与蛋白质硫酸化反应、与NO协同参与信号转导、还原蛋白质分子上金属元素离子，因此H_2S具有信号分子样作用。在调节中枢神经系统和心血管系统、对抗内质网应激和抗衰老上都有一定生理作用。

缺乏与过多 饮食中蛋白质含量低可造成机体硫缺乏，饮食中的植物如生长在缺硫土壤中可造成植物硫缺乏。正常饮食摄入的含硫化合物不会引起体内硫过多。由于环境污染造成的SO_2增多可引起呼吸系统疾病，如支气管炎、支气管痉挛和肺阻力增加。

（李　刚）

měi

镁（magnesium, Mg） 位于元素周期表中排第12位第三周期ⅡA族的碱土金属元素，原子量24.305。镁在地壳中浓度较大，是地壳中最常见的8种元素之一。镁盐大量存在于海水中，镁在海水中的浓度为55mmol/L，并以$MgSO_4 \cdot H_2O$、$MgCa(CO_3)_2$、$MgCO_3$、$KMgCl_3 \cdot 6H_2O$等形式沉积。1808年英国化学家汉弗莱·戴维（Humphry Davy）采用电解苦土的方法分离了元素镁。20世纪30年代初，埃尔默·麦科勒姆等（Elmer V. McCollum）报道了动物对镁缺乏的反应。几乎同时，人们发现某些疾病可伴有镁缺乏，并证实镁是人体的必需元素。

营养 日常食物普遍都含有镁，但其含量因食物差别很大。叶绿素结构中卟啉环的中心原子是镁，因此绿色蔬菜含有丰富的镁。通过水摄入镁占每天镁摄入量的10%。2016年中国营养学会推荐的每日镁摄入量，0~1岁为20~140mg/d，4~18岁为160~320mg/d，18岁以上为330mg/d，孕妇为370mg/d。食物中的镁的吸收部位主要在空肠末端与回肠。镁主要通过被动吸收机制吸收。镁的吸收率受镁摄入量的影响，摄入少时吸收率高，摄入多时吸收率低，吸收率一般为30%。食物中过多的膳食纤维、磷、草酸和植酸对镁的吸收有抑制作用，氨基酸、乳糖及$1,25(OH)_2D_3$等对镁的吸收有促进作用。

体内含量与代谢 镁是人体重要的矿物质之一，含量排第4位。正常情况下成人体内镁总量约为25g，约60%存在于骨骼和牙齿中，小部分（约40%）分布于细胞内外液，其中主要分布在细胞内，很少部分（$<1\%$）分布于细胞外液。血清镁含量为0.75~0.95mmol/L（18~23mg/L）。镁在血浆中有三种存在形式，其中55%~70%为游离镁，即Mg^{2+}；其次是与蛋白质（主要是清蛋白）结合的镁，占20%~30%；约13%的血清镁与柠檬酸、磷酸根结合成不解离的镁盐。红细胞镁与血清镁的比值为2.8。血清镁含量十分恒定，血清镁浓度不反映体内

镁的充足与否，即使机体缺镁，血镁也不降低。

细胞内镁浓度为 5~20mmol/L；其中 1%~5% 为离子态，其余与蛋白质、负电荷分子和 ATP 结合。

体内调节镁平衡的三个器官是小肠、骨和肾。从食物中摄取进入体内的镁主要通过胆汁、肠液和胰液分泌到肠道，其中大部分（60%~70%）随着粪便排出体外，体内的镁有小部分通过汗液和脱落的皮肤细胞排出，其余随尿液排出，正常人每天为 50~120mg。肾是维持机体镁平衡的重要器官，肾对镁的处理包括滤过和重吸收。肾是排镁的主要器官，每天约有 2400mg 的镁被过滤，其中 2300mg 滤过的镁被直接重吸收。血镁高时，肾小管重吸收减少；血镁低时，重吸收增加。甲状旁腺激素参与此调节过程。血镁低时，刺激甲状旁腺激素分泌增加，肾小管重吸收镁增加；反之，则重吸收减少。

生物学功能 ①参与酶催化活性：镁参与 300 余种依赖 ATP 的酶促反应，ATP 与镁形成复合物 MgATP。这些反应涉及蛋白质合成、DNA 和 RNA 合成、糖的无氧酵解和有氧氧化、氧化磷酸化、神经肌肉兴奋性、信号转导和血压调节等。如镁可以激活磷酸转移酶，从而对葡萄糖酵解，脂肪、蛋白质和核酸的生物合成等起重要调节作用。镁离子又是氧化磷酸化中酶的重要辅助因子，参与线粒体能量代谢反应。Na^+-K^+-ATP 酶的活性依赖镁离子的合适浓度，细胞内镁离子浓度降低可使该酶活性降低，从而导致细胞内的钾向细胞外迁移，而心肌细胞内钾浓度降低，跨膜的钾浓度梯度降低，使心肌兴奋性增高。镁还是腺苷酸环化酶的激活剂，使 cAMP 生成增加。cAMP 是细胞内重要的第二信使，参与诸多物质代谢的调节。维生素 D 羟化转变成活性形式，以及维生素 D 结合到转运蛋白都需要镁离子作为辅助因子。②调节心血管功能：在心血管系统镁调节心脏泵功能、调节心肌细胞钾的流动、保护和对抗应激反应、舒张冠状动脉及外周动脉血管和降低血小板聚集。③调节离子通道：镁可以封闭 I_{K1} 通道（一种钾通道）而阻止钾的外流。镁阻止 NMDA 受体通道（一种离子型谷氨酸受体通道）。细胞外镁离子可在细胞外与细胞外钙离子竞争钙通道，如在神经末梢，由于它与钙离子的竞争作用，使进入末梢的钙离子量减少，导致递质释放量减少。④维持骨骼生长和调节神经、肌肉兴奋性：镁是维持骨细胞结构和发挥功能所必需的微量元素，正常镁浓度可以维持骨骼生长，影响骨的吸收。镁对神经、肌肉的作用类似于钙的作用，当血液中镁或钙浓度过低时可提高神经、肌肉兴奋性、引起易激动和心律不齐等反应，当血镁浓度过高时则有镇静作用。镁和钙二者之间既有协同作用又可相互拮抗，当钙摄入不能满足机体需要时，适量的镁可代替钙的部分作用；但当镁摄入体内过多时，反而会对骨骼的钙化起抑制作用。⑤维持酸碱平衡：镁是细胞内液的主要阳离子，与钙、钾、钠一起和相应的负离子协同维持体内的酸碱平衡。⑥其他：口服硫酸镁具有导泻作用，当硫酸镁水溶液到达肠腔后，能刺激肠蠕动，在十二指肠可使总胆管奥狄括约肌松弛，促使胆汁流出，使胆囊排空。血浆镁增加时可抑制 PTH 分泌，但其作用仅为钙的 30%~40%。

缺乏与过多 多种疾病引起的严重吸收不良、慢性酒精中毒引起的营养不良、长期静脉营养而忽视镁供给、烧伤、急慢性肾病、哺乳损失、儿童时期的营养不良等都会造成镁的缺乏。一些慢性疾病或炎症也常伴有体内低镁，如阿尔茨海默病、哮喘、多动症、2 型糖尿病、高血压、心血管疾病、骨质疏松症和 *TRPM6* 基因突变等。镁缺乏时可以出现继发性电解质改变。镁极度缺乏也可使血钙浓度显著下降，引起神经肌肉兴奋性亢进增加、共济失调和肌肉震颤等。镁可以稳定骨骼中的矿物质，绝经后的镁缺乏促进骨矿物质丢失，易于引起骨质疏松。在正常情况下，由于有机体的调节机制，一般不易发生镁中毒。但肾功能不全、糖尿病早期、肾上腺皮质功能不全和大量注射或口服镁制剂等可导致镁中毒。镁中毒表现为腹泻、肌无力、嗜睡、心脏传导阻滞等。

（李　刚）

lín

磷（phosphorus, P） 位于元素周期表中排第 15 位第三周期 VA 族的非金属元素，原子量 30.947。磷在生物圈内分布很广，在各元素地壳丰度上列前 10 位。磷是人体含量较多的元素之一，次于钙排列第 6 位。磷不但构成人体成分，还参与诸多生理上的化学反应。1669 年，德国亨尼格·布兰德（Hennig Brand）从干馏尿残渣中获得单质磷。1820 年，发现了第一个有机磷化合物。1869 年，瑞士医生弗里德里克·米舍（Friedrich Miescher）在废弃绷带残留的脓液中发现了 DNA。1919 年，美国生物化学家菲伯斯·莱文（Phoebus A. T. Levene）发现 DNA 的组成里有磷的成分。1950 年英美等国将有机磷化物制作农药。

营养 人摄取的食物中含有丰富的磷，磷是与蛋白质并存的。2016年中国营养学会推荐的每日磷摄入量，0~1岁为100~300mg，1~18岁300~720mg，18岁以上为720mg，65岁以上略减。磷在小肠被吸收，吸收最快的部位在十二指肠及空肠。磷的吸收可分为两种，即通过载体需能的主动吸收和扩散被动吸收。食物中所含的磷化合物以磷脂和有机磷酸酯为主，在消化道经酶促水解后形成无机磷酸盐被吸收。乳类食品中含较多的无机磷酸盐，故易于吸收。磷的吸收率可达70%。

体内含量与代谢 正常成人体内含磷量600~700g，约占体重1%，平均每千克体重含磷10g。总磷量的85.7%分布在骨和牙齿组织，主要存在形式为无机磷酸盐。14%分布在全身软组织细胞中，都以有机磷酸酯形式存在。约0.3%分布于组织间液，0.03%分布于血浆。血浆含磷化合物约2/3为有机磷化合物，1/3为无机磷。正常人血磷浓度为0.97~1.6mmol/L（30~35mg/L）。血液中钙和磷浓度之间有一定关系，当血钙、磷浓度以100ml中的毫克数表示时，其乘积在35~40，即[Ca]×[P]=35~40，如小于30时，则反映骨质钙化停滞。

体内磷的平衡与其在体内外环境之间的交换密切相关，正常情况下磷的摄入、吸收和排泄之间保持相对平衡。磷在体内代谢受三种激素的调节。甲状旁腺激素（parathyroid hormone，PTH）可动员骨磷入血，抑制肾近曲小管对磷的重吸收，增加尿磷、降低血磷。PTH激活肾内1-α羟化酶，后者催化25-（OH）$_2$-D_3转变为活性维生素D[1,25-（OH）$_2$-D_3]，从而通过这一途径间接影响磷水平。1,25-（OH）$_2$-D_3可促进小肠对磷的吸收，促进肾近曲小管对磷的重吸收，而使血磷增高。降钙素（calcitonin，CT）在一般浓度时降低肠磷吸收，增加肾磷排出而降低血磷。PTH、1,25-（OH）$_2$-D_3、CT都对骨和肾有作用，而1,25-（OH）$_2$-D_3还能直接促进小肠吸收钙、磷。磷主要通过肾排出，未经肠道吸收的磷从粪便排出。

生物学功能 ①构成骨骼的重要成分：磷以无机磷酸盐即磷灰石的形式存在于骨和牙中，起到机体的支架和骨骼负重作用，磷灰石也是体内磷的储存仓库，因此具有重要的作用。②参与组成生命活动的重要物质：磷酸基团是构成DNA、RNA以及各种核苷酸的组分，核苷酸以磷酸二酯键相连而成核酸大分子。真核生物DNA存在于细胞核和线粒体内，携带遗传信息。RNA是DNA的转录产物，参与遗传信息的复制和表达。磷酸可以与多肽链中丝氨酸、苏氨酸和酪氨酸残基的羟基以酯键形式结合，形成稳定的化合物，在细胞内信号转导中发挥着功能性蛋白质的特殊作用。③参与组成磷脂：磷脂是一类含有磷酸的类脂，是细胞膜结构的组成成分。参与形成脂蛋白，参与脂类物质的运输和代谢。④参与组成辅酶：磷酸基团是许多辅酶或辅基的组成成分，如NAD、NADP、焦磷酸硫胺素和磷酸吡哆醛等，可以作为酶的辅助因子参与体内的物质代谢。⑤参与形成能量物质：体内磷以有机磷酸酯的形式参与体内的物质代谢及其调节。高能磷酸化合物作为能量载体在生命活动中起重要作用。如ATP是体内最重要的高能磷酸化合物，是细胞可以直接利用的能量形式。UTP、CTP、GTP可为糖原、磷脂、蛋白质等生物合成提供能量。在骨骼肌和心肌等组织中，当ATP充足时，可将其能量转移给肌酸形成磷酸肌酸储存，磷酸肌酸也是高能化合物。⑥参与形成代谢中间产物：许多物质在代谢过程中需经过磷酸化才能进入代谢途径，如糖代谢中间产物葡糖-1-磷酸、葡糖-6-磷酸、果糖-6-磷酸、果糖-1,6-二磷酸、甘油醛-3-磷酸、1,3-二磷酸甘油酸等。3-磷酸甘油是体内合成脂肪的原料。⑦参与信号转导：在细胞内信号的传递过程中，蛋白质含羟基氨基酸残基的磷酸化和脱磷酸，常常是信号传递的分子开关。酶蛋白的可逆磷酸化可以改变酶的活性，这些磷酸化过程为耗能反应，由蛋白质激酶催化。细胞内的cAMP和cGMP，以及磷脂的代谢产物磷脂酸、溶血磷脂酸、肌醇三磷酸等都是重要的第一或第二信使分子，参与调节机体的各种生命活动。⑧参与调节血红蛋白携氧：葡萄糖在红细胞中分解代谢可通过2,3-二磷酸甘油酸支路产生2,3-二磷酸甘油酸（2,3-bisphosphoglycerate，2,3-BPG），2,3-BPG可以降低血红蛋白对O_2的亲和力，当血液流入组织时，2,3-BPG能显著地促进红细胞中氧合血红蛋白释放O_2，供组织需要。⑨调节酸碱平衡：无机磷酸盐组成体内重要的缓冲体系，参与体内酸碱平衡的调节。

缺乏与过多 一般情况下不会由于膳食原因引起营养性磷缺乏，营养性磷缺乏只有在静脉营养补充过度而未补磷等一些特殊情况下才会发生。正常情况下也不会发生因膳食导致摄入磷过多，但如医用口服、灌肠或静脉注射大量磷酸盐后，可引起血清无机磷浓度升高。高血磷可减少尿钙丢失，降低肾 1,25-（OH）$_2$D$_3$ 的合成，从而降低血钙离子，导致 PTH 释放增加，形成继发性甲状旁腺激素升高。其结果可促使骨的重吸收，对骨骼产生不良作用，是一种肾性骨萎缩性损害。高血磷如导致 [Ca]×[P] > 70 时可引起非骨组织的钙化。

（李 刚）

wēiliàng yuánsù

微量元素（trace element） 维持机体正常生理功能且需要量很少的化学元素。微量元素在人体中存在量低于人体体重 0.01%，每日需要量在 100mg 以下。微量元素学科是营养学近年来逐渐形成的一个新兴分支，营养必需微量元素与人的生命、健康和长寿有着密切关系。

分类 按微量元素的生物学作用可以分为必需和非必需两大类。必需微量元素（essential trace element）指那些对生命活动必需的元素，这些元素在体内各种物质代谢中起重要作用，该元素长期摄入不足将导致生理功能损伤。目前公认的营养必需微量元素有铁、铜、锌、锰、铬、钼、钴、钒、镍、锡、氟、碘、硒和硅共 14 种（世界卫生组织，1973）。非必需微量元素（non-essential trace element）指那些目前尚不清楚其生理功能的微量元素，对其生物学意义至今还没有足够的了解，或者它们本身来自环境污染，如铅、镉、汞、铊等。非必需微量元素有些是对机体无害的，如锂、硼、铷和溴等，有些则是有害的，如镉、铅、铊、汞、锑和铝等。

有些微量元素如砷、锂、锶、硼等可能具有一定的有益生物学作用，但目前尚未被广泛认可。有些微量元素如钡、钛、铌和锆等尚未发现有营养作用，但也无明显毒害作用。但诸如铅、汞、镉、铊、铝和锑等在体内易于蓄积，具有明显毒害作用。

营养学特点 人体不能合成微量元素，必须从外部、主要是从食物和饮用水中获得。营养必需微量元素的每日需要量很少，以毫克计算。食物中普遍含有各种微量元素，但食物和饮用水的必需微量元素含量明显受到地球化学环境的影响，不同地区土壤和水中各种元素分布存在明显差异，导致不同地区人体摄入必需微量元素的情况不同。食物的品种和加工也影响食物中营养必需微量元素的含量。如单一的食物品种或不良的饮食习惯（挑食和偏食）容易导致摄入的微量元素不平衡。深加工食品也可导致营养必需微量元素的丢失。饮食中微量元素之间的比例也影响其吸收，如食物中铁与锌的比例相差悬殊可相互干扰吸收。

不同微量元素在消化道内的吸收方式不同，如氟是被动扩散吸收，而锌的吸收需要载体转运。不同年龄人群对微量元素的需要量不同，2016 年中国营养学会重新推荐了不同人群对不同必需微量元素的每日需要量。

代谢特点 饮食中摄入的微量元素经过血液到全身各个组织，微量元素在人体不同组织广泛分布，但分布不均衡。某些组织对某些微量元素有蓄积作用，如甲状腺对碘有很强的富集能力，氟主要沉积在骨骼和牙齿。血液中微量元素有一定的正常浓度范围，血液微量元素值可以作为判断体内微量元素代谢情况的参考，但这个参考值受年龄、生理与病理状况、服药情况、性别差异、家族、宗教、饮食习惯、地区自然环境、取样时间、分析方法等的影响。

营养必需微量元素在组织中发挥生物学效应的同时，也被机体代谢，以离子形式或与体内代谢产物结合，经尿液、胆汁、粪便、毛发、指甲、汗液、脱落上皮等途径排出体外。不同微量元素主要排出途径可以不同，如氟、碘主要经肾随尿液排出，而铁、铜、锌等以肠道、胆汁排泄为主，锰主要随胆汁进入肠道排出。

生物学功能 营养必需微量元素生物学作用是多方面的，这些作用共同参与了机体的生长发育、生育功能、免疫功能、感官功能、衰老、凋亡和肿瘤发生过程。营养必需微量元素在机体发挥生物学作用包括以下几种方式。①酶的组成成分：如含锌酶和含硒酶等金属酶。②激素的成分：如甲状腺激素含有碘；③参与体内物质的输送：如铁是血红蛋白的成分，参与氧的运输。线粒体呼吸链中的细胞色素卟啉环含有铁，参与电子传递。④维生素的成分：如钴是维生素 B$_{12}$ 的成分，参与甲硫氨酸循环和一碳单位代谢。⑤生物活性物质的组成成分：如核受体中的锌指结构，参与基因表达调控。⑥调控细胞凋亡：如适当的锌可抑制细胞凋亡，但当锌超过一定浓度后可阻断 Ca^{2+} 信号，抑制天冬氨酸蛋白酶介导的细胞凋亡。⑦与肿瘤发生有关：某些微量元素过多或过少可能是诱发肿瘤的原因之一，如过量的碘摄入是甲状腺肿瘤发生的一个因素。⑧与致畸有关：如生殖细胞锌缺乏可致畸。

一些微量元素对人体的影响具有双重效应，缺乏可引起缺乏病，过多可引起中毒。微量元素在体内发挥作用需具备一定条件，如需要有恰当的数量、适宜的价态、发挥作用的人体部位，并与确定的受体结合。

人体内各种微量元素之间可以存在相互作用，这种作用可以是协同作用，也可以是拮抗作用。已知微量元素间有拮抗作用的有铜与钼，铜与锌，铜与铁，镉与铜、锌、锰，铁与硒，硒与砷、汞等。已知微量元素间有协同作用的有砷与铅，铜与汞，硒与铜等。体内微量元素恰当的平衡是维持正常人体代谢等生命活动的重要保证。

必需微量元素失衡 营养必需微量元素在生理浓度下维持机体的正常生命活动，但摄入过少或过多就会引起缺乏或中毒。缺乏或摄入过多的因素包括人体所处的环境、饮食、污染和疾病等。例如某些地区土壤和水中必需微量元素含量失衡，可导致诸如氟骨症、矮小症、地方性甲状腺肿、呆小症、大骨节病和克山病等地方病。长期食用某些微量元素过多的食品和水、误服或自杀时服用某些药物等也是造成体内微量元素过多的原因。环境污染是当今引起体内某些元素过多的重要因素。有些疾病可引起体内微量元素平衡失调，如肾病综合征时体内锌缺乏，肝癌早期铜/锌比值升高，2型糖尿病时体内铬含量减少等。

（李　刚）

tiě

铁（iron, Fe） 位于元素周期表中排第26位第4周期Ⅷ族的金属元素，原子量55.84。铁属于人体必需微量元素。铁有二价和三价两种形式，是人体内含量最丰富的过渡元素。1664年，托马斯·西德纳姆（Thomas Sydenham）已经用含铁的酒剂治疗萎黄病（缺铁性贫血）。18世纪就已经知道血液中含有丰富的铁。1893年，斯托克曼（Stockman）用铁和钠的水剂成功地治疗3例萎黄病。1937年，海尔迈尔（Heilmyer）和普勒特纳（Plotner）制订了精密测定血清铁的方法。1939年开始使用放射性同位素研究铁的代谢机制。中国在2000年的一项全国性公众营养调查结果显示，缺铁性贫血的发病率为17%，其中女性高达35.6%，学生可达到20%以上。

营养 人体在不同年龄阶段营养标准摄入量不同。2016年中国营养学会推荐的成人每日铁摄入量，1~4岁为0.3~10mg/d；7~14岁男性为13~16mg/d；女性为13~20mg/d；18~50岁为12mg/d；孕妇早期为20mg/d，中期为24mg/d，晚期为29mg/d；乳母为24mg/d。食物铁主要以三价铁形式存在，少数为还原铁（即亚铁或二价铁）。存在于肉类食物中的铁约一半是血红素铁，其他为非血红素铁。

血红素铁的吸收不受膳食中植酸和磷酸的影响。亚铁离子主要吸收部位在肠道，胃内可吸收少量，铁在胃内酸性环境下易于吸收。在肠内，食物中的血红素可被直接吸收进入肠黏膜细胞。血红素中的铁在小肠黏膜细胞内经血红素氧化酶作用，以二价的形式被释放。非血红素铁先在膜铁还原酶作用下还原，再与二价金属载体结合进入肠黏膜细胞。二价铁进入血液前首先经亚铁氧化酶，如血浆铜蓝蛋白的作用，被氧化为三价铁，然后与血浆中的转铁蛋白结合，通过血液运输到机体各个器官组织。进入肠黏膜细胞的铁也可与铁蛋白结合而贮存，二者的比例与机体需铁状态有关。组织细胞表面受体与转铁蛋白结合后内吞入细胞。铁在细胞内与转铁蛋白分离，或形成含铁蛋白，或在线粒体合成血红素或铁硫簇。

体内含量与代谢 一般成年人体内含铁3~5g，女性由于月经失血含量较少。铁在体内分布很广，几乎所有组织都含有铁质，以肝、脾含量最高。男性血清铁含量为900~1800μg/L，女性为700~1500μg/L。大部分铁以蛋白质复合物形式存在，极小部分以离子状态分布。铁在体内可分为功能铁和贮存铁，功能铁占全身总铁量的75%以上，主要存在于血红蛋白（60%~75%）和肌红蛋白（3%）中。体内有几十种含铁酶，这部分铁占总铁量的1%~2%。运铁蛋白也属于功能铁，占到总铁量的0.1%。铁是以铁蛋白和含铁血黄素的形式贮存在肝、脾和骨髓中。衰老红细胞破坏释放的铁再循环提供体内90%的铁，另外10%的铁来自食物。铁调素是由肝合成、分泌的含有8个半胱氨酸的抗菌多肽，在铁代谢中起重要作用。铁调素与膜铁转运蛋白结合后减少十二指肠黏膜细胞铁的吸收和巨噬细胞释放铁，从而减少体内铁的水平，在体内铁平衡上起重要的调节作用。胞质中存在有铁调节蛋白质，可以与编码转铁蛋白受体、铁蛋白亚基和膜铁转运蛋白的mRNA 5'或3'非翻译区的铁反应元件结合，从而影响这些蛋白质的表达，通过这些蛋白质再影响细胞铁的摄入、贮存和转运。

体内铁主要通过肠道和脱落皮肤细胞、胆汁、尿液和汗液等排出。

生物学功能 ①参与构成血

红蛋白：铁主要在红细胞和肌肉中以血红蛋白和肌红蛋白形式存在，血红蛋白每日合成需铁 25~30mg。血红蛋白是红细胞内结合氧的蛋白质，由珠蛋白和含铁的血红素组成，其作用是将氧携带运送到全身各处，供机体进行物质代谢。②作为一些酶和蛋白质的辅助因子：铁参与构成多种金属酶和蛋白质的辅助因子，功能涉及能量代谢、DNA 合成、细胞循环阻滞和细胞凋亡。含铁酶包括一系列还原酶（如核苷酸还原酶、硝酸盐还原酶、亚硝酸盐还原酶等）、氢化酶、固氮酶、过氧化物酶（包括细胞色素过氧化物酶、髓过氧化物酶等）、氧化酶（包括细胞色素 c、氧化酶等）、水化酶等，这些酶大多数是血红素酶。一些酶和蛋白质含有铁硫簇，如构成线粒体内膜呼吸链中的铁硫蛋白，参与生物氧化中的电子传递。一些 RNA 修饰酶含有铁硫簇，参与 tRNA 和 rRNA 分子中碱基的甲基化、甲硫基化、羧甲基化等修饰反应。硫辛酸合酶也以铁硫簇为辅助因子。③其他：铁可通过参与一些激素的合成，使机体的免疫功能保持正常。铁具有加强中性粒细胞杀菌的功能，促进其吞噬作用；铁还可以促进淋巴细胞的增生和分化，促进 B 淋巴细胞抗体的产生。

缺乏与过多 世界 1/3 人口受到贫血影响，其中一半是由于铁缺乏。食物中长期缺少铁可减少体内血红蛋白的合成，这是营养性缺铁性贫血的主要原因，常见于儿童。全球有 15%~20% 人患缺铁性贫血。人体对于铁的吸收和体内铁的平衡具有很强的调控能力，所以因食物铁过量而导致中毒的情况很少见。铁中毒可见于误服大量补铁药或含铁食物，或遗传因素使铁吸收过量。多余的铁可以促进自由基的形成并导致细胞损伤和死亡。

遗传性血色素沉着症是一种遗传性铁过多疾病，导致过多的铁沉积在肝、心和内分泌腺实质细胞中。铁调素和任何与铁调素功能相关蛋白质基因的突变，如 HFE 蛋白、铁调素调节蛋白、转铁蛋白受体 2（TFR2）和膜铁转运蛋白的基因都可以引起血色素沉着症。例如，最常见的Ⅰ型血色素沉着症发生在成人，病因是由于 HFE 基因突变，导致 HFE 蛋白质第 282 位半胱氨酸转变成酪氨酸。Ⅲ型血色素沉着症是由于转铁蛋白 2 受体基因突变引起。

（李　刚）

xīn

锌（zinc, Zn） 位于元素周期表中排第 30 位第 4 周期Ⅱ B 族的金属元素，原子量 65.39。锌属于人体营养必需微量元素，在人体所有营养必需微量元素中，锌的含量仅次于铁。锌广泛分布在土壤中，在所有元素中，锌的丰度占第 15 位。1869 年，罗兰（J. Raulin）首先指出锌对于黑曲霉菌生长是必需的元素。1926 年，萨默（Sommer）证实植物生长也需要锌。1961 年，普拉萨德（Prasad）在伊朗地区发现锌缺乏导致儿童食欲缺乏、生长发育迟缓、性腺发育不良，称为伊朗乡村病。

营养 食物锌主要存在于动物性食物中，人奶中含有与锌结合的小分子配体，有利于锌的吸收。人体对食物中锌的需要量在人的不同发育阶段、不同的功能状态下有所不同。2016 年中国营养学会推荐的锌每日推荐摄入量，0~1 岁为 2.0~4.0mg/d，4~14 岁为 5.5~11.5mg/d，12 岁以上为 12.5mg/d，妊娠期为 9.5mg/d，哺乳期为 12mg/d。锌主要在小肠内吸收，小肠黏膜细胞内有转运锌的各种载体（ZnT 和 ZIP 家族），其中载体 ZIP4 参与锌的吸收，进入小肠黏膜细胞内的锌由载体 ZnT1 转运至门脉循环系统后与清蛋白结合而运输。食物中的植酸（6- 磷酸肌醇）、纤维素和磷酸可影响锌的生物利用度。

体内含量与代谢 成年人总体锌含量约为 2.5g，其中 60% 存在于肌肉中，30% 存在于骨骼中。几乎所有亚细胞成分均发现有锌存在，其中胞质占 50%，细胞核 30%~40%，细胞膜 10%。正常人全血锌含量为 90~110 μmol/L 或 4~8mg/L，全血锌 80% 存在于红细胞中。人血清中铜和锌的含量有一定比值，正常人为 0.82，一些疾病中该比值发生改变。血浆锌主要与清蛋白结合，含量正常为 120 μg/dl，血清锌含量比血浆高约 16%。锌主要分布在细胞内，在体内主要以各种含锌蛋白质的形式存在，很少以离子形式存在。人体内锌经过粪便、尿液、乳汁和汗腺排出。

生物学功能 锌主要以含锌蛋白质的形式发挥作用。体内含锌蛋白质有 3000 余种，占基因组编码蛋白质基因的 10%，其中包括各种酶类、转录因子、含锌信号分子、转运或贮存蛋白质、参与 DNA 修复、复制或翻译的蛋白质、锌指蛋白，还有一些功能不清的蛋白质也含有锌。锌作为蛋白质的辅因子比维生素更为常见。①组成含锌金属酶：含锌金属酶参与机体各系统的生理功能。1939 年，凯林（Keilin D）等证实第一个含锌金属酶碳酸酐酶，1954 年发现了第二个含锌金属酶牛胰羧肽酶 A。目前根据不同来源所确定的含锌酶达到300多种。按照国际生化联合会对酶的分类方法，可将酶分为7类，即氧化还原酶、转移酶、水解酶、裂解酶、异构酶、连接酶和易位酶。其中每一类中都有含锌酶。锌在含锌酶中的作用可以分为催化、结构、调节和非催化作用4类。②构成锌指结构：许多蛋白质具有锌指模体，锌指模体是由1个 α 螺旋和2个反向 β 折叠组成，有多个半胱氨酸和/或组氨酸残基参与形成的一个空间结构，中间具有一个空穴可以容纳一个锌离子，以维持其结构的稳定性。例如类固醇受体的DNA结合区有两个锌指模体结构，其中一个与DNA结合，另一个参与受体二聚化。现在已经发现10多种不同的锌指蛋白家族。锌指模体结构能够与DNA、RNA或蛋白质相互作用，从而调节基因转录。③影响激素和维生素的作用：锌参与胰岛素、垂体激素、前列腺素、儿茶酚胺、胸腺激素和血管紧张素，以及维生素A、维生素E和维生素 B_6 的生物学功能。④参与机体免疫机制：锌可以通过影响淋巴细胞、补体活性和中性粒细胞参与机体防御感染。锌具有抗氧化和抗炎症作用，但超出生理或药理浓度时，如在锌中毒或锌缺乏情况下，锌则有促氧化、促炎症和促凋亡作用。⑤稳定细胞膜：在细胞膜上，锌可以结合在含硫、氮的配体上维持膜的稳定性。

缺乏与过多 锌缺乏比锌中毒更为常见。自从发现伊朗乡村病以来，锌在人体功能上的重要性得到广泛重视。动物蛋白质摄入不足是体内锌缺乏的主要原因，食物中的植酸、纤维素和磷酸可影响锌的吸收。过量饮酒、胃肠道疾病和肾脏病也可导致锌缺乏。肠病性肢端皮炎是一种由于锌运载体基因（ZIP4）突变而引起的先天性锌吸收障碍疾病。镰刀形红细胞性贫血、急性心肌梗死、肝硬化、肾病综合征、克罗恩病、烧伤和糖尿病时可伴有锌缺乏。锌缺乏可以引起诸如神经、消化、循环、内分泌、骨骼和免疫等多种系统功能紊乱，可以导致生长迟缓、骨骼发育障碍、性功能障碍、味觉消失和食欲缺乏、伤口愈合缓慢等临床表现。

锌在体内不易积蓄，大剂量口服锌常引起保护性呕吐，所以锌中毒并不常见。急性锌中毒多由空气及水源污染、长期大量或一次误服等引起，锌中毒临床表现包括脱水、电解质紊乱、恶心、呕吐、嗜睡和肌肉运动失调等。慢性锌中毒由长期服用锌制剂或接触含锌物品造成，表现为顽固性贫血、食欲缺乏、血红蛋白含量降低和血清铁及体内铁储存量减少等。

（李　刚）

xī

硒（selenium, Se） 位于元素周期表排第34位第4周期ⅥA族的非金属元素，原子量78.96。硒在地壳中的含量稀少，平均丰度约0.09mg/kg。自然界的硒以无机硒和有机硒两种形式存在。无机硒以亚硒酸钠和硒酸盐的形式存在于矿物中，有机硒包括氨基酸硒，如硒代甲硫氨酸和硒代半胱氨酸。硒属于人体必需微量元素。硒有二价、四价、六价三种形式。硒是1817年由瑞典科学家约恩斯·伯齐利厄斯（Jöns Berzelius）从硫酸矿铅室泥中发现。1857年美国军马吃了达科达州牧草而中毒死亡，直到1934年才证明是因硒中毒。1957年，克劳斯·施瓦茨（Klaus Schwarz）证明硒是动物体内必需微量元素。1975年约格什·阿瓦斯蒂（Yogesh Awasthi）证实硒是谷胱甘肽过氧化物酶的组成物质和维持酶活性的重要成分，为人体所必需。1981年中国公布克山病系缺硒所致。2003年美国食品药品管理局认定硒为抑癌剂。

营养 人类每日硒的摄入量与食物有关，食物硒含量取决于当地土壤含硒量。最富含硒的食物是海产品、动物内脏和菌藻类食物。植物中90%的硒以硒代甲硫氨酸形式存在，动物性食物的硒主要是硒代半胱氨酸。亚硒酸钠和硒酸钠是补硒产品。2016年中国营养学会提出硒的每日推荐摄入量：0~1岁为15~25μg/d，4~11岁为30~55μg/d，14岁以上为60μg/d。硒主要通过胃肠道吸收。硒化合物的肠道吸收率为80%以上。可溶性的硒盐，如硒酸钠和亚硒酸钠，以及硒代半胱氨酸和硒代甲硫氨酸等都易于被肠道吸收。

体内含量与代谢 硒的吸收因地区、土壤、食物、水含硒量不同而存在明显差异。吸收后的硒经血液运送到各组织。硒代甲硫氨酸进入体内可代谢生成硒代半胱氨酸。亚硒酸钠进入体内后在硫氧还蛋白还原酶和谷胱甘肽作用下还原成硒酸钠。硒在红细胞中与血红蛋白和谷胱甘肽过氧化物酶结合。在血浆中硒与清蛋白和硒蛋白P结合。血浆硒有3%与脂蛋白结合，主要是LDL。

人体含硒为3~20mg，具体含量与所生活的地区有关。骨骼肌和肝是人体主要的储硒器官，肝中硒有50%以谷胱甘肽过氧化物酶形式存在。正常人血硒含量成年人为1.25~2μmol/L，儿童为0.39~0.46μmol/L。当硒摄取减少时，肝分泌硒蛋白P进入血液，将硒带到各个组织。肝外组织通过细胞 Apo E 受体2或巨蛋白摄取硒蛋白P。正常情况下，硒主要从尿液排出，排出形式为三价硒离子和硒糖，尿液排出硒是体内硒平衡的重要调节方式。

生物学功能 硒以含硒蛋白质的形式发挥作用。硒在体内主要以硒代半胱氨酸形式存在于25种蛋白质中，多数硒蛋白是氧化还原酶，包括谷胱甘肽过氧化物酶、硫氧还蛋白还原酶、甲状腺素脱碘酶、甲酸脱氢酶、甘氨酸还原酶和一些氢化酶等。硒蛋白P是唯一含有多个硒代半胱氨酸残基的硒蛋白，主要由肝合成。硒代半胱氨酸是指半胱氨酸上的硫元素被硒元素取代。硒代半胱氨酸存在于这些酶的活性中心，催化氧化还原反应。如果用半胱氨酸取代硒代半胱氨酸可引起酶活性显著降低。硒代半胱氨酸的 pK_3 为5.2，比半胱氨酸低3个单位。由于硒代半胱氨酸是在蛋白质翻译过程插入多肽链中，而不是多肽链上氨基酸残基修饰而成，因此被称为第21种氨基酸。但与其他氨基酸不同，硒代半胱氨酸没有专门的密码子。硒代半胱氨酸由一种不常见的、能识别终止密码 UGA 的 tRNA 携带，蛋白质合成装置可以通过在 mRNA 非翻译区茎－环结构上的硒代半胱氨酸插入元件来识别对硒代半胱氨酸特异的反密码子。

硒具有抗氧化性，主要针对活性氧自由基及其衍生物。硒的抗氧化作用的实现是通过含硒酶和非含酶硒化合物两个途径。含硒酶如谷胱甘肽过氧化物酶中的硒占人体总硒的1/3，谷胱甘肽过氧化物酶能催化有毒的过氧化物还原为无害的羟基化合物，从而保护生物膜免受氧化损伤。硒蛋白P是硒的主要转运蛋白，也是内皮系统的抗氧化剂。硫氧还蛋白还原酶参与调节细胞内氧化还原过程。硒通过碘甲腺原氨酸脱碘酶对甲状腺素的升高或降低来调节甲状腺素水平，维持机体生长、发育与代谢。非酶含硒化合物可以分解脂质过氧化物，清除脂质过氧化物自由基中间产物；清除水化自由基或将其转变为稳定化合物，以避免其破坏生命物质；修复水化自由基引起的硫化合物损伤，以及催化巯基化合物作为保护剂的反应等。

硒缺乏与硒中毒 血浆硒低于0.63μmol/L（50μg/L）为低硒。血谷胱甘肽过氧化物酶活性测定有助于判断体内硒状态。长期缺硒可引起克山病和大骨节病等地方病，在中国缺硒地区大规模应用口服亚硒酸钠，有效地降低了克山病的发病率和死亡率，对大骨节病的防治取得明显效果。缺硒时，免疫功能低下，谷胱甘肽过氧化物酶活性降低，机体抗氧化和清除自由基能力下降。癌症患者血硒水平往往较健康人低。持续摄入高硒食物和水可导致硒在体内蓄积而引起硒中毒。急性硒中毒表现为脱发、脱指甲、皮疹、周围神经病、牙齿颜色呈斑驳状、龋齿发生率高。慢性硒中毒表现为脱毛、畸形和肝硬化。

（李 刚）

gè

铬（chromium, Cr） 位于元素周期表中排第24位第四周期ⅥB族的金属元素，原子量51.9961。常见化合价有0、+2、+3和+6，三价铬是最稳定的氧化态，也是生物体内最常见的一种价态。三价铬是维持人体健康的营养必需微量元素。法国化学家尼古拉斯·沃克兰（Nicholas Vauquelin）于1798年发现铬。1959年克劳斯·施瓦茨（Klaus Schwarz）和瓦尔特·梅茨（Walter Mertz）发现三价铬能使肝坏死大鼠糖耐量恢复。1980年美国国家科学院国家研究委员会提出三价铬是人体必需微量元素，具有重要的营养价值，而六价铬对人体有害，可以干扰许多重要酶的活性，损伤肝肾功能，诱发肿瘤。2013年，约翰·文森特（John Vincent）提出铬不是人体必需微量元素。

营养 人体主要通过饮水和空气获得铬。不同食物含铬量不同，粗面粉、牛肉和内脏等含铬较高。2016年中国营养学会提出了铬的每日推荐摄入量，0~1岁为0.2~15μg/d，4~7岁为20~25μg/d，>11岁为30μg/d。绿豆、黑木耳及海带等含有较多的铬。铬主要在小肠中段通过被动扩散而被吸收。六价铬比三价铬易于吸收，铬络合物比铬盐易于利用，无机铬的吸收率为0.4%~3%。

体内含量与代谢 人体内铬含量很少，约为6mg。铬分布在体内各个组织器官和体液中，是体内唯一随年龄增长而含量减少的金属元素。正常成人全血铬含量为0.2μg/L，血清铬浓度为0.05~0.5μg/L，组织中铬为血液中铬浓度的10~100倍。六价铬离子易于通过红细胞膜结合到血红蛋白的珠蛋白上，三价铬不能透过红细胞膜而与血浆转铁蛋白结合。转铁蛋白有两个结合点，根据pH不同这两个位点对铁有不同亲和力。在铁饱和度处于较低水平时，铁与铬各自优先占据H和B位点，而在铁浓度较高时，铁与铬主要竞争B位点。组织通过对转铁蛋白的内吞作用摄取铬，这个过程是胰岛素依赖性的。肝肾铬含量与铬摄入量相关。

体内铬主要通过肾随尿液排出体外，少量通过胆汁从肠道排出，也可经皮肤和毛发等排出。尿铬含量与铬摄入量有关。

生物学功能 体内铬与蛋白质、核酸以及各种低分子配体结合，参与机体的糖、脂等代谢，促进人体的生长发育。①协助胰岛素发挥作用。胰岛素发挥作用时需要有铬参加。长期以来一直认为三价铬可以通过形成“葡萄糖耐量因子”（glucose tolerance factor，GTF）或其他有机铬复合物，协助胰岛素发挥作用，GTF也只有在胰岛素存在情况下发挥作用。人体内GTF是天然存在的铬－烟酸低分子量的有机铬复合物，铬也可与谷氨酸、甘氨酸、半胱氨酸等形成GTF。人体合成GTF能力很弱，需要外源性GTF供应才能满足生理需要。单纯的铬离子几乎没有生物学活性。② GTF能影响机体葡萄糖耐量，增强胰岛素功能的稳定性。GTF可以通过抑制胰岛素酶而保持血液中胰岛素水平，将胰岛素结合到受体上，促进胰岛素的作用，提高机体对胰岛素的敏感性。临床上观察到部分2型糖尿病患者补充铬后，可提高患者的糖耐量，起到辅助治疗作用。胰岛素对人体糖、脂和蛋白质代谢起重要调节作用。服用吡啶甲酸铬可以减少2型糖尿病的发病风险。③其他：铬能防止动脉粥样硬化，对于降低血液内胆固醇、提高高密度脂蛋白、调节血糖、改善动脉硬化和预防高血压等心血管疾病有积极作用。

缺乏与过多 人体对铬的需要量很少，所以不易发生铬缺乏。但每日摄入精加工食品则增加铬缺乏的风险，精加工食品还可促进体内铬的排出而导致铬缺乏。人体缺铬是个缓慢的过程，与多种疾病如老年性糖尿病、动脉粥样硬化等有密切关系。2型糖尿病患者体内缺少铬。

铬化物在体内代谢较快，一般不易蓄积。工业（如电镀和制革等）污染是体内铬含量增多的重要因素。铬可以通过饮用水和呼吸道进入体内。六价铬的毒性较强，可以不可逆地抑制硫氧还蛋白还原酶以及硫氧还蛋白和过氧化物酶的氧化反应。

细胞外六价铬还原产生的三价铬不能透过细胞膜，因此称为铬的去毒过程。六价铬并不直接损伤DNA，但可以通过非特异阴离子通道进入细胞，此后六价铬被抗坏血酸，谷胱甘肽和半胱氨酸等还原成过渡态的五价和四价铬，以及稳定的三价铬。这个过程可以产生超氧阴离子等生物活性物质，对机体造成损害。细胞内三价铬不能透过细胞膜而被滞留在胞内，与DNA结合形成Cr–DNA加合物。铬与DNA作用后可以引起遗传物质结构损伤，包括DNA链破坏、DNA–蛋白质交联、碱基氧化、碱基缺失和DNA链内和链间交联等。结果是DNA复制和转录功能损伤、细胞周期检查点异常、DNA修复机制改变、对细胞存活和凋亡关键的基因调控网络中断。体内铬过多可以引起炎症和免疫反应，改变细胞增殖信号通路。六价铬 $K_2Cr_2O_7$ 对小鼠的半致死量为271mg/kg。三价铬 $CrCl_3$ 毒性较小，对大鼠的半致死量为1870mg/kg。吸入六价铬化合物的粉尘或烟雾，可以引起呼吸道刺激症状、过敏性哮喘。口服1.5g六价铬可引起休克、血便、肾组织坏死等而导致死亡。

（李　刚）

diǎn

碘（iodine，I） 位于元素周期表中排第53位第5周期ⅦA族的非金属卤族元素，原子量126.905。碘在自然界中分布广泛，除海水外，其陆地分布很不均匀。环境中的碘主要以碘酸盐和碘化物形式存在，如碘化钾、溴化碘、氯化碘、氟化碘、碘酸钾、碘酸钠等。这些碘化物都溶于水，易于随水而流失。碘是人类发现的第二个人体营养必需微量元素，参与组成甲状腺素，是甲状腺激素的重要组成成分。1830年普罗沃（Provot）指出饮用水缺碘与地方性甲状腺肿（俗称“大脖子病”）和地方性呆小病（克汀病）有关。1838年格兰奇（Grange）指出用碘预防地方性甲状腺肿。1952年世界卫生组织提出缺碘地区应使用碘盐。1979年爱德华·德迈耶（Edward DeMaeyer）提出全球有二亿人患有碘缺乏疾病，一般山区人群发病率在30%~70%。2007年国际儿童发育督导组提出碘缺乏是影响儿童发育危险因素之一。

营养 食物是人体摄取碘元素的主要来源，各种食物内的碘含量有很大差异，海产品含碘丰富。一般正常成年人每日碘最低生理需要量为60μg。实际需要量应为最低需要量的2倍。2016年中国营养学会提出碘的每日推荐摄入量，0~0.5岁为85~115μg/d，1~11岁为110μg/d，14岁以上为120μg/d，孕妇和乳母为230μg/d。人体摄入碘80%~90%来自是食物，10%~20%来自饮用水。食物中的无机碘溶于水形成碘离子，碘主要在胃和小肠迅速被吸收。

体内含量与代谢 正常人全身含碘量为25~36mg，其中80%贮存于甲状腺中，碘在甲状腺中以甲状腺球蛋白（8~15mg）形式存在。其余碘分布，血液为0.038mg/L、肾为0.04mg/kg、肌肉为0.01mg/kg、脑为0.02mg/kg、肝为0.2mg/kg、肺为0.07mg/kg、睾丸为0.07mg/kg等。由消化道吸收的无机碘经门静脉进入血液，然后运输到全身各组织器官。碘一般存在于细胞间液，很少进入细胞。血液中碘离子可进入红细胞，正常人血浆中无机碘的浓度为0.8~6μg/L，半衰期约10小时。除无机碘外，血液中含有一定量的激素形式碘。

甲状腺富集碘能力最强，24小时可富集摄入碘的15%~45%，在缺碘地区可达80%。甲状腺摄入的碘离子被过氧化物酶和H_2O_2氧化成“活性碘”（I^+或OI^+），然后在滤泡腔中与甲状腺球蛋白中的酪氨酸残基结合，形成一碘酪氨酸和二碘酪氨酸。一碘酪氨酸和二碘酪氨酸是甲状腺素的前体，可以进一步缩合成三碘甲腺原氨酸（T_3）和甲状腺素（T_4）。甲状腺内各种含碘物质所占的比例不同，其中碘化物和甲状腺素分别为16.1%和16.2%，一碘酪氨酸和二碘酪氨酸分别为32.7%和33.4%，三碘甲腺原氨酸含量最低，为7.6%。甲状腺上皮细胞表面的绒毛将甲状腺球蛋白胞饮吸入细胞内，由溶酶体内的蛋白酶将甲状腺球蛋白水解，释放出T_3和T_4进入血液。另外水解产物一碘酪氨酸和二碘酪氨酸在脱碘酶作用下，释放的碘离子可被重新利用。从甲状腺释放入血液的T_3和T_4，约99%与血浆蛋白质结合而运输，这部分血浆蛋白质结合碘为40~80μg/L。血清中总T_4的0.03%和总T_3的0.3%呈游离状态，与结合的激素保持动态平衡。只有游离的激素才具有生物活性。在周围组织1/3的T_4在脱碘酶作用下脱掉外环酪氨酸残基芳香环上5'位上的碘原子形成T_3，占到T_3来源的80%。T_3是激活甲状腺激素受体的主要激素。

体内碘主要经肾以碘化物形式随尿排出，占总排出量的40%~80%。少量碘随汗液、乳汁和粪便排出。

生物学功能 碘主要以甲状腺激素的形式发挥作用。甲状腺激素能诱导多种酶而促进蛋白质的合成。甲状腺激素可以促进糖的吸收，促进肝糖原的分解，有利于组织对糖的利用。在脂代谢方面，甲状腺激素促进脂肪酸的氧化分解，增强胆固醇的转化和排泄。甲状腺素可以调节维生素如维生素A、维生素D、维生素E、维生素B_1、维生素B_2、维生素B_{12}和维生素C的代谢。甲状腺激素具有利尿作用，调节水和电解质代谢，促进钙盐在骨组织沉积，调节钙磷在骨质中的合成代谢。甲状腺激素可以诱导细胞膜上Na^+-K^+-ATP酶的合成，加速ATP的分解，ATP分解产物ADP又可反馈促进物质分解，促进氧化磷酸化。甲状腺激素还诱导解偶联蛋白基因表达，引起物质氧化释能和产能比率均增加，ATP合成减少，增加氧耗，提高基础代谢率，使产热增多。甲状腺激素能促进中枢神经系统的生长发育，使交感神经兴奋性增强。无机碘离子是胚胎神经发育中的必要成分。

缺乏与过多 生活环境中缺碘可以引起机体碘缺乏而导致碘缺乏病，主要包括地方性甲状腺肿和地方性呆小病。碘缺乏病是世界上流行最广泛、危害人数最多的一种疾病，2012年世界卫生组织估计全球有20亿人口（其中包括2.46亿学龄儿童）生活在碘缺乏的环境中。缺碘会导致体内甲状腺激素合成不足，同时伴有胰岛素样生长因子1和与其结合的蛋白质减少，使躯体与智力发育均受影响，导致身高和智力发育障碍。成人甲状腺功能不全时，则可引起黏液性水肿。长期缺碘还可引起单纯性聋哑、流产、早产、死胎、智力低下和先天性畸形等。尿碘是判断体内碘状态的主要指标。食用海带和加碘盐可以有效预防地方性碘缺乏疾病的发生。

碘过多并不常见，长期摄入含碘药物和放射性碘可导致碘过多。大剂量碘进入甲状腺可引起甲状腺素合成减少，称为沃尔夫－柴可夫（Wolff-Chaikoff）效应。碘过多最常见的表现为高碘性甲状腺肿，也可引起碘甲亢、碘中毒、慢性淋巴细胞性甲状腺炎和甲状腺癌等。甲状腺功能亢进时主要临床表现为多食、消瘦、畏热、多汗、心悸、急躁、基础代谢率高等症状。

（李　刚）

tóng

铜（copper, Cu）　位于元素周期表中排第29位第4周期ⅠB族的金属元素，原子量63.54。铜属于人体营养必需微量元素。铜有一价（Cu^+）和二价（Cu^{2+}）两种氧化状态。自然界中的铜多以矿物的形式存在，仅占地壳的0.00007%。1847年，哈利斯（Harless）发现铜对于软体动物具有重要的生理作用。1878年，弗雷德里克（Frederig）首先从章鱼血液内分离出含铜的蛋白质复合物血铜蓝蛋白。1912年，塞缪尔·威尔逊（Samuel Wilson）报道了肝豆状核变性症，1953年证实其为常染色体隐性遗传的铜代谢障碍疾病。1928~1933年人们已经知道铜在体内分布很广，测定了血清铜含量和铜排泄量，了解了铜在铁代谢中的作用。1962年报道了门克斯（Menkes）病是性染色体隐性遗传性铜代谢异常症。1969年，麦科德·弗里多维奇（McCord Fridovich）发现牛红细胞超氧化物歧化酶含有铜。

营养 食物是人体内铜元素的主要来源，动物内脏如肝、肾、心、脑等铜含量很高，其他如海产品和坚果等食物也含有较高的铜，奶类及乳酪制品中铜含量较低。水、炊具和环境污染也增加铜摄入。2016年中国营养学会提出了铜的推荐摄入量，0~1岁为0.3mg/d，4~11岁为0.4~1.7mg/d，14岁以上为0.8mg/d。成人正常饮食一般不会造成铜缺乏。铜主要在十二指肠和小肠上段吸收，吸收率为30%。铜主要以形成氨基酸复合物的形式被小肠黏膜细胞吸收。

体内含量与代谢 成人体内含铜总量为80~120mg。大部分以蛋白质结合状态存在。50%~70%的铜存在于肌肉和骨骼内，20%的铜存在于肝中，5%~10%分布于血液中，微量的铜存在于含铜酶类。成人血清铜含量为1.48~1.80μmol/L，新生儿为0.63~0.79μmol/L。人血清中铜和锌的含量有一定比值，正常人为0.82，一些疾病中该比值发生改变。食物中吸收的铜在黏膜细胞与金属硫蛋白和SOD结合。在血清中65%~90%的铜与铜蓝蛋白结合，铜蓝蛋白在肝合成，合成后进入血液。在组织细胞铜离子被细胞膜上的铜转运蛋白1转入细胞内，进入细胞后铜离子在铜伴侣分子协助下与相应的酶或蛋白质结合，细胞内没有自由的铜离子。

一些遗传性疾病可导致体内铜代谢紊乱，例如编码P型铜转运ATP酶的*ATP7A*基因突变可引起门克斯病，表现为肠道铜蓄积而组织铜缺乏，引起神经功能损伤。*ATP7B*基因突变可引起肝豆状核变性症，表现为铜在肝大量蓄积和肝硬化、运动失调、肢体震颤、进行性精神障碍、角膜出现棕绿色环等。*ZnCu-SOD*基因突变引起体内铜平衡改变，导致肌萎缩侧索硬化症，其是一种神经退行性疾病，主要影响运动神经元。

体内铜主要通过胆汁分泌和肾脏排泄。

生物学功能 体内铜与各种蛋白质结合，具有维持蛋白质结构、作为酶辅助因子参与代谢调节、参与蛋白质-蛋白质相互作用等功能。已经鉴定出20余种含铜蛋白质或酶。①构成金属酶：SOD是一种金属酶，根据结合的金属不同，SOD分为以下三类。结合铜和锌，称为CuZn-SOD，主要存在于真核细胞的细胞质中。结合锰，称为Mn-SOD，主要存在于真核细胞的线粒体和原核细胞的细胞质中。结合铁，称为Fe-SOD，存在于原核细胞中。在CuZn-SOD中，铜是其催化活性的必需成分，任何金属离子取代其中的铜离子后该酶即失去活性。CuZn-SOD在抗氧化反应中发挥重要作用，能催化超氧化物阴离子发生歧化反应，从而消除超氧阴离子自由基。铜还是赖氨酰氧化酶、酪氨酸酶、胺氧化酶、多巴胺β-羟化酶、半乳糖氧化酶、维生素C氧化酶以及细胞色素C氧化酶等的成分，参与胶原组织交联、芳香族氨基酸代谢、维生素C代谢和线粒体呼吸链的电子传递等。②构成含硫蛋白质：在肝和肾组织中铜可以在转录和翻译水平上调控金属硫蛋白基因的表达，从而调控金属硫蛋白的合成，并与之结合。金属硫蛋白是一种低分子量的非酶蛋白质，每个金属硫蛋白可结合7个二价金属离子。金属硫蛋白参与微量元素的吸收和转运、清除自由基和拮抗有毒金属元素。血浆铜蓝蛋白参与铜在体内的运转，具有清除超氧阴离子自由基的能力。铜蓝蛋白作为铁氧化酶参与铁的代谢。血中二价铁在铜蓝蛋白催化下氧化成三价铁，使其与转铁蛋白结合并运输到骨髓用于合成血红蛋白。

缺乏与过多 通常膳食中铜的量可以满足人体需要，故成人很少有铜缺乏，但儿童可发生铜缺乏，使血浆铜蓝蛋白减少，表现为铁的利用不好，使肝中铁浓度增加，铜蛋白酶活性下降导致含铁血黄素沉着。铜中毒相对常见，在铜矿的开采和铜的冶炼时吸入含有大量氧化铜或碳酸铜的烟尘，误服过量硫酸铜，食用在铜炊具中烹调的含醋食品等均可引起急性铜中毒。长期生活在铜污染环境中，或长期摄入受到铜污染食物和饮用铜污染的水等可引起慢性铜中毒。

（李 刚）

fú

氟（fluorine, F） 位于元素周期表中排第9位第2周期ⅦA族的非金属卤族元素，原子量19。氟原子半径较小，有效表面电荷最高。在各种元素中，氟的电负性最强、化学性质极为活泼，是氧化性最强的物质之一，几乎可以与所有的元素发生反应。氟在组成地壳元素的丰度上排第13位，占0.065%。1771年瑞典化学家卡尔·谢勒（Carl Scheele）确认“氢氟酸”中存在氟。1810年英国化学家汉弗莱·戴维（Humphry Davy）将其命名为氟。1805年盖伊·吕萨克（Gay Lussac）发现氟与牙齿的结构有关。1930年贝特雷（Betrez）发现饮水中氟化物过多能形成氟斑牙。

营养 地球表面土壤和水中的氟含量差别很大，有些地区土壤含氟高达500mg/kg以上，海水氟含量在1.2~1.5ppm，地表水氟含量在0.01~0.3ppm。植物和动物体内含氟较低，其中海生动物含氟相对较高。2016年中国营养学会提出每日氟推荐摄入量：0~1岁为0.01~0.6mg/d，4~11岁为0.6~1.3mg/d，14岁以上为1.5mg/d。人体氟的摄入主要通过饮水从胃肠道吸收，世界卫生组织推荐每日饮水中氟含量为0.7ppm。氟以氟化钠、氟化氢、单氟磷酸钠和氟硅酸的形式摄入，在消化道中释放出的氟离子通过被动扩散完全吸收。氟离子在胃中酸性环境下形成氟化氢（HF），40%的氟以HF形式在胃中吸收，其余氟在小肠中以氟离子形式被吸收。食物中钙、铝和镁等二价和三价阳离子可与氟形成不溶的复合物而减少氟的吸收。

体内含量与代谢 正常成人体内共含氟2.6g。血浆氟浓度在吸收后20~60分钟达到峰值，3~11小时后回到基础水平。吸收的氟在血浆中以离子和非离子形式运输，血浆中75%的氟与血浆蛋白质结合而运输。还有25%的氟呈离子状态，离子氟易于从尿液中排出。血浆氟是血细胞中氟的两倍。血液氟浓度与饮水氟含量有关，饮用水氟在0.1~0.3mg/d时，人血浆氟浓度为0.03~0.15mg/L。未被吸收的氟随粪便排出。当血浆氟浓度降低时，骨氟可释放入血。血浆氟含量没有自稳态，而是随摄入、沉积和排泄情况而变化。50%吸收的氟进入骨骼和牙齿，骨氟和牙氟含量占体内氟总量的99%，含量随年龄增长而增加。正常人骨骼中含氟量为200~300mg/kg，男性骨骼氟含量高于女性。少量氟存在于软组织中，细胞内氟浓度比血浆和细胞外液低10%~50%。

体内氟主要从尿液中排出，占总排氟量的75%，很少量的氟通过汗液和粪便排出。尿液pH影响氟的吸收，在pH低的环境下尿液中的氟形成氟化氢，易被肾小管重吸收，在细胞间质再解离成F^-扩散入血。在pH高时，氟以F^-形式排出体外。

生物学功能 ①参与骨骼形成：氟是人体营养必需的微量元素。氟可以维持机体正常钙磷代谢，有助于钙和磷形成羟基磷灰石。氟进入骨骼和牙齿后可取代羟基，使羟磷灰石转变为氟磷灰石。氟具有防龋作用，适量的氟能维持人的牙齿健康。氟在牙齿表面形成抗酸性腐蚀的氟磷灰石保护层，可以增强牙齿的硬度；氟可以抑制牙表面附着的微生物和酶的作用，减少口腔残存的糖分和由糖分解产生的酸性物质。②提高神经兴奋性：在神经系统，氟可抑制胆碱酯酶活性，使乙酰胆碱的含量增高，增强神经系统的兴奋性。氟抑制ATP酶活性，ATP水平的提高可使肌肉对乙酰胆碱的信号传递作用更加敏感，从而提高神经肌肉的兴奋性。③其他：适量氟对于机体造血具有一定促进功能。氟可以通过抑制异三聚体G蛋白α亚基GTP酶活性而激活G蛋白，再通过MAPK信号途径促进骨细胞增殖。

缺乏与过多 氟含量过多或过少都可以引起疾病。氟摄入过少（少于0.5mg/L）时可引起龋齿、牙釉质形成和骨矿化减少。氟摄入过多（多于1.5mg/L）则有毒性作用，造成氟斑牙和氟骨症。地方性氟病是一种分布很广的常见地方病，目前世界上许多国家都有地方性氟病的发生。当地饮用水氟含量过高是氟摄入过多的主要原因。氟骨症时体内氟、钙和磷的比例改变，形成大量氟化钙，沉积在膝关节、骨盆关节和肩关节中，导致骨质变硬、骨质增生、血钙降低和血磷增加。症状包括疼痛等。氟斑牙时牙釉质损害，釉面上着色，牙釉质缺损。过多的氟可以跨越血脑屏障，改变孕妇和胎儿神经系统功能。

（李 刚）

guī

硅（silicon, Si） 位于元素周期表中排第14位第三周期ⅣA族的类金属元素，原子量28.085。硅是人体必需微量元素。硅在地壳中的含量仅次于氧，是地球上丰度居第二位的化学元素，在土壤的溶液中主要以$Si(OH)_4$的形式存在。1787年，法国化学家安托万·拉瓦锡（Antoine Lavoisier）首次发现硅存在于岩石中。1789年，阿比尔格（Abilgard）首先从动物体内检测出硅，此后汉密尔顿（Hamilton）和勒维耶（Levier）分别测得了成人、成年大鼠和罗猴组织中硅含量。1972年，克劳斯·施瓦茨（Klaus Schwarz）和卡莱尔（Carlisle）分别通过动物实验发现硅缺乏引起骨骼和结缔组织缺陷，证实硅对于动物是必需微量元素。

营养 对一般人而言，饮食摄入和含硅药物及生物材料的使用是较常见的接触方式。植物性食物硅含量高于动物性食物，硅的含量因植物的种类、生长阶段和土壤条件而异。硅可以通过硅酸盐或黏多糖中有机结合硅的形式进入消化道，主要通过小肠吸收入血。大多数食物中的硅以不易溶解的二氧化硅（SiO_2）形式存在，人对硅的吸收率约为41%，吸收率高低取决于二氧化硅在消化道分解成可利用形式的速率。食物中纤维可减少硅的吸收。随着年龄增长，硅吸收减少。对于职业性接触来说，通过呼吸道吸入是主要接触方式。环境中的硅通常以SiO_2的形式通过呼吸道进入机体。直径在5~15μm以上的含硅粉尘可被阻隔在呼吸道，直径小于5μm的粉尘可进入到肺泡。中国营养学会对成人硅的每日推荐摄入量为5~10mg。美国食品药品管理局计算的每日总饮食硅摄入量为：男性40mg，女性19mg。人体平衡实验表明，经口摄入硅含量每日应为21~46mg。

体内含量与代谢 硅在人体的含量为1~2g，在所有人体微量元素中含量仅次于铁和锌。吸收的硅很快由血液分布到全身组织，硅主要集中于主动脉、气管、肌腱、骨骼、皮肤、胰腺、肺、肾上腺、淋巴结、头发和指甲等组织器官，特别是在结缔组织中含量很高。人体硅正常含量参考值：全血硅含量0.043~0.32μmol/L，血浆硅为0.015μmol/L，血清硅为0.088~0.36μmol/L，红细胞硅为0.15μmol/L，尿硅为167.25~189.98μmol/L，发硅为375μg/g，乳汁硅为（0.012±0.001）μmol/L。硅在血液中不与蛋白质结合，不能通过血脑屏障进入大脑。硅几乎完全以游离的可溶性偏硅酸（H_2SiO_3）形式存在于体内，可以在组织液中自由扩散。

硅主要通过尿液排出体外，硅在血液中不与蛋白质结合，所以在肾小球容易滤过。随着硅摄入增加，尿排硅的量也增加。脱落的皮肤细胞、毛发和指（趾）甲也是硅的排泄途径。

生物学功能 ①促进骨骼与结缔组织发育：硅可以提高骨的矿化速度，增加骨密度，使骨骼发育日趋成熟。硅可以通过促进胶原的合成而促进骨的生长。硅可以增强软骨硅依赖的脯氨酰羟化酶活性，从而促进软骨结缔组织细胞形成细胞外的软骨基质，增加胶原含量。硅还作为结缔组织的组分起着结构作用。②参与形成蛋白质多糖：硅是蛋白质多糖复合物的一个组分。硅与糖胺聚糖、透明质酸、硫酸软骨素及硫酸角质共价结合，有助于生物大分子化合物的形成，硅能促进多糖链的链内或链间以及多糖和蛋白质的交联，使细胞外骨架形成网状结构，从而增加结缔组织的弹性和强度，维持结构的完整性。③软化血管：偏硅酸可以软化血管，保持血管壁弹性，能缓解心血管等疾病的症状。水中硅含量高低与心血管疾病发病率呈负相关。适当的硅离子浓度能够促进血管生成细胞因子受体的表达及其下游信号传递，从而诱导血管生成。

缺乏与过多 正常情况下，人体不易发生硅缺乏和硅中毒。人的消化道对硅的吸收有一个饱和的过程，因此，经消化道摄入的硅，一般不会表现出明显的毒性反应。但长期服用含高硅药物（如镇痛剂）和食物可引起慢性间质性肾炎和肿瘤。长期吸入游离的二氧化硅粉尘，可引起严重的肺部疾病——硅沉着病，该病主要见于采矿工人以及从事耐火材料的工人。沉积在肺部的二氧化硅粉尘可以被巨噬细胞吞噬，并导致其溶酶体中酶的释放和细胞因子，刺激成纤维细胞产生过多的胶原蛋白，从而导致硅沉着病。

（李　刚）

shēngwù jìshù

生物技术（biotechnology） 根据人类需要，利用动植物、微生物细胞进行生产或者改进生产方法、改良生物性状的技术。生物技术有千百年的历史，并不是近一两个世纪产生的，但在20世纪发展迅速，掀起了传统生物技术的一场大革命。例如，利用分子克隆技术，将胰岛素基因克隆到大肠埃希菌中，随着细菌的增殖产生大量胰岛素。生物技术给人们的生活带来了极大的便利，促进了工业的发展，提高了农作物的产量，并且为破解人类生命奥秘和疾病治疗提供了有效的方法。

生物技术涵盖了依照人类需求而调整的各种技术方法，包括历史悠久的动物驯化、植物培植及品种改良。早期生物技术主要是发酵技术，应用于医药、农业、食品产业。如今生物技术的概念已经扩大到基因工程、细胞工程、酶工程、发酵工程、生物反应器和蛋白质工程；还包括系统生物技术，如生物信息技术、纳米生物技术、合成生物技术。

功能或应用 ①医疗领域：基于现代工艺的进展，生物技术在医疗领域的成果备受瞩目，为疾病的诊断和治疗提供了新思路。DNA芯片、蛋白质芯片用于寻找致病基因；抗体技术可以将药物靶向导入具有特殊标记的肿瘤细胞；基因治疗是将目的基因导入患者细胞，通过目的基因产物表达治疗疾病；干细胞用于再生医学，修复组织和器官损伤。②农业生产：20世纪以来，全世界人口爆炸式增长，生物技术的发展解决了人口增长所带来的粮食问题。转基因农作物具有抗虫害、抗冻等诸多优势，改良农作物性状，提高产量和经济效益。③环境保护：可以用生物技术的方法治理污染。某些生物体的代谢具有高度专一性，可以针对特殊污染源进行检测和清除。指示生物、核酸探针、生物传感器可以快速准确检测环境是否污染；海洋重油污染，可以用分解重油的特殊微生物对其分解，代谢为环境友好的短链脂肪酸；土壤重金属污染，用重金属超积累植物来吸收。④工业价值：酶制剂取代了洗涤剂中的磷和皮革鞣制过程中的硫化物，造纸工业还可以减少漂白过程中氯化物的用量。微生物是天然的化学工厂，利用工业细菌的特殊代谢途径，可以代替部分化学反应，不仅专一性高，工业废物少，而且反应条件通常为常温常压，节约了大量能源，因此被视为绿色工业。

主要意义 生物技术与人们的生活密切相关，日常饮食中的醋、酱油都是发酵而来，各种转基因食品也在市场随处可见，许多日用百货在生产过程中也用到了生物技术。人类基因组计划揭开了人类生命的密码，对人类基因的研究、疾病的治疗产生深远的影响。生物技术对医疗领域的贡献，包括费用高昂的各种芯片、抗体和基因治疗，临床上常用的青霉素、链霉素等抗生素也都是生物技术发展的成果。

（马艳妮）

jīyīn gōngchéng jìshù

基因工程技术（genetic engineering） 利用DNA重组技术直接对生物个体基因组进行修饰，用以生产或改造生物产品或改变生物性状的技术。又称基因修饰技术。DNA重组技术是用分子克隆的方法获取目的基因或者直接化学合成DNA，插入到宿主基因组中。基因工程技术既可以将核酸随机插入基因组，也可以在基因组特定位点插入DNA或敲除内源基因。后者的原理是同源重组，借助基因工程核酸酶可以大大提高同源重组的效率。常用的核酸酶系统有锌指核酸酶系统、TALEN系统和CRISPR/Cas9系统。传统的动植物培育、体外受精、多倍体诱导、诱变和细胞融合不属于基因工程技术的范畴，因为这些技术都不涉及DNA重组或者基因修饰。

应用基因工程技术产生的生物称为转基因生物或基因修饰生物。1973年，第一例转基因细菌问世，随后转基因生物领域蓬勃发展，并被商业化，胰岛素生产菌是第一个商业化的转基因生物。基因工程技术应用于科学研究、农业和工业生产、医疗等诸多领域，例如，洗衣粉中的酶可以增强去污能力，转基因细胞可生产胰岛素和人生长激素，转基因农作物已经用于商业化生产，各种转基因模式生物为人类疾病的科学研究提供了可操作的实验对象。

原理 基于DNA重组原理，剪切并克隆目的基因，再与载体连接，形成重组DNA，导入宿主细胞中扩增表达，大规模培养转基因生物进而分离纯化基因产物。

限制性核酸内切酶能够识别特定的核酸序列并进行切割，产生黏性末端，在DNA重组中常用于切割DNA获取目的基因。聚合酶链式反应（PCR）是利用DNA聚合酶体外模拟DNA合成的方法，也是基因工程中克隆目的DNA片段的重要方法之一。DNA片段与载体的连接实际上是连接酶介导的黏性末端脱水缩合生成磷酸二酯键的反应。外源DNA导入细胞的原理因方法不同而不同，细菌的转化作用利用细菌能够主动摄取外源DNA并整合到自身基因组上；病毒的转导作用是依据病毒在感染不同的细胞时能够携带前一个宿主的基因并整合到后一个宿主的基因组上；电穿孔的原理是细胞在强电场中质膜通透性增加，从而吸收微环境中的DNA分子；显微注射是直接将DNA分子注射到细胞内的方法。

步骤 基因工程技术的第一步是选择、分离目的基因，可以用限制性核酸内切酶从基因组上切割下来，进行琼脂糖凝胶电泳并根据条带位置分离，也可以用聚合酶链式反应扩增再电泳，若DNA序列已知，也可以用人工合成的方法获得目的基因。第二步是将目的基因与载体连接构建重组质粒，主要涉及DNA酶切、连接和扩增。目的基因需要与载体上其他元件的配合才能更好、更有效地在宿主细胞中表达，这些元件有启动子、终止区和选择性标记基因。第三步，将重组质粒导入宿主细胞，可以选择的方法有转化、转染、转导、电穿孔和显微注射等。大肠埃希菌、酵母菌和动植物细胞等是基因工程中常用的宿主细胞。基因工程技术的最后一步是检测目的基因是否成功导入并表达。检测标记基因是否表达判断重组DNA是否导入宿主细胞，再根据宿主细胞是否产生了特定的性状判断目的基因表达与否。

应用 基因工程技术已广泛应用于医学、生物学、工业、农业和环境保护，应用的物种不受限制，可以是动物、植物，也可以是微生物。在医学领域，基因工程技术用来制药、动物模型建立、基因治疗和实验室科学研究。

工业生产胰岛素、生长激素、白蛋白、单克隆抗体、疫苗等药物也用到了基因工程技术。应用基因工程技术培育的动植物，不仅优质、高产、抗性好，还能按照需要产生特殊的性状。核酸探针可以灵敏地检测生物污染；环境指示生物能反应环境污染的程度；超级细菌能将环境中的污染物降解为环境友好的物质。有研究指出，某些基因工程细菌破坏土壤中的生物，致使植物死亡，不仅如此，转基因生物甚至危害到人类的健康。不可否认，基因工程技术的确给人类的生产、生活带来了便利，但转基因生物所带来的危害仍不可忽视，今后基因工程生物的应用要把安全性放到首要考虑的位置上。

（马艳妮）

fēnzǐ kèlóng

分子克隆（molecular cloning）

应用分子生物学技术将重组DNA片段插入克隆载体，在宿主细胞中复制与扩增的技术。又称DNA克隆、重组DNA技术。分子克隆通常涉及来自两种不同生物体的DNA：含有目的基因的DNA片段，具备自我复制功能的载体。将目的基因与载体分子共价相连，导入宿主细胞，筛选获得重组克隆。

原理 限制性内切酶能够切割含目的基因的DNA以及载体产生黏性末端或平末端，再用DNA连接酶连接，获得重组质粒。不同生物体内DNA分子的化学结构基本相同，因此，将外源DNA片段插入到能够自我复制的DNA分子中，重组DNA在宿主中复制即可获得目的基因。

步骤 ①宿主和克隆载体的选择：大肠埃希菌（E.coli）和质粒是最常用的宿主和克隆载体，二者具有应用广泛、易获取、生长周期短并易于操作的特点。目的基因分子量过大时，选择细菌人工染色体载体或者酵母人工染色体载体。某些载体用于特定应用，比如表达载体、穿梭载体。②载体DNA的准备：根据目的基因自身存在的限制性内切酶识别位点及拟插入载体位点的碱基序列，选择适当的限制性内切酶处理克隆载体。酶切后的载体进行末端去磷酸化可防止载体自身连接，有助于提高重组效率。③目的基因获取：常用以下方法获得目的基因。化学合成；聚合酶链式反应；建立基因文库或cDNA文库，从中筛选出目的基因的克隆。纯化后的DNA用限制性内切酶处理，使其产生可与酶切后载体连接的DNA末端。④重组DNA的制备：将准备好的目的基因与载体按照适当的摩尔比混合，两者在DNA连接酶的作用下共价连接，这一过程称作连接。连接所产生的DNA混合物，既有目的基因－载体连接的重组质粒，还有载体－载体连接、目的基因－目的基因连接等多种不同的DNA序列。⑤重组DNA导入宿主：常用的原核生物宿主细胞主要是E.coli细胞，重组DNA导入宿主细胞的方法多种多样，主要有转化、转染、转导和电穿孔。⑥克隆的选择：无论采用何种导入方法，能够摄取外源DNA的细胞比例都比较低。根据载体所携带的基因特性，如抗药性、营养缺陷、β－半乳糖苷酶显色，可直接选择出带有目的基因的重组克隆。对于DNA文库，可以通过核酸杂交技术、抗体探针检测和聚合酶链式反应（PCR），或者通过限制性片段分析和DNA测序的方法进行选择和筛选。

应用 分子克隆大大缩减了科学研究的工作量，过去需要花费几年时间解决的问题，现在任何实验室都能在短时间内完成。分子克隆主要应用于基因组测序、基因表达、重组蛋白生产、转基因生物制作以及基因治疗。

（马艳妮）

zàitǐ

载体（vector）

能够携带外源DNA进入宿主细胞进行复制或表达为蛋白质的DNA分子。载体常由质粒、病毒或染色体DNA片段改造而来，含有可以在宿主细胞内复制的起点，可以自主复制。

条件 安全性；自主复制能力；带有选择标记；含有多种限制性内切酶的单一识别位点；在确保功能的条件下，载体分子要尽可能小。

原理 载体上的限制性内切酶识别位点可供目的基因插入，复制起始位点可介导载体在宿主细胞中的复制、扩增，所携带的标记基因用于阳性克隆的筛选。同时根据载体的功能不同，还携带特殊的工作元件，如真核表达载体具有可供目的基因在真核细胞中转录及翻译的启动子、终止信号、核糖体进入位点等。一般来讲，获得目的基因后，基于限制性核酸内切酶、DNA连接酶等对核酸的作用，对目的基因和载体进行切割和连接，导入宿主细胞中复制，可获得大量含目的基因的重组DNA。

分类 ①质粒：存在于细胞染色体外、可独立复制的环状双链小分子DNA，常见于细菌。应用广泛，根据实验需要可插入各种特殊序列，一般能够携带的DNA在10kb以下。②噬菌体：是病毒的一种，能够感染细菌，缺点是打包进入病毒衣壳的DNA量有限。③黏粒：既具有质粒的繁殖方式，又能够像噬菌体一样感染细菌细胞，并且最多能够插入 47kb 的 DNA。④酵母人工染色体：含有一个复制起始点，一个着丝粒和一个端粒，可携带长达 1Mb 的 DNA（表 1）。

表 1　常见载体

载体类型	插入片段大小（kb）
质粒	< 15
λ 噬菌体	< 25
黏粒	< 45
P1 噬菌体	70~100
P1 人工染色体	130~150
细菌人工染色体	120~300
酵母人工染色体	250~2000

步骤　按需要选择恰当的质粒、病毒或染色体 DNA 作为原料并提取；获取目的基因；载体与目的基因进行限制性内切酶处理；载体与目的基因连接；质粒转化；克隆筛选；测序。

应用　载体应用广泛，不仅能够对外源基因进行克隆、表达、操作和分析，还能够建立基因文库、cDNA 文库，制备单链模板、单链探针、定位诱变和噬菌体展示。

（马艳妮）

zhìlì

质粒（plasmid）

存在于细胞染色体外、可独立复制的环状双链小分子 DNA。质粒的大小为 1~200kb，常见于细菌，古细菌和真核生物中也有质粒存在。自然界中，质粒常携带利于生物体存活的基因，使宿主细胞能够在抗生素或重金属等存在的恶劣条件下存活。质粒主要通过转化、转导和结合三种机制在细菌之间传递遗传信息。人工质粒在分子克隆中用作载体，使得重组 DNA 能够在宿主细胞中复制。

分类　①按照质粒的接合特性，可以将质粒分为接合质粒和非接合质粒。接合质粒含有一套促进不同细胞之间接合的转移基因；而非接合质粒不具备接合的功能，只有在接合质粒的帮助下才能够转移。还有一类质粒性状介于二者之间，携带部分转移基因，只有在接合质粒存在的情况下才能够大量转移。②按照质粒的相容性，可以将质粒分为相容性质粒和不相容性质粒。在一个细胞中，如果存在两个不相容的质粒，其中一个会迅速消失。质粒不相容的原因往往是由于两种质粒的复制机制相同。③按照质粒的功能不同可将质粒分为：致育质粒（可以通过接合作用在细胞之间传递遗传物质）、抗性质粒（携带抗性基因，赋予宿主细胞抗性）、Col 质粒（携带杀菌素，能够杀死其他细菌）、降解质粒（能够降解特殊物质）、侵入性质粒（将细菌转化为病原体）。

步骤　质粒的提取主要包括以下几个步骤：先通过细菌培养进而扩增质粒；富集并裂解细胞；分离后进行质粒的纯化。

应用　根据插入目的基因的不同，可以产生不同功能的质粒。质粒可应用于构建基因文库、cDNA 文库以及分子克隆。

（马艳妮）

jīyīn wénkù

基因文库（genomic DNA library）

来自一个生物体不同基因的许多 DNA 片段，与克隆载体构建分子克隆的总合。又称基因组文库。

原理　基因文库的构建是利用 DNA 重组技术将感兴趣生物体的总 DNA 所有片段随机插入到载体中，然后转移至合适的宿主细胞中，进行扩增，得到足够多的克隆数，可以把某种生物的全部基因都包含在内。在制备基因文库的过程中，DNA 片段剪切的随机性导致得到基因文库中每一克隆所含的 DNA 片段，既可能是一个基因的某一部分序列，或包含着两侧的邻近 DNA 序列的完整基因，也可能是多个基因。

步骤　基因文库构建流程主要是提取感兴趣生物体细胞的 DNA，用限制性内切酶将 DNA 切割成特定大小的片段，将这些片段与载体连接好在宿主细胞中克隆增殖。如果基因组较小（约 10kb），DNA 片段可以用电泳法分离后再克隆；如果基因组很大，则在克隆完成后进行分离。①提取、纯化 DNA。②限制性内切酶消化 DNA 与载体。③ DNA 片段与载体连接。④重组 DNA 感染宿主细胞并扩增。⑤基因文库鉴定：噬菌斑形成实验或菌落形成实验。

应用　基因文库是感兴趣基因的重要来源，同时为分离高等生物基因提供了有效方法。在高通量测序技术问世以前，基因文库的一个重要应用就是层次鸟枪法测序，众所周知的人类基因组计划就应用了这一方法。另一项重要应用是全基因组关联分析，用于发现人类全基因组范围内的序列变异，即单核苷酸多态性。

（马艳妮）

cDNA wénkù

cDNA 文库（cDNA library）

由 cDNA 克隆片段构建重组 DNA 并导入宿主细胞的总合。与基因文库不同，cDNA 文库在体外构建重组 DNA 时，选用的供体 DNA 不是来源生物体的基因组，而是由细胞 mRNA 所提供。mRNA 可以在体外反向逆转录合成互补的单链 DNA，称为互补 DNA（complementary DNA，cDNA）。以此单链 DNA 为模板，在 DNA 聚合酶作用下合成第二链，得到双链 DNA，再与载体 DNA 重组，转化到宿主细胞或包装成噬菌体颗粒，得到一系列克隆群体。cDNA 文库可以反映组织或细胞的特异性，cDNA 文库包含了不同组织或不同细胞中，在特殊发育时期或不同处理下蛋白质编码基因含量。基因组文库所含的基因序列包括该生物体所有基因的全部内含子和外显子序列，而 cDNA 文库中获得的序列与之不同，由于它是该生物体在特定状态下表达的 mRNA，所以得到的是经过剪接去掉部分内含子的 cDNA 序列。

原理 基因工程相关的酶类在 cDNA 文库的构建中起到了至关重要的作用，其中，逆转录酶以 mRNA 为模板体外合成 DNA，DNA 聚合酶以 DNA 为模板合成 DNA，限制性内切酶能够识别特定序列的核苷酸并对磷酸二酯键进行切割，DNA 连接酶通过形成磷酸二酯键连接两段 DNA。一个完整的 cDNA 文库必须包含所用细胞内全部种类的 mRNA，常用以下公式计算所需克隆数目：$N=\frac{\ln(1-p)}{\ln(1-1/n)}$，$N$ 为克隆所需的数目，p 为 cDNA 在文库中的概率（通常大于 99%），1/n 是某特异 mRNA 占总 mRNA 的比例。

步骤 真核生物细胞 mRNA 含有 poly A 尾，可以与 tRNA、rRNA 区分开，并且为逆转录提供了引物结合位点。

mRNA 的提取 Trizol 法或密度梯度超速离心法提取的 RNA 包括 tRNA、rRNA 等多种 RNA 成分，需用层析柱去除杂质、得到纯化的 mRNA。Oligo-dT 包被的树脂层析柱能够结合含 poly A 尾的 mRNA，其余的 RNA 被洗脱掉，mRNA 在适宜的温度条件下可从 Oligo-dT 上洗脱下来。注意整个提取过程都要避免 RNA 酶污染。

cDNA 第一链的合成 来自莫洛尼鼠白血病病毒（M-MuLV）和禽成髓细胞性白血病病毒（AMV）的两种酶是用于 cDNA 合成的主要逆转录酶。第一链合成的引物通常是 Oligo-dT 或六核苷酸随机引物。mRNA 链需用 RNase H 或碱溶液去除后才能够合成第二链。

cDNA 第二链的合成 ①回折法：cDNA 第一链回折引发第二链的合成，用核酸酶 S1 切除 cDNA 一端的环状单链。②取代法：利用大肠埃希菌中的 DNA 聚合酶 I 和 DNA 连接酶，同时 mRNA 水解残留的片段用作第二链合成时的引物，在菌内直接合成 cDNA 的第二链。③随机引物法。④均聚物引发法：末端脱氧核苷酸转移酶在 cDNA 第一链 3' 端加上均聚物尾巴，以互补的寡聚物作为引物合成第二链。

载体的制备 载体经宿主细胞扩增后提取并进行限制性内切酶处理。

cDNA 的分子克隆 上述获得的 cDNA 分子在 T4 连接酶的作用下与含限制性内切酶识别位点的接头（8~12bp）连接，再经限制性内切酶处理，与酶切后的载体进行连接，转化宿主细胞进行扩增。

cDNA 文库的鉴定 测定克隆数并抽查其质量和异质性。

应用 cDNA 文库常用于真核生物基因获取、编码蛋白的基因分离，在反向遗传学中应用广泛。

（马艳妮）

jùhéméiliàn fǎnyìng

聚合酶链反应（polymerase chain reaction, PCR）

微量目的 DNA 片段在体外大量扩增的分子生物学技术。又称无细胞分子克隆法、简易 DNA 扩增法。1985 年，凯利·穆利斯（Kary Mullis）发明了 PCR，并于 1993 年获得了诺贝尔化学奖，历经三十多年的考验与优化，PCR 已经发展成为了医学、生物学研究必不可少的实验技术。这是由于 PCR 具有操作简单、成本低廉、特异性高、敏感性高、产率高、可重复的特点。PCR 扩增 DNA 片段的大小一般在 0.1~10kb，有时可长达 40kb，扩增产物的多少取决于反应体系中底物的量。PCR 反应需要以下几种基本成分：DNA 模板、DNA 聚合酶、引物、dNTP、缓冲液、阳离子（Mg^{2+}、Mn^{2+}、K^{+}）。

原理 以 DNA 分子为模板、小分子 DNA 为引物、dNTP 为原料，在 DNA 聚合酶的作用下按照碱基互补配对原则完成 DNA 双链的合成。

PCR 成功的关键在于引物设计、温度控制和 DNA 聚合酶的选择。与体内 DNA 合成不同，PCR 引物是成对的单链 DNA 分子。PCR 引物设计的原则如下。①引物长度：不小于 16 个核苷酸，防止引物随机结合，一般为 20 个核苷酸左右。② Tm 值：不低于 55℃，Tm=（G+C）×4+（A+T）×2。③引物本身不能形成发卡结构。④两条引物之间不能形成二聚体，互补或同源序列少于 4bp，尤其 3' 端不应该有任何互补的碱基。⑤ G+C 含量：为 50% 左右。⑥退火温度一般比 Tm 低 3~5℃。PCR 扩增的公式为：$Y=(1+X)^n$，其中 Y 为产量，X 为扩增效率，n 为循环次数。

步骤 在反应开始之前，先在 95℃加热 5~10 分钟使 DNA 预变性，再进入热循环。PCR 由 20~40 个循环（重复的温度变化）

组成，每个循环包括3（或2）个不连续的温度变化，分别是变性、退火和延伸。热循环后，最后一次延伸时间延长到10分钟。具体PCR扩增的程序需要根据不同的DNA聚合酶及实验目的有所不同。①变性（94~98℃）：破坏氢键使DNA完全解链为单链。②退火（50~65℃）：引物与模板DNA结合。③延伸：DNA聚合酶以dNTP为底物合成DNA。

应用 PCR技术应用极为广泛，对生物学、医学和相邻学科研究带来了深远的影响。PCR技术能够实现DNA特定区域的选择性扩增，用做杂交探针，检测样本中微量或痕量的DNA。PCR技术用于制备测序样品，在简化了测序工作的同时提高了测序效率。逆转录与PCR偶联可以扩增mRNA，分析基因产物、构建cDNA文库、克隆cDNA、合成cDNA探针。在逆转录PCR体系中加入荧光染料，可进行实时定量PCR及对目标DNA或cDNA进行绝对定量。在引物设计时加入突变可以人工产生突变基因，还可以用分子杂交和特殊引物检测PCR突变。对于未知序列，如果能够获取其两端的序列信息并设计引物，就可以得到未知基因的序列信息。此外，PCR技术在临床诊断、亲子鉴定、刑侦工作等方面也发挥了重要的作用。

（马艳妮）

xiànzhì xìng hésuān nèiqiē méi

限制性核酸内切酶（restriction endonuclease） 一类识别双链DNA中特定核苷酸序列的脱氧核糖核酸水解酶。简称限制酶。在基因工程中，基因剪切是进行基因拼接重组的第一个步骤。基因剪切可以用物理、机械的方法，也可以采用生化的酶促降解法。

命名 为了统一起见，内桑松（Nathans）和史密斯（Smith）提出了命名限制性核酸内切酶的规则，即限制性核酸内切酶的名字应从相应微生物的拉丁文名中摘取，由其属名的第一字母（大写）和种名的第一、第二两个字母（小写）组成，若有第4个字母则来自株系，最后的大写罗马数字表示同一细菌中存在的几种不同特异性的酶，例如Hind Ⅲ。

分类 所有的限制性核酸内切酶识别的核苷酸序列至少是四核苷酸，同时所有的限制酶需要以二价镁离子做辅因子。按照对其他辅因子的需要与否，以及它们切割DNA链的特点，将限制性核酸内切酶分为三类：即Ⅰ型酶、Ⅱ型酶和Ⅲ型酶。所谓Ⅰ型酶是指需要ATP和*S*–腺苷甲硫氨酸参加反应的一类限制性核酸内切酶，它们切割DNA链的位置远离于识别序列，而且无特定位点，因此在基因工程中无应用价值。Ⅱ型酶是指那些反应时不需要除镁离子外的其他辅因子的限制酶。这类酶有特定的切割位点，位点可以在识别序列内或靠近识别序列，但这种酶只有一种切割位点，因此Ⅱ型酶是基因工程中有用的剪切DNA工具酶。Ⅲ型酶需要辅因子、ATP参与反应，他们在识别序列后的25~27bp范围内切断DNA，且切割位点是特定的，在基因工程中可作为工具酶。

原理 限制性核酸内切酶与DNase Ⅰ等DNA水解酶所不同的是前者具有识别DNA序列的特性，即选择性地切割DNA的特定序列（回文序列）。限制性核酸内切酶中具有相同的序列识别特异性，而来源不同的酶称之同切限制酶。在DNA链中四核苷酸识别序列出现的概率要高于五、六核苷酸，对于随机排列的DNA链中四核苷酸顺序出现的频率为1/256，而五、六核苷酸顺序频率则分别为1/1024和1/4096。因此识别序列短，酶特异性就低，DNA被切割的片段也就越短。各种酶切割DNA双链后产生的末端有两种，一种是平末端；另一种是黏性末端，在末端前有一个2~4核苷酸长度的单链。一般来说一种特异的限制性核酸内切酶均有其相应的，即具有相同序列识别特异性的甲基化酶存在，它们使限制酶识别的核苷酸序列中的A或C甲基化，从而阻抗了限制性核酸内切酶的降解作用，并且一种限制性核酸内切酶活力只受其相应的甲基化酶的影响。

应用 限制性核酸内切酶除了作为基因工程中剪切DNA的有用工具外，还具有更广泛的用途，如绘制基因的物理图谱，测定基因的核酸顺序，通过限制性核酸内切酶谱的多态性测定了解基因的突变或用于遗传性疾病的基因诊断。总之，限制性核酸内切酶及其相应的甲基化酶是DNA重组技术，也是基因分子生物学与分子遗传学理论研究的有用工具。

（马艳妮）

zhuǎnhuà

转化（transformation） 细菌从环境中摄取、整合外源性遗传物质发生遗传性状改变的分子生物学现象。将外源DNA导入真核细胞则称为转染。转化是细菌对DNA损伤修复的一种适应性反应，存在于自然界的某些细菌中，这些细菌都含有DNA跨细胞膜转运基因；另一种转化的方式是采用人工的方法进行实验室转化，1983年哈纳汉（Hanahan）发表了高效转化的详细说明，随后标准化的实验方法在医学、生物学实验室流传开来，加速了分子生物学的发展。用于转化的质粒DNA分子必须含有复制起点，以便于质粒在细胞中不依赖宿主染色体独立复制维持自身的稳定，还需要有选择性标记基因（抗性基因、GFP等）便于筛选克隆。

原理 自然界中，转化是一个复杂、耗能的过程，感受态细胞摄入外源DNA的机制基本相同：DNA与感受态细胞表面的DNA受体结合，借DNA转位酶进入细胞质膜，在这一过程中DNA的一条链被核酸酶降解，只有一条单链DNA能够穿过质膜整合到细菌染色体上。宿主细胞内的核酸外切酶可迅速降解线性DNA分子，因而化学转化方法不适用于线性DNA。相反，天然的感受态细胞对于线性DNA的转化效率要高于环状的质粒DNA。细菌摄入DNA的序列往往不具有特异性，然而对于某些物种，特异性DNA序列能够提高转化效率。某些在自然条件下不能转化或者转化效率很低的细菌，可选择人工转化，其机制尚不明确，可能与细菌表面所带电荷、特殊结构有关。

步骤 人工细菌转化的方法有两种，化学转化和电穿孔，这里以化学转化为例介绍转化过程。细菌转化实验应设置阳性对照（含感受态细胞和已知量的质粒DNA），用以估计转化效率，同时还应设置阴性对照（只含感受态细胞），不仅能消除可能的污染，还能用于查找实验失败的原因。①取感受态细胞的1/20体积的DNA片段，将其与感受态细胞混合，轻轻旋转枪头以混匀体系，在冰上放置20~30分钟。②42℃水浴/金属浴45秒，须严格控制热激的温度和时间，不要摇动。③结束后迅速将混合物转移到冰上降温，冷却1~2分钟。④每管加800μl不含抗生素的培养液，放入空气摇床，37℃、<225r/min振摇培养45分钟。⑤取已转化的感受态细胞适量，均匀涂于选择性固体培养基上。⑥将平皿倒置于37℃培养12~16小时后可观察到菌落。

应用 1982年，弗雷德里·克格里芬（Frederick Griffith）发现了细菌的转化作用，为证明DNA是细菌的遗传物质提供了最早的证据。人工诱导感受态细胞使得细菌成为分子生物学研究最为有力的工具，应用极为广泛，农业上，用于增加农产品中蛋白质的含量，提高作物抗病、抗寒、抗旱、抗农药能力；工业上，采用基因工程方法改造微生物，有望从海水、废物中回收贵重金属或者处理工业“三废”；应用最多的还是医药领域，包括药物、疫苗生产，基础医学研究，临床诊断以及基因治疗等方面。

（马艳妮）

zhuǎndǎo

转导（transduction）

借助病毒或病毒载体感染将供体细胞的DNA或RNA引入受体细胞的过程。转导不需要供体细胞和受体细胞直接接触（接合需要细胞或细菌互相接触），而且对DNA酶耐受（转化对DNA酶敏感）。其中最为常见的即由噬菌体感染所介导的DNA在不同细菌间的转移。噬菌体感染细菌后，利用宿主的复制、转录、翻译机制产生病毒体或者完整的病毒颗粒，其中会包含宿主菌的遗传物质，进而通过再感染受体菌，将供体菌的遗传物质传递于受体菌。噬菌体感染细菌有两种方式：一种是裂解周期，噬菌体DNA进入细菌后大量增殖，随细菌裂解释放病毒颗粒；另一种是溶源周期，噬菌体染色体通过共价键整合到细菌染色体，在传代过程中保持稳定，如果环境变化诱导溶素原产生，细菌染色体上的噬菌体基因组将被剪切下来，进入裂解周期。

原理 噬菌体DNA包装精确度很低，少量细菌DNA会连同噬菌体基因组一起包装成新的噬菌体，同时也会有噬菌体基因留在细菌染色体中。

普遍性转导 指转导噬菌体带有其在繁殖过程中错误包装了的部分供体细菌的基因，却不带有完整的噬菌体的染色体，在感染受体细胞后所产生的转导子不具溶源性的转导方式。普遍性转导具体分为完全转导和流产转导两种，其分类依据为噬菌体转导的供体细胞DNA是否整合到受体细胞染色体上。噬菌体转导的供体细胞的DNA能够整合至受体细胞染色体上，并且能够进行稳定复制，如此产生的转导子的转导称作完全转导；如果转导的DNA进入受体细胞后却没有成功重组到受体细胞的染色体上，那么这些DNA片段虽然不能持续在受体细胞中复制，但仍然能够表达基因功能的转导称为流产转导。

局限性转导 指原噬菌体插入到供体染色体上附近区域的基因被噬菌体转移的转导方式。转移的基因取决于病毒基因组在细菌染色体插入的位置。局限性转导发生于原噬菌体对染色体的不精确剪切，位于原噬菌体附近的细菌基因也被剪切下来，并包装到新的病毒颗粒中，供体基因的去向取决于噬菌体的特性。

应用 在基因工程中，将目的基因通过分子克隆的方法整合到λ噬菌体基因组的染色体上，噬菌体正常表达大量衣壳蛋白，衣壳蛋白包装目的基因的DNA产生成熟噬菌体，感染宿主细胞以制备基因文库。

（马艳妮）

zhuǎnrǎn

转染（transfection） 有目的性的将外源核酸导入细胞内的技术。转染一词多用于描述以非病毒方式将外源核酸导入真核细胞中，而相应地用于将核酸导入细菌或其他非真核细胞包括植物细胞的方式则被称为转化。转染技术不仅可以将基因类材料转入细胞内（如质粒DNA、RNA、寡核苷酸等），也可以将蛋白质（如多肽、抗体）或化学药物转入细胞中，这里仅具体介绍将核酸类材料转入细胞内的方法。

转染技术的核心原理在于在增加真核细胞细胞膜的瞬时通透性，便于细胞吸收外源核酸材料。转染技术大致可以归纳为两类：化学转染法以及物理转染法，具体选择哪种转染方法要根据具体的实验目的及细胞种类来确定。

化学转染方法 ①磷酸钙介导的转染：这种转染方法最早起源于1973年，在磷酸钙存在下将病毒DNA转入哺乳动物细胞，奠定了将外源DNA转入细胞的基础方法。其主要原理是，含有磷酸盐离子的溶液与含有目的外源DNA的氯化钙溶液混合，带有正电荷的钙离子与带有负电荷的磷酸盐形成沉淀，这种沉淀会吸附DNA，并将DNA带至被转染细胞的表面，细胞通过吞入沉淀颗粒的方式获取外源DNA。②阳离子多聚物介导的转染：常使用的材料有二乙氨乙基（DEAE）-葡萄糖。这种方法于1965年被发现。具体原理为带有正电荷的DEAE-葡萄糖可与带负电荷的DNA磷酸基团结合，形成一种聚合体，这种聚合体可以结合带负电荷的细胞膜，使细胞通过内吞作用吸收外源DNA。同时在转染过程中通过调整培养基渗透压，使细胞产生渗透性休克，可以增强细胞内吞作用，提高转染成功率。③阳离子脂质体介导的转染：阳离子脂质体介导的转染方法是一种相对安全且高效的转染方法，于1987年被发现。其具体原理是带有正电荷的阳离子脂质体可以包裹带有负电荷的DNA分子，产生一种人工膜囊泡，即脂质体。这种带有稳定阳离子的复合物可吸附在带有负电荷的细胞膜表面，由于其脂溶性的属性，容易与细胞膜融合，进入细胞，从而将包含其中的DNA分子释放入细胞中。

物理转染方法 ①电穿孔法介导的转染：电穿孔转染是一种较为常用的转染方式，在1982年被提出。其主要原理是应用短暂的高压电流脉冲使目的细胞质膜形成纳米级微孔，外源核酸可以通过这些微孔或者通过伴随着微孔关闭时膜成分的重新分布而直接进入细胞。电穿孔法是一种效率较高的转染方式，但会伴随较高的细胞死亡率。②光学介导的转染：这是一种通过高度聚焦的激光在细胞质膜表面造成瞬时的极微孔（直径约1 μm）从而使外源核酸通过进入细胞的方法，其原理与电穿孔法相似。这种转染方法于1984年被提出，主要用于单细胞水平操作。③金属粒子介导的转染：这种方法于1993年被提出，通过钨或金的微粒，结合DNA，经由粒子加速系统进入细胞中。这一过程有微发射轰击、基因枪以及粒子加速方法等多种名称。这种转染方法多用于难转染或其他方法不能转染的细胞，例如原始细胞系、组织、器官以及植物细胞等。④细胞挤压法介导的转染：这种转染方法于2012年被发明，是一种新型的转染方法。这是目前唯一不依赖任何转染试剂、载体和材料的转染方式，其优越性在于消除了转染试剂或材料对细胞的损害。其原理就是轻柔地挤压细胞膜，从而使外源DNA进入细胞。此方法还需进一步优化和完善，但具有相当大的潜力和优势。此外，物理转染方法中还包括显微注射、超声波法等。

到目前为止，将目的基因导入真核培养细胞中主要方法还是化学方法。在过去20年中，由于对悬浮细胞具有良好转染效果的脂质体技术的发展，以及电穿孔等物理方法的发展，使得可有效转染的细胞类型大大增加。

根据核酸导入真核细胞后基因表达方式的不同，转染又可分为瞬时转染与稳定转染。在瞬时转染时，重组DNA导入宿主细胞中，转染的DNA不需要插入细胞的基因组中，目的基因就可以在细胞中实现短暂表达且其表达水平较高。当有大量样品需要在较短时期内分析，并且所得产物主要用于检测目的基因表达时，通常使用这种瞬时转染的方式。稳定转染是指重组DNA导入细胞后，目的基因可以整合到宿主细胞基因组中，从而指导外源基因持续稳定的表达。一般情况下，稳转细胞系的产生难于瞬转细胞系，因此形成瞬转细胞系的效率要高，高1~2个数量级。建立稳定转染细胞系的方法是：携带目的基因的重组质粒中含有可选择的标记基因，利用药物筛选可从转染的细胞群体中分离出目的基因，整合至细胞基因组中的比例较低的稳定转染细胞。

转染技术的建立与发展实现了外源基因在目的细胞中的表达，使研究基因功能以及分子生物学机制成为可能，是分子生物学领域一项最基本、也是最重要的技术。

（马艳妮）

xīn zhǐ hésuān méi jìshù

锌指核酸酶技术（Zinc finger nuclease technology） 基于由锌指蛋白（ZFP）结构域和Fok Ⅰ核酸内切酶切割结构域人工融合而成的锌指核酸酶（Zinc finger nuclease，ZFN）的基因打靶技术。锌指核酸酶由负责识别DNA的锌指结构域和非特异性核酸内切酶Fok Ⅰ构成。锌指由一个α螺旋和两个β折叠构成，其中α螺旋可插入到DNA双螺旋大沟中，DNA双链中某一条单链上三个连续的核苷酸（三联子）能够被锌指特异性识别并结合，为使锌指和DNA获得良好的亲和力，至少需要三个连续的锌指。一般情况下3~4个锌指蛋白串联可以组成锌指区来形成良好的亲和力。Fok Ⅰ来源IIS型限制性内切酶，单体形式的Fok Ⅰ不能够切割DNA，只有二聚化的Fok Ⅰ才具有切割活性，在识别序列附近使DNA双链断裂。

原理 锌指可特异识别并结合DNA三联子，多个锌指串联构成ZFP识别更长的靶序列，同时也增加了识别的特异性。构成ZFP的基本骨架来自人或小鼠的天然锌指蛋白Zif268，ZFP与DNA的结合是反向的，ZFP的N-端与DNA 3'端结合，C-端与DNA 5'端结合。一个ZFN单体由ZFP的C-端与Fok Ⅰ切割结构域融合构成，Fok Ⅰ可以形成二聚体，切割结合位点之间的间隔区，产生DNA双链断裂切口，但这只有当两个ZFN单体与各自的靶向序列融合，同时这两个目的序列在DNA双链上的距离和方向一定时。细胞通过同源重组或者非同源末端连接等方式修复DSB；无论采取何种方式都可能导致基因组DNA序列改变，从而提高基因定点突变和置换的效率。

步骤 应用ZFN实现基因打靶的流程包括以下步骤：①根据序列信息寻找合适的ZFP靶位点，这是ZFN技术最为关键和重要的一步；②选取恰当的Fok Ⅰ结构域；③组装ZFP结构域与Fok Ⅰ结构域；④检测ZFP活性；⑤制订基因组定点修饰方案（非同源末端连接、同源重组、大片段删除等）；⑥将ZFN加入到目的生物体内或细胞中进行基因组定点修饰；⑦检测脱靶切割和修饰结果。

应用 2002年，应用ZFN技术成功突变果蝇内源基因，随后这一技术实现了多物种、多基因的定点修饰，在医学、生物学以及农业领域取得了值得肯定的成果。应用ZFN技术已成功实现了模式植物、动物内源基因的切割和突变，包括烟草、水稻、大豆、拟南芥等模式植物，黑长尾猴、小鼠、斑马鱼、果蝇、海胆等模式动物。医疗方面，ZFN技术为人类遗传病治疗带来了新希望，主要应用于艾滋病治疗以及外源序列引入，相比模式生物，这一领域的研究对试剂毒性和脱靶切割的要求更为严格。利用ZFN技术手段改造经济农作物基因组，从而提高产量或提升产品性状对发展有着重要的意义，目前已取得了一定成果。目前，基因敲除技术仅在少数几个物种中得以实现，绝大多数物种缺乏有效可行的技术方法，严重阻碍了这些物种基因功能的研究。ZFN技术为构建基因敲除生物提供了新的思路，如果找到高效、特异的ZFN，有望开启基因功能研究的新纪元。

（马艳妮）

TALEN jìshù

TALEN技术（transcription activator-like effector nucleases technology） 通过融合TAL效应因子DNA结合结构域和Fok Ⅰ核酸内切酶DNA切割结构域产生的能特异识别并切割DNA的一类基因组编辑技术。TALEN技术是继锌指核酸酶技术之后出现的一类新型强大的基因组编辑技术。

原理 TALEN由两个模块组成：DNA识别结构域（来自TAL效应子）和DNA切割结构域（来自Fok Ⅰ核酸酶）。TAL效应子起初在植物致病菌黄单胞杆菌中被发现。该类菌可通过分泌系统注射TAL效应蛋白至植物细胞质中，随后TAL效应蛋白又被转运至细胞核，模拟真核细胞转录因子起指导基因转录的作用。天然的TAL效应子DNA识别区域由一系列串联重复序列组成。重复单元数一般为8.5~28.5个，每33~35个氨基酸组成一个重复单元，特异性识别一种碱基。除第12、第13位氨基酸外，每个重复单元的其他氨基酸都高度保守，由第12位和13位的两个氨基酸决定重复单元识别的碱基种类。对应规则为：HD、NI、NG、NN分别识别C、A、T、A/G。通过设计重复单元识别对应的碱基，再将重复单元串联在一起，从而识别特定DNA序列。再将核定位信号（NLS）加于串联重复单元的N-端，Fork Ⅰ核酸内切酶融合于C-端，就组成了TALEN。由于Fok Ⅰ在二聚体情况下才能发挥切割作用，所以一般需要设计一对TALEN来识别特定DNA序列，在DNA上引入双链DNA断裂。最后在机体双链 DNA 损伤修复机制下，达到对 DNA 修饰的目的。最常见的应用是利用 TALEN 实现碱基的插入 / 缺失和 DNA 片段的替换。

优缺点 与传统的基因打靶技术和 ZFN 技术相比，TALEN 技术具有以下优缺点。优点：效率高；细胞毒性低；特异性好，脱靶率相对较低。缺点：构建烦琐，费时费力；成本较高。

应用 自从 TALEN 技术问世以来，已经被世界各地科研机构、生物公司广泛应用于基因敲除、敲入、转录激活、转录抑制、疾病治疗等方面。利用 TALEN 技术，已获得基因敲除或基因敲入的有果蝇、斑马鱼、大鼠、小鼠、家畜、小麦、水稻、烟草和拟南芥等。转录调控方面，也发展出了以 TALEN 为基础的转录激活或抑制技术，克服了传统的 RNAi 技术脱靶严重等缺陷。除了以上的应用，TALEN 技术也被应用于单碱基突变疾病的纠正、艾滋病等疾病的治疗中。

（吕　湘　朱基彦）

CRISPR/Cas9 jìshù

CRISPR/Cas9 技术（clustered regularly interspaced short palindromic repeats/Cas9 technology）

在细菌免疫系统基础上人工改造而来的基因组编辑技术。是继 ZFN、TALEN 技术之后的第三代基因组编辑技术。1987 年日本科学家在研究大肠埃希菌 K12 碱性磷酸酶基因时发现其编码区下游存在一段由 29bp 重复片段和 32~33bp 非重复片段间隔排列的重复序列，该结构在约 40% 的细菌和 90% 的古细菌基因组中普遍存在，于 2002 年被正式命名为规律间隔成簇短回文重复序列（clustered regularly interspaced short palindromic repeats，CRISPR）。

原理 CRISPR/Cas 系统是细菌和古细菌中的一种免疫保护机制，可介导外源 DNA 降解、抵御病毒等外来入侵。目前已发现了三种类型的 CRISPR/Cas 系统，每种均包含具有核酸酶活性的 CRISPR 相关 Cas 基因和决定切割位点特异性的非编码 RNA。其中Ⅱ型 CRISPR/Cas 系统在发挥功能时只需要 Cas9 核酸酶一种蛋白；而Ⅰ、Ⅲ型系统则需要多种蛋白形成复合物来行使功能。Ⅱ型 CRISPR/Cas 系统（又称 Cas9 系统）因其简单方便而更适合用于基因组编辑。该系统由 Cas9 核酸酶和两个非编码 RNA—crRNA 前体（precursor CRISPR RNA，pre-crRNA）和 trans-activating crRNA（tracrRNA）组成。在酿脓链球菌中，pre-crRNA 和 tracrRNA 均来自 CRISPR 序列的转录，两者通过 pre-crRNA 中的重复序列形成 RNA 异二聚体，并与 Cas9 结合，由 Cas9 对 pre-crRNA 剪切获得成熟 crRNA。成熟 crRNA 含 20 个碱基的向导序列，可通过互补方式引导 Cas9 核酸酶切割目的 DNA 双链。此外，Cas9 识别 DNA 通常还需要靶位点旁侧的 PAM 区，在酿脓链球菌中为靶位点下游的 5'-NGG-3' 序列，向导序列和 PAM 序列共同决定 Cas9 识别位点的特异性。CRISPR/Cas9 基因编辑系统最初需要 Cas9 蛋白、pre-crRNA 和 tracrRNA 三个组分。后模拟成熟核酸酶复合体情况，将 pre-crRNA 和 tracrRNA 融合形成单个的 sgRNA（single-guide RNA），系统简化成只需要 Cas9 蛋白和 sgRNA 两个组分。

优缺点 与 TALEN 技术相比，CRISPR/Cas9 技术具有以下优缺点。优点：无物种限制，靶向效率高；操作简单，成本低；可实现对多个靶基因位点同时敲除。缺点：脱靶效应较 TALEN 高；对于富含 GC 序列靶向率低。

应用 2013 年 CRISPR/Cas9 技术建立后，该系统迅速完善发展，并以简单高效、操作技术门槛低等特点逐渐取代 ZFN、TALEN 技术成为应用最广泛的基因组编辑技术，在基因敲除 / 敲入 / 编辑、转录激活 / 抑制、疾病模型构建和药物筛选等领域发挥作用。

（吕　湘　朱基彦）

fēnzǐ zájiāo

分子杂交（molecular hybridization）

根据核酸可变性与复性的性质来对 DNA 或 RNA 进行定性或定量分析的技术。主要是指能够互补的两条 DNA 或 RNA 单链经过复性，可以聚合成稳定的双螺旋杂合双链分子。

杂交的双方分别是标记的探针（已知序列的核酸片段）和要检测的核酸（DNA 或 RNA）。根据使用方法的不同，被检测的核酸来源可以不同，可以是预先从细胞中分离提纯的，也可以是未经抽提的，直接在细胞内的杂交，即细胞原位杂交。为方便示踪和检测，探针须经过标记。同位素是最常用的探针标记物，但由于同位素的安全问题，近年来许多非核素标记探针的方法也越来越常用，如生物素、植物甾类化合物地高辛标记。利用与靶序列互补的单链核酸片段作为特异探针，即可检测与其同源的核酸分子，反应不同样品中同源基因的表达情况。杂交可在 DNA 与 DNA、RNA 与 RNA 或 DNA 与 RNA 之间形成。

原理 配对碱基对之间的氢键作用是形成异源双链的分子基础。因此，只要两种单链核酸分子间存在某种程度的同源性，二者就可以形成杂化双链。在进行分子杂交前，要预先对核酸进行变性处理，可通过改变某些理化条件（一般通过加热破坏互补双链的氢键）使双链DNA解离为单链。双链的分开及复性主要受以下因素影响。①链的长度：链越长，氢键越多，双链分开及复性所需要的能量就越多。②碱基成分：由于碱基GC配对含三个氢键，AT配对含两个氢键，因此链中GC含量越高越难以变性与复性。③化学环境：单价阳离子的存在可稳定双链，而甲酰胺和尿素等则可通过化学作用破坏双链。

为了便于示踪和检测，探针须经过标记，再与另一种核酸单链进行杂交，进而识别靶序列中的特异核苷酸序列。核酸探针可以是DNA（寡核苷酸、cDNA、基因组DNA），也可以是RNA（寡核苷酸、体外转录的RNA）。常用探针标记物包括放射性核素、生物素和荧光染料等。

一般而言，需要将待检测的核酸样品通过琼脂糖电泳或聚丙烯酰胺凝胶电泳分离并变性为单链，然后将核酸分子转移至硝酸纤维素膜或尼龙膜上。将核酸分子转移至硝酸纤维素膜或尼龙膜有多种方法，包括毛细作用以及近来常用的电转移法和真空吸引转移法等，后两种方法更为高效、便捷。

步骤 常见的杂交方式主要包括DNA印迹杂交、原位杂交和RNA印迹杂交。

除以上介绍的三种杂交技术外，由分子杂交还衍生出一些其他的方法可用于生物学分析。如斑点印迹（dot blot），可以直接将靶DNA样品点在硝酸纤维素膜上，变性、杂交、显影分析，不经电泳分离；DNA芯片技术，大规模基因检测，将多种已知序列的DNA探针排列在一定大小的尼龙膜上，与待测样品进行杂交，分析样品的基因多态性。

（马艳妮）

tànzhēn

探针（probe）

分子生物学中用于检测核酸样品中特定基因的单链DNA或RNA分子。核酸是重要的生物大分子，来源不同的核酸分子热变性后复性的过程中，序列互补的核酸分子之间会形成杂交核酸分子。核酸分子的这种杂化作用，不仅可在DNA与DNA之间发生，还可在RNA与RNA之间发生，甚至还可在DNA与RNA之间发生。基于这一原理，用放射性物质或非放射性物质标记核酸探针，可以检测样本中与探针互补的单链核酸。核酸探针主要包括DNA探针、RNA探针、cDNA探针和寡核苷酸探针等，前三种由分子克隆而来可统称为克隆探针。广义上的探针还包括有机小分子探针、金属离子探针等。

分类 寡核苷酸探针是人工合成的短链探针，它的优点是识别序列变异能力强，而克隆探针由于序列较长难以区分序列变异。寡核苷酸探针还具有成本低、易于大量合成、杂交时间短等优点，但其由于序列短，特异性低于克隆探针。克隆探针的优势在于可标记位点多于寡核苷酸探针，可以获得强杂交信号，因此灵敏度高。核酸探针可以采用放射性同位素和非放射性方法进行标记，前者虽然灵敏度高，但是半衰期短、对环境和实验人员都有放射性危害，近年来已被非放射性标记技术取而代之。非放射性标记和显示体系具有诸多优越性：安全无害，标记物可重复利用、保存时间长，原位杂交效果好。

应用 相比于其他检测方法，探针具有特异性强、灵敏度高、快速准确的特点，因而在分子生物学领域广泛应用。探针技术主要用于：DNA和RNA定量和定性检测，测定限制性内切酶图谱，粗略分析RNA结构，检测基因点突变以及筛选基因克隆等。

（马艳妮）

DNA yìnjì zájiāo

DNA印迹杂交（Southern blot）

检测待分析DNA样品中是否含有特定序列或分析基因结构的分子生物学技术。1975年，英国科学家萨瑟恩（E.M.Southern）首创了这一技术，并且这一过程与墨迹印到墨纸上的过程类似，因而命名为Southern blot。核酸分子杂交具有高度的特异性，并且检测方法灵活性高。其在遗传病的诊断及PCR产物分析等方面具有重要的应用价值，也被作为DNA图谱分析的基本技术手段。

原理 用琼脂糖凝胶电泳将酶切过的DNA样品按照片段大小分离开来，在电压恒定的电场中，琼脂糖凝胶中的DNA分子从电场的负极向正极移动，这种运动受自身分子量的限制，分子量小的DNA移动得快，分子量大的DNA移动得慢，因而可以将不同大小的DNA片段分离开，处于同一条带位置的DNA分子大小相同。进而将按照分子大小分离的DNA从琼脂糖凝胶中转移至固相支持物上，并在适当条件下与探针孵育。带有标记的探针与样本中互补的核酸链杂交，并被显示出来。

步骤 DNA印迹杂交包括两个主要部分：一是把核酸分子转移到固相支持物上，即印迹；二是固相支持物上的核酸与标记过的探针退火，即分子杂交。印迹的方法有电转移法、毛细管转移法和真空转移法。传统的DNA杂交基本流程如下（图 1）：①提取基因组 DNA，用多种限制性内切酶将 DNA 充分切割成 DNA 片段，利用琼脂糖凝胶电泳将 DNA 片段按照大小分开。②变性液处理凝胶使其中的 DNA 变性，将凝胶上的 DNA 片段转移到尼龙膜或硝酸纤维素膜上并固定，此过程最重要的是保持各 DNA 片段的相对位置不变。③标记探针：寡核苷酸片段或者纯化的 DNA 片段都可以用作 DNA 印迹杂交的探针。这些探针可用化学方法标记以进行后期鉴定区分，在技术上可以进行放射性物质或非放射性物质标记，包括多种标记方法，其中实验室较常用的是末端标记法、随机引物法和切口平移法等。只有特异标记的探针可以用于后续杂交。④预杂交：为了封闭膜上所有能与 DNA 结合的位点，减少探针的非特异性结合，固定于膜上的 DNA 片段与探针进行杂交之前，必须先进行预杂交。⑤杂交：目的序列的 DNA 探针要提前加热处理使其变性成为单链 DNA，以利于与目的序列结合。预杂交后，在杂交体系中加入标记的 DNA 探针，杂交过夜后，在较高温度下用盐溶液洗膜。⑥放射性自显影或根据探针的标记物采用相应的方法进行检测。

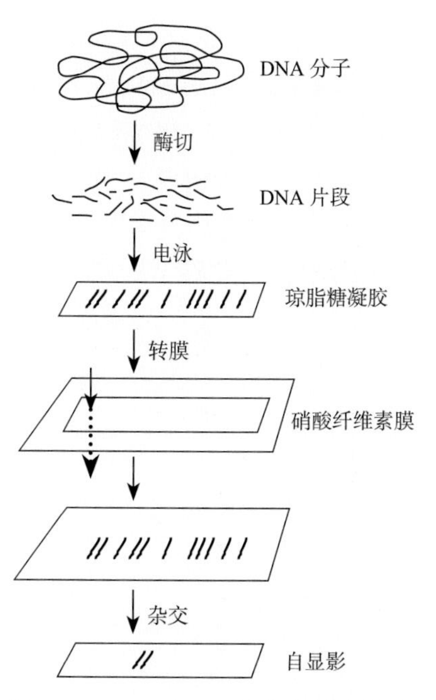

图 1　DNA 印迹杂交基本流程示意图

注意事项　杂交膜需用洁净的平头镊子进行操作，切不可用手指或异物接触膜表面，以免产生较高的背景；转膜过程中一旦膜接触到凝胶，就不要轻易移动，避免同一 DNA 分子转移到膜的不同位置；杂交系统体系越小、反应的时间越短，效果越好；在洗膜、放射自显影以及保存过程中应保持膜湿润。

应用　利用 DNA 印迹杂交法可以进行图谱分析、基因组特异 DNA 的结构分析、克隆基因的酶切、基因多态性标记、转基因鉴定等相关研究。

（马艳妮）

RNA yìnjì zájiāo

RNA 印迹杂交（Northern blot）

通过检测样本中 RNA 的表达水平来分析基因转录的分子生物学技术。1977 年，斯坦福大学的三位科学家詹姆斯（James），戴维（David）和格奥尔（George）在 Southern blot 的基础之上发明了 RNA 印迹杂交技术，因而得名 Northern blot。两者的主要区别在于 Southern blot 的研究对象是 DNA，而 Northern blot 的研究对象是 RNA。“印迹”一词是指将凝胶中的 RNA 转移到膜上的过程。RNA 印迹杂交技术包括两部分，一是凝胶电泳将变性的 RNA 样品按照分子量的大小分离并转移到膜上，二是用带有标记的探针杂交检测目的 RNA。RNA 印迹杂交可以检测细胞分化、形态变化、病理状态等过程中特定基因的表达变化情况。

原理　琼脂糖或丙烯酰胺凝胶电泳可以使 RNA 按照分子量的大小分离开来，RNA 分子是单链结构，在溶液中分子内部碱基配对可产生复杂的二级结构，须用变性剂处理，才能使 RNA 分子电泳条带的位置与分子大小成比例。经印迹将凝胶中的 RNA 转移到膜上，再用特异性探针杂交鉴定 RNA 分子的量与大小。因为环境中存在大量 RNA 酶，RNA 酶可以降解 RNA，因而 RNA 印迹杂交实验须避免 RNA 酶污染（图 1）。

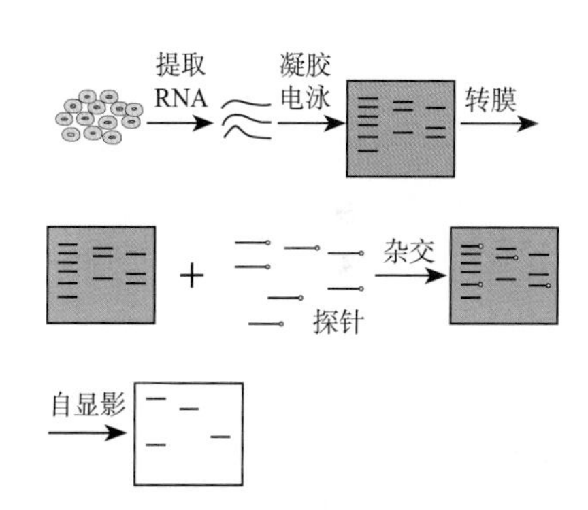

图 1　RNA 印迹杂交原理示意图

步骤　RNA 印迹杂交的步骤与 DNA 印迹杂交基本一致，只是在样品制备、电泳分离及胶处理的过程有所不同。①从细胞或组织中提取 RNA，进行变性处理，变性剂多种多样，有乙二醛、二甲亚砜、甲基氢氧化汞和甲醛等，常用甲醛变性，对应的缓冲液用 3- 吗啉基丙磺酸钠。根据所要检测 RNA 的分子量选择琼脂糖或丙烯酰胺凝胶电泳，根据 RNA 片段大小进行分离。②将凝胶上的 RNA 片段转移到尼龙膜或硝酸纤维素膜上并固定，此过程最重要的是保持各 RNA 片段的相对位置不变。③标记探针：用于 RNA 印迹杂交的探针可以是 DNA 也可以是 RNA，可以是寡核苷酸片段，也可以较长的 PCR 产物或体外转录的RNA片段。探针长度不同杂交温度有所不同。在技术上可以进行放射性物质或非放射性物质标记，包括多种标记方法，其中实验室较常用的是末端标记法、随机引物法和切口平移法等。只有特异标记的探针可用于后续杂交。④预杂交：为了封闭膜上所有能与RNA结合的位点，固定于膜上的RNA片段与探针进行杂交之前，为了减少非特异性背景，必须先进行预杂交。⑤杂交：目的序列的DNA探针要提前加热处理使其变性成为单链DNA，以利于与目的序列结合。预杂交后，在杂交体系中加入标记的DNA探针，根据探针长度选择合适的杂交温度及杂交时间。杂交后，用盐溶液洗膜，去除非特异结合。⑥不同的探针标记方法选择不同的显色方法进行检测，对于放射性标记的探针进行放射性自显影检测。

应用 RNA印迹杂交可以检测不同组织器官、发育时相、应激状态、病原微生物感染以及治疗过程中基因表达模式的变化，还可以对比肿瘤细胞与正常细胞中原癌基因和抑癌基因的表达差异。BlotBase（http://www.medicalgenomics.org/Databases/BlotBase）是RNA印迹杂交的在线数据库，涵盖了人和小鼠25个组织、650个基因的数据。

（马艳妮）

yuánwèi zájiāo

原位杂交（in situ hybridization）

利用标记的DNA或者RNA探针直接检测在组织、细胞、细菌或染色体上特定核酸序列的技术。原位杂交经历了从放射性同位素标记探针到非放射性标记探针，从放射自显影检测到酶联免疫反应或荧光素检测，从单色到多色，从中期染色体到粗线期染色体再向DNA纤维的发展过程，如今已经发展为核酸研究当中重要的检测手段（图1）。荧光原位杂交（fluorescence in situ hybridization，FISH）克服了放射性探针不稳定、自显影时间长、空间分辨率低、安全性差的不足，同时与酶联免疫反应方法相比，灵敏度高、操作流程简单、可同时使用多个探针检测，因而发展成为原位杂交的主流技术。

原理 荧光原位杂交是将荧光技术和原位杂交技术有机结合的技术。基本原理是：如果检测样品中的核酸序列与探针进行互补配对，在加热变性、退火复性处理之后，目的核酸序列就可以与探针根据碱基互补配对原则形成杂合双链分子。探针大多用非放射性标记，比如生物素标记或地高辛标记，荧光素标记的亲和素会与这些报告分子发生反应，即可在显微镜下观察到样品中核酸的位置与含量。探针的长度一般在15~30bp，短的探针易于接近靶序列，但携带荧光染料的能力就会有所下降。多色荧光原位杂交（mFISH）是用波长不同的荧光染料检测两种或多种核酸，在选择染料时要注意用最明亮的染料检测丰度最低的核酸。

步骤 ①探针准备：探针分为DNA探针、RNA探针、cDNA探针和人工合成的寡核苷酸探针，根据研究目的的不同选择特异性最高的探针用于实验。②样品准备：收集样品，清洗以去除其中的杂质，然后进行固定和预处理。这一步要求保持组织、细胞的形态基本不变，同时增加探针的透过性，常用多聚甲醛溶液进行固定，固定好后再用蛋白酶K消化减少蛋白质对杂交的影响。③杂交：将样品与探针在密闭的湿盒中杂交，完成后常用多次梯度洗脱的方法除去多余的探针。④观察和分析：封片前用少量对苯二胺-甘油溶液覆盖样品，以防荧光淬灭。用荧光显微镜或激光共聚焦显微镜观察结果进行分析。

应用 20世纪60年代后期，原位杂交问世，继而出现了一门新的学科——分子细胞遗传学，在宏观的细胞学和微观的分子生物学之间搭起了桥梁，是细胞遗传学历史上最有意义的里程碑。原位杂交广泛应用于医学、生物学研究的各个领域：确定DNA序列位置，构建DNA物理图谱；鉴定转基因；检测外源染色体；探讨基因组进化；定位特异性mRNA转录；揭示基因组结构、变异及空间分布；研究物种间亲缘关系；分析染色质的组织和动

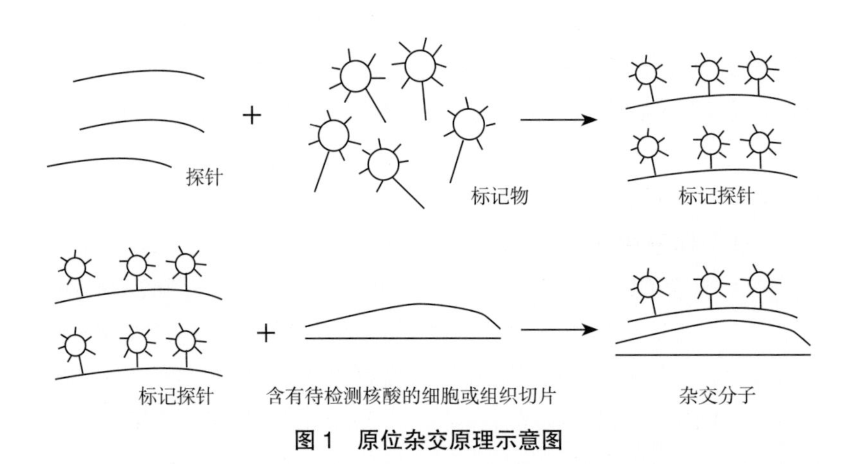

图1 原位杂交原理示意图

态变化；筛选重组子等。

（马艳妮）

DNA xùliè cèdìng

DNA序列测定（DNA sequencing）

分析特定DNA分子中核苷酸序列的技术。也称DNA测序。DNA分子核苷酸的排列顺序是4种碱基腺嘌呤、鸟嘌呤、胞嘧啶、胸腺嘧啶的排列方式。核酸序列测定的历史可以追溯到20世纪60年代，当时的实验方法仅能测定RNA序列，且费时费力。1975年以来，DNA序列测定实现了飞跃，已经从第一代（自动激光荧光）测序发展到第二代（循环芯片）和第三代（单分子）测序。英国科学家桑格（Sanger F），美国的马克萨姆（Maxam A M）和伊尔贝特（Gilbert W）因发明了DNA序列测定方法共享1980年诺贝尔化学奖。人类基因组计划（human genome project，HGP）于1990年启动，对人类染色体30亿个碱基对进行了测序，于2003年完成，绘制出了DNA的遗传图谱、物理图谱、序列图谱和转录图谱，为遗传疾病的诊断和治疗提供了重要的生物学依据。

原理 常规DNA测序包括双脱氧测序法和化学修饰法。

双脱氧测序法 又称桑格（Sanger）法，测序的原理是在dNTP中掺入2',3'-双脱氧核苷三磷酸（ddNTP），而ddNTP的3'位不含羟基，会使DNA聚合酶不能够延伸DNA链，反应停止。4种核苷酸对应4种双脱氧核苷酸，因而测序时会设置4个反应体系，每个体系中加入相同的引物、DNA聚合酶、dNTP、离子等，不同的是每个体系中只加入一种ddNTP。由于ddNTP参与合成的位置不同，DNA聚合酶反应结束后将产生长度不同的DNA片段，将反应产物在高分辨率的聚丙烯酰胺变性凝胶中分离，根据4个反应体系的电泳条带位置即可读出DNA序列。

化学修饰法 又称马克萨姆-伊尔贝特（Maxam-Gilbert）化学测序。利用化学试剂处理DNA片段，造成碱基的特异性切割，产生一组具有各种不同长度的DNA链的混合物，经凝胶电泳分离根据不同反应体系的电泳条带位置即可读出DNA序列。测序时先标记DNA末端，再加入只能修饰某种或某类碱基并断裂其3'端的磷酸二酯键的化学试剂进行DNA聚合酶反应，也是用4个反应体系测序，分别是G反应、G+A反应、C反应、T+C反应。根据4个反应体系电泳后的条带位置读取DNA序列信息。

第二代测序技术以通量高为主要特点，单次并行测序可同时产生几十万条到几百万条序列信息。包括454焦磷酸测序法、Solexa合成测序法、SOLiD测序法等。测序步骤大致为DNA片段打断后加上接头，随后用不同的方法进行PCR克隆，然后进行引物杂交和酶延伸反应，同时加入荧光标记，通过成像系统检测获得测序数据。

第三代测序技术基于单分子水平边合成边测序，拥有超长的读长、无须扩增模板、运行时间短、直接读取表观修饰等优势。尽管准确率偏低，但可以通过数据纠错提高准确率，因此成为小型基因组从头测序、组装的热门方法。

步骤 以第一代测序的基本程序为例：①准备高质量的DNA模板，模板可以是单链DNA、双链DNA、基因组DNA，也可以是PCR产物、质粒等。②DNA聚合酶反应：用4种荧光标记引物、d/ddNTP混合物、缓冲液、DNA聚合酶配置4个独立的反应管；进行PCR热循环反应；回收PCR产物。③制备测序胶。④测序样品电泳：待测样品与上样缓冲液混匀离心，95~98℃变性后于冰上冷却；用缓冲液冲洗胶孔，上样、电泳。⑤采集和分析数据。

应用 DNA序列测定技术发展至今已有四十余年的历史，由最初的手工测序发展成高度自动化测序，同时测序的通量急速提高，成本明显降低。DNA测序可用于测定个别基因、染色质乃至整个基因组的序列。在分子生物学中，DNA测序用于研究基因和基因编码蛋白的变异以及疾病诊断和药物靶点的研究；进化生物学中研究物种的进化以及比较物种之间的亲缘关系；DNA测序还可确定环境中存在的微生物用于微生物基因组学研究；现代医学应用测序的方法可进行诊断遗传性疾病和产前筛查；法医学中用于确定罪犯身份以及亲子鉴定。

（马艳妮）

DNA zhǐwén fēnxī

DNA指纹分析（DNA finger printing）

依据DNA序列特点鉴定个体的技术。人类DNA有99.9%的序列是相同的，但是剩下0.1%的DNA序列信息足以区分非同卵双生的个体。DNA指纹是指不同个体之间的DNA存在变异，像指纹一样能够区分个体，因而得名DNA指纹。DNA指纹是由称为数目可变串联重复序列，尤其是短串联重复序列组成的高度可变序列。1984年，英国遗传学家亚历克·杰弗里斯（Alec Jeffreys）发现了DNA指纹，并将其应用于法医鉴定领域，随后DNA指纹分析逐渐得到了广泛的应用。

原理 按照出现的频率，将

DNA 序列分为三类：高度重复序列、中度重复序列和单拷贝序列。在超离心后，高度重复序列表现为主 DNA 带附近的卫星带，因此用“卫星 DNA”指代高度重复序列，序列中的每一个重复单元被命名为“小卫星 DNA”。“小卫星 DNA”的重要特征是具有高度可变性的序列，个体之间存在差异，但“小卫星 DNA”中含有一小段保守的“核心序列”，针对核心序列设计特异性探针，运用分子杂交的方法匹配到不同个体的 DNA，呈现出高度专一和特征鲜明的杂交图谱，此方法可以在区分、鉴定生物体等方面得以运用。

步骤 ①限制性片段长度多态性分析：DNA 指纹分析中最先使用的方法。提取细胞 DNA，用限制性核酸内切酶切割，由于 DNA 序列在个体间存在差异将产生长度不等的 DNA 片段，再用 DNA 印迹杂交检测。此法需要 DNA 充分酶切，操作烦琐，因而被 PCR 检测方法取而代之。② PCR 检测：根据卫星 DNA 翼侧保守序列设计引物，用 PCR 方法对该区进行扩增，因可变区长度不同，所以产物经琼脂糖凝胶电泳、染色后，根据条带的不同可区分。这种方法既方便又省时，对部分酶解 DNA 也适用，对单根毛发、血斑和皮屑都可进行分析。但有些可变区重复片断较长，PCR 难以扩增。③短串联重复序列（short tandem repeat，STR）分析：目前 DNA 指纹技术多是基于 PCR 和简单序列或 STR 展开的。DNA 序列中有高度可变的 STR，重复单元长度为 3~5（通常是 4）个碱基，不同人之间这一序列的拷贝数不同，因此多个 STR 位点联合使用可用于鉴定个体之间的亲缘性。

应用 在刑事案件中，通常在犯罪现场收集血液、唾液、痰液、毛发等证物，为确定犯罪嫌疑人，将嫌疑人的 DNA 样品与证物进行 DNA 指纹分析。如果指纹相配，即可证明该嫌疑人就是罪犯，反之则不是。同理，这一技术也可以用作罹难者鉴定。DNA 重复序列是按照孟德尔遗传定律进行遗传的，子代的 DNA 指纹全部来源亲本，因而 DNA 指纹分析可以用作亲子鉴定。DNA 指纹分析还可以应用于器官移植配型、肿瘤标志物测定、野生动物盗猎鉴定、植物和微生物分类等。

（马艳妮）

DNA méi I zújì fǎ

DNA 酶Ⅰ足迹法（DNase Ⅰ foot printing）

基于与 DNA 结合的蛋白质能够保护 DNA 不被 DNase Ⅰ降解的原理，检测与蛋白质结合的 DNA 序列的技术。也称为 DNase Ⅰ保护实验（DNase Ⅰ protection assay）。目前被广泛应用于确定蛋白质精确结合位点。

原理 DNase Ⅰ能够随机水解 DNA 链中的磷酸二酯键，产生单核苷酸，而被蛋白质结合的 DNA 可以免受 DNase Ⅰ的降解。在纯化的目的 DNA 片段一端加上同位素标记，加入目的蛋白或者核提取物孵育，使 DNA 和蛋白质形成复合物，此时加入 DNase Ⅰ消化，在 DNase Ⅰ的作用下，DNA 被切割成长度相差一个核苷酸的若干片段，可通过变性聚丙烯酰胺凝胶电泳进行区分，被蛋白质保护的 DNA 电泳后将产生不连续的 DNA 条带，与无目的蛋白保护的 DNA 相比，这些缺少的 DNA 条带称为“足迹”。而对“足迹”邻近的上下游 DNA 片段进行测序，通过序列比对确定与蛋白质结合的 DNA 序列。

步骤 实验应设置至少两个对照组，一个对照组不含 DNase Ⅰ，另一个对照组不含目的蛋白。①制备纯化的 DNA 结合蛋白或者从组织、细胞中提取核蛋白。②将蛋白质与标记的 DNA 混合，孵育。③反应管中依次加入 $MgCl_2/CaCl_2$ 溶液和 DNase Ⅰ，进行 DNase Ⅰ消化处理。④终止反应，抽提纯化反应产物。⑤电泳前进行 DNA 变性。⑥配制变性聚丙烯酰胺胶，预电泳。⑦ DNA 样品进行电泳。⑧凝胶处理并放射自显影。

应用 DNA 酶Ⅰ足迹法具有快速、灵敏的特点，并且分辨率能够达到单核苷酸水平。在细胞生物体内，与 DNA 结合的蛋白质在 DNA 的复制和转录过程中发挥了至关重要的作用，获取这些蛋白质与 DNA 的结合位点有助于更好地理解基因表达调控机制。DNA 酶Ⅰ足迹法不仅可以定量地找到蛋白质与 DNA 结合的序列，如果设置蛋白质浓度梯度，还可以分析蛋白质与 DNA 的亲和力。

（马艳妮）

hésuān méi bǎohù fēnxī

核酸酶保护分析（nuclease protection assay）

定量或定性检测被核酸或者蛋白质结合而受保护、不被核酸酶降解的核酸的技术。核酸酶保护分析包括 DNA 酶保护分析和 RNA 酶保护分析。DNA 酶保护分析与 DNase Ⅰ足迹法相似，已单独介绍。现仅介绍 RNA 酶保护分析，用于 RNA 酶保护分析的 RNA 酶有 S_1 核酸酶、RNase A 和 RNase T_1。当 RNA 中某段序列能与其他核酸（DNA 或 RNA）形成互补结合或与某种蛋白特异结合后，核酸酶（如 S_1 核酸酶）就只能降解反应系统中未结合的核酸，留下被结合的核酸片段，可以被定性或定量检测。RNA 酶保护分析不仅可检测蛋白质与

RNA 的结合情况，同时以标记的反义互补 DNA（cDNA）与样品中的 RNA 杂交后做核酸酶消化也可以定量检测 RNA 的表达水平。

原理 RNA 酶只能降解单链的 RNA，而对双链 RNA 没有消化作用。用标记的 DNA 或 RNA 探针与单链 RNA 杂交，形成的 RNA–RNA 双链或 RNA–DNA 杂交链不能被 RNA 酶降解，而未被探针结合的"游离"RNA 则会被 RNA 酶降解，因此被保护的 RNA 则可通过凝胶电泳进行定性或定量分析，用于 RNA 定量或 RNA–RNA 相互作用。同样，RNA 与蛋白质结合的部分也能抵抗 RNA 酶的降解，因此该方法也可用于 RNA- 蛋白质相互作用。

步骤 RNA 酶保护分析的流程如下：准备各种缓冲液，包括转录缓冲液、洗脱缓冲液、杂交缓冲液和 RNA 酶消化缓冲液；制备分子探针并纯化；探针与 RNA 杂交；RNA 酶消化；电泳分离杂交链、显色、分析结果。

应用 DNA 酶保护分析主要用于鉴定 DNA- 蛋白质相互作用。RNA 酶保护分析可以定量分析 RNA、确定内含子的位置，还可以确定 mRNA 在模板 DNA 中的位置，一次可同时使用多个探针检测。RNA 酶保护分析敏感性高，有两方面原因，①探针具有高度特异性，② RNA–RNA 双链具有更好的热稳定性。RNA 酶保护分析也有一定的不足之处，比如杂交和消化条件需要多次摸索，放射性探针易形成二级结构抗 RNA 酶消化、半衰期短不利于保存等。

（马艳妮）

rǎnsètǐ bùyí

染色体步移（chromosome walking） 获取已知 DNA 序列相邻未知序列的技术。

人类基因组计划完成了人类和五种模式生物（大肠埃希菌、酵母、线虫、果蝇和小鼠）的测序工作，对于这些生物可以直接从数据库中找到已知序列的侧翼序列。但自然界中绝大多数动植物、微生物的基因组并没有通过测序得到 DNA 序列，如果对某个已知序列两侧的序列感兴趣，可以采用染色体步移的方法。主要应用的染色体步移方法有两种，一种方法需要结合基因组文库，另一种是基于 PCR 的染色体步移。结合基因组文库的染色体步移的特点是步移距离大、速度快，可一次获得大量序列信息，但是需要构建基因文库，不仅工作量大，而且时间、资金成本高。基于 PCR 的染色体步移多种多样，每种技术都有各自的特点，比如半随机引物 PCR 操作简单，步移距离大，自动化、特异性高；T-linker PCR 可以对同一样品连续步移或多点步移，可以根据实验目的选择恰当的方法。

原理 ①结合基因组文库的染色体步移。用已知分子探针与基因组文库杂交，筛选出与探针互补的克隆，再将该克隆末端用作探针与基因组文库杂交，分离出阳性克隆，重复探针筛选步骤，即可获得已知 DNA 序列附近的位置序列。②基于 PCR 的染色体步移。反向 PCR 法：使用不能切割已知序列的限制性核酸内切酶切割基因组 DNA，切割之后的 DNA 片段在 T4 连接酶的作用下连接成环，再根据已知序列设计引物进行反向 PCR 扩增出已知序列附近的 DNA 序列。外源接头 PCR 法：是用限制性核酸内切酶将 DNA 切割成一段含有已知序列和侧翼序列的 DNA 片段，在两端加上序列已知的接头或载体，就可以设计引物扩增出中间的侧翼序列。半随机引物 PCR 联合使用随机引物和已知序列的特异性引物，也可直接扩增侧翼序列。

步骤 以结合基因组文库的染色体步移为例：构建基因文库；根据已知 DNA 序列设计分子探针；从基因文库筛选出与探针结合的克隆；根据克隆末端的片段制作探针，再以该探针筛选基因文库，重复以上步骤即可实现染色体步移。

应用 在基因表达调控研究过程中，根据已知 DNA 序列信息获取其上游或下游的 DNA，并研究其功能；确定 T-DNA、转座子或外源基因的插入位点；测序工作中用于空隙填补以获取完整 DNA 序列；人工染色体 PAC、BAC、YAC 片段搭接；根据保守序列信息用染色体步移的方法获取非保守区 DNA，可得到全基因组序列。

（马艳妮）

DNA wēi zhènliè

DNA 微阵列（DNA micro array）

由已知的一系列 DNA 片段按照一定顺序排列形成的高密度核酸阵列。也称 DNA 芯片或生物芯片。DNA 微阵列可以同时检测不同样品中上百万个基因的表达谱，相比于 DNA 印迹杂交、核酸酶保护分析和逆转录酶 – 聚合酶链式反应（RT–PCR）等检测基因表达的方法，DNA 微阵列具有通量高、快速、精确、低成本的优势。DNA 微阵列的制作工艺复杂，一般由公司生产，加工工艺有光指导的原位合成法、化学喷射法、分子印章法、机械点涂法和微流体通道合成法。

原理 DNA 微阵列与 DNA 印迹杂交和 RNA 印迹杂交的原理一致，都是核酸杂交。不同的是

DNA 和 RNA 两种核酸印迹方法是把待检测的样品转移到膜上，探针在溶液中。而 DNA 微阵列是将已知序列的 DNA 探针有规律地固定在支持物上，每个点代表一个已知的 DNA 序列，膜干燥后 DNA 便固定在膜上，称为印迹阵列。实验时，将样品 DNA 片段化并标记，再与印迹膜杂交，最后用高分辨率自动化的光学显微镜读出杂交结果。

步骤 ①准备需要对比的样品，比如实验组和对照组。②提取样品 RNA（也可是 DNA，或者被特定蛋白质结合的 DNA/RNA）。③将 RNA 逆转录成 cDNA，然后对 cDNA 进行 PCR 扩增。样品的标记可以在逆转录的过程中进行，也可以在 PCR 过程中进行。不同样品用不同的荧光标记。④取等量样品与适当的杂交缓冲液混合。⑤混合物高温变性后加入到 DNA 微阵列的孔眼中。封闭 DNA 微阵列并使其中的 DNA 与样品充分杂交，可以在杂交箱或者混合器中完成这一步。⑥杂交过夜后，洗脱非特异性结合的 DNA。⑦干燥 DNA 微阵列，荧光自动显微镜扫描并测量荧光信号。⑧根据模板确定图像网格，对每个网格的信号强度定量。⑨数据处理并分析结果。

应用 作为在分子生物学领域内一种新的研究技术，DNA 微阵列既具有微型化的特点，还可以适用于大规模分析以及处理生物信息等方面。这一技术综合了分子生物技术、机械制造技术、计算机技术，使得生物样品得以快速分离、制备和检测，一次可以检测大量基因，并进行高通量生物信息学处理。不同组织、不同发育阶段、不同生理病理条件下的基因表达图谱可以通过 DNA 微阵列检测，检测信号强度与 mRNA 初始量相关，因此 DNA 微阵列可以定量。若阵列中的每个点以基因组序列点样，DNA 微阵列就能代表全基因组，微阵列的密集程度与分辨率成正比，这种类型的 DNA 微阵列可比较基因组变化，用于遗传病诊断和肿瘤学研究。此外，DNA 微阵列还可以检测已经确定的数以万计的单核苷酸多态性，明确基因分型。

（马艳妮）

gāo tōngliàng cèxù

高通量测序（high-throughput sequencing）

单次并行测序可同时产生几十万条到几百万条序列信息的技术。又称下一代测序技术（next generation sequencing，NGS）、第二代测序技术。

种类 大规模平行测序、聚合酶克隆测序、焦磷酸测序、合成测序、寡聚物连接检测测序、离子半导体测序、DNA 纳米球测序等。

原理 ① 454 焦磷酸测序：基于酶联化学发光反应，将 DNA 打断成 300~800bp 片段后 3' 和 5' 分别加上接头结合到微珠上，通过油包水使整个 PCR 反应和相关的酶被包裹起来，在每个油滴中只有一个 PCR 模板。扩增后每个微珠形成克隆集落，测序过程中将 dNTP 的聚合偶联荧光信号释放，检测释放出的荧光信号，实现对 DNA 测序的目的。② Solexa 测序：基于可逆的终止化学反应。DNA 打断加接头后附着于玻璃表面，经桥联 PCR 扩增形成 DNA 簇作为测序模板。测序时边合成边测序，dNTP 被添加和洗脱，合成过程中被荧光标记的核苷酸可以通过成像系统捕获，通过去除 DNA 3' 端阻断剂，开启下一轮延伸过程。③ SOLiD 测序：核心是将寡核苷酸用 4 种不同的荧光标记上，对它们进行连接反应。微珠首先经 3' 端修饰，在反应前可以沉淀附着在玻片上，然后将 8 个碱基荧光探针混合作为连接测序所用的底物，探针会根据序列位置标记在样本 DNA 上。和模板配对的探针被 DNA 连接酶优先连接，该位点被引发并且产生荧光信号，见表 1。

基本步骤 不同的测序方法具体的测序步骤各有不同，但大致过程为 DNA 片段打断后加上接头，随后用不同的方法进行 PCR 克隆，然后进行引物杂交和酶延伸反应，同时加入荧光标记，通过成像系统检测获得测序数据。

454 焦磷酸测序法 ①文库构建：DNA 序列打断成 300~800bp 的片段，3' 和 5' 添加接头。②连接：将 DNA 固定到磁珠上，随后扩增剂将磁珠乳化，形成一个微反应器。③扩增：对每个微反应器的磁珠进行 PCR 扩增。④测序：携带 DNA 的磁珠被放入 PTP 板中进行测序。PTP 孔依次加入 4 种碱基，每次只进入一个。如果碱基发生配对，会释放一个焦磷酸，通过 ATP 硫酸化酶和荧光素酶的作用释放光信号，并被 CCD 捕获。

Solexa 测序 ①文库构建：将 DNA 打断并加上接头；若是转录组测序，则 RNA 片段化之后需逆转录为 cDNA。②锚定桥接：Solexa 测序反应在玻璃管中进行，每个流动室又被进一步细分成包含 8 个通道，无数的单链接头被固定在每个通道的内表面。测序通道上的接头引物和由带接头的 DNA 片段变性成的单链结合形成桥状结构。③预扩增：将未标记的 dNTP 和普通 Taq 酶通过固相桥式 PCR 的方式进行扩增，通过

表 1　高通量测序技术比较

方法	读长	精确度	数据量（序列数）	每次运行时间	优点	缺点
离子半导体测序	400 bp	98%	80 百万	2 小时	费用低 速度快	同聚体错误
焦磷酸测序（454）	700 bp	99.9%	1 百万	24 小时	读长较长 速度快	费用高 同聚体错误
合成测序（Illumina）	HiSeq 2500: 50~500 bp HiSeq 3/4000: 50~300 bp HiSeq X: 300 bp	99.9%	HiSeq 2500: 300 百万至 20 亿 HiSeq 3/4000 25 亿 HiSeq X: 30 亿	1~11 天	费用低 通量高	设备贵 对样本质量要求高
寡聚物连接检测测序（SOLiD）	50+35 或 50+50 bp	99.9%	12 亿 ~14 亿	1~2 周	费用低	时间久 回文结构测序有争议

这一步骤使单链桥型待测片段扩增成为双链桥型片段。互补的单链通过变性被释放出来，将附近的固相表面作为靶点锚定上去。上百万条成簇分布的双链待测片段将会通过不断循环产生在流动室的固相表面上。④单碱基延伸测序：将 4 种荧光标记的 dNTP、DNA 聚合酶以及接头引物加入到测序的流动室中并进行扩增，扩增时荧光由于加入对应的荧光标记的 dNTP 而被释放出来，这种荧光信号被测序仪所捕获，光信号进一步通过计算机软件被转化为测序峰，待测片段的序列信息便会由此获得。

SOLiD 测序　①文库构建：SOLiD 测序的测序模板除了支持片段模板，还支持配对末端文库。片段模板构建同一般建库，配对末端文库构建时将 DNA 打断后连接中间接头环化，酶切后加上接头构成文库。②扩增：同 454 焦磷酸测序扩增步骤类似，进行乳液 PCR 扩增。③微珠连接玻片：微珠模板 3' 端修饰，共价结合于玻片上。④测序：连接反应底物是八碱基单链荧光探针混合物，单向测序包括 5 轮测序，经过多次连接反应在每轮测序中得到颜色序列，这种颜色序列经进一步分析变换成对应的测序序列。

应用　随着高通量技术的迅猛发展，测序费用大大降低，为生物学问题的研究带来了更多的新方案和方法。在基因组水平上，之前没有参考序列物种的参考序列可以通过从头测序被获得，以便于后续研究和技术应用；作为可能是产生个体差异的分子基础，有参考序列物种的突变位点可以通过基因组重测序被检测出来。在转录组水平上，以转录组测序为基础，进一步可以对编码序列单核苷酸多态性（cSNP）、可变剪接、差异表达等方面进行研究；同时新的 RNA 分子可以通过小 RNA 测序被鉴定出来，分离并对特定大小的 RNA 分子进行测序可以得到 RNA 信息。ChIP-seq 是与染色质免疫共沉淀（ChIP）相结合的测序技术，使用该技术可以使与特定转录因子结合的 DNA 区域被检测出来，MeDIP-seq 是与甲基化DNA免疫共沉淀（MeDIP）相结合的测序技术，通过该技术基因组上的甲基化位点信息可以被获取。

（马艳妮）

dān fēnzǐ shíshí DNA cèxù

单分子实时 DNA 测序（single molecule real time DNA sequencing, SMRT）　依赖纳米孔结构实时观察 DNA 聚合的单分子合成测序。又称第三代测序。单分子实时 DNA 测序已进入商业化应用阶段。第一代测序的优点是读长较长、准确率高，但成本高昂；第二代测序通量高、成本低廉，但是读长较短、不适于高 GC 含量基因组测序；单分子实时 DNA 测序不仅弥补了前两代测序的不足，还增加了新的测序功能，拥有超长的读长、无须扩增模版、运行时间短、直接读取表观修饰、成本较低，尽管准确率低，但可以通过数据纠错提高准确率，因此成为小型基因组从头测序、组装的热门方法。

原理　单分子实时 DNA 测序芯片上固定有 DNA 聚合酶可捕获 DNA 模板，不同荧光标记的 4 种 dNTP 进入检测区，只有与模板匹配的碱基在 DNA 聚合酶的作用下生成磷酸二酯键，并且停留时间远远长于其他碱基停留时间，根据荧光信号时长就可以确定哪个碱基参与了链的延长，即可测定 DNA 模板序列。零级波导技术（zero mode waveguide，ZMW）是降低单分子实时 DNA 测序荧光背景的重要核心技术。每个芯片由多达一百万个 ZMW 组成，ZMW 是直径为 70nm、高 100nm 的纳米孔。ZMW 的孔径小于激光波长，当激光从一侧照射时不能穿过，而是在孔底衍射，只能照亮很小的区域，DNA 聚合酶就被固定在这个区域，形成体积微小的检测空间。只有在这个区域内碱基携带的荧光集团才能被激活并检测，因此大幅降低了背景干扰。每个 ZMW 纳米孔内固定一个 DNA 聚合酶，只有一个 DNA 聚合酶结合一个单链 DNA 模板的 ZMW 会被统计到测序结果中，否则将被过滤掉。单分子实时 DNA 测序的另一个核心技术是荧光素标记在 dNTP 的 5' 磷酸基团上，荧光基团伴随磷酸二酯键的形成而释放，减少了 DNA 合成过程中的空间位阻，保证了 DNA 的持续合成，延长了测序读长。

步骤 ①生物素标记的 DNA 聚合酶与 DNA 模板在孵育。②链霉亲和素与 ZMW 芯片孵育，上样缓冲液冲洗以去除非特异结合。③将孵育好的聚合酶 -DNA 复合物固定到芯片上，未结合的复合物用反应缓冲液洗掉。④加入酶氧清除系统和三联态淬灭剂。⑤当体系中加入 dNTP 和乙酸镁后，测序反应就开始了。⑥最后，收集、分析数据就可以得到测序结果。

应用 单分子实时 DNA 测序已成功应用于基因组组装、基因组重测序、转录组测序和表观修饰位点分析等方面。荧光基团释放的时间不仅能够确定成键的 dNTP，还能用以区分模板 DNA 上是否存在甲基化以及甲基化的类型。若以 RNA 逆转录酶替代 RNA 聚合酶，单分子实时 DNA 测序就可以直接对 RNA 测序，减少逆转录带来的系统误差，甚至还可以检测 RNA 的表观修饰。

（马艳妮）

jīyīn zhìliáo

基因治疗（gene therapy） 以分子生物学方法和原理作为技术手段，以核酸（DNA 或 RNA）为操作对象来治疗疾病的方法。开展某种疾病的基因治疗研究必须具备的条件：①对从 DNA 水平上的发病机制已经清楚或至少有一定了解。②对要转移的基因及表达产物有详尽的了解。③该基因能在其他可允许体外操作的组织内表达。世界上第一例被公众认可的基因治疗发生于 1990 年，美国国立卫生研究院科学家弗兰奇·安德森（Freuch Anderson）用腺苷酸脱氨酶（ADA）基因治疗了一位由 *ADA* 基因缺陷导致严重联合免疫缺陷病的女童，引发了基因治疗的热潮。2000 年，法国巴黎内克尔（Necker）儿童医院的医生采用基因治疗的方法，恢复了数名免疫缺陷婴儿的免疫功能。中国科学家在基因治疗领域也取得了瞩目的成绩，2004 年研制成功世界上第一个上市的基因治疗产品 p53 抗癌注射液，标志着基因治疗产业化的开端。从 1989 年到现在，已经有超过 2300 个临床试验方案用于基因治疗，处于一期临床试验阶段的方案过半，其次是处于二期临床阶段的方案，少数基因药物已经进入临床应用阶段。

分类 根据治疗靶细胞的不同作为分类依据，基因治疗分为两类：体细胞基因治疗和种系细胞基因治疗。体细胞基因治疗是指在患者体细胞内导入外源基因，通过这种方法，基因接纳者的个体疾病可得以治疗或预防，但是这种方法只有特定的受益者，不具有遗传性。体细胞基因治疗在目前所开展的基因治疗中占主要部分。种系细胞基因治疗是指将正常基因或修复缺陷基因引入到生殖细胞（精子、卵子或未分化的受精卵）中，希望可以通过此方法使遗传缺陷得以校正。引入的外源基因能遗传给后代的前提是在基因组内整合进了正常基因。利用种系细胞转移基因相对于体细胞基因治疗的优点是，在包括精子和卵子的机体所有组织中都可以得到目的基因，而且后代也可以通过遗传途径获得被转移基因。但是由于对人类生殖细胞的改变涉及许多伦理学问题以及技术上的巨大困难，所以尚未在人类中开展种系细胞基因治疗。

原理和策略 基因治疗的策略包括基因取代、基因补偿或引入、抑制内源基因表达。①基因取代：指导入正常基因顺序，替换突变基因顺序，使缺陷基因在原位得以校正，或用完整的正常基因顺序替换原来的缺陷基因。使用的方法是同源重组（或称基因打靶），对校正基因编码区和调控区的突变均适用。②基因补偿或引入：把目的基因导入有基因缺陷的患者适当的细胞或组织中，以便补偿患者所缺少的正常基因表达产物。它适用于基因编码区突变或调控区突变所引起的基因产物异常，是目前单基因遗传病基因治疗的主要策略。③抑制内源基因表达：通过向体细胞内注入寡聚核苷酸来抑制内源基因的表达以达到治疗疾病的目的。

步骤 包括以下步骤。

目的基因的准备　目的基因应是人体正常的有功能的基因，目的基因必须置于合适的启动子控制之下，体外表达产物应有活性。一般还应该选用一个标记基因，便于监测体内转导基因的位置、寿命、功能。

受体细胞的选择和培养　一般选择体细胞作为靶细胞进行治疗，靶细胞的选择可以是表现疾病的细胞，也可以是在此疾病的发生、发展中起主要调控作用的细胞，如免疫细胞等。靶细胞应具有易于从体内取出，并能在体外培养和传代，易于外源基因的导入和稳定表达，对某些病毒载体的感染比较敏感，容易移植，体外可扩增达足够数量的特点。

载体以及基因转移方法的选择 基因转移的技术多种多样，包括化学法（磷酸钙共沉淀、DEAE-葡聚糖法、脂质体转染法、细胞融合法、纳米技术）、物理法（显微注射、超声波法、电穿孔法、基因枪法）、病毒载体介导的基因转移。应根据靶细胞及治疗目的的不同选择合适的基因转移方法。

基因治疗又可分为通过回体基因转移途径及体内基因转移途径。①回体基因转移：指在实验室把外源基因引入到从患者身体中获得的细胞后，再把修饰的细胞返回到患者。基本途径是从个体供者中收集组织或细胞移植物，进行培养；把实验的治疗基因或标记基因转移到这些细胞；把转基因的细胞进行选择或富集培养几天至 2~3 周；自体移植这些转染的细胞到实验动物或受试患者的靶器官。②体内基因转移：一种将插入目的基因的表达载体稍加处理后就直接导入体内细胞的方法。皮肤、肌肉、肝、血液、肺等可能作为基因转移的靶位点。脂质体法、基因枪法、受体介导法等均可应用于直接体内法。

应用 从严重联合免疫缺陷病到肿瘤，从镰状细胞贫血到珠蛋白生成障碍性贫血，基因治疗已取得了丰硕的成果。但不可否认的是基因治疗还有许多问题亟待解决。①外源性 DNA 自身的特点和宿主细胞的分裂使得治疗不能获得长期的效果，患者往往需要多次治疗。②机体对于外源性物质本能地产生免疫应答，尤其是在多次治疗后，免疫反应增强，减弱了治疗效果。③病毒载体对人体有潜在的毒副作用。④多基因疾病，如心脏病、高血压、关节炎等，给基因治疗带来了难度。⑤外源基因如果插入重要的位置，将引发严重的疾病。⑥有些生殖系统的基因治疗方案违背了威斯曼屏障，无法在有相关法规的国家开展。⑦高昂的治疗费用给患者增加了经济上的负担。可以说基因治疗作为常规治疗方案还有很长的一段路要走，需要全世界各个国家共同努力找到合理的临床方案。

（马艳妮）

jīyīn qiāorù

基因敲入（gene knock-in）

应用同源重组的原理在基因组特定位点进行基因替换或者插入的基因工程技术。基因敲入与传统的转基因技术最大的区别在于前者是将靶基因定点插入基因组，而后者插入基因组的位置是随机的。在医学研究领域，基因敲入是实现基因过表达的有力工具，常用于建立疾病模型或者基因功能研究。

原理 基因敲入是建立在同源重组的基础上，同源重组是细胞内 DNA 双链断裂（Double-strand break，DSB）修复的一种机制，是指含有同源序列的 DNA 分子之间或分子内发生的重新组合，这种修复方式需要修复模板存在。在基因敲入过程中，同源修复模板通常是质粒，称为 donor 质粒。Donor 质粒包含要插入的外源基因，外源基因两侧有与拟插入位点同源的序列，称为同源臂，同源臂的长度在几百到上千个碱基之间不等。通过同源重组，外源基因则会被插入特定的基因组位点或替换内源基因的表达。自然情况下发生同源重组的概率极低，分子生物学基因敲入的重要突破是利用可编辑核酸酶产生 DSB，提高同源重组的概率。目前有三种研究较多的可编辑核酸酶：锌指核酸酶（zinc-finger nuclease，ZFN）、类转录激活因子效应物核酸酶（transcription activator-like effector nuclease，TALEN）和 CRISPR-Cas9（串联间隔短回文重复序列相关蛋白）。

基因敲入的原理除了同源重组，还有转座子介导的靶基因插入。转座子是能够独立复制、断裂并插入基因组另一位点的 DNA 序列。

步骤 小鼠是医学、生物学研究领域中最重要的模式生物之一，这里以小鼠为例介绍基因敲入的步骤。①构建 donor 质粒和可编辑核酸酶系统。②受精卵基因敲入：取小鼠受精卵，利用操作显微镜将 donor 质粒和核酸酶注射到受精卵雄原核中。③基因敲入小鼠生产：将基因敲入的受精卵移植到代孕母鼠的输卵管中，母性良好的代孕鼠会喂养基因敲入的新生小鼠至成鼠。④检测生物体基因型：代孕母鼠分娩的小鼠为 F0 代小鼠，F0 代小鼠自繁殖生出 F1 代小鼠。F1 代小鼠的细胞均来源于 F0 代小鼠的生殖细胞，因此 F1 代的小鼠所有细胞的基因型一致，不是嵌合体。若检测 F1 代小鼠体细胞含有替换/插入的基因，就可以确定基因敲入成功。

应用 基因敲入技术可以在基因组原始背景下进行基因精细改造，观察基因的生理功能以及驱动基因的表达，还可以利用模式生物生产人源性蛋白质治疗疾病。ZFN、TALEN、CRISPR-Cas9

技术的发展极大地促进了基因敲入的发展，同时这些技术的局限性也使得基因敲入技术存在很多问题。替换/插入基因的产物可能与细胞内固有的分子发生复杂的生化反应，导致表型改变或是副作用。其次，小鼠基因组虽然与人的同源性高，但不是完全一致，小鼠动物模型不能完全代表人类的病理生理状态。此外，基因敲入技术还需要提高效率、特异性和安全性等技术方面的问题，并解决社会伦理方面的壁垒。

（马艳妮）

jīyīn qiāochú

基因敲除（gene knock-out）

从分子水平上去除或替代某个基因，改变生物的遗传基因，观察动植物、微生物的变化，进而推测相应基因功能的实验技术。又称基因打靶。基因敲除技术起源于20世纪80年代末，从最初的完全敲除发展到条件敲除，现在已经发展到可实现特定组织的基因敲除、特定发育阶段的基因敲除。传统的基因敲除是指同源重组敲除技术，利用DNA转染技术，将构建载体导入靶细胞，由于载体DNA序列与靶DNA有同源的序列，通过同源重组即可将目的DNA整合或替换到基因组上的某个位点。

原理 外源DNA通过同源重组的方式取代受体细胞基因组中相同或相近的基因序列，从而在受体细胞的基因组中整合进外源DNA。在基因敲除实验中外源DNA通常是一些抗性或用于筛选的标记基因，两侧则是与目的基因两侧同源的DNA序列，称为同源臂，以介导定点的同源重组。标记基因的插入通常导致目的基因结构破坏，不能正常转录或成熟或发生移码，不能产生完整的有功能的目的基因产物。条件敲除通常是在拟敲除或置换的DNA序列两侧插入能被重组酶识别的特异DNA序列，而在不加入重组酶的情况下并不会发生基因的切除或置换，仅当重组酶表达时，特异位点才会发生切除或置换，这样就可以通过控制重组酶表达的时间或位点实现特定组织或特定发育阶段的基因敲除。Cre/Lox P系统、FLPI系统等是用于基因敲除的主要技术手段。

天然发生同源重组的效率较低，但与近几年所发现的基因编辑技术CRISPR/cas9、TALEN技术、锌指核酸酶技术相结合，可大大提高同源重组的效率，也使得在更多的方面应用到基因敲除。

步骤 利用基因打靶技术获得基因敲除小鼠步骤如下。①构建重组载体：将与细胞内靶基因两侧片段同源的DNA分子重组至带有标记基因（如*neo*基因、*TK*基因等）的载体上，称为打靶载体。根据实验目的不同，应设计不同的打靶载体：全基因敲除、条件性基因敲除、诱导性基因敲除等。②重组DNA转入受体细胞内：受体细胞可以是胚胎干细胞也可以是受精卵。以胚胎干细胞为例，将基因打靶载体通过一定的方式导入胚胎干细胞中，同源重组发生在一定的细胞比例中，外源DNA与胚胎干细胞基因组中的相同或相似序列之间发生交换，通过这种方式使内源基因组中整合进目的DNA序列，进一步得以表达。③筛选目的细胞：通过药物筛选则可以得到重组成功的细胞，并可进一步通过PCR测序或DNA印迹杂交检测外源基因插入位点。④获得转基因小鼠：在发育中的小鼠囊胚中导入基因敲除成功的胚胎干细胞，接着在假孕母鼠体内植入此囊胚，嵌合体小鼠便是由此发育而来。进而进行生殖系统整合检测、交配以获得基因敲除小鼠。

应用 基因敲除是当今医学和生物学研究的热点与前沿，已经对这两个领域产生了深刻的影响，成为科研工作的革命性工具。各种基因载体的构建方法优化使基因敲除得到了迅速发展，传统载体上的抗性基因已经被荧光基因所取代，结合单细胞分离技术大大缩短了靶细胞的筛选周期。基因敲除已成功应用于疾病模型建立和临床治疗、动物育种和异种器官移植等领域。然而基因敲除不一定就能获得该基因的确切功能，某种生理功能可以是多基因调控的结果，敲除一个基因可能因为其他基因的代偿而不能形成可识别的表型；另外，某些生长发育过程中重要的基因敲除后可以造成细胞或个体死亡，因而无法通过基因敲除研究这些基因的功能。

（马艳妮）

zhuǎn jīyīn shēngwù

转基因生物（transgenic organism）

利用重组DNA技术将外源基因整合到生物的基因组中，产生具有特定性状的动物、植物和微生物的分子生物学技术。也称为基因修饰生物（genetically modified organisms，GMOs）。在医药、农业、化工、食品、环境保护等诸多领域中，转基因生物发挥了至关重要的作用，尤其是转基因模式生物为医学、生物学科学研究提供了有力工具。转基因将会改变生物体包括体细胞和生殖细胞在内的每一个细胞的基因型，并且能够将遗传性状传递给下一代。

原理 转基因生物是在受精卵或者早期胚胎中导入外源基因，

外源基因如果整合到宿主的基因组上就可以将基因型遗传给下一代。外源基因整合到基因组的位置是随机的，而且每个细胞基因组中插入外源基因的数量也是随机的，因而转基因生物需要检测、鉴定外源基因插入位点以及外源基因表达情况等。

步骤 转基因小鼠是转基因研究中最常见的转基因动物，常用于研究肿瘤、肥胖症、心脏病、关节炎、焦虑症和帕金森病等。下面以转基因小鼠为例，介绍转基因生物制作步骤。①构建转基因质粒：包括三个基本组成部分。首先是启动子，它是一段调节性序列，确定转入基因活化的时间和部位；其次是外显子用以编码蛋白质；最后是终止序列。②小鼠准备：实验前给提供受精卵的母鼠注射绒毛膜促性腺激素（hCG）和孕马血清促进排卵，并在实验前一天与同品系的公鼠合笼，实验当天早晨检查母鼠是否有阴栓，取有阴栓的母鼠用于实验。③输卵管取受精卵：猝死有阴栓的小鼠，从背部切口取出卵巢上方的脂肪垫，输卵管随之带出，剪取输卵管。在显微镜下找到输卵管壶腹部，剥开壶腹部及其附近的输卵管找到受精卵，必要时可以剥开整个输卵管。④导入外源基因：方法有DNA显微注射、逆转录病毒感染、电转染等。⑤受精卵移植：将受精卵移植到受体母鼠的输卵管壶腹部，操作需要在实体显微镜下完成。⑥转基因小鼠特定核酸序列检测和分析：常用的方法有DNA印迹杂交和PCR。

应用 1982年美国FDA批准了重组人胰岛素作为第一例基因工程药物上市，开辟了转基因生物产业化的历史。转基因应用是分子生物学迅猛发展的一个领域，科学家已经把转基因技术应用于各个领域，尤其是医学领域。建立人类疾病的转基因动物模型对于研究动物体内疾病有重要意义：观察病理条件下各基因的功能，以便于更好地理解疾病；探究遗传性疾病的致病原因。转基因动物还可以用于研究动物与人的异种器官移植和胰岛素、生长因子、抗凝因子等药物的生产。

（马艳妮）

jīyīn bǔhuò

基因捕获（gene trap） 通过基因捕获载体随机整合到基因组、产生插入失活突变，进行高通量基因突变的技术。基因捕获克服了X射线、化学诱变、逆转录病毒转染、转基因技术等突变方法不稳定、费时费力的缺点，结合了随机突变与序列已知基因突变的优势进行随机基因打靶。多达12万个免费的基因捕获胚胎干细胞在国际基因捕获协会的官网上被提供，该协会是基因功能研究的重要平台。随着人类基因组计划的完成以及多种动植物、微生物测序数据的大量、快速积累，基因捕获技术在后基因组时代将发挥更重要的作用。

原理 基因捕获载体通常含有一个无启动子的报告基因（如抗药基因、*LacZ*、*EGFP*等），内源基因由于在宿主细胞的基因组中随机插入上述载体而失活，载体插入方法包括电转染或者病毒转染等，同时利用捕获基因的转录调控元件实现报告基因自身的表达，因此可通过报告基因对打靶成功细胞进行富集，并通过检测报告基因监测内源基因的时间、空间表达特点。中靶基因的序列信息可以通过筛选标记基因侧翼cDNA或染色体组序列分析获得。根据基因捕获策略不同，基因捕获载体包括7种类型：启动子捕获载体、增强子捕获载体、基因捕获载体、polyA捕获载体、分泌蛋白捕获载体、含Cre/LoxP系统捕获载体和含IRES捕获载体。

步骤 基因捕获目前通常在胚胎干细胞中进行，基本流程如下：构建基因捕获载体，转染胚胎干细胞；通过药物筛选或荧光分选获得基因捕获的胚胎干细胞；检测报告基因证实基因捕获载体插入并表达；确定基因捕获载体插入基因组的精确位点；通过胚胎干细胞囊胚注射的方法获得基因捕获小鼠；通过提取基因组-PCR方法鉴定基因捕获小鼠的插入位点；通过基因捕获小鼠研究基因功能及与疾病的相关性。

应用 在各种模式生物中广泛应用了基因捕获，如小鼠、斑马鱼、果蝇等中的基因功能研究。基因捕获技术与cDNA末端快速扩增技术（RACE）结合，不仅可以发现新基因及其功能、获取已知基因的新功能，还可用于对比分化前后差异表达克隆，揭示干细胞分化的分子机制。在肿瘤学研究中，基因捕获用来筛选、发现肿瘤相关基因，获取抗肿瘤药物的分子靶标。基因捕获问世后，捕获载体一直在不断改进，除了研究动植物胚胎发育、基因鉴定等方面，基因捕获也用于肿瘤、细胞分化、生殖医学以及药物靶点的研究领域。

（马艳妮）

xiǎnwēi zhùshè

显微注射（microinjection） 用玻璃微量注射针直接把外源性物质注射到细胞或早期胚胎中的技术。起源于20世纪50年代，作为细胞电生理、核质关系研究中重要的方法逐渐发展起来。80年代，科学家首次用显微注射法成功制作出转基因小鼠，此后显微注射法成为国际上公认的制备转基因和基因剔除动物模型的首选方法，并被广泛应用于医药学、生物学、农牧业等领域的研究。

原理 显微注射系统基于手工细胞注射技术，以倒置显微镜为基础平台，左右微操作手对称安装在两侧。微操作工具末端定位和压力调控单元两部分组成了每一侧的微操作手，图像采集处理单元安装在显微镜端口，科研人员通过观察用双手进行操作，称为双手单眼式显微注射系统。倒置显微镜主体、左操作手、图像采集处理单元和右操作手组成这一系统。固定针的位置和压力由左操作手调节，注射针的位置和压力由右操作手控制，双手配合协调即可完成手工细胞显微注射。除了显微注射系统，显微注射还离不开固定针和注射针。两种针的拉制需要反复摸索条件，也可以从专业公司购买。如果自己拉制，实验室需要配备拉针仪、锻针仪和磨针仪。另外，移取少量细胞通常用口吸管，简易的口吸管可以用实验室常见的一次性输液器、胶皮管、移液器吸头制作。显微注射系统定流系统和脉冲流系统。前者简单、经济，注入的量与注射针在细胞中停留的时间成正比，但对细胞的损伤大；后者能更精确地控制注射的剂量，对细胞损伤较小，但价格昂贵。

步骤 以原核注射为例，显微注射前需要提前准备好细胞、注射针、固定针、DNA，并调试好显微注射系统。受精卵两个原核刚刚形成是原核注射的最佳时间。注射时，把细胞调至视野中央，以固定针持卵，调节粗细准焦螺旋使卵边缘清晰，注射针依次穿过透明带、受精卵膜、雄原核核膜注入DNA，注入时可以观察到原核逐渐膨大。注射后立即将注射针沿反方向撤出，并释放踏板。

应用 在现代生物工程技术中，显微注射已经成为其中重要组成部分，在转基因、克隆和试管婴儿等领域尤其发挥着重要作用。受精卵原核注射是制作转基因小鼠最常用的方法，与其他转基因技术相比，具有转基因效率稳定、无须载体、注射核酸片段不受限，且操作对象无特殊要求的优势。显微注射不仅限于活细胞，也可以是细胞间隙；注射的物质也不限于核酸，还可以是细胞器、激酶、蛋白质、离子等。

（马艳妮）

líxīn

离心（centrifugation） 利用离心机转子沿固定轴高速旋转产生的外向离心力的作用，使悬浮于液态介质中互不相溶的组分，依据大小、形状和密度等的不同，进行快速分离、纯化、浓缩和分析的技术。

发展简史 1923年，瑞典蛋白质化学家斯维德伯格（Svedberg）提出了超离心技术的理论，并于1924年成功研制出了世界上第一台5000 RCF的离心机（RCF代表相对离心力，单位用“×g”表示），并准确测定了血红蛋白等的分子量，因此获得了1926年诺贝尔化学奖。其后，以贝克曼库尔特（Beckman Coulter）为首的公司在其后多年不断地提高离心机的各种性能，包括离心速度、制冷系统和真空系统等，对离心机的发展做出了巨大的贡献。

原理 各种颗粒在悬浮介质中静置不动时，由于受到向下的重力场的作用逐渐下沉，其中颗粒越重，下沉越快。对于不同密度的颗粒而言，颗粒密度比介质密度越大，下沉越快；反之，颗粒密度比介质密度越小，颗粒上浮越快。因此，颗粒在重力场中移动的速度与颗粒的大小、密度和形态有关，也与介质的黏度和密度有关。此外，颗粒在介质中沉降时还伴随有扩散现象。扩散速度与颗粒的质量成反比，颗粒越小越容易扩散。对于处在一定介质中的颗粒而言，上述这些影响颗粒分离的参数是固定的。因此，颗粒在一定介质中的沉降行为主要取决于重力的作用。如颗粒的沉降系数或浮力密度较大，则扩散作用的影响较小，在重力作用下沉降较快，如血液中的红细胞和粒细胞等。但对于很小的悬浮颗粒，如病毒或蛋白质等，它们在溶液中成胶体或半胶体状态，沉降系数很小且扩散现象严重，仅仅利用重力是很难使这些颗粒沉降，必须借助离心机产生的离心力，才可能帮助这些小颗粒克服摩擦力、浮力和扩散作用的影响，产生沉降运动。离心力指悬浮颗粒在离心过程中所受到的离开旋转中心轴的作用力，用如下公式计算：

$$F=m\omega^2r$$

其中F为离心力；m为粒子的有效质量，单位为克；ω为粒子旋转的角速度，单位为弧度/秒；r为离心机的旋转半径，单位为厘米。

不同离心机在相同旋转速度下，如果旋转半径不同，则离心力也各不相同。为了使相同样品在不同离心机上获得的离心结果具有可比性，引入了相对离心力的概念，是用受到地球引力的倍数来表示离心力（RCF），用g表示。RCF与每分钟转数（rpm）及旋转半径（cm）之间有如下的换算关系：

$$RCF=1.119\times10^{-5}\times rpm^{2}\times r$$

从上述算式可知，如果已知离心机的旋转半径 r，则可以分别算出离心机的 RCF 和 rpm。由于不同离心机的结构和转头形状存在差异，离心管从管口至管底各点与旋转轴之间的垂直距离可能不同，因此计算时采用平均半径（r_{ave}）。bave 与最大半径（r_{max}）和最小半径（r_{min}）之间存在如下换算关系：

$$r_{ave}=(r_{min}+r_{max})/2$$

通常情况下，低速离心用 rpm 表示离心力，高速离心用 g 表示离心力。但是，离心条件使用 RCF 比 rpm 要科学，因为前者真实地反映了颗粒在离心管内离心力的大小。

另一个描述悬浮颗粒在离心场中分离程度的参数是沉降速度（ν）。沉降速度是离心力作用下，单位时间内颗粒沉降的距离，它通常用来衡量悬浮的颗粒在离心场中的分离程度，与悬浮颗粒的大小、形状和密度、溶液密度和黏度及悬浮颗粒在溶液中的扩散能力和离心力大小等有关。沉降速度用下式来计算：

$$v=d^{2}(\rho-L)\times\omega^{2}\times r/(18\eta)$$

其中，v 为球形颗粒的沉降速度；d 为颗粒半径；ρ 为颗粒密度；L 为介质密度；ω 为角速度；r 为旋转半径；η 为介质黏度。

但是，沉降速度除了受颗粒大小、密度以及介质密度和黏度的影响外，还受旋转速度和旋转半径的影响，因此又引入了沉降系数（S）的概念。沉降系数定义为单位离心力作用下待分离颗粒的沉降速度，与其大小、密度和形状，也受溶液介质的黏度和密度等的影响，但与转头的类型和速度等无关，常用来描述样品在特定介质中的沉降特征。多数生物大分子的沉降系数介于（1~500）$\times10^{-13}$，为了纪念离心技术的奠基人瑞典蛋白质化学家斯维德伯格（Svedberg），沉降系数用 Svedberg 为单位，以时间来表示，一个 Svedberg 单位为 10^{-13} 秒，即 $1S=10^{-13}$ 秒，其物理意义是指颗粒在恒定离心力场中从静止状态到等速运动状态所经历的时间。对特定介质中的样品，沉降系数 S 是不变的，因而常用来描述某些生物大分子或亚细胞器的大小。细胞及细胞内某些成分的沉降系数及其离心条件见表 1。

表 1　细胞及细胞内某些成分的沉降系数及其离心条件

名称	沉降系数 /S	RCF/g	转速（rpm）
细胞	$>10^{7}$	<200	<1500
细胞核	$4\times10^{6\sim7}$	600~800	3000
线粒体	（2~7）$\times10^{4}$	7000	7000
DNA	10~120	2×10^{5}	40000
RNA	4~50	4×10^{5}	60000
protein	2~25	74×10^{5}	>60000

分类　主要有以下几种分类方法。

按转子类型　①固定角度式（角式转头）：指离心管腔与转轴成一定倾角的转头。一般有 4~12 个离心管腔，管腔的中心轴与离心机转轴之间的角度在 20°~40°，其中角度越大分离效果越好。颗粒沉降时先沿离心力方向移动至靠外侧的离心管内壁，然后沿内壁向管底方向移动，造成管壁一侧出现颗粒沉积的现象称为壁效应。②吊桶式（又称水平式转头）：转头上安装有 3、4 或 6 个对称分布的吊篮，离心管置吊篮内，转头旋转时吊篮随即向外摆至与转轴成垂直角度。水平转头中的样品液不易产生对流扰乱，适于密度梯度离心，其缺点是颗粒沉降距离长、离心所需时间也长。③垂直式：离心管长轴与转轴平行，故样品颗粒的沉降时间和距离均较短，适合密度梯度区带离心，离心结束后，由于样品区带和液面需做 90° 转向，因而要缓慢降速。

按离心速度　①普通离心：最大转速为 6000r/min，最大 RCF 为 6000×g，采用固定角度式或吊桶式离心机，进行固液分离，分离易沉降的大颗粒，如细胞、酵母菌等，一般速度不能严格控制，多数室温下操作。②高速离心：最大转速为 25000r/min，最大 RCF 为 89000×g，采用固定角度式或吊桶式离心机，进行固液分离，有制冷装置，速度和温度控制较准确，主要用于分离细胞碎片、大细胞器、微生物、硫酸铵和免疫沉淀物等，但不能有效分离病毒、小细胞器和蛋白质等大分子物质。③超速离心：最大转速可达 75000r/min 以上，最大 RCF 可达 510000×g 以上，采用固定角度式、吊桶式或区带式离心机，进行固液分离，有真空系统和制冷装置，速度和温度控制更精确，可带检测系统。主要用于病毒、细胞器、蛋白质、核酸、多糖和同位素标记和未标记的生物大分子等的分离和纯化。

按离心用途　①制备性离心：根据待分离物的大小，选择不同速度的离心机，用于细胞、细菌、病毒、细胞碎片、亚细胞器和各种生物大分子的分离、浓缩和纯化等。②分析型离心：利用超速离心机研究纯的生物大分子和颗粒的理化性质，一般有光学系统，可监测粒子在离心场中的行为，分析待分离物的形状、纯度和分子量等。

按离心方法 ①差速沉降离心：指分步改变离心速度和离心时间，使沉降系数相差较大的颗粒分批分离的方法，又称分步离心法。优点是操作简单，离心后通过倾倒即可将沉淀与上清分开，能使用大容量的角式转子。缺点是需多次离心，分离效果差，沉淀于管底的颗粒易受挤压变性和失活。②速度区带离心：在恒定的离心力场中，沉降系数存在差异的颗粒分别以一定的速度沉降，在密度梯度介质中形成不同区带的方法。此离心法的关键是选择合适的离心转速和时间，选择介质梯度的最大密度低于样品混合液的最小密度。此法也称差速区带离心法。常用介质为蔗糖和甘油。③等密度离心：指不同浮力密度的颗粒，在一定离心力作用下，在适当的密度梯度介质中，因密度的差异或向下沉降，或向上浮起，分布到与介质密度相同的相应区带的离心方法。介质梯度的最大密度高于样品混合物的最大密度，梯度的最小密度低于混合物的最小密度。这种方法用于分离大小相近但密度不同的颗粒，又称等密度区带离心法。常用介质为氯化铯，介质梯度的制备有两种方法，即预形成梯度和离心形成梯度。上述速度区带离心和等密度离心合称为密度梯度区带离心。优点是分离效果好，可一次获得较纯颗粒；适应范围广，能分离浮力密度和沉降系数存在差异的颗粒，能够保持颗粒的形态和活性，防止已形成区带因对流而紊乱。缺点是需制备惰性梯度介质溶液，同时等密度离心法的离心时间也较长。

应用 离心广泛应用于生物、医学、化工、食品和制药等领域，用于分离各种微生物、动植物细胞、细胞碎片及各种细胞器组分，分离纯化病毒、蛋白质、核酸和脂类成分，测定蛋白质的相对分子量，分析待分离颗粒或分子的纯度，以及研究它们的分子构象等。

（陈　等）

céngxī

层析（chromatography） 待分离混合物在流动相的带动下流经互不相溶的固定相时，由于各分离组分的理化性质和生物学特性（分子的大小和形状、分子极性、溶解性、吸附力和亲和力等）的差异，致使各分离组分在流动相和固定相中的迁移速率不同，从而达到彼此分离的技术。又称色谱、色层分析法、层离法。

发展简史 1903年俄国植物学家茨维特（Tswett）首先发现层析现象，他以$CaCO_3$为固定相，以石油醚为流动相，从植物色素提取液中分离得到了叶绿素和叶黄素。1931年，德籍奥地利化学家库恩（Kuhn）用氧化铝和碳酸钙分离胡萝卜素，色谱法开始为人们所重视。1941年，英国分析化学家马丁（Martin）和辛格（Synge）用硅胶介质填充的层析柱分离氨基酸获得成功，他们将其称为分配层析，并提出色谱塔板理论。随后，纸层析、离子交换层析、气－液分配层析等相继问世。1955年，第一台商业化的气相色谱问世，标志着现代层析分析的建立。1958年，美国生物化学家斯坦（Stein）和穆尔（Moore）研制出氨基酸分析仪，确定了胰岛素和核糖核酸酶的分子结构。1965年，美国分析化学家吉丁斯（Giddings）发展了色谱理论，为色谱学的发展奠定了理论基础。1967年，美国色谱学家荷瓦斯（Horvath）等研制了高效液相层析技术（又称高压液相色谱或者高速液相色谱，HPLC），使得液相层析向着快速、高效的方向发展。20世纪90年代初，微量高效液相层析（Micro-HPLC）诞生，使液相层析进入了超微量分析领域。进入21世纪后，各种联用技术包括层析法与光学、电学或电化学仪器联用，例如，气相层析和质谱的联用，层析法和电泳的联用，可检出层析后各组分的浓度或含量，绘制层析图。层析仪与计算机联用，可使操作和数据处理自动化，缩短分析时间。

原理 层析是在互不相溶的两相间进行。一相称固定相，用固体或液体。另一相称流动相，用液体或气体。由于待分离混合物中各组分理化性质和生物学特性等的差别，它们在两相中的分配系数（K）不同。K指在一定的条件下，待分离物在两相中浓度（或含量）的比值，对于确定的固定相和流动相，K为常数。当被分离物随流动相流经固定相时，在两相间多次经历平衡和失衡过程，即不断吸附和解吸的过程。随着流动相不断向前推进，各被分离物因K值差异出现向前移动的速率差：K值越大，移动速度越慢；反之，K值越小，移动速度越快。同时，被分离物在两相间平衡的次数越多，分离物就越集中，浓度就越高，峰宽就越窄。因此，两个重要因素影响着一个混合物分离的效果：分配系数和化合物在柱上发生平衡的次数，即柱的理论塔板数。图1表示一个K=1的化合物经历5次平衡后在柱中的分布。图2说明理论塔板数对K=1的化合物分离的影响。

分类 按流动相的状态，分

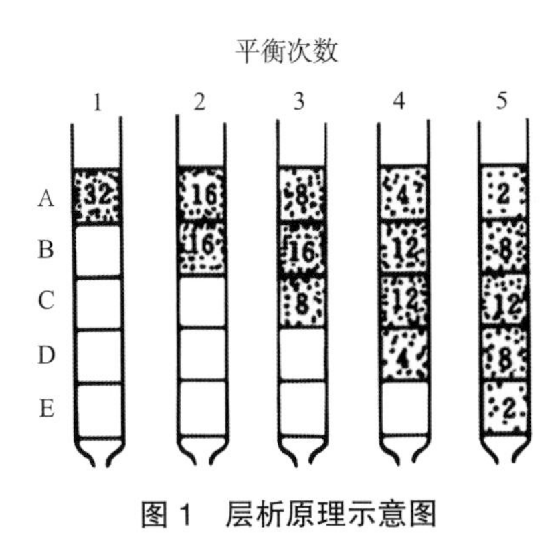

图 1 层析原理示意图

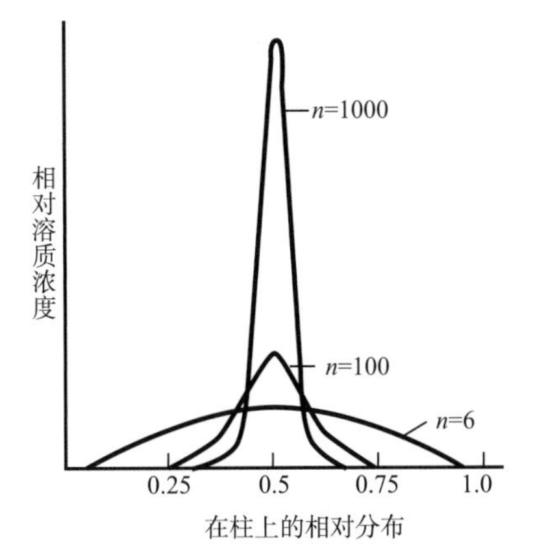

图 2 理论塔板数（n）对溶质分配的影响

为液相层析（利用液体做流动相）、气相层析（利用气体做流动相）和超临界层析（利用气态和液态临界点做流动相）；按固定相的形式，分为纸层析、薄膜层析、薄层层析和柱层析等；按分离过程中理化性质的差异，分为离子交换层析、亲和层析、吸附层析、分子排阻层析、分配层析和疏水层析等；按应用分为分析用层析和制备用层析。比较常用的层析方法如下。①离子交换层析：选择具有离子交换性能的介质做固定相，利用它与流动相中不同离子之间差异可逆交换的性质达到分离各离子化合物的方法。分为阴离子交换层析和阳离子交换层析。带阴离子基团的，如磺酸基（$-SO_3H$）、磷酸基和羧甲基（$-CH_2COOH$）等为阳离子交换剂。带阳离子基团的，如 QAE-（季胺乙基）、伯胺（$-NH_2$）和 DEAE-（二乙基胺乙基）等为阴离子交换剂。②亲和层析：是依据生物大分子和配体之间的特异性结合（如抗原和抗体、酶和底物、激素和受体等），将配体偶联在支持介质上做固定相，对能与配体特异结合的生物大分子进行分离纯化的层析技术。亲和层析法是分离生物大分子很有效的方法，具有很高的特异性。③分子排阻层析：利用多孔凝胶做固定相，对待分离物中各组分按粒径大小进行分离的层析技术，又称凝胶过滤层析和分子筛。具有分子筛作用的物质很多，如糖、琼脂、葡聚糖凝胶、聚乙烯醇、聚丙烯酰胺等固定相是多孔凝胶，各组分的分子大小不同，在凝胶中受阻滞程度不同。④分配层析：利用组分在流动相和固定相中分配系数的不同达到分离的目的。常用的支持介质包括硅胶、纤维素和淀粉等。⑤吸附层析：利用吸附剂（固定相）对各组分吸附能力强弱不同而达到分离目的的方法。常用的吸附剂包括硅胶、活性炭、氧化铝和纤维素等。⑥疏水层析：利用被分离组分分子表面的疏水微区、可逆变性或高盐条件下暴露的疏水残基与固定相的疏水性配基之间高盐浓度时结合，逐渐降低盐浓度时因组分疏水作用力的不同先后被洗脱分离的方法。常用的支持介质包括琼脂糖、纤维素和聚苯乙烯等。常用的疏水配基包括烷基和芳香基。

应用 层析法的应用比较广。通常而言，所有溶于水和有机溶剂的分子和离子，只要在性质上存在差异，就可以利用层析法进行分离、纯化或定性分析，这些分子和离子包括无机化合物（无机盐类、无机酸类、络合物类等）、有机化合物（烷烃类、有机酸、有机胺类和杂环类等）、生物大分子（核酸、蛋白质、寡糖、多糖和激素类等）和活体生物（病毒、细菌和细胞器等）。例如，利用分子排阻层析可以对大分子溶液进行浓缩脱盐和去除小分子物质，测定蛋白质等大分子物质的分子量，分离纯化蛋白质、多糖和生物碱等；利用离子交换层析分离纯化蛋白质、多肽、氨基酸、核酸和核苷酸等；利用吸附层析分离氨基酸、糖类、脂类、叶绿素、胡萝卜素和维生素等；利用疏水层析分离膜结合蛋白、核蛋白和受体等；用亲和层析分离纯化抗原或抗体，配体或受体，酶或底物、辅酶及抑制剂等。

（陈 等）

diànyǒng

电泳（electrophoresis） 带电粒子在电场作用下，向与自身电性相反的方向运动的现象。不同的粒子荷质比不同，在同一电场作用下，单位时间迁移的距离也不同，从而达到样品的分离。1809 年，俄国物理学家首先发现了电泳现象，1937 年，瑞典科学家蒂塞利乌斯（Tiselius）设计出世界上第一台电泳仪，并建立分离蛋白质的自由界面电泳，此后，电泳技术才开始应用。20 世纪 60~70 年代，滤纸、聚丙烯酰胺凝胶等介质相继引入电泳，电泳技术得以迅速发展。

原理 在特定的 pH 条件下，多数生物分子，包括核苷酸、核酸、氨基酸、多肽和蛋白质等都因具有可电离基团而带正电或负电。在电场作用下，这些带电粒子沿着与其所带电荷相反的方向泳动，从而使各分子依据其本身形状大小和带电性等差异，产生不同的迁移速度，从而达到有效的分离（图 1）。

分类 根据分离原理的不同，分为区带电泳、移动界面电泳、等速电泳和等电聚焦电泳，其中区带电泳根据其支持介质的不同分为纸电泳（滤纸）、粉末电泳（淀粉、纤维素粉等）、凝胶电泳（聚丙烯酰胺、琼脂糖等）、缘线电泳（尼龙丝、人造丝等）。①移动界面电泳：不需要固定支持介质，溶质在自由溶液中移动。将被分离样品置于电泳槽的一端，电泳开始后，带电粒子向另一极移动，粒子依移动速度的顺序排列，形成不同的区带。但只有第一个区带的界面是清晰的，可以达到完全分离，其他大部分区带重叠（图 1A）。它不适用于小分子量的样品分离，主要用于生物大分子的研究。②区带电泳：待分离的样品在一定的支持物上，电泳后分为若干区带。将样品加在介质上，在电场作用下，各种带电粒子以特定的速率定向迁移，分离成一个个隔开的区带，且分离后各组分固定在支持介质上（图 1B）。③等速电泳：在样品中加入高和低迁移率离子（其迁移率分别大于或小于所有被分离离子的迁移率），样品加在低迁移率离子和高迁移率离子之间，在电场作用下，各离子定向移动，达到分离。被分离离子形成的区带介于低迁移率离子和高迁移率离子形成的区带之间（图 1C）。④等电聚焦电泳：利用两性电解质制造一个 pH 梯度，待分离的分子处在低于其本身等电点的环境中则带正电，向负极移动；反之，则带负电分子向正极移动。直到各分子迁移到其自身等电点的pH处，形成一个很窄的区带。具有不同等电点的分子最后移动在各自等电点位置，形成一个个清晰的区带（图 1D）。等电聚焦电泳技术操作简单、分辨率高、重复性好。

除此之外，在电泳技术中，毛细血管电泳和双向电泳应用十分广泛。毛细血管电泳以高压电场为驱动力，在毛细管中，带电粒子依据各组分的泳动速度和分配行为的差异达到分离的目的。毛细血管电泳所需样品量极少，分离效果好，灵敏度高，其应用范围极广。而双向电泳则是利用蛋白质带电性和分子量大小的差异，其中一方向是根据蛋白质等电点不同，利用等电聚焦电泳原理将不同组分进行分离，同时另一方向根据 SDS 聚丙烯酰胺凝胶电泳的原理，即依据蛋白质分子量差异进行分离。

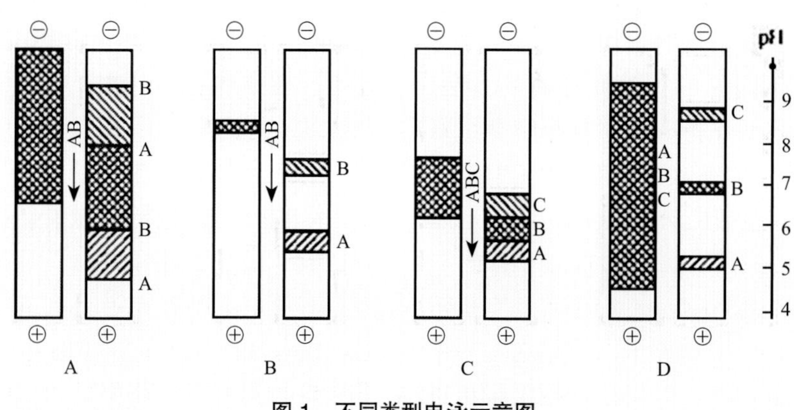

图 1　不同类型电泳示意图

影响因素 ①电场强度：电场强度指单位长度的电位降落。电场强度大，带电粒子迁移速率增大，可以缩短电泳时间，但会加大产热量，因此对设备的要求较高。②溶液的 pH 值：溶液的 pH 影响待分离物质的带电性质和所带净电荷量。不同样品分离所需 pH 值不同，合适的 pH 可以使待分离的分子所带电荷数量有较大的差异，有利于实现样品的有效分离。③缓冲液的种类和离子强度：缓冲试剂种类不同，样品的分离效果也不同。其次，缓冲液的离子强度增加，粒子的迁移速率降低，而且还会产生较多的焦耳热。④电渗：指电场作用下，液体对固体支持物的相对移动。固体支持物带有可解离的化学基团，常常吸附溶液中的带电粒子，从而影响粒子的移动速度，因此尽可能选择低电渗作用的支持物减少电渗的影响。

除此之外，待分离粒子形状大小和带电量、溶液温度、支持介质、进样方式等都可能会对电泳的分离效果有影响。

应用 电泳已日益广泛地应用于生物化学、分析化学、临床化学、药理学、毒理学、微生物学、免疫学、食品化学等各个领域。①临床应用：琼脂糖凝胶电泳可将乳酸脱氢酶同工酶分离，得到 5 种同工酶区带，用于急性心肌梗死和骨骼肌疾病的诊断。②肿瘤标志物寻找：双向电泳技术分离正常组织细胞和肿瘤组织细胞之间蛋白质的差异，为寻找肿瘤特异标志物、揭示肿瘤发病机制及开发新的肿瘤治疗药物等奠定基础。③原药分析：采用毛细血管电泳对不同采收期乌梅的主要有机酸（柠檬酸和苹果酸）含量进行分析，其实验数据可以为乌梅的质量、最佳采收期及最优加工方法提供依据。④此外，8%的聚丙烯酰胺凝胶电泳还可以用于性别基因的鉴定。

（陈 等）

dànbáizhì xīnpiàn

蛋白质芯片（protein chip）

用于大规模蛋白表达谱分析和蛋白质与其他分子（如蛋白质、DNA和RNA等）相互作用、研究蛋白质功能的高通量蛋白分析技术。又称蛋白质微阵列（protein micro array）。它是一种利用高通量、自动化、微型化和平行实验分析蛋白质表达、结构及功能的技术。2000年科学家利用酵母细胞建立了第一个全蛋白质组芯片，同年，美国科学家麦克贝思（MacBeath G）等首次报道了利用蛋白质芯片进行蛋白质之间，以及蛋白质与小分子化合物之间相互作用的研究。蛋白质芯片可以实现大量蛋白质样品的高通量平行分析，而且其信噪比较高，所需样品量极少，检测水平达到纳克级，而且还可直接关联DNA和蛋白质信息。这些特点使蛋白质芯片在蛋白质组学和医学诊断等领域广泛应用。

分类 蛋白质芯片的分类多种多样，共有以下几种分类方式：①根据用途不同分为功能芯片和检测芯片。其中功能芯片是将天然蛋白质印记在芯片上，用于天然蛋白质活性及分子间相互作用的研究；蛋白质检测芯片是指将已知生物学功能的蛋白质分子作为探针固定在载体上，主要用于检测蛋白质表达水平、细胞表面标志物、糖基化分析等。主要包括抗体芯片、抗原芯片、配体芯片等。②根据芯片表面的化学成分不同分为化学表面芯片和生物表面芯片。化学表面芯片是通过疏水作用、静电作用、共价键等结合样品中蛋白质，这种芯片特异性差，其可分为疏水、亲水、弱阳离子交换、强阴离子交换等蛋白质芯片；生物表面芯片通过生化反应使样品结合到芯片上，具有高度特异性，可分为抗体–抗原、受体–配体等芯片。

原理 蛋白质芯片首先将固相介质（如凝胶、微孔、玻片）进行特殊处理，再将各种蛋白质、多肽等有序固定于载体表面，从而形成蛋白质微阵列；然后将带同位素、荧光素等标记的样品与芯片进行孵育，漂洗不能与芯片上蛋白质相结合的成分；最后利用荧光扫描仪、激光扫描仪等对标记信号强度进行检测，计算机分析软件对获得的信号快速准确分析，从而测定蛋白质的功能或表达水平等。

制备与检测 大致分为7步，分别是固相载体的选择和处理、蛋白质的预处理、芯片的点印、蛋白质芯片封闭、样品的标记、信号检测和数据处理。①固相载体的选择和处理：载体的选择对蛋白质芯片的大规模制备、检测、活性保持等很重要，目前用于蛋白质芯片的固相介质主要有聚丙烯酰胺凝胶、化学膜、微孔板和玻片等。常用的膜载体有PVDF膜，使用前先将膜裁剪成所需大小，再用95%乙醇浸泡处理；玻片载体一般先要对其进行化学修饰，目前用于玻片修饰的主要有醛基试剂、牛血清清蛋白（BSA）和多聚赖氨酸。其中BSA修饰的玻片利于维持玻片上蛋白质的活性。②蛋白质的预处理：通常点样前需选择合适的缓冲液溶解蛋白质，多用含40%甘油的磷酸缓冲液溶解，即可防止水分的蒸发，也可防止蛋白质的变性，利于保持其生物学活性。③芯片的点印：使蛋白质与载体表面化学基团发生反应使蛋白质共价交联到载体上制成蛋白质芯片。蛋白质芯片点印常用的方法有三种，第一种是手工点样，多用于低密度蛋白质阵列；第二种采用阵列针头点样，该法是将蛋白质样品吸附在针头上，通过针头将样品点到介质表面形成阵列；第三种是用喷墨打印头将蛋白质样品喷点到介质表面。其中后两种方法由机器精确控制，可以高效率地制备蛋白质芯片。④蛋白质芯片封闭：将芯片上游离的未与配基结合的化学基团用惰性物质封闭，以防止这些化学基团与待测样品中分子发生反应。常用的封闭液有牛血清清蛋白和甘氨酸。⑤样品的标记：样品中被检测物质要预先用标记物进行标记，常用的标记物有酶、荧光染料、同位素等。但以质谱技术为基础的直接检测法不需要任何标记。⑥信号检测：不同的标记物采用不同的检测方法。荧光标记的芯片用电荷耦合器件（CCD）或者激光共聚焦进行检测。酶标芯片显色用高精度的CCD进行检测；同位素标记的芯片可以用磷光成像仪检测。⑦数据处理：用计算机软件对检测的扫描结果进行处理分析。

应用 蛋白质芯片广泛应用在医学、生物学、食品安全检测、法医学、环境监测等领域。①肿瘤诊断：采用蛋白质芯片可以快速检测正常人血清和肿瘤患者血清中差异表达的蛋白质，并筛选与肿瘤相关的蛋白质和肿瘤特异蛋白质，用于肿瘤早期诊断与治疗。②药物筛选及药理研究：新药开发需要筛选上千种化合物，因此可利用蛋白质芯片筛选与靶蛋白质相互作用的化合物，加快药物靶点的鉴定和药物作用机制的认识；通过检测药物作用后蛋白质表达谱的变化，分析药物的药效和毒副作用。③食品安全检测：食品中有毒有害物质很复杂，蛋白质芯片可以快速大量检测食品中的毒素及致病微生物等。

（陈 等）

dànbáizhì yìnjì zájiāo

蛋白质印迹杂交（Western blot） 利用抗原－抗体特异性免疫反应分析凝胶电泳分离并转移至固相支持介质（膜）的目的抗原表达的蛋白质检测技术。也称 Western blot、蛋白质免疫印迹。该法由瑞士米歇尔弗雷德里希生物研究所哈里·托宾（Harry Towbin）于 1979 年发明，具有分析容量大、敏感度高和特异性强等特点。

原理 细胞或组织制备的蛋白质样品经聚丙烯酰胺凝胶电泳分离，原位转移到固相支持介质（如硝酸纤维素膜或 PVDF）上，蛋白质与介质间以非共价键形式结合，再以固相载体上结合的蛋白质或多肽作为抗原，首先与特异性的抗体经抗原－抗体反应结合，后者再与酶、荧光染料或同位素等标记的第二抗体结合，最后通过底物显色、发光或放射自显影达到检测生物样品中目的蛋白质表达的目的。

步骤 分为以下几个方面。

样品准备 利用细胞裂解缓冲液（一般为 NP40 或 RIPA 缓冲液，使用前加入蛋白酶抑制剂）于冰上或 4℃裂解细胞或组织，离心收集上清，制备蛋白质样品溶液。

蛋白质浓度测定 用 BCA、Lowery 或 Bradford 等方法测定样品溶液中蛋白质的浓度。

凝胶配制及蛋白质的电泳分离 配制所需浓度的聚丙烯酰胺凝胶（PAGE），根据研究目的，可以加入或不加入 SDS。凝胶分为上层的浓缩胶和下层的分离胶。浓缩胶的浓度固定，但分离胶浓度的选择与待分离目的蛋白质的大小有关。总的原则是：蛋白质分子量较大时，配制较低浓度凝胶；反之，分子量较小时，配制较高浓度凝胶。然后，取一定量的蛋白质溶液，加入蛋白质上样缓冲液，沸水中煮 10 分钟变性蛋白质。同时，将配制好的凝胶安装入电泳槽，加入适量电泳缓冲液后，将样品加入上样，接通电源，蛋白质从电泳槽的负极向正极定向泳动，凝胶中溴酚蓝移动至适当位置后，终止电泳。

蛋白质由凝胶转移至固相支持介质 弃去电泳液，将凝胶板从电泳槽取出，卸下凝胶，选取下述两个方法之一将蛋白质由凝胶转移至固相支持介质。①半干法：将凝胶和固相支持介质以三明治样形式夹在预先用缓冲液湿润的滤纸中间，具体顺序是转膜夹黑面（负极）－海绵垫－湿润滤纸－凝胶－膜－湿润滤纸－海绵垫－转膜夹透明面（正极），注意各层之间没有气泡，关好夹子，放入电转槽，低电压（≤25V）10~30 分钟完成转移。②湿法：预先在托盘中盛入电转缓冲液，将海绵垫、滤纸、膜预先浸泡，同上述半干法准备三明治样转膜夹，将转膜夹按照正负极正确方向插入电转槽，放入 −20℃储藏的冰盒，加入电转缓冲液至完全没过海绵垫，通电，选择恒压或恒流条件转膜适当时间。

蛋白质免疫检测 ①膜封闭：拆卸电转装置，从电转夹中取出电转膜，放入预先加入 5% 的脱脂奶粉或牛血清清蛋白（1×TBST 缓冲液配制）的抗体孵育盒中，室温轻轻晃动转移膜 30~60 分钟，用以封闭抗体在膜上的非特异性结合位点。②用封闭液稀释待测抗原特异性的抗体（一抗），置换抗体孵育盒中的封闭液，于室温轻轻晃动 1~3 小时，或 4℃轻轻晃动孵育过夜。③回收或弃去一抗稀释液，用 1×TBST 缓冲液洗膜后，加入用封闭液按适当比例稀释的二抗，该二抗用辣根过氧化物酶（HRP）或同位素等标记并识别一抗的 Fc 段，于室温轻轻晃动孵育约 1 小时，弃二抗，再用 1×TBST 缓冲液漂洗膜后，加入 ECL 发光液发光，或 DAB 显色液显色，或进行放射性同位素放射自显影成像，检测目的蛋白质的表达。

应用 ①定性或定量研究细胞或组织中蛋白质的表达情况。②结合免疫沉淀实验，从蛋白质混合物中分离纯化目的蛋白质，研究蛋白质之间，以及蛋白质与 DNA 或 RNA 之间的相互作用。③抗原表位作图。④蛋白质结构域分析。⑤抗体活性检测。⑥功能实验中蛋白质复性。⑦配基结合。⑧抗体纯化。⑨由膜上收获蛋白质条带制备抗体。⑩蛋白质鉴定，包括氨基酸组成分析和序列分析。

（陈 等）

zhìpǔ

质谱（mass spectrometry） 通过将待测样品转化为运动的气态离子并按质荷比（m/z）大小进行分离，记录各种离子的质量数和相对丰度形成谱图数据，从而对待测样品进行定性和定量分析的技术。又称质谱法。样品的质谱分析由质谱仪完成。1897 年，英国物理学家约瑟夫·约翰·汤姆逊（Joseph John Thomson）在实验中发现带电荷离子在电磁场中的运动轨迹与它的质荷比（m/z）有关，并在1912年制造出世界第一台质谱仪。1942年，美国CEC公司推出第一台用于石油分析的商品化质谱仪。20世纪50年代，出现了高分辨率质谱仪，用于有机化合物的结构分析。20世纪60年代后期，出现了色谱－质谱联用仪，用于有机混合物的分离和结构分析，促进了对天然有机化合物结构的认识。20世纪80年代前后，出现了电喷雾、基质辅助激光解析和快原子轰击等“软电离”技术，使得有机质谱的研究对象开始转向了蛋白质和多糖等生物大分子领域。近年来，各种色谱和质谱的联用更促进了质谱在包括生命科学在内的各行各业的广泛应用。

原理 待测样本由质谱仪的进样系统进入离子源内发生电离，生成不同质荷比（m/z）的带电离子，在加速电场的作用下，形成离子束，进入质量分析器，利用电磁场的作用对不同质荷比的离子进行分离，最后由检测器系统将收集的离子信号转换成图谱进行分析，确定待检分子的质量、分子组成及结构，或对待检样品进行定量分析。

质谱仪结构 质谱仪主要由以下5个部分组成：进样系统、离子源、质量分析器、检测器和数据处理系统（图1）。①进样系统：根据待分析样品的气化能力或是否色谱－质谱联用分为间歇式进样、直接探针进样和色谱进样三种类型，用于将分析样品引入离子源。②离子源：将进样系统引入的样本分子利用硬电离方法或软电离方法产生离子。硬电离方法产生的能量较大，导致样品产生的离子碎片较小，适用于一些小分子化合物的分析。软电离方法是一种比较温和的离子化方法，可以产生较大的离子碎片，包括大气压化学电离、基质辅助激光解析电离、快原子轰击电离、电喷雾电离等，随着软电离技术的不断成熟，以及高分辨率与高质量检测范围的结合，使得生物大分子如蛋白质、糖蛋白、寡聚核苷酸等的质谱检测成为可能，从而在生命科学领域得到了广泛应用。③质量分析器：将电离产生的不同离子根据质荷比分离，其主要类型包括四级杆、离子阱、双聚飞行时间和离子回旋共振等。目前生命科学研究领域使用的质谱仪由不同质量分析器串联而成，在时间或空间上实现了母离子选择、母离子碎裂、子离子检测功能，同时提供了离子碎裂的特征峰，后者可作为分子定性的依据，因此，质谱检测结果具有很高的特异性。④检测器：包括光电倍增管、电子倍增管、闪烁计数器和照相底片等不同类型，用于检测各种质荷比的离子。⑤数据处理系统：完成对质谱数据的采集、处理和打印，还可进行谱库检索等。此外，真空系统也为质谱仪所必需，因为质谱仪需要在真空环境中进行离子分离。

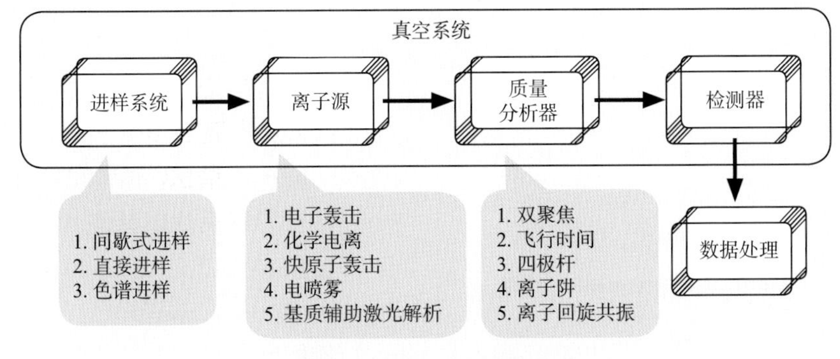

图1 质谱仪组成示意图

应用 由于质谱技术用样量少、兼具高的特异性和灵敏度、分析速度快、能同时进行分离和鉴定等，所以在临床生化检验中的应用日趋广泛。串联质谱由于能够提供待鉴定物质的质量和结构信息，因而在定量和定性分析生物样本中的作用越来越大，也能进行一些探索性的研究工作，举例如下。①新生儿遗传代谢病筛查：采用串联质谱对多个代谢产物进行分析，可筛查新生儿相关的疾病。②内源性和外源性化合物检测：监测内分泌激素和营养素，如类固醇激素、维生素D和糖化血红蛋白等，有助于个体的疾病诊断、预测和评价健康状态。③微生物检验：采用MALDI Blotyper高通量微生物鉴定系统，通过检测细菌胞膜成分或表达的种群特异蛋白质对细菌进行鉴定，用于识别已有的和发现新的病原菌。此外还用于病原菌的药敏实验和真菌检测等。④药物监测：血药浓度和药物代谢动力学均可利用质谱技术进行准确检测，甚至实现多药物的联合检测，提高临床检测的效率。⑤痕量和微量元素检测：质谱法能够实现多元素同时检测，具备低检测限、高灵敏度、宽动态范围，直接分析血液样品等，对于诊断人体相关微量元素异常导致的疾病具有重要临床应用意义。⑥生物标志物研究：结合肽质量指纹谱和蛋白质数据库检索，可实现对目的蛋白质的快速鉴别和高通量筛选，探索新的生物标志物。利用生物质谱测定目的蛋白质的分子量，鉴定二硫键和自由巯基的位置，发现和鉴定目的蛋白质的翻译后修饰。⑦利用生物质谱检测SNP，研究基因多态性与疾病的关联性，探索个体间表型差异与疾病易感性的关系，研究不同基因型个体对药物反应的异同，指导药物研发和临床合理用药，帮助法医鉴定和个体识别。

（陈 等）

duōwéi dànbáizhì jiàndìng jì shù

多维蛋白质鉴定技术（multi-dimensional protein identification technology, MudPIT）

基于多维液相色谱分离、电喷雾电离、串联质谱和数据库检索对复杂生物样品进行大规模蛋白质组分析鉴定的技术。又称鸟枪法蛋白质鉴定技术（shotgun proteomics）。

原理 蛋白质混合物经过简单或不经过分离就被酶解为肽段混合物，肽段混合物经一维或多维液相色谱分离和离子化后（图1），经串联质谱分析产生肽碎片离子，用串联质谱数据进行数据库检索，用于肽段鉴定，最后再从鉴定的肽段推导可能的蛋白质。对于复杂样品体系，单独的一种液相色谱分离（即一维液相色谱）很难有效分离，可能会出现峰重叠现象。多维液相色谱是将样品在呈正交分布的串联的多个液相色谱分离模式下进行分离，使复杂样品得到有效分离。多维液相色谱的组合形式主要有体积排阻色谱、反向液相色谱、离子交换色谱-反向液相色谱、反向液相色谱-反向液相色谱、亲和液相色谱-反向液相色谱和多维色谱柱（将不同的分离模式的色谱柱融合在一根色谱柱中）。在线多维液相色谱和串联质谱的联用为鸟枪法测序研究整体蛋白组学提供了一个强有力的自动化平台。与Mascot或Sequest、MaxQuant等数据库搜索算法一起，多维液相色谱-串联质谱形成了多维蛋白质鉴定技术平台的核心。

特点 具有高效、快速、自动化等优点。

步骤 ①蛋白质的提取：从细胞或组织中将蛋白质提取出来。②蛋白质的酶切：将提取的蛋白质进行还原和烷基化后，用酶（常用胰蛋白酶）将其进行酶解得到多肽混合物。③LC-MS/MS质谱分析：多肽混合物载入多维液相色谱柱中进行分离，从色谱柱洗脱出的多肽离子化后，进行串联质谱分析。④数据库检索：串联质谱数据进行数据库检索，用于肽段和蛋白质的鉴定，常用数据库搜索引擎有Mascot，Sequest、MaxQuant等。

应用 广泛应用于蛋白质组的定性和定量研究以及翻译后修饰及位点分析（见生物质谱）。

（邹霞娟）

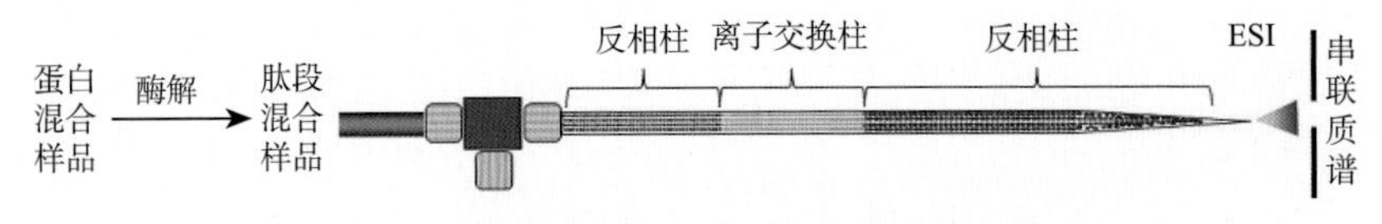

图1 多维蛋白质鉴定技术平台流程示意图

èrwéi níngjiāo diànyǒng

二维凝胶电泳（two-dimensional gel electrophoresis, 2-DE）

将蛋白质混合物在电荷和相对分子质量两个方向上进行分离的凝胶电泳技术。1975年，帕德里克·奥法雷（Patrick. O'Farrell）和乔基姆·克洛斯（Joachim. Klose）等首先提出。二维凝胶电泳技术是蛋白质组学早期研究中一个较为成熟的技术平台。

原理 首先利用等电聚焦理论，根据蛋白质等电点的差异进行等电聚焦凝胶电泳的第一向分离，然后按照它们的分子量的大小进行十二烷基硫酸钠-聚丙烯酰胺凝胶电泳（SDS-PAGE）第二向分离。蛋白质混合物经过二维分离后，可以得到蛋白质分子的等电点和分子量两方面的信息，再对这些蛋白质点进行显色和定影，就能得到蛋白质这些信息的二维平面展开图，通过图像扫描存档，对双向电泳图谱进行分析。

特点 具有高通量、高重复性、高分辨率等优点，能将数千种甚至上万种蛋白质混合物进行同时分离和半定量分析。

步骤 ①一维等电聚焦电泳和第二向SDS-PAGE电泳。②染色：二维凝胶电泳分离后的蛋白质点经显色后才能被鉴定和定量。2-DE胶的显色是一个重要的步骤，蛋白质点的染色方法主要有考马斯亮蓝染色、银染、荧光染色、铜染、锌咪唑负性染色、放射性同位素标记等。2-DE胶经显色，通过图像扫描存档。③二维凝胶电泳图谱分析：有效地对二维凝胶电泳图谱进行分析，既能挖掘有价值的蛋白质斑点信息，又能进行差异蛋白质组学的研究。它基本上包括图像加工、蛋白质斑点检测与定量、凝胶匹配、数据分析、结果解释等步骤。最常用的二维凝胶电泳图像分析软件有PDQUEST，ImageMaster，Melanie，Progenesis等。

应用 对复杂生物体样品进行蛋白质组的分离并进行蛋白质

定量分析，曾被广泛地应用于研究细胞、组织或生物体在特定条件下整体蛋白质的表达状况，成为蛋白质组学早期研究中一个较为成熟的技术平台。但二维凝胶电泳也有一些固有的缺陷，例如动态范围不宽，存在样品歧视性问题，对于低丰度蛋白质、膜蛋白质、极碱性或极酸性蛋白质、极大（相对分子量＞200000）或极小（相对分子量＜8000）的蛋白质，不能很好地将其显示出来，难以与质谱实现在线联用等。随着生物质谱的迅猛发展，二维凝胶电泳现很少用于蛋白质组学的研究。

（邹霞娟）

tóngwèisù qīnhé biāoqiān

同位素亲和标签（isotope-coded affinity tag, ICAT）

利用能够使两种同位素在形式上具有明显区别的试剂，即同位素亲和标签试剂标记蛋白质，进行蛋白质分离、分析的技术。

蛋白质组学要求对复杂混合物中蛋白质成分做到快速分离、高通量定量和定性，而双向凝胶电泳已难以满足其发展要求。1999年，美国哈佛医学院史蒂文·吉吉（Steven Gygi）等学者利用稳定同位素稀释原理发明了ICAT，为定量蛋白质组学的发展提供了广阔的平台。

原理 利用不同ICAT试剂预先选择性标记某一类蛋白质，随后酶切、分离纯化进行质谱鉴定。通过分析质谱图上经不同ICAT试剂标记的肽段的离子强度比例，定量分析其蛋白质的相对丰度。ICAT试剂包括三部分：①能够与蛋白质中半胱氨酸的巯基发生共价结合的化学反应基团。②可以结合稳定同位素的中间连接子。③含有生物素的亲和反应基团，通过生物素亲和层析法而分离纯化ICAT标记的多肽。

基本步骤 ①将两种来源密切相关而处于不同状态的细胞裂解后，将蛋白质复性。②在同等量的两种蛋白质样品中各加入不同的ICAT试剂进行标记。③将完全标记的两种样品混合，用酶将其水解成长短不同的肽段。④将酶切的肽段，通过生物素亲和层析法分离纯化ICAT标记的多肽。⑤采用液相色谱串联质谱（LC-MS/MS）分析和数据处理，从而推断出两种样品中同一种蛋白质的相对含量。当进行数据库检索时，利用含量相对稀少的半胱氨酸标记肽段对肽段鉴定范围进行限定，可以使鉴定相应蛋白质变得更加便捷。

应用 ICAT的优点在于它能够快速鉴定和定量低丰度蛋白质，解决了膜蛋白质溶解性的问题；可以选择性标记含半胱氨酸肽段，使蛋白质鉴别及定量更加快捷准确。在蛋白质组学中，同位素亲和标签被广为运用，如测量和定量膜蛋白质，在药物研发和疾病治疗中发挥重要作用；鉴定定量低丰度蛋白质，用于酵母菌蛋白质组学的研究等。

（刘昭飞）

dànbáizhì gōngchéng

蛋白质工程（protein engineering）

在对目的蛋白质的结构和功能理解的基础上，通过计算机辅助设计和DNA定点突变技术，靶向性地对蛋白质基因进行改造，产生具有新的特性的蛋白质的技术。蛋白质工程是在遗传工程发展的基础上，结合蛋白质晶体学、蛋白质动力学、蛋白质化学和计算机辅助设计等领域发展起来的、按人们的需要改变蛋白质的结构和功能，或创造新的功能蛋白质等，因此，被誉为第二代遗传工程。1983年美国科学家凯文（Kevin）发表了一篇题目为*Protein Engineering*的论文，标志着蛋白质工程的诞生。

原理 生物体内存在的天然蛋白质，有的与人类的期望相去较远，为满足人类的需求，需要进行改造。由于蛋白质是由20种氨基酸按一定顺序通过肽键连接而成，每一种蛋白质有自己特有的氨基酸组成和排列顺序，因此改变其中一个或几个关键的氨基酸就可能改变蛋白质的性质和功能。由于蛋白质中氨基酸的排列顺序由三联密码决定，因此只要改变三联密码的一个或两个碱基就能达到改变氨基酸的目的。正因为如此，蛋白质工程的一个重要途径就是按照人们的需要，对负责编码目的蛋白质的DNA序列重新设计，使生产的蛋白质更符合人类的需要。

步骤 ①构建目的蛋白质表达载体：将目的蛋白质的编码序列克隆于原核或真核表达载体。②体外表达、分离和纯化目的蛋白：根据研究目的和用途等，将表达载体转入大肠埃希菌（针对原核表达载体），或酵母细胞、昆虫细胞或哺乳动物细胞（针对真核表达载体），在体外系统中培养，诱导目的蛋白质的表达，分离纯化目的蛋白质。③蛋白质三维结构的解析：利用纯化的蛋白质，借助X射线晶体衍射和磁共振等手段，解析蛋白质的空间结构。④分析对目的蛋白质的结构、活性和稳定性等有重要作用的氨基酸残基或多肽片段，借助计算机提出分子预测性质和改造方案，通过定点突变技术，获得体外表达纯化的突变体蛋白质，分析其性质并指导进一步的分子设计，直至最终获得预期性质的蛋白质并投入实际应用。

应用 主要包括以下几个方面应用。

提高蛋白质的稳定性 主要是延长蛋白质的半衰期；提高蛋白质的热稳定性；延长药用蛋白质的保存期；提高蛋白质的抗氧化能力。例如，将葡萄糖异构酶第138位甘氨酸（Gly138）定点突变为脯氨酸（Pro138）后，突变型葡萄糖异构酶的热半衰期比野生型的延长一倍，最适反应温度也提高10~12℃，但不影响葡萄糖异构酶的活性。同样，野生型枯草杆菌蛋白酶第218位天冬酰胺（Asn218）定点突变为丝氨酸（Ser218）后，突变体枯草杆菌65℃的失活半衰期从59分钟延长至223分钟；同样，将第222位甲硫氨酸（Met222）突变为其他氨基酸，可以提高酶的抗氧化能力但不影响酶的催化活性。酵母的磷酸丙糖异构酶由同源二聚体组成，每个亚基有两个天冬酰胺残基位于亚基相互接触的表面，可能参与酶的热稳定性的调节。利用定点突变将亚基上的两个天冬酰胺残基分别转变成苏氨酸、异亮氨酸残基，变体酶的热稳定性大幅度提高。人β-干扰素（IFN-β）在大肠埃希菌中表达的重组产物的生物活性低，形成无活性的二聚体和三聚体。通过定点突变技术，将编码第17位游离半胱氨酸残基的密码子转换为编码丝氨酸残基的密码子，突变基因转化大肠埃希菌，表达出的突变体蛋白不再形成多聚体，其比活性与天然IFN-β相似，但稳定性更高。

提高酶的催化活性 利用定点突变将嗜热芽胞杆菌酪氨酸-tRNA合成酶第51位的苏氨酸残基突变为脯氨酸残基后，突变体酶对ATP的亲和力增加了近100倍，最大反应速率亦大幅度提高。针对临床使用的胰岛素制剂注射后易于形成聚合体，血药峰值明显延迟的缺点，通过结构分析和定点突变，将胰岛素B链第28和29位脯氨酸和赖氨酸颠倒，获得单体速效胰岛素。

嵌合抗体和人源化抗体 免疫球蛋白由二条重链和二条轻链通过二硫键连接而成。每条链分为可变区（位于N-端）和恒定区（位于C-端），其中抗原的结合表位在可变区，细胞毒素或其他功能因子的结合位点在恒定区。由于抗体的免疫原性由恒定区决定，因此其他物种来源的抗体用于人体疾病的治疗就存在免疫排斥反应的问题，需对其恒定区进行改造。嵌合抗体就是利用人源抗体的恒定区替换鼠单克隆抗体的恒定区，降低鼠源抗体的免疫原性，达到鼠源抗体用于治疗人体疾病的目的。人源化抗体就是将其他物种来源的抗体可变区移植到人源抗体的相应位置，降低非人源抗体的免疫原性。

修饰酶的催化特异性 链球菌核酸酶是由149个氨基酸残基组成，催化降解单链RNA和单链或双链DNA的磷酸二酯键，产生3'-磷酸和5'-羟基的末端，底物作用部位为AU或AT富集区。晶体衍射的结构表明，将一小段已知序列的寡聚核苷酸片段共价连接在邻近酶催化活性部位的某一氨基酸残基上，可以提高该酶的降解特异性。利用寡聚核苷酸定向突变将天然核酸酶第116位的赖氨酸残基转变为半胱氨酸残基，同时人工合成3'端带有巯基的寡聚核苷酸单链片段，两者通过二硫键共价交联在一起。当这种修饰核酸酶用于降解DNA单链时，只有那些含有与修饰酶寡聚核苷酸片段互补序列的DNA分子，才能在其互补区域的邻近位点被降解，于是这个修饰酶便成了一个DNA序列特异性的核酸酶。

（陈 等）

dìngdiǎn tūbiàn

定点突变（site-directed mutagenesis）

插入、缺失或替换目的DNA序列中特定位点单个核苷酸或寡核苷酸片段的分子生物学实验技术。也称位点特异性突变（site-specific mutagenesis）或寡核苷酸突变（oligonucleotide-directed mutagenesis）。定点突变比物理因素、化学因素和生物因素诱导突变的方法具有突变率高、简单易行和重复性好等特点。

原理 利用引物延伸和聚合酶链反应（PCR）等方法向目的DNA片段中引入所需改变，包括碱基的插入、缺失或替换等，以改变DNA表达的目的蛋白质的理化性质或功能活性，是基因研究工作中非常有用的技术。

常用方法及操作步骤 常用方法有以下3种。

寡核苷酸介导的定点突变 是用引入突变位点的寡核苷酸做引物，与目的DNA序列退火后，在DNA聚合酶的催化下扩增含突变序列的DNA分子，1978年，由加拿大生物化学家史密斯（Smith）发明。主要过程如下：①将待突变基因克隆到M13噬菌体载体。②制备M13单链模板。③引物与单链模板退火，引入突变处形成局部异源双链。④在DNA聚合酶的催化下，以野生型DNA为模板合成全长的互补链，再用DNA连接酶封闭缺口，产生闭环的异源双链DNA分子。⑤上述连接产物转化大肠埃希菌，扩增产生包括野生型和突变型的同源双链DNA

分子，用斑点杂交等方法筛选含突变体基因的克隆。⑥ DNA 测序确认阳性克隆。该法的优点是保真度比 PCR 突变法高，经过改进后使该法引入突变的成功率大大提高。缺点是操作步骤复杂、实验周期长，并且受限制性酶切位点的限制等。

PCR 介导的定点突变　指在 PCR 引物中引入突变碱基，通过 PCR 扩增得到含预期突变位点的目的 DNA 片段。主要有两种方案：①如果突变位置位于目的 DNA 片段的末端，只需一端带有错配碱基的一对 PCR 引物就可实现定点突变；②如果突变位点位于目的 DNA 片段的中间位置，需要 4 条扩增引物，其中中间两条引物含有突变的碱基并且序列反向部分重叠，另两条引物位于目的基因两端并与目的基因互补。进行 PCR 反应时，利用两端引物与对应含突变碱基的中间引物进行第一次 PCR，扩增产生两条一端彼此重叠的双链 DNA 片段，经变性和退火产生具有 3' 凹端的异源双链分子，在 DNA 聚合酶的催化下，延伸产生完整的双链 DNA 分子。再以新合成的 DNA 分子为模板利用外侧引物进行第二次 PCR，即可得到包含所需突变的 DNA 分子。该法的优点是操作较简单，突变的成功率高，可获得大量所需突变体，还可以在引物的 5' 端引入合适的限制酶切位点，为扩增产物的克隆提供方便。缺点是后续工作较烦琐，扩增产物需克隆到载体分子上，才能对突变的基因进行进一步的研究。

盒式突变　是利用人工合成的引入突变位点的双链寡核苷酸片段，取代野生型基因中的相应片段，是美国研究人员韦尔斯（Wells）于 1985 年提出的一种基因修饰方法。具体说来，就是人工合成两条引入所需突变位点的互补寡核苷酸片段，当它们退火时，按设计要求产生需要的黏性末端，克隆有相同黏性末端的质粒载体，得到所需的突变体。该法比前两种方法简单易行、突变成功率高，一对酶切位点内可一次引入多个突变位点。缺点是合成引物的成本较高。此外，在靶序列两侧往往难以找到两个限制性酶切位点。

应用　①改造质粒载体，如引入或去除限制性核酸内切酶切割位点、基因表达序列调控元件、筛选标记等。②对目的基因表达调控区进行定点突变，研究基因的结构与功能之间的关系，鉴定转录因子在基因调控区的结合位点等。③对编码基因进行定点突变，研究特定氨基酸残基在蛋白质的结构、催化活性、稳定性以及与配基结合等的作用。④在目的蛋白质中引入蛋白酶识别位点，或添加蛋白质序列标签等，便于目的蛋白质的纯化、表达分析和细胞内定位等研究。

（陈　等）

dànbáizhì jīngtǐ xué

蛋白质晶体学（protein crystallography）　利用 X 射线穿过晶体发生的衍射，测定晶胞内原子的空间位置，再用数学及物理方法从晶体的衍射像推测出蛋白质三维结构的技术。是结构生物学的一个重要分支。自从 1895 年德国物理学家伦琴发现 X 射线，众多科学家就 X 射线的性质、应用和仪器等方面进行了创新性研究，促进了 X 射线在无机和有机化学、分子生物学和医药学等领域的广泛应用，解析了包括胃蛋白酶、血红蛋白、肌红蛋白、溶菌酶、胰岛素和核糖核酸酶等在内的越来越多蛋白质的晶体结构。随着功能基因组时代的到来和各个国家对蛋白质结构研究的重视，蛋白质晶体学取得很大的发展，解析的蛋白质结构数目呈指数增长。截至 2016 年 8 月，蛋白质结构数据库中蛋白质的结构数已超过 11.4 万，其中 90% 以上由 X 射线晶体学解析得到。

蛋白质晶体结构解析　包括以下几个步骤。①蛋白质表达和纯化：体外大量表达目的蛋白，再利用相应的层析技术等获得大量纯化蛋白质，浓度通常在 10mg/ml 以上。②蛋白质结晶：筛选优化蛋白质结晶条件，使得蛋白质分子通过弱相互作用形成高度有序的晶体沉淀。③收集衍射数据：通常利用 X 射线照射旋转的蛋白质晶体，同时记录晶体对 X 射线散射的强度，收集的强度可转换成结构因子的振幅。④相位的确定及优化：利用重原子法、分子置换法等求得相位，相位的准确性对于电子密度图的质量很关键。⑤电子密度图的解释：根据电子密度图解析肽链的方向和二级结构，推测多肽链的折叠方式，根据蛋白质的一级结构就可能构建出蛋白质结构模型。⑥结构修正：根据已有的立体化学资料，对从衍射数据获得的初始蛋白质分子模型进行修正。

蛋白质晶体生长机制　蛋白质晶体的生长一般需要毫克级的具较高纯度和均一性的蛋白质样品。蛋白质晶体的生长是一个相变过程，分为 3 个阶段。①成核：蛋白质溶液过饱和达到一定水平后，蛋白质分子之间自发形成的一定大小且有序排列的聚集体。这些聚集体达到一定大小时形成晶核。②生长：液相中的蛋白质分子不断结合到晶核上，同时也从晶核上解离，当结合速率大于解离速率时，晶体不断增大。③停止：随着晶体的生长，液相中蛋白质浓度降低，蛋白质分子的结合速率逐渐与解离速率达到平衡，晶体在宏观上停止生长。

蛋白质晶体学最大的瓶颈是蛋白质结晶的过程，此过程受温度、pH、缓冲液、沉淀剂、蛋白质分子本身结构等因素影响。因此现在研究开发出分批结晶、液-液扩散、蒸汽扩散、透析法等结晶方法。

应用 蛋白质晶体学的应用比较广泛，以下简要介绍三个方面的应用。①蛋白质功能研究：蛋白质结构的解析帮助人们从原子及电子传递层次、蛋白质相互作用和酶促方面深入理解这些分子事件发生的机制。随着更多蛋白质结构的解析，将促进我们更好地理解蛋白质的生物学功能、物种起源和进化规律。②基于蛋白质结构的药物设计和优化：这方面的工作已被广泛应用于靶标蛋白的选取和前期药物研发，并已成功研制出一些药物用于疾病治疗。随着更多蛋白质结构的解析，尤其是蛋白质激酶和具有重要功能的膜蛋白的结构的解析，将为基于结构的药物设计提供更多的候选靶标。此外，利用蛋白质与小分子化合物共结晶，解析两者互作位点，也为药物的优化提供数据支持。③利用蛋白质工程改造出更符合需要的蛋白质：根据需要对蛋白质进行改造，设计活性更高、更稳定的蛋白质，或产生新功能的蛋白质分子。通过对家族蛋白质的结构解析，可以更好地理解结构与功能的关系。同时，大量结构数据的累积，也必将提高结构预测的准确性。

（陈 等）

rǎnsèzhì miǎnyì chéndiàn

染色质免疫沉淀（chromatin immunoprecipitation, ChIP）

利用抗体抗原结合的特点研究蛋白质和DNA在体内相互作用的技术。通过这一技术，目标蛋白与特异的DNA片段的相互作用以及目标蛋白与整个基因组DNA的相互作用都可以被较为灵敏的检测出来，同时也可以研究组蛋白与基因表达的关系。这一技术的起源可追溯到20世纪60年代，经过半个世纪的发展和完善，尤其是当染色质免疫沉淀与DNA芯片、分子克隆技术结合后，既可以对已知蛋白质上的未知DNA靶点进行高通量筛选，同时还能研究基因组上分布的反式作用因子。酵母单杂交系统、DNA酶Ⅰ足迹法、电泳迁移率变动分析等方法尽管可以研究蛋白质与DNA的相互作用，但却不能反映生理条件下蛋白质-DNA相互作用情况。染色质免疫沉淀克服了这些实验方法的不足，可以捕捉到生理条件下蛋白质与DNA的结合，从而揭示体内基因的真实表达调控情况。

原理 在活细胞状态下通过特殊方法固定蛋白质—DNA复合物，对DNA进行随机切断，染色质被打断为一定长度范围内的小片段，通过目的蛋白抗体沉淀蛋白质-DNA复合物，目的蛋白及其所结合的DNA片段就被特异性地富集，进一步纯化目的片断并进行检测，就可以获得蛋白质与DNA相互作用的信息。根据染色质处理方法的不同，可分为两种类型：交联染色质免疫沉淀（cross-linked ChIP，XChIP）是用可逆转的方式交联染色质，再加以超声断裂；Native ChIP（NChIP）是直接用微球菌核酸酶消化染色质。①XChIP：适用于研究转录因子等染色质相关蛋白质的DNA作用靶点。DNA结合蛋白与DNA结合的作用力弱，需要交联，防止细胞内组分重新排布。染色质在福尔马林的作用下与蛋白质交联，此时，染色质抵抗限制性核酸内切酶和DNase Ⅰ，常用超声或微球菌核酸酶处理，使DNA断裂成长度为300~1000bp的片段。等密度离心除去细胞碎片后，再以琼脂糖或磁珠偶联的目的蛋白抗体纯化蛋白质-DNA复合物。最后用蛋白酶K消化，得到DNA片段，用于后续分析验证。②NChIP：主要用于研究DNA的组蛋白修饰。细胞核中双链DNA盘绕在组蛋白八聚体上，构成核心颗粒，因此，DNA与组蛋白自然状态下就是结合的，无须交联。微球菌核酸酶可直接将染色质消化成1~5个核小体长度（200~1000bp）的DNA片段。NChIP的后续步骤与XChIP相似。

步骤 以XChIP为例。①蛋白质-DNA交联：常用甲醛交联，甲醛的终浓度为1%，用甘氨酸来终止交联。交联的程度与时间相关，如果时间太短，交联不完全；如果时间太长，则损失实验材料而且后续DNA难以断裂。②超声断裂染色质：超声使染色质断裂为长300~1000bp的片段。③氯化铯等密度离心纯化染色质：氯化铯等密度离心的目的是去除未交联的蛋白质、DNA和RNA，蛋白质-DNA复合物在离心管密度梯度的底部。④染色质免疫共沉淀并纯化：用特异性抗体沉淀蛋白质-DNA复合物并回收。⑤逆转交联反应和DNA纯化：在免疫沉淀复合物中加入RNase和蛋白酶K，逆转交联。纯化得到的DNA量很少，可用色谱法定量。⑥分析免疫沉淀所得DNA、鉴定DNA

结合位点：这一步可以选取的方法有很多，包括狭缝杂交、PCR 分析、DNA 印迹杂交、DNA 芯片、ChIP 克隆。⑦验证蛋白质 -DNA 结合的特异性：染色质免疫沉淀的灵敏性高，但分析结果中有很多假阳性，需要验证真实性，常用 PCR、荧光素酶报告实验、电泳迁移率变动分析、酵母双杂交等方法来验证。

应用 染色质免疫沉淀是鉴定体内蛋白质 -DNA 相互作用的重要研究方法，能确定蛋白质与染色质直接作用的具体位点，还可以研究 DNA 甲基化、组蛋白修饰和染色质结构。近年来，功能基因组学深入开展，染色质免疫沉淀技术与实时定量 PCR、分子克隆、DNA 微阵列等其他分子生物学实验技术结合，分析免疫沉淀的 DNA 序列、鉴定蛋白质 -DNA 结合位点并验证蛋白质 -DNA 结合是否具有特异性。随着染色质免疫沉淀技术进一步发展和完善，将在基因组水平上绘制转录因子定位、蛋白质分布图谱中发挥至关重要的作用，帮助人们探索基因组结构和转录调控网络。

（马艳妮）

rǎnsèzhì miǎnyì gòng chéndiàn–xīnpiàn

染色质免疫共沉淀 - 芯片

（chromatin immunoprecipitation-chip, ChIP-chip） 结合染色质免疫沉淀和 DNA 微阵列技术，研究体内蛋白质与 DNA 相互作用的技术。染色质免疫共沉淀 - 芯片最大的特点是能在基因组范围内确定蛋白质所结合的 DNA 序列，广泛用于特定反式作用因子结合靶基因的高通量筛选。

特点 优点是：反应可在体内进行；可以检测细胞在特定条件下蛋白质 -DNA 互作情况；直接或间接研究基因组与蛋白质的相关位点。缺点是：有时难于获得所需要的特异性蛋白质抗体；同时为了获得高丰度的结合片段，起始的实验材料要求较多，难以在少量的细胞中进行。

长期目标 建立各种生理条件下，蛋白质 -DNA 相互作用的网络，从而更好地理解基因表达调控模式，并建立基因表达调控模式与疾病发生的关联。

原理 与染色质免疫沉淀原理相同，即使用化学交联试剂将细胞内蛋白质 -DNA 复合物交联，经超声或者酶处理，染色质断裂成片段。利用抗原抗体之间的特异性结合，得到蛋白质 -DNA 复合物。再用蛋白酶 K 消化掉蛋白质，剩下与蛋白质结合的 DNA，但 DNA 的含量极少，需用 PCR 扩增。最后用 DNA 微阵列检测蛋白质与 DNA 结合处的序列信息。

步骤 染色质免疫共沉淀 - 芯片实验分为三个部分：首先是根据目的蛋白的结合特点选择合适的芯片和探针；第二部分是染色质免疫共沉淀，特异性富集目的蛋白质结合的 DNA，再把 DNA 扩增产物加到 DNA 微阵列上；第三部分是收集、分析数据，找到目的蛋白所结合的 DNA 序列信息。

应用 染色质免疫共沉淀 - 芯片技术除了可以应用于研究转录因子的结合和条件特异性，还可以对组蛋白的修饰、分布和染色体重建领域进行探索。蛋白质结合位点可以通过染色质免疫共沉淀 - 芯片技术被定位，通过此方法可以查找到基因组上的功能元件，同时还可以找到组蛋白的修饰和修饰的位置，为基因调控机制提供了新思路。染色质免疫共沉淀 - 芯片能够绘制出高分辨率的蛋白质 -DNA 结合位点图谱。但超声断裂得到 DNA 的最小长度是 200bp，因此分辨率有限，并不能精确到目的蛋白具体结合的 DNA 位点，染色质免疫共沉淀 - 芯片需要克服这一瓶颈才能进一步提高分辨率。哺乳动物基因组含有大量的重复序列，也给染色质免疫共沉淀 - 芯片带来了一定困难。随着分子生物学技术发展，相信科研工作者不仅能够获得高分辨率哺乳动物基因组的蛋白质 -DNA 结合位点图谱，还能研究出基因表达调控的网络，为疾病的诊断和治疗提供理论支持。

（马艳妮）

diànyǒng qiānyí lǜ biàndòng fēnxī

电泳迁移率变动分析

（electrophoretic mobility shift assay, EMSA） 研究蛋白质与 DNA 或 RNA 相互作用的电泳技术。又称凝胶迁移率变动分析（gel mobility shift assay）、凝胶阻滞分析（gel retardation assay）。这一技术利用蛋白质与 DNA 或 RNA 结合后电泳迁移率会发生变化这一特点，起初用于研究 DNA 结合蛋白和 DNA 之间的相互作用，可以进行定性和定量分析，常与 DNA 酶 I 足迹法、引物延伸分析、启动子 - 探针实验联用，后来逐步发展为研究转录起始、DNA 复制、DNA 修复、RNA 加工和成熟的经典实验方法。

原理 生物分子在凝胶中的电泳迁移速率与蛋白质、核酸的大小、形状和所带电荷有着密切关系，根据电泳迁移速率的不同可以区分分子结构和组分差异，可用于检测蛋白质、核酸以及观察二者的相互作用。

将标记的核酸分子与蛋白质在一定条件下孵育一段时间，进行凝胶电泳，如果蛋白质能够与核酸序列发生特异性结合，形成核酸-蛋白质复合物，电泳会出现迁移率降低、条带滞后的现象。电泳迁移率变动分析可以检测DNA结合蛋白与DNA、RNA结合蛋白与RNA的结合，还可以通过特异性抗体检测并鉴定蛋白质。与常规蛋白质凝胶电泳不同的是，电泳迁移率变动分析在蛋白质-DNA复合物电泳时使用非变性凝胶，目的是避免蛋白质-DNA复合物解离。

步骤 包括以下步骤。

制备蛋白质样品 用于电泳迁移率变动分析的蛋白质可以是纯化的蛋白质，也可以是细胞粗提物，如果用非纯化的蛋白质进行电泳迁移率变动分析实验，则必须使用特异蛋白质的抗体加以证明。

制备DNA/RNA探针 ①DNA探针：目前主要采用人工设计、合成DNA序列的方法，多数DNA结合蛋白结合双链的DNA，因此需要合成两条探针，并在DNA与蛋白质结合之前进行变性、退火形成双链DNA。探针需要进行标记以便后续检测，常用的标记方法有放射性核素^{32}P标记、生物素标记和地高辛标记等。②RNA探针：可以通过用人工设计、合成RNA序列的方法，也可采用体外转录的方法获得RNA探针，用于DNA探针标记的方法均可用于RNA探针标记。

蛋白质与DNA/RNA结合反应 将标记探针与纯化的蛋白质或细胞抽提物核蛋白温育，使之形成蛋白质-DNA/RNA复合物，通过凝胶电泳和自显影确定是否有蛋白质-DNA/RNA复合物形成。为了证明蛋白质与DNA/RNA结合的特异性，实验中需要设计一系列的对照。①阴性对照：不加目的蛋白，电泳条带只能看到凝胶前端的游离探针。②非特异性探针对照：不能与蛋白质结合，电泳后条带与阴性对照相同。③冷探针竞争对照：是蛋白质与标记探针温育之前先和未标记的探针温育结合，非标记探针竞争性结合了一部分蛋白质，因此电泳后阻滞条带强度减弱。④抗体结合对照，是在反应体系中加入了抗目的蛋白的特异性抗体，由于在蛋白质-DNA/RNA复合物的基础之上又加入了目的蛋白抗体，因此电泳的迁移率更加滞后，称为super-shift。

非变性聚丙烯酰胺凝胶电泳和自显影 将样品与对照组分别加入到凝胶上样孔中进行非变性凝胶电泳。电泳后在干胶仪上进行干燥后进行检测，不同的探针标记方式选择不同的检测方式。

应用 电泳迁移率变动分析是快速检测蛋白质-核酸相互作用的高敏感性方法。放射性同位素标记探针的方法具有高度敏感的特点，可以检测少量蛋白质、核酸或者反应体系。若对电泳迁移率变动分析敏感性要求不高，可以选择相对安全的荧光、化学发光、免疫组化方法进行检测。电泳迁移率变动分析中核酸分子的大小、结构不受限制，既可以是寡核苷酸也可以是长达几千个核苷酸或碱基对的核酸，DNA既可以是单链、双链、三链、四链，还可以是环状DNA。在一个反应体系中，目的蛋白质可根据分子量和结合位点不同区分不同的核酸分子。这一技术中蛋白质也不受分子量和纯度的影响，也就是说无论寡肽还是转录因子复合物，无论是纯化的目的蛋白还是核蛋白提取物都能用于电泳迁移率变动分析。因此，电泳迁移率变动分析成为体外研究蛋白质-DNA/RNA互作的常用技术。

（马艳妮）

miǎnyì qīnhé céngxī

免疫亲和层析（immunoaffinity chromatography） 利用抗原-抗体之间具有特异性亲和力的特点，以抗原-抗体的一方作为配基，亲和吸附另一方进而分离目标蛋白质的实验技术。亲和层析技术是纯化各种生物大分子、特别是蛋白质的有效方法。20世纪50年代初，丹·坎贝尔（Dan H. Campbell）等将抗体固定在纤维素载体上，分离得到相应的抗原，初步建立了免疫亲和层析。之后采用该技术对各种不同类型的抗原-抗体片段进行分离纯化。1979年前后，单克隆抗体的发现进一步推动了免疫亲和层析技术的迅速发展。之后重组蛋白质（包括重组抗体）技术逐渐发展成熟，也为该技术的进一步完善和使用提供了便利条件。由于固定化方法和层析剂的改进，免疫亲和层析法已经成为生命科学领域中非常有价值的研究工具。

原理 由于抗原抗体可以特异性结合，并形成多聚体复合物甚至不溶于溶剂，故可利用抗体与惰性微珠共价交联来收集、纯化抗原。免疫亲和层析技术中所使用的惰性微珠常用琼脂糖聚合物或葡聚糖制成。由于从A型金黄色葡萄球菌分离得到的细胞壁蛋白-蛋白质A以及从G型链球菌分离得到的细胞壁蛋白-蛋白质G，可与人类以及大多数动物免疫球蛋白（抗体）IgG的Fc段结合，且抗体与蛋白质A/G微珠共价交联后更容易与抗原结合，故免疫亲和层析技术中将蛋白质A/G与葡聚糖微珠进行交联，再与各种特异的单克隆抗体共价交联制成商品化的免疫亲和层析柱，然后用于分离、纯化抗原。经过条件优化，免疫亲和层析一次纯化，即可达到千倍于普通层析的纯化效果。使用性能特别优良的抗体，优化洗脱条件，甚至能达到10000倍以上的纯化效果（图1）。

步骤 免疫亲和层析是一种既简单又非常有效的分离生物大分子的技术。首先将抗体共价结合到一种惰性微珠上（葡聚糖－蛋白质A/G微珠），然后将微珠与含有待纯化抗原的溶液混合。交联在微珠上的抗体捕获抗原后，无关抗原首先被洗涤去除，微珠结合的抗原被洗脱缓冲液洗脱，即可得到纯化的抗原。如果洗脱条件掌握较好而且比较温和，纯化的抗原仍能保持天然状态。该技术除了可以蛋白质为抗原进行纯化外，凡是能与抗体有效结合的分子都能用这种方法进行纯化。另外，免疫亲和层析法也可以用来分离经过初步纯化的抗体。此时抗原和抗体所起的作用正好相反，抗原共价交联在微珠上，再与抗体结合，然后通过洗脱，得到纯化的抗体。

特点 该技术的优点在于不但能用来分离在生物材料中含量极微的物质，而且可以分离性质十分相似的物质。①可利用抗体与抗原具有高度亲和力和特异性结合的特点，大量分离天然状态或者近似天然状态的抗原。②利用性能良好的抗体进行免疫亲和层析，纯化过程简单、快速、可靠。③可以按照不同纯化规模来纯化目标分子。④可用于纯化针对抗原的特异性抗体。这项技术的主要缺点包括：微珠载体价格昂贵、机械强度低；配基制备困难、成本高，有些配基本身需要分离纯化；抗原一般是大分子物质，在洗脱过程中容易失活等。有些抗体不适用于免疫亲和层析。

应用 最重要的应用领域是对抗原、抗体的分离纯化，并应用于疾病的诊断、治疗。例如以免疫亲和层析法纯化的抗原（HIV-1 gp41 及 HIV-2 gp36）作为第4代HIV快速诊断试剂，可同时检测HIV抗体及p24抗原；用该方法纯化的重组人促红细胞生成素（rhEPO）治疗肾衰竭后引起的贫血等；用于分离提取和鉴定血清中蛋白质药物，为监测体内蛋白质药物的代谢过程和途径奠定基础，如鉴定给药猕猴血清中重组人内皮抑制素等。因此，该法也为揭示疾病的发病机制提供了可靠的依据。

（王卫平）

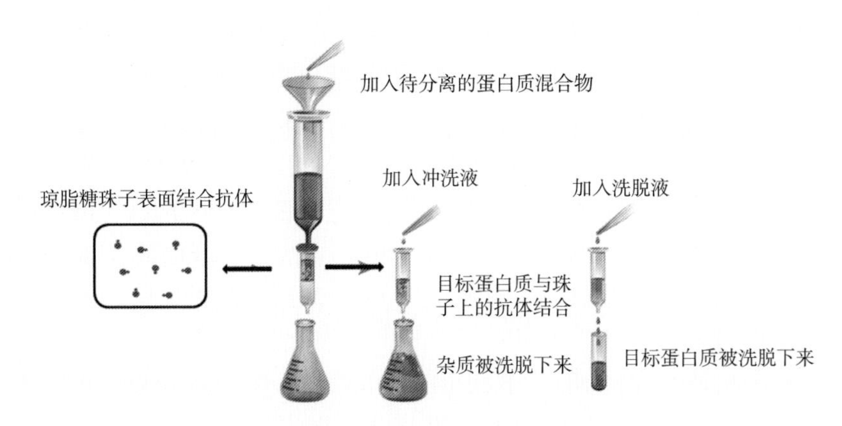

图1 免疫亲和层析技术原理示意图

miǎnyì gòng chéndiàn

免疫共沉淀（co-immunoprecipitation, co-IP） 以抗原－抗体特异结合为基础的用于研究蛋白质－蛋白质相互作用的实验技术。该技术的优点是可以分离得到天然状态的，包括经过翻译后修饰的蛋白质相互作用复合物。该技术的不足之处是可能检测不到低亲和力或者瞬时发生的蛋白质—蛋白质相互作用，而且不能判断复合物中的蛋白质是否存在直接结合。此外，必须在实验前预测目标蛋白质，以选择最后蛋白质印迹法检测的抗体。

原理 非变性条件下对细胞进行裂解时，完整细胞内存在的蛋白质—蛋白质间相互作用会被保留。此时用其中一种蛋白质的抗体进行免疫沉淀，除了这种蛋白质（X蛋白质）被沉淀下来外，与其在体内结合的另外一种蛋白质（Y蛋白质）也可以被沉淀下来，得到X蛋白质-Y蛋白质的免疫沉淀复合物。没有被沉淀的其他无关蛋白质随着缓冲液的流洗而被除去。对免疫沉淀复合物用SDS-PAGE进行分离后，利用Y蛋白质的特异性抗体经蛋白质印迹法检测，便可证实二者存在相互作用（图1）。

步骤 裂解组织或细胞，将裂解液分为两等份，一份加入待检测蛋白质抗体（如X蛋白质的抗体），在另一份中加入等量同种属IgG作为对照，使抗原－抗体结合。加入偶联蛋白质A/G（可以结合抗体IgG）的琼脂糖珠子，使抗原－抗体复合物结合在珠子上。离心分离得到蛋白质A/G琼脂糖珠子－抗体－抗原复合物（免疫沉淀复合物），用缓冲液洗脱非特异结合的其他蛋白质。加热变性上述免疫沉淀复合物，采

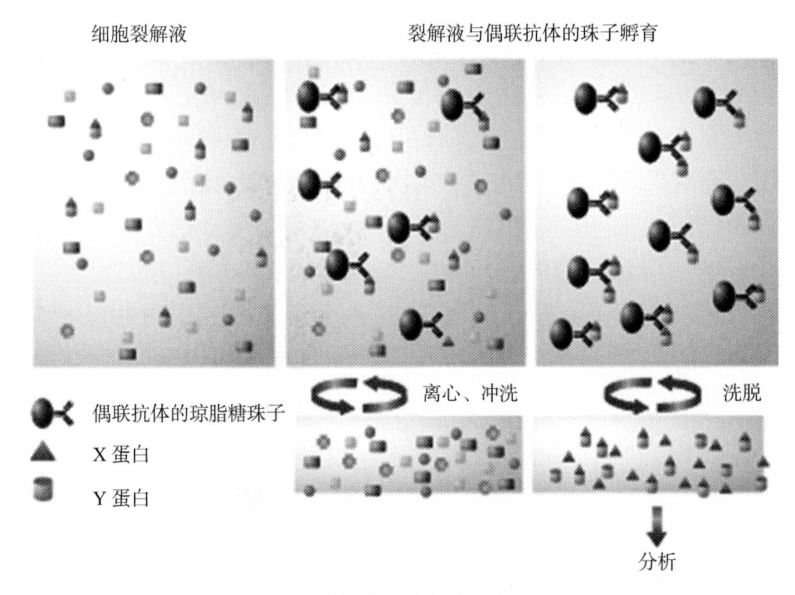

图1 免疫共沉淀原理示意图

用聚丙烯酰胺凝胶电泳（SDS-PAGE）分离复合物中的蛋白质，用与待检测蛋白质可能存在相互作用蛋白质的抗体（如Y蛋白的抗体）通过蛋白质印迹法检测该复合物中是否存在Y蛋白质，结果若为阳性，则说明X蛋白质与Y蛋白质之间存在相互作用。

应用 作为一种经典的检测蛋白质间相互关系的实验方法，免疫共沉淀技术广泛应用于生命科学和医学领域研究中。虽然它的灵敏度没有亲和层析高，但是能够确定两种蛋白质在完整细胞内的生理性相互作用，同时还可以通过偶联质谱的方法，发现新的蛋白质复合物。①肿瘤研究方面：异质性是肿瘤的一个重要特性，借助于免疫共沉淀来研究肿瘤异质性的分子机制，将更直接、全面地揭示异质性的发生机制及调控过程。如在鼻咽癌、肝癌中采用免疫共沉淀方法已经鉴定出十几种与p53相互作用的蛋白质，用以开发靶向治疗药物。②病原体研究方面：利用免疫共沉淀目前已经鉴定出一些病毒或寄生虫表面抗原蛋白相互作用的分子，用以揭示病原体在感染宿主、细胞内组装、成熟与转运的机制。③信号转导研究方面：免疫共沉淀是一种微量、灵敏和特异性强的检测方法，可以检测到信号通路中与关键节点分子相互作用的蛋白质，如鉴定Wnt信号、MAPK信号途径中与激酶、接头蛋白相互作用的蛋白质。

（王卫平）

jiàomǔ shuāng zájiāo

酵母双杂交（yeast two-hybrid analysis）

研究蛋白质间相互作用的遗传学实验技术。该技术于1989年首先由美国科学家斯坦利·菲尔茨（Stanley Fields）和奥克-久·颂（Ok-kyu. Song）等提出并在酿酒酵母中初步建立。是研究蛋白质间相互作用（包括寻找相互作用新蛋白质）的有效方法之一，但也存在一定的局限性，如对于一些需要进行翻译后加工的蛋白质（糖基化、二硫键形成等）和某些分泌蛋白质及细胞膜受体蛋白之间的相互作用就不易检出。此外，该技术也会产生假阳性结果。例如本身具有转录激活功能的蛋白质，或表面含有低亲和力区域的蛋白质，可能与非特异性蛋白质形成稳定的复合物，使得报告基因开始表达。

原理 真核转录因子通常包含有DNA结合结构域（binding domain，BD）和转录激活结构域（activation domain，AD），这两个结构域的功能相对独立，转录因子的转录激活作用需要这两个结构域共同完成。酵母双杂交就是利用这一特点，使可能存在相互作用的两个蛋白质分别与BD或AD形成融合蛋白，转入酵母中进行表达。只要两个蛋白质之间存在相互作用，就可以将BD和AD在空间上拉近，联结为一个整体与报告基因上游激活序列结合，发挥转录激活作用，使受调控的报告基因（如编码半乳糖激酶的*Gal*1基因，或者编码β-半乳糖苷酶的*LacZ*基因）得到表达，而报告基因的表达产物可以通过颜色反应或者荧光强度被检测到，从而反映出报告基因被激活。因此可通过对报告基因的激活情况来判断蛋白质间是否存在相互作用（图1）。

步骤 ①首先构建诱饵重组质粒：DNA-BD与诱饵蛋白DNA进行融合。②将诱饵重组质粒转入酵母菌株。③检测诱饵蛋白的自身激活能力，筛选出无自身激活能力的菌株。④利用含AD编码顺序的文库DNA对第③步筛选出的酵母菌菌株进行转化。⑤在营养缺陷培养基平板上（含X-α-GAL）初步筛选阳性克隆。⑥从初步筛选的阳性克隆中提取质粒DNA并行PCR或酶切鉴定。⑦从鉴定成功的酵母克隆中提取质粒用于转化大肠埃希菌，扩增后提取质粒。⑧回转验证：从第⑦步提取的质粒与含有诱饵蛋白DNA的DNA-BD重组质粒回转酵母菌

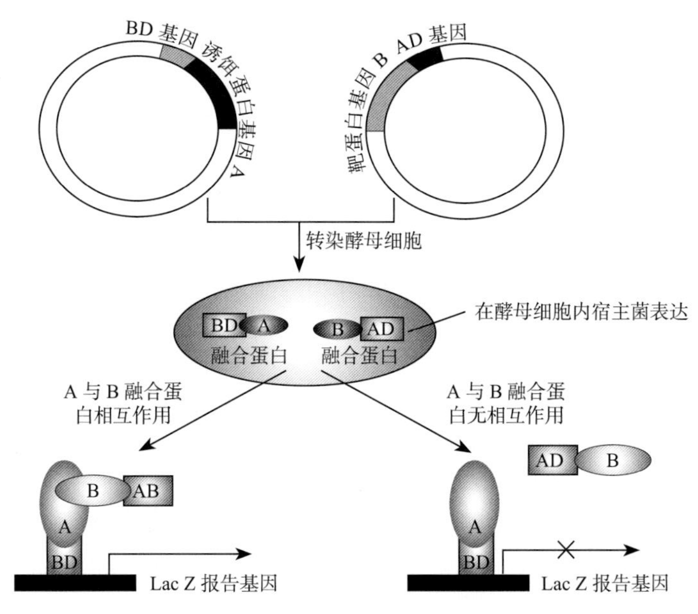

图 1 酵母双杂交技术原理示意图

株。⑨在营养缺陷培养基平板上（含 X-α-GAL）再次筛选出阳性克隆，提取质粒、测序，以明确与诱饵蛋白可能存在相互作用的蛋白质。

应用 ①在已知蛋白质之间明确是否存在相互作用。②筛选与已知蛋白质存在相互作用的未知蛋白质（包括受体－配体及其编码基因）。③确定两个已知具有相互作用的蛋白质间的作用位点或结构域，发现影响或抑制它们相互作用的因素。④构建基因组蛋白质连锁图谱。⑤人类 DNA 文库的研究、药物作用位点 / 靶点的筛选。

（王卫平）

liúshì xìbāo shù

流式细胞术（flow cytomethry）

利用流式细胞仪为检测手段的能快速、精确地对单个细胞和生物颗粒（包括细菌、真菌和染色体等）或人工合成微球等的多种理化性质进行多参数的定量分析，并对特定群体可加以选择的分析技术。流式细胞仪是集细胞与分子生物学、流体力学、激光技术、光电子技术、单克隆抗体技术、细胞荧光化学技术和计算机技术为一体的一种新型高科技仪器，分为分析型和分选型两种，前者主要包括液流系统、光学系统和电子系统，细胞或其他生物样本经分析后最终进入废液桶，不能回收利用；后者还包括细胞分选系统，既能流式分析，还能对分析的样本进行分类选择。

发展简史 1930 年，托雷尔（Thorell）和卡斯佩松（Caspersson）开始细胞计数的研究工作。1934 年，莫尔达万（Moldavan）开创流式细胞自动计数的基础。1953 年，英国学者克罗斯兰－泰勒（Crosland-Taylor）利用分层鞘流原理，成功研发出红细胞光学自动计数器。同年，霍斯特（Horst）和帕克（Parker）设计出一种全血细胞计数器，成为流式细胞仪的雏形。1965 年，美国学者提出用分光光度计定量分析细胞成分，并依据测量值对不同细胞进行分类。同年，在细胞分选中应用了超声震动器。1967 年，美国学者梅拉米德（Melamed）等提出细胞分选的方法。1969 年，美国研究人员富尔怀勒（Fulwyler）和迪利亚（Van Dilla）及其同事们在美国新墨西哥州的洛斯阿拉莫斯（Los Alamos）发明第一台荧光检测细胞计。1972 年，美国免疫学家赫岑贝格（Herzenberg）研制出一个改进型的细胞分选器，能够检测出用荧光标记抗体染色细胞的较弱的荧光信号。1973 年，美国斯坦福大学与 BD 公司合作，研究开发并生产了世界第一台商用流式细胞仪 FACSI。从此，流式细胞仪和流式细胞术进入快速发展时代，其检测技术日臻完善，在生物学、医学和药物学领域的应用日趋广泛。

原理 将待测细胞制成单细胞悬液，然后用荧光染料或其标记分子染色细胞，再在一定压力作用下将待测样品送入流式细胞仪的流动室，无细胞的鞘液从鞘液管喷出，其中鞘液流入方向与待测样品流动方向成一定角度，使得鞘液能够包裹着样品继续向前高速流动，在截面圆形的流束中，待测细胞在周围鞘液的包裹排列成单行，依次通过检测区域，在垂直激光的照射下，产生前向和侧向散射光以及荧光。前两种散射光同时被前向光电二极管和 90° 方向的光电倍增管接收。其中前向散射光信号反映细胞体积，侧向角散射光信号反映细胞内部的粒度。荧光信号的接收方向与激光束方向垂直，经过一系列反射镜和滤光片的分离，形成不同波长的荧光信号，其强度反映了所测细胞膜表面或细胞内部靶分子的水平，荧光信号经光电倍增管转换为电信号，再转换成可被计算机识别的数字信号，最后由计算机对各种检测信号进行分析处理，得到的结果以直方图、散点图或三维图的形式展现出来。

除分析细胞群体的各种参数外，还可将特定的细胞选择出来，进行后续研究。细胞的分选是通过分离和选择携带单一个细胞的液滴。具体而言，是在流式细胞仪流动室的喷口上安装有一个超声压电晶体，充电后振动，使喷出的液流断裂为均匀的液滴，从而待分选细胞能以单个形式分散在液滴中。这些液滴再被充以正负不同的电荷，不符合预定要求的细胞则不充电。当液滴流经带有几千伏压差特的偏转板时，在高压电场的作用下，带电液滴的运动轨迹发生偏移，最后落入不同的收集容器，而未充电的液滴落入中间的废液容器，从而实现细胞的分选。流式细胞仪的工作原理见图1。

步骤 分为以下几个方面：①收集体液、外周血、骨髓、悬浮培养细胞、新鲜实体组织、石蜡包埋组织或其他生物颗粒等，制备单细胞悬液。②用荧光染料或荧光素标记分子（如抗体、配体等）处理制备的单细胞悬液，让被检测的分子带上荧光标记。③利用流式细胞仪分析标记的单细胞悬液，得到被检测细胞或颗粒的多种参数。如必要，利用流式细胞仪的分选系统进一步分离感兴趣的细胞群体。

应用 ①基础研究：主要应用于淋巴细胞和树突状细胞功能研究，造血干细胞研究，细胞周期、细胞增殖和凋亡分析，分离染色体进行遗传文库的构建，多药耐药基因研究，肿瘤相关基因表达分析，血管内皮细胞研究等。②临床研究：主要应用于淋巴细胞亚群测定，血小板分析，网织红细胞分析，白血病和淋巴瘤免疫分型，HLS-B27分析，PNH诊断，人类同种异体器官移植中应用，细胞因子测定，艾滋病诊断、治疗和疗效评价，Flow-FISH法测定端粒长度等。

（陈 等）

yíngguāng gòngzhèn néngliàng zhuǎnyí

荧光共振能量转移（fluorescence resonance energy transfer, FRET）

相互靠近（＜10nm）的两个荧光物质或荧光基团（供体和受体）之间发生的非辐射的能量转移过程。用于测量分子内或分子间距离的改变。1948年，德国科学家弗斯特（Förster）提出FRET理论，并建立供体和受体之间距离与能量转移率之间的换算关系，但这项技术在应用方面的起步较缓慢，尤其在活细胞和活体生物中的应用。直至20世纪60~70年代绿色荧光蛋白在维多利亚水母中的发现和纯化，以及90年代绿色荧光蛋白cDNA序列的克隆和在各种活体细胞中的成功表达，FRET在包括生物化学、分子生物学、免疫学和药学等领域的应用开始出现飞速发展。绿色荧光蛋白在生物活体成像方面的迅速发展和广泛应用与其本身具有的许多独特优点有关，如高的稳定性和量子产率、无生物毒性、不干扰宿主蛋白本身的细胞定位和生物学活性、发光不需要其他辅助因子，以及不同绿色荧光蛋白发光变体的发现等。

原理 若供体和受体间有一定吸收光谱的重叠（＞30%），且它们之间的距离合适（＜10nm），就会发生荧光能量由供体向受体的转移，这样用供体激发波长的光照射时，就会观察到受体发射的特征性波长的荧光。具体来说，用供体的激发光激发供体时，供体基态的电子吸收一定频率的光子后跃迁至激发态，激发态电子不稳定，在返回基态的过程中，通过偶极－偶极耦合作用，供体分子将激发态的能量以非辐射方式转移给邻近的受体分子，受体分子处于基态的电子吸收此转移能量后跃迁至激发态，在激发态电子再返回基态时发射受体特征性的荧光（图1）。

FRET发生须具备以下4个条件：①供体和受体之间的距离足够接近，一般为1~10nm。②供体与受体之间的方向定位适当。③供体的发射光谱与受体的激发光谱

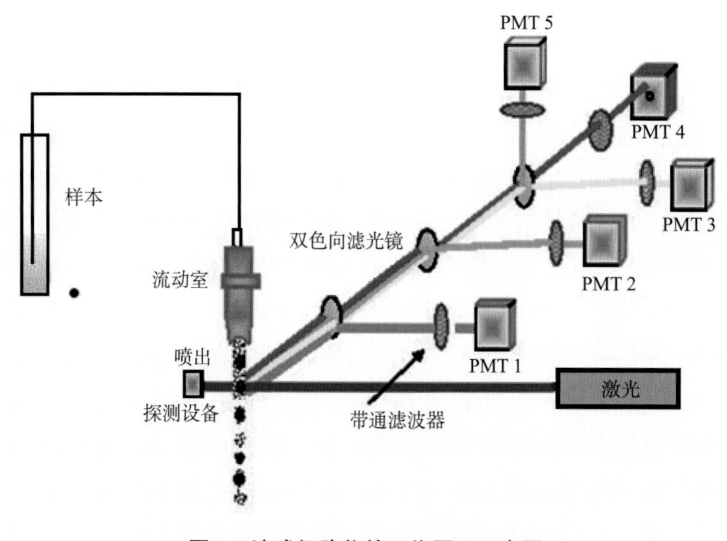

图1 流式细胞仪的工作原理示意图

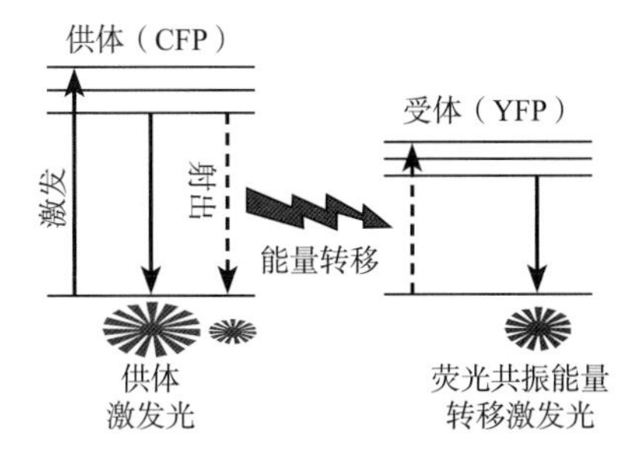

图1 FRET发生原理示意图

之间有部分重叠，但供体和受体的激发光谱以及它们的发射光谱之间没有重叠。供体和受体之间是否发生FRET，常用能量传递效率（E）来判断，E定义为供体转移给受体的能量占供体释放总能量的比例，能量传递效率计算公式如下：

$$E=\frac{1}{1+\left(\frac{r}{R_0}\right)^6}$$

其中，R_0为弗斯特（Förster）距离常数，指E为50%时供受体之间的距离，R_0与供受体本身的光谱特性及它们之间的方向定位有关，对于确定的体系和能量供受体对，R_0为恒量。r为供受体之间的距离。从上式可知，FRET的效率主要决定于供受体之间的距离及方向定位。

供体和受体 进行FRET实验时，必须选择合适的供体和受体对。目前，供体和受体的发展较快，主要包括以下几类。①荧光蛋白：主要包括绿色荧光蛋白及其变体，包括红色荧光蛋白、黄色荧光蛋白、青色荧光蛋白和蓝色荧光蛋白等。由于这些荧光蛋白的吸收光谱和发射光谱基本连续相邻，因而为FRET实验提供了可选的供受体对。其中黄色荧光蛋白和青色荧光蛋白是目前最常用的荧光蛋白供受体对。②有机荧光染料：种类较多，应用广泛，可根据需要选择使用，也能与其他类型的荧光染料配对使用。③镧系染料：属于稀土元素，可与传统的有机染料组成FRET的供体和受体对。镧系染料的优势是荧光寿命比较长，信噪比和准确性均比较高，同时对不完全标记的供体和受体样品不敏感。最常用的镧系元素有铽（Tb）、钐（Sm）、镝（Dy）和铕（Eu）。④量子点：直径介于1~100nm，是能够接受激发光产生荧光的纳米颗粒。与传统的有机荧光染料分子不同，量子点的光稳定性强于荧光蛋白及有机荧光染料，发射光谱很窄并且不拖尾，减少了供受体之间发射光谱的重叠及相互干扰。此外，量子点激发光谱范围宽，用它作供体时，更易选择激发波长，最大限度地减少对受体的直接激发。此外，通过改变量子点的大小或组成，可以调节量子点供体发射光谱与受体吸收光谱的重叠程度，保证了供受体之间光谱的良好重叠，提高共振能量转移效率。因此，量子点作为一种新型的荧光探针正越来越广泛地被采用。

应用 由于FRET具有分析速度快、灵敏度高、选择性好，可在活体细胞和动物内进行时间、空间、动态和连续分析等优点，已经广泛应用于核酸、蛋白质、免疫分子和糖类等的分析，现简介如下。①核酸分析：使用传统的有机染料作为能量供受体对，设计相应的核酸探针，在分子水平上研究DNA和RNA的结构；使用传统的分子灯塔技术，通过FRET分析活体细胞内靶基因的表达水平，用于疾病的诊断、疗效的评估等。②蛋白质分析：广泛应用于蛋白质的亚细胞定位、蛋白质之间相互作用和寡聚体形成的研究、蛋白质结构变化及功能分析，包括酶活性的测定等。③免疫分析：通过选择合适的能量供受体对，广泛应用于生物样品中抗原和抗体含量的检测等。④糖类分析：利用FRET技术检测生物组织标本中糖类化合物的水平、糖蛋白的含量和结构变化等。⑤细胞离子研究：利用FRET技术实现在活细胞内对钙离子、钾离子等离子浓度微弱变化的动态检测，为细胞离子代谢的可视化检测提供有力工具；研究离子通道活性状态以及通道亚基构成与调控等；利用荧光蛋白相关的膜电位探针，通过荧光的变化来观测细胞膜电位的改变。⑥肿瘤基础研究：基于FRET原理设计的各种生物传感器用于检测活体细胞内生理条件下表皮生长因子受体、Ras和BCR-ABL等蛋白质激酶活性的变化，用于肿瘤早期诊断、疾病进展监测和治疗药物筛选等。

（陈 等）

xìbāo péiyǎng ānjīsuān wěndìng tóngwèisù biāojì

细胞培养氨基酸稳定同位素标记（stable isotope labeling by amino acids in cell culture, SILAC）

通过在培养基中添加稳定同位素标记的氨基酸来标记蛋白质，结合质谱分析对基因表达产物在蛋白质水平进行定量分析的体内代谢标记技术。与体外蛋白质组定量方法不同，SILAC技术通过细胞培养进行标记，是一种体内标记方法。由马蒂亚斯·曼（Matthias Mann）实验室的王绍恩等于2002年建立，SILAC结合质谱（MS）成为定量蛋白质组学的一个重要方法，并处于不断发展和创新中，从最初的仅仅局限于对培养细胞中蛋白质的分析，扩展到细胞和组织中蛋白质及其蛋白质与蛋白质相互作用分析等。

原理 SILAC利用了将细胞在含有轻、重同位素型必需氨基酸的培养基中生长若干代（一般为5~6代）后，细胞内新合成的蛋白质被同位素稳定标记的原理。将蛋白质等量混合后，酶解，再通过色谱分离或蛋白质等量混合后进行SDS-PAGE分离和胶内酶解，然后通过液相-串联质谱（LC-MS/MS）分析得到有关蛋白质的定量和定性结果。SILAC最初的标记氨基酸有氘代甘氨酸和氚代甲硫氨酸，目前常用的标记氨基酸包括赖氨酸、精氨酸、亮氨酸、酪氨酸和甲硫氨酸等。

步骤 ①SILAC标记培养液的准备：准备缺陷培养基、透析型血清、使用重同位素标记的重型氨基酸，以及非标记型的轻型氨基酸。②标记效率的确定：采用含有重型氨基酸的培养液进行细胞培养，分别提取全细胞蛋白质，经还原、烷基化和酶解后经LC-MS/MS分析。③细胞的标记培养：将细胞培养于含有轻、重同位素型必需氨基酸的培养液中，待全细胞蛋白质被完全稳定标记后，收集细胞。④蛋白质的鉴定分析：蛋白质等量混合后，酶解，再通过色谱分离或蛋白质等量混合后进行SDS-PAGE分离和胶内酶解，然后经LC-MS/MS质谱分析。

应用 可以对蛋白质进行定性分析，还可以通过质谱图上一对轻重稳定同位素峰的比例反映对应蛋白质在不同状态下的表达水平，从而获得高灵敏度和准确性的蛋白质定量信息。与传统的标记方法相比，SILAC具有无细胞毒性、无须预处理样品、标记效率高以及适于鉴定低丰度蛋白质等优点。同时，在蛋白质相互作用的研究中，SILAC引起假阳性的可能性低，因此适用于研究细胞信号转导的动态变化。SILAC主要应用于活体培养的细胞或低等有机体，包括多个样品全细胞蛋白质或亚细胞蛋白质的差异比较等；同一样品不同条件下全细胞蛋白质或亚细胞蛋白质的差异比较等；将SILAC与IP技术相结合，可用于研究特定蛋白质的相互作用蛋白质分析等；有助于进行翻译后修饰蛋白质组的定性和定量分析及修饰位点的确定等。

（刘昭飞）

shēngwù zhìpǔ

生物质谱（biomass spectrometry） 通过测定样品离子的质荷比（m/z）对样品成分和结构进行分析，从而分析生物分子质谱的技术。第一台质谱仪是英国科学家弗朗西斯·阿斯顿（Francis Aston）于1919年制成的。在20世纪20年代，质谱逐渐成为化学家使用的分析手段；20世纪80年代，随着电喷雾和基质辅助激光解吸等新的软电离技术的发现和发展，质谱能够对高极性、难挥发和热不稳定样品进行分析后，生物质谱的发展可谓日新月异，已成为现代科学前沿的热点之一。

组成 生物质谱是由生物质谱仪完成，它通过测定样品离子的质荷比（m/z）来进行成分和结构分析，其分析的基本过程包括在离子源中使样品发生电离，生成不同质荷比的带电离子，在加速电场的作用下形成离子束，进入质量分析器，在质量分析器中将其分离或裂解并按质荷比的大小依次进入检测器，信号经放大、记录得到质谱图。生物质谱仪一般包括进样系统、电离系统、质量分析器、真空系统、离子检测系统、计算机控制系统及数据分析系统，其中电离系统和质量分析器是两个关键技术，是不同质谱仪命名的依据。

软电离方式 生物质谱的迅速发展主要得益于两种软电离技术的发明与应用，即电喷雾电离和基质辅助激光解吸电离。这两种技术具有高灵敏度和高质量的检测范围，可以在飞摩尔（fmol，10^{-15}）甚至阿摩尔（amol，10^{-18}）浓度以及对相对分子质量高达百万的生物大分子进行检测，并由此开拓了质谱学一个崭新的领域——生物质谱，使质谱在生命科学领域获得广泛应用和发展。

质量分析器 包括以下几种。

飞行时间质量分析器：从离子源产生的离子经过一个加速电场后获得动能，进入一个高真空无电场、无磁场的飞行管道中，在此飞行管道内，离子以在加速电场获得的速度飞行到达检测系统，检测系统记录离子到达的时间及强度。质荷比较轻的离子飞行速度快，较早到达检测系统，质荷比较重的离子飞行速度慢，较晚到达检测系统。此类质谱称为飞行时间质谱。

四极杆质量分析器 由两对相互平行的横截面为双曲面或圆柱形的四根精密加工的电极杆组成，在四极杆上加上两对极性相反的电位形成四极场。其中一对加直流电压，另一对加射频电位，保持直流电位和射频电位比值不变，当改变射频电位时，只有特定质荷比（m/z）的离子能够通过四极杆到达检测器，而其他离子则与四极杆碰撞而消失。此类质谱称为四极杆质谱，串联四极杆称为三重四极杆质谱。

离子阱质量分析器（ion trap，IT） 由两个上下端罩电极和左右环电极构成可变电场，它们的横截面均为双曲面，形成一个捕捉室。端罩电极施加直流电压或接地，而在环电极上施加射频电压，通过施加适当的电压就可以产生一个离子阱。带电离子从端罩电极中的一个小孔射入捕捉室，在环状电极上导通直流和射频交流电位，离子阱就可捕获某一质荷比范围内的离子，离子阱可以储存离子而对离子进行富集，待离子累积到一定数目后，改变直流电位和射频电位或频率，离子按不同质荷比依次穿过端罩电极小孔离开离子阱而进入检测器。此类质谱称为离子阱质谱。用离子阱作为质量分析器，不仅可以分析离子源产生的离子，而且可以在离子阱内将离子碰撞活化解离成碎片离子而将离子阱当成碰撞室，分析其碎片离子，得到子离子谱。离子阱具有体积很小、价格低的特点，通过对单个离子阱进行期间序列的设定就可实现多级质谱的功能，即做到 MSn。

轨道离子阱质量分析器（Orbitrap） 由一个纺锤形中心内电极和两个内纺锤形外套电极构成，对离子的操作步骤可分为离子捕获、旋转运动、轴向振动和镜像电流检测。在进行分析时，中心电极逐渐加上直流高压，在轨道离子阱内产生特殊几何结构的静电场。进入轨道离子阱室内的离子受到中心电场的引力，开始围绕中心电极做圆周轨道运动，质荷比高的离子有较大的轨道半径。同时离子还受到垂直方向的离心力和水平方向的推力作用，沿中心内电极做水平和垂直方向的震荡。外电极一方面限制离子的运行轨道范围，同时还检测由离子振荡所产生的感应电势，经微分放大后由傅里叶变换器转换为各种离子的振荡频率，最后计算得出分子离子的质荷比（m/z）。它是一种高分辨质谱。

傅里叶变换离子回旋共振质量分析器（Fourier transform ion cyclotron resonance，FTICR） 与离子阱和轨道离子阱（Orbitrap）相似，FTICR 也是一种捕获离子的质量分析器，这是一种根据给定磁场中的离子回旋频率来测量离子质荷比（m/z）的质谱分析器。它的核心组成是带傅里叶变换程序的计算机系统和捕获离子的分析室。分析室是一个处于强磁场中的立方体结构。当离子被引入到此立方体结构后，被迫在强磁场作用下以很小的轨道半径进行圆周运动，此时离子的回旋频率与离子质量成反比，不产生可检出的信号。如果在立方体的一对面上（即发射极）加一快速扫频电压，另一对极板施加一个射频电压，当其频率与离子回旋频率相等时，满足共振条件，离子吸收射频能量，运动轨道半径增大，撞击到检测器便产生可检出信号。这是一种正弦波信号，振幅与共振离子数目成正比。在实际使用中，测得的信号是在同一时间内所对应的正弦波信号的叠加。这种信号输入计算机系统进行快速傅里叶变换，利用频率和质量之间的已知关系便可得到质谱图。傅里叶变换质谱仪具有高灵敏度和高达 100 万以上的分辨率。

随着质谱技术和理论的发展，不断有新型或改进质谱仪出现，串联质谱仪领导着实际应用的方向，即将不同的质量分析器组合起来以得到高灵敏度、高精确度、高分辨率、高采集速度和具备强大定量能力的高性能质谱仪。如四极杆与飞行时间串联的 Q-TOF 质谱，串联四极杆的三重四极杆质谱（QQQ），两级飞行时间串联的（MALDI-TOF-TOF）质谱，四极杆与 Orbitrap 串联的 Q Exactive 二合一质谱仪系列，四级杆、Orbitrap 和线性离子阱组合成的 Orbitrap Fusion ™ Lumos ™ Tribrid ™三合一质谱仪系列。

意义和应用 生物质谱分析具有高灵敏度、高准确度、高专一性以及快速和易于自动化的特点，它能对生物体系中几乎所有分子的结构和数量进行无偏倚的整体分析，同时，生物质谱还能为生物样品分子提供准确的化学计量信息。生物质谱能够系统地分析基因组学、蛋白质组学及代谢组学中涉及的化合物，它广泛应用于生命科学领域。

生物质谱在蛋白质组学的应用 ①适用于蛋白质、多肽等生物大分子的分子质量和序列的测定，通过蛋白质肽质量指纹谱测定和基于串联质谱技术的肽碎片序列（MS/MS）分析来对蛋白质进行鉴定。②适用于翻译后修饰蛋白质组的研究，利用现有的蛋白质组学技术包括电泳、色谱分离、免疫亲和色谱、生物质谱以及生物信息学分析等，对修饰肽段或蛋白质进行富集分离，通过质谱检测质量标记修饰位点的质量差异，从而对蛋白质进行鉴定，并通过串联质谱对修饰位点进行鉴定。③适用于生物分子相互作用及非共价复合物的研究。蛋白质与其他生物分子的相互作用在信号传导、免疫应答等生命过程中发挥重要作用。生物质谱可以对蛋白质/DNA 复合物、多肽/RNA 复合物、蛋白质/过渡金属复合物以及蛋白质-蛋白质相互作用等多种类型的复合物的结构及结合位点进行研究。④适用于定量蛋白质组学的研究，定量蛋白质组学是对细胞、组织以及完整生物体在特定条件下蛋白质表达水平进行的定量分析，对生命过程机制的探索以及临床诊断标志物的发现、确认和验证具有重要意义。在定量方式上，定量蛋白质组学包括相对定量和绝对定量两种。相对定量主要是确定两种或以上不同病理状态下蛋白质的差异表达定量分析，以寻找与疾病相关的生物标志物；绝对定量是通过已知量的特定标记多肽，通过内标法或外标法来确定蛋白质混合物中目的蛋白质水平的绝对量，用于蛋白质的验证和确认。按标记方法，定量蛋白质组学可分为标记法和非标记法两大类。标记法可分为体内标记法（如细胞培养氨基酸稳定同位素标记法）和体外标记法（如同位素亲和标签、同重标签标记用于相对和绝对定量技术，串联质谱标签技术等方法）。

生物质谱在基因组学的应用　适于寡核苷酸的分子量和序列测定，用于单核苷酸多态性分型分析，对短的串联重复序列的分析，对寡核苷酸片断的序列分析。

生物质谱在代谢组学的应用　代谢组学是在总体水平上研究生物体受到刺激、干扰后，或随着时间的推移，其代谢产物的变化，生物质谱技术可以实现对体液、细胞或组织提取物等复杂生物样本中代谢产物的定性和定量分析。

生物质谱在微生物鉴定的应用　微生物检验的重点在于微生物的鉴定分类上。生物质谱可以对裂解的微生物直接检测，测定微生物蛋白质特征质谱指纹图谱，用于微生物快速鉴定与分类。微生物检验对于医疗环境监测、食品加工以及农产品分析等都具有重要意义。

生物质谱在糖组的应用　糖组是指一个生物体的全部聚糖，继 DNA 和蛋白质之后，聚糖被认为是生物体中的第三类生物信息大分子。生物质谱可以测定聚糖的分子质量、对其结构进行鉴定，通过配以适当的化学标记或者酶解，可以对糖蛋白中的寡糖侧链进行序列分析，以及对糖苷键的类型、糖基化位点和糖基连接方式等进行测定。

生物质谱在药物分析的应用　主要包括天然药物成分和合成药物组分的分析，肽和蛋白质药物的氨基酸序列分析，中药成分分析和药物代谢研究等。通过对药物在体内代谢过程中所发生变化的研究，阐明药物作用的时效、强弱、部位以及毒副作用，为合理用药和药物设计提供实验数据和理论基础。生物质谱的应用主要集中在对传统小分子药物的代谢、处置等动力学过程中关键酶的定性、定量研究和对新兴的多肽、蛋白类大分子药物的药代动力学行为的研究和探索。

生物质谱在组织分子成像的应用　生物质谱可对组织的裂解细胞直接检测，测定不同生理状态下组织全细胞指纹谱，用于发现和监测组织中的生物标志物。

（邹霞娟）

tài zhìliàng zhǐwén túpǔ

肽质量指纹图谱（peptide mass fingerprinting, PMF）

蛋白质被酶切位点专一的蛋白酶水解或化学水解后，经质谱检测而得到的肽片段质量图谱的鉴定蛋白质的分析技术。也称肽指纹图谱。这一技术于 1993 年被多个研究小组分别独立提出。

原理　由于每种蛋白质的氨基酸序列（一级结构）都不同，蛋白质被酶水解后，产生的肽片段序列也各不相同，其肽混合物质量数亦具特征性，所以称为指纹谱，可用于蛋白质的鉴定，即将所得到的肽谱数据输入数据库，通过搜索具有相似肽质量指纹谱的蛋白质，获取待测蛋白质序列。测定肽质量指纹图谱最有效的质谱仪是 MALDI-TOF-MS，灵敏度高，图谱简单，每个峰代表一个肽段。常用的酶有胰蛋白酶和 Glu-C 蛋白酶，它的研究对象是单个的、纯化后的蛋白质，如经二维凝胶电泳（2-DE）分离后的蛋白质。

步骤　以 2-DE 胶上蛋白质点为例。

胶内蛋白质脱色　将胶内蛋白质切下置于 EP 管中，进行脱色，考马斯亮蓝染色凝胶用 50% 乙腈、25mM 碳酸氢铵溶液 50~100μl 浸泡，振荡 20 分钟，重复 1~2 次至蓝色退尽；银染凝胶用 30mmol/L 铁氰化钾、100mmol/L 硫代硫酸钠溶液 30~50μl 浸泡 1~2 分钟至胶中棕色退去，用水洗至无色；加入 200μl 乙腈脱水。

胶内蛋白质还原和烷基化　在样品管中加入含 10mmol/L TCEP 的 50mmol/L 碳酸氢铵溶液 30μl，67℃加热 10 分钟，还原蛋白质；室温冷却，去上液，加入含 50mmol/L 碘代乙酰胺的 50mmol/L 碳酸氢铵溶液 30μl，室温暗处放置 30 分钟；用 100mmol/L 碳酸氢铵溶液洗涤两次，加入 200μl 乙腈脱水。

胶内蛋白质酶解　加入 10μl 含 10ng/μl 蛋白酶的 25mmol/L 碳酸氢铵溶液，4℃冰箱中放置 20~30 分钟，待酶液完全被吸收，补充 5~10μl 25mmol/L 碳酸氢铵溶液，37℃保温 15 小时。

肽的提取　加入 50μl 萃取液（5% 甲酸：乙腈 =1 ： 2）于 37℃保温 20 分钟，萃取两次，合并萃取液，冻干后进行质谱分析。

MALDI-TOF-MS 质谱分析

加入 5~10 μl 0.5% 三氟乙酸溶液于上述冻干样品中，超声溶解。将 0.5 μl 10% 的基质 α-氰基-4-羟基肉桂酸点在不锈钢靶板的一个靶点上，再将 0.5 μl 上述样品溶液点在基质上，自然干燥后，进行质谱分析。

数据库检索鉴定蛋白质 将肽质量指纹数据输入数据库中进行搜寻，以鉴定蛋白质。常用的数据库检索软件是 Mascot 软件，蛋白质搜寻的结果是按照数据库中候选蛋白质的肽片段与未知蛋白的肽片段匹配的肽片段数来进行排列的。

应用 蛋白质的一级结构鉴定，用 MALDI-TOF-MS 质谱测定 2-DE 胶上蛋白质点的肽质量指纹图谱来对其进行鉴定。该技术曾经是蛋白质组研究中微量蛋白质点鉴定的主要方法，该方法操作简便、快速，样品制备极其简单，可以批量制备样品，但是对有两三个蛋白质的点就不能很好地鉴定，须结合其他一些分析方法（如串联质谱分析）来对蛋白质进行进一步的鉴定。

（邹霞娟）

jīzhì fǔzhù jīguāng jiěxī diànlí

基质辅助激光解吸电离（matrix-assisted laser desorption/ionization, MALDI）

将基质分散于待测样品中，从而进行直接气化并离子化非挥发性样品的质谱软电离离子化技术。MALDI 这一词是在 1985 年由弗朗茨·希伦坎普（Franz Hillenkamp）和迈克尔·卡拉斯（Michael Karas）及合作者命名的。MALDI 解决了激光解吸中非挥发性和热不稳定性的高分子样品的离子化问题。采用基质分散待测样品是 MALDI 技术的主要特色，田中耕一（Koichi. Tanaka）因在生物大分子激光解吸离子化技术上的贡献与美国和瑞士科学家分享了 2002 年诺贝尔化学奖。

原理 将分析物溶液与基质溶液混合并形成混合晶体，在激光照射混合晶体时，基质分子吸收了激光能量，待测样品解吸附，基质和样品之间发生电荷转移，进而使分析物分子电离。选择适当的 MALDI 基质是这一电离技术的关键步骤之一。MALDI 技术常与飞行时间质谱（time-of-flight mass spectrometry，TOF-MS）联用，称为基质辅助激光解吸／电离飞行时间质谱（MALDI-TOF-MS），如果是两级 TOF 组成就称为 MALDI-TOF/TOF-MS。理论上，飞行时间质谱的质量上限是无限的，因此决定了它特别适合于生物大分子的分子量测定。

步骤 ①基质的选择：常用基质有 α-氰基-4-羟基肉桂酸（CHCA）、芥子酸（SA）、龙胆酸（DHB）和 3-羟基吡啶甲酸（3-HPA）等，根据样品的性质选择不同的基质。②样品的制备：点样方法有直接点样法、混合点样法及三明治法。直接点样法是用微量移液器取 0.5 μl 基质液点在不锈钢靶板的一个靶点上，再将 0.5 μl 样品溶液点在基质上；混合点样法是将基质液与样品溶液混合后，点在不锈钢靶板的一个靶点上；三明治法是用微量移液器取 0.5 μl 基质液点在不锈钢靶板的一个靶点上，在基质没有结晶前，用微量移液器吸掉基质后，将 0.5 μl 的样品点在基质上，再将 0.5 μl 的基质液点在样品上使基质与样品形成混晶。自然干燥。③测试样品：根据样品的性质及分子量的大小，选择不同的质量检测方式，如正离子或负离子的反射或线性模式。

应用 适合分析强极性、热不稳定性和难挥发的生物样品。①适用于多肽、蛋白质、核酸以及寡糖等生物大分子的分子质量测定。②适用于蛋白质或多肽差异表达定量分析和疾病相关生物标志物的鉴定分析。③适用于进行高通量蛋白质表达谱的研究，肽段序列串联质谱分析，肽质量指纹谱测定、未知蛋白质的从头测序、蛋白质翻译后修饰鉴定、蛋白质-蛋白质以及蛋白质与小分子化合物的相互作用等研究。④对聚合物的分子量和分子量分布进行分析。⑤对有机大分子化合物分子量的测定。⑥ MALDI 组织分子成像，用于发现和监测组织中的生物标志物。⑦微生物蛋白特征质谱指纹图谱，用于微生物快速鉴定与分类。

（邹霞娟）

sānchóng sìjí gǎn zhìpǔ

三重四极杆质谱（triple quadrupole mass analyzer）

三个四极杆质量分析器串联在一起的多级质谱分析技术。由此技术构成的质谱仪称为三重四极杆质谱仪，通常简称为 QQQ。它广泛地用于样品的定性和定量分析。

原理 三重四极杆质谱的第一个四极杆质量分析器（Q1）用于根据设定的质荷比范围扫描和选择所需的质荷比离子；第二个四极杆质量分析器（Q2）也称为碰撞池，用于聚集离子和对进入碰撞池的离子进行碰撞诱导解离释放出碎片离子，碰撞池也可以是六极杆和八极杆；第三个四极杆质量分析器（Q3）用于分析在碰撞池中产生的碎片离子（图 1）。

采集模式 根据分析目的的不同，三重四极杆质谱仪可进行四种采集方式：母离子扫描、子离子扫描，中性丢失扫描和选择

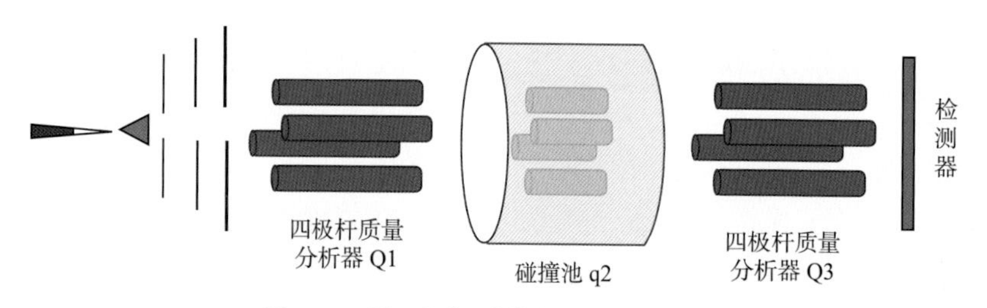

图 1　三重四极杆质谱（QQQ）示意图

性反应监测。①母离子扫描：Q1测定母离子，Q3测定某个特定的碎片离子，确定子离子的“来源”；输入子离子信息，谱图显示母离子分子离子峰。②子离子扫描：Q1选择某一特定质荷比的母离子，Q2碰撞池产生碎片离子，然后在Q3中分析，得到二级质谱图，可根据碎片离子的信息推断母离子的结构和鉴定碎片离子。③中性丢失扫描：在进行QQQ中性丢失扫描时，相当于在Q1和Q3之间的质谱碎片差扫描，确定丢失小分子的离子对；输入中性丢失碎片离子信息，谱图显示母离子分子离子峰。④选择性反应监测：Q1选择某一特定质荷比的母离子，Q2碰撞池产生碎片离子，在Q3中只分析某一特定质荷比的碎片离子，由此产生一个单个离子的碎片谱图，称为单反应监测。如果在Q3中选择多个质荷比的碎片离子分析，此过程称为多反应监测，它们统称为选择性反应监测，通过监测母子离子对，进行定量分析。

步骤　①准备样品。②液质调谐即检测仪器各项参数，若达标，则调谐通过。调谐通过后准备高效液相色谱分析，即准备流动相，含挥发性酸、碱或盐；排气；编辑参数；平衡色谱柱。③编辑QQQ参数，选择三重四级杆的工作方式、扫描范围、毛细管出口处碎裂电压等参数。④保存采集方法，输入样品信息。⑤样品检测。⑥在定性分析软件中查看数据。⑦数据处理，打印报告。

应用　三重四极杆质谱具有高选择性、高特异性、高灵敏度和定量重现性好等优点，是质谱定量的金标准。它广泛地应用于化学小分子的实时定量监测，可以进行药代动力学研究、临床诊断、违禁药物检查、食品化妆品等工业质量控制、环境检测、农业植物学研究；用于代谢组学的研究；生物标志物的验证和确认；目标蛋白的验证和绝对定量。

（邹霞娟）

fēixíng shíjiān zhìpǔ

飞行时间质谱（time-of-flight mass spectrometry, TOF-MS）

通过检测飞行时间来测定离子的质荷比（m/z）的质谱分析技术。由质量分析器和质量检测器组成其检测系统。质量分析器是一个高真空无电场、无磁场的飞行管道，从离子源产生的离子经过一个加速电场后获得动能，进入此飞行管道并以在加速电场获得的速度飞行。质荷比较轻的离子飞行速度快，较早到达检测系统，质荷比较重的离子飞行速度慢，到达检测系统较晚。飞行时间质谱常与MALDI源联用组成MALDI-TOF质谱仪或MALDI-TOF/TOF质谱仪，如果与四极杆质量分析器串联组合就组成了Q-TOF质谱仪，Q-TOF质谱仪既可以与ESI源联用，也可以与MALDI源联用，是近年来技术飞跃发展的一类高性能质谱仪器。

原理　离子在加速电场获得动能（Uz），其中z指离子所带电荷，U指加速电场电压。由于 $Uz=\frac{1}{2}mv^2$，由此可知离子的运行速度是 $v=\sqrt{\frac{2Uz}{m}}$，在U一定的情况下，离子速度由 $\frac{m}{z}$ 决定，其中m是指离子的质量。因此，在同一距离L内，质荷比越大的离子将比质荷比小的离子运动速度慢，离子飞行的时间t（$t=\frac{L}{v}$）越长，即达到检测器所需的时间越长，根据这一原则，不同质荷比的离子因其飞行速度不同而被分离，依次按顺序到达检测器。

类型　依据其使用的飞行时间质量检测器，可分为线性飞行时间质量检测（图1）和反射飞行时间质量检测（图2）。理论上，线性飞行时间质量检测器的质量上限是无限的，因此它特别适合于生物大分子的分子量测定，但是其测量准确度和质量分辨率不高，不能满足蛋白质鉴定的需求。为了提高仪器的分辨率和质量测量准确度，在仪器的飞行管道内

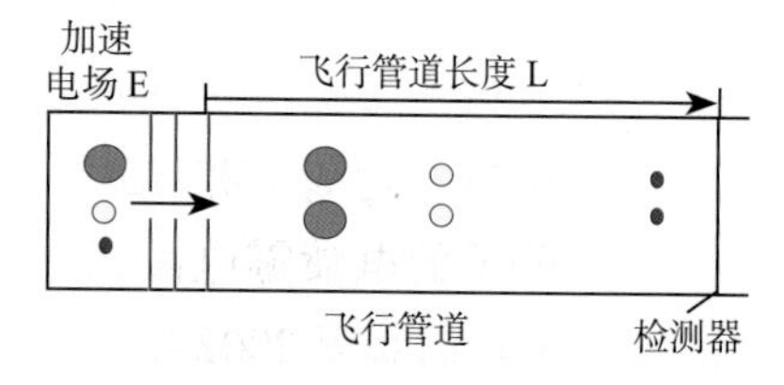

图 1　线性飞行时间质谱原理示意图

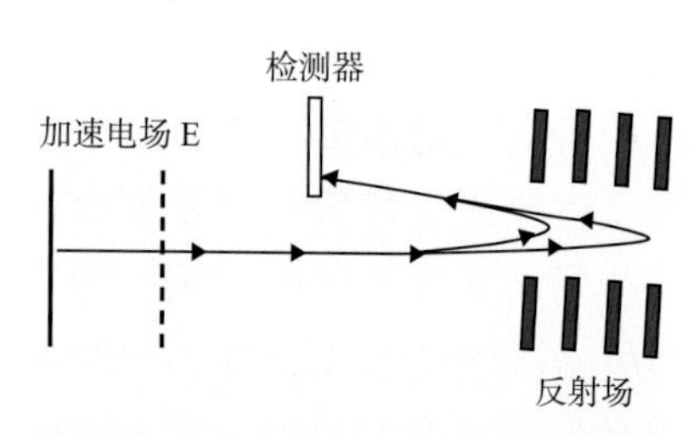

图 2　反射飞行时间质谱原理示意图

加一个被称为离子镜或反射镜的反射场。这个反射电场可以起到能量聚焦的作用，即具有相同质荷比但能量有着细微差异的离子，在反射电场作用下，离子因飞行方向改变和飞行距离延长而具有相同的飞行时间，由此提高了反射飞行时间质谱的分辨率和质量测量准确度。反射检测方式只能分析质量数 10kD 以下的离子。

步骤 根据样品的性质及分子量的大小，选择不同的质量检测方式，如正离子或负离子的反射或线性飞行时间质量检测。

应用 见基质辅助激光解吸电离。主要用于分析强极性、热不稳定性和难挥发的生物样品。

（邹霞娟）

diàn pēnwù diànlí

电喷雾电离（electrospray ionization, ESI） 在质谱进样端的毛细管出口处施加一高电场，当样本从毛细管射出时，喷射成雾状的细小带电液滴而使分析物离子化的软电离离子化技术。1984 年，山下正道（Masamichi Yamashita）和约翰·芬恩（John Fenn）完成了将电喷雾电离技术用作质谱离子源和液质联用（LC/MS）接口的关键工作，随后他们继续改进电喷雾电离技术，使之更适宜用作 LC/MS 接口。约翰·芬恩由于在生物大分子的电喷雾电离化方面的突出贡献而获得 2002 年诺贝尔化学奖。电喷雾电离是液质联用仪的重要组成部分，近年来电喷雾电离技术取得了迅速的发展，电喷雾离子源与离子阱质谱、四极杆质谱、磁质谱、飞行时间质谱、轨道离子阱质谱以及傅里叶变换回旋共振质谱等联用，组成多种多样的新型质谱仪，在生命科学中已经成为一种非常重要的工具。

原理 电喷雾电离的机制目前尚无统一的认识，获得广泛支持的是约里奥·伊利瓦内（Julio Iribarne）和艾伦·汤姆森（Alan Thomson）等提出的离子蒸发机制和马尔科姆·多尔（Malcolm Dole）等提出的带电残基机制（图 1）。①离子蒸发机制：在喷针针头与施加电压的电极之间形成强电场，该电场使溶液在电喷雾针的出口端形成细小的荷电液滴，随着液滴中溶剂的挥发，液滴表面的电荷密度逐渐增加。当电荷密度增加至雷利（Rayleigh）稳定极限时，液滴受静电排斥作用而“爆裂”为更小的液滴，这个过程反复进行，直到发生场离子蒸发为止。离子蒸发模型可以概括为：当离子间的静电排斥作用力大到一定程度时，会使液滴表面浓度较高的高挥发性离子优先从液滴表面射出进入气相，而其平衡离子留在液滴中，成为固体残留物。②带电残基机制：电场使溶液形成带电雾滴，后者在电场作用下运动并使溶剂迅速去除，溶液中分子所带的电荷在溶剂去除时被保留在分子上，形成离子化的分子。

步骤 ①液滴的形成和雾化：强电场使溶液在电喷雾针出口端形成细小的荷电液滴，随着小液滴的分散，在静电引力的作用下，一种极性离子倾向于移至液滴表面，使样品被载运并分散成更微小的带电荷液滴。②去溶剂化和气相离子的形成：液滴进入喷雾室后，由于加热的干燥气－氮气的反流使得溶剂不断蒸发，液滴的直径变小，并形成一个“凸起”，表面电荷密度增加，当达到雷利极限，电荷之间的库仑排斥力足以抵消液滴的表面张力时，液滴发生爆裂，即库仑爆炸，产生了更细小的带电液滴，形成了气相离子。

应用 电喷雾电离是在溶液中完成电离过程，可根据蛋白质的带电状态研究蛋白质的折叠；ESI 的一个重要优点是可与高效液相色谱分离技术和各种不同类型的质谱仪组成串联质谱仪，广泛应用于蛋白质组学和代谢组学研究（见生物质谱）。

（邹霞娟）

guǐdào lízǐ jǐng zhìliàng fēn xīqì

轨道离子阱质量分析器（Orbitrap mass analyzer） 利用离子在特定静电场中运动频率的不同对阱内离子进行质量分析的质谱分析技术。轨道离子阱（Orbitrap）是其注册商标名。它具有高分辨率、高质量准确度、使用维护方便和日常消耗低等特点。轨道离子阱常与不同的质量分析器联用，组合成一系列组合型质谱仪，如二维线性离子阱与 Orbitrap 组合的 LTQ XL 轨道离子阱，双分压线性离子阱与 Orbitrap 组合的 LTQ Orbitrap Velos，Orbitrap Elite，四极杆与 Orbitrap 组合的 Q Exactive，Q Exactive ™ Focus 等二合一质

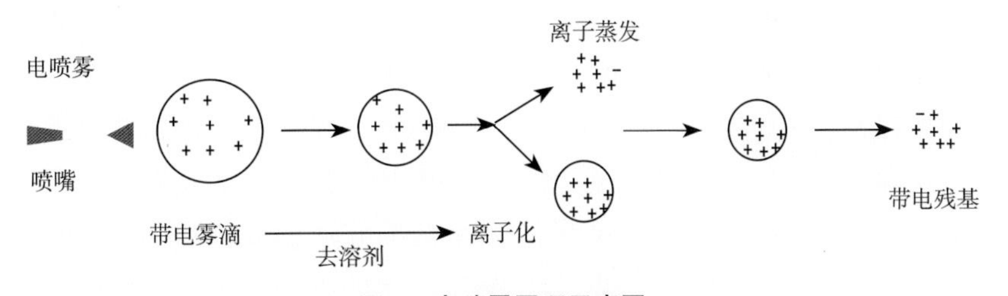

图 1 电喷雾原理示意图

谱系列，四极杆与Orbitrap和线性离子阱组合的Orbitrap Fusion™和Lumos™ Tribrid™等三合一质谱系列。

原理 轨道离子阱质量分析器的外形如同纺锤体，包括一件纺锤形中心内电极和两件内纺锤形外套电极，其对离子进行分析的操作步骤包括：离子捕获、旋转运动、轴向振动和镜像电流检测。在进行分析时，中心电极逐渐加上直流高压，使得轨道离子阱内产生特殊几何结构的静电场。进入到轨道离子阱室内的离子受到中心电场的引力，开始围绕中心电极做圆周轨道运动，质荷比（m/z）高的离子有较大的轨道半径。同时，离子受到垂直方向离心力和水平方向推力的双重作用，沿中心内电极做水平和垂直方向的震荡。外电极限制离子的运行轨道范围，离子的镜像电流信号就是检测到的从两件外套电极之间获得的差分信号，图中方程式表示了水平震荡频率和分子离子质荷比（m/z）之间的关系（图1），由方程式中可见，轴向频率ω_z与离子的初始状态无关，这种不相关性成就了轨道离子阱具有高质量准确性和高分辨率的特性。从轨道离子阱的每个外电极输出的时域信号经微分放大后，由傅里叶变换器转换为各个离子的振荡频率，最后计算得出分子离子的质荷比（m/z）。

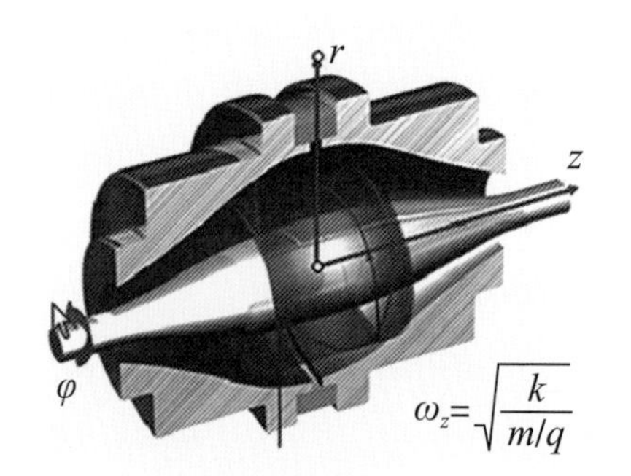

图1 轨道离子阱结构和质荷比计算的数学方程

步骤 离子质量分析的操作步骤包括离子捕获、旋转运动、轴向振动和镜像电流检测。

应用 由于轨道离子阱质量分析器具有高分辨能力、稳定的质量精度、使用维护方便和日常消耗低等特点，轨道离子阱与不同的质量分析器联用组合成的组合型质谱仪，具有高灵敏度、高精确度、高分辨率、高采集速度和具备强大定量能力的高性能质谱仪，在生命科学的各个领域都有广泛的应用（见生物质谱）。

（邹霞娟）

pèngzhuàng yòudǎo jiělí

碰撞诱导解离（collision-induced dissociation, CID） 诱导气相中的分子离子碎裂成碎片离子的质谱技术。也称碰撞活化解离（collisionally activated dissociation，CAD）。是串联质谱技术的重要组成部分。碰撞诱导解离技术是定性和定量分析各种生物大分子、特别是蛋白质的有效方法。近年来随着定量蛋白质组学研究的深入，特别是一系列质谱新技术的发展，包括基于三重四极杆质谱的选择性反应监测、基于报告离子定量的同重标签标记用于相对与绝对定量技术和串联质谱标签技术、平行反应监测、多重累积和数据独立获取等，在很多方面加速了碰撞诱导解离技术的发展，为解决蛋白质组学在相对定量和绝对定量分析方面提供了有效途径。

原理 分子离子（A^+）在加速电场获得高的动能导入碰撞室，在碰撞室与惰性气体如氩气、氙气或氦气分子发生碰撞，分子离子的部分动能被转变为内能，然后再发生单分子分解导致分子离子裂解产生碎片离子（B^+，C^+，D^+），即发生如下的离子反应：

$$A^++N\rightarrow (A^+)^*\rightarrow B^++C^++D^+$$

通过CID或CAD方式产生的碎片离子具有两方面的作用，一是研究子离子和母离子的关系，提供该分子离子的结构信息；二是从具有严重干扰的质谱中抽取有用数据，提高信噪比，提高质谱检测的选择性，从而能够对混合物中的痕量物质进行测定并定量分析。如在蛋白质的鉴定中，由于蛋白质的基本结构是由肽键构成的，肽键断裂时，会产生a、b、c和x、y、z型系列离子（图1），a、b、c型离子保留在肽链N-端，电荷留在离子C-端，x、y、z型离子保留在肽链C-端，电荷留在离子N-端，在质谱图中比较多见的为b型和y型离子，丰度较高。还会出现b-NH_3和y-H_2O等离子形式。y、b系列相邻离子的质量差，即为氨基酸残基质量，根据完整或互补的y、b系列离子可推算出氨基酸的序列（从头测序法，*de novo*方法）。CID谱图的解析一般是将实际质谱得到的母离子（肽段）和子离子的相对分子质量与理论推导的氨基酸序列的理论CID谱图进行生物信息相关性分析，并根据相关得分的高低对蛋白质进行鉴定。基于该原理设计的常用软件有Sequest，Mascot和X!Tandem等。

步骤 ①母离子的选择：通常选择带+2，+3和+4电荷的离子进行CID/CAD碎裂。②CID/CAD解离：选择适当的CID/CAD碰撞能量进行解离。③CID/CAD谱图的解析：常用的有两种方法，一是从头测序法（*de novo*方法），二是CID/CAD碎片图谱与数据库中的蛋白质进行生物信息学相关分析。

应用 ①蛋白质的定性分析：

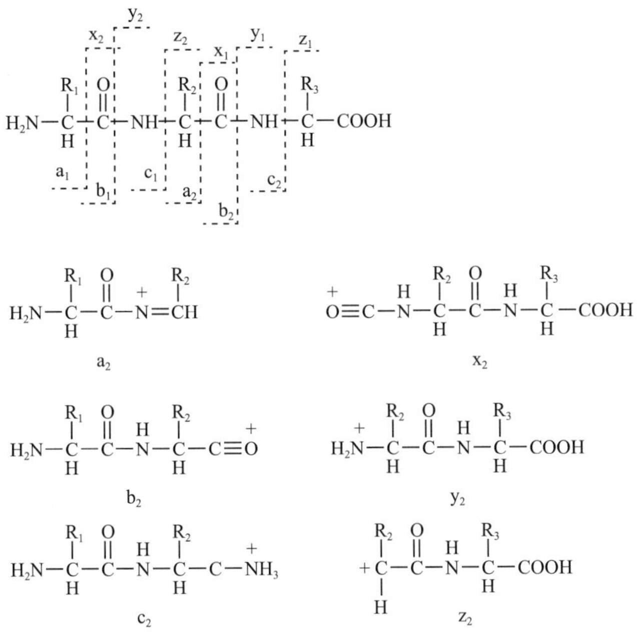

图 1 多肽发生 CID/CAD 解离碎片离子示意图

研究肽段与子离子的关系，推断肽段的氨基酸序列。②定量分析：研究选择性反应监测（SRM/MRM），可以以最佳的灵敏度和特效性来测定和定量目标化合物。③定量蛋白质组学：基于报告离子定量的同重标签标记（iTRAQ 和 TMT 标记）、目标离子的监测和数据非依赖采集已成为定量蛋白质组学的主要技术手段。

（邹霞娟）

chuànlián zhìpǔ

串联质谱（tandem mass spectrometry） 用质谱做多级质量分离的质谱分析技术。也称质谱－质谱法、MS/MS 或 MS^2、二维质谱法、多级质谱法和序贯质谱法。它是由不同质量分析器串联组合在一起的串联质谱仪完成的，主要由离子源、多级质量分析器和碰撞室组成。首先利用一级质量分析器将母离子或标记离子过滤出来（MS1），进入碰撞室，然后用裂解技术将离子打成碎片离子，产物碎片离子由另外一级质量分析器分析（MS2）。串联质谱仪领导着实际应用的方向，也是质谱技术的重要创新点和技术增长点，即将不同质量分析器串联组合起来以得到高灵敏度、高精确度、高分辨率、高采集速度和具备强大定量能力的高性能质谱仪。如四极杆与飞行时间串联的 Q-TOF 质谱，串联四极杆的三重四极杆质谱（QQQ），两级飞行时间串联的（TOF-TOF）质谱，四极杆与轨道离子阱串联的 Q Exactive 等二合一质谱仪系列，四级杆、轨道离子阱和线性离子阱串联的质谱轨道离子阱 Fusion ™ Lumos ™ Tribrid ™等三合一质谱系列。

原理 样品经离子化后，进入第一级质量分析器，即从总离子谱中选出须进行结构分析的母离子或标记离子进入碰撞室，母离子在碰撞室内以碰撞诱导解离，或电子转移解离或高能碰撞解离及其组合裂解技术将离子打成碎片离子，再由第二级质量分析器分析子离子的质荷比（图 1）。通过对子离子和母离子的质量分析，研究二者之间的关系及母离子裂解规律，获得母离子结构信息。

步骤 ①样品离子化：根据样品的性质选择离子化方式，如生物大分子一般选择电喷雾电离和基质辅助激光解吸电离。②母离子选择：采用母离子扫描方式，从总离子谱中选出须进行结构分析的母离子或标记离子进入碰撞室。③碎裂：根据样品的性质，选择不同的碎裂技术，如碰撞诱导解离、电子转移解离、高能碰撞解离及其组合裂解技术将离子打成碎片离子。由第二级质量分析器分析子离子的质荷比。

应用 ①适用于测定多肽、核酸和糖的序列。②适用于蛋白质的鉴定和翻译后修饰及位点分析。③适用于基于生物质谱的定量蛋白质组学研究，包括基于报告离子定量的同重标签标记用于相对和绝对定量技术和串联质谱标签技术以及非标记定量技术。④适用于选择性反应监测技术进行实时的定量监测可以进行药代动力

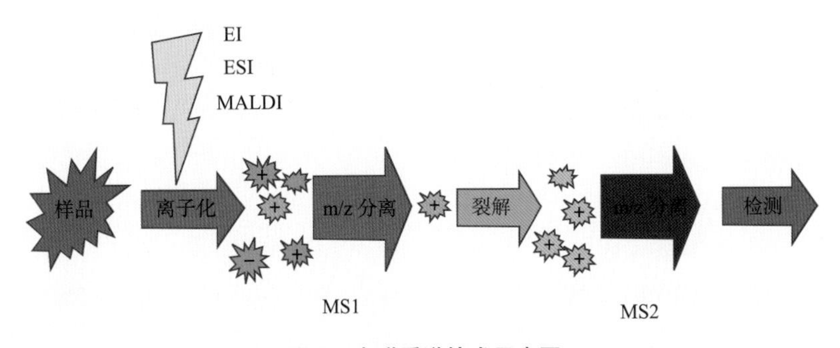

图 1 串联质谱技术示意图

学研究、临床诊断、违禁药物检查、食品化妆品等工业质量控制、环境检测、农业植物学研究以及代谢组学和蛋白质组学生物标志物的验证和确证等相关研究。

（邹霞娟）

chuànlián zhìpǔ biāoqiān

串联质谱标签（tandem mass tags, TMT）

基于生物质谱技术，用于生物大分子如蛋白质、多肽和核酸的定量和鉴定的一系列同重标记质量标签的化学试剂。使用TMT标记可对多个样品进行蛋白质相对定量和绝对定量，是蛋白质组学研究中常用的高通量定量筛选技术。

原理 TMT的化学结构由氨基反应基团、质量归一化基团、可断裂的化学键和报告离子四个结构部分组成，其中质量归一化基团保证TMT试剂的相对分子质量恒定（图1）。每个TMT标签的氨基反应基团的结构式和分子量相同，通过氨基反应基团与多肽的N-端和赖氨酸侧链上的氨基发生共价结合，将不同TMT标签引入不同样品的多肽中。被不同TMT标签标记的同一肽段在质谱一级谱图上有相同的质荷比。标记肽段经高能碰撞解离或电子转移解离所得的二级谱图或者三级谱图上产生不同质荷比的报告离子，报告离子的峰高及峰面积与样品中同一肽段的相对丰度呈正比，据此对蛋白质或多肽进行定量和鉴定。

除了氨基反应基团的2标、6标和10标TMT试剂以及16标TMTpro标签试剂外，还有6标半胱氨酸反应基团和6标羰基反应基团的TMT标签试剂。

步骤 以10标TMT为例，按图2所示步骤进行。①蛋白质的提取：将蛋白质从10组不同细胞或组织中提取出来。②蛋白质的酶切：提取同等量的蛋白质进行还原和烷基化后，用酶将其进行酶解。③多肽标记：将10种不同的TMT标签试剂分别与上述10组蛋白质酶解产物——多肽进行标记。④混合及分离：将标记的10组多肽混合在一起，再用色谱柱进行分离。⑤质谱分析及数据处理：将分离的标记多肽用液相-

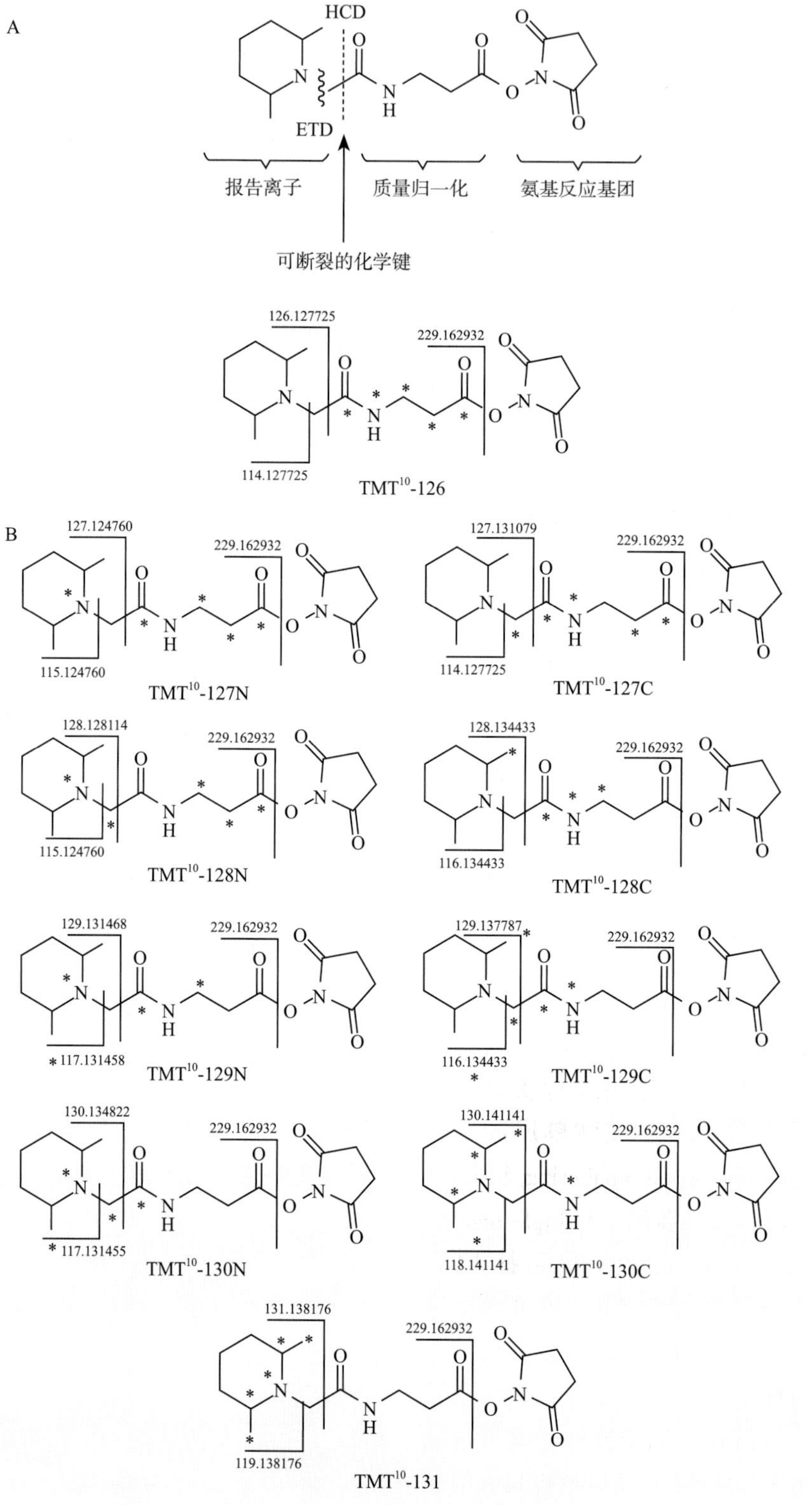

图1 TMT10标签试剂的化学结构式

注：A. 4个结构功能区域，包括用高能碰撞解离（HCD）和电子转移解离（ETD）的MS/MS碎裂位点；B. 10标TMT试剂的结构式。*表示同位素^{13}C和^{15}N的标记位置。

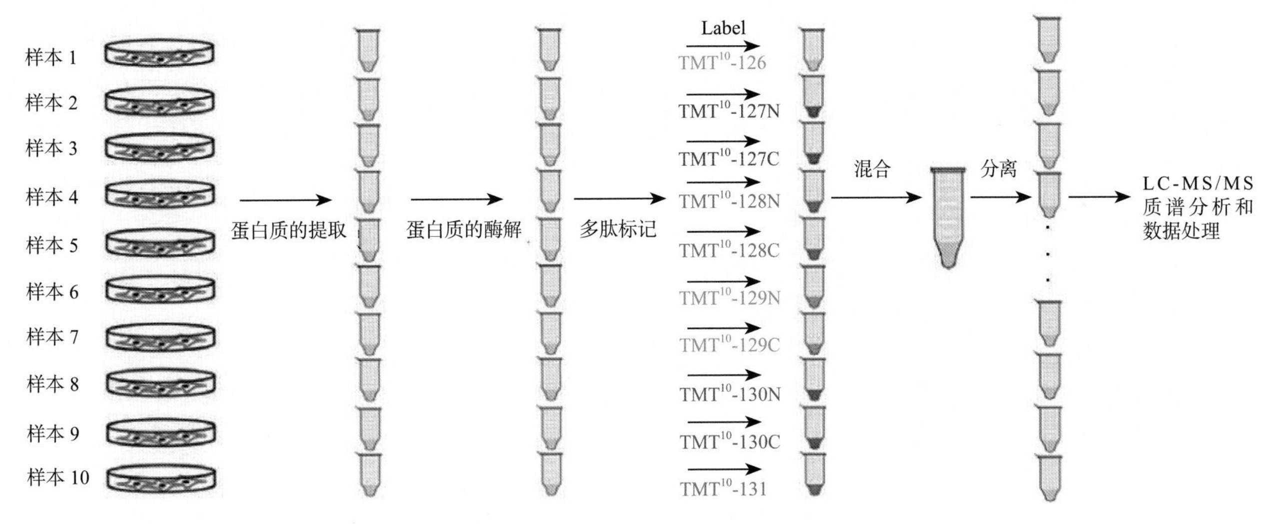

图 2　10 标 TMT 的操作步骤流程示意图

串联质谱（LC-MS/MS）进行质谱分析和数据处理，对 10 组样品进行定性和定量分析。

应用　将串联质谱标签与高精度生物质谱仪联用，在同一实验中，可对多达 16 种不同样本同时进行蛋白质定性和定量分析，开展比较蛋白质组学的研究；可对磷酸化蛋白质组、糖基化蛋白质组等翻译后修饰蛋白质组进行定量和定性研究。

（邹霞娟）

xuǎnzé xìng fǎnyìng jiāncè

选择性反应监测（selected reaction monitoring, SRM）　通过有针对性地从已知信息或假定信息中获取数据而进行质谱信号采集的技术。又称单反应监测（single reaction monitoring, SRM），或称多反应监测（multiple reaction monitoring，MRM）。选择性反应监测是质谱定量，特别是对蛋白质和药物代谢进行定量的有效方法。

原理　SRM 技术通常使用三重四极杆质谱来实现，具体原理如图 1 所示。Q1 选择某一特定质荷比的母离子，进入 Q2 碰撞池中进行碰撞诱导解离产生碎片离子，在 Q3 中分析某一特定质荷比的碎片离子，此过程称为单反应监测，如果在 Q3 中选择多个质荷比的碎片离子分析，此过程称为多反应监测，它们统称为 SRM。

特点　①高灵敏度：通过两级离子选择，排除大量的干扰离子，降低质谱的化学背景，提高目标检测物的信噪比，从而实现检测的高灵敏度。②高准确度：利用 SRM 技术的特异性，对符合设定的目标检测物进行检测，得到高分辨的串联质谱碎片数据，这种方法的定性结果的假阳性率低于全扫描和中性丢失的质谱扫描模式，保证了分析的准确度。③高重现性：由于在 SRM 技术选择性的质谱信号采集中，避免了复杂生物样本基体和共流出组分对待检测分子的离子化、质谱信号的抑制以及源内碰撞碎裂过程的影响，因此重现性得到提高。④高通量：使用目前最先进的质谱设备，SRM 技术的每个工作循环可以对多达 300 对母离子 - 子离子对进行处理，可以对多种蛋白质的多种不同修饰和丰度变化进行研究，进一步满足蛋白质组学的研究需求。

步骤　①准备样品。②液质调谐即检测仪器各项参数，如达标，则调谐通过。调谐通过后准备高效液相色谱法分析，即准备流动相，含挥发性酸、碱或盐；排气；编辑参数；平衡色谱柱。③编辑 QQQ 参数，选择三重四级杆工作方式、扫描范围、毛细管出口处碎裂电压等参数。④保存采集方法，输入样品信息。⑤样品检测。⑥在定性分析软件中查看数据。⑦数据处理。

应用　SRM 是质谱定量的金

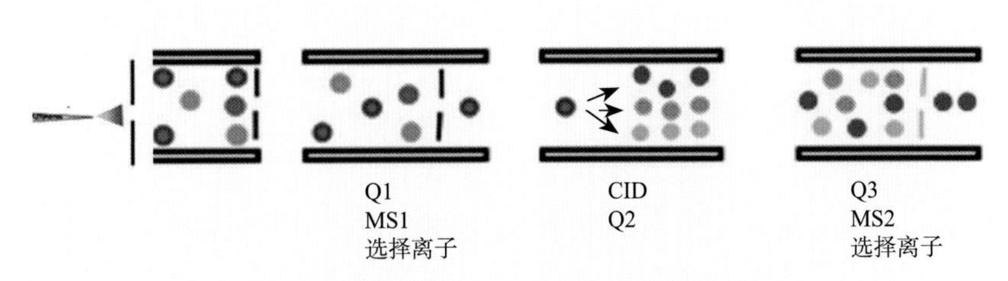

图 1　选择性反应监测（SRM）技术原理示意图

标准，按定量的方法可分为相对定量分析和绝对定量分析。相对定量方法包括无标记定量和标记定量两种方法。在使用SRM进行绝对定量时，可通过外标法，即利用已知量的目标检测物绘制标准曲线；或者内标法，即直接加入已知量的同位素标记的目标检测物同时监测，从而实现定性确证和定量检测。由于SRM具有高选择性、高灵敏度以及高通量等优势，在分析化学研究领域，广泛地用于复杂体系中的小分子化合物分析，如临床诊断、药物代谢物分析、毒物分析、违禁药物检查、环境分析和食品化妆品等工业质量控制等；在蛋白质组学中，用于生物标志物的验证和确认，蛋白质翻译后修饰研究等，SRM与传统的基于鸟枪法的蛋白质组定量方法相比，能够更有效地提高对离子的选择性，因此，可以提高对中丰度和低丰度蛋白质的检测能力。随着SRM逐渐应用于大规模的蛋白质组定量研究，提高SRM的分析通量、检测灵敏度、定量方法以及相关软件等是该领域的研究热点；在代谢组学中，用于生物标志物的发现、验证和确认研究等。

（邹霞娟）

wú biāojì dìngliàng

无标记定量（label-free quantitation）

利用质谱数据进行蛋白质组差异表达分析和相对定量的技术。定量蛋白质组学是对细胞、组织或完整生物体中的蛋白质水平进行定量分析，可分为相对定量与绝对定量。相对定量即差异比较，通过质谱对两种或多种不同生理病理条件下的样本进行大规模、高通量地定量分析，获得蛋白质表达水平差异的数据。目前，基于生物质谱的蛋白质差异表达和生物标志物发现的技术主要有稳定同位素标记和非标记两种。稳定同位素标记技术是蛋白质组学研究中相对定量的经典方法，但是其实验过程烦琐，标记试剂价格昂贵，较难对大规模的样品同时进行比较。随着质谱色谱技术的发展，使无标记定量蛋白质组学成为可能。

原理 无标记定量蛋白质组学根据原理的不同分为两类：一类是基于鉴定蛋白质的肽段数的方法，另一类是基于质谱峰强度的方法。①基于鉴定蛋白质的肽段数的方法的原理：根据一个蛋白质在液相-串联质谱（LC-MS/MS）中相应肽段所检测到的二级谱图的次数来比较蛋白质的相对表达量，同一肽段中鉴定到的二级谱图的次数越多，相应的蛋白质表达量也越高。②基于质谱峰强度的方法的原理：根据一个蛋白质在LC-MS检测中，样品的肽段浓度越高，其一级质谱峰的强度（面积）也越大，通过比较不同LC-MS中相同质荷比的峰的强度，来确定蛋白质的相对表达量。

步骤 经典的蛋白质组学流程首先用胰酶将蛋白质混合物酶切成肽段，然后用LC-MS/MS串联质谱仪进行分析，即经过高效液相色谱对肽段进行分离，根据肽段的疏水性、离子强度、等电点的差异分离洗脱，进一步用电喷雾电离方式将肽段变为气相离子并进入串联质谱仪中，质谱仪根据它们的质荷比将其分离并记录。根据不同质谱仪设定的规则，质谱数据获取方式如下：①数据依赖获取模式。最常见模式。首先进行母离子扫描，然后选择丰度最高的5~20个母离子依次进行二级碎裂，获得二级碎片离子谱图，再返回到母离子扫描，进入下一循环。②数据独立获取模式。结合了数据依赖获取与选择性反应监测的特点，将整个扫描范围等分为若干个窗口，每个窗口依次选择、碎裂，再采集窗口内所有母离子的全部子离子信息。

基于鉴定蛋白质的肽段数的方法 将所有的二级质谱图与数据库进行比对，确定图谱所对应的肽段，鉴定蛋白质，然后将属于同一蛋白质的图谱进行计数，从而比较在不同样品中的表达差异，其谱图数会在Sequest，PeptideProphet和ProteinProphet软件中作为一部分结果呈现出来。

基于质谱峰强度的方法 在一级质谱图中，每个母离子都是离子化的肽段，它包括了三维信息，即液相色谱保留时间、质荷比和离子强度。因此，在一级谱图中将鉴定肽段对应的离子峰强度提取出来即可以反映出肽段的丰度，常可用来表示离子峰强度的参数包括峰高度、峰面积和峰容积等。一般由计算机软件完成，其基本步骤可分为离子峰信号的计算、离子峰信号处理、离子峰面积的计算及其差异计算。

应用 无标记定量方法作为常用的定量方法之一，已经广泛地应用于对不同生物学过程中基因在蛋白质水平的表达谱、诊断某些疾病、对癌症生物标志物进行鉴定、对某些生物学过程蛋白质组的变化以及蛋白质相互作用网络进行监测等研究中。

（邹霞娟）

tóngzhòng biāoqiān biāojì yòngyú xiāngduì hé juéduì dìngliàng

同重标签标记用于相对和绝对定量（isobaric tags for relative and absolute quantitation, iTRAQ）

使用同位素标记对多个样品进行蛋白质相对和绝对定

量的技术。相比于同位素亲和标签和细胞培养氨基酸稳定同位素标记，同重同位素标记相对和绝对定量可同时比较4种或8种不同样品中蛋白质的相对含量或绝对含量，并且克服了同位素亲和标签技术无法标记不含半胱氨酸的肽段的主要局限。自2004年推出以来，该技术已被广泛应用于生命科学的许多领域，具有良好的精确性和重复性，是近年来定量蛋白质组学最常用的高通量筛选技术之一。

原理 通过高精度串联质谱分析经不同同重同位素试剂标记的多肽，从而实现对多样品蛋白质表达水平进行定量的技术。iTRAQ试剂由以下三部分组成：一端为报告基团、另一端为肽反应基团、中间连接的是质量平衡基团，质量平衡基团保证iTRAQ试剂的相对分子质量恒定。每个iTRAQ试剂通过与多肽的N末端或赖氨酸侧链上的氨基共价结合，将不同iTRAQ试剂引入不同样品的多肽中。被不同iTRAQ试剂标记的同一肽段在质谱一级谱图上有相同的质荷比。标记肽段经串联质谱技术打碎后，报告基团脱落产生不同质荷比的报告离子。报告离子在质谱图上的峰高及面积与样品中同一肽段的相对丰度呈正比。此外，肽段内酰胺键断裂产生的y离子和b离子信号可用于蛋白质鉴定。

基本步骤 现以8标为例。8组同等量的不同蛋白质样品首先分别使用酶进行蛋白质水解。消化后的肽段用8种同质异位的iTRAQ试剂标记，然后混合到同一支试管内，经色谱纯化分离后进行质谱检测及分析。由于iTRAQ试剂的分子量完全相同，质谱分析中，不同样品来源的相同肽段以单一峰出现。同时，对加入标记的肽段进行二级质谱，报告基团从平衡基团上脱落，形成不同荷质比的报告离子，其相对强度用于定量肽段在不同样品间的比值。

应用 iTRAQ作为新的蛋白质定量技术，相对于以往的双向电泳技术、同位素亲和标记方法，具有非常多的优点。分述如下：①在同一实验中，可以对多达8种不同样本进行蛋白质定量比较。②样品来源广泛，可以标记样品中几乎所有的蛋白质，包括发生了磷酸化、糖基化等翻译后修饰的肽段。③标记过程更简单，标记效率更高，质谱检测更为灵敏。近年来iTRAQ广泛应用于肿瘤、神经退行性疾病、糖尿病等多种疾病的研究中，通过比较正常与不同病理状态下蛋白质水平的差异，发现上述疾病的潜在标志物。iTRAQ为疾病发病机制及药物作用机制的研究、疾病的早期诊断、治疗靶点的筛选提供了有力的工具。

（刘昭飞）

shēngwù xìnxī xué

生物信息学（bioinformatics）

综合运用数学、计算机科学和信息技术等研究生命科学领域有关生物信息的获取、加工、存储、检索、分析与解释，以期理解和阐明大量数据所包含的生物学意义的新兴交叉学科。

简史 1956年，在美国田纳西州盖特林堡（Datlinburg）召开的“生物学中的信息理论研讨会”上，出现了生物信息学的概念。20世纪60年代，生物分子信息在概念上将计算生物学与计算机科学联系起来。20世纪70~80年代，出现了序列比较方法和生物信息分析方法。1987年，林华安博士把这一领域正式命名为生物信息学。同期，出现生物信息服务机构和一批生物信息学数据库。20世纪90年代开始，随着人类基因组计划的启动实施，生物信息学步入快速发展阶段。

研究内容 生物信息学是各生物学研究领域中的重要组成部分。在分子生物学实验中，生物信息学的技术如成像、信号处理等可以帮助科学家从大量冗杂的原始数据中提取有用的结果；在遗传学和基因组学中，生物信息学可辅助比对并注释基因组，并从中发现基因组中的突变位点，从已有且不断发展的生物学数据中挖掘文本信息，在基因本体学中组织并搜索生物学数据；在分子生物学中，生物信息学对基因和蛋白质的表达和调控的分析至关重要；生物信息学工具能够帮助完成基因、基因组数据的比对，从而完善对生物进化的理解；从统一的方面看，利用生物信息学分析和编排生物学的路径和网络，更有利于系统生物学的发展；在结构生物学中，生物信息学模拟和构建了DNA、RNA、蛋白质和生物分子间相互作用的模型。随着生物信息学研究的深入与发展，它已渗透到医学研究的各个领域，在促进医药卫生领域发展中发挥巨大的推动作用。目前生物信息学的研究内容包括：生物数据的收集和管理、序列比对、基因识别、基因表达数据分析、功能基因组分析、蛋白质结构预测和药物设计等。

生物数据的收集和管理 国际上权威的核酸序列数据库包括美国生物技术信息中心的GenBank，欧洲分子生物学实验室的EMBL和日本遗传研究所的DDBJ。这三大数据库是综合性的

核酸序列数据库，每条记录均为一个单独、连续和附有注释的核酸片段，这三个数据库的数据基本一致，仅在数据格式上有所不同，对于特定的查询，三个数据库的响应结果一样。

序列比对 就是比较两个及以上核酸或蛋白质序列之间的相似程度。序列两两比较是将待分析的DNA或蛋白质序列与相应的数据库进行比较，用于明确序列的生物学属性，找出其中的相似序列。常用的序列比较程序包括FASTA和BLAST等。多重序列比较是将待分析序列与一组不同物种来源的序列进行比较，以确定该序列与其他物种序列的同源性和进化关系。常用UPGMA算法构建进化树，软件包包括PYLIP和MEGA等。多重序列比对常用算法包括聚类法、分治法及HMM等。

基因识别 基因识别是获得一个生物体的基因组序列后，利用基于统计、同源序列比较和机器学习（如人工神经网络）等方法识别各个基因的范围和在基因组序列中的准确位置，包括鉴定基因的转录起始位点、翻译起始位置、内含子、外显子、翻译终止序列、加尾信号等。

功能基因组分析 研究基因在生物体中的功能，发现基因表达异常和突变等与疾病的关系。其研究内容主要包括：①识别基因，理解基因转录调控信息，分析遗传语言。②利用生物信息关联分析、序列同源性分析、生物数据挖掘等手段注释基因组上各个预测基因的功能，这是目前基因组功能注释的主要内容。③研究各个基因表达调控的分子机制，在生物体发育过程中的作用，分析基因与表达产物之间的相互作用，绘制基因的调控网络图。④比较基因组学研究，是识别和建立不同生物体间基因或其他基因组特征的关联性。在基因组水平比较不同生物间的异同，用于发现物种特异基因及功能，揭示生命的起源和进化规律。⑤功能基因组相关信息分析，包括研发基因表达谱及基因表达调控网络分析相关的算法和软件研发；核酸和蛋白质空间结构的预测、模拟和功能分析等。

基因表达数据分析 该分析的目的是获取基因表达调控信息和功能相关信息。主要采用聚类分析的方法，但这类分析方法只能找出基因之间简单的、线性的关系，不能分析基因之间复杂的、非线性的关系。但对后者的研究近来也有取得一定的进展，建立起一些数学模型，包括微分方程模型、线性关系网络模型和布尔网络模型等，在此基础上研究基因调控网络的动力学性质。

蛋白质结构预测 是生物信息学研究的重要内容之一。从基因编码序列较易推出蛋白质的氨基酸序列（即一级结构），但对于结构的理解，还需更多的信息，包括二级结构和空间结构预测。二级结构预测就是确定某一个多肽片段中心的氨基酸残基属于α螺旋，还是β折叠，还是β转角。常用的预测方法包括最邻近决策方法、分子动力学方法、图论方法、立体化学方法、统计方法、基于规则的专家系统方法和人工神经网络方法等。目前较为常用的方法有：PHD、PSEDATOR、PSIPRED、Jpred、PSA。空间结构预测方法主要是同源模型法，该法可以完成蛋白质空间结构预测工作的10%~30%，为蛋白质功能分析提供了重要信息。

药物设计 是生物信息学领域的重要应用之一。通过利用生物信息学分析数据库中不同组织在正常和疾病状态下基因表达的差异筛选疾病相关的药物靶标基因，再根据蛋白质功能和三维结构预测该基因是否适合做药物靶标。再通过计算机辅助药物设计方法进行药物设计，内容包括数据库搜寻、活性位点分析法、全新药物设计等。活性位点分析软件有MCSS，HINT，GREEN，DRID，HSITE和BUCKETS等。数据库搜寻方法包括两种类型。一类是基于配体的药效基团模型进行三维结构数据库搜寻，软件包括Unity和Catalyst。另一类方法是基于受体的，又称分子对接法，软件包括GOLD，F1exX和DOCK。全新药物设计方法虽出现时间较晚，但是发展较快，主要软件包括LUDI、SPROU、GROW、Leapfrog等。

应用 ①利用网络生物信息资源和生物学软件等，从事生命科学基础研究。②利用生物芯片等，发现与疾病相关的基因，进行疾病分型和遗传病的分子诊断等。③利用基因芯片和二代测序等，发现个体差异与疾病易感性的关系，设计个体化治疗方案。④利用药物基因组学、药物蛋白质组学、药物转录组学和药物代谢组学等进行新药研发，包括新药筛选、药物靶点设计、分子药理学研究等。

（陈 等）

DNA shùjù kù

DNA数据库（DNA database）

分子遗传学技术、计算机网络信息传递技术和数据库管理技术相结合的、实现DNA信息数字化组织、存储、管理和检索的系统。

又称DNA图谱数据库。

DNA序列数据库 是最重要的DNA数据库。目前世界上有三大DNA序列数据库，包括日本遗传研究所的DDBJ数据库、美国国家生物技术信息中心的GenBank数据库和欧洲生物信息学研究所的EMBL数据库等。①DDBJ数据库由日本国立遗传学研究所遗传信息中心于1984年创建和维护，负责亚洲相关数据的收集，与其他数据库相似，DDBJ数据库主要提供了核酸序列信息检索、数据资源及核酸分析工具等。②GenBank数据库是由美国生物技术信息中心维护的一级核酸和蛋白质序列数据库，以及序列相关文献和生物学注释，主要负责美洲来源的测序工作者、基因组测序中心提交的序列、与其他数据库交换的数据以及美国专利局提供的专利数据。③EMBL DNA数据库建立于1980年，由欧洲生物信息中心维护，数据来自欧洲基因组测序中心、科研人员、欧洲专利局以及与其他数据库交换的数据。这三大数据库的数据记录格式虽然不同，但对核酸序列的记录标准相同，同时每天交换序列信息以保持数据的一致。用户可以向其中任何一个数据库提交序列，但提交序列从公布之日起在三大数据库中能检索查询。

序列条目组成 DNA数据库的序列条目由字段组成，每个字段起始于关键词，后面附具体说明。有些字段包括若干子字段，起始于次关键词或特性表。每个序列条目以双斜杠“//”做序列结束标记。序列条目关键词，次关键词和特性表说明符分别从第一、三和五列开始。每个字段可占一行或若干行。若一行中写不下时，续行以空格开始。序列条目的关键词包括位置、定义、基因编号、核酸标识符、关键词、数据来源、文献、特性表、碱基组成及碱基排列顺序。

分类 DNA数据库按用途主要分为三类，即医学DNA数据库（medical DNA database）、遗传系谱DNA数据库（genetic genealogy database）和法庭科学DNA数据库（forensic DNA database）。

医学DNA数据库 是医学相关的、遗传变异的DNA数据库。它收集个人的DNA，用以反映他们的医疗记录和生活方式的细节。通过记录DNA图谱，科学家们可以发现遗传环境和疾病（如心血管疾病或癌症）发生之间的相关关系，从而发现控制这些疾病的新药或有效的治疗方法。

遗传系谱数据库 是一个家谱DNA测序结果的DNA数据库。GenBank是一个公共的遗传系谱数据库，存储由许多遗传家谱学家提交的基因组序列。截至目前，GenBank中存储了从十几万个注册机构获得的大量DNA序列，并且每天更新以确保序列信息的一致和综合采集。这些数据库主要是从单个实验室或大规模的测序项目中获得。存储在GenBank中的文件被分为不同的组，例如BCT（细菌）、VRL（病毒），PRI（灵长类动物）等。人们可以从NCBI的检索系统进入GenBank，然后使用“BLAST”功能来鉴定GenBank中的一个特定的序列，或找到两个序列之间的相似性。

法庭科学DNA数据库 也称罪犯DNA数据库（crime DNA database）。对侦查破案、执法办案、诉讼活动、公共安全和社会管理等提供DNA数据服务。它是利用DNA分型技术、网络技术和计算机技术收集DNA数据而建立起来的数据库，包括基础DNA数据库、前科DNA数据库、现场DNA数据库、失踪人员DNA数据库及相关信息等，用于迅速而有效地识别锁定犯罪嫌疑人，为侦查破案服务。具体来说，主要包括以下几个方面。①锁定犯罪嫌疑人：比较犯罪现场的生物物证DNA分型数据和前科库里的DNA分型数据，排查案件的犯罪嫌疑人。②串并案件：通过比较犯罪现场的生物物证DNA分型数据与现场库里的DNA分型数据实现。③查找失踪人员：将失踪人员或其亲属的DNA分型数据与失踪人员DNA数据库比较，可为失踪人员找到身源，为家人找到失踪的亲人。④信息链接：通过将信息代码链接到信息库，了解罪犯或失踪人员或亲属相关的信息。

现阶段，DNA数据库建设朝着简洁、快速、准确、高通量的方向发展。目前多数国家都将违法犯罪人员DNA数据入库，并扩展至易被伤害的人群，最终实现DNA信息的全民化。

但是，DNA数据库的发展也存在潜在的威胁，主要有以下几个方面：①提取生物样本可能侵犯公民的身体完整权；②分析和储存DNA分型结果会侵犯公民的资讯决定权；③储存公民的DNA生物样本侵犯公民隐私权。相应的解决办法包括以下方面：严格限制DNA数据库的使用目的；严格限制数据库的采样手段原则；严格限制DNA数据库的入库对象；明确DNA分型结果以及DNA生物样本储存和销毁的时间等。

（陈　等）

dànbáizhì shùjù kù

蛋白质数据库（protein data resources） 包含蛋白质序列、结构和功能信息的数据库。包括蛋白质序列数据库、蛋白质结构数据库、蛋白质 - 蛋白质之间以及 DNA- 蛋白质之间相互作用数据库等。

蛋白质序列数据库 主要包括 PIR-PSD、Swiss-Prot 以及 TrEMBL 数据库等。

PIR-PSD 数据库 由慕尼黑蛋白质序列信息中心（MIPS）、日本国际蛋白质序列数据库（JIPID）和蛋白质信息资源（PIR）共同维护的全球公共蛋白质序列数据库，是一个全面的、注释的和非冗余的蛋白质序列数据库，其中包括来自几十个完整基因组的蛋白质序列。所有序列数据都经过整理，多数序列已按蛋白质家族和超家族进行了分类。PSD 的注释还包括对文献和基因组数据库等序列、结构的交叉索引，也包括对数据库内部条目之间的索引，帮助用户在包括酶与底物相互作用、酶的活化、信号级联调控和蛋白质复合物等条目之间方便的检索。

SWISS-PROT 数据库 由日内瓦大学医学生物化学系和欧洲生物信息学研究所合作维护，包括从 EMBL 翻译的、经过检验和注释的蛋白质序列。SWISS-PROT 数据库由蛋白质序列条目组成，每个条目包含描述部分、参考资料、注释部分、链接部分、特征表和氨基酸序列等，其中注释部分包括蛋白质的功能、特殊位点和区域、转录后修饰、序列相似性、高级结构、序列变异与疾病的关系等信息。SWISS-PROT 数据库中提供了最低程度冗余序列，并且与多个数据库建立了交叉引用。

TrEMBL 数据库 该数据库包括所有 EMBL 库中的蛋白质编码区序列，提供一个非常全面的蛋白质序列源数据库，但该数据库的注释质量不高。

蛋白质三维结构相关数据库 是一类重要的生物分子信息数据库。随着 X 射线晶体衍射技术、磁共振和冷冻电子显微镜技术等的发展，已测定了很多蛋白质的结构，出现了折叠模式、结构域、蛋白质家族和回环等数据库。目前常用的蛋白质结构数据库包括 PDB 数据库，以及进行结构比较的 SCOP 和 CATH 等。

PDB 数据库 1971 年建立于美国布鲁海克海文国家实验室，由结构生物信息学合作研究组织（RSCB）管理，用于保存生物大分子结构数据的常用数据库，包含通过 X 射线晶体衍射、磁共振和电子衍射等方法解析的包括蛋白质的生物大分子的三维结构数据。截至 2016 年 8 月 12 日 PDB 总收录了 121654 条，其中蛋白质结构为 112946 条。作为主要存储蛋白质结构的数据库，PDB 提供了多种界面交互方式实现用户对 PDB 数据的浏览、查询和相应数据的下载。

SCOP 数据库 是一种按照蛋白质结构进行分类的数据库，其根据不同蛋白质的氨基酸序列及三级结构的相似程度，描述已知结构蛋白质之间的功能及进化关系。在 SCOP 数据库中，按照从简单到复杂的顺序对蛋白质进行分类，位于分类层次顶部的是类，之后依次为家族、超家族、折叠子、蛋白质结构域和单个 PDB 蛋白质结构记录。SCOP 数据库可以通过其分级结构导航查询，也可通过关键词或 PDB 标志码查询，或通过同源序列比对查询。除此之外，SCOP 利用 ASTRAIL 序列评估各种序列比对算法；也有与 PDB-ISL 中介序列库中序列进行两两比对，找到与未知结构序列同源的已知结构序列。

CATH 数据库 是数据库中 4 种分类类别的首字母，即蛋白质种类（class，C）、蛋白质中二级结构域构架（architecture，A），蛋白质的拓扑结构（topology，T）和蛋白质同源超家族（homologous superfamily，H）。SCOP 着重从进化角度对蛋白质进行分类，而 CATH 侧重于从结构角度对蛋白质分类。

蛋白质结构与功能关系数据库 是预测蛋白质功能、进行蛋白质设计的基础。目前已有一些蛋白质结构与功能关系的数据库，如 Prosite、PIR、Pfam、InterPro 和 COG 等。PROSITE 数据库收集有显著生物学意义的蛋白质氨基酸残基位点和序列模式，能够根据已知位点和模式鉴别未知蛋白质所属的蛋白质家族。在有些情况下，某个蛋白质与已知功能蛋白质的整体序列相似性不高，但局部序列模式的相似性较高，因此，搜索 PROSITE 可找到未知蛋白质的潜在功能模式，因而是蛋白质功能发现的有效工具。PROSITE 中序列模式较多，包括酶的催化位点、参与二硫键形成的半胱氨酸残基、配体结合位点、金属离子结合位点等；此外，PROSITE 也包括通过多序列比对构建的 Profile，能更敏感地发现其中的相似序列。PIR 集成了蛋白质功能预测数据的公用数据库。Pfam 是通过自动化比对构建的蛋白质结构域家族数据库，通过序列比对推测蛋白质结构域、排布形式及功能。InterPro 是集成蛋白质结构域和功能位点的数据库，是蛋白质家族、结构域和作用位点的整合。COG 数据库，即蛋白质直系同源簇数据库，是对多个从原核生物到真核生物基因组的全部编码蛋白，依据系统进化关系分类构建而成的数据库，主要用于预测某个蛋白质的功能，并利用COGNITOR程序，通过与COGs数据库中的蛋白质进行比对分析，把目的蛋白质归入适当的COG簇。

蛋白质-蛋白质相互作用数据库 是存储蛋白质相互作用信息的数据库，主要包括BIND和DIP数据库等。

BIND数据库 即生物分子相互作用网络数据库，存储包括蛋白质的生物分子间的相互作用信息，也包括已经验证的和尚未验证的相互作用信息。该数据库用于研究分子间相互作用网络，绘制跨分类分支的通路，产生动力学模拟信息。

DIP数据库 基于蛋白质相互作用建立的数据库，收集实验证明的蛋白质相互作用数据和自动计算方法获得的高通量数据。数据库包括蛋白质及其相互作用信息，检测蛋白质相互作用的实验方法等。用户通过利用蛋白质及蛋白质超家族、生物物种、实验方法、关键词和参考文献等查询DIP数据库。

蛋白质翻译后修饰数据库 目前涉及蛋白质翻译后修饰的数据库较多（表1），但多集中在磷酸化和糖基化方面，而涉及功能密切相关的翻译后修饰的数据库仍很少，其中UniProtKB/SwissProt是高质量的非冗余蛋白质数据库，包含有多种翻译后修饰的注释信息，PhosPhoELM和Phosphosite详细地收录了实验验证的磷酸化数据。

随着生物技术和生物信息学的发展，越来越多的蛋白质相关数据库出现并发挥不同的作用，如DPInteract数据库是包含有已经验证的DNA和蛋白质相互作用数据库；含有蛋白质二维凝胶电泳数据库有WORLD-2DPAGE和Phoretix links等；ExPASy（Expert Protein Analysis System）由瑞士生物信息学研究所维护，作为进入其他蛋白质资源网络的门户网站，它提供从序列（Swiss-Prot）到结构（Swiss-Model），以及2D-PAGE等蛋白质操作相关的全套服务。

（陈 等）

表1 常用蛋白质翻译后修饰相关数据库

数据库	数据类型	网页地址
SwissProt	实验验证的各种PTM	http://www.uniprot.org/
PhosphoELM	实验验证的磷酸化蛋白	http://phospho.elm.eu.org/
PhosphositePlus	文献中确证的蛋白磷酸化位点	http://www.phosphosite.org/homeAction.action
PHOSPHONET	人的磷酸化位点	http://www.phosphonet.ca/
Phosida	质谱确定的磷酸化位点	http://141.61.102.18/phosida/index.aspx
PhosphoPep	4个物种的质谱磷酸化（果蝇、人、线虫、酵母）	http://www.phosphopep.org/
O-glycbase	实验验证的糖基化位点	http://www.cbs.dtu.dk/databases/OGLYCBASE/
Resid	各种PTM包括氨基酸末端修饰	http://pir.georgetown.edu/resid/
dbPTM	预测的翻译后修饰	http://dbptm.mbc.nctu.edu.tw/

júbù xùliè páibǐ jiǎnsuǒ jīběn gōngjù

局部序列排比检索基本工具

（basic local alignment search tool, BLAST） 在核酸或蛋白质数据库中进行序列相似性分析的工具。该序列比较方法于1990年由美国国立卫生研究院的史蒂芬·阿尔特休尔（Stephen Altschul）和沃伦·吉什（Warren Gish）等首先报道，目的是从核酸或蛋白质数据库中查找与特定序列相似性较高的序列，预测新序列的结构和功能、研究序列的进化起源等。

原理 利用BLAST对数据库的搜索以BLAST算法为理论基础，它是一种基于局部序列比对的算法，其基本思想是：通过产生数量少但质量高的增强点提高序列匹配的精确度。首先采用哈希法对等待查询序列以碱基的位置为索引建立哈希表，然后将查询序列与数据库中所有序列联配，找出精确匹配的“种子”序列，再以该“种子”序列为中心，利用动态规划法向两边延伸出更长的联配，最后在一定精度范围内选取符合条件的联配序列按得分高低输出，得分最高的联配序列就是最佳比对序列。BLAST分析在保持较高精度的情况下显著缩短程序运行的时间，是序列比对分析中一个速度和精确性都可以接受的方法。

内容 BLAST用于核酸或蛋白质序列与相应的数据库之间的比较，也可用于核酸与蛋白质之间的比较。NCBI的BLAST提供了网页、电子邮件以及FTP三种序列输出方式，使用方便。以下是以网页分析方式为例进行介绍。

核酸序列BLAST 输入核酸序列，用这些序列和其他核酸序列做比较。①标准核酸-核酸BLAST：以三种格式（FASTA格

式、GenBank 注册号或 GI 号）的核酸序列与 NCBI 核酸序列数据库做比较。② MEGABLAST：该程序使用“模糊算法”加快序列比较速度，用于序列的快速比较。③近似的短序列检索：该检索和带有默认参数的标准核酸－核酸 BLAST 很相似，是以短序列进行检索。

蛋白质序列 BLAST　利用输入的蛋白质序列与蛋白质序列数据库中的蛋白质进行比较。①标准蛋白质－蛋白质 BLAST：以三种格式（FASTA 格式、GenBank 注册号或 GI 号）的蛋白质序列与 NCBI 蛋白质序列数据库做比较。②特别位置重复 BLAST（PSI-BLAST）：使用多次检索方式，建立一个评分模型，通过多次重复检索和修正评分结果，这种方法提高了检索的精确度。③模型位置重复 BLAST（PHI-BLAST）：以常规的表达模型作为特别位置进行检索，找出与待查询序列具有相同表达模型且具有同源性的蛋白质序列。④近似的短序列检索：该检索与带有默认参数的标准蛋白质－蛋白质 BLAST 很相似，是以短序列进行检索。

翻译序列 BLAST　首先把待查询序列和/或序列数据库从核酸序列翻译成蛋白质序列，然后根据不同情况进行比较分析。① blastx：先将待查询的核酸序列按不同阅读框翻译成蛋白质序列，然后在蛋白质序列数据库中比对翻译序列的同源序列。② tblastn：先将核酸序列数据库中的核酸序列按不同阅读框翻译成蛋白质序列，在其中检索与待查询的蛋白质序列相似的序列。③ tblastx：先将待查询的核酸序列与核酸序列数据库中的核酸序列按不同阅读框翻译成蛋白质序列，然后在蛋白质水平上比较两种翻译的结果。

CD-Search　指利用 RPS-BLAST 程序分析蛋白质序列在结构域数据库中的相似序列。

Pairwise BLAST　利用 BLAST 程序实现两个序列之间的比较。其中一个为待比较序列，另一个为被比较序列。表 1 是程序选择。

特殊 BLAST　对特殊生物或特殊研究领域的序列数据库检索，包括 Smart-BLAST，Primer-BLAST 和 MOLE-BLAST 等。

搜索步骤　使用 BLAST 搜索的步骤包括：①选择感兴趣的序列，可以是 FASTA 格式的序列，也可以是访问编号。②选择 BLAST 程序，其包括 blastn，blastp，blastx，tblastn，tblastx。③选择数据库。④选择参数：-p 用来选择程序，可带五个选项之一 blastn，blastp，blastx，tblastn 和 tblastx。-i QueryFile 用于指定包含探测序列的查询文件；-d 选择待搜索的数据库，可以选择多个数据库；-o 数据库搜索输出文件的名称，默认的计算机屏幕；-e E 期待值控制搜索的敏感性；-m 设定搜多结果的显示格式，选项有 12 个，其中 0 是默认参数，显示探测序列和目标序列两两比对的信息；-F 屏蔽简单重复和低复杂度序列的参数，有 T（选上）和 F（不选）选项；-E 给出空位延伸罚分。

应用　确定特定的核酸或蛋白质序列的同源序列；确定特定的基因或蛋白质在特定物种中的存在；确定一个未知核酸或多肽片段的身份；发现新的基因；确定特定基因或蛋白质的变种；鉴定特定基因的各种剪切变异体；寻找对一个蛋白质的结构或功能起关键作用的氨基酸残基等。

（陈　等）

xìtǒng shēngwù yīxué

系统生物医学（systems biomedicine）

应用系统生物学原理与方法，研究人体（包括模式动物和细胞模型）生命活动的本质、规律，揭示疾病发生发展的分子网络及其机制，发展基于系统生物学理论的疾病预防、诊断、治疗新方法的领域。因此，系统生物医学实际上就是系统生物学的医学应用。系统生物医学采用了生物分子（DNA、RNA、蛋白质等）大规模分析（组学）、数学建模、计算生物学和生物信息学等规模化、系统化与高通量技术，也包括理论生物学和系统控制论的原理与方法。

系统医学的概念由中国学者曾邦哲于 1992 年首次提出；同年，日本学者廉田（Takenobu Kamada）发表了冠以系统生物医学词头的文章；2009 年，首部系统生物医学专著由爱迪生·塔克－布恩·刘（Edison Tak-Bun Liu）

表 1　主要的 BLAST 程序

程序名	检索序列	数据库类型	方法
blastn	核酸	核酸	用于核酸－核酸比较
blastp	蛋白质	蛋白质	用于蛋白质－蛋白质比较
blastx	核酸	蛋白质	核酸序列与蛋白质序列比较
tblastn	蛋白质	核酸	将核酸序列按 6 种读框翻译成蛋白质序列后，将待比较的蛋白质序列与翻译结果进行比较
tblastx	核酸	核酸	将待比较的核酸序列和被比较的核酸序列按 6 种读框翻译成蛋白质序列后，再将两种翻译结果在蛋白质水平上比较

和道格拉斯·艾伦·劳芬布格尔（Douglas Alan Lauffenburger）编写出版；自2013年起，兰德斯生物科学开始编辑发行系统生物医学杂志（季刊）。

系统生物学使生命科学由描述式的科学转变为定量描述和预测的科学，改变了21世纪生物学的研究策略与方法，并将对现代医学科学的发展起到巨大的推动作用。目前，系统生物医学理论与技术已在疾病的预测、预警、预防，疾病的分子分型诊断，疾病的个体化治疗，以及新药的合理设计和开发中显现出越来越重要的作用。未来的治疗可能就不再依赖单一药物，而是使用一组药物（系统药物）的协调作用来控制病变细胞的代谢状态，以减少药物的副作用，维持疾病治疗的最大效果。

（焦炳华）

jīyīn zǔ

基因组（genome）　一个细胞或一种生物体的一套完整单倍体遗传物质的总和。其本质就是DNA/RNA。基因组包含了一种生物所拥有的全部遗传信息。

基因组是基因（*gene*）和染色体（*chromosome*）两个名词的组合（牛津大辞典）。不同生物体基因组的大小和复杂程度各不相同，在结构与组织形式上亦各有其不同的特点。真核生物如人类基因组包含细胞核染色体（常染色体和性染色体）及线粒体所携带的所有遗传物质；原核生物如细菌的基因组则由存在于拟核及质粒中的DNA组成；而病毒（包括噬菌体）的基因组则由DNA（DNA病毒）或RNA（RNA病毒）组成。

人类基因组研究和人类基因组学的发展从分子和整体水平上突破了对疾病的传统认识，正在并将继续改变和革新现有的预防、预警、诊断、治疗模式。如疾病基因组研究可以通过定位克隆技术，从而发现和鉴定疾病基因，还可通过比较患者和对照人群之间单核苷酸多态性的差异，鉴定与疾病相关的单核苷酸多态性，从而阐明各种疾病易感人群的遗传学背景，为疾病的诊断和治疗提供新的理论依据。又如药物基因组研究利用人类基因组信息研究药物疗效、药物作用靶点和模式以及产生毒副作用的机制，阐明影响药物体内生物转化过程（吸收、转运、代谢、清除等）个体基因差异特性，以此指导合理用药和设计个体化用药。

（焦炳华）

jīyīn zǔ zuòtú

基因组作图（genome mapping）　确定遗传标志或基因位点在基因组（染色体）上的位置以及它们之间的距离。

人染色体DNA很长，在技术上难以达到一次性测序，因此必须先将基因组DNA进行分段和标记，这一过程称为作图。人类基因组计划（human genome project，HGP）实施过程采用了遗传作图和物理作图的策略，其中遗传图谱以遗传标志的重组交换率为距离单位，而物理图谱以DNA的碱基对（bp或kb）数目作为距离单位。

（焦炳华）

yíchuán zuòtú

遗传作图（genetic mapping）　确定连锁的遗传标志在一条染色体上的位置（排列顺序）以及它们之间相对遗传距离的基因组作图。

原理　遗传作图过程中，两个遗传标志间相对遗传距离以厘摩尔根（centi-Morgan，cM）表示，当遗传标志之间的重组值为1%时，图距就记作1 cM（约为1000 kb）（图1）。

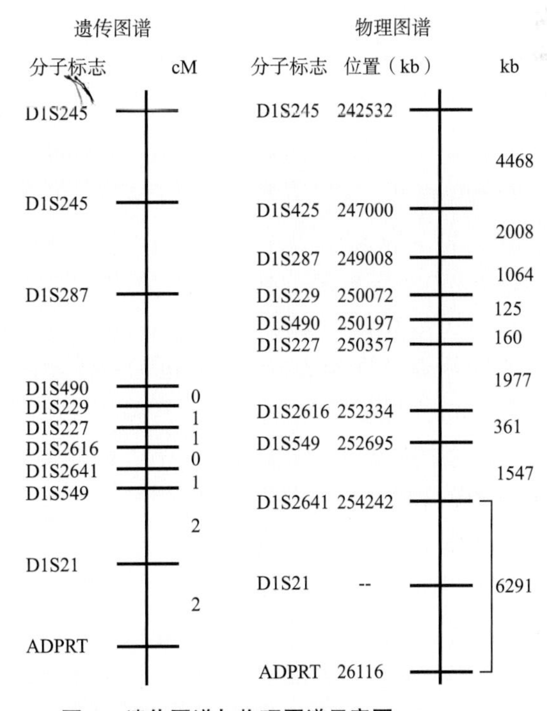

图1　遗传图谱与物理图谱示意图

注：遗传图谱标示了分子标志间的相对距离，以cM标示；物理图谱标示了分子标志间的绝对距离，以kb表示。

遗传标志是指已知染色体定位的一个基因或一段DNA序列，可以用于个体或种属的鉴别。在人类基因组计划（human genome project，HGP）实施过程中，先后采用了三代遗传（分子）标志。第一代是以限制性片段长度多态性（restriction fragment length polymorphism，RFLP）作为标志，第二代是以可变数目串联重复序列（variable number of tandem repeat，VNTR）作为标志，而第三代则以单核苷酸多态性（single nucleotide polymorphism，SNP）为标志。①RFLP：利用特定的限制性核酸内切酶识别并酶解基因组DNA，以此确定DNA分子上相应酶切位点的分布和排列情况。由于不同个体等位基因之间碱基的替换、重排、缺失等变化导致限制性内切酶识别位点发生改变，从而造成基因型间RFLP长度的差异。②VNTR：又称微卫星DNA（mini-satellite DNA），是一种重复DNA短序列，每个重复单位仅由2~6bp组成，故又称为短串联重复序列（short tandem repeat，STR）。不同个体基因组VNTR具有丰富的多态性，因此，通过酶切、分子杂交或PCR，就可得到具有个体特异性的DNA指纹图谱。③SNP：就是基因组中由单个核苷酸变异所导致的DNA序列多态性。SNP的发生频率大于1%，在人类基因组中广泛存在。SNP是人类可遗传变异中最常见、最稳定的一种，因此目前成为基因作图最常用的遗传标志。

方法 常采用两点和多点测验法。①两点测验：用于连锁遗传的两个基因座之间的连锁关系测验。②多点测验：根据多个基因座位间共分离信息的联合分析，确定它们的排列顺序。

（焦炳华）

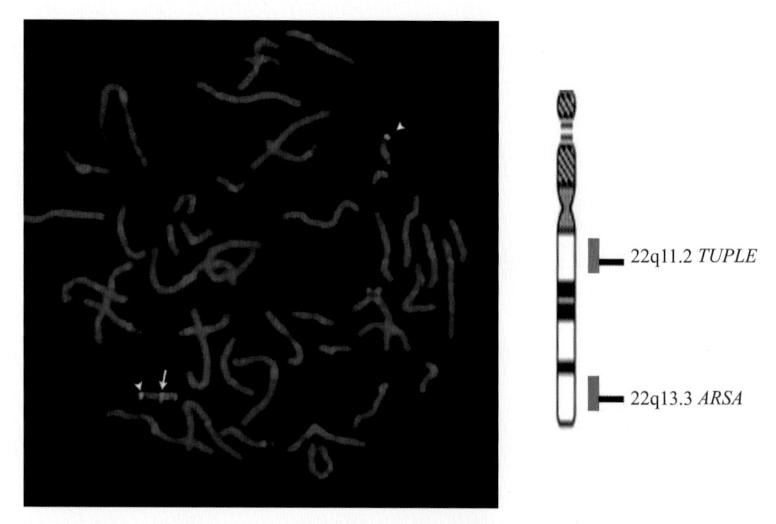

图1 TUPLE和ARSA的原位荧光杂交图

注：左图粉红色区域为腭心面综合征（velo-cardio-facial syndrome，VCFS）基因（*TUPLE*），绿色区域为酰基硫酸酯酶A（arylsulfatase A）基因（*ARSA*）。右图示2个基因位点在22号染色体上的相应位置。

wùlǐ zuòtú

物理作图（physical mapping）

以物理尺度（碱基对或千碱基对，bp或kb）标示遗传（分子）标志在染色体上的实际位置和它们之间距离的基因组作图。是在遗传作图基础上绘制的更详细的基因组图谱（见遗传作图）。

原理 目前常用的物理作图方法有荧光原位杂交作图法、限制性酶切作图法和连续克隆系作图法。荧光原位杂交作图就是将荧光标记的探针与染色体杂交确定分子标记所在的位置（图1）从而得到荧光原位杂交图谱（fluorescent *in situ* hybridization map，FISH map）；限制性酶切作图就是确定酶切位点在DNA分子中的相对位置（图2）从而得到限制性酶切图谱（restriction map）；而连续克隆系作图就是在构建酵母人工染色体（yeast artificial chromosome，YAC）或细菌人工染色体（bacterial artificial chromosome，BAC）的基础上，确定序列标签位点（sequence tagged site，STS）（图3）的定位，得到的图谱称为连续克隆系图谱（clone contig map）（见克隆重叠群方法）。其中STS是指基因组中已知定位和序列的单拷贝短DNA序列，也可视为遗传标志。

方法 以限制性酶切图谱作图为例（图2），作图包括两个基本步骤。①完全降解：使用相应的

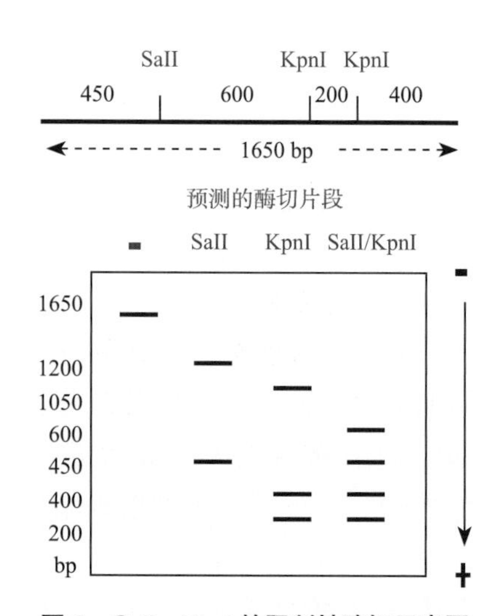

图2 SalI、KpnI的限制性酶切示意图

注：一段1650 bp的核酸片段含1个SalI和2个KpnI酶切位点，SalI单酶切后理论上产生2个酶切片段，分别为1200和450 bp；KpnI单酶切后则产生3个酶切片段（由于含有2个KpnI位点），分别为1050、400和200 bp；SalI/KpnI双酶切后产生4个酶切片段，分别为600、450、400和200 bp。

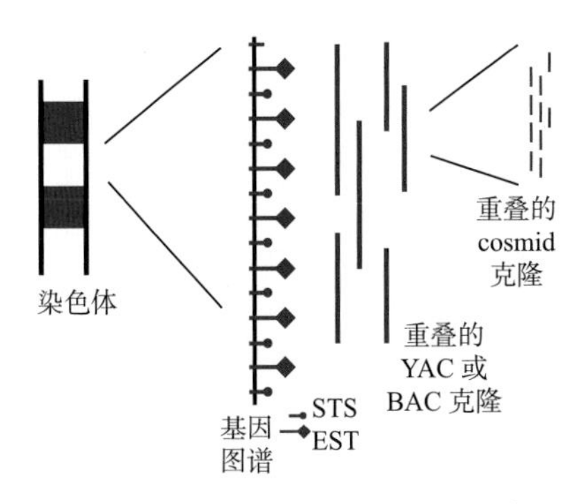

图 3 基因图谱中的序列标签位点（STS）和表达序列标签（EST）分布示意图

限制性内切酶将标记放射性同位素的待测 DNA 链完全酶解，酶解产物进行凝胶电泳和放射自显影，获得的图谱就是组成待测 DNA 链的酶切片段（包括数目和分子量）。②部分降解：同位素末端标记上待测 DNA 的其中一条链上，应用相同的内切酶进行部分酶解，产物同样进行电泳和自显影。对比上述两个酶切图谱，就可排列出各酶切片段在 DNA 链上相应的位置。

（焦炳华）

jīyīn zǔ cèxù

基因组测序（genome sequencing）

测定生物基因组包含的全部 DNA 碱基排列顺序，并经过拼接和组装等步骤得到完整的全基因组序列的技术。

策略 目前全基因组测序常用的策略有两种，分别为顺序克隆测序法和鸟枪法。前者将染色体基因组按照顺序裂解成较大的片段（50~200kb），构建细菌人工染色体（bacterial artificial chromosome，BAC）克隆并扩增，每个克隆的序列再进一步裂解成更小的片段（150~500bp），插入测序载体进行序列测定；而后者则直接将整个基因组裂解为较小的片段，构建高度随机 BAC 文库，然后对文库进行随机测序（图1）。测序后，还需将测得的序列借助计算机进行序列组装和缺口填补，才能形成完整的基因组序列。

指标 ①测序深度：是测序获得的总碱基数（bp）与基因组总碱基数之间的比例。测序深度代表了测序的准确度。测序深度与基因组覆盖度存在正相关。一般认为，如果采用双末端（见DNA 测序方法学）测序法，当测序深度达到 100× 以上时，基因组覆盖度和测序错误率控制均可得以保证，并有利于后续序列的精准组装。②测序覆盖度：覆盖度是指被测序得到的碱基覆盖待测基因组总碱基的比例。兰德（Lander）和沃特曼（Waterman）1988 年提出了测序深度与覆盖度之间的关系，即兰德 - 沃特曼模型，当深度达到 5× 时，则可覆盖约 99.4% 以上的基因组序列。

（焦炳华）

DNA cèxù fāngfǎ xué

DNA 测序方法学（DNA sequencing methodology）

测定 DNA 分子中碱基序列的原理与方法、技术与步骤。近年来，DNA 测序技术发展迅速，已诞生了三代测序法，分别是自动激光荧光、循环芯片和单分子测序。

原理 DNA 测序主要有双脱氧法和化学降解法。

双脱氧法 又称桑格（Sanger）法。基本原理是利用 DNA 聚合酶使结合在待测序列模板上的引物延伸，直至 2',3'- 双脱氧核苷三磷酸（ddNTP）掺入新合成 DNA 链的 3' 端。由于 ddNTP 脱氧核糖的 3'- 位碳原子上缺少羟基而不能与下一个核苷酸的 5'- 磷酸基团间形成 3',5'- 磷酸二酯键，从而使正在延伸的 DNA 链在 ddNTP 处终止。通过将 4 种不同的 ddNTP 底物分别加入 4 种反应体系，就可得到终止于特定碱基的一系列寡核苷酸片段。这些片段具有共同的起点（即引物的 5' 端）而有不同的终点（即 ddNTP 掺入的位置），其长度取决于 ddNTP 掺入的位置与引物 5' 端之间的距离。利用可分辨 1 个核苷酸差别的变性聚丙烯酰胺凝胶电泳对这些片段进行分离，并借助片段中所带的标记（如同位素标记）即可读出一段 DNA 序列（图 1）。

化学降解法 又称马克西姆 - 吉尔伯特（Maxam-Gilbert）法。其基本原理如图 2 所示。首先对 DNA 片段末端进行标记，然后用专一性化学试剂将 DNA 进行特异性降解。化学试剂催化特异性降解的第一步是对某种核苷酸的特定碱基（或特定类型的碱基）进

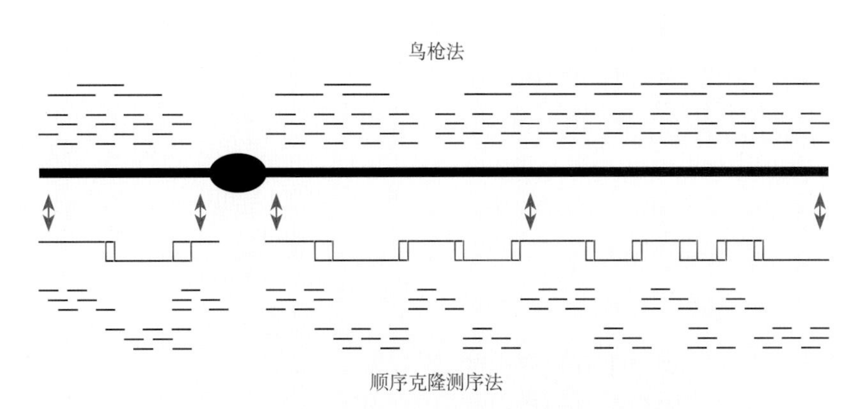

图 1 顺序克隆测序法和鸟枪法策略的比较示意图

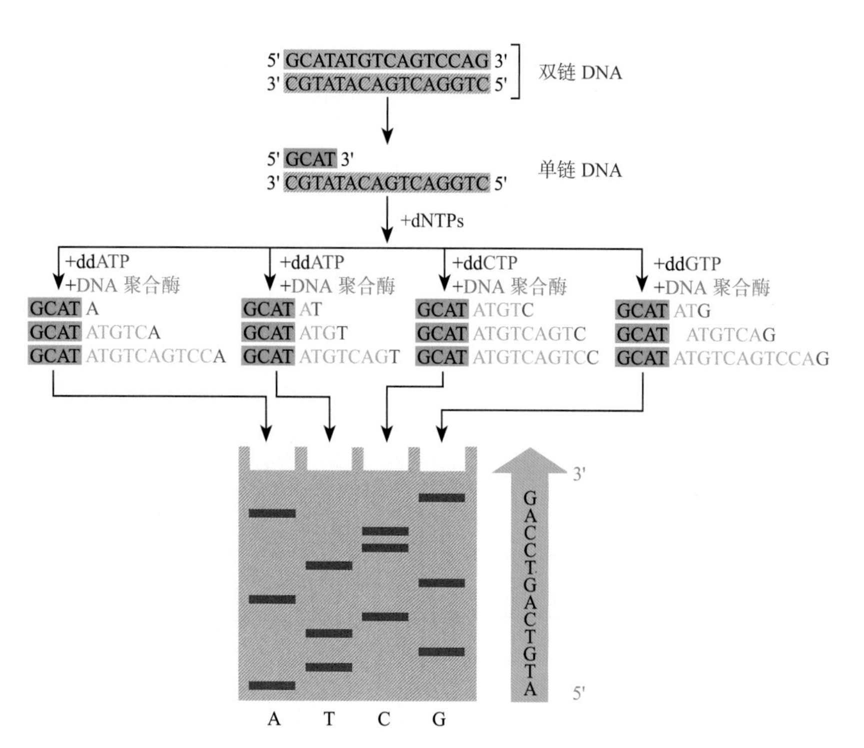

图1 双脱氧法测定 DNA 序列原理示意图

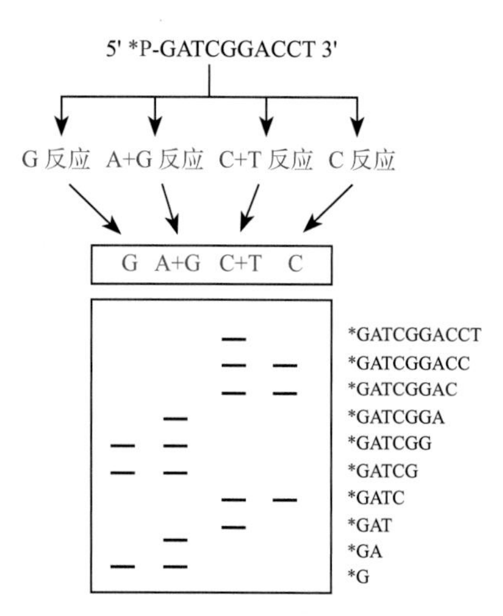

图2 化学降解法测定 DNA 序列原理示意

注：①G反应：指用硫酸二甲酯对G的N_7进行甲基化，其后断开C_8~N_9的化学键，哌啶置换了被修饰的G与核糖结合；②A+G反应：甲酸使嘌呤环上的N原子质子化，削弱鸟嘌呤脱氧核糖核苷酸和腺嘌呤脱氧核糖核苷酸中的糖苷键，然后哌啶置换了嘌呤；③C+T反应：肼打开嘧啶环，产生的碱基片段能被哌啶所置换；C反应指在NaCl存在时，只有C可与肼发生反应，随后被修饰的C由哌啶置换。

行化学修饰；第二步是使修饰的碱基从糖环上脱落，进而使位于无碱基糖环两端的磷酸二酯键断裂，从而产生含有长短不一DNA分子的4套混合物，其DNA分子长度取决于该组反应所针对的碱基在待测DNA全长片段中的位置。随后，将各组反应产物进行电泳分离，再通过所带标记（如同位素）显示序列结果。

技术 ①第一代测序技术：第一代技术即自动激光荧光DNA测序，结合了双脱氧测序法、荧光标记法和激光检测法三种技术。第一代测序技术以四色荧光代替放射性同位素做标记，并将PCR与DNA序列分析结合起来，建立了PCR测序，可以直接对体外扩增的DNA进行序列测定。②第二代测序技术：第二代测序技术（即循环芯片测序法）依据的是边合成边测序的核心思路。4种核苷酸原料（dNTP）以不同的荧光标记，在DNA合成过程中掺入不同的dNTP就会释放出不同的荧光，这些荧光信号经计算机信号转换处理后，就能获得待测DNA的序列信息。与第一代测序技术相比，第二代测序技术具有操作简易、分析速度快、并行化程度高、费用低廉等优势。第二代测序仪主要有Solexa（Illumina）测序、454焦磷酸测序和SOLiD测序。③第三代测序技术：分别采用单分子荧光和纳米孔测序技术。前者有Helicos的SMS技术和Pacific Bioscience的SMRT技术，采用显微镜实时记录荧光的强度变化；后者有Oxford Nanopore的纳米孔测序法，采用的是电信号测序方法。第三代测序技术通量更高、成本更低、精确度更高，读取长度大大增加。

（焦炳华）

jīyīn zǔ zǔzhuāng

基因组组装（genome assembly）

基因组测序后将测得的各短序列拼接成连续完整序列的过程。由于生物基因组DNA太大，无法直接进行测序，因此在测序前要将基因组随机打断成短片段，构建克隆重叠群，然后进行测序。而测出的片段数量多、长度短、重叠高，要获取整个DNA片段序列，就需要把这些片段进行序列拼接（图1）。

步骤 基因组组装可分为如下几个主要步骤（图2中的步骤2、3、4）。寻找读长间重叠序列，常用的为基于deBruijin图数据结构分析法；重叠序列拼接成重叠群；重叠群拼接成基因组框架。这些步骤必须借助相应的计算机软件进行。最后，还需利用引物延伸等方法进行缺口填补。

软件 在基因组组装过程中，基因组组装软件的开发与应用非常重要。早期的塞莱拉组装软件（Celera Assembler）和阿拉喀涅（Arachne）仅能处理（100~300）×10^6bp的数据量，目前几个主要的测序中心已成功开发了用于较

图 1 基因组序列组装示意图

注：将 DNA 测序获得的片段拼接成一条完整的序列。

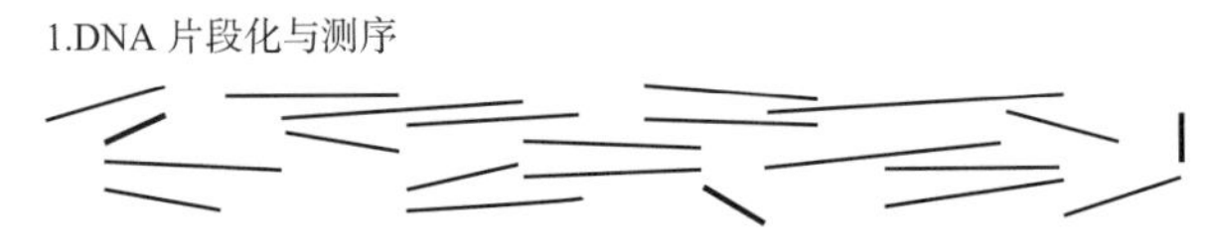

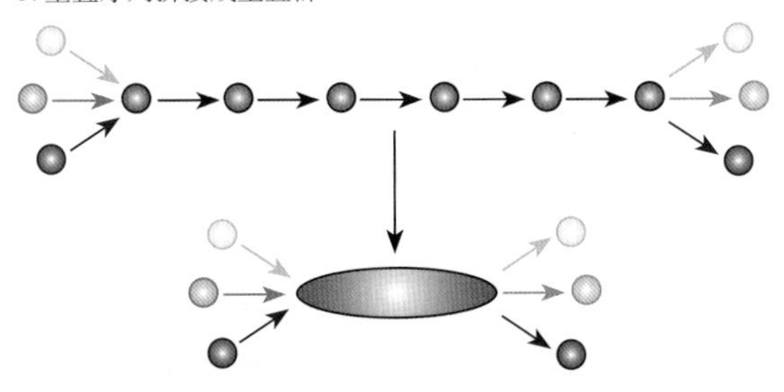

图 2 基因组测序和组装基本步骤示意图

大基因组组装的软件，如 ABySS，ALLPATHS-LG，CeleraWGA Assembler，Graph Constructor，SparseAssembler 等。AMOS 是一个开放、资源共享型基因组组装软件设计、开发联盟，目前提供的组装软件有：Minimus 系列（基本组装软件）、AMOScmp（比较组装软件）、AMOScmp-shortReads（短序列比较组装软件）、AMOScmp-shortReads-alignmentTrimmed（用于连接修补的短序列比较组装软件）。同时还提供序列重叠分析、序列修补、基因组框架构建等软件（http://amos.sourceforge.net/）。

（焦炳华）

niǎoqiāng fǎ

鸟枪法（shotgun method） 将整个基因组裂解成不同大小的 DNA 片段，构建细菌人工染色体（bacterial artificial chromosome，BAC）文库，然后通过随机测序、序列拼接、序列组装等步骤，获得全基因组序列的技术（图 1）。

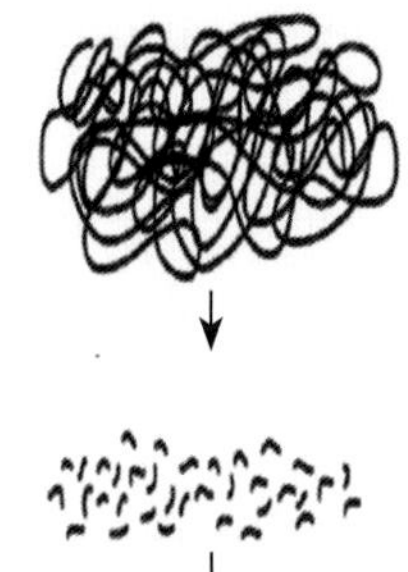

图 1 鸟枪法测序的基本原理和步骤示意图

主要步骤 ①建立高度随机的基因组文库（插入片段大小为 150~500bp）。②对上述基因文库中的克隆进行高效、大规模的双向测序。③序列组装（见基因组组装）。借助 Phred/Phrap/Consed/AMOS 等软件将所测得的序列进行组装。④缺口填补。利用引物延伸等方法对 BAC 克隆中的缺口进行填补。

应用 鸟枪法由美国科学家克雷格·文特尔（Craig Venter）发明，发明之初主要应用于微生物基因组序列测定。经过改进后的全基因组鸟枪法完成了多种生物基因组的测序工作，为人类基因组计划（human genome project，HGP）的实施和完成做出了突出的贡献。

（焦炳华）

kèlóng chóngdié qún fǎ

克隆重叠群法（clone contig method） 以物理作图为基础，将基因组片段化并构建基因组文库，从而进行基因组测序的技术。其中基因组文库所含的 DNA 克隆群涵盖了整个基因组中所有 DNA 序列片段，这些序列片段之间存在相互覆盖或重叠；依 DNA 片段克隆在染色体上所对应的位置排序，得到的相互重叠的系列克隆就称为克隆重叠群（图 1）。

主要步骤 采取克隆重叠群法的主要原因是真核生物基因组太大，DNA 测序无法从染色体进行，必须先将基因组片段化。克隆重叠群法的主要步骤包括基因组片段化和基因组文库的构建。①基因组片段化：采用酶

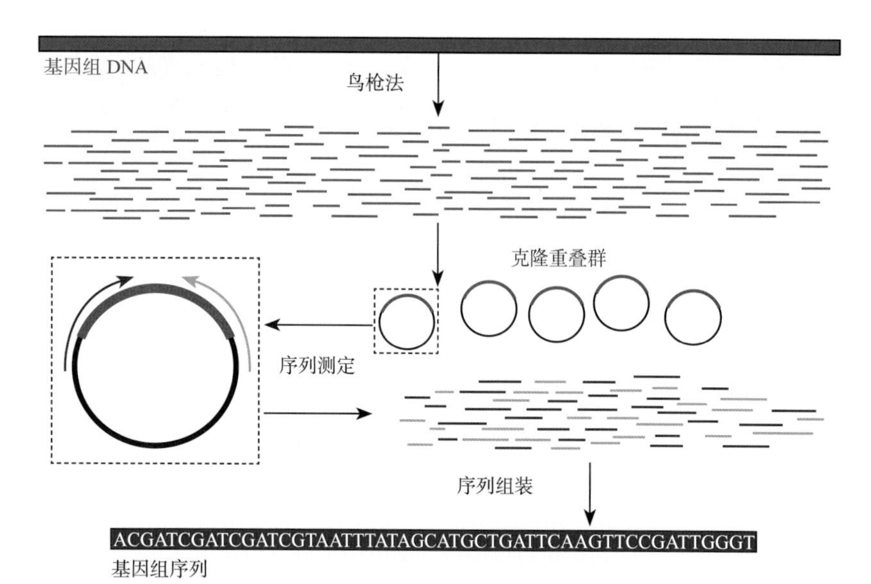

图 1　克隆重叠群测序示意图

注：基因组 DNA 经酶切或超声波处理后产生大量片段，可用于 BAC 或 YAC 文库构建，对文库中每一克隆进行测序可以获得相互重叠的序列信息，这些克隆称为克隆相连重叠群或克隆重叠群。

切位点稀有的限制性内切酶或高频超声破碎技术将 DNA 分解成大片段（50~500kb）。②基因组文库构建：构建以序列标签位点（sequence tagged site，STS）为遗传标志的酵母人工染色体（yeast artificial chromosome，YAC）或细菌人工染色体（bacterial artificial chromosome，BAC）文库。

应用　克隆重叠群法是基因组测序中的一个关键步骤，已成功地应用于多种真核生物，包括人类基因组的测序工作。

（焦炳华）

jīyīn zǔ gòuzào

基因组构造（genome anatomies）

生物基因组在细胞内的定位、结构和组织形式。包括基因组存在部位（核内、核外）、基因组大小与长度、基因组的结构（外显子、内含子，编码序列、调控序列）等。不同生物基因组的构造和复杂程度各不相同。

基因组定位与大小　真核生物如人类基因组包括定位于细胞核中的染色体及细胞质中线粒体所携带的所有遗传物质；原核生物如细菌的基因组则由定位于拟核及核外质粒中的 DNA 组成；而病毒（包括噬菌体）的基因组则由 DNA（DNA 病毒）或 RNA（RNA 病毒）组成。基因组大小或基因组尺寸是指一个单倍体基因组中所含的 DNA 碱基对（bp）总数。不同生物体基因组的大小（图 1）各不相同。原核生物、低等真核生物基因组的大小与其形态复杂性和进化地位呈正相关，而软体动物以上的高等真核生物一般不存在这样的关系。

基因组结构　基因组有数个（病毒）至数万个（真核生物）编码序列（基因）和非编码序列（大多为调控序列）组成。编码序列又称为结构基因，在细胞内可表达多肽链（蛋白质）或功能 RNA，调控序列则为保证结构基因表达所需要的各类元件如启动子、增强子等。真核生物、原核生物和病毒的基因组构造各有其特点（见真核生物基因组、原核生物基因组和病毒基因组）。一般来说，病毒和原核生物编码基因是连续的，而真核生物则是不连续的，因而将真核生物的结构基因称为断裂基因，其中的外显子部分可得到表达，而内含子大多为具有调控功能的序列。

原核生物基因调控序列最主要的有启动子和终止子。在不同的基因中尚有可被其他调节蛋白质（阻遏蛋白或激活蛋白）所识别和结合的顺式作用元件（图 2）。其中启动子提供转录起始信

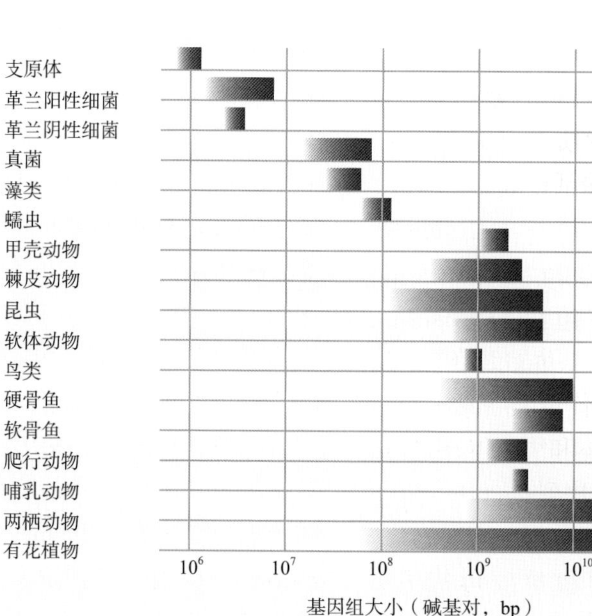

图 1　不同生物基因组大小比较示意图

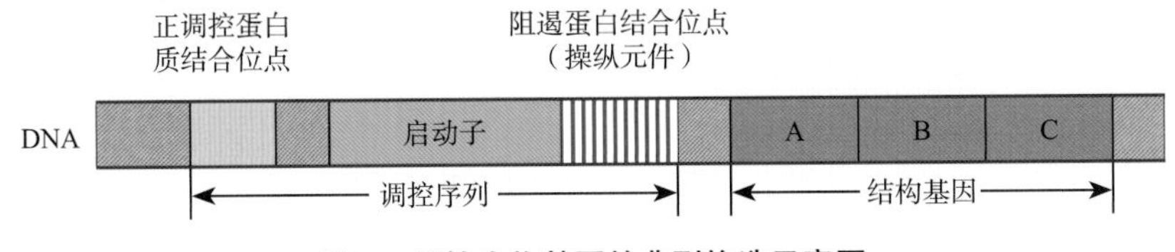

图 2　原核生物基因的典型构造示意图

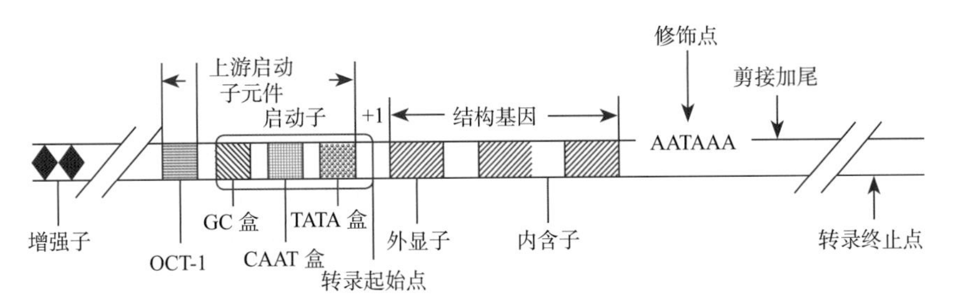

图 3　真核生物基因的一般构造示意图

号（RNA 聚合酶结合位点）；终止子则提供 RNA 合成终止信号；操纵元件也称操纵序列，是位于启动子邻近部位的一小段特定序列，阻遏蛋白可与之识别并结合，从而起到转录抑制作用。

真核生物基因的调控序列远较原核生物复杂。真核生物顺式作用元件主要包括启动子、上游调控元件（增强子、沉默子）和加尾信号等（图 3）。其中启动子提供转录起始信号（不同类型启动子结合不同类型的 RNA 聚合酶）；增强子增强邻近基因的转录；而沉默子则是负性调节元件，阻遏基因的转录活性。

（焦炳华）

zhēnhé shēngwù jīyīn zǔ

真核生物基因组（eukaryotic genome）　真核生物细胞或个体拥有的所有遗传信息的总和，包括存在于染色体和线粒体 / 叶绿体中的全部 DNA 序列。

结构　真核基因组大小差异很大，例如酿酒酵母的基因组很小，只有 12.1Mb，人类基因组为 3100Mb，小鼠基因组为 3300Mb，而小麦基因组则可高达 16000Mb。目前已从人类基因组鉴定出 60603 个基因，其中蛋白质编码基因 19973 个，长非编码 RNA 基因 19704 个，小非编码 RNA 基因 7576 个，假基因 14739 个（GenecodeVersion 31，2019 年 2 月）。线粒体 DNA 含有 37 个编码基因，其中 13 个编码蛋白质，其余 24 个基因中 22 个编码 tRNA、2 个编码 rRNA。

真核生物基因组编码序列远低于非编码序列（如人类基因组中编码序列只占基因组的 1.5% 左右，而非编码序列则占 98.5% 左右）。非编码序列包括基因的内含子、调控序列以及大部分的重复序列。重复序列中，少数为编码序列（如 rRNA、tRNA、组蛋白以及免疫球蛋白的编码基因），其余为非编码序列。

特征　真核生物基因组的最大特征就是存在大量的重复序列以及多基因家族和假基因。①真核生物基因组中的重复序列可以分为高度重复序列、中度重复序列和单拷贝序列。高度重复序列的重复频率可高达数百万次（>10^5），典型的高度重复序列有反向重复序列和卫星 DNA 两种。反向重复序列是指两个顺序相同的拷贝在 DNA 链上呈反向排列，卫星 DNA 是出现在非编码区的串联重复序列，长度为 2~6bp。中度重复序列在基因组中重复次数为 10~10^5，散在分布于基因组中；中度重复序列可以分为短分散重复片段和长分散重复片段两种类型。前者的平均长度为 300~500bp，拷贝数可达 10^5 左右，Alu 家族是人类基因组中含量最丰富的一种短分散重复片段；后者的平均长度为 3500~5000bp，大多不编码蛋白质。大多数蛋白质编码基因属于单拷贝序列（也称低度重复序列），在单倍体基因组中出现的频率为 1 次或几次。②真核生物基因组中还存在多基因家族（multigene family）和假基因。所谓多基因家族是指核苷酸序列相同或相似，或其编码产物具有相似功能的一类基因，例如 rRNA、tRNA、组蛋白、生长激素、src 癌基因家族等；多个多基因家族还能组成更大的基因家族，称为基因超家族（gene superfamily），如免疫球蛋白基因超家族。假基因是指与某些有功能的基因结构相似，但是不能表达产物的基因。假基因不含内含子，大多数也没有基因表达所需要的调控区。

（焦炳华）

yuánhé shēngwù jīyīn zǔ

原核生物基因组（prokaryotic genome）　原核生物细胞或个体具有的所有遗传信息的总和。包括存在于细胞核（拟核）和核外（质粒）的遗传物质。

结构　原核生物基因组以操纵子模型为其特征。在操纵子结构中，编码区通常由几个功能上相关联的结构基因串联排列组成，这些结构基因共用一个启动子和一个转录终止信号，转录出的mRNA长链编码几种不同的蛋白质，称为多顺反子mRNA（见基因组构造）。

特点 原核生物基因组的结构和功能与真核生物相比有如下特点：编码的结构基因大多是连续的；基因组中很少有重复序列；结构基因（蛋白质编码基因）多为单拷贝基因；基因组中结构基因的比例（约占50%）远大于真核基因组，但不及病毒基因组；结构基因在基因组中常以操纵子的形式存在。

（焦炳华）

bìngdú jīyīn zǔ

病毒基因组（viral genome）

一个病毒所携带的所有遗传物质的总和。可以是DNA，也可以是RNA，但两者并不共存于同一病毒中。

结构 与真核生物和细菌基因组相比，病毒基因组要小得多。不同病毒基因组在大小和结构上有比较大的差异。如乙型肝炎病毒DNA只有3kb大小（仅编码4种蛋白质），而痘病毒基因组可达175.7kb（编码186种蛋白质）。每种病毒只含有一种类型的核酸，或为DNA或为RNA，两者不共存于同一病毒中。基因组为DNA的病毒称为DNA病毒，基因组为RNA的病毒则称为RNA病毒。病毒基因组DNA或RNA的存在形式各不相同（单链或双链结构，闭环或线性分子）。DNA病毒的基因组大多是双链DNA分子，而RNA病毒的基因组大多是单链RNA分子。

特征 病毒基因组的最大特征就是存在基因重叠现象（图1）。病毒基因组大小十分有限，因此在进化过程中形成了基因重叠编码现象。重叠基因是指两个或两个以上的基因共有一段DNA序列，或是指一段DNA序列成为两个或两个以上基因的组成部分。重叠基因有多种存在方式（大基因内包含小基因，几个基因共用一段核苷酸序列，前后两个基因首尾重叠1个或2个核苷酸等）。重叠基因中不仅存在编码序列也有调控序列。

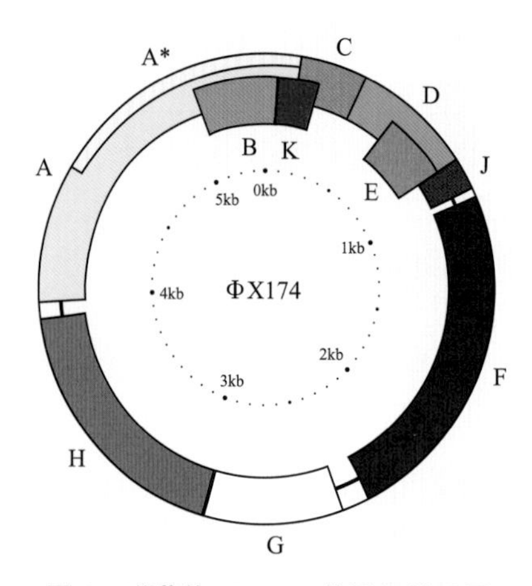

图1 噬菌体ΦX174基因组的重叠基因

注：ΦX174共含11个基因，分别为A、A*、B–H、J、K；其中基因A和A*，基因B、K、E与A、C、D存在重叠。

（焦炳华）

hóng jīyīn zǔ

宏基因组（metagenome）

一个特定环境中含有的全部微生物的遗传物质。包含可培养微生物基因组、未培养的微生物基因组；有时也为微生物环境基因组（microbial environmental genome）或生态基因组（ecogenome）。

宏基因组以测序分析和功能基因筛选为手段，对环境样品中微生物群体基因组进行研究，以阐明微生物种群结构、微生物间以及微生物–环境的互作、微生物的进化、微生物的功能等。宏基因组研究是新的微生物整合研究策略，一般包括环境样品采集、样品过滤、样品溶解和DNA提取、克隆及文库构建、克隆测序、序列组装注释等步骤（图1）。

美国国家微生物组计划（national microbiome initiative，NMI）以及人类微生物组计划（human microbiome project，HMP）就是两个宏基因组计划。NMI就是通过对各种不同环境中微生物种群的整合研究，揭示微生物组的多样性和行为规律，探索微生物组与生物间的复杂关系，更有效地开发微生物基因组资源（见国家微生物组计划）；而HMP则通过宏基因组方法研究人体内的微生物菌群结构变化与人体健康的关系，以促进健康评估与监测新方法的建立，指导新药研发和个体化用药的开展（见人类微生物组计划）。

（焦炳华）

rénlèi jīyīn zǔ jìhuà

人类基因组计划（human genome project，HGP）

测定人类基因组DNA约3100Mb的序列，发现所有的基因并找出它们在染色体上的定位，实现人类基因组破译和解读的国际合作计划。美国、英国、日本、法国、德国和中国6个国家参与了这一庞大国际协作项目的研究，该计划于1990年10月正式启动，2003年4月完成，历时13年。

研究内容 HGP的主要研究内容包括人类基因组作图（遗传图谱、物理图谱、转录图谱、序列图谱），基因组中编码基因的鉴定，以及基因组研究技术的发展和相关伦理学评估等。

实施情况 HGP的主要成果体现为人类基因组的遗传图谱、物理图谱、转录图谱和序列图谱。2003年4月，在DNA双螺旋结构发表50周年之际，HGP顺利完成。HGP获得了1 cM精度的遗传

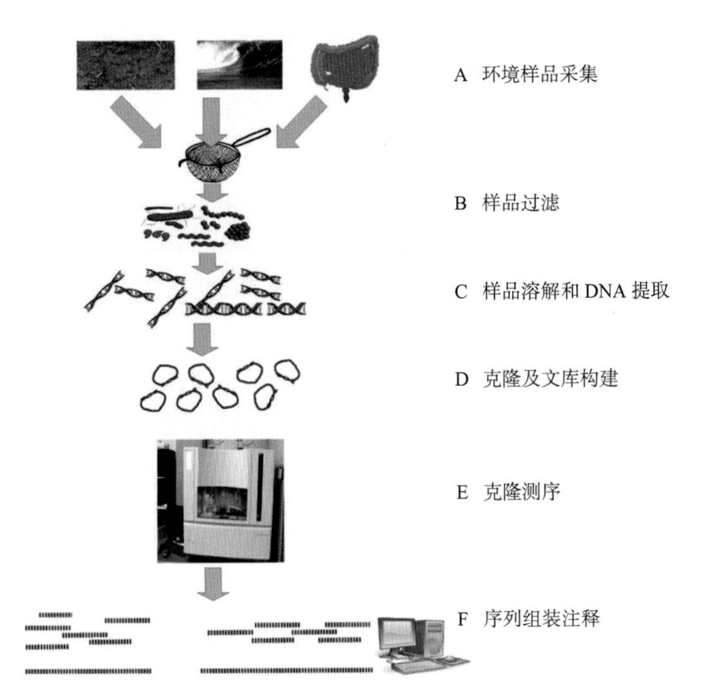

图1 宏基因组研究基本步骤示意图

图谱，鉴定了52000个序列标签位点，定位了基因组序列中99%的基因，完成图精度99.99%。此外，HGP还分析了15000条全长cDNA，定位了3700000个单核苷酸多态性位点。

意义和应用 HGP的实施彻底改变了当今科学研究的模式，极大地促进了医学科学的发展。HGP研究成果对于疾病与疾病易感基因的分析、药物新靶点的发现、新的分子诊断与治疗方法的建立等均具有不可估量的影响。①HGP将帮助人们从分子水平了解自身特定细胞、组织或器官的基因表达模式并解释其生物学意义，深入阐明细胞生长、分裂、分化、死亡以及疾病发生的机制。我们可以通过易感基因的分析预测某种疾病潜在的发病可能性，也可以对复杂疾病相关基因进行分析，从而阐明疾病发生发展的分子机制，发展相应的预防、治疗措施。②人类基因组中蕴含着大量的药物作用靶点。HGP及后基因组计划的实施，将进一步揭示其中新的药物作用靶点以及与药物反应表现型相关的基因型，从而极大地促进新药的研制与开发，并指导个体化医疗的开展。③HGP将为基因诊断和基因治疗技术的发展提供有力的支持。在人类基因组被完全解读后，针对疾病基因和疾病易感基因的基因诊断作为一种快速、高效、准确的方法将逐渐成为医学诊断的常规技术。针对重大疾病新的、有效的基因治疗手段（如基因修补术）将不断涌现，大量高效的基因工程药物将不断被研制出来，医学从此将进入到基因医学或分子医学的时代。

（焦炳华）

DNA yuánjiàn bǎikē quánshū

DNA元件百科全书（encyclopedia of DNA elements, ENCODE）

一项识别和解析人类基因组中所有功能元件（包括蛋白质编码基因、各类RNA编码序列、转录调控元件、介导染色体结构和动力学的元件以及有待明确的其他类型功能性序列等）的国际合作计划（图1）。该计划于2003年9月启动，目前正在进行中。ENCODE的完成将帮助人们更精确地理解人类的生命过程和疾病的发生、发展机制。

研究内容 ENCODE计划分成三个阶段实施，包括先导阶段、技术开发阶段和产出阶段。①先导阶段执行期为2003年至2007年，重点关注人类基因组约1%序列中的元件及其生物学功能，研究的重点主要是转录调节单元、转录调节序列、酶切位置、染色体修饰、复制起始点的确定等方面。②技术开发阶段除重点开发高效准确的鉴定DNA功能元件的方法外，研究对象覆盖到整个基因组，包括70000个启动子区域和400000增强子区域。③第三阶段即产出阶段，目前仍在进行中，其目的是完成人类基因组中所有功能元件的注释，帮助人们更精确地理解人类的生命过程和疾病的发生、发展机制。

实施情况 2012年9月6日，*Nature*发表了ENCODE计划联盟有关“人类基因组的整合ENCODE”的报道。该报道分析了1640组覆盖整个人类基因组的ENCODE数据，主要结论如下：①人类基因组的大部分序列（80.4%）具有各种类型的功能。②基因组元件在进化上符合负性选择原理，表明其中的部分是有功能的。③人类基因组中有399124个区域具有增强子样特征，70292个区域具有启动子样特征，且还有数百至数千个休眠区域。④RNA的产生和加工与结合启动子的转录因子活性密切相关。⑤个体基因组中位于ENCODE-注释功能区域的非编码变异体数量，至少与存在于蛋白质编码基因中的数量相等。⑥非编码功能元件

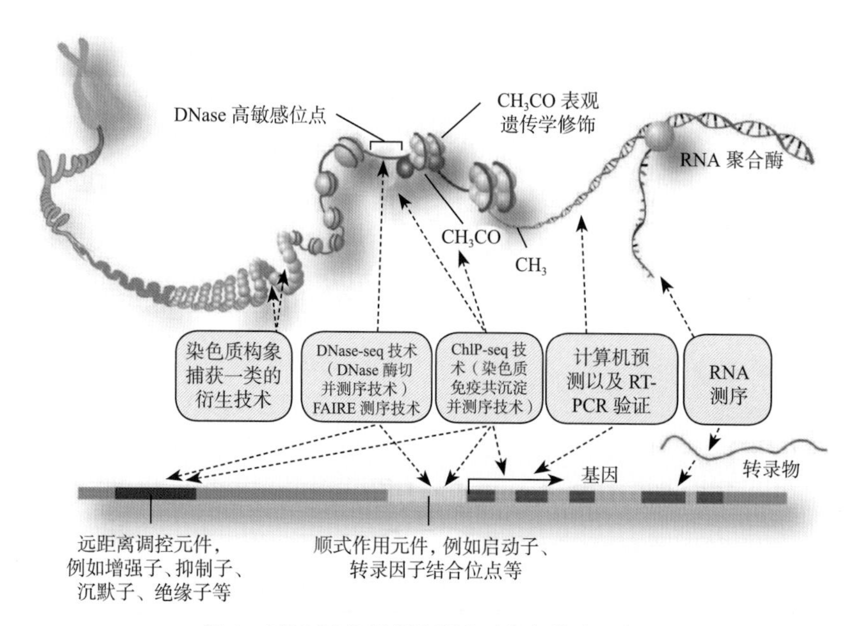

图 1　ENCODE 计划的研究对象和策略示意图

富含与疾病相关的 SNP，大部分疾病的表型与转录因子相关。研究显示，人类基因组中的 DNA 序列至少 80% 有功能，并非之前认为的大部分是“垃圾”DNA。

意义和应用　人类基因组计划（human genome project，HGP）提供了人类基因组的序列信息（可以看作为“符号”），如何解密这些“符号”代表的意义，特别是还有 98% 左右的非蛋白质编码序列的功能，仍然是一项十分繁重的任务。因此，若要全面理解生命体的复杂性，必须全面确定基因组中各个功能元件及其作用。如果说，HGP 的完成是印刷了一部有关生命的“天书”，ENCODE 则相当于是这本“天书”的注解，使人们能够解读“天书”中关键字句的含义。可以说，从 HGP 到 ENCODE 实际上是基因组从“结构”到“功能”的必然。

（焦炳华）

rénlèi wēishēngwù zǔ jìhuà

人类微生物组计划（human microbiome project, HMP）

一项通过宏基因组学技术研究人体内微生物菌群结构变化，并阐明这些变化与人体健康关系的国际合作计划。该计划于 2007 年底启动，美国、欧盟多个国家、中国和日本等十几个国家参加。

研究内容　HMP 的研究内容包括 3 个方面：①建立一套微生物基因组参考序列，并初步阐明人类微生物组的特征。②查明人类微生物组变化与疾病的关系。③发展新的计算机分析技术与工具。④建立一个人类微生物组资源库。⑤评估人类微生物组研究的伦理、法律和社会影响。

实施情况　2012 年 6 月 13 日，人类微生物组计划宣布获得重要进展，其标志性成果是建立了人类微生物基因组参照数据库。从 242 个健康志愿者获得超过 5000 份标本（口腔、鼻腔、皮肤、下消化道、阴道等），发现了超过 10000 种以上的微生物，并且进行了微生物组测序。研究结果表明，人体微生物组远大于人体基因组本身，人体细菌所拥有的蛋白质编码基因是人体本身的 360 倍；人体微生物执行多种与人类健康相关的生物学活性，特别是代谢活性；人体微生物组受年龄、疾病和用药的影响，而处于动态变化中。

意义和应用　人体内存在有两套基因组，一个是通过遗传获得的位于染色体（以及线粒体）中的人类基因组，另一个则是后天获得的位于肠道、表皮等组织的共生微生物，其遗传信息的总和称为微生物组。因此，HMP 实际上是人类基因组计划（human genome project，HGP）的延伸。HMP 研究将帮助人们进一步理解共生微生物在人类生命过程中的作用，并为健康评估与监测、某些疾病的早期诊断与治疗等提供新的理论依据。

（焦炳华）

guójiā wēishēngwù zǔ jìhuà

国家微生物组计划（national microbiome initiative, NMI）

一项由美国政府推出并主导，旨在提升微生物科学前沿研究与技术创新水平的研究项目。NMI 的实施，将进一步促进对微生物世界的认知，从而推动微生物技术的进步，拓宽微生物及其产品的应用领域。

研究内容　所谓微生物组指的是环境中、动植物（包括人体）体内所有微生物群落基因组的总和。NMI 的研究内容涉及 3 个方面：①支持跨学科研究，以回答多样化生态系统中有关微生物组的基本问题，如什么是健康的微生物组；②开发用于检测、分析微生物组的工具；③培训更多的从事微生物组相关研究的人员。

实施情况　于 2016 年 5 月 13 日宣布启动，目前正在进行中。

意义和应用　已有研究提示，微生物组失衡与生态系统、气候变化以及某些人类疾病高度关联。

NMI首次把微生物组研究提高到国家战略地位，其目标就是通过微生物生态系统的整合研究，揭示微生物组的特征与行为规律，提升对健康微生物组功能的保护和恢复。该计划旨在强化微生物组在解决人类健康、环境保护和能源等重大问题中的应用，突出了微生物组研究跨学科、跨行业、跨部门以及战略先导性的特点。计划的启动标志着微生物组研究已经成为国际科技革命新的战略高地。

（焦炳华）

jīyīn zǔ jìnhuà

基因组进化（genome evolution）

生物在进化过程中，其基因组大小和结构（序列）发生变化的过程。一般来说，随着生物从低级向高级进化，所拥有的基因组也越大，且结构越加复杂，所含编码基因序列的比例越来越少，而非编码序列越来越多。例如，大肠埃希菌基因组为4.6Mb，含蛋白质编码基因4288个，而人类基因组为3100Mb，仅含蛋白质编码基因约25000个。因此，生物进化程度越高，非编码序列在基因组中的比重越大。比如在微生物中，非编码区只占整个基因组序列的10%~20%，而在人类基因组中，这一比重高达98.5%。

进化机制 生物进化过程中基因组的增大和非编码基因的增加可以通过基因复制、插入、突变、重组等形式实现。①基因复制和全基因组复制，后者称为多倍体化。多倍体化可使生物获得多个拷贝的功能基因。②转座元件的插入，形成众多的重复序列，如人Alu家族。③突变、插入或缺失突变，致使突变基因无功能化，但序列仍保留于基因组中。④假基因形成，由于编码基因发生突变或cDNA插入所致。假基因不能被表达（见假基因）。⑤外显子重排，不同基因外显子可发生互换，使得原基因结构发生变化，从而产生了新基因。

研究内容 基因组进化研究涉及多个方面，包括基因组结构分析、基因组中非编码基因（特别是重复序列）的鉴定、基因与基因组的复制机制等。近年来引入的比较基因组学极大地促进了基因组进化研究。

（焦炳华）

fēnzǐ xìtǒng fāshēng xué

分子系统发生学（molecular phylogenetics）

依据生物大分子（蛋白质、核酸等）的序列信息确定不同生物在进化过程中的地位、分歧时间以及亲缘关系的研究策略。

原理与方法 分子系统发生学主要是根据核酸、蛋白质序列信息构建生物类群的谱系发生树，基本程序包括：①获得待分析生物类群和目标生物大分子（如核酸、蛋白质等）的序列数据或其他相关数据。②建立基于序列进化规律的数学模型，对上述获得的相关数据进行比对或其他数学处理。③构建分子系统树，评价物种在进化上的关系。

意义与应用 通过分子系统发生研究，可以构建分子系统树，推断生物大分子的进化历史，继而阐明生物各类群的发生关系。近年来逐步形成的系统发生组学就是一种基于基因组学和分子系统发生学的整合研究，它运用进化的规律来解读基因组，通过同时对多种生物基因组数据进化或演化过程的比较研究，了解对生命至关重要的基因的结构及其调控作用模式。

（焦炳华）

kǎobèi shù biànyì

拷贝数变异（copy number variation, CNV）

某些基因的拷贝数在不同个体间出现差异的现象。如一些个体丢失一些基因拷贝数，而另一些个体则额外拥有一些基因拷贝或延长的基因拷贝。又称为拷贝数多态性（copy number polymorphism，CNP）。

产生机制 CNV是由基因组发生重排或错误复制而导致的，CNV的突变率远高于单核苷酸多态性。CNP的平均长度为465kb，平均两个个体间存在11个CNP的差异，且约半数以上的CNP可在多个个体中重复出现。CNP与个体的疾病易感性、药物的疗效和副作用等相关。

研究方法 目前用于进行全基因组范围CNV研究的方法主要有基于芯片的比较基因组杂交技术、单核苷酸多态性分型芯片技术以及新一代测序技术等。

（焦炳华）

biǎoguān jīyīnzǔ xué

表观基因组学（epigenomics）

在基因组水平上研究表观遗传修饰的研究领域。细胞内的遗传物质DNA与组蛋白上能够发生包括甲基化在内的多种共价修饰，这些修饰能在不改变DNA序列的情况下影响到细胞的功能和状态，并能和遗传信息一起被稳定继承到子代细胞，因此被称为表观遗传修饰。由于表观遗传修饰能快速地对环境改变产生应答，调控基因表达水平，很早就获得研究者的关注。全基因组测序完成使得表观遗传修饰能够被定位到基因组上特定位置，并使人们可以在全基因组水平上对其加以研究。由此产生了与基因组对应的表观基因组，即细胞内基因组上所有表观遗传修饰的集合。人体内不同类型的细胞共享一套基因组，然而形态和功能却大相径庭，正是由于它们的表观基因组不同。个体生长发育、对外界环境的应答、疾病的发生发展等生理过程通常涉及表观基因组的改变，而不影响基因组。据此，表观基因组学的概念被提出，旨在通过研究细胞水平的表观遗传修饰的动态变化，揭示基因型、表型和环境之间的联系。相比于相对稳定的基因组，表观基因组具有更丰富的内容和更动态的变化，不同的个体、不同的组织、不同的时间都意味着表观基因组的不同，表观遗传组学的研究内容也在不断扩展，例如新的组蛋白修饰和变体、染色质的高级结构等。

表观基因组学与基因组学、蛋白质组学类似，通过在宏观整体水平上研究和分析大量数据，以获得局部特异性研究所不能提供的信息。伴随着高通量的组学研究产生的大量数据必须给予恰当的计算机分析才能获得有意义的结果，因此针对表观基因组数据处理的生物信息学研究也成为表观基因组学研究中重要部分。表观基因组学的研究深化了人们对多种生命进程发生机制的理解，为疾病的预防和治疗提供了研究方法和发展方向。

主要研究内容 表观基因组学通过研究各种表观遗传修饰在基因组上的定位和变化情况解释其对细胞和个体的影响。主要的表观遗传修饰包括。

DNA修饰 存在于DNA上的修饰，以甲基化为主。DNA甲基化主要发生在胞嘧啶上，细胞内大部分胞嘧啶－鸟嘌呤（CpG）二核苷酸序列中的胞嘧啶都会发生甲基化，但是在基因组上存在着一些大小为1~2kb的区域，CpG出现的频率较高，且通常不发生DNA甲基化，这些区域被称为CpG岛。人类约有一半的基因启动子区域位于CpG岛内，启动子区域的DNA甲基化与基因沉默有非常密切的联系。在癌症细胞中，部分基因启动子区域的DNA甲基化水平升高而被沉默。因此分析基因组水平DNA甲基化对癌症的诊断和治疗都有积极意义。目前已经发展出多种绘制基因组甲基化图谱的方法，主要区别在于分辨率、通量大小、定量水平等。此外DNA还能够发生羟甲基化等其他修饰，其功能尚不完全清楚，近年来有研究表明这些修饰在发育和免疫应答等过程中也发挥了重要作用。

组蛋白修饰/变体 细胞核内用于包装和缠绕DNA的一类蛋白质。DNA缠绕于组蛋白复合体上形成核小体，核小体进一步缠绕构成染色质。组蛋白复合体由4种核心组蛋白（H_2A，H_2B，H_3，H_4）各两个亚基组成，这些组蛋白上能带有多种转录后修饰，如甲基化、乙酰化、磷酸化、泛素化等。这些修饰能通过影响染色质结构，招募相应识别蛋白质等方式调控各种基因的表达。其中组蛋白乙酰化通常代表着染色质开放基因激活，而组蛋白甲基化则根据其被修饰的具体氨基酸不同代表了不同的染色质状态。因此有人提出“组蛋白密码”假说，即组蛋白上不同的修饰组合类似于密码子，决定了染色质状态。随后研究发现组蛋白，尤其是H_3和H_2A，还有由不同基因编码的组蛋白变体，可以在特定的时间和事件中被装配到染色质中执行特定的功能。组蛋白修饰和变体在基因组上的定位及其与染色质状态、基因表达之间的关系很快成为研究热点。

主要技术 包括以下方法。

重亚硫酸盐测序法（bisulfite genomic sequence） 检测DNA甲基化修饰分布模式的方法。DNA在经过重亚硫酸盐处理过后，设计特异引物进行聚合酶链式反应（PCR）检测。PCR产物中模板上非甲基化的胞嘧啶位点会被胸腺嘧啶替代，而甲基化的胞嘧啶位点则会保持不变。对PCR产物进行测序后进行分析可以得到特定位点在各个基因组中的甲基化修饰状态。重亚硫酸盐测序法具有特异性高和灵敏度高等特点，在DNA甲基化研究中被广泛采用。

染色质免疫共沉淀（chromatin immunoprecipitation，ChIP） 目前全基因组水平的组蛋白修饰/变体研究的主要技术。主要流程是通过甲醛交联“冻结”细胞内的染色质，利用超声将染色质打断成短的片段。使用针对目的修饰或蛋白质的抗体与这些交联的染色质片段进行免疫共沉淀，将得到的抗体－染色质复合物回收、解交联、纯化获得富集的DNA片段。这些DNA片段就代表了目的修饰或蛋白质在基因组上的区域和富集程度，通过设计特定的引物进行定量PCR就可以获得其在基因组特定位点的富集信息。该方法的关键在于获得高质量的ChIP级别的抗体。

染色质免疫共沉淀－测序（chromatin immunoprecipitation，ChIP-seq） 基于ChIP技术发展而来，与ChIP的区别在于获得富集目的修饰/蛋白的DNA片段后不通过PCR检测，而是使用高通量测序技术进行全基因组分析。与ChIP相比，ChIP-seq可以分析更大的基因组区域甚至整个基因组的富集情况。ChIP结果的分析和可视化依赖生物信息学，由于部分组蛋白修饰在基因组上会呈现出区域状的分布，增加了分析其富集区域的难度，基因组匹配分析算法的研究也成为研究热点。受测序技术推动，ChIP-seq 的灵敏度和分辨率都在快速提高，已成为表观基因组学的主流技术。

（熊　峰）

jīyīn zǔ xiūshì

基因组修饰（genomic modification）　通过生物技术插入、改变或删除生物体基因组片段以改变其遗传信息和表型的过程。基因组修饰可以改变患者携带有害突变的基因或改变特定基因表达水平以达到治疗效果。也称基因治疗。在其他领域，基因组修饰可以改变植物基因组使其获得抗虫害或更高产量等形状，改变微生物基因组使其更适合生产，应用于实验室以研究特定基因功能等。此外一些药物，疫苗和抗体的大规模生产也得益于基因组修饰技术的进步。

主要作用机制　①基因插入：在基因组中导入一个新的基因，使生物体获得新的性状或弥补缺陷。例如在植物导入抗虫害基因，使其表达对害虫有毒害作用的蛋白，以获得抗虫害的性状，或在血友病患者的细胞中导入凝血因子Ⅷ的基因，以弥补其凝血障碍。②基因敲除：在基因组中删除特定基因片段以破坏该基因的表达。该技术被广泛应用于基础研究中，研究者可以通过观察特定基因敲除之后的个体形态和功能上的失常来推测该基因的功能。该技术也可用于敲除变应原或病毒插入的基因片段。③基因修正（替换）：该技术主要用于去除和替换损坏或失活的基因片段，使基因正常表达。通常只需要操作非常短的基因片段，甚至几个核苷酸序列即可达到治疗目的，比如镰状细胞贫血治疗。

技术类型　包括以下方面。

同源重组（homologous recombination）　早期进行基因组修饰的主要技术，通过在原基因组中引发 DNA 断裂，利用细胞的损伤修复机制导入一个新的基因。由于基因组插入的位置是随机的，该技术具有不可重复的性质。不仅如此，随机插入可能会干扰甚至破坏其他基因的功能而导致不可预料的结果，如可能引起癌症发生。

基因打靶（gene targeting）　20 世纪 80 年代基于同源重组技术发展而来，可以操作基因组上特定的基因。通过该技术改变小鼠胚胎干细胞的基因组序列后培育出的转基因小鼠模型被广泛用于研究基因功能和建立人类疾病相关模型。该技术的三位创始人也因此获得了 2007 年诺贝尔生理学或医学奖。新一代定向修饰技术：随着人们对基因组操作的精确度和操作性要求进一步提高，人们开始追寻能够识别和切割特定 DNA 序列的核酸内切酶，以在任何感兴趣的序列上产生稳定的切割，提高重组效率。在发展过程中主要有以下几种技术：①大范围核酸酶：一类长 DNA 识别序列的限制性内切酶。不同于识别序列通常小于 8 个碱基对的普通限制性内切酶，大范围核酸酶的识别序列通常大于 16 个碱基对，大大提高其识别特异性，达到了基因组内唯一的水平，因此被首先开发用于提高修饰效率。但是由于并不是所有的基因附近都有合适的酶切位点，限制了其该技术的使用。②锌指蛋白：一类含有锌指模体的蛋白质。锌指模体存在于许多的转录因子中，负责了其与 DNA 序列的识别，通常结合有锌离子以稳定构象。锌指模体的识别序列通常只有 3 个碱基对，如果人工组合多个锌指模体，可以使表达的蛋白识别大约 20 个碱基对长度的特定序列。通过将识别启动子区域的锌指蛋白和转录因子连接，可以调控相关基因的表达水平。将锌指蛋白和核酸内切酶连接，即可在特定位点引起 DNA 断裂，继而引起同源重组改变基因组序列。③ TALENs（transcription activator-like effector nuclease）：转录激活子类似蛋白（TAL）蛋白。最早发现于细菌的分泌蛋白中，这类蛋白质可以结合植物宿主特定基因的启动子区域，激活基因表达以辅助细菌感染。研究发现这类蛋白质普遍具有大约 34 个氨基酸重复序列负责与 DNA 结合，这些重复序列和 DNA 序列上的碱基顺序具有一一对应的关系。很快这种蛋白质就被人们开发成基因操作的工具，通过人为地改变其氨基酸重复序列，即可获得识别特定序列的 DNA 结合蛋白。TALENs 的工作方式类似于锌指蛋白，将结合 DNA 片段的重复序列和特定功能的蛋白连接达到调控修改基因序列的目的。④ CRISPR-CAS9：最初是细菌用于抵御病毒等外源 DNA 入侵的一种获得性免疫机制。通过 RNA 介导的核酸酶 cas9 可以切割特定的 DNA 片段。通过人为导入引导 CRISPER 序列和 cas9，可以切割基因组上任何特定位置。该技术于 2012 被首次被应用于人类细胞，由于其高效和便捷的特点，迅速在科研领域引起了巨大的反响并被广泛运用于各种模式生物中。

（熊　峰）

zhuǎnlù wù zǔ

转录物组（transcriptome） 一个生命单元在特定状态和环境下所能转录出来的全部转录物，即各类 RNA（mRNA、rRNA、tRNA 和其他非编码 RNA）的总和。与基因组相比，转录物组最大的特点是受到内外多种因素的调节，因而是动态可变的。不同物种、不同个体、不同细胞、不同发育阶段和不同生理病理状态下的转录物组差异显著，实际上反映了不同条件下基因差异表达的信息。

转录物组是基因组功能研究的一个重要部分，它上承基因组，下接蛋白质组，其主要研究内容为大规模基因表达谱分析和功能注释。需借助近年来建立起来的一些新技术如高通量微阵列、基因表达系列分析、大规模平行信号测序系统（见 DNA 芯片、基因表达系列分析、大规模平行信号测序系统）等。

疾病转录物组是转录物组在医学上的发展。疾病转录物组通过比较研究正常和疾病条件下或疾病不同阶段基因表达的差异情况，从而为阐明复杂疾病的发生发展机制、筛选新的诊断标志物、鉴定新的药物靶点、发展新的疾病分子分型技术，以及开展个体化治疗提供理论依据。

（焦炳华）

dà guīmó biǎodá pǔ

大规模表达谱（global expression profile） 生物体（组织、细胞）在某一特定状态下基因表达的整体水平。又称为全景式表达谱。

长期以来，基因功能的研究通常采用基因差异表达方法，效率低，无法满足大规模功能基因组研究的需要。利用基因表达谱微阵列或基因芯片技术，可以同时监控成千上万个基因在不同状态（如生理、病理、发育不同时期、诱导刺激等）下的表达变化，从而推断基因间的相互作用，揭示基因与疾病发生、发展的内在关系。

借助近年来建立起来的一些新技术如基因表达系列分析、大规模平行信号测序系统（见 DNA 芯片、基因表达系列分析、大规模平行信号测序系统）等，可更为完整地获得基因组表达信息，并且有助于检测一些在特定时段表达或表达水平较低的基因。

（焦炳华）

DNA xīnpiàn

DNA 芯片（DNA chip） 将大量已知序列的 DNA 片段（探针）按预先设计的方式密集排列在厘米大小的硅片、玻片或塑料片上，从而进行高通量核酸杂交检测的系统（微型核酸杂交反应分析系统），以实现对组织、细胞中基因表达进行准确、快速、大信息量的检测。又称 DNA 微阵列（DNA micro array）或表达谱芯片。

基本原理 其基本原理源自核酸杂交。根据碱基互补原理，两条单链核酸如果存在碱基互补，则可形成同源或异源的核酸双链分子。DNA 芯片就是利用核酸探针（probe，已知碱基序列并带有标记的核苷酸片段）在基因混合物中识别特定基因。DNA 芯片高度集成了成千上万个基因探针，通过该技术，就能检测组织、细胞中基因的表达情况。目前实际应用的主要有 DNA 芯片（检测基因突变）和基因表达谱芯片（检测细胞基因表达水平）两类。

步骤 通常包括 5 个步骤：芯片设计与制作、样品制备、荧光标记与杂交、结果探测、数据处理和分析（图 1）。随着生物技术服务业的发展，用户只需告知

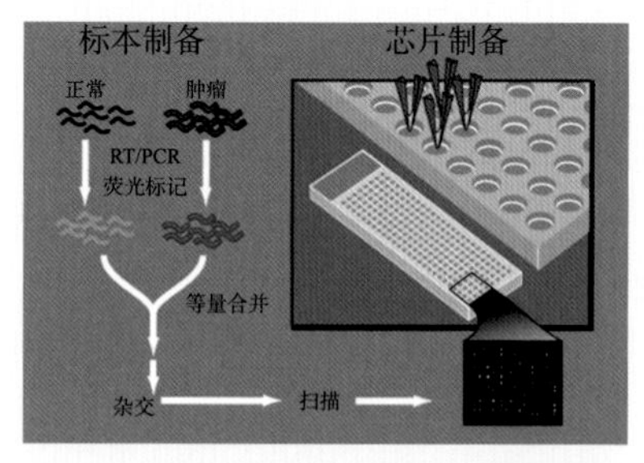

图 1 DNA 芯片技术的基本步骤示意图

注：不同标本（如正常组织和肿瘤组织）抽提的 RNA 经 RT-PCR 后分别以不同的荧光染料（一般为 Cy3 和 Cy5）标记，等量混合后在芯片上进行杂交反应，然后进行扫描、读片与分析。右下为双色荧光重叠图像，绿色荧光者表示正常组织高表达，而红色荧光者表示肿瘤组织高表达。应用该技术可发现两个标本的差异表达基因。

研究目的并提供合格样品（组织、细胞）即可，其余均由专业公司完成。

（焦炳华）

jīyīn biǎodá xìliè fēnxī

基因表达系列分析（serial analysis of gene expression, SAGE） 基于核酸杂交原理在转录水平研究细胞或组织基因表达模式的高通量技术。

基本原理 用来自 cDNA 3' 端特定位置 9~10bp 长度的序列所含有的足够信息鉴定基因组中的所有基因。可利用锚定酶和位标酶这两种限制性内切酶切割 DNA 分子的特定位置（靠近 3' 端），分离 SAGE 标签，并将这些标签串联起来，然后对其进行测序，测序后作为探针即可用于生物标本表达谱的检测。SAGE 可以提供完整的细胞或组织的基因表达谱信息，同时可以定量鉴别出差异表达基因。

步骤 主要包括：SAGE 文库的构建；SAGE 标签分离；SAGE 标签连接；融合标签序列测定；以融合标签作为探针进行基因表达谱分析；数据处理与分析（图 1）。

（焦炳华）

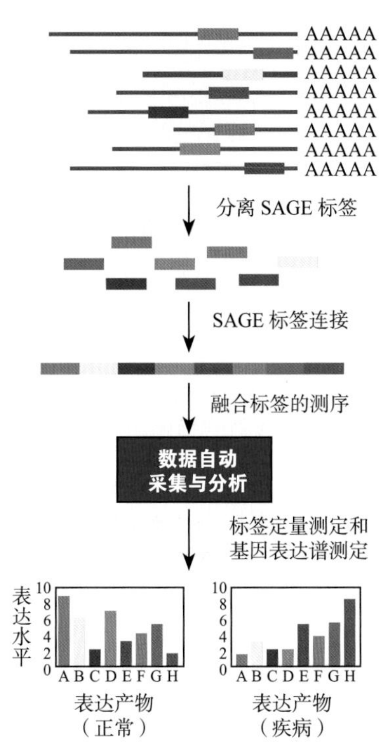

图 1　SAGE 的原理与基本步骤示意图

注：分离各类 mRNA 的 SAGE 并进行连接，测序后作为探针即可用于生物标本表达谱的检测。

dà guīmó píngxíng xìnhào cèxù xìtǒng

大规模平行信号测序系统（massively parallel signature sequencing, MPSS）　以测序为基础的基因表达谱自动化和高通量分析技术。

基本原理　采用能够特异识别每个转录子信息的序列信号（16~20bp）进行大规模平行定量测定相应转录子的表达水平。即以 mRNA 一端测出的一个包含 10~20 bp 的特异序列信号作为检测指标，这种特异序列信号在样品中出现的频率（拷贝数）就代表了与该序列信号相对应的基因表达水平。MPSS 所测定的基因表达水平是一个数字表达系统，以计算 mRNA 拷贝数为基础。将目的样品和对照样品分别进行测定，通过严格的统计检验，就能对差异较小、表达水平较低的基因进行测定，而不必预先知道基因的序列。

步骤　①序列信号库的建立：首先用荧光标记的引物将来自组织或细胞的 mRNA 逆转录成其 cDNA，随后与一段短寡核苷酸“标签”（32bp）融合表达，得到带有荧光标记的标签——序列信号片段，PCR 扩增。②微球制备：微球直径一般为 5mm，每个微球只偶联一种与“标签”序列相对应的特异性抗“标签”（即与“标签”对应的互补寡核苷酸片段），每一微球所携带的抗“标签”约为 100000 个。理论上讲，微球种类（偶联抗“标签”的种类）应覆盖样本中所有表达的 mRNA 类型。③微球与序列信号库的反应，即“标签”与抗“标签”杂交反应。④序列测定：采用荧光激活细胞分选法获得与微球结合的序列信号，测定其序列。⑤生物信息学分析，获得高通量基因表达谱（图 1）。

（焦炳华）

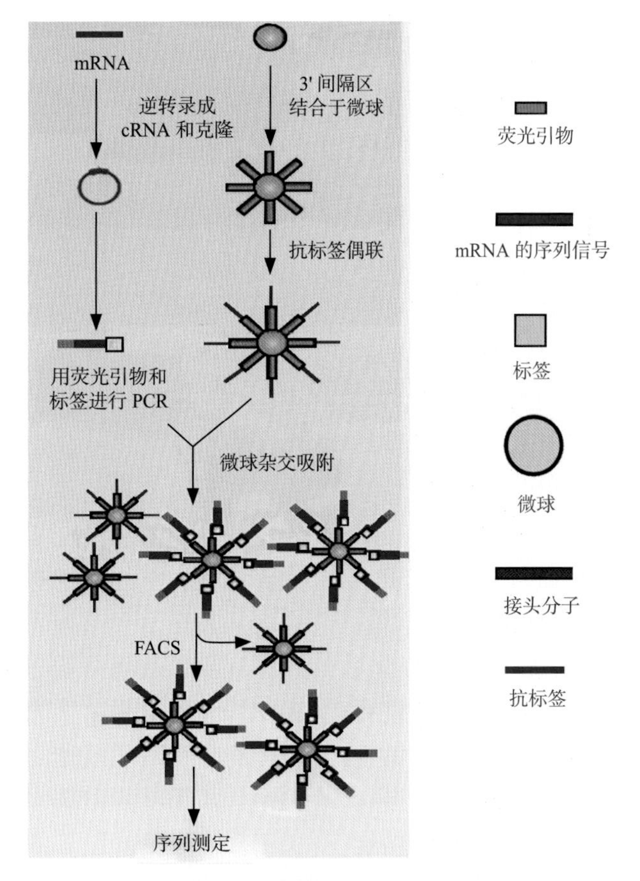

图 1　MPSS 的原理与基本步骤示意图

注：将组织表达的 RNA 逆转录成 cDNA 并进行克隆，PCR 获得含荧光引物的标签—序列信号库；同时制备含抗标签的微球。两者混合后含标签的样品就被微球吸附，经 FACS 分选后可直接用于序列测定，经生物信息学分析后就可获得 mRNA 表达谱信息。

dān xìbāo zhuǎnlù wù zǔ

单细胞转录物组（single cell transcriptome）　单一类型细胞在特定状态和环境下所能转录出来的全部转录物，即各类 RNA（mRNA、rRNA、tRNA 和其他非编码 RNA）的总和。因此，单细胞转录物组实际上反映了单一细胞所有基因的表达模式、转录及其情况。单细胞转录物组的研究有助于解析单个细胞行为的分子基础。

不同类型的细胞具有不同的转录物组表型，并决定细胞的最终命运。从理论上讲，转录物组分析应该以单细胞为研究模型。单细胞转录物组可解决用全组织样本测序无法解决的细胞异质性问题，有助于解析单个细胞行为、机制、与机体关系等的分子基础。

单细胞测序是单细胞转录物组的重要内容。单细胞转录物组分析主要用于在全基因组范围内发现基因调节网络，特别适用于存在高度异质性的干细胞及胚胎发育早期的细胞群体。单细胞转录物组分析与活细胞成像系统相结合，更有助于阐明在细胞分化和转分化以及细胞重编程等过程中的基因调节网络。单细胞转录物组分析在临床上可以连续追踪疾病基因表达的动态变化，监测病情和病程变化、预测疾病预后和转归等。

（焦炳华）

RNA zǔ

RNA 组（RNome）　一个生命单元在特定状态和环境下所能转录出来的除 mRNA 以外的其他所有小 RNA 的总和。

细胞内除了 mRNA 以外，还存在着许多其他种类的小分子 RNA，包括胞质小 RNA、核小 RNA、核仁小 RNA、微 RNA、催化性小 RNA 和干扰小 RNA 等。RNA 组研究内容则包括 RNA 种类、RNA 时空表达情况以及其生物学意义。

细胞内种类繁杂的小分子非编码 RNA 形成了高度复杂的网络，在基因表达、细胞生长与分化、个体发育等生命活动中发挥重要调控作用，因此，RNA 的生物学功能远远超出了遗传信息传递中介的范围。RNA 组的研究是功能基因组研究的重要组成部分，将在全面破解生命奥秘过程中发挥重要作用。

（焦炳华）

dànbáizhì zǔ

蛋白质组（proteome）　在特定条件下一个基因组所表达的全部相应的蛋白质，或一个生物体系（包括细胞、亚细胞器、体液等）中所包含的全部蛋白质。更具体地说，它是给定类型的细胞或生物体，在特定的时间、特定的条件下所表达的全部蛋白质。应用各种技术手段研究蛋白质组的专门学科被称为蛋白质组学（proteomics）。

蛋白质组一词源于蛋白质（protein）与基因组（genome）两个词。1994 年由澳大利亚科学家马克·威尔金斯（Marc Wilkins）和基斯·威廉姆斯（Keith Williams）首次提出。在生物个体中，蛋白质组中蛋白质的数目可能会超过基因组中的基因数目，特别是真核生物，一个基因在转录时，其 mRNA 可能会以多种形式剪接，并且大部分蛋白质通常都被进行过翻译后修饰，蛋白质组的复杂度要比基因组的复杂度高得多。对蛋白质组的研究旨在阐明生物体全部蛋白质的表达模式和功能模式，主要有两方面，一是结构蛋白质组，二是功能蛋白质组（差异蛋白质组）。其内容包括蛋白质的定性鉴定、定量检测、细胞内定位和相互作用研究等，从整体的水平分析生物体内全部蛋白质组成成分的动态变化，包括其表达水平和翻译后修饰状态，进而了解蛋白质与蛋白质相互作用，阐明蛋白质的功能与生物体的生命活动规律之间的相互关系，从而在蛋白质水平上获得关于疾病发生发展、细胞代谢变化等生理病理过程的整体而全面的认识，为临床诊断治疗、药物筛选及新药开发、病理变化和代谢途径等研究提供理论依据和实验基础。

研究步骤　包括蛋白质样品的制备，蛋白质的分离与纯化、定性及定量分析，以及蛋白质翻译后修饰检测和数据处理。

研究方法　蛋白质组技术涉及生物化学、分子生物学和生物信息学等多学科技术与知识的综合运用。用于蛋白质组研究的技术主要有蛋白质复合物的纯化、蛋白质芯片、二维凝胶电泳、二维/多维色谱分离技术、生物质谱、酵母双杂交和噬菌体表面展示等技术。

凝胶电泳　主要有一维凝胶电泳和二维凝胶电泳（two-dimensional electrophoresis，2-DE）。二维凝胶电泳是一种具有能将数千种蛋白质同时分离与展示的分离技术。

二维/多维色谱分离技术　高效液相色谱法具有灵敏度高、可以直接与质谱联用、分析速度快、样品歧视现象少等优点，作为与二维凝胶电泳互补的一种分离分析方法，在蛋白质组研究中已成为生物大分子快速分离鉴定的有力工具。对于复杂样品体系，单独的一种液相色谱分离（即一维液相色谱）可能会出现峰重叠现象，很难有效分离。多维液相色谱是将样品注入呈正交分布的串联的多个液相色谱分离模式中分离，样品中各组分依次经过各液相色谱分离模式分离，实现复杂样品的有效分离。步骤为样品制备、蛋白质酶解、液相串联质谱法（LC-MS/MS）、利用数据库确定蛋白质及定量。

蛋白质芯片技术　是一种对蛋白质表达、结构和功能进行分析的高通量、自动化、平行且微型化技术，此技术是将一系列“诱饵”蛋白质（如抗体、抗原、配体、受体、酶等）或将与色谱分离相关的介质材料，以阵列方式固定在经过特殊处理的底板上，通过这些“诱饵”蛋白质与待分析样品之间的相互作用，那些与“诱饵”或色谱介质材料相结合的蛋白质可以保留在芯片上，然后用适当的方法对保留在芯片上的蛋白质进行定性、定量分析。此技术已广泛地应用于蛋白质－蛋白质的相互作用、疾病诊断、药物设计和筛选等多个领域。

生物质谱　蛋白质组学研究的蓬勃发展，主要得益于大规模高通量的分离分析和检测技术的不断进步。尤其是生物质谱技术的发展使其更为灵敏、迅速和多样化，已成为蛋白质组学研究重要的核心技术。生物质谱技术可实现大规模、高通量的蛋白质组定性、定量分析和翻译后修饰及位点分析。基于生物质谱的蛋白质组定量方法主要有稳定同位素标记和非标记两种技术手段。常用的稳定同位素标记方法有细胞培养氨基酸稳定同位素标记方法，同位素亲和标签技术，同重同位素标记用于相对和绝对定量技术，串联质谱标签技术等。非标记定量技术是根据比配样品间对应离子的相对强度达到相对定量的目的，即基于一级质谱峰的强度或检测到的二级图谱数的方法。

蛋白质复合物的纯化技术　主要用于蛋白质－蛋白质和蛋白质－小分子的相互作用研究，基于质谱技术研究蛋白质－蛋白质和蛋白质－小分子的相互作用的基本步骤包括三个部分：目标蛋白质制备、蛋白质复合物的纯化、蛋白质复合物的质谱鉴定及蛋白质－蛋白质和蛋白质－小分子的作用位点分析。蛋白质复合物的纯化方法主要有免疫亲和层析、免疫共沉淀、生物传感技术和串联亲和纯化。生物传感技术是基于表面等离子共振进行生物大分子相互作用分析的方法，即生物大分子结合会引起作用表面（芯片）折射率的变化，这种光信号可以被光感受器接受并转换为电信号，并由计算机分析软件再转化为模拟的生物信号，这样不仅能实时监测蛋白质－蛋白质和蛋白质－小分子的相互作用，而且能计算出它们之间的结合常数。串联亲和纯化是一种能快速研究体内蛋白质－蛋白质相互作用的技术，该技术通过在靶蛋白质一端嵌入一个特殊的不破坏靶蛋白质调控序列的蛋白质标签，靶蛋白质表达水平与体内水平相当；通过两步特异性的亲和纯化分析，快速得到生理条件下与靶蛋白质存在真实相互作用的蛋白质复合物，然后利用串联质谱技术对蛋白质复合物进行鉴定和定量分析。

酵母双杂交　是一种采用分子遗传学手段、通过鉴定报告基因的转录活性检测蛋白质—蛋白质相互作用的方法。

嗜菌体表面展示技术　是一种嗜菌体表面表达筛选技术，用于蛋白质间相互作用的研究。该技术以改造的噬菌体作为载体，将待选基因片段定向插入噬菌体外壳蛋白质的基因编码区，使外源性多肽或蛋白质与噬菌体外壳蛋白质融合表达，并在噬菌体表面展示，进而通过亲和富集法对表达融合蛋白质的噬菌体进行筛选，最终获得具有特异性结合性质的多肽/蛋白质。

生物信息学　包括生物信息的采集、分析、加工、传播和存储等方面，通过综合应用数学、计算机科学、信息技术对大量而复杂的生物学数据进行分析，从而揭示生命的奥秘。利用生物信息学对蛋白质组的各种数据进行处理和分析，也是蛋白质组研究的重要内容。蛋白质组研究的信息资源有基于传统的2-DE蛋白质分离的双向凝胶数据库和基于蛋白质序列的数据库，如UniProt是提供蛋白质相关信息最全面的数据库。UniProt由Swiss-Prot，TrEMBL和PIR中的信息所组成。

意义和应用　蛋白质组的研究不仅成为具有重大战略意义的科学命题，而且其研究技术已被广泛应用到医药学和生命科学的各个领域；涉及各种重要的生理病理现象；其研究对象包括了原核生物和真核生物。

人类蛋白质组研究和人类蛋白质组学的发展，主要是揭示并确认人类的全部蛋白质，在蛋白质水平上规模化的注释和验证人类基因组计划所预测的编码基因，实现人类蛋白质组与人类基因组的对接，对人类基因在转录水平和翻译水平的整体、集群调节规律进行阐述，从分子和整体水平上突破对疾病的传统认识，为重大疾病的诊断、防治、精准医疗和新药研发的突破，提供重要的科学基础。最终寻找到一批重大疾病的预警分子、诊断标志、疾病治疗靶标、药物靶标，为创新药物的研发，提升重大疾病预防、诊断与治疗水平，提供有力的科学支撑。

（邹霞娟）

dàixiè wù zǔ

代谢物组（metabolome）　细胞、组织、器官甚至一个生物个体在特定生理时期或发育阶段所有小分子量代谢物质的总和。

代谢物组的概念于1998年提出，与基因组（所有遗传物质的总和）、蛋白质组（全部蛋白质的总和）和转录物组（各类RNA的总和）等概念匹配的总和。这些代谢物质既包括体内自然产生的代谢物质，也包括机体摄入的外源性化学物质。其中机体代谢过程中产生的内源性物质，包括糖、脂肪酸、氨基酸、核酸、维生素、有机酸、胺类以及色素等；而机体摄入的外源性化学物质则是指药物、环境污染物、食品添加剂、毒物和其他外源生物产生的物质等。即代谢物组包括内源性代谢物组和外源性代谢物组两部分。内源性代谢物组（特别是指植物或微生物代谢物组时）还可进一步分为初级和次级代谢物组。初级代谢物组主要指正常生长、发育和增生过程中涉及的小分子物质；而次级代谢物组不涉及上述过程，但涉及重要的生态学功能，其中的小分子物质包括色素、抗生素以及其他外源生物产生的废物等。代谢物组中的小分子物质通常分子量小于1500D。按照此标准，代谢物组的成分可包括糖、脂肪酸、小于14个氨基酸的寡肽及小于5个碱基的寡核苷酸，而不包括蛋白质、mRNA、rRNA及DNA等生物大分子。

研究代谢物组的领域称为代谢物组学。英国帝国理工大学杰里米·尼科尔森（Jeremy Nicholson）首先提出了代谢组学（metabonomics）的概念，即：通过组群指标分析、高通量检测和数据处理，对生物体整体或组织细胞进行动态代谢变化研究的领域，尤其是对内源性代谢、环境变化、各种物质进入代谢系统的特征和影响以及遗传变异等进行研究。代谢物组学（metabolomics）的概念是在2000年由德国马普所的奥利弗·费恩（Oliver Fiehn）等提出。与Nicholson提出的metabonomics略有差异，Fiehn提出的metabolomics是指对生物体内代谢物及其代谢的途径、产物和调控进行研究及其研究方法的领域。二者的不同之处在于，虽然都涉及对代谢产物的分析，但是代谢物组学描述的是一个静态的认识概念，而代谢组学则强调在整体上对生物系统进行动态分析。因此，有学者将代谢物组学归属为代谢组学的一个组成部分，但代谢物组学多用于描述植物和微生物系统，而代谢组学多用于描述动物系统。

随着人类基因组计划等重大科学项目的实施，目前逐步建立起了系统生物学概念，包括代谢物组、基因组、转录物组、蛋白质组以及生物信息学等。与传统的代谢研究相比较，代谢物组研究融合了生物学、物理学以及分析化学等多学科知识，利用仪器联用分析技术检测机体在特定条件下整体代谢产物谱的变化，并通过多元统计分析方法对整体生物学功能进行研究。代谢物组的研究对象是全部代谢产物（人体或其他生命体），因此代谢产物的变化水平和规律可以揭示内源性物质或基因水平的变化；研究对象是宏观的代谢物而非微观的基因，这就使得科学研究的对象更加全面直观、易于理解。

代谢物组的主要研究对象是生物体液，包括血液、尿液等，也包括完整的组织样品、组织提取液或细胞培养液。研究内容可以分为4个层次：①代谢物靶标（某个或某几个特定代谢物组分）分析。②代谢谱分析（定量分析一系列预先设定的目标代谢物）。③代谢物组学分析（定性或定量分析某一生物或细胞所有代谢物）。④代谢物指纹分析（高通量定性分析代谢物整体而非分离鉴定具体单一组分）。

与基因组和蛋白质组相比，代谢物组的研究范畴与生理学的联系更加紧密。由于疾病导致机体病理生理过程发生改变，最终将引起代谢产物发生相应变化。①临床方面：对疾病代谢表型图谱的研究可以作为疾病（如某些肿瘤、肝脏疾病、遗传性代谢病等）诊断、预后以及治疗的评判标准，并有助于了解疾病发生、发展机制。②毒理学方面：毒物对机体造成的最终损害会反映在代谢物组成的变化上，代谢物组学技术可以直接检测出毒物对机体的影响。③药物研发方面：质谱和磁共振的应用使得药物筛选过程可以快速完成并有助于实现个性化用药。④其他：利用代谢物组的研究技术对代谢网络中的酶功能进行有效的整体性分析，以及进行已知酶的新活性研究并发掘未知酶；代谢物组学分析技术具有整体性、分辨率高等特点，在中药的作用机制、复方配伍、毒性和安全性等方面得到广泛应用，可为中药现代化提供研究手段。总之，代谢物组的研究对象是生命个体对外源性物质，包括药物或毒物等的刺激、环境变化或遗传修饰所做出的所有代谢应答反应，侧重于检测机体应答的全貌及其动态变化。代谢物组学的技术手段和研究方法不仅为生命科学的发展提供了有力的支持与保障，而且为新药的研发和临床前安全性评价等实践提供了新的实验技术手段和方法。

（王卫平）

táng zǔ

糖组（glycome） 一个细胞或生物体中全部糖类的总和。包括简单的糖类和缀合的糖类。糖组研究的主要任务是对所用糖类分子（现阶段主要针对糖蛋白）进行全面的结构与功能分析，研究内容包括糖与糖之间、糖与蛋白质之间、糖与核酸之间的联系和相互作用。

糖组可分为结构糖组和功能糖组两个部分。糖组研究的核心内容主要包括细胞或个体所含全部糖蛋白的组成分析和结构鉴定，明确糖蛋白中蛋白质部分的编码基因以及蛋白质糖基化的位点、机制等。因此，糖组研究主要回答4个方面的问题：①什么基因编码糖蛋白中的蛋白质，即基因信息；②确定糖基化位点，即糖基化位点信息；③解析聚糖结构，即结构信息；④明确糖基化功能，即功能信息。糖组研究的核心技术主要包括分离鉴定技术，糖微阵列技术和生物信息学技术等。

糖组是基因组和蛋白质组等的后续和延伸，只有完整的构建基因组-转录物组-蛋白质组-糖组框架，才能揭示生物体全部基因功能，理解生命的复杂规律，从而为重大疾病发生、发展机制的进一步阐明和有效控制，以及为疾病预测、新的诊断标志物的筛选以及药物靶标的发现提供依据。

（焦炳华）

zhī zǔ

脂组（lipidome）

一个细胞或生物体中全部脂质分子的总和。包括简单的脂类（如脂肪酸）和复合的脂类（脂蛋白、糖脂复合物等）。

脂组实际上是代谢组的重要组成部分。脂组研究的核心任务就是对生物样本中的所有脂质分子进行完整的结构分析、功能鉴定，并阐明其在重要生命活动和疾病发生发展过程中的作用。脂组研究采用的基本技术包括脂质萃取分离、色谱、质谱以及数据库建设与应用。国际上最大的数据库为LIPID Maps，它包含了脂质分子的结构信息、质谱信息、分类信息和实验设计等。数据库包含了胆固醇、甘油三酯、游离脂肪酸以及磷脂等8个大类共40360种脂类的结构信息。

脂代谢紊乱与心脑血管等疾病的关系密切，脂组研究实际上就是从脂代谢水平进一步阐明相关疾病的发生、发展机制，发现和鉴定疾病相关的脂生物标志物，为重大疾病的诊断和治疗提供更为可靠的依据。脂组、糖组等与基因组、转录物组、蛋白质组、代谢组等一起，构成了现代系统生物学的基础框架。

（焦炳华）

xiānghù zuòyòng zǔ

相互作用组（interactome）

一个生物体中所有分子之间相互作用的整体。

此概念是在1999年由博贝尔纳·雅克（Bernard Jacq）等人首次提出。这里的相互作用通常指同类或不同类分子间直接的物理相互作用，例如蛋白质–蛋白质，蛋白质–核酸、酶–代谢物等的相互作用，但也可用于描述间接的相互作用，例如基因间的相互作用。相互作用组通常以网络图表示，也被称作相互作用网络（interaction network）。

分类 根据相互作用的分子类型不同，相互作用组可分为以下几类。①蛋白质–蛋白质相互作用组：蛋白质间相互作用是指两种蛋白质之间的特异性的物理相互作用，而不是指两个蛋白质随机的碰撞。这种特异性的相互作用通常是有固定的作用区域，并且相互作用会造成一定的生物学事件。例如泛素连接酶与目的蛋白质有特异的相互作用区域，这种相互作用是底物识别的机制，会使泛素分子连接到目的蛋白质上，最终引起目的蛋白质的降解。蛋白质相互作用可能是瞬时的，受到多种因素的调控，因此蛋白质相互作用组是动态变化的，也有细胞特异性。②基因–基因相互作用组：基因–基因相互作用或称为遗传学相互作用，通常是根据两个基因对彼此功能的影响来定义的。如果两个基因都突变时的表型不等于两个基因分别突变的表型的叠加，就认为两者存在相互作用。极端的例子是“合成致死”，即两个基因各自突变可能对细胞生长没有影响，而它们共同突变则造成细胞死亡。基因–基因间相互作用的机制可能是蛋白质直接相互作用，也可能是转录调控、转录后修饰调控等多种。③蛋白质–核酸相互作用组：又称基因调控网络，指细胞内影响mRNA和蛋白质表达的一系列蛋白质、DNA、RNA之间的相互作用。基因调控网络描述转录因子、小RNA和它们的靶蛋白质的调控关系，通常这种相互作用是有方向性的。④酶–代谢物相互作用组：见代谢组。

研究方法 构建相互作用组图谱的方法分为实验和生物信息学两类，其中常用的实验方法包括以下几种。①酵母双杂交系统：鉴定蛋白质–蛋白质相互作用的经典方法，在1989年由美国遗传学家菲尔茨（Fields）等人建立。原理是将受试蛋白质（称为“诱饵”）与真核转录因子如GAL4的DNA结合域相融合，将可能与受试蛋白质有相互作用的待筛选蛋白质（称为“猎物”）与转录因子的转录激活区域相融合，两者在酵母细胞中同时表达，如果“诱饵”与“猎物”有相互作用，转录因子的DNA结合域与转录激活域也就随之结合，启动报告基因（例如β-半乳糖苷酶）的表达。该系统在自动化仪器的辅助下实现了高通量检测，已被用于构建不同物种的相互作用组。见酵母双杂交。②串联亲和纯化和质谱分析连用：检测细胞内与诱饵蛋白结合的多种蛋白质的方法。原理是通过在细胞中表达带有表位蛋白质的目标蛋白，通过免疫共沉淀的方法将包含目标蛋白质的复合物分离纯化出来，使用质谱仪鉴定复合物中的所有蛋白质，得到与目标蛋白质有直接或者间接相互作用的所有蛋白质。与免疫共沉淀质谱联用相比，经过两步亲和纯化，可有效减少非特异蛋白质的结合。见蛋白质组中免疫共沉淀和串联质谱技术。③合成基因阵列：系统检测酵母间遗传相互作用的方法，由加拿大遗传学家布恩（Boone）等在2001年发明。通过构建大量基因突变的酵母，将不同表型酵母进行杂交，构建相互作用图谱。该方法中，基因间相互作用是由两个基因双突变的酵母表型与两个基因单个突变的酵母的表型的差异来表示。这种遗传学的高通量方法，在方法改进后也被应用于在其他物种中构建基因间的遗传相互作用图谱。

预测方法 相互作用组也可通过生物信息学方法的构建，常用的方法有以下几类。①系统发育谱法：系统发育谱是指基因在不同物种间的分布模式（即在某些物种中存在，某些物种中不存在），假设功能相关的基因有相似的系统发育谱，可以根据系统发育谱来预测不同基因间的相互作用关系。该方法不适宜于研究在所有物种中都存在的保守基因之间的相互作用。②机器学习法：将实验已验证的有相互作用的蛋白对作为训练集，根据序列、蛋白域等特征进行训练，构建模型以预测新的蛋白相互作用，最终构建相互作用网络。③文本挖掘法：从大量科学文献中推断相互作用的方法，推断标准可以是在两个基因同一文本中共同出现的频率，或者是通过自然语言识别技术阅读文本中关于两个基因的文字来智能定义相互作用。④基因共表达网络：通过计算基因的表达相关性预测基因间相互作用的方法，基于的假设是表达模式相似的基因在功能上有相关性。通常是使用高通量的基因表达数据，通过计算每对基因之间在不同实验组中表达谱的相关系数构建的。

网络特征 相互作用组通常以网络图的方式展现，每个分子是一个节点，两个分子之间的相互作用由一条线连接，称为边。拓扑学上现有的相互作用网络几乎都符合无标度网络的特征，即少数节点拥有大量的连接，而大部分节点却只有很少的连接，这些高度连接的节点被称为枢纽。枢纽分子通常有着更重要的功能，网络中某个分子的拓扑学重要性的指标——网络中心度，也被发现和该分子对所研究现象的功能的重要程度有关。相互作用网络的另一个重要拓扑特征是模块性，功能相似的分子通常在网络聚集在一起，形成模块。

应用 生物体内不同分子之间的相互作用是各种分子行使功能的基础，对维持细胞和生物体的稳态起重要作用。相互作用是在严格调控下动态变化的，其紊乱会引起多种疾病。研究相互作用组能够帮助人们更好地理解不同分子的功能和作用机制，各种分子变化与生物体表型的关联。通过相互作用组中高度关联的分子模块，还可以预测未知分子的功能。研究疾病中相互作用组的变化可以预测与疾病相关的基因，获得与疾病发生机制相关信息。

数据资源 相互作用组部分常用数据库和网络资源列举如下：BIOGRID:http://thebiogrid.org，InAct:http://www.ebi.ac.uk/intact/，STRING: http://string-db.org

（王晓月）

xìtǒng shēngwù xué

系统生物学（systems biology）

研究一个生物系统中所有组成成分（基因、mRNA、蛋白质等）的构成，以及在特定条件下这些组分间相互关系的学科。早期传统的实验生物学仅限于个别或几个基因或蛋白质，而系统生物学则关注一个完整生物系统内所有的组分（特别是基因、蛋白质）以及它们的相互关系。因此，系统生物学是以生命单元为整体研究对象的整合科学。

简史 20世纪40~50年代，德国理论生物学家路德维格·冯·拜尔陶隆菲（Ludwig von Bertalanffy）提出了机体论的概念。机体论包含三个主要观点，即：生物体是一个有机的整体；生命活动具有等级次序；生物体是一个动态的、开放的系统。这三个观点为其后来创立一般系统论奠定了基础，从而开拓了系统生物科学领域。美国科学家胡德（Leroy Hood）是现代系统生物学的创始人之一，他于2000年成立了世界上第一个系统生物学研究所，倡导在生物医学领域的研究采用系统生物学的方法，并认为“系统生物学将是21世纪医学和生物学的核心驱动力”。

研究内容与方法 以胡德为代表的一批学者关注的是“完整的生物复杂系统”，称为整体分析学派，该学派试图阐明生物系统完整的组分（基因、蛋白质等）及其相互作用（信号通路、代谢途径等），整合这些数据，并建立数学模型以描述系统的结构和对外部作用的反应。在系统生物学研究领域，也有许多科学家侧重于研究生物复杂系统的某一个局部。以马克·华莱士·基施纳（Marc Wallace Kirschner）等为代表的一批学者认为当前系统生物学的目标是要“重构和描述同样是复杂系统的某个局部”，如以色列科学家尤里·阿隆（Uri Alon）侧重于转录调控网络基本单元的研究，这种研究思路称为局域分析学派。该学派选择复杂系统中某些恰当的“局部（基本结构单位）”作为研究对象，因为他们认为，一个复杂系统不论有多大、有多复杂，都是用简单的基序和模块作为“砖块”搭建而成的。两个学派均有自己的优势，整体分析学派强调系统的整体性，但缺乏对系统的动力学过程进行详细的定量研究；局域分析学派能深入地研究系统各组成部分的动力学特性，但全局性显得不足。显然，整体分析学派与局域分析学派是一种互补关系，在系统生物学的发展中均大有用武之地。

与邻近学科的关系 系统生物学是系统学的一个分支，实际上就是系统学在生物学中的应用。系统生物学不同于普通的生物学，强调生物系统内所有构成要素（基因、mRNA、蛋白质、生物小分子等）、研究层次（从基因到细胞、组织、个体）以及研究方法（实验室研究技术、计算机技术、生物信息学技术、理论生物学技术等）的整合研究。

意义和应用 21 世纪的生物学强调科学的整合，就如 18 世纪物理学在引入数学模型和数学公式后获得飞跃发展一样，现代生物学必须借助数学、物理学、计算机科学和生物信息学等工具，才能完整理解生命的复杂性，从而推动现代生命科学革命性的创新与发展。①系统生物学促进现代医学进步。系统生物学促进了系统生物医学的形成与发展，并已在预测医学、预防医学和个性化医学中得到实际应用。目前上市的一些试剂盒就是基于 DNA 芯片的疾病基因检测技术，通过对人体易感基因进行检测和分析，了解可能存在的疾病和疾病易感程度，为疾病的预警、预测、预防和治疗提供指导。②系统生物学推动生物制药业发展。系统生物学与遗传工程的结合产生了合成生物学，2003 年美国贝克莱大学杰伊·基斯林（Jay D. Keasling）实验室应用合成生物学原理，将药源合成相关基因簇引入酵母，用以表达天然植物药青蒿素分子，实现了微生物代谢工程制药。采用系统生物学原理，将现代生物技术与计算机辅助设计技术、纳米技术等结合，可创造细胞制药工厂，实现现代制药业的飞速发展。③系统生物学革新生物技术。通过系统生物学的研究，设计和重构植物和微生物新品种。这些新物种生物能执行新的化学转换，降解环境中已证实难以被现有任何生物消化的化合物，以及与致病株相竞争以抵抗特定的疾病。新物种的诞生将有力地提升新生物产业。

（焦炳华）

索　引

条目标题汉字笔画索引

说　明

一、本索引供读者按条目标题的汉字笔画查检条目。

二、条目标题按第一字的笔画由少到多的顺序排列，按画数和起笔笔形横（一）、竖（丨）、撇（丿）、点（、）、折（乛，包括乛乚く等）的顺序排列。笔画数和起笔笔形相同的字，按字形结构排列，先左右形字，再上下形字，后整体字。第一字相同的，依次按后面各字的笔画数和起笔笔形顺序排列。

三、以拉丁字母、希腊字母和阿拉伯数字、罗马数字开头的条目标题，依次排在汉字条目标题的后面。

一画

二画

三画

四画

五画

六画

七画

八画

九画

十画

十一画

十二画

十三画

十四画

十五画

十六画

十七画

十八画

二十一画

拉丁字母

希腊字母

阿拉伯数字

条目外文标题索引

A

B

C

D

E

F

G

H

I

J

K

L

M

N

O

P

Q

R

S

T

U

V

W

Y

Z

希腊字母

阿拉伯数字

内 容 索 引

说 明

一、本索引是本卷条目和条目内容的主题分析索引。索引款目按汉语拼音字母顺序并辅以汉字笔画、起笔笔形顺序排列。同音时，按汉字笔画由少到多的顺序排列，笔画数相同的按起笔笔形横（一）、竖（丨）、撇（丿）、点（丶）、折（乛，包括亅乚く等）的顺序排列。第一字相同时，按第二字，余类推。索引标目中夹有拉丁字母、希腊字母、阿拉伯数字和罗马数字的，依次排在相应的汉字索引款目之后。标点符号不作为排序单元。

二、设有条目的款目用黑体字，未设条目的款目用宋体字。

三、不同概念（含人物）具有同一标目名称时，分别设置索引款目；未设条目的同名索引标目后括注简单说明或所属类别，以利检索。

四、索引标目之后的阿拉伯数字是标目内容所在的页码，数字之后的小写拉丁字母表示索引内容所在的版面区域。本书正文的版面区域划分如右图。

a	c	e
b	d	f

C

D

F

G

H

J

K

L

M

S

T

W

X

拉丁字母

希腊字母

阿拉伯数字

本卷主要编辑、出版人员

责任编辑　吴翠姣　胡安霞

索引编辑　王小红

名词术语编辑　王晓霞

汉语拼音编辑　潘博闻

外文编辑　顾　颖

参见编辑　周艳华

责任校对　张　麓

责任印制　张　岱